基金资助出版：国家自然科学基金面上项目（项目批准号：51778615）

中国近代机场规制和建筑形制演进研究

欧阳杰　著

中国建筑工业出版社

图书在版编目（CIP）数据

中国近代机场规制和建筑形制演进研究 / 欧阳杰著.
北京 ：中国建筑工业出版社，2024. 10. -- ISBN 978-7-112-30422-6

Ⅰ. TU248. 6

中国国家版本馆 CIP 数据核字第 2024Q7V802 号

本书从航空业技术史和建筑史理论方法相融合的独特角度，首次系统地从时空维度上探索研究中国近代机场建筑形制演进的框架体系，剖析了近代机场建筑形制的类型范式、演进规律及其技术特征，即在时间维度上剖析近代机场规制和建筑形制演进的发展路径和阶段划分，在空间维度上进行不同机场建筑形制类型的跨区域横向比较研究。全书初步搭建了中国近代机场规制和机场建筑形制体系的基本理论架构，并结合文化线路和工业遗产保护的基础理论，提出了具有行业特色的机场建筑遗存价值评价体系及保护策略。

本书有效地弥补了航空类近代交通建筑研究领域的短板，可供广大从事交通建筑史、机场规划、机场建筑设计等领域的专业读者参考，也可供航空或机场爱好者浏览等。

责任编辑：吴宇江　陈夕涛
责任校对：李美娜

中国近代机场规制和建筑形制演进研究
欧阳杰　著
*
中国建筑工业出版社出版、发行（北京海淀三里河路 9 号）
各地新华书店、建筑书店经销
北京鸿文瀚海文化传媒有限公司制版
河北鹏润印刷有限公司印刷
*
开本：880 毫米×1230 毫米　1/16　印张：32　字数：989 千字
2024 年 10 月第一版　2024 年 10 月第一次印刷
定价：**125. 00** 元
ISBN 978-7-112-30422-6
（43074）

绪　　言

1910年北京南苑机场建成并成为中国第一个机场，这彰示了中国近现代机场建设至今已有上百年历史，其中近代机场史（1910—1949年）可分为清朝末期、北洋政府时期和南京国民政府时期三个阶段。南京国民政府时期是近代机场建设的高峰期，这时期军用和民用机场建设数量众多，分布较广，尤其在20世纪30年代的"空军至上"军事建设思想和"航空救国"运动及其"一县一机"目标的影响下，机场更是在全国范围内广为建设。截至1950年5月统计，全国已有机场542座。由于近代机场布局分散且相对偏安于城市一隅，以及军事保密等要求，尽管近代航空业研究较为广泛而深入，但机场史的研究相对而言欠缺，尤其是建筑史学界对中国近代机场建筑领域的研究涉猎甚少，特别是基于航空交通行业特性的系统化理论方法尤为匮乏。

总体而言，由国民政府交通部主导的交通行业垂直管理体制基本涵盖了铁路、公路、航空、水运和邮电等各种交通运输方式，相应地在全国范围内指导建设了铁路车站、汽车站、航空站、水运码头和邮局等各类交通建筑，这些建设活动普遍具有交通行业"自上而下"的纵向关联特点。与一般建筑类型的建筑史研究视角不同，近代交通建筑史需要基于行业史、技术史、国际化三大视野进行多维度研究，并构建一种以行业史为时间序列轴线、以行业技术体系为基础架构，且以相对自成系统的行业建筑制度为依托的建筑史研究新范式，从而体现出行业史与建筑史交叉融合的研究特色和优势。

中国近代机场建造数量之庞大、建设范围之广泛以及机场建筑形制之丰富，都是举世罕见的。基于行业史的视野去研究机场建筑史，可全面反映机场专业建筑的发展历程及其阶段性特征，并系统掌握机场规制和机场建筑形制的演进规律。近代航空业基本形成了从中央政府机构至各级地方政府职能部门的垂直管理体制，为此，了解中央或地方政府的航空业发展规划及其建设布局至关重要，这样可以在全国或区域空间范畴下整体把握近代机场建筑演变的自有规律和特有发展路径，也可辨析出零散分布的近现代建筑遗存之间跨时空的内在联系。例如，由南京国民政府航空署（航空委员会）和交通部所主导的军用或民用航空业的建筑活动普遍具有标准化设计建造的特性，其军用或民用航空站建设不少采用标准化设计图集，以达到快速而低成本推广复制的效果。

从技术史的角度来看，以机库、航空站及指挥塔台为主的中国近代机场建筑是具有鲜明行业特色的新型交通建筑类型，它在中国近代建筑史中占据重要地位，其建筑造型、建筑材料、建筑结构以及建筑设备等诸多方面都具备先进性和特色性。由南京国民政府航空署（航空委员会）和交通部或省级政府机构所直接主管的近代机场建筑制度体系具有鲜明而独特的行业性特征，涵盖机场建筑的规划建设、交通组织流程、运营管理制度、技术规范标准以及专业期刊等诸多领域。为此，机场建筑史研究需要掌握其独特的机场建筑技术演进路径、机场建筑形制体系和机场建造技术体系等，并建立体现行业价值的近现代机场建筑遗产的特定价值评价体系。此外，基于技术史视角下的机场建筑史研究还需要结合近代航空技术体系（包括飞机演进谱系、飞机生产工艺、航空工程技术与设备的演进路径等相关领域）演化的规律特征予以诠释。

从国际化的角度来看，中国近代航空业是国际化程度较高的行业，其主要体现在自国外引入的先进航空技术和留学归国的航空专业人才两方面：一方面是因连年战乱而由近代欧美国家竞相推销飞机所带来的多元化的航空技术和机场建筑技术，除了引进的先进飞机是新式的战争武器或交通运输工具之外，服务于飞机的近代机场场道和服务于飞行员、旅客及驻场人员的近代机场建筑也基本上是全新的建筑类型和建筑形制。由飞机及机场为主构成的先进航空工业技术文明通过城外的机场征地拆迁及其建设直接冲击和震荡了近代中国传统的农耕文明。无论是军用还是民用，中国近代典型机场的建设水准始终是与国际先进航空发达国家接轨的，南京、上海等地的机场建设更是接近了当时欧美国家机场技术应用的前沿，尤其是在抗战胜利后的南京国民政府时期，其飞机库、航空站及指挥塔台等专业化的机场建筑体系逐渐成熟；另一方面，中国近代航空业的国际化也体现在海外留学回国的航空专业人才领域。从近代中国留学潮中的专业分布来看，建筑工程和航空工程是相对集中的两大工科专业领域，这些早期学成回国人员由此形成了两大工程学界的精英群体：一是以美国宾夕法尼亚大学（UPenn）为代表的第一代建筑师，包括范文照、杨廷宝、梁思成、陈植和哈雄文等；二是以麻省理工学院（MIT）为主体的第一代航空工程师，包括巴玉藻、王助、曾诒经、钱昌祚和李耀滋等。他们秉承“航空救国”和“实业救国”的信念，学成归国后投身到航空工业体系或空军建设之中，中国近代航空建筑领域由此成为第一代航空工程师和第一代建筑师产生交集的主要场所。例如，清华大学航空研究所助教张捷迁在南昌复兴建筑公司黄学诗建筑师和基泰工程公司结构工程师杨宽麟等人的协助下完成了中国首台 15 英尺口径的风洞建造设计图；又如贵州大定航空发动机厂工务处长兼总工李耀滋积极为兴业建筑师事务所李惠伯建筑师在大定乌鸦洞内所主持设计的主厂房结构设计献计。另外，航空先驱王助在马尾海军飞机工程处跨界主持设计了芬克式屋架的“钢骨飞机棚厂”（即钢制机库），并发表相关论文等。显然，航空工程师与建筑师产生交集的通用学识基础在于力学体系。

我国近代机场普遍经过血与火的反复洗礼，在频繁的战争中屡遭破损，遗存至今的近代机场建筑遗产可谓是“吉光片羽，劫后遗珍”，弥足珍贵。其空间分布特点是“大隐隐于‘军’、中隐隐于‘工’、小隐隐于‘民’”，其中“军”是指以北京南苑、杭州笕桥等为代表的近现代军用机场；“工”是指以沈阳东塔、哈尔滨马家沟等为代表的航空工业、航天工业等单位的驻地机场；“民”是指以大连周水子、天津滨海等为代表的近现代民用机场，这些军队和航空、航天及民航单位的驻场使得近代机场建筑遗存既有“养在深闺无人识”的窘境，也使得这些近代机场建筑幸免于大规模的房地产开发而得以留存至今。这些近代机场建筑遗存普遍具有重要的历史文化价值、文物价值和行业价值，尤其是在中国近现代国家航空工业体系构架下散布于全国的，但仍旧保留完整的、成规模的、系列化的国家级航空工业遗产。这些具有跨区域特性、反映抗战主题且体现了国际航空技术交流的航空工业系列遗产已经具备整体申报世界文化遗产的潜力。

《中国近代机场规制和建筑形制演进研究》一书将地处近代机场用地范围的专业建筑界定为“机场建筑”，其中机场特有的飞机机库、航空站及指挥塔台等专业建筑兼有工业建筑、军事建筑以及交通建筑的多重属性，并涵盖航空工业、军事航空和民用航空三大行业类别。考虑到机场建筑形制与机场规划布局、机场场面及跑道构型是密不可分但又相对独立的因素，本书特将机场总平面规划以及中央政府或省级政府或城市规划中的机场布局等相关内容纳入机场建筑史，并相应赋予特定的“机场规制”名称。本书从航空业技术史和建筑史理论方法相融合的独特角度，首次系统地从时空维度上探索研究中国近代机场建筑形制演进的框架体系，剖析了近代机场建筑形制的类型范式、演进规律及其技术特征，即在时间维度上剖析近代机场规制和建筑形制演进的发展路径和阶段划分，在空间维度上进行不同机场建筑形制类型的跨区域横向比较研究。全书初步搭建了中国近代机场规制和机场建筑形制体系的基本理论架构，并结合文化线路和工业遗产保护的基础理论，提出了具有行业特色的机场建筑遗存价值评价体系及保护策略。本书有效地弥补了航空类近代交通建筑研究领域的短板，可供广大从事交通建筑史、机场规划、机场建筑设计等领域的专业读者参考，也可供航空或机场爱好者浏览等。

目　录

第 1 章 近代全国和区域机场布局及航线规划

1.1 近代航空管理及其机场建设机构的设置和变革

中国近代航空业基本上是按照中央政府和地方政府、民用航空和军事航空两条不同路径且又交织与融合发展的。主导航空事务及其机场规划建设的民国政府机构可分为中央政府机构和地方政府机构，其中中央政府机构又分为军事机构和交通机构。北洋政府和南京国民政府时期的航空主管机构组织变动频繁，而且航空业内部派系林立、相互倾轧掣肘，使得许多航空发展计划和机场建设计划延迟或取消。

在战火频繁的民国时期，机场布局建设主要由中央或地方的军政部门所主导。军用机场具有飞机维修制造、航空教育、民用运输等功能。机场承载的民用运输功能主要是作为服务于军事航空功能的副产品。在近代航空业发展过程中，各种不同的政治力量和派系竞相优先且大力发展军事航空和建设军用机场，机场的建设主体因而具有多元化特征，既包括清朝政府、北洋政府、国民政府等中央政府机构，也包括各地省政府或市县政府。另外，直系、皖系、奉系等北洋军阀以及国民革命军等军队在其驻地和辖区兴建了相当数量的机场。此外，侵华日军和伪满洲国政府、伪维新政府等日伪政权在沦陷地以及西方列强在其租借地都先后建设了数量相对庞大的机场。

1.1.1 北洋政府时期的航空管理机构设置

1. 军事航空管理机构

1）国务院航空事务处

北洋政府早期的军事航空业务隶属于陆军部主管。1913 年 3 月，袁世凯主政的北洋政府筹办航空，特将中华民国临时政府时期建立的南京陆军第三师交通团飞机营调至北京南苑，由参谋本部第四局（主管军事交通）第三科具体负责，包括组建航空学校、筹购飞机器械等。1919 年 11 月 11 日，北洋政府国务院“以欧战已终，航空条约发生，我国亦系协约国之一，对于航空事业不能不有所筹备，以资竞争，而保主权”为由，在其下另设航空事务处，专司全国航空事务，该处隶属于陆军部边防督办，下设 6 科 15 股。并将参谋本部所设立的南苑航空学校及飞机修理厂在同年 12 月 8 日移归接办，将该校改组为航空教练所，设立编译委员会和航空医院，还编撰航空条约条例。

2）国务院航空署

1921 年 2 月 9 日，北洋政府国务院颁布《航空署组织条例》，将航空事务处升格为国务院直属的航空署，负责管理全国航空的一切事务。航空署是主管军事航空和民用航空的最高行政机关，下设总务处和机械、军事、航运、经理四厅，其中航运厅负责航空路线及站场事宜。航空署还另设“翻译委员会”和“技术委员会”，其中翻译委员会主要负责翻译各国航空书籍、新闻、杂志及其他著作事务。

1927 年 6 月，自任安国军政府大元帅的奉系军阀张作霖改组内阁官制，在军事部下设参谋本署、陆军署、海军署和航空署。1928 年 4 月 3 日，内阁会议确定陆军署、海军署和航空署三署合并为军事部军政署，在军政署内设立航空司。同年 5 月，国民革命军北伐占领北京，北洋政府军政署航空司被南京国民政府军事委员会航空司令部所接收。

2. 民用航空管理机构

1）交通部筹办航空事宜处

1919年3月，北洋政府交通部以“航空事业，关系交通，应属交通行政范围，且空中运输尤为当今唯一要务”为由，特指定交通部航政司设立“筹办航空事宜处”，下设机械、军事和训育三科，负责拟订航空条例草案、全国航线计划等。1920年8月，因直皖大战中的安福派失败等政治关系，交通部筹办航空事宜处被裁撤，所有筹备航空事务及一切器材均统归国务院航空事务处接管。

2）交通部西北航空筹备处

1918年，专任北洋政府陆军部边防督办的段祺瑞为开发西北，防范外蒙古独立，筹建北京至库伦航线，并在交通部下设西北航空筹备处，于1919年2月订购英国“亨得利·佩治”飞机6架，并将西北汽车筹办处归并办理。同年春在京绥铁路管理局内正式设立西北航空处，但筹备西北航空之事后因直皖大战中的皖系败北而告终。

1.1.2 国民政府时期的航空管理机构设置

1. 军事航空管理机构

1）航空处与航空局及航空司令部

1918年年初，孙中山最早在广州的中华民国军政府下设有航空处。1920年11月，孙中山又返回广州重组中华民国军政府，并下设航空局，辖有2个飞机队。1925年7月，中华民国军政府改组为国民政府，同年7月6日又成立国民政府军事委员会，下设航空局，内设军事、航政、总务等3个处，并辖3个飞机队。次年7月，国民革命军誓师北伐，航空局改编为隶属于国民革命军第八路军总指挥部的航空处，随军北伐。1927年1月，武汉国民政府在武昌成立军事委员会航空处。同年4月，南京国民政府成立，在国民革命军总司令部内也设立航空处，其军事委员会下设交通处和航空队。至同年7月宁汉合流后，南京国民革命军总司令部航空处合并了武昌的军事委员会航空处。同年9月，国民革命军总司令部被撤销后，航空处再次隶属于国民政府军事委员会。

1928年2月28日，为继续北伐，又成立了国民政府军事委员会航空司令部，除原有的第一、第二两个飞机队外，又增设1个水面飞机队。同年5月，北伐军先后接收北洋政府航空署以及平、津等地的各级航空机构、飞机器材及航空人员。扩充后的飞机队包括3个陆上飞机队和1个水面飞机队，共24架飞机。陆上飞机队使用南京明故宫机场，水面飞机队则以南京水西门外三叉河江面为水上机场，后移驻汉口，以武昌南湖为水上机场。

2）军政部航空署

1928年11月，北伐完成后，国民政府军事委员会予以裁撤，原军委会直辖的航空处扩编为由行政院军政部直属、负责掌管全国航空事务的航空署①，与陆军署、海军署并列，航空署下辖军务科、航务科、教育科和机械科等科室，辖有航空大队、航空学校、航空工厂、航空医院和航空掩护队以及南京、汉口等23个航空站，而空军的作战则直接归陆海空军总司令指挥（图1-1）。1929年6月，国民党第三届中央执行委员会第二次全体会议决议航空事业统归军政主管，航空邮运归交通部主管②。1930年颁布的《修正航空署组织法》则明确航空署“掌管全国军用民用航空一切事务”，同年3月18日颁布的《邮运航空处组织条例》规定“邮运航空处承交通部之命掌理全国邮运航空事务”，包括规划全国邮运航空线和经营邮运航空事业等事务。1933年2月，航空署所属全体官兵一律改用新修订的空军阶衔，使空军成为与陆、海军并列的独立军种，并增编轰炸、驱逐、侦察3个航空队。

3）军事委员会航空委员会

国民政府时期的航空主管机构驻地曾三番五次地迁移。随着军政部航空学校由南京迁往杭州笕桥机

---

① 《法规：军政部航空署条例（附系统表）》，载《军政杂志》，1929年第8期，第12～13页。

② 《公牍：建设：令知各省航空机关归中央航空署编遣案》，载《广东省政府公报》，1929年第35期，第28～29页。

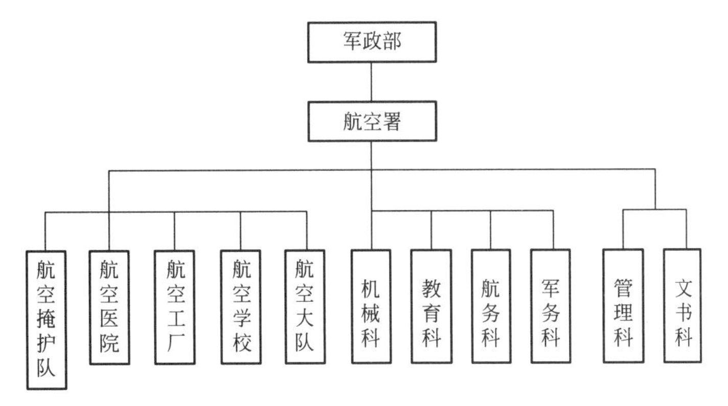

图 1-1　国民政府军政部航空署的组织机构图（1928 年 11 月 21 日）

来源：《军政部航空署条例（附系统表）》

场，军政部航空署也于 1931 年 8 月由南京迁至杭州梅东高桥，并首次在署内设立建筑科。1934 年 3 月，蒋介石驻赣指挥“围剿”江西根据地的中央红军，航空署奉命再由杭州迁至南昌老营房机场。同年 5 月，因其规格低、编制小、力量薄弱，航空署升格为隶属于军事委员会的航空委员会（简称“航委会”），蒋介石兼任航空委员会委员长。航委会下设军令、技术和总务三厅，掌理空军的建设、保育、训练与指挥事务。此外，航委会还在办公厅下专门设有直辖的建筑科（第六科），用于军事航空站的规划建设（图 1-2）。1936 年 1 月，航空委员会再由南昌迁返南京小营。同年 6 月，航委会收编了广东航空队，而后又先后接收云南、山西航空处，以及福建、青岛海军航空队和广西、四川的航空队，至此国民政府的空军宣告统一，并拥有 9 个飞行大队、35 个飞行中队。

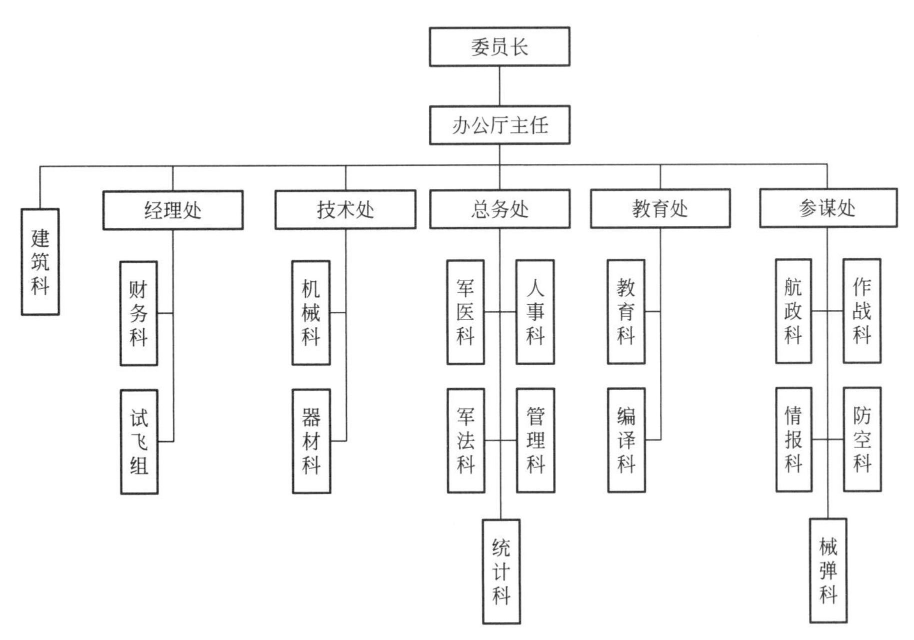

图 1-2　国民政府航空委员会的组织机构图

来源：《台湾航空工业史：战争羽翼下的 1935 年-1979 年》

1937 年 7 月，抗日战争全面爆发后，蒋介石在庐山举行最高军事会议，并对航空委员会进行改组，在其下新设了专任空军作战指挥的空军前敌总指挥部，该部按照空军作战飞机类型下辖空军轰炸司令部、驱逐司令部和侦察司令部。空军部队则驻扎在南昌、广德、句容、南京、西安、蚌埠、杭州等地机场，由航委会的第二厅负责工程和修缮事务。同年 11 月，航委会由南京迁汉口，1938 年再由汉口迁衡阳，后又由衡阳迁贵阳，同年 3 月航委会再次改组，在技术厅下设技术处、器材处和建筑处三个处室。

至1939年1月，航委会最终由贵阳迁至成都东门外沙河铺。1941年9月，新的航空委员会组织条例规定，在军政厅下设建筑处，并由其负责“掌理飞机场及空军一切地面建设事宜和营产之管理”。

1943年2月14日，国民政府军事委员会颁布《航空委员会组织条例》（渝会调字九号令），规定直隶于军委会的航空委员会负责“掌理空军军令、军政、军训，以及发展航空工业设计，指导监督全国防空和民用航空等事宜。”航委会下设防空总监部、参事室、秘书处、政治部、法制委员会、飞行失事审查委员会、编译委员会、购料委员会以及总务、参谋、航政、交通、教育、机械等处室。这时期的航空委员会已经基本建成组织严密、功能齐全的现代军事航空指挥管理体系，不过由于军委会新近成立“工程委员会”，这时期的航空委员会名下不再设置工程建设类机构。

1941年秋，国民政府军事委员会授令成立工程委员会，该委员会下设主任委员室、专门委员室、秘书室、总工程司室、总务处、工务处、材料处、机电处、运输处、卫生处和会计处以及总稽核室等。在附属机构方面，先后成立昆明、成都、西安和桂林4个办事处以及4个工程督察区、60个工程处和2个运输队①。工程委员会成立初期从滇缅铁路各工程处调集技术人员先后修筑云南羊街、呈贡两机场，而后自1942年开始与美方扩大合作，先后在湘黔桂川鄂赣陕各省新建和改扩建大小飞机场数十处。军事委员会工程委员会由此在抗战后期成为国统区承建机场建设的主体负责机构。工程委员会在各地下设的工程处主要分管当地机场工程测绘、设计以及施工技术和建设经费管理等事务，机场工程处一般设有处长室、材料课、工务课、总务课、会计课、养场区、驻处军法办事处、诊疗所、通信处以及若干工区等。工程处先后设立了60个，在国统区主持建成了军用机场84座。

4）国防部空军总司令部

1946年6月，国民政府改组军事领导机构，取消军事委员会，成立国防部。同年8月16日，航空委员会改组为空军总司令部，管辖空军各部队、学校、工厂、航空站以及空军特务旅、航空工程兵部队、防空部队等，其中航空工程兵部队专事军用机场及军用航空站的建设。在美国空军顾问团的指导下，为协同各陆军部队作战，将原设的各路司令部撤销，按美式编制改组，除第8大队、第12中队和两个空运大队直属空军总司令部外，其他部队分别配置各军区，分驻北平（今北京）、沈阳、西安、武汉、重庆的5个军区空军司令部，另设1个台湾地区空军指挥部，训练司令部设在台湾，供应司令部驻上海。1947年3月，空军总司令部将全国总站、基地指挥部、部分飞机修理工厂（或所、组）合并成分属各军区的供应分处，供应司令部则改为供应总站。

2. 民用航空管理机构

1）国民政府交通部

1926年11月10日，广州国民政府下设交通部，主管航空事务。同年12月29日，交通部随国民政府迁往汉口办公。与武汉国民政府对立的南京国民政府也设有交通部，下设路政、电政、邮政、航政各司，分理交通事务。1928年10月，宁汉合流后的南京国民政府进行改组，实行五院制，其行政院下设交通部，并在交通部航政司名下设航空科，以办理航空行政业务，而军政部则下设有交通司和航空署。航空事务由军事和交通两部门分管，其职责具体划分如下：①关于军事国防、治安之职权范围应划归军政部主管；②关于空中交通、商运民用国际通航之职权范围，应划归交通部主管；③限制飞行区域条例、航空征发条例等由军政部和交通部会同办理。1929年1月，国民政府交通部设立航空筹备委员会，研究关于发展航空的计划。同年5月18日，交通部航政司增设“沪蓉航空线管理处”，筹备开通长江沿线航线，该管理处在1930年8月1日并入中美重新签约设立的中国航空公司。

1928年12月8日，国民政府公布《国民政府交通部组织法》，其第十条第二项和第四项明确航政司负责“关于筹办管理国营航空及监督民办航空并空中运输事项”和“关于船舶飞机发照注册事项”。在交通部接手民用航空业监管事宜后，在其航政司下设空运科主管，后曾一度改划归邮政司办理，不久仍划归航政司。但在北伐成功后，国民政府“二中全会”于1929年6月17日决议将航空事业统归军政部

① 《军事委员会工程委员会职员录》，1945年10月编印。

主管，邮运航空及其经费归国民政府交通部主管。次年 4 月召开全国航空会议后，再次确定除邮政航空由交通部管理之外，其余航空计划均由航空署负责进行。依据 1930 年 1 月国民政府重新修正颁布的《交通部组织法》，交通部邮政司仅承担“关于管理经营国营邮政航空事项”和“关于监督民营航空承运邮件事项”的职责。同年交通部颁发的《邮运航空处组织条例》明确邮运航空处掌理全国邮运航空事务，分设总务科、业务科和工务科。其职权包括：①规划全国邮运航空线；②经营邮运航空事业；③筹划并办理国际邮航联运事项；④核准或指定航空公司承办邮运事项；⑤管理或监督关于邮运航空事业必要上之设备事宜；⑥检定承办邮运航空公司航空器及技术人员[①]。

抗日战争全面爆发后，国民政府交通部暂迁长沙，后迁至重庆陪都。1938 年 1 月 1 日，国民政府调整机构，将铁道部、公路处和全国经济委员会并入交通部，在新成立的交通部下设路政、邮政、电政、航政等司，由航政司主管民用航空业务。

2）国民政府交通部民用航空局

1947 年 1 月 20 日，为规划建设和经营管理民航事宜，在南京成立国民政府交通部民用航空局，主管全国民航事宜。其机构组成参照美国联邦航空局的管理模式，民航局下设秘书处、业务处、航路处、安全处和场建处等五处，以及技术人员训练所、上海办事处、上海器材库筹备处、专用电讯总台、人事室、会计室，还有各地民用航空站（包括上海龙华航空站、上海龙华航站修建工程处、南京航站修建工程处、武汉航空站、广州航空站、九江航站修建工程处、九江航空站、天津航空站、上海龙华航空站警察所、上海龙华航空站虹桥辅助站、上海龙华空中交通管制站、龙华大厦工程设计组、厦门航空站、汉口测量队）等机构（图 1-3）。而国民政府交通部除管辖民用航空局外，还先后分管中国航空公司、欧亚航空公司（后为中央航空公司）和民航空运队等。1949 年 4 月，国民政府交通部民航局先撤到广州，后迁至我国台湾台北。

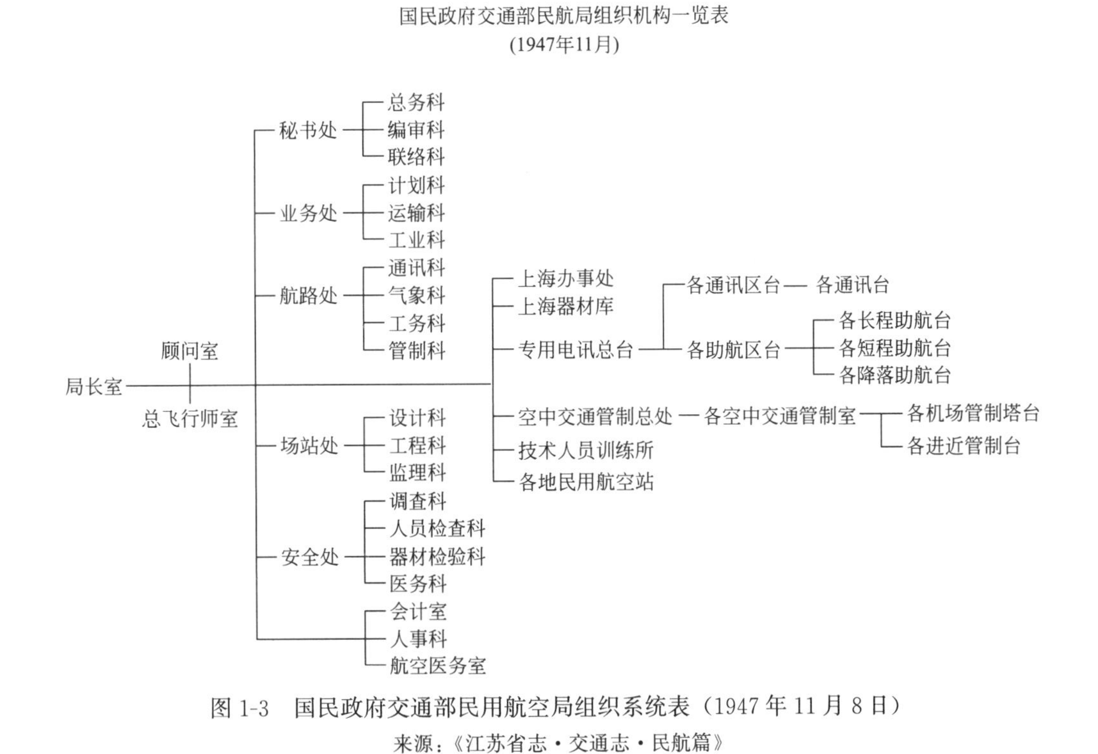

图 1-3　国民政府交通部民用航空局组织系统表（1947 年 11 月 8 日）
来源：《江苏省志・交通志・民航篇》

① 《邮运航空处组织条例》，载《行政院公报》，1930 年第 135 期，第 8～31 页。

1.1.3 东北沦陷时期伪满洲国政府的民航管理机构及其机场建设的组织架构

1933年，伪满洲国政府先在其交通部总务司下设置航空科，负责航空事项。同年6月又确定由伪交通部路政司庶务科暂时直接主管航空行政事宜。早期的民用机场则委托“满洲航空公司”（简称“满航”）负责整备、维护和使用，“满航”设有航空处，下辖奉天营区、通信课、器材课、营业课、运航课，以及补给处、写真处和总务部。另外，“南满洲铁道株式会社”也曾一度设置过航空部。

1934年，伪满洲国国务院交通部分别设立道路司、水路司、航空司和铁路司，航空司再下设业务科、航务科、飞机场科和通信科，其中飞行场科主管飞机场设施、管理、施工事项。

1937年7月，在伪满洲国政府交通部航路司重新设置航空科，处理航空行政事务。同年11月，民用机场建设事宜由满航移交伪交通部办理。伪交通部道路司的直辖工事科设置铺装股，具体负责民用机场的整地、跑道及滑行道的建设计划。在日本关东军参谋部第一科的准允下，具体的机场建设工程则由伪交通部下辖的各土木工程处或委托各省公署建设厅组织施工。涉及军用物资供应的机场由日本关东军航空部队直接管理，而常用的机场则由满洲航空公司直接管理，其他的均委托机场所在县当局管理。

1939年7月1日，伪交通部制订了《航空保安三年计划》，总预算为1200万元，首年度为200万元，以提高和保障航空飞行安全。同年，伪满洲国政府将自民航开办以来由“满洲航空公司”所承担的民用机场建设、维护、管理业务及飞行员培养等事宜移交伪交通部，以谋求航空行政一体化运营。

1940年，伪交通部专设负责航空业务的航空司，下设业务、航务、通信和飞机场等四科。同年4月1日，伪交通部在新京（今长春）、奉天（今沈阳）、齐齐哈尔、承德、哈尔滨、佳木斯、牡丹江等七处开设地方行政机关——航空所，负责维护管理机场、助航灯光、空难救护及航空事故调查、通信航空法规和气象通信设施以及航空思想的普及等，同时还制定《航空基本设施扩充五年计划》。

1944年3月1日，伪交通部新设立直属的土木总局，统辖各土木工程处，并下设专管机场整备建设的航空工程处。同月，伪交通部航空司改称为航空电政司，以谋求航空和通信的一体化。

在机场建设和管理方面，军用或民用机场的用地均由伪交通部机场科将其作为伪满洲国的国有土地而征用。军用机场或由日本关东军直接强征民工建设，也有由日本本土的营造厂承包修建，再由这些承包商在机场所在地征工施工。1937—1941年，日本大林组和清水组承建了黑龙江省桦南的湖南营（现桦南镇）和土龙山两座军用机场。

1.2 北洋政府时期的全国航空线规划及其航空站建设

近代的民用航线开辟和民用航空站建设规划是同步进行的，航空站依据中央和地方各级政府或航空公司所规划开辟的航线而建设。民国时期的北洋政府和南京国民政府先后制定过全国民用航线规划及机场布局，另外各省政府以及各伪政权当局也对其管辖地区进行过区域性的航线网络规划和航空站规划布局。中国航空公司、欧亚航空公司等近代的航空公司则根据航空市场需求而先后制订过各自的航线发展规划，依据航线布局再相应地进行沿线的航空站建设，分期逐段地开通航线。此外，民间航空机构、航空业内人士也对全国航线网络布局提出过规划方案或独到见解。但这些航线网络和航空站建设规划都由于政局动荡和战乱频繁而使其流于形式，加之整个航空工业体系严重依赖于国外，使得诸多的航线规划无法全然实现，不少规划仅刚启动实施便戛然而止。

1.2.1 北洋政府交通部筹办航空事宜处提出的航空线计划

1919年4月2日成立的交通部筹办航空事宜处和1919年11月成立的国务院航空事务处在对航空事务的管辖权限归属方面存在着争执，各自制订了不同的全国航线规划。1920年年初，北洋政府交通部筹办航空事宜处拟订在全国开辟五大航空干线规划，这包括北京经汉口至广州间的京粤线、北京至上海

间的京沪线、北京至成都间的京蜀线、北京经奉天（今沈阳）至哈尔滨间的京哈线以及北京至库伦（今蒙古国首都乌兰巴托）间的京库线（表 1-1）。筹办航空事宜处将航空站分为航站、预备站和保安站三级，在上述五大航线沿线均计划分别设置航站、预备站和保安站不等。其中航站的用地面积在 $800m^2$ 的范围内，并设有站长、飞行员等，每站距离为 300 英里（约 482km）；预备站的用地面积在 $600m^2$ 的范围内，设有司事、材料员等，彼此相隔 150 英里（约 241km）；保安站的用地面积则在 $400m^2$ 的范围内，设有管信号和管电报的人员，彼此相隔 50 英里（约合 80km）。航站附设有修理厂，预备站则备有修理车，两站均有油料、航空器材等各种储备材料，以便飞机在途中临时补充之用。

北洋政府交通部筹办航空事宜处提出的全国航空路线计划　表 1-1

航线类别	航空站名称	航线沿线航空站
京粤线	航站	瓦屋须集、黄安、鄗县
	预备站	董家务、苇园集、将水市、韶州
	保安站	公家营、唐家庄、思葵集、馆县、永辛集、佛国寺、张兰城、骆驼铺、汀泗桥、沙市、萍乡、汝城、化石、英德、化县
京沪线	航站	高桥集、双甸镇
	预备站	王庄、下王庄
	保安站	育莱营司、良王庄、大桑集、公泉谷、不落固山、西墅镇、干饭、港镇、沙河集、牛洪镇
京蜀线	航站	交口、富平
	预备站	管村、乐阳、大溪河、龙泽
	保安站	涞水、刘各庄、交厚、辉黄、买封霍、张村镇、西顾镇、劳店镇、厚畛、子讯、鸡头关、流沙坝、魏城
京哈线	航站	沟帮子
	预备站	洛里同、怀德
	保安站	胡庄、散河桥、北沟、四方台、小蛇、盆路口、孟家屯、太平沟、农安、西王家子、三棵树
京库线	航站	乌得
	预备站	庙滩、滂江、叨林
	保安站	—

1.2.2　北洋政府国务院航空事务处提出的航空线计划

1920 年 6 月，北洋政府国务院航空事务处召集测量局、制图局及中央观象台等专门委员会，共同研究拟订全国经纬度线，首次制定一个拥有 5 条重要干线、12 条次要干线、8 条支线的“原定全国航空线计划总图”。该计划连接着全国主要的省会城市和边陲重镇，主要从政治和军事角度考虑，而对航线的商业经济效益顾及甚少。重要干线以北京为中心，包括北京至上海、汉口、哈尔滨等航线，鉴于当时外蒙古独立的倾向，也考虑了开通北京连接库伦以及库伦至科布多的西北航线等。该计划制定了分期建设计划，提出在重要干线中首先准备启动京沪线，其次是京汉线，再往后则是京哈线、京库线和库科线。并认为支线距离较短，且至关重要，应提前筹建（表 1-2）。

北洋政府国务院航空事务处提出的全国航空线计划　表 1-2

航线类别	航线名称	航线沿线航空站
重要干线	京沪航空线	北京—天津—济南(历城)—徐州(铜山)—南京(江宁)—上海
	京汉航空线	北京—保定(清苑)—石家庄—郑州(郑县)—驻马店—汉口
	京哈航空线	北京—北戴河—锦州(锦县)—奉天—长春—哈尔滨(滨江)
	京库航空线	北京—张家口(张北)—滂江—乌兰托罗海—库伦
	库科航空线	库伦—沙布克台—乌里雅苏台—科布多

续表

航线类别	航线名称	航线沿线航空站
次要干线	粤汉航空线	广州—桂阳—长沙—岳州—汉口
	沪川航空线	上海—南京—安庆—汉口—宜昌—重庆—成都
	沪粤航空线	上海—温州—福州—厦门—广州
	闽汉航空线	福州—南昌—汉口
	滇粤航空线	云南—南宁—广州
	粤川航空线	广州—桂林—沅州—贵阳—重庆—成都
	滇汉航空线	云南—贵阳—沅州—岳州—汉口
	京凉航空线	北京—保定—石家庄—太原—榆林—宁夏—凉州
	汉兰航空线	汉口—襄阳—西安—兰州
	陇滇航空线	兰州—西固—成都—雷波—云南—河口
	陇新航空线	兰州—凉州—嘉峪关—安西—哈密—迪化—乌苏—伊犁
	川藏航空线	成都—打箭炉—宁静—边坝—拉萨
支线	京承航空线	北京—承德
	京多航空线	北京—多伦
支线	哈满航空线	哈尔滨—龙江—呼伦—满洲里
	哈黑航空线	哈尔滨—黑河
	哈绥航空线	哈尔滨—宁古塔—绥芬
	库恰航空线	库伦—恰克图
	库呼航空线	库伦—克鲁伦—呼伦
	科迪航空线	科布多—承化—迪化

来源：《纪事：本国事情：中国航空史略》。

从布局思路来看，由北洋政府交通部筹办航空事宜处拟订的全国五大航空干线规划是以北京为核心的骨干放射航线布局模式，而国务院航空事务处是基于经纬度按照航线重要程度、通达全国主要的省会城市和边陲重镇拟订的全国航空线计划。交通部筹办航空事宜处提出的方案侧重于航空站的分级设置，为局限于本交通行业的专项规划，根据飞机性能和经济支出能力及现实条件而确定全国航线规划规模，航线布局是以北京为中心的放射状航线网络，每一航线均为直线状布局，其规划方案显得粗略保守。而国务院航空事务处则协同其他相关部门共同制订，该航线网络规划更为详尽和周全，按航空路线进行分级，部分航线为折线绕行。为防范外蒙古独立，这两个规划都无一例外地将连通外蒙古作为优先发展的航空线路，也均将京沪航线作为重要干线予以考虑。

1922 年，北洋政府航空署考虑我国是巴黎会议议定的航空条约签字国，“深恐该约一经批准，各国飞机即纷至沓来，不分此疆彼界”，为此需要拟定国际航线，并拟自南向北在东部沿海地区建设广州、福州、上海、青岛、天津、北戴河、安东等七处国际航站。购地建筑各项费用约需 70 万元，航空署行文至交通部商请拨款，但交通部答复因经费困难请缓再议。

1.2.3 北洋政府时期的航空站建设

1919 年，北洋政府向英国费克斯公司（Vickers）分两期借款 180 万英镑，其中 130 万英镑用于购置 150 架英制大维梅飞机及其航空器材，另外 50 万英镑作为发展航空事业行政经费，北洋政府国务院为此还专门设立航空事务处。次年 8 月，北洋政府交通部筹办航空事宜处被裁撤，所有筹备航空事务及一切器材均统归国务院航空事务处接管。1921 年 2 月，航空事务处升格为航空署，根据北洋政府颁发《航空署组织条例》规定，“航空署直隶于国务院，管理全国航空一切事务，监督所辖机构”。同年 3

月，航空署设立“国有航空线管理局”，负责全国航空线的运输、修养（修筑和养护）、营业、会计及所属航空站及备用飞行场，规划有 25 条全国干支路航空线，同年 5 月拟定《国有航空线管理局编制通则》，明确该局下设总务课、航务课、工务课和会计课。

1. 京沪航空线

1920 年 6 月，国务院航空事务处拟订的“全国航空线计划”经国务会议决议批准，京沪航空线先行。同年 11 月 29 日，航空事务处成立“筹办京沪航空线委员会”，负责筹办北京至上海间的场站设备等事宜，由英国人何尔德担任“经画主任”。1921 年 5 月 19 日施行的《京沪航空线管理局编制专章》规定该委员会直接隶属于航空署，下设总务课、航务课和工务课。航空署随后裁撤“筹办京沪航空线委员会”，新设立“京沪航空线管理局筹备处”。

1921 年 2 月 18 日，初期筹设北京、天津、济南、徐州、南京、上海六处航空站，备用飞行场每隔 50 英里（约 80km）设置 1 处，共设廊坊、桑园、滕县、大汶口、宿县、明光、丹阳、苏州等八处[①]。由航空署科长陈虹等人分头进行机场的踏勘选址，先后勘定京沪航空线沿线的上海虹桥、北京清河、济南官扎营、徐州骆驼山、南京中和桥等地的航空站场址以及飞行场用地，随后就航空站及飞机棚厂建设发布招标施工告示（表 1-3）。1921 年 7 月 2 日的《新闻报》报道：“济南、徐州、南京、上海各航站均已次第建设就绪，今拟分期开航逐段拓展，定于七月一号自北京通航至济南，七月下旬展航至徐州，至八月初旬京沪线路全线通航，均于当日到达。”但由于政局动荡、航空站建设资金短缺以及工程施工腐败等诸多因素，仅京沪航线最终仅试航开通京津段、京济段后便戛然而止了，京沪航空线管理局筹备处也于 1925 年 4 月被裁撤。

北洋政府航空事务处（航空署）招标建设的航空站飞机棚厂　　表 1-3

航空站名称	航空站等级	建设地点	招标时间	中标方	招标建设内容
北京航站	一等站	北京清河	1920 年 2 月 18 日—3 月 2 日	鑫记公司	飞机棚厂 2 座(数座)
天津航站	二等站	西沽北段(280 亩)	—	—	—
济南航站	二等站	官扎营(280 多亩)	—	—	飞机棚厂 2 座,可停驻维梅式飞机 2 架
南京航站	二等站	南京通济门外中和桥附近(280 亩)	1921 年 5 月 31 日—6 月 2 日	—	飞机棚厂 2 座,可停驻维梅式飞机 2 架
徐州航站	三等站	徐州东车站附近骆驼山(170 亩)	1921 年 5 月 31 日—6 月 2 日	—	飞机棚厂 1 座;办公室 20 多间,用银 7 万多元
上海航站	一等站	虹桥(270 多亩,其中上海县 240 亩,青浦县 30 亩)	1921 年 1 月 27 日—29 日	允元实业有限公司	木质飞机棚厂 2 座,附带栈房、修械所各 1 间,站房、油库、技工室各 1 处

注：清河航空站原拟采用英国费克斯公司的钢质机库，后限于财力而改为使用鑫记公司修建的木质机库，随英制飞机引进装配的一座英国费克斯公司军用帆布机库因遭遇大风而导致飞机受损。

2. 京汉航空线和郑西航空线及西北航空线

1922 年 12 月 15 日，北洋政府航空署发布《京汉航空线管理局编制专章》，明确隶属于航空署的京汉航空线管理局筹备处下设总务课、航务课和工务课，计划开通北京至汉口的航空线及其支线，除备用飞行场外，沿线筹设北京、保定、顺德、彰德、洛阳、郑州、郾城、花园、信阳和汉口等十处航空站。1924 年 6 月 27 日，航空署拟定的《郑西航空线管理局编制专章》颁布施行，也明确“郑西航空线管理局”下设总务课、航务课和工务课，管辖郑州至西安的空中航路及其支线，除备用飞行场外，沿线筹设

① 《航空署筹办京沪航线之经过》（《申报》1921 年 3 月 28 日第 3 版）记载备用飞机场为 8 处，而《空前之京沪通航摄影》（《时报图画周刊》1921 年第 57 期）记载三等站为“马厂、大汶口、南沙河、任桥、板桥、镇江、苏州”七站。

郑州、洛阳、潼关和西安四处航空站（表 1-4）。但京汉线、郑西线最终均未如期成功开通。1924 年 10 月 25 日，北洋政府航空署又设立“筹办西北航空线委员会”，计划开辟河南陕州经西安、兰州等地至新疆伊犁的西北航空线。次年 5 月，该委员会改为“西北航空线管理局筹备处”，后因陕州发生战争，西北航空线筹备工作也未能继续进行。

北洋政府航空署筹备的三大航空线沿线航空站的等级划分　　表 1-4

航线名称	航空线沿线的航空站		
	一等站	二等站	三等站
京沪航空线	北京、上海	天津、济南、南京	徐州
京汉航空线	北京、郑州、汉口	保定、顺德、信阳	彰德、洛阳、郾城、花园
郑西航空线	郑州、西安	洛阳、潼关	—

1.3 南京国民政府时期的全国航线规划及其航空站建设

1.3.1 南京国民政府成立初期的全国航线及其航空站规划建设

1927 年 4 月南京国民政府成立后，民用和军用航空业逐步纳入正规化建设的渠道，国民政府航空署和交通部分别制定了军用和民用的航线规划和航空站布局规划。1929 年，按照国民政府“二中全会”决议确定的航空业务分工，交通部仅主管邮政航空业务，其余航空事务均由航空署负责。

1. 南京国民政府航空署制定的全国航线规划及航空站布局规划

1）航空署制定的交通干线和交通场站规划

1928 年 11 月，国民政府行政院下辖的军政部航空署成立后，开始军事航空业的正规化建设，早期航空署尝试将全国划分为四大航空区，其中广东省为第一航空区，统管广西、江西、云南和贵州四个省份，但该计划最终未全面实施①。作为全国航空业的管理机构，航空署认为欧美先进国家之所以飞机能够在一日之内飞行其全境，主要是由于这些国家的航空线站星罗棋布和规划周密。航空线站作为飞机起降的场所，其场站布局应力求促进全国航空业的发展，同时也奠定了国防基础。航空署在成立之际，认为规划线站是航空建设中的首要任务，为此航空署航务科在 1929 年 3 月拟定了《全国航空国防交通场站图》《全国航空交通干线一览表》《全国国防航空场站表》《限期完成时期表》等四份图表，其中拟定的全国航空交通干线计划是以南京为起点，共有京迪、京库、京粤、京滇、京哈、京安、京拉、京张、京齐、京桂、京闽、京沪等 12 条航空干线，最终形成以南京为中心、通达全国的放射状航线网络。根据这些航线需求的缓急，将 12 条干线分为 3 期建设。对于干线过长的航线则再分为两段，依次建设。其中，第一期计划开通京迪、京库、京粤、京滇四大干线，总长约 7400km，沿途经过 38 个飞机场站；第二期计划开通京哈、京安、京拉、京张和京齐五大干线；第三期计划开通京桂、京沪、京闽三大干线（表 1-5）。同时，制定各期干线完成的具体日期，特别是军政部转呈国民政府通令各省政府的要求，即一期一段于 1929 年 9 月前完成，二期一段于 1930 年 3 月完成，三期一段于 1930 年 9 月前完成，一期二段于 1931 年 3 月前完成，二期二段于 1931 年 9 月前完成，三期二段于 1932 年 3 月前完成。对于全国航空支线场站，为了发展航空业和巩固国防，无论其为国有或是民用，都应由各省政府自筹款项。其修建时期最好能与各干线场站的建设同时举办，否则也应于 1933 年年底前完成②。

① 《我国航空杂讯　粤省将为第一航空区》，载《军事杂志》，1929 年第 19 期，第 186～187 页。

② 《国民政府之航空计划》，载《东方杂志》，1929 年第 26 卷第 11 期，第 109～112 页。

南京国民政府航空署制定的全国航线规划　　表 1-5

序号	航线名称	里程约数(华里)①	通航线路
1	京迪线	2780	南京—郑州—洛阳—潼关—西安—平凉—兰州(第一段)
		2700	兰州—凉州—肃州—安西—哈密—迪化(第二段)
2	京库线	1740	南京—徐州—顺德—太原—归绥(第一段)
		1560	归绥—布溯—那林—库伦(第二段)
3	京滇线	1560	南京—安庆—南昌—长沙(第一段)
		2160	长沙—沅州—贵阳—昭通—云南(第二段)
4	京粤线	2300	南京—安庆—南昌—吉安—赣州—韶州—广州
5	京哈线	3730	南京—徐州—济南—天津—山海关—锦州—奉天—吉林—哈尔滨
6	京安线	830	南京—淮安—海州—青岛(第一段)
		1340	青岛—烟台—金县—安东(第二段)
7	京拉线	2980	南京—安庆—九江—武昌—宜昌—夔州—重庆—成都(第一段)
		840	成都—打箭炉—巴安(第二段)
		2160	巴安—察隅—萨玛—仍刺—乞穆城—内隆—纳鲁—拉萨(第三段)
8	京张线	2110	南京—徐州—济南—天津—北平—张家口
9	京桂线	2120	南京—安庆—九江—武昌—岳阳—长沙—衡州—梧州—邕宁
10	京闽线	1600	南京—杭州—宁波—台州—温州—福宁—福州
11	京沪线	480	南京—无锡—上海
12	京齐线	1990	南京—徐州—济南—天津—承德(第一段)
		1560	承德—赤峰—开鲁—齐齐哈尔(第二段)

整理来源：《我国航空近讯：完成全国航空干线场站时期表》，载《军事杂志》，1929 年第 20 期。

注：京拉线分三段：南京—成都（第一段）
成都—巴安（第二段）
巴安—拉萨（第三段）
京哈线分两段：南京—承德（第一段）
承德—齐齐哈尔（第二段）

在国防航空场站方面，按照国民政府航空署制定的《完成全国国防飞行场时期表》，暂订有 64 区，也按照其轻重缓急分三期建设，并提出各期国防场站应与各期航空干线场站同时完成。第一期修建密山、延吉、长白、安东、金县、烟台、天津、青岛、上海、宁波、温州、福州、厦门、汕头、广州、新会、高州、雷州等 18 个区，限在 1929 年 9 月前完成；第二期修建同江、呼玛、漠河、承化、塔城、伊犁、恰克图、疏勒、满洲里、科则勒治勒戛、和阗、金吉里克卡伦、温宿、日喀则城、萨噶哈拉格尔、拉萨、察克楚玛、普耳萨玛、乞穆城、腾越、巴尔、蒙自、镇安、科布多等 25 个区[②]，限在 1930 年 3 月前完成；第三期修建东宁、海州、淮安、南通、台州、福宁、惠州、琼州、仍刺、内隆、纳鲁、鄂木坡、他克乌拉克纳、哈郎归塔克、胡呼卡伦、呼裕尔和奇、布拉罕达盖、鄂尔罗瓦、杨图井、吉里尔、达斯呼等 21 个区，限 1930 年 9 月前完成。

国防航空场站布局的主要目的在于保证政令畅通、稳定边境和巩固疆土，每一个国防场站负责其各自的防区。国防航空站的第一期重点在沿海地区和沿苏联、朝鲜边境地区建设机场，并重点防御日本及苏联。第二期计划建设重点在西南、西北边境地区。航空署所制订的场站建设计划由国民政府通令各地

① 1 华里等于 0.5 公里。本表里程数均以华里计，飞机速度以 300 里/小时计。

② 比较核对《军事杂志》（1930 年第 20 期）、《东方杂志》（1929 年第 26 卷第 11 期）和《福建建设月刊》（1929 年第 3 卷第 5 号）三篇文献所列出的《全国航空干线场站时期表》，原文中的场站数量与名称均对应不上，核对后的第二期实际场站数量为 24 个区，如果上述文献上的“萨噶哈拉格尔”是“萨噶”和“哈拉格尔”两处地名，则场站数量为 25 个区。

省政府遵照筹款实施，分民用航空和军事航空两部分实施。

1929年春，南京国民政府公布了《国民政府之航空计划》，其中强调了航空建设的重点和三期航空干线建设计划等。该计划通令各省限期修建60个机场，全部机场工程分三期进行，第一期主要集中在东北和沿海地区，第二、三期集中在西北地区等地。尽管国民政府正式颁布了在全国修筑飞机场的训令，但由于政令效力、财力和内战等因素的影响，时过两年仍无显著成效。

2）航空署的军事航空站和军事航空工业布局建设

在国民政府航空署的督建下，全国机场建设速度明显加快。1933年年底的全国机场数量尚为105个，时至1937年2月，除广西、新疆外，全国机场数量已大幅度提升到262个，其中较完备的16个；设置航空站共计110个，其中航空总站10个（可用7个），航空站100个（可用4个）（表1-6）。另备5所飞机制造厂，包括中央（杭州）飞机制造厂（简称“中杭厂”）、南昌中意飞机制造厂和韶关飞机制造厂，以及萍乡中国航空器材制造厂有限公司、贵州发动机制造厂；6所飞机修理厂主要包括4个飞机修理工厂及中央航校工厂和驻重庆修理所[①]。此外，还先后在南京、上海、南昌、洛阳、广州设立航空器材库6所以及航空保险伞制造所1所[②]。

全国分省飞行场调查表（1934年） **表1-6**

省别	飞行场	省别	飞行场
浙江	笕桥、长兴、兰溪、宁波、温州	江苏	首都、明故宫、三叉河、大校场、徐州、苏州、上海、虹桥、龙华、南通、砀山
江西	南昌、九江、樟树、吉安	广东	大沙头、瘦狗岭、惠州、韶关、汕头、北海
安徽	蚌埠、寿县、宿县、芜湖、安庆	广西	南宁、梧州、桂林
山东	济南、辛庄、济宁、青岛	奉天	奉天、锦州、绥中、沟帮子、安东
河南	开封、郑州、洛阳、信阳、确山、归德、郾城、驻马店、潢川、沈丘	吉林	长春、临江、延边、东宁、同江
湖南	长沙、新河、常德、衡阳、醴陵、芷江	黑龙江	哈尔滨、满洲里、黑河、呼伦、齐齐哈尔
湖北	汉口、武昌、沙市、宜昌、襄阳	甘肃	兰州、宁夏、肃州、哈密
四川	重庆、万县、成都	贵州	贵阳
福建	福州、马江、厦门、漳州	陕西	西安
河北	南苑、清河、天津、滦州、热河	绥远	包头
云南	昆明、昭通、百色	察哈尔	张家口
山西	太原、大同、五原	蒙古	库伦、多伦
新疆	迪化、伊犁、塔城		

来源：杭州《民国日报》1934年元旦特刊“全国分省飞行场调查表”。

2. 南京国民政府交通部制定的全国航线规划

1）《筹办航空运输计划书》（交通事业革新方案之五）

1928年8月，国民政府交通部编制了《筹办航空运输计划书》，按照纵横交错方式进行了全国航空线布局规划。在国际航站布局方面，该计划书提出要遵循北洋政府航空署的国际航站布置方案，以保障我国领空主权。在国内航空线方面，该计划书分南北线系和东西线系两大类，共计“两纵三横”五条航线：

（1）南北线系：①奉天—天津—上海—广州线（奉天—秦皇岛—天津—济南—徐州—南京—上海—杭州—福州—广州），该线沿渤海、黄海和东海海岸布置，经过地点与国际航站设置密切关联；②北

① 《民国二十六度作战计划（甲案）》，七八七1509卷，中国第二历史档案馆藏档案。转引自刘俊平：《抗战前国民政府空军建设研究（1931—1937）》，南京，南京大学博士论文，2014年。

② 秦孝仪主编：《中华民国重要史料初编——对日抗战时期：绪编（三）》，台北，文物供应社，1981年，第382页。

京—汉口—广州线（北京—保定—郑州—汉口—长沙—广州），该线沿平汉铁路线和粤汉铁路线布置，经过我国南北间的中心区域。

（2）东西线系：①上海—汉口—宜昌—成都线（上海—芜湖—九江—汉口—宜昌—万县—成都），该线沿长江布置，以便捷通达长江上游；②青岛—济南—郑州—西安—兰州—肃州—（迪化）—（伊犁）线，该线的后两站为未来航线扩充的航站。该线沿胶济铁路线和陇海铁路线布置，横越我国北部、中部地区一带，以利西北交通、巩固新疆边防，兼顾通航中亚、西亚及欧洲的邮件；③安东—奉天—吉林—龙江—哈尔滨—库伦线，该线沿南满铁路线和中东铁路线布置，以发展东三省及蒙古边陲一带。

该计划书还建议分期办理航空线，基于商业航空在通商大埠和文化开通之地先行示范的考虑，建议先由沿海向内陆筹办奉天—广州、北京—广州的南北线，再由南向北办理上海—成都、青岛—肃州以及安东—库伦的东西线，此后再推行至其他各地的航线。在航站组织方面，该计划书将航站分一二等站、三等站和备用飞行场三类进行规划建设①。

1928 年冬，国民政府交通部又拟定了一个兴办全国航空干线的"五年计划"，计划先开通沪蓉（上海至成都）航线，以后陆续增开沪平（上海至北平）、沪粤（上海至广州）、陕甘线（西安至兰州）、渝昆（重庆至昆明）等航线。后期拟定了革新方案，即航空运输计划中的五大空中航线及其实施顺序：①上海至成都线，经过南京、安庆、汉口、宜昌、万县；②青岛至肃州线，经过济南、郑州、西安、兰州；③辽宁至广州线，经过天津、青岛、上海、杭州、福州、厦门；④北平至广州线，经过保定、郑州、汉口、长沙；⑤安东至库伦线，经过辽宁（奉天）、吉林、哈尔滨、龙江。南京、上海、汉口、成都、青岛、郑州、辽宁、济南、广州、北平和天津为一等站，其他起讫或经停站点均为二等站。考虑到我国东西向交通远逊于南北向交通，将东西向航线列为优先建设事项。1929 年 1 月，国民政府交通部特选定双清、殷汝耕、刘书蕃、胡秦年、聂开一、刘乃宇、李景周、周铁鸣和齐镇午等九名委员组成"航空筹备会"，并积极推进该计划，5 月又增补朱斌侯委员入会。但除沪蓉线如期开通外，其他航线的开辟始终受到财力不足、内战频发等因素的困扰。东北易帜后，交通部拟开通的北戴河经锦州、沈阳至长春航线也因"九·一八"事变而未开通。

2）国民政府交通部航政司拟订《关于设司航政计划书》（1929 年）

1929 年，交通部航政司拟订了《关于设司航政计划书》②，该计划涵盖 4 部分：①施设国营航空线之步骤及其预算；②国营航空站之步骤及其预算；③国立航空学校之步骤及其预算；④国营飞机工厂之步骤及其预算。其中，国营航空线及航空站分五期建设：第一期举办京桂线之京沪段及京藏线之京蜀段，合成为上海至成都全线；第二期举办京喀线之开封至兰州段及开封至青岛的联络线，合成为青岛至兰州全线，该线分两段飞行，以开封为中点，经停济南、西安等处。续办京桂线之京粤段，举办京黑线之京奉段，合成为广州至奉天全线，该线分四段飞行，以福州、上海和北平为中点，经停汕头、杭州、青岛、天津、热河等处；第三期举办中部南北线（即广州至北平线），该线分两段飞行，以汉口为中站，经停韶州、长沙、开封、石家庄等处。举办京滇线，该线分两段飞行，以长沙为中点，经停南京、洪江、贵阳等处。完成京黑线北段，以及举办北部东西线的黑库段，合成为奉天至库伦全线，该线分两段飞行，以黑龙江为中点，经停吉林、哈尔滨、京鲁伦、车臣汗等处；第四期完成京桂线之广州至南京段，举办京密线，该线分两段飞行，以太原为中点，经停济南、归绥、包头等处。完成京新线之兰州至迪化段，该线分三段飞行，以肃州、哈密为中点，经停西安、吐鲁番等处。完成京藏线之成都至拉萨段，该线分两段飞行，以察木多为中点，经停打箭炉、嘉黎等处；第五期完成国营航空线计划中的所有干线，但国际航空线除外。具体包括：①京新线之迪化经乌苏至伊犁的天山以北延长线；②京藏线之拉萨经扎伦布萨、噶噶大克的延长线（分两段飞行）；③京新线之吐鲁番经焉耆、阿克苏至喀什、噶尔的天山以南延长线（分两段飞行）；④北部东西

---

① 《筹办航空运输计划书"（交通事业革新方案之五）》，载《广东建设公报》，1928 年第 3 卷第 3 期，第 33～36 页。

② 《交通部航空设施计划》，载《湖北省政府公报》，1929 年第 38 期，第 81～82 页。原文中的"黑龙江"应是指"齐齐哈尔"，"京鲁伦"疑为"克鲁伦"，"噶噶大克"疑为"噶大克"。

线的库伦经西库、乌里雅苏台、科布多、承化、塔尔巴哈台至伊犁线。

3）国民政府交通部技士周铁鸣的《全国邮运航空实施计划书》（1930年7月）

国民政府交通部技士周铁鸣在其所著的《全国邮运航空实施计划书》中系统地提出了“全国邮运航空干线设计草案”，该草案包括总纲、航线图、线路及空港设计、修理工厂、航空教练所、飞机制造厂、航空站与飞机场（空港）建筑图案，以及汽油价目和程式比较等八个章节，还有沪蓉（上海—南京—汉口—成都）、京哈（南京—哈尔滨）、沪滇（上海—广州—昆明）、岭平（广州—汉口—北平）、沪黑（上海—满洲里—哈尔滨）五大全国邮运航空干线，总里程6957英里（约11193.81km）。航空干线沿线的场站则分为航线总站（3处）、航线中站（5处）、航线分站（15处）和备用场（106处）四类。其中，总站包括上海、汉口和哈尔滨3处，中站包括南京、成都、广州、昆明和北平5处。总站和中站占地面积1000亩，分站占地500亩，备用场占地100亩。每处航空站需要建造钢筋混凝土或铁架飞机棚厂（即飞机库）、修理厂房、公事房数量不等，还需配置飞机、发动机、修理机件、无线电设备、气象仪器、交通器具及补充材料等。该计划书还提出“空港之设计方案”，针对全国邮运航空各航空线飞机场站建筑方案，从绪言、定义、航空站（空港）之需要、航空站与小城市、地位之选择、场站设置、服务及设备、证明标记、夜光、水面场站及停泊之原则等十个方面予以阐述。

1.3.2 抗战时期的民用航空建设发展计划

1. 国民政府交通部的《交通方案》（1938年7月1日）

1938年7月1日，整合统管所有交通方式之后的国民政府交通部编制《交通方案》，该战时交通规划方案涵盖铁路、公路、航空、水运及水陆联运、电政五部分。该方案认为抗战前方“虽受敌人之威胁，而仍能畅通无阻，保持其应有之效用”。抗战后方“西南西北各省交通不便，航空之需要更切”。故在航空方面必须多开国际及内地航线。在国际航线方面，为与友国增强联系起见，拟增加合办国际航线。①中苏线。拟自汉口经西安、兰州、肃州，至哈密、迪化，再至苏俄边境。其中汉口至哈密段由中国自办，哈密至苏俄边境段由中苏合办。②中缅线。自昆明经满大来（即曼德勒）至缅甸，以与英国航线衔接，该线拟中英合办。③中越线。欧亚航空公司已开通昆明至河内航线，唯法国方面希望将法国航空公司航线拓展至内地，为此拟合办中法航空公司，先期开办昆明—河内航线，以与法国航空公司航线衔接。在国内航线方面，现有航线包括：中国航空公司的汉口—重庆—成都—嘉定、重庆—香港以及汉口—长沙等航线；欧亚航空公司的汉口—西安—兰州—宁夏、西安—成都—昆明—河内以及汉口—长沙—香港等航线。考虑到长沙、贵阳渐见重要，而广西与川滇黔各省又必须加强联络，故拟增开以下航线：重庆—贵阳—梧州，或柳州—香港；昆明—柳州—香港；贵阳—长沙；重庆—贵阳—昆明；重庆—万县—宜昌—长沙（图1-4）。

2. 国民政府交通部的《邮运航空计划》（1943年9月16日）

1943年9月，国民政府交通部颁布《邮运航空计划》以及《邮运地图及线路表》，该计划中的邮运航空线路设计以周密迅捷为目标，按照当时民航机速率420km/h来计算。较长的航程，往往规定当日往返或一日内到达。邮运航空线路分干线、联络线及辅助线三种类型。其中干线有6条，其起讫经停各站均为重要城市，以沈阳、大连、台北、广州、昆明、兰州为起点，设交换分站；以汉口为中心点，设交换总站，飞机每日往返于交换分站与总站间一次。故在干线上的任何城市间互寄邮件，均可当日到达。凡干线间因受当天到达条件的限制而不能抵达者，则从其起点（即交换分站）向外延伸，成为联络线（如兰塔线）。又经过交换分站的航线，也称为“联络线”（如沪瑷线）。此类联络线，除兰塔线因航程较长须每日对开外，其余均每日在本线上往返飞行一次。凡航线不经过交换总站及交换分站，仅经过（或连接）干线或联络线上的交换支站者，统称为“辅助线”。航机在本线上每日往返或对开一次，各站互寄邮件，当日可到。与干线上交换支站连接者，与干线各站间互寄邮件，次日可达。与联络线上的交换支站连接者，与联络线各站次日可达，但与干线上各站则需3日到达。

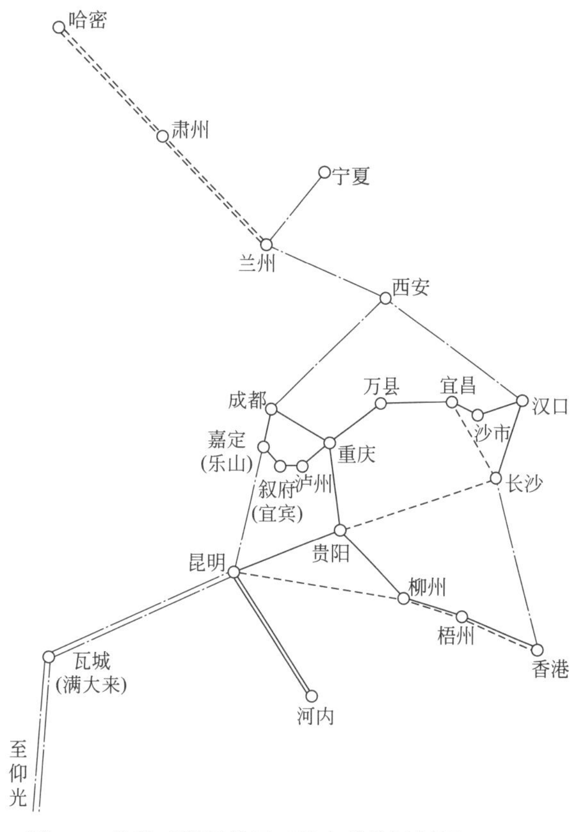

图 1-4 抗战时期国统区《航空线路计划图》(1938)
来源:《交通方案》

1.3.3 抗战胜利后的民用航空建设发展计划

1945 年抗战胜利前后,国民政府交通部和航空委员会分别制定了战后民航发展计划。这两个计划各有特色,交通部所推出的民航规划为框架性的,较为全面,涉及民航发展的各个方面。相比之下,由于战时民用航空业是在军事体制下运作的,航委会所提出的计划只集中在航线、飞机及航空站三大领域,其具体内容更为详尽。两个计划的共同点是都提出了优先发展通往侨胞集中的南洋各国的国际航线。

1. 国民政府交通部的《战后航空运输五年计划草案》和《关于空运之五年建设计划》

早在抗战胜利前夕的 1945 年 5 月,国民政府交通部航政司便拟订了《战后航空运输五年计划草案》,该草案在航线选择方面提出了初步计划:在国际航线方面,鉴于华侨分布在南洋各地,与国内政治经济关系密切,为了增进南洋侨胞与国内往来以及发展国际交通起见,提出优先开辟广东、福建沿海地区与南洋一带的短程国际航线,而后再开通欧美航线;在国内航线方面,提出战后五年内重点发展国内航线,并在各主要城市开辟主要干线,以增进省际的政治、经济、人文的联系,此外,还应开辟次要干线与支线,从而形成完整的全国航空网络,以增进全国的经济文化交流。同时,也兼顾国防发展。

1946 年 4 月,国民政府交通部又拟订《关于空运之五年建设计划》①,提出:①加强中国航空公司业务,拓展中外合资事业;②加强国营的中央航空公司国内外航线,将扩充航线 31890km;③计划设立东北、西北两大航空公司,但将在第三年开始着手创立;④除已有飞机外,现开始陆续购置飞机,五年内新增飞机 200 架;航站将分布在各主要都市,拟新增 103 处;⑤即将成立民用航空局和航空研究所。

---

① 《交通部拟订空运五年建设计划》,载《征信新闻》第 329 期,1946 年 4 月 13 日。

2. 中央设计局的《物资建设五年计划书草案》

1945年12月，国民政府国防最高委员会下属的中央设计局编制了《物资建设五年计划书草案》，在其交通篇中的“空运”章节中，该计划提出以下主要内容：促进中外合资的中国航空公司和国营的中央航空公司的发展；成立东北航空公司和西北航空公司；增购飞机和航站；建设飞机制造厂；训练航空人才；设立民用航空电信总台和气象总台；设立航空研究所；成立民用航空局等10项内容（表1-7）。这些计划在后期大部分都得以实现或取得阶段性进展。[①]

航站分布、等级和建设次序 **表1-7**

年次＼航站	甲等航站	乙等航站	丙等航站	丁等航站	共计
第一年	南京、汉口、广州、昆明、滨江、北平、上海、重庆、西安、兰州、成都、迪化、沈阳、肃州、南昌(15)	营口、青岛、济南、杭州、大连、徐州、天津、厦门、桂林、贵阳、太原、琼州、香港、伊宁、哈密(15)	长春、福州、温州(3)	(0)	33
第二年	郑州(1)	长沙、仰光(2)	赣州、宜宾、泸州、归绥、腊戌(5)	(0)	8
第三年	台北(1)	龙江、满洲里、康定、阿克苏、宁夏、东京、马尼剌(7)	宜昌、洮南、承德、福冈(4)	襄阳、赤峰(2)	14
第四年	(0)	库伦、张家口(2)	西宁、汕头、宁波(3)	玉树、凉州(2)	7
第五年	拉萨(1)	噶大克、和田、新加坡、疏勒(4)	大同、河内、曼谷、焉耆(4)	秦皇岛、五原、巴楚、托克逊(4)	13
共计	18	30	19	8	75

来源：根据《物资建设五年计划书草案》交通篇“空运”章节表（六）中的“A. 航站之分布等级”和“B. 航站建设次序”两表整理合成。

3. 国民政府军事委员会航空委员会的《战后三年的民用航空建设计划》

1945年8月31日，航空委员会主任周至柔向国民政府军事委员会提交了有关《我国民航现状和趋势及整顿要点》的报告，该报告提出了我国抗战胜利后的民航发展步骤，具体如下：①国际航线，第一步先在南洋的新加坡、马尼拉、越南海防和河内以及暹罗、印度、缅甸、日本东京、朝鲜各地开发航线；第二步再拓展至欧美国家。②国内航线，其中干线为衔接各省政府所在地及重要城市的航线，由国营航空公司经营；支线为衔接干线以外的各市县航线，由民营航空公司经营。

基于以上发展设想，航空委员会拟订了《战后三年的民用航空建设计划》（1946—1948）。在该计划中，分别拟订了航空线路建设计划表、航空线路建设计划图、所需飞机种类及数量、建设民用航站等级地点数量表、附设备器材参考表、训练民用航空人员种类数量表。其中，提出了在战后三年内训练民用航空地面人员、飞行人员4200名，购置270架飞机的庞大计划。另外，按照国际线、国内干线和支线三类提出具体航空线路计划，包括线路名称、始发终到经停站点、航班班次、使用机型以及开通时间等详细内容。其中国际线包括伊犁—阿拉木图、广州—马尼拉等8条航线，共计14850km；国内干线包括哈尔滨—广州、南京—库伦等18条航线，共计38220km；国内支线包括重庆—成都、汉口—基隆等23条航线，共计19940km。在民航场站方面，该计划参照军用航空站的分类，将民航场站分为甲等、乙等和丙等三类。考虑到高等级航站的重要性和可替代性，乙等航站除单独设置外，还在每个甲等航站附近逐一匹配设置，同样丙等航站也是如此。该计划提出在战后三年内建设甲等航站19个、乙等航站42

① 航空五年建设计划：摘自“十五年来之交通概况”第五章“空运”，《粤汉半月刊》，1947年第2卷第3期，第6～7页。

个、丙等航站 68 个，共计 129 个航站（表 1-8）。

战后三年内建设民用航站等级地点数量表　　表 1-8

航站等级	航站数量	航站名称	备注
甲等航站	19	重庆、南京、上海、汉口、西安、兰州、昆明、沈阳、香港、广州、北平、天津、成都、肃州、五原、玉树、桂林、南昌、福州	
乙等航站	42	迪化、长沙、郑州、哈尔滨、青岛、太原、济南、杭州、贵阳、基隆、南宁、大连、伊犁、满洲里、库伦、哈密、且末、拉萨、龙江、琼州、康定、安庆、疏勒	另在每个甲等航站的相近地点均附设 1 个乙等航站，计附设者 19 处
丙等航站	68	宜昌、汉中、柳州、归绥、宁夏、赣州、徐州、库车、和田、乌苏、塔城、泸州、叙府、嘉定、万县、沙市、芜湖、九江、海州、金华、襄阳、天水、承德、锦州、长春、梧州、龙州、曲江、茂名、梅县、汕头、厦门、衡阳、西宁、凉州、甘州、吉林、洮南、包头、张家口、阿克苏、威海卫、漠河、承化、萨噶	另于每 1 个单独的乙等航站（即不在甲等航站相近地点附设者）的相近地点均附设 1 个丙等航站，计附设者 23 处

注：本表引自国民政府航空委员会拟订的《战后三年的民用航空建设计划》。

1.4　近代地方政府的航线规划及其航空站建设

在北洋政府和南京国民政府时期，各地方军政府纷纷自建军用航空队，并兼办辖区内的民航运输业，同样也制定了各自辖区内较为宏大的民用航空发展计划，这些地区的航线规划布局均以省会或中心城市为中心构筑辐射型的航线网络，但因时局、战乱、资金、技术及专业人员等诸多限制，这些航线规划往往形同虚设，已开通的航线也难以为继，不久便销声匿迹了。

1.4.1　近代区域航空的发展规划

1. 国民政府蒙藏委员会的航空计划

1930 年，国民政府蒙藏委员会拟订西藏地区的航空计划，其航线拟以西藏拉萨总站为中心，并分东北西南四线：①东路：由拉萨经过嘉黎站、易都站、巴安站至康定站，以通四川，与四川成都站、重庆站联络；②北路：由拉萨至唐剌山口通青海，与青海的航空站联络；③西路：由拉萨站至什伦布；④南路：由拉萨至江孜[①]。

同年，国民政府蒙藏委员会还积极筹备首都南京至蒙古航线，计划开辟至库伦航空干线。同时，开辟通往满洲里、呼伦贝尔、乌里雅苏台、科布多的航空支线。

2. 东三省民用航空的规划建设

1920 年 7 月，为发展航空业务，东三省巡阅使张作霖设立东三省航空处，并在沈阳东塔农业试验场旷地修建了飞机场。1924 年春，东三省航空处兼办民航，以 5 架飞机用于民航，筹设沈阳—牛庄（营口）和沈阳—长春—哈尔滨两条邮运航班。同年 3 月 1 日，由东三省航空处总办张学良亲自试航开辟沈阳至营口（机场位于营口车站附近）邮运民用航线，此为东三省民航邮运之始，随后在东三省航空处内增设航线筹备处，筹办东北三省定期搭乘旅客和邮件航线，年内计划开通奉天—吉林航线。1925 年又筹办开通沈阳—营口—锦州—山海关—天津航线，其沿线降落场已经齐备，后因连年内战而未有明显进展。

1928 年 12 月 29 日东北易帜后，拟将东北航空大队发展民用航空，又重新拟订东三省民航业发展计划，计划分三期举办：第一期先办本省民航，拟暂定在沈阳、安东（今丹东）、营口、复县（今瓦房店）、锦县、山海关、公主岭等七处开航；第二期举办吉林和黑龙江航线，拟暂定在长春、吉林、哈尔滨、海参崴、宁安、满洲里、卜奎（今齐齐哈尔）等七处开航；第三期举办通往关内各省的天津、北

① 《国内琐闻：蒙委会举办航空计划》，载《航空杂志》，1930 年第 11～12 期，第 1～2 页。

平、上海、南京、汉口等重要城市的航线。1930年东北航空大队又提出开通南京—沈阳航线，拟在秦皇岛、天津、济南、徐州、蚌埠、南京设站及飞行场，并派人到航空署接洽及进行实地勘察，但因“九·一八”事变而中断。

1929年，张学良主政的东北边防军核定东北各省的航空国防站，南至辽宁的安东，北至吉林的延吉、虎林，黑龙江的瑷珲、漠河和胪滨为止，这些航空站均为“航空国防大站”，诸如临江、密山、倭锡门和温河等处则为航空国防小站，由航空处在上述站点筹备降落场①。1929年4月，东北边防军司令部长官公署在辽宁省筹备全省飞行航站，拟定长春、辽源、洮安、通辽、锦县、绥中、营口、安东、通化、海龙等10处为飞行航站②，令各县政府会同航空大队委员共同办理筹建事宜，先在各县觅定适当地方，垫平场地后作飞机降落场。该航线网是以奉天（即沈阳）为核心的环线加放射线式航空网络（图1-5）。1930年4月1日，东北航空大队改为东北航空军司令部，时下已拥有飞机200多架。次年，航空军司令部在一期已建有沈阳、安东、沟帮子、通辽等机场的基础上，为增加辽宁省飞机场数量，计划二期再建设飞机场八处，具体地点如下：在一期的安东机场方向再增设临江、长山二处；由一期的沟帮子机场方向再增设营口、庄河二处；由一期的通辽机场方向再增设洮南一处；由沈阳机场向东发展方向再增设兴京、山城镇、西安三处机场③。

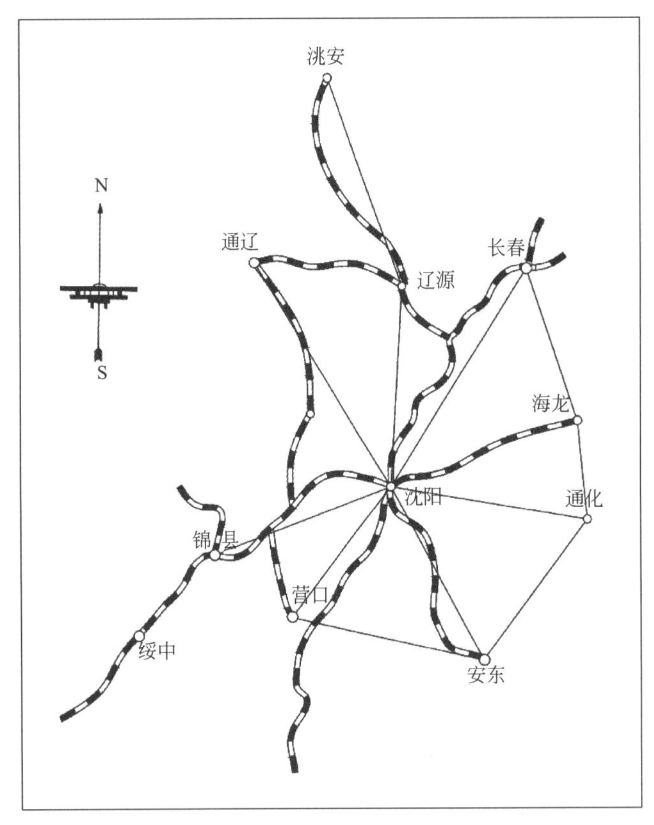

图1-5　东北边防军司令部长官公署编制的辽宁省航线图（1929）

来源：项目组依据辽宁省档案馆馆藏档案描绘

3. 西北地区民用航空的规划建设

1924年10月25日，北洋政府航空署设立“西北航空线筹备委员会”，计划开辟西安至伊犁航线，计划中的干线以河南陕州为起点，经渭南、西安、平凉、兰州、凉州、肃州、安西、哈密、吐鲁番、迪

① 《关于航空者：国防航空站》，载《黑龙江建设月报》，1929年第1卷第3期，第154页。

② 《奉系军阀档案史料汇编》，第8册，江苏古籍出版社，香港地平线出版社，1990年版，第297页。

③ 《航空部二期计画》，载《盛京时报》，1931年5月7日。

化、乌苏至伊犁，以连接中亚、西亚。另有的北支线由兰州往北经宁夏、五原、包头与京绥路相连；南支线由西安、经汉中、保宁、成都而达重庆。1925 年 5 月，“西北航空线筹备委员会”改为“西北航空线管理局筹备处”，先期设立郑州、洛阳两站，原拟同年 5 月 1 日以两架大维梅式飞机开通郑州至洛阳往返航线，后因陕州发生战争，西北航线筹备工作未能继续进行，该通航计划未实现。

1931 年，根据洪绅和李辑祥合编的《西北交通初步计划》①，为了邮运、载客和轻便货运，该书提议开通如下四线：汉西线（汉口—西安），全长 560km；西兰线（西安—皋兰），全长 450km；兰屯线（皋兰—屯月），全长 550km；屯迪线（屯月—迪化），全长 1160km。该四线合计全长 2720km。添设支线可以西安、皋兰、屯月及迪化为中心点，可达陕西、东北的热察绥、甘肃与宁夏以北的蒙古、新疆边境及青海以南的西藏西康。

4. 豫陕甘地区民用航空的规划建设

1928 年，时任国民政府军政部部长冯玉祥在其管辖的豫陕甘地区筹备兴办民用航空，在洛阳西工筹办民航之初，仅有飞机 1 架。冯玉祥先致电甘肃省政府主席，要求其在平凉、兰州建设两个大型飞机场；再要求河南省政府主席拨款 30 万元予以支持。1929 年，豫陕甘三地政府为此专门发起成立了“豫陕甘三省民用航空筹备处”，河南省政府还着手在当时的省会开封演武厅后面购地建设飞机场，后因中原大战而终止开办民航的运作。

1.4.2　近代省级政府航空业的规划建设

1. 广东航空的规划建设

近代的广东省军事航空和民用航空起步较早，且军民航并举发展。1934 年国民革命军第一集团军将全省划分为五区，每一区建一座机场：南区机场在茂名，中区机场在台山，东区机场在梅县，西北区机场在韶关，琼崖区机场在海口。上述机场除茂名未建设之外，其余均已建有机场，并各设机库，每座机库可容纳 30 余架飞机。考虑到东江为军事要地，梅县又地处东区的中心区位，梅县机场的机库可容纳 50 架飞机②。近代广东军用机场规划布局体系与区域性防空机场布局体系相互呼应，即韶州（韶关）为防空西北区机场，梅县为防空东区机场，茂名为防空南区机场，琼山为防空琼崖区机场，台山为防空中区机场，郧城为粤空军秋操地，而空军司令部则驻扎广州天河机场。这时期的广东省机场布局体系是我国最早的区域防空机场体系，也体现了广东空军军区的划分。

无独有偶，在 1946 年 10 月广东省政府编写的《广东省五年建设计划草案》中，根据各地财力及背景情况而将全省民航分为中、东、南、北四区：中区在广州市，设民航公司总站及维修厂、电台、气象台及地空联络台；东区在汕头、平远、惠州、梅县、兴宁等地，设场站、电台、气象台及地空联络台；南区在琼州、湛江，设场站、电台、气象台；北区在曲江、当雄，设场站、气象台、电台。

1928 年，广东省政府联合广西省政府试办民航业务，令国民革命军第八路总指挥部航空处筹建，以便“平时可补助交通，战时可军事利用”。航空处军事股为此拟订了两大航线：①由西转南航线，即由广州起，经肇庆、梧州、柳州、南宁、北海、海口、水东、江门等处，沿线共设 8 站；②由东转北航线，即由广州起，经惠州、汕头、兴宁、南雄、韶关、英德等处，沿线共设 6 站。后期计划调整为分期举办东、西、南三条航线，并拟订组织大纲和细则及实施计划。东线由广州经惠州至汕头，西线由广州经梧州至南宁，南线由广州至琼州（今海口）。以广州为总站，惠州、汕头、梧州、南宁、琼州为分站。在航空处提交各县实施民用航空计划说明书概算表及全省航空交通图等文件后，广东省第四届委员会第 169 次会议上议决确定各县筹款购置飞机缓办，为开辟四路航线，拟先设主要航空站：即东路为惠州、汕头、梅县；北路为曲江、南雄、连县；西路为肇庆、三水；南路为阳江、高州、雷州、北海、钦州、琼山、崖县、万宁、昌江③。

---

① 洪绅、李辑祥：《西北交通初步计划》，载《建设》，1931 年第 11 期，第 2～19 页。

② 《巩固国防粤积极建设空军》，载《飞报》，1934 年第 222 期，第 12～13 页。

③ 《公布：广东省各主要航空站建筑机场暂行条例》，载《飞行月刊》，1930 年第 17 期，第 59～60 页。

1929年，广东省拟开办两广航空邮政路线，规定共计2325km，以广州为中心，并分东、西、南、北四线：东线为广州、汕尾、和平等5站；西线为肇庆、南宁等4站；南线为江门、海口、雷州等6站；北线为韶关等3站。每站设一飞行场，大站则有飞机库及油料库。

1929年因军事行动关系，广东民航业一时未能启动。至1930年11月间，趁军事结束之际，第八路总指挥部航空处增设交通科，下设总务、机务、场站、运输四股，利用两广已有的军事航空设施，暂拨军用飞机试办两省民用航空。而后航空处改组为空军司令部，司令部“以军事敉平，当乘时发展两广民用航空计划”，随即筹备开办广州—梧州—南宁、广州—汕头、广州—海口—北海、广州—江门—中山四线。1930年12月1日，先行开通广州至梧州航线，并在大沙头两广民用航空总站举行开航典礼，但因军事又起而中断[①]。而后在广东又设立汕头、海口、北海、韶关、南雄、梅县、从化、英德、太平、唐家湾等军事航空站。广西则建设了梧州高旺、桂林二塘、柳州帽合等一批军用机场。1931年2月，因南京国民政府软禁国民党元老胡汉民，两广联合反对蒋介石，交通科的飞机及人员复归军用编制，交通科也因此于同年5月5日结束营业。

1932年5月10日，广东省政府在广州设立广东民用航空筹备委员会，筹办民航事宜。次年夏末，新创办的广东民用航空公司开辟了广州—梧州—南宁不定期航线，其人员、飞机及机场设备均由广州国民政府空军司令部调配。两广民用航空线中的计划航线最终因两广政府失和以及战乱影响而未能延续，直至该公司并入西南航空公司后才得以实现。

2. 广西省民用航空的规划建设

1927年，军事专家张少杰在《新广西旬报》发表《新广西航空建设计划》。在航站布置方面，该计划提出广西全省设1座总站（南宁）和5座大站，其中龙州为西南大站，百色为西北大站，桂林为东北大站，梧州为东南大站，柳州为中央大站。各大站之间计算距离，酌设临时降落场。在航空线布置方面，省内航线分宁龙线（南宁—龙州）、宁百线（南宁—百色）、宁桂线（南宁—柳州—桂林）、宁梧线（南宁—梧州）、梧桂线（梧州—桂林）、柳百线（柳州—河池—百色）、桂全线（桂林—全县）、桂河线（桂林—河池）。如有特别需要，可另加分线[②]。

1932年3月，广西省政府设立广西民用航空局，终因资金紧缺、组织管理欠周而在同年8月1日裁撤，后改组为广西航空管理处，重点在柳州帽合机场建设房屋和机库。在航空线（临时停机场处）方面，以柳州为起点，计划设有柳金线（6座）、柳宁线（4座）和柳丹线（4座）。同时，以邕宁（即南宁）为起点，计划分邕梧线（4座）、邕丹线、邕龙线（4座）和邕柳线，但这些航线囿于财力、时局等因素而未能实现。至1933年，广西省境内已建成南宁、柳州、桂林、金县、贵县、玉林和南丹7座机场，并继续测绘和筹备建设龙州、百色、都年、武宣、平南、藤县、平乐等处机场。在民航迫降场方面，在公路上设有临时降落场23处。

3. 云南省民用航空的规划建设

1928年，云南省政府主席龙云执掌云南政权后便筹划开办商业航空，设立云南省商业航空筹备委员会，并提出以昆明巫家坝机场为中心建立云南省省内航空网的计划，其民航计划拟分四期建设：第一期参加讨逆作战；第二期省内通航；第三期粤桂滇三省联航；第四期与全国联航。其中，准备在省内开通三迤商业航线网：迤东是昆明到昭通；迤南是昆明经蒙自到广西；迤西是昆明经大理到保山。全省航线布局主要以昆明为航空运输中心，以大理为航空运输副中心。为此，龙云专门从美国购进了2架“莱茵”式运输机，派云南航空学校的学员分赴各处筹备航空站，又大举调动民力，修筑省内各地的飞机场。1928年冬，根据已建成的15个机场，将全省航线分为四条：①滇中线：一路昆明至寻甸，经会泽至昭通；另一路自昆明至杨林，经曲靖至平彝。②蒙自线：一路由昆明至泸西、富州；另一路自昆明至蒙自。③普洱线：由昆明至宁洱。④腾越线：由昆明至楚雄，经大理、永昌至腾越（图1-6）。但因两架美制

① 谭熿：《粤省航空事业发展沿革》，载《航空学校月刊》，1932年第1期。

② 张少杰：《新广西航空建设计划》，载《新广西旬报》，1927年第4期，第18～22页。

“莱茵”式飞机不适应高原飞行，只飞到大理、楚雄投递几次邮件后即停飞。1929 年 4 月 26 日，“昆明”号飞机成功地由香港经停北海飞至昆明，受此鼓舞，由云南省航空司令刘沛泉倡议设立“滇粤商用航空筹备委员会”，并在开化（今文山）、广南、富州（今富宁）一带开辟航站。先准备开通云南至四川、广西两条商业航线，后因川、桂两省反对而未果，省内航线也因对立派的武装干扰而无法按计划开设。

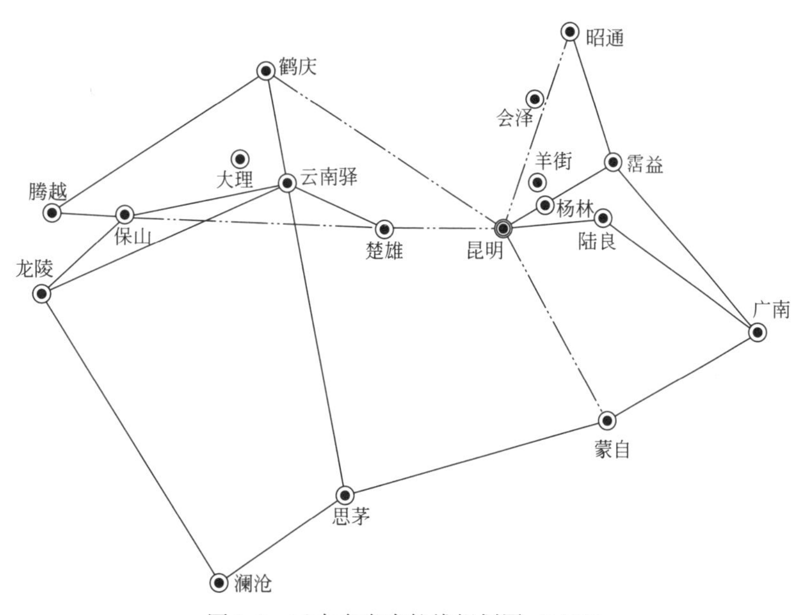

图 1-6　云南省省内航线规划图（1929）

来源：项目组依据云南省档案馆馆藏档案描绘

时至 1930 年，云南省共建成了 22 个机场，具体包括昆明、蒙自、保山、祥云、开化、富州、泸西、婆兮、澄江、昭通、曲靖、寻甸、杨林、云龙、楚雄、大理、鹤庆、丽江、元谋、永仁、武定、禄丰。全省开辟的八条航线包括：①昆明—蒙自；②昆明—泸西—广南—富州；③昆明—曲靖；④昆明—寻甸—者海—昭通；⑤昆明经元谋至永仁；⑥昆明—禄丰—楚雄—祥云—大理；⑦大理—鹤庆—丽江；⑧大理—保山—腾越[①]。

4. 湖南省民用航空的规划建设

1931 年 1 月，湖南省航空处在长沙成立，负责省内军事航空和民用航空业务，设有 2 个飞行队和 2 所修理厂以及 1 座油库。在扩建长沙大圆洲机场以后，又陆续修建有浏阳唐家洲机场、宁乡历经铺机场和长沙协操坪机场，而后陆续开辟衡阳、浏阳、平江、萍乡、万载、南县、茶陵、洪江、澧州（今澧县）、常德、莲花、永兴、陇市、安福等机场，各场派管理员 1 人，场夫 4～6 人管理，并由机场所在地驻军派部队警卫。先期设立了长沙、衡阳、常德、平江和浏阳 5 个航空站。1931 年 6 月 25 日，开辟长沙至平江第一条临时地方航线，此后利用 20 多架莱茵式、摩斯式、卜斯摩斯式等各种飞机，以长沙新河大圆洲机场为总站，先后开辟长沙—萍乡（江西）、长沙—浏阳、长沙—岳州、长沙—衡阳—零陵、长沙—衡阳—郴州—曲江（广东）、长沙—沅陵、长沙—常德—澧州、长沙—宝庆—洪江等八条以军用为主的临时性地方航线，形成放射状的全省航空网络（图 1-7）。这些航班主要用于运送紧急文件、接送军政要员、散发传单和布告以及经商活动。同年 7 月 12 日，湖南省航空处电呈湖南省主席何键，呈请在全省境内的湘东、湘南、湘西、湘北修建 12 处飞机场，以利通航。除了澧县、常德、浏阳、平江和衡阳已建机场外，正在建筑和尚未建成的机场包括：岳州、沙河、沅陵、零陵、郴州、宝庆（今邵阳）和攸县。这些地方均已派员勘测地点，计划年内完成。

① 《云南省交通概况》，载《中国建设》，1933 年第 8 卷第 1 期。

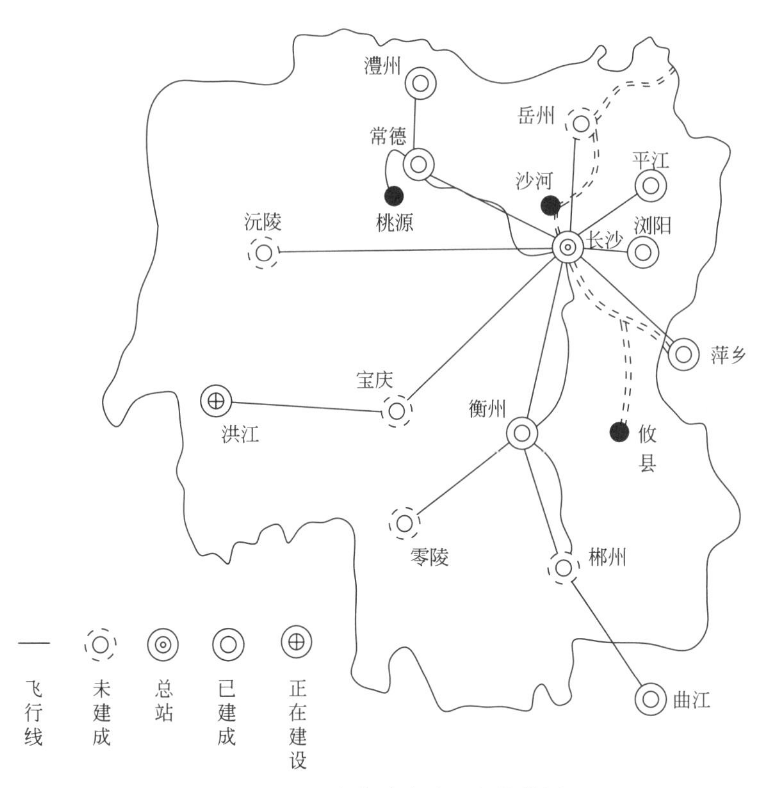

图 1-7　1931 年湖南全省飞机航线图

来源：描绘自中国第二历史档案馆馆藏档案

5. 安徽省民用航空的规划建设

1928 年，安徽省政府也有意兴办民用航空业，根据其制定的《拟办安徽航空事业计划大纲》，安徽省的民航发展规划是以当时的省会城市安庆为中心，开通 4 条辐射省内外的航线：①安宁航线（经大通、芜湖至江苏南京、宁国），全线长 400 多公里，除沿站停留时间外，约 3 小时可达；②安浔线（经太湖县至江西九江），全线长 300 多公里，除沿站停留时间外，约 3 小时可达；③安蚌航线（经桐城、合肥、正阳至蚌埠），全线长 600 多公里，除沿站停留时间外，约 4 小时可达；④安杭航线（经秋蒲、江西景德镇、屯溪、浙江杭县或桐庐），全线长 800 多公里，除沿站停留时间外，约 5 小时可达。然后旁开支线到各县大镇，依次实施。该规划的航线网络布局呈放射状，并计划连通省内外①。为召集民众投资，由省府监督管理，特设立安徽省立民业航空局筹备处。计划招股 60 万元，其中 8 万元用于建设 13 处航站和飞机棚厂及预备飞行场。

6. 福建省民用航空的规划建设

1931 年 11 月在漳州成立的闽南航空救国会倡议发展全省航空交通网，计划在全省开通 4 条航线：①闽漳线（福州—莆田—晋江—厦门—漳州），为省会福州与闽南之间的联络线，另拟设漳诏支线（漳州—云霄—诏安）；②漳邵线（漳州—漳平—永安—将乐—邵武），为闽北与闽南之间的联络线，另设平杭支线（漳平—龙岩—上杭）和平晋支线（漳平—永春—晋江）；③闽浦线（福州—闽清—尤溪—南平—建瓯—建阳—浦城），为省会与闽北之间的联络线，另设尤连支线（尤溪—永安—连城）和建邵支线（建阳—邵武）；④闽鼎线（福州—罗源—三都—福安—福鼎），为省会与闽东之间的联络线。该计划还提出了增辟飞机场、建设飞机棚厂、航空学校和航空工厂等事宜②。

1931 年 7 月，为了“围剿”红军，国民政府航空署派技师袁立人和刘佐成来闽督造闽侯、龙溪、

① 《拟办安徽航空事业计划大纲：附四线营业概算》，载《航空月刊（广州）》，1928 年第 16 期，第 47～49 页。

② 《福建航空救国会之具体计划》，载《山东省建设月刊》，1931 年第 12 期，第 204～207 页。

晋江、南平、霞浦五县机场，限一个月内完成。1932 年，福建省政府拟筹借款项购买 6 架飞机，用以发展商业航空，先后建成福州、福宁、泉州、厦门、漳州五座沿海机场，兴化涵江镇也即将动工，还增设延平、邵武、建瓯三座机场。保安处拟定了具体的创办商业航空计划，并报福建省政府核办，拟先购置飞机 2 架，专供客运，全省通航区域划分为福州、厦门、泉州、漳州、龙岩、南平、霞浦、永春、安溪、莆田十站，均计划以福州为中心开通直达上述航空站的航线[①]。

7. 四川省民用航空的规划建设

早在 1929 年，四川省政府便成立了“四川全省航空线站筹备处”，力图发展航空业。抗战胜利后，为发展四川航空建设，四川省政府于 1946 年拟定了本省航空建设五年计划。①第一年购置运输机 3 架，开辟成渝、渝万、成西航空线，并设置重庆、成都、万县、酉阳等四处航空站；②第二年添置运输机 3 架，增辟成宜、宜泸、成遂、遂三、遂南、成松六条航空线，并设置泸县、遂宁、三台、南充、松潘和宜宾等六处航空站，并于内江设置降落站（备降）；③第三年添置客货运输机 3 架，增辟成乐、渝乐、成达、成广四条航空线，设置乐山、达县、广元等三座航空站，并在大竹、万县、眉山、绵阳、剑阁设立降落站（备降）；④第四年添置客货运输机 3 架，发展各县运输业务；⑤第五年添置客货运输机 3 架，发展各县运输业务。在五年内整个四川省计划将有 15 架运输机、13 座航空站、6 座降落站。其中利用既有机场 10 座，新建机场 3 座，新建降落站 6 座，共计需款 500 亿元，经费筹集或呈请中央政府补助，或鼓励民间投资捐助[②]。

8. 山东省民用航空的规划建设

由山东省政府建设厅主办的《山东省建设月刊》在 1929 年第 2 卷第 3 期刊登了姜基斌撰写的《山东省民间航空计划书》及其附件“山东省民间航空线路计划图”（图 1-8）。该计划书提出在航线布局上，以济南为中心，拟定济烟、济青、济平、济太、济沈（济烟延长线）、济汉、济京七线，分三期通航，第一期通航济烟、济平二线；第二期在两年后实施，通航济青、济太、济沈三线；第三期在五年后实施，通航济汉、济京二线。在飞行场方面，第一期试航时可暂时借用济南张庄、北平南苑及烟台的既有飞行场；第二期则可建设济南总飞行站；其他各处飞行站可按发展情形酌量依次建设。

9. 新疆民用航空的规划建设

1934 年 12 月，国民政府行政院新疆建设设计委员会拟定了《新疆建设计画大纲》，该计划分政治、经济、文化和交通四部分，其中交通部分涵盖航空计划，该计划认为新疆地域辽阔，荒区居多，人民居聚之所可分天山北路、天山南路和南疆三部分。航空线“自宜循人烟旧道设施，以期切合需要”，为此拟定由五条航线所组成的新疆航空网规划：①国际线：由哈密经迪化（今乌鲁木齐）至塔城。②北路线：由迪化经绥来、乌苏、精河至伊犁，航程约长 1100km。③南路线：由哈密经吐鲁番（或乌克沁）焉耆、轮台（或库车）至温宿，航程约长 1200km。④南疆线：由焉耆经蔚犁、婼羌、且末、于阗、和阗、叶尔羌（或叶城）至疏勒（或疏附），航程约长 1800km。⑤西边线：由承化沿西边经伊犁过冰达坂至温宿、巴楚而抵疏附，航程约长 2700km（图 1-9）。这些航线宜分三期完成：第一期举行各线试航，定期一年，以第一温季运储油料，第二温季实行试航，第一期主要是获得物料供应及航线经营的经验。第二期实施举办北路及南路两线，定期二年完成。第三期举办南疆及西边线，定期二年完成。各航线除国际线不计外，至少应设 16 所航空站，或多至 23 所航空站，姑且以 20 所航空站计，另需设置中间备用场 20 所，均设无线电台。建设 40 所飞行场及油库房屋的修筑费预算为 80 万元。[③]

---

① 《军事新闻福建闽省创办商业航空之计划》，载《军事杂志》，1932 年第 45 期，第 216 页。

② 《川当局拟定航空建设五年计划》，载《征信新闻（重庆）》，1946 年 5 月第 370 期。（注：计划中购置飞机数量和场站建设数量对应不上，原文如此。比对《大公报》（1946 年 5 月 27 日第一版）“川谋发展航空事业，拟定五年建设计画”校核。）

③ 《新疆建设计画大纲》（第四卷），行政院新疆建设设计委员会，1934 年 12 月。

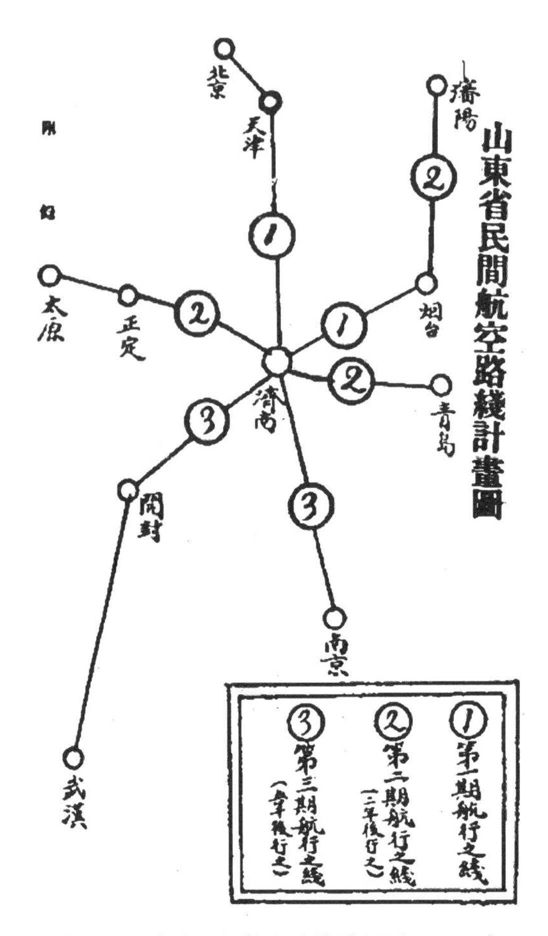

图 1-8　山东省民间航空路线计划图（1929 年）

来源：《山东建设月刊》，1929 年第 2 卷第 3 期

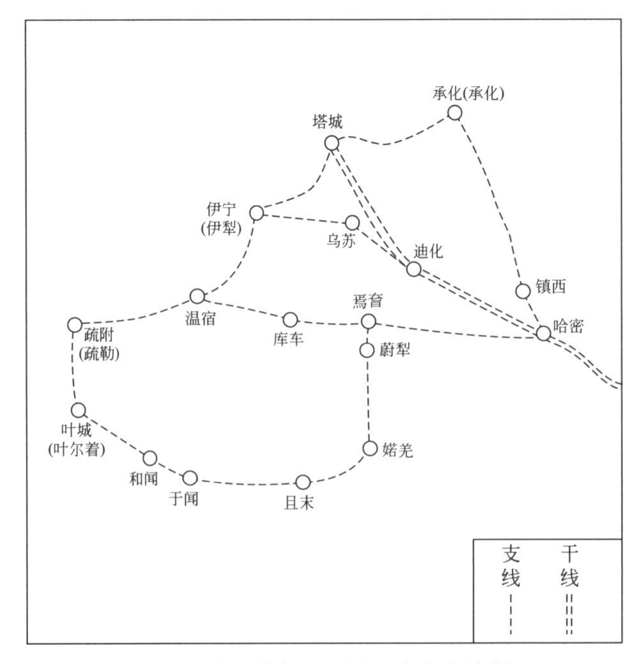

图 1-9　新疆省航空网图（张宗文编制）

来源：《新疆建设计画大纲》

此外，在南京国民政府时期，湘鄂赣三省曾经联合兴办航空，还专门成立了联省航空处，以求发展跨省航空，后因资金、飞机等种种原因而撤销。山西省也曾成立过山西省民用航空局，开办有太原城空中游览等民用航空业务，筹备太原至新疆迪化（今乌鲁木齐）航线。此外，为了发展贵州省航空业，贵州航空筹备处在 1935 年前先后建成贵阳、清镇、都匀、独山、施秉、铜仁、遵义、安顺、毕节、榕江等十个机场。

第2章

近代城市规划中机场选址及布局思想的演进

2.1 近代城市规划中机场规划思想演进的阶段划分及其特征

2.1.1 近代城市规划中机场规划思想演进阶段的划分

近代航空交通是继公路交通、铁路交通之后出现的一种新式交通方式，作为近代航空交通方式发展的基础平台和先决条件，近代机场随之逐渐成为近代城市现代化进程中不可或缺的交通设施组成部分。按照机场纳入城市规划的先后时间及其受重视的程度，中国近代城市规划中的机场布局思想演进过程可分为以下四个阶段：

1. 机场规划建设与城市规划脱节时期（1910—1927年）

第一阶段是指清末民初至南京国民政府成立之前的时期。1910年我国第一个机场——北京南苑机场建成，它主要是以军用为主。除了北京南苑机场，还有上海龙华等不少军用机场甚至直接由练兵操场改建而成。这时期的机场规模小，多建在旧城的城关外围附近位置，既方便进出城门，又可拱卫城内，如上海龙华、广州大沙头和洛阳金谷园等机场，这些军用机场的规划建设与其所在地的城市规划编制并无交集。时至1920年5月7日，北洋政府开通北京南苑机场至天津佟楼赛马场的第一条商业航线，次年又新建上海（虹桥）民用航空站，我国的民用航空业才由此正式起步发展，机场由单一的军事功能设施逐渐转向兼具对外交通功能的城市交通设施，机场的规划建设逐渐纳入所在城市规划建设的视野之中。

在20世纪20年代现代建筑运动的推动下，上海、天津、武汉等国民政府模范城市，青岛、大连等德日租界地，沈阳、长春、哈尔滨等商埠地以及日俄铁路附属地都先后制订过全市或局部的城市规划。这时期由于我国的航空业刚起步，近代城市规划文件和图纸都未涉及飞机场规划建设内容，至多仅在城市地图上标识出机场位置。以哈尔滨为例，松北市政局在1921年编制的哈尔滨《松北市商埠规划》以及东省特别区市政管理局在1924年编制的《哈尔滨城市规划全图》均未考虑机场的选址与修建，而最早将机场布局纳入城市地图的为20世纪20年代出版的《哈尔滨市街图》，该地图已标识出1924年始建的马家沟“飞行场”位置（图2-1）。而中国近代前卫城市——上海最早标注虹桥机场场址的地图为1927年出版的《上海特别市区域图》。

2. 民用机场规划建设逐步纳入城市规划时期（1927—1937年）

第二阶段是指南京国民政府成立至抗日战争全面爆发前的时期。在这所谓的“黄金十年”建设时期，以1929年民国首都南京所制订的《首都计划》为发端，天津、上海、杭州等诸多城市随之编制了各自的城市规划，厦门、重庆、昆明等城市也遵从近现代城市的理念编制了新城区或重点城区的规划。这些规划多是由留学归国的专业规划人员所主持制定，并聘请国外城市规划顾问作指导。伴随着航空交通作为一种新兴的交通方式而逐渐成为近现代城市交通体系中的重要组成部分，近代城市规划方案或规划大纲中几乎都将民用机场布局列为不可或缺的交通设施而纳入其中予以专门论述，而1929年的南京《首都计划》、1930年的《建设上海市市中心区域计划书》以及1930年梁思成、张锐编制的《天津特别市物质建设方案》甚至还分别列出“飞机场站之位置”“飞机场站计划”“航空场站”专项规划。这时期

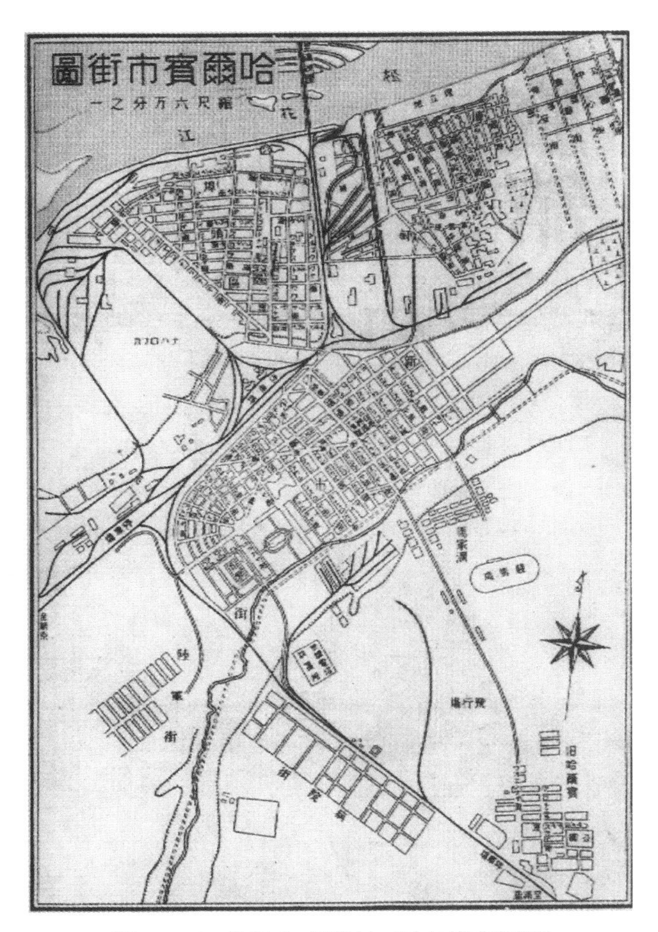

图 2-1　20 世纪 20 年代的《哈尔滨市街图》
来源：《哈尔滨印象》

城市规划中的机场规划思想主要源于欧美国家，如在南京《首都计划》编制过程中，特聘美国著名建筑师亨利·基拉姆·茂飞（Henry Killam Murphy，又译作墨菲）和市政工程师欧内斯特·P. 古力治（Ernest P. Goodrich）担任技术顾问，其中 P. 古力治（1874—1955 年）为交通领域的专家，在其所主持的《首都计划》“飞机场站之位置”章节中，采用当时国外流行的“一市多场”的机场布局模式，并实现了全市飞机场布局规划方案和飞机总站设计方案的有机结合。《首都计划》可谓我国近代最早系统而全面进行机场规划设计的城市规划文件。

3. 民用机场规划建设停滞与畸形纳入城市规划时期（1937—1945 年）

第三阶段是在严峻时局下的全面抗战时期。这时期的国统区仅有少量的近代城市规划活动，如 1941 年的重庆、西安、昆明和乌鲁木齐等城市分别完成了“陪都重庆分区建议”、《西京计划》《昆明市三年建设计划纲要》《迪化市分区计划》等，这些近代城市规划中少有涉及民用机场布局规划的。以国民政府的陪都——西安为例，由西京市政建设委员会与西京筹备委员会编制完成了《西京计划》和《西京市分区计划说明》两套西安分区规划方案均未论及机场布局，同期完成的《西京都市计划大纲》也仅专门谈到道路交通。又如地处西南大后方的昆明市先后编制的《大昆明市规划图》（1939 年）、《昆明市分区设计图》（1942 年）以及 1942 年实施的《昆明市三年建设计划纲要》等系列规划图纸和文本中均未有涉及航空或机场的只言片语。这主要归因于抗战时期国统区的所有机场规划建设均由国民政府军事委员会下属的航空委员会统一掌控，以服务于抗战军事需求为首要宗旨。

在沦陷区，为了强化殖民化统治，日本关东军特务部主办的都市规划委员会和伪满政府在伪满洲国开展了大规模的“都邑计划”。另外，日本兴亚院和日伪当局在华北、华中等日本侵占地也编制了重点城市的都市计划大纲。这些日本侵占地的城市规划普遍将机场布局纳入其内，各项规划中虽有民间飞机场和军用飞机场之分，但在规划布局及其建设实施中无一例外地突出显现出机场的军事功能。如1938年，伪中华民国临时政府建设总署编制的《北京都市计划大纲》提出“飞机场拟于南苑及西郊现有者之外另在北苑计划四公里见方之大飞机场，并于东郊预定一处”，这使得北京四至范围内均有军用机场拱卫，这充分体现了其将北京定位为“政治军事中心地”的说法。

4. 民用机场全面纳入城市规划时期（1945—1949年）

第四阶段是指抗战胜利后至中华人民共和国成立前的时期。抗战胜利后，近代中国城市都面临着战后重建的问题，南京、上海、重庆、天津、杭州以及芜湖等许多大中城市都先后制订了新一轮的城市规划文件，具体包括《首都建设计划大纲》《上海都市计划总图草案》《陪都十年建设计划草案》《天津扩大市区计划》《杭州新都市计划》《芜湖市区营建规划》等，这时期的近代城市规划理念与战前相比已有明显革新，正如美国城市规划专家诺曼·J. 戈登（Norman J. Gordon）在为重庆市1946年4月28日编制完成的《陪都十年建设计划草案》作序中所指出的，产业革命以后的城市规划与过去的城市规划的概念不同，并强调在工业社会的时代背景下要为汽车、飞机、铁路而规划，为工业化而规划。在这些现代城市规划思潮影响下，抗战胜利后的民用机场布局已经全面纳入近代城市规划之中。

战后的许多大城市虽然普遍拥有多个军用或民用机场，但这些经受了战争洗礼的简陋机场已无法满足战后DC-4、康维尔CV-240等大型客机的起降需求，而不少机场场址也不能充分满足城市居民就近进出机场的要求。同时，军用机场和民用机场也逐渐都有分开使用的需求。民用机场作为大、中城市必备交通基础设施的思想已经获得广泛共识，以致大城市规划几乎无一例外地都涵盖了机场布局规划，即便像安徽芜湖、广西梧州及江苏连云港等中等城市规划也将机场纳入城市规划之中，如1945年编制的《大梧州地方自治实验市建设计划草案》就提出将广西梧州建成“地方自治”实验市的规划设想，即除了高旺机场外，远期在龙圩附近另选机场新址，并规划水上飞机场。又如1947年编制的《连云市建设计划大纲草案》将全市土地划分为港埠区、渔业区、文化区、飞机场、风景区及绿地等，并将新浦以南、南城以北划为飞机场。这时期的民用机场规划建设也成为城市对外交通设施重建中的优先考虑选项。为此，不少大城市都拟定了新建、迁建或改扩建民用机场的建设计划，南京、重庆、天津、武汉等城市业已实质性启动了新机场选址筹建工作，但随着内战的全面爆发而终止。

不同时期的近代城市规划作品中的机场布局规划反映出其从无到有、从无足轻重到不可或缺的演进过程。从篇幅内容来看，近代城市规划中的机场布局和航空场站建设论述由缺失到三言两语提及，再到分段落论述，最后直至分章节论述，总体上随着航空交通方式地位和作用的逐渐加强而加大。其所涉及的机场布局内容也进一步丰富充实，由简单的机场选址定点逐渐演进到机场的功能定位，再到多机场的存废与否和功能划分，这些机场布局原理的逐步完善不断推动着近代机场布局全面融入近代城市规划体系之中。

2.1.2 机场布局规划思想在近代主要城市规划中的比较

始于1910年的近代机场建设先于近代城市规划的应用实践。机场布局纳入近代城市规划，肇始于1930年前后兴起的近代城市规划热潮中，特别是以1929年美国著名建筑师茂飞及市政工程师古力治主持编制完成的南京《首都计划》为先导，上海、天津、青岛等地随后也纷纷将机场作为交通设施的组成部分纳入各自的城市规划方案之中（表2-1），于是新建机场计划随之成为近代城市交通发展规划中的重要组成部分。但在军事为先、国难当头的背景下，近代诸多城市规划方案中的机场选址布局方案往往仅停留在纸面上，少有落地实施的，而实际建成的机场往往是按照军事作战需求而设立的军用机场。与铁路车站一样，南京、青岛等一些近代城市中心区的规划方案还尝试将机场纳入城市设计构图中的远景或对景，由此体现了机场在近代城市规划中的地位和作用，并借以彰显近代城市的现代性和先进性。

作为一种新型的交通方式和一类新兴的用地类型，近代城市规划中的机场选址及其布局原理始终在实践探索之中，有关机场的分类分级、用地规模及规划设计等诸多技术层面的内容尚未规范化。但总的

来说，随着近代城市规划理论和方法的进步，在城市范围内考虑的机场选址布局因素更为周全，机场与城市的协调发展关系得到了前所未有的重视。

中国近代主要城市在不同时期城市规划中的机场布局实例比较　　表 2-1

城市名称	编制规划名称	近代机场规划主要内容	近代机场规划特性
南京	首都计划（1929 年）	建议飞机总站设在“水西门外西南隅之地段”（沙洲），并提出了红花圩、皇木场、浦口临江地段和小营四个飞机场场址	专门设置“飞机场站之位置”章节，按照飞机场和飞机总站、水陆两用机场和水上机场进行分类布局
	南京市都市计划大纲（1947 年）	包括计划的范围、国防、政治、交通等八项内容。其中，交通分市内交通和对外交通；民用交通和军事交通；铁路、公路和水路交通以及空中交通	提出“交通”的八项规划任务之一是“确定民用、军用航空站之位置”
上海	建设上海市市中心区域计划书（1930 年 12 月）	上海中心区域以东、虬江码头以南的翔殷路一带规划“东机场”	首次单独地提出了“飞机场站计划”
	上海都市建设计画改订要纲（1942 年 5 月）	飞机场计划设于大场，并以龙华等地为辅	江湾、大场、虹桥和龙华四个机场均按照军事设施建设使用
	大上海都市计划（三稿）（1949 年）	大场（国际和远程国内航线的主要起落站）、龙华（国际和国内航线）、虹桥和江湾（次要机场）、水上机场（淀山湖）	为“国际和国内远程”机场、“国内国际”机场、次要机场以及水上机场和小型机场的组合布局模式
北京	北京都市计划大纲（1938 年 4 月）	飞机场拟于南苑及西郊现有者之外另在北苑计划四公里见方之大飞机场，并于东郊预定一处	虽有民间飞机场和军用飞机场之分，但实质是满足侵华日军的军事需求
	北平都市计划设计资料集第一集（1947 年 8 月）	除现有西郊、南苑机场外，于北苑、东郊适当地点，增建机场各一处	征用伪北平市工务总署都市计划局日籍负责人改订
广州	广州市城市设计概要草案（1932 年 8 月）	在对外交通方面，民用飞机场拟建于河南琶洲塔以东及市西北部牛角围以北的地方	广州城市建设规划史上的第一部正式规划文件，包括航空站地点
	建设广州新市简要方案（1945 年）	专门列出“交通建设”章节	包括市制、市政设施、土地政策、社会事业、交通建设、文化教育等十方面
天津	天津特别市物质建设方案（梁张方案）（1930 年）	该方案第十三部分“航空场站”中建议航空站设置在天津裕源纺纱厂西、土城以北一带	航空场站章节参考了《首都计划》和古力治提出的机场方案
	扩大天津市区的要求（1947 年）	天津市临时参议会在该要求中的第四项提出“兴修张贵庄飞机场”	基于 1945 年《扩大天津市计划》所提出扩大市区范围、划分功能分区等主张
青岛	青岛市施行都市计划方案初稿（1935 年 1 月）	空中交通近期以沧口机场为用，塔埠头东南沿海一带为将来大飞机场预留地，团岛附近辟为水上飞机场	确定沧口机场为民用航空港，但认为“沧口面积飞行有余而安全地带则不足”
	青岛特别市母市计划（1939 年）	除现下正于铺装中城阳机场外尚无其他适宜之地方，故暂不予以计划	日本兴亚院编制青岛特别市的地方计划、母市计划

2.1.3　抗战胜利后主要城市规划中的机场规划建设思想比较

1. 抗战胜利后的城市规划编制概况

1939 年 6 月 8 日国民政府公布的《都市计划法》第二条规定：“都市计划，由地方政府依据地方实际情况及其需要拟定之”。该法明确了各地的城市规划事务属于地方事权。至 1942 年，国民政府内政部设立了专司城市规划、公共工程及建筑管理等业务的营建司，以推动省级政府统筹辖区各县市的城市规划编制工作。抗战胜利后，各大中城市在国民政府内务部统筹督导以及地方政府的主导下，兴起了编制城市规划的热潮。至 1947 年，全国各地编制完成城市建设规划的城市有 60 多个①。

① 邱致中：《读了“论梧州市的市政”》，载《市政评论》，1947 年第 9 卷第 2～3 期，第 16～19 页。

近代城市规划与航空业的交集主要体现在机场建设和防空两大领域。从机场场址与城市的距离来看，由于近代机场交通不便，且航空噪声和净空限制负面影响不大，抗战前地方政府普遍推荐在旧城内外附近进行民用机场的选址。抗战胜利后，随着飞机机型的增大和航空噪声、净空等对城市的限制因素影响，省市地方政府逐渐推崇机场在城区以外的近郊地区选址建设，并将机场作为交通设施纳入所在地的城市规划文件之中。

2. 航空管理体制变革下的机场规划建设背景

抗战胜利后全国陆路交通破损严重，但交通运输业的需求量大且急迫，机场建设相对是较为快捷的改善交通条件的方式之一。这时期各大城市普遍拥有 3 个以上的机场，这些机场面临功能再定位的问题，包括留存或废弃、军用或民用、主要或辅助等各种选项。无论军用或民用，也无论抗战前、抗战期间或抗战胜利后，机场的规划建设都始终属于中央主导的事权，战后的所有机场均由南京国民政府国防部空军总司令部所统管，直至 1947 年 1 月 20 日成立了统管全国民用机场的规划建设和运营管理业务的国民政府民航局，并逐步接收国民党空军移交的南京土山、上海虹桥、天津张贵庄等 21 个军用机场。

新近成立的国民政府交通部民航局使得各地的机场明确划分为军用机场和民用机场两类，其中民用机场规划建设与运营管理事务由国防部移交至民航局，这样机场规划建设进而由军地双方事务转为军航、民航及省市地方三方权衡协调事务，以致各大城市现有机场的功能定位及其新建机场的选址建设显然都需要国民政府军民航行业主管部门与地方政府之间的协商，即由国民政府交通部（民航局）、国防部和地方政府三家进行博弈。具体的民用机场规划建设事宜主要由民航部门和地方政府协作，最终由民航局通常依据现有军用机场分布情况及民用机场的等级规模和功能需求予以判定。以民国首都南京为例，1947 年经与国防部及南京市政府协商后，民航局拟两年后废弃明故宫机场，同期在距离市区 5km 的土山镇军用机场原址启动新建土山镇大型民用机场计划。

国民政府航空交通体制的重大变革使得由国民政府内务部指导、地方政府主导的城市规划中的机场布局方案普遍未与民用航空局的机场布局建设对应。另外，新近成立的国民政府交通部民航局与各省市地方政府之间关系仍在磨合之中，这集中体现在新建民用机场选址建设方面。由此，尽管地方政府重视民航的发展和机场的规划建设，但仍对其缺乏相应的话语权，以致近代城市规划中的机场选址布局仍与民航局实际操作之间存在明显的偏差。

3. 城市规划中的机场布局方案与实施方案的比较

抗战胜利后的南京、重庆、武汉、天津等诸多大城市自主编制的城市规划无一例外地都涉及机场规划，普遍将民用机场纳入交通设施之类统筹规划，并明确军用机场和民用机场的分划，其中，比较典型的近代城市规划作品包括《陪都十年建设计划草案》（1946 年）、《南京市都市计划大纲》（1947 年）和《大上海都市计划》（三稿）（1949 年）等（表 2-2）。而中小城市的城市规划作品也将民用机场列为规划建设计划之中，如《连云市建设计划大纲草案》（1946 年）论述的飞机场分区、《新赣南五年建设计划草案》（1948 年）提出的滑翔机场建设项目等。

抗战胜利后主要城市规划中的机场布局方案与实施方案的比较　　表 2-2

城市名称	编制规划名称	章节划分/交通规划	近代机场规划主要内容	民航局规划与实施
重庆	陪都十年建设计划草案（1946 年 4 月）	第七章"交通系统"中的"空运"章节	除仍旧维持现有之珊瑚坝、白市驿、九龙坡三机场外，拟在距朝天门约 1km 之弹子石背后和尚山前，另辟永久性之机场，以便适应近代巨型飞机之降落（水陆两用机场）	民航局支持空军第五军区提出的大坪歇台子场址
南京	南京市都市计划大纲（1947 年）	包括计划范围、国防、政治、交通、文化、经济、人口、土地等八项	提出"交通"的八项规划任务之一是"确定民用、军用航空站之位置"	整修明故宫机场（维持两年）；改建土山镇机场

续表

城市名称	编制规划名称	章节划分/交通规划	近代机场规划主要内容	民航局规划与实施
武汉	大武汉市建设计划草案(1944 年)	“市区交通之布置”分为道路交通、水上交通、空中交通及电力交通章节论述	陆上飞机场:以汉口之王家墩及武昌南湖两旧有飞机场扩大之。水上飞机场:武昌方面,暂设于东湖;汉口方面,暂设于分金楼	应急修整武昌徐家棚机场,筹备新建刘家庙机场
	武汉三镇土地使用与交通系统计划纲要(1947 年 7 月)	将航空运输纳入“交通系统”章节之中,并列出“飞机场”专题	本计划建议,民用机场应设于汉口。现中央正拟于武汉设置民航中心,可即就汉口现在之军用机场与之交换;军用机场自以在远离市区以外之空旷地带,另建基地为佳	确定刘家庙民用机场场址四至范围,并开始着手征地、测量和设计
	新汉口市建设计划(1947 年)	汉口市政府工务科	将汉口机场改为民用,军用机场迁至青山与徐家棚之间	
北京	北平市都市计划之研究(1947 年)	交通设施包括城区街道系统、道路、铁路、高速铁路、运河和飞机场	除现有西郊、南苑机场外,于北苑、东郊适当地点,增建机场各一处	未列入 1947 年空军拨给民航局的机场名单之中
天津	扩大天津都市计划要图(1947 年)	市域由众多的田园都市(10 万人口)和农林住宅(1 万人口)组成	张贵庄机场已建,在市区西北部和塘沽西北部分别预留机场	建设国际航空站;不支持市内机场建设计划
上海	大上海都市计划(三稿)(1949 年)	为“国际和国内远程”机场和“国内国际”机场、次要机场以及水上机场和小型机场的组合布局模式	大场(国际和远程国内航线的主要起落站)、龙华(国际和国内航线)、虹桥和江湾(次要机场)、水上机场(淀山湖)	虹桥近期为训练机场,远期国际机场;龙华近期为国际机场,远期为国内机场
长沙	长沙新市区设计(1941 年)	工业区(机场所在地)、商业区、文化区、住宅区和政治区	“原有新河飞行场改为民运飞行场,临江加设水上航空站;认期水陆空交通,均取得密切之联络”	原新河机场不合适民航,湖南省政府推荐大托铺新场址;民航局主张改建湘潭机场
	长沙市建设计划修正草案(1947 年)	包括工业、商业、居住、文化教育、行政、农林等分区	商用机场位置不应离市区太远,因此,拟设于东郊牛车坝一带,长 1.5km,宽 0.5km;军用机场仍规划在大托铺附近	
连云港	连云市建设计划大纲草案(1946 年)	港埠区、商业区及行政区、渔业区、产盐区、工业区、飞机场等分区	新浦以南、南城以北一带平地可辟为飞机场	未列入 1947 年空军拨给民航局的机场名单
徐州	徐州市都市计划大纲(郑耀桢著《市政评论》1946 年 8 月)	第三章“交通设施”章节分为道路及广场、飞机场两大部分	现有军用飞机场,新旧合计共 3 处,但民用航空未能利用,拟划徐州站之东南方面积 $4km^2$ 为将来民用机场	1947 年空军将海州杨圩机场永久拨给民航局
广西	大桂林“三民主义”实验市建设计划草案	四大城市分别提出了道路、水上、空中、电气、邮件五个方面的交通建设规划。包括道路交通(公路、电车路、铁路、地下铁路、总车站),市内快速交通规划(有轨、无轨、高架电车与地铁),水上交通规划(铁桥、码头、堤岸、轮渡),以及空中交通规划(民用机场、军用机场、水陆空联运站)(1946 年)	修复原二塘机场作民用机场,恢复秧塘及李家村机场作军用机场,在瓦窑村江面设水上机场(《桂林市规划建筑志》)	1947 年空军将李家村机场永久拨给民航局
	大南宁“市地市有”实验市建设计划草案		南宁七星路尾设有邕宁机场,具体规划不详	未列入 1947 年空军拨给民航局的机场名单
	大柳州“计划经济”实验市建设计划草案		(1)民用机场:将原张公岭旁之军用机场,改为民用陆上机场;更于鸡喇江上辟水上民用机场 (2)军用机场:于市中百朋双桥之间沿铁桥公路之西岸,建一广大陆上军用机场;于雷村附近作一水上军用机场	未列入 1947 年空军拨给民航局的机场名单
	大梧州“地方自治”实验市建设计划草案		除高旺机场外,远期在龙圩附近另选机场新址,并规划水上飞机场	未列入 1947 年空军拨给民航局的机场名单

4. 民航部门和地方政府的新建机场场址论证

1948年1月，国民政府交通部民航局提出为期18个月的第一期工作计划，并列出21项亟待修建的机场场站工程，其中近期计划新建机场仅有重庆歇台子、汉口刘家庙、长沙新机场三处。受制于体制机制欠健全和专业技术隔阂等因素，新建机场计划除了民航局选定的武汉汉口刘家庙机场获得湖北省政府和武汉市的双重支持以外，民航局的机场选址方案与重庆、天津、长沙等诸多地方政府编制的城市规划中的选址方案均未合拍（表2-3）。

国民政府民航局与地方政府就新建机场场址问题的对比　表2-3

城市名称	机场场址	地方政府	国民政府民航局	最终实施方案
重庆	新建弹子石机场	与主城隔江相望，离市中心仅4.5km		1949年9月完成歇台子机场的测绘和工程计划
	新建大坪歇台子机场（C级）		认同空军第五军区司令部选址，离市区14km	
长沙	新建大托铺机场	湖南省政府提出将长沙至湘潭公路路基改造为机场	可用长度不足1200m；场址两端土石方巨大，西侧小山环立	1947年12月修复协操坪机场
	整修湘潭机场（D级）	市区距离机场过远	跑道长宽1600m×45m；可按C-46型飞机载重设计	
天津	新建市区机场（国际B级）	市内六区黑牛城/市区东北部的东局子	指定广州、天津、昆明和上海四处分别为华南、华北、西南和华中国际民航飞机入境机场	整修张贵庄机场
	整修张贵庄机场（B级）	距离市区过远，且属于河北境内		
武汉	改造汉口王家墩机场	汉口机场改为民用，军用机场迁至青山与徐家棚之间	王家墩机场限于地势而无法扩展，不能满足未来国际民航标准	新建刘家庙机场
	新建汉口刘家庙机场（B级）	（汉口市政府）汉口机场改为民用，军用机场迁至青山与徐家棚之间	暂用徐家棚民用机场，同时新建汉口新机场	
上海	龙华机场（B级）	龙华为国内航空线基地和国际入境机场；大场为国际航线及国内远程航线主要起落站；虹桥、江湾保留为次要机场	国内航空线基地	扩建龙华机场
	虹桥机场		国际入境机场	

注：B、C、D级为国际民航组织（ICAO）划分的机场跑道等级技术标准，适合不同机型的飞机起降。

以重庆地区为例，该地区已有珊瑚坝民用机场，以及九龙坡、白市驿、广阳坝等多个军用机场，但这些机场不适用重庆作为“西南西北诸省之枢纽、军政工商之重镇”的发展需求，如珊瑚坝机场跑道太短且易遭水淹；白市驿机场距离市区太远且路况不良；借用铁路站场的九龙坡机场场址需如约交还成渝铁路局等。1946年重庆市“陪都建设计划委员会”编制的《陪都十年建设计划草案》提出了与中心区隔江相望、仅相距1km的弹子石场址方案，该航空港定位为“水陆两用机场”，拟用地约8km^2。而驻重庆的空军第五军区司令部比选了大坪歇台子（至中心区距离远至14km）、谢家湾（在九龙坡西北方向3km处）两处场址，最终选定了歇台子场址，认为该场址距离市区仅数公里，用地广阔，并委托成渝铁路局办理测量、编制测勘记录图册等具体事宜。但后来重庆市电信局致函“陪都建设计划委员会”提出异议，称其在歇台子装有永久性的收讯台，对飞机的航行安全不利，且将干扰电台收讯工作。这样由于中央主管行业政府与地方政府之间的场址分歧交涉而延拓至1949年尚未进行机场征地工作。

又譬如抗战胜利后，湖南省政府急于筹开长沙飞往外地的航线，而原由中国航空公司使用、地处旧城区北面的大圆洲机场已不适合民航使用，为此提出另觅地处长沙市南郊、长沙至湘潭公路的大托铺路段加宽改造为机场的计划，但民航局派人实地踏勘后认为该路段存在过短、土方量大且西侧有山障等限制因素，转而推荐整修湘潭机场。湘潭机场可建成 D 级机场标准、长宽约 1600m×45m 的跑道，又因 1947 年年度未将长沙机场列入建设预算，电请湖南省政府自行整修湘潭机场，最终湖南省政府还是整修了原欧亚航空公司使用的长沙协操坪机场来开辟民用航线，该机场邻近粤汉铁路、地处旧城区东北部。

2.1.4　近代城市规划中机场规划布局思想的特性

1. 机场规划在近代城市规划中逐渐设置独立章节

近代的航空交通逐渐成为继公路、铁路之后的又一种新兴交通方式。在近代城市规划方案中，逐渐将机场选址内容列入“公共设施”或“交通系统”等专项章节之中，与水运、铁路、公路或城市交通等相关内容进行分项规划说明。尤其战后近代城市规划中的机场规划逐渐细化，通常更为详尽地说明机场的用地规模、功能定位等，且多分门别类进行布局规划。在机场预留用地形状方面，有方形、矩形和圆形场面之分；在机场性质方面，有军用机场和民用机场之分；在机场使用功能方面，有水上机场、水陆两用机场（航空港）和陆上机场（航空站）之分；在机场规划分期方面，有近期规划和远期预留之分；在机场规模等级方面，有飞机站和飞机总站之分。

抗战前城市规划中涉及的机场布局内容论述普遍不多，即使有也往往是只言片语，规划方案仅涉及预留机场场址的大致位置。唯独南京《首都计划》（1930 年）、《天津特别市物质建设方案》（梁张方案）（1930 年）这两个城市规划方案不仅专门设有航空章节，还编制了“飞机总站”的设计方案，其设想显然与铁路总站有相通之处，其功能性质类似于现在的枢纽机场。抗战时期国统区的机场由军方统管，这时期编制的近代城市规划方案几乎都未涉及机场布局，1939 年 6 月 8 日国民政府颁发的《都市计划法》也未涉及机场的规划建设。

抗战胜利后的大中城市普遍存在多个军用机场，这时期的大中城市面临着军用机场转民用机场、军用机场弃用与否的问题，为此，不少规划方案都涉及军用机场布局思路。除了重视军军用机场和民用机场的区分外，战后近代城市规划中的机场布局还侧重于国内机场和国际机场之分。战后不仅沪渝汉等大城市的规划方案纳入了机场建设计划，甚至广西梧州、江苏连云港等中等城市的城市规划方案也普遍增设了机场布局的内容，凸显了大中城市对民航运输业的高度重视。战后近代城市规划编制体例中普遍设置了“空中交通”或“飞机场”这一独立章节。例如，湖北省政府于 1944 年 1 月编印的《大武汉市建设计划草案》在其“市区交通之布置”章节划分道路交通、水上交通、空中交通及电力交通四类进行专题论述，其中“空中交通之布置”则按照陆上飞机场、水上飞机场和水陆空联运站三类进行统筹布局。1946 年 4 月 25 日编印的《武汉区域规划初步研究报告》对武汉市内外交通问题作了分析并指出，将大城市交通线按照区域与市区双重界限分为远距离交通、近距离交通和市内交通三种，其中远距离交通又分为陆上交通（包括铁路干线和公路干线）、水上交通（海洋线和内河线）和空中交通（国际线和国内线），这是我国近代城市规划文件中有关交通方式划分最为科学全面的分类方法。1947 年编制的《武汉三镇交通系统、土地使用计划纲要》则将航空运输纳入“交通系统”章节之中，并列出“飞机场”专题。

抗战胜利后的国民政府及地方政府通过设立实验区（四川、东北）、模范市（广西南宁、梧州、桂林和柳州）来探索区域自治和城市重建路径。例如，国民政府主席蒋介石提议要重建东北，并将其作为三民主义实验区。同时，择定四川省为“全国建设实验区”，包括实施新县制、地方自治和行政三联制，并改建“交通与航行”等。为此，四川省于 1946 年 6 月 20 日编制完成《四川省建设实验区五年计划草案》，该计划以“发展交通、开发动力、振兴水利灌溉”三项重要工作为基干，但在“经济建设”篇中的首项“交通”章节仅包括“铁路、公路、水道和电讯”四大内容，显然在 1947 年 1 月国民政府交通部民航局成立之前，机场事务仍归属于国民政府国防部所主管，这时期的省域规划仍延续抗战时期机场事务全部归属军方的特定做法。

2. 普遍采用多机场的规划布局方案

在抗战之前，不少近代城市规划文件中就有多机场布局思想，如南京的《首都计划》（1929 年）认为“南京为国都所在之地，其航空事业不久必将大盛”，由此国都处提出由 1 个飞机总站和 4 个飞机场（含皇木场、浦口两个水陆两用机场）构成南京市机场布局体系。近代的南京、上海、重庆和天津等大城市经过二三十年的航空业发展后，实际上已经在城市周边地区形成了多个机场共存的局面。这是由于抗战前的机场多在老城的城厢外围建设机场，随着城区范围扩大和城墙的拆除，加之飞机起降机型增大和机场用地规模扩大而导致原有机场满足不了航空业发展的需求，需要在距离城区更远的外围另行新建机场。同时，结合战前备战或军事作战的需要，许多城市都建设了军用机场。抗战胜利后，南京、上海、北京、哈尔滨、沈阳等众多的大城市已普遍拥有不同性质、不同规模和不同位置的多个机场，并有军用和民用、水上和陆地、国际和国内等不同功能用途，因而在近代城市规划大纲或规划方案中需要对现有的机场场址进行存废取舍及功能定位。例如，1946 年国民政府北平市政府征用伪北平市工务总署都市计划局日籍负责人改订《北平市都市计划大纲》，在飞机场方面，提出“在现有之南苑及西郊飞机场以外，于东郊计划一大飞机场，为备将来应用计，另行在北苑预定一处”。

近代城市规划方案所预留的机场场址形状非圆即方，其规整的机场场址面积普遍广阔，以适宜未来机场的改扩建。如南京《首都计划》中所提出预留的方形飞行场面积至少为 600 米见方，圆形飞行场的直径采用 600m，而飞机总站则建议采用直径为 2500m 的圆形机场。梁思成、张锐的《天津特别市物质建设方案》中提出天津机场的规划半径约 3500 英尺（约 1067m），其中外环为 3000 英尺（约 914m）长的跑道，内核为 500 英尺（约 152m）长的中心圆，用于设置旅舍、飞机停放场、修机厂等。

3. 机场地面交通是机场选址的重要考虑因素

为了满足航空旅客方便出入机场的需求，近距离的机场地面交通是民用机场场址选择的重要考虑因素。近代城市规划方案中所规划预留的机场场址普遍距离城市中心较近，大多演进成为都市型机场（Municipal Airport），且毗邻铁路车站或水运码头，以便联运。南京、上海和武汉等地所编制的近代城市规划相类似，也考虑到水陆空之间的多式联运。如南京《首都计划》推荐的沙洲总站场址，认为“其交通便利，距南门约 3.6 公里，距铁路总站约 8 公里半，距中央政治区约 10 公里半”，它们分别从道路交通、铁路交通和市中心三个方面予以分析。又如王弼卿拟订的《嵩屿商埠计画商榷书》（1931）将厦门嵩屿商埠新区确定为“货运中心、运输枢纽”，为此也将呈直角梯形用地形状的机场与火车总站毗邻布局，另设有造船坞。李文邦、黄谦益于 1933 年制订了融合有居住、教育和交通等诸多功能的广州“黄埔港计划”，该计划将黄埔港按照内港和外港地区进行综合开发，其中内港设疏港铁路与广九铁路相通，东端与水陆两用飞机场相连。该计划是近代第一个将港口、铁路及机场纳入交通一体化发展的规划，也是第一次将水陆两用飞机场纳入近代城市规划中的专项规划。

4. 机场布局注重与其他水陆交通设施的衔接和联运

抗战胜利后的城市规划对水陆空联运非常重视，这一先进的规划思想来源于抗战后期（1944—1945 年）在西南国统区曾广泛实践过的水陆空联运经验，如围绕中美同盟国联合开辟的抗战空中生命线——“驼峰航线”所组织的水陆空联运，包括四川泸州机场、宜宾机场的空水联运，以及云南昆明、沾益等机场的陆空联运等。为此，抗战后期的城市规划文件便开始重视设置联运站点。如早在 1944 年的《大武汉市建设计划草案》便具备了设立综合交通枢纽的雏形思想，在论及“水陆空联运站”时提出“本市水陆空之各项交通，于转换交通工具时应有种种联运之设备，以便利中外人士之来往。”

近代城市规划文件多在“空中交通”或“飞机场”章节中专门论述机场枢纽与水陆交通枢纽的联运。例如《陪都十年建设计划草案》重视陆空联运，该草案在第七章“交通系统”中列出“空运”章节，并提出了“能与水陆运输终点相联系”的新建机场选址准则。考虑弹子石一带规划为工业区，针对“水陆空三项运输，缺乏联络终点”的问题，该草案提出在弹子石背后的和尚山前另辟永久性的民用机场和铁路货车总站，并与规划的龙门浩铁路客运总站毗邻，为此还专门绘制了“陪都陆空运输站布置总

图”（图 2-2）。邱致中编制的广西系列城市规划中也提出了水陆空联运站的概念，如《大柳州“计划经济”实验市建设计划草案》（1946 年）指出，柳州“于第一商业区环状路之公共筑物圈内，设一水陆空联运站，俾水陆空各项交通，于转换交通工具时，有此联运组织及设备，以便利中外人士”。

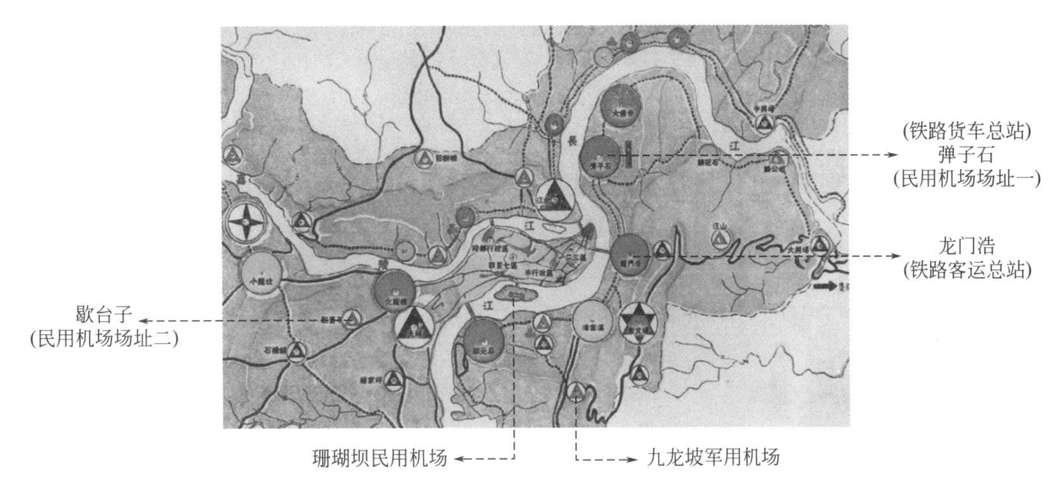

图 2-2　重庆《陪都十年建设计划草案》中的机场及其铁路客货总站布局图

来源：作者基于《陪都全市区土地利用区剖面（1946）》改绘

5. 近代城市规划理论和实践都对机场布局和城市防空更为注重

作为交通运输方式之一，航空运输业和机场建设都是积极促进城市发展建设的，而从军事航空和空中作战的角度来看，城市规划则需要充分考虑都市防空因素的。近代城市规划文献在抗战前后体现出如下两方面特征：一是有关机场和航空站建设领域的论著层出不穷；二是遭受战火洗礼后的城市规划研究更加注重都市防空。受益于国内外文献的传播和机场工程应用实践，抗战胜利后国内陆续出版了不少有关民用航空及航空港设计的专著和论文，最典型的是 1944 年由吴柳生编著的大学教材——《航空站设计》出版。国民政府民航局也于 1947 年开始发行《民用航空》及《场站建设》等不定期的机关杂志刊物，介绍了国内外机场规划建设的理论和实践。

无论抗战前还是抗战后，近代城市规划都对都市防空非常重视。《市政评论》在 1937 年第 5 卷第 3 期便刊出“都市航空与防空专号”，董修甲、周象贤、唐应晨、郑独步等分别撰写《今后都市之分区与防空》《都市防空问题》《我国都市航空之检讨》《现代都市的防空设备问题》等系列文章。其中，董修甲专文介绍首都（南京）区域内土地用途划分，指出“军用（事）区”是首都区别于其他城市的独有分区，其军用区包括飞机场在内。同时，从防空角度提出今后都市行政区应采取分散政策，并认为，“是以上海市之中心区计划殊不适宜，而首都分区制之行政区，集中明故宫，亦不恰当，亟应改正也。”同年，王克在其《适应防空的都市计划》著作中就结合都市分区提出了都市区域防空化的对策。在国统区遭受空袭最为艰难之际，防空部门对近代城市规划中的功能分区这一基本方法也有了异议。如 1939 年 6 月 20 日，针对《都市计划法》第十二条之规定“都市计划应划定住宅商业工业等限制使用区，必要时并得划定行政区及文化区”，国民政府军事委员会下设的航空委员会防空厅厅长黄镇球向行政院提出两点质疑：一是新城规划及旧城改造均应依照过去空袭经验作为规划建设的根本，敌机轰炸目标多侧重于工业、行政及文化等区域，为减少目标和避免空袭起见，分区办法妥善与否似应加以考虑；二是都市防空以疏散为重，故都市建筑应以疏散为建设标准，依过去的血肉经验，以“七分空地、三分建筑”为原则，才符合新都市建设的要求。①

抗战期间，陪都重庆、武汉、长沙等地屡遭侵华日军的空袭，城市居民和财物因而遭受了惨痛的损失，这使得战后的城市规划理论研究对城市防空功能尤为重视。城市规划类的理论著作不仅普遍将机场纳入交通规划章节，还多专门设置城市防空章节。例如国立中山大学工学院陈训烜教授早于 1937 年

① 中国第二历史档案馆，行政院训令附件：内政部全宗号一二（6）-14426，1939 年 7 月 13 日。

（此后多次再版）所著的大学丛书——《都市计划学》罕见地列有“都市运输”中的“飞机场和航空港”专节以及“现代都市防空计划”，这使得城市规划中的机场规划建设和防空建设计划二者兼备。金国珍1941年所著《市政概论》一书中的“航空与防空”章节则从航空业的正面效应和反面效应来论述之。他参照港口的做法，提出“飞机场之设备除国家外，地方自治团体亦可为之”。卢毓骏于1947年撰写的《新时代都市计划学》专门设有原子弹威力与城市计划之关系以及区域计划与都市防空之关系等章节。

6. 近代机场布局与实际的机场建设之间普遍存在脱节现象

近代城市规划中相对成熟的机场布局方案不仅考虑城市总体布局因素，还从航空技术角度考虑了机场用地范围、形状和方位等因素。考虑到城市对机场跑道方位及位置敏感因素，近代机场场址多规划布置在城市主导风向的两侧，以便飞机的起降不经过城市上空。同时，为了满足飞机逆风起降的需求，规划的机场场址多布置在城市的迎风地带。另外，为了满足水上飞机起降，一般南方城市还在临湖临江地段专门预留水上机场或水陆两用机场场址。

尽管机场选址考虑了航空技术发展的需求，但近代城市规划中的预留机场场址与最终实际建设的场址普遍存在脱节现象，少有吻合之处。毕竟中央政府的军事航空主管部门或民用航空主管部门所编制的全国航空站布局规划凌驾于各省市地方政府的民用机场选址建设之上，中央政府航空主管部门也主导了各地军用和民用机场的选址建设，而省市地方政府仅是从城市规划角度进行民用机场选址布局的，与中央政府航空主管部门在机场规划建设原则和指导思想等诸多方面存在着差异。就城市用地自身而言，航空主管部门普遍认定城市外围无净空障碍物的大片空地是理想的机场场址，但这类土地又多用作耕种的农业用地，当地政府和农户都将强力反对。近代机场场址一般需要在占用农业用地与减少机场工程造价两方面进行取舍，由此，常存在不同利益集团之间的矛盾冲突。另外，抗战胜利后，地方政府规划部门在新建机场选址或既有机场利用等方面也多与国民政府军事航空主管部门以及交通部民航局所持意见相左，这以编制《上海大都市计划》（1946—1950年）中的机场布局思路最为典型，其初稿、二稿及三稿中的机场布局方案几经变更，前后迥异。

2.2 近代城市规划中的机场规划实例分析

2.2.1 中国近代城市中心区设计作品中的机场元素分析

不少中国近代城市中心区规划方案都将机场作为城市轴线的主要对景，这既有西方现代建筑运动思潮推崇体现“机器美学”的飞机因素影响，也有抗战前后盛行的“航空救国”和“崇尚航空技术”双重思想的作用，这使得机场元素在中国近代城市规划中备受重视。机场之所以能够成为中国近代城市中心区规划中的重要构图元素是基于以下因素：早期的机场为无跑道的小型机场，场面非圆即方，其规则图式及开敞式空间特性适合作为城市对景；近代机场距离城市近，具备纳入城市设计主题的区位条件，虽然它布置在城市中心区的边缘；航空表演是当时大众所热衷于观赏的冒险活动，航空交通则为民众广泛关注的新式交通，而飞机场更是城市现代化的象征符号。综上所述，机场已成为不少中国近代城市规划方案中的构图主体。

1. 吕彦直《建设首都市区计划大纲草案》中的机场元素

1）吕彦直规划草案的背景及其特性

吕彦直1913年留学美国时先攻读电气专业，后来“以性不相近”① 的缘故转而攻读建筑学，但早先所接触的工科技术背景应对其崇尚航空技术及后期建筑设计具有潜移默化的影响，促成他成为近代中国

① 引自《中国建筑》第1卷第1期（1933年7月）刊载的《故吕彦直建筑师传》。

率先将飞机场及航空交通方式纳入城市设计作品中的先驱规划师①。1927 年 4 月国民政府定都南京，吕彦直此时业已完成南京中山陵（1925 年）及广州中山纪念堂（1927 年）的设计任务，此后便着手思考民国首都南京的城市规划设计。吕彦直经过一年多的苦思冥想，在 1928 年 7 月完成了私拟的《建设首都市区计划大纲草案》②，该草案将首都南京分为中央政府区（国府区）、京市区、国家公园区等三大功能区，另外还有住宅区、大学区（教育区）和工业区（图 2-3）。在中央政府区选址方面，吕彦直赞同以南京市市长刘纪文为代表、蒋介石支持的明故宫遗址方案，而不支持以茂飞为技术顾问、国民政府首都建设委员会常务委员孙科支持的中山陵南麓场址方案。吕彦直应是认定沿用曾为帝王宫城的明故宫场址所具有的延续性和传承性，且该地块"居于中正之地位。"

根据 1929 年 10 月刊登在《首都建设》第 1 期杂志上的吕彦直遗作《规划首都都市区图案大纲草案》的文本说明，在《国民政府五院建筑设计》方案中，首都南京全区域的核心——中央政府区坐落在由东西向的大纬道和南北向的大经道构成的十字轴上，中央政府区以南北向中轴线为主体，形成了层次丰富、起伏多变的中轴线空间序列。以高耸的"民生塔"③（又称"建国纪念塔"）及其坐落的圆形广场作为行政院以南地区的构图中心，环以呈星状向外辐射出连接首都各地的十二条放射性交通干道④，象征着国民党党徽——"青天白日"中的十二角星光，并在外围环以半圆形的环路及开放公园，内半环形道路与中轴线交会处设为"一大两小"圆拱式"国门"，其南面设置供飞机停驻和起降的"航空苑"——"为首都将来航空交通之终点"，由此形成政务人员往来于"航空苑—国门—牌坊—民生塔—林荫道—国府"的南北向中轴线序列⑤（图 2-4）。

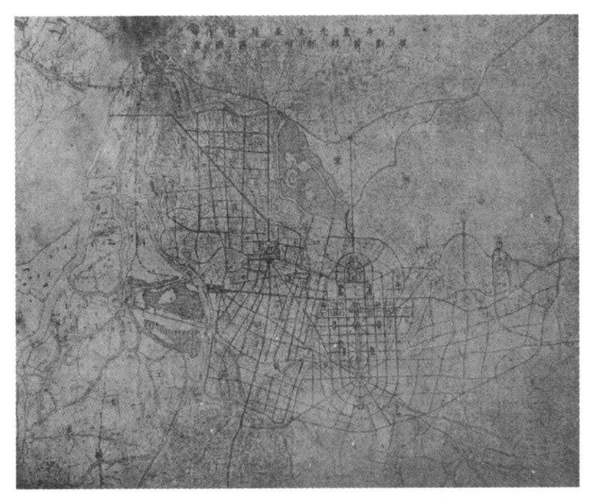

图 2-3　吕彦直设计的《规划首都都市两区图案》
来源：《良友》，1929 年 6 月第 40 期，第 3 页

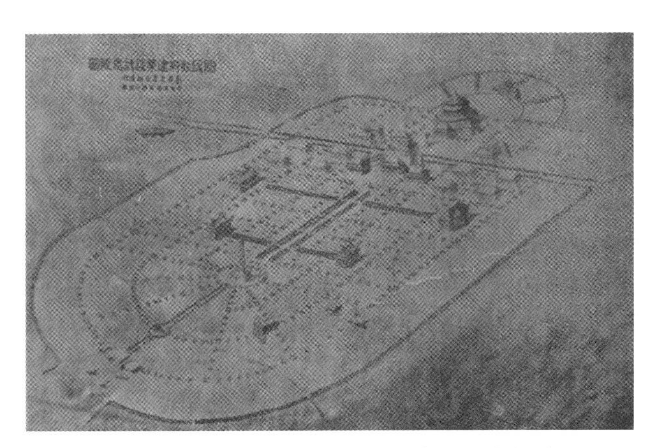

图 2-4　吕彦直设计的《国民政府建筑设计鸟瞰图》
来源：《良友》，1929 年 6 月第 40 期，第 3 页

吕彦直在遗作说明中谈及航空苑、国门及飞机场的相关规划内容，并在"七、建设经费之大略预算"章节中将"航空苑"及"国门"⑥ 分别列支建设费用为"银一百万两"和"银三十万两"。而吕彦直

① 1921 年，吕彦直与美国康奈尔大学同学过养默以及伦敦社区大学毕业的黄锡霖共同创办了东南建筑公司，过养默在 1924—1925 年间曾协助北洋政府航空署建设京沪航线沿线的航空站，由此推测过养默的航空从业背景对吕彦直也应有着一定影响。

② 《建设首都市区计划大纲草案》为吕彦直正式文本（原稿）说明的题目，而吕彦直致夏光宇的函则为《规划首都设计大纲草案》；1929 年 10 月刊发在《首都建设》杂志上时改为《规划首都都市区图案大纲草案》，其图注及说明也将"国家公园区"改为"党国公园区"；《良友》刊发的题图则为《规划首都都市两区图案》。另还有《规划首都市区计划大纲草案》等不同名称。

③ 转引自赖德霖著《民国礼制建筑与中山纪念》中的"黄檀甫先生贴报本"，该处说是"民权塔"（Tower of People's Rights），"国门"则为"机场导航台"。

④ 设在汉西门的中央总站则面向中央政府区辐射出 6 条放射状干道，包括东接钟汤路的东西向大纬道、连通新型的田园市和林园市的斜向轴线等。

⑤ 在 1929 年 8 月举行"首都中央政治区图案平面图"竞赛中，黄玉瑜和朱神康提交的第一号、第六号方案均采用了类似的航空场对景手法。

⑥ "国门"为西式半圆拱式风格建筑，其与民生塔之间还设有中式牌坊，这也是入口序列的标志。

在《建设首都市区计划大纲草案》(原始手稿)说明中谈及中央政府区规划时只字未提飞机场布局建设等相关内容，仅在市政细目中列出铁道、电车、水线、航空等交通制度，这与其在“吕彦直致夏光宇函”中的看法是一致的。吕彦直认为，“外国专家，弟意以为宜限于施行时专门技术需要上聘用之。关于主观的设计工作，无聘用之必要”，其所指的专门技术应涵盖机场设计技术。比较《首都建设》上的吕彦直遗作与吕彦直手稿的差异，笔者推测不排除首都建设委员会国都设计技术专员办事处在遗作说明中添加航空相关内容说明的可能性，并对吕彦直遗作中的航空元素作了进一步诠释和引申。

2）吕彦直规划草案思想溯源

吕彦直规划草案的原型来自两方面：一是直接或间接地贯彻孙中山思想，中央政府区的孙中山雕像、民生塔、国民党党徽状的星形放射形路网等建筑设计元素传承和展现了孙中山思想，而铁路线路规划及其长江江底隧道则延续了孙中山所著的《建国方略》书中的布局思路；二是借鉴了美法两国的首都规划理念，尤其是汲取了美国华盛顿特区的规划理念及其波多马克河对岸的胡佛机场设计手法。在草案说明中，吕彦直比较了美国华盛顿特区新建模式和法国巴黎市区改造模式，对华盛顿特区规划师朗方和巴黎市区改造主导者奥斯曼的推崇也溢于言表。吕彦直少年曾在法国巴黎求学，精通法文，对以勒·柯布西耶为旗手的现代建筑运动应有所知，也应从其巴黎“瓦赞规划”中的“十字交叉干道＋机场”设计手法中汲取过经验。作为中国第一代建筑师，吕彦直在美国康奈尔大学系统地接受了布扎建筑教育体系的洗礼，并实地考察过华盛顿特区的国家首都区（NCR）[①]。除了从朗方规划（1791 年）及麦克米兰规划（1901 年）中汲取林荫大道系统及方尖碑等设计元素外，笔者推测吕彦直回国后还关注过华盛顿国家首都区与波托马河隔河相望、一桥相连的胡佛飞机场之间所构成的对景关系。该机场于 1925 年建成，次年 7 月 16 日开放商业航空，其现址位于乔治·华盛顿大道和第 14 街桥交口处的西侧（图 2-5）。

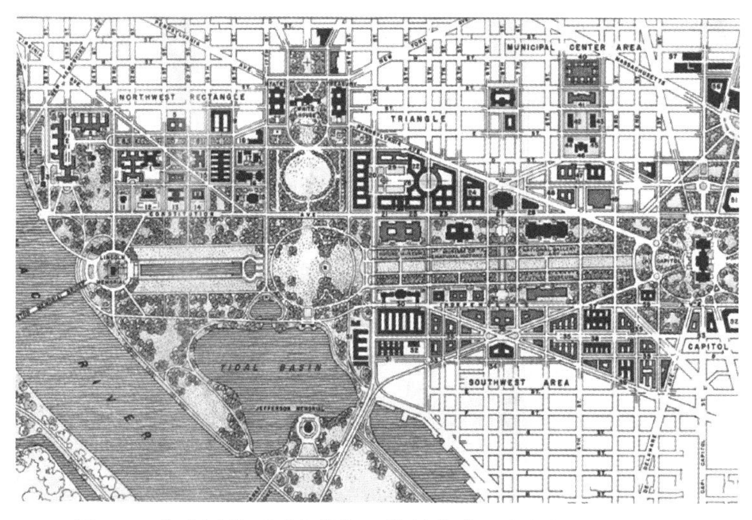

图 2-5　华盛顿特区国家首都区的林荫道开发规划（1933 年）

来源：Planning History，https：//www.ncpc.gov/about/history/

另外，如果吕彦直见过 20 世纪 20 年代末美国建筑师弗朗西斯·凯利（Francis Keally）设计的《远见卓识的机场设计》（visionary airport design）方案，应对其创作设计中央政府区方案大有裨益的（图 2-6）。在美国城市美化运动的影响下，凯利设计的纽约水陆两用机场总平面规划方案采用了具有纪念性的中轴对称式几何构图图案，中轴线依次串接圆形转盘式的陆地机场及方尖碑方形广场、椭圆形广场与矩形的水上机场，其中呈现庞大的圆盘状陆上飞机起降场地应用了 17 世纪法国安德烈·勒诺特尔（Andre Le Notre）设计的凡尔赛宫规划手法，并以法国古典园林中的转盘式圆形花园为设计原型，其圆形机场边的圆拱式出入口两侧环以停机位和飞机库，再采用主轴线依次串接圆拱门、方尖碑和标志性建筑

① 赖德霖：《民国礼制建筑与中山纪念》，第 132 页。

物及码头①。吕彦直方案中的圆拱式国门、民生塔、星形广场等设计元素均与弗朗西斯·凯利的《远见卓识的机场设计》方案中的圆拱门及其两侧的联排机库、方尖碑和圆形转盘式机场有相通之处，而凯利分别以水、陆机场作为中轴线两端对景的设计手法也应对吕彦直规划草案有着启迪作用。

图2-6　美国建筑师弗朗西斯·凯利为纽约设计的《远见卓识的机场设计》方案
来源：Sonja Dümpelmann，Flights of Imagination：Aviation，Landscape，Design，2014. p46

吕彦直创造性地提出"航空苑"的概念，这体现了现代航空技术和中国传统苑囿的结合。其设计手法及概念让人联想起清末政府在北京城的无心之举，即1910年在北京城及紫禁城南中轴线延长线原有皇家游猎苑囿及南苑练兵场所设立的中国第一个机场——南苑机场，该机场无意构成了"紫禁城—永定门"传统中轴线南端的新对景。

总的来看，吕彦直在完成南京中山陵（1925年）、广州中山纪念堂（1927年）设计之后，南京中央政府区的设计草案可谓其历时一年多完成的第三大杰出设计作品②。该草案由中西古典建筑风格相结合，它体现了以航空技术为推崇元素的现代建筑运动思潮。以机场为中轴线对景并凸显航空元素的设计手法，这在世界近代城市规划史中也是罕见的，尤其将机场纳入中央政治区的做法当属近代城市设计中的世界之首创。

3）吕彦直规划草案的后续影响

吕彦直的首都市区规划草案对南京中央政治区设计和大上海计划均有直接的启迪作用，其中《国民政府五院建筑设计》草案对黄玉瑜（Wong Yook Yee）和朱神康在1929年8月举行"首都中央政治区图案平面图"竞赛中所提交的第一号、第六号方案有着直接的影响，这两个均获第三奖（第一、二奖空缺）的方案都采用了"中央政治区（十字轴）＋红花圩机场（对景）"的总平面构型，直接沿用了吕彦直方案中以飞机场为中央政治区中轴线端点的构图手法；不同之处在于吕彦直方案是以明故宫遗址为中央政府区，中轴线南端对景为"国门＋航空苑"。而黄玉瑜、朱神康方案是以紫金山南麓为场址，南中轴线对景为"航空署大楼＋红花圩机场"，并采用航空林荫大道与北侧的行政院直接衔接起来。黄玉瑜、朱神康方案实现了《首都计划》在中央政治区南部预留的红花圩机场场址与《首都中央政治区图案平面》中的航空署及圆形机场这一构图对景设计的契合③。另外，吕彦直的规划草案也对董大西的《大上海计划》也有着明显的启迪作用，如交通干道与轴线端点的水运码头、中央总站的衔接以及正南北向的

① Robert L. Davison，"Airport Design and Construction"，Architectural Record 65 (May 1929)：489-515.

② 转引殷立欣著的《建筑师吕彦直集传》，书中的附录"吕彦直致夏光宇函"写道："弟之作非感自诩独诣，实以心爱此都深逾一切。"笔者认为该说法为吕彦直自谦之语，实际上自知为"独诣"之作，也"自信于首都建设之途径已探得其关键"。

③ 茂飞作为评委，在点评黄玉瑜、朱神康的第一号方案时认为，"海陆军等部图样，尤极美观"（注：设在中轴线南端的三处军事机构实为军政部、海军部及航空署）。

十字交叉主轴线＋以塔状物为构图中心的“环形＋放射状”路网格局等（表 2-4）。

20 世纪 20 年代末南京中央政治区和上海市中心区规划方案的比较　　表 2-4

作品名称	规划师	中轴线空间序列	交通枢纽/交通结构	机场设计元素
规划首都都市两区图案	吕彦直(1928 年)	先哲祠/历史博物馆—国民大会—总理造像—广场—国民政府(行政院)—林荫道—民生塔—牌坊—国门—航空苑	贯通式中央总站(汉西门);十字交通轴线＋放射线＋方格网	以最高点——民生塔为构图中心,“国门＋航空苑(扇形、民用)”构成南中轴线的对景
首都中央政治区图案平面图(一号)	黄玉瑜 朱神康(1929 年)	中央党部—总理铜像/纪念壁—广场—行政院——北伐成功纪念碑—航空林荫大道—航空署—航空场	明故宫火车总站;南北中轴线＋方格网	“航空署大楼(飞机状)＋航空场(圆形、军用)”为长达 3km 中轴线的南端对景,并与最高点——中央党部南北相望
首都中央政治区图案平面图(六号)	黄玉瑜 朱神康(1929 年)	中央党部—长方水池—广场—北伐成功纪念碑—航空林荫大道—航空署—航空升降场	明故宫火车总站;南北中轴线＋放射线＋方格网	“航空署大楼(飞机状)＋航空升降场(矩形、军用)”为南中轴线的对景,并与最高点——中央党部南北相望
大上海计划	董大酉(1930 年)	中山纪念堂—总理铜像—市府大楼—高塔/广场—长方水池—牌楼—三重檐塔	尽端式总火车站;虬江码头,十字交通轴线	后期在中轴线东侧增建航空协会会所(飞机楼);在北邻虬江码头的空地预留“东机场”(不规则状、民用)

注：吕彦直手稿的“大经道之中”为“行政院”，《首都建设》印行本则将其改为“中央政府（指国民政府）”。

2. 《首都中央政治区图案平面图》竞赛中第一号和第六号的机场对景方案

1929 年 1 月启动编制的南京《首都计划》拟将国民政府的中央政治区布置在紫金山南麓、明故宫以东，并将中央政治区以南的红花圩地区选为“特别飞机场”场址，该机场在和平时期主要服务于政府人员，而战时则可作为军用。《首都计划》认为，该场址为“军用飞机场，适在其南，兵营又相接近，调遣灵活，殆无复加”。红花圩飞机场距中央政治区南部 0.7km，距第一期拟建的政府建筑 2.5km，预留机场场址为长约 1200m、宽约 1000m 的方形场地。《首都计划》统筹考虑了紫金山南麓的中央政治区选址方案与红花圩机场的场址方案，这在中央政治区设计竞赛中所提交的官方背景设计方案中得到了充分体现。

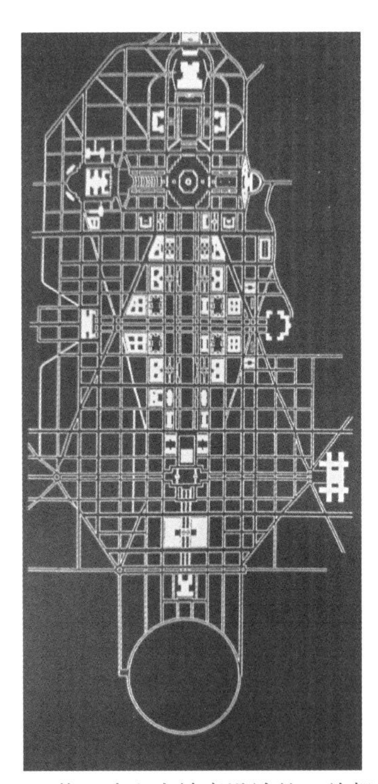

图 2-7　黄玉瑜和朱神康设计的《首都中央政治区图案平面图》(第一号方案)

来源：Remaking Chinese City：Modernity and National Identity，1900-1950，p145.

1929 年 8 月，在“首都中央政治区图案平面图”国际设计竞赛中，国都设计技术专员办事处的建筑师黄玉瑜和朱神康联手设计的第一号和第六号方案都采用“南北中轴线＋放射线＋方格网”的路网组合，体现了巴黎美术学院派几何构图手法和中国传统中轴线设计手法的融合，所有官式建筑均采用了“中国古式”的建筑风格，且都罕见地以航空署建筑及其附属的红花圩机场作为中央政治区中轴线正南端的对景，并与地处中轴线北端、中央政治区最高点的国民党中央党部遥相呼应。第一号方案一反以铁路车站作为构图中心的近代城市设计的常见做法，它由北向南依次布局中央党部区、国民政府区和中心广场之南的五院及各部区，行政院地处本区的正中，其以南的中央轴线则为航空林荫大道，该大道两侧配置军政、海军二部，正南端则对应着航空署建筑及其以南的大型圆形飞机场（图 2-7），“以应将来航空事业发展之需”①。第六号方案主体采

① 黄玉瑜、朱神康：《首都中央政治区当选图案说明书》，载《首都建设》，1929 年第 2 期。

用十字轴总平面构型，在南北向的“行省驻京机关大道”中心点设置“北伐成功纪念碑”，碑南即为呈飞机平面形状的航空署建筑及其“航空升降场”，与第一号方案中的圆形“航空场”略有不同的是行省大道南端相对应的“航空场”为矩形用地①（图 2-8）。第六号方案所采用飞机楼状的航空署大楼是该方案的最大设计亮点，其航空功能与飞机形式实现了完全统一，该楼显然是董大酉于 1935 年设计的中国航空协会会所及陈列馆（俗称“飞机楼”）建筑的参照原型，其飞机状建筑平面与航空署大楼的建筑平面有异曲同工之处（图 2-9）。在 1929 年的《首都中央政治区图案平面图》竞赛中，董大酉和费烈伯参赛的第九号方案获得了第四奖，它并未纳入飞机场或航空元素。国都处建筑师设计的中央政治区方案航空主题特色明显，呼应了《首都计划》在中央政治区南部预留的红花圩机场选址及其功能定位，中央政治区的圆形或方形机场的端景设计和《首都计划》中的机场选址布局实现了有机统一，体现了近代城市设计方案与城市规划方案的融合与对接。

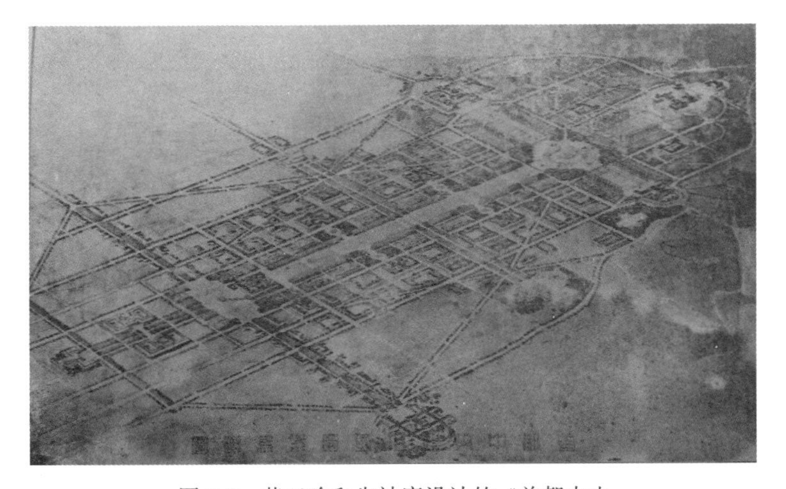

图 2-8　黄玉瑜和朱神康设计的《首都中央政治区图案鸟瞰图》（第一号方案）
来源：《首都建设》，1929 年 11 月第 2 期

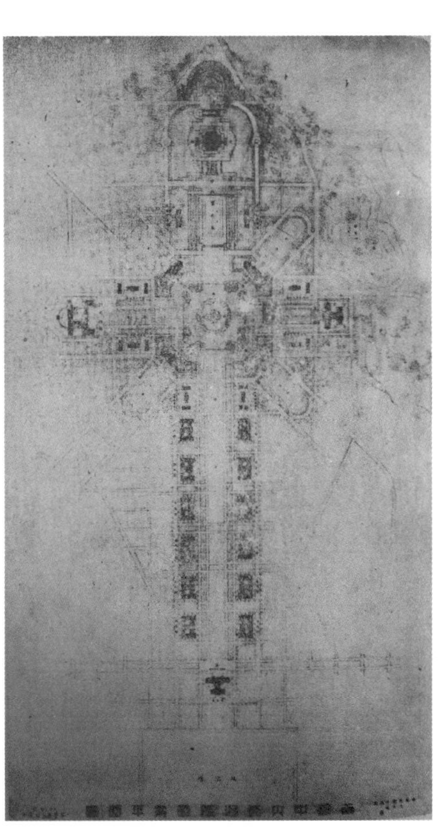

图 2-9　黄玉瑜和朱神康设计的《首都中央政治区图案平面图》（第六号方案）
来源：《首都建设》，1929 年 11 月第 2 期

国都处技正黄玉瑜和技士朱神康联合提交的《首都中央政治区图案平面图》第一号、第六号方案均敏锐地纳入了航空主题，显然既有吕彦直遗作的直接启迪，也受到同属南京《首都计划》编制团队——美国顾问、市政专家古力治的影响，毕竟古力治是美国都市计划运动领军者，也是美国早期城市规划界少有对机场有专门研究的交通专家。黄玉瑜（1902—1942 年）是中国第一代建筑师，他早在 1925 年便获得了美国麻省理工学院建筑学学士学位，毕业后进入波士顿 CSBA 建筑师事务所工作。1929 年，应南京市工务局局长林逸民等人邀请回国，出任国都设计技术专员办事处技正，协助茂飞和古力治编制《首都计划》，主要承担建筑绘图工作。黄玉瑜与朱神康（1895—?）均为归国华侨建筑师，祖籍同为广东开平。

① 近代城市规划中的预留机场场面形状普遍是非圆即方。

2.2.2 中国近代城市规划作品纳入机场元素的实例分析

1. 1935 年《青岛施行都市计划方案（初稿）》规划图中的机场元素

除了机场与城市中心区设计的构图关系之外，近代机场还有纳入城市规划局部构图中的应用实例，如 1935 年 1 月青岛市工务局编制的《青岛市施行都市计划案（初稿）》。该初稿方案将青岛各类城市用地分为港埠区、工业区、商业区、住宅区、行政区和园林区等六大类。行政中心设置在整个城市的几何中心，并计划在浮山所、沧口与李村交会地等处设 3 个小型商业区。在对外交通规划方面提出青岛应水陆空分途并进，其中空中交通则以 1933 年 1 月建成的沧口机场为近期之用，计划塔埠头东南沿海一带为将来之大飞机场，团岛附近则辟为水上飞机场。根据初稿提出的城市重心北移的设想，《大青岛市发展计划图》的规划范围由此向北拓展至沧口、李村。沧口地区以行政区为核心，其西边为沧口车站和工业港，东边则为住宅区。商业区、住宅区和机场三大功能区构成南北向轴线关系，其中地处住宅区和工业区之间的沧口大瓮窑头东一带为小商业区，坐落在南部轴线端点的沧口机场则采用斜角交叉跑道构型，与南北中轴线对应。整个沧口地区采用“干道包绕式”（或内部自成网络的“细胞式”）的路网结构。总的来看，沧口地区由德国占领青岛时期的《青岛市区扩张规划》（1910 年）是以大港为中心的布局方案转型为以工业港、沧口机场为双中心（1935 年）的《大青岛市发展计划图》布局方案（图 2-10）。

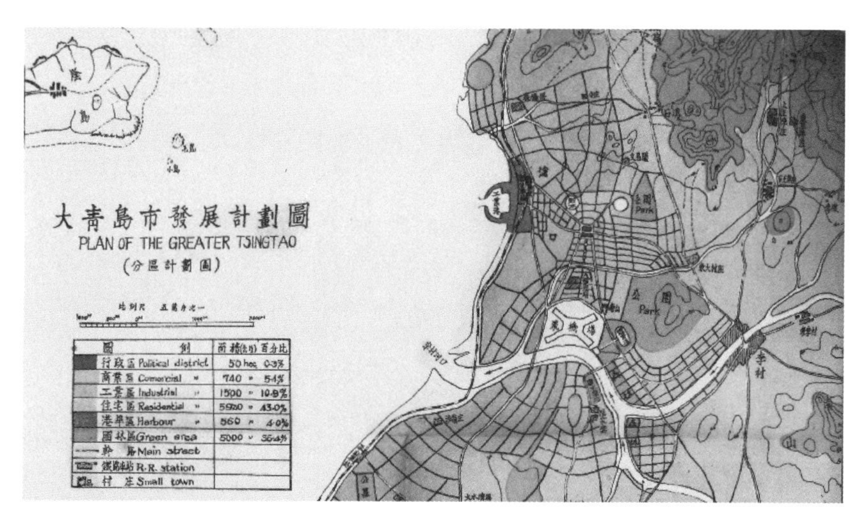

图 2-10　1935 年青岛市工务局编制的《大青岛市发展计划图》（局部）

来源：《图说老青岛》

2. 1948 年《塘沽新港工程计划图》中的机场构图元素

1946 年 8 月，由国民政府交通部塘沽新港工程局局长邢契莘主持编制完成《塘沽新港工程计划图》等系列图纸。该规划图中的半月形城市空间形态布局结构及以交通枢纽为对景的手法，它借鉴了 1938 年 10 月由日本东京大学教授内田祥三主持编制完成的《大同都市计画案》，该方案中的铁路车站和机场一北一南分别布置在大同古城的两厢（图 2-11）。不过，其以大同古城为核心的方案不同，《塘沽新港工程计划图》是以海河为界，呈现以市政府大楼为核心的北部“市中心”和以南部商业区为主体的“南市中心”的空间结构形态，并以此“双中心”为核心，以正交十字干道为骨架构建椭圆形的“环形＋放射状”路网结构。其中，横跨海河的南北向主轴线衔接市中心和南市中心；贯穿东西的京津公路主轴线则分别衔接客运总站和新河车站，并各自延伸连接塘沽新港和天津市区。另两条东北向、西北向的斜向放射轴线则分别衔接预留的北塘港区和塘沽机场。这种以机场为城市轴线端景的设计手法以及椭圆形的机场场面形状借鉴了 1939 年由纳粹德国国家元首希特勒的御用建筑师阿尔伯特 · 施佩尔（Albert Speer）主持设计的德国大柏林南北轴线规划方案，该方案将椭圆形的滕珀尔霍夫机场（Tempelhof Airport）纳

入轴线构图要素。塘沽机场场面形状也借鉴了柏林滕珀尔霍夫机场总平面规划，采用新颖而罕见的椭圆形平面规制，环以椭圆形道路，中间长轴方向为主跑道。不过其机场内部构型与滕珀尔霍夫机场有所不同，东南部呈扇形的停机坪一端衔接东南—西北向的中央跑道，另一端直接衔接进场道路轴线，这样椭圆形的机场长轴方向与塘沽市中心形成直通的交通轴线，并与道路环线直接衔接。

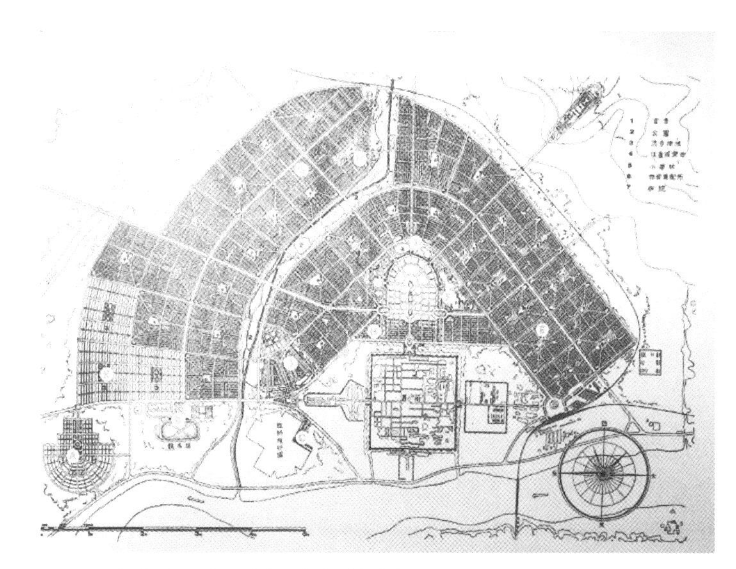

图 2-11　东京大学内田祥三教授等编制的《大同都市计画案》（1938 年）
来源：1940 年日本《现代建筑》第一期刊布的《大同都市计画案》之二

《塘沽新港工程计划图》展绘了新颖的塘沽市“双中心”空间结构形态，且道路主骨架与塘沽机场、塘沽新港以及客运总站和新河车站等交通枢纽都实现了有机融合，这种将机场、港口、铁路车站和汽车站统筹纳入城市中心区设计的做法是近代中国城市设计史中罕见的案例，这一现代感十足的城市新区规划作品也是近代中国城市规划史上少有的佳作。与抗战前的近代城市规划方案相比，《塘沽新港工程计划图》既保证了机场相对独立的运行，又使得机场布局与塘沽市中心规划融为一体（图 2-12）。

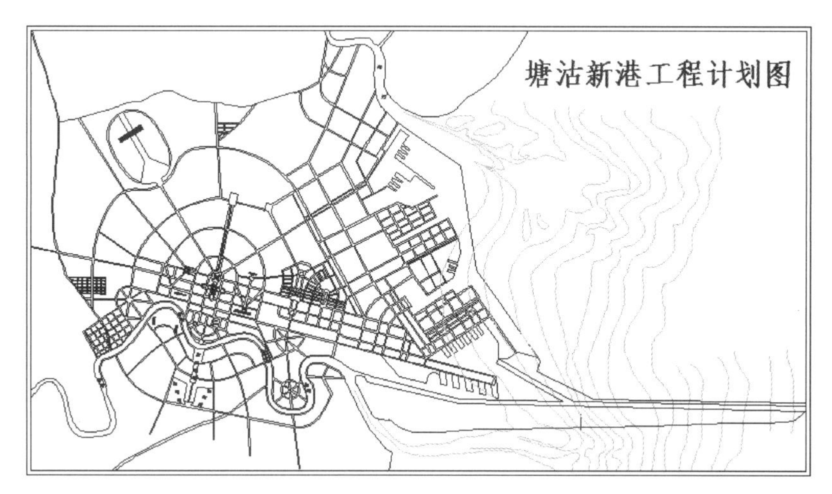

图 2-12　邢契莘主持的《塘沽新港工程计划图》（1946 年）
来源：天津市档案馆馆藏档案：J0161-2-002734，项目组描绘

3. 《大青岛市发展计划图》和《塘沽新港工程计划图》的主导者——邢契莘

1935 年编制的《大青岛市发展计划图》和 1947 年编制的《塘沽新港工程计划图》都先后罕见地将机场布局纳入城市规划方案之中，这一做法无疑与当时主持两地城市规划建设业务的主管局长——邢契莘（1887—1957 年）是密不可分的。邢契莘为浙江嵊县太平乡（今嵊州市长乐镇）坎流村人。1910 年，

他作为首批清华庚款留学生赴美国麻省理工学院造船造舰系留学。1914 年，他本科毕业后继续在造船造舰系深造，兼习航空机械，并于 1916 年获航空工程硕士学位。邢契莘学成回国后先后任大沽造船所工程师、马尾福州船政局制船主任，而后转任北洋政府国务院航空署机械厅厅长。1923 年邢契莘就任东三省航空处下辖的航空工厂厂长。1925 年，东三省航空处改组为东北航空处，邢契莘任机械处处长。1927—1932 年，邢契莘任东北联合航务局总经理兼东北造船所所长。1932 年 1 月，邢契莘追随新赴任的青岛市市长沈鸿烈就任青岛市工务局局长。1935 年 1 月编制完成《青岛市施行都市计划方案（初稿）》，该方案提出了多机场规划方案以及飞机总站、水上机场和陆上机场概念，该方案中的《大青岛市发展计划图》甚至绘制有以沧口机场为对景的塔埠头地区轴线布局方案。1937 年 4 月，邢契莘再次任国民政府航空委员会机械处处长。次年，转任滇西中央雷允飞机制造厂监理[①]，并主持修建了用于飞机试飞的南山机场，直至 1941 年 6 月离职。抗战胜利后，邢契莘于 1946 年担任塘沽新港工程局首任局长，同年主持完成《塘沽新港工程计划图》等系列规划，并主持整修新港码头和浚挖航道，至 1947 年年初，塘沽新港已能靠船装卸，同年 9 月 15 日，邢契莘为此专门编印了《塘沽新港工程之过去与现在》报告。1948 年年底，邢契莘转任国民政府交通部广州港工程局局长。

邢契莘拥有丰富的航空专业知识和长期的工程部门从业背景，他在造船及港口、航空制造及机场、市政工程及城市规划三大履职从业领域均有显著建树，实为近代机械工程和土木工程专业领域交叉融合的罕见之才，这为其编制近代罕见出彩的青岛和塘沽规划奠定了技术基础，而他先后担任的青岛市工务局局长和塘沽工程局局长等行政职务则为其在主持编制青岛、塘沽两大城市规划作品中纳入机场元素提供了前提条件。邢契莘曾在德国租界所在地的青岛工务局工作 5 年之久，对 1939 年的德国大柏林南北轴线规划方案应有所了解，他主持编制的《塘沽新港工程计划图》就将机场纳入城市设计方案中。考虑到该规划仍延续《塘沽街市计划大纲》（1940 年）的编制思路与黑潴河东的机场选址，以及该图参照了内田祥三主持《大同都市计画案》的设计手法等因素，加之抗战胜利后塘沽新港的建设仍续聘了大量日籍技术人员参与的背景，不排除有他们参与编制《塘沽新港工程计划图》的可能。总的来看，邢契莘在主持编制青岛、塘沽城市规划中重视机场元素是顺理成章之事，《塘沽新港工程计划图》可谓其“三位一体”职业生涯的鼎盛之作。

2.2.3 抗战时期沦陷地都市计划中的机场布局实例分析

在由日伪当局主导的沦陷地的都市计划中，机场布局思想主要杂糅了欧美日城市规划思想和侵华日军殖民化统治幻想，尽管这些都市计划提出了军用飞机场和民间飞机场相对分离的布局方案，但出于军事作战和加强与本国空中联系的目的，军用机场选址多与军营毗邻，而民间机场的规划则靠近以日本侨居地为主的“新市街”。

1. 沦陷时期《北京都市计划大纲》中的机场元素

1939 年 8 月，佐藤俊久和山崎桂一受邀起草的《北京都市计划大纲及其建设事业》公开发布。1941 年，伪华北政务委员会建设总署修订公布《北京都市计划大纲》，该规划吸纳了美国区域机场体系规划以及 1929 年南京《首都计划》中的机场布局思想，并采用“一市四场”的多机场体系，其中新建的西郊机场还作为重要构图元素纳入北京西郊新市区的中轴线规划之中（图 2-13）。这一在北京四至范围内布局军民用机场并将机场作为规划轴线构图要素的做法，充分暴露了日伪当局将北京定位为所谓“政治及军事中心地”的企图以及满足日军侵华作战的军事需求。

《北京都市计划大纲》规划的道路骨架为环放式路网，为了满足北京作为侵华日军“兵站基地”以及快速进出各机场及其兵营驻地的军事运输需求，分布在北京市区四周的 4 个现有及预留机场均由直通市区或新市区的放射干线以及环线干道直接衔接，如北京旧城中轴线南延长线直通南苑军营及南苑机

① 黄玉瑜当时在中央雷允飞机制造厂担任厂房建筑设计的建筑师，与该厂监理邢契莘共事过。

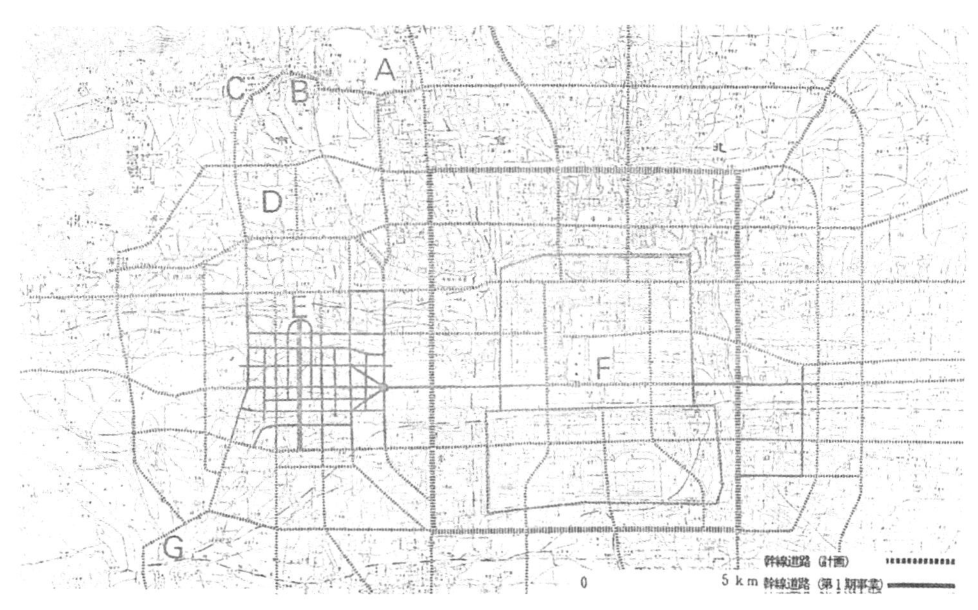

图 2-13　沦陷时期的北京都市计划道路网图中的西郊新市区中轴线
（注："E"是华北方面军司令部所在地；"D"是西郊机场所在地）
来源：《满洲国首都规划》

场；北苑及东郊机场分别有南北向干道或东西向干道与环线干道衔接。另外，还分别规划了直通西郊机场的南北向和东西向的主干道，如 1938 年 9 月修筑了北京城至西郊机场之间的郊区公路，次年又扩修西直门外农事试验场西侧至机场的汽车专用道路。

特别需要指出的是，沦陷时期的西郊机场不仅作为交通设施纳入北京都市计划之中，它在北京西郊新市区的规划中也作为重要构图元素。西郊新市区的规划区域"东距墙约四公里，西至八宝山，南至现在京汉线附近，北至西郊飞机场"，全部面积约合 65km^2。《北京都市建设计划要案》在遵循北京都城既有的传统中轴线基础上，特别是在拟新建西郊新市区的中央增设一条与其并行的南北向新中轴线，这条轴线是以兴亚大路（今四环路的五棵松路至丰台路段）为主体、以沿线军政机关用地为核心，其北部起点为颐和园里的万寿山佛香阁，南部端点为京汉铁路线上的中央铁路总站，该总站居于长安街的延长线（东西向，宽 80m）与万寿山正南的兴亚大路（南北向，宽 100m）的交口东面位置，这样一南一北的两大对外交通枢纽在新轴线相互呼应。规划轴线上的核心区为军政机关用地，东西向的北京一门头沟铁路以北地区主要用作军事机关宿舍用地。其中，中部空间节点为侵华日军的华北方面军司令部及其南侧的大广场，而呈圆形的西郊飞机场场址则坐落在北中轴线西边，它与司令部直接相邻，并有干线道路与战略要地卢沟桥及万寿山直接连接①。该中轴线北部突出了殖民统治军政要素的规划特征，这与《满洲国首都规划》中的大同大街主轴线突出关东军司令部为构图中心的手法如出一辙。日伪当局在北京城市规划方案及其实施过程中均将机场作为重要构图要素，其军国主义和殖民主义思想的色彩浓厚。

2. 沦陷时期《大上海都心改造计划案》中的机场元素

1942 年 9 月，日本建筑学会主办了第 16 届建筑展览会。与此同时，日本《建筑杂志》举办了"大东亚建设纪念营造计划"设计竞赛，该竞赛由日本著名建筑师前川国男担任评委之一，最终前川国男事务所上海分所田中诚、道明荣次和佐式治正提交的《大上海都心改造计划案》获得二等奖，其颠覆性的概念规划方案不仅将新建机场纳入城市规划构图之中，还将机场作为城市轴线对景端点予以重点突出，具有浓厚的日本军国主义思想色彩。

在前川国男规划思想的引导下，前川国男事务所上海分所提出的《大上海都心改造计划案》是一个

---

① 1938 年 1 月，日本华北方面军司令部由天津迁入北京。

颠覆性的改造上海市中心的概念规划方案。该方案在原租界中心区规划了一条横贯黄浦江的东西向宏大中央轴线（浦西福州路—浦东陆家嘴），其浦西一侧的对景是全面拆除租界中心区后建成的板式高层建筑群，而浦东陆家嘴一侧的对景则是四角锥台形“日华慰灵塔”以及一座由多条交叉跑道组成的大型机场。该方案将浦西“显现西欧的世界观”租界中心进行全面改造，重新规划了方格状的道路网，在拆除现有建筑的基础上建成尺度巨大的板式高层建筑，其中央轴线与黄浦江对岸的“日华慰灵塔”遥相呼应，以“表现出日本的世界观”。还在浦东中轴线东延长线以南处规划新建了一座大型机场，机场场址与中轴线有所错位，多条跑道的起降方向也有意避开了高耸的慰灵塔，但明显未考虑其对机场净空的障碍物限制（图 2-14）。该方案将与浦西中轴线隔江对应的浦东新建机场作为上海城市中心区规划中的重要空间节点，在城市中心区域构图中将该机场用作对景的基本元素进行处理。

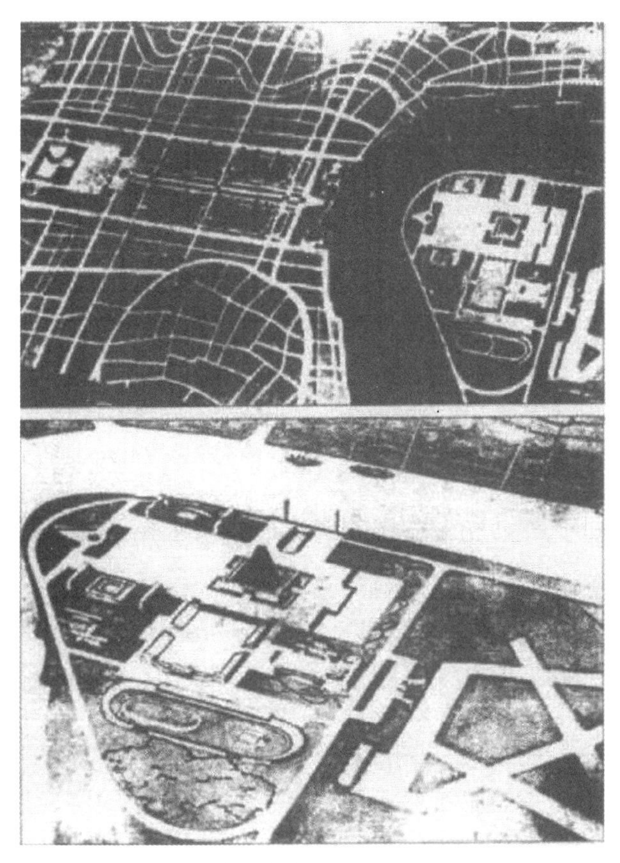

图 2-14　1942 年前川国男事务所上海分所的《大上海都心改造计划案》

来源：《上海近代建筑风格》

在东北沦陷时期，前川国男先后在沈阳设计过满洲飞行机株式会社、满洲飞行学校宿舍、满洲飞行花园街社区和满洲飞机育成工寮等建筑作品，对近代航空业深有体会。另外，前川国男曾在法国著名建筑师勒·柯布西耶建筑事务所从业两年，也是以勒·柯布西耶为代表的现代主义建筑运动的追随者。1935 年，勒·柯布西耶在意大利独裁统治者墨索里尼的授意下为当时东非意大利首都——亚的斯亚贝巴编制了一个概念性的总体规划方案，该方案是以法西斯总部为核心、以中心轴线为主导，采用纪念性设计手法的激进式规划方案，它显然对前川国男有着直接的影响。前川国男 1939 年 9 月在日本《现代建筑》杂志上发表文章指出：“正像英法租界显现出西欧的世界观一样，上海的新城市规划也应当表现出日本的世界观……日本的建筑家们以往能得到一些残羹剩饭似的活就沾沾自喜，这苟且偷生的时代已经过去了。现在，我们盼望的是果敢地表现出宏大的日本意图的建筑家们能够应时而生。”

总之，从城市规划角度来看，前川国男事务所上海分所的《大上海都心改造计划案》深受勒·柯布西耶的“明日城市”（1922 年）和“光辉城市”（1931 年）规划方案以及亚的斯亚贝巴概念性规划方案

(1935 年) 的影响，这一采用纪念性设计手法并融合了现代主义和法西斯主义思想的激进式规划方案显然映射出勒·柯布西耶对其弟子前川国男影响的烙印，体现了超现实的现代主义思想，也凸显航空交通方式在近代城市规划中的地位；从政治军事角度来看，则深深地折射出日本军国主义思想的潜意识，并露骨地反映出侵华日军的政治控制意图和军事航空功能。另外，也不排除德国施佩尔主持的大柏林南北轴线规划方案对该方案的影响。显然，前川国男事务所上海分所的《大上海都心改造计划案》可谓法西斯主义建筑风格和现代主义建筑风格的杂糅。

2.3 近代城市规划中的机场元素应用、思想溯源及其传播谱系

在飞机商业化开始的 20 世纪 20 年代以及喷气式飞机出现前的 20 世纪 40 年代，航空噪声、净空限制、运行安全等负面因素尚未对城市发展产生约束，这时期的机场与城市的关系是密切融合的，加之现代建筑运动思潮和现代航空技术几乎同期在 20 世纪初的欧美国家兴盛，都市机场选址布局逐渐作为交通专题规划纳入大城市规划之中，新兴的机场建筑类型始终是先锋建筑师所关注的重点，并探索性地设计出了各种有关航空元素的建筑设计作品。与此同时，西方现代建筑运动思潮和现代航空技术几乎同步被引入中国。伴随着近代中国军事航空业和民用航空业在曲折中的发展，特别是在留学归国建筑师与相关专业工程技术人员以及外国顾问等诸多人士的共同推动下，中国近代不少城市规划作品与建筑作品等都不同程度地纳入“飞机场”和“飞机”等航空元素，这些现代航空技术元素的沿用体现了现代建筑运动与中国固有形式的交融，并以吕彦直设计的《规划首都都市两区图案》草案以及董大酉设计的“航空协会会所”(飞机楼) 为代表，这一灵光闪现的世界级规划设计作品及其航空元素的设计手法既是中国近代建筑师持续进行“内省外化”的产物，也是“航空救国”爱国情感、现代航空技术进步和现代建筑运动思潮等多重因素交织作用下的结果。

2.3.1 现代建筑运动思潮下的欧美国家城市规划中的机场布局思想

1. 欧美国家城市规划理想模型中的机场元素

随着 20 世纪初航空交通的兴起，特别是在现代建筑运动思潮的推动下，建筑师们普遍憧憬着航空交通作为新兴的交通方式，这如同铁路车站一样对未来城市产生深远的影响，并尝试将机场纳入城市中心区设计的构图元素之中。这时期乌托邦式的城市理想模型与理想机场模型相互交融，由此产生不少经典的城市规划设计作品。如 1914 年 5 月 20 日在意大利米兰开幕的努瓦·滕登泽 (Nuove Tendenze) 展会展出的未来主义风格代表作——安东尼奥·圣埃利亚 (Antonio Sant’Elia) 所绘制“新城市” (La Città Nuova) 透视画，其核心区域被命名为“飞机和铁路总站”(图 2-15)。

1917 年，法国青年建筑师托尼·加尼耶 (Tony Garnier) 结集出版其自 1904 年以来持续研究的“一座工业城市”(Une Cité industrielle) 的规划方案。该理想方案有着明确的工业区、居住区等功能分区，特别是火车站设于工业区和居住区，最终方案还在河滩边增设有供汽车交通和飞机起降共用的试验性场地，不过尚未独立设置飞机场 (图 2-16)。

现代建筑运动和功能主义的旗手——勒·柯布西耶更是航空交通方式的推崇者，他受到加尼耶的工业城市思想的启迪，在 1922 年发表了“明日的城市” (Ville Contemporaine)，即 300 万居民的现代理想城市①，该城市中心是环绕综合交通枢纽的高层办公楼群，其六层式枢纽的顶层为市中心机场，其下依次是快速汽车道、地下铁路车站。该设计思想后来被纳入“巴黎瓦赞规划”实际方案之中 (Plan Voisin for Paris，1922—1925 年) (图 2-17)，其规划方案名称源自赞助商——飞机制造商瓦赞。该方案主体是玛莱区 (Marais) 的 18 座十字形高层住宅楼，其中央为东西、南北正交的立体交通干道，并仍设

① 1934 年，随着留法建筑师卢毓骏翻译的《明日之城市》正式出版，勒·柯布西耶的理想城市理念逐渐为国人所熟知。

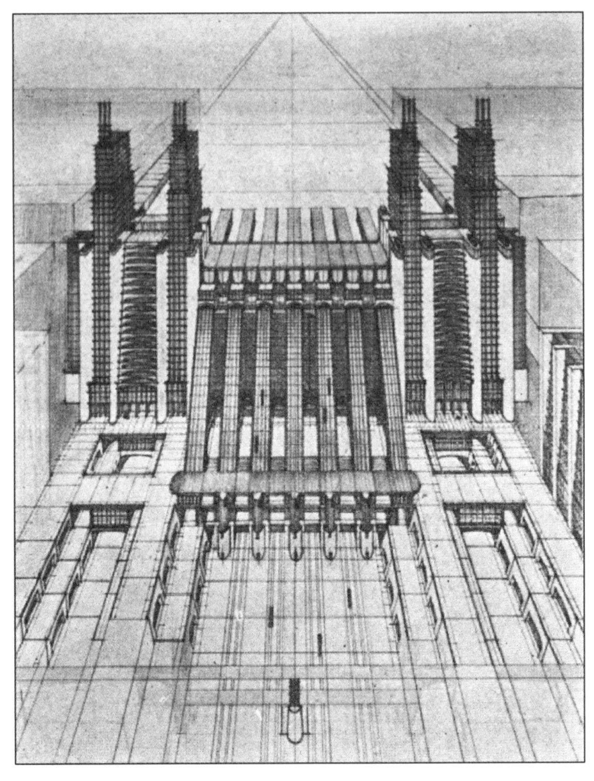

图 2-15 意大利安东尼奥・圣埃利亚绘制“新城市”透视画

来源：《现代建筑：一部批判的历史》

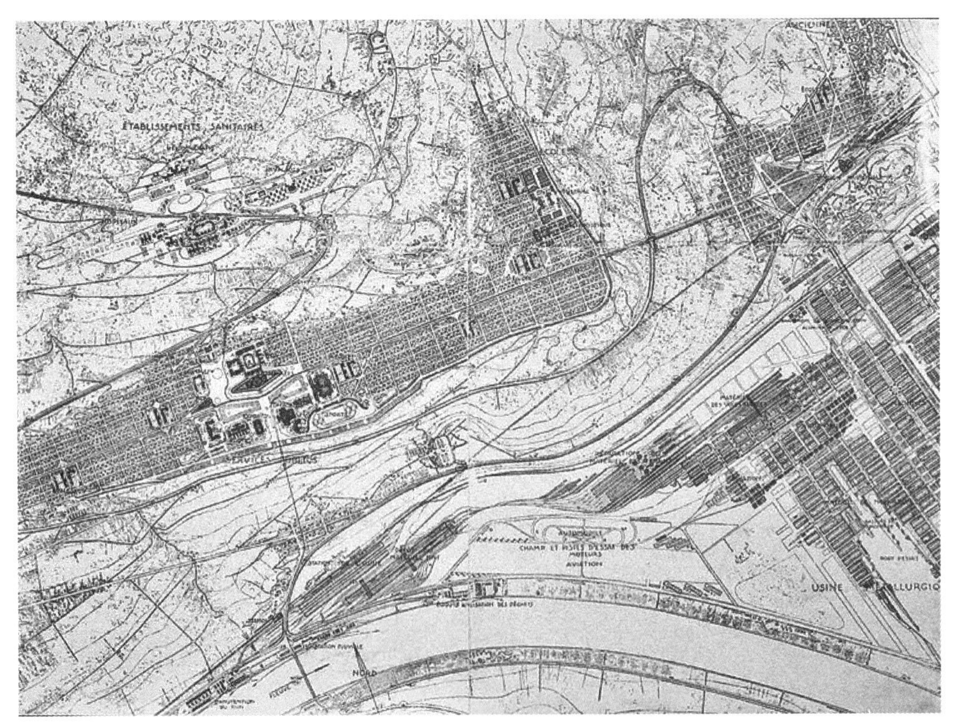

图 2-16 法国青年建筑师托尼・加尼耶提出的“一座工业城市”规划方案（1917 年）

来源：https：//www.penccil.com/museum.php

有“航空摆渡站”性质的飞机场[①]。不过，伴随着飞机机型的逐渐加大以及对跑道起降越发严格要求，勒·柯布西耶和让纳雷于1931年共同发表的“光辉城市”（Radieuse）规划方案中的市中心机场最终被开敞绿地空间所取代。1935年，勒·柯布西耶在《勒·柯布西耶之飞机》（Le Corbusier Aircraft）一书的开篇中即说“飞机是新时代的象征”，该书探索了飞机的纯粹之美与功能性，以及航空影像（鸟瞰图）的发展。至1946年，勒·柯布西耶甚至提出了“裸体机场”（Naked Airport）理念及其素描图，认为机场应是“赤身裸体”地完全向天空敞开，并断言机场之美在于壮美的广阔开敞空间。显然，航空技术在第二次世界大战后的快速进步已超出了现代建筑运动自身的推动速度。受“裸体机场”理念以及机场设计逐渐专业化的影响，勒·柯布西耶主持的印度《昌迪加尔规划》（1951年）已将昌迪加尔机场场址及其机场设计“边缘化”[②]，直至其理性功能主义的传承人卢西奥·科斯塔设计的巴西利亚（1956年）再次回归航空主题，该飞机状总平面方案为巴西新首都规划增添了象征主义的色彩。

早在1932年，美国建筑大师弗兰克·劳埃德·赖特（Frank Lloyd Wright）在《消失的城市》一书中提出，依托小汽车和飞机作为个人交通工具，可以服务于150英里（约241km）半径范围的城市，并预测航空交通将推动城市的逆城市化进程。后期弗兰克·劳埃德·赖特提出的“广亩城市”（Broadacre City）（1935年）和勒·柯布西耶提出的“明日城市”，这是两个大相径庭的理想城市作品，但推崇航空交通方式则是两者城市规划作品中的共性，所不同的是：前者依托小型直升机“aerotors”自由飞行以及任意地点起降（图2-18），并在城市边缘的运动区规划有飞机场；而后者则是将飞机视作公共交通工具并安排在市中心的大型机场集中起降，其预判飞机将加剧城市中心化的趋势。这两个规划作品所反映出的城市空间分散与集中的迥异特性与北美、欧洲两个区域现代城市的不同功能诉求是相适应的，也分别与各自的机场布局特征相对应。

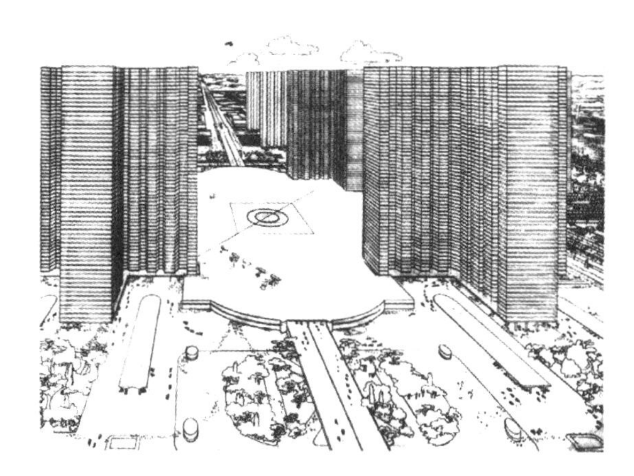

图2-17　1922年勒·柯布西耶的“巴黎瓦赞规划”中的机场平台
来源：Le Corbusier 1910-65，p320

图2-18　1935年弗兰克·劳埃德·赖特提出“广亩城市”中的“aerotors”航空交通方式
来源：Airports：A Century of Architecture，p80

2. 美国大都市区规划中的多机场体系规划思想

早期的美国规划师自20世纪20年代便开始在城市规划实践和理论中探索机场布局及其设计思想。在规划理论界，建筑师弗朗西斯·凯利是专研机场设计的先驱建筑师，他先后提出了“远见卓识的机场设计”（visionary airport design）（20世纪20年代）、“明日的机场”（1929年7月）、地底飞机场（1929年9月）等一系列的机场设计方案。美国战争部城市规划顾问乔治·福特（George B. Ford）（1927年）、

① ［法］勒·柯布西耶著，金秋野、王又佳译《光辉城市》，当时航空业内外人士普遍乐观地认为航空器很快会普及垂直起降方式，推崇机场与城市中心的结合。

② PLAN OF NEW CAPITAL PUNJAB［:］CHANDIGARH. Printed at Survey of India Offices，1951/1953. 该图图幅已无法容纳机场场址，仅标注“ROAD TO AERODROME & PATIALA”。

纽约市政府顾问工程师欧内斯特·古力治（1928 年）和约翰·诺兰（John Nolan）（1928 年）都先后撰写如何在城市规划中进行机场布局及机场理想设计方案等方面的论文。1929 年，由利哈伊波特兰水泥公司赞助的“利哈伊机场设计竞赛”，由古力治和凯利分别担任评选委员会中的市政与城市规划组、建筑组的专业评委，这些获奖作品甚至对抗战胜利后的中国新建机场的跑道构型设计还有明显的启迪作用。1929 年 4 月，建筑师凯利与市政工程师古力治还合作设计了未来的蜂巢式（“Beehive” airport model）机场模型，凯利负责地处圆形机场中央的高大航空站建筑设计，而古力治则担当机场飞行区的设计，凯利还有意将该方案通过古力治在《首都计划》中得以推广与应用。

古力治于 1928 年在美国《全国市政评论》杂志撰文指出，美国城市需要飞机场的面积标准是每 10 万人口应有飞机场 225 英亩（约 $91hm^2$），并认为一座机场的设施规模可服务 22 万～45 万的人口，如使用其上限值测算纽约市，则未来需要 35 平方英里（约 $91km^2$）的着陆场，而同年 1 月 1 日美国商务部发布的纽约地区机场用地面积仅超过 4 平方英里（约 $10km^2$）。1929 年梅杰（R. H. S. Major）撰文认为，美国每 4000 平方英里（约 $10360km^2$）设置 1 座机场为宜。同期的《纽约及其周边地区的区域规划》① 则认为，全国人口分布是与机场设置有关的关键性因素。以纽约地区为例，该地区占全美人口的 1/10。假定美国现有的 700 个都市机场和商业机场已经够用了，那么纽约地区占其 1/20 或有着 35 个着陆场就不无道理，因为当年纽约地区实际上已经拥有 22 个机场。1930 年，由亨利·哈伯德（Henry H. Hubbard）领衔的哈佛大学机场研究团队出版了《机场：他们的选址、管理和法律基础》报告，探索构建以地处中央商务区（CBD）的主要机场为核心、一系列城郊机场为补充的大都市区机场体系以及空铁联运模式，其区域机场系统布局思想纳入《纽约及其周边地区的区域规划》更新报告之中。同年，费城大都市区的区域机场系统规划也由当地规划小组编制完成，并力图将其纳入国家航空交通网络体系的中心位置，但该规划最终未实现。古力治的机场设计方案以及区域机场体系规划思想都先后在南京《首都计划》和《天津特别市物质建设方案》等规划实践中被直接应用和借鉴。

3. 欧洲近代城市规划中的法西斯主义及其机场规划思想

第二次世界大战前夕和战争期间，法西斯主义思想在德国、意大利及其殖民地盛极一时，在城市规划作品中也不例外地体现出机场的显著地位。如 1936 年勒·柯布西耶主动为当时意大利东非殖民地首都——亚的斯亚贝巴勾勒了一个概念性的总体规划草案，该方案是以法西斯总部为核心、以中心轴线为主导的乌托邦式现代城市设想，特别是以机场和车站为中心的交通区位居于轴线的核心——行政区的西侧（图 2-19）。

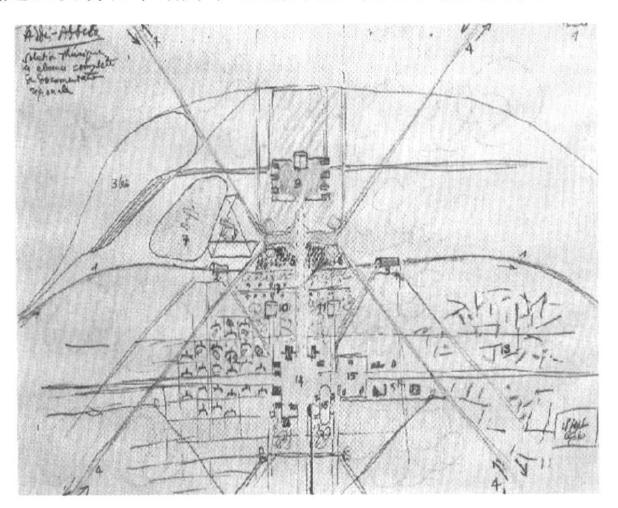

图 2-19　勒·柯布西耶的意大利东非殖民地首都——亚的斯亚贝巴概念性总体规划草案

来源：https://failedarchitecture.com/le-corbusiers-visions-for-fascist-addis-ababa/

① The Graphic Regional Plan, Atlas and Description. Prepared by the staff of the Regional Plan: Vol. 1/Vol. 2. New York (state): Regional Plan of New York and Its Environs, 1929.

1939 年德国大柏林南北轴线规划方案由纳粹德国国家元首希特勒的御用建筑师阿尔伯特·施佩尔主持设计，它将马丁·梅西勒（Martin Machler）在 20 世纪初规划的南北轴线长度延展至 6.8km，并将距离市中心仅 2.5km、规划占地 450hm^2 的中央机场——滕珀尔霍夫机场以纪念性城市板块的形式纳入大柏林南北向道路主轴与东西向道路轴线交会处的东端（图 2-20）。机场西部则是南北向中轴线的南部端点——中央车站，两者共同构筑大柏林的城市门户。1923 年开始运营的滕珀尔霍夫机场在 1935 年由恩斯特·扎格比尔（Ernst Sagebiel，1892—1970 年）重新设计，并于 1939 年动工改造。地处西北部的机场建筑群外观简洁、尺度巨大，且中轴对称，长达 1.2km 的悬臂式候机长廊建筑围合着庞大的椭圆形机场。该建筑群具有典型的法西斯主义建筑风格，集功能性和政治性于一体，体现希特勒有意将其作为举世闻名的国际地标和公众重要吸引点的意图（图 2-21）。将滕珀尔霍夫机场纳入大柏林南北轴线规划构图要素的设计手法对《塘沽新港工程计划图》（1947 年）有着直接的影响。

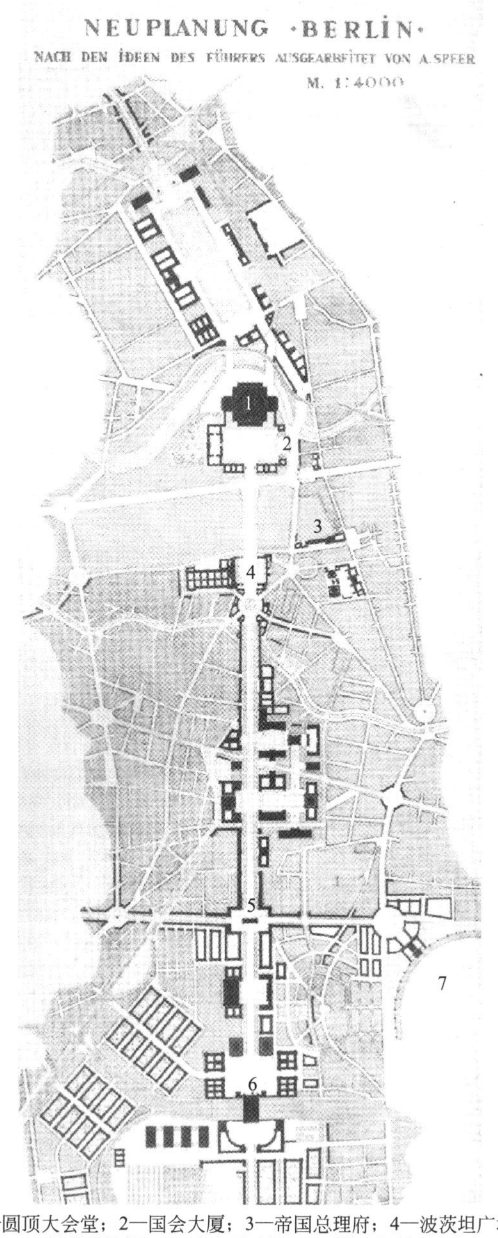

1—圆顶大会堂；2—国会大厦；3—帝国总理府；4—波茨坦广场；
5—柏林凯旋门；6—火车站广场；7—滕珀尔霍夫飞机场

图 2-20　1939 年的德国大柏林南北轴线规划方案

来源：Historic Airports：Proceedings of the International ‘L’ Europe de I’ Air Confercences on Aviation Architecture，p92

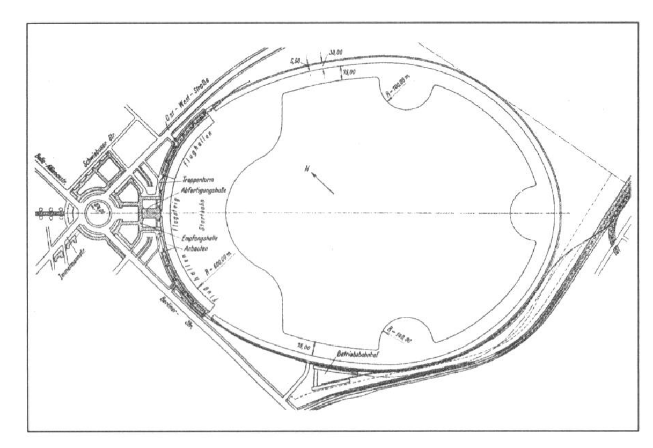

图 2-21　1939 年的德国柏林滕珀尔霍夫机场总平面图

来源：Proceedings of the International 'L' Europe de I' Air Conferences on Aviation Architecture，p102

2.3.2　欧美城市规划思想对中国近代机场规划影响的阶段划分

自清末民初开始，随着西方各国飞机及其航空技术和机场建设思想的竞相引入，优先发展的中国军事航空业以及民用航空业对各地的城市规划产生了相应影响。西方近代城市规划思想对中国近代城市规划的影响主要体现在区域机场空间布局、机场选址、机场设计方案等诸多方面。从技术传播来看，外国规划思想或技术顾问对近代中国典型城市规划的影响集中体现在南京国民政府成立初期、全面抗战时期以及抗战胜利后的三个阶段。

1. 南京国民政府成立初期

1927 年 4 月，南京国民政府成立后，广州、南京和上海三大城市的政府部门都先后聘请美国、德国等地的建筑师和市政专家作为城市规划编制工作的技术顾问，受外国顾问或外来技术的影响，机场元素多纳入各大城市的规划或中心区设计方案中。1928 年 10 月，国民政府国务会议决定特聘美国建筑师茂飞和市政工程师古力治为首都规划和广州黄埔港辟港的设计工程顾问，其中古力治主导编制了《首都计划》的交通和市政工程规划内容及"飞机场站之位置"等章节，该章节首创了中国近代机场布局规划的专题应用实践。《首都计划》对上海、广州、天津、北京、青岛及杭州等地的近代城市规划文件的章节体例、规划方案产生了或多或少、直接或间接的不同程度影响。南京市政府 1929 年从德国驻华军事顾问团中聘请约翰·海因里希·弗里德里希·舒巴德（Johann Heinrich Friedrich Schubart）为首都建设委员会顾问，他在《首都建设及交通计划书》一文中提出，"至于远道交通，则惟铁道河流及飞机场是赖，此三者，为发展旧城市，或筑设新城市之三要点，应相提并论，而有整个之计划"。有鉴于此，对南京从铁道、水道与船埠以及航空三方面予以论述。考虑到明故宫军用飞机场占地广（达 7 万 m^2），且毗邻中山路火车总站（规划）以及船埠，为此建议将其改作"普通交通飞机场"（即民用飞机场），而军用飞机场则改设在洪武门城外的旷野上①。此外，中央政治区（明故宫）的布局也是"接近水陆空三项交通场所"的方案。1929 年 11—12 月，上海市政府分别邀请来自美国华盛顿特区的市政专家费立泊（Asa Emory Phillips）和曾任美国土木工程师学会主席的市政工程专家龚诗基（Carl Edward Grunsky）顺访上海指导《大上海计划》编制，龚诗基专门撰写《对于上海市中心之计划意见》，对商港、环市铁路、客运总站及干道的规划建设提出建议，不过未涉及航空；后期柏林大学教授赫尔曼·扬森（Hermann Jansen）以及专注于互助自建住宅研究的芝加哥规划顾问雅各布·克兰尼（Jacob Leslie Crane）也曾为该规划提供咨询。龚诗基对大上海分区规划、道路网结构、商港设计以及铁路改线等领域提出了建设性的意见和建议，但未涉及航空领域。在内战频仍和国难当头的背景下，这些城市规划作品中的机

① 舒巴德著，唐英译：《首都建设及交通计划书》，载《首都建设》，1929 年第 1 期，第 77～82 页。

场选址布局及实施方案往往停留在纸面上，实际建成的机场往往是军事主管部门按照军事作战需求而设立的军用机场。

2. 抗战前夕和全面抗战时期

在“内忧外患”的抗战前夕及全面抗战时期，由于国统区所有机场的规划建设管理均归属于国民政府军事委员会下辖的航空委员会主导，虽然这时期“航空救国”的思想被广为宣扬，但各地的城市规划作品少有涉及机场布局及航空交通方式的内容，甚至 1939 年由国民政府内务部颁布实施的中国近代第一部城市规划法——《都市计划法》也未涉及机场布局。

抗战时期，日伪当局在北平、上海等沦陷地曾编制过若干城市规划方案，而基于殖民化统治的需要，机场在这些沦陷地城市规划方案中往往是不可或缺的重要组成部分，其首要目的是满足军事航空作战的需求，同时，航空交通也是服务于日本军政官员及侨民与其本国往来联络的主要交通方式。这些城市规划大纲普遍都纳入了具有军事功能的机场元素，其规划既折射出间接的西方近代城市规划影响，同时也是法西斯主义（Fascism）建筑风格、殖民主义（Colonialism）意识和现代主义（Modernism）建筑思潮的杂糅。前川国男事务所上海分所 1942 年提出的《大上海都心改造计划案》则是这类殖民式城市规划的典型方案。

3. 抗战胜利后至中华人民共和国成立前之时期

抗战胜利后，由于敌我长期作战的需求，大城市周边形成了多个机场共存的局面。随着各地城市规划编制工作的大规模推进，该时期的机场布局普遍纳入了近代城市规划中。例如，上海、武汉、南京、天津等大城市规划普遍将航空交通作为专门章节予以论述，并对区域内的多机场系统进行功能优化布局，重庆、武汉和天津等地甚至提出了新建民用机场的计划。

早在 1942 年，国民政府内政部便设立了营建司，专门负责统筹全国都市计划、公共工程及建筑管理等业务。抗战胜利后，为了更好地编制战后城市重建规划，内务部营建司先后聘请了美国、荷兰、德国等地的规划专家作为技术顾问，参与指导各大城市规划的编制。例如，1946 年 4 月 16 日，内政部营建司司长哈雄文陪同美国卫生专家亚瑟・B. 毛理儿（Arthur. B. Morril）和前美国海军中尉诺曼・J. 戈登考察重庆，并讨论《陪都十年建设计划草案》[①]；同年 8 月 25 日，哈雄文再次陪同戈登视察武汉，并提出了武汉大桥建设意见[②]；同年 11 月 9 日，哈雄文又陪同荷兰市政工程专家柏德扬（J. C. L. B. Pet）[③]博士以及澳籍建筑专家赵法礼到北京指导规划编制工作。

2.3.3　中国近代城市规划中有关机场规划思想的传播谱系分析

从传播路径来看，国外城市规划及其机场规划思想对中国近代城市规划的影响主要通过三类专业人员进行技术传播：一是接受过西方建筑、规划或市政等工程类教育的政府官员、地方乡绅或建筑师、工程师等，他们有过直接在欧美国家留学或考察经历，或者接受过欧美国家典型城市规划作品或相关文献的间接影响，这些专业技术人员始终是从事中国近代城市规划工作的主流。西方城市规划思想及其经典城市规划作品借助于他们并间接地影响到中国近代城市规划作品，如梁思成、张锐编制的《天津特别市物质建设方案》（1930 年）等；二是受聘为城市规划项目技术顾问的欧美国家城市规划专家，其对近代城市规划作品有着直接的重要影响，如茂飞和古力治主持的南京《首都计划》等；三是抗战时期主导沦陷地城市规划编制的日本技术人员，他们借鉴了欧美国家的花园城市、邻里单位和有机疏散理论等，并灌输了殖民主义、军国主义或法西斯主义思想，如佐藤俊久、折下吉延等主导编制的长春《国都建设计画概要》（1932 年）等。另外，抗战胜利后，曾为沦陷地的北京、天津等不少地方政府都留用日籍技术人员参

---

① 诺曼・J. 戈登时任联合国善后救济总署住宅顾问，他先后参与指导了《陪都十年建设计划草案》（1946 年 4 月）、“武汉市中心重建问题”（1946 年 3 月）、《南京都市计划大纲》（1947 年 6 月）等规划事宜。

② 邹广天：《哈雄文和他的建筑人生路——纪念哈雄文先生诞辰 110 周年》，载《建筑师》，2017 年第 6 期，第 109～117 页。

③ 当时柏德扬（J. C. L. B. Pet）也被翻译为“裴特”。

与当地的城市规划工作。如1946年，国民政府北平市政府工务局局长谭炳训征用伪工务总署都市计划局日籍负责人改订完成《北平市都市计划大纲》，该飞机场布局方案与《北京都市计划大纲》（1941年）基本雷同，只是将东郊和北苑的规模和建设时序予以置换。总体而言，典型的中国近代城市规划中的机场规划思想是不同时期、不同地域的城市规划技术人员、城市规划理论、城市规划作品三者之间相互作用的结果，也是西方现代城市规划思想与中国近代城市市情“内省外化”交流融合的产物（图2-22）。

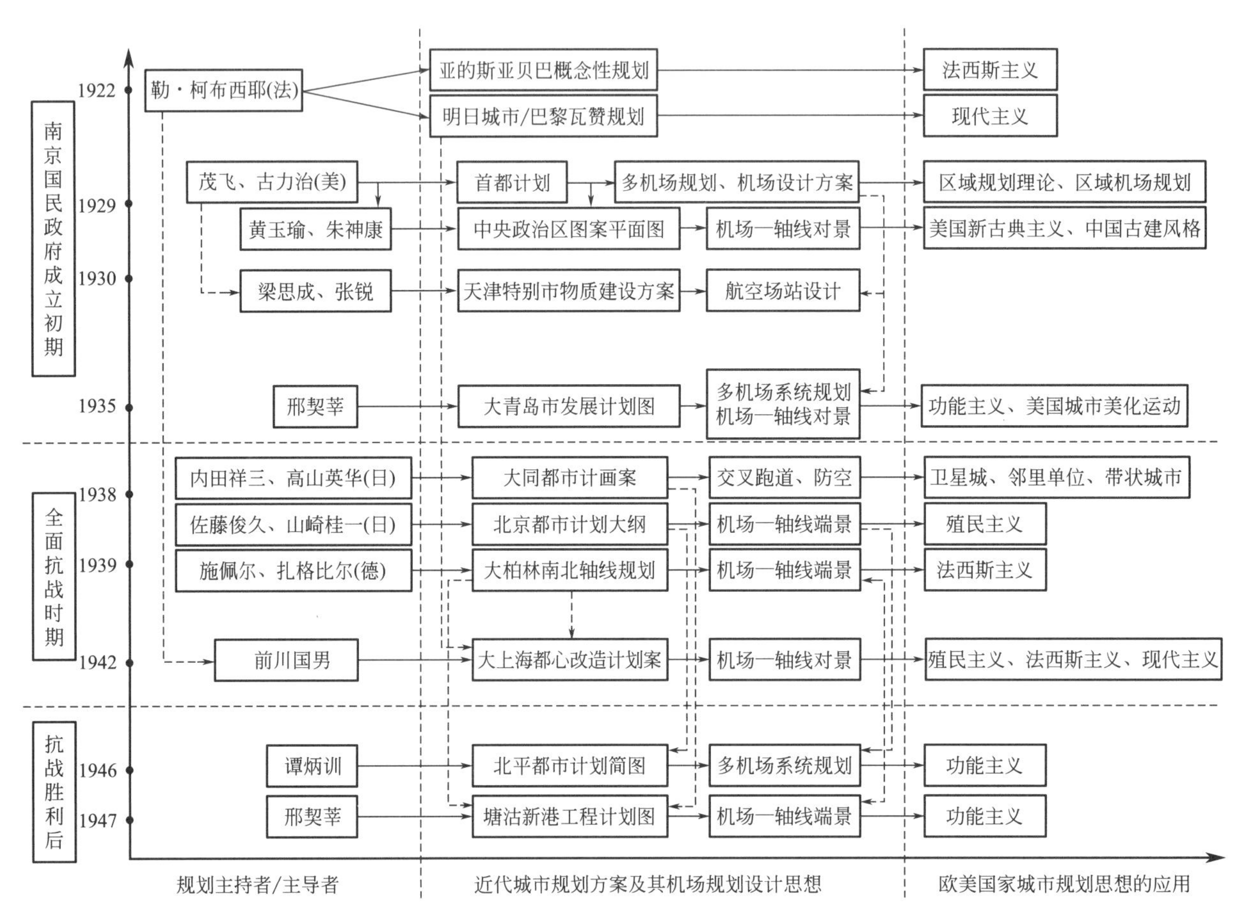

图2-22　典型近代中国城市规划中的机场规划思想传播途径及其谱系分析

来源：作者绘

在近代城市逐步向现代化发展进程中，航空交通作为新兴的交通方式，始终为具有航空情结的近代城市规划者所推崇，并尝试将机场元素直接纳入近代城市中心区构图方案之中。这一过程还往往呈现出双重属性：一方面，机场的规划布局逐渐成为我国近代城市规划方案寻求现代化目标的象征和显示发展水平的标杆，并折射出20世纪30年代前后蓬勃发展的现代主义建筑运动在中国的波及；另一方面，将机场纳入城市中心的构图主题，反映出沦陷时期沦陷地城市规划方案所衍生出现代主义建筑风格和法西斯主义建筑风格的变异，并沦为日本侵略者强化威权统治的政治军事手段，彰显其军国主义思想蔓延的政治图谋。

2.3.4　抗战胜利后城市规划中的机场布局思想溯源

1. 留学或本土专业技术人员的规划实践

抗战后期，为开辟空中援华物资通道——“驼峰航线”和对日空中作战，中美同盟国相互合作并在西南地区建设了大量的军用机场。大规模的机场工程实践培养了大批工程技术人员，这为战后城市规划广泛纳入机场内容奠定了应用基础。抗战胜利后，全国各地大规模启动城市重建规划，本土专业技术人员以及国外留学学成人员大多积极参加各地的城市规划实践。以社会学家邱致中为例，他先后完成了包括四川自贡在内的七八个城市规划项目。1946 年，邱致中受聘为广西省政府的高级技术顾问。基于“三民主义”实验区的思想和四大实验市不同的建设重点，邱致中仅历时 3 个月便编制了《大桂林“三民主义”实验市建设计划草案》《大柳州“计划经济”实验市建设计划草案》《大梧州“地方自治”实验市建设计划草案》《大南宁“市地市有”实验市建设计划草案》等四大城市的规划草案，这些区域规划都明确了城市性质、城市建设计划和功能分区。如将柳州定位为“广西之几何中心、交通中心、力源中心、物产中心，乃至工商业中心”，明确将总面积 258.96km^2 的全市用地划分为商业区、工业区、住宅区、文化区、行政区、公共建筑区、交通中心区等 14 个功能区；梧州则界定其城市性质为广西最大通商口岸，规划将大梧州规划为百万人口，将占地 621km^2 的城市用地划分为 13 个功能区（与大柳州相比仅缺失“军事”用地）。

邱致中在四大城市规划草案中的交通布置分类及其机场布局思想则基本借鉴了《大武汉市建设计划草案》(1944 年)。但其交通分类除了公路交通、水上交通、空中交通和电讯（气）交通之外，还增设了邮件交通。其中“空中交通之设置”部分列有民用机场、军用机场和水陆空联运站三部分内容，机场布局则进行了“军用和民用、水上和陆上、国际与国内”的功能划分。

2. 国外城市规划专家顾问的技术指导

在抗战后期，区域规划、大都市规划、城市有机更新等西方现代城市规划思想和理论已逐渐被引入国内。抗战胜利后，由南京国民政府内务部营建司司长哈雄文负责主持“审查各地公共工程及都市计划”，他先后聘请了美国、荷兰等地的外籍都市计划专家作为技术顾问，参与指导南京、上海、北京、武汉、重庆、长沙和南昌等各大城市规划的编制。这些顾问包括中央卫生实验院的美国顾问毛理儿、前美国海军中尉戈登、荷兰市政工程专家柏德扬博士以及澳大利亚籍建筑专家薛弗利①等。自 1946 年 1 月开始，外籍专家经费都由联合国善后总署规划办理和开具预算表，并由我国善后总署以国币扣合价支付。在这样的背景下，哈雄文与戈登、毛理尔、柏德扬等外籍顾问频繁赴上海、武汉、北京等地视察战后营建和城市规划编制工作（表 2-5）。根据内务部的预算安排，外籍顾问还视察过柳州、桂林、长沙等地。需要指出的是，内务部能够组织外国专家在短时间密集地赴外地考察调研，这都是依托战后相对发达的民航运输业来实现的。

国民政府内政部营建司司长哈雄文陪同外国专家考察的行程及指导内容　　表 2-5

考察行程和地点	聘请的外国顾问	指导和研讨内容
1946 年 1 月（上海）	(美)诺曼・J. 戈登	《大上海都市计划》以及战后营建工作
1946 年 3 月（武汉）	(美)诺曼・J. 戈登	“武汉市中心重建问题”
1946 年 4 月 16 日—4 月 19 日(重庆)	(美)毛理儿、诺曼・J. 戈登	《陪都十年建设计划草案》
1946 年 8 月 25 日（武汉）	(美)诺曼・J. 戈登	武汉大桥建设意见
1946 年 11 月 9 日（北京）	(荷)柏德扬、(澳)赵法礼	北京西郊新市区建设、路网结构、功能分区和新住宅区建设等规划编制工作
1947 年 6 月（南京）	(美)诺曼・J. 戈登	《南京都市计划大纲》
1946—1947 年（长沙）	(荷)柏德扬	《长沙市建设计划草案》：应用“母市＋卫星城”的有机疏散理论

① 疑为《北平市都市计画设计资料第一辑》中“北平市公共工程委员会座谈会记录”提到的澳籍专家赵法礼。

诺曼·J. 戈登在抗战胜利后曾任联合国善后救济总署住宅顾问。1946年，诺曼·J. 戈登在《工程导报》撰文指出，“运输”规划应涵盖船舶、道路、铁路和飞机四项，而柏德扬曾为毁于战火的荷兰鹿特丹草拟复兴建设计划，两人曾拟合作编写《都市计划手册》与《都市计划实施程序》。薛弗利则专门研究平民住宅标准、构造法规及经济方案[①]。

除了国民政府内务部外聘专家外，上海、南京等大城市的市政府在编制城市规划方案时也聘请外国专家参与。如上海圣约翰大学的德国人理查德·鲍立克（Richard Paulick）于1946年被聘为上海工务局技术顾问委员会都市计划小组研究会成员，并作为设计组的编制人员全程参与了《大上海都市计划》的初稿、二稿和三稿总体草案的编制，其中包括交通规划章节中的民用机场布局方案。鲍立克在上海圣约翰大学任教之际还编写了都市规划讲义，在交通规划章节中还专门论述铁路、机场、港口及道路的规划设计；在民用机场布局方面，他还研究了美国圣路易斯、纽约拉瓜迪亚、密歇根迪尔伯恩等6座机场的跑道构型及其尺寸。

由于编制时间仓促和城市规划专业技术力量不足等因素，战后在原沦陷区的北京、塘沽等地的城市规划编制过程中留用了一些日籍城市规划技术人员。《北平都市计划大纲草案》（1946年）的第五部分的“北平市都市计划之研究”，其机场布局基本上维持了原《北京都市计划大纲》（1941年）“一市四场”的格局；而《塘沽新港工程计划图》则汲取了沦陷时期编制的《塘沽街市计划大纲》（1940年）中的机场布局思路，由此光复后的大城市或多或少地纳入沦陷时期都市计划大纲的规划思想。

① 李微：《哈雄文与中国近现代城市规划》，武汉理工大学硕士论文，2013年。

第3章

近代典型城市规划中的机场布局规划实例研究

3.1 近代南京城市规划中的机场规划建设

3.1.1 南京近代历次城市规划中的交通规划思想

民国时期的南京先后编制了《南京市政计划书》(1926年)、“首都大计划”(指1928年2月—10月期间前后三稿的泛称)等相关城市规划文件。尽管南京自1927年便在明故宫遗址新建机场,但这些城市规划文件均未涉及机场规划建设内容,这应该与当时航空业务及其机场事权归属于军事业务,并由国民政府军事委员会航空署管辖有关。1929年编制的《首都计划》则首次在近代中国城市规划文件中专门设置有“飞机场站之位置”章节,并将机场纳入交通设施统筹布局。

抗战胜利后,南京明故宫地区再次被明确为首都中央政治区,明故宫机场则确定在新建的土山民用机场启用后予以弃用。陈占祥、娄道信于1947年10月完成《首都政治区建设计划大纲草案》,该草案分作计划区域、土地分配、交通设施、建筑布置和公共设施五大章节,其中“建筑布置”章节提出布置“阅兵台及阅兵场”,推测该位置设在首都政治区西北角的原明故宫机场场址①,仅延续了原由明故宫机场所承担的集会阅兵功能,中央政治区已不再涉及航空元素。“南京都市计划委员会”于1947年编制完成《南京市都市计划大纲》,该大纲涵盖计划的范围、国防、政治、交通、文化、经济、人口、土地等八项内容。其中交通场站方面提出了商榷铁路车站与调车场之地位与路线之移改、确定港口码头之地位、确定民用军用航空站之地位等八项规划任务②。

3.1.2 《首都计划》中的近代机场规划思想

1. 规划编制的概况

1928年国民政府将南京定为特别市,同年9月成立了专门负责首都规划建设事宜的“建设首都委员会”,同年10月,国民政府国务会议决议由孙科负责首都规划建设事宜,并同意特聘美国建筑师茂飞和市政工程师古力治为首都规划和广州黄埔港辟港的设计工程顾问。而后古力治又加聘了穆勒(Colonel Irving C. Moller)和麦克考斯基(Theodore T. McCroskey)两位美国工程师协助建筑制图和工程施工方面的工作。1928年12月,成立专责国都规划建设的“国都设计技术专员办事处”,由留美工程师林逸民任处长,同期成立的国都设计评议会则负责审核由办事处提交的国都设计事项。1929年3月,国都设计会议议决的四项条目之一便涉及机场,即“须留多数空地,以备建筑飞机场,为发航空之用”。同年4月,国都设计会议决定中央政治区设在中山门东,商业飞机场建设于水西门,军用飞机场建设于中山门,这时期的机场布局方案尚按照商业和军用两大类分别规划。至1929年12月31日,历时一年多的《首都计划》正式编制完成,并由国民政府对外公布。

---

① 陈占祥《首都政治区计划的意义》(《南京市政府公报》1948年第4卷第2期)一文中说,“中山东路逸仙桥至励志社之间的康庄大道作为阅兵之用”。

② 《南京市都市计划委员会首次会议通过计划大纲》,载《南京市政府公报》,1947年第2卷第10期,第16页。

2.《首都计划》中的机场布局规划方案

美国顾问古力治曾在美国《全国市政评论》撰文估计美国城市需要飞机场面积的标准是每10万人口应有飞机场225英亩（约0.91km²），如按照美国标准，《首都计划》预测2000年南京城市人口为200万人，飞机场用地合计需要4500英亩（约18.21km²），《首都计划》认为，“虽中美情形不同，我国所需，或远不及此，顾亦不能不保留相当面积以为之备”。为此，国都处林逸民处长最终在1929年12月31日上报的“呈首都建设委员会文”中提出“飞机场共设四处”（即沙洲北圩、红花圩、皇木场和小营），机场合计总规划用地面积仅为7.356km²（不计浦口机场）。

《首都计划》中的飞机场站布局是按照飞机场和飞机总站在南京城市中进行分类布局的，为“一主四辅”的多机场体系，即规划有一个飞机总站（沙洲北圩）和四个飞机场（红花圩、皇木场、浦口、小营）（图3-1），这些机场均有不同的分工定位，如地处中央政治区南端的红花圩机场定位为服务于军事和行政功能的特别飞机场，平时供政府服务人员使用，战时供军机就近护卫中央政治区、南京东南部的军营及明故宫北部的铁路总站。而定性为都市飞机场的小营机场“目前似尚不宜兴筑，姑录之以备参考耳”①。飞机总站是可容纳多架飞机同时起降的大型机场，且拥有停车场、候机室、维修机库等诸多设施。《首都计划》认为，“顾考诸最近世界大城市，除飞机场而外，莫不设有飞机总站，其大可容多数飞机同时起降。”从用地、区位、避免妨碍商业发展、机场净空限制等角度综合考虑，最终提议将飞机总站布局在水西门外西南隅的空旷地段。另外，南京长江东岸已有三汊河水上飞机场在运营，位于其南部

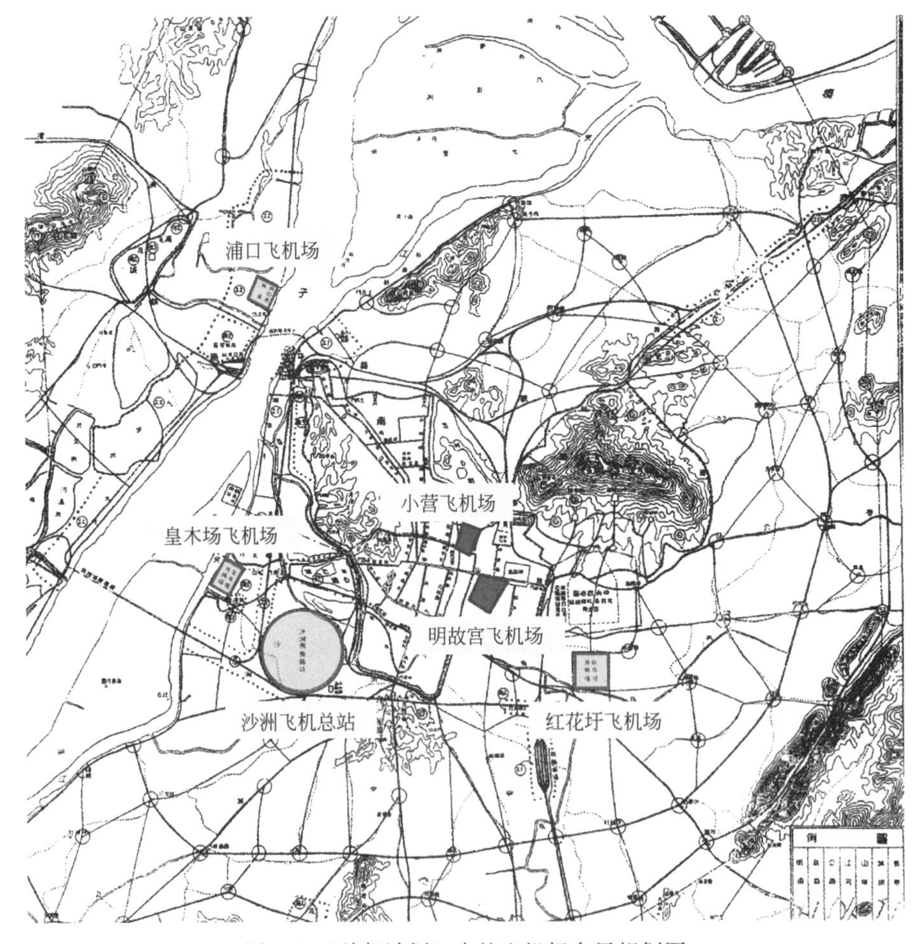

图3-1 《首都计划》中的飞机场布局规划图

来源：根据《首都计划》中“首都市郊公路暨分区图”改绘（注：第三十五图“南京林荫大道系统图”中的小营机场规划为“圆形”场地）

① 实际上南京早期主要机场便是小营机场，1927年因其场址过于狭小而迁至明故宫西南处。

的皇木场场址某种程度上是该既有机场开通长江沿岸航线的功能延续。另外，《首都计划》还提议通航城市之间最好每隔 20 多公里设置一个 250m×250m 的“飞机意外升降场”（即“备降机场”）。在场址用地方面，《首都计划》提出圆形飞行场的直径采用 600m（表 3-1）；预留的方形飞行场面积至少为 600m×600m，其长边方向应与南京东北向的主导风向一致。浦口和皇木场及小营场址均为东北-西南朝向，仅红花圩场址为了保持与中央政治区正南北中轴线对应而独呈正南北向。

《首都计划》中的机场布局方案　　表 3-1

飞机场名称	位置	机场性质	区位条件	场址形状	占地面积(km^2)
沙洲北圩飞机总站	水西门外西南隅的旷地	飞机总站	距南门约 3.6km，距铁路总站约 8.5km；距中央政治区约 10.5km	直径 2500m 的圆形场地	4.628
红花圩飞机场	中央政治区以南	特别飞机场	距中央政治区南部 0.7km，距第一期政府建筑 2.5km，距铁路总站不到 5km	长宽约 1200m×1000m 的方形场地	0.999
皇木场飞机场	夹江东岸地段	水陆飞机场	位于夹江东岸，水路交通便利；地处水西门西边，陆路交通便利	长宽约 1300m×600m 的矩形场地（用地约 1000 亩）	0.944
小营飞机场	中央军校西部陆军操场	都市飞机场	西接中央大学，东连中央陆军学校，北指覆舟山	长宽约 550m×475m 的矩形场地，规划为圆形飞机场	0.785
浦口飞机场	浦口老江口以北的临江地段	水陆飞机场	该地段控制长江，得天然之形势	小型方形场地	—

来源：根据《首都计划》有关机场内容整理。

3.《首都计划》中的机场布局规划的实施

《首都计划》估算训政时期的六年内所需的飞机场建设费用约为 20 万元，占总预算费用的比例仅为 0.39%，是各项建设开支中最少的。然而《首都计划》仅估算地势略低的沙洲飞机总站筑堤及设备抽水管的费用便约需 37.5 万元，而每年的维持费用及还贷利息还约需 4.5 万元，为此提出分六期逐步建设飞机总站的计划。根据《首都计划》的实施程序，计划在 1931 年“改良水陆飞机场”，1932 年“建筑飞机总站之第一扇形地”。建设飞机场的款项拟由中央政府发行公债来筹集，并指定由特种国家税项下拨还。

对于飞机场场址的征地问题，《首都计划》先后提出两种方案：一是针对沙洲圩飞机总站这一庞大规模的场址用地，提出因该地段地价低廉，建议预先征地圈用，为避免闲置，可暂时辟为简易公园及其他非永久性建筑物，或者出租土地，招人耕种。而在“实施之程序”中则提出拟建的街道、公园、飞机场等公共建筑物场址的征地方案，即在未收买前现有房屋继续使用，业主可利用空地作为种植之用，待将来需要征地时，依据 1930 年公布规划时的市价收买。显然后一种做法无疑更为现实。

3.1.3　《首都计划》中的机场布局思想的关联分析

1.《首都计划》的飞机场布局与功能分区的关联

《首都计划》还从城市规划法规制度上拟定了“首都分区条例草案”章节，按照该草案的区域划分，民国首都南京可划分为中央政治区、市行政区、公园区、商业区（两种）、住宅区（三种）和工业区（两种）等六大功能区。其中，商业区分为第一商业区（小规模商肆）和第二商业区（大规模商场）两类；住宅区分为第一住宅区（不相连住宅）、第二住宅区（平排或联居住宅）和第三住宅区（公寓）；工业区分为第一工业区（无烟尘、臭味、噪声、振动的“普通工业区”）和第二工业区（对生活环境影响较大的“笨重滋扰工业区”）。飞机场布局则纳入公园区的功能分区之中，并与其他各功能区密切关联。

《首都计划》中的最核心功能区和首要之地是“以建筑中央政府及市政府官署及其附属物为主”的中央政治区，该处拟定在紫金山南麓，为之配套的特别飞机场——红花圩机场则在其正南部的城外进行布局，其占地规模仅次于飞机总站。该机场地处南京市市中心（城墙东面）的东南角，具有拱卫中央政治区和铁路总站的军用机场性质。《首都计划》以长江为界，规划江南片为第一工业区，江北片为第二工业区，并分别在两岸相应地布置了水陆两用机场。其中皇木场水陆两用机场不仅为其北面及夹江对岸的江心洲北面的第一工业区（城厢外西面与夹江地段）提供服务，还为其南部新河镇的第三住宅区（公寓类）、东部的第二商业区提供商业航空服务。《首都计划》将长江以北的浦口港规划为铁路与航运的枢纽，并在浦口港北部的第二工业区内配建了浦口水陆飞机场，以方便旅客在浦口进行水陆空转运。沙洲飞机总站定位为服务于全市的航空枢纽，其用地庞大空旷，周边交通四通八达，仅西北部毗邻有第一工业区和工人住宅区。

2.《首都计划》中的飞机场布局与其他交通方式的关联

区位交通条件是飞机场选址的重要条件，需要考虑与主要服务功能区的交通便利情况。《首都计划》除将小营机场布局在南京城内之外，其他的沙洲、皇木场和红花圩三个机场场址都布局在与南京水西门、江东门、光华门等城门接近的西南、东郊外，方便进出南京城，并均规划有市郊公路与之相衔接，其中位于江东门南部的沙洲飞机总站场址由 2 条公路干线（东西向越江隧道和南北向干线）、1 条公路支线及 1 条铁路线与周边连接。皇木场和浦口水陆两用机场则都考虑了陆路交通和水路交通的便利，而红花圩机场与贯通中央政治区、直达中山陵的南北向公路干线直接相连。在实施程序方面，为与 1931 年“改良水陆飞机场”计划配套，在水西门至新河镇的简易公路基础上，计划建设水西门以及经江东门至皇木场飞机场，还有夹江岸的道路，长共 5.5km。同时，在 1930—1931 年两年内计划配套新建或拓宽水西门至大中桥、水西门至鼓楼两条城内道路，以确保城市道路与市郊公路的衔接，并方便该地段的机场、码头以及工业区、住宅区和商业区的开发建设。另外，横贯整个工业区的下关至南部铁路环线也可直接服务于沙洲飞机总站和红花圩机场①。

3.1.4 《首都计划》机场布局思想的历史地位及其影响力

《首都计划》是近代中国第一部系统性的城市规划文件，其在近代中国城市规划历史中具有里程碑的历史价值和科学价值。其中，“飞机站场之位置”一章节是中国近代城市规划中有关机场布局的专题规划，它与道路交通、铁路交通及水运交通相提并论。在借鉴美国机场规划设计思想的基础上，《首都计划》首创了中国近代机场布局规划的先例，并提出了全新的飞机总站设计方案。由于《首都计划》纳入了美国当时最新的机场布局规划思想，从这一点来看该规划与一些同类的欧美近代城市规划相比更具有先进性和前瞻性。总的来说，《首都计划》中的“飞机场站之位置”一章节的结构内容，其完整性和理论方法之先进性在整个近代中国城市规划史中是绝无仅有的，它对于当今城市机场布局理论及应用仍有启发意义。

《首都计划》对中国近代城市规划产生了深远的影响，特别是其中的机场布局思想也对上海、广州、天津、北京等地的近代城市规划产生了不同程度的影响。由于上海与南京两地的城市规划技术人员及主管官员相互交叉任职，往往同期启动规划编制，这使得其规划影响最为直接。1929 年 12 月，由上海特别市中心区域建设委员会编制完成的《上海市市中心区域计划概要》提出，在上海市新中心行政区以东、黄浦江以西、虬江码头以南的空地规划为“东机场”。1930 年 5 月制定的《大上海计划目录草案》也在第四编的交通运输计划中列有“第五节飞机场站”的专门章节，这与《首都计划》中的“飞机场站之位置”章节设置有“异曲同工”之感。同年梁思成、张锐合作编制的《天津特别市物质建设方案》“航空场站”章节则部分取材于《首都计划》的“飞机场站之位置”章节。值得一提的是，1941 年由伪华北政务委员会建设总署公布的《北京都市计划大纲》也采用“一市四场”的多机场体系，从布局方案、机场图例等方面均可看出其受到《首都计划》中多机场体系布局思想影响的痕迹。

---

① “Plans for Development of Airports in Nanking：Development of Aviation”，The China Weekly Review，July 27，1929.

受制于专业人士认知的不足以及航空业管理体制的约束，《首都计划》之后的绝大部分近代城市规划中的机场规划内容均未达到如此详尽的程度，如 1932 年 8 月出台的《广州市城市设计概要草案》中的“飞机场计划”仅提及在珠江南部的河南琶洲塔以东及城市西北部牛角围以北的地方建设飞机场。抗战前夕及抗战时期，由于机场的军用功能突出，且机场布局建设隶属于国民政府航空委员会主管，以致机场普遍未纳入各地城市规划文件之中，甚至 1939 年 6 月 8 日国民政府公布的《都市计划法》也都只字不提航空交通或机场布局内容。这一机场规划板块的缺失持续至抗战胜利后的近代城市规划才予以根本改观。

3.1.5　美国市政工程师古力治在编制《首都计划》中的过程和作用

1. 古力治在编制《首都计划》中的历史作用

1929 年年初，美国市政专家古力治应邀到中国参与编制南京《首都计划》及其浦口港设计。同年 3 月，茂飞、古力治和穆勒到广州协助编制广州市城市规划和黄埔港开埠计划。古力治在从事编制《首都计划》顾问工作 3 个月后，于 1929 年 6 月暂时返美。次年 3 月，他又赴广州指导黄埔港辟港工程。与同样受聘于《首都计划》的建筑师茂飞关注中国民族主义思潮和欧美西式建筑风格的结合不同，身为美国市政工程师的古力治，其规划思想更注重技术的先进性。古力治 1898 年毕业于密歇根大学并获土木工程学士，他以设计港口而著称。从 1907 年起，古力治就协助设计了哥伦比亚的波哥大港、智利的瓦尔帕莱索港和菲律宾港口，以及美国洛杉矶、波特兰、纽瓦克、布鲁克林等地港口。就身份而言，古力治是 1917 年成立的美国城市规划协会的创始会员和美国都市计划运动的主要领军人物，他曾任纽约、辛辛那提等城市的规划顾问，也是美国交通工程师协会的首任会长。就从事的专业领域而言，古力治既是著名的市政专家，也是城市规划师和交通工程师，同时，他对机场的规划建设也有前瞻性研究。从专业背景和行业影响的角度来看，古力治在美国的名气远在茂飞之上，特别是他在《首都计划》中的地位作用并不逊于茂飞。

南京的《首都计划》内容丰富，其交通相关章节尤为重点突出，仅道路交通便涉及“道路系统之规划、路面、市郊公路计划、水道之改良、公园及林荫大道”等章节，对外交通有“铁路与车站、港口计划、飞机场站之位置”等完整的海陆空交通规划。另外，还有“交通之管理”和“市内交通之设备”等分项规划。在这全部 28 项计划中，有关交通的专项规划就有 10 项，这在我国近代城市规划编制体例中极为罕见，显然，这与古力治的交通专业背景是密不可分的。从编制团队的分工来看，古力治主导了《首都计划》中的交通规划和港口开发计划（图 3-2）。1930 年美国的《城市规划季刊》杂志则称古力治负责了《首都计划》中的中央政治区选址、350 英里（约 563km）长的城市道路和 500 英里（约 805km）长的市郊公路布局、主要火车站和机场的选址以及预留未来工业发展场地。

图 3-2　《首都计划》前期调研小组在水西门段城墙上考察（右一为古力治）

来源：《首都计划》设计图大曝光民国首都如何建设，http：//js. ifeng. com/pic/detail _ 2014 _ 02/20/1876858 _ 3. shtml

《首都计划》中的机场布局思想无疑来源于美国顾问古力治。作为交通专家，古力治对当时新兴的机场规划有着专门的研究。早在1928年3月，古力治便在美国的《全国市政评论》(*National Municipal Review*)[①] 发表《城市规划中的机场因素》一文，他认为机场应与城市商务中心足够近；要有多条进场交通线路；紧急备降场还必须有2700～3000英尺（823～914m）的跑道。同时，他“估计美国城市需要飞机场之面积，谓每十万人口应有飞机场二百二十五英亩”。另外，《复旦土木工程学会会刊》中的《飞机场之设计与建筑》一文也曾引用了古力治在《美国建筑》杂志（1929年5月）刊发的自绘插图，该图精心收集了欧洲各国105个飞机场的用地面积大小及形式图。

另外，古力治还将“航拍”这一现代技术手段应用于《首都计划》相关的编制工作，当时他积极联系了美国的海军当局（American naval authorities），获准从美国驻南京的海军陆战队部队（U. S war vessel）租借飞机及其拍摄器材，从空中拍摄南京高清晰的实景照片和制作地形图，这些航拍照片至今仍是研究民国首都南京城市规划建设的珍稀影像资料。[②]

2. 古力治在《首都计划》中提出的机场总站方案

1）理想机场设计方案

1928年，古力治在担任纽约顾问工程师期间曾提出3个圆形场地的机场设计方案，这些机场方案有共性之处，如中心区域都设置商店、候机室、机库、旅馆及其他建筑，这既给旅客提供方便，又不会对跑道形成障碍；中心圆外围都为圆环形的飞机起降区域；飞机起降的外围边缘为环形道路。这三个方案的跑道构型和分期建设计划又有所不同，各具特色（图3-3）。其中，方案一采用直径为7500英尺（2286m）、用地近1000英亩（约405hm²）的圆形场地，其平行的实线和虚线将飞行场地划分为22条进港道和22条出港道，可满足44架飞机以任意方向同时起飞和着陆；方案二是机场可分为8期进行分期建设，每个扇形的建设单元为125英亩（约50.6hm²）。此外，还有8条全长为2500英尺（762m）的跑道，各条跑道按照45°的夹角对应着相应的风向；方案三是机场包括4个可分期实施的基本单元（如虚线所示），它们之间由类似于方案二的4个其他单元（如实线所示）所分隔，这两类单元相互重叠。如考虑跑道的布局，这种双单元建设模式在某种程度上比方案二更具灵活性。

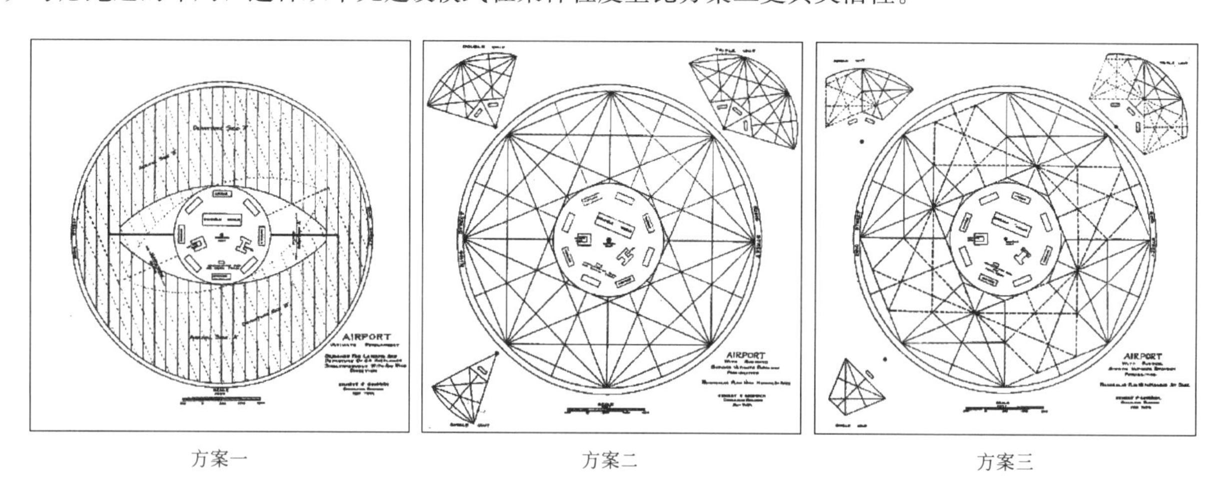

方案一　　方案二　　方案三

图3-3　美国市政工程师古力治提出的3个理想机场设计方案

来源：Airport as a Factor in City Planning

2)《首都计划》中的机场总站方案

《首都计划》推荐的沙洲飞机总站方案与古力治提出的方案二相近，该总站规划为直径2500m的圆形场面，可分6期逐步实施，每期按圆心角为60°的扇形用地进行分期扩建，其半径为1250m。按照扇

① 《首都计划》说的古力治曾在《美国市政评论报》发文，这里应是指《全国市政评论》杂志。

② “Air Photos of Nanking”, The China Weekly Review (1923-1950), May 11, 1929.

形用地对跑道适宜性和安全性的需求，其最短跑道长度为 1080m①。圆形的飞机总站建成后，一半可用作起飞的出站机场，另一半可用作着陆的入站机场（图 3-4）。与上述 3 个理想方案不同，《首都计划》中的机场设计方案大幅度压缩中心圆的半径，并使其中心圆半径为 250m，以避免中心圆区域的候机室、机库及其他建筑物成为飞机起降的障碍物。从这一角度来看，《首都计划》中的飞机总站方案更具有先进性。考虑到南京普通风向多为东、东北及北三向，而东北向是南京全年的盛行风向，因此，飞机总站首期启动的扇形场地就是面向东北方向布局的。

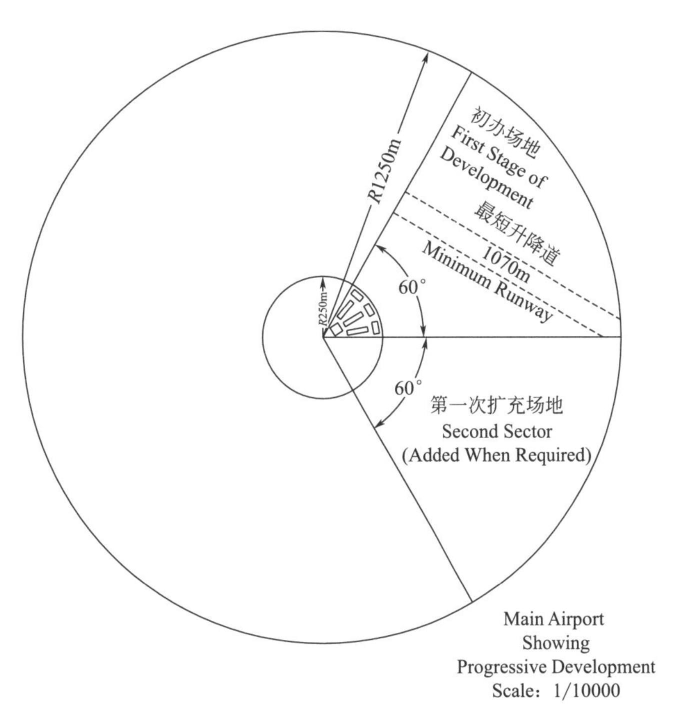

图 3-4　南京《首都计划》的飞机场站规划

来源：《首都计划》中的第四十五图

3.1.6　《首都计划》中机场规划方案的修订

南京《首都计划》不仅仅是规划技术文件的编制，也涉及蒋介石主导的国民政府及其追随者——南京市政府刘纪文市长与孙科委员主导的国都处之间的政治角力，而机场布局还涉及军政部（主管军用机场）、交通部（主管民用机场）等相关部委意见，影响因素更为复杂。在雄心勃勃的规划和内忧外患的现实中，对民国首都规划建设的决策将更为务实。例如，《首都计划》力荐在紫金山南麓设立中央政治区，该计划考虑到明故宫机场的空间发展受限和用地狭小，由此而不能满足未来安全运行的需求。此外，又因毗邻商业区而影响周边地区的规划建设，为此，《首都计划》提议废弃该机场，并拟将整个明故宫遗址规划为“商业区及建筑旅馆、戏院、百货店等最宜之处”②，而在明故宫之北新建了火车总站，这使得商业区和火车总站两者相得益彰。而南京市政府则提议在明故宫遗址处设立中央政治区，最终国民政府也认同该方案，并着手推动实施，同时暂时保留明故宫机场。

《首都计划》展现了其技术思想的先进性，但受制于内忧外患的时局环境，无法弥补其现实建设资金捉襟见肘的窘迫。同时，《首都计划》也凸显了整个交通规划建设规模的庞大与设施规划的超前。古力治在谈及南京浦口港规划时就信心满满：“我们并不关心他们如何为这项工作提供资金，我们感兴趣

① 《首都计划》第五十四图标识为 1070m，准确值应为 1082.5m。“Plans for Development of Airports in Nanking _ Development of Aviation”（The China Weekly Review，July 27，1929）一文写道，圆形机场由 8 块呈 45°角的扇形场面组成，最短跑道长度为 875m。

② 国都设计技术专员办事处：《首都计划》，南京：南京出版社有限公司，2018，第 42 页。

的当然是事业的成功。但我知道天津还在用十年或是二十年前制订的规划来改善现在的港口。”① 该计划对中国近代航空业的发展同样很乐观，并认为“南京为国都所在之地，其航空事业不久必将大盛”，虽然南京机场的布局规划参照了美国的布局标准进行了下调，但其布局规模仍过于超前。

针对《首都计划》过于理想和过度超前的情形，国民政府又组织编制了更加务实的首都调整计划（1930—1937 年），其中，对外交通规划在实施中基本被否决了。1930 年 1 月 18 日，国民政府第 18 号训令明确明故宫地区设定为中央政府行政区域。同年 4 月，在“国民政府首都建设委员会第一次全体大会”上，孙科作为提案人，其第一项议题即“拟具首都分区计划请公决案”，将首都分区设为政府区、军事教育区、高等教育区、公园区、第一和第二住宅区、第一和第二商业区、第一和第二工业区。其中，军事教育区除了包括在中央军官学校设立军事学校及其附属建筑或场所、打靶场、营房和操场之外，还包括飞机场、码头、车站等与军用有关系之建筑。显然飞机场实际上已不分军用或民用了，并均已纳入了军事教育区范畴。另外，孙科委员又提出“规定飞机场场站之位置案”（第十五号），提议将《首都计划》中的飞机场站场址所需用地予以保留并收用。

3.1.7 近代南京的机场实际建设

1929 年年初，为办理邮运航空，依据《首都计划》中的机场布局方案，国民政府铁道部部长兼特设中国航空公司理事长孙科组织技术人员踏勘民用航空站场址，最初勘定通济门外的一块红圩旷地，其面积为 72.25 万 m^2，场址四至范围是：东至祥瑞巷，南至过大桥，西至杨家圩，北至海林村②。但国民政府航空署已先期着手将大校场（又称“大教场”）军队训练靶场改建为 600 米见方的军用机场，并设立航空学校。后期扩建后的大校场机场用地更是高达 3000 多亩，其场址东至常家圩、陈家圩，西至小教场河边，南至老君圩，北至陈家圩。为此，航空署对中国航空公司拟在通济门外设立民用机场的场址提出了异议，并认为该场址与其所圈定的大校场军用机场相隔过近，最终使得中国航空公司的红圩场站选址方案落空。

1929 年 10 月 1 日，国民政府交通部、军政部航空署和中国航空公司专员又在交通部邮政司会商水陆飞机场选址事宜，中国航空公司认为新河皇木场（今南京上新河）一带交通不便，建议在下关附近择地另筑。次年 8 月在南京下关三汊河设水上民用机场，后因此段地域偏僻且夏季江水泛滥，水上机场码头于 1931 年 11 月 16 日移至挹江门外中山北路的尽端。1931 年年初，孙科委员向首都建设委员会提议，以沙洲、新河皇木场、红花圩等处作为新建机场场址。经第二十二次常委会决议，由该委员会工程组与军政部、交通部派员联合勘定上述 3 处预留场址。同年 4 月，首都建设委员会技正卓樾、军政部航空署科员朱立三、交通部航政司航空科科长李景枞联合进行现场勘察后，一致认为：除了通济门外择地另筑的军用航空站“地利人事均极妥善外”，《首都计划》中拟定的交通航空场站场址“非形势不适使用，即位置过嫌偏远”，认为保留明故宫飞机场最为适当，并拟定保留明故宫机场的五点意见书③。最终，1931 年 5 月 1 日颁发的国民政府训令仅同意暂时保留明故宫飞机场，并交由交通部管理。首都计划中所拟定的飞机场场址，“虽稍偏远，若将来发展道路建筑，当无旅客不便之困难”④。至此《首都计划》所提出的“一主四辅”的机场布局方案无一得到落地实施。

从既有机场场址变动的趋势来看，近代南京地区陆上机场场址总体上是逐渐由市中心向城外南移的，从早期的小营机场（1912 年）至明故宫机场（1927 年），再到大校场机场（1931 年），直至抗战胜利后国民政府民航局筹建的土山镇民航机场（1947 年），乃至当前的禄口机场（1997 年）都是如此，这

---

① Jeffrey W. Cody：Building in China-Henry K. Murphy’s“Adaptive Architecture”，1914-1935，Chinese University Press，2001，P189.

② 《中国航空公司圈定航空站》，载《航空月刊（广州）》，1929 年第 19 期，第 48～49 页。文中的“红圩”即“红花圩”。

③ 《要闻：各省建设要闻：首都民用飞机场之地点》，载《山东省建设月刊》，1931 年第 1 卷第 2 期，第 410～411 页。

④ 《训令：国民政府训令：第二四〇号（二十年五月一日）：令首都建设委员会：明故宫飞机场站在中央政治区未发展前准暂由交通部管理俾作交通航空场站使用由》，载《国民政府公报》，1931 年第 763 期，第 6～7 页。

与南京城区的地形地貌及其近现代城市空间的发展态势有关。

3.2　近代上海城市规划中的机场规划建设

上海近代城市规划的历程可分为抗战前的《大上海计划》时期、沦陷时期的《大上海都市建设计画》时期以及抗战胜利后的《大上海都市计划》时期等三个阶段。其中，《大上海计划》是近代上海第一个综合性的城市发展总体规划；《大上海都市建设计画》是典型的外来植入式近代城市规划作品，而抗战胜利后编制的《大上海都市计划》则是近现代中国城市规划中具有里程碑式的全套规划成果，其在规划理念、规划原理方法、规划组织实施等诸多方面都对其后的城市规划理论与实践具有重要的指导性作用。回溯整个近代上海城市规划历程，可以看出机场布局和建设逐渐得到了应有的重视，机场规划在上海近代城市规划中已开始拥有一席之地，这体现在综合交通规划、用地规模和功能布局等诸多方面。从机场布局规划思想的演变，我们也可管窥现代城市交通规划理论及方法的演进。

3.2.1　上海近代城市规划中的机场布局思想演进历程

上海航空业肇始于 1911 年法国人环龙在江湾跑马厅上空进行的首次试飞表演，而上海机场业则发端于 1921 年北洋政府筹建的京沪航线上的虹桥民用航空站。根据上海近代机场的发展历程及其与近代城市规划的互动关系，上海近代城市规划中的机场布局思想演进历程可分为以下四个阶段（表 3-2）。

上海近代城市规划中的机场布局思想演进　　表 3-2

<table>
<tr><th rowspan="2">阶段划分</th><th rowspan="2">机场现状</th><th colspan="2">机场规划</th></tr>
<tr><th>主要规划成果形式</th><th>机场布局思路</th></tr>
<tr><td>北洋政府时期（1911—1927 年）</td><td>虹桥民用机场（1921 年）；龙华军用机场（1922 年）</td><td>上海工部局交通委员会交通报告（1924 年）</td><td>虹桥机场为北洋政府航空署筹建的民用航空站；龙华机场是由练兵大操场改造而成的陆军机场</td></tr>
<tr><td>国民政府时期《大上海计划》（1928—1937 年）</td><td>虹桥军用机场（1934 年）；龙华民用机场（水陆两用）（1932 年）</td><td>建设上海市市中心区域计划；大上海计划图</td><td>上海中心区域以东、虬江码头以南的翔殷路一带，规划“东机场”</td></tr>
<tr><td rowspan="2">伪维新政府时期《大上海都市建设计画》（1938—1945 年）</td><td>大场军民合用机场（1938 年）；江湾军用机场（1941 年）</td><td>大上海都市建设计画；上海新都市建设计画</td><td>江湾、大场、虹桥和龙华 4 个机场按照军事设施建设使用，未纳入交通规划中</td></tr>
<tr><td>大场（隶属日本军部、中华航空公司使用）；
江湾（日本海军航空兵使用）</td><td>上海都市建设计画改订要纲；第二次大上海都市计画说明书</td><td>飞机场计划设于大场，并以龙华等地为辅</td></tr>
<tr><td rowspan="3">抗战胜利后的国民政府时期《大上海都市计划》（1945—1949 年）</td><td rowspan="3">龙华（民航专用机场）；江湾（军用与民航合用机场）；大场（完全军用机场）；虹桥（军用训练机场）</td><td>大上海都市计划总图初稿</td><td>新建乍浦总站，龙华、江湾为供应站</td></tr>
<tr><td>大上海都市计划二稿</td><td>龙华（国内）；大场（国际航线中心）；虹桥、江湾机场外迁</td></tr>
<tr><td>大上海都市计划三稿</td><td>大场（国际和远程国内航线的主要起落站）；龙华（国际和国内航线）；虹桥和江湾（次要机场）；水上机场（淀山湖）</td></tr>
</table>

总的来看，20 世纪 30 年代《大上海计划》中的机场布局主要参照铁路车站的布局原理，并按照飞机总站、飞机场两类进行布局；沦陷时期的上海地区机场是侵华日军以军事目的为主进行重点建设的军事设施，并未作为交通设施规划内容纳入《大上海都市建设计画》之中；抗战胜利后的《大上海都市计划》中的机场布局则重点考虑了体现航空运输特性的机场功能定位，其机场布局思想有了显著进步。如初稿中提出了远洋空运总站和供应站两级机场的“一主两辅”布局结构；再如二稿又提出国际和国内分开的机场系统布局方案；而三稿的机场布局方案以及功能分划更加细致，机场分类也更为多元化，并提

出了“国际和国内远程”机场和“国内国际”机场、次要机场以及水上机场和小型机场（类似于现在的通用机场）的组合布局模式，这一布局较为充分地反映了近现代航空运输业的中长期发展趋势。

1. 北洋政府时期的近代上海机场布局

1920年，北洋政府航空事务处筹办京沪航空线委员会筹划开辟京沪航空线，由上海县署征用上海县境和江苏青浦县交界处的民田267亩，用作修建上海虹桥民用航空站，并于1921年6月由美商允元实业公司中标承建完成虹桥站。由于京沪航空线的班机仅试航北京至山东济南后便停航，该机场随即荒芜。直至1929年7月8日，国民政府交通部航政司所辖的沪蓉航空线管理处以虹桥机场为基地开通上海至南京的航线，虹桥机场才得以被重新启用。位于黄浦江边的龙华镇百步桥一带的上海龙华机场原为始建于1915年年末的北洋政府淞沪护军使署的龙华大操场，当时占地面积仅233亩。1922年9月，龙华大操场被改建为龙华军用机场。1929年6月，南京国民政府军事委员会航空署接管该机场。这时期上海地区机场的功能布局总体上是将龙华机场划作军用，而将虹桥机场划作民用，并形成上海特别市东、西两端的空间格局。

1）抗战前的《大上海计划》中的机场布局规划

1929年12月，由上海特别市中心区域建设委员会编制的《上海市市中心区域计划概要》完成。该规划划定地势平坦的江湾一带（约7000多亩）为新的市中心区域，其呈十字形总平面的中心行政区周围布置有火车站、水运码头以及飞机场三大对外交通设施，其中十字轴的横轴方向西接总火车站，东邻虬江码头，并在新中心区以东、黄浦江以西、虬江码头以南的空地规划为“东机场”，这样，水陆空三大交通枢纽均可直接服务于新市区。为了统筹安排全市建设，1930年5月12日《建设上海市市中心区域计划书》对外公布，该规划是近代上海编制的第一个综合性城市发展总体规划，其规划建设的重点交通设施为深水新商港和北移的铁路总站，并首次单独提出了“飞机场站计划”。上海特别市中心区域建设委员会还先后编制了《上海市新港区计划草图说明书》及《上海市新商港区计划草图》（1929年12月）、《上海市交通计划图说明书（铁道计划之部）》（1930年6月18日）和《上海市全市分区及交通计划图》（1930年6月），它们分别从水运、铁路运输和干道系统三方面予以专项交通规划，并提出了《上海市区交通计划》《新商港区域计划》《京沪铁路、沪杭甬铁路铺筑淞沪铁路江湾站与三民路间直线计划》《建筑黄浦江虬江码头计划书》等道路、码头及车站的城市建设方案，但未专门编写机场布局方面的专项规划及其建设方案。1931年11月，上海特别市中心区域建设委员会绘制完成《大上海计划图》，该图仅标有规划中的翔殷路一带的“东机场”具体位置，而对其他机场未见有说明。

2）伪维新政府时期《大上海都市建设计画》中的机场布局规划

伪维新政府时期，由侵华日军主导编制的上海都市计画既是近代占领地都市计划的典型作品，也是当时日本侵华军事和政治需求的产物，其目的是要在上海建立日本的政治军事基地和交通运输基地。根据划定的规划空间范围界定，沦陷时期的上海都市计画可分为1938—1941年和1942—1945年两个阶段。

1938年，日本兴亚院开始组织由日本都市计画的主要奠基人池田宏和吉村辰夫先后领衔都市计画技术小组，协助上海伪复兴局编制了《大上海都市建设计画》及《上海都市建设计画图》。吉村辰夫提出了继承和发展国民政府时期都市计划的构想，其规划建设重心仍为五角场一带，对中央车站和中央码头（虬江码头）的选址大体沿用先例。该计划是以苏州河河口为中心，用地半径为15km。第一期计划建设面积7750hm^2，它突出了军事用地和交通运输用地，例如在吴淞口设立深水码头，并列出备用地作为江湾机场的建设用地。

1941年伪上海市政府编制完成《复兴上海建设计划书》，该计划书提出了高速道路计划参考方案。该计划书在“建设大上海市基本计划要领”部分专设“九、飞机场”章节，并提出了建设大场机场、真茹机场（即虹桥机场）和龙华机场的方案，同时还保留1310hm^{2}的用地面积①。该计划未涉及超大规模

① 《复兴上海建设计划书》（1941年）原文为“一、三-0、000公顷”，简化更正为“1310公顷”。

的江湾机场，归因于“新上海建设计划在本区域内所有之海军飞机场，目下仍俟港湾计划实施黄浦江左岸船坞不发生障碍范围内时，再行决定一切之计划”。但在该计划书《第一期上海都市建设计划图》中，上海新中心区核心位置，特别是毗邻黄浦江和铁路栈桥的区域预留了相当庞大的、呈矩形状的“保留地”（这实际上是 1939 年已经启动建设的江湾机场“军用地”）。而后侵华日军在原江湾市中心一带建造军事机关、宿舍和医院，并在军工路、闸殷路之间建成华东地区最大的航空基地——江湾机场，以供日本海军航空兵部队使用。江湾机场强占土地高达 7000 多亩，这等同于《大上海计划》中的市中心区域规划用地面积。

1942 年 5 月，太平洋战争爆发，日军接管了上海租界，在此背景下日本兴亚院委托日本都市计画专家石川荣耀、梅津善四郎等共同编制了《上海都市建设计画改订要纲》，而后又编制了《第二次大上海都市计画说明书》，并提出了全面建设大上海的宏大构想，同时对原有都市计划进行了重大调整。该计划以闸北区作为城市的政治中心，而将原有的江湾新市区改为军事和文化中心地区，江湾军用机场、军用码头以及日本驻军部队营房作为当时建设的重点。在飞机场布局方面，提出“飞机场计划设于大场，并以龙华等地为辅”的设想。而实际上龙华机场被日军海军航空兵所占用，并于 1943 年和 1944 年两次扩建，合计占地面积达 5446 亩，并增建了两条碎石跑道和停机坪。

3）抗战胜利后的《大上海都市计划》中的机场布局规划

（1）抗战胜利后的上海机场布局现状

抗战胜利后，上海地区已拥有 6 处不同规模和不同性质的机场或跑道（表 3-3），其中，上海龙华机场为中国航空公司和中央航空公司所使用，虹桥机场则为民航空运队所使用，大场、江湾机场分别为中国空军和美国驻华空军所使用。除了龙华机场、虹桥机场由空军移交给 1947 年新成立的国民政府交通部民航局管辖之外，其他机场均作为由国民政府空军总司令部所统管的军用机场。

抗战胜利后上海市机场简况表　　**表 3-3**

机场		场地范围（亩）	主要跑道			使用机关
编号	名称		方向	长（m）×宽（m）	路面类别	
1	吴淞机场	4800	南北向	1650×100		—
			东西向	1500×100		
2	大场机场	5000	南北向	1500×60		空军总司令部
			东西向	1500×60		
3	江湾机场	17000	正南北向	1900		空军总司令部
			正东西向	1900		
	市中心区跑道	1700	东西向	2200×50		—
4	其美路跑道	1700	南北向	2000×50		—
5	虹桥机场	2500	正南北向	1800×100	弹石路面	空军总司令部
6	龙华机场	6200	正东西向	1200×45	弹石路面	中国、中央等航空公司
			正南北向	1800×45	弹石路面	
			东北向	1800×45	弹石路面	

附注：本表机场编号第 1、2、3、4、5 各项数字系由 1：10000 航空摄影图估量。

说明：（1）该表来源于上海市档案馆馆藏的上海市公用局资料，绘制于 1946 年 11 月 13 日，原表名称为“上海市现有机场简况表”。
（2）表中的“其美路”即现在的“四平路”，按照《大上海计划》的编制，上海市政府先后建成其美路、黄兴路、浦东路等。其美路跑道以及市中心区跑道为抗战期间日军修建的临时机场。
（3）吴淞机场又称王滨机场或丁家桥机场，位于当时的宝山县境内。

（2）《大上海都市计划》中的民用机场布局方案

抗战胜利后，上海市政府于 1946 年先后成立“上海市工务局技术顾问委员会”和“上海市都市计划委员会”，并负责编制《大上海都市计划》。1946 年 12 月，《大上海都市计划总图草案报告书》编制

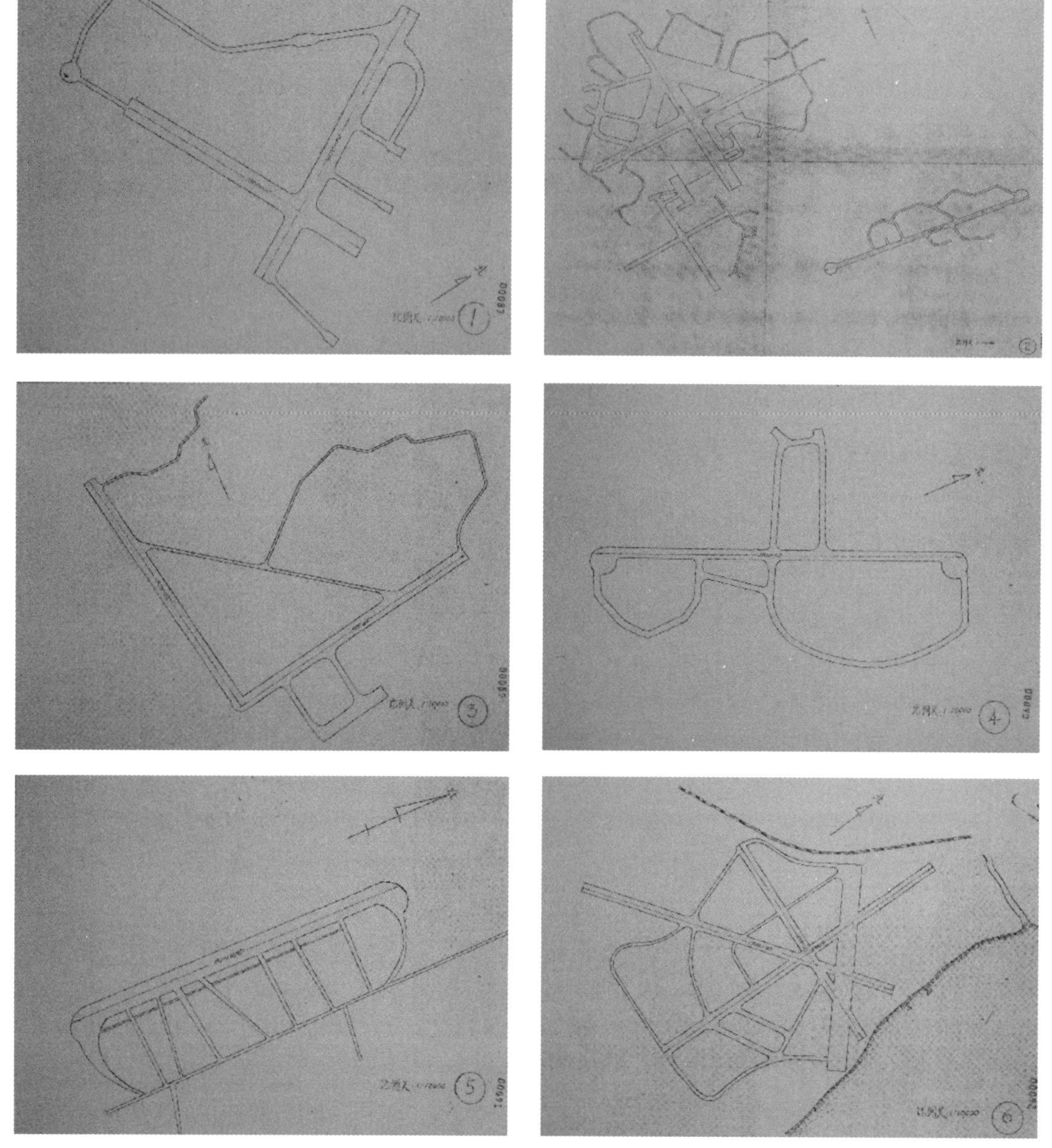

图 3-5 抗战胜利后上海市六个机场或跑道的平面图

来源：根据上海市档案馆馆藏档案整理来源（图中机场序号与上表中的机场序号对应）

完成，该报告书共分 10 章 23 节，其中“第七章 交通”章节专门列有飞机场部分。对照美国民用机场标准，发现“本市原有机场，已无法作合乎国际标准之发展”。因此，在计划总图中提出了“对于现有之龙华、江湾两机场，只加以维持或稍予扩充而为市区之降落场所，并建议在乍浦附近设立一大规模之空运站，为远洋空运之根据地”。该初稿未提及大场、虹桥两个军用机场。初稿将上海地区的民用机场按照远洋空运总站和供应站进行分类布局，这类似于当今民航业的“枢纽机场”。这时期的机场布局考虑了用地规模、功能定位以及地面交通等因素，这与抗战前的城市规划仅局限于机场选址及其圈地范围已有了明显进步。总的来看，乍浦场址之所以作为新建机场的首选地，除了距离上海中心区近、交通便利以及乍浦将建成上海最大港口之外，还考虑了因淞沪抗战而导致闸北地区严重受损及其复兴等因素。

1948 年 2 月，《大上海都市计划总图草案报告书》（二稿）刊印成册，该草案对初稿中的上海地区机场布局进行了调整。鉴于当时动荡的时局，另行新建机场已不现实，为此取消了在乍浦新建大型国际机场的计划，由偏于一隅的大场机场所替代，建议大场、龙华两机场按照国际标准予以保留，并首次按

照国内和国际进行机场功能划分。其中，大场机场的定位为“国际航线中心”；龙华机场的定位则是“专为国内空运之用”。对于江湾、虹桥两个军用机场，则从军事或地方发展的角度来考虑，并建议将其迁出市区范围之外，这与国民政府教育部及上海市教育部门当时正酝酿将虹桥机场地区改造为“中正文化教育区”的提议不无关系（图 3-6）。此外，二稿还提出在宝山附近增辟一个水上机场。在二稿中，无论是民用机场，还是军用机场都提议向城市外围迁移，这显然考虑到了体量和运量趋于庞大的机场对城市空间拓展、居民安全等方面的负面影响，毕竟 1946 年 12 月 25 日发生了震惊世界的“上海黑色圣诞之夜”事件（即在圣诞节之夜连续在江湾、龙华机场发生 3 起空难），这令人记忆犹新。另外，在谈及总图二稿中的机场选址修正理由时，都市计划主要起草人——建筑师鲍立克解释说：美国籍军事专家认为，军用机场欲使其发挥最大效能，就必须离开城市外围 20 英里（约 32km）。二稿还采纳了上海市参议会以及秘书处卢宾侯提出的将用大场机场取代乍浦场址的意见。

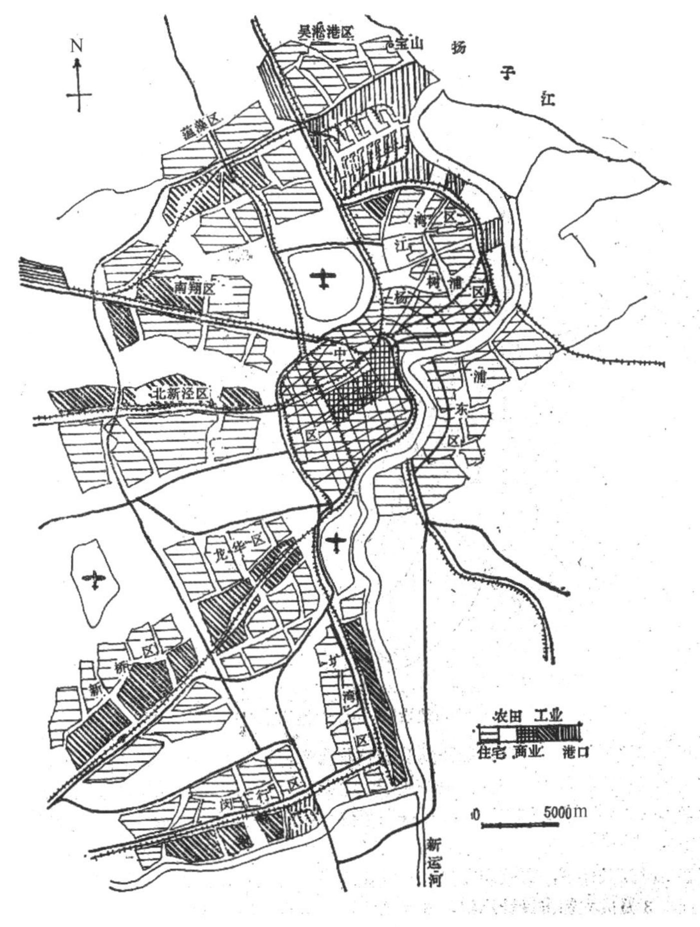

图 3-6 《上海市土地使用及干路系统总图二稿》示意图

来源：《上海城市规划志》

1949 年 6 月 6 日，圣约翰大学教授鲍立克等人受命编制完成了《大上海都市计划总图三稿初期草案说明》及总图，并于 1950 年 7 月刊印三稿。在该草案第三章有关交通章节的“飞机场”部分充分考虑了大场、江湾、龙华及虹桥四个已有机场的利用。该计划确定大场机场为国际航线及国内远程航线的主要起落站，并建议设 4 条夹角呈 45°交叉的大型飞机跑道，以适合上海市全年 90%以上的风向。之所以选择大场的因素，主要是考虑到上海可能作为国际航线的中心站，而“大场机场东面和南面约九平方公里的余地，足供将来扩展之用”；龙华机场也规划作为国际航线及国内航线之用；而虹桥机场及江湾机场限于四周的环境，规划仅保留为次要机场。此外，该计划提出可在各区绿带中设置小型机场，供市内及附近短程飞机起落。相比黄浦江和长江的水况及航运状况，三稿认为淀山湖的条件较佳，可能比较适宜作为水上飞机场。这次的机场布局比以往的机场规划更为科学，并按照国际与国内、远程与短程以及陆地与水上等不同机场功能属性予以了明确定位，并提出大场机场和龙华机场在国内国际航线上功能混合，这一提法与当时上海地区“一市两场”机场体系的分工合作模式如出一辙。

3.2.2 《大上海都市计划》中的机场布局思想

1. 机场布局规划逐渐获得前所未有的重视

抗战胜利后，民航运输逐渐成为继水运、道路和铁路之后的一种新兴交通运输方式，为此，《大上海都市计划》继《大上海计划》之后再次在交通项目中单独列出飞机场的专题规划。1946 年 12 月编制完成的《大上海都市计划总图草案报告书》共分作 10 章，计 23 节，其中的第七章交通部分又分为概论、港口、铁路、道路系统、地方性水上交通和飞机场六部分。《大上海都市计划二稿》则简化为人口问题、土地区划、上海市新道路系统的计划、港埠和其他交通系统等五章，而后上海市都市计划委员会又先后编制完成了《上海市区铁路计划、上海港口计划、上海市绿地系统计划初步研究报告》及《上海市建成区干路系统计划说明书》等铁路、港口和道路方面的专项交通规划研究，但并未进行机场的专题规划研究。在 1950 年 7 月刊印的第三稿中，交通部分则又分港口、内河水道、铁路、道路系统和飞机场等五部分分别予以论述。需要指出的是，《大上海都市计划》虽然将机场布局进行单独分项论述，但尚未提升到进行专项规划的程度。另外，在组织规划编制的上海市都市计划委员会以及工务局技术顾问委员会都市计划小组研究会中均缺乏航空业内人士的直接参与。

2. 机场布局思想有一定的先进性和前瞻性

同济大学教授李德华先生曾说：“现代主义的理性思想和理念，贯穿着大上海都市计划编制工作的始终。”这一亮点也体现在机场布局中。《大上海都市计划》首次提出了“机场系统”的概念，即要从全国性、区域性角度看待上海机场，并明确了机场定位和功能划分，同时对机场进行了科学分类，对小型机场、水上机场均有考虑，体现了各种民用航空需求的发展趋势。该计划还重点考虑到了机场与城市的关系，包括机场用地规模、与市中心距离、机场交通便利程度以及机场对城市的负面影响等诸多因素。如在技术顾问委员会的讨论中，便考虑到了飞机场的不良环境影响，提议采用绿地带将都市与机场隔离；又如考虑到初稿拟定的乍浦机场场址占地庞大，预计将影响到上海市区向北发展的空间；从低地价角度考虑，技术顾问委员会还探讨在浦东、塘湾等地进行机场选址的可能性。另外，《大上海都市计划》还注重交通设施布局与土地利用的互动，如第三稿中所认为的：“本市现有码头、车站、公路、机场等等，多系逐渐形成，缺少通盘计划。”为此，“改良本市交通的计划，不仅是选择港口、车站、公路、机场等本身的位置就够的，同时还要改进本市区划，以减少不必要的交通，要和本市将来社会和经济的发展有密切的配合，才能根绝许多交通病源。”这些机场布局思想至今对城市总体规划及机场布局规划仍有参考价值。

3. 进一步明确机场发展定位和布局思路

与《大上海计划》（1930 年）相比，《大上海都市计划》（1947—1949 年）在继续重视城市道路、铁路、海上和内河交通规划建设的基础上，对机场发展定位及布局规划更为注重。在上海都市计划之“交通”项目中，开篇便提出要确定上海在国际交通及国内交通的地位，最后又提出需要确定“上海应设飞机场几所，其各个之性质、面积及位置如何。”在其初稿编制过程中，上海市都市计划委员会交通组的第二次会议议案提出要确定民用飞机场之数量、地位及大小。针对上海市交通的总体定位，《大上海都市计划总图草案（初稿）》提出了“本市之为世界上最重要交通中心之一，殆无疑义。”至于上海航空运输业的发展定位，初稿总体上提出：“上海的空运，以其地位优越，将来不仅为中国东海岸线的主要航空枢纽，还将成为国际远洋航空中心之一。”而后的三稿则谨慎地假设说：“将来在全国性或区域性的机场系统中，上海如被列为国际航线中心站，其运量可能超出单跑道的容量。”

4. 重视机场与其他交通系统的衔接

《大上海都市计划》对机场集疏运交通系统给予了前所未有的重视，机场已经成为城市交通系统规

划中所需考虑的主要交通节点。在初稿第四章中的“交通”项目中，开篇就明确提出：“水陆空三方运输，在交通系统上应取密切联系。”在此思想指导下，初稿提出设立乍浦的大型空运总站应与港口、铁路及公路各总站之间有着密切的交通联系。二稿中将龙华机场定位为国内空运机场，并指出该机场“故与高速运输系统联系，使客货交通迅速到达市内各处。”而大场机场定位为“国际航线中心”，其重要考虑之一也是因与港口、铁路及公路之间的联系密切。该规划还注重多种联运，如初稿所云：“江湾机场因与吴淞港口接近，对于外洋与内河航运乘客之联系，亦有其特殊之价值焉。”

《大上海都市计划》在干道和市镇铁路线路规划上都考虑了与机场的衔接。在二稿建议的 5 条直通干路中，涉及机场的包括外滩—南市—环龙路—复兴路—虹桥路—青浦；吴淞—江湾—虹口—外滩—南市—南站—龙华—新桥—塘湾—闵行；南站—西藏路—北站—大场等三条线路。另外，还有 1 条涉及机场的路线，即为吴淞港—蕴藻浜—大场—北新泾—新桥区之外围—闵行线路。这些干路都衔接着上海市主要水陆空交通枢纽，包括四大机场。在三稿的干道系统中，四条直达干道涉及机场的包括蕴藻区—江湾区—中山路—龙华—塘湾区—闵行区和南站—龙华区两线。

在二、三稿中的市镇铁路—高速运输线的系统规划中，其提出的 6 条辐射状市镇铁路设计路线也首次涉及机场轨道交通组织，如规划第 3 条线路从蕴藻浜经大场机场、普陀、善钟路而达龙华港，第 4 条线路从北站经中山路、龙华机场、浦南、闵行而达松江。这两条市镇铁路作为地方交通系统的主体，串接了机场、铁路车站及港口等交通枢纽以及外围城镇，而城市交通则作为市镇铁路的供给线。在城市交通规划中，充分考虑城市轨道交通与机场的直接衔接，这在近现代城市规划思想中都是颇为先进的。

3.2.3　机场布局规划思想与现实运作之间的落差

《大上海都市计划》中的机场布局思想更多的是从技术方面予以论证，而抗战胜利后的上海地区机场的实际使用及其分工定位则受制于机场管理体制、产权以及战后时局等诸多方面的牵掣。抗战胜利后，由于国民政府空军总司令部直接管辖上海地区的虹桥、大场和江湾军用机场，而交通部民航局则主管龙华民用机场的使用建设，但上海市政府有意主导龙华机场的运营管理。与铁路、公路及水运不同，上海特别市的机场布局规划直接牵涉国民党空军、上海市政府及交通部民航局三方利益，也与当时的国民政府行政院、国防部、空军司令部、交通部等都有关系，远非上海市政府所能自行左右的。这使得理想的机场布局规划与现实的机场使用、管理和建设尚存在相互脱节的问题。如技术顾问委员会第一次会议的议决是：“大场、江湾飞机场问题，请市府函国防部解决。”而国防部则回复为保留虹桥、江湾与大场机场作为军用；交通部致函上海市政府，决定将作为民用机场使用的龙华机场继续扩充；军方也已致函上海市政府，确认虹桥为军用训练机场。在初稿讨论过程中，都市计划委员会执行秘书赵祖康认为，国民政府航空委员会将不会放弃江湾军用机场，大场也将继续作为军用机场。在此背景下，初稿最终明确了新建乍浦机场和扩建龙华机场的建议。在二稿编制过程中，针对虹桥和江湾机场的外迁问题，赵祖康认为：“至于飞机场之迁移，最好先得中央之允许。因事关军事国防，处理不可不慎重。”最终，上海市政府遵从国民政府行政院关于虹桥机场应予以保留的令文，并提请市参议会讨论。这时期的国民政府交通部对上海机场的布局定位也与《大上海都市计划》有所不同。1946 年 12 月 7 日，国民政府交通部向龙华机场修建工程处及中国航空公司、中央航空公司分别发出训令，决定龙华机场作为国内航空线基地，而虹桥机场作为国际入境机场，并拟按国际甲级机场标准建设。这与 1948 年 2 月编制完成的大上海都市计划二稿中所提出的大场作为国际航线中心、而龙华作为国内机场的机场布局方案存在着明显差异。

另外，上海市政府各职能部门以及市参议会也未就机场布局问题达成一致意见。上海公用局曾请地政、教育、工务各局会商虹桥机场场址的取舍问题，市教育局则提议将虹桥改造为“中正文化教育区”，其理由有二：一是虹桥机场用地原系由上海市政府募集市公债向市民征购，应由市政府收回；二是拟将市区中学改设郊区，以改善学生学习环境。该提议获得了上海市参议会和国民政府教育部的一致支持，而地政局则主张将征用民地发还原有地主，最终在未达成决议的情况下将各局意见报请市政府定夺。而上海市参议会则提议：①闸北飞机场应北移，以绿地带与都市隔开；②在长江中保留水上机场之用地及一切与交通工具间之联系。这两个建议在二稿中都有所采纳。这些围绕机场布局定位和使用功能及产权归属等纷争一直持续到上海解放。

总的来看，《大上海都市计划》是中国近代城市规划史具有里程碑意义的规划杰作，它不仅体现在总体规划思想、规划方法以及规划组织决策等宏观方面，也体现在车站、码头和机场等专题规划的微观方面，尤其在把握新兴的航空运输业发展态势方面更是独具匠心，这使得《大上海都市计划》中的机场布局思想始终闪烁着理性主义的光芒和现代主义的苗头。

3.3 近代广州城市规划中的机场规划建设

广州是中国近代航空业起步最早和最发达的地区之一，也是孙中山先生“航空救国”思想的策源地[①]，其先后设立的大元帅府航空局、军事飞机学校、东山飞机制造厂及大沙头水陆两用机场等航空管理机构及其相应的航空设施建设都是全国领先的，而且在航空制造业及航空运营领域也是名列前茅的。1912 年 3 月，“中国始创飞行大家”冯如在广州燕塘成功试飞我国第一架自制飞机；1923 年，第一架国产军用飞机“乐士文号”在广州问世；1928 年，梅龙安在大沙头机场设计制造了第一架“羊城 51”号飞机。同年，广东航空处处长张惠长驾“广州号”飞机自大沙头机场出发首次环飞中国；近代中国第一家民营航空公司——西南航空公司于 1936 年 7 月 10 日在天河机场开辟了中国民航史上第一条国际航线——广州至越南河内航线。由此可见，广州地区可谓是集军事航空、民用航空、航空教育、航空制造于一体的中国近代航空发源地之一。

3.3.1 近代广州城市规划中的机场布局及其建设

1. 近代广州城市规划中的机场规划建设

1）广州市早期系列城市建设规划

1929 年，广州市政府公布《广州市政府施政计划书》，并绘制了放射状和网格状路网结合的《广州市马路干线系统图》。次年，广州市工务局局长程天固发布《广州工务之实施计划》，并提出 1929 年至 1932 年广州市三年内的城市建设计划，其要点包括旧城改造和新区建设，以及道路、港口和城市公共设施的建设计划。其中“发展河南大计划”是重点内容，规划将广州城正南面的河南岛建成包括市政中心区、商港区、商业区和居住区等功能区的新区。上述城市规划建设计划均未涉及机场相关内容，这与广东航空业由广东省军政府统筹主导有关。

2）广州河南沙头机场与广州河南新市区规划建设

近代广州军用机场起步较早，且较为发达。相对而言，民用机场的选址建设则较为滞后。广州市工务局在其编写的《广州市工务报告》（1933 年）认为中：“广州市为南方重镇，亦宜及早设备，现拟择相当地点，建筑民用飞机场一所，庶于军事及交通均有裨益也。”1932 年 8 月，广州市政府公布了第一个由市政府组织编制的城市总体规划方案——《广州市城市设计概要草案》，在其第十部分“航空站地点”一章节里提出：“现除市区之内，林和庄以南之地（即瘦狗岭机场）指定为军用航空站外，对于民营航空站尚未指定。”为此，推荐河南琶洲塔以东以及市西北部的牛角围以北的地方均可作为民用飞行场的地点，其理由是水陆交通便利，且地段空旷，并明确在涉及飞行技术方面由航空专家具体讨论选址。1932 年 11 月 11 日，作为《广州市城市设计概要草案》的专项配套规划，由广州市政府对外公布了《广州市道路系统图》。该图将市区道路规划为棋盘状路网，其南北干线为子午线，串接大沙头车站和河

① 广州市交通规划研究院：《广州交通发展简史》，北京：中国人民大学出版社，2016 年。

南新城市中心，东西干线联络粤汉铁路与黄埔地区，环形干线则衔接市区各纵横干线，串联河北、河南以及芳村、大坦沙一带。

1932 年，为了筹办民航，广东省政府主席林翼中函请空军司令黄光锐代为择定民用机场场址，黄光锐则委派航务处处长陈友胜和科长蔡斯度负责办理。陈友胜和蔡斯度两人带领相关技士经过实地踏勘，选定河南宝岗和黄埔两处场址，认为该两处场址地势平坦，且距离市区不远，唯有不少民田需要收购，预计整个机场工程需耗时 6 个月[①]。最终，广州市政府决定在河南郊外的瑶头刘王殿附近（今广州美术学院一带）开辟民用机场，并于 1932 年冬勘察测绘完毕。1933 年 7 月，广州市政府批准修建此民用机场，并由市工务局和财务局合力筹办。

但专责于城市规划工作的机构——广州市政府下设的“广州市设计委员会”则认为河南刘王殿地区已规划为新市区中心，且认定刘王殿机场场址与市道路系统规划相冲突而要求民用机场另行选址。有鉴于此，广州市工务局将民用机场场址南移至刘王殿南子午线（纵向干道）与河南公和乡沙头以西横向干道的交会处。该场址北邻莘庄村，南达沙尾村，东至五凤村、沙头东约和中约，西靠仁济医院义山旁，全场占地面积约 42 万 m^2。其地势因不平坦而使得土地整备费用有所增加。该工程原拟 1933 年年内建成，但因建设经费掣肘而推迟。1935 年，设计委员会审查通过了广州市航空总站场址[②]。工务局于 12 月修正了修建计划，机场占地面积调整为 149160m^2（约合 223.74 亩）。不含地价在内，仅机场采用沙泥道面的工程预算费用约需 10.4 万元，采用三合土道面则达 61.8 万元左右，而市财政局向广东省银行借款 10 万元已用去 4 万多元。根据 1936 年 4 月 10 日编制的“河南沙头乡民用机场建筑工程费预算表”，该机场建筑工程费用合计为 104101.50 元。机场项目分作 4 段招标，由诚泰、合和、鸿泰以及张廷记四家商号分段施工。同年 9 月，又奉命停工。1938 年 2 月，广州市政府将河南沙头机场场址拨给市园场管理处，用作苗圃及农事试验场。

3）抗战胜利后的灾区重建计划与土地分区使用

抗战胜利后，广州市的城市建设重点为灾区重建。1946 年，广州市工务局拟定了黄沙、西堤、南堤和海珠桥北岸四个灾区营建计划。次年，广州市都市计划委员会又修正通过上述灾区的《重划计划书》，还讨论通过了《广州市土地分区使用办法（再修正案）》，将广州划分为普通住宅区、商业区、工业区、风景区、农业区等六种。抗战胜利后的广州城市规划建设文件居然未涉及机场规划建设事宜，而在黄埔港专项规划中则纳入新建水陆两用机场计划。

2. 黄埔港规划及其水陆两用机场规划

1）广东治河委员会工程师李文邦编制的《黄埔港计划》

广州黄埔港开发是国内外技术专家精诚合作完成的典范。1919 年，孙中山在《建国方略·实业计划》中提出了将广州黄埔深水湾一带建成“南方大港”计划，并具体论述了一系列配套计划与整治航道措施。为实现孙中山先生的遗训，1926 年 1 月，黄埔开埠计划委员会聘请瑞典工程师柯维廉（G. W. Olivecrona）编制了《广州黄埔外港初步计划》，随后拟定了 5 个不同选址的建港计划。1927 年，经“黄埔商埠股份有限公司执行委员会”议决，最后采用《开辟黄埔（狮子山）商埠速成计划》（又称“鱼珠计划”）。位于黄埔对岸的鱼珠濒临黄埔深水湾，其北岸距海口约 60 英里（约 96.6km），且水域深阔，而其水陆区域也足以扩建。时任广东治河委员会总工程师的柯维廉在《广东水利》1930 年第 2 期黄埔港专号中再次发布了修编后的“广州黄埔外港计划”；前黄埔商埠有限公司执行委员会技正彭回撰写的“开辟鱼珠商埠初步计划”一文指出，商埠有公司营业和管理区、工业区、商业区、居住区、防疫区及船坞之分[③]，其中狗仔沙（Waton Island）主要规划为居住区，整个黄埔外港计划均未涉及机场。

① 《国内琐闻：粤省民航积极进行 机场择定河南及黄埔附近，向某国购民航机有十余架》，载《飞报》，1932 年第 188 期，第 10 页。

② 广州市国家档案馆馆藏档案号 401-1-276-129，广州市设计委员会第三十六次委员会会议记录，1935 年。

③ Canton-A World Port，in The Far Eastern Review，1931，No. 6，P356-358.

2）《黄埔港计划》中的水陆机场布局方案

1931年5月，应广州市工务局局长程天固的邀请，美国市政专家雅各布·L. 克兰尼（Jacob L. Cyarne）受聘来穗"专任本市设计及组织设计委员会"①，市政府参事黄谦益②全程陪同。1933年，在汲取柯维廉《黄埔港开埠计划》（1926年）和古力治黄埔港开埠建议（1929年）以及克兰尼有关南方大港设计理念（1931年）的基础上，由留美工程师和海港专家李文邦编制、工务科科长黄谦益审查完成了《广东治河委员会开辟黄埔港计划大纲》（图3-7）。该大纲将黄埔商港分为港业区、港市行政区、大/小商业区、笨重/轻便工业区和甲种/乙种/丙种居住区以及农林带、公园及游乐场、公共坟场等12个功能区③，文本中并未涉及机场，而同期发布的"广东治河委员会最近开辟黄埔港计划大全图"在狗仔沙的位置则绘制有水陆两用机场④。无独有偶，在1933年的《东方大港商港市区计划图》中，同样在金山城南侧规划了与沪杭公路相连、呈梯形形状的水陆两用机场（图3-8）。

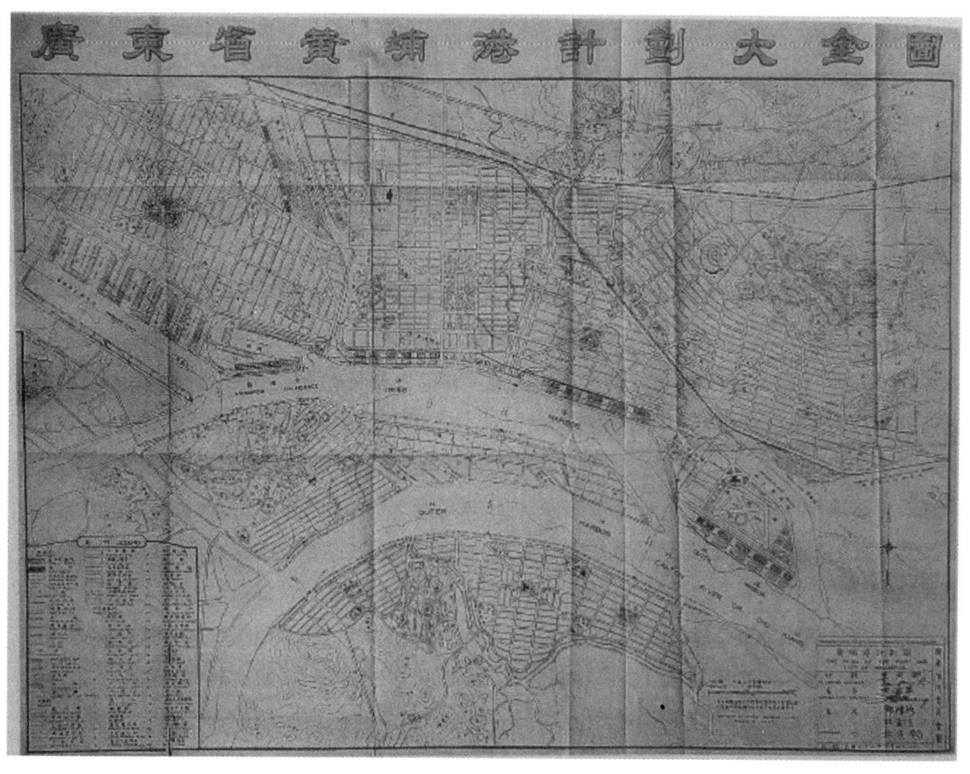

图3-7 《广东省黄埔港计划大全图》（李文邦编制、黄谦益审查，1933年）

来源：《工程季刊》，1934年第3卷第2期

1934年2月8日，治河会审议通过了李文邦编制的《黄埔港计划》，并呈请国民政府备案。1936年9月正式出版的《黄埔港计划》是一项集居住、教育与交通于一体的综合开发计划，也成为近代中国第一个将港口、铁路车站及机场纳入交通一体化发展的规划。全书分"概论、测量、黄埔港市、分期实施之程序计划预算及筹款计划"等四篇，其中的第三篇"黄埔港市"中专门列出"航空站"一节，该章节又分位置之选择、陆上飞机场计划和水上飞机场计划等三目并分别给予论述。而从地势、地台、气候、与城市位置关系、运输、水陆机场之间的联络以及水电油等其他因素考虑，该计划提出的黄埔港航空站为水陆两用机场，在其内港和外港汇合的珠江口突起位置分别设有陆上飞机场和水上飞机场。黄埔港的

---

① 《纪事：市政专家克兰氏昨已抵省》，载《市政公报》，1931年第384期，第73页。

② 黄谦益为留美回国人员，所学专业是"城市与海港设计"。

③ 《黄埔港计划》中的功能分区显然借鉴了1929年南京《首都计划》中的城市分区。

④ 《广东水利》1933年第4号中插图的图名为"黄埔港总计划模型图"，其他的图名还有"广东省黄埔港计划大全图""黄埔港计划图"等不同题名。

图 3-8 《东方大港商港市区计划图》局部（1933 年）
来源：《建筑月刊》，1933 年第 1 卷第 5 期，第 1 页

陆上机场选址在铜鼓沙，该地平坦且四周空旷，有河流方便目视导航，东南两方又皆近水面。另外，地价低廉、交通便利。黄埔港水上飞机场的场址则选择在沙路湾，该区域水面广阔，并可以与陆上飞机场相连。

陆上飞机场采用三合土道面铺筑，跑道方向依据风向图确定，并设有中间交叉的两条跑道，其中东西向跑道长宽为 2140 英尺×200 英尺（约 652m×61m）；东南-西北向跑道长宽为 2790 英尺×200 英尺（约 850m×61m）。跑道四周环以四条滑行道，其滑行道长宽分别为 2620 英尺×140 英尺（约 799m×43m）、1640 英尺×200 英尺（约 500m×61m）、1300 英尺×140 英尺（约 396m×43m）和 1500 英尺×140 英尺（约 457m×43m）。计划提出“站内应设有管理处，气象台，电话，询问处，休息处，行李寄存处，旅馆，餐室，消防所，警察派出所，飞机储藏库，及修机室等之设备”。此外，堤边土地用作仓储用地（图 3-9）。

3）《黄埔港区域计划全图》中的水陆机场布局方案

抗战胜利后，珠江水利局负责继续开辟黄埔港。1946 年 11 月，《珠江水利》第一期发布了《继续开辟黄埔港计划：附五年实施计划预算》。其中，它所附录的《黄埔港区域计划全图》将水陆两用机场由狗仔沙场址外移至黄埔港两江交汇处的江口，机场构型调整为由四条交叉跑道组成五角形场面，两水交汇处则设为水上飞机场。其狗仔沙位置则改为海铁联运的铁路编组站。[①] 不过，该图示的机场并未纳入上述黄埔港五年实施计划文本之中。根据《交通部广州港工程局黄埔港现状及计划纲要》记载，计划在黄埔港港区内自建“一等飞机场”一座，该场址距天河飞机场 17km。

4）美国市政专家古力治参与广州黄埔港规划

美国市政工程师古力治毕业于美国密歇根大学土木工程系，他是美国都市计划运动的主要人物，也是著名的市政工程师、城市规划师及交通专家，并以擅长港口设计而著称。1928 年 10 月，国民政府国务会议决定特聘美国建筑师茂飞和市政工程师古力治为首都规划和广州黄埔港辟港的设计工程顾问。1930 年 3 月，完成南京《首都计划》编制任务后的茂飞、古力治及其助手穆勒抵达广州，茂飞重点编

① 《继续开辟黄埔港计划：附五年实施计划预算（三十五年十一月）：黄埔港区域计划全图》，载《珠江水利》，1947 年第 1 期复刊，第 1 页。

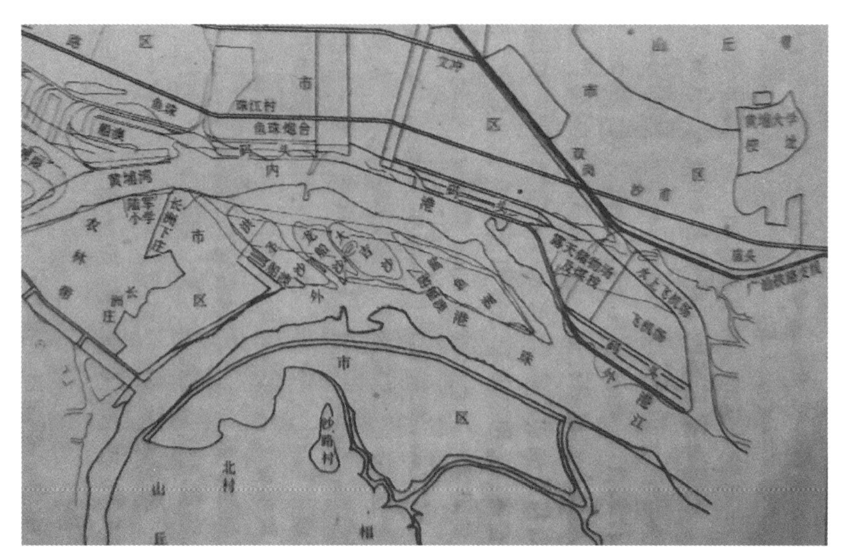

图 3-9 《黄埔港计划图》局部

来源：《广州交通发展简史》

制广州市市民中心规划，而古力治主要协助珠江整治和黄埔港辟建的编制。

1936 年 10 月，国民政府行政院名下设立的“黄埔开埠督办公署”接手黄埔外港开港业务，并特聘美国港市工程界权威人士顾利之（即古力治）作为顾问，且担任该署设计委员会的总工程师[①]。设计委员会在对李文邦编制的《黄埔港计划》审定的基础上，于 1937 年 10 月 15 日正式发布规模更为宏大的《黄埔开埠计划书》。该计划书共计 26 章，包括河道疏浚、铁路和道路交通布局，以及码头、车站和航空站枢纽设计等，并按照空港和海港相辅相成的美国模式在港口东面 10km 处设置机场，以实现海陆空联运。《黄埔开埠计划书》也是国民政府时期黄埔港的正式建港计划。1937 年 4 月，该署与荷兰治港公司签署合同，全面启动筑港工程，并修建了粤汉铁路黄埔支线和黄埔大道，开展了疏浚第一沙、第二沙和填筑堤岸等，直至 1938 年 10 月广州沦陷而中止施工。[②]

3.3.2 近代广州地区机场规划建设概况

近代广州地区机场建设数量众多，先后建成了燕塘机场、大沙头机场、天河机场、白云机场、石牌跑马场机场以及二沙头、南石头两处水上机场（表 3-4）。1923 年创立的广东航空局航空学校原址设在大沙头机场北面。因其办学规模扩大，而大沙头场址用地又局促，航空学校于 1932 年冬自大沙头机场迁入燕塘机场，暂借军事政治学校的空闲房屋使用。次年在瘦狗岭天河村附近新建了航校校舍，这之后航校由燕塘迁址到天河机场。后又因空军在天河机场扩编，航校再次于 1933 年 11 月至 1934 年 2 月期间陆续迁入新建完成的广州白云机场。

近代广东空军十分重视军用机场的规划建设。1934 年，国民革命军第一集团军总部军事会议决定扩编空军，并拟将广东全省分为防空五区，并各设 1 座基地机场。会议要求总司令部所在地的广州空防应有充分的设备，以固后方之需。四郊还应布设机场，即东郊为天河机场（空军司令部所在地的军用机场）；北郊为白云机场（航空学校驻地机场）。此外，拟添建西郊、南郊 2 座机场。西郊机场拟在南海黄竹岐附近选址，南郊机场（民用机场）则责成广州市工务局负责建设。广东航空学校的原定计划是扩充五眼桥、瘦狗岭、河南、康乐、北较场等五处机场，这两个计划最终都未全部实施。

抗战时期，侵华日军在占据广州之际还先后修筑了黄村、岑村军用机场两处，并作为对华作战的军事航空基地。

① 开辟黄埔商埠缘起，http：//www.gzzxws.gov.cn/gxsl/200912/t20091230_16841_2.htm。

② 《继续开辟黄埔港计划》，载《珠江水利》，1946 年 11 月第 1 期。

近代广州机场建设概况　　表 3-4

机场名称	主持建设	机场性质	场址	场站建设特点
燕塘机场 (1911 年)	清朝两广总督张鸣岐划定	“中国创始飞行大家”冯如研制和试飞场地；飞机总站	原广州东北郊燕塘村附近的燕塘军营操场	冯如“广东飞行器公司”试飞场址；1925 年航空处筹建机场，后设燕塘飞机总站；1932 年冬，航空学校迁入；1934 年后改第一集团军政治学校操场(今广州体育学院内)
大沙头机场 (1918 年)	中华民国护法军政府航空处	水陆两用机场；供广东空军训练飞行	广州大沙头三马路、四马路一带	椭圆形场面；设有新、旧校舍；新旧机库各一座；水上机场设有水滑台
天河机场 (1931—1959 年)	国民革命军第八路军总指挥部航空处	广东空军基地；航空学校	广州东北郊约 6km 的天河村	圆形场面；正交十字跑道；南北方向主跑道长度、宽度和厚度为 1400m×60m×0.1m；东西向副跑道长度、宽度和厚度为 1000m×80m×0.1m
白云机场 (1932—1933 年)	国民革命军第一集团军空军司令部	飞行训练	广州北郊三元里、柯子岭一带	早期占地面积 105 万 m^2，后扩至 252.45 万 m^2；南北向主跑道为泥结碎石道面，长度、宽度和厚度为 1400m×50m×0.1m
石牌跑马场机场 (1933—1938 年)	国民革命军第一集团军司令部	西南航空公司基地	广州东郊多坟岗(华南师大校内)	跑马场改建；场面长宽为 2400 英尺×800 英尺(一说 732 m×240m)；飞机修理厂及机棚各一座，其他办公用房几座
南石头水上机场 (1933—1935 年)	中国航空公司	民用水上机场	广州珠江南河道三山口河段	以水面作跑道，北岸设有一座浮码头作旅客候机室；舢板摆渡旅客
二沙头水上机场 (1935—1938 年)	中国航空公司	民用水上机场	广州珠江北河道二沙头附近河段	以水面作跑道，设有一座浮码头作旅客候机室；舢板摆渡旅客

注：不含未建成投入使用的河南沙头机场。

3.3.3　近代广州地区的典型机场建设

1. 广州大沙头水陆两用机场

1918 年由中华民国护法军政府航空处修建的大沙头机场是我国最早的水陆两用机场之一，也是近代中国最早实施集航空局、航空学校及飞机制造厂等诸多航空功能于一体的机场，其最初的功能主要是用于广东空军训练飞行。该机场地处广州东北郊的沙洲——大沙头岛的西端，坐落在大沙头三马路、四马路一带，南起沿江东路，北至大沙头新市场。场址四面环水，便于安全防范。邻近水陆联运的广九铁路线终点站——大沙头车站，对外交通便利，且与大元帅府隔江相望。早期大沙头机场呈东西向椭圆形，飞机实现起降分离，由中间的“中立带”将两侧分为“降机带”和“起机带”，场面狭长地带只有四五百米，如遇南北风向，场宽只有二三百米可用(图 3-10)。机场场面由草地及土场构成，场站及勤务设备简陋。水上飞机场则设在大沙头岛南岸的江面，岸边设有供水上飞机上下水面的滑水台。

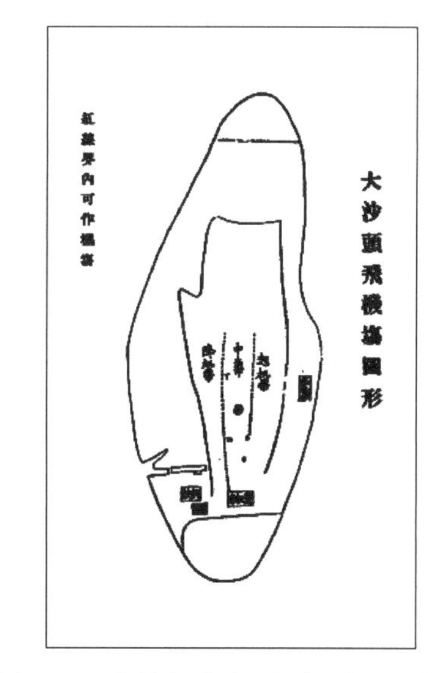

图 3-10　广州大沙头飞机场平面示意图

来源：《航空学校十七年概况一览》(航空学校编，1929 年)

1920 年 11 月 29 日，孙中山先生在大沙头西侧的“红屋”设立大元帅府航空局，在“红屋”楼下的一间大房屋和房前的一座简易竹棚内设置广东飞机修理厂。1923 年 7 月，中国第一架自制军用侦察飞机“乐士文一号”成功试飞。1924 年春，在“国共合作、联俄联共”的背景下，苏联飞行专家及德国飞行人员格兰雅尔泰等在广州组建飞行训练班，帮助国民党训练飞行人员。同年 9 月，该训练班升格为中国第一所航空学校——“军事飞机学校”①，校址在大沙头，由苏

① 1927 年 6 月，该校改名为“广东航空学校”。

联顾问李縻代理航空局局长兼任航空学校校长。航空学校设有新旧校舍，接近警官学校东边围墙处原有葵顶木棚机库一座，后在机场南侧的江边又新建了一座钢骨架砖墙结构的联排式机库，可容纳飞机数十架①。此后，大沙头机场还由德国顾问与陶姓工程师测量和指导筹建"航空局飞机总站"②。1928 年，国民革命军第八路总指挥部航空处交通科为兴办民航而再次扩建大沙头机场，以建成设备完善的飞行总站，设置夜间飞行用的电照灯，并添设气象台一所。1932 年冬，广东航空学校奉令迁至燕塘机场。同年，广东省政务委员会决定在机场搬迁后将大沙头改造为商业区，由建设厅胡栋朝提出了具体的大沙头商业区计划，但实际上仅按照住宅区在运作。20 世纪 30 年代末，随着广东空军迁至天河机场，大沙头机场也随之废弃。

2. 广州天河机场（瘦狗岭机场）

因大沙头机场用地局促，1928 年 10 月，国民革命军第八路军总指挥部航空处开始筹备在广州东北郊约 6km 的天河村北面、林和村南面建设瘦狗岭军用机场，拟将飞机队第二队由大沙头机场移驻该机场。因所涉及各乡以产业攸关为由呈请易地建设，经与番禺县协商，确定机场原圈定圆形机场的圆周界线北移 100 尺（约 33.3m），航空学校西南角原定用地边线缩入 1000 尺（约 333.3m）③。最终，该机场及航空学校用地确定其东南面接壤石牌，西至沙河为界，北邻瘦狗岭。机场占地面积广阔，圆形的飞行场面直径达千米，四周并无障碍物。同年 12 月，国民革命军第一集团军空军司令部呈请拨款 40 万元兴建瘦狗岭机场，该机场参照美国德克萨斯州凯利机场（Kelly Field）设计，由大利公司承建，最终，原定 2 个月内完成的机场工程延迟交付，并先后建成营房、队部和机库、礼堂、司令部办公楼等四期机场建筑工程项目。尔后，空军司令部迁址进驻，至 1931 年机场全部建成启用。广东航空学校第 5 期学生的后期训练也迁至瘦狗岭机场，并将其作为飞行训练基地。1933 年，空军司令部再次征地扩建机场，并于 1934 年 3 月 20 日举行了开幕典礼。为便于称呼起见，在毗邻白云山的新机场投用之后将其命名为"白云机场"，"瘦狗岭机场"则相应改名为"天河机场"。这两机场的名称既沿循了机场所在地的原有地名，又"取其高深意远，航行顺利无阻"之意④。

广东空军司令部兼航空学校新校址的主入口接入广园东路，正对着广九铁路，航校参照意大利和德国航空学校图纸设计建造。航空学校设有学生教室、礼堂、图书馆、体育场、宿舍、膳堂、机械室、机库和物料库等，后期又增建空军礼堂和宿舍。整个机场区域分航校办公区和机场场面两部分，其中航校又分办公教学区和学员生活区。办公教学区为中轴对称，整个建筑群为西式建筑风格。从主入口进校便为矩形广场，中央的圆形花坛正对着三层的空军司令部，其正面均设有西式柱式；两侧的二层建筑群为机械第一队、第二队等各类校本部以及教官别墅。瘦狗岭机场为圆形场面，沿圆周线布置四座建筑形制相同的联排式机库。空军瘦狗岭机场工程共分兵房（第一期）、队部机库（第二期）、礼堂（第三期）、司令部办公楼房（第四期）等四期（图 3-11），建成后的广东航校由此成为当时中国设施最为完善的航空人才培训场所。

1938 年 2 月至 10 月，天河机场多次遭受侵华日军飞机轰炸，航校被炸毁。广州沦陷后，侵华日军于 1940 年对天河机场大肆扩建，建成两条十字交叉的水泥混凝土道面的主副跑道，并增建飞机库，以此为基地对中国内陆进行轰炸（图 3-12）。中华人民共和国成立初期，天河机场曾一度作为民用机场使用，而后为军用机场。20 世纪 60 年代后期，天河机场被废弃，其所在区域被开发为天河商务区，机场原址现为天河体育运动中心、火车东站及体育西路一带。

3. 广州白云机场

因瘦狗岭机场仍不敷空军使用，国民革命军第一集团军空军司令部开始筹建用以承接航空学校飞行

---

① 《总部赶筑瘦狗岭飞机场》（《航空月刊》1929 年第 19 期）一文中说"并将日前航空处招商投筑大沙头飞机库一座，移徙瘦狗岭建筑"。

② 1926 年 5 月 4 日广州《民国日报》报道筹建"大沙头为航空局飞机总站"。

③ 《建筑瘦狗岭机场之经过》，载《航空月刊》，1929 年第 20 期（特刊）。

④ 《本省航空消息：两飞机场确定名称》，载《航空学校月刊》，1933 年第 8 期。

图 3-11　广东航空学校（天河机场）鸟瞰

来源：Air Base and Military 摄影集

图 3-12　1943 年 1 月的广州天河机场航拍示意图

来源：美国国家档案馆，编纂目录 A2629

训练业务的新机场。1932 年冬，选定在距广州市区 3km 的广花公路大北牛栏岗一带征地建设“新式飞行场”，该场址位于广州市北郊三元里、柯子岭、新市（当时隶属于广州市北郊）以及棠下、棠溪、岗贝（当时隶属南海县），还有萧岗乡（当时隶属番禺县）之间的地势平坦处，因其东面为白云山而得名。机场总占地面积 105 万 m^2，该工程耗资数十万元，连同其他设备超过百万余元。机场自 1933 年 3 月破土动工，至同年 11 月主体工程竣工，广东航空学校随即从燕塘机场迁入，白云机场成为航校学员飞行训练的基地。至 1934 年 2 月，机场工程全部完工。航校西侧毗邻广花公路，接壤林和庄，背靠山岭。航校分东侧校区和西侧机场两部分，校区的主入口正对航校的办公区，两侧则为辅助办公楼（图 3-13）。

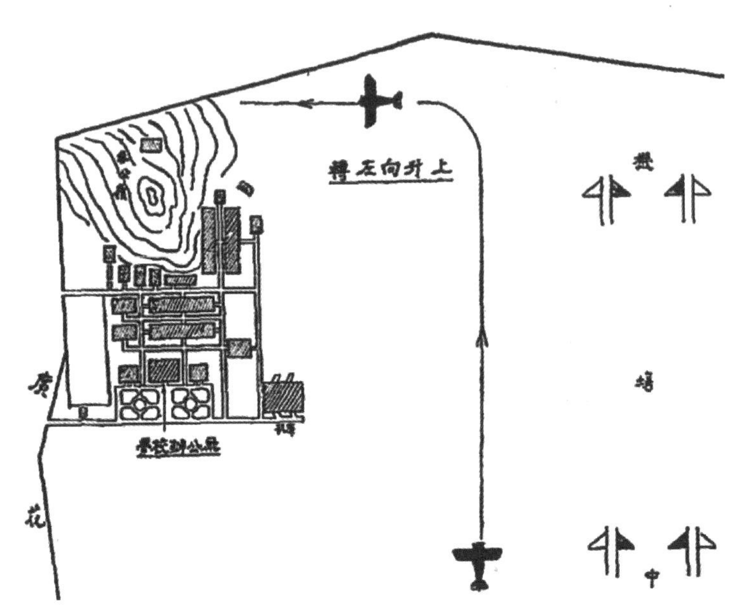

图 3-13　广东航空学校鸟瞰（广州白云机场）

来源：《粤空校新校舍落成：三月二十日举行开幕典礼，有新式空战表演》

1938 年 10 月广州沦陷，日军又圈地 3000 余亩大肆扩建白云机场，机场总面积扩大到 134 万 m^2，建成两条斜向交叉的主副跑道，并将原有主跑道扩展至长度、宽度和厚度分别是 1200m、100m 和 0.1m。同时，增建一条与主跑道尺寸相同的副跑道。1945 年日本投降后，机场为国民政府空军司令部第六地区司令部管辖。1947 年 3 月，空军将白云机场拨给国民政府交通部民航局作为永久性民航国际机场（图 3-14）。同年 9 月 1 日，民航局在白云机场设立航空站，随即对机场按照国际民航组织 B 级民用机场标准进行扩建，其主要工程包括加强跑道、新建场站大厦、增设通信导航设施和助航设备。1948 年 12 月 16 日开始动工，1949 年 3 月 15 日主跑道工程竣工，航站大厦及停车场等工程于同年 5 月 2 日

图 3-14　临时的国民政府交通部民航局广州航空站

来源：《中国民用航空志・中南地区卷》

竣工，全部扩建工程由民航局投资金圆券6800万元。扩建后的东北—西南向的主跑道长1400m、宽50m、厚0.1m，两旁道肩各5m。西北-东南向的副跑道长1000m、宽80m、厚0.1m①，主、副跑道均为泥结碎石混凝土道面。停机坪面积约4000m^2；航站大厦建筑面积为1860m^2；整个机场新增面积13.5万m^2，总面积为252.45万m^2。此外，还建有13个飞机机钩及150m长的临时汽车路。其服务设施主要包括旅客候机室、餐厅、招待所及商店等。1950年8月1日，白云机场承接了中华人民共和国成立后第一条国内航线——“天津—北京—汉口—广州”航线。2004年，地处白云区的广州白云机场迁建至花都区。

3.4 近代武汉城市规划中的机场规划建设

武汉既是九省通衢的水陆交通要冲，也是抗战时期的军事重镇。一方面，抗战时期武汉地区军用机场布局密集；另一方面，近代武汉民用航空的发展并未引起足够重视。由于长江天堑的限制和早期两地的分水而治，汉口与武昌需要考虑在两地分别设立民用机场以及提供民航运输服务，而后期在大武汉市的背景下又需要统一考虑汉口和武昌两地的军用与民用机场的选址分工。

3.4.1 近代武汉城市规划中的机场布局及其演进历程

近代武汉城市规划文本众多，成果也丰硕。在不同的城市发展阶段，不少重要的城市规划文件涉及机场布局的内容也相对较为规整，并具有一定的科学性和前瞻性，且较为典型地反映了近代城市规划中的机场布局思想及其演进历程。近代武汉城市规划中的机场布局与演进可分为北洋政府后期与南京国民政府前期（1924—1937年）和全面抗战后期及南京国民政府后期（1944—1949年）两个阶段：

1. 北洋政府后期与南京国民政府前期的机场布局规划

早期武汉近代城市规划的文件，无论是个人的或是官方的，它都将交通作为重头戏并优先予以发展与阐述，但受制于当时中国航空业刚起步的发展现状，大多仅论及水陆交通，普遍均未考虑航空交通的发展以及机场规划建设。例如，革命先行者孙文在1919年发表的《实业计划》就将武汉定位为“世界最大都市之一”“中国最重要之商业中心”“中国中部西部之贸易中心”，而将武汉的对外交通定位为“中国本部铁路系统之中心”“（内地）与世界交通唯一之港”，并提出了大武汉交通规划的具体设想。1923年，汉口地亩清查专局督办孙武（曾任湖北军政府军务部部长）撰写了《汉口市政建筑计划书》，他将汉口分为商场、工场和农场等功能区，并提出“交通为首”“水陆并举”的主张，同时论述了汉口水陆交通相连接的规划。1929年，武汉特别市政府总工程师张斐然在其撰写的《武汉特别市之设计方针》一文中提出了分区、交通、上水排水等10项，而其中的交通仅涉及道路、桥隧、车站及高架铁道和地下铁道等内容。1930年，汉口市工务局设计科科长高凌美技正在《新汉口》杂志上发表了《汉口市都市计划概说》一文，该文涉及交通规划的内容包括道路、桥梁及江底隧道、中央车站及中央市场、高架铁道及地下铁道等章节。上述个人的规划主张均未谈及近代新兴的航空交通。

首次论及航空交通的近代武汉城市规划论文是作者周以让于1924年3月在《东方杂志》上发表的《武汉三镇之现在及其将来》一文，其在“航空事业发达后之武汉”的篇目中提出了除规划南京—上海航线及南京—广州航线之外，汉口—上海间更应开辟航线。周以让认为“盖武汉地点适中，凡百事业，皆有众星拱斗之势，无论即此三线与将来推广，武汉于空中之交通，亦必握有重要之位置也。”该文从开通航线角度论述，未言及具体飞机场之布局。最早涉及机场布局的近代武汉规划论文为湖北省会工程处主任汤震龙在1930年11月撰写的《武昌市政工程全部具体计划书》，该计划书将飞机场归类于营房、军械库、监狱等31个公共建筑项目，并提出飞机场“设于武昌野鸡湖（即南湖的南侧）西岸的军事区域内，距营房不远，

① 《民用航空》1948年6月第7期的“Improvement of Civil Airports”一文说白云机场扩建的主跑道长宽为1400m×75m，副跑道长宽为1200m×60m。

便于军事上使用。”在当时新旧军阀混战的背景下，该机场布局显然优先考虑了军事目的。

与同期南京的《首都计划》（1929年）、《大上海计划》（1930年）和《天津特别市物质建设方案》（1930年）等近代城市规划成果相比较，诸多官方发布的近代武汉城市规划文件尚未将飞机场布局列为必要选项。例如，由武汉市政府秘书处发布的《武汉市政公报》第一卷第五号之“武汉市之工程计划议”（1929年4月5日），由汉口特别市工务局编制、其代理局长董修甲主持的《武汉特别市工务计划大纲》（1929年7月）以及由汉口特别市秘书处编制、市长刘文岛题名的《汉口特别市市政初期计划概略》（1929年8月）等都仅设有“水陆交通”章节。1936年，以高凌美一文为蓝本修订而成的《汉口市都市计划书》由汉口特别市政府秘书处编印发布，并经汉口市政府会议第63次例会通过，该计划书也仅列有“水陆交通”章节，涉及桥梁、港务、铁路和道路等规划，并提出了具体筹备及实施的分期计划。上述近代武汉城市规划文件均未涵盖航空交通及机场规划建设等相关内容，这既与近代航空交通在内陆地区发展延缓的状况有关，也与当时武昌现有陆上机场为军用性质有关。毕竟1929年1月才启建武汉最早的汉口王家墩机场，同年10月在汉口分金炉水上机场首次开通民用航空线。

2. 全面抗战后期及南京国民政府后期的机场布局规划

抗战胜利后，大都市普遍都设有多个机场，民航运输业也得以快速发展。在这一背景下，航空运输作为一种新兴交通方式纳入近代中国城市规划之中也已是共识。作为近代中国编制大都市区域规划首创之地的武汉也不例外，全面抗战后期及南京国民政府后期编制的武汉各类城市规划文件都列有“空中交通”章节并予以专题论述。

1）《大武汉市建设计划草案》中的机场布局规划

1944年元月，在抗战胜利前景逐渐明朗的背景下，湖北省政府为抗战胜利后的复兴编印了《大武汉市建设计划草案》，这是首次进行大武汉的区域规划。该计划草案修正本分政策和规划两大部分，其中规划部分的“市区交通之布置”又分道路交通、水上交通、空中交通以及电力交通等，并进行了分门别类的专题论述。在“空中交通之布置”部分，该类交通设施按照陆上飞机场、水上飞机场和水陆空联运站三类进行统筹布局。此外，还提出扩建汉口王家墩及武昌南湖两个现有机场，并在武昌东湖、汉口分金楼（即分金炉）暂设水上机场，而这些机场都是战前使用过的。该计划草案中的机场布局特征是水上机场与陆上机场分设，武昌和汉口两地分置，而且其机场布局方案的军用备战特征突出。另外，还提出设置水陆空联运站，以便中外人士往来，这一提法与现在盛行的国际性综合交通枢纽概念无异。

2）《武汉区域规划初步研究报告》中的机场布局规划

1946年4月25日，由武汉区域规划委员会编制的《武汉区域规划初步研究报告》出版，该报告汇编了“武汉三镇发展之趋势”“武汉市中心发展之物质基础”“武汉市内外交通问题之分析”等7篇研究报告。其中，交通篇由茅以升、朱皆平等委员牵头的“市内外交通小组”撰写，该篇认为近代大都市可视为水陆空多种交通线汇集的“交通线结”，并将大城市交通线按照区域与市区双重界限分为远距离交通、近距离交通和市内交通三种，而远距离交通又分为陆上交通（包括铁路干线和公路干线）、水上交通（海洋线和内河线）和空中交通（国际线和国内线），这是我国近代城市规划文件中有关交通方式划分最为科学、最为全面的分类方法。该报告提出了“空运前途方兴未艾，此时尚不容作过远之预言。”该报告认为，直升机对客运机场的面积要求不大，市中心、公园甚至屋顶均可设置，但将来如有巨型远程货运航空交通工具（飞机或飞船），则就需要有广阔的地面或水面作为降落场，为此提议货运机场在天心洲附近设置。该报告还提出，“天心洲可发展为船坞地带”，并断言除桥梁或隧道等方式之外的“第三度之交通工具”——直升机用作“空中汽车”（Air-Bus）也将是解决汉口与武昌间过江交通问题的选项之一。另外，该研究报告还分别以粤汉铁路和平汉铁路的旅客轮渡站点——武昌徐家棚车站和汉口刘家庙车站为起点，提出“武昌自徐家棚起，汉口自刘家庙起向下游发展为新式商港。”

3）《武汉三镇交通系统土地使用计划纲要》中的机场布局规划

1947年2月12日，武汉区域规划委员会召开武汉三镇交通会议，会上确定道路系统及一些交通设施规划方案，并提出“汉口王家墩军用机场靠近市区，建议改为民用，靠近市区部分土地划作市区发展之用。”主持武汉区域规划工作的鲍鼎在 1947 年 4 月《工程》杂志上发表《五十年后大武汉之浮雕》一文，该文不再拘泥于“水陆交通”篇章，而首次列出“水陆空交通”章节并予以专题论述。在空中交通方面，鲍鼎认为“武汉无疑地将为我全国民用航空之中心”，并预计“惟彼时陆空运输早已密切配合，其设备均已现代化。”同年 7 月，由武汉区域规划委员会编制的《武汉三镇交通系统土地使用计划纲要》将航空运输纳入“交通系统”章节之中，并列出“飞机场”专题。该规划认为，“至于空运，无论在客货方面，均以时间迅速占先，其未来之发展方兴未艾。以现在飞机之性能，与运输量之逐渐进展而言，恐有后来居上之趋势。”该规划也认为，武汉唯一的武昌徐家棚民用机场“在使用上至感不便”。为此，建议在汉口新设民用机场。鉴于民航局拟在武汉设置民航中心，建议汉口王家墩军用机场与武昌徐家棚民用机场相互置换，并明确此事权应由国民政府的国防部和交通部协商决定。又考虑到未来飞机性能和空运数量的提升，即使改建为民用机场的汉口机场要按照国际民航标准也是偏低的，更不适合空军基地的标准。为此，建议军用机场在远离市区以外的空旷地带另行新建为佳。汉口王家墩机场则应将现有靠近市区的用地范围划归市区，而另向其他方向发展。事实上，王家墩机场的用地也不断地被城市或农业用地所蚕食，其占地面积由 1944 年的 7000 多亩萎缩到 1948 年的 5000 余亩。该计划纲要一方面明确提出在汉口设立民用机场，另一方面又认为即使置换为民用机场后的汉口王家墩军用机场限于地势而无法扩展，将来不能满足国际民航标准。这一在汉口另行新设民用机场的设想与国民政府民航局不认可徐家棚民用机场的想法不谋而合，最终中央民航主管部门和省市地方政府联手推动了另行选址新建汉口刘家庙机场的实施方案，这是抗战胜利后近代中国大城市罕见的齐心协力新建机场的案例。

1947 年，国民政府内政部按照联合国秘书长的指示，需要征集各国乡村及都市房屋与城市建设计划资料，此工作由汉口市政府下属的工务科编制完成，这就是《新汉口市建设计划》。该建设计划提出汉口市的城市性质为全国中部、南部的贸易中心和国内重要工商业、交通城市。该计划提出将汉口机场改为民用机场，军用机场迁至青山与徐家棚之间。而 1947 年的《新汉口市计画图》与同期的《新汉口市道路系统图》中的机场布局方案相同，即汉口王家墩军用机场保留，并在大赛湖南面另行新建民用机场（图 3-15）。

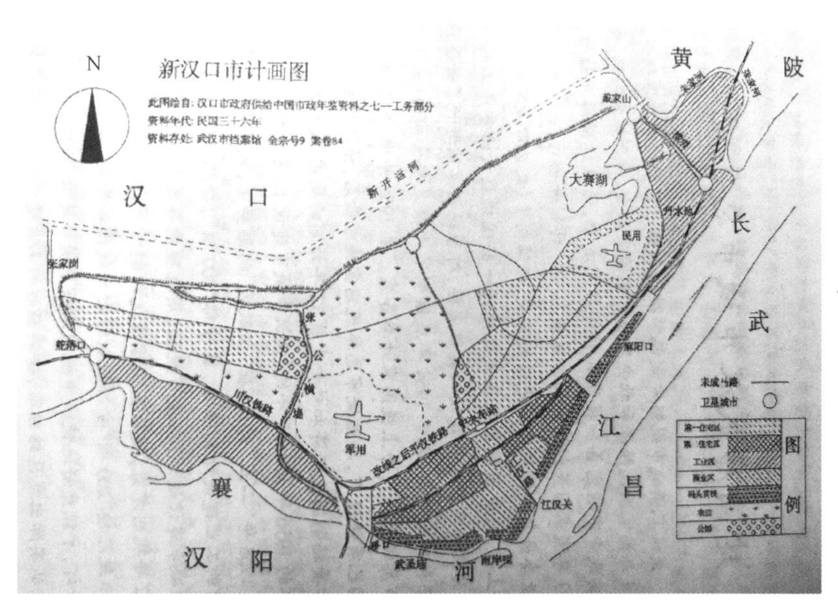

图 3-15　1947 年《新汉口市计画图》中的机场布局

来源：汉口市政府供给中国市政年鉴资料之七——工务部分（该图中的机场布局方案与《新汉口市道路系统图》中的相同）

4）近代武汉城市规划中的机场布局思想演进时序

全面抗战前及全面抗战期间，武汉地区的机场性质始终是以军用为主，机场所在的当地市政府无管辖权，这使得历次武汉近代城市规划中的机场布局设想与实际机场建设相对脱节（表 3-5）。直至抗战胜利之后，国民政府民航局和武汉市政府在规划新建汉口刘家庙机场事宜上达成了罕见的共识，并付诸实施。

武汉近代城市规划中的机场布局思路　　表 3-5

序号	编制机构和时间	规划文件名称	机场布局思路
1	湖北省会工程处(汤震龙主任)(1930年11月)	武昌市政工程全部具体计划书	飞机场:设于野鸡湖西岸之军用区域内,距营房不远,便于军事上之使用
2	湖北省政府组织制订(1944年1月)	大武汉市建设计划草案	陆上飞机场:以汉口之王家墩及武昌之南湖旧有两飞机场扩大之,并建筑机库、耐炸及地下跑道等之安全设备;水上飞机场:武昌方面,暂设于东湖;汉口方面暂设于分金楼,均应有码头之设置
3	武汉区域规划委员会编制(1946年4月25日)	武汉区域规划初步研究报告	但就货运而言,将来有飞过重洋之巨型航空交通工具,无论属于飞机或飞船之类需广大地面(水面包括在内)作为降落场,亦以放在天心洲附近为便
4	武汉区域规划委员会(1947年7月)(设计处长兼秘书长鲍鼎主持)	武汉三镇交通系统土地使用计划纲要	本计划建议,民用机场应设于汉口。现中央正拟于武汉设置民航中心,可即就汉口现在之军用机场与之交换;军用机场自以在远离市区以外之空旷地带,另建基地为佳
5	汉口市政府工务科(1947年)	新汉口市建设计划	计划将汉口机场改为民用,军用机场迁至青山与徐家棚之间①

在全面抗战前，近代武汉城市规划文件将机场作为公共事业地点或公共建筑设施纳入规划，抗战后期则普遍将空中交通作为新兴的交通方式纳入武汉城市规划文件之中，这是近代航空技术和近代城市规划思想双重进步的标志，它折射出航空交通方式在近代城市发展过程中的地位与作用的提升。

3.4.2　近代武汉的机场建设概况

近代武汉地区先后建设有 8 个不同性质、不同规模的机场，其机场建设大体可分为南京国民政府前期、全面抗战时期及南京国民政府后期三个阶段。武汉地区最早的机场始于 1926 年 9 月北伐军在武昌南湖文科大学西南建设的临时军用机场。1929 年，武汉王家墩机场、分金炉水上机场及武昌南湖机场先后建成启用。汉口中华航空协进会为发展民用航空业，筹备设立了“武汉民用航空股份有限公司”。汉口工务局工程师吴国柄在汉口公共体育会跑马场东北侧空地勘定并兴建 600 米见方的王家墩机场，1929 年 1 月 9 日动工，这是武汉最早的民用机场。同时期，中美合资的中国航空公司在汉口江岸分金炉江边设立水上机场，并于 10 月 21 日首开汉申线（上海—南京—汉口）。1929 年 5 月，国民政府通令各省修建机场，于是在武昌城东南的南湖西北侧修建了军用机场。1936 年 3 月，该机场由湖北省建设厅扩建，并由国民政府航空委员会空军总站来管理使用。抗战初期，汉口王家墩机场成为中苏空军的航空基地，驻扎有 E-15、E-16 中队。

武汉沦陷后，侵华日军将军事重镇武汉作为轰炸国民政府陪都重庆的航空基地，先后新建和扩建了汉口第一（王家墩）机场、汉口第二（慈惠墩）机场、武昌第一（南湖）机场、武昌第二（徐家棚）机场、武昌第三（青山）机场等五座军用机场。其中，汉口王家墩机场和武昌徐家棚机场均设有 3 条平行跑道，南湖机场则修有东西向和南北向两条交叉的混凝土跑道。

抗日战争胜利后，国民政府空军第四军接收了武汉地区的所有机场。1947 年 1 月 20 日，随着国民政府民航局的成立，空军将武昌徐家棚机场等 21 个军用机场永久性拨付给民航局使用。同年 7 月 1 日，民航局在徐家棚机场设立武昌航空站。同年 10 月 25 日，武昌航空站改组为武汉航空站，统辖武昌和汉口航空事务。武昌青山机场、汉口慈惠墩机场以及刘家庙机场在中华人民共和国成立前已先后弃用。1953 年下半年，武昌徐家棚机场废弃后就挪作他用；占地 3000 余亩的南湖机场也于 1992 年全面开发成

① 武汉地方志编纂委员会:《武汉市志·城市建设志(上卷)》,武汉大学出版社,1996 年第 120～122 页。

南湖花园城房地产项目；王家墩机场自 2003 年始逐步打造为武汉中央商务区（表 3-6）。时至今日，武汉地区近代机场已经全部用作城市开发。

近代武汉地区机场建设简况 **表 3-6**

序号	机场名称	最初建设者和机场性质	始建时间	机场建设概况
1	汉口江岸分金炉	中国航空公司/水上机场	1929—1938 年	设浮码头 1 座，汽车可直达。为武汉最早的民用机场，供中国航空公司的沪蜀航线使用；毗邻太古下码头
2	武昌东湖水上机场	中国航空公司/水上机场	1935 年	1935 年，中国航空公司曾借用东湖停泊飞机。抗战爆发后，中国航空公司水上飞机以武昌东湖为基地
3	汉口王家墩机场	汉口中华航空协进会/民用机场	1929 年 1 月 9 日	矩形场面，南北长 812m，东西长 580m（1929 年）；L 形场面，占地 980 亩（1934 年）；占地 2818 亩（1937 年）；占地 7000 亩（1938 年），有 3 条平行跑道；占地 5000 亩（1948 年），仅保留第三跑道；占地 4000 多亩（2004 年）
4	武昌南湖机场	北伐军/军用机场	1926 年 9 月	1934 年机场场面 800m 见方，有一条东西向碎石跑道；1936 年 3 月，湖北省建设厅主持扩建后的机场占地 400 多亩；1938 年侵华日军扩建至 2386.139 亩，两条呈十字状砖渣跑道（东西向 1450m×50m×0.1m；南北向 1550m×50m×0.1m）；1948 年 3 月，民航局主持修复南北向跑道
5	武昌徐家棚机场	侵华日军/军用机场	1941 年至 1943 年 8 月	原有跑道 3 条，抗战胜利后仅第二条跑道可起降飞机，1946 年夏，中国航空公司和中央航空公司联袂实施长达 1610m 的跑道修补工程。1947 年，民航局扩建机场达 3000 余亩
6	武昌青山机场	侵华日军/军用机场	1943 年 10 月 1 日	为打通粤汉和平汉两条铁路线，日军在武昌青山镇白浒湾（魏家咀）附近修建军用机场，占良田 5000 余亩。1944 年 6 月 21 日，新四军及武昌游击队奇袭该机场，迫使机场停工
7	汉口慈惠墩机场	侵华日军/军用机场	1944 年 1 月	日军在汉口县安乐乡第八保沙嘴余氏墩慈墩一带征工开辟，占地 900 多亩（30%为公地，其余为民地）
8	汉口刘家庙机场	国民政府民航局/民用机场	1947 年	1947 年在刘家庙筹建民用机场，初拟征地 2600 亩，次年改为征用土地 1900 余亩，因时局变化而终止

3.4.3　近代汉口刘家庙机场的筹建

与毗邻城区的汉口王家墩机场和武昌南湖机场不同，侵华日军兴建的徐家棚军用机场场址远离城区，其选址主要是基于军事作战的需求。该场址既毗邻粤汉铁路终点站——徐家棚车站和火车轮渡码头，也考虑了与汉口原日本租界及平汉铁路刘家庙车站隔江相望，该机场也成为扼守武汉地区水陆交通的重要军事设施。抗战胜利后，它也作为武汉唯一的民用机场。国民政府民航局认为，徐家棚机场尚存在如下问题：地理位置偏僻，远在武昌城东北约 4 英里（约 6.4km）处，并远离江岸；汉口的客货邮件在水上运输上存在着倾覆的风险；从航空公司对于民航服务的效能来看，武昌的场址远逊于汉口的场址等等。为此，国民政府民航局筹划在汉口刘家庙以西地段按照国际民航组织 B 级标准新建民用机场，建成后该机场将作为国内民航中心。刘家庙场址（又称“江岸机场”）位于前日本租界的东北侧，它临近平汉铁路及刘家庙车站，南靠长江，其机场选址考虑到了进出机场水陆交通的便利需求。1947 年 8 月，确定了场址的四至范围，即“东至汉黄公路，南至刘家路经古圣寺、青鱼嘴等处，西至汉黄路以西约四华里之处，北至刘家路以北约六华里之地。”① 1948 年，民航局征用土地 1900 余亩，并推进到场址测量与设计阶段，终因时局变化而使刘家庙机场建设项目有始无终。中华人民共和国成立后，一度重启刘家

---

① 《江岸民航机场四至范围决定》，载《经济通讯（汉口）》，1947 年第 396～419 期，第 219 页。

庙机场场址的规划建设，最终因各种原因未能予以实施。

受制于管理体制、时局形势等因素，近代武汉机场建设始终先行于城市规划中的机场布局规划，且两者相互脱节。直至抗战胜利后，国民政府民航局和武汉市政府才达成共识，并共同推进刘家庙民用机场的择址新建。无论军用机场或是民用机场，近代中国城市的机场规划建设均属于中央事权，而近代城市规划的工作则作为地方事权，并仅有机场相关事宜的建议权，其两者意见往往相左。在近代中国城市中，武昌刘家庙机场的规划建设是由中央政府民航行业主管部门和地方政府合力推进的罕见范例。

3.4.4 近代汉口王家墩机场总平面规划建设的演进历程

汉口王家墩机场是武汉最早建设的机场，也是最晚弃用的近代机场，该机场总平面规划建设的演进历程展示了近代机场的发生、发展与废弃的全生命周期。王家墩机场总平面由矩形场面、单条跑道和L形场面构成，后来再扩建为3条跑道和其他不规则场面。该机场占地面积也由最初的不足千亩逐步扩展，并在汉口沦陷期间被侵华日军肆意扩张至极致，而后再逐步缩减场地面积。1934年的王家墩机场为无跑道的矩形碾压土质场面，占地仅980亩。1937年，王家墩机场征用土地并扩充至2818亩，其场面呈L形，在其斜边位置还建有一条碎石跑道，跑道两端设有圆形的回机坪。汉口沦陷后，侵华日军于1942年大肆扩建该机场，并使其总占地面积达7000多亩[①]，约占据整个汉口城市用地面积的8.5%以上。该基地建有3条跑道，构成了“跑道—滑行道—疏散道—停机位”等不规则状的复杂布局。该机场为日本海军航空兵和陆军航空兵联合使用的空军基地，伪中华航空公司还在此机场经营有两条定期航线(即上海—南京—汉口航线与南京—安庆—九江—汉口航线)。抗战末期，该机场遭受多次轰炸，损毁严重。抗战胜利后，由国民政府空军第604工程队对机场的第三跑道进行了修缮并重新启用，其他跑道则因受损严重而改造为停机坪用地。至1948年，王家墩机场的使用土地面积仍达5000余亩。后因机场航空噪声、净空限制以及土地性质等因素均不利于汉口城市的开发与利用，使得占地4000多亩的机场场址自2003年起逐步改造成为武汉市中心商务区（图3-16）。

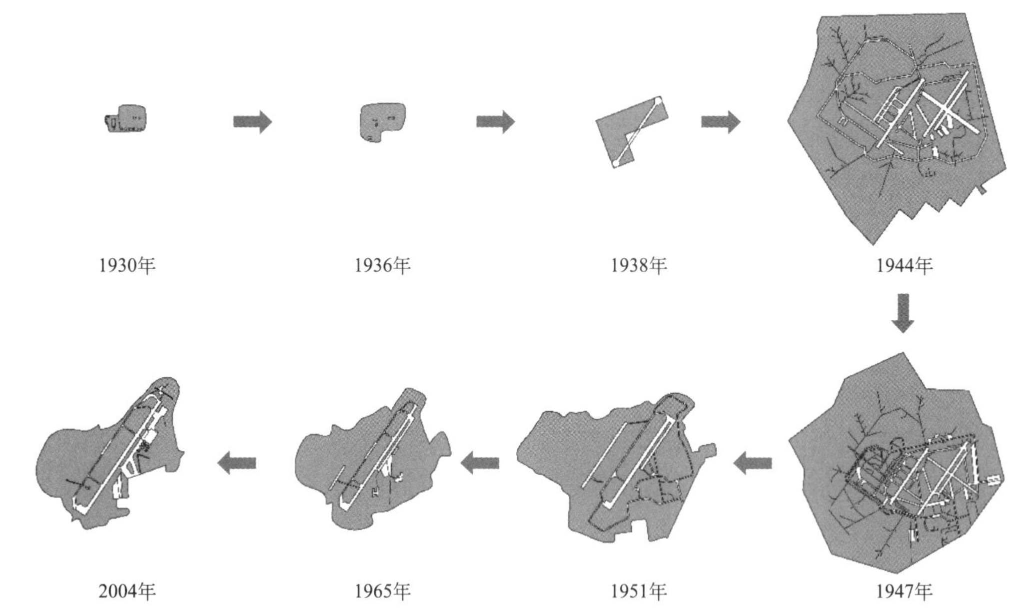

图3-16　汉口王家墩机场总平面规划建设演进示意图

来源：项目组绘制

① 《武汉城市规划志》(第475页）大事记中记载，侵华日海军特务部为扩建机场征用韩家墩以下土地约20万亩（疑为2万亩）。

3.5 近代天津城市规划中的机场规划建设

近代天津作为军事重镇和北方最大的商业都市，其航空运输业的发展既有着悠久的历史，也有着曲折坎坷的发展历程。回溯近代天津航空业的发展历程，便可知天津近代机场规划建设的兴衰与近代天津作为北方最大城市的沧桑发展历程和发展定位是密切相关的。例如，中国第一条民用航线便是北洋政府航空署筹办的京沪航线北京至天津段，该航线于1920年5月7日首次通航；而天津张贵庄机场则是1949年11月9日发生的震惊中外的“两航起义”的见证地。在战乱频仍的近代中国，天津境内先后耗费大量的人力物力去兴建八里台、塘沽新河、杨村等10个不同规制的机场（含临时机场），而这些机场主要是用于军事目的，至今也已荡然无存。另外，天津的历次近代城市规划也都先后编制过不少机场规划布局方案，但终因时局不济而未能实现。总的来看，民国时期天津地区的机场规划建设具有代表性，研究其机场总平面规制的演进规律将具有一定的历史价值、艺术价值及行业价值。

3.5.1 近代天津城市规划中的机场规划

近代天津是北方工商业中心，航空业作为当时新兴的交通产业而备受各界重视。近代天津历次城市规划均将航空场站作为重要内容并加以单独规划。

1. 梁思成、张锐拟定的《天津特别市物质建设方案》

1930年，国民政府天津特别市政府在《首都计划》的影响下举办了《天津特别市物质建设方案》（即城市建设规划）规划竞赛，结果是梁思成、张锐所拟方案获得首选。梁思成和张锐的方案包括大天津市物质建设基础、大天津市区域范围问题、道路系统规划以及航空场站等25个章节。此梁、张方案不仅汲取了南京《首都计划》先进的城市规划思想，而且在航空站规划方案上也直接参考了《首都计划》中的美国顾问——著名市政工程师古力治于1928年提出的机场设计方案。由于当时的飞机场设计尚属少有的专业领域，近代城市规划从业者普遍缺乏机场专业规划方面的知识背景，梁、张方案引用美国交通专家古力治的方案当属情理之中。任职于天津特别市政府秘书的张锐曾师从美国市政专家伦特·D. 厄普森（Lent D. Upson），并先后获得了密歇根大学市政专业的学士学位和哈佛大学市政专业的硕士学位，也是全美市政研究院毕业的技师，且先后在纽约市政府总务、工务等各局从事过实习技师。而古力治则毕业于美国密歇根大学土木工程系，并在1910—1916年期间也曾担任过纽约曼哈顿工务局顾问工程师，这两人的就学和从业生涯多有交集，由此可以推断，张锐应是古力治在美国《全国市政评论》（*National Municipal Review*）杂志上所发表论文的提供者。

1928年，纽约市政府顾问工程师古力治在《全国市政评论》杂志上发表论文①，提出了3个圆形场地的机场设计方案。其中，方案二的机场形状规划为圆形，出站时飞机由内向外起飞，入站时飞机则向中心点下降。全部机场建设可分为8期，每个分期建设的扇形单元为125英亩（约50.6hm^2），图示中有单一单元、双单元及三单元模式三种扩建形式。8条全长为2500英尺（762m）的跑道，各条跑道按照45°的夹角对应着相应的风向，这些跑道可以是铺装道面或是未铺装道面，这取决于当地土质情况和机场使用量。机场外围边缘为环形道路，内环设置有8个机库以及旅舍、飞机停放场、修机厂等，机库设在各扇形单元地块的顶点位置。另外，在圆心位置还有驻停飞船用的栓柱。1930年的梁、张方案在《天津特别市物质建设方案》中单列的第十三部分“航空场站”章节中提出了新建的航空站设置在天津裕源纺纱厂西、土城以北一带，并认为在计划中的干道修建完成后，由该场址至商业地带及新火车总站的距离较近。新建机场方案基本引用了古力治提出的方案二，不同之处在于规模尺寸的调整：如分期建设方案由8期改为6期，各期扇形场面的中心角由45°改为60°（设计图未相应调整）；场面尺寸由古力

① Ernest Payson Goodrich. Airports as a Factor in City Planning，Supplement to National Municipal Review，1928，vol. 3，No. 3.

治方案二的直径7500英尺（2286m）调整为半径3500英尺（约1067m），其中外围为3000英尺（914.4m）长的跑道，内核为半径500英尺（152.4m）长的中心圆（图3-17）。梁、张方案还提出机场场面的一半为出站机场，飞机由内向外起飞；另一半为入站机场，飞机向中心点下降。场面中心则设置旅舍、飞机停放场和修机厂等。

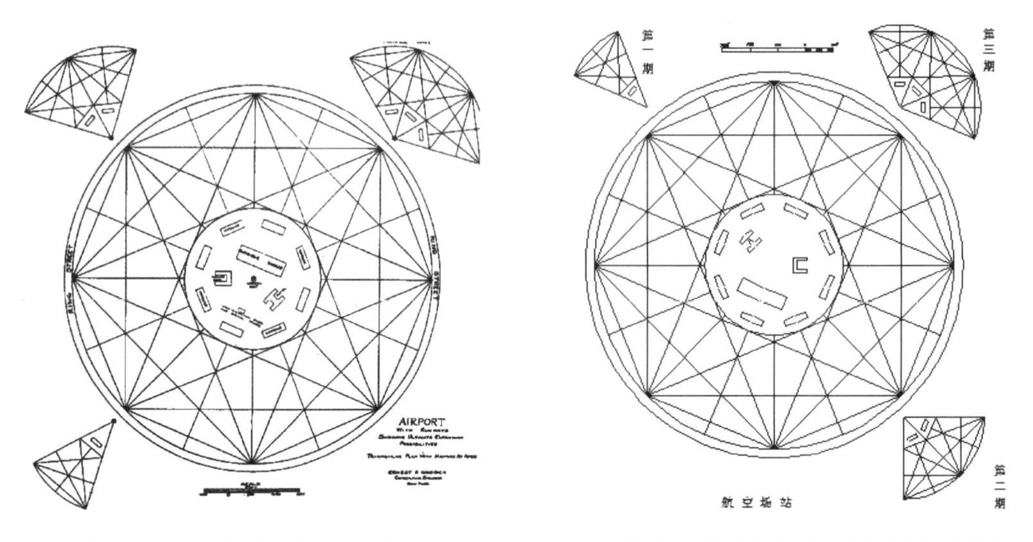

(a) 美国市政专家古力治提出的航空场站方案二　　(b)《天津特别市物质建设方案》中的航空场站规划图

图3-17　美国市政专家古力治和梁、张方案中的航空场站方案比较

来源：(a) Airports as a factor in city planning；(b)《天津特别市物质建设方案》

2. 沦陷时期《天津都市计划大纲》中的机场布局及其建设

针对天津市区和塘沽的分治与整合，伪建设总署都市局先后出台过两套规划方案，其中将塘沽纳入市区的《大天津都市计划大纲》是由日本兴亚院结合“华北中心大港建设计划”同期编制的，而《天津都市计划大纲区域内塘沽街市计划大纲》和《天津都市计划大纲》则共同构成“子母城”的规划方案。1939年前后，伪建设总署都市局绘制了《大天津都市计划大纲图》，该规划方案中的飞机场站布局模式采用了近代大都市规划中常用的多机场布局模式，并遵循水上机场和陆地机场、近期建设和远期预留各自分开的布局原则，且在城市周边地区的不同方位设置（图3-18）。在市区东部和塘沽设圆形的大型飞

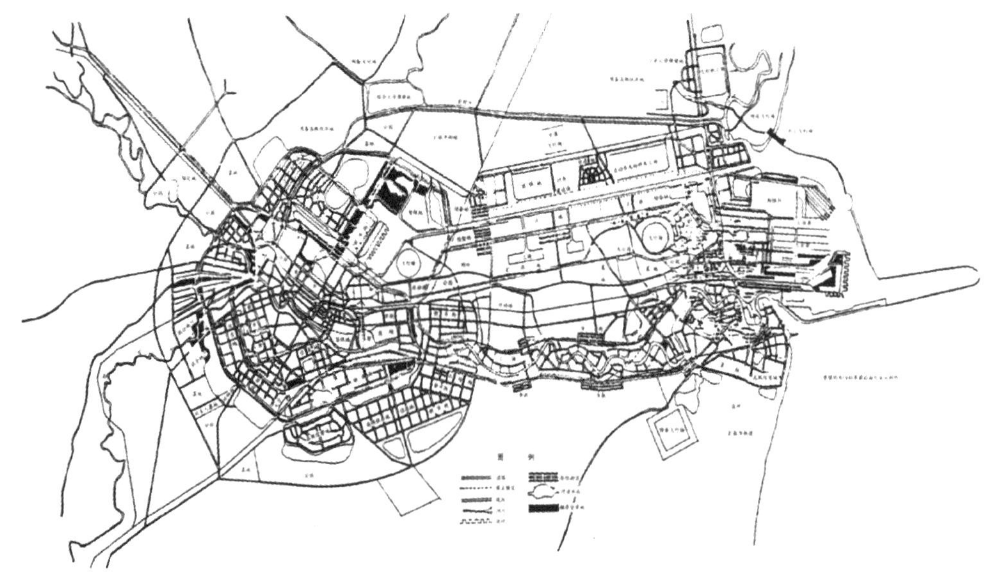

图3-18　1939年伪建设总署都市局编制的《大天津都市计划大纲图》

来源：《天津通志——规划志》

机场各一处。在天津市区北部、塘沽海河以南还设有方形的预备飞机场各 1 处。此外，该方案还在塘沽规划有重工业区。为此，在蓟运河口的制铁所（即炼铁厂）及飞机场工场（即飞机制造厂）附近配套分设水上飞机场及特设飞机场，在自行车及特种车辆工场（即汽车制造厂）和河舟建造场附近规划设置专属飞机场。由此，《大天津都市计划大纲》共规划布局机场达 7 个之多，充分体现了侵华日军意图将天津及塘沽港打造成以战养战的物质生产基地和掠夺华北战略资源转运中心的图谋。

1939 年以后修订的《天津都市计划大纲》和 1940 年拟订的《天津都市计划大纲区域内塘沽街市计划大纲》对天津城市规划范围及规模等进行了更为现实的缩编，包括飞机场规划也相应进行调整。在伪建设总署都市局向天津特别市公署正式下达的《天津都市计划大纲》中提出："在特三区之东方街市之西南及塘沽方面，各预定面积五平方公里以上之飞机场。塘沽预定在西北郊外，为直径 2.5 公里之圆形计划，且于周围禁止建筑地区。"显然，天津市区的机场布局主要服务于特三区及其东南部拟建新市区的意图明显。1940 年，为了配合塘沽新港的建设，日伪当局又编制了《天津都市计划大纲区域内塘沽街市计划大纲》，并附设有《塘沽都市计划要图》（图 3-19）。这两个规划从城市规划范围及建设规模上进行了更为现实的整体缩编，其飞机场布局规划也作了相应的压缩。《天津都市计划大纲》仅提出在市区东部和塘沽各设飞机场一处，而《塘沽街市计划大纲》则将塘沽城市性质确定为"水陆交通中心"，更具体地提出塘沽"预定在西北郊外，为直径 2.5 公里之圆形计划，且于周围配置禁止建筑地区"，该飞机场场址地处黑潴河东，并设有连通塘沽市区和飞机场的两条放射干线。在沦陷时期的天津都市计划中，普遍按照"地域制"编制要求，将机场用地纳入"公园与绿地域"之中。

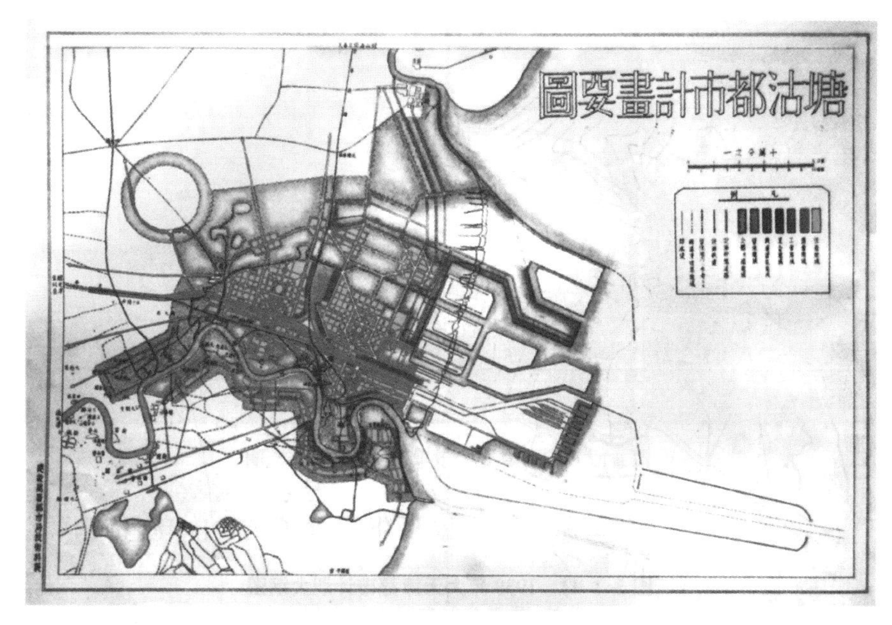

图 3-19　1940 年 11 月伪建设总署都市局印制的《塘沽都市计划要图》

来源：《天津通志——规划志》

3. 1947 年扩大天津都市计划要图

天津市政府在抗战胜利后，有意扩大市区范围，并于 1946 年拟定将塘沽、杨柳青、北仓等划入市区的"建设天津市区的三项原则"。1947 年，天津市工务局为此编制了《扩大天津都市计划要图》，由时任局长阎子亨（原亨大建筑公司主持建筑师）牵头负责，该规划采用分散式市域空间结构，即由众多的田园都市（10 万人口）和农林住宅（1 万人口）组成。该规划在天津全局范围内布局了 3 个圆形机场，其中张贵庄机场为已建机场，并规划有两条垂直交叉的跑道。另外，在市区西北部和塘沽西北部分别预留一个机场（图 3-20）。其中，塘沽机场占地面积最大，其直径为 3.5km；张贵庄机场和市区西北部预留机场的直径为 3km。塘沽机场选址沿循沦陷时期《塘沽街市计划大纲》提出的在塘沽西北面预留机场场址的布局思路。

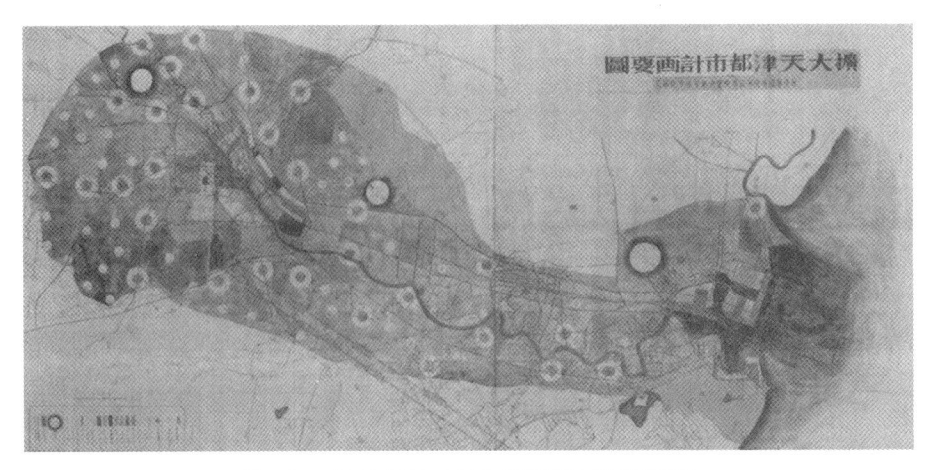

图 3-20　1947 年的《扩大天津都市计划要图》
来源：《天津通志——规划志》

1948 年编入“新港接收时概况图”系列中的《塘沽新港工程计划图》是塘沽新港三年建设计划和扩充塘沽市区计划的合并图，该计划在沿用塘沽机场选址的基础上，将机场布局与塘沽市区设计、塘沽新港总体布局有机结合起来，其椭圆形的机场长轴方向与塘沽市中心形成直通的交通轴线，使得机场布局与塘沽市中心的规划融为一体。该机场总平面形式规制新颖，并环以椭圆形道路，中间长轴方向为主跑道。该计划图中的机场布局与城市中心区规划相互融合，也是近代中国城市规划中少有的案例。

3.5.2　近代天津主要机场的建设历程

民国时期天津的主要机场有佟楼赛马场、东局子机场以及张贵庄机场等。赛马场是我国早期飞机进行飞行表演所普遍使用的场所，天津最早用于起降飞机的是佟楼赛马场。1920 年 5 月 7 日，北洋政府交通部筹办航空事宜处开辟了中国第一条京沪航线——北京至天津段的航班，并由一英国人驾机自北京南苑机场飞抵天津佟楼英商赛马场，这时期天津还没有专门的机场。

天津第一个正式机场是 1924 年 11 月兴建的东局子机场，它是由奉军航空队在天津东郊的东局子修建的军用航空站，该机场西北面靠近万国赛马场，并建有简易飞机库和风向袋（图 3-21）。1933 年 1 月 10 日，中国航空公司上海至北平航班开航，并经停天津。因该航班在东局子机场起降，为此国民政府交通部和中国航空公司一同在该机场设立天津航空站。东局子机场的土质场面呈不规则状，也无跑道，航空站也异常简陋（图 3-22）。1934 年该机场扩建为东西长 660m、南北宽 640m。1937 年“七七”事变后，沪平线的北上、南下航班被迫改在八里台凌庄子附近的旷场降落，最终东局子机场停航。

图 3-21　天津东局子机场总平面示意图
来源：天津市档案馆馆藏档案

张贵庄机场是侵华日军于 1939 年开始修建的军用机场。日军在天津县张贵庄东北、朱家庄（今朱庄子）以南的大洼处强行征地 14719 亩，并大量招募当地及冀、鲁等省民工，且于 1942 年最终修成张

贵庄机场（图 3-23）。该机场最初采用半径 1000m 的圆形场面，整个场面采用土质滚压而成，其中间部分高、渐次向四周低下，以利于排水。场面圆周沿线挖有深沟，用于排涝，兼顾防御。而后建有一条长 1120m、宽 60m、厚 12cm 的水泥混凝土道面的南北向跑道，其编号为 34/16。此外，还再建一条长 1000m、宽 80m 的东西向土质副跑道，最后构成了呈十字形的两条交叉跑道。

图 3-22　国民政府交通部中国航空公司天津航空站
来源：《近代天津图志》2004 年版

图 3-23　1945 年以后的天津张贵庄机场鸟瞰图
来源：美国圣迭戈航空航天博物馆
（San Diego Air and Space Museum）档案，编号 0239

3.5.3　天津在抗战胜利后拟定的机场建设计划

抗战胜利后至中华人民共和国成立期间，天津市的机场建设几经波折，先是拟扩修已移交民航的张贵庄机场，由天津民用航空站提出“增修张贵庄机场计划书”。而后，考虑天津市区方便航空出行需求以及内战形势的军事目的，转而在天津城防线内新建军用机场。为此，由天津市工务局牵头筹备市内机场建设计划，包括黑牛城场址和东局子场址两个方案；同时，又为了满足天津防御作战的需要，不得不应急性地由国民党空军、民航局及天津市政府联合组织将现有的佟楼赛马场直接改建为临时军用机场。

1. 扩建张贵庄机场计划

抗战胜利后，国民政府军事委员会接收了张贵庄军用机场。1947 年 1 月国民政府交通部民航局成立，与此同时，国民政府空军司令部将张贵庄机场永久性拨给民航局使用。同时，呈请行政院指定广州、天津、昆明和上海四处为国际民航飞机入境机场，这些机场分别作为华南、华北、西南和华中地区的国际民航中心。另外，交通部民航局直辖空运队准备以张贵庄机场为基地，作华北空运业务中心。但这时期的张贵庄机场跑道长为 3600 英尺（约 1097m），仅可供驱逐机及 C-47 型运输机使用，大型飞机不能降落。同时，驻华美军也提出扩建机场的迫切需求。1947 年 7 月 1 日，天津民用航空站成立，随后便启动国际 B 级机场跑道及设备的配套建设，并建成单层的天津航空站建筑。

1947 年天津特别市政府拟订了一个扩大市区规划方案，并由天津市临时参议会向国民政府行政院提出“扩大天津市区的要求”等四项具体内容，其中行政院仅同意“兴修张贵庄飞机场”和“在市内增修公路”两项。1948 年 9 月，天津航空站提出增修张贵庄机场计划书，该机场方案总体布局对称，拟规划为四条交叉跑道，其中利用一条现有的十字形跑道延长，并废除一条现有的渣石基跑道。根据拟订的修建计划概算书，第一期修建计划延长跑道为长 2150m、宽 75m，并修建滑行道、停机坪、房屋建筑和场面修理等；第二期修筑一条长 1500m、宽 60m 的副跑道以及滑行道、夜航装置和机库。但后因国民党忙于全面发动内战，加之财力不足，尽管美军工程处第一工兵营早在 1946 年 10 月已勘测完毕，但始终未能予以施工。

2. 新建市内机场计划

1948 年，天津市政府鉴于张贵庄机场面临着无法提供大型飞机起降且设备陈旧，以及距离天津市界有 8km 之遥、机场地处河北省天津县境内而难于保护管理等种种不利因素，为了便利航空运输，提出在市区附近新建国际 B 级机场的计划。根据天津市工务局拟订的《天津市市内机场计划概要》，机场拟分为两期进行。第一期修建计划是：混凝土跑道和碎石基滑行道各 1 条，停机坪 1 处，办公楼和仓库各 1 座；第二期修建计划是：混凝土跑道和碎石基滑行道各 1 条，停机坪 2 处，办公楼 3 座，仓库和停机库各 1 座。为此，天津工务局在黑牛城及东局子附近做了场址 A 与场址 B 两个方案。其中场址 A 方案位于城防与南大围堤间之黑牛城，该方案便于军事防护（图 3-24）；场址 B 方案位于市区东北部，距城防线 1.5km 的东局子，该方案适合于一般航空站的建设。最后，考虑到军事需求等因素，天津市政府决定以黑牛城场址为新建场址。该机场拟建跑道采用国际民航组织 B 级标准，长宽为 1830m×61m，占地约 6400 亩。机场工程经费预计需 3810 万美元，其中 1/4 为土方等普通工作，并拟由天津市发动市民义务劳动来完成，其余 3/4 拟电请国民政府行政院在美国援助款项下予以拨款协助，但终因救济经费有限等因素而导致新建大型市内机场的计划被迫搁置。

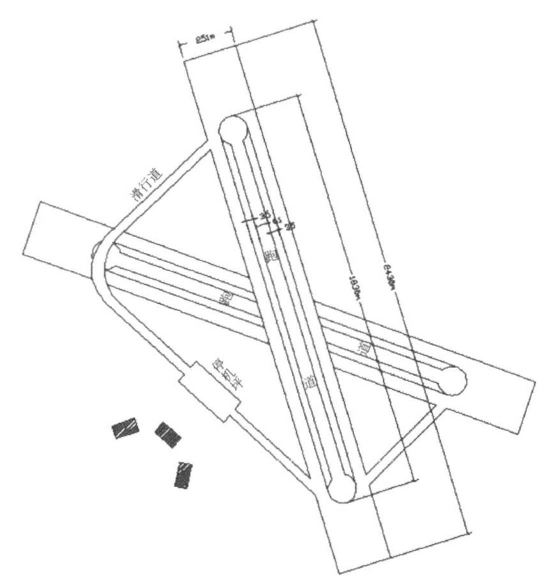

图 3-24　天津拟建市内机场总平面示意图
来源：天津档案馆馆藏档案 J0090-1-031197，项目组描绘

3. 跑马厅机场

跑马厅机场是利用原佟楼赛马场改建而成的临时机场。迫于 1948 年华北战场的紧张形势，也受窘于建设资金的压力，天津市扩建张贵庄和新建市内机场计划均以流产而告终，而被围困在天津城区的国民党守军不得不转而利用天津城防线内的第六区英商佟楼赛马场辟建临时机场，以依托其空军补给粮食、弹药以及疏运人员。该机场利用旧赛马场场地修建有跑道、滑行道、停机坪、交通道等工程，并由天津市工务局负责修建事宜，利华营造厂、彬记营造厂、泰成营造厂以及天津裕国股份有限公司共同承造临时飞机场土方工程。跑马厅机场自 1948 年 11 月 20 日开工，到 1949 年 1 月就抢建完工。其跑道为正北方向，全长 1300m、宽 40m（利用旧跑马道 640m，又新筑跑道 660m），上铺碴石面层。赶筑的 500m 及圆头跑道部分除加铺了碴石面层外，全部加铺了 20m 的宽钢板，并建有长 185m、宽 100m 的停机坪（图 3-25）。曾是 1920 年天津航空创始地的跑马厅机场在天津解放后即遭废弃，现为天津迎宾馆所在地。

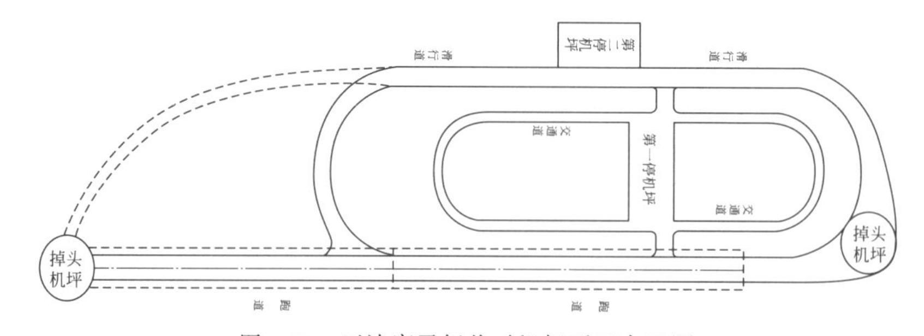

图 3-25　天津赛马场临时机场平面布置图
来源：天津档案馆馆藏档案 J0003-3-003185-099，项目组描绘

3.5.4　近代天津机场总平面规制的特征

天津近代机场的总平面规制和建筑形制变化丰富，它在我国近代机场中具有代表性。在早期天津近代城市规划中，其机场多为单一布局，后期才逐渐成为“一市多场”的机场布局体系。从总平面规制来

看，机场场面最初是临时借用赛马场（佟楼英商赛马场）场地，后来再到不规则状场面（东局子机场），最后才是圆形场面（张贵庄机场）和椭圆形场面（塘沽预留机场），这显示出机场布局规制由无序到有序的演进过程。从跑道构型来看，早期天津的机场仅是无跑道的场面，再演进为十字交叉跑道构型（张贵庄机场）和斜角交叉跑道（市内机场方案），最后出现了四条交叉跑道组合的主副跑道系统（张贵庄机场扩修方案）和两组平行跑道垂直交叉的跑道系统（城规中的机场布局方案），天津地区机场跑道构型的演进直接反映了航空技术的进步和航空运输业的快速发展（图 3-26）。

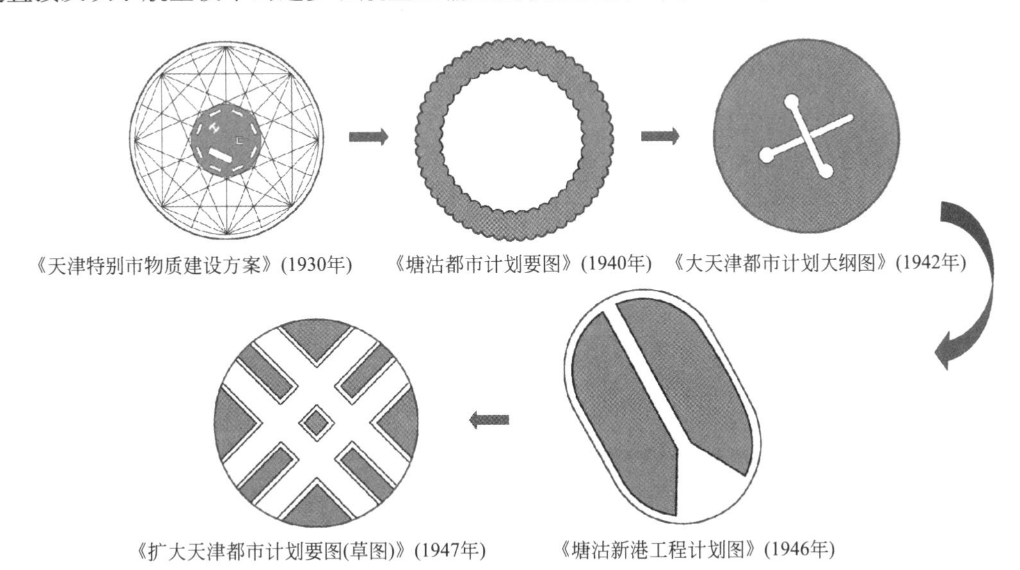

图 3-26 近代天津城市规划中的机场规划演进图

来源：项目组绘制

随着近代飞机尺寸的加大、飞机荷载的加重以及机队数量的增长，天津地区的机场用地规模及跑道长度、跑道道面结构均有了明显提升。从用地规模来看，早期东局子机场场面仅 600 米见方，而后期的张贵庄机场规划用地面积则拓展至 3～5km^2；从跑道长度及其道面结构来看，跑道由早期的数百米长，再延长到 1000m 左右，直至计划拓展至 3000m 长；其道面结构也由碾压土质道面、碴石道面向水泥混凝土道面逐步演进（表 3-7）。

天津近代机场不同时期的总平面规制演进 **表 3-7**

分项		编制时间	建设/编制主体	规划建设机场名称/位置	机场总平面规划
近代城市规划	《天津特别市物质建设方案》	1930 年	梁思成、张锐	裕源纺纱厂西、土城以北一带	单一机场布局体系；圆形场面（直径 7000 英尺，约 2134m）；按 60°扇形分 6 期建设
	《大天津都市计划大纲图》	1939 年	伪华北政务委员会建设总署都市局	飞行场（2 个）；预备飞行场（2 个）；特设飞行场；专属飞行场；水上飞行场	“一市多场”布局体系；圆形场面或方形场面；陆地机场/水上机场（共 7 个）
		1939 年	侵华日军	张贵庄机场	圆形场面（直径 2km），两条垂直交叉跑道（长宽为 1120m×60m；1000m×80m）
	《塘沽街市计划大纲》	1940 年	伪华北政务委员会建设总署都市局	黑潴河东	单一机场布局体系；圆形场面（直径 2.5km)
	《扩大天津都市计划要图》	1947 年	天津市工务局	1)张贵庄机场；2)天津至北塘大道以南；3)市区西北部	“一市多场”布局体系；圆形场面（1 个机场直径 3.5km；另 2 个机场直径 3km，内设两组十字交叉的平行跑道）
	《塘沽新港工程计划图》	1948 年	交通部塘沽新港工程局	天津至北塘大道以南	单一机场布局体系；椭圆形场面，中央设置跑道，端部为停机坪

续表

分项		编制时间	建设/编制主体	规划建设机场名称/位置	机场总平面规制
机场建设计划	《增修张贵庄机场计划书》	1948年	交通部民航局天津航空站	张贵庄机场	4条交叉跑道(主副跑道各两条,长宽为2150m×75m,1500m×60m)
	《天津市市内机场计划概要》	1948年	天津市工务局	1)城防与南大围堤间之黑牛城;2)市区东北部,距城防1.5km之东局子	2条斜角交叉跑道(跑道安全区长宽为2680m×250m;2430m×250m)
	《天津市内临时机场工程计划书》	1949年	天津市工务局	佟楼赛马场(跑马厅机场)	跑道(长宽为1300m×40m)、滑行道、机坪、掉头坪

3.6 近代北京城市规划中的机场规划建设

近现代北京航空业发展历史悠久，它完整地折射出我国近代航空业百年来的发展历程及其特征。早在1910年清朝军谘府便在北京南苑东部设立了中国第一座机场；北洋政府于1913年创办中国第一个航空学校——南苑航空学校，1920年5月7日开通中国第一条民用航线——京津航线。时至今日，北京南苑、西郊、张家湾以及清河等各个机场原址尚遗留飞机库、飞机堡、机场办公楼等历史建筑，尤其是上百年的北京南苑机场已于2019年9月25日停航，由新建的北京大兴国际机场取代，其所遗留的近现代航空建筑群亟待进行田野调查，以进行整体保护利用，作为中国近现代典型的航空历史文脉予以传承。

3.6.1 近代北京城市计划中的机场布局

尽管民国早期的北京航空业起步早且相对发达，但受制于市界辖区的限制，北京市的城市建设管理范畴均未涉及当时尚属于河北省境内的南苑机场、清河机场事务。1933年北平市政府先后编制的三年市政建设计划以及《北平市游览区建设计划》等首批专项城市建设计划也都未涉及机场。从机场布局开始纳入北京城市规划之中的时期来看，近代北京城市规划中的机场布局建设历程可分为沦陷时期(1937—1945年)和南京国民政府后期(1945—1949年)两个阶段。

1. 沦陷时期历次北京都市计划中的机场布局

1)《北京都市计划大纲暂定案》(1937年12月26日)

北京都市计划是日伪当局在华北地区最早编制的都市计划。1937年12月26日，由北京特务机构制定完成的《北京都市计划大纲假案》(即《北京都市计划大纲暂定案》)，该规划范围是以“自市中心以高速度车一小时活动可达之地点为范围”。该计划先后在“要领”和“计划细说”均设有“飞行场”专门章节。在“计划细说”部分将征用的必要用地分为军用地、新市区用地和飞行场用地等类别，从飞机场用地面积来看，该方案规划预留机场用地较小，其中在新市区西北部预留西郊机场用地约为2.25km^2，在北郊和东部“工场地”预留的两个机场用地都约为1.8km^2。该计划大纲之所以选址、建设规模和时序以西郊机场为先，不仅考虑了西郊新市区规划建设及军事作战的需求，也考虑了该场址坐落在当时北京行政辖区内的因素。

2)《北京都市建设计划要案》(1938年1月)

1937年秋，鉴于《北京都市计划大纲暂定案》方案“对北京的特殊性认识不足”，“北京市都市计划委员会”又聘请曾任哈尔滨特别市工务处处长兼都市建设局局长的日本建筑师佐藤俊久担任都市计划顾问，负责另行编制北京都市计划要案，而后曾在哈尔滨都市建设局担任过都市计划科科长的山崎桂一技正也一同受邀参与。1938年1月，佐藤俊久和山崎桂一着手编制《北京都市建设计划要案》，佐藤俊久一行曾于1月8日坐飞机调查北京、天津两地市区周围山川河流及两地道路的情况，并提交调查报告。山崎桂一于1月25日草拟完成《北京都市建设计划要案》，该要案有绪言、方针、要领等19个章

节，其中第 11 章节的“飞行场”部分提出“飞机为将来交通机关之重要部分，按其应用机关之需要，设专属飞行场计划之”。同年 11 月 12 日，该要案由伪华北政务委员会建设总署都市计划局正式订定。1939 年 8 月，该要案经修编扩充后公开发布为《北京都市计划大纲及其建设事业》（图 3-27），同年 12 月印制发行《北京都市计划要图》，这时期将已经动工兴建的西郊机场纳入了北京城市规划之中。

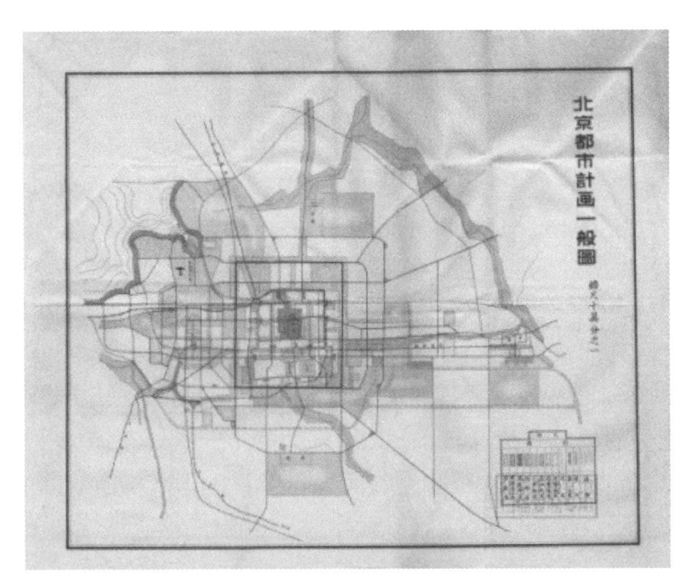

图 3-27　沦陷时期的《北京都市计划一般图》

来源：北京市档案馆馆藏档案 J001-004-00080

3）《北京都市计划大纲》（1941 年）

《北京都市建设计划要案》不久后被扩充为《北京都市计划大纲》，该大纲于 1940 年 4 月完成，11 月由伪华北政务委员会建设总署都市局订定，1941 年正式颁布实施。其规划范围“拟以正阳门为中心，东西北三面各约三十公里，南约二十公里”，其中南面仅至南苑的土垒南边界，显然是以管控南苑机场为目标。《北京都市计划大纲》将北京定位于“政治军事中心地”和“特殊之观光都市”。其计划内容包括 9 个部分：①都市计划区域；②街市计划及新街市计划；③地域制；④地区制；⑤交通设施；⑥上下水道；⑦其他公共设施；⑧都市防护设施；⑨保留地。其中“交通设施”专项规划包括道路、铁路、运河及飞机场等四个部分，该计划大纲针对飞机场提出“拟于南苑及西郊现有者之外，另在北苑计划四公里见方之大飞机场，并于东郊预定一处”。这一多机场体系的部署充分体现了该大纲将北京定位为“政治及军事中心地”的城市性质，其中规划预留的东、西两个机场场址与西郊新市区、东郊新市区及通县“工场地”计划相匹配，尤其西郊机场既要“容纳枢要机关”，又要满足日本侨民聚集地—西郊新市区的需求，西郊新市区规划区域东距城墙 4km，西至八宝山，南至现时京汉线附近，北至西郊飞机场，全部面积约合 65km^2，其功能定位为“容纳枢要机关及与此相适应的住宅商店”，并规划为日本侨民聚集地，为此，结合西郊新市区的规划建设在新市区南北向轴线的西北侧配套新建了西郊机场。该机场也是沦陷时期日军的西苑兵营及战俘集中营所在地。该规划在拓展连接西郊新市区和东郊新市区的东西向长安街和沿循北京都城既有的南北中轴线的基础上，另外在西郊新市区也规划有一条南北向中轴线，新轴线北面端点为颐和园，轴线西侧则为西郊新机场场址，轴线南端规划为京汉铁路线上的中央总站，该总站居于长安街的延长线（东西向，宽 80m）与万寿山正南的兴亚大路（南北向，宽 100m）的交口东面位置。这样地处一南一北的航空和铁路两大交通枢纽在新的南北向轴线相互呼应。

与《北京都市计划大纲暂定案》相比，该规划方案中的机场用地显著扩大。根据该计划，南苑、西苑和通县机场均为圆形场地，其中通县面积最大，而北苑预留地为方形场地，原为军营所在地，为规划面积最大的预留机场。另外，为了满足日军长期侵华战争的军事需求，该都市计划大纲中布局的 4 个机场周边地区均预留具有军事潜在用途的“保留地”，分别预留南苑机场及其周边地区约 30km^2、西郊机

场以南地区约 $10km^2$、北苑及其周边地区 $6.6km^2$（以及东面飞机场预定地 $16km^2$）、东郊通县道路以北地区约 $5.5km^2$ 的“保留地”用地，机场及其“保留地”用地面积的激增显然也是满足其军事需求，当时的南苑机场已扩建为日本陆军航空部队最大的侵华军事基地。

4)《北京市都市计划草案》(1941 年)

1941 年，伪北京市特别市公署工务局第二科科长王作新手写了《北京市都市计划草案》（又名《北京市都市计划大纲草案》[①]），该草案分有全市地域计划、分区计划、道路计划、交通计划等 12 章。第四章“全市分区计划”将城市用地分为行政区、名胜区、交通区、住宅区和商业区等，认为“地域旷阔交通总汇者宜定为交通区”，为此确定南苑及丰台一带的陆路交通总枢纽所在地为“交通区”，其中在丰台设立大型铁路换车场，在南苑设立大型机场。而第六章“全市交通计划”将全市交通分为陆地交通、水面交通、空中交通三类，其中“空中交通”章节中认为：“本市地处平原，机场随处可设，但为与他项交通便于联络计，是项飞行场应设于交通区，按照飞行场之设计学理，其中必须有六百公尺直径之飞行场，其周围更须有三百公尺宽之安全空地，故全场地之圆面积不得小于直径一千二百公尺。”该规划提出的机场占地面积约合 $1.13km^2$，远低于伪建设总署都市局所编制的北京规划大纲中的机场规划用地。另外，这个由国人拟定的规划与日本人主导的上述系列规划对北京地区的机场布局思路也迥然不同。

2. 沦陷时期都市规划中的机场布局思想

沦陷时期编制的北京都市计划思想主要源于欧美国家及日本国内城市规划的理论与实践以及日本侵占的殖民地城市规划实践，但其机场布局规划思想除源于上述理论实践之外还浸透了日本军国主义思想，例如都市计划普遍有“民间飞行场”和“军用飞行场”之分。基于当时的北京城市定位为“政治及军事中心地”的背景，沦陷时期的北京地区机场布局更是演进为“一市四场”的多机场体系，以满足日军侵华作战的军事需求。总体而言，日伪当局编制的《北京都市计划大纲》及其西郊新市区的规划建设整体上对抗战胜利后北平市工务局汇编的《北平市都市计划之研究》以及中华人民共和国成立初期梁思成、陈占祥合作提出的《关于中央人民政府中心区位置的建议》（即“梁陈方案”）都有着一定的启迪，但就机场布局而言，无法掩饰其服务于北京所谓“政治及军事中心地”城市定位的企图。

3. 抗战胜利后北平都市计划中的机场布局

1)《北平都市计划大纲草案》(1946 年 5 月)

1946 年 5 月，国民政府北平市工务局征用伪工务总署都市计划局的日籍技术负责人折下吉延和今川正彦修编日伪当局颁布的《北京都市计划大纲》，此前他俩曾提交过《北平都市计划意见书》，并按照将北平市定位为“将来中国之首都”的目标编制完成了《北平都市计划大纲草案》。在飞机场布局方面，该草案提出“在现有之南苑及西郊飞机场以外，于东郊计划一大飞机场，为备将来应用计，另行在北苑预定一处”。在北京旧城四周分别布局机场的方案基本延续了《北京都市计划大纲》的布局思路，仅将东郊机场与北苑机场的大小规模和建设顺序进行了对调（图 3-28）。

2)《北平市都市计划之研究》(1947 年春)

1947 年 5 月 29 日，北平市政府成立“北平都市计划委员会”，开始启动城市规划编制工作。同年 8 月，北平市工务局在整理沦陷时期的北京都市规划建设资料基础上编印了《北平市都市计划设计资料集（第一集）》，并将《北京都市计划大纲》(1941 年)、《北平都市计划大纲草案》(1946 年) 分别作为“北平都市计划大纲旧案之一、二”章节附录其中。该报告第五部分的“北平市都市计划之研究”章节提出了北平都市计划的基本方针、纲领、计划市界、交通设施、分区制计划等 8 项专题，其中在“交通设施”部分，针对飞机场提出“除现有西郊飞机场，及南苑飞机场外，拟于北苑及东郊适当地点，增建飞机场各一处”。这一机场布局方案也与沦陷时期的《北京都市计划大纲》雷同，但囿于时局的困顿，仅提及在北苑和东郊增建机场，不再提建设“大飞机场”。

---

① 《北京市都市计划大纲草案》作为“国立北京大学工学院市政工程学讲义”于 1942 年 1 月由聚珍阁印刷局出版，该讲义的署名为“讲师王振文　李颂琛”。

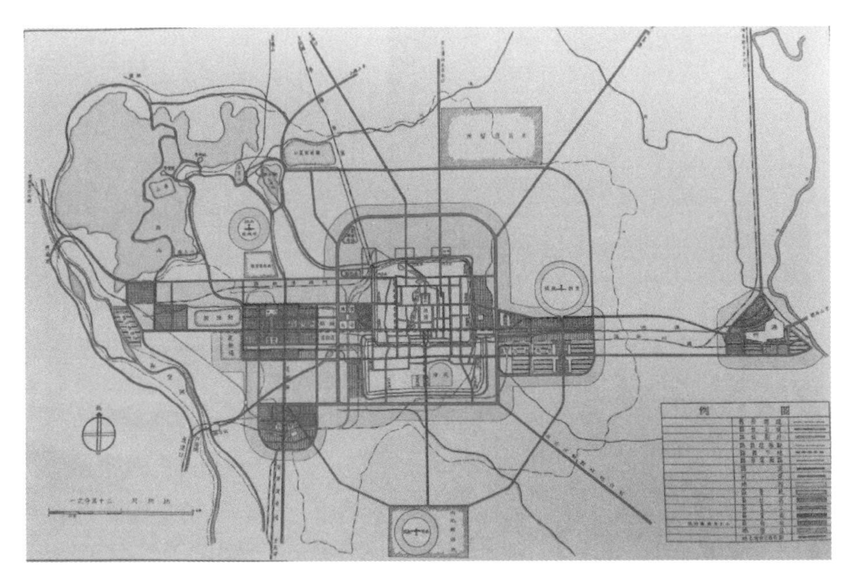

图 3-28　沦陷时期编制的《北平市都市计划简明图》
来源：《北平市都市计划设计资料（第一集）》，1947 年铅印本

3.6.2　近代北京机场的规划建设

1. 近代北京机场的建设概况

北京地区在近代时期先后建设了不同性质、不同规模的 6 个机场，其中清末时期建成中国第一个机场——南苑机场；北洋政府时期为开辟航空维修工厂又修建了清河机场，南苑航空教练所的高级飞行班也转移至该机场进行训练；沦陷时期结合西郊新市区的规划建设建成了西郊机场，该机场为军用航空基地兼伪中华航空公司基地，南苑机场更是扩充为供日本陆军航空兵“荒鹫”部队使用的最大军事基地，另外日伪当局还建成通县张家湾军用机场；平津战役期间，国民党军队临时抢修了以民用为主的东单机场和以军用为主的天坛机场，在北京和平解放后这两座机场随即废弃。

2. 近代北京南苑机场的建设历程

1910 年 7 月，清朝军谘府在北京南苑五里甸毅军练兵场内始建中国第一座机场，供从法国购进的一架苏姆式飞机起降和设备维修使用。该场址距天安门仅 13km，原是逊清皇室的苑囿，地势平坦广阔。民国初年，南苑被辟为陆军营盘。1913 年 6 月，北洋政府批准从法国进口 12 架高德隆 G3 型飞机，并拨款 6 万银元扩建南苑机场，修建办公用房、课堂、宿舍等百余间房屋，还建有 2 座飞机棚厂和 1 座飞机修理厂，以及油库、弹药库、打铁房、翻砂厂、医疗所等，随后在毅军练兵场以西、营盘以南正式成立南苑航空学校（图 3-29）。

1920 年 5 月 7 日，北洋政府首次开辟的北京—上海航线京津航段在南苑机场正式开航。1931—1937 年间，中国航空公司和欧亚航空公司也使用此机场，场地东西长 800 码（合 730m），南北宽 700 码（合 640m）。根据 1934 年国民政府航空署统计，除欧亚航空公司的飞机棚厂外，三座棚厂中尚可使用的唯一一座机库长 34m，宽 40m，高 5m。油弹库可容油 400 箱，弹 600 颗。1936 年，中国航空公司修筑南苑机场的焦渣跑道，估计工料共需 29459.75 元（银元），估计焦渣用量 15765 公方（立方米），由电灯公司石景山发电厂免费供应。

“七七事变”后，南苑机场被侵华日军占领，成为日本陆军航空兵“荒鹫”部队的出击基地，并扩建至东西宽七八里、南北长十余里。机场外围设有铁丝网，内层架设电网的两道防线。还增建 2 条水泥混凝土跑道，而后又加筑 1 条跑道，但直至日军投降尚未完成。1941 年日军在机场周边每隔 1km 修建一个大小不等的钢筋水泥结构飞机掩体（即飞机窝），各掩体之间筑有石子砂砾跑道，可以滑行或紧急起降飞机，次年日本华北方面军在机场修建机库（图 3-30）。

图 3-29　北京南苑机场——近代中国第一座正式的飞机机棚（1913 年 5 月 25 日）
来源：Stephane Passet 摄

(a) 1945年的军用机库外观

(b) 计划经济时期的军用机库外观

图 3-30　北京南苑机场的军用机库
来源：《旧机库里白手起家》（中国运载火箭技术研究内刊，2007 年 11 月 12 日）

抗战胜利后，国民政府航空委员会指示第十地区司令部进驻南苑机场，接收华北日本航空兵部队设施设备①，并将其作为军民合用机场，其服务设施较为简陋，候机室仅是约 60m² 的平房。1946 年为了迎接蒋介石在“双十”节的阅兵仪式，将永定门至南苑机场的永南公路原有 3m 宽的水泥混凝土路面进行重修。

1948 年 12 月 17 日，解放后的北京南苑机场由空军驻场使用，1986 年机场转为由中国联合航空公司专门运营的军地两用机场，该机场于 2019 年 9 月 25 日停航。南苑机场地区现遗留有近代飞机库 1 座（图 3-31）、沦陷时期的若干座飞机堡以及现代航站楼 1 座及现代机库若干座。另外，曾由北洋政府用作航空署的南苑兵营司令部旧址已纳入北京市文物保护单位。

3. 北京西郊机场的建设历程及其总平面规制的演进

北京西郊机场于 1938 年 3 月 25 日开工，7 月 1 日举行开通典礼，总投资约 60 万元②。并成为当年 12 月 16 日新成立的伪中华航空公司基地。这时期的机场采用无跑道的圆形土质场面，设有内中外 3 圈，内圈半径约为 750m，内圈至外圈为十丈，内圈至中圈为一丈③。后期增设 2 条西北-东南向和东北-西南

① 孙贻録：《南苑机场所扮演的角色》，载《中国的空军》，1946 年第 92 期，第 10～12 页。

② New Airport Opened, The North-China Herald and Supreme Court & Consular Gazette [N]. 字林西报，1938-7-6 [16].

③ 北京市档案馆馆藏档案（J1-6-437）：北京特别市公署关于收用柳林居房地开辟飞机场的指令，1938～1939 年。

图 3-31　北京南苑机场的机库大门现状

来源：作者摄

向的交叉跑道，跑道端均设有掉头坪；机场设有供飞机大修和小修的南北 2 个飞机维修厂。1941 年年初，西郊机场二期工程动工，机场向南北两面各扩展约 1000m，宽度各约 200m，机场主体向南扩建。1944 年，日伪当局再次在西郊机场增筑紧急工程（包括飞机掩体、汽油库、防空洞在内的 3 个哨所）。抗战胜利后，中央航空公司和中国航空公司在西郊机场设立航空站。中华人民共和国成立后，西郊机场转为军民合用，中苏航空公司进驻该机场。1957 年年底，在首都机场即将投入使用之际，西郊机场正式移交军方，并向南扩建。1976 年年底再次扩建，直至 1979 年完工，至此拥有一条长 2499m、宽 50m 跑道。西郊军用机场现主要为专机保障基地和载人航天保障基地。北京西郊机场的变迁显示了其由无跑道的圆形场面近代机场向拥有南北向跑道现代机场的总平面形制演进历程（图 3-32）。

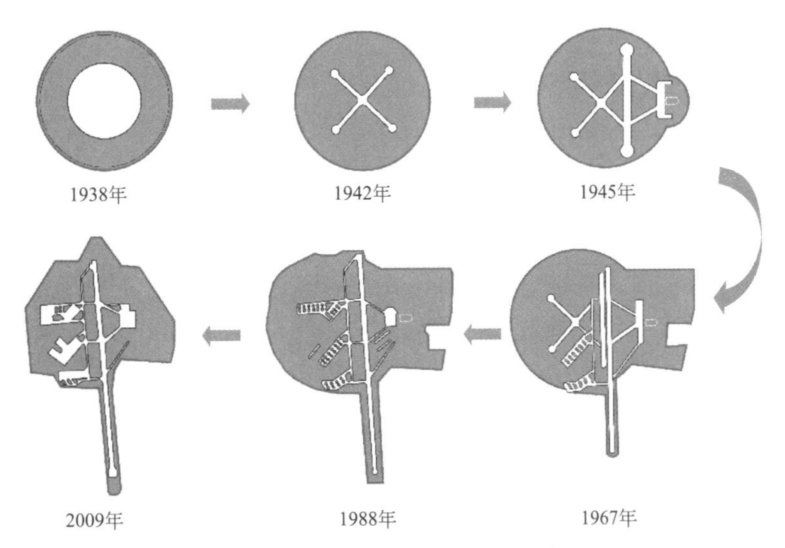

图 3-32　北京西郊机场总平面布局演进图

来源：项目组绘制

3.7　沦陷时期华北八大都市计划大纲中的机场布局建设

沦陷时期，日本侵略者占领的华北地区的都市计划普遍师承欧美国家的近现代规划理念，同时又具有强化侵占地殖民统治的显著特征，这些殖民色彩浓厚的规划既是我国近代城市规划体系中特定的、畸形的应用实践，也折射出日本侵略者巩固其占领地统治和加强实施移民政策的基本思想。这些特定时期和特殊背景下的城市规划普遍流于形式，无论是政治军事形势，还是经济财力都无力支撑这些规划的落实建设，最终随着日本的战败投降戛然而止。

3.7.1 沦陷时期的华北都市计划概况

抗战时期，为了强化殖民化统治和粉饰太平，侵华日军及日伪当局先后在伪满洲国、华北及华中地区等沦陷地的主要城市编制了不少都市计划[①]。从近代城市规划理论方法的演进来看，日本侵占地的都市计划思想基本上沿循着欧美近代城市规划理论（田园城市、卫星城市、功能主义等）—日本国内的城市规划—日本殖民地的城市规划—日本侵占地的城市规划（伪满洲国、华北地区、华中地区）的传播发展路径。按照编制规划的时序，日本侵占地的都市规划可分为 2 个阶段：第一阶段是 1932 年至 1940 年年底，这时期侵华日军占据明显的军事优势，在伪满洲国进行了较大范围和较大规模的都市规划建设活动，在华北、华中等侵占地的重点城市也编制了都市规划；第二阶段是 1940 年以后，随着日军深陷侵华战线过长的泥坑，以及因太平洋战争爆发而导致日军战局逐渐转为不利，这使得日军侵占地的城市规划规模和力度大幅度压缩，城市建设活动也同期锐减。如 1940 年 5 月，当时日本内阁专门负责处理侵华事宜的机构——日本兴亚院针对华北地区所采取的方针是："除了北京西郊和天津之外，北京东郊、济南、石家庄、太原、徐州的都市建设事业暂时都先延期。"[②]

在战局影响下，与伪满洲国都市规划相比，侵华日军及伪政权对华北地区都市建设的重视程度明显不足，日伪建设公署所编制的华北都市规划内容和规划层次大为简化，且形成套路化的规划体例，其在华北地区所实施的城市规划制度，可以说是伪满洲国都邑规划的简化版，无论是从事都市计划的组织机构构成、人员编制组成，还是都市计划大纲的内容及其建设计划，无不映射出侵华日军的军事作战和殖民统治的目的。日本近代城市规划史研究专家越泽明针对日本侵占地的都市计划评论道："都市是政治、经济、文化的中心，而且在战争时期，也是个重要的兵站基地。"针对华北都市规划的特殊性，时任伪建设总署都市局都市计划科科长的盐原三郎认为，"华北作为国土的核心地，特别是兵站基地相适应的都市建设十分重要"，又认为"作为都市的动脉，铁路、水路、干线道路、航空设施都不完备，需要继续建设，而且也要考虑将来的规划发展"[③]。

3.7.2 沦陷时期华北都市计划及其机场布局建设概况

1938 年 4 月 1 日，伪中华民国临时政府行政委员会增设建设总署，负责华北地区的水利、港口、公路、机场及都市建设等工务工程。同年 6 月，为了加强统治、复兴市区、开发产业以及解决日本人居住的问题，伪建设总署都市局开始对华北地区都市进行了政治、军事和经济等方面的城市调查，华北地区被列为必须进行都市规划的城市多达 37 个。1938 年先期进行了北京、天津、济南、太原、石门（石家庄）、徐州等六大城市的规划调查，至 1939 年 9 月先后编制颁发了这些都市的规划大纲，而后着手策划包括华北八大都市（后增加新乡、塘沽）及其他城市的《华北都市第一期五年事业计划书》，其主要内容包括治安、防卫、产业开发、道路、上下水道以及日本人住宅区、工业区等，该建设规划的编制体例与都市规划大纲基本上一致，1940 年在天津都市计划大纲的基础上进一步完成了塘沽街市计划大纲，此外伪建设总署在 1939 年还着手编制海州（连云港）、徐州和保定等地的都市计划大纲[④]。

华北八大都市计划大纲无一例外地都对飞机场布局进行了专门的论述，随后的建设计划也将机场列为重点项目和优先项目（表 3-8）。1939 年 7 月拟定的《华北都市第一期五年事业报告书》提出，"华北

---

① 日文的"都市计画"即现今所说的"城市规划"，本书为与"都市计划大纲"有所对应，仍沿用近代的"都市计划"的说法。

② ［日］越泽明著，黄世孟译：《中国东北都市计划》，台湾大佳出版社，1989 年，第 278 页。

③ ［日］鹽原三郎：《都市計画：華北の点線》，私家版，1971 年，第 8 页。

④ ［日］德永智：《日中战争下の山西省太原都市计划事业》，载《アジア経済》，2013 年第 54 期，第 58 页。

都市事业先以五年为目标，将重点放在因应治安的交通及卫生等必要设施之上，同时市区建设也一并列入考虑”。为此按照不同的建设任务及其建设费用分配，将华北地区的城市分为 3 类，其中涵盖交通、卫生及市区全部建设事项的城市仅包括北京、天津、济南、太原和石家庄等大城市，其他城市则仅限于与治安和卫生有关建设事项的开封等 22 个城市，或者仅是以调查计划、指导监督为主的泰安等 18 个城市。根据《华北交通事业跟进》记载，伪建设总署在 1939 年以 50 万元工费完成了北京西郊飞机场的道面铺装工程，1940 年按照其飞机场全部建设计划，预算建设经费为 295 万元，其中天津、太原、开封、青岛及徐州等新建的飞机场都已全部竣工①。在沦陷时期编制的华北都市计划大纲中，京津两大特别市是日伪当局重点规划城市，也是优先投资建设的侵华军事要地，机场布局和建设规模由此也更为庞大。

沦陷时期华北八大都市计划大纲中的机场布局及其建设　　表 3-8

都市计划大纲名称	城市定位及新市区	机场规划	涉及机场的保留地/建筑禁止地区*	建设概况
《北京都市计划大纲》(1938 年 4 月)	政治及军事中心地，特殊之观光都市，并“可视为商业都市以斟酌设施”	(飞机场)拟于南苑及西郊现有者之外，另在北苑计划 $4km^2$ 之大飞机场，并于东郊预定一处	保留地：南苑飞机场及其周围面积约 $30km^2$ 的土地；北苑及其周围面积 $6.6km^2$ 土地，及其东面飞机场预定地，面积约 $16km^2$	1938 年 3 月 25 日至 1940 年 11 月 7 日分二期新建西郊机场；1941 年 3 月下旬，伪华北政务委员会新建通州张家湾机场
《天津都市计划大纲》(1939 年)	将来可为华北一大贸易港，更为经济上最重要之商业都市与大工业地，自当视为华北与蒙疆间之大门户	特三区之东方街市之西南方及塘沽方面各预定面积 $5km^2$ 以上之飞机场	禁止建筑地区：以铁路水路沿线为主而指定之	1939 年 3 月 11 日，伪天津县公署强行征地 14719 亩修建张贵庄军用机场，1942 年全部修成
《天津都市计划大纲区域内塘沽街市计划大纲》(1940 年)	与塘沽新港建设有关联之水陆交通中心地及工业地带	预定在西北郊外，为直径 2.5km 之圆形计划，且于周围配置禁止建筑地区	禁止建筑地区：配置于飞机场的周围及铁路沿线之一部	—
《济南都市计划大纲》(1938 年 3 月)	不独在政治军事上为一重要都市，工商业上成一巨埠，且在学术文化上亦为华北南部之中心地	将现在之飞机场向北扩张，另于市北地区计划民间飞机场两处	未列禁止建筑地区或保留地	1938 年 8 月，日军在济南西郊张庄村以北新建军用机场，占地 5315 亩
《石门都市计划大纲》(1939 年 10 月)	拟视为军事上之要地及商工业文化之地方中心	将市之西北郊外已设者扩张整备之	保留地：街市计划区域外，为新水濠西侧现飞机场及其周围	1937 年“七七事变”后，日军扩建大郭村草坪机场
《太原都市计划大纲》(1939 年 12 月)	山西省之中枢，拟视为政治都市与工业都市，并认作为本省政治、交通、文化、经济上之中心地	预定扩充现在北部军用飞机场，并于城之南部计划民间飞机场，其地基经考虑恒风方向，南北约 2.5km，东西约 1.5km	保留地：城之北方为飞机场附近，又其东南部同蒲铁路西侧及工业地带之东部各区域	1937 年 11 月 8 日，日伪政府改建城北机场；1939 年 11 月 19 日，武宿机场场面工程竣工
《新乡都市计划大纲》(1940 年)	拟使成为军事上要点及商工业都市，并应作为政治、交通、文化、经济之地方中心都市	一般飞机场，拟于现在街市地南方计划之	保留地：以京汉线新乡站西方之卫河右岸一带地面及该线潞王坟车站北方一带地面	1938 年 3 月，侵华日军扩建新乡机场至 3000 多亩

① 《华北交通事业跟进》，载民国时期文献保护中心、中国社科院近代历史研究所合编：《民国文献类编——经济卷 446》，国家图书馆出版社，2015 年 8 月。

续表

都市计划大纲名称	城市定位及新市区	机场规划	涉及机场的保留地/建筑禁止地区*	建设概况
《徐州都市计划大纲》（1939年）	当华北南部之中枢，拟始成为政治、交通、文化及产业上之中心地	军用飞机场新旧合计已有三处，但民间航空尚难利用。为将来必要计，拟于徐州之东南方，预定面积约 $4km^2$ 之民间飞机场	—	1938年，日军修建九里山机场；1939年，日军将大郭庄机场跑道改建为水泥混凝土结构
《海州地方计划大纲》（1940年）	连云港据横贯我国本部铁路陇海线之门户，为华北重要港湾之一	现在海州飞机场暂仍旧状，视其需要而计划之	设施虽尚未定而于都市计划上及其他设施中之重要地区作为保留地	原有海州杨圩机场；1939年3月，日军在新浦西南部修建军用机场

*注：1.《海州地方计划大纲》是伪建设总署按照伪中华民国临时政府行政委员会指令代为实施“苏北地区建设事业”背景下额外编制的；

2. 各都市大纲有“建筑禁止地区”和“禁止建筑地区”两种说法，本书统一为“禁止建筑地区”；

3. 本表在原文引用中增补了标点符号。

3.7.3 沦陷时期华北都市计划大纲的机场布局规划思想

1. 都市计划中的机场布局规划逐渐规范化和多元化

沦陷时期华北八大都市计划中所列出的交通设施规划统一分为道路及广场、铁路、飞机场、水路及码头（视有无情况而定）四部分加以论述，其都市计划中的机场布局吸收了欧美国家的城市规划思想，日本侵占地的都市计划普遍采用多机场体系的布局模式，这以北京、天津的机场规划最为典型。需要指出的是，这一布局思想也不排除受到1929年由美国著名建筑师茂飞和市政工程师古力治主持的南京《首都计划》中的多机场布局体系布局思想的影响。无论从满足侵华作战需求，还是从日华通航的角度考虑，飞机场部分已经成为日伪当局编制都市计划中不可或缺的基本组成部分和必备的交通设施，多将其列入交通设施规划部分之中。机场场址也多处在城市空间布局中的显著位置，这些都市计划名义上提出民用和军用机场要分开布局，但其所谓的“民间”机场仍主要是基于军事目的，兼顾民用需求。逐渐遵循民用和军用、水上和陆地机场、近期规划和远期预留（预备飞机场）各自分开的布局原则，华北地区的八大都市计划大纲普遍实现“民间飞行场”（即民用机场）和“军用飞行场”在城市中的相对分开布局。例如，徐州新旧军用飞机场已有3处，但考虑到发展民用航空业尚难以利用这些机场，为此拟在徐州的东南位置预定面积约 $4km^2$ 的民用机场。济南将已有的飞机场向北扩张，另在市北地区计划兴建民用机场2处。这些机场虽然号称“民间”，但实属军用，仍优先考虑侵华日军的军事需求。在所谓的“民间飞行场”方面，这些机场也主要由日本人把控的航空公司负责运营管理，例如，1940年11月7日竣工的北京西郊机场则委托给伪中华航空公司负责管理，下设南北两个飞机维修厂。

2. 机场布局思想具有明显的殖民化统治特征和军事意图

日伪当局始终在推动华北地区都市计划大纲形成规划的范式。1939年8月，伪建设总署发布“都市计划大纲及其建设事业”，1941年7月，伪建设总署都市局颁布了《地域地区计划标准》，对都市计划大纲中的地域地区分类进行了标准化界定①。华北地区都市计划大纲主要包括绪言、方针和要领三个篇幅②，其中“要领”包括：都市计划区域、街市计划区域、地域制、地区制、交通设施、其他公共设施、都市防护设施和保留地八个部分。按照土地用途划分，这些都市计划大纲普遍将“地区制”部分分为绿地、风景地区、美观地区、禁止建筑地区四类，其中“禁止建筑地区”是指为保护所谓的“都市公安及公共设施”而对于私人建筑物及工作物建设加以禁止或限制的地区，该地区与日伪军事机关认定的官署设施、公共设施

① 伪建设总署都市局：《地域地区规划标准》，1941年7月，北京档案馆藏档案，档案号J061-001-00304。

② 京津两地的都市计划大纲均无“绪言”内容。

及私人设施等都市防护设施存在着对应的关联。机场周边地区多单列其中，以利于机场军事警戒和防御。另外，“要领”所包括的“保留地”是指已设置的军事设施用地，或者现在设施虽未确定，预料将来必需的土地。保留地主要设置在交通设施周围，如铁路、河道沿线和飞机场周围地区等。为满足侵华军事作战的需求，日军始终将侵占地的机场规划建设列为优先项目，为此既有机场周边地区多列为“保留地”，以利于未来机场军事用地的扩展，并普遍在机场周边地区划定大片“军事特别区”来建立军事设施。

3. 机场布局建设与新市区的规划建设相互配合

日伪当局主导下的华北都市规划普遍推行新区的规划建设，这些新区主要是服务于日本人的住宅区和工业区，如北京的西郊、东郊新市区以及通县工业区，济南的南、北郊新市区以及东、西部工业区等。新市区建设与机场建设往往相辅相成。在日本侵华地的都市规划中，普遍实行日本人和华人分开居住的制度，新市区的规划建设主要服务于日本人居住，为此新建的民间飞行场多结合新市区进行相应的布局，且日本人侨居的新市区多与以民用为主的新机场基本同期建设，以方便日本侨民与本国的航空交通联系。例如，北京的新市区南侧毗邻中央总站，北侧布局有西郊机场；天津特三区以外的东南部规划为新市区，相应地在特三区东侧的西南方预留有圆形机场；日伪当局拟在太原市区以南的正太铁路及汾河西部铁路沿线各预留一个工业街市，并在南郊开辟新市区，同时在城南约 14km 处建有一座南北长约 2.5km，东西宽约 1.5km 的“民间飞行场”，并与扩建后的城北军用飞机场遥遥相对。

4. 优先且高标准地建设进出机场的专用道路

出于快速进出机场的军事运输目的，日本侵占地都市计划中的城市主干道系统多优先衔接机场，如徐州、塘沽等地的多个机场均纳入城市规划中的放射线或环线道路系统之中，其中《徐州都市计划大纲》规划的第一条道路干线便是徐州站经市中心至西飞机场的道路，另外，日本侵占地的城市规划普遍重视进出机场的专用道路设施建设，多优先建设。在新建或改扩建机场的同时，多优先建设连接市中心与机场之间的专用道路，并普遍采用沥青混凝土或水泥混凝土等高等级路面材料铺筑。例如《北京都市计划大纲》规划的北京外围 4 个现有及预留机场均由环线干道衔接，1938 年 9 月便修筑了北京市区至新建的西郊机场之间的郊区公路，次年修建机场汽车专用道路，即由西直门外农事试验场西墙外角直达机场的新路，另外新市区的主干道——“兴亚大路”（即今四环路的五棵松路至丰台路段）也可直通机场，该干道长 2.8km、宽 100m，并采用卵石路面；1938 年 8 月，日军在济南西郊新建张庄机场的同时，还建设纬十二路通往张庄机场的专用道路，该路为济南市第一条水泥混凝土道路；1939 年，日伪当局在新建天津张贵庄机场的同时，也建设了当时天津仅有的 2 条沥青混凝土公路之一的张贵庄路（另一条为连通天津市区与塘沽新港的津塘公路）；1943 年 6 月，太原则修建了小东门至新城机场、新南门至武宿机场之间长达 18.8km 的混凝土道路。显然，进出机场道路的优先且高标准建设无疑是以服务于侵华日军的军事统治和对外军事快速运输为首要目的。

3.8　东北沦陷时期“新京”都市计划中的机场布局建设

近代长春以宽城子车站和“新京”站两大铁路车站为核心的铁路附属地是日俄势力角逐的主要场所，在某种程度上也成为长春近代城市规划建设的示范，而东北沦陷时期的“新京”规划整合提升了长春原有的拼贴式城市空间形态格局，为长春城市的现代化建设奠定了基础，但不可否认的是“新京”规划深刻验证了日本对华侵略和大肆布防军事设施的烙印，长春先后规划建设的三大机场更是日本关东军直接对苏防御、对华侵略的战争输送平台。

3.8.1　东北沦陷时期“新京”都市计划和建设概况

1932 年 3 月，伪满洲国政府设立长春为“国都”，并改名“新京”。随后日本关东军主导，由伪满铁经济调查会和伪满洲国政府直属的“国都建设局”分别具体编制《大新京都市计划》，最终双方共提出了5套规划方案图，至1933年1月，经反复修改定稿的"国都建设局"方案正式确定为"新京"建设实施方案，该方案充分吸纳了伪满铁经济调查会第三部都市计画班编制的第四方案（甲）规划思想。从规划编制和实施的时间上划分，东北沦陷时期"新京"的规划建设大致分为以下三个阶段：

（1）第一期建设计划（1932年3月—1937年12月）。为期五年的本期"国都建设计划事业面积"（即市区）规划用地为100km²，由以下三部分组成：①"实际事业施行外区域"包括南满铁路附属地（5km²）和北满铁路宽城子附属地（4km²）；②"其他年度逐次开发建设区域"包括长春旧县城（8km²）和商埠地（4km²）；③"国都建设计划事业实际面积"为79km²，其中第一期新开发市区规划建设用地为20km²[①]。至1937年，第二期新开发市区规划实施的用地面积扩充为21.4km²。

（2）第二期建设计划（1938年1月—1941年12月）。1937年年末，新设立的"新京特别市临时国都建设局"着手开展为期三年的二期建设，其建设重点是以"新京植物园"为主的公园绿地以及以南岭为中心的体育和文化娱乐设施，并启动了位于杏花村的"临时皇宫"建设，但该工程直至日本战败仍未建成。

（3）《百万人口都市计划》（1942年以后）。1941年，"新京"特别市制定了可容纳百万人口的新城市规划方案，次年2月通过伪满洲国政府审议。该规划在以下方面做了较大调整：①城市人口规模由50万提高到100万，市区用地规模由100km²调整为160km²，并将新建的"国都"机场纳入其内；②市中心迁至市区西南，并将"南新京站"规划为客运主站，作为"新京之门户"[②]，原"新京站"功能弱化；③重新布局南满铁道以西地区的空间结构和街区形态，其道路主干网由"三支道系统"改为正南北向的方格网形式，并将高尔夫球场和赛马场用地变更设置为与南湖遥相呼应的人工湖——西湖；④废止了将大房身及石虎沟作为"未来执政府与各个机关"备用地（即"正式皇宫"预留地）的规划方案，原址改为居住和文教用地（图3-33）。

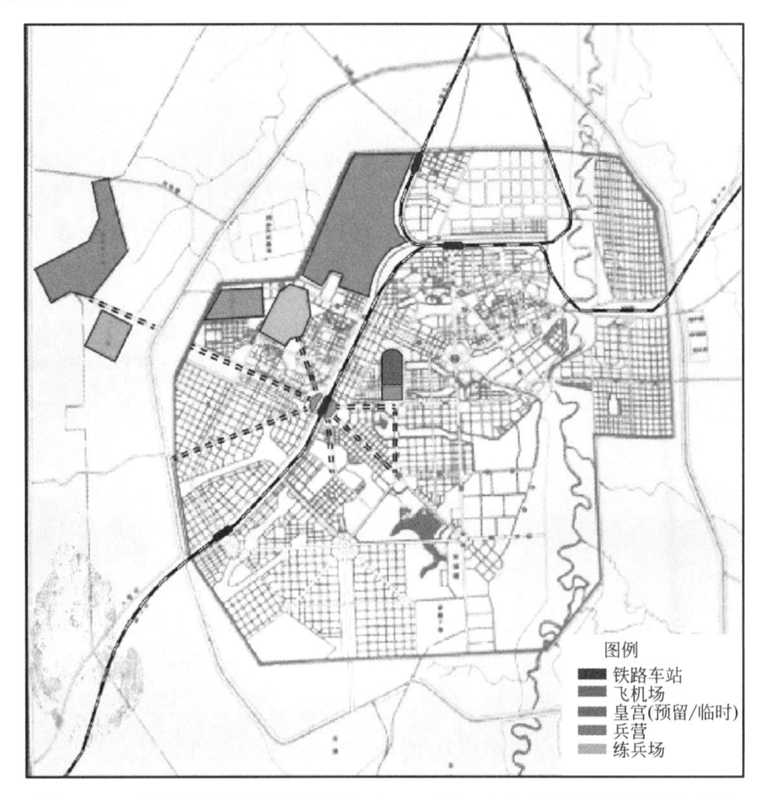

图3-33 《新京国都建设计划图》（1941年）中的交通和军事设施布局

来源：项目组在《新京国都建设计划图》底图上描绘

① "满洲国国务院国都建设局总务处"编：《国都大新京》，1934年，第11页。

② 范小鸥：《长春近代城市规划解析》，载《规划师》，2008年第24卷第3期，第93～96页。

3.8.2 东北沦陷时期“新京”城市定位及其交通中心的规划建设

1.“南新京站”的规划布局和功能定位

1932年的《国都建设计画概要》将“新京”城市定位为：政治中心、文化中心、交通中心和金融中心。其中，交通中心主要以“南新京站”和“新京站”（长春站）两大铁路枢纽为主体构建。航空交通包括军事航空和民用航空两部分，军事航空由驻扎宽城子机场的日本关东军陆军航空兵部队掌控，民用航空则由满洲航空公司主办经营。另外，公路交通网规划形成以“新京”为中心，通往哈尔滨、农安、长岭、怀德、奉天（沈阳）、伊通、双阳和吉林等八个方向。总体而言，满洲国皇宫和日本关东军军事用地以及铁路交通和航空交通设施均重点在南满铁路市区段的沿线区域布局。

在铁路交通规划方面，拟由满铁出资新建的“南新京站”规划设于南满铁路长春站与孟家屯站之间的“八里堡”一带（现西解放立交桥一带），地处满铁附属地南部边界约3.5km的上高台子，占地约$2km^2$①。随着市中心位置、“皇宫”预留地等因素的变更，“南新京站”的功能定位多次调整，先后经历“中央车站—国际中心站—客运站—货运站”的演变。在“满洲国国都建设计划略图”中，将“南新京站”定位为未来的“中央车站”，这归因于其地处新市区中心位置，并具备东、西广场双向进出的便利；根据《大新京都市计划》中，“南新京站”被定位为“国际车站”（与国际航空港、国际竞马场等名称对应），以支持“满鲜一体化”，“新京站”则降为列车编组站和调车场；在《百万人口都市规划》中，“南新京站”仅定位为“客运主站”，建成了临时性的站房建筑；后期随着孟家屯站的建成扩容，“南新京站”又被降为货运站，“新京站”仍为客运站。

2.“新京”规划中的“南新京站”轴线对景——皇宫预留地和兵营及其练兵场用地

大房身、南岭及杏花村三地是长春地区仅有的3块高地之一，1932年编制的5套“新京”规划方案图（第四方案包括甲、乙两图）都将这三处作为构图中心。占地$51.2hm^2$的临时皇宫确定设在离市区较近的杏花村先期建设。预留的正式皇宫位置则存在分歧，其中两个方案规划在东侧伊通河畔的南岭区域预留皇宫用地，而在铁道以西区域附近设置练兵场和兵营。例如，在满铁经济调查会编制的《新京都市地域制计画图》（第二案/第三图）中，在长春南满铁路以西设置占地面积为$2km^2$的呈不规则形状的练兵场及兵营，占规划用地面积比为2.44%，练兵场与“南新京站”西广场的“三支道”系统构成中轴线对景。另外三个“新京”规划方案则是在靠近铁路西侧的大房身区域布局“皇宫”，例如在“新京建设计划图（第四方案乙/第五图）”中，大房身“皇宫”预留地与“南新京站”通过西北—东南方向的中轴线（龙江大路）构成对景。最终满洲经调会的第四方案（甲）提出的未来执政府与各个机关位置设于大房身及石虎沟等村落高台处的规划方案获得通过，并吸纳了“国都建设局”提出“皇宫”用地正南朝向的布局思路，该项目占地$200hm^2$，先期作为绿地予以保留。除《新京都市建设计划用途地域分配并事业第一次施行区域图》（第一图）的“皇宫”预留用地是正南北向的方形场地之外，其他规划方案与杏花村“临时皇宫”的“北圆南方”状用地形态一致。

“新京”规划中的中央车站——“南新京站”设有东西两大广场，东广场正对兴仁大街，与杏花村“临时皇宫”的南中轴线正交；西广场则为巴洛克式放射状的“三支道系统”，其中轴线——“龙江大路”西端正对应着大房身“皇宫”预留地，“三支道系统”南面的“承德大街”放射状道路也穿过“皇宫”预留地，并延至怀德以远；北面的“明伦大路”放射状道路则衔接供日本人游乐的高尔夫球场和赛马场两个大型公建场所，并与兴安大街（今西安大道）交会。兴安大街是东西横贯南满铁路的主通道，其兴安桥（今西安桥）以西的路段北邻关东军官舍和满铁员工住宅区以及宽城子机场，向西可直达“国都”机场，其沿线密集分布有日本关东军的“航空队司令部”（现七航校1号楼）、“陆军病院”（原航天医院）以及卫生技术厂（现生物制品所）、千早医院（现生物所“大宿舍”）等诸多日本驻军及卫生医疗机构（图3-34）。

---

① 日本外务省档案资料，C13010337500，《国都大新京と都市计画》。

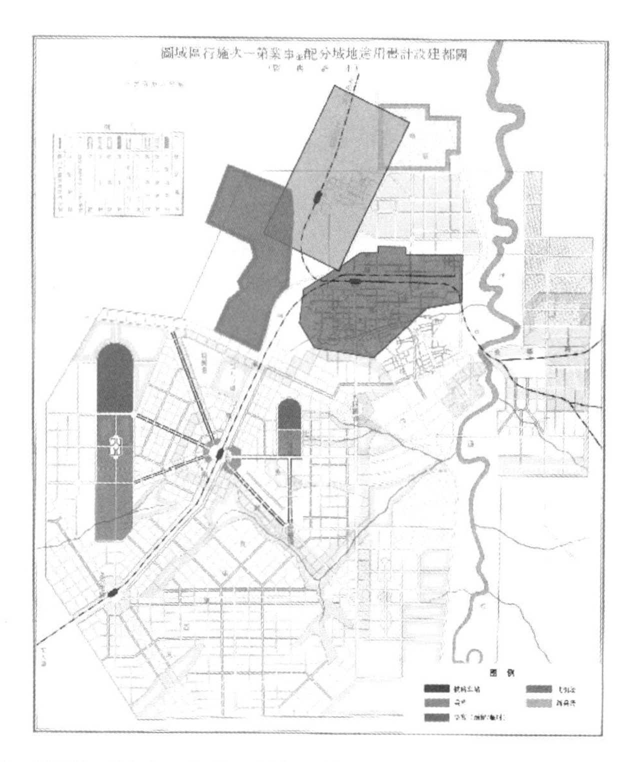

图 3-34 《国都建设计画用途地域分配并事业第一次施行区域图》预留的宽城子机场用地

来源：项目组描绘

3.8.3 东北沦陷时期"新京"规划中的机场布局及其建设

东北沦陷时期，长春地区先后建设了"新京（东）飞行场""新京西飞行场""新京南机场"（即新京第一、第二和第三飞行场）；根据日本关东军的机场等级划分，上述三大军用机场分别归属常驻飞行场、机动飞行场和着陆飞行场。1921 年始建的宽城子临时机场（即后来的"新京飞行场"）是长春最早的军用机场；1939 年建成了以民用航空为主的"新京西飞机场"，该机场又称"国都机场"，光复后更名"大房身机场"；20 世纪 40 年代，日军又在长春西南郊外的冯家窝堡南面动工兴建一条跑道长 1000m 的军用机场，跑道呈北偏东的南北向，但该机场尚未完工侵华日军便投降了。1946 年，由国民党政府续建完成该机场。

1. 长春宽城子机场的规划建设

1）宽城子机场的建设历程

1921 年，日本陆军航空兵部队为了检验远航能力，拟派飞机从日本本土越洋飞至中国长春。当年 9 月，日本关东军特选定长春西大营西北角、毗邻满铁附属地的一块农田改造成为宽城子临时机场，其占地面积约 10 万 m^2。九一八事变后，1931 年 9 月 21 日，日军将该临时机场扩建为永久机场，经过 9 个月的施工，次年 6 月 21 日，该机场正式竣工，进驻关东军第 2 师团第 8 飞行中队（后期改编为第 12 轻重轰炸机大队）。宽城子机场紧邻沙俄中东铁路附属地的西面，地处"新京"火车站的西北位置，东南邻近长沈铁路，北至宋家洼子，且邻近日军驻扎的西大营。该机场场址具有重要的战略地位，既能军事拱卫满铁附属地，又可警戒沙俄的中东铁路附属地，另外还考虑了铁路线对机场设施建设和设备运输的转运功能。

1932 年 9 月 26 日，满洲国政府、满铁及住友财团等在沈阳合资成立"满洲航空株式会社"。11 月 3 日，满航在长春宽城子机场开通商用定期航线，并在机场南面建成飞机库和事务所、无线通信所、油库等。该机场北面为军用飞行队驻地，南面主要为满航驻地以及飞行队军用机库，由此宽城子机场成为满洲国首都“新京”的主要军民合用机场。机场占地总面积 710 万 m^2，其中飞行场地面积 80 万 m^2，场面南北长 1090m，东西宽 730m。机场设有主、副跑道各 1 条，主跑道磁方位角为 43～233°，略呈西南—东北向，后期跑道扩展至 1000m、宽 400m 的沥青碎石道面结构；草皮道面的副跑道长 700m，宽 80m。机场东侧设有导航台、降落伞室、修理所、候机室和办公室等建筑设施，以及 5 栋 2 层红砖楼及数栋平房，西侧建有每座约 2000m^2 的 5 座飞机库，可停放数十架飞机（图 3-35）。

图 3-35　1936 年长春宽城子机场鸟瞰
来源：日本田中寅松氏摄

1948 年长春解放后，解放军空军第二航空学校驻训宽城子机场。1954 年，该机场场址被划拨为长春的客车厂、机械厂和缝纫机总厂等大型工厂的建设用地。至 1956 年机场停航，宽城子机场前后仅存在了 35 年。

2）长春宽城子车站与宽城子机场之间的关联

（1）宽城子铁路车站建设概况

1900 年，俄国人因建设东清铁路南满支线而在长春以北 5km 的二道沟建成宽城子车站（四等车站），并以该车站为中心设立宽城子铁路附属地，其矩形用地的朝向为北偏东，初期占地为 2km^2，后期为 553hm^2，重点建设车站以东地区①。1905 年 9 月，战败的俄国将其经营的宽城子至旅顺口铁路转让给日本，由此宽城子车站成为北满铁路（俄占）和南满铁路（日占）的分界点和交会点，其交通枢纽地位日渐重要。1907 年 8 月，按照日本陆军大臣寺内正毅“阻止中国筹划的吉长铁路车站建于其间，拦断长春城与宽城子站区两地直接往来”的指示，南满洲铁道株式会社选址在头道沟地带修筑火车新站（今长春站）②，并征地建设“满铁长春附属地”。至 1923 年 1 月，该附属地占地面积达 505hm^2（图 3-36）。

1935 年，因日本向苏联购买了中东铁路北段而将宽城子车站也纳入了满铁附属地范围，规划正南北向的军用路（现凯旋路）直接连通宽城子铁路附属地和满铁附属地。1936 年 1 月，满铁关闭了宽城子车站。宽城子铁路附属地历经 30 多年的建设，最终建成仅 1km^2，不足其规划用地的 1/5。日俄附属地之间的铁路以东地区长期形成了杂乱无序的“三不管”地区，1939 年开始强制拆迁该地区的村落、迁移当地居民而予以整治。

（2）“新京”规划中的宽城子机场用地形制布局

在 1932 年的五套“新京”规划方案中，位于长春城市的西北郊、地处北满铁路以西的宽城子军用机场分别预留了不同规模和形状的机场用地。除第一图为“7”字形的预留用地之外，其他规划方案图

① ［日］越泽明著，欧硕译：《满洲国的首都规划》，社会科学文献出版社，2011 年，第 30 页。
② 长春市地方志编纂委员会：《长春市志规划志》，吉林文史出版社，2000 年。

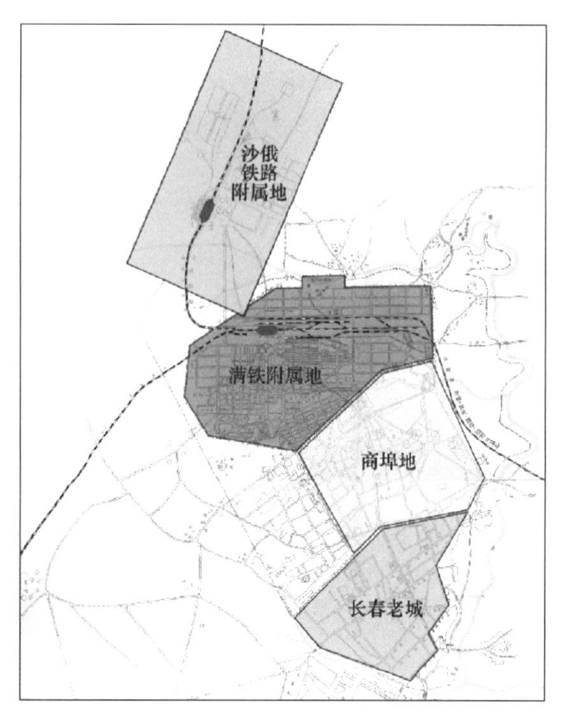

图 3-36　沙俄铁路附属地（东清铁路）和日本满铁附属地（南满铁路）

来源：项目组描绘

均将该机场规划为北偏东的方形场面，其场址与宽城子铁路附属地的西部、南部用地边界略有重叠，其北部边界线与宽城子车站的中心线对应，并在场面的东南角处有凸出部分，用于机场设施建设用地（图 3-37）。宽城子机场东部的用地边界走向与宽城子车站西面的铁路线路编组以及车辆检修、机车库、燃油料添充、水塔等建筑设施布局现状相吻合。

图 3-37　1932 年的《新京都市地域制计划图》(第二图)

来源：项目组描绘

考虑到满航机场未来的用地需求，第一图中规划的宽城子机场在方形场面的基础上大幅度向南拓展至兴安大街以北的满铁员工住宅区边，主要用于辟建供满航"新京"营业所使用的区域。机场实际用地南抵"打靶场"区域，东扩至东清铁路和南满铁路的沿线边界，由此宽城子机场总平面最终呈现出罕见的"7"字形不规整用地格局，这归因于其为"一场两用"（即军用航空和民用航空机构在同一机场分区域使用，并使用各自的跑道系统）（图 3-38）。

图 3-38　1945 年长春宽城子机场的总平面布局现状
来源：项目组描绘

3）长春"国都机场"（大房身机场）的规划建设

1935 年 4 月 1 日，满洲航空株式会社开始以"新京"为中心调整满洲国的航班运行时刻表，宽城子机场因其军民航混用而凸显场址相对局促，且使用不够便利。为此满洲国政府交通部依据《大新京都市计画》，着手在长春市西北郊 10.5km、大房身西边 5km 外的朱家窝堡筹建"国都机场"（即大房身机场），大房身机场占地总面积 300 万 m^2。东南—西北向的主跑道 1565m，宽 145m；南北走向的副跑道长 800m，宽 80m，跑道道面为沥青混凝土，停机坪为水泥混凝土道面。该机场于 1939 年 11 月 2 日正式开工，次年春竣工①，还配套建有机库、油库、导航台、修机所等。1941 年又建成 1140m^2 的大型候机楼。满航随即迁至大房身机场开展民航业务，宽城子机场则成为关东军专用机场，长春由此实现了军用机场和民用机场的相对分离。

3.8.4　东北沦陷时期"新京"规划中的机场用地分类及其用地面积

1. 军事用地的规模和布局

"新京"是满洲国的首都和军政中心，为了强化对华殖民统治和对苏防御备战，日本人所主导的"新京"系列规划都将军事用地作为优先安排的重要用地类型，其所占比例从初期规划的 5％扩充到了 1944 年实际的 9％②。"新京"市区规划用地分为官公用途和因私用途两大类，其中官公用途包括 9km^2 的军用地，其中飞机场规划在宽城子车站以西，占地 2.64km^2；无线电台用地设置南、北两处，宽城子车站东北位置预留用地约 1km^2，南岭附近的电台占地 500m 见方，另外还有东郊信号发射塔用地、杨家店军用地等。

"新京"规划特别重视军事设施的布局，西郊练兵场和兵营、东郊军官学校以及南岭兵营等均在铁路沿线和市区周边地区重点布防。另外，应日本关东军要求在长春市区外围增设环状道路，以备快速衔接各类军事设施。南满铁道以西的地区是军事设施用地布局的重要区域，不仅在该地区设置了大型兵营及练兵场，还配套建设了宽城子飞机场、大房身机场以及孟家屯"关东军军马防疫给水部"（即"100 部队"）、军火仓库、卫生医院等系列军事机构设施。

2. 机场用地分类及其所占面积

与铁路、公路及水运等线状交通方式相比，机场具有占地广阔的面域交通特性，同时还有军事航空

① 《新京飞行场开场》，载《大同报》，1939 年 11 月 3 日第 2 版。

② 马元荣：《"新京"城市规划解析》，载《吉林省地方志学会学术年会论文集》，2016 年。

和民用航空兼顾的特殊属性。在功能分区及其用地平衡表中，不同时期的“新京”规划中的机场用地属性及其分类多次调整，先后纳入过不同的功能用地分区类别：一是将机场用地纳入交通地域用地，如在1932年伪满洲经济调查委员会编制的《新京都市计画说明书》中，第二章的“地域制”分为行政地域、商业地域、工业地域、交通地域、居住地域以及未指定地域等6种类型，其中交通地域包括铁道用地、航空用地及无线电台用地等，为此第一、二、三规划方案图中的机场用地、铁路用地均为统一的交通用地色块，而兵营和国际航空港则被分别单列为第七章“公共建筑物”的前两节。另外，根据《国都建设计画区域内各种用途地域建筑物及用途许可准则》，“新京”土地用途地域包括工业、居住、商业、工业及运动场其他绿地、交通、官公衙学校兵营及未指定地域等7种用途类型。二是机场用地被纳入其他类地域用地，如依据《百万人口都市规划》（1942年）中的“新京都邑规划区域不同用途用地与面积”统计表，长春市区用地分为住宅地域、商业地域、混合地域、工业地域、绿地地域以及其他等六类，其中“其他”泛指铁路、飞机场、公园绿地、运动场等以及其他公用和公共用地，该用地在规划市区的比重达41.3%，在规划区域外则是17%。

在用地种类方面，“新京”规划对机场用地有着两种不同的分门别类方法：一是按照对外交通用地属性分类，如在《百万人口都市规划》（1942年）中的“新京都邑规划区域的用地种类与面积”统计表中，专设“铁路与飞机场”用地种类，其在市街计划区域内、外的用地面积各为1000hm^2，所占份额分别为6.3%和1.0%，两者合计所占份额为1.7%[①]；二是将机场用地纳入军用地的范畴，如在《国都建设计画用途地域分配并事业第一次施行区域图》（1934年）中，“飞行场”和“电台地”用地一并纳入“军用地”类别[②]，这充分说明了日伪当局自始至终看重的是机场的军事属性。

① 转载《满洲国的首都规划》，载“满洲帝国政府”编：《满洲建国十年史》，原书房，1969年，第230页。

② 新京特别市公署『新京市政概要』に付属する、国都建设计画事业第一次施行区域図（1934）。

第4章

近代机场场面规制和机场建筑形制的建筑特征

4.1 近代机场及其机场建筑的分类

中国近代的机场分类有很多不同的划分方式。根据机场所处的地理特性和所使用的飞机机型，可将近代机场分为水上机场、陆地机场和水陆两用机场等。最普遍的划分方式是根据机场的使用性质不同而划分为军用机场（或军用航空站）和民用机场（或民用航空站）两类。另外，根据航空功能，近代飞机场通常还可分为6类：军用飞机场、邮用飞机场、商用飞机场、市用飞机场、防险飞机场、游戏飞机场①。

4.1.1 近代机场的一般分类

1. 陆地机场

陆地机场（时称“陆机站”）是供飞机进行起降、滑行、停放以及进行其他活动使用所划定的陆地区域。与水上机场相比，近代中国广为应用的机场类型绝大部分都是陆地机场，如根据1950年5月统计，全国各地接收的陆地机场共有542个。

2. 水上机场

水上机场（时称“水机站”“水上浮站”“水面机场”）是适用于水上飞机或水陆两用飞机起降的特定水面，该类机场是投资低、见效快的机场类型。水上飞机是指能够在水面起降的飞机，因这类飞机机身多为船形，民国时期也称为“飞船”。在陆上机场尚未及时建设的前提下，可先行利用水上飞机在江河湖海等天然水面起降。在中国近代民航发展的早期水上飞机曾经盛行一时，南方城市航空业的发轫大多依托水上机场。

根据起降水域的特性，水上机场可分河面、海面及湖面等不同类型。1933年，中国航空公司开辟沪蓉航线，沿线的汉口、沙市、宜昌及芜湖航空站为长江沿岸的河面飞机场，而上海、重庆则分别是黄浦江和嘉陵江沿岸的水陆两用机场。南北政府时期，奉系军阀的东北水上飞机队在秦皇岛、青岛、葫芦岛和长山岛等渤海湾地区分设有海面飞机场。民国时期的南京玄武湖机场、鄱阳湖星子机场则是湖面飞机场。

3. 水陆两用机场

水陆两用机场拥有可供飞机分别进行水面或陆上起降的场所，既设有起降水面（水港），也在陆地上设有起降跑道（陆港），其中水港部分设施与水上机场相同，陆港部分设施也与陆上机场一致，适合水上和陆上飞机的航班衔接。例如，重庆珊瑚坝水陆两用机场便是中国航空公司开辟渝蓉线（陆地飞机运营）和渝汉线（水上飞机运营）的衔接点。

近代中国的广州大沙头、上海龙华、青岛团岛和台湾屏东大鹏湾等不少军用或民用机场均为水陆两用机场。这类机场既适用于水上飞机或水陆两用飞机起降，也可供陆上飞机使用。水陆两用飞机一般在其机身两侧安装有可收放的轮式起落架，也装备有可拆卸的浮筒状筏式起落架，这样通过滚轮与浮筒的

---

① 李孟伟：《飞行场建造法》，载《空军》，1927年第5期，第17～20页。

互换，使得飞机既可在陆地机场起降，也可在水面升落，如美制的洛宁型、史汀逊型等水陆两用飞机等。

4.1.2 近代民用机场的分类

1. 民用航空站的一般分类

根据机场的面积大小及所需建筑物种类，近代民用航空站可分为5类不同的功能等级：①航空总站（Large terminal airport），为承运远距离城市及国际之间旅客、货物、邮件等的起点和终点。②城市航空站（Municipia airport），联络较短距离城市之间的航空线。③航空联络站（Intermediate aerodrome），在规定航线中，由城市或私人设立，借以便利小城市的交通或供长距离航程中飞机经停使用的航空站。④紧急降落场（Emergency Landing ground），指配置有风向设备、灯光及电箱等小型着陆场地，仅为非常时期之用，不作正式航空站。⑤私人飞机场（Private airport），普通供给私人所有小型飞机之用，为私人、制造业或中小飞机经销商所设立者。上述各飞机场分类主要在于机场占地规模和建筑规模，其余配置的设备差别无关紧要①。

近代民用航空站根据机场的规模和性质还可以分为航空总站（中心航站）和航空站。例如，1928—1930年期间，国民革命军第八路总指挥部航空处交通科为开办两广民用航空，先在广州设立大沙头两广民用航空总站，再在广东、广西先后设立汕头、海口、梧州、桂林、柳州等航空站；1931年，湖南省航空处筹划全省航线网络时，便规划以长沙为航空总站，衡阳、岳阳、零陵等地机场作为航空站；1947年，国民政府交通部民航局将上海龙华机场列为民用航空总站，作为国外飞机入境的必经之地。

2. 民国时期中央政府航空主管机构的机场分类

1）北洋政府时期的机场分类

根据北洋政府航空署1921年5月19日颁布的《国有航空线管理局编制通则》，直隶于航空署的国有航空线管理局掌理全线运输、修养、营业、会计及所属航空站、备用飞行场。而后航空署先后成立京沪航空线管理局、京汉航空线管理局和郑西航空线管理局，并出台各航空线管理局的编制专章，将其所管辖航空线沿线的航空站按照设施设备的繁简分为一等航空站、二等航空站、三等航空站以及备用飞行场四种等级（表4-1）。

北洋政府国务院航空署制定的航空站组织类别 **表4-1**

航空站等级	用地面积	飞机棚厂	邮务室、候机室	飞航员室/站长公事室	其他建筑设施
一、二等航空站	400亩（购价40元/亩）	1座（可容4架维梅商务飞机）	600平方英尺（约$56m^2$）	400平方英尺（约$37m^2$）	设有必需人员的宿舍及其一切应需；飞航员及站长、技工宿舍；工厂及仓库计600平方英尺（约$56m^2$）；油料库存油100加仑（约379L）、电油500加仑（约1893L）
三等航空站	400亩（购价40元/亩）	1座（可容1架维梅商务飞机）	400平方英尺（约$37m^2$）	400平方英尺（约$37m^2$）（含飞行厂）	技工室、零件库；站长、技工及卫兵宿舍；油料库存油100加仑（约379L）、电油500加仑（约1893L）
备用飞行场	约200亩（租用3年）	不设	无	无	看护者或设有电话，油料库存油20加仑（约76L）、电油100加仑（约379L），混合零件库和卫兵草舍合计400平方英尺（约$37m^2$）

2）南京国民政府时期的机场分类

根据南京国民政府于1941年5月30日公布的《航空法》相关规定，民用航空站及飞行场分为国

① 《学友论坛：飞机场设计之要件》，载《上海江西校刊》，1936年第1期，第28～33页。

营、省营或市县营以及民营四类，其中国营的航空站或飞行场由交通部设置，其他的航空站或飞行场则经交通部核准后设置。这一分类方法是依据航空站管理体制的不同而分类划定的。

1947 年新近成立的国民政府民航局还根据机场的不同性质，将民用航空站分为国际场站、国际备用场站、国际辅助场站以及国内场站等四个等级。另外，根据 1947 年 6 月 16 日颁布、1948 年 2 月 2 日国民政府行政院修正的《交通部民用航空局航空站组织规程》规定，又将民用航空站分为甲种航空站、乙种航空站、丙种航空站和辅助航空站等四类。其中，甲种站为国际通航的场站，乙种站为国内航路交互、航行频繁的场站，丙种站则为航路和业务次于乙种航空站的场站，而辅助站为临时起降或紧急着陆时所使用的场站。甲、乙、丙种航空站均设有场务组（股）、安全组（股）、总务组（股）和会计组（股），其中场务组（股）掌理场站养护、场站设备管理、场面勤务、交通指挥、场站警卫等事项。

4.1.3　近代军用机场的分类

近代军用机场是专供空军或陆海军所属航空队及其他国家事务中所使用的机场。军用航空站则是在军用机场的基础上配备专业人员、机场设施以及军事技术设备，并纳入空军编制的航空场站。

1. 国民政府军政部航空署的军事航空场站分类

1928 年 11 月，国民政府行政院下辖的军政部航空署成立后，在其制定的 1931 年空军作战防空计划以及军事航空港站计划草案中，根据空军场站的重要性及设备完善程度，将空军场站分为航空根据地、航空港站以及临时降落场三类：航空根据地为空军统辖机关的主要补给站；而在港口、陆上所设立的水面与陆地飞行场分别称为“航空港”与“航空站”，两者合称为“航空港站”，视地域需要及设备情况有一等港站、二等港站之分；临时降落场则是指设备简单，以供飞机于必要时降落使用的场地。航空署按照航空场站的重要程度和使用性质，还将军事航空场站分为首都场站、各省场站及临时飞行场等三类。

1）首都场站

考虑到国民政府首都南京作为当时的全国军事政治枢纽、水陆飞机通行的要道和航空国防交通规划各干线的起点，其首都地区的机场场面应较为广阔，场面设备也必然力求完善，为此，国民政府航空署在已有的明故宫机场外，又开辟大校场机场以及三叉河水上机场，并在大校场机场设立航空队、航空学校以及工厂仓库等，使其成为全国航空模范场站。

2）各省场站

由于多年的空军作战，国民政府航空署先后在全国各省开辟汉口、安庆、襄阳、郑州、九江、信阳、徐州、蚌埠、南昌、清河、济南、济宁、长沙等航空场站，并派人专门管理。鉴于这些场站的设施简陋，航空署根据各场站的具体需要，分轻重缓急予以扩充，对于破损的机场也设法修理，使其足以安全使用。

3）临时飞行场

为了满足空军频繁参加军事作战的需要，航空署临时增设了一些简易军用机场，这些临时飞行场分布在确山、砀山、归德、漯河、阜阳、沈丘、郾城、驻马店、宿县、寿县及吉安、潢川、樟树和江陵等处。由于这类机场大都是在军事作战时所紧急开辟的，花费巨大，但用后便无人管理，逐渐废弃。航空署按照其轻重缓急，拟定设置这类场站所需要最低限度的编制预算，以此为依据分别委派专人管理，以对国防经济交通有所裨益。

2. 国民政府航空委员会的空军场站分类

1）空军场站的等级分类

在抗战以前和抗战初期，国民政府航空委员会将中国空军场站分为一等空军总站、二等空军总站及航空站、飞行场等四种类型。其中，一等总站或二等总站视其地位重要程度如何、业务是否繁简以及所辖站场的数量多少而设定，对总站所辖各场站则根据空军活动使用的具体情况而有航空站和飞行场之分。1939 年 8 月 1 日起，航空委员会开始实施空军场站编制改革，以方便中国空军部队活动、适应作战需要以及运作便利，各空军总站由一、二等两级制改为甲、乙、丙三级制。另外取消“飞行场”的称谓，一律改为“航空站”，也将其分为甲、乙、丙三种。调整后的空军站场编制由此而分为 6 种类型。

2）空军场站的性质功能分类

按照机场作战性质、设施规模以及前线与后方关系，国民政府航空委员会将中国空军机场分为根据地机场、前进机场、中间机场和补助机场（迫降场）等四大类。这些机场的分类并不是固定不变的，可随着空战的作战部署变化而调整。一般根据地机场作为空军基地相对固定，随着战线的延长和转场作战的需要，前进机场和中间机场可以相互换位进行机动作战。

（1）根据地机场

早期的根据地机场又称“基地机场”，也就是后来习惯所说的空军基地或航空基地。一般而言，各根据地机场多位于后方腹地，例如，在抗战前夕，航空委员会将洛阳作为总根据地机场，南京、汉口、广州、西安和保定等地为区根据地机场。根据地机场除驻扎有部分作战部队外，还有飞机库、修护厂、库房等后勤保障设施，并配备夜航、通信、气象、运输、卫生、修理、防空等永久设备，其场面可供轻重轰炸机、运输机及驱逐机升降，跑道长度一般在 2000m 以上。

（2）前进机场

前进机场主要是供驱逐机、轰炸机以及侦察机执行战斗任务时使用，其跑道长一般在 1500～1800m。前进机场场址一般距离作战前线不远，多配有修理所。前进机场平常的驻场飞机一般为驱逐机机队，可依情报及目视敌情起飞应战，以掩护前进机场的安全，另外也掩护轰炸机队执行任务完毕后降落、加油和回航。如抗战时期的云南思茅机场主要用作前进机场，给过往军用飞机加油、补充弹药，同时也使用 C-47 型飞机空运汽油、枪支弹药、美军食物及其他军需物品。前进机场也可扩建成为具有基地性质的前进根据地机场，如在抗战后期，美国 B-29 轰炸机机队以印度境内的 5 个机场为后方基地，以成都平原地区的 4 个轰炸机机场为前进基地，对日本本土及其他战略目标进行战略轰炸。

（3）中间机场

中间机场又称“中继站”“航空补给站”，它是设在主要航空站之间、供飞机经停的机场，用于飞机加油、疏散、维护及飞行员休息等，除了有足够的飞机起降场地外，其他设备均较简陋。如 1934 年在浙江省兴建的丽水、衢州、诸暨、长兴 4 个机场均属于航空补给站。1944 年，新设和扩建福建建瓯和江西南城两机场，用以充当长江南岸地区的空军补给机场。又如抗战时期开通的西北国际运输通道上，沿线的航空场站计有兰州、武威、张掖、山丹、酒泉、玉门、嘉峪关、安西、哈密、迪化、伊宁 11 处，其中有些中间场站设有修理厂或修理所，有些场站常驻有少量的飞行部队，而有些场站只是用于支持临时经停的飞机，仅有少数的人员和器材。以酒泉机场为例，1938 年，苏联援助飞机自西面飞至酒泉机场后，由地勤人员给飞机加油和做例行检查，飞行员则到机场招待所吃饭、休息，而后再向东飞往兰州基地。

（4）迫降场

迫降场有“临时着陆场”“救护场”“补助机场”等不同的称谓，它是允许飞机在遇到发动机故障、能见度低、因强逆风影响而燃料不够等各种不良情况下临时使用的场地。迫降场多系临时开拓，仅供非常时期使用，不能作为正式机场使用。军用迫降场仅派若干机械士管理，其场面较为狭小，只修建跑道，无其他设施，仅供飞机临时疏散或迫降之用。

3. 参照驻华美军标准的军事航空站分类

近代机场的修建规模和跑道尺寸是根据机场主要设计使用的飞机机型和驻场飞机数量确定，由此根据机场性质和驻场空军部队主要使用的飞机类型不同，并参考驻华美军所使用的飞机机型，抗战后期的军用机场可以分为轰炸机机场、驱逐机机场、运输机机场等。在抗战时期的四川“特种工程”中，在成都地区部署有新津、广汉、邛崃和彭山 4 个轰炸机机场，其四周布局有太平寺、双流、凤凰山和中兴场等可起降美制 P40、P45 飞机的多个驱逐机机场，用以保护美制 B-29 轰炸机免遭敌机轰炸，并承担在轰

炸机实施轰炸时的护航任务。在实施“驼峰航线”之际，作为美国第 14 航空运输队和中国航空公司承运抗战物资的重要水陆空转运站，四川宜宾机场和泸州机场主要承担供美制 C-46、C-47 和 C-54 运输机使用的运输机场功能。

抗战后期，美国援华空军广泛在云南、四川、广西、贵州及陕西等地区的军用机场驻扎，参考驻华美军的空军场站分类标准，国统区的军用航空站可分为空军总站、空军护卫站、联络站及前进站等四类。

1）空军总站（Air-Base）

空军总站即为空军基地，它是空军的集中驻屯地，一般可供驱逐机、侦察机、轰炸机或运输机昼夜使用，其建设程序依据空军编组数量与需要而建设完成。总站除设有站房、油弹库、小规模的修理厂以及其他必要设施外，还需要建设空军营房及飞机棚厂，如抗战中期的昆明巫家坝机场为美国航空志愿队——飞虎队总部驻扎的航空基地。此外，空军基地还有作战基地、空军训练基地、空运基地以及空军辅助基地等之分。

2）空军护卫站（Satellite Field）

空军护卫站作为空军总站的卫星机场，分布在空军总站附近，承担着空军总站的前卫、疏散等任务，主要供驱逐机使用，以截击试图攻击总站的敌机。如抗日战争时期，主要航空基地多采用一主一辅或一主多辅的军用机场体系，云南驿机场与白屯机场、巫家坝机场和干海子机场都是主要机场与辅助机场相互拱卫的关系，辅助机场主要承担着战时部分运输机起降、战斗机疏散隐蔽任务。

3）联络站（Stage Field）

联络站相当于中间机场，主要供军用飞机在长途飞行中临时中途停留。抗战时期，国民政府航委会认为四川南充机场是成都、梁平之间的中心机场，也是重庆外围的拱卫机场，对空军异常重要，为此不顾地方政府的异议，坚持要求修建南充机场。

4）前进站（Advanced Landing Field）

前进站即前进机场，位于敌我作战区域的前沿，主要供陆空联络作战之用，在场内配备有燃料、炸弹和飞机零部件，通常仅设 1 条跑道，从后方基地飞来的作战飞机可以及时在前进站加油、装弹以及快速维修，作战飞机也可就近多次往返前进机场，由地勤人员快速加油填弹，为增加飞机战斗出动次数创造条件。另外，前进机场还可以扩大战斗机的作战半径，缩短出击距离，可就近攻击前线敌军。

4.1.4　近代机场建筑的分类

1. 近代机场建筑的构成及其分类

机场建筑泛指供人们从事机场运行生产、运输储存、办公服务等活动所使用的建筑物和构筑物，其建筑空间分布具有相对独立性，其专业建筑类型具有航空特色性。广义的机场建筑类型包括：跑道和滑行道及停机坪、维修机库、航站楼、指挥塔台、驻场办公楼以及油料库等。从建筑功能属性来看，机场建筑可分为机场通用建筑和机场专业建筑两大类：机场通用建筑指无航空特性的一般性建筑；机场专业建筑则具有明显的航空专用建筑符号，如飞机库的机库大门、航空站的指挥塔亭等，也具有交通建筑、工业建筑和军事建筑的多重功能属性，如机库、航站楼及指挥塔台为新兴的近现代建筑类型，其新材料、新结构和新形制的应用始终位列工业与民用建筑类型的前列。

近代机场是集军用和民用于一体的特殊交通设施，其建筑属性具有军民两用性。机场专业建筑属于近代建筑中的一种特色建筑类型，它主要包括近代机场中最具有航空特征的飞机库（时称“飞机棚厂”）、候机室（时称“站屋”“待机室”“航站大厦”等）、指挥塔台三类特定专业建筑类型，其中仅候机室是民用机场或军民两用机场所特有的交通建筑类型。机场专业建筑还包括如油料仓库、工作间、飞机修理间、无线电室（通信导航台站）、制氧室和电站等其他辅助建筑。另外，军用机场一般还有营房、油弹库、飞机堡（飞机窝）等军事建筑。

随着各类飞行服务业务的频繁开展，集办公、航管、气象等诸多功能于一体的航空站逐渐成为近代机场的专业建筑综合体，其指挥塔台多附设在航空站的屋顶。航空站有军用航空站和民用航空站之分。与军用航空站不同，民用航空站是以旅客候机室为主体，它一般有两种建筑布局模式：一是以露天停机坪为中心的合院式航空站建设模式，早期的航空站多由无线电台室、传达工役室、候机室、职员办公室、飞行员休息室等诸多房间构成的合院式单层建筑群。例如，1921 年，近代中国新建的首个大型民用航空站——上海虹桥民用航空站包括飞机棚厂、机器房、航站办公楼及汽油库等系列民用机场建筑群。二是随着机场各项办公功能和旅客候机及其他服务功能的增加，逐渐演化为以旅客候机室为中心，叠加有塔台管制、气象情报和办公服务等诸多其他功能的综合性航站大厦，如 1947 年上海龙华机场新建的建筑面积为 7500m^2 的航站大厦，这一集合式的航空站建筑类型已成为近代大型机场的核心建筑综合体。

2. 近代机场主要专业建筑

在飞机诞生之初，机库建筑便是机场最早出现的专业特色建筑类型。在大量开通民用航线的背景下，以旅客为服务主体的航站楼顺应需求逐渐成为民用机场的主体建筑，机场指挥塔台及其空管部门依附于航站楼的顶层，或者独立设置。至此，飞机库、航站楼及指挥塔台已形成近代民用机场中特有的三种机场建筑单体类型。

1）飞机库

出于飞机防护目的，无论军用或民用机场，飞机库建筑均为近代机场所普遍设置，该专业建筑以室内无柱的大跨度屋盖结构而著称。自 1910 年中国第一个机场——北京南苑机场出现，机场特有建筑类型——飞机库便几乎随之同期建成，1913 年由法国人主导建成的北京南苑机场机库应是近代中国最早建成的正规机场专业建筑，用以装配和维护法国高德隆 G 式教练机。另外，在清末民初时期，外国飞行家在上海、香港、北京及武汉等地进行飞行表演时，也常搭建遮风避雨的简易飞机棚。机库的建筑形制多为主体机库大厅和两侧附属建筑组合使用，这种“一主两辅”的机库建筑形制作为标准化的工业建筑类型沿用至今。早期的民用机库多由航空公司负责投资建设，其候机室可直接附设在飞机库之中，如上海龙华机场的欧亚航空公司机库。

2）候机室（航站楼）

相对飞机库建筑，机场航站楼建筑的发展起点较晚，且建筑规模较小。1921 年，为筹备开通京沪航线，北洋政府航空署在上海虹桥全新建成近代中国第一座民用航空站，民用机场所独有的标志性机场建筑类型——航站楼由此顺应航空旅客的需求而产生，但这时期航站楼建筑的专业性和特色性尚不明显。在 20 世纪 20 年代末至 30 年代初，随着上海、广州、南京等地民用运输业的进一步发展，民用机场特有的候机室专业建筑也相应地发展和成形。早期的候机室以专用房间的形式附设在飞机库或航空站建筑群之中，后期候机室渐渐成为民用机场的主要建筑类型，并趋于独立于其他机场建筑，但这时期的航站楼多为小型旅客候机室，仅作旅客休息候机之用，在建筑特性上与其他交通场站类型别无二致，也没有近现代机场建筑的明显自有建筑特征，在机场各类专业建筑中也处于从属地位，如中国航空公司 1934 年在上海龙华机场专门建造了小型旅客候机室。区别于其他交通建筑类型的航站楼建筑形制直至 20 世纪 40 年代末才逐渐成形，拥有眺望平台和圆形舷窗等体现航空文化的机场特有建筑符号，航站楼建筑逐渐成为近代民用机场的标志性和主体性建筑类型，广泛分布在全国各主要民用机场之中。

3）指挥塔台

指挥塔台与飞机库同样是民用机场和军用机场所共同拥有的建筑类型，作为机场唯一的超高构筑物，指挥塔台也是机场独具特色的标志性建筑。随着机场跑道数量和飞机起降架次的增多，早先应用于军用机场的指挥塔台也于 20 世纪 30 年代在我国出现，早期的指挥塔台多附设在飞机库屋顶或航站楼屋顶，有的则占据航空站的制高点，而独立设置的塔台多设置在机场跑道端部。

4.1.5　近代机场建筑发展阶段的划分及其特征

根据我国近代机场建筑的发展和演变历程，可以将其分为三个阶段：第一个阶段是从 1910 年民航运输业的起步时期至 1937 年抗日战争全面爆发之前，这时期是以飞机库为代表性机场建筑的近代机场建筑发展时期，其机场建筑数量最多，分布范围最广，同时也是近代机场航站楼建筑萌芽发展阶段；第二阶段为全面抗日战争期间，这时期的民用机场建筑建设停滞不前，而军用机场建筑的建设异常盛行，但其建设和破坏的过程并存；第三阶段为 1945 年抗战胜利后至 1949 年中华人民共和国成立前的时期，这时期是近代民用机场建筑发展的相对成熟时期，其建设规模和设施标准等已经开始遵循国际民航组织的有关规定和参考美国机场手册与实例进行规划建设。

1. 近代民用机场建筑发展的起步阶段（1910—1937 年）

早期飞机的许多构件多用木质和帆布材料制成，且重量轻，防护要求高，加之飞机故障多，因此机库或飞机修理厂厂房成为初期机场的主要建筑类型。如早在 1913 年，北洋政府便在北京南苑机场修建有飞机修理厂。当时的机库可以分为防护机库和修缮机库两类，防护机库的主要功能是为飞机遮风避雨。如 1921 年北京南苑机场的大维梅飞机库，采用钢结构骨架和帆布遮盖（图 4-1）；又如沈阳东塔机场在 20 世纪 20 年代建设的联排式机库，每个单体库可容纳一架法国高德隆单座教练机。

图 4-1　北京南苑机场的英制大维梅飞机库（1921 年）

来源：《南苑存储飞机之钢铁棚厂》

航空公司早期运营时多建有竹构席棚或木构席棚制作的临时机库。如 1929 年，沪蓉航空管理处在上海虹桥机场搭盖 3 座临时飞机库的同时，又在南京明故宫机场搭盖 2 座临时机库，供飞机防护和维修之用。次年，中国航空公司以黄浦江边的上海龙华机场为起降场筹备沪蓉航线时，使用 2 座用竹子搭成的简陋机库，但临时机库容易被风吹倒而导致飞机损毁。永久性的大型修缮机库出现在 20 世纪 30 年代初，主要是供在大型民用机场驻场的基地航空公司使用，这类机库可以承担对飞机的维修和养护，如中国航空公司（中美合办）和欧亚航空公司（中德合办）分别于 1934 年 3 月和 1936 年 6 月在上海龙华机场兴建了 2 座大型机库。其中中国航空公司的机库长 175 英尺（约 53m），宽 120 英尺（约 37m），可容纳飞机 10 余架，为当时中国最大的大型机库；欧亚航空的机库宽 50m，进深 32m，可容纳大小飞机 7 架。这些机库已具备现代维修机库的典型特性，平面布局为主体机库和附属车间的组合，这类机库屋盖采用大跨度的平面桁架结构，其主体空间较大，可同时容纳多架飞机。

早期航空公司的候机室多依附于飞机库，如上海龙华机场的欧亚航空公司候机室设置在其机库的附属用房中。至 20 世纪 20 年代末 30 年代初，随着民用运输业的进一步发展，顺应航空旅客需求的候机室渐渐成为机场的主要建筑类型，但这些航站楼多为小型旅客候机室，仅作旅客休息候机之用，在建筑特性上与其他交通类型的场站别无二致，而没有近现代机场建筑的明显特征。

2. 近代民用机场建筑发展的停滞阶段（1937—1945 年）

全面抗日战争期间在国统区新建的机场大都为军用机场，对既有机场的改扩建也均以服务于军事用途为主要目的，如重点对航空作战所迫切需要的机场跑道、停机坪等设施进行改扩建等，所建造的营房、油弹库、飞机窝等机场建筑类型主要是为了满足军事需求，而民用机场设施设备的更新改造则基本上处于停顿状态，仅当时陪都重庆的白市驿、珊瑚坝机场（图 4-2）以及中苏航空公司开航沿线的航空站所在地有着少量的民用设施建设活动。

图 4-2　重庆珊瑚坝机场的草棚候机室（1945 年）
来源：美国《时代》杂志记者摄

大连周水子机场、长春宽城子机场和大房身机场等地也建有一些候机室、机库等民用机场设施，多由伪满洲国政府或满洲航空公司主持建设。例如，1931 年 9 月始建的长春宽城子机场在其东侧设有导航台、降落伞室、修理所、候机室和办公室等，其中候机室面积 240m^2，还有 5 栋 2 层红砖楼及数栋平房。1939 年 11 月 2 日，满洲国政府建成了所谓的“国都”机场——长春大房身机场，该机场内建有 1 幢建筑面积为 1140m^2 的候机楼，场内还建有停机坪、机库、车库、宿舍和工作间等。

3. 近代民用机场建筑的快速发展阶段（1945—1949 年）

1944 年年底，中国加入了临时国际民航组织，并在 1947 年 1 月成立了国民政府交通部民航局，中国近代民航业由此走入快速发展的正轨。候机室（或航站楼）逐渐成为民用机场的标志性建筑和必备建筑，也是显著区别于军用机场的关键所在。这时期全国各地机场的航站楼分别由民航局或航空公司各自设计投资和建设运营，候机室逐渐由单一候机功能向多功能转化；由单层建筑向多层建筑转变。重要机场的航站楼建筑已经设有各种便利旅客设施，包括办公室、休息室、饭厅、小卖部、电话间、电报间和医务室等，这类综合性的航站楼多由民航局所主持建设，其代表性的航站楼建筑为上海龙华机场和广州白云机场的两座航站大厦。

战后的中国航空公司和中央航空公司都各自加强在全国各机场的航空站建设，此外两家航空公司也尝试合作设计和共建大型候机室，但这些候机室大多只停留在方案设计上，因战乱而未能付诸实施。中国航空公司、中央航空公司先后在其全国各主要航空站独立或合作建设一批简易适用的候机室，中国航空公司在南京、上海、重庆、武汉等甲等站内的候机室均于抗战胜利后不久先后动工兴建，至 1948 年年初，中航已增建了上海龙华、南京明故宫、武昌徐家棚、重庆白市驿、天津张贵庄、汕头、太原等地的机场候机室。同年中航、央航两公司还一同修理了昆明巫家坝机场候机室。中央航空公司则在上海、南京、汉口、重庆、柳州、汕头、厦门、广州、北平、青岛、太原、南昌 12 座航站均建站屋及乘客候机室。

在中华人民共和国成立前夕，因时局动荡，航空公司在国统区所兴建的机场候机室均采用简易且易拆解的建筑材料（如活动板等），中央航空公司甚至在一些航空站还兴建木构草席房屋。如在 1947 年，桂林李家村机场由军用改为永久性民用机场后，在该机场的飞行区南部建有几栋竹木结构、木架篾墙抹泥的简易房屋，为机场工作人员工作生活和旅客候机专用，当时被称为“半边街”。至 1949 年 11 月，整个机场被毁，仅遗留复兴洞和部分地堡。另外，在青岛沧口机场、天津张贵庄机场和北京西郊机场等

美国驻军机场，中央航空公司和民航空运队直接利用驻华美军的半圆拱式军用活动房屋作为候机室。

4.2　近代机场场面规制及其典型实例分析

近代中国探索机场规制主要集中在两个时期：一是南京国民政府成立初期（20 世纪 20 年代末和 20 世纪 30 年代初）。这时期的国民政府要力推现代化的进程，同时又希望借助“航空救国”思想来提升备战抗日能力，近代中国的机场规划建设在这双重动力的推动下，与欧美国家的机场设计探索亦步亦趋，并以个体主创的形式创作出不少具有世界级水平的机场设计作品，然而受制于资金窘迫、抗日备战和时局紧迫等内外因素的影响，近代中国在这些为数不多的机场设计作品灵光闪现之后便再无探索性的先锋机场设计作品出现。二是南京国民政府后期（1945—1948 年）。抗战胜利后上海、南京、武汉等地重要民用机场的规划建设虽然仍在以追随世界机场设计新潮流为目标，但由于机场飞行区趋于标准化和实用化，且近代中国的机场规划设计已与世界机场设计主流脱节良久，仅能以直接模仿方式追随。尤其在 1947—1949 年国民政府民用航空局成立后的民用航空站快速发展期，急速增长的战后航空市场需求使得中国民用机场规划建设以直接照搬国外既有规范标准和应用实例为最快捷的建设方式。在这一短暂的时期中，中国民用机场规划建设深受国际民航组织标准以及美国商务部《机场手册》的影响，如南京大校场和明故宫、上海龙华及广州白云等地机场跑道道面设计直接采用国际民航组织的机场分类标准，上海虹桥、天津张贵庄等机场总平面规制沿用了美国商务部民航局颁布的机场设计规范，上海龙华机场航站大厦则直接借鉴美国华盛顿国家机场航站楼的设计蓝图。

4.2.1　20 世纪 20 年代欧美国家机场设计竞赛及设计理论的探索

第一次世界大战结束后的 20 世纪 20 年代是航空商业化快速发展的时期，伴随着民用航空业的普及，机场设计及其建设在欧美国家开始兴起，这时期的机场设计尚无定式，机场建筑形制和规模各异，为此先驱建筑师和工程师都在探讨机场总平面的规制，并提出了各种理想的机场设计方案，欧美国家还举办了一些机场设计竞赛，如 1928 年由英国皇家建筑师学会机场委员会举办的伦敦未来机场设计竞赛、1926 年的德国汉堡富尔斯比特尔（Fuhlsbüttel）机场设计竞赛、1934 年的斯德哥尔摩布罗马（Bromma）机场设计竞赛等。1929 年，美国波特兰水泥公司赞助举办了第一届全美现代机场设计竞赛——利哈伊（Lehigh）机场设计竞赛，建筑师和工程师们共提交了 257 件参赛设计作品，由建筑师弗朗西斯·凯利和市政工程师古力治等 9 名不同专业领域的专家组成的评审团评审出了 4 个奖项和 12 个荣誉奖。获奖作品多为西方古典主义风格的机场建筑和西方规则式园林风格的飞机场面构图。

1. 弗朗西斯·凯利的系列机场设计方案

美国哥伦比亚大学建筑学院的弗朗西斯·凯利（1889—1978 年）是 20 世纪 20 年代末和 30 年代初探索机场设计规制的先驱建筑师，曾经当过飞行员的凯利也是机场设计领域的权威。他先后提出了一系列的机场设计方案，包括“明日的机场”（tomorrow's airports）（1929 年 4 月）、纽约宾夕法尼亚火车站的飞机着陆平台（Landing Platform Facilities of Pennsylvania Railway Terminal）（1929 年 5 月）、“地下枢纽”（underground terminal）（1929 年 9 月）以及“远见卓识的机场设计”（visionary airport design）（20 世纪 20 年代）等诸多方案。凯利的机场设计作品以 1929 年 4 月设计的“明日的机场”方案最为典型（图 4-3），该方案设有大型圆形场面，可满足 44 架飞机同时起飞或着陆，场面圆心点位置耸立着高达 850 英尺（约 259m）的拱顶式酒店，该大楼设立在直径达 1500 英尺（约 457m）的高台上，起降的飞机可滑行进出其中，与汽车、地铁和铁路等交通方式进行换乘，大楼还涵盖供旅客使用的各种游泳池、咖啡厅、舞厅等设施，酒店屋顶制高点上还设有飞艇系泊杆。

上述方案均采取了机场建筑居于圆形场面中央的设计手法，这有利于旅客就近上下飞机，但中央航站区不可避免地对飞机升降区造成安全隐患，为此有两种优化方案：①采用爱尔兰都柏林机场的杜瓦尔

图 4-3 建筑师凯利设计的“明日的机场”方案
来源：Tomorrow's Airports：A Prophetic View of the Grand Central Station of the Air

（Duval）式布局模式，即将航站区设置在圆形机场边长以外地区；②探索机场地面建筑的地下化。例如，由哈维·威利·科比特（Harvey Wiley Corbett）设计、凯利绘制的“地下枢纽”（underground terminal）为罗盘式的着陆场方案，为避免建筑物成为飞机升降的障碍物，所有建筑设施均地下化，仅在圆心位置设置带有潜望镜的瞭望室，最底层的地下层“空气管”则供直达航空站的汽车和火车行驶之用。

2. 古力治提出的理想机场设计方案及其与凯利的合作方案

1928 年，担任纽约顾问工程师的古力治收集比较了欧洲现有 105 个机场用地的形状和尺度，对美国机场用地规模及构型进行了分析，并在《全国市政评论》杂志上发文提出了三个圆形场地的机场设计方案[①]。这三个圆形机场方案有共性之处，如采用直径为 7500 英尺（2286m）、用地近 1000 英亩（约 405hm^2）的圆形场地；中心圆区域都设置航站区，其外围区域为圆环形的飞机起降区；起降区域的外围边缘则为环形道路。出站时飞机由内向外起飞，入站时飞机向中心点下降。

1929 年 4 月，建筑师凯利与市政工程师古力治合作设计了与“明日的机场”概念类似的未来的蜂巢式机场模型（“Beehive” airport model）[②]，古力治主导该机场的飞行场面规划，圆形场面直径 7500 英尺（2286m），分设 22 条起飞或着陆跑道，每条跑道长 3000 英尺（914m），宽 350 英尺（约 107m）。凯利专注于地处场面圆心点位置的拱顶式酒店（高于纽约帝国大厦）设计，该大楼耸立在直径达 1500 英尺（457m）的高台上，起降的飞机可滑行进出其中，与汽车、地铁和铁路等交通方式进行换乘。酒店将建在拱顶式大楼的外壳，有着数百间带有浴室的客房。该方案的模型曾在纽约航空展展出，并有意在

① Ernest Payson Goodrich，Airports as a factor in city planning，Supplement to National Municipal Review，1928，Vol. 3，No. 3.

② Francis Keally，Tomorrow's Airports：A Prophetic View of the Grand Central Station of the Air，Nation's Business，1929，Vol. 17，Issue 4. 在凯利所提出的类似飞机场方案中，具体尺寸上还有圆形场面直径 6000 英尺（1829m），跑道长宽为 2500 英尺×300 英尺（约 762m×91m），酒店高 1000 英尺（约 305m）等不同的说法。

中国推广应用。凯利认为“中国通过极力发展航空业，立足于以公平的方式来消除阻碍东方文明发展的长久之落后，以在交通运输方面与最具前瞻性的国家并驾齐驱”。

3. 美国先锋机场设计方案对近代中国的影响

欧美各国的探索性机场设计作品对近代中国产生了较为直接的影响。例如，凯利的“远见卓识的机场设计”方案可能对吕彦直 1928 年 7 月设计完成的南京中央政治区规划草案有启迪作用。古力治不仅在《首都计划》提出了机场布局方案及飞机总站的设计方案，其提出的三种理想机场设计方案之二还于 20 世纪 30 年代由著名建筑学家梁思成、市政工程师张锐合作完成《天津特别市物质建设方案》中的“航空场站”章节中所直接引用。这时期欧美各国的机场设计尚处于探索之中，中国建筑师和工程师普遍缺乏机场专业规划领域的知识背景，梁张方案直接引用美国顾问古力治的方案当属情理之中。

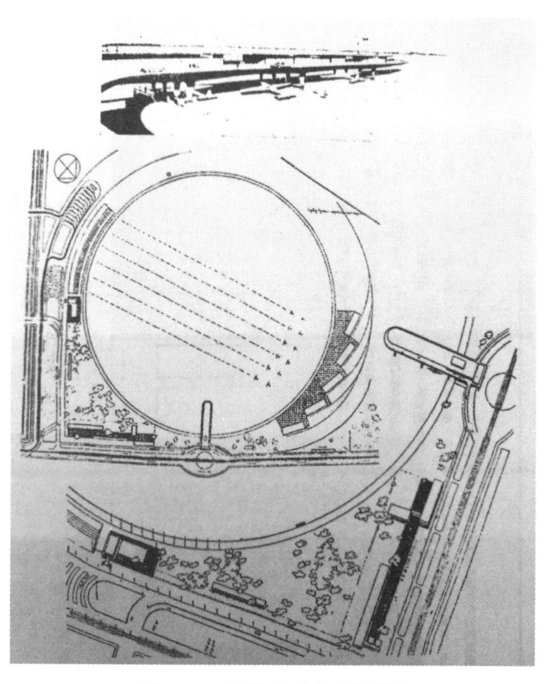

图 4-4　国外的飞机场图样

来源：《飞机场图样》

在 1932 年爆发“一・二八”淞沪抗战的背景下，上海的《建筑月刊》杂志秉承“本刊爱国不敢后人，对于建设航空，拟尽力供献刍荛”想法于 1933 年第 3 期刊登了《飞机场图样》（图 4-4），该理想机场设计方案采用了在停机指廊顶部设置环形汽车道的布局方式，迎送汽车直接开到对应航班的各飞机停机位处的指廊屋顶停靠，以期实现航空旅客陆空无缝接驳的上下机方式。笔者推测该图样应是源自欧美国家民用机场设计竞赛的获奖作品。同年该杂志第 4 期又引用了科比特与凯利合作设计的“地下枢纽”方案，并特意将其翻译为“地底飞机场”，将其作为防空型新式飞机场供军事当局参考（图 4-5），尽管该方案的设计初衷是构建使飞机在地面起降无障碍的飞机场和旅客在地下无缝衔接的航空综合交通枢纽。

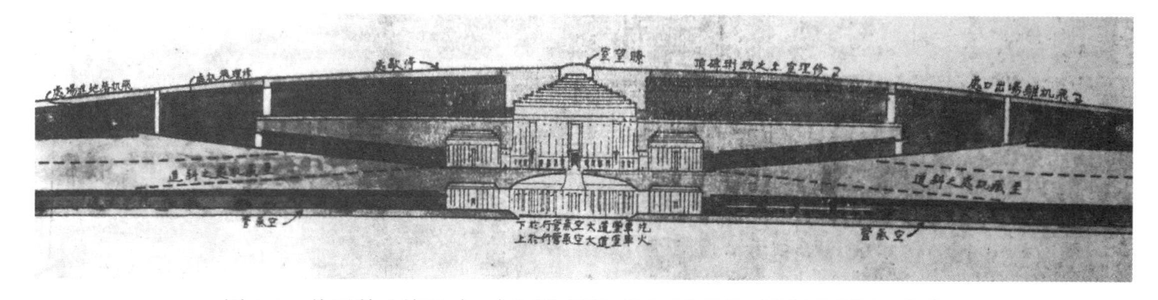

图 4-5　美国科比特设计、凯利绘制的“地下枢纽”（地底飞机场）方案

来源：《地底飞机场图样及表识》

4.2.2　南京国民政府成立初期的典型机场设计方案

近代中国以飞机为主体的航空技术严重依赖国外输入，当时的机场建筑在世界范围内尚属新兴建筑类型，机场设计也处于探索阶段，为此近代中国的机场规划方案普遍借鉴和参照欧美地区航空发达国家的设计理念和应用实例，尤其受到美国、德国、意大利等航空技术输出国的不同程度影响，使得近代中国机场总平面布局形式多样，跑道构型也丰富多端。近代中国在机场规划设计领域的探索主要集中在南京国民政府成立初期（1928—1934 年）。这时期以吕彦直《规划首都都市两区图案》（1928 年）、《首都

计划》(1929年)和《大上海计划》(1930年)为标志的近代中国城市规划开始起步，这些城市设计或城市规划作品逐渐将机场作为交通设施纳入其中，同时南京、上海及南昌等地的机场均对标欧美国家同期的大型飞机场进行规划建设。在1931年九一八事变、1932年淞沪抗战所激发的"航空救国"思想激励下，这时期的航空业发展和机场建设得到空前重视，南京、南昌等地的机场规划作品在当时世界范围内都具有一定的典型性和先进性。

南京国民政府成立初期，除了从城市规划角度探索机场规划建设之外，主管军事航空的国民政府军事委员会航空署和主管航空邮运的国民政府交通部都顺应着航空技术的发展趋势，更为务实地筹备重点机场的规划设计及其建设实施。这时期国民政府聘请的德国、意大利和美国等国的军事航空顾问对重要的军用机场规划建设有着直接的话语权和影响力，由于从这些国家引入飞机机型的差异性及其关联机场技术来源的多样性，再加上重要机场需要满足军用航空、民用航空、航空教育和航空制造等不同需求，导致20世纪20年代末至30年代初的中国机场在不同地域、不同时期呈现出多元化的规制特征，但总体上机场场面形状是"非方即圆"。

1. 茂飞和古力治主持《首都计划》中的飞机总站设计方案

南京国民政府成立初期的南京、上海和天津等地城市规划中的机场布局普遍借鉴了欧美国家的机场规划理念。尤其以美国茂飞建筑师和古力治工程师为首的国都技术处团队在南京《首都计划》的实践中，从城市规划、城市设计和机场设计方案等三个层面进行了前所未有的探索。在1929年12月正式颁布的《首都计划》中的"飞机场站之位置"章节中，在南京规划了沙洲、皇木场、红花圩和浦口及小营(既有机场)5个机场，其中地处中央政治区的中轴线对景为军事和政务性的红花圩机场。预留的沙洲飞机总站方案脱胎于古力治所提出的理想机场设计方案二，不过《首都计划》中的飞机总站方案中的圆形场面半径为1250m，中心圆半径则缩减为250m，由此拓展了飞机起降区的范围，也避免了中心圆区域内的建筑物成为飞机起降的障碍物。跑道最短距离为1080m，机场分为6期、每期按圆心角为60°的扇形用地逐步实施，而方案二不同的是其8条跑道长度是2500英尺(762m)，且是分8期、每期按圆心角为45°的扇形用地分期扩建的。

2. 周铁鸣设计的南京明故宫机场方案(1930年)和天津东局子机场方案(1931年)

1930年，国民政府交通部技士周铁鸣出版《全国邮运航空实施计划书》，该书参照了美国商务部商务航空局颁布的《美国商务部之航空站等级章则》等机场设计规范标准。该书所附录由周铁鸣设计的"交通部沪汉航空处南京站飞机场"图案已获得交通部的正式审定，并予以逐步实施(图4-6)。规划的机场场面呈方形，内设由2条对角线相交跑道和2条直角边跑道构成的4条交叉跑道，跑道端部设有圆形掉头坪，掉头坪内直径200英尺(约61m)，外直径400英尺(约122m)，跑道宽100英尺(约30m)，其两侧的升降带各宽100英尺(约30m)。机场西侧设置管理处、飞机库、修理工厂、汽车房等。机场的主跑道朝向按照南京城市主导风向布置，确定飞机起降的最佳跑道方向为东南-西北方向，为增加侧风条件下的飞机起降能力，沿主要侧风方向240°(或60°)也相应增设一条副跑道，由此机场首期工程形成主、副交叉跑道构型。

1931年周铁鸣技士又受交通部委派为天津新建机场选址规划，他选定的东局子新机场地处万国赛马场之西，占地371832.12m^2，其规划方案与南京明故宫机场方案类似，也是由2条斜向交叉和2条直角交叉跑道构成的4条跑道构型[①]，其中东南角至西北角跑道长2807英尺(约856m)，西南角至东北角跑道长2389英尺(约728m)，正东角至正西角跑道长2519英尺(约768m)，正西角至正北角跑道长2164英尺(约660m)，跑道宽均为300英尺(约91m)。

3. 上海龙华机场的交叉跑道设计方案(1933年、1936年)

1933年，应中美合资的中国航空公司邀请，著名建筑师茂飞为上海龙华机场设计了"中国航空进口港"(The China National Airport-of-Entry)规划图。与古力治主持的1929年南京《首都计划》中的

① 铁鸣:《天津飞机场站建筑计划》，载《飞报》1931年11月2日。

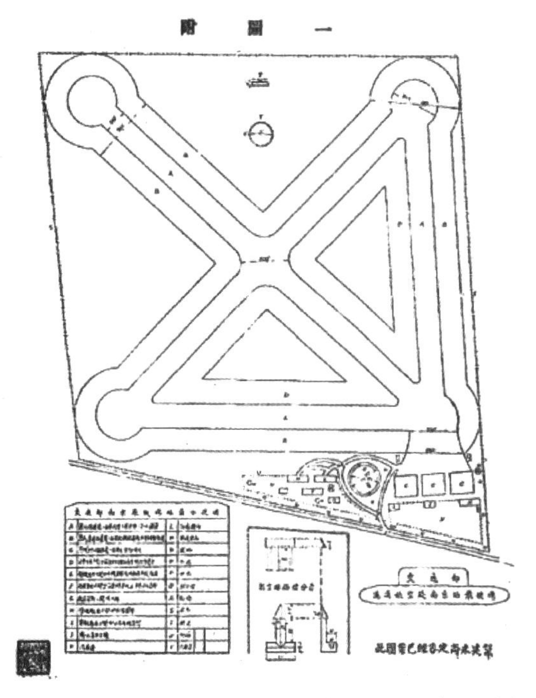

图 4-6　周铁鸣设计的“交通部沪汉航空处南京站飞机场”图案（1930 年）

来源：《全国邮运航空实施计划书》

圆形机场规划方案不同，龙华水陆两用机场方案为 3 条交叉跑道构成的矩形场面，其跑道交叉处为中华民国国民政府国徽图样，航空站前侧镶嵌有“上海”两个大字，图文标志均有目视助航功能（图 4-7）。该图样“拟陆机场南北长二千四百呎、东西广三千呎，水机场利用浦江一切设备，均臻最新式，估计经费约近二百万元之谱云。堪与法国巴黎之勒蒲尔杰、德国柏林之腾丕尔霍夫、美国之罗斯福及布班克等航空港相媲美”①。1936 年，由上海市政府主导的龙华机场规划重新调整为与南京明故宫机场类似的“方形场面、对角线十字交叉跑道”的总平面布局形式。

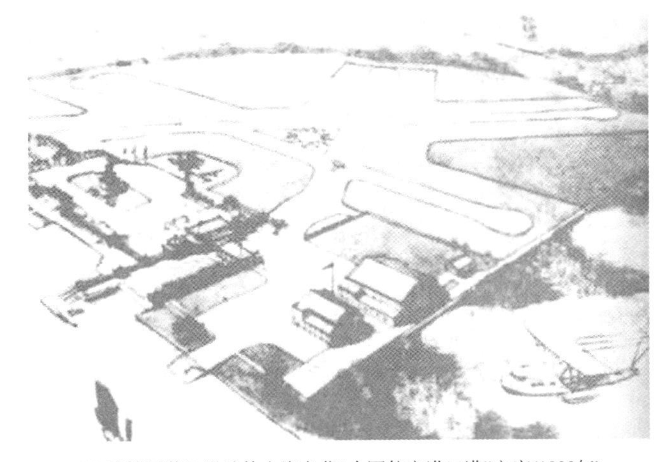

(a) 建筑师茂飞设计的上海龙华“中国航空进口港”方案(1933年)

(b) 美国大西洋城机场的鸟瞰(1932年)

图 4-7　茂飞设计的上海龙华“中国航空进口港”方案与美国大西洋城机场的比较

来源：(a)《老上海风情录（二）——交通揽胜卷》；

(b) https：//digital. hagley. org/islandora/search/Atlantic City Airport？ type=edismax&

① 1933 年 9 月 25 日《申报》报道“龙华将成大飞行港美国建筑家墨斐已绘有图样”，所对标的英国伦敦克罗伊登机场指“Croydon Airport”，巴黎勒蒲尔杰指“Le Bourget Airport”，柏林腾丕尔霍夫指“Tempelhof Airport”，罗斯福及布班克分别是指美国纽约长岛“Roosevelt airport”和洛杉矶的“Burbank Airport”。

4. 南京大校场军用机场的设计方案（1930年）

1928年7月24日，国民政府军事委员会指示航空处在南京江宁镇秣陵关选址新建机场，统筹设置航空处、航空学校、飞机队和飞机工厂①。但建成后的“大校场场面虽有六百公尺，因须建设需要厂所等，尚不敷用，并据德国顾问卢斯本迭称该场至少须扩充至一千公尺”②。为此国民政府军政部航空署致函土地局，征收大校场土地703.744亩，拟东面扩充100m，西面扩充300m，南面扩充400m，合原有机场共为1000m见方。大校场机场扩建工程由南京蔡君锡主持的“同济建筑无限公司”设计和包工建设，该公司的主要成员均为留德的同济毕业生。“全场建筑均仿效德国最新式之飞机场”，推测同济建筑公司的机场设计原型来源于德国建筑师弗里德里希·戴森（Friedrich Dyrssen）和彼得·阿弗霍夫（Peter Averhoff）设计的汉堡富尔斯比特尔机场（1926—1929年）（该机场的圆形场面半径为500m），以及鲍尔（Paul）和克劳斯·恩格勒（Klaus Engler）设计的柏林滕珀尔霍夫机场（1926—1929年）。这两个机场在1926年分别举行了机场设计竞赛，实施方案中的航站区都已移至机场起降区的外侧，且采用航空站居于两大机库之间的建筑群组合方式。但由于大校场机场功能多样，规模庞大，其总平面规划更为复杂和大气，该机场设计方案本身无愧为“我国首屈一指之最新式飞机场”。

依据1931年《航空杂志》所展示的“首都飞机场未来计划之一”，该方案总体布局中轴对称，以东西向主干道为界分为北面的航空学校和南面的飞行场两大部分，机场是以教学办公楼为构图中心，主要航空站建筑居飞行区中央，两侧分设停机坪及其多组机库，每座标准机库室内可容纳3个停机位；圆形飞行场周边设有圆环状车行道，两侧有通道进出飞行场和校区。该机场总造价为30万元，其中建筑费用便占22万元。大校场机场于1930年夏开工，次年年底完工。受制于资金不足、航校迁址等因素，大校场机场的实际建设相比该规划图大为简化，仅在机场北端建有一大一小飞机库，其中小机库可容纳水陆两用飞机30架，大机库则可容纳飞机60架，机库采用可具有防火功能的弹性金属薄板屋面，由德国姜克尔工厂生产，两机库中间位置为用于飞机修理和组装的飞机修理工厂，3层的教学办公楼设置在机库的北侧，用于教职员办公兼作航空班学员宿舍（图4-8）。

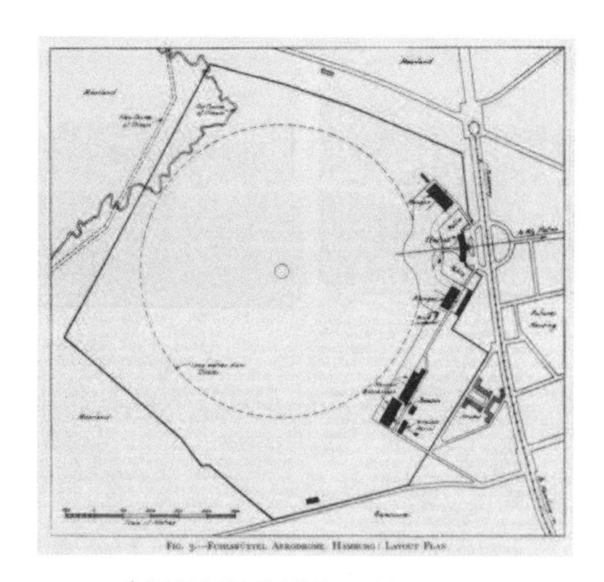

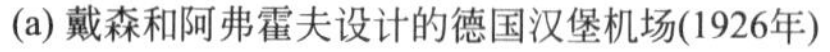

(a) 戴森和阿弗霍夫设计的德国汉堡机场(1926年)

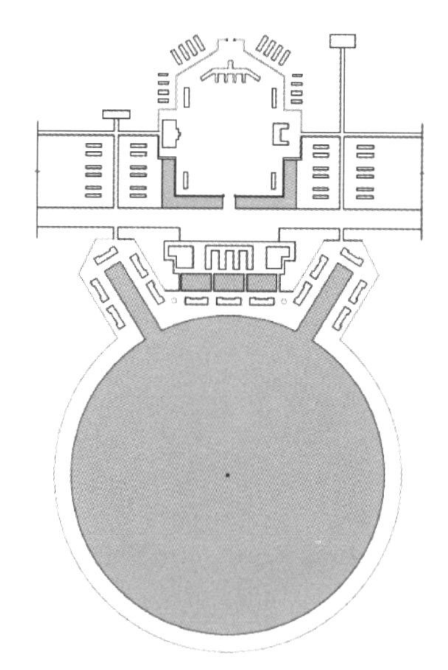

(b) 同济建筑公司设计的“首都飞机场未来计划”(1930年)

图4-8　德国汉堡机场和南京大校场机场的设计方案比较

来源：《航空杂志》，1931年第2卷第1期，项目组描绘

① 指令：国民政府军事委员会指令：参字第二三九六号（中华国民十七年七月二十四日）：令航空处处长张静愚：呈一件为拟拓飞机场给图呈请核示由（参看本期签呈栏）。

② 《航空署扩充大校场用官地案》，载《首都市政公报》，1929年8月29日。

5. 南昌青云谱机场及航空委员会第二飞机修理厂的设计方案（1934 年）

南昌青云谱机场及航空委员会第二飞机修理厂于 1934 年 8 月 1 日动工，至 1936 年全部建成投产，成为当时中国最大的机场，波音飞机公司远东地区经理威利伍德・B. 比尔（Weliwood B. Beall）曾在 1935 年 8 月的记者招待会上赞誉即将完工的南昌新机场将与德国柏林滕珀尔霍夫机场、法国巴黎布尔歇机场、英国伦敦克罗伊登机场以及美国堪萨斯的伦道夫机场媲美①。该机场总体构图新颖，罕见地采用了呈东西朝向的飞机平面形状的布局形式，以东西向的中轴路为对称轴线，以陆侧和空侧交界点——指挥塔台为构图中心，塔台两翼各自呈钝角地对称布局有 4 座建筑形制完全相同的标准化飞机库，其西侧的飞机修理厂厂区，其东面为飞行区，推测由 2 条交叉跑道构成，已建成一条西南-东北向的跑道。这一布局形式既满足了飞机维修制造的工艺流程需求，又蕴含了飞机展翅高飞的象征意义。南昌青云谱机场的总平面规划是近代中国航空史中罕见的高标准、全新的机场规制，在近现代机场建设史中具有独一无二的特定历史地位。

南昌青云谱机场由国民政府所聘请的意大利航空使团中的航空工程师尼古拉・加兰特（Nicola Galante）少校主持设计，其设计原型源自伦敦米德尔塞克斯郡的赫斯顿空中花园机场（Heston Air Park）总体规划方案（图 4-9），该方案由英国皇家建筑师学会建筑师奥斯丁（Leslie Magnus Austin）（1896—1975 年）于 1929 年设计。该机场是英国第一座革命性的机场，也是英国继克罗伊登之后的第二个商业机场，其总平面整体呈现飞机平面状布局，以箱状航站楼为飞行俱乐部的构图中心，构成机头；两侧分别设有斜向排列两排仓储机库和维修机库，如同机翼；进场路中轴笔直布局，形如机身。

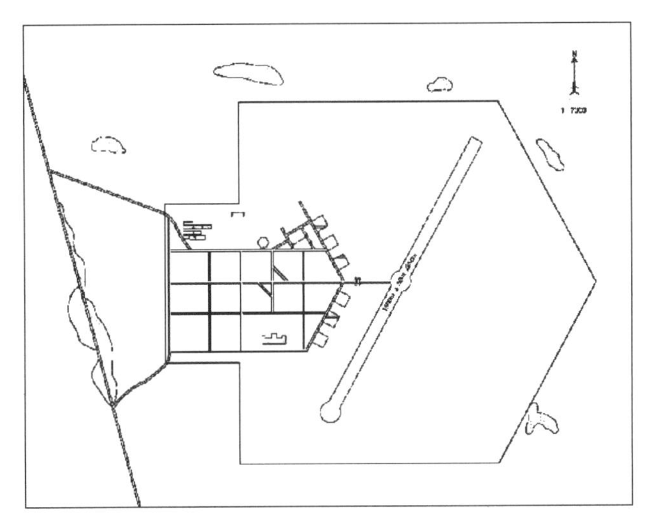

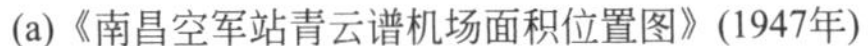
(a)《南昌空军站青云谱机场面积位置图》(1947年)

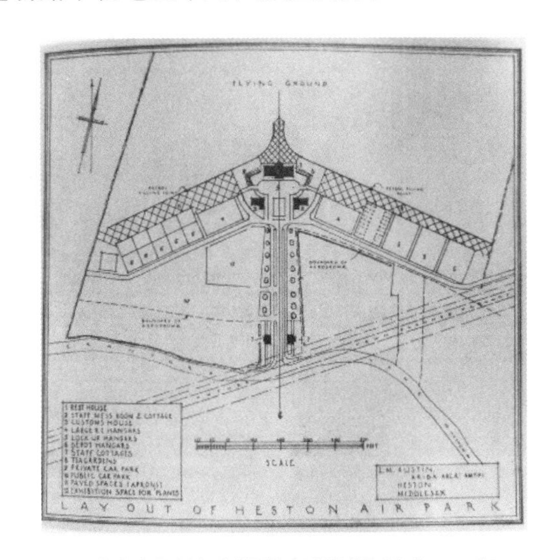

(b) 伦敦豪斯顿空中花园机场总体规划方案(1929年)

图 4-9　南昌青云谱机场和伦敦豪斯顿空中花园机场的总平面布局比较

来源：(a) 南昌市档案馆馆藏档案号 006-03-1974-013，项目组描绘；

(b) The Architecture of British Transport in the Twentieth Century

4.2.3　全面抗战时期的军用机场总平面规制及其典型机场实例

全面抗战时期，军用机场的规划建设以满足军用飞机频繁而快速起降、防范空袭的双重需求为主要目标，为此以飞行区为主体的军用机场总平面规制快速演进：一方面，是无跑道的机场场面过渡到单一跑道构型；另一方面，是滑行道系统逐步取代跑道端的掉头坪，以满足军用飞机快速脱离跑道的作战需求。另外，对于飞行区以外的军用机场其他设施部分则呈现自由、分散和隐蔽式的布局态势，以避免空

① Zhu Jiahua. *China's Postal Services: Commercial Aviation*, 1990.

袭造成严重的损失（图 4-10）。

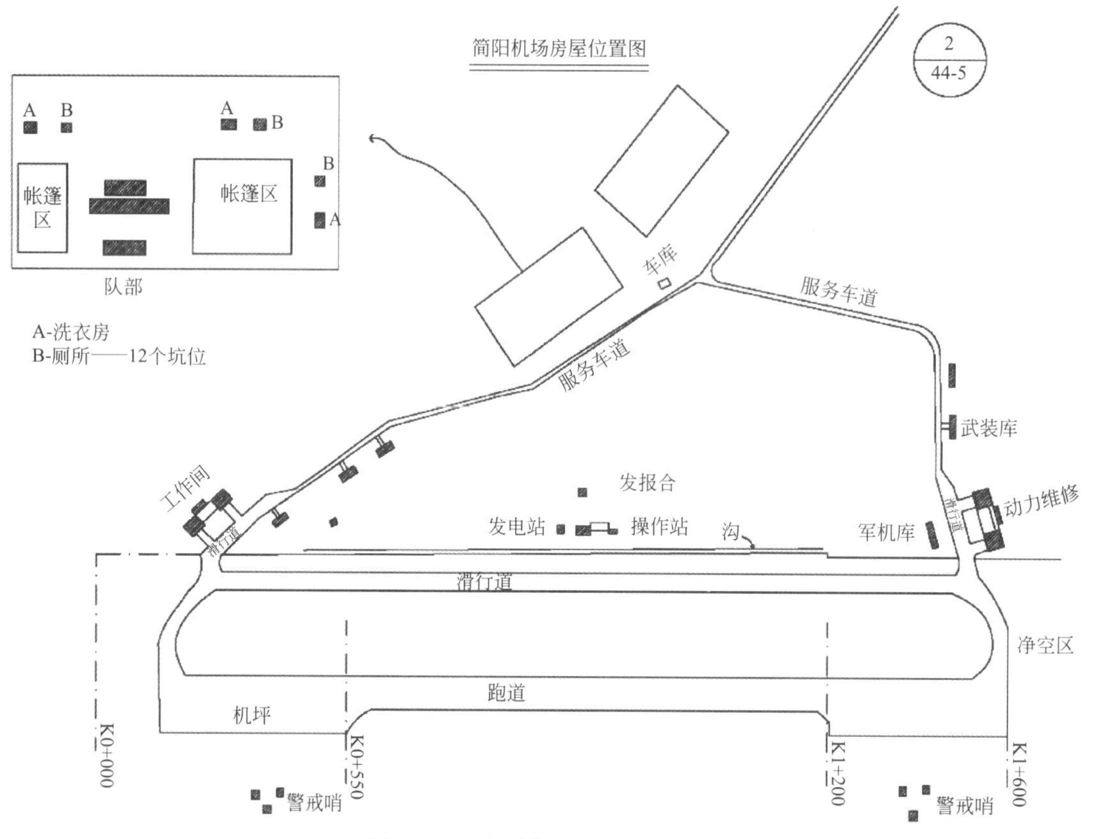

图 4-10　四川简阳机场房屋位置图

来源：项目组根据云南省档案馆馆藏档案描绘

1. 国统区典型的军用机场总平面规制

抗战中后期，为满足驻华美军对日空战的需求，在西南地区建设了大量遵循美军机场技术标准的军用机场，这些机场占地面积大，建设标准高。国统区驻华美军所使用的机场普遍为单一的跑道，通过跑道四周复杂的滑行道系统快速疏散飞机，且在紧急情况下滑行道也可用于飞机起降。从 1941 年年底开始至抗战胜利，为了满足驻华美军对日空战、开辟“驼峰航线”和实施“马特霍恩计划”（Operation Matterhorn）等战时需求，在云、贵、川地区新建和扩建昆明、呈贡、沾益、羊街、新津、旧州等一大批军用机场，这些机场的总平面规制普遍由单一的跑道和自由布局的滑行道组成（图 4-11）。

(a) 昆明巫家坝机场跑道及其滑行道构型

(b) 云南沾益机场跑道及其滑行道构型

图 4-11　昆明巫家坝机场和云南沾益机场的跑道与滑行道系统布局比较

来源：美国国家档案馆，编纂目录：179R-21 和 181R-6

2. 沦陷区典型的军用机场总平面规制

抗战时期侵华日军的航空基地普遍由单一跑道过渡到主、副跑道十字交叉的跑道系统。例如，1931 年建成启用的广州天河机场原为广东航空学校的飞行训练基地，其圆形的飞行场面直径为 1000m。1940 年，侵华日军将天河机场大肆扩建为 2 条十字交叉的简易水泥跑道，其中南北方向的主跑道长 1400m、宽 60m、厚 0.1m，为水泥混凝土道面；东西向的副跑道长 1000m、宽 80m、厚 0.1m，为泥结碎石道面。副跑道在主跑道北端 1/3 处十字相交。至此天河机场由圆形飞行场面逐渐演变为十字形主副跑道构型。

侵华日军既为了向东南亚地区运送兵员及军用战备物资，也为了形成对中国沿海国际通道的封锁，从 1940 年夏开始着手建设海南榆林港航空基地，该大型军用机场直至 1943 年冬才建成。机场占地面积 528 万 m^2，其中飞行区占地面积 4.8 万 m^2。机场主要由 2 条呈十字交叉跑道构成，其中主跑道长 1400m、宽 60m、厚 0.3m；副跑道长度 1000m、宽 55m、厚度为 0.3m（碎石片垫层厚 0.2m，水泥混凝土道面厚 0.1m）。与同为十字交叉跑道的广州天河机场相比，海南榆林港机场的跑道及其滑行道体系已趋于成形（图 4-12）。

(a) 广州天河机场十字交叉形跑道构型

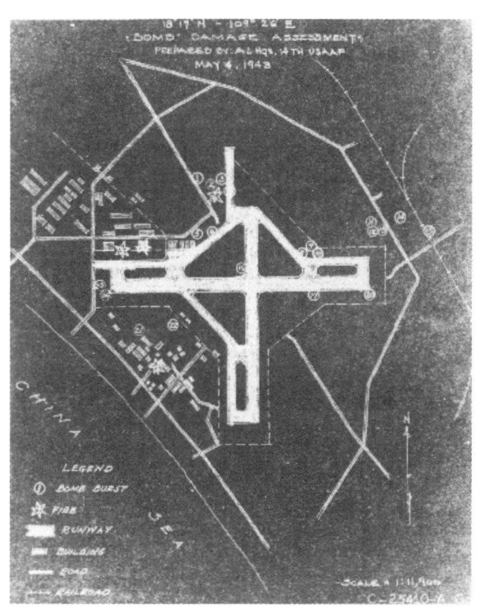

(b) 海南榆林港机场十字交叉形跑道及其滑行道构型

图 4-12　广州天河机场（1943 年 1 月 1 日）和海南榆林港机场的总平面布局比较（1943 年 5 月 10 日）

来源：美国国家档案馆，编纂目录：A2629 和 A2903

4.2.4　抗战胜利后的典型机场实施方案及其设计原型

1. 典型机场总平面规制的演变历程

抗战胜利后，随着大型民航飞机投入使用和飞机起降的频繁，民用机场的滑行道逐步取代跑道端的掉头坪，主副交叉跑道逐渐简化为单一的跑道构型。在临时国际民航组织出台了国际通用机场道面设计标准的背景下，机场飞行区设计逐渐简化，机场跑道设计趋于规范化。这时期的中国民用机场既需要改造加强原有的机场跑道强度，又要优化提升能够顺应现代民航发展需求的机场跑道构型。

抗战胜利前后，国民政府空军和交通部先后派遣多批航空人员考察美国，见习学习了美国民航运营和管理知识，1947 年 1 月新成立的民航局更是积极引入有关美国机场设计理论技术的专业书籍和资料，如交通部技正戴志昂撰文《民用航空场站设计》介绍了美国各式航站布置示意图（图 4-13），这时期他已经意识到以美国纽约艾德怀德机场（Idlewild Airport）（1943—1948 年）和芝加哥道格拉斯机场（Douglass Airport）（1946—1958 年）为代表的现代机场设计技术的发展趋势，这两个机场均采用由 12

条跑道围绕椭圆形航站区构成的切线式布局模式。但民航局技术人员在着手进行上海虹桥、天津张贵庄等地的机场规划之际，仍基本参照了美国商务部民用航空局于 1944 年 4 月 1 日发布的《机场设计》手册中的标准方案。

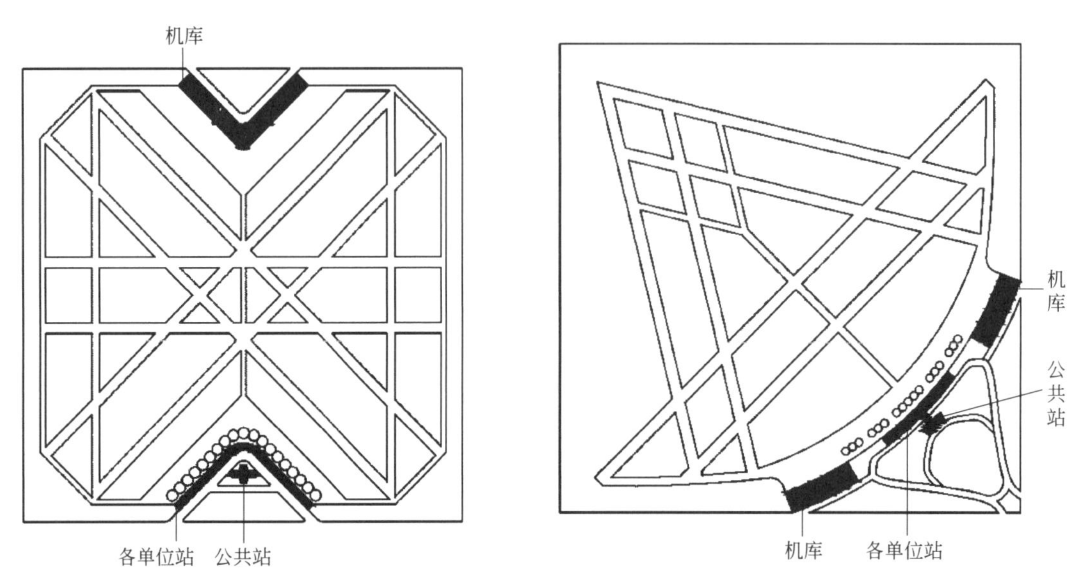

图 4-13　国民政府交通部技正戴志昂撰文介绍的美国各式航站布置示意图
来源：《民用航空场站设计（上）》

1947 年 10 月 18 日，由国民政府民用航空局上海龙华航站工程处设计的“上海虹桥机场修建计划草图”为 4 对相互交叉的平行跑道构型，其理想原型是美国民航局发布的《机场设计》（1944 年）手册中的“5-A”号方形机场总平面规划方案，该机场用地为 1 英里（约 1.6km）见方；参照实例为 1926 年建成的芝加哥都市机场（1946 年更名为“中途机场”）（图 4-14），该方形机场斜向交叉跑道的尺寸同为 7000 英尺×200 英尺（2134m×61m）①。与其不同的虹桥机场方案为南北向平行跑道为主的矩形飞行场面，且该对主跑道的间距拉大，以满足现代飞机同时起降的需求。虹桥机场规划方案实际上直接参照了 1943 年美国建筑师德拉诺和奥尔德里奇在《大众科学》杂志上发布的纽约艾德华德机场总体规划方案，该方案也是汲取了 1929 年“利哈伊机场设计竞赛”获奖作品以及芝加哥中途机场实例应用基础上的(图 4-15)。

而民航局天津航空站于 1948 年 9 月编制的《增修张贵庄机场计划书》中的机场规划方案主要由 4 条交叉跑道构成（主副跑道各 2 条，长宽各为 2150m×75m 和 1500m×60m），参照了美国民航局《机场手册》中的 6 号机场总平面规划方案，不过天津机场采用了掉头坪和滑行道共存的格局（图 4-16）。

2. 典型的现代机场总平面规制方案

抗战胜利后，随着飞机机型的加大和加重，机场跑道长度进一步延长，跑道道面承载强度也相应地要求增大；而随着飞机起降的频繁，以往以中点相交的三条交叉跑道构型已沦为运行安全和效率滞后的跑道构型，这时期各地新建机场出现更为务实的机场跑道构型设计方案。如 1946 年，因上海龙华机场新建一条长达 10000 英尺（约 3048m）的南北向主跑道难度较大，由上海工务局编制了在浦东陆家嘴新建占地 4700 亩（约 3.133km^2）的大型民用机场方案，该机场用地呈梯形，跑道构型采用罕见的直角三角形，由两条 1500m 长的直角边跑道和一条长 2000m 的斜边跑道组成的“一主两辅”跑道构型，不仅满足大型机场频繁起降的需求，并且与陆家嘴地形相吻合（图 4-17）。又如 1948 年，天津市工务局拟定了《天津市市内机场计划概要》，提出在市区附近新建国际民航组织 B 类标准机场的计划，该机场为 2 条斜向小角度交叉的混凝土跑道，跑道长宽均为 1830m×61m，每条跑道配置碎石基滑行

① United States Civil Aeronautics Administration. Airport design. Washington，DC，United States Department of Commerce，1944。

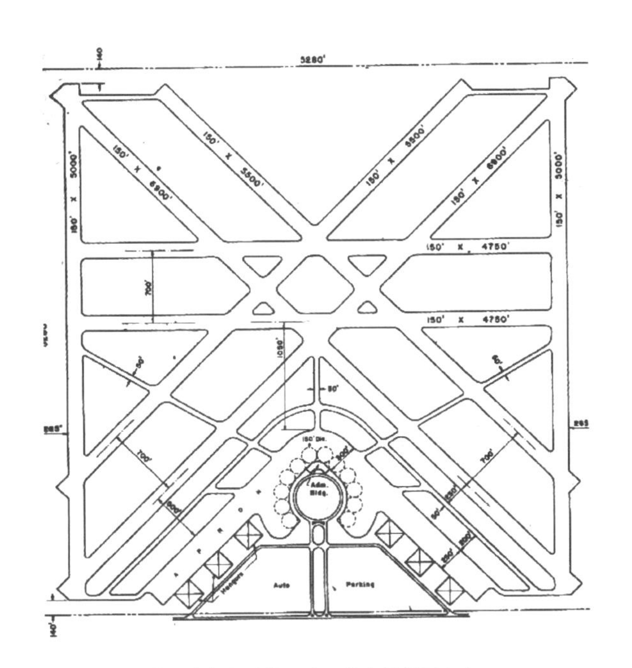

(a) 美国商务部民航局建议航空站规划方案5-A

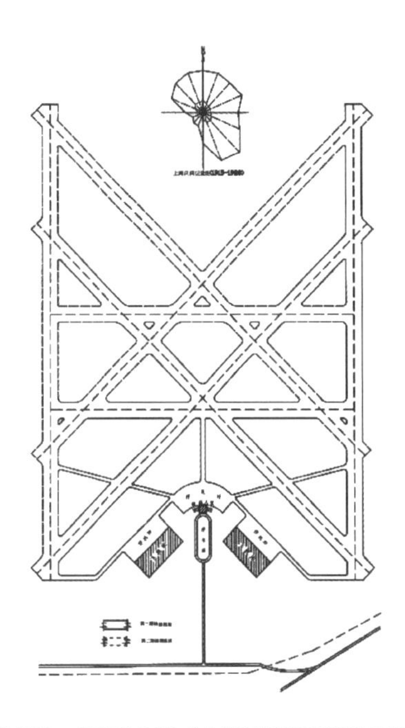

(b) 龙华航站工程处编制的“上海虹桥机场修建计划草图”

图 4-14　美国商务部民航局与国民政府交通部编制的机场规划方案比较

来源：Airport Design；上海档案馆，馆藏档案 Y12-1-76-29，作者描绘

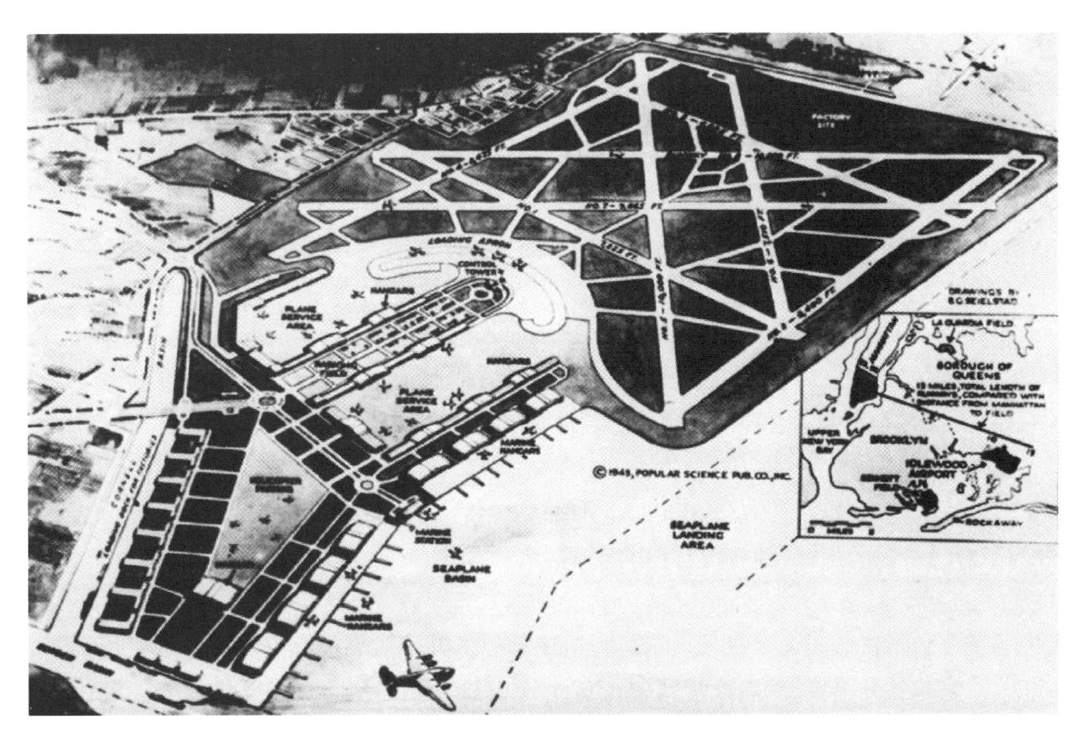

图 4-15　美国建筑师德拉诺和奥尔德里奇设计的艾德华德机场方案（1943）

来源：Popular Science Pub. Co. Inc.

道各 1 条。这些简洁而实用的跑道构型业已顺应了第二次世界大战后现代民航业快速发展的新需求和新趋势。

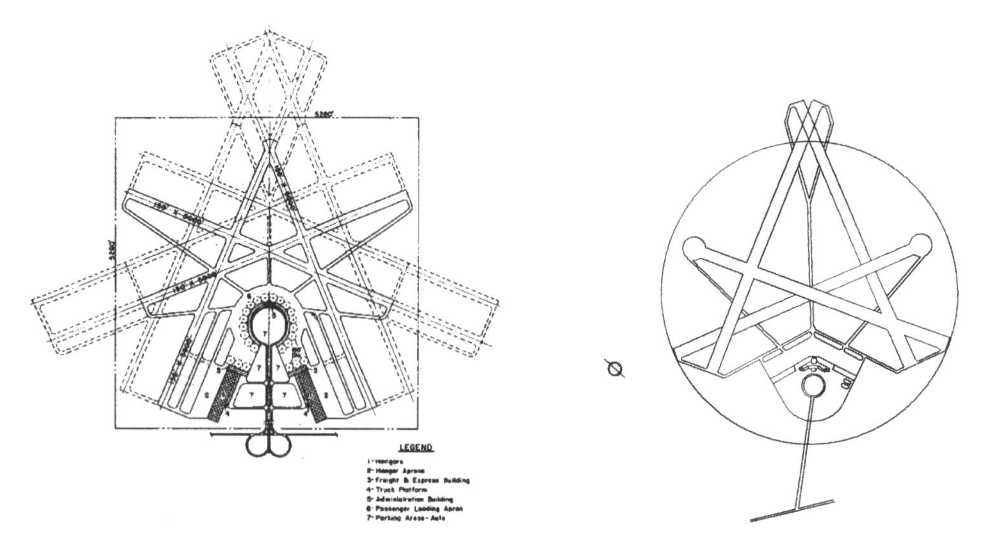

(a) 美国商务部民航局建议航空站规划方案六　　(b) 天津航空站提出的张贵庄机场扩修计划图

图 4-16　美国商务部民航局与国民政府交通部编制的机场规划方案比较

来源：(a) 美国民航局 Airport Design (1944)；(b) 天津档案馆，馆藏档案 J0002-2-000843-049，项目组描绘

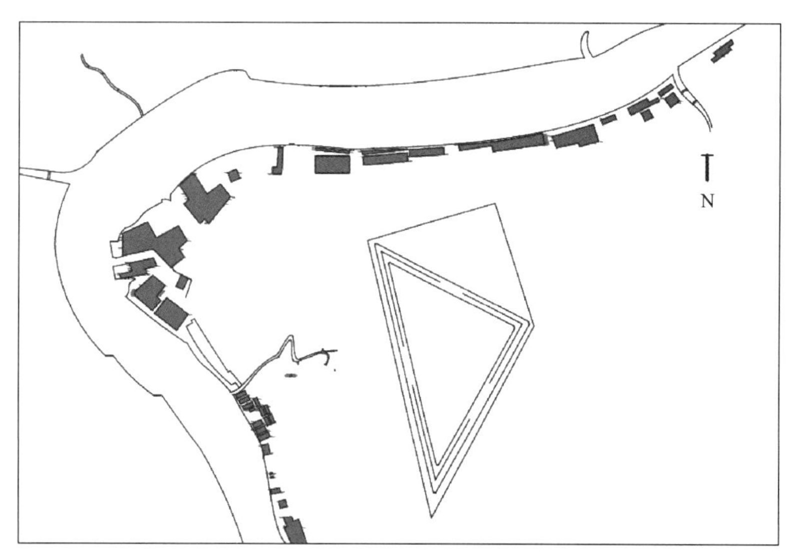

图 4-17　上海市公用局拟定的浦东机场总平面示意图

来源：上海档案馆馆藏档案 Q5-3-5573——上海公用局收回龙华飞行港案，项目组描绘

4.3　近代机场场面及跑道构型的演进

近代机场主要包括机场场面和机场建筑两大组成部分。其中供飞机起降和停驻的机场场面是近代机场的主体部分，它包括升降带/着陆地带（Landing strip/Landing Area）和停机坪等。近代机场建筑通常包括飞机场管理处办公室、飞机库及飞机修理厂、指挥塔台、油库以及机械电力、消防处等。而近代民用机场特有的建筑包括候机室、旅馆及公共汽车站等，近代军用机场特有的建筑则包括飞机窝（飞机堡）、油弹库和围场河等军用设施。

机场场面随着飞机机型的进步越发受到重视，它需要不断适应近代飞机机型的频繁换型升级。从航空技术进步需求和航空安全保障的角度来看，近代机场场面的规划设计趋于规范化，这也是中国近代机场规划建设逐渐成熟的标志。根据机场场面的建设特性及适应飞机的渐次发展规律，可将我国近代机场发展历程分为以下 5 个阶段：

4.3.1 近代机场场面及跑道构型演进发展阶段的划分

1. 20 世纪 10—20 年代机场场面及跑道构型的发展历程及其建设特征

20 世纪 10 年代的飞机飞行速度慢、重量轻，所需要的机场起降面积普遍不大，飞机实际起降长度在 150m 左右，仅需要一块碾压平整的土质起降场地即可。这时期的机场布局无定式，为自由式的非规整布局，多根据地形地貌因陋就简地草草筑成，各个机场场面形状不尽相同，如早期武汉南湖机场占地 960 亩，场面呈 800m 见方的不规则形状（图 4-18）。还有不少机场由既有的练兵场、赛马场等临时使用或改造而成，如北京南苑机场、上海江湾跑马场等。

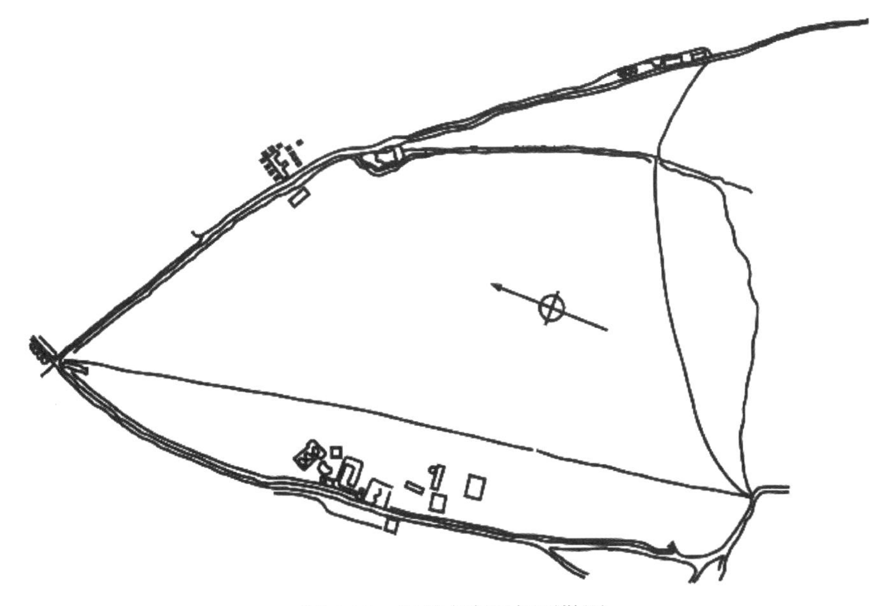

图 4-18　武昌南湖机场测勘图

来源：湖北省档案馆馆藏档案 LS001-005-1044-0004，湖北省建设厅关于办理飞机场站情形的呈文及湖北省政府指令，项目组描绘

至 20 世纪 20 年代，重要的新建机场从规划设计、建设施工，再到运营管理逐渐步入正轨，机场场面趋于由不规整场面阶段向规整场面阶段过渡，但机场场面形式多样，规整的机场场面普遍非圆即方，也有三角形、矩形和曲尺形等诸多形状。这时期我国的机场尚未出现铺筑人工道面的记载，也没有专供飞机起降的硬化跑道。其飞机的实际升降范围一般在长 300～400m、宽 15m 的幅度内，机场场面相应地在 400m 见方的范围内。例如，1924 年 3 月，国民军第三航空司令部和保定航空教练所在郑州京汉线以西、陇海公园以北的平地上设立飞行场，其长不过 500m，宽不及 300m。这时期的机场导航、助航设备仅有风向标和文字标记，主要供飞机目视起降。如云南元谋县于 1929 年 9 月修筑的飞机场占地面积 597 亩，机场场面南北长 700m，东西宽 600m。场面中心以石灰做成 8 丈长的中心圈；场面四角用石灰做成“东、南、西、北”四个大字，又在场面南端立有白色风袋的风向标。

2. 20 世纪 30 年代初期的机场场面及跑道构型的发展历程及其建设特征

随着飞机尺寸、重量及起降速度的逐渐增加，20 世纪 30 年代初期的机场场面尺寸进一步增大，机场用地规模持续扩大，而承载能力有限的碾压土质场面已不能满足大中型飞机的起降要求，且在雨季时候，机场场面常泥泞不堪，于是顺应主导风向设置带状硬化铺装道面的跑道在南京、上海、南昌等地机场陆续出现，其道面多以泥结碎石或三合土结构道面为主。例如，1932 年秋始建的宁波机场场面东西长 1009m，南北宽 702m，建有一条长约 500m、宽 10m 的泥结碎石跑道。1934 年上海龙华机场建成国内第一条由炉渣和碎砖铺筑的硬化跑道，而后南京、青岛等其他城市先后仿效建设机场跑道。这时期的机场场面通常按照飞机重量不超过 3 万磅（约 13.6t）的起降标准设计。

由于机场铺装道面的成本相对较高，硬化道面的长宽比进一步加大，跑道趋于扁长化。这时期的机场场面形状也逐渐与长条状的跑道构型相匹配，机场趋于由方形场面向矩形场面转变，其长向方向与机场所在地的主导风向保持一致。机场基本上为单跑道构型，且铺装跑道、停机坪逐渐与机场场面区分开来。如1934年扩建的上海虹桥机场南北长1050m，东西宽850m，而同年建成的南昌青云浦机场南北长1680m、东西宽1120m，为当时全国最大的机场，上述机场均可供意大利制造的“菲亚特”等重型轰炸机起落。根据机场性质和重要程度，机场场面长边通常在500～1000m范围之内选用，例如1932年的广西涠洲机场按照要求要将长边扩至1500英尺（约457m），阔边扩至1200英尺（约366m），后来尽地之长，按规定的最低限度筑成长阔各边均为1200英尺（约366m）的场面。这时期的跑道端部设置有掉头坪，以提高跑道容量和满足飞机频繁起降的需求。

重要军用机场需多在机场周边沿线设置围场河，一方面是为了机场地区的排沥防洪；另一方面是考虑安全警戒的需求，相当于机场的围网，如南京大校场和上海龙华等机场外围均设有围场河。此外，河南归德机场在矩形的场面四周挖有用于守护拱卫机场的护城河式壕沟，类似于围场河功能，场面四角还设有防御性的堡垒式战壕（图4-19）。

图4-19　河南归德临时军用机场鸟瞰

来源：《航空杂志》1930年第1卷第10期

3. 全面抗战爆发初期的机场场面及跑道构型的发展历程及其建设特征

在全面抗战之初，为满足作战飞机同时频繁起降的需求，机场场面呈现多向延展的趋势，曲尺形的机场场面是可满足飞机同时多方位起降需求的场面形状，如1938年汉口王家墩航空基地场面呈L形，并增建了一条斜边方向的硬化铺装跑道，其两端设有圆形的掉头坪。同年，云南昭通城东新建的机场为曲尺形场面，其直角外边长1200m、直角内边长700m，场面短边宽500m（图4-20）。这时期的军用机场开始设有起飞线（或停机线）停机坪，以便飞机快速起飞迎敌。通常飞机集中或分散停在停机坪内，起飞时滑出停机线，停在起飞位置，等待领队发出信号再编队起飞。这时期的机场普遍为单一跑道构型，很容易因遭受空袭而导致整个军用机场陷于瘫痪，且不利于军用飞机快速编队起降，并且对侧风的适应性较差，无法保障作战飞机在各种风向情况下的紧急逆风起降。这时期国民政府航空委员会在洛阳、南昌、南京等航空基地设置的诸多大型军用机库大多遭到侵华空军的轰炸而遭损毁，而相比之下，分散且简易的飞机窝（或称“飞机堡”“飞机掩体”）的防护效果反而甚于机库。

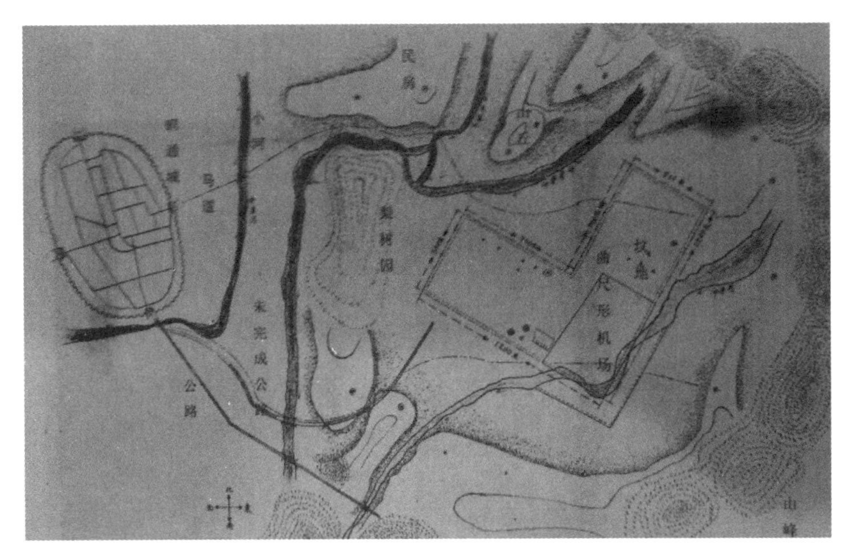

图 4-20　云南昭通机场（曲尺形跑道）（1938 年）

来源：《抗战时期的云南——档案史料汇编（上）》

4. 抗战中后期的机场场面和跑道构型的发展历程及其建设特征

在抗战中后期，重要的军用机场跑道常形成由主副跑道组成的多跑道构型，可满足作战飞机在多种风向条件下的编队快速起降。军用机场的主跑道和副跑道在尺寸、道面结构及使用率等方面有显著区别。如陕西汉中机场的主跑道长宽为 1200m×40m，而副跑道则为 1200m×30m，扩建后的主跑道为 2300m×60m×0.5m，副跑道则为 1600m×40m×0.3m。为了提高跑道容量和利用效率，军用机场还采取设置滑行道的方式逐渐取代在跑道端设置圆形回转坪的做法。

在抗战后期，随着美制大型军用飞机大量地在中国战区投入作战，国统区的军用机场用地规模和设施水平有了空前发展，其机场跑道设计以美制军用运输机、驱逐机或轰炸机为设计机型，跑道尺寸参照美国军用机场标准设计，机场总体布局采用灵活分散的布局形式，以满足作战实际需求为导向，不再拘泥于规整有序的固化布局模式。为满足大型飞机起降的需求，承载力大的泥结碎石道面、沥青混凝土道面和水泥混凝土道面等次高级道面和高级道面先后出现，并在跑道两侧出现了用以防护跑道道面和防范杂物吸入发动机的道肩。出于对飞机起降安全的重视，国统区和沦陷区的主要机场普遍设有导航及通信设备。跑道系统中的滑行道、推（拖）机道、飞机窝等适应空战需要的军用机场特有设施逐渐出现，以便于飞机快速升空作战或者疏散避险，并在机场边设有隐蔽壕沟，便于人员紧急疏散，减少敌方轰炸损失，将人员损失降低到最低程度（图 4-21）。

抗战后期，驻华美军使用的云南昆明巫家坝、云南驿以及广西桂林、柳州和陕西安康、汉中等航空基地的跑道、备降道、联络道、停机坪以及指挥塔台、油库、弹药库、飞机窝等设施设备一应俱全，并配备有完善的通信导航设备及地面服务保障设施，柳州、桂林等地机场的油库、指挥部甚至实现了洞库化。如桂林秧塘军用机场根据周边的地形地貌采用自由灵活的布局形式，轰炸机跑道和驱逐机跑道分设，跑道和停机坪、滑行道基本连成一片，滑行道线路走向与喀斯特地形巧妙结合。着陆飞机可沿滑行道滑回各自的停机坪，并可随时做好再次起飞的准备。而机场建筑随道路及地势走向进行自由式布局，机场指挥部、营房、野战医院及油料库等重要军用建筑设施则隐藏在不易遭受轰炸的山脚，轰炸机跑道和驱逐机跑道之间由山体分隔，又通过联络道相互连通，可供轰炸机和驱逐机共同组成混合编队出击作战。另外采用大量的疏散推机道，便于飞机紧急疏散和起降，甚至可把飞机推离机场 3km，隐藏在一片小树林中（图 4-22）。总的来看，在中美联合作战的空军基地、“驼峰航线”及“特种工程”等建设需求的推动下，抗战中后期的国统区军用机场建设进入了最为成熟的阶段，无论机场的建设规模、等级标准，还是建设质量和技术水准都达到了前所未有的水平。

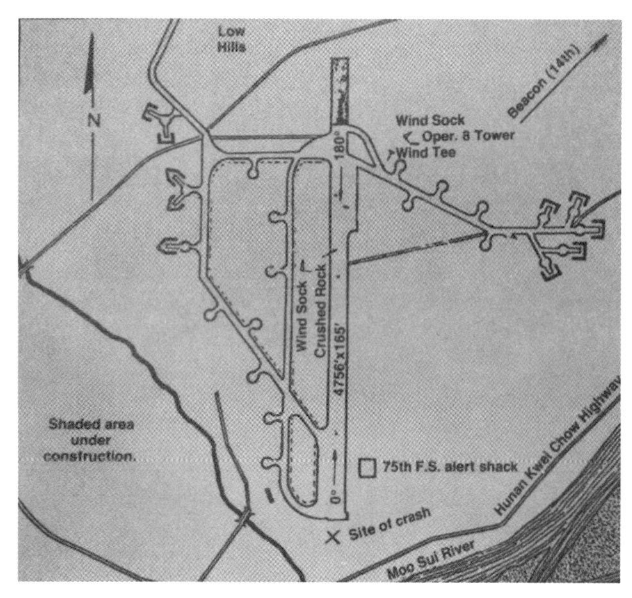

图 4-21　驻华美军使用的芷江军用机场图
来源：湖北芷江中国人民抗日战争胜利受降纪念馆

图 4-22　桂林秧塘空军基地鸟瞰
来源：《飞翔在中国上空——1910—1950 年中国航空史话》

5. 抗战胜利后的机场场面及跑道构型的发展历程及其建设特征

抗战胜利后，国民政府的机场建设重点由军用转向民用，这时期的民用机场与军用机场的布局形式和设计思想已开始有显著区别，如交叉跑道构型逐渐被单一跑道构型所取代；军用机场的副跑道由民用机场的平行滑行道所取代等。这时期的中国民用航空业基本参照美国民航发展模式以及国际民航组织的标准进行架构。1947 年，国民政府交通部民航局对南京、上海等城市的民用机场按照可满足大型客机起降需求的国际民航组织 B 级标准进行设计建造。如南京大校场机场新建跑道长 2200m、宽 45m、厚 0.3m，道面为水泥混凝土结构，可承受负荷重量 80t 的飞机；上海龙华机场则以 45t 星座式飞机为设计机型进行扩建，南北向的水泥混凝土跑道长 1829m、宽 50m、厚 0.23～0.40m，可供 70t 以内的飞机起降。1949 年按照国际民航组织 D 级标准加固扩修完成后的广州白云机场主跑道为南北方向的泥结碎石道面结构，跑道长 1400m、宽 50m、厚 0.1m，两旁道肩各 5m；停机坪工程面积约 $4000m^2$。该机场原有相互交叉的主、副跑道各 1 条（图 4-23）。

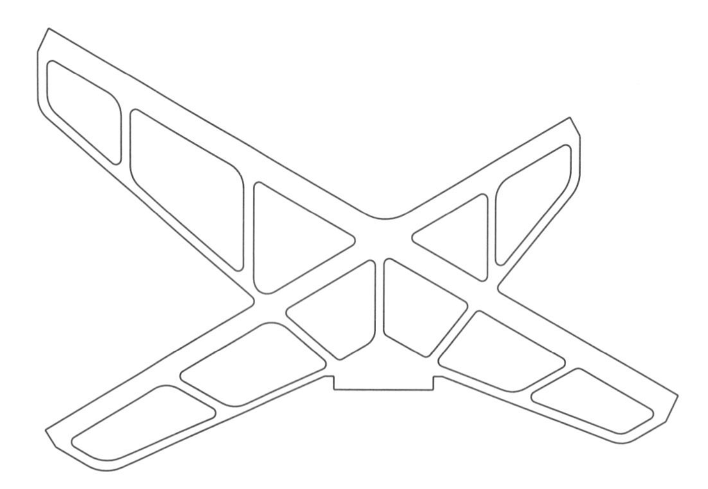

图 4-23　1949 年扩建广州白云机场的跑道构型
来源：中国第二历史档案馆馆藏档案，交通部民航局卷，全宗号 401 号，项目组描绘

4.3.2 近代机场场面的基本规制

1. 近代机场的场面形状

近代机场场面设计总体上的基本要求是满足设计机型的起降和停放需求，飞机起降的场面长度需求也大体确定了机场占地面积。根据陈廷莹在《航空月刊》1924 年第 5 卷第 4 期撰文《飞行场建设谈》记述："凡飞机所需要之降落场，就大都情况论之，其长不得在一千二百英尺（约合 365.7m）以下，至场之广当若干尺，由个人决定之可矣。"1934 年吴华甫、杨哲明撰文认为轻型飞机升空前需要地面滑行 400～800 英尺（122～244m），重型飞机则需要 1000～2000 英尺（305～610m），为此机场面积最低边长应是 2000～2500 英尺（610～762m）；该文认为飞机场的基本形式有 3 种：①长方形（面积约 75 英亩，约合 $30hm^2$）；②两等边三角形或直角三角形（面积约 84 英亩，约合 $34hm^2$）；③乙字形（即 L 形）（面积约 92 英亩，约合 $37hm^2$）。依据美国经验，近代机场每个起飞和着陆方向的跑道尺寸 1800～2000 英尺（约 549～610m），而位于高纬度的机场应规划至少 3000 英尺（约 914m）长的跑道长度，由此一个全方位使用的机场最小尺寸标准是 160 英亩（约 $65hm^2$）。如果城市的财力和用地允许，机场用地面积可达 1 平方英里（约 $259hm^2$），以在每个方向设置 3000～5000 英尺（914～1524m）的跑道。

我国近代出现过各种形状的机场场面，场面规制丰富，其基本规制包括正方形、圆形、三角形、长方形、梯形、曲尺形和扇面形等。就飞机起降使用效率而言，机场场面以圆形为最佳，方形次之。就用地利用率而言，机场采用 L 形、T 形等长宽比大的场面可减少用地量，优先保障飞机在当地常年主要风向方向的起降长度，其场面的宽度通常不少于长度的 1/3。我国近代机场场面的基本规制相对规整，但具体机场在实施时则因地制宜，场面形状和规模尺寸千差万别（表 4-2）。早期的机场有长边 500m、短边 150m 的矩形场面即可勉强可用，临时降落场或前进机场则有 600m 见方的滑行区域即可。抗战时期及抗战后的机场面积根据机场性质、地块状况及地形关系的不同而各异，通常采用长向 1500m 左右较为合适，可以保障一般飞机的起降安全；如果一般机场周边地区都为空旷地，则机场场面长度即使小于 1000m 也可以使用。

近代机场各类场面的形状特征及应用实例　　**表 4-2**

序号	机场场面形状	机场场面特征	典型实例
1	圆形	无固定起降方向，适合飞机在各种方向条件下的逆风起降；分期扩建不甚方便，一次性建成的建设成本大；与方形、矩形比较而言，飞机总站最为适宜	北京西郊机场（1938 年）设有内、中、外 3 圈，其中内圈半径约为 750m，内圈至中圈、外圈各为一丈和十丈；哈密机场（1933 年）采用直径为 1250m 的圆形土质道面区
2	方形	适宜飞机在多种风向条件下起降；改扩建可按照长宽方向分别拓展；对角线方向的起降长度最大；是常见的机场场面形式，适合多跑道构型	西宁乐家湾机场（1931 年）长、宽各 1000m，后扩建为长、宽各 1600m。武进洪庄机场（1936 年）场面为 800m 见方
3	矩形	场地长宽不一，长向场面朝向应顺应当地的恒风方向布置，飞机主要使用长向场面起降；用地经济紧凑，布局较方形场面灵活，但使用上不如其便利	昆明巫家坝机场（1922 年）长 700m、宽 500m，呈矩形用地；四川三台东关机场（1931 年）南北长 600m，东西宽 266m
4	L 形	与方形场面比较，仅可满足 4 个方向起降；节省用地，短向场面可结合停机坪布置；同等条件下，占地面积大于 T 形或交叉形的机场场面	吉安新机场（1933 年）南北向和东西向各长 1000m 的 L 形；汉口王家墩机场（1938 年）采用不等长的 L 形场面，其中长向场面设有 1 条跑道
5	T 形	与 L 形场面类似，可满足 4 个方向的飞机起降；在该场面上布置的 2 条跑道有长短、主副之分；相对于方形、圆形及矩形，T 形场面节省用地，布局也较为灵活	南宁机场（1942 年）场面呈 T 形，一面长 1150m、宽 390m，另一面长 1590m、宽 190m。1945 年续建后呈凸字形，东西长宽为 1400m×150m，南北长宽为 1500m×400m
6	八边形	与圆形场面类似，适宜 8 个方向的飞机起降，且适合在场面内设置多条跑道；八边形场面布局与米字形跑道构型对应	安徽滁县机场（1931 年）呈八边形，纵横为 800m；台湾新竹机场（1937 年）初建时呈八角形

续表

序号	机场场面形状	机场场面特征	典型实例
7	梯形	为矩形场面的变通；场面大体规整，更加灵活地结合地形布置，适合地形地貌整治困难地区，场面适宜多种方向起降；改扩建便利	杭州笕桥机场（1935年）场面呈梯形，南北长500m，东西长700m；邵阳校场坪机场（1942年）长1200m，东边宽640m，西边宽150m
8	不规整	场面呈不规整形状，这类机场数量较多，形式各异；适用于场地受限制、征地困难的机场，但对飞机起降安全有所影响；多见于改扩建机场或多跑道机场	海州杨圩机场（1933年）场面四边分别为671m、488m、1036m和1097m长；哈尔滨马家沟机场（1932年）场面呈多边形

2. 近代机场场面的基本规制

1）机场规制的原型

早期近代机场多利用练兵场、跑马场及其他既有设施因陋就简改造而成：①练兵场/教场。练兵场是军事功能的延续，操练场本身也具备飞机起降的场地条件。利用练兵场或教场等军用设施修建军用机场，既可低成本地快速建设，也便于驻军看守机场。北京南苑、上海龙华、广州大沙头、长沙协操场、衡阳演武厅以及南京大校场等诸多机场均为练兵场直接改建而成。②跑马场/赛马场或运动场。跑马场通常为飞机临时性起降时借用，可直接用于飞机临时起降，或者改建成为机场。例如上海江湾跑马场和万国赛马场、广州石牌跑马场、天津佟楼跑马场、青岛汇泉湾跑马场等。赛马场普遍拥有完善的赛道、围合的观演看台和售票验票等设施，宽敞的环形赛道场地可供飞机起降、停驻，还可搭建临时性的席棚机库；观众看台则为航空表演提供了良好的观赏条件，而围合式场地也方便商业性航空表演进行经营收费。这类跑马场式的临时机场主要借鉴欧洲的做法。1926年建设的沈阳冯庸大学机场则采用与运动场合二为一的共用做法。③将原有的铁路站场、公路路段改造为机场。这一为数不多的做法是应急之举。例如，1936年，国民政府航空署利用原川汉铁路宜昌工场上铁路坝的基础改建成长约千米的跑道，作为简易训练机场（图4-24）。因重庆珊瑚坝机场在夏季长江涨水季节时常被淹，1939年3月，国民政府交通部、航空委员会和空军92转运站联合向铁路局租借川汉铁路重庆九龙坡铁路路基修建飞机场，建成长宽1125m×45m的跑道。1935年，湖北省公路工程处奉命将施巴公路的局部路段改造为施南机场，并由该工程处的第二测量队测量和绘制了“航空委员会施南飞机场”的施工平面图纸；长沙大托铺机场地处长沙至湘潭的公路上，傍依湘江，1948年机场沿该路段扩建后将公路另行改道。

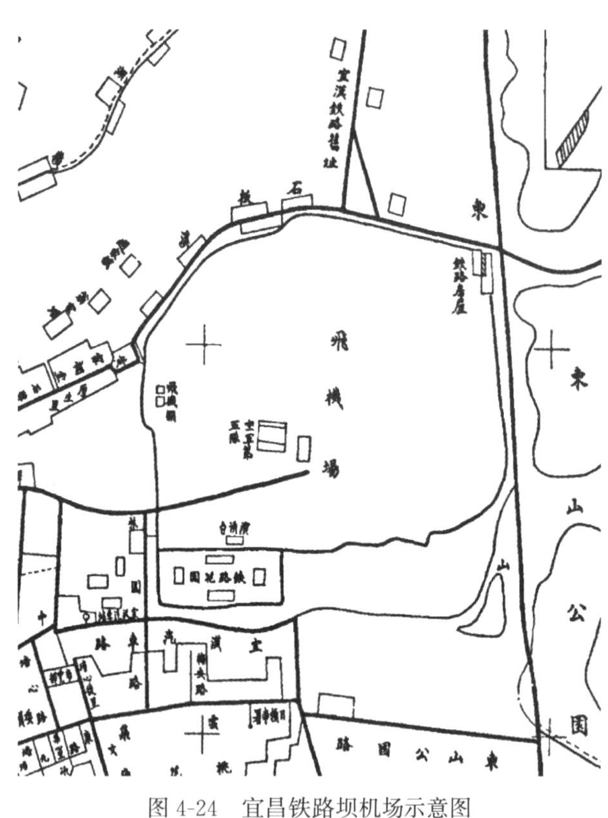

图4-24　宜昌铁路坝机场示意图
来源：《宜昌县志初稿》1936年版，宜昌市区形势略图

2）方形机场的规制

方形机场是近代机场场面的标准形式之一，也是最常用的场面形状，其施工、使用及扩建方便。与圆形场面相比，方形机场更适合分期扩建，只需分别予以加宽加长即可，如1931年的西宁乐家湾机场场面长宽各为1000m、面积为100万m^2的空地，1933年再将整个机场扩大至长宽各1600m，面积为256万m^2，跑道延长为1600m×45m。

方形场面对角线方向可供飞机起降的长度最大，例如边长为 700m 的方形场地便可满足近代中型飞机需要 900m 以上起降长度的要求，为此满足逆风起降需求且处于对角线方向的跑道普遍优先延展（图 4-25）。对于新建的军用机场，抗战前的国民政府航空署均要求采用方形场面，根据不同的机场性质和重要程度，其尺寸分别有 400m、600m、800m、1000m、1200m 见方不等。以 800m 见方的方形场面最为常见，如扬州机场为 800m 见方，正南北向朝向，共占地 960 亩（$64hm^2$）。又如 1930 年，江西省建设厅令公路处扩建南昌老营房机场达 500m 见方，共计 25 万 m^2，由剿匪总司令部发给建筑经费 1.4 万余元，后来航空署又要求其扩建至 1000m 见方①。

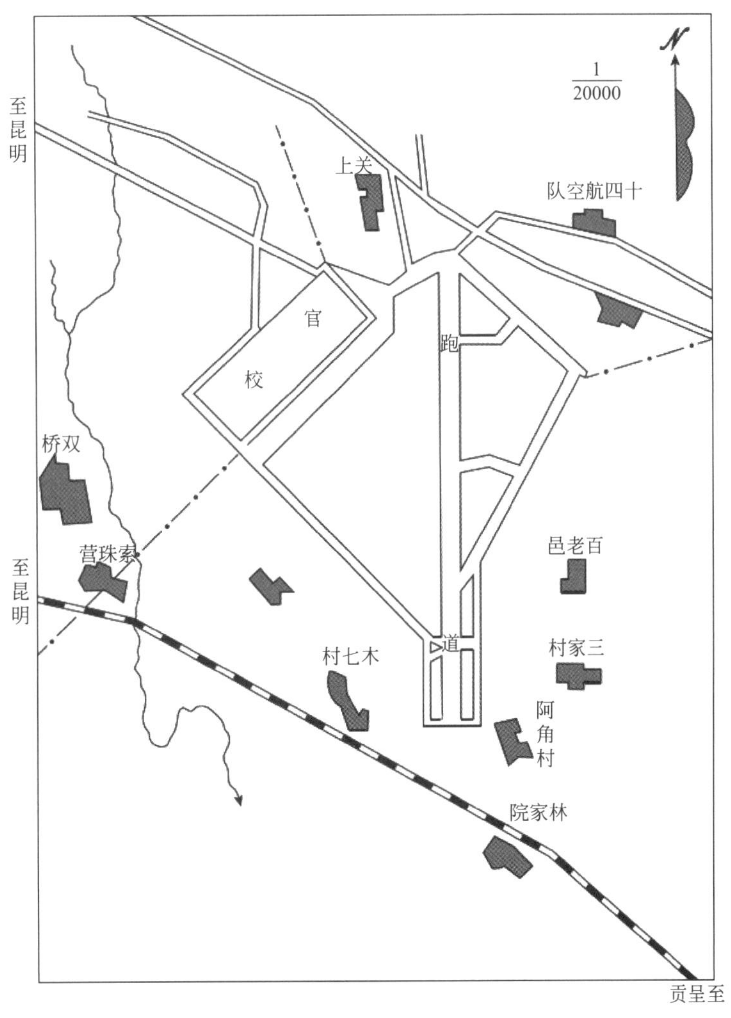

图 4-25　昆明巫家坝机场示意图（1945 年 5 月 10 日）
来源：云南省档案馆馆藏档案“巫家坝附近兵力配备要图”，项目组描绘

3）圆形机场的规制

圆形机场场面是近代机场的基本原型之一。由于近代飞机的抗侧风能力差，飞机需要根据机场的地面风向标选择起降方向，其原则上适宜飞机选择在任何方向的逆风起降。在低能见度、侧风风力大等不良气象条件下，圆形场面适合飞机在机场上空进行目视盘旋，进而根据风向标选择逆风向进行降落。圆形机场推荐采用的直径为 1000～1500m，如 1933 年中德合资的欧亚航空公司在哈密戈壁滩上修建的机场便为一个直径为 1250m 的圆形土质道面区。随着飞机设计机型的增大，圆形场面的直径更大。因其

① 《江西省政府建设厅　龚厅长报告建筑南昌飞机场情形（在省政府总理纪念周席上报告）》，载《江西建设月刊》，1933 年第 7 卷第 8 期。

占地广泛，圆形规制多适用于大型机场。近代典型的圆形场面机场包括广州天河、西安咸阳、天津张贵庄、北京西郊、保定涿州等机场。日本侵略军1938年在沦陷区兴建的“民间飞行场”——北京西苑机场采用圆形用地，该机场设有内、中、外三圈，内圈半径约为750m，内圈至外圈为十丈，内圈至中圈为一丈。由日本关东军修建的齐齐哈尔南大营军用机场为直径2000m的圆形场面，场内设有2条交叉的沥青跑道，1条长1500m、宽150m，另一条长1500m、宽100m，并有滑行道相连接。

4.3.3 近代机场跑道的基本构型

1. 跑道的方位

近代机场的主跑道朝向通常按照机场所在城市的主导风向布置，为增加侧风条件下的飞机起降能力，沿主要侧风方向也相应布置有副跑道。如果机场所在地的风向一年四季变化多端，大型机场为适应逆风起降需求则建有不同方向的跑道数条，而为节省机场用地，多跑道系统普遍采用交叉形式。跑道朝向最终还需要根据机场周边的不同地形地貌、用地条件、净空障碍物等因素进行具体方向的略微调整确定。例如，在确定南京明故宫机场跑道方向时，结合主导风向分析确定飞机逆风起降的最佳方向为东南-西北方向，再需要兼顾到机场的侧向风向为240°或60°，又顾及其东北端5km处有主峰高度为448m的紫金山，西北方向3.3km处有海拔高度为60m的北极阁，南有高度为15m的城墙及城门。最终结合综合因素考虑确定主跑道采用15号跑道和33号跑道，增设的副跑道编号为6号跑道和24号跑道，由此明故宫机场形成主副交叉跑道构型。

2. 跑道的几何尺寸

近代机场跑道尺寸主要与机场的设计飞机机型有关，依据设计起降机型及其起降要求可确定跑道的长度和宽度，还应考虑的因素包括原有地形地势、海拔高度、气候气压和温度及主导风向等。一般来说，当时各类设计机型要求的跑道长度如下：单活塞发动机飞机为600～750m，双活塞发动机小型飞机为750～900m，双活塞发动机中型或重型飞机为900～1500m。

1）军用机场跑道尺寸规范及其应用

近代中国军用机场的跑道随着飞机机型的演进而逐步由长度400～600m提升至1000～1500m，再延长至1800～2000m，直至最大跑道长度达到2200～2600m不等。一些军用机场建议采用的跑道尺寸数据见表4-3所列，具体所采用数值需要根据设计机型及其起降要求以及气压、气温及海拔高度等因素综合修正取值。对于军用机场，为满足战时双机或双机以上战斗机的编队起飞需要，机场跑道宽度较为宽敞，用于战斗机的军用机场跑道宽度普遍在60m以上，多在80～150m。有的跑道包括安全道的总宽度达300～500m，可兼作战备机坪。

近代机场跑道设计的长宽取值 表4-3

飞机机型	跑道宽		跑道长	
	最低值	适用值	最低值	适用值
轻型机	100英尺(约30m)	150英尺(约45m)	1800英尺(约549m)	2500英尺(约1220m)
侦察机	150英尺(约45m)	150英尺(约45m)	2500英尺(约762m)	3500英尺(约1067m)
战斗机	150英尺(约45m)	200英尺(约60m)	4000英尺(约1220m)	4500英尺(约1372m)
轰炸机	150英尺(约45m)	150英尺(约45m)	4000英尺(约1220m)	4500英尺(约1372m)

来源：根据吴柳生《航空站设计》（民国三十六年正中书局初版）中的表格整理。注：“战斗机”即为二战时的“驱逐机”

抗战时期，国统区的军用机场跑道设计分别以美制C-46、C-47或C-54型军用运输机，P-40、P-45、P-47型驱逐机或B-25、B-29型轰炸机等为设计机型，跑道尺寸参照美国军用机场标准进行精确计算确定，再根据气候、海拔及温度等因素进行跑道长度修正（表4-4）。抗战初期的军用机场跑道长度普遍在800～1200m范围内，跑道宽度在50～120m之间取值；抗战中后期的跑道长宽比则明显加大，大型机场的跑道长度普遍采用1600～1800m以及2200～2600m不等，而跑道宽度则缩小，分别采用30m、

40m、50m 和 60m 等不同的尺寸，可供各类驱逐机、运输机及轰炸机使用。通常跑道长度达到 1300m 便可以起降 C-44、C-46、C-47 等大型运输机，跑道长度达到 1500m 则可起降 B-24、B-25 远程中型轰炸机，如河南安阳机场按照供小型轰炸机起降使用的要求建成长 1200m、宽 60m、厚 0.15m 的混凝土结构跑道；江西大余新城机场按照 B-24 中型轰炸机设计要求的跑道长度为 1500m；而在四川"特种工程"中，新津机场按照供 B-29 重型轰炸机使用的军用机场跑道为长 2600m、宽 60m；成都双流机场则按照驱逐机机型设计，跑道长度为 1400m，可供 15t 以下的飞机起降。

抗战时期中国空军机场的场面尺寸及跑道概况表　　表 4-4

项目 名称	机场场面尺寸		跑道尺寸	
	长(m)	宽(m)	长(m)	宽(m)
广阳坝	1100	480	800	100
梁山	1200	675	1000	100
安康	810	810	1000	50
恩施	1000	336	950	120
老河口	1200	250	1200	50
芷江	1200	1200	1160	100
宝庆	800	579	800	50
衡阳	1100	800	1100	90

来源：中国第二历史档案馆馆藏档案。

2）民用机场跑道尺寸规范及其应用

抗战胜利后，尤其 1947 年 1 月国民政府交通部民用航空局成立后，上海、南京、广州以及天津等国内主要城市的民用机场跑道建设普遍遵循临时国际民航组织提出的跑道等级规范标准进行设计建设（表 4-5），其中上海虹桥、南京明故宫和大校场机场按照临时国际民航组织的 B 类跑道设计标准建成投运。

临时国际民用航空组织委员会的机场跑道设计强度标准　　表 4-5

机场标准	跑道长度(m)			跑道宽度(m)		跑道强度要求		起落架间距(m)	压力		滑行道宽度(m)
						2 个机轮(磅)					
	仪表跑道	主跑道	副跑道	仪表跑道	主跑道	(磅)	(t)		(磅/平方英寸)	(kPa)	
A	2550	2150	1800	90	60	300000	136.1	12	120	827	30
B	2150	1800	1500	75	60	200000	90.7	9	100	689	25
C	1800	1500	1280	60	45	135000	61.2	9	100	689	23
D	1500	1280	1080	60	45	90000	40.8	9	85	586	23
E	1280	1080	900	60	45	60000	27.2	6	70	483	15
F	1080	900	750	60	45	40000	18.1	4.5	60	414	15
G	900	750	650	45	36	25000	11.3	4.5	60	414	15
H	900	750	650	45	30	10000	4.5	3	35	241	10

来源：《场站建设》（国民政府交通部民航局场站处 1947 年度业务报告）。

3. 跑道数量及其基本构型

周铁鸣在《全国邮运航空实施计划书》（1930 年）中介绍了国外机场升降带的分类方法。根据飞机起降方向的不同数量，近代机场升降带（即后期的"跑道"）通常可分双道（Two Way）、四道（Four

Way)、六道（Six Way）、八道（Eight Way）和集合道（All Way）等多种（表 4-3）[①]。"双道"仅容飞机沿机场长向方向进行双向起降；机场有呈对角线式交错的 2 个升降带则为"四道"，其升降带构型与圆形或方形的机场场面最匹配，2 条升降带也有构成 L 形（曲尺形）、T 形或 V 形的；3 条升降带在满足飞机在各种风向条件下起降的同时，出于节省机场用地的考虑普遍构成三角相交的升降带构型，由此构成"六道"；如果机场升降带呈"米"字构型则构成"八道"；可满足飞机各方向自由升降的机场为"集合道"，这一类型当时被认为是最合适的多跑道系统。在飞机起降逐渐频繁的背景下，近代机场的多条跑道普遍相互交叉，以便使机场占地面积最小化，但相交角度宜大于 60°。美国道纳尔（Jay Dawner）主张飞机场为圆形，其直径为 3000 英尺（约 914m），他认为四分圆式飞机场在设计时有种种便利，能以最低限度场址的面积建成最良好的飞机场，可建成 8 条升降带，再将 8 条升降带各自用交通线连接，则可筑成往来纵横且有规律的 16 条升降带[②]。

与国外机场设计理论不同，顺应航空技术的延拓式发展，中国近代机场在建设过程中随着不同地域、不同时期而变动调整，加之受到欧美各国不同程度的影响，使得机场布局形式多样，风格各异，跑道构型也丰富多端（表 4-6）。

近代中国机场跑道的基本构型 **表 4-6**

序号	跑道基本构型	构型特征	典型实例
1	单一跑道	最常见的跑道构型；跑道方向顺应机场所在地的常年主导方向布置；仅能满足 2 个方向的起降，跑道端部多设有回转机坪	牡丹江海浪机场（1932 年）场面长 3000m、宽 2000m，单一跑道尺寸为 1500m×40m；成都双流机场（1944 年）跑道长宽为 1400m×45m
2	平行跑道	少见的主副跑道构型；适用于主导风向显著的地区；适合需要有不同性质和功能跑道的地区，如既有轰炸机又有战斗机驻场的前进基地	桂林秧塘机场（1943 年）轰炸机跑道长 2000m、宽 75m，战斗机跑道长宽为 1500m×50m，两跑道近似平行
3	十字正交交叉形	主副跑道构型，多布置在方形场面的对角线上；可满足飞机在主、次方向的起降，但飞机在交叉跑道上起降有安全风险	湛江西厅机场（1932 年）修有 2 条十字形跑道，东西跑道 750m×40m；南北跑道 1065m×40m
4	斜向交叉形	与十字正交跑道构型类似，但两跑道之间的夹角小，用地相对紧凑，适合长方形地形；可满足主、次方向的飞机起降，不能同时起降	广州白云机场（1949 年）副跑道（1000m×80m）在主跑道（1400m×50m）北端 1/3 处斜交；三亚机场主跑道（1400m×60m）与副跑道（1000m×55m）斜交
5	人字形	多用于场面呈圆形的跑道体系，两条跑道在中心位置呈人字形斜向相交；两条跑道有主副之分，跑道方向有主降和次降方向之分；跑道布局灵活，用地紧凑	白城大青山机场（1942 年）南北长 2400m、东西宽 1970m，场内建有 2 条呈人字形跑道
6	V 形	两条跑道呈锐角斜向交叉；类似于人字形跑道构型，但其相交处在端部，更适合飞机单向起降	湖南溆浦桥江机场（1945 年）场面长 1800m、宽 700m，两条跑道构成 V 形，每条跑道 1800m×70m
7	T 形	与十字正交跑道构型类似，但其中一条相交跑道未出头，为辅助跑道；T 形跑道构型布局可减少所需要的机场用地数量；飞机有 4 个起降方向供选择；主副跑道体系常采用该构型	黑河机场（1933 年）2 条各长 1000m 和 1450m 的跑道构成 T 形；宁波机场（1936 年）T 形跑道构型中的南北向主跑道长宽为 1000m×25m；另一条从其中点向西延伸
8	L 形	与 V 形相比，采用 L 形布局所需要的用地量更多；两条跑道在端部正交；结合特定地形地貌的机场场面布局；跑道拐角处适合布置机场建筑及停机坪等	青岛流亭机场（1944 年）系 L 形跑道，南北长 1019.32m，东西长 973.09m，宽均为 50m。吉安新机场（1933 年）呈 L 形，南北向和东西向各长 1000m
9	川字形	3 条跑道的方向基本同向，便于军用飞机的快速编队起降；适合风向恒定的地区	武汉徐家棚机场（1942 年）有 3 条近乎平行的跑道，中间主跑道长宽为 1600m×30m

---

① "升降带"有"升降区""升降道""升降地带"等不同称谓。当时国外也有将机场降落地带分为二路式升降地带（Two Landing Strips）和四路式升降地带（Four Landing Strips）两种，八路式升降地带（Eight Landing Strips）与四路式升降地带的设计大致相同。

② 吴华甫、杨哲明：《飞机场之设计与建筑》，载《复旦土木工程学会会刊》，1934 年第 4 期，第 33～111 页。

续表

序号	跑道基本构型	构型特征	典型实例
10	米字形	跑道数量多，可供飞机从 8 个方向起降；跑道容量大，且节省土地和造价；但建设成本高，适合飞行基地使用	上海江湾机场(1939 年)跑道构型早期为十字形，后演变为米字形，跑道长度为 1500m
11	四边形	与适合方形场面匹配；4 条跑道相互垂直分布在方形场地四边，并可在对角线交叉设置长距离的 2 条斜向跑道；跑道容量大，用地紧凑	台湾新竹机场(1943 年)的 4 条跑道分居方形场面的四边，另还设有一条对角线跑道，跑道端的转角处设有回转机坪
12	三角形	跑道可满足飞机在 6 个不同方向的起降，跑道容量大，适应性强；为相互交叉的多跑道构型，用地紧凑	桦南湖南营机场(1937 年)主跑道尺寸为 1200m×100m×0.1m，2 条副跑道分别为 1200m×100m×0.07m；800m×60m×0.1m。3 条跑道构成相互交叉的三角形

4.3.4　近代机场场面及其跑道构型演进的基本规律和总体特征

自 1910 年北京南苑机场建成我国第一个机场开始，至 1949 年的 40 年机场建设发展历程中，机场基本上属于供螺旋桨式飞机使用的时期。这时期的机场场面布局经历了由简到繁、由功能设施单一向功能设施多元化转变的发展过程，由最初利用跑马场和练兵场等既有设施改进而成，到新建不规则状的机场场面，再到新建方形、矩形或三角形等规整的机场场面；从飞行区跑道的数量及其构型演化来看，机场由早期无跑道的场面阶段逐渐发展为设有掉头坪的单一跑道阶段，进而发展到主、副跑道体系阶段，再演进到由多条交叉跑道及其滑行道构成的多跑道体系，直至抗战后期及抗战胜利后又简化为以单一跑道及其滑行道组合为主的跑滑系统阶段（图 4-26）；从飞行区设施设备来看，机场场面从早期的风向标和目视助航标记，再增设停机坪和掉头坪等设施，进而完善机场主副跑道和滑行道设施以及夜航灯光设备，最终在抗战后期以后，现代机场所拥有的平行滑行道、联络道、推机道以及通信导航指挥设备等设施设备相继出现。

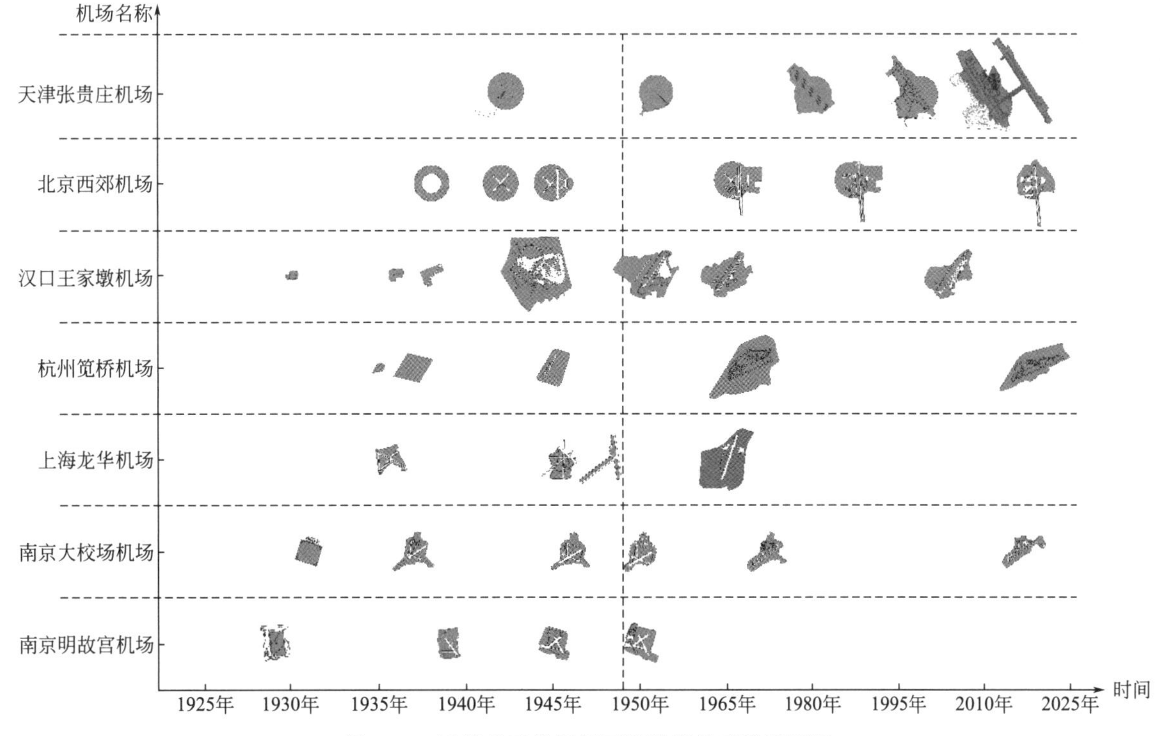

图 4-26　近代典型机场场面及跑道构型演进图示

来源：项目组绘制

由于飞机机型更新换代的速度快，近代机场的规划设计无定式，各机场的实际实施方案大多不尽相同，经过不同机场建设主体在不同时期的多次改扩建，特别是抗战时期侵华日军对沦陷区的机场大肆军事化扩张又使得机场布局更无章法。抗战胜利后，这些机场经过不断改扩建，在机场基本形制的基础上最终演进形成形态各异的多跑道系统。其中诸如汉口王家墩机场、上海大场机场及江湾机场等大型军用机场多跑道系统的复杂程度几乎达到了可供螺旋桨式飞机安全使用的极限（图 4-27），其多跑道系统具有占地面积广，飞机起降容量大，适用风力、风向能力强等特点。

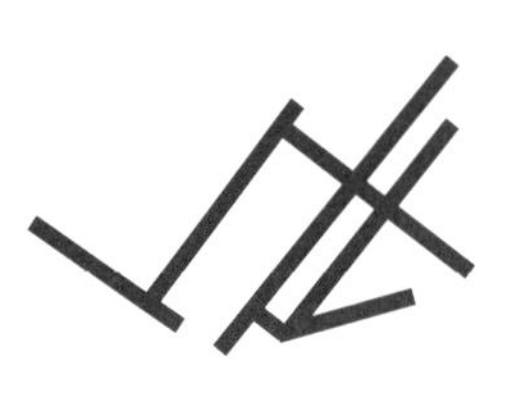
汉口王家墩机场

上海大场机场

台湾冈山飞行基地

图 4-27　近代主要机场的各类交叉跑道示意图
来源：项目组绘制。

4.4　近代机场场面和跑道的道面结构

4.4.1　近代机场场面和跑道道面结构演进的历程

1. 抗战前的机场道面结构

抗战前和抗战初期的中国机场场面多为沙石、草皮或土质等低级道面，道面结构主体仅是碾压后的土质道面，主要供霍克Ⅲ、诺斯洛普、可塞等轻型飞机机型使用。硬化的跑道道面分层设置，其中面层覆以天然或人工草皮，或是直接为黏土与砂的混合层，少数机场跑道面层采用煤屑、砾石、矿渣或其他合适的混合填充料铺筑，其下层为碎石或卵石层。如 1937 年 7 月，上海龙华机场筹建煤屑碎砖铺装道面跑道及混凝土停机坪，跑道采用 15cm 厚的碎砖基和 10cm 厚的煤屑层，合计占地面积为 $14900m^2$，其中碎砖基用量为 $2500m^3$，煤屑道面用量为 $1490m^3$。混凝土停机坪同为 15cm 厚的碎砖基和 10cm 厚的混凝土层，占地面积 $24910m^2$，其中，碎砖基用量为 $4150m^3$，配合比为 1∶2.5∶5 的混凝土用量为 $2491m^3$。由于场面面层缺乏硬化的三合土、沥青或水泥混凝土的高级混合料，这些机场道面存在“短”“窄”“松”“软”等通病。

2. 抗战时期的机场道面结构

在抗战中后期，随着美国机场技术的引入，国统区的主要机场跑道的设计机型多按照 B-25、B-29 等重型轰炸机，P40、P47 等驱逐机或 DC-4、C-47 等大型运输机的起降使用需求设计（图 4-28），这些机场飞行区的跑道、滑行道和停机坪一应俱全。飞行区道面普遍采用硬石子地、泥结碎石、水泥混凝土和沥青混凝土以及有孔钢板等次高级或高级道面结构类型，尤其泥结碎石道面是抗战中后期逐渐推广使用的军用机场建设技术，其道面承载大、建设成本低，黄泥和碎石均可就地取材，而美国盟军提供的有孔钢板技术则多用于快速应急修补道面。

抗战中后期的四川“特种工程”中的机场跑道结构最为典型，这些跑道普遍是按照美国设计机型和机场标准设计建造，先后出现过泥结碎石道面、沥青混凝土道面及水泥混凝土道面等三种道面类型：

1）泥结碎石道面结构

这一类型是国统区建成数量最多的机场跑道道面类型。以 1944 年 1 月至 4 月新建的 B-29 轰炸机机场——广汉机场为例，该机场采用泥结碎石跑道，其跑道长 2600m、宽 60m、厚 1m（道面厚 0.6m，地基厚 0.4m），该机场在选址时便考虑了机场建设材料便于取用的问题，其场址毗邻河流，以方便捡取卵

图 4-28　四川来凤机场透视图（1943 年 10 月）
来源《来凤机场工程纪要》

石和挖掘河沙，且可就地取用富有黏性的黄土。该机场的跑道道面结构分为底基层、基层和面层三层，具体施工工序如下：

（1）底基层。先将道面土基挖出老底（约 3m 深），多次滚压夯实，再用富有黏性的黄土调成稠浆，与卵石、河沙混合搅拌后浇灌铺筑，并分层滚压至 40cm 厚，作为道面基础。

（2）基层：将大卵石直立排列于道基上，分 3 层堆砌，其底层为大卵石，再逐层减少石块尺寸（中层铺筑碗大石头，上层铺筑青色细碎石），每层均铺黄土浆，再层层严实滚压至 50cm 厚。

（3）面层：将碎石、河沙与黄土浆混合搅拌，铺填滚压至 10cm 厚。3 层的碎石层分为 3 种粒径，下层稍大，中间层较小，上层更小，各层碎石的大小粗细均有一定规格，并须用色青质细的卵石捣碎。[①]

2）沥青混凝土道面结构

以 1944 年上半年中美双方合作扩建供 B-29 轰炸机使用的邛崃桑园机场为例，该机场跑道采用了沥青混凝土道面，除了道面结构 3 层做法与泥结混凝土道面的施工方式保持一致外，另在道面上铺设沥青混凝土罩面层，即将粗砂（黄豆石）和沥青在大锅内炒热和匀，然后将沥青混合料铺筑在泥结混凝土道面上，再将细沙和柏油铺于表面，最后上百名民工拖动 3t 重的水泥混凝土碾子来回滚压碾实。

3）水泥混凝土道面结构。泸州蓝田机场于 1945 年 3 月 17 日正式开工，同年 6 月 1 日竣工，建成了中国第一条长 2200m、宽 60m 的水泥混凝土跑道，另建有长 800m、宽 13m 和长 400m、宽 13m 的南北向平行推机道各 1 条。

3. 抗战胜利后的机场道面结构

1947 年国民政府民航局成立后，积极引入国际民航组织会议推行的飞机总重和轮胎气压、美国加利福尼亚州公路局的土壤技术分类等道面设计相关技术，机场道面厚度设计结合飞机总重、轮胎气压及其胎压面积、地基承载力等因素，机场跑道工程建设均按照国际民用航空组织委员会的标准予以实施（表 4-7）。南京明故宫、大校场以及上海龙华等重要机场开始将美国 C-47（DC-3 民用型）或者 C-54 “空中霸王”型（D-4A 民用型）等大中型军用运输机作为设计机型，建设符合国际标准的现代化水泥混凝土道面，且在道面横直接缝处增设钢筋伸缩杆，“以资保固而免开裂”。以南京明故宫机场为例，该机场原有 2 条交叉跑道，道面载重可承 C-54 型飞机起降，但因其跑道长度不够，仅供 C-47 以下的飞机机型使用。为此明故宫机场于 1947 年 6 月 17 日按国际民航组织 B 级标准进行第三次扩建，跑道向南拓展 200m，其宽 50m、厚 0.35m（原设计为 18cm 厚的块碎石灌浆道基和平均 23cm 厚的水泥混凝土道面，

① 於笙陔：《我参与修建广汉机场》，载《人民政协报》，2016 年 9 月 8 日第 10 版。

实际实施的道面厚由 0.23m 减至 0.17m），并加做道肩，扩建后的东南-西北向跑道长 1001m，西南-东北向的跑道长 837.3m，宽均为 100m，其中主跑道加长 200m 已能满足当时大型民用飞机 DC-3 的起降。

国民政府民航局按照国际民航组织标准实施的机场道面 **表 4-7**

机场名称	ICAO 标准	跑道结构	跑道长宽厚(m)	设计机型	道面强度
上海龙华(1947 年 1 月至 5 月)	B	水泥混凝土道面	1829×46×0.28～0.40(预留延长至 2286m，含 7.5m 宽道肩)	美制星座式客机(C-69 型)	70t
南京明故宫(1947 年 6 月 17 日至 1948 年 1 月 20 日)	B	水泥混凝土道面	1001×50×0.35(两旁道肩各宽 5m)	美制 DC-3 民用型(C-47 型)	20t
南京大校场(1947.10.1-1948.4.29)	B	水泥混凝土道面	2200×45×0.3(土基厚 0.35m)	美制 DC-4 民用型(C-54“空中霸王”型)	80t
广州白云(1948.12-1949.3)	D	泥结碎石道面	1400×50×0.1(两旁道肩各宽 5m)	美制 C-54“空中霸王”型*	80t

* 动工数百人日夜赶修白云机场 [J]. 珠江报，1948 (22)：8.

1947 年 1—5 月完成的上海龙华机场南北向跑道改建工程按照国际民航组织所规定的 B 级标准建设。改建后的水泥混凝土道面长度 6000 英尺（约 1829m），道面宽度 150 英尺（约 46m），道面加跑道两端各 25 英尺（约 7.6m）宽道肩的总宽度为 200 英尺（约 61m），道肩采用碎石灌浆（石灰黄泥）结构，并设有排水沟设施。原有碎石基础厚度 8 英寸（约 0.20m），新加碎石道基厚度 4 英寸（约 0.10m），整个混凝土道面厚度为 12 英寸（约 0.30m），接缝加厚厚度为 15 英寸（约 0.40m）。跑道中间每隔 120 英尺（约 36.6m）距离铺置一根钢筋伸缩杆。水泥混凝土配合比为 1∶1.5∶3，泰山牌水泥用量为 11000t，按照星座式客机的载重量及性能设计，设计道面正常载重为 90000 磅（IBS）（合 41t），可能最大负荷 140000 磅（IBS）（合 64t）（图 4-29）。

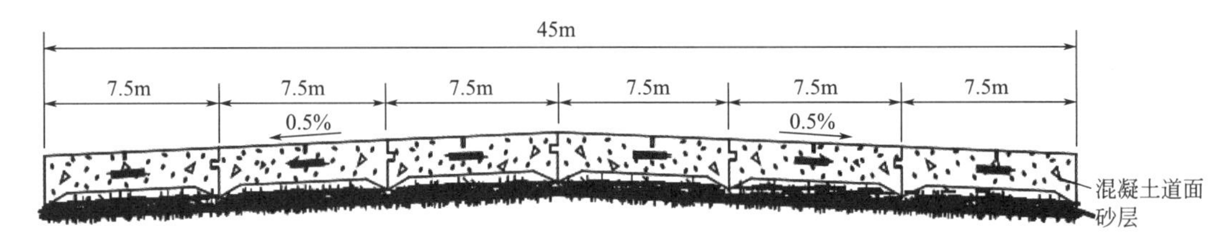

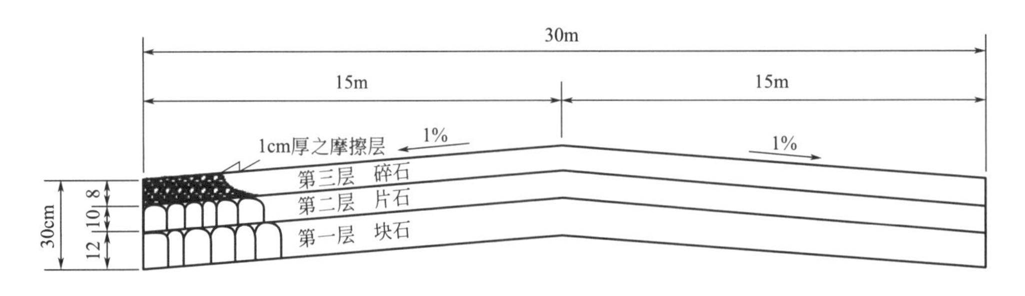

图 4-29　上海公用局“龙华飞行港急修工程剖面图”（1946 年 10 月 15 日）

来源：项目组描绘。

4.4.2　近代机场跑道道面结构类型

中国近代机场广泛地分布在平原、丘陵、滩涂、高原、沙漠、盐湖、戈壁及喀斯特地貌等各类不同地形地质的地区，这使得机场场面或跑道的道面类型也多种多样，先后出现过土质、草皮、三合土、戈壁、泥结碎石、沥青混凝土、水泥混凝土和混合跑道结构等诸多不同道面类型，其中土质道面是中国近代机场的主要跑道类型。

从理论上说，近代机场道面如果要具有良好的使用性能，其机场道面结构应具有面层、基层、垫层三个基本层次以及夯实土基层，其道面设计应达到以下基本要求：①具有足够的强度和刚度；②良好的气候稳定性；③道面表面洁净干燥，且抗滑性符合要求；④道面平整；⑤具有一定的耐久性。从实际的机场建设来看，由于各种客观条件限制，近代机场道面普遍低于上述标准，承载力偏低，道面类型各异，尺寸不一。根据道面结构面层所使用的材料归类，近代机场场道所应用道面类型见表 4-8 所列。

近代机场常见的跑道道面类型　　**表 4-8**

序号	道面类型	跑道道面特征	典型实例
1	土质道面	常用的低等级道面类型，非硬化铺装道面，建设费用少，施工简便，只需简单压平；但道面承载能力低，且晴天易起灰尘，雨天则变泥泞。适用于供小型飞机起降的简易机场	运城机场（1939 年）为华北特有的黏胶土跑道，郑州五里堡机场（1935 年）为粉砂土质场面
2	草皮道面	可减少尘土飞扬，提高承载力；草皮可固定土壤，可借草根之力将沙土扎实；吸收水分，使得场面易于排水，雨后也可保障使用；草皮场面有人工和天然草皮之分，人工草皮一般在平整场地后播发草籽	哈尔滨马家沟机场（1931 年）为占地 1.65km^2 的草地机场，满洲里机场（1930 年）为经碾压后的天然草皮道面
3	白灰道面	为低等级道面，仅用白灰与黏土搅拌后经碾压而成；强度高于一般性的土质跑道；在雨季或雪季时节，道面容易出现轮辙印痕，影响飞机起降安全	梅菉机场（1932 年）环形场面的中央设有直线跑道 3 条，均为白灰道面
4	砂性土质道面	道面性能优于一般土质道面，泥沙土最佳，排水良好，无积渍、泥泞之患；其道面承载力低，飞机机轮压过后的道面有轮辙印痕，容易沉陷或倾覆；临时机场不做基层，可直接使用砂质道面，而多数机场采用碎石基础、砂质面层	北戴河赤土山后机场（1921 年）采用砂质道面；衢州机场（1937 年）跑道基层用巨石，中层用卵石，上层用碎石，再覆以砂土
5	砂石道面	在碾压平整的土基上铺筑砂石类材料，经充分压实后构成的道面；飞机自行滑行不易，需人力或汽车拖行或推行；有一定强度，承载力低，晴天不易扬尘，雨天也不泥泞	黑龙江奇克机场（1935 年）东西长 540m，南北宽 440m，跑道由砂石构成
6	煤屑碎砖道面	属低级的柔性道面，下层铺设碎石及砖瓦，其上敷设砂子填平，再加上煤屑面层；有一定的硬度和弹性，适合近代飞机起降；道面渗水性好，飞机可在雨天起飞滑行，不起灰扬尘；修建成本相对较低	上海龙华机场（1934 年）修建一条长宽厚约为 370m×15m×0.15m 的碎石基础、煤渣道面跑道
7	焦渣道面	是以石灰作结合料，与焦渣按一定配合比，加适量水拌合后，铺压养护成形的道面结构层；与石渣道面相比，焦渣道面虽不如石渣道面坚固，但成本比其低；道面排水性好，飞机可在雨天起降	北京南苑机场（1936 年）的跑道采用由电灯公司石景山发电厂免费供应的焦渣筑成
8	碎砖混凝土道面	比碎石混凝土的强度低，更为柔性，适合轻型飞机起降；建设成本也相对低，可利用建筑废料，适用于石料少的地区；排水性能好，场面不易积水	武汉南湖机场（1938 年）砖渣混凝土道面长 1450m、宽 50m、厚 0.1m，无底层基础
9	三合土结构道面	三合土跑道道面的类型多样；有由石子、下房土、石灰混合构成的三合土结构，也有用三合土与沥青混合而成的跑道；其中由碎石、沙子和黏土（黄土及红土等）构成的三合土跑道是最常见的类型；为承载力适中的柔性道面；不易起灰扬尘；排水性能较好	郑州机场（1945 年）改建一条长 800m 的三合土结构跑道；清镇平远哨机场（1934 年）为泥沙三合土道面，道面基础为石块填筑
10	泥结碎石道面	次高级的混合结构道面，以碎石、卵石为骨料，黏土作填充料和粘结料，经压实而成的道面结构层；也有采用黄泥灌浆、碎石作骨料，碾压成形的道面；在雨季或雪季不会影响飞机起降；造价相对低、取材便利；施工工艺简单、维护快速方便；硬度较大，应用较广	桂林李家村机场（1943 年）跑道筑 30～40cm 大片石垫层，黄泥浆灌缝后再筑 5～8cm 碎石混凝土及细砂，碾压成泥结碎石道面

续表

序号	道面类型	跑道道面特征	典型实例
11	沥青混凝土道面（沥青碎石道面）	以沥青为结合料，辅以一定级配的碎石或石屑，均匀拌合成混合料，再碾压成形的高级柔性道面；平整性好，强度高，飞机滑行平稳舒适，可满足各种飞机的使用要求；无养护期，且道面修补快速，可快速投入使用，适合军用机场使用；飞机在雨天可正常使用	图们机场（1932 年）建有一条长600m、宽 50m 的沥青混凝土跑道；敦化东机场（1931 年）建有 1200m×100m 和 1200m×80m 的沥青混凝土跑道各 1 条
12	水泥混凝土道面	以水泥作为胶结材料，辅以砂、石骨料加水拌合均匀铺筑而成的高级刚性道面，多采用块石堆砌基础、水泥道面的道面结构组合形式；其道面结构强度高，承载力强，初期投资大，成本高；抗变形能力强，稳定性和耐久性好；养护期长，战时快速抢修不便，近代军用机场使用不多	上海龙华机场（1947 年）跑道原有碎石基础厚度为 8 英寸（约 20cm），加厚 4 英寸（约 10cm）。另新加混凝土道面厚度 12 英寸（约 30cm）；太原亲贤机场（1948 年）采用方石堆砌基础、水泥道面
13	石板、大砖道面	采用石板、大砖等块状材料铺装的道面；平整度不高，场面容易出现凹凸不平现象；承载力比土质强；采用条石铺筑道面的建设成本大，但不易损毁，适用于易遭水患的江中岛屿或沙洲类机场	广西南宁机场（1939 年）以砖石铺砌加厚跑道；重庆珊瑚坝机场（1936 年）采用条石修筑道面
14	戈壁滩道面	天然生成的戈壁滩地势平坦，地质坚硬，只需对戈壁滩略加平整碾压、清除杂物即可使用；戈壁滩地建设成本低，养护修补容易；由于经年不雨，尘土容易飞扬，对于飞行略有妨碍；多应用于西北的新疆、甘肃等地	新疆和田机场（1931 年）场面土质面层为碎石砂土层，基层为砂砾层；阿勒泰机场（1935 年）为自然平坦的阿苇滩戈壁
15	有孔钢板道面	承载力大，可起降大型轰炸机或运输机；机动灵活，可快速拆卸易地重建，钢板设孔可减轻自重，增强防滑性；适宜在战时的临时机场或野战机场；钢板道面施工时一般先将场地平整，再铺上特制的钢板，用部件连接牢固便可供飞机起降；钢板机场投资大，成本高，运输钢板较为费力	天津跑马厅机场（1948 年）跑道局部铺设圆孔钢板道面；上海龙华机场（1945 年）跑道长 1524m，铺设钢板 4.4 万块，每块长 10 英尺（约 3m），总面积达 15 万平方英尺（约 13935m^2）
16	木材道面	采用木材作基层，施工简单快速，承载力强于一般土质道面，有一定弹性；适合战时抢建，也适合水泥、石块等建筑材料匮乏的地区，多用于供小型飞机起降的机场	汝城土桥机场（1940 年）跑道先挖深坑，再用松树纵横交错放置，间以石灰岩片石，跑道长宽为 700m×200m

早期的机场道面结构层大多只包括面层、基层两层结构，有的道面直接在压实的土基上铺设。抗战中后期除面层和基层外，逐渐增加垫层或底基层。例如，1940 年 4 月修建的湖南邵阳校场坪机场跑道道面采用泥结碎石混凝土道面结构，底层用大青石砌筑，厚 1m，再覆盖细黄土填实；中层为粗鹅卵石层，厚 0.4m，其上铺黄土填实；上层为小卵石层，厚 0.3m；面层再用碎石、细砂和黄土浆拌合后铺盖碾压密实。近代机场场道基层常用的材料有结合料（如石灰、水泥或沥青）处置的稳定土、各种碎（砾）石混合料（如泥结碎石、水结碎石、级配碎石）以及片石、块石或卵石等骨料。

抗战胜利后，重要机场的跑道工程普遍采用高级道面，如台北松山机场原有 2 条斜交的跑道，其中空军使用的北跑道长宽厚尺寸为 1000m×90m×0.2m，最大允许载重量约为 50000 磅（约 22.7t），副跑道尺寸为 700m×60m×0.2m，主跑道西东方向计划分别延长 300m×45m 和 100m×45m，后期确定水泥混凝土结构的主跑道尺寸扩建为 1400m×45m×0.45m（图 4-30）。

4.4.3 近代机场跑道道面结构设计实例

1. 贵阳易场坝机场的跑道结构设计

贵阳南门外易场坝机场于 1949 年 6 月着手扩建，其场面长约 1000m，宽约 400m。全场呈东北、西南走向，方位约在北面偏东 38°（图 4-31）。扩建的跑道参考了 1941 年 5 月 8 日美国民用航空局机场部颁布的国际“机场设计”章节（Civil Aeronautics Administration Airport Division “Airport Design” International），以普通军用飞机为设计机型，依据贵阳的地势、海拔高度及气候气压等条件进行计算，最

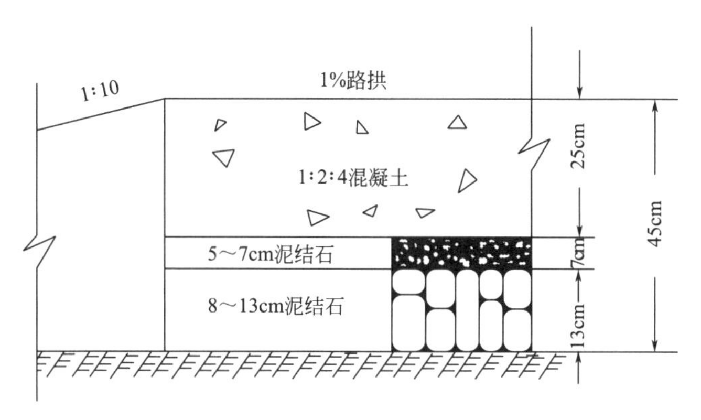

图 4-30　台北松山机场跑道道面横断面图

来源：中国第二历史档案馆馆藏档案“台北松山机场跑道滑行道停机坪及交通道设计图”，项目组描绘

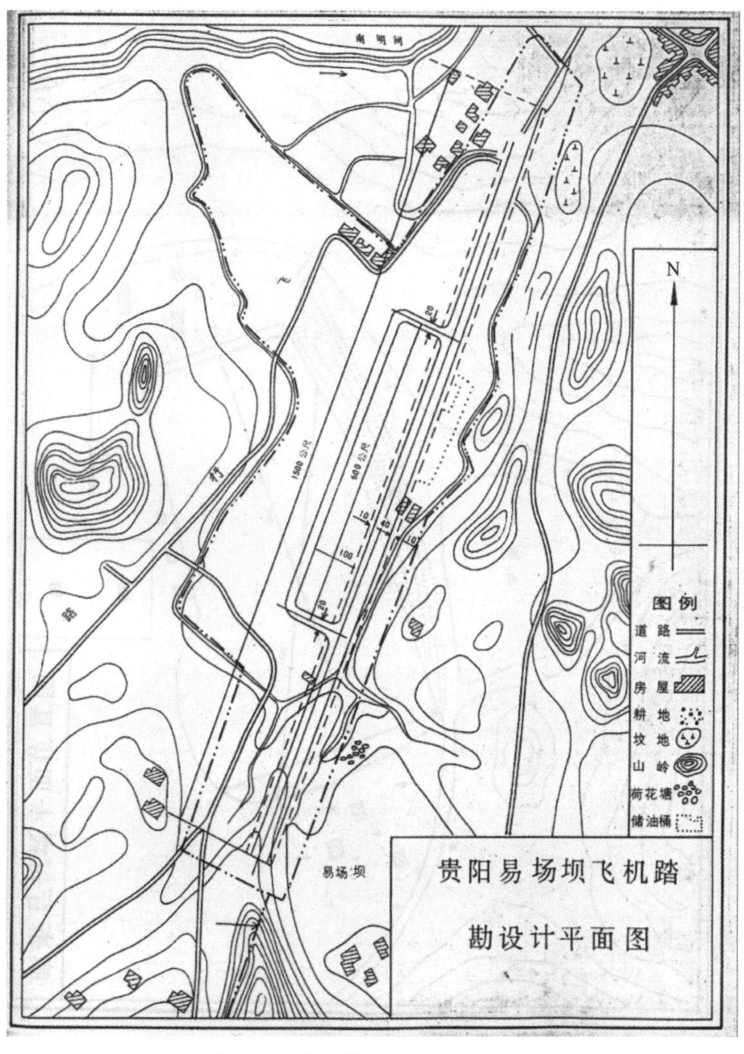

图 4-31　贵阳易场坝飞机场平面图

来源：《贵州省志·民用航空志》

后确定该机场的设计跑道长度应为 1423m，由此该机场有必要延长跑道。因该场东北端靠近城市，只能扩长起飞净空 100m，主要在西南端延长 500m。又因西南端有山坡，确定跑道仅用于飞机的单向起降，即由东北向西南降落，且由西南向东北起飞。道面厚度先通过土质试验和地基载重试验，再按照地基土质以及起降飞机载重进行计算，计算易场坝机场的道面设计厚度为 25cm，跑道采用水泥混凝土道面，

水泥粗砂浆罩面。在跑道几何尺寸设计方面，最终确定的跑道长宽厚尺寸为 1423m×33m×0.25m，滑行道尺寸为 750m×15m×0.25m。障碍缩减比为 30：1，跑道横坡度最大为 1.5%，纵坡度变折处改变的限度最大自−1%至+1%；跑道纵坡度最大为 1.5%，纵坡度变折处改变的竖曲线长度至少 1520m；跑道一竖曲线的终点与下一竖曲线的起点之间的距离不能小于 330m，其坡度不能超过 0.5%。跑道路拱高为 30cm。

2. 武昌徐家棚机场跑道道面修补工程

1）中国航空公司主导的徐家棚机场“跑道修补工程”（1947 年）

抗战胜利后，随着飞机机型加大和飞机起降频繁，加之原有机场道面战争期间损毁严重，为此机场跑道道面修补已是战后机场工程的重要组成部分，这以武昌徐家棚机场两次修补工程最为典型。1947 年 4 月，因徐家棚机场跑道损毁严重，租用该机场的中国航空公司和中央航空公司拟对其进行修补，中国航空公司调研发现跑道受损总面积约为 14000m^2，跑道总宽度为 80m，其中 62%发生在靠近跑道西北边缘 30m 纵向宽的道面上，其余 38%发生在另外 50m 纵向宽的道面上。为了尽可能节省临时维修工作的费用，仅整修足以供飞机起降的 50m 宽的跑道，这样只有 38%的洼地需要立即修复。中国航空公司为此拟定了机场跑道修补工程，包括挖洋灰碎块、挖土、铺筑碎石、灌黄泥浆及滚压等工程，并完成跑道修补设计图纸、人工和材料成本估算表以及跑道修补施工方法。跑道全长 1600m、宽 50m，计划修补厚度为 38cm，修补面积共计 23116m^2。该项目包括所有劳动力和材料在内的修补费用估算共计 32814.6 万元，拟由益泰营造厂承建。因自感难以承担昂贵的道面修补费用，中国航空公司和中央航空公司提出由国民政府交通部和民航局承担工程费用。

中国航空公司拟定的跑道修补工程具体施工方法如下：①将水泥混凝土跑道损坏的低洼部分深挖至工程图样规定的尺寸为止，额外增加了 20cm 的深度；②夯实基层泥土后，铺砌片石厚 20cm（一部分利用原有存料），该层力求排砌紧固，遇到空隙处用较小石块和沙子填充，夯打坚实后，浇黄泥浆再夯打；③铺第二层石子（一部分利用原来挖出适当大小的水泥石块）约厚 10cm，用大锤或压路机将此层夯实，遇空隙用较小石块填塞，续浇黄泥浆再夯打，或滚压多次，使之坚固；④道面面层用 1.5～3cm 直径的碎石铺筑厚约 8cm，用重辊来回滚压，浇黄泥浆后再滚压至需要厚度，以保证未来受力后不得有超过 1cm 以上的沉降限度。再用沥青作为胶粘剂涂抹并渗透到表层，用沙子覆盖，并立即用重辊压紧（图 4-32）。为了保障定期航班的正常运行，上述工序每天下午 6 时以后进行。该临时性的跑道修补工程施工完成后短期内满足了中国、中央两航空公司的飞机起降需求。

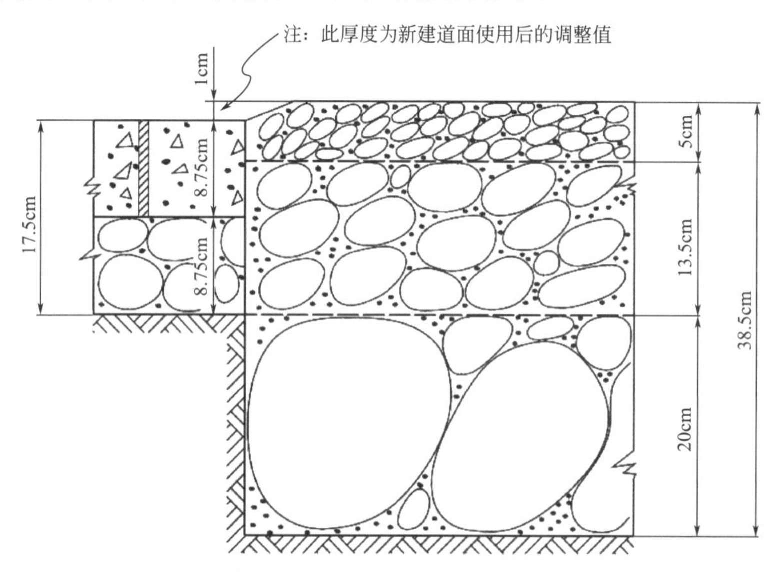

图 4-32　中国航空公司拟定的“武昌徐家棚机场跑道修补工程”中的跑道横断面图

来源：湖北省档案馆馆藏档案，项目组描绘

2）民航局主导的“武昌徐家棚机场修补工程”（1948 年）

1947 年 3 月，武昌徐家棚机场由空军拨为民航局所辖，民航局决定大规模扩建该机场，其全部计划包括跑道加厚和延长，添筑滑行道、停机坪、厂房站舍、水电、场内外混凝土交通道等，同时增设涵洞、水沟等排水设施。时至 1948 年 3 月，因天气原因导致徐家棚机场跑道松软，且因跑道修补工程为“见洞补洞”的临时修补，已修补的泥结碎石跑道（Clay-bound Macadam）尚大部分可用，而保留使用原有水泥三合土道面部分已无法承受当时飞机全重量的起降，大部分已破裂，且整块翻浆，巨洞深陷，大石隆然。由于飞机起降危险，徐家棚机场被迫暂行关闭。

民航局拟定的“武昌徐家棚机场修补工程”具体包括以下项目：①加厚跑道。原跑道道基道面厚度不足，损坏颇烈，且无道拱，排水困难，利用原有跑道作道基，予以加厚，连道基在内平均厚度为 45cm，其中 7.5cm 为沥青混凝土面层，将宽 80m 的原跑道减宽为 50m。②加长跑道。原跑道长 1600m，为适应实际需要，在东北端延长 200m，道面厚 45cm，其中沥青混凝土面层厚 7.5cm。③滑行道。原有滑行道宽 20m、厚 17cm，其尺寸偏小，且位置欠妥，将其改为机场道路，另外新建一条全长约 2950m、宽 30m、道基结构厚 45cm 和沥青混凝土面层厚 7.5cm 的滑行道。④停机坪。在滑行道中央设置的 2 个停机坪，各自占地面积 1 万 m^2，为平均厚度 23cm 的水泥混凝土道面面层。此外还有场内外交通路、水沟及涵洞等，站屋工程包括指挥塔、无线电通信设备、航空公司、海关、邮政站、本部办公室以及旅客候机室各项建筑。国民政府交通部民航局为此特拨发国币 1 亿元用于该项工程，并交由中国航空公司组织施工。

根据国民政府交通部民用航空局颁布的《徐家棚机场跑道修补工程施工细则》，跑道修补工程的施工工序包括挖混凝土碎块、挖土以及铺筑底层、中层和面层等工序。将原有混凝土跑道损坏部分先予挖除至 36cm，砌夯实厚度 25cm 的片石底层，再铺压实厚度 10cm 的拌浆碎石基层，再加沥青罩面层等各项工程。具体施工工序如下：①底层。在已夯实平整的土层上，铺砌 20～25cm 大小的片石一层，夯实厚度 25cm，厚度不足的部分采用较小石块补足缝隙，过大之处，则应以石块嵌填紧实，然后灌以粉碎且加筛过的干黏土，其用土成分约为石料的 30%，灌土填缝完毕后再加夯两道，随夯随灌，以夯灌坚实为度，底层的差高不得超过 1cm。②中层。中层碎石直径 2～4cm，其压实厚度应为 10cm，做法为拌浆，黏土成分约为石料的 30%，拌法与拌三合土相同，加水后反复拌匀，拌合后平铺于底层上，未压厚度约为 13cm，铺竣后上再覆以瓜米石一层（每立方米材料铺约 40m^2），以 10t 重压路机纵横巡回滚压至坚实为止。③沥青面层。应等泥结碎石绝对干燥后方可进行面层加铺。先以竹扫彻底扫干净基层，然后浇油一层，热沥青温度为 380～420°F（约 193～216℃），每平方米用油不得超过 3/4 加仑（约 2.8L）。随浇随刷，刷匀后铺 0.5～1cm 的瓜米石一层，每立方米的瓜米石材料铺筑 40m^2 的道面，经滚压后再浇沥青一层，用油数量每平方米不得超过 1/2 加仑（约 1.9L）。浇筑方法与上述方法相同，刷匀后再铺 0.25cm 以下粒径的洗净石屑一层，每立方米石屑料铺筑约 60～80m^2 道面，然后滚压至平整（图 4-33）。

为保障夜航安全，武昌徐家棚机场于 1948 年 2 月安装临时夜航设备，同年 4 月 24 日开工跑道修补工程，5 月 14 日竣工。道面修补原定挖修 1.4 万 m^2，后增加面积 9200m^2。跑道延长工程则于同年 6 月 6 日开工，7 月 25 日完工。该整修跑道工程由宝鑫建筑工程公司承建。经修复后，继续供民航飞机起降使用。

3）民航局武汉航空站主导的“抢修武昌徐家棚机场跑道工程”（1949 年）

武昌徐家棚机场修补工程经过不到一年的使用后再次出现跑道病害，为此交通部民航局武汉航空站决定抢修武昌徐家棚机场跑道，抢修工程投资控制在 100 万元金圆券以内，以满足美制 C-46 飞机的安全起落。该跑道工程于 1949 年 1 月 5 日登报公开招标，经竞标评标，交由毅成营造厂承揽该项目，1 月 8 日，武汉航空站与其签署合同，原计划在 1949 年 1 月 15 日之前完成，在提前进行工程备料的同时向民航局上报具体的抢修计划，最终跑道整修及翻修工程于 3 月 9 日竣工，15 日由民航局会同湖北审计处派员联合验收，跑道经试飞后再于同月 24 日复验。

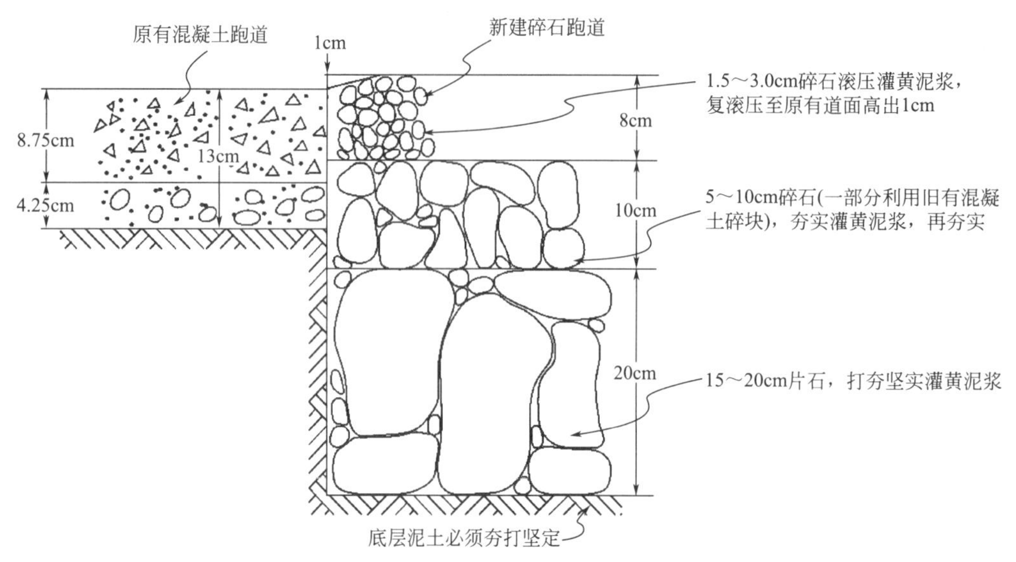

图 4-33　民航局拟定的“武昌徐家棚机场修补工程”中的修补跑道横断面图

来源：湖北省档案馆馆藏档案，项目组描绘

4.5　近代机场指挥塔台的建筑形制

4.5.1　近代机场指挥塔台的分类

近代机场指挥塔台是供飞行管制员指挥飞机起降及航行活动的机场地面建筑，其主要功能是调配飞行活动、指挥飞机起降和进行空地联络。指挥塔台通常在跑道中间或跑道两端的外侧设置。近代指挥塔台的类型多样，按照机场性质和使用功能的不同可分为民用指挥塔台和军用指挥塔台；按照建筑空间的组合关系不同可分为独立式指挥塔台和组合式塔台；按照建筑结构和建筑材料不同可分为木结构指挥塔台、钢结构指挥塔台和砖混结构指挥塔台；根据指挥塔台的使用年限可分为临时性指挥塔台和永久性指挥塔台，临时性指挥塔台多为后期附设增建的（图 4-34）；按照建设与使用的主体不同可分为驻华美军主导的指挥塔台、国民政府军事航空/民用航空主导的指挥塔台，以及侵华日军主导的指挥塔台等。

图 4-34　海南某机场的指挥塔台

来源：《中国的空军》，1946 年 5 月第 91 期

1. 按照空间组合的关系分类

根据与其他机场建筑空间组合的关联与否，指挥塔台可分为独立式、组合式两类。组合式指挥塔台一般设置在航空站、机库或航站楼及其他建筑物的屋顶上，除了实施空中交通管制业务之外，便于空中交通指挥人员与通信导航、气象情报、机场运行等其他相关部门之间的直接业务交流。

1）独立式指挥塔台

从结构和材料构成来看，独立式指挥塔台主要有木结构、钢结构或砖木结构建筑。近代军用机场多采用简易的高架木质塔亭，独立设置在视野开阔的机场制高点上。抗战后期，美国盟军在西南地区的昆明巫家坝、贵州清镇等机场搭建过一些独立式的简易指挥塔台，如贵州清镇机场的独立式指挥塔台设在跑道端部，为两层砖木结构岗楼，上设露天眺望平台，平台上装有风向标。抗战胜利后，北京西郊机场、广州天河机场分别设有独立式的木结构或钢结构指挥塔台（图 4-35）。

图 4-35　北京西郊机场的木构指挥塔台
来源：《民航空运队》，1948 年第 1 卷第 20 期

2）组合式指挥塔台

从空中交通管制的功能需求考虑，指挥塔台需要在制高点设立，为此指挥塔台借助机场运行室、航空站、飞机库等各类机场建筑屋顶上设置。组合式指挥塔台需要处理好塔亭与所依托建筑物之间的建筑造型和建筑构造关系。从建筑空间组合关系来看，近代指挥塔台与机场运行室的组合是抗战后期西南地区驻华美军机场最常见的组合类型，该组合方式可分为两种方式：一是在主体建筑上叠加指挥塔亭的竖向组合，多为空中指挥塔台与楼下的运行室结合，早期西南地区新津机场、陆良机场等指挥塔亭尚是生硬地架在坡屋顶之上，时至抗战后期湖南衡阳湘江东岸军用机场的新建指挥塔亭已经与其下支撑的坡屋顶完全融合一起；二是主体建筑与指挥塔台进行搭接或咬接组合，如湖南芷江机场航空站呈 L 形建筑平面，其转角处搭接六边形的指挥塔台，航空站办公建筑与指挥塔台相对独立，体量相对大而平顺的主体建筑与高耸单细的塔台形成了构图上的均衡。

（1）指挥塔台与运行室组合

抗战时期，西南地区驻华美军使用的军用机场指挥塔台除了少有的独立式设置方式外，普遍将运行室与指挥塔台设在同一幢建筑内，便于空中交通管制业务的开展。通常上层木构建筑的指挥塔台直接架设在一层或二层机场运行室的坡屋顶上，其空侧正面标注有机场标高或经纬坐标，有的塔亭还在屋顶上设有探照灯和通信天线；底层砖木结构的主体建筑为机场运行室，采用鱼鳞板墙面或砖墙和盖瓦木构坡屋顶。

（2）指挥塔台与航空站组合

在航空站上设置指挥塔亭是近现代民用机场最常见的组合方式。为了便于指挥飞机起降，综合性功能的航空站多融合有机场航行管制、飞行情报及航空气象等功能，为此近代机场普遍在民用或军用航空站顶层的最高处设置指挥塔台，并在塔亭顶部或周围设置供目视指挥的眺望平台，如上海龙华、徐州大郭庄和牡丹江海浪等航空站顶层或屋顶上的指挥塔台。1949 年 5 月始建的牡丹江海浪机场指挥塔台共 4 层，其地下室层为宿舍，底层为办公用房，主楼中央位置为上下两层的指挥塔亭，其八角形状的顶层全方位设置玻璃窗，便于目视指挥飞机起降，其下层为方形的飞行指挥办公室。该塔台为砖混结构，占地面积约 432.86m^2，其长 36m、宽 14.3m、高 12m，是东北民主联军航空学校（简称“东北老航校”）当时同期建设的一批机场指挥塔台中唯一保留至今的塔台（图 4-36）。

图 4-36　牡丹江海浪机场的指挥塔台（1949 年）
来源：作者摄

（3）指挥塔台与飞机库的组合

抗战胜利后，随着飞机数量的增长及其飞机起降的频繁，出于飞机航行安全的需求，航空公司在其基地机场的专用飞机库屋顶最高点增设自用的指挥塔亭是常见做法，如中国航空公司在其上海龙华机场飞机库屋顶高点处临时搭建木质的方形指挥塔亭（图 4-37）。需要指出的是随着空中交通指挥的业务功能逐渐增多，仅在机库上设置临时性的指挥塔亭已难以满足繁忙的机场空中交通管制的需求。

图 4-37　20 世纪 40 年代的上海龙华机场中国航空公司飞机库上的指挥塔台
来源：Aviation photos：Chinese Civil War pic3-Ggory Crouch（gregcrouch. com）

2. 按照建筑结构和建筑材料的分类

按照建筑结构的不同，近代指挥塔台可分为木结构、砖混结构和钢结构三类：

（1）木结构的指挥塔台。这类指挥塔台为机场运行室兼指挥塔台，通常底层的运行室为砖木结构建筑，而指挥塔亭则为方形或矩形的木结构，其四面或三面开启玻璃窗，有的指挥塔亭周边三面或四面环以走廊，以便目视指挥。上下塔亭的木质楼梯多为外置式的，少有内设。

（2）砖混结构的指挥塔台。这类指挥塔台多为航空站模式，整个航空站均为钢筋混凝土结构，如南京大校场机场军用航空站上的指挥塔台。

（3）钢结构的指挥塔台。这类独立式指挥塔台适合快速组装建造，也适合快速拆除后异地重建。抗战后期在西南地区已经出现采用钢支架支撑塔亭的独立式指挥塔台。抗战胜利后，民航空运队在广州天河机场等地的指挥塔台也是钢结构的（图 4-38）。

(a) 哈密机场的木构指挥塔台(1940年)

(b) 中国某机场的钢结构指挥塔台(1944年4月)

图 4-38　木结构和钢结构的指挥塔台

来源：（a）哈密机场提供；（b）伯特·克拉夫奇克（Bert Krawczyk）摄

4.5.2　近代机场指挥塔台的发展历程及其典型实例

1. 全面抗战前的机场指挥塔台

1）发展概况

最早的指挥塔台出现在军用机场，根据有关记载，早在 1933 年的桂林秧塘军用机场便出现了指挥台设施。早期的指挥塔台多为简易木结构，塔亭三面或四面环以木框玻璃窗，也有设置铁框玻璃指挥塔亭的机场。全面抗战前夕，国民政府航空署在南京大校场机场、上海虹桥机场、南昌青云谱机场等主要航空总站推广使用标准化的航空站，该航空站由意大利航空顾问团专业人士设计，立面造型为“横三竖五”的堡垒式砖混结构建筑，其顶楼的中央位置便是指挥塔亭，这一标准航空站模式曾在各地广泛应用（图 4-39）。

2）典型实例

（1）国民政府航空署主持建设的标准化指挥塔台

南京大校场机场指挥塔台与上海虹桥、南昌青云谱等标准化的航空站略有不同，各楼层的建筑转角处并无凸出的半圆柱体，仅做抹圆处理。该航空站中轴对称布局，三层呈阶梯状逐层向中间内收，其中一、二层均设置露天平台，三层为指挥塔亭，底层出入口处的门廊外凸，三层仅设有环以大面积玻璃窗的指挥塔亭，指挥塔亭悬挑出半个圆柱形，以取得更高的视域和更广的视野。楼内设置中短波无线电台各 1 套，另配备有归航导航设备（图 4-40）。日军 1937 年 12 月占据该机场之后不断在航空站陆侧加建，又直接在该塔台后侧搭建了一座更高的木结构指挥塔亭，以便更有利于目视指挥，由此形成了罕见的双

图 4-39 南昌青云谱机场指挥塔台

来源:《中国航空工业老照片(4)》

图 4-40 南京大校场机场指挥塔台(1949 年 1 月)

来源:美国国家档案馆,编纂目录:A1862

塔台模式。另外,还在加建的木质房屋屋顶上漆上白色、巨大醒目的"NANKING"标志,供目视飞行识别使用,该航空站为典型的"附加式"建筑("add-on" structures)。

(2)南京明故宫机场指挥塔台

1937 年建成的南京明故宫机场指挥塔台为 3 层砖混结构建筑,建筑面积达 223m^2。其底层前侧为架空门廊,顶部为二、三层的指挥塔亭;其后侧的底层建筑物屋顶设有大型露天平台,上设少见的室外螺旋式楼梯,塔亭空侧面三面镶嵌有大面积玻璃,空间开敞明亮;其顶部设置眺望平台,便于空管人员指挥飞机起降,并安装有红白相间的醒目风向袋,供飞行员驾驶飞机目视进近。该航空站是具有典型现代机场建筑风格的专业建筑(图 4-41)。

图 4-41　全面抗战前夕的南京明故宫机场的指挥塔台
来源：http：//www.airfieldinformationexchange.org/community/showthread.php? 8467-CHINA-Nanking

2. 全面抗战期间的机场指挥塔台

1）发展概况

全面抗战时期的指挥塔台以管制功能为主，简易实用，其主要功能是使用无线电通信设备指挥飞机的飞行起降以及作为引导飞机进近的信号灯。抗战后期，随着“驼峰航线”上的军事航空运输量的剧增和对日空战任务的加大，西南地区先后新建或改扩建了数十个军用机场，在这些供驻华美军使用的军用机场曾广泛设置了指挥塔台，用于繁忙的飞机调度指挥，这时期的指挥塔台是西南地区军用机场中最主要的专业建筑。

近代中国民用机场的指挥塔台出现在抗战后期，中国航空公司先后在印度汀江、加尔各答机场以及昆明巫家坝和重庆珊瑚坝机场设置了 4 座地面管制塔台。1942 年 5 月，奉命参与“驼峰航线”运输任务的中国航空公司使用印度汀江机场执行汀江—昆明货运航线，而后中国航空公司又在汀江西南 8 英里（约 13km）处的巴里江（BALIJAN）机场新建一个运营基地，并在该机场由中国人自行安装第一个采用无线电指挥飞机起降的指挥塔台。同年，中国航空公司还在重庆珊瑚坝机场首次建立民航指挥塔台，用于指挥飞机起降。

2）驻华美军航空基地的典型指挥塔台实例

在美国空军的机场工程技术及空中交通通信技术推动下，指挥塔台已成为中美盟军合作建设和使用的必备机场专业设施和标志性建筑物。依据美国第 4 陆军航空通信系统（The 4th Army Airways Communication System）的统筹布局，新津、广汉、昆明等美军驻扎的大型军用机场以及重庆九龙坡机场等诸多大型机场所设置的管制塔台都统一编制有专用番号，如新津机场塔台为“A-1”、成都双流机场塔台为“A-3”、南宁机场塔台编号为“N-22”等。

驻华美军使用的机场指挥塔台普遍采用坡屋顶、砖木结构这一传统中国建筑形式，也多采用机场运行室与指挥塔台的空间组合模式，其底层多为空中交通管制运行室（Air Control Command Operations），在坡屋顶上叠加木质的指挥塔亭，塔亭通常采用方形平面，其三面或四面以开敞的玻璃明窗所围护，便于通视整个机场，屋顶则为双面坡或四面坡；有些指挥塔台的空侧面设置有单面多面或环形的眺望平台，便于目视指挥。指挥塔台通常标识有醒目的所在机场标高或机场坐标。上下塔亭的楼梯普遍设置在房屋外部，小型塔亭也可由底层建筑室内进入。有的塔亭顶部设有探照灯，用于引导飞机起降（表 4-9）。

国统区驻华美军使用的指挥塔台建筑实例比较　　表 4-9

机场名称（拍摄时间）	机场驻军	塔台编号/航空设备	建筑形制	建筑结构和材料	实景照片
新津机场（1944年12月19日）	美军第40轰炸大队先遣队；第4陆军航空通信联队	（A－1）；塔亭设探照灯和460m机场标高牌	矩形平面；底层为运行室、简报室和办公室；屋顶架设塔台	二层式砖木结构；双面坡瓦屋顶；外置式楼梯	
泸县机场（1945年10月20日）	美军第4陆军航空通信联队	屋顶设气象观测场	L形平面；底层为机场运行室；顶层为木构塔台	二层式砖木结构；坡屋顶；外置式楼梯	
成都双流机场（1944年11月）	美军第462轰炸大队；中国驱逐机总队第四、第五大队	（A－5）；后期在塔亭顶增设探照灯	矩形平面；底层为运行室；顶层居中位置设木构塔台	二层式砖木结构；双面坡屋顶；木骨架篱笆墙；外置式楼梯	
广汉机场（1944年11月）	美军第444轰炸大队；第4陆军航空通信联队	（A－3）；通信天线；塔亭空侧面设小标高牌	矩形平面；底层为机场运行室；顶层为木构指挥塔台	外置式楼梯；木骨架篱笆墙	
羊街机场（1944年11月）	美军第4陆军航空通信联队	塔亭空侧面标注“FIELD ELEVATION 6420”	矩形平面；底层为四面坡屋顶的运行室；顶层为木构指挥塔台	二层式砖木结构；毛石基础；屋面罕见铺筑半圆形筒瓦；室内楼梯	
云南驿机场（1944年11月）	美军驱逐机机队；驼峰航线上的中国境内第一机场	平台设风向标和机场标高牌	“一主两从”式构图，底层四面坡屋顶；塔台双坡屋顶；空侧面设木构眺望平台	底层砖木结构、毛石基础；大塔亭为砖柱支撑、鱼鳞板墙面；室内楼梯	
陆良沾益机场（1944年10月20日）	美军航空运输司令部运行室；第4陆军航空通信联队	塔亭挂“ELEV. 6064”标高标识牌和风向标	底层T形平面；屋顶架设有木构式方形塔亭和气象观测场	四面坡屋顶；方形塔台和四面玻璃窗；空侧面设走廊；外置式楼梯	
南宁机场（1944年10月20日）	美军第51驱逐机机队	（N－22）；防空设计	底层建筑与指挥塔台均为双面坡屋顶；	斜坡状毛石基座，半地下出入口，可防空防潮	

来源：照片来源于美国国家档案馆

（1）昆明巫家坝机场的指挥塔台

昆明巫家坝机场是早期美国航空志愿队——飞虎队的航空基地，也是后期美军第14航空队的主要航空基地。该机场早期的指挥塔台是简易的独立式塔台，由旧木头和包装板条箱搭接而成，后期启用了

砖木结构、青瓦屋顶的组合式新塔台，顶部的塔亭为四面环窗、双面坡屋顶和鱼鳞板围护墙，其机场运行室及其指挥塔台周围还铺设土堆，用以防范敌机轰炸和扫射（图 4-42、图 4-43）。

(a) 独立式的木构指挥塔台

(b) 组合式的指挥塔台(1944年4月)

图 4-42　昆明巫家坝机场的旧、新指挥塔台

来源：(a) Robert L. Cowan 摄；(b) 美国国家档案馆，编纂目录：2964

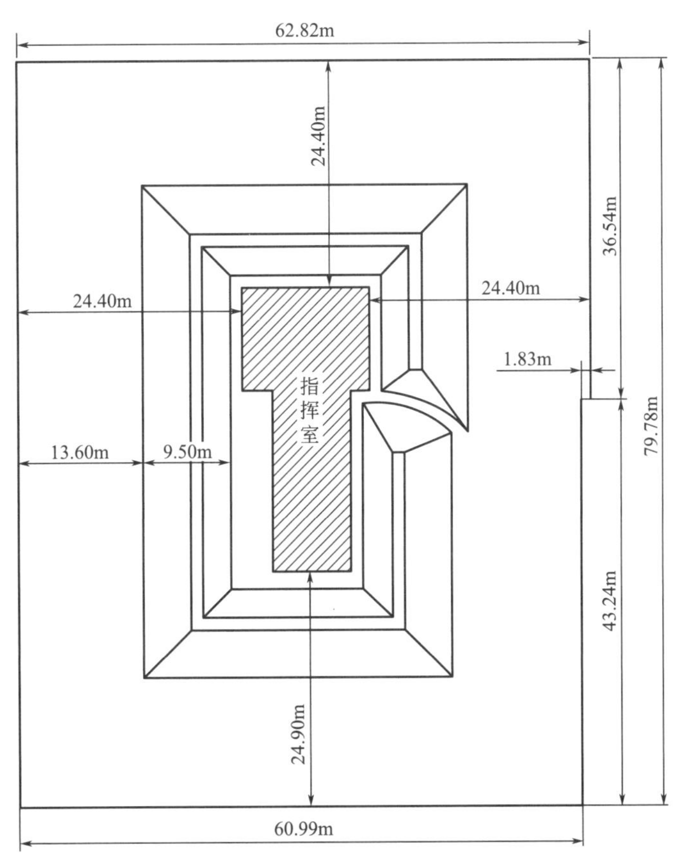

图 4-43　昆明巫家坝机场指挥室占用地示意图

来源：云南省档案馆馆藏档案，项目组描绘

（2）云南驿机场的指挥塔台

云南驿机场是驻华美军第 14 航空队使用的驱逐机机场，也是美国航空运输队（ATC）在中国境内执飞“驼峰航线”中的重要中转基地。该机场的指挥塔台为“一主两从”式布局，底层建筑为空中交通管制运行室，其单层的四面坡屋顶中央设有砖柱木墙结构的指挥塔台，两者有机地融合在一起。塔台使用室内楼梯上下楼层，且在面向机场空侧面附设木构室外平台，用于目视指挥观察（图 4-44）。相比其他驻华美军的指挥塔台，这一建筑形制更体现出现代航空功能和中国传统建筑的有机统一。

图 4-44　云南驿机场的指挥塔台

来源：Sidney R. Rose 摄

（3）四川新津机场的指挥塔台

四川新津机场是美国驻华空军第 40 轰炸大队先遣队的主要基地。1944 年 11 月 11 日，第 20 轰炸机司令部向该大队发出美军 B-29 飞机起飞轰炸日本大村、中国南京和上海日占地的指令，任务的接发便源自新津机场的办公室（编号为 A1）。其空中交通管制室架设在机场的运行室和办公室（编号为 S-2）的屋顶，在该办公用房后侧设置外部楼梯上下塔亭，该办公室右侧为简报室（图 4-45）。这类架设式塔亭和外挂楼梯的做法适用于后期增建的指挥塔台。

图 4-45　四川新津机场的指挥塔台

来源：美国国家档案馆，编纂目录：A1863

（4）湖南芷江机场的指挥塔台

湖南芷江机场是抗日战争期间美国驻中国空军司令陈纳德和中方芷江空军司令张廷孟等空军指挥官联合指挥对日空战的主要航空基地。早期芷江机场指挥塔亭为木结构建筑，塔亭上标注机场名称“Chihkiang”（芷江）以及海拔高度 870 英尺（图 4-46）。1938 年 1—10 月，芷江机场完成占地 2000 亩的扩建工程，扩展 1600m 长的跑道以及机坪及疏散道等飞行区设施，还新建了导航台、指挥塔台等机场建筑工程。新建的指挥塔台位于机场的南端，建筑面积约为 $400m^2$，建筑平面呈丁字形，为青瓦双面坡屋顶砖木结构建筑，主体结构为 2 层，地处转角位置的指挥塔台楼高 3 层，呈五边形造型，面向机场一侧凸出的塔身设有三面围护的玻璃窗，便于机场塔台内指挥人员目视指挥，顶部为眺望平台，架设有高耸的通信导航设备，塔台下原涂有“芷江”名称的英文拼音。该指挥部楼内设有无线电指挥中心、发报中

心、机要室、情报室、作战室以及指挥室等。传统歇山顶的转角处拼接现代的指挥塔台，实现了传统建筑造型和现代航空建筑功能的有机统一。

(a) 叠加式的指挥塔台

(b) 搭接式的指挥塔台

图 4-46　芷江机场的新、旧指挥塔台

来源：(a) James H. Aurelius 摄；(b) 芷江飞虎队纪念馆

3）东北沦陷时期侵华日军航空基地的典型指挥塔台实例

（1）齐齐哈尔机场的指挥塔台

东北沦陷时期兴建的齐齐哈尔南苑机场是侵华日军在九一八事变之后的 1932—1936 年期间建成的。驻场日本陆军航空兵第三十旅团飞行队在该机场建有指挥塔台和飞机库，塔台位于齐齐哈尔市的卜奎南大街西侧，与东侧的飞机库隔街相望。其建筑规模不大，为砖木结构的平房建筑，采用双面坡的瓦屋面，建筑体形丰富，室内装饰精致。整个航空站的建筑平面由三大部分组成，根据房间位置和大小推测功能，主入口的左侧大房间为会议室，中间为办公区用房，右侧为上下指挥塔台的楼梯间及候机室（图 4-47）。

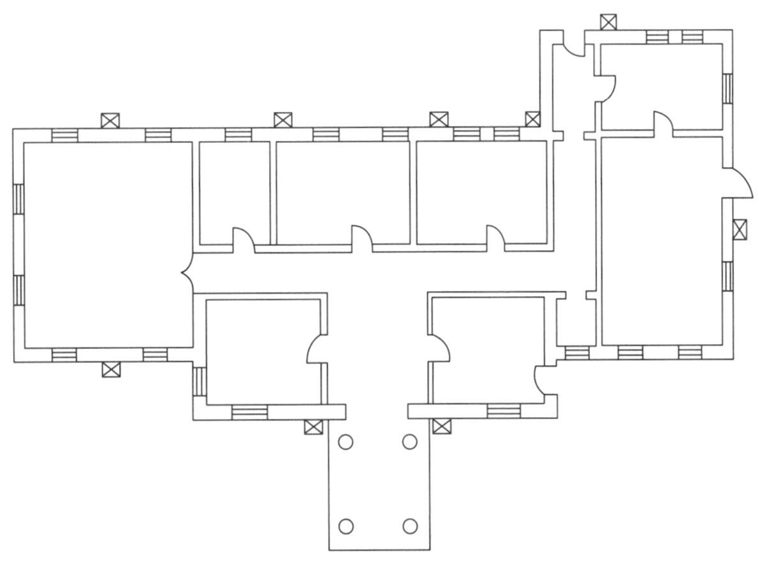

图 4-47　齐齐哈尔南苑机场航空站建筑

来源：项目组绘制

该建筑正面中间出入口位置设置有凸出来的弧形木质门廊，采用 4 个水磨石的圆形柱支撑，主出入口采用门套门的形式。拱形门廊山花位置镶嵌着航空站的徽标，弧形檐口板上铭刻“齐齐哈尔民用航空站”繁体字样，为中华人民共和国成立后中苏航空公司运营时所用名称，该门廊推测为中苏航空公司开航时整修过。航空站大门右侧设有层高约 5.2m 的木质屋顶指挥塔台，用以指挥飞机的起降。该塔台采用铁皮瓦覆顶的四角攒尖顶形式，塔台平面呈方形，塔亭为四面开敞的玻璃窗，窗沿下的墙面为板条水泥砂浆抹灰，室内屋顶为板条抹灰，可由室内楼梯间的木质楼梯盘旋而上。门廊和指挥塔台以及楼梯间檐下都有锯齿形的木质挂板装饰。

航空站正立面及两侧的山墙面为水泥砂浆抹灰饰面，饰有勾缝，背面则为清水墙，整个建筑的外墙厚实。两侧及中部的砖砌山墙凸出于木结构屋顶，具有防火墙的功能。每个主要房间的外墙都设有凸出屋顶的方形烟囱，用于冬季室内采暖。建筑内部的走廊为石材地面，室内则铺设有红松地板，所有室内房间及走廊均设有板条抹灰顶棚或席草抹灰顶棚。该建筑原为东北地区仅存的近代航空站建筑，航空站及其土地产权归空军部队所有，由汽车销售商占用经营。当时整个航空站因年久失修已成危房，笔者为此曾向在齐齐哈尔新闻网撰文呼吁有关部门予以保护而无果，终由承租商家于 2013 年 11 月自行拆除（图 4-48）。

图 4-48　齐齐哈尔南苑机场航空站建筑
来源：作者摄

（2）哈尔滨平房机场航空班的航空指挥所

侵华日本关东军于 1939 年在哈尔滨平房建成臭名昭著的“731”细菌部队本部驻扎基地，划定 120km^2 范围的特别军事区域。为配合其开展细菌战，1939 年 3 月至 1940 年春建成平房专用机场，由拥有 11 架飞机的航空班驻场。航空班的航空指挥所位于 3 座排列成一排的机库西面，该砖混结构的航空指挥所主体为 2 层，中间部分为 3 层，屋顶原设有指挥塔台及雷达天线，“731”细菌部队败退前将其损毁。该建筑面阔 42.8m，进深 15.5m，高 12.6m。航空指挥所主要是航空班执行为“731”部队进行野外试验、运送细菌炸弹等飞行任务的指挥中心（图 4-49）。包括航空指挥所旧址在内的侵华日军第七三一部队遗址现为全国重点文物保护单位。

图 4-49　哈尔滨平房机场侵华日军“731”细菌部队航空站建筑
来源：作者摄

3. 抗战胜利后的机场指挥塔台

1）民用机场的指挥塔台

抗战胜利后，随着民用运输业快速发展和航班起降数量的快速增长，空中交通管制逐渐发展成为相对独立的民航专业，指挥塔台也由此成为主要民用机场所必须配备的标志性机场建筑类型，在民用航空站顶层设置指挥塔台已经成为民用机场的标准配置。1947 年 1 月 20 日国民政府交通部民用航空局的成立，加快了全国空中交通管制系统的布局建设，民航局划定的全国飞航情报和管制区域于同年 7 月 1 日生效，计划在上海、汉口、广州、北平、西安、昆明、重庆、沈阳设立 8 处管制站。早在 1947 年 2 月 19 日，九江机场管制塔台便由临时性的塔台搬迁至新建航站大厦上的新塔台。同年 8 月 20 日在上海龙华机场设立了空中交通管制站，该机场塔台负责半径 3 英里（约 5km）范围的飞机进出，另在江湾机场设置进近管制台，负责 50 英里（约 80km）范围的飞机进近，由驻场美军负责指挥①，而后广州、汉口空中交通管制站先后设立。1948 年 4 月 16 日至 5 月 27 日，厦门航空站在原有指挥塔上加建了一层塔台；同年 6 月 18 日，上海国际航空联合电台及上海空中交通管制站启用，而后该管制站又扩编为民航局空中交通管制处，直接领导上海、广州、汉口的空中交通管制站，以及上海虹桥、江西九江、天津张贵庄、厦门高崎等地的机场管制塔台。

另外，航空公司从签派角度也开始重视空中交通指挥业务，根据国民政府交通部民航局的统计，截至 1947 年 8 月 1 日，中国航空公司和中央航空公司在全国共设置有上海龙华（中国航空公司）、广州白云（中国航空公司）、重庆珊瑚坝（中国航空公司）、武昌徐家棚（中央航空公司）4 座机场管制塔台。其中，中国航空公司和中央航空公司在上海龙华机场合建了飞机起降指挥塔台。1948 年 6 月 1 日，供民航空运队使用的上海虹桥机场管制塔台也投入使用，该指挥塔台罕见地以侵华日军遗留的砖砌碉堡为基座，在其上设置木构架的方形指挥塔亭（图 4-50）。1949 年，中央航空公司重庆办事处的机航部门在白市驿机场设立飞行指挥台，同年中国航空公司也在该机场设置空中管制塔台，配有 2 名管制员，负责调配飞行活动、指挥飞机起降和空地联络工作。至此，近代主要机场已普遍拥有 1 座或多座指挥塔台。

图 4-50　民航空运队在上海虹桥机场的指挥塔台
来源：CAT Bulletin，1948 年第 1 卷第 17 期，第 12 页

2）军用机场的指挥塔台

抗战胜利后，由于还都复员、备战等诸多军事航空任务，国统区的军用机场使用频繁，机场指挥塔台已逐渐成为军用机场的必备建筑。以济南张庄机场指挥塔台为例，该指挥塔台与单层坡屋顶的办公用房相互连通。主体为 3 层砖木结构建筑，矩形的底层设有带门廊的出入口，二、三层的指挥塔亭呈六边形，环以通透的玻璃窗，二层正面设有露天平台，内侧有直跑楼梯通往三层的指挥塔亭。该指挥塔台的专业建筑特性明显，建筑形制成熟（图 4-51）。

① 《指挥飞行的重要机构——空中管制站》，载《申报》，1947 年 12 月 15 日。

图 4-51　济南张庄机场的指挥塔台
来源：《解放战争时期国民党军起义投诚》

4.5.3　近代机场指挥塔台的建筑形制特征

1. 近代指挥塔台的建筑平面形制

近代指挥塔台平面布局的基本要求是面向机坪方向的视野最大化地开敞，为此指挥塔台普遍凸出所依托的建筑主体。其指挥塔亭平面形状为方形或矩形居多，抗战后期西南地区昆明、新津等地的诸多军用机场塔台大多如此，也有呈五角形、六角形、八角形等多边形建筑平面构型的，如济南张庄机场和怀化芷江机场的指挥塔台，其面向机场空侧面为五面外凸且开敞的不等边折线形；还有的指挥塔台的空侧面为弧形平面，陆侧面为矩形平面，这类典型的指挥塔台为南京大校场之类的标准航空站、广州白云机场航空大厦等。与中国西南地区指挥塔台普遍沿用的方形或矩形平面不同，驻印美军在印度焦哈特（Jorhat）、米斯阿米（Misamari）和潘达维斯瓦（Pandaveswar）等机场的指挥塔台多采用八边形平面、茅草屋顶造型，这应是与当地的日常时间长、强降水以及当地传统建筑材料等因素有关。

近代指挥塔亭内部通常配置有可与飞机联络的无线电通信导航设备，以及连接指挥所或场站站长办公室的电话（图 4-52）。抗战胜利后管制室还要求装备有甚高频电台（VHF），塔亭的空间狭窄，至多可容纳 2～5 人同时工作，仅设有直跑楼梯或爬梯供人员上下。

(a) 北京西郊机场的指挥塔台(1948年)

(b) 昆明巫家坝机场指挥塔台的内景

图 4-52　北京和昆明机场指挥塔台内景的比较
来源：(a) 美国《生活》杂志；(b) Robert L. Cowan 摄

2. 近代指挥塔台的建筑立面和建筑造型

全面抗战时期驻华美军的军用机场指挥塔台建筑造型十分丰富，建筑形制各异，因地制宜。与其他机场建筑普遍采用现代风格不同，西南地区的指挥塔台是少有体现了现代性和本土性有机融合的机场建筑类型。这些指挥塔台结合西南地区传统的坡屋顶民居建筑风格，直接在坡屋顶上架设现代功能的指挥塔台；机场运行室和塔亭墙身多采用美式的鱼鳞板式墙面，其用于铺装的木质板条来源于美国盟军大量用于包装运入中国战场的飞机、枪支弹药等武器装备所采用的板条箱，这些拆封后的轻质木板材用作机场建筑的墙面材料，既可就地取材，也可满足南方炎热地区的通风需求；结合西南地区传统的坡屋顶民居形式，方形指挥塔亭采用两面坡、四面坡等形式，以满足现代空中管制功能，其现代航空功能通过普

遍在塔亭的显著位置标示有机场名称和机场标高来体现。

抗战后期的军用指挥塔台建筑实现了中国传统民居建筑形式与美国外来输入的现代航空技术的有机融合，在建筑结构、建筑形制方面有着较大创新，建筑风格与功能也相对统一。另外，由于是在传统的中国建筑形式上叠加现代航空功能，这些指挥塔台建筑物普遍具有“增建建筑”（add-on architecture）的技术特征。在川西地区的“特种工程”中，机场指挥塔台还有标准化设计的做法，如成都双流机场与四川广汉机场采用相同的指挥塔台建筑造型。

3. 近代指挥塔台对制高点的要求

从功能设计要求来看，指挥塔台要求有良好的视野，能够瞭望机场全场，尤其可看到飞机在跑道端部起降的情况，以满足空中交通指挥要求，为此近代塔台应处于可俯瞰机场全景的制高点上，至少高 10m 以上。指挥塔台上的封闭塔亭四周应设有可开启的玻璃窗户，塔亭外也多环以用于目视观察的回廊或室外露台，以满足空中交通管制人员目视指挥飞机起降的需求。有的机场塔台室外还配有引导飞机起降方向的风向标（风斗）和引导飞机夜间起降的探照灯。美国盟军使用的军用机场习惯在塔亭面向空侧的醒目位置悬挂标有机场海拔高度值的标牌。抗战后期的指挥塔台已成为军用机场的标志性建筑，这体现在所处的机场中心区位上和高耸的建筑造型上。如云南陆良机场的整个指挥塔亭直接独立架设在底层美国航空运输司令部运行室用房的屋顶上，四周采用独立的大木柱支撑，折返双跑楼梯上下；云南羊街（Yang-kai）机场指挥塔台则少有采用了双层塔亭（图 4-53）。

图 4-53 云南羊街机场的双层指挥塔台

来源：美国圣迭戈航空航天博物馆，编纂目录 00691

4.6 近代“飞机楼”建筑的建筑形制

1903 年美国莱特兄弟在世界上首次成功试飞的飞机既是 20 世纪初新兴交通方式和时新技术的直接体现，也是寓意“现代化”的象征性交通工具，以“速度、精致或时新”等为诉求的 20 世纪初现代建筑作品多将航空元素直接纳入。另外，飞机也是近代战争中的先进武器，这使得建筑作品采用比拟飞机的处理手法与比拟火车、汽车及蒸汽轮船等其他交通工具的含义有所不同，除了先进技术之外还有政治和军事意义，尤其在内忧外患的南京国民政府时期，随着孙中山先生倡导的“航空救国”思想推广和民众“捐机”抗战运动的广泛开展，各地出现了不少“飞机楼”建筑作品。“飞机楼”是民众对建筑平面或建筑外形酷似飞机形状的建筑物所冠以的一种通俗而形象的名称，民国时期由中国建筑师设计的“飞机楼”建筑具有追寻现代建筑思潮和崇尚航空技术的双重诉求，呈现出中国传统建筑风格、现代建筑思潮和航空救国寓意的三重属性。

4.6.1 现代建筑运动思潮中飞机元素流行的渊源

正如现代建筑运动旗手——法国勒・柯布西耶所推崇的“飞机无疑是现代工业中最精选的产品之一”那样，早在 20 世纪初的未来派宣言就开始推崇飞机的速度之美，如 1914 年意大利建筑师圣埃利莱亚（Antonio Sant'Elia）提出的“新城市”方案构图便将飞机跑道纳入其中，而后在现代建筑运动中的装饰艺术风格、功能主义、国际式等诸多新兴建筑流派都能见到诸如飞机舷窗、飞机状平面、飞机流线体造型等各种航空元素。总体而言，现代化的飞机可展现出西式古典建筑所未充分展示出的技术之美、结构之美的机器美学，始终是各种现代建筑流派思潮所乐于引用的元素之一，这以装饰艺术风格和功能主义的应用最为盛行。

1. 装饰艺术风格（Art Deco）及其衍生的流线式风格（Streamline Moderne）

20世纪20—30年代兴起的装饰艺术风格注重实用，除了广泛应用自然界的优美线条外，其建筑作品重要特征之一是喜爱应用代表着时代进步的象征物——现代交通工具（火车、汽车、轮船和飞机等）的设计元素，以体现出一种鲜明的速度之美。装饰艺术风格的流行后期衍生出一个分支——发端于工业设计的流线式风格，该建筑风格肇始于1929年、盛行于1937年，喜用曲线形、水滴形以及连续水平长向线条，水平状的窗带、圆弧形的转角和平屋顶（平天台）等建筑语汇，这些常用的建筑表现形式普遍取材于基于空气动力学原理设计的飞机、轮船等现代交通工具造型及其构成元素（如舷窗、栏杆等），以此获得所蕴藏的速度感、流动感及光滑感，如美国旧金山的海事博物馆（1936年）、巴特勒住宅（1934年）以及英国肯特郡的拉姆斯盖特都市机场航空站（1937年）等（图4-54）。

图4-54 英国肯特郡的拉姆斯盖特都市机场航空站（1937年）
来源：Airports：A Century of Architecture，p105

2. 功能主义（Functionalism）

英国学者彼得·柯林斯将功能主义划分为分别比拟于生物、机械、烹调和语言的四种倾向，其中“机械”因其是实用而经济的工业化产品而备受推崇。勒·柯布西耶在1923年出版的《走向新建筑》一书中便提出新建筑应“从飞机、汽车和蒸汽轮船身上获得启发”，“我们以轮船、飞机和汽车的名义，要求获得健康、逻辑、勇气、和谐、完善的权利”。他认为“无论如何，所有这些东西都有助于建造一座轮廓清晰可辨的属于20世纪的建筑”。在“视而不见的眼睛”章节中提出，“飞机是一个高度精选的产品，飞机带给我们的教益在于问题的提出与解决之间的逻辑关系的把握与调控”。另外，勒·柯布西耶在《建筑与城市的形状》（1930年）、《光辉城市》（1931年）等系列文集及设计作品中也提出城市规划应依托笛卡儿坐标方格网状系统构建，市中心是火车站和飞机场的组合，或者顶层有供出租飞机停放起降的平台。

4.6.2 影响民国时期“飞机楼”建筑作品的思潮

1. “飞机楼”建筑的风格流派分类

本书所指的“飞机楼”建筑是指以模拟飞机平立面及造型为设计手法的一种建筑风格或建筑现象，它在近代中国呈现出三种类型：①以模拟飞机形状为设计手法的流线式建筑风格；②以模拟飞机为特征的流线式建筑风格并叠加有“航空救国”思想情感的航空类主题建筑；③民众对形似飞机状建筑的一个形象化的俗称，这种口碑相传式的建筑现象多为该类建筑建成后民众所强加赋意的。进入20世纪以来，随着大批学成回国的建筑师逐渐成为近代中国建筑设计市场的主体，近代中国建筑市场呈现出各种建筑风格流派，主要呈现出三种主流风格倾向：①以西方古典复兴式和折中主义为主导的西式复古式建筑风格；②以倡导“中国固有形式”主流的中式折中建筑风格；③现代建筑运动思潮。其中，以现代主义、装饰艺术风格、国际式为主体的现代建筑运动思潮对近代中国建筑的影响深远，多以飞机、轮船等现代交通工具作为比拟对象之一，相应地，近代“飞机楼”建筑作品的频繁出现也源于上述三种思潮的杂糅：①西式古典复兴风格与现代建筑思潮的有机结合，多体现时兴的“机器美学”的现代主义思潮，这些“飞机楼”作品多为西方建筑师在中国设计的西方古典式建筑作品，大多是基于功能布局设计，从建筑造型、平面布局等角度赋予飞机的形状，由此形成西式建筑风格与航空主题结合的“飞机楼”建筑，典型的建筑作品包括天津英国文法学校主楼和上海雷士德工学院主楼等作品；②中式古典复兴与现代建筑思潮的有机结合，这些“飞机楼”建筑作品多为中国建筑师所主导设计，既有现代建筑运动思潮建筑风格的影响，也有“航空救国”思想流行的时局背景。这类建筑作品又可分为两类：一类是建筑本身的功能用途是与航空主题背景相关的，设计者赋予其飞机的象形，其内涵和外形相得益彰，典型建筑为上海中国航空协会会所大楼；二是抗战全面爆发前后的非航空主题建筑作品因其所赋予的独特“航空救国”的爱国情感而得名。由此许多所谓的“飞机楼”建筑作品本身与航空或飞机无关，其中有的建筑是建筑师有此设计意图的，如延安杨家岭中央办公厅的设计者杨作材曾撰文说其建筑作品的平面像飞机，也有的建筑是后期赋意的（表 4-10）。

民国时期典型“飞机楼”建筑的概况　　**表 4-10**

飞机楼名称	平面构型	建成时间	建筑师	建筑风格	建筑特征
枣庄中兴公司办公大楼		1923 年	德国建筑师	德国哥特复兴式	建筑面积 2813m^2；十字形平面，主体 2 层；门厅北为会议室，两翼为办公室
天津英国文法学校主楼		1927 年	(英)麦克卢尔·安德森(永固工程司)	英式折中主义	建筑面积 3800m^2，飞机状建筑平面和造型，砖混结构
上海雷士德工学院主楼		1935 年	鲍斯惠尔(德和洋行)	哥特复兴式与装饰艺术派	建筑面积 19900m^2；飞机状造型；正中 5 层，两翼 3 层
延安杨家岭中央办公厅		1941 年	杨作材	简约现代主义	跌落式造型；石结构；一层会议室兼餐厅，二层为办公室，三层设天桥
湛江赤坎赖泽别墅(2 座)		20 世纪 30 年代	不详	法国殖民地风格	建筑面积 1100m^2，平面和造型形似飞机，二层砖混结构，弧形柱式门廊

续表

飞机楼名称	平面构型	建成时间	建筑师	建筑风格	建筑特征
京伪建设总署土木工程专科学校教学楼		1942年	徐仁祥	中式折中建筑风格	山字形平面；三段式立面；砖混结构；正中3层，顶部为单檐歇山顶，两翼为2层
沈阳原日本关东军航空军官俱乐部		20世纪30年代	不详	传统中式建筑风格	士字形平面，飞机状平面和造型，砖混结构，2层，坡屋顶

来源：作者自行整理。

2. 飞机楼建筑的设计手法和要素特征

“飞机楼”建筑设计主要有三种手法：①仅建筑平面模拟飞机平面形状，注重鸟瞰效果，如1927年建成的天津英国文法学校主楼（图4-55）。该楼是由英国建筑师亨利·麦克卢尔·安德森（Henry McClure Anderson，1877—1942年）主导的永固工程司设计的英式折中主义风格建筑，其建筑平面宛如飞机形状。②从建筑立面和造型模拟飞机，尤其飞机造型通常直观可见，典型的建筑作品为坐落在上海市虹口东长治路505号的雷士德工学院（现为上海海员医院）主楼。该建筑由德和洋行20世纪30年代的合伙人之一——鲍斯惠尔（E. F. Bothwell）设计，1934年2月17日奠基，次年建成使用。其建筑平面呈Y形，主楼正中5层，两翼依次跌落成4层、3层的阶梯式造型，楼前设有连续尖券门廊，顶部冠以露肋的穹顶塔楼模拟飞机机头，整体造型酷似迎空展翅高飞的飞机形状[①]（图4-56），该建筑为英国哥特复兴式与装饰艺术派相结合的风格。③从建筑平面和立面造型两方面对飞机进行模拟，这一比拟手法最为形象，通常用于与航空主题直接相关的建筑，如上海中国航空协会会所和沈阳原日本关东军航空军官俱乐部等。总体而言，“飞机楼”建筑具体的设计特征包括：①采用十字形、工字形或士字形建筑平面；②建筑平面或/和立面严格中轴对称；③建筑立面多呈跌落式；④沿用比拟飞机舷窗、机头或机翼的圆窗、弧形墙面、拱圆形屋顶等象形建筑语汇；⑤在建筑中后部的“机身”位置普遍设置大会堂等。

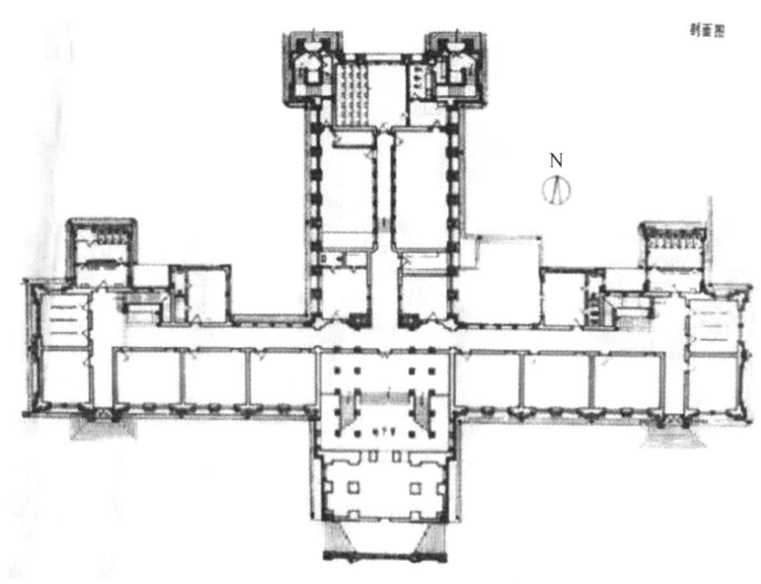

图4-55　天津英国文法学校主楼平面图（1927年）

来源：《近代天津的英国建筑师安德森与天津五大道的规划建设》

(a) 立面图

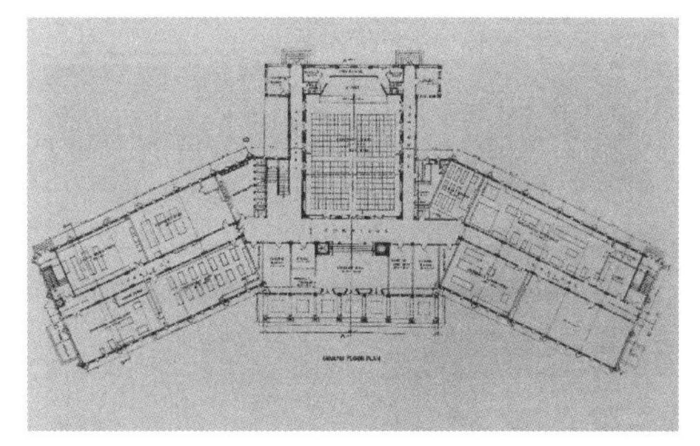
(b) 平面图

图 4-56　上海雷士德工学院主楼

来源：(a)《上海图书馆藏历史原照（下）》；(b)《建筑月刊》，1934 年第 2 卷第 4 期

3. “飞机楼”建筑形制及其飞机设计原型的演进分析

在“航空救国”思想影响下和近代航空技术进步的推动下，民国时期“飞机楼”的建筑形制普遍拟合不同时期典型的飞机设计原型（图 4-57）。中国建筑师最早设计的“飞机楼”建筑作品是 1929 年黄玉瑜和朱神康在南京“首都中央政治区图案平面图”设计竞赛图案中的航空署大楼，而后从 20 世纪 30 年代上海中国航空协会会所模仿早期美制霍克式双翼飞机造型到 20 世纪 40 年代昆明胜利堂模拟美国援华飞虎队的美式单翼 P40 战斗机机型，近代飞机制造技术的进步往往直接折射到“飞机楼”的建筑平面、建筑造型及建筑材料等方面。例如，“飞机楼”建筑常见的设计手法是其平面构型模拟当时经典的飞机机型，由横向的前翼和尾翼加上纵向的机身及前突的发动机机头构成的飞机俯视图是与士字形最贴近的，而这一古已有之的建筑平面形式又具有开放性空间格局及实用性功能特征，由此“飞机楼”建筑广为应用士字形建筑平面。随着飞机金属材料和流线型机体的广泛应用，流线式风格的“飞机楼”建筑多利用水泥混凝土的塑性特性塑造出大面积的曲面型屋面，如结合会堂的功能需求，上海中国航空协会会所和昆明抗战胜利堂的中间主体部分——会堂的屋顶无一例外地采用了比拟飞机机身的圆弧拱形式，并呈现前宽后窄的平面布局。另外，“飞机楼”造型由具象的仿真到抽象的写意也是“飞机楼”建筑形制演进的见证，如南京中国航空建设协会总会新厦弧形的凸起与现代机场航站楼空侧面采用弧形墙面的标志性设计手法如出一辙。

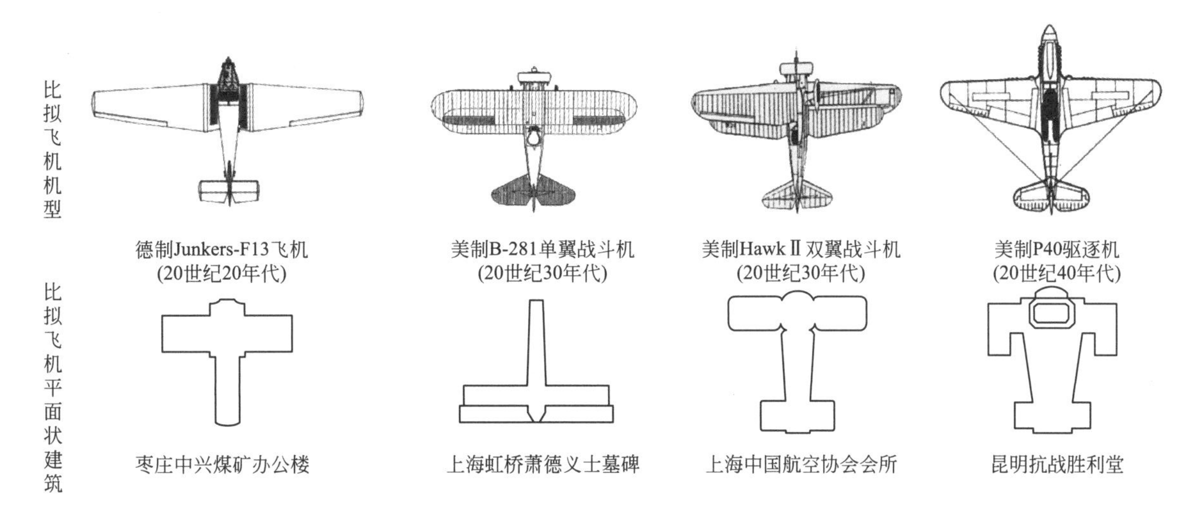

图 4-57　民国时期典型的飞机楼建筑及其飞机设计原型比较

来源：项目组绘制

4.6.3 流线式建筑风格和“航空救国”双重思潮的叠加影响

1. 流线式建筑风格对近代中国建筑师的影响

装饰艺术风格自20世纪30年代传入中国，其分支之一的流线式建筑风格常比拟轮船、飞机等交通工具，注重曲线形和水平长向线条的应用，以体现出运动的高速感。近代中国建筑师在国内尝试了一系列的作品。例如岭南建筑师林克明设计的广州市气象台（1933年）、董大酉设计的上海自建住宅（1935年）、中国工程司的设计师阎子亨和陈炎仲设计的天津茂根大楼（1937年）均体现了流线式建筑特征等。林克明曾于1921—1926年在法留学，认同勒·柯布西耶关于摩登建筑需要有平屋顶、大开阔度的玻璃及横向水平窗的说法，并在广州市平民宫作品（1931年）首次进行应用。从建筑语汇来看，平民宫引入了现代交通工具——轮船的各种元素，如跌级的平台、眺台、烟囱、船舷窗以及水平的金属栏杆等。

2. “航空救国”思想对近代中国建筑师的影响

在贫穷落后且备受欺凌的民国时期，建筑界的有识之士力图通过唤醒民众的方式来取得社会进步，包括“雄鸡”（如1926年工程师刘士琦设计的上海五卅烈士墓）、“警钟”（如1932年建筑师杨锡宗设计的广州中山大学石牌新校总平面规划）和“醒狮”（如1931年雕塑家黄燧弼设计的厦门中山公园醒狮球方案）等各种象征寓意的纪念类建筑作品等先后出现。20世纪30年代，在内忧外患的背景下，最早由孙中山先生倡导的“航空救国”思潮盛行，飞机成为对日抗战中的主要作战武器，各地航空协会积极发动民众捐资购机。这一思潮也影响到近代建筑设计领域，并延续至整个全面抗战阶段。“飞机”造型赋予战胜强敌的一种思想和愿望，演化为标志性建筑符号，反映同仇敌忾的气势。例如，1932年4月为纪念在苏州上空对日空战而献身的美籍飞行员罗伯特·麦考利·肖特（Robert McCawley Short），上海市政府出资在虹桥机场入口处为其建造了由著名建筑师范文照设计的纪念碑及墓地，该纪念碑采用铭刻有“萧德义士之墓”碑名的十字形倒立飞机造型（设计图上的碑体顶部呈现凹凸不平的残缺状，暗喻因飞机尾部受损而坠落），这一造型具有双重寓意，既直观昭显了肖特对日作战而坠机身亡的壮举，又契合了西方墓地所常沿用的十字架墓碑形式（图4-58）。

图4-58 范文照设计的上海虹桥“萧德义士之墓”
来源：《飞翔在中国上空——1910—1950年中国航空史话》

4.6.4 “航空救国”思潮和流线式风格双重影响下的近代“飞机楼”建筑作品

由中国建筑师主持设计的抗战前后出现的“飞机楼”建筑作品体现出航空救国思潮和流线式建筑风格双重思潮的影响，具体体现在建筑设计的平面布局和造型设计方面，典型建筑作品包括上海中国航空协会会所、昆明抗战胜利堂和南京中国航空建设协会总会等。

1. 董大酉设计的《大上海市中心行政区域平面》和中国航空协会会所

1930年，《大上海市中心行政区域平面》规划及其建筑设计实施方案均由上海市市中心区域建设委员会顾问兼建筑师办事处主任建筑师董大酉主持完成。市中心行政区域总体构型由两条各60m宽轴线正交构成椭圆十字式，其东西向的短轴线（以布局官式建筑为主）从东部端点的新铁路总站到西部端点的黄浦江虬江码头，南北向的长轴线（以布局文化建筑为主）则是向南直接衔接国际租界区的主通道。

该方案借鉴了法国凡尔赛宫御花园和美国华盛顿特区麦克米兰委员会规划（1901 年）的拉丁十字式构型[①]（图 4-59），也应受到了吕彦直历时一年多于 1928 年 7 月构思完成《建设首都市区计划大纲草案》及其“航空苑”的启迪，笔者认为其潜意识不无隐晦地显示有与飞机十字形平面构型的相通之处（早期飞机尾翼的宽度几乎可忽略不计），应有暗喻飞翔之意。值得一提的是在 1929 年 8 月举办的南京“首都中央政治区图案平面图”设计竞赛中，黄玉瑜和朱神康设计的第一、第六号方案均获第三奖（一、二奖空缺），董大酉及其美国同学费烈伯合作的第九号方案获得佳作奖。黄、朱的两个方案中所采用航空署大楼及飞机场作为十字轴长轴方向的对景，以及航空署大楼呈飞机状平立面构型的设计手法，相信对董大酉的上海市中心椭圆十字式规划及中国航空协会会所设计方案均具有启迪作用。另外，1942 年同济大学本科生陈景行的毕业论文《飞机场之设计》可作为反向佐证（图 4-60）。

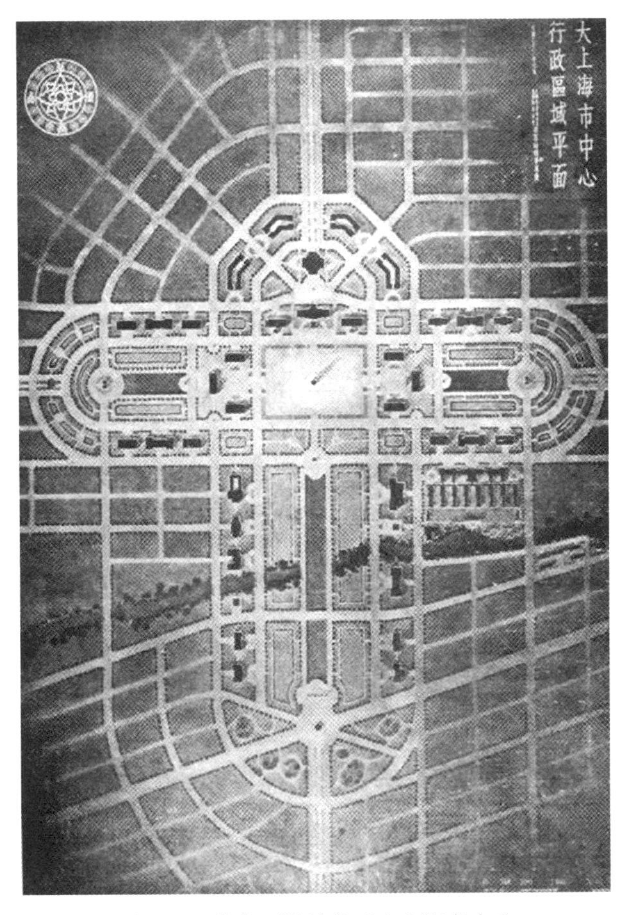

图 4-59 董大酉设计的“大上海市中心行政区域平面”（1930 年）
来源：《中国建筑》，1933 年第 1 卷第 6 期

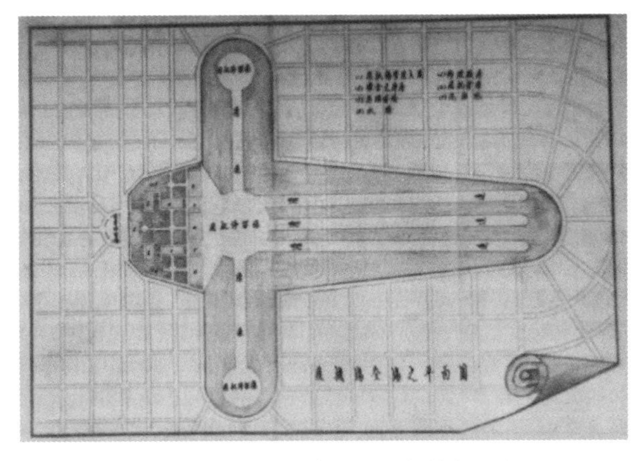

图 4-60 同济大学陈景行的本科毕业论文《飞机场之设计》插图（1942 年）
来源：《飞机场之设计》

董大酉在主持实施《大上海计划》项目过程中先后尝试了 3 种不同的建筑风格：第一种是在《大上海计划》一期工程中所采用的“中国固有形式”建筑风格，以上海市政府大厦最为典型，博物馆、图书馆及运动场等二期工程项目则沿用简化的中式折中建筑风格。第二种则是以流线式建筑风格为主的现代主义建筑作品，其中上海震旦东路的自建住宅应用了不少轮船元素的流线式建筑风格，包括圆形舷窗、水平栏杆、弧形墙面等。1936 年 2 月设计的上海龙华机场中国飞行社机库则采用了简约的现代建筑风格。董大酉探索的第三种风格则是现代主义和流线式建筑风格兼容，并融入传统建筑符号元素的多元化

① Jeffrey W. Cody，Nancy Shatzman Steinhardt and Tony Atkin：Chinese Architecture and the Beaux-Arts，Honolulu，University of Hawaii Press，2011.

设计手法，唯一的建筑作品为上海中国航空协会会所大楼。

1933年元旦，由上海商会及各界领袖共同组织成立“航空救国会”（后改称“中国航空协会”）。该协会于1935年1月决议在上海市中心区域的市博物馆南面、虬江北面筹建新的会所及陈列馆，并委托董大酉设计，同年4月出图后，于10月12日举行奠基典礼，次年5月5日举行落成典礼，该项目由久泰锦记营造厂承建。该楼的建筑平面及造型均模拟早期美制霍克式双翼战斗机的形状，赋予“航空救国”的寓意（图4-61）。其中，圆形的“机首”为3层，底层是会客室，上层为纪念堂，顶层楼顶形似北京天坛的圜丘坛；两侧“前翼”分别设有航空图书馆和陈列馆4间；拱圆形的“机身”上层为可容350人的大礼堂，下层辟作办公室；“尾翼”上下两层均为会所办公室（图4-62）。“飞机楼”楼顶传统的圜丘坛造型及装饰语汇与现代飞机平面形状有机融合，实现建筑平面布局和建筑形态的飞机造型统一，而建筑局部和装饰细节又具有传统建筑风格与现代主义手法相结合的中式折中特征。

图4-61　上海中国航空协会会所的鸟瞰设计图

来源：“会所由董大酉建筑师建设取新式饰以中国雕刻”，载《竞乐画报》，1936年第43卷第10期。

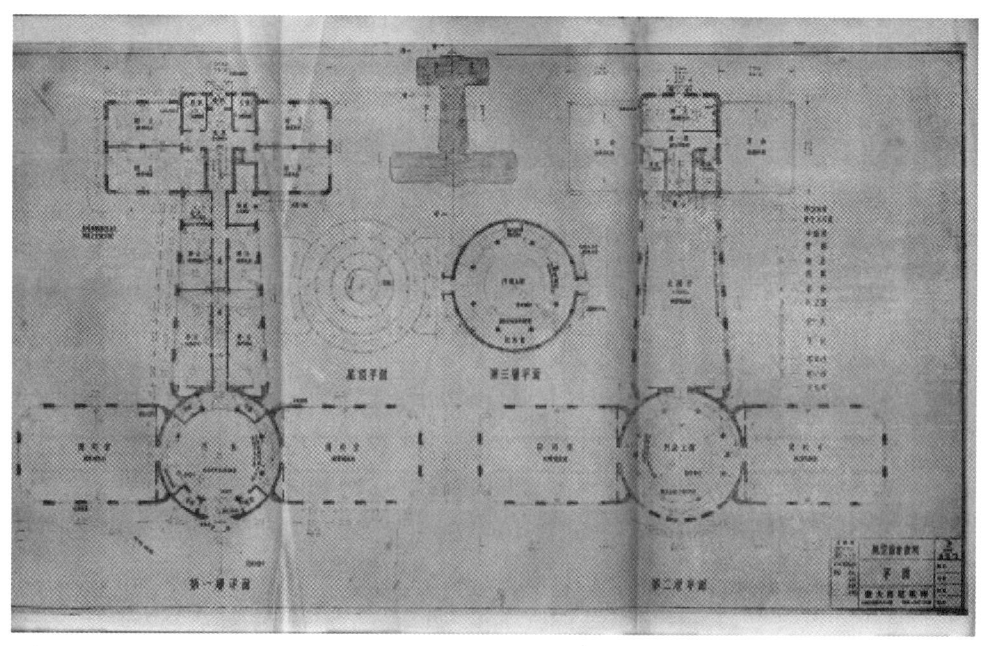

图4-62　上海中国航空协会会所及陈列馆新厦的平面图

来源：《中国航空协会新会所落成纪念册》，1936年第1期

2. 李华设计的昆明抗战胜利堂

1943 年，由云瑞公园工程委员会举办、昆明工务局具体承办云瑞公园纪念堂图案设计方案的全国招标事宜，最后清华大学毕业生李华（又名“龄华”）的设计方案在 21 个（一说 20 个）全国应征方案中获得首奖。1944 年，由龄华顾问工程师设计监工、陆根记营造厂昆明分厂承建的大型会堂建筑——志公堂动工兴建，1946 年 1 月落成后正式改名为“抗战胜利堂”。抗战胜利堂位于昆明市光华路中段北侧的原清代云贵总督府旧址，总占地面积约 1.8 万 m^2，建筑群总体布局精巧，原昆明博物馆馆长叶铸就此赋予其“中轴线上叠两杯，举酒双杯庆胜利”的说法。

抗战胜利堂的建筑面积 3823.03m^2，地下 1 层，主体建筑 2 层，两侧辅楼 1 层。工字形的建筑平面为美式 P40 战斗机的形状，其前部为前厅、休息厅及附属办公室（后期在两侧辅楼加建 1 层，并将前部的一字形扩建为凹字形，总建筑面积达 4600 多平方米，但飞机平面形状受损）。该钢混结构建筑体现了传统建筑形式与现代大跨度桁架结构的中西合璧式完美结合，主体造型采用单檐歇山顶的传统宫殿式风格，并结合清式斗栱、彩画架枋和白石勾栏；其中部与后部分别为观众席和舞台，二楼前厅的中式半圆形拱券与弧形山墙面上的西式竖向长窗彰显出中西交融的风格（图 4-63）。整个云瑞公园项目共分 4 期，初期预算国币 23 亿元（后减至 12.7 亿元），直至昆明解放前尚未完工。作为我国最早纪念抗日战争胜利的政务性公共建筑之一，抗战胜利堂既表现出强烈的民族自豪感，也表达了对航空技术的推崇。

图 4-63　由李华设计的昆明抗战胜利堂扩建后的现状
来源：作者摄

3. 南京中国航空建设协会总会新厦

1948 年，整合了中国航空协会、全国航空建设会等诸多民间航空机构的中国航空建设协会计划在南京中山北路和云南路交口位置新建总会大厦，拟设有航空会所、航空馆和华侨服务所等诸多功能。该建筑方案起初由自美国留学回国的黄耀群（Y. C. Wong）设计，他 1945 年毕业于中央大学建筑系，而后赴美师从国际式建筑风格的舵手——密斯・凡・德・罗。该新厦的建筑平面呈现 T 形。前部共 3 层，一层的功能用房包括交谊室、餐厅厨房、图书室和展览室；二层主要为办公室及会议室及会客室，局部三层为投影室；大楼后部仅设大礼堂。建筑立面以横向构图为主，四面均为连续的带状玻璃窗和水平向窗间墙，正面中央位置为大面积的玻璃幕墙。中国航空建设协会总会新厦方案具有明显的密斯风格，其现代主义风格特征显著，可谓该流派在近代中国的典型设计作品（图 4-64）。

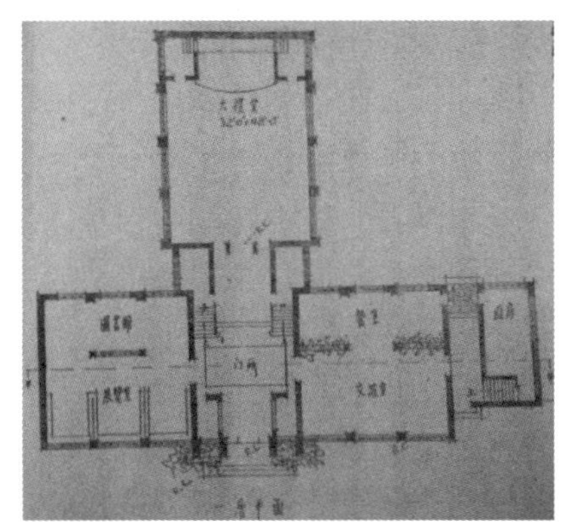

(a) 平面图

(b) 效果图

图 4-64　黄耀群设计的南京中国航空建设协会总会新厦方案
来源：《中国航空建设协会大楼设计方案》

图 4-65　南京中国航空建设协会总会新厦建成的实景
来源：《航空建设》，1948 年第 2 卷第 4 期

但最终落成的中国航空建设协会大楼舍弃了黄耀群的国际式立面方案，转而采用中规中矩的横平竖直构图形式，并在正面中央部位结合门厅设计增设了镶嵌竖向玻璃长窗的弧形凸出，该弧形立面造型是现代航空站建筑空侧面所常用的手法，暗喻了飞机机头形状，契合了航空主题，某种程度上是流线式风格的回归（图 4-65）。

总的来看，与上海中国航空协会会所的中西结合手法类似，李华设计的昆明抗战胜利堂也是中式传统三段式建筑风格与飞机建筑平面的有机统一。相比而言，由于南京中国航空建设协会总会拆除较早，加之其中规中矩的简约现代主义风格以及隐晦的航空建筑特定元素，而最终不为建筑史界所熟知，尽管其与上海中国航空协会会所为同一协会的办公用房。

4.7　近代航空学校的规划建设及其实例分析

4.7.1　近代航空学校的发展概况和建设历程

1. 近代航空学校的建设概况

为了推动航空业发展，无论民国时期的中央政府还是地方政府的航空管理机构，其首要目标一是设立航空学校，以培育航空飞行和机械等专业人才；二是建立飞机组装或维修工厂，以满足航空队飞机使用与维护的需求。航空学校和航空制造及维修工厂优先在所隶属的航空机构驻扎的基地机场设置，这些航空基地普遍实现航空队、航空学校和航空维修厂的三位一体。

1913 年 9 月，北洋政府采纳其法国顾问、法国大使馆武官白里苏（Balliso）的建议，在北京设立南苑航空学校，首开近代中国航空教育之先河。1924 年，北洋政府中央航空司令部又在保定开设中央航空教练所，而后各地方军阀政府先后设立东三省航空学校（1922 年）、云南航空学校（1923 年）、广东航空学校（1924 年）、山东航空教练所（1925 年）和山西航空预备学校（1926 年）等诸多航空学校。

1927 年南京国民政府成立后，次年便在南京的中央陆军军官学校设立航空班，并于 1931 年正式在杭州笕桥机场成立中央航空学校，各地方政府也相继开设四川航空教练所（1931 年）、湖南航空训练班（1931 年）和广西航空学校（1934 年）等航空学校，另外还出现了由菲律宾华侨开设的福建民用航空学校（1928 年）。在全面抗战之前，国民政府逐步整编各地的航空队、航空维修工厂及其航空学校，为了更好地培养航空人才，逐渐将各自分散的航空学校统筹纳入以中央航空学校为核心的航空教育体系，如 1934 年在杭州笕桥成立防空学校（后迁至南京）；1935 年成立中央航空学校洛阳分校，翌年又成立广州分校；1936 年 3 月 16 日还在南昌新设立专门培养飞机维修人才的航空机械学校；1937 年设立中央航校柳州分校，由迁来的中央航空学校洛阳分校和广州分校以及原广西航空学校合并组成。

抗战全面爆发后，国民政府航空委员会军令厅在重庆陪都负责指挥空军作战事宜，而负责航空教育训练的航委会军政厅则辗转迁址至成都东门外沙河堡，随之选定以四川、云南为主要基地进行航空教育体系的布局。1938 年驻扎昆明巫家坝机场的中央航空学校改编为空军军官学校，同年航空机械学校由南昌老营房机场迁至成都南门外武侯祠，并更名为空军机械学校。还先后创办了一系列的空军专业学校。如 1938 年 10 月 1 日，在成都南门外太平寺机场创立空军军士学校，该校后期又扩展到在云南驿机

场进行初级科训练，在成都双桂寺机场进行中级科训练，在新津机场进行高级科（轰炸科）训练；1939年12月1日，在成都复兴门外创设空军最高学府——空军参谋学校；1940年8月21日，在灌县蒲阳场设立以培育抗日空军后备军为目标的空军幼年学校，10月10日正式开学；1944年1月1日在成都市盐道街成立空军通信学校，后期转驻太平寺机场（表4-11）。

近代主要航空学校的建设概况　　表 4-11

序号	名称	驻地机场	创立时间	创立者	主要机场设施
1	南苑航空学校	北京南苑机场	1913年9月	北洋政府参谋本部	由陆军练兵操场扩修而成，设有飞机修理厂和停机坪各1处；校舍100多间
2	海军飞潜学校	福州马尾船厂	1918年3月	北洋政府海军部	使用马尾海军艺术学校新校舍，由原铜元局改建而成；1926年并入海军学校
3	东三省航空学校/东三省陆军航空学校	沈阳东塔机场	1922年9月1日/1923年	东三省航空处	依托在东塔农业试验场修建的机场，参照巴黎小镇莫拉纳的高德隆民航学校机场布局建设，建有机库、仓库、宿舍及办公室等；1928年并入东北讲武堂
4	云南航空学校	昆明巫家坝机场	1923年4月	云南航空处	航校设在陆军讲武堂；实训机场由陆军操场改建而成，建有四联机库和修理厂各1座，油弹库设在场侧，北面设云南航空处及营房
5	保定航空教练所/国立保定航空学校	保定刘爷庙机场	1924年4月20日/1924年12月	北洋政府中央航空司令部	保定航空教练所与保定航空队一同驻场保定刘爷庙机场，使用北洋陆军行营营房
6	大元帅府军事飞机学校/广东航空学校/中央航校广州分校	广州大沙头机场/燕塘机场/天河机场/白云机场	1924年9月/1927年6月/1936年7月	大元帅府航空局/国民政府航空委员会	大沙头机场设有新旧校舍，原有1座葵顶木棚机库，后在机场南侧江边新建1座联排式机库；先后迁址燕塘机场以及后期新建的天河、白云机场
7	山东航空教练所	济南辛庄陆军操场/张庄机场	1925年8月	奉系军阀山东督军张宗昌	先期使用济南城西南的辛庄陆军操场，后期迁址新建的张庄机场，建有与东塔机场相同的俄式联排机库
8	山西航空预备学校/山西航空学校	太原城北机场	1926年10月/1927年2月	北方革命军总司令部参谋处	使用1919年在太原城北新村新建的机场，建有礼堂以及多座砖木结构的机库及油库；办公地在阎锡山的东花园院西排房
9	冯庸大学	沈阳冯庸大学运动场	1927年8月8日	东北空军少将司令冯庸	建有教学楼、实习工厂；运动场兼作飞机场；九一八事变后被日军扩建为奉西机场，现址为沈阳铁西区滑翔小区一带
10	福建民用航空学校	厦门禾山五通店里社	1928年10月10日	菲律宾华侨吴记藿、吴福奇等	1929年建成机场。机场南北长约200m(一说长120m)，东西宽约40m，机场角建有可容纳两架飞机的席棚
11	湖南航空训练班	长沙新河机场	1931年2月	湖南航空处	长沙北郊的新河机场北岸设立飞机修理厂，先后招收航空训练班和机械班
12	四川航空教练所	重庆广阳坝机场	1931年	国民革命军第21军/航空司令部	1929年征地200余亩建设机场，次年兴建机库3座，机器棚1座，材料仓库、地下炸弹库、油库和木料室各1间
13	军政部航空学校/中央航空学校/空军军官学校	南京大校场/杭州笕桥机场/昆明巫家坝	1931年7月1日/1932年9月1日/1938年3月1日	国民政府军政部航空署/国民政府军事委员会航空委员会	1932年12月，在杭州笕桥圈用民地200余亩扩建，设有机库6座、油库2座，建航空新村"醒村"；抗战爆发后中央航校迁址昆明巫家坝原"云南航空学校"旧址，1938年易名；1949年迁至台湾高雄冈山

续表

序号	名称	驻地机场	创立时间	创立者	主要机场设施
14	新疆航空军官学校/新疆航空学校/新疆边防督办公署航空队	乌鲁木齐东山机场	1932年3月1日/1936年7月	国民政府新疆省政府	距乌鲁木齐城东约5km的东山附近(今延安路以东的大湾村)，建有机库、住房、食堂和车库等;学校设飞行室、机务室、总务室、财务室、翻译室
15	广西航空学校/中央航空学校柳州分校	柳州帽合机场	1934年4月4日/1937年9—10月	第四集团军总司令部航空管理处/国民政府航空委员会	使用柳州机械厂厂址，建有校本部、教务处、机械厂和飞机库等设施;抗战爆发后，先后迁入的中央航校洛阳分校、广州分校与柳州的广西航空学校合并为中央航空学校柳州分校
16	中央航空学校洛阳分校	洛阳金谷园机场	1935年6月	国民政府航空委员会	由意大利空军派驻的航空顾问团主持训练，建有航空分校工厂、飞机棚厂等工程(造价计60余万元);1936年后仅设初级训练
17	航空机械学校/空军机械学校	南昌老营房机场	1936年3月16日/1938年11月1日	国民政府航空委员会	1935年秋成立机校筹备处，校址为航空委员会驻南昌原址。1937年8月24日由南昌迁至成都南门外武侯祠;1949年迁至台湾高雄冈山
18	空军军士学校	成都太平寺机场	1938年10月1日	国民政府航空委员会	在成都南门外太平寺机场旁创立军士学校及飞机修理工厂，1941年并入昆明的空军军官学校
19	空军参谋学校	成都复兴门外	1939年12月1日	国民政府航空委员会	创设空军最高学府，主要培训上尉以上军官;1946年迁到南京，1949年迁至台湾屏东东港
20	空军幼年学校	灌县蒲阳场	1940年10月10日	国民政府航空委员会	初期租用大明寺和唐家5座院落及唐氏宗祠，后期新建200余栋校舍;1948年年初，幼校与入伍总队合并为空军预备学校，次年迁至台湾屏东东港
21	空军通信学校	成都太平寺机场	1944年1月1日	国民政府航空委员会	1937年春，中央航空学校附设通信人员训练班，1941年2月迁至成都盐道街，更名为“空军通信人员训练班”;1949年迁至台湾高雄冈山
22	空军教导总队	伊宁机场和艾林巴克	1939年8月	国民政府航空委员会	1939年添建了一些房屋和设备，修建了1幢土木结构苏联式房屋，供苏联飞行教官办公，后期承担中央航校飞行培训任务
23	东北民主联军航空学校(简称“东北老航校”)	通化/东安/牡丹江/长春等地机场	1946年3月1日/1946年11月/1948年3月/1949年3月/1949年12月	人民空军	在通化机场初创，先后迁校牡丹江、东安、长春等地的诸多机场;牡丹江海浪机场现遗存机库4座，飞机堡遗址5处，气象台和对空指挥塔台1座

2. 航空学校规划布局的主要特征

与一般机场通常相对零散的建筑布局相比，近代航空学校普遍进行了总体布局与规划建设，力求体现建筑群的整体建筑风格。按照航空理论教学与飞行训练实践相结合的组织模式，航校通常分为教学部分和机场两大组成部分，其中教学部分通常涵盖教学楼、学舍、运动场等，机场则是航空学校的主要专业实训设施，用于学员的飞行训练。依附于航空基地设置的机场还兼顾驻扎空军部队以及航空维修制造等其他航空功能。如杭州笕桥机场除了以中央航空学校为主体外，还驻扎有航空作战部队，有中央飞机制造厂以及短期设置的防空学校等。

4.7.2　近代航空学校规划建设的典型实例

1. 冯庸大学

1）建设概况

冯庸大学位于沈阳市铁西区汪家河子村，地处浑河之北。由原东北空军司令冯庸牵头，自 1927 年春开始筹建大学校舍，“昼夜加工、经之营之”，仅 4 个月余就建成了学校的主体楼。同年 8 月 8 日，东北地区第一所私立综合性大学——冯庸大学宣告成立，由创办人冯庸本人担任校长兼训练总监，10 月 10 日正式开学，学校采取以“八德八正”为教学主旨的军事化管理制度，致力于培育工业人才。该校设施齐全，且各种图书资料、实验仪器和体育器械也配备较为完备。为此冯庸几乎耗尽家财用于学校建设和设施配备，先后投入约 150 万银元。至 1931 年九一八事变前夕，该校扩充为工学院、法学院、教育学院，学生总数已达 700 余人。

2）总体布局

冯庸大学的教学区为中轴对称式布局，其东侧的主校门中庸门由 4 根立柱组成，其中间的立柱上分别嵌刻“孝悌忠信”“礼义廉耻”，校门旁南侧为会客室，北侧为传达室。进入校门后的主路正对着的便是坐西朝东的主体教学楼，整个建筑群呈 E 形布局，该楼以中间的大礼堂中庸楼为中心，两侧分别为忠楼（南楼）和仁楼（北楼），大礼堂与左右两楼各有两条连廊相通。教学主楼共计 3 层：一层为宿舍和食堂、校办公室，二层为教室，三层为图书馆、专业教室与实验室。中庸楼采用红砖砌筑，主立面为三段式构图，采用四柱三开间的古希腊柱式及其圆拱门；山门檐部设有校徽标志（图 4-66）。仁楼的南边是 400m 标准体育场和球类运动场等；忠楼的北面则为游泳池。教学主楼后面为食堂和仓库。体育场西侧是理化实验室和 5 个实习工厂（包括冯庸大学工厂、原动力厂、材料强弱试验厂、电气试验厂、机械试验厂），其中冯庸大学工厂由原奉天大冶铁工厂改名而来，原有熔工、锻工、械工、铁工及木工等各厂。教学区西侧略远的地方为正南北长向的大型运动场，其内设有棒球场和足球场各 2 个。校内还建有教员宿舍、学校医院等附属建筑，整个冯庸大学合计有 200 多间校舍。

图 4-66　沈阳冯庸大学教学区鸟瞰

来源：杉山弘一摄

3）机场规划布局

为满足工科学生实习观摩、熟悉飞机构造和性能之用，冯庸大学 1927—1931 年先后从国外购置了“碧丽”号、“星旗”号、“赤马”号、“辽鹤”号等 7 架小型飞机，并将运动场兼作飞机场，这在当时的国内“为各大学所绝无”。九一八事变后的 1931 年 9 月 19 日，冯庸大学被日军强占，机场的飞机库也被烧毁，而后日军将其改建成飞机修理厂和试飞机场——奉西机场（即后来的滑翔机场），并向南扩建，在忠楼西侧、南侧分别兴建“2＋1”的三联排飞机库和“2＋2＋1＋2”的七联排飞机库（图 4-67）。冯庸大学后期曾在北平复校，1933 年并入东北大学后最终停办，冯庸大学现址在铁西新区东南部的滑翔小区及体育运动学校一带，该校遗存仅有在沈阳煤气总公司门前的一对汉白玉狮子，机场原址尚有“奉西机场附设航空技术部野战航空修理厂”和“奉西机场停机库”建筑遗存。

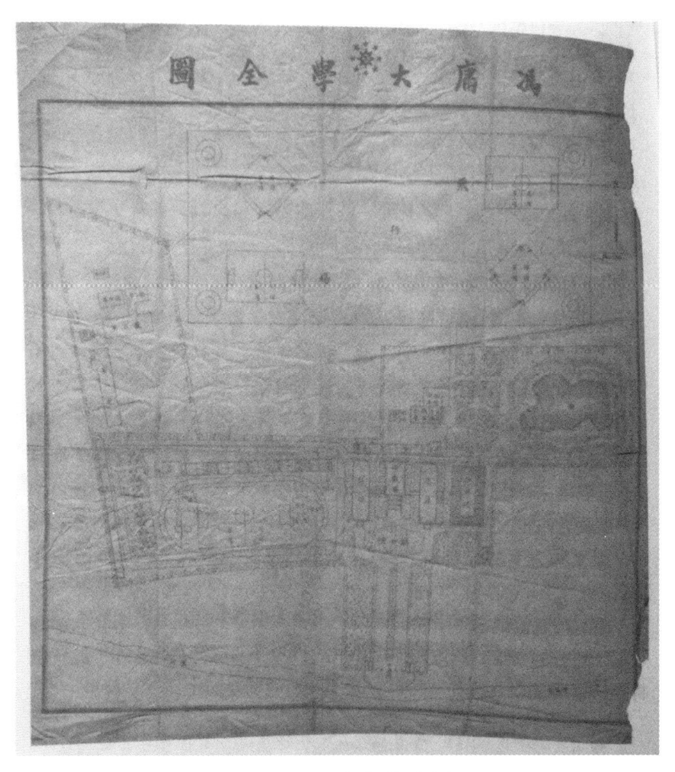

图 4-67　冯庸大学全图

来源：《冯庸和冯庸大学》

2. 广西航空学校

1）广西航校的发展概况

为了发展民用航空业，广西省政府建设厅于 1932 年 3 月 16 日在南宁下设“民用航空管理局”，8 月 24 日，该局改组为“航空管理处”。因南宁机场用地狭小且无飞机修理之地，而柳州机场为当时全省最大机场（占地 $38hm^2$），且柳州机械厂可修理飞机。为此航空管理处于 1932 年 10 月由南宁迁往柳州，次月该处改由国民革命军第四集团军总司令部管辖。1934 年 4 月 4 日，在柳州河南立鱼峰旁成立国民革命军第四集团军航空学校，航校设有教务处、政训处、技术科、总务科、机械厂以及飞机教导大队、警卫大队和高射机关枪大队。次年 1 月，航空管理处并入航校，改名为“广西航空学校”，先后招收飞行班、机械班和炮射士班等。1937 年春，航校成功自制了第一架军用战斗机。同年 9 月，广西航校与迁址柳州的中央航空学校洛阳分校和广州分校合并。

2）广西机械厂的规划建设

1928 年春，投资 40 万元的柳州机械厂（后改名为“广西机械厂”）在柳州市郊的鸡喇动工建设，次年 2 月建成，早期计划生产各类农业机械设备，后期广西机械厂归属航空处，其名称随之改为“航空机械厂”，以飞机组装和维修功能为主。该厂设有接焊部、翻砂部、金工部和木工部，从事飞机修理与装配、发动机修理和炸弹制造三部分业务。建有铸工和锻工联合厂房、机械加工和钳工两个大工厂，其厂房中间位置为一座 3 层综合办公楼房（一层材料库，二层厂房办公室、总值班室和绘图室，三层后来为飞机仪表检修室），综合楼后面为动力房和电工室。另外还有一幢 2 层的学徒训练班宿舍，以及数间教室及食堂（图 4-68）。

图 4-68　柳州机场的航空机械厂实景鸟瞰

来源：《老照片·中华景象（下）》

3）柳州机场及广西航空学校的总体布局

柳州机场于 1929 年 3 月始建。1933 年，第四集团军航空管理处着手大力扩建柳州机场营舍、机库和跑道，在原维修机库旁新建 2 座飞机维修厂房。广西航空学校的建筑群总体上为西式建筑风格，校本部大楼（大礼堂）与教务处大楼相对设置，大礼堂为上屋檐双坡屋面、下屋檐四面坡屋面的重檐西式建筑；教务处大楼则为 E 形平面的建筑群；航校机械厂为 2 层的西式建筑。在机构组织方面，航校设有政训处、技术科、总务科、飞机教导大队部、警卫大队部及其兵舍、高射机关枪大队部。此外还有材料库、医务室、同荣会（图 4-69）。抗战全面爆发后，柳州机场先后历经 1937 年、1941 年和 1943 年三次扩建，建成 2 条跑道，苏联航空志愿队和美国飞虎队先后进驻。

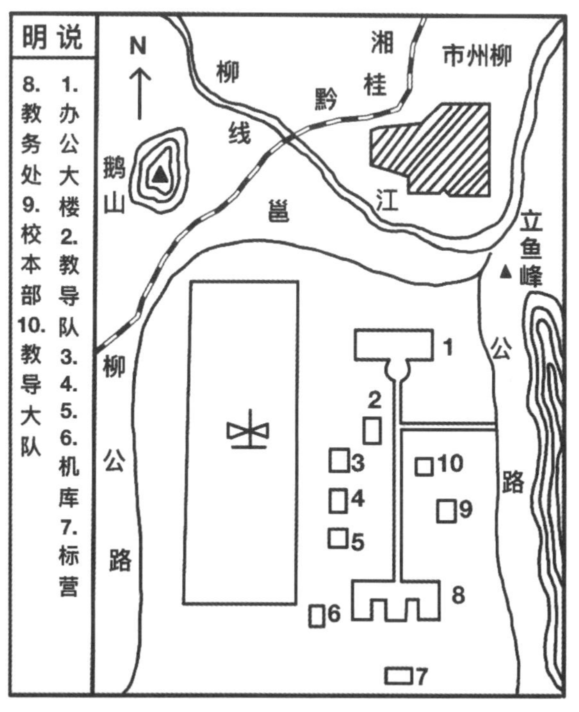

图 4-69　柳州机场的广西航空学校平面示意图

来源：项目组根据《柳州 20 世纪图录》插图重绘

1999年柳州白莲机场启用，柳州机场停止使用。机场旧址现有的主要文物点包括：跑道、指挥塔、山洞指挥部、山洞飞机库、山洞弹药库、山洞油库和地上油库及哨所，飞虎队俱乐部和营房，机场碉堡，以及人民空军礼堂和营房旧址等近现代机场建筑遗存。2013年，柳州机场及柳州城防工事群被列为第七批全国重点文物保护单位，现在机场旧址建有柳州市军事博物园。

3. 空军军士学校

1937年12月，中国空军前敌总指挥部参谋长张有谷受命来成都筹备建立空军军士学校，以培养飞行军士和充实空军下级骨干。筹备人员最终选定在成都南门外6km的华阳县簇桥镇附近的太平寺地区作为训练机场场址和校址。1938年4月2日，由航空委员会修筑太平寺飞机场工程处处长陈六琯审核完成“成都空军军士学校位置图”，士校校舍（地处双流县）和太平寺机场（地处华阳县）分列成嘉公路两侧，500m见方的空军军士学校校址位于机场西北部，1200m见方的太平寺机场则位于簇桥镇东部。机场西南部分设2处联排飞机库，机场沿边分设用于安全防卫的排哨和军士哨；机场西部和北部分别设有营房和油库（图4-70）。

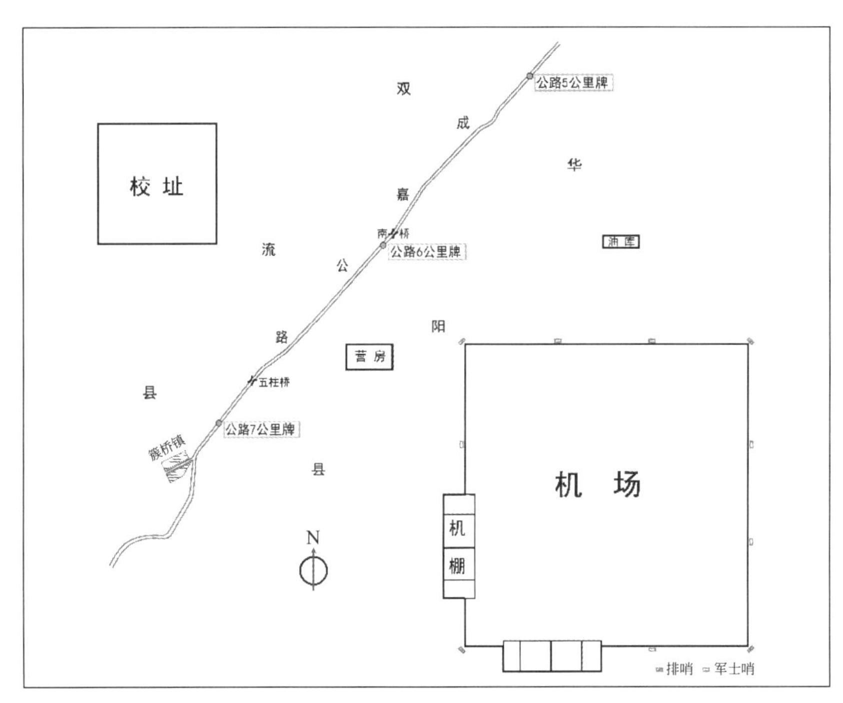

图4-70　成都空军军士学校位置图

来源：四川省档案馆馆藏档案，项目组描绘

1938年5月，修筑太平寺飞机场工程处会同四川省建设厅、民政厅以及华阳县政府划定华兴乡南桥村、三河村一带为太平寺飞机场地界，征用土地2926.33亩用于训练机场和校址建设。同年7月1日至次年6月，调集大量民工建成太平寺飞机场，并建有2座机库。航空委员会将空军军士学校房屋工程交由新华兴业股份有限公司承包建设、川盐银行作担保人。至同年秋，空军军士学校全部校舍建成，还建有可同时容纳600名飞行学生、200名飞行教官的大礼堂，以及校长、教育长与各科室的办公用房等。该军校入口设有三联拱式大门，其两边的立柱上题写对联——“贪生怕死毋入斯校，升官发财勿进此门”（图4-71）。

1938年10月1日，空军军士学校在簇桥镇正式开学，士校根据空军的分工设有飞行士队、通讯士队、射击士队和机械士队等，因后还配套建有第八飞机修理工厂。因太平寺机场的驻场部队过多而不敷使用，而第三期飞行学员也即将入学，于是次年10月1日将第一期中级科移驻双流县的双桂寺机场训练，而后将高级科（轰炸科）迁至新津机场进行飞行训练。由此该校的初级与高级（驱逐科）、中级和高级（轰炸科）的飞行训练分别设在太平寺机场、双桂寺机场和新津机场。空军军士学校在抗战期间依

图 4-71　成都空军军士学校大门（1940 年 10 月 1 日）
来源：中央社摄

靠这三大实习飞行基地开办了 4 期，先后培养了 405 名飞行技术好、作战能力强的空军人才，直至 1941 年并入昆明的空军军官学校。

太平寺机场现为中国人民解放军 5701 厂试飞场和四川省航空运动学校驻地机场，机场附近现遗存有 20 世纪 40 年代建设的空军制氧厂旧址，该厂由驻华美军组织设计施工，服务于成都周边的太平寺、双流等机场。

第5章

近代飞机维修制造厂的建筑特征和实例分析

5.1 近代飞机维修制造厂的建设历程及其布局特征

近代航空工业是我国近代工业体系中的重要组成部分，也是近代中国力图建立先进工业技术体系的先行者。航空工业是南京国民政府始终优先建设、重点投资的领域，先后与意大利、美国、德国等国合作建立了以飞机组装为主体的3所飞机制造厂以及1所航空发动机厂，广东省政府和新疆省政府也分别与美国和苏联合办了2所飞机制造厂，中国空军陆续开办过11所飞机修理厂（所），连同各地方政府先后创办的飞机修理厂合计有20多所。在抗战全面爆发前后，中国初步建立了航空维修和组装工业体系，这一初具雏形的航空工业体系为我国最终取得抗日战争的胜利做出了显著的贡献。

5.1.1 近代飞机维修制造厂的发展历程

1. 清末时期和北洋政府时期的飞机维修制造发展历程

近代中国航空工业的发端最早可追溯到清朝末年，清政府军谘府于1910年在近代中国第一座机场——北京南苑机场的飞机棚厂内设立“飞机试行工厂”，以法国桑麻式飞机为仿制对象，开展飞机组装和维修工作，还在南苑五里店筹设“飞行器研究所”和“禁卫队航空队”；1910年3月，中国飞行始创大家冯如将其在美国奥克兰创办的广东飞行器公司迁至广州燕塘设厂，开办了中国第一个民办飞机制造公司，并于1912年3月试制成功中国第一架飞机。

在北洋政府时期，广东、广西、浙江、江苏、四川、湖南、山西、云南、新疆、东三省等地的军阀先后建立航空队，并普遍设立了航空学校及飞机维修工厂。这时期的航空工业开始发端，但布局相对分散且规模较小，主要是以飞机组装和维修、零部件制造为主的作坊式工厂，机身材料多为木材，工艺较为简单。这时期主要的飞机维修工厂包括1913年设立的北京南苑航校修理厂，1918年设立的广州飞机修理厂（广州大沙头机场），1920年设立的东三省航空工厂（沈阳东塔机场）和北京清河航空工厂（清河机场）等。1918年2月，北洋政府海军部在福建马尾船政局创办了近代中国第一家正规飞机制造厂——海军飞机工程处，先后生产了30多架国产飞机。这时期的飞机制造厂基本上是采用作坊式的手工组装。

2. 南京国民政府时期飞机维修制造业的发展历程

国民政府时期的航空工业可分为飞机制造和飞机维修两大类别，其中飞机制造厂由国民政府军事委员会航空委员会或海军部直接管辖，飞机修理厂则隶属于国民政府空军部队。国民政府时期的航空工业发展历程可分为南京国民政府前期（1927—1937年）、全面抗战时期（1937—1945年）和南京国民政府后期（1945—1948年）三个阶段。

1）南京国民政府前期

国民革命军在北伐成功后，逐步收编了各地的航空队、航空学校和航空工厂。1927年南京国民政府成立后进一步整编航空业，飞机维修业和飞机制造业的建设逐步开始规模化、体系化。1932年，国民政府航空署调整旗下飞机制造维修工厂，将其统称为航空工厂，并重新调整三大厂的功能定位：①上海虹桥工厂由原制造功能改为购机及修理功能；②南京工厂由原修理功能改为制造功能；③武昌南湖工

厂改为制造兼修理功能[①]。1933 年，航空署着手筹设中央（杭州）飞机制造厂和南昌飞机修理厂（新建南昌青云谱机场）。1934 年 3 月，国民政府航空署将南京首都航空工厂、南昌飞机修理厂（取代上海虹桥航空工厂）、武昌南湖飞机修理厂（1935 年转至洛阳西宫机场）和广州东山飞机修理厂分别命名为第一、第二、第三和第四飞机修理工厂[②]。据 1936 年统计，当时全国设有飞机修理厂、气象站和夜航设备的大型航空站约有 9 个。

这时期的飞机制造厂有国民政府与意大利合资的中意飞机制造厂、与美国合资的中央（杭州）飞机制造厂、与德国合办的中国航空器材制造厂股份有限公司等，也有广东省政府与美国合作开办的韶关飞机制造厂，以及东北边防军与荷兰福克公司合办东北航空工厂（股份有限公司）协议（1931 年）等，但仅有中央（杭州）飞机制造厂和中意飞机制造厂实现了飞机的量产。这时期飞机机身的主体材料已由木材转为金属，发动机、仪表和机轮等主要零部件仍由国外进口，飞机制造厂以组装为主，兼顾修理，工厂生产布局已初具规模化和工业化的特点。这时期的飞机制造厂具有两种不同类型的总平面布局模式：一种是单一的综合大型厂房，内部再设置多个装配车间，以中央（杭州）飞机制造厂（简称中杭厂）和韶关飞机制造厂为代表；另一种模式是以多座装配厂房车间组合而成的，以南昌的中意飞机制造厂为典型实例。至抗战爆发前，中国近代航空工业体系的雏形已初步形成。

2）全面抗战时期

1937 年淞沪会战爆发后，为免遭日军飞机轰炸，东部沿海地区的飞机制造厂和飞机修理厂不得不辗转迁至西南地区重建。1938 年年初，先行迁至陪都重庆的国民政府军事委员会航空委员会决定将中外合办的 3 家飞机制造厂及其他十几家航空工厂加以整编重组，最终陆续形成了飞机制造和飞机修理两大航空工业体系，即以飞机组装生产为主的 4 座飞机制造厂和以空军作战飞机保障为主的 11 座飞机修理厂。这时期典型的飞机制造厂有中央雷允飞机制造厂（瑞丽垒允）和航委会第一飞机制造厂（昆明昭宗村）、航委会第二飞机制造厂（南川海孔洞）以及贵州大定航空发动机厂（羊场坝乌鸦洞）。另外，苏联政府于 1942 年还独资在新疆乌鲁木齐建成年生产能力达 300 架飞机的迪化飞机制造厂。因经费有限、物料紧张及分散隐蔽要求等因素，这时期飞机制造厂的厂区设计因陋就简，体量较小，较为简单。

3）南京国民政府后期

抗战胜利后，国民政府航空委员会面临自身航空工业体系"复员调整"和接收东北沦陷地区及台湾地区航空工厂的双重任务。1945 年 8 月 20 日，由国民政府航空委员会具体编造、军事委员会核转出台《军事委员会航空制造厂调整计划》，该计划涵盖整个航空制造系统的整合与调整方案，具体包括飞机制造厂、发动机制造厂、航空配件修造厂、氧气制作厂（所）、保险伞制造所和航空研究院等全国总体布局初步计划及其复员、建设及人员培训等各项费用估算。该计划还设想接收东北沦陷时期的满洲飞行机制造株式会社、满洲航空株式会社等航空类企业（表 5-1）。在中华人民共和国成立前夕，南京国民政府将其航空工业体系成建制地迁往台湾，包括主要的飞机制造厂和飞机修理工厂设备及其部分人员，而遗留的航空工厂的主要厂址及其厂房设施设备以及部分专业技术人员全部为新中国航空工业所承接，为中华人民共和国成立后便迅速建立相对完整的航空工业体系奠定了良好的基础。

为推动近代中国军用和民用航空业自主化，航空委员会的航空工业计划组于 1943 年启动《航空工业计划》的编制，1944 年 7 月获得国民政府批准。1946 年 9 月，由航委会改制而来的空军总司令部在南京小营新设航空工业局，专事航空工业的规划建设和优化调整。至 1948 年春，航空制造和维修工厂及其研究机构的易名、迁址、建厂工作先后基本完成，具体包括研制战斗机的空军第一飞机制造厂（昆明）、研制运输机和轰炸机的空军第二飞机制造厂（南昌）研制教练机的空军第三飞机制造厂（台中）、空军发动机制造厂（贵州大定）及发动机制造新厂（广州）、航空配件厂（南京）、航空锻铸厂（汉口）、保险伞制造厂（杭州）和航空研究院（南昌）等，至此基本形成了分布广泛、相对完整的近代中国航空

① 《国内琐闻：航空署规定各厂职务》，载《飞报》，1932 年第 175 期，第 12 页。

② 因时局、体制机制等各种原因，广州东山飞机修理厂未能如期整编为第四飞机修理工厂。

工业体系。

《军事委员会航空制造厂调整计划》及其实施情况　　表 5-1

分类	厂名	所在场址	拟迁地点	最终搬迁地点
国民政府自设	第一飞机制造厂（驱逐机）	昆明贵阳	衡阳	宜兰/冈山
	第二飞机制造厂（运输机）	南川	南昌	（撤销）
	第三飞机制造厂（轰炸机）	成都（沙河堡）	汉口	台中水湳
	发动机制造厂	大定（羊场坝）	株洲	广州分厂 台中清水
	航空配件修造厂（拟合并扩充电器、仪器、机件三修造厂）	成都	洛阳	台中清水
	保险伞制造所	乐山	杭州	台中清水
	航空研究院	成都（沙河堡）	南京	南昌三家店/台中
接收伪满洲国政府	1）满洲飞行机制造会社（包括东塔、北陵两个飞机制造厂）；2）满洲飞行机制造公司；3）满洲航空会社	沈阳（东塔、北陵）	合并为“飞机制造厂”，必要时移建指定地点	—
	1）同和自动车工业株式会社（制造航空发动机零件）	沈阳 （惠工街）	合并为“发动机制造厂”，必要时移建指定地点	—
	2）满洲自动车制造株式会社（制造航空发动机零件）	长春		—
	满洲计器制造所（制造仪器镜表）	沈阳	改为“发动机制造厂”，必要时移建指定地点	—
	1）满洲合成橡皮公司	沈阳	整合为“橡皮制造厂”，必要时移建指定地点	—
	2）满洲电气化学工业公司（制造人造胶皮和电石）	吉林		—
	满洲涂料公司（制造飞机油漆）	沈阳	改为“航空涂料制造厂”，依照航空工业计划办理	—

注：笔者在《军事委员会航空制造厂调整计划》基础上补充整理，伪满时期的工厂名称有所校正。

5.1.2 近代主要飞机制造厂和修理厂演变的历史沿革

总体来看，近代中国的官办航空工业由北洋政府海军首开我国自主研制的曲折发展路径，到各地方军阀竞相兴办航空队及其飞机修理厂的无序发展状态，再至南京国民政府在抗战前统一整编航空部队及其飞机维修力量，同期先后推进中意、中美、中德合作研制的正规化发展路径，然而又因抗战全面爆发转而进入颠沛流离的坎坷曲折发展之路，最终在抗战胜利前夕再次全面复归到引进消化和自主研制结合的短暂发展路径（表 5-2、图 5-1）。

近代飞机修理厂和制造厂发展概况　　表 5-2

序号	飞机制造厂名称	依托机场	创立时间	研制机型	主要设施	现状历史建筑
1	北京南苑飞机修理厂	北京南苑机场	1913 年	法尔曼式“枪车”1 号（1914 年）	2 座飞机库；办公用房，宿舍百余间（南苑航空学校）	飞机库，现代航站楼及塔台
	北京清河飞机修理厂	北京清河机场	1920 年 2 月至 1927 年	装配英制小维梅、大维梅机型（1922 年）	多座飞机库，清河办公大楼	清河办公大楼

续表

序号	飞机制造厂名称	依托机场	创立时间	研制机型	主要设施	现状历史建筑
2	海军飞机工程处/海军制造飞机处	福建马尾造船厂	1918 年 2 月	研制中国第一架水上飞机“甲型一号”（1919 年）	木作间、机工间、船厂（飞机装配厂和机库）	铁胁厂
		上海江南造船厂	1931 年 2 月	“宁海”号水上侦察机	早期厂房和材料库各 1 间，2 座机库。后期新建飞机合拢厂（7200m^2）	飞机合拢厂
3	广州飞机修理厂/东山飞机制造厂	广州大沙头机场	1918 年	乐士文号（1922 年）、“羊城”号战斗机（1928 年）、中国第一架轻型轰炸机（1934 年）	军事飞机学校校舍、大沙头红楼、葵顶木棚机库、钢骨砖墙机库	大沙头红楼（厂址）
	广东韶关飞机制造厂	韶关机场	1935 年 8 月	“复兴”号教练机（1936 年）、仿制波音 P-26 战斗机、霍克 3 型战斗机（1937 年）	总装厂房、宿舍、机场等	韶关中山公园遗址
4	东三省航空工厂	沈阳东塔机场	1920 年	有飞机维修实力，具有一些飞机零部件及设备的制造能力	总面积 8847m^2，各种车间 30 多间	小白楼、323 礼堂 1927 楼、173 厂房等
5	山西太原航空工厂	太原城北机场	1923 年	自制法国贝来盖飞机机身	先期利用山西兵工厂设施设备，1928 年新建航空工厂	4 座标准化的砖木结构机库
6	上海虹桥飞机工厂（航空工厂）	上海虹桥机场	1927 年 11 月	仿法国“高德隆”59 式教练机研制“成功 1 号”（1929 年）	早期机器房和发动机间各 1 栋；1930 年购地 7 亩 7 分建成厂房、库房、停机坪、宿舍	在 1932 年“一・二八”事变中被炸毁
7	武昌南湖修理厂	武昌南湖机场	1928 年	简单修理和配换零部件	1930 年设计建成飞机库	计划经济时期航空站
8	南京首都航空工厂	南京明故宫机场/大校场机场	1930 年 8 月 1 日/1931 年 3 月	“爪哇”号双翼侦察机（1932 年）	联排式机库（明故宫）、军用机库（大校场）	明故宫 3 座联排式机库，大校场军用机库
9	中央（杭州）飞机制造厂	杭州笕桥机场	1934 年 10 月	中国第一架全金属轰炸机（1934 年），装配诺斯罗普轻型轰炸机、道格拉斯侦察机、轰炸教练机等 111 架	联合厂房，办公建筑及材料库，3 幢职工宿舍、食堂和休息室等	员工宿舍 1 栋
	中央雷允飞机制造厂	瑞丽雷允机场	1939 年 7 月 1 日	组装生产 P40 驱逐机等 200 多架	厂房、厂部大楼、宿舍、俱乐部、医院	冷却车间和厂部大楼遗址
10	中央南昌飞机制造厂	南昌老营房机场	1935 年	仿制苏伊-16 战斗机（1937 年）	全厂总计建有主要厂房 8 座和 1 栋 1 办公楼，飞机装配厂面积达 5000 多平方米	办公楼，飞机总装和管线集成厂房，综合储藏库及工业会计室
11	中国航空器材制造厂股份有限公司	江西萍乡北门机场	1936 年 6 月至 1937 年 7 月	计划生产德国 BMW 贺奈特航空发动机，K45、EK45 以及 K85 或其他新式飞机	萍乡（机工训练厂、职员宿舍、工人宿舍及其他土木工程）	无
12	迪化飞机制造厂（迪化头屯河铁工厂）	迪化头屯河机场	1942 年	伊-16（I-16）单、双座驱逐机，SB 型轰炸机，EO-153 型飞机	大小厂房 10 多幢，住宅、俱乐部、旅馆、医院等其他建筑 250 幢	飞机装配厂建筑群
13	航委会第一飞机制造厂	昆明昭宗村（1938 年），台湾宜兰（1949 年 9 月 16 日）	自韶关迁址昆明（1938 年 10 月）；更改厂名（1939 年 1 月）；投产（1940 年）	忠-28 乙驱逐机、复兴丙中级教练机、AT-6 高级教练机、双旋翼共轴式“蜂鸟”甲型直升机	白铁车间、机翼车间、机身车间、机工车间、水电股、仪表股、铸锻车间及氧气生产车间及宿舍、医院等	第一、第二车间；宿舍

续表

序号	飞机制造厂名称	依托机场	创立时间	研制机型	主要设施	现状历史建筑
14	航委会第二飞机制造厂	重庆南川海孔洞	1939—1947年	中国第一架运输机“中运一”，第一架客运机“中运二”(1942年)，第一架单翼双发飞机(1944年)，“忠-28甲式”教练机；仿德H-17型中级滑翔机30架，仿捷克初级滑翔机6架，仿伊型驱逐机3架等	洞内两侧建有3层厂房，洞口及附近山谷建办公楼、水电厂、木工厂、机身库和宿舍等120幢	第二飞机制造厂遗址
15	航委会第三飞机制造厂	成都东门外沙河堡，台中水湳	成都沙河堡(1942年4月1日至1946年10月)，台中水湳(1946年10月至1954年11月1日)	中国第一架单翼双发动机“研轰三”式轰炸机2架；仿弗利特式研教一15架，“大公报”号滑翔机35架，A29轰炸机改运输机10架	1栋1000多平方米厂房，六七座竹笆墙抹泥的木结构厂房，若干草房式办公室和职工宿舍	无
16	航委会第四飞机制造厂	桂林(1942年4月)	桂林(1942年4月1日至1944年6月)	研教二式教练机，狄克生滑翔机20架，BG-8双座滑翔机12架，H-17滑翔机20架(后因缺料停工)	原拟在桂林李家村机场设置，因桂柳战事兴起而撤销	无

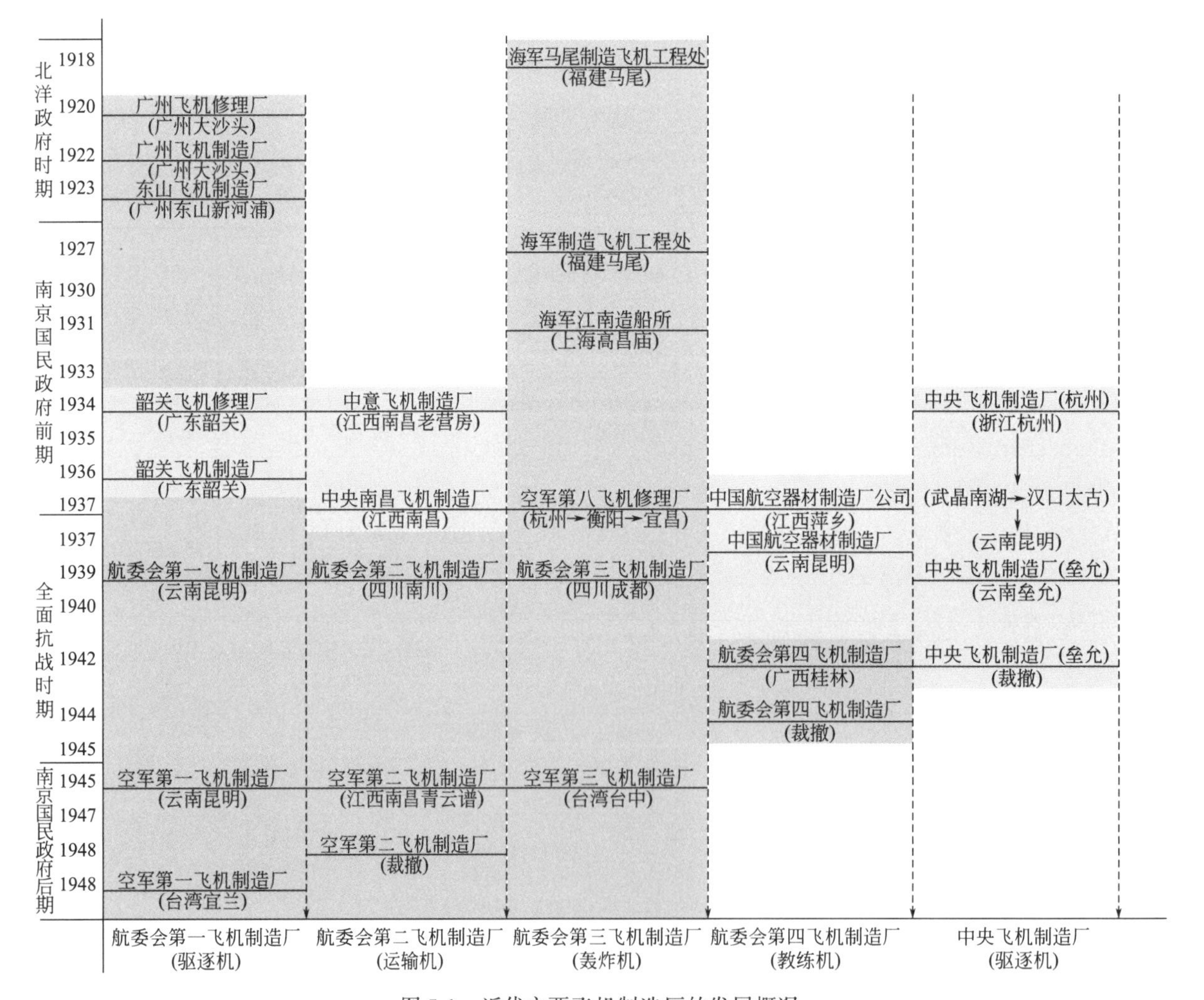

图5-1　近代主要飞机制造厂的发展概况

与航空委员会飞机制造厂侧重于飞机总装和零部件制造的功能有所不同，飞机修理工厂的主要任务是保障军用飞机的飞行作战任务，其工作重心是作战飞机的维护修理（图 5-2）。飞机修理工厂的厂部通常下设修造课、储备课等“课”级部门，在“课”下再设“股”，“股”下设“班”。如广西柳州的航委会第九飞机修理工厂修造课设有发动机股（可大翻修各型发动机、中等修理以及组装和试车等）、装配股（可修理机身、机翼、尾翼以及飞机各部件和枪支军械等）、仪电股（可修理飞机各种仪表、电气和无线电等）、铁工股（包括锻、铸、钳、车、工等班组），储备课则负责飞机器材、原料、零备件、汽油和枪支弹药等①。

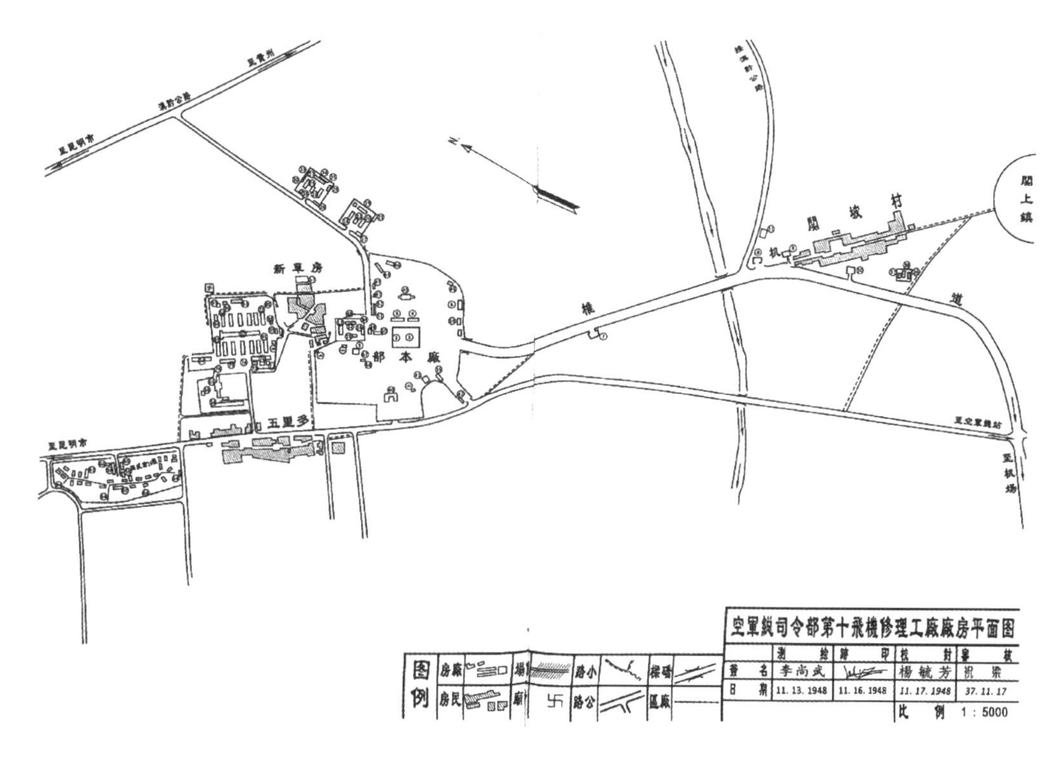

图 5-2　空军总司令部第十飞机修理工厂厂房平面图

来源：云南机场集团公司民国时期档案文献辑

飞机修理工厂的分布基本上是按照南京国民政府航空队的主要驻防基地和航空作战区域布局的，根据空军作战部队的需求而逐步增设到 11 个飞机修理工厂，另外抗战前后还先后设有江西吉安、湖南长沙、四川梁山与遂宁、湖北襄阳、云南蒙自以及陕西南郑等飞机修理所（表 5-3）。

国民政府航空委员会隶属的飞机修理工厂及其他航空机构沿革　　**表 5-3**

厂名	所在机场/成立时间	机构及其驻地的变迁
第一修理工厂	南京明故宫（1930 年 8 月 1 日）、大校场（1931 年 3 月）	首都航空工厂（大校场，1933 年 3 月）—第一修理工厂（1935 年 5 月）—衡阳江东杨家花园（1937 年 11 月）
第二修理工厂	南昌青云谱（1934 年 2 月）	第二修理工厂—长沙修理所—吉安修理所—芷江（第七修理厂和长沙修理所合并，1937 年 11 月 13 日）
第三修理工厂	武昌南湖（1928 年）	武昌南湖飞机修理厂—第三修理工厂（1934 年 3 月）—洛阳（1935 年）—兰州
第四修理工厂	重庆广阳坝（1936 年 3 月）、白市驿（1939 年）	重庆驻川飞机修理所—第四修理工厂（合并川康航空机构）（1937 年 11 月）

① 冯华超：《广西柳州空军九厂概况》，载《航空史研究》，1995 第 3 期，第 13～16 页。

续表

厂名	所在机场/成立时间	机构及其驻地的变迁
第五修理工厂	广州大沙头（1918 年）、东山（1923 年）	广东空军飞机修造厂—第五修理厂（1936 年）—云南祥云（1938 年 11 月）（负责空军军官学校分校机务）
第六修理工厂	湖北孝感（1937 年）	孝感—汉口（1937 年 10 月 1 日）—襄阳修理所（1938 年 2 月）—梁山修理所（1938 年 9 月）—宜宾（1938 年 10 月）
第七修理工厂	山西城北（1923 年）	山西航空工厂—第七修理厂（太原，1936 年）—西安—汉中—汉口—宝庆—芷江（并入第二修理工厂）
第八修理工厂	上海高昌庙（1931 年）	上海海军飞机制造处—（衡阳）第八修理工厂（1936 年）—宜昌（1937 年 10 月）—成都南门外簇桥（1939 年 3 月）
第九修理工厂	广西柳州鸡喇（1927 年）	广西航空学校机械厂—第四集团军司令部机械厂（1933 年 12 月）—并入广西航空学校（1935 年 2 月）—（柳州）第九修理工厂（1937 年 7 月）
第十修理工厂	南京明故宫（1930 年）	南京中央军校航空班机械组修理所—军政部航空学校修理所（杭州笕桥，1931 年 7 月）—（昆明民航路）第十修理工厂（1938 年 4 月）
第十一修理工厂	成都北门外昭觉寺内（1938 年 5 月 11 日）	航空机械制作所—第十一修理工厂（成都凤凰山机场旁，1938 年 5 月 11 日）
发动机制造厂	贵州大定乌鸦洞（1941 年 1 月 1 日）	昆明柳坝村（1939 年 12 月）—贵州大定（1941 年 1 月 1 日）—（广州黄埔，1946 年 11 月）—台中清水（1949 年）
保险伞制造厂	杭州梅东高桥（1934 年 10 月）	杭州—长沙（1937 年 11 月）—乐山（1938 年 8 月）—更名“保险伞制造所”（1940 年 7 月）—杭州—台中清水（1948 年）
航空研究院	成都（1939 年 7 月 7 日）	成都（研究所改研究院，1941 年 8 月 1 日；迁址东门外沙河堡，1942 年）—南昌三家店（1947 年 6 月）—台中（1948 年）

来源：作者自行整理。

5.1.3 国民政府时期中外合资飞机制造厂的筹设概况

1. 全面抗战爆发前中国航空工业项目的筹划和建设概况

1932 年 11 月 1 日，南京国民政府参谋本部成立了由首批 39 名专家和学者组成的国防设计委员会，从事国防机要事务的计划及其建设。该委员会编制了国防工业体系发展战略，提出“函应通盘筹划，择定安全地点，为国防工业中心区”①。设计委员会侧重于军事、原料和交通三方面研究，其中军事组先后与其他机构合作制定了《国防军事建设计划》《国防军备十年计划》《国防航空五年计划》等一系列关于调整构筑重工业基础的纲领性文件②，而交通运输组的工作仅划分为铁路、公路、航运和电讯四部分，未涉及航空业。

1935 年 4 月 1 日，国防设计委员会与兵工署资源司合并后成立直接隶属于国民政府军事委员会的资源委员会。同年 6 月，历经多年调查研究和广泛征求意见，在德国承诺 3000 万元法币借款及德国顾问的帮助下，资源委员会拟定的《国防工业三年计划》获得国民政府核准。该计划确定将江西与湖南及湖北一带自然资源富足的地区作为战略后方，在该区域建立一批涉及冶金、机械、化工、电器、燃料等众多领域的工矿企业，最终形成自成体系的重工业区，这些厂矿选址既要考虑到原材料的供应和运输便利的因素，又应兼顾国防备战的考量，以确保中国的抗战潜力。该重工业区按照德国鲁尔工业区“煤铁钢一体化”模式规划建设。该计划共分十部分，具体涉及湘鄂赣一带的相关章节内容包括：①统制钨锑，

① 国防设计委员会档案：《国防设计委员会提案》，中国第二历史档案馆藏。转引自王卫星：《资源委员会与抗战初期的工厂内迁》，载《学海》，1994 年第 1 期，第 89～91 页。

② 钱昌照：《两年半创办重工业之经过及感想》，载《新经济》，1939 年第 1 期。

同时建设钨铁厂（江西南昌）；②建设湘潭炼钢厂（湖南）；③开发宁乡和茶陵铁矿（湖南）；④开发大冶、阳新和彭县铜矿，同时建设炼铜厂（湖北）；⑤开发水口山（湖南）和贵县铅锌矿；⑥开发高坑（江西萍乡）、天河（江西吉安）、潭家山（湖南湘潭）和禹县煤矿；⑦建设煤炼油厂（江西）；⑧建设氮气厂；⑨建设飞机发动机厂、原动力机厂[①]和工具机厂（湖南湘潭）；⑩建设电机厂、电线厂、电话厂和电子管厂（湘潭）。1936 年 3 月，资源委员会又拟定了“重工业五年建设计划”，提出了各类工业厂矿设立地点和数量、投资额度、计划年产量等。其中拟建飞机发动机制造厂 1 座，拟投资 750 万元，计划年产量 300 台（国内每年需要使用 200 台），汽车发动机制造厂 2 座，拟投资 770 万元，计划年产量 500 台[②]。由于投资庞大的需求和技术滞后的现状，资源委员会秉承“尽量利用外国资本”和“尽量利用外国技术”的方针，整个计划投资总额的 56.4%拟采用外国信用借款。同期中国和德国签署中德信用借款合同，德方提供 1 亿金马克（约合 1.35 亿元法币）贷款，中方用该款购置德国的军火、兵工厂及设备等，并采用钨、锑矿产，桐油、猪鬃、生丝等农产品抵销偿还。1936 年资源委员会先后启动了 21 个项目，其中以选址湘潭下摄司建设的中央机器制造厂、中央钢铁厂和中央电工器材厂三个项目尤为重大。中央机器制造厂拟重点制造飞机发动机、动力机械和工具机具，其中发动机的厂内设备拟从德国和美国采购，并在飞机发动机的预算中专列 25 万美元的技术合作费用。

1936 年 11 月，资源委员会和航空委员会达成合办飞机发动机厂的协议，根据《航空委员会补助资源委员会机器制造厂制造飞机发动机暂行办法细则》，两年内资源委员会投资 562.5 万元，航空委员会补助 287.5 万元，用于购买国外发动机制造专利和聘请外国技术专家[③]。同年 12 月，双方成立“发动机制造厂筹备委员会”，筹划购买美国惠普或莱特公司生产的三种发动机型号之一，经比选后初步确定选购惠普公司的华斯浦（Wosp）发动机仿造权。资源委员会在湘潭下摄司的厂房施工则提前进行，截至 1937 年 6 月 6 日，征地工作已完成，机工训练厂（预备厂）和发电厂、职员宿舍、工人宿舍及其他土木工程已动工数月，总厂房即将公开招标。但一个月后，抗战全面爆发，飞机发动机厂项目只能“就已购置的机器及已建筑的厂房改造其他机器”而暂时搁置。至 1938 年年初，湘潭下摄司的上述工程基本竣工，部分机器业已安装到位。但随着战事的恶化，中央机器厂和中央电工器材厂（一厂）被迫于 1938 年 2 月和 7 月分别辗转迁址昆明北郊的茨坝村和昆明东北部的马街村，平整厂址场地在后期则改造为下摄司军用机场。至此，由于原隶属军事委员会的资源委员会同年 3 月业已降格由国民政府经济部统管，飞机发动机制造事宜则相应地转为由军事委员会下设的航空委员会全面主导，直至 1939 年才在昆明重新启动。

2. 国民政府时期中央政府与外国合作建设飞机制造厂的概况

自 1930 年开始，国民政府航空署先后通过外交途径和当时的欧美航空强国——德国、美国和意大利分别谈判合作开办飞机制造厂事宜，最终都签署了合作办厂的协议，但最后成功生产飞机的仅有中美合作的中央（杭州）飞机制造厂和中意合作的中央南昌飞机制造厂，而中国航空器材制造厂股份有限公司因选址迟迟未定至抗战爆发时仅基本完成部分厂房建设（表 5-4）。

南京国民政府三大中外合作的飞机制造厂筹建概况　　**表 5-4**

	中央（杭州）飞机制造厂	中央南昌飞机制造厂	中国航空器材制造厂股份有限公司
签署协议时间	1930 年 7 月 8 日/1934 年 2 月	1935 年 1 月 21 日/1935 年 9 月 30 日	1934 年 9 月 29 日
合同签署方	中国中央信托局和美国寇蒂斯、道格拉斯两大飞机制造公司驻沪代理联洲航空公司	国民政府财政部与意大利“中国航空协会”	国民政府财政部、交通部与德国容克斯公司

① 指“汽车汽油发动机厂”。[美] 柯伟林：《德国与中华民国》，陈谦平等译，江苏人民出版社、凤凰出版传媒集团，2006 年，第 236-237 页。

② 郑友揆、程麟荪、张传洪：《旧中国的资源委员会——史实与评价（中国近代经济史资料丛刊）》，上海社会科学出版社，1991 年。

③ 两委合计投资为 850 万元，比“重工业五年建设计划”中的 750 万元建厂费用多出 100 万元。

续表

	中央(杭州)飞机制造厂	中央南昌飞机制造厂	中国航空器材制造厂股份有限公司
股本结构	25万美元	不得超过135万关金*(其中建厂费为70余万关金,机械设备费为40余万关金)	300万国币(中方占2/3)
公司架构	美方派经理,中方设监理	公司设董事会,中方任董事长和监理,意方任副董事长和经理	董事9人(中方6人,德方3人),监察3人(中方2人,德方1人)。中方任总经理,德方任副总经理
飞机产能	弗利脱20架,诺斯罗普25架	首批组装20架布瑞达教练机和6架萨伏亚双发轰炸机,最终组装100架	第一年生产德制K45号、EK45号飞机;6个月后再生产K85号或其他更新式飞机
建成投产时间	1934年3月至10月	1936年4月1日至1937年4月	挂牌成立(1936年8月1日);建成部分基建项目(1937年6月)
建设规模	联合厂房,办公建筑及材料库,职工生活区(3幢职工宿舍、食堂、饭厅和休息室及公共卫生间等)	8座主厂房和1座办公大楼	机工训练厂、职员宿舍、工人宿舍及其他土木工程;总厂房未启建

* 关金(Chinese Customs Gold Unit),北洋军阀和国民党政府时期海关税收的计算单位。
来源:作者自行整理。

3. 国民政府时期地方政府与外国合作建设飞机制造厂的概况

1)东北边防军司令长官公署与荷兰弗克公司的合作

除了南京国民政府与美、意、德三国合作的三大飞机制造厂之外,东北边防军长官公署、广东省政府也分别与荷兰和美国尝试合作组装生产飞机。1928年年底东北易帜后,身为东北边防军司令的张学良继续大力优先建设空军。1930年9月,张学良将东北空军大队改称为东北航空军司令部,并兼任司令,还下令东北边防军在沈阳北陵的东北位置新建"北陵机场",一方面用以满足东塔机场已容纳不下的航空训练需求,另一方面有意依托该机场建立可自行生产的飞机制造厂。1931年4月4日,经过协商,张学良代表东北边防军司令长官公署与皇家荷兰弗克(即福克)飞机制造公司(Royal Dutch Aircraft Factory Fokker)的出口经理兼谈判代表诺许草签了建立"东北航空工厂"合同,双方拟定采取股份有限公司的形式合资制造和修理荷兰弗克式飞机及零件(不包括发动机)。同年5月26日,由诺许拟定的《东北航空工厂组织大纲》交由张学良。该大纲共36条,工厂的资本定为中国国币400万元,折合美金100万元(其中中方出资30万元美金),分为4000股,中方为资本股票600股(发起股票600股);弗克公司为资本股票600股(发起股票400股),其余2800股资本先收一半现金,剩余部分由公司董事会征收,张学良担任董事会董事长。按照合同规定,中国应购买弗克公司轰炸机30架,战斗机30架。由荷兰方面提供弗克战斗机、侦察机和轰炸机的制造权和技术转让。由中方购买制造飞机用的荷兰机器,由荷兰方面负责培训中国工人的生产技术。该公司有效期定为八年,八年期满后中方收回工厂自行独立经营。但中荷合作的"东北航空工厂"项目随着"九一八"的爆发而导致夭折。①

2)广东国民革命军第一集团军总司令部与美国寇蒂斯—莱特公司的合作

1934年4月,广东国民革命军第一集团军总司令部空军司令黄光锐与美国寇蒂斯-莱特公司的代理人威廉·波利(William Pawley)签署设立韶关飞机修理厂(Shiukwan Aircraft Maintenance Factory)的合同,先期由新设立的"成立韶关机库委员会"②负责筹建,后期由黄光锐全权负责。当月便由林约

① 沈阳北陵机场见证日军侵华 起飞国产战机击落美机,载《中国航空报》,2015年07月09日。
② 《航空救国—发动机制造厂之兴衰(1939—1954)》中说是"筹建韶关机库委员会"。

翰和萧艺文开始设计韶关飞机修理厂厂房，7 月即在韶关曲江边、南门外左街一带开工建设，次年 8 月建成试运行，12 月 1 日正式运行，工程耗资 35 万港元。该单一主体式修理厂房的建筑形制与中央杭州飞机制造厂完全相同，厂房内部包括金工、白铁、机身、机翼、热铸、装配和水电等车间。而后工厂花费 52 万美元引进了美国全套飞机组装设备和技术。韶关飞机修理厂初期由周宝衡任厂长，聘请查尔斯·希利·戴（Charles Healy Day，1884－1955）为总工程师兼首席技术顾问，美籍俄人康斯坦丁·萨克程高（Constantine L. Zakhartchenko）为副总工程师，谢凝耀、雷兆鸿、陈作儒等 20 多名美国留学生为技术员，全厂职工合计达 500 多人。工厂下设工务、总务两处；工务处下又设有设计、建造、调配、材料、检查等科。该厂除了修理和装配飞机外，还自行设计生产飞机[①]，其建设规模、设备水平以及技术力量仅次于中央（杭州）飞机制造厂。1936 年广东空军归属中央后，该“飞机修理厂”改名为“韶关制造厂”。1937 年 8 月 31 日至 1938 年 7 月期间，该厂址因遭受日军飞机屡次轰炸而损毁。

3）韶关制造厂迁址易名为“航空委员会第一飞机制造厂”的规划建设

1938 年 10 月，韶关制造厂迁址昆明，随后由继任的厂长林福元和美籍白俄总工程师萨克程高选定在昆明西郊眠山后的昭宗村筹建新厂址，该厂址毗邻滇缅公路，距昆明不到 10km，交通便利。地处东靠眠山与西接玉案山的狭长地带之间，有连绵山体和茂密树木的遮护，且分散布局，防空效果好。次年 1 月，韶关制造厂迁入新建厂房，并更名为“航空委员会第一飞机制造厂”。至 1940 年年初，该厂全面建成，下半年正式投产，全厂员工 600 余人。早期的韶关制造厂设有工务处和总务处，工务处下又有设计、建造、调配、材料、检查等课。至昆明投产后，工务处精简为设计、厂务、检查和支配四课。

全厂由航委会驻滇建筑工程师刘俊峰设计和督建，基建工程由大仓公司承包施工。受窘于财力，除 2 幢飞机装配车间以及办公室和职员宿舍为砖混结构外，其他铁制品、木工、机工、机身、机翼、翻砂、装配、修配、器材、油漆等辅助车间及工人宿舍均采用砖木结构或土木结构的简易棚屋，其中土木结构即采用土墼墙、木屋架和镀锌瓦垄铁皮屋面。1940 年年初建成的主要车间则由钢骨热铆接而成，房顶覆盖金属波形瓦，所用型钢自国外空运回厂。

航空委员会第一飞机制造厂在整个带状厂区内建有一条约 2km 长的南北向公路，大体依据飞机生产制造的工艺流程由南至北布局厂房车间，厂区建筑分南端、中段和北端三部分在该公路两侧沿眠山南麓分散布局至狄青寺前。在公路南端的两侧主要布局办公室和职员宿舍，建有多幢厂长、工程技术人员的宿舍，6 幢技工家属宿舍则在河边设置；在公路中段两侧主要布局车间和仓库，其中公路西侧的昭宗中村和小村山脚下依次建有白铁车间、机翼车间、机身车间、机工车间、水电股、仪表股、停车场和铸锻车间，在公路东边的眠山脚下则建有医务室、士兵宿舍。在昭宗中村南面设有空军子弟小学、俱乐部及足球场，其对面建有 3 幢工程技术人员宿舍；在狄青寺西北方向的厂区公路北段末端的西侧及昭宗小村山脚依次建有生产指挥中心支配课、检验课、工具库、器材库共 4 幢厂房，其中器材库建在公路的最北端。在公路北段的东侧则建有装配车间、试车车间、木工间和木模间，以及 5 幢技工单身宿舍，距厂区较远的眠山凹谷处还建有易燃易爆的氧气生产车间（图 5-3）。1942 年因昆明频繁遭受日军飞机轰炸，航空委员会第一飞机制造厂一度抽调人员和机器设备运至贵阳朝阳洞建立第一分厂，抗战胜利前夕又因贵阳战事紧迫而撤回昆明。第一飞机制造厂至 1948 年年底停产，次年 4 月 16 日，该厂奉命外迁至台湾。昆明昭宗村厂址在 1949 年后先期用于野战医院，后期又先后开办“二〇一厂”“七四三四工厂”等军工企业。现第一飞机制造厂遗址尚保有第一车间、第二车间 2 幢（图 5-4），以及 1 幢职员宿舍，该宿舍建筑为单层硬山式屋顶的砖木结构，青砖砌筑，木质门窗，室内设有壁柜和法式地砖。“航空委员会第一飞机制造厂旧址”于 2014 年公布为昆明市文物保护单位。

---

① 关中人．韶关飞机制造厂的兴衰．韶关文史资料 第 25 辑，1999.

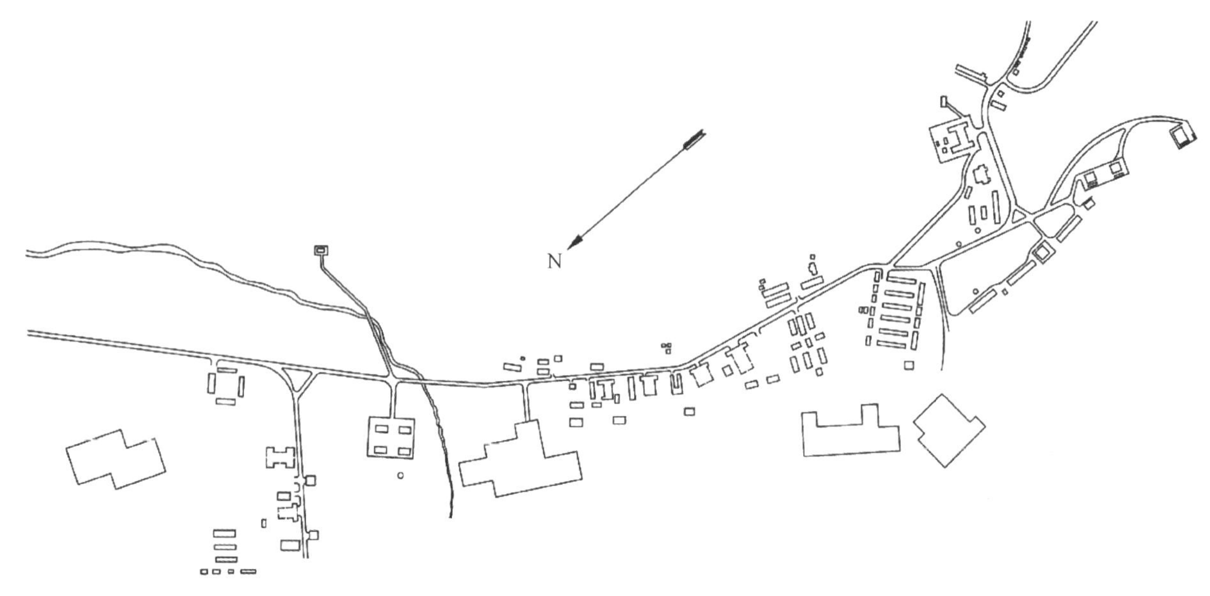

图 5-3　空军第一飞机制造厂昆明厂房分布图（1949 年 8 月制）
来源：项目组根据档案馆馆藏图纸描绘

图 5-4　航空委员会第一飞机制造厂厂房现状
来源：作者摄

5.1.4　中德合办的中国航空器材制造厂股份有限公司筹建

1. 中德合办飞机制造厂密约

作为第一次世界大战的战败国，德国受《凡尔赛条约》的钳制而无法在本国大力发展军事航空业，于是德国在 20 世纪 20 年代初先后在苏联、瑞士投资建设飞机厂，如德国政府出资 1.4 亿德国马克支持容克斯公司（Junkers）与苏联合作在莫斯科建造起一座年产 600 架飞机及其发动机的飞机制造厂，并支持汉莎航空公司与苏联合作开办航空公司。同样，德国政府在 20 世纪 30 年代也支持在中国建设飞机制造厂，以换取中国提供其战略原材料；支持汉莎航空公司与中国合资组建了欧亚航空公司，以优先开通柏林至上海的欧亚国际航空线。

为了引进德国先进的飞机制造技术，逐步培育发展中国自主的航空工业体系，早在 1931 年国民政府航空署便与德国容克斯公司商定合办飞机制造厂，后来又在德国军事顾问塞克特的协调下，国民政府

财政部（谈判代表李耀煌、张度等）、交通部（李景枞）与德国飞机制造商——容克斯公司的司得赐（Stery）和赖士·瓦尔特（Rasch Walter）就合资设立飞机制造厂问题开展了旷日持久的谈判[①]。至1934年9月29日，中德双方最终签订了为期10年的《中德合办航空机身及航空发动机制造厂股份有限公司合同》[②]，合同规定，德方应向中国提供生产飞机的技术和设备，工厂生产能力在合同“第三章　制造能力”中约定：“航空机身制造厂之设备，以每月制造发动机一具之航空机身四架，其机身重量约计二吨，及发动机多具之航空机身一架，其机身重量约计五吨为度，但须使其有随时扩充工作能力之可能。”

中德双方又经过持续的谈判后于1935年6月13日签署了补充议定书，确定合作制造德国BMW贺奈特航空发动机，计划第一年生产德制K45号、EK45号飞机，6个月后再改造生产K85号或其他更新式的飞机。中德双方还制定了《中德合办飞机制造厂三年分工建设计划》，计划实现3年内制造飞机机身、4年内制造航空发动机的目标。同年9月份签署的《中国航空器材制造厂股份有限公司章程》明确了该公司董事会共设董事9人，其中中方6人（财政部、交通部和航空委员会各2人），德方3人（含德国谈判代表2人），另有监察3人（中方2人，德方1人）。中方人员任总经理，德方人员任副总经理。1936年8月1日，中国航空器材制造厂股份有限公司（公章简称为“航空器材制造公司”）正式在江西萍乡挂牌成立，公司采用股份制形式，公司股本为国币300万元，分为3000股，由南京国民政府、中国各银行和德国公司各出资1000股。值得一提的是该合同资本及其占比与国民政府交通部和德国汉莎航空公司双方签署的《欧亚航空邮运合同》相同。飞机厂项目具体由德国军火销售商汉斯·克兰于1934年在柏林创立的工业产品贸易公司——合步楼公司（Handelsgesellschaft fuer industrielle Produkte，HAPRO）协助运作，该公司先后协助中国筹建了载重汽车厂、中央机器厂和中央电器厂等。这些工厂的设备都是由合步楼公司与德国有关厂商订货，再运往中国，并派遣工程技术人员来华负责设备的安装调试。

2. 中德合作的航空工业项目选址

中国航空器材制造厂的选址可谓一波三折。1933年，由国民政府行政院副院长兼财政部部长孔祥熙[③]与德方洽谈确定中德合作的飞机制造厂定名为“中国飞机第一工厂”，初期选址在上海[④]。1934年又在河南洛阳勘定建厂厂址。而后蒋介石力主在四川境内设置，该公司章程也已明确“公司总办事处及工厂设于重庆，分办事处设于上海”，但德方坚持在长江下游设厂，以兼顾湘赣地区钨矿、锑矿等原材料出口德国的需求，厂址一度还在江西南昌、浙江杭州选址[⑤]，因中德各方对厂址意见不一，长期议而未决，而后又经过选址、建设时序、董事人选等议题的漫长谈判，航空器材制造厂从1931年开始酝酿筹建，直至1936年年中才基本确定厂址。

1936年7月29日至8月10日，国民政府航空委员会王立序、萧祐承等3人和公利营业公司罗柏及建筑工程师奚福泉、张轩朗等4人组成航空器材制造公司厂址考察组，自上海、经由汉口和长沙到萍乡进行实地踏勘，考察组分甲组（负责测量）和乙组（负责查勘东南及西南方向的地形），并拟定了《查看萍乡设厂地址报告书》及附件（图），认定萍乡周边有粤汉、株萍、浙赣、浙杭、南浔等线路；公路有沪杭、南萍等线路，其中厂区南部毗邻南萍铁路和赣湘公路，交通便利；照明、电力和燃料均可由6km外的安源煤矿供给，其环状9座砖窑也可提供建厂所需砖料，机械厂的机器设备还可用于建厂时的“铁工制造”；饮用水可挖若干座自流井，并设置“滤渍池”净化后使用；动力厂的生产用水可就近河道接管抽水。观测扩建后的萍乡飞机场东北与西南主导风向的场面长度达1500m，可满足最低限度的飞机起降需求，西北与东南方向的场面长度为1000m。

---

① 容克斯公司又称“德骚荣格赐飞机股份有限公司”或“荣格赐航空器械制造厂”。

② 时有“中德合办机身和航空发动机厂”“中国航空器材制造厂股份有限公司”“中国第一飞机制造厂”等不同的称谓。

③ 抗战期间，国民政府行政院院长孔祥熙官邸秘书处专设有“航空组”，由王承黻和王伯龙负责。

④《航空，军事：国内：中德飞机制造厂明春开工》，载《每周情报》，1933年第9期，第67页。

⑤《中德飞机厂将开工》，载《航空杂志》，1934年第1卷第2期。

显然，中德合作的航空工业项目最终落户萍乡的主要考虑因素如下：①远离东部沿海，地处内陆腹地，可避免日军空袭，且水陆交通较为便利，萍乡与上海之间的水运距离为1300km，铁路运输距离为1000km。②厂址邻近安源煤矿，照明、电力和燃料供应充足，可为飞机制造厂提供基本生产条件；厂区毗邻萍乡古城北门外，靠近萍水河边，可保障工厂的生活供给。③扩修后的萍乡飞机场及萍水河可满足水陆两用飞机的试飞需求。④与中德合办的湘潭中央钢铁厂（下摄司）、中央机器厂和中央电工器材厂相邻，可就近提供原材料和零部件，并毗邻军工企业——株洲兵工厂，考虑了未来在湘赣接合部区域集中布局重工业以及航空制造产业的需求。

3. 中国航空器材制造厂的建设历程

1936年10月，国民政府参谋本部陆地测量总局航测第一队测绘了“萍乡飞机场航摄镶嵌图”。此后，公利公司依据该地形图计算了平土工程量，规划了衔接铁路及公路的线路走向，并设计完成了“萍乡工厂厂房分配及交通路线图”“厂区排水图”“萍乡厂排水图样”“工厂及住宅建筑图”等数十张系列图纸。中国航空器材制造厂的施工招标吸引了李丽记、新金记、久记、新亨、大昌、公记、新仁和建业八家营造厂有意参与投标，这些营造厂除了李丽记是来自汉口之外，其他营造厂均来自上海，最终“建业营造厂总事务所”中标承建该项目。1937年年初由业主航空委员会（陈昌祖），工程师公利营业公司（奚福泉经理）以及承包人建业营造厂总事务所三方订立了《建造中国航空器材制造公司萍乡装配厂工厂建筑章程》。同年5月5日，历经一波三折的航材厂一期建筑工程（装配工厂）正式开工建设，又因雨季仅在当月搭盖了储料间和临时办事处，装配厂地基土方调配平整及基坑挖掘也仅完成了70%[①]。同年6月，“在湘征地工作，已全部结束，机工训练厂、职员宿舍、工人宿舍及其他土木工程，亦动工数月，不久可以完成，总厂房即将公开招标”[②]。但随即因淞沪会战而停工。

1938年4月，中国航空器材制造厂被迫迁往昆明老城西南的柳坝村由建业营造厂昆明分厂重建，9月完工。但由于德方提供的飞机制造工具及设备因中德关系恶化而未能如期运到，无法开工生产。次年12月，航空发动机制造厂筹备处接收了该厂址。相比中美合资的中央飞机制造厂和中意合资的中意飞机制造厂，中德合资的航空机身及航空发动机制造厂项目虽然起步早，并已有意取名为“中国第一飞机制造厂”，但最终未实现竣工投产。当时如果按照中方意见早日在四川省境内选址建成投产，则可能对中国抗战有显著的推动作用。

4. 中国航空器材制造厂的规划设计

由奚福泉担纲的公利营业公司为中国航空器材制造厂先后设计了2个总平面规划方案，其中作为《查看萍乡设厂地址报告书》“附件二”的厂区布局采用了以管理处为中心的相对集中式布局方案。该方案将机场沿东北-西南主导风向扩修，其东北向的平土工程计划分两期实施，新建的厂区和生活区也沿扩修后的机场东南位置的山坳里集中布局，其中装配厂和零件制造厂均毗邻机场（图5-5），装配厂则位于扩修机场的东北角（为30m高的土丘），机场一期平土工程量较大。呈飞机状平面的招待所、运动场以及职员和工人住宅等生活设施则分散设在厂区东南侧的多个山岭上。

后期最终由国民政府航空委员会选定的实施方案是平土工程少、防空效果好的分散式布局方案，该方案是将厂区的主要厂房依山就势分散在山坳里（50～80m相对标高）布局，既可防洪，也避免敌机轰炸。该实施方案中的厂址总占地面积约1620亩，厂区主要沿机场主导方向东北-西南方向布局，总体上分工厂建筑区、住宅建筑区和扩修飞机场（分两期）三部分（图5-6）。生产用房主要设置在卢家岭和螺丝岭之间的山坳中，平均相对标高50～80m，沿山势布局有装配工厂、零件工厂、动力厂和附属厂房、总堆栈及办公室，以及招待所、食堂、职工宿舍和门房及水塔等配套建筑，其中仅装配工厂与机场接壤。供职员和工人居住的住宅群分甲、乙、丙、丁四类，以食堂为中心，沿山岭自然布局在坡地上。第

① 公利营业公司1936年撰写的《五月份装配厂工程报告》。

② 《何廉、钱昌照电蒋中正资委会筹备飞机发动机厂情形》，1937年6月1日，《呈表汇集（五十六），特交档案——一般资料，(蒋中正总统文物)》，台湾“国史馆”藏，典藏号：022-080200-00483-035。

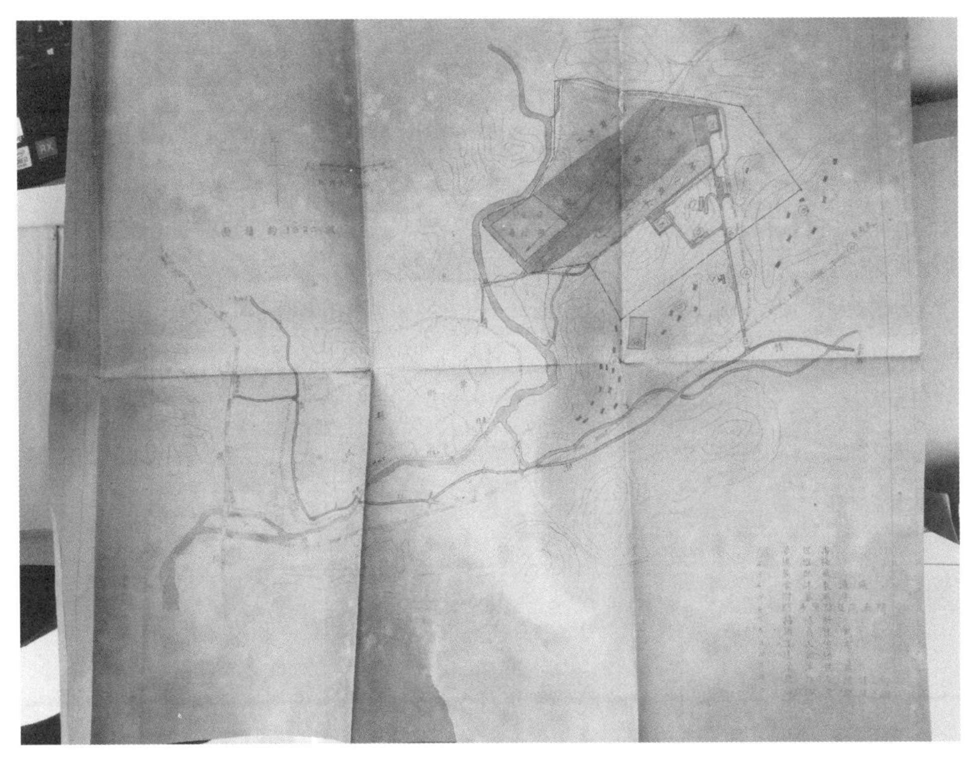

图 5-5　中国航空器材制造厂总平面规划的早期方案

来源：云南机场集团有限责任公司档案室

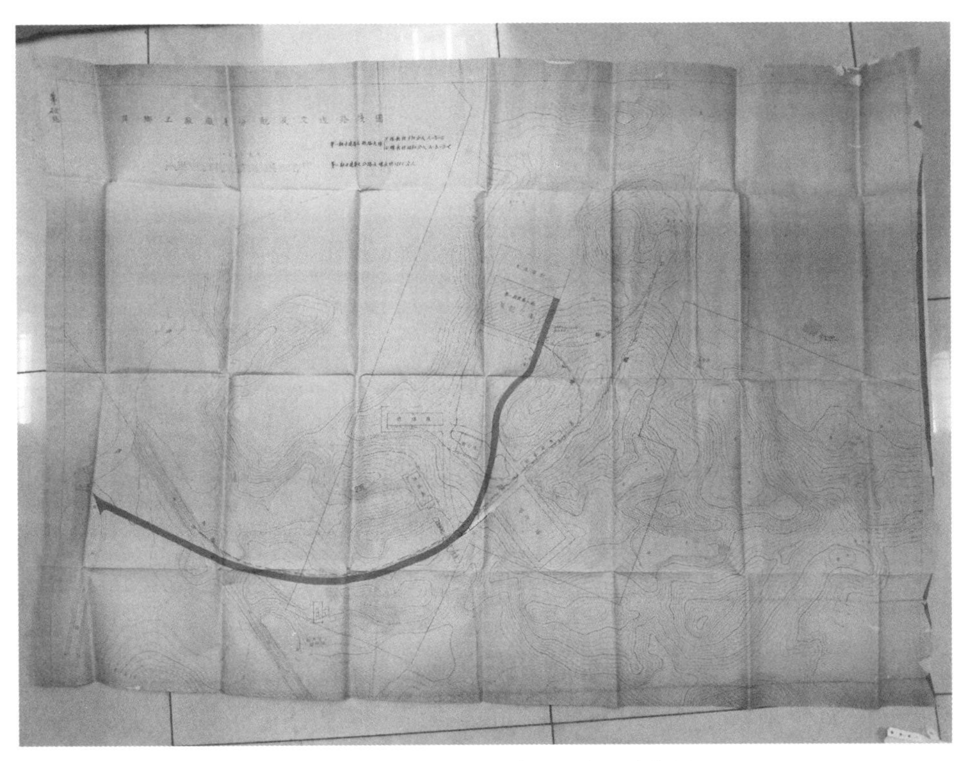

图 5-6　萍乡工厂厂屋分配及交通路线图

来源：云南机场集团有限责任公司档案室馆藏图纸

一期建筑工程仅有装配工厂，还规划配套建设引自南萍铁路的铁路支线（其中甲线长 0.87km，乙线长 2.16km）和引自赣湘公路的公路支线（长约 1.2km），这些铁路和公路支线均直通装配工厂。

中国航空器材制造厂的核心建筑和最大建筑——装配工厂与第一期扩修飞机场直接接壤。该总装厂的建筑平面呈矩形，机库面阔约 100m，其中机库大厅宽约 50m，进深方向设有 6 跨；中央为单层的机库大厅及通长的辅助车间，其两侧为 12 跨的 2 层辅助用房（底层层高 4m，二层层高 3.5m），另外左侧用房还设有地下室，其二层屋顶高低错落，便于自然采光。该总装厂采用机制青砖，水泥灰缝砌筑，油毛毡屋面；厂房主立面呈 3 层跌落式对称布局，中央机库大厅主立面上部为大面积嵌丝玻璃窗，采光良好，其下设有上沿带有白铁皮屋檐的 10 扇上部镶嵌玻璃窗的铁制推拉门（铁扯门），两侧墙面则采用水泥抹面；机库大厅前侧设有供飞机进出停驻的水泥混凝土浇筑的停机坪，两侧辅助车间分别设有铁制推拉小门供人进出机库大厅采用梯形钢桁架屋盖结构[①]（图 5-7）。该现代装配工厂由公利公司的奚福泉建筑师主持建筑设计，德国普赖斯勒夫特公司（Pressluft）提供电气设计，美国的北美航空公司（North American Aviation Inc.）提供钢结构设计，德商福罗洋行提供钢材。

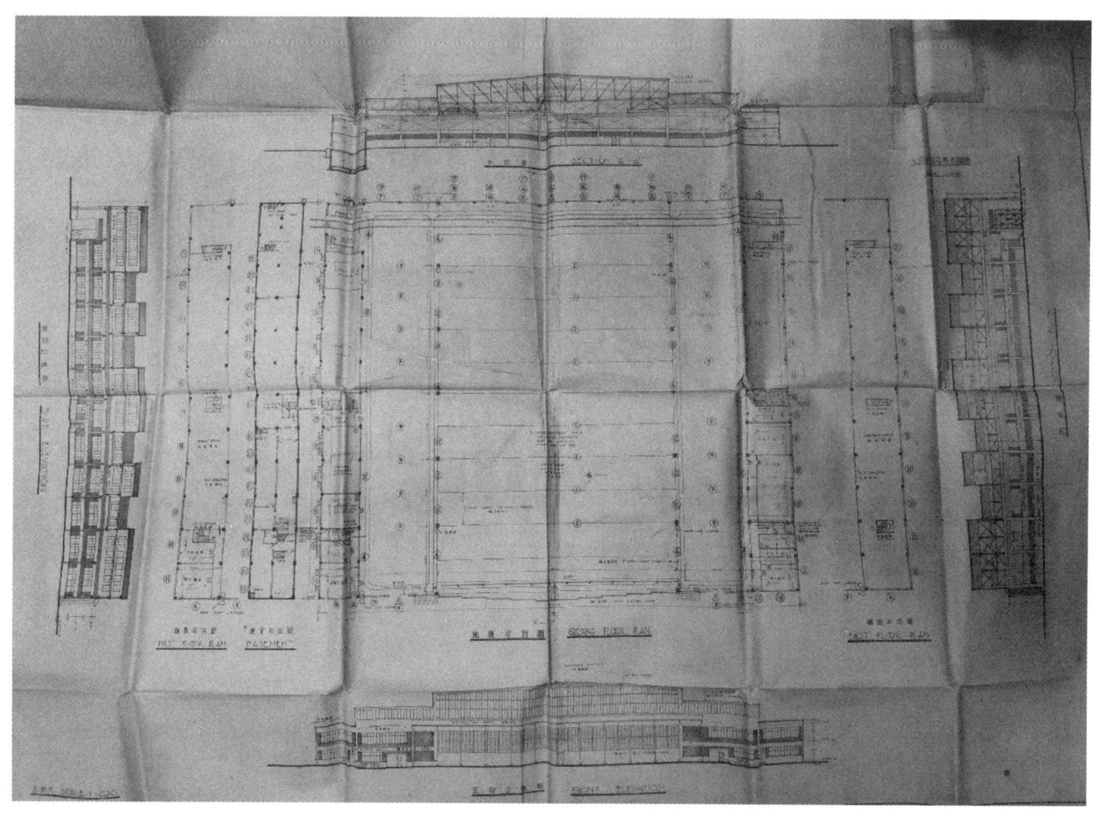

图 5-7　中国航空器材制造厂主厂房建筑平立剖面图

来源：云南机场集团有限责任公司档案室

5. 中国航空器材制造厂依托的萍乡机场

根据中德双方在 1934 年 9 月签订的合同中的“第十章　建筑地址及飞机场”条款，明确“建筑工厂所需之地址，由公司租用之。但甲方应供给公司以一适当之飞行场，其附近须有河流，俾得供水陆飞机起降之用”。中国航空器材制造厂最终在萍乡选址建厂，所需机场也相应选用萍乡飞机场（又称“北门飞机场”）。萍乡机场于 1931 年 2 月由萍乡县政府奉命修建，位于县城北门外的青草冲至北门河之间位置，距萍乡城东北方向约 1km，机场占地约 230 亩，场面呈略为正南北向的方形，长宽均为 340m[②]。除了 1 座长 24m、宽 10m 的飞机库，另有 1 座分上下 2 间的油弹库。因场址东靠卢山岭，西邻萍水河，且面积过小，该机场少有使用。1936—1937 年期间，国民政府航空委员会发放飞机场测量费 1500 元，

① 根据云南机场集团公司档案室馆藏系列档案整理。

② 根据 1934 年 12 月国民政府航空署的调查及《萍乡市志（军事）》记载整理。

并指示将该场扩展为长 1000m，宽 300～400m。但扩建工程进展缓慢，加上战事日紧，遂于 1938 年停工，场面仅扩展至 800m 见方。1939 年 1 月，萍乡县政府奉令将北门飞机场主动炸毁，以免资敌。20 世纪 40 年代该机场地址改建为私立鳌洲中学校舍①。1949 年后又改为萍乡无线电专用设备厂②。

5.1.5　中苏合作未成的新疆迪化（今乌鲁木齐）飞机装配厂

1. 飞机装配厂建设选址的背景

抗战全面爆发后，中苏双方于 1937 年 8 月 21 日签订了《中苏互不侵犯条约》，苏联开始通过西北国际运输通道大力运送军火援华抗战，援华飞机自阿拉木图分段逐站飞至兰州，但由于沿途飞行过程中的飞机损毁严重，后期决定先将飞机零部件采用汽车运输到哈密，再组装后飞至内地。为此将哈密航空站扩建为飞机装配站，1938 年短期内建成了飞机敞棚、机修厂房、配件库房和弹药库、汽油库，其中轻型轰炸机停机棚 6 座，驱逐机停机棚 12 间，机棚全是土木结构、干打垒土墙。此外，还建有宿舍、食堂、俱乐部等各类生活用房，为了改善苏联飞行人员的膳食，还在德胜街修建了面包房，在西河坝修建了“洋”水磨。从 1938 年夏至 1943 年 4 月 15 日，苏联一直在哈密飞机装配厂进行援华飞机的装配，但国际陆路长途运输也很困难和缓慢，且不经济。1937 年 11 月，苏联提出与中国在迪化（今乌鲁木齐）合作建设迪化飞机装配厂，为此中苏双方着手协商。

经过双方冗长的谈判，至 1939 年 8 月 11 日，苏联航空工业人民委员会与国民政府航空委员会代表签署在迪化建立飞机装配厂和在伊宁建设空军教导队的框架性议定书。计划飞机厂建成投产后，第一年装配生产伊-16（I-16）单、双座驱逐机各 50 架，SB 型轰炸机 70 架和 EO-153 型飞机 130 架，合计 300 架。飞机零部件由苏联提供，产品由中国包销，协议期限为 10 年，协议规定苏方出资企业费用 50%，国民政府和新疆省政府分别出资 25%用于基础建设，但最终中苏双方未正式签署合同。1940 年 11 月 26 日，苏联与新疆督办盛世才擅自签订了为期 50 年的《新苏租界条约》后，苏方自行出资 2500 万卢布建厂，并派遣飞机装配的技术人员，提供厂房施工图纸，由新疆省政府包干承建，新疆督办公署工程处具体负责土木工程的施工。

为保密起见，飞机装配厂对外称“农具制造厂”（又称“头屯河铁工厂”），苏联航空工业人民委员会则在内部将其命名为“第 600 工厂”，由著名苏联航空工程师 B. C. 叶西科夫担任厂长。该飞机装配厂以工厂主体和部分住宅为主的第一期工程于 1939 年 12 月奠基兴建，原计划在次年 9 月 1 日完成，延至 1941 年 1 月 1 日竣工；以生产辅助建筑，供暖、给排水和通风系统以及道路和生活服务设施为主的二期工程于 1940 年 10 月启动建设，至 1941 年 10 月 1 日前完工；以俱乐部、学校、幼儿园、医院和部队营区为主的三期工程计划在 1942 年 5 月 1 日前完工（图 5-8）。该厂的下达年度生成计划是装配 143 架伊-16 飞机，其主要飞机零部件由苏联新西伯利亚的第 153 工厂通过卡车运到萨雷奥泽克和和济姆潘泽两地，然后再分头送到迪化飞机装配厂，已试制完成装配的飞机全部运回了苏联。该装配厂工厂原定于 1941 年 11 月 1 日全部投入运营，并计划最终将其改造为 300 架/年的飞机制造生产能力，但因同年 6 月 22 日苏联卫国战争爆发而陷于停滞。③

1943 年 4 月 15 日，苏联向新疆边防督办盛世才紧急通报撤销飞机制造厂的决定。自 5 月 7 日开始至 7 月底期间，该厂员工已拆卸和装运回国了全厂 80%的机器设备，厂内人员也随即撤离，尚遗留有工业厂房及办公楼（8356m^2）、住房（16715m^2）以及水塔、给水排水管道和蓄水池等设施，合计总建筑面积约 2.5 万 m^2。1944 年 5 月 21 日，中苏双方签订购让飞机制造厂剩余设施设备的合同，由中方花费 420 万美元购回该厂遗留的建筑、水电设备、电话专线、道路、树木及柴油机等，双方于 6 月 4 日完成交接。该厂址暂由国民党骑兵营使用，国民政府拟将该厂址提供给伊宁空军教导队、督署航空队修理厂

① 根据 1934 年 12 月国民政府航空署的调查及《萍乡市志（军事）》记载整理。

② 李德明主编，萍乡市交通史志编纂委员会编：《萍乡交通志》，1995 年内部出版。

③ Советский авиазавод в Синьцзяне. 1930-1940-е годы. // Новая и новейшая история. 2004 . № 5. - 0，5 п. л.

(a) 组装车间　(b) 厂区一角

(c) 工厂村的中央大街　(d) 试飞基地

图 5-8　头屯河飞机装配厂厂区建成的实景

来源：《荒漠中的“科技城堡”——新疆苏联飞机制造厂的历史沉浮》

使用，新疆省政府则有意将其改造为纺织工业区。

1951 年 9 月 16 日，新疆军区后勤部军工部在原迪化头屯河飞机制造厂原址上动工建设新疆八一钢铁厂（今称“宝钢集团八钢公司”）。原飞机修配厂旧厂房和 10t 锅炉机房作为炼钢厂房，原修配库则改作轧钢厂房。

2. 迪化飞机装配厂的总体布局及其建筑遗存

飞机装配厂位于距乌鲁木齐市西部 40km 的头屯河镇。该厂址背山面水（邻近头屯河畔），后期引入铁路线。厂区的生活区和生产区功能分区明确，建筑结实，道路整齐，规模宏大，以贯穿厂区中央的沥青道路和南北向的灯笼渠为核心，“周围圈棚数公里，内中马路两旁，右为住宅、俱乐部、旅馆、医院等，均是精致宏大洋房；左为机器房，规模更为宏敞，设备周到”①。

飞机装配厂在建成之初共有 78 幢建筑，铺设路面面积 $12000m^2$。全部建成后的大小厂房建筑共有 10 幢，其主体生产车间建筑为刚架结构，天窗采用钢丝玻璃启闭结构，其余的锻造车间、铸造车间等大部分生产建筑均为砖木结构车间。厂房外的大小房屋有 250 幢，除职工住房外，包括汽车厂、学校、剧院、剧团、托儿所、公寓、商店等，此外还建有跑道长宽为 1500m×300m 的试飞机场。全厂员工最多时高达 2000 多人。工厂配套设施直至 1942 年建设完毕，其中包括涡轮机发电站、氧气-乙炔站、压缩空气站、热处理站、供暖锅炉、水泵过滤车间、化学净水室、煤矿和弱电设备以及各种管线设施等，另外在工厂上游 4km 处有引水工程，厂房内有滤水、吸水工程，在水塔厂上游 15km 处还设有煤矿一座。上述设施设备由增设的“机械科”负责维护管理，该科还负责接收与保管汽油、重油等工业燃油。为自主生产航空零部件，后期还建造了新的机械车间、电镀车间、喷砂车间、热处理车间和工厂实验室等。在 1942 年 1 月 1 日之前，该厂通过内部资源整合组成总装油漆和蒙皮车间、钳工车间、焊工车间、铜工艺车间、电力设备车间、热力系统及工具车间等新的车间。

现老厂区尚遗存具有苏联建筑风格的高级员工单层住宅二栋（南房和北房），以及二层式职工住宅群三栋（即“一号楼”、“二号楼”和“三号楼”），这些建筑均为砖木结构，厚重的外墙面刷有防护油

① 李烛尘著，杨晓斌点校：《西北历程》，兰州：甘肃人民出版社，2003 年版。

漆，坡屋顶上设有连通壁炉的烟囱，室内铺设有红色的木地板。另外，厂区还保留有一幢二层式苏式建筑风格的办公楼（图 5-9）。“飞机装配厂建筑群”已被列为“乌鲁木齐市不可移动文物”名录。

(a) 办公楼

(b) 职工住宅楼

(c) 苏联专家住宅南房

(d) 苏联专家住宅北房

图 5-9　头屯河飞机装配厂建筑群遗存现状

来源：作者摄

5.2　近代海军飞机制造业的演进历程及其航空工业建筑

与国民政府航空署（或航空委员会）主导以中外合资为主的航空制造业不同，北洋政府以及南京国民政府的海军机构先行启动的海军水上飞机制造业是以自主研制为主的。早在 1918 年北洋政府海军部便在福建马尾成立了我国最早的国产飞机制造工厂，其主要建设思路是依托东南沿海地区的海军造船所，着力制造和修理军用水上飞机，用作大型舰艇的舰载机。由此福建马尾及上海高昌庙地区成为中国近代航空工业的发源地之一。近代海军制造飞机工程处先后附设于制造历史悠久、厂房建筑密集、机器设备完善的马尾造船所和江南造船所，专注于海军舰载水上教练机和侦察机的研发制造，这时期两大造船所的飞机制造厂建筑及其附属机场建筑形制已初具独特的航空建筑特征。

5.2.1　近代海军飞机制造工业发展的历史沿革和建设概况

1. 北洋政府时期

1917 年 12 月，在巴玉藻等留美航空工程专业人才的推动下，海军部先后派员在天津大沽口、上海高昌庙及福州马尾等船厂考察飞潜学校及飞机和潜艇制造基地的选址，认为“福州马尾地段最宽、足敷展布，而厂所汽机，尤足为兴办基础”的优势[①]，最后由海军部提出议案，北洋政府国务会议批准海军部在马尾船政局开办中国第一所培养飞机、潜艇制造专业人才的学校——“海军飞潜学校”，分设飞机

① 海军总司令部：《海军大事记》，1943 年，第 13 页。

制造（甲班）、潜艇制造（乙班）和轮机制造（丙班）三个专业。1918年3月在海军艺术学校新校舍正式办学①，该校址是由1915年设立的铜元局改建而成，学员由艺术学校在校生转入。1926年5月，飞潜学校与海军制造学校并入海军学校，而后海军学校在抗战期间先后辗转外迁贵州桐梓、重庆、南京等地。1946年2月，该校与接收后的伪中央海军军官学校（上海）一并迁入青岛办学。飞潜学校自创办始至1926年合并停办，实际培养了3期共计56名学员，其中航空班21名。

1918年1月，北洋政府国务会议决定在马尾船政局附设“海军飞机工程处”，专司军用水上飞机的研制。次年8月，飞机工程处成功地仿制出中国第一架双桴双翼水上飞机——“甲型一号”。1923年又在马尾设立用于飞行培训的航空教练所，同年6月，“海军飞机工程处”改为隶属于海军总司令公署的“海军制造飞机工程处”。

2. 南京国民政府时期

1927年南京国民政府成立后，海军总司令部便着力发展军事航空工业，积极筹建上海、马江和厦门三处航空根据地，并与其下辖的上海江南造船所（高庙）、马尾造船所和厦门造船所（嘉禾）三大造船所相对应。1928年9月，新成立的国民政府海军部便在上海虹桥机场设立直辖的“海军航空处”，掌管所属航空事宜，还在马尾设立马江海军制造飞机处（又称“马尾海军制造飞机处”）；次年6月，海军部又令海军厦门要港司令部筹设“海军厦门航空处”及飞机场，并附设飞行训练班；1931年1月，海军部决定将马尾的海军制造飞机处迁入上海高昌庙的海军江南造船所，这时海军所有飞机由海军航空处、海军厦门航空处和海军制造飞机处三个部门所统管。1933年2月，海军部又下令裁撤海军厦门航空处，由上海迁至厦门的海军航空处合并改组，该处留置在上海的厂房和场地则都移交给海军制造飞机处②。1937年抗战全面爆发后，海军制造飞机处先后内迁至杭州笕桥、湖北宜昌、四川成都等地，最终改为国民政府航空委员会第八飞机修理厂。

3. 水上飞机制造的业绩

福建马尾船政自1918年设立飞机工程处开始到1931年2月海军制造飞机处迁址上海，共试造了15架水上飞机，而海军制造飞机处自1931年2月至1937年1月在上海江南造船所共设计和建造了“江鹤”号、“江凤”号、“江鹚”号、“江鹉”号等水上教练机和侦察机8架（包括续造马尾船政2架）。除发动机等核心机件以及钢丝、钢线、钢管及铝材等零部件从国外进口外，这些飞机的机身、机桴及机翼大部分所使用的木料、帆布材料、丝麻织料和油漆料均实现了国产化。但其飞机组装以手工制作为主，整体生产规模小，单机制造成本过高。

5.2.2 马江海军飞机工程处的建设历程及其建筑布局

1. 马江海军飞机工程处的建设历程

1）飞机工程处的建设历程及其主要建筑

1918年1月，为了新设立的飞机工程处试制飞机，在马尾船厂的西北濒江处选址建设飞机制造厂，福州船政局局长兼飞潜学校校长陈兆锵为此下令铁胁厂、船厂腾出部分场地，其中将由原铁胁厂（1875年12月8日至1876年4月建）改建用于飞机制造的木作厂（一大一小两间）和铁作厂，还由福州船政局拨付2万元在北部造船台的南侧旷地上新建飞机合拢厂（用于组装飞机）和飞机棚厂（用于飞机储存）各一座③，其中飞机合拢厂造价为8000余元，飞机棚厂花费5000多元，并在临江地段新建2条供飞机上下水面的木质滑水道（又称“落水道”或“下水道”）④，费用为6000余元。直通水面的滑水道

① 《马江航空事务之调查》，载《航空》，1921年第2卷第6期。

② 《电厦门要港林司令：厦门航空处裁撤由海军航空处接收编制重行修订由》，载《海军公报》，1933年第45期。

③ 陈道章：《船政研究文集》，福建省音像出版社，2006年，第268页。

④ 曾诒经：《旧中国海军马尾船政局制造飞机的回忆录》，载《马尾首创中国航空业资料集（内部版）》，船政文化研究会，2006年。

宽约 6m，先采用细长的木檩条纵铺，再横铺大木板，其上再加筑 3 道纵向肋条加固。船政局还调拨了锯木床、刨床、车床、钻床等专业机械设备，并选派木工、漆工、车工、钳工与学徒近百人参与飞机制造，由同获得美国麻省理工学院航空工程系硕士学位的航空专家巴玉藻、王助和王孝丰（三人负责工程与设计）以及毕业于英国阿姆斯特朗工学院机械工程专业的曾诒经（负责机务）等人负责水上飞机的研制。

新建的飞机合拢厂为三角桁架屋盖结构，其两侧是木构为骨、芦席为墙的简易墙面，合拢厂的地面上设有供飞机运输滑行的 4 轨钢制轨道，分别用于承运各附有双轮的双桴筏，并与其西侧机库大门前的滑水道衔接，飞机装配完成后即可滑行下水试飞（图 5-10）。

图 5-10　木构席棚构筑的福州船政局飞机栈房
来源：福建省档案馆

1919 年在首架飞机试制出厂后，飞机工程处又修筑一座法式建筑风格的办公楼，造价合计 5000 余元，该楼为四坡屋顶，顶部屋角四边都采用条石压檐，红砖砌筑墙体，双柱式三角形山花门廊（图 5-11）。飞机工程处后来还兴建了一间简易的发动机试验厂。后期福州船政局拟定了总投资 60 万元的“初步扩充厂场及购置机械之计划”，虽获批，但未付诸实施。

2）飞机工程处在马尾船厂的建设布局

1866 年 12 月，“总理船政事务衙门”在福建马尾成立后，清朝首任船政大臣沈葆祯主持船政的规划建设，并由法国人正监督日意格和副监督德克碑按照造船工艺流程主持船政局的总体布局。根据日意格的“福州军工厂规划图”（Plan de L’Arsenal de Fou-Tcheou），总体上以船政衙门为中心，厂区分为兵工厂本部、冶金部、壕沟外的军火库分部和制砖部四个部分，总占地约 340 亩。其中兵工厂本部（即坞内）南北向 460m 长、东西向 270m 宽，采用三面沟渠与其他部分隔离。在马尾的中岐设船坞，其西面滨江、南抵马限山麓的坞内为占地约 200 亩的造船场所，先后建成轮机厂、拉铁厂、木模厂、铁胁厂

图 5-11　1918 年 1 月创设于福州船政局内的马江海军制造飞机处办公楼
来源：《福州马尾港图志》

等 13 个厂，坞东北为船政大臣驻所，绅员公所、洋员办公所、学堂（法文、英文）和兵营以及工人、外籍员工与学生宿舍等办公教育、护卫生活建筑。根据黄维煊所著的《福建船政局厂告成记》所描述，“中沿江建船亭六座，均间以船架，后为模厂、转锯厂、截铁厂、打铁厂、钟表厂、船厂”，其中“专任船身工程”的“船厂”应是指“制皮带及各式皮件”的皮厂，而舢板厂、板筑厂均主要分布在沿江一线。从厂房功能和结构材料划分，1868 年建成的马尾厂房分为砌砖之厂（含铸铁厂、轮机厂和合拢厂等）、铁厂（含锤铁厂和拉铁厂）、架木之厂（含打铁厂、截铁厂、转锯厂、模厂、船厂、舶板厂、样板厂和钟表厂）、砖灰部和库房五部分[①]（图 5-12）。

地处“架木之厂”厂区的飞机工程处总体上是按照“木作厂（制作机身和机翼及桴筏等）—铁作厂（发动机组装试车）—合拢厂（飞机总装）—飞机棚厂（试飞存储）”的飞机生产工艺流程布局。根据现存照片分析，飞机制造所使用的车间全部是木屋架车间，木作厂和铁作厂[②]均由既有的铁胁厂厂房改造而成，其中木作厂使用大小两座车间，小间为砖木结构，三角形木屋架，斜撑支柱，两边墙体开设成排的大窗。笔者推测飞机工程处仅使用毗邻飞机合拢厂的小轮机厂（设有大小间的截铁厂），“木作厂之一”使用的是截铁厂（小轮机厂），该建筑为在屋脊处设有气楼窗的二重檐砖木厂房，采用三角形木屋架和斜撑支柱，两边墙体开设成排的大窗；“木作厂之二”为砖木梁柱结构，厂房中间设有单排立柱，纵向设有两排大开窗。根据“木作厂之二”和铁作厂照片中的窗户、中间柱及其柱头、墙柱和屋架斜撑等建筑元素的比对，笔者推测“木作厂之二”和铁作厂是各自占用原截铁厂同一厂房的不同部分。截铁厂是以石砌基，砖砌墙壁、三角形屋架的砖木结构，室内设有柱头带托架的中间木柱，空间更为开敞。而作为“架木之厂”中最长建筑物，与截铁厂相邻的打铁厂是以石砌基，砖砌墙壁、三角形屋架的砖木结构，室内设有柱头带托架的中间木柱，空间更为开敞。后期打铁厂改为铁胁厂后已改造升级为铁制桁架结构。

1924 年，马尾飞机制造工程处在旧厂库的东面新建一座“以备纳藏飞机”的“飞机厂库”（即机库）[③]，但次年 8 月，该飞机棚厂被狂飙的台风刮倒，并将原有的“乙一”号和新研制的“丙二”号飞机压坏。在 1928 年之前，飞机处又在王助的主持下于造船台北侧的空地新建飞机合拢厂，该合拢厂为联排

---

① 陈朝军：《福建船政局考略》，载《第四次中国近代建筑史研究讨论会论文集》，中国建筑工业出版社，1993 年。
② 相关名称均直接引用《航空杂志》（1933 年航空工业专号）中的说法。
③ 《记事・本国・事情：马尾建筑飞机厂库》，载《航空》，1924 年第 5 卷第 2 期。

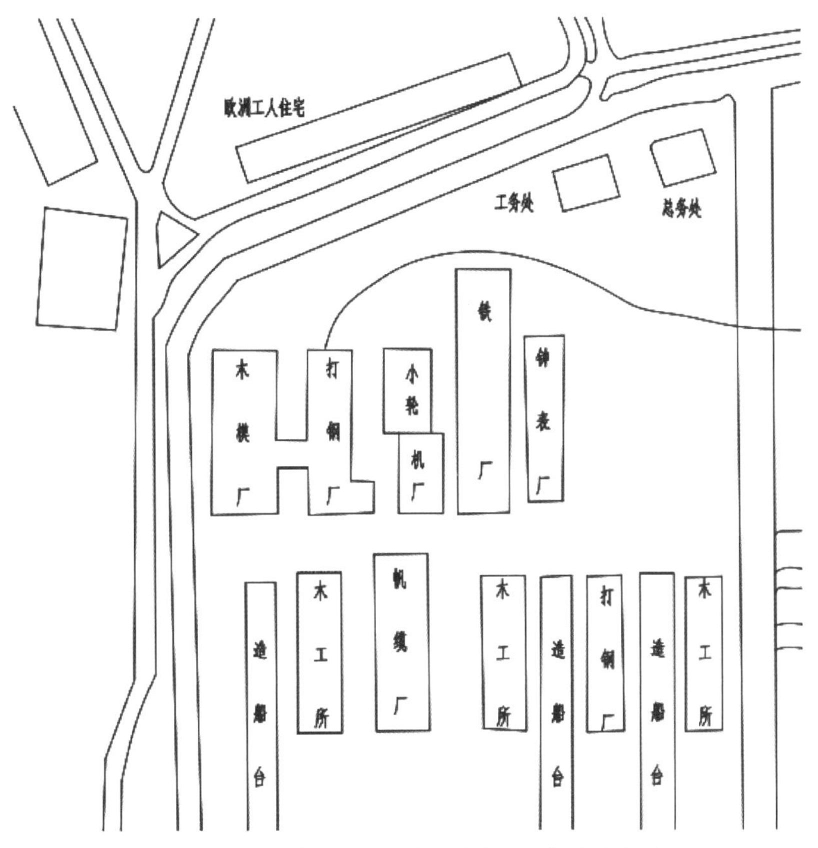

图 5-12　福建船政飞机制造处建筑群布局演变图

（来源："Plan de l'arsenal de Fou-Tcheou"局部，项目组描绘）

式三角形屋架结构，至少各开设有 6 扇采光窗，其大开窗形式与船政绘事院相同。合拢厂西侧的机库大门面向江面，8 扇推拉门扇可全部双向开启至两侧墙面，其与地面滑轨接轨的木质边角采用铆钉加固。

2. 马尾海军飞机工程处建筑遗存

1）马尾船政建筑群遗存

马尾船厂既是近代中国军事造船业的发源地，也是近代中国水上飞机制造业的摇篮，还创办了我国第一所培养航空工程师人才的飞潜学校。抗日战争期间，海军马尾造船所屡遭重创。1937 年，日军飞机轰炸马尾，船厂和铸铁厂被夷为平地。侵华日军又在 1941 年和 1944 年先后两次攻入福州，马尾造船所受损严重，船厂的十三厂中仅存沿江的轮机厂和画楼，铁胁厂在 1944 年遭烧毁，仅剩一铁架，抗战胜利后，国民政府于 1947 年开始重建船厂，但三年内仅修复两厂，建成一大门。2001 年 6 月 25 日，涵盖船政衙门遗址、二号船坞、洋员住所、轮机厂、合拢厂、钟楼、绘事院等众多建筑遗存的福州马尾船政建筑群被国务院公布为第五批全国重点文物保护单位，但铁胁厂建筑遗存尚未被列入。

2）铁胁厂

铁胁厂是用于制造钢铁船胁、船壳、龙骨、横梁及其他船用钢铁机件的车间。基于铁木合构轮船（铁胁船）的兴起，马尾船厂于 1875 年 6 月将原厂区西北部的打铁工程归并到西南部的拉铁厂，而将腾出来的打铁厂（2160m^2）和截铁厂（510m^2）这两座新旧打铁厂改造为一座木构铁胁厂，改造工程于 1875 年 12 月 8 日至次年 7 月完成，厂房总建筑面积 79895 平方尺①（一说 7426.24m^2）。1877 年 5 月，马尾船厂首次造出铁胁船——"威远"号，为迎合造船铁工之需，部分木构铁胁厂于 1898 年又被改造

① 黄维煊所著的《福建船政局厂告成记》记载："一曰铁胁厂，专任制造钢铁船胁、船壳、龙骨横梁及船上钢铁件、拗弯镶配各工厂。于光绪元年增设。厂广七万九千八百余尺。"79895 平方尺合计为 8866.66m^2。

为铁制桁架厂房。这时期的铁胁厂由小歇山屋顶的铁制桁架厂房以及两重檐带气窗的木构厂房两大车间组成，其中铁制厂房全长80m左右，车间内设有火炉设备，其屋顶设有3排烟囱。1918年，马尾造船所铁胁厂的局部再次改造为飞机工程处的木作厂（大小两间）和铁作厂。飞机工程处自1931年2月撤离马尾后，铁胁厂于1934年暂时并入锅炉厂①。

呈东西走向的现存铁胁厂厂房由南北两座三角形芬克式铁构架结构的联体车间组成，间以带状采光窗的铁屋架由横向3根、纵向15排的工字形铁质立柱所支撑，纵向空间分隔为16跨，横向由中间柱分隔为南、北两大车间，其东西向进深均为62.02m（原长约80m）。南车间面阔15.90m，地面至脊檩上皮高8.92m；北车间面阔13.21m，地面至脊檩上皮高8.15m②。北车间由两组不同时期、不同形式的屋架结构组合而成，其东部的屋架为王助于1927年南京国民政府成立之初主持设计建造的“钢骨飞机棚厂”的原件，原址在濒江的造船台北部，后期异地重建于铁胁厂。

笔者根据飞机工程处的有关照片考证，飞机制造所使用的木作和铁作工序仅限在砖木结构厂房开展，未涉及铁胁厂南部的现存铁制桁架厂房。因1944年铁胁厂被侵华日军损毁时尚余钢结构骨架，笔者推测抗战胜利后修复的两厂中应包括铁胁厂的铁构架车间。1958年马尾船厂成立后，铁胁厂先后用作铸锻车间、冷作车间，后因厂区主路施工，1998年拆除该铁胁厂东侧十余米的部分建筑，现存建筑面积2193m^2。该厂房至今保留着一条贯穿于南、北车间的铁制凹槽轨道与水上飞机制造厂的滑轨（由2组共4条轨道组成）并无关联，毕竟利用轨道上的运料车与其上空导轨式吊机的组合则是现代船厂所常用的产品和材料转运方式。铁胁厂既是近代马尾船政兴起之初的十三厂之一，也是现代马尾造船公司的冷作车间，作为船政建筑的历史文化价值和科学技术价值显著。

3）马尾海军飞机工程处的飞机合拢厂建筑遗存考证

1928年之前，飞机工程处副主任王助主持在马尾造船台北侧建筑飞机合拢厂，他跨界主持设计了“钢骨飞机棚厂”（即钢制机库）③。在比较了多种屋架形式后，王助确定该四联排机库采用钢制芬克式屋架，并对其建筑尺寸、受力结构、荷载计算及材料选用进行了全面分析论证。整个机库跨度60英尺（约18.3m），进深72英尺（约21.9m），共6榀桁架，每榀开间12英尺（约3.7m），机库背立面为不设钢制屋架及钢柱的砖砌墙面；三角形屋架高11.4英尺（约3.5m），室内净高20英尺（约6.1m），机库大门上沿和机库大厅分别采用不同的甲、乙桁架，其中甲桁架配有水平斜向拉杆；双坡屋面32英尺（约9.8m）长，斜面坡度角为19.5°，屋架分4段间以杉木檩条，铺上1寸（约3.3m）厚的杉木瓦板后再覆盖两层沥青油毡防水，最后在屋面上覆以板瓦。钢柱采用两根钢槽背靠背焊接一起，槽口面向前后，槽钢的尺寸为7英寸×3英寸×3/8英寸（约17.8cm×7.6cm×1.0cm）（图5-13）。推拉式机库大门采用滑轨方式开闭，共设8扇门，其中内侧4扇门宽6.5英尺（约198cm），外侧4扇门宽8.65英尺（约264cm）。

笔者根据王助发表论文与现存双联排式铁胁厂的北车间钢桁架进行比较分析，确认该铁胁厂东北部分的6榀钢桁架为王助设计“钢骨棚厂”的机库原件，原有四联排机库仅保留唯一的单体机库原件（图5-14）。现存的铁胁厂（甲居车间）为20世纪70年代马尾船厂利用飞机棚厂的原件与原有铁制桁架厂房组合改造而成的南北向双联排厂房。

5.2.3 江南造船所的海军制造飞机处建设历程及其建筑布局

1. 总体布局

考虑到在沪训练的海军飞机受损机件维修和零件配置不便，1931年2月20日，海军制造飞机处

---

① 《指令：海军部指令：第二五四一号（中华民国二十三年四月十八日）：令海军马尾要港司令李世甲：呈一件为马尾造船所铁胁厂暂并锅炉厂原设司书一名悬作截缺各节请鉴核备案由》，载《海军公报》，1934年第59期，第234页。

② 朱寿榕：《福建船政局中铁胁厂与飞机制造车间的新发现》，载《福建文博》，2010年第2期，第83～84页。

③ 王助：《钢骨棚厂之设计（民国十七年十二月十二日第六次常会宣读）（附图表）》，载《制造（福建）》，1929年第2卷第1期，第53～73页。

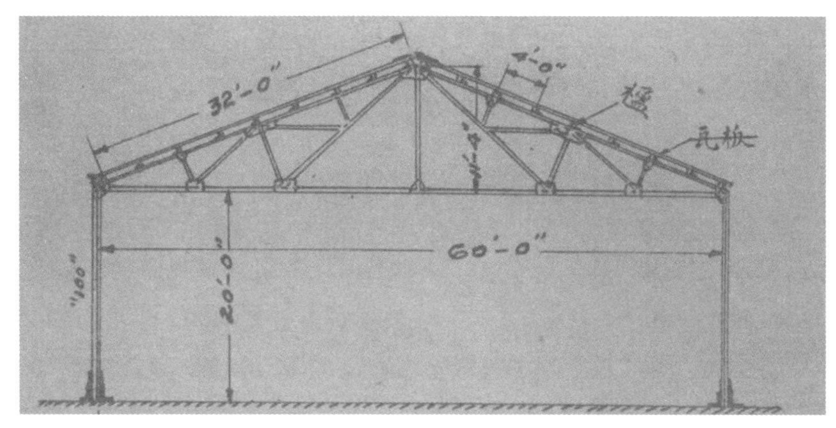

图 5-13　王助主持设计钢骨棚厂的芬克式桁架剖面图

来源：《钢骨棚厂之设计（民国十七年十二月十二日第六次常会宣读）（附图表）》

图 5-14　海军飞机工程处副主任王助设计的钢骨棚厂现状

来源：作者摄

（又称“马江飞机制造厂”）全部人员和设备奉命由福建马尾迁至上海[①]。制造飞机处被安置在江南造船所西南部的临水处，为了制造“逸仙”号、“平海”号等大型军舰的舰载水上飞机，先期利用江南造船所西炮台处的“堆置材料库”原有钢骨木质棚厂作为飞机合拢厂，将两座旧厂房略加修缮后分别作为办公室和车间，设备仅配置 5 台车床、2 台钻床以及铣床、刨床、锯木机各 1 台。根据“海军江南造船所全图”（1933 年），海军制造飞机处的西侧毗邻海军操场和海军医院，其用地范围呈矩形，所属建筑以飞机场为中心呈三面围合状布局，机场西侧为飞机厂和办公室，南面为飞机库（储飞机房），北面一排布局呈 L 形的平房为职工宿舍和食堂。另外在机库南面建有直通黄浦江的滑水道（图 5-15）。

与马尾飞机制造的工艺设计布局一致，上海制造飞机工程处分为木工厂、铁工厂和合拢厂三大厂

① 《马江飞机制造厂迁移来沪》，载《时报》，1931 年 2 月 18 日第 2 版。

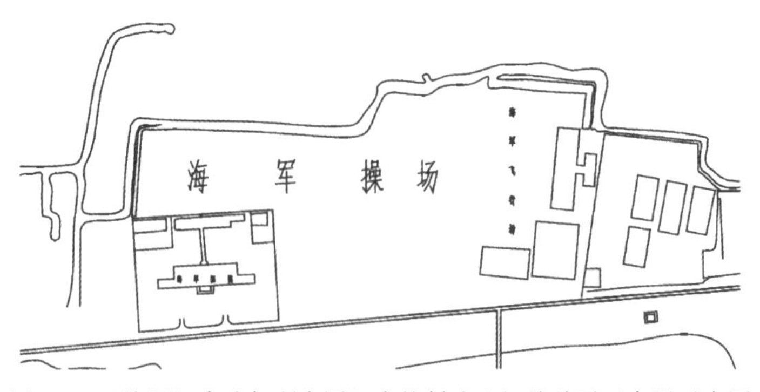

图 5-15 “海军江南造船所全图”中的制造飞机处总平面布局示意图

来源：“江南制造总局平面图”局部，https：//www.wdl.org/zh/item/13517/view/1/1，项目组描绘

房，其总体布局符合飞机从部件制作、总装到试飞的工艺流程。后期又在原木质飞机库的西侧新建一座合拢厂以及办公处所和材料库房等，该飞机合拢厂为简易的木骨架竹席墙面建筑，两边纵墙设有上下两排窗户（图 5-16）。飞机处还有发动机工作间、发动机试验间和油漆间各一间，在西侧空地设有供陆上飞机停放的篱笆防护区域。这时期江南造船所内新建的飞机厂房和办公楼房等合计费用为 45000 元。

图 5-16 海军制造飞机处的飞机合拢厂

来源：A History of Chinese Aviation-Encyclopedia of Aircraft and Aviation in China until 1949

1929 年 8 月，因海军航空处购机 3 架，但机上的桴筏尚未运到，为尽早试飞，拟将停机场左侧的旷地改为陆地机场[①]。1931 年，又因海军航空学员多在上海至南京的长江段飞行实习，在上海无水上飞机着陆机场颇为不便，海军航空处拟在高昌庙西炮台附近的海军码头承造海军飞机场，设计图样也呈海军部核示，预计工程费用为 23 万元，拟由上海同济建筑公司承造[②]。但 1932 年上海“一·二八”淞沪抗战后，高昌庙海军机场筹建事宜中止，海军航空处迁至厦门重组。

2. 飞机合拢厂建筑

1933 年年初，海军制造飞机处编制了一个需款 30 万元（添建厂房 10 万元，建造机库 5 万元，购买机器和材料 15 万元）的扩充计划，但延拓至 1934 年年底才获准从“航空公路建设奖券”盈余款项中拨付 15 万元用于新建一座钢骨飞机合拢厂及制作飞机，而当时海军部向国民政府行政院申报合拢厂建造

① 《海军飞机场将辟陆机飞行场》，载《民国日报》，1929 年 8 月 9 日。

② 《海军飞机场将建筑在西炮台》，载《时报》，1931 年 2 月 18 日第 2 版。1933 年的“海军江南造船所全图”标有“海军飞行场”字样。

费 47378 元，另外制造教练机 6 架，合计 180578 元①。该合拢厂由江南造船所设计，原先承建旧飞机棚厂的忠记建筑公司继续承建（飞机合拢厂估价为 40500 元，实际建造各项费用合计为 20 多万元），合拢厂于 1934 年 4 月动工，10 月 10 日“双十节”举行落成典礼②。该飞机库及机坪等总占地面积 $7200m^2$，可同时装配 6 架水上飞机。机库建筑中央主体为高敞的单层机库大厅，进深 121 尺，面阔 50 尺，其两侧为各宽 23 尺的 2 层辅助用房③，上层为办公处所，下层则作机器车间及工具库和材料库。

飞机合拢厂采用红砖砌筑墙体和现浇钢筋混凝土弧形桁架结构，屋架中间所立的两根竖杆顶部设有带状气窗，这一屋顶结构既利于机库防火，也节材实用。整个建筑为纵向七榀八开间、横向连续三跨式的钢筋混凝土梁柱结构体系。机库大厅三面环以马蹄形空中走廊，其铸铁栏杆沿用至今，在大厅北端两侧则设有楼梯上下。该建筑面朝黄浦江一侧的南面山墙处开设有机库大门，其上部山墙采用飞机库少见的阶梯状山字形的门额造型，中间镶嵌有隶书繁体“海军制造飞机处”名称，字的上方则为采用浮雕手法制作的一个巨大的海军飞机制造处徽标，该徽标的中心为铁锚加小翼外围齿轮，两翼为鸟翼造型，充分体现了水上飞机制造特性。机库大门为 6 扇对开推拉门，两侧辅助房间墙面可收纳机库推拉门。机库大门上沿对应为 6 扇矩形玻璃窗组成的一排采光带，另外机库两侧墙面在每一榀结构单元中的上下两层各设一大窗，而单一开敞大空间的机库大厅屋顶还采用高侧窗采光，整个机库四面及其屋顶均可自然采光，其内部空间开敞明亮。该建筑具有结构简洁、功能适用、风格粗犷的特点，为典型的现代机场专业建筑作品和先进的近代工业建筑类型。

后期随着上海的海军水上飞机制造业停滞，该飞机库便沦为一般的机修车间，1949 年后江南造船厂又将其作为生保部机装车间的一个分部使用。为迎接 2010 年上海世博会，江南造船厂进行了整体搬迁，厂内的飞机库、海军司令部、江南造船厂总办公楼等 6 栋保护建筑进行了“整旧如旧”式修缮，坐落在高雄路 2 号的机库基本复原了原有建筑风貌，不过机库原有的推拉门被改成向外开启的 6 扇平推门，且大门高度也大幅度调低，这使得机库大门这一标志性的飞机库建筑属性被明显弱化（图 5-17）。

图 5-17　海军制造飞机处的“飞机合拢厂”现状

来源：作者摄

① 《海军部呈（中华民国二十三年十月二十日）：呈行政院：呈送建造飞机制造厂及教练飞机概算书并图样估单》，载《海军公报》公牍，第 65 期。

② 《海军部二十三年三月份重要工作概况：海军建飞机合拢厂》，载《海军杂志》，1934 年第 6 卷第 8 期，第 12 页。

③ 该数据来源于军政部航空署：《海军制造飞机厂着手扩充》，载《航空杂志》，1932 年第 3 卷第 1 期。现机库建筑实际测绘为进深 36.7m、面阔 29.5m，占地面积 $1082.65m^2$，建筑面积 $1632.27m^2$。根据现状数据推断原文中的“尺”应为“英尺”。

现纳为江南造船博物馆组成部分的飞机合拢厂是中国近代海军水上飞机制造发展历程中的第一座现代化飞机总装厂建筑，也是全面展示国民政府海军部海军制造飞机处从业经历的唯一建筑遗存。

5.2.4 海军厦门航空处及其飞机场的建设历程与建筑布局

1. 曾厝垵机场的建设历程

早在1928年厦门曾厝垵便有一个供飞行训练用的简易机场，该机场主要是为了满足坐落在厦门禾山五通店里社的“福建民用航空学校”开展对飞训练的需要①，由菲律宾华侨吴记藿、吴福奇等筹资修建的，该机场长243.84m、宽40m。1929年，由于上海黄浦江高昌庙段水面上的船只进出往来频繁，海军航空处的水上飞机训练多有不便，国民政府海军部令新设立的海军厦门要港司令部在厦门择址新建海军水上机场，以承担水上飞机的飞行训练任务；次年1月，要港司令部司令林国赓（兼任海军漳厦警备司令部司令）选定在距厦门市东南隅7.5km的曾厝垵乡兴建水上机场，其东侧毗邻白石炮台，机场占地面积180亩②，机场建设及购置飞机等全部估算费用达30万元，曾厝垵著名华侨曾国聪曾为该工程捐资助建。该机场由时任海军厦门航空处处长陈文麟及留美工程师林荣廷共同勘定，并由林荣廷绘制飞机库图纸，林国赓亲自负责督造，由司令部所属的厦门堤工处承担测量任务，最终由上海同济建筑公司中标承造③，工程自1930年1月动工，全部工程于5月底竣工。在机场西南面建一座大型机库，其大门前的海岸线端设供水上飞机进出水面的滑水道，另外建有水厂。

机场勘定者之一的海军厦门航空处处长陈文麟于1925年6月在德国陆军学校学成回厦，1928年再由漳厦警备司令部资助赴德国汉堡航空学校（Bäumer Aero GmbH）深造，次年年初学成后自英国购买飞机自驾返梓。毕业于美国麻省理工学院土木系的林荣廷（又名“林全诚”）除了设计曾厝垵机场大型机库之外，还在厦门鼓浪屿先后设计了自建住宅“林屋”（泉州路82号）、自来水公司管理楼（漳州路24号）和“三一堂”西式教堂（安海路67号）等建筑以及上里山曾厝垵水库。

1929年8月，海军厦门航空处从英国爱弗罗飞机制造厂购置了6台用以制造螺旋桨飞机零件的机床以及4架85马力（约62.5kW）的阿维安号轻型水陆两用教练机，分别命名为“厦门”号、“江鸥”号、“江鹈”号和“江鹏”号，在机场驻场进行飞行训练，先后有3届飞行学员（共21名）完成学业。根据国民政府航空署1933年1月的调查，曾厝垵机场扩展至东西向长500m、南北向宽300m，并在机场南面90m处设置油弹库，储油量约为1500箱。1938年2月6日，因抗战时局紧张，海军厦门航空处奉令裁撤，机场随后弃用。抗战胜利后，曾厝垵机场旧址由国民政府海军巡防处管理。该机场遗址现为环岛南路的音乐广场、海港城一带。

2. 曾厝垵机场飞机库建筑

1930年，海军厦门航空处在曾厝垵机场西端新建一座建筑形制独特、航空功能齐全、德式工业建筑风格明显的大型联排式机库，该建筑长67m、宽18m、高13m。内设机库大厅、办公室、修理厂、动力厂、发电所、无线电房、测候室和保存室等。机库大厅（时称“储机场”）可容纳10架小型水上飞机，屋盖结构采用罕见的单坡半拱式大跨度轻钢桁架结构，其进深2跨，开间12间，由12榀弧形钢桁架、立柱及门扇所分隔，屋顶面采用铁皮屋面。机库出入口的中间位置设立2根钢制立柱，形成三开间推拉式机库大门，共有12扇门扇，各开间顶部设有山字形玻璃采光窗，大厅背面为简易围护结构；机库大厅两侧的配楼为3层砖混楼房，用作航空学校、办公和修理机件用，各设独立的出入口，机库大厅的前端则为停机坪及滑水道。该机库建设仅耗时2个多月，耗费7万余银元，机库墙体全部由铁制板材

---

① 《厦门指南》（陈佩其编，厦门新民书社，1932年），第六篇交通：货车、双桨、大舢、汽船、飞机、轿，第46页。

② 《海军公报》，1930年第10期，“本部三月份工作概况：建筑两所海军航空处”说该机场占地约200万平方英尺（约合185806.1m^2），1929年3月22日在《飞报》刊登的“厦门建设飞机场”报道说该机场长1600尺（约533.3m），宽1000尺（约333.3m），合计面积160万平方尺（约合177777.78m^2）。

③ 《海军在厦门建筑航空场》，载《申报》，1929年3月18日第9版。

构筑，坚固耐用（图5-18）。后期机库前的滑水道因使用频繁而导致损坏，新滑水道由海军航空处设计绘图，于1933年7月招商承建，10月竣工，滑水道全长230英尺（约70.1m）、宽24英尺（约7.3m）、厚4英尺（约1.2m），耗资6000余元[①]。1938年5月10日厦门沦陷前，该机库遭受日军飞机轰炸受损。

图5-18　厦门曾厝垵机场飞机库
来源：江清凉工作室

5.2.5　近代海军飞机制造工业建筑的技术特征

1. 航空制造建筑群在船政建筑框架体系中进行布局建设

有别于北洋政府航空署及南京国民政府航空委员会的主流飞机制造体系，民国时期的海军水上飞机制造业始终借助于马尾或江南造船所的工业制造能力及基础，依托于船厂的设施设备以及工人技师。但毕竟船厂是以舰船制造为主业的，航空制造业仅是具有附属性功能和地位，因此飞机制造厂的布局位置、建筑规模都无法与庞大的造船建筑设施相提并论，其厂址偏安一隅，厂房建筑以改造为主。由整体的造船工艺布局体系局部转化为飞机制造工艺体系，进而形成了与船舶制造相对独立且又相互配合的水上飞机制造板块，如马尾船厂的“逸仙”号军舰及其“江鸿”号舰载水上飞机同步建造。

由于海军飞机制造业作为辅业均归属于造船主业，马尾、江南造船所的海军飞机制造基地均偏于船厂一隅选址，且均采用初期先改建、后期再添建的建设模式，一般建筑以改造为主，飞机合拢厂以新建为主；从功能布局来看，福州马尾船厂与上海江南造船所的飞机制造建筑群的数量、功能和工艺流程相似（表5-5）。不同的是马尾飞机工程处的建筑群属于船政建筑改造性质，上海高昌庙江南造船所的海军制造飞机工程处则有着总体的布局规划，建筑功能齐全。而以航空培训为主要功能的厦门曾厝垵机场则重点建设集办公、学校、飞机维修与储存等功能于一体的建筑综合体，未涉及航空制造功能。

2. 主体航空建筑由改造船政建筑逐步向新建特色专业建筑转型

近代海军飞机制造工业所依附的建筑群是近代航空建筑营建的先驱，其无论建筑规模、生产工艺、建筑形制及建筑结构技术等均有显著突破。在总体布局和生产工艺组织方面，近代海军飞机制造业已初步形成类型齐全的近代航空工业建筑群，航空制造建筑群总体布局上以木工厂、铁工厂和合拢厂为主体，遵循了早期飞机组装生产的工艺流程需求，甚至生产工厂和车间的命名也沿循了按照飞机生产工艺流程中的典型工序命名的惯例。

---

① 海军总司令部：《海军大事记》，1943年，第88页。

近代海军福州、上海和厦门三大航空制造建筑群比较　　表 5-5

飞机制造维修所在地 航空建筑名称		马尾造船所 马尾海军飞机制造处	江南造船所 海军飞机制造处	海军厦门航空处
总体布局		新建飞机棚厂、飞机合拢厂、办公楼和滑水道各一；改造木作厂（木工车间）、铁作厂（铁工车间）	飞机工厂和办公室；工厂、材料库房和油漆间各1座；发动机工作间和试验间各1间；职工宿舍和食堂	储机房；滑水道；油弹库；水厂
机库建筑	建成时间	1918年/1924年	1934年	1930年
	建筑规模	长宽约15m的联排机库和飞机合拢厂各1座，"飞机厂库"1座	新、旧机库各一；新机库占地面积1082.65m²，建筑面积1632.27m²	三联排式储机房（多功能机库）1206m²
车间建筑		铁胁厂（1875年木构架；1898年改为铁制屋架和支撑柱）；发动机试验厂	木工厂、铁工厂、合拢厂	修理厂、动力厂、发电所、无线电房、测候室和保存室
办公室		西式单层建筑（四坡顶，带门廊）	制造飞机处办公室（西式单层建筑）	机库大厅两侧的3层配楼用于办公和教学
滑水道		6m宽的全木质滑水道	木质滑水道	（混凝土为肋，木板铺面）长230英尺（约70.1m），宽24英尺（约7.3m），厚4英尺（约1.2m）（1933年）
历史建筑遗存和保护现状		福建船政建筑（一号船坞、轮机厂、绘事院、法式钟楼），铁胁厂	翻译馆、国民政府海军司令部、总办公楼、飞机库、2号船坞	无

在航空建筑类型和建筑形制方面，由早期改造的船政建筑，演进为飞机棚厂、飞机库兼办公楼等航空特征明显的专业建筑形制，并出现水上飞机特有的滑水道设施。尤其值得一提的是1922年由上海江南造船所制造了世界上第一个水上浮动机库，它利用离心式水泵抽水进出，使得机库也随之上下沉浮，从而使飞机也可浮于水面或脱离水面；在建筑结构技术方面，用于航空制造的机库屋盖结构由传统的木构抬梁式，演进至西式木屋架，再到大跨度的钢屋架结构，厂房建筑结构也由简易木构席棚结构向砖木结构乃至砖混结构升级，体现了机场专业建筑技术的进步。

3. 从事水上飞机制造的专业建筑形制逐渐成形

马尾飞机工程处初期借用船厂的厂房和设备，大多建筑无航空特色。初具雏形的机库为木构席棚式的，仅在机库大门上沿开设3个矩形小窗，室内采光不畅，除大门外，机库与一般厂房无异；除了滑水道以外，飞机合拢厂无飞机制造业的特色，后期才逐渐形成专用建筑。1933年在江南造船所建成的飞机合拢厂则是具有现代飞机制造功能的航空类专业建筑，其高敞的机库大门和开敞的机库大厅及其两侧辅助用房已是现代机库建筑形制的标配，与当时的上海龙华机场中国航空公司1号飞机库（1930年）、2号飞机库（1934年）以及欧亚航空公司机库（1936年）都已形成了与欧美各国相当的现代机库建筑形制，而厦门曾厝垵机场机库则是引入了德国包豪斯工业建筑设计思想的航空类综合体建筑，更是在近代中国绝无仅有的范例。

5.2.6 近代海军飞机制造业工业遗产的保护策略

近代海军航空业的发展历史虽然短暂，但启动较早，发展路径独特且自成体系，海军航空业先驱励精图治，探索近代航空工业发展之路，开创了近代中国航空教育、航空制造等领域的诸多第一。当前马尾海军飞机制造工程处所依托的"马尾福建船政建筑群"是第五批全国重点文物保护单位。自2014年起，福建船政学堂前学堂（后为"海军制造学校"）与后学堂（后为"海军学校"，并兼并海军飞潜学校）、总理船政事务衙门等诸多船政建筑群已先后在原址重建，整体正在打造"船政文化城"。而拥有飞机库、翻译馆旧址和 2 号船坞等 9 处历史建筑的“江南制造总局旧址”还仅是上海市文物保护单位，其历史文物价值和科技艺术价值有待进一步深度挖掘。

无论从船舶工业还是航空工业的角度来看，近代海军飞机制造业建筑遗存均是近代中国重要的工业遗产，也在近代航空工业建筑史中占据着不可或缺的地位，在造船史和航空史领域具有双重的历史文化价值和艺术价值，所遗存的航空工业建筑亦具有独特的科学技术价值和行业建筑价值。建议复建航空专家王助主持设计建造的马尾飞机棚厂及其他航空建筑，以及江南造船所的海军飞机制造处旧址与厦门曾厝垵机库，作为依附于近代中国船政业的飞机制造厂建筑遗存，统筹纳入“中国近代船政建筑群”名录，共同申报世界文化遗产。

5.3　国民政府时期中意、中央飞机制造厂规划建设的比较

5.3.1　国民政府时期中意、中央飞机制造厂的总平面布局及工艺流程分析

1. 中意飞机制造厂（南昌）

1）总体布局特征

1937 年，国民政府与意大利合资组建的中意飞机制造厂在南昌建成投产，该厂位于南昌老营房机场东侧，地处由东侧的城防路（今文教路）和南面的第四交通路（今北京西路）所围合的东西长 420m、南北宽 250m 的矩形用地范围内。中意厂总平面布局具有“功能分区、建筑组团、镜像扩建”的特点。其生产区按照飞机装配的工艺流程组织布局，整个厂区核心生产区由十字形的厂区主干路（20m 宽）划分为木材加工及仓储区（包括综合储藏库及工业会计室、窑干木储藏库、易燃材料储藏库及木加工车间）、金工及机修区（包括金工焊接车间、锻造车间、发动机维修车间、发动机试车房）、机翼部装区（包括机翼蒙皮和涂漆车间、机翼组装车间）及飞机总装区（包括飞机总装和管线集成厂房、机身和螺旋桨发动机组装车间）四个建筑功能组团，每个组团由相关的单体厂房建筑组合而成，这 12 幢主厂房主要建筑均沿东西向主干路两侧成排布置，其中最西端的 1 号飞机总装配厂房占地面积最大，且西侧有停机坪和飞机滑行道，飞机可直接滑入老营房机场。厂区的一期工程共建有 29 栋建筑，主要建筑一侧均预留其未来就近镜像式扩建的空地。煤气站、锅炉房、压缩空气—喷砂房等易燃、易爆、高噪声、高温的生产用房均被单独布置在主要生产厂房的外围。南侧的厂前区中央为办公大楼，并配套建有餐厅、医务室、消防站、中国工人和意大利技工宿舍以及工人自行车棚等生活设施。厂内设有 3 个出入口，即南邻交通路的人流出入口，东接城防路的货流出入口和西侧供组装后的飞机滑入机场试飞的飞机出入口，实现了行人、货物和飞机的分流（图 5-19）。

2）工艺流程分析

中意飞机制造厂各生产车间采用单体建筑组合式空间布局，各单体建筑根据飞机的生产工艺分别组合成 4 个功能分区：木材加工及仓储区，用于机身及机翼骨架中少数木质材料的加工制作及厂内机器用具的制造；金工及机修区，用于金属零部件制造及发动机的维修和测试；机翼部装区，用于机翼的蒙皮、涂漆及机翼的组装；飞机总装区，用于机身、机翼的合拢以及发动机、螺旋桨和相关仪器、设备、管线的安装布设。飞机生产原料或破损待修理的飞机入厂后，根据厂前办公区提供的设计图纸，按照生产工艺流程依次经过上述 4 个功能区，相继完成飞机的装配、维修和检测工作，完工后的飞机通过滑行道滑入机场跑道进行试飞和测试，测试合格后的飞机停放至机场的机库里或停机坪上等待交付。厂内建筑多为南北朝向，以保障良好的通风和采光，窑干木储藏室因考虑到材料的窑干工艺和防晒变形等要求，特将其布置为东西朝向。锅炉房、煤气发生炉、压缩空气—喷砂房以及发动机测试房等有噪声、有危险或有污染的车间则按生产防护需求分散布置在厂区的边缘处，与主要生产车间保持一定的安全间距，以保障厂区的安全（图 5-20）。

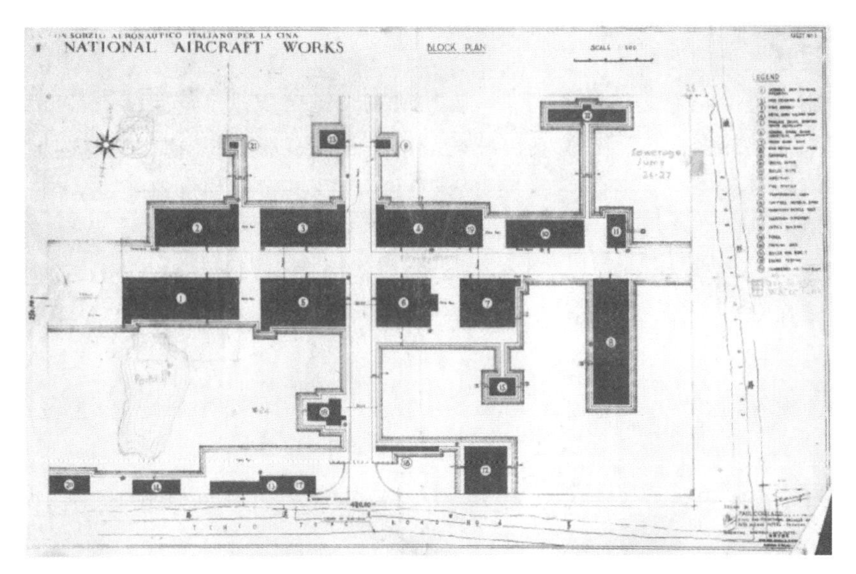

图 5-19　中意飞机制造厂的总平面规划图

来源：佛罗伦萨大学 Fausto Giovannardi 先生提供

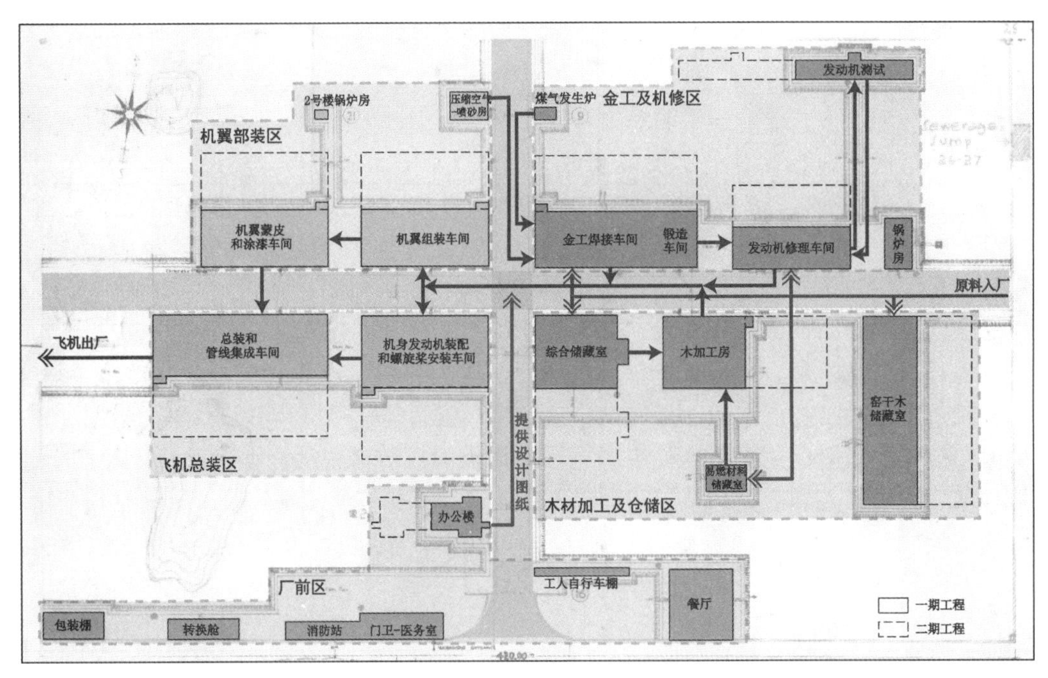

图 5-20　中意飞机制造厂的总平面布局及其生产工艺流程分析

来源：依据佛罗伦萨大学 Fausto Giovannardi 先生提供的底图绘制

2. 航空委员会第二飞机制造厂（重庆南川）

1）建设历程

抗战全面爆发后，中意飞机制造厂于 1937 年 8 月底被侵华日军飞机炸毁局部，全厂被迫暂时内迁至重庆，1938 年 8 月改名为“国民政府航空委员会第二飞机制造厂”。经过航委会勘察选址，1939 年年初全厂迁至四川省南川县丛林乡（今重庆市万盛区）的海孔洞重建。全厂的生产业务机构分为一处二科，具体包括工务处、总务科和会计科，其中工务处又下设厂务课、支配课、检验课和设计课等。这些课下再分设装配、油缝、机翼、机身、铸造、白铁、钳工、焊工冲砂、木工、机工以及水电、医务、人事、出纳、会计等 24 个股。至 1942 年前后，第二飞机制造厂有正式职工 1000 多人，民工约 200 人。

第二飞机制造厂生产分两个阶段：1939—1944 年先后仿制了 20 多架“忠-28 甲式”教练机及双座驱逐机、30 架仿德 H17 型中级滑翔机、6 架仿“狄克生”型初级滑翔机以及 3 架仿伊-16 驱逐机。1943 年年初，总工程师（工务处处长）林同骅等自行设计和制造出第一架国产运输机“中运 1 式”，至此，该厂逐渐转向以自行研制为主的阶段。

1947 年年底，第二飞机制造厂的人员、设备和器材分批迁回江西南昌青云谱机场。1965 年，晋林机械厂（代号一五七厂）在海孔洞重新建厂。2003 年，该厂获批“脱险搬迁”至今四川省彭州市的天彭镇。2013 年，丛林海孔洞“国民政府航空委员会第二飞机制造厂遗址”纳入“重庆抗战兵器工业遗址群”，获批为全国重点文物保护单位（第七批）。

2）总体布局及其建筑特征

1939 年年初，该飞机制造厂共征用民地约 3341 亩，依据南川县政府牵头组织的评定地价给予当地征地款 11630.60 元法币，并以海孔洞为中心，将纵向约 2.5km、横向约 1.5km 的厂区范围划为特别警戒区。海孔洞为南北向喇叭形的天然溶洞，在洞口悬壁上刻有“豁然开朗”四个大字，洞内共有 4 个溶洞，纵深达 300 多米。海孔洞 1 号洞又分前后两个溶洞，其中前洞长约 210m、宽 18～32m、高 18～35m 不等；后洞长约 105m、宽 12～50m、高 18～22m。该前后洞打通后作为主要生产厂房，其大洞内的一个小洞用作库房，大洞下面的另一个蛤蟆洞则作为发电厂，并安装有柴油发电机。

由于基泰工程司（Kwan，Chu & Yang Architects）原为南昌中意飞机制造厂设计的顾问工程师，海孔洞的第二飞机制造厂设计业务仍由基泰工程司完成，馥记营造厂重庆分厂承建，总造价为 40 多万元。工厂基建工程分两期进行，先期在川湘公路 49km 里程碑处新建一条长 7.6km 的简易公路与海孔洞相通，全厂大体分为厂区和生活区，远离厂区的简易生活区设有职工医院、宿舍、文化体育设施，天然游泳池。二期又先后修建了一些生产和生活设施，包括机身股仓库、办公室以及职工俱乐部、托儿所等。此外还在公路旁建有小型工房 20 余幢，在后沟建有 1000m^2 的员工宿舍及总装车间。在厂区公路沿线先后建有房屋合计 120 余幢。

海孔洞内建有总建筑面积为 1200m^2 的主厂房，设有大跨度的三角形桁架简易屋盖，中间大厅为总装车间，可停放装配 20 多架驱逐机，其两侧为 3 层钢筋混凝土结构的辅助车间，其中左侧建筑用作金工车间和白铁车间以及停机库，右侧建筑为钳工车间和木工车间，此外还有机身、机翼、电镀等合计 10 多个车间；洞口修建有 3 层的工务楼，洞外还建有焊接、锻铸车间，以及油缝、修配、木工、修理等车间（图 5-21）。出于安全和防空袭的考虑，整个洞内生产区呈整体封闭状。

图 5-21　海孔洞内由航空委员会第二飞机制造厂自行研制生产的“中运一式”运输机

来源：《中国近代（1912—1949）航空工业之发展》

3. 中央（杭州）飞机制造厂

1）总体布局特征

1930 年 7 月 8 日，美国寇蒂斯—莱特公司与中国签署合作生产飞机协议；1934 年 10 月，中央（杭州）飞机制造厂开工建设，次年建成投产。该飞机厂位于杭州笕桥机场的东北侧，北邻防空学校，西北邻近机场路。整个厂区由乐士路分为各自封闭管理的生活区和生产区两部分，实现了严格的“厂住分离”，具有现代工厂的建筑特征。生产区的主体为联合厂房，其余材料库、金工部等附属建筑物按生产需求陆续在主厂房西侧添置建设。主厂房和辅助建筑之间引入了沪杭甬铁路支线，以运入飞机零部件及其生产设备。主厂房设有 3 个出入口，分别为西北角的工人和原料出入口、厂房北侧的办公人员出入口以及厂房南侧的飞机出入口，交通组织明晰。生活区以十字形广场为中心，整体上呈三面围合状。广场迎面为 3 栋呈西南-东北朝向行列式布局的 2 层职工宿舍楼，为单外廊式、坡屋顶的砖混结构建筑，广场两侧对称布置 2 座饭厅（北侧饭厅外设食堂）。此外，宿舍楼北侧和东侧建有休息室、疗养室、公共卫生间等辅助用房。整个生活区功能齐全，可满足职工的日常生活需求（图 5-22）。1937 年 8 月工厂内迁时，该厂员工已达 1000 人左右。

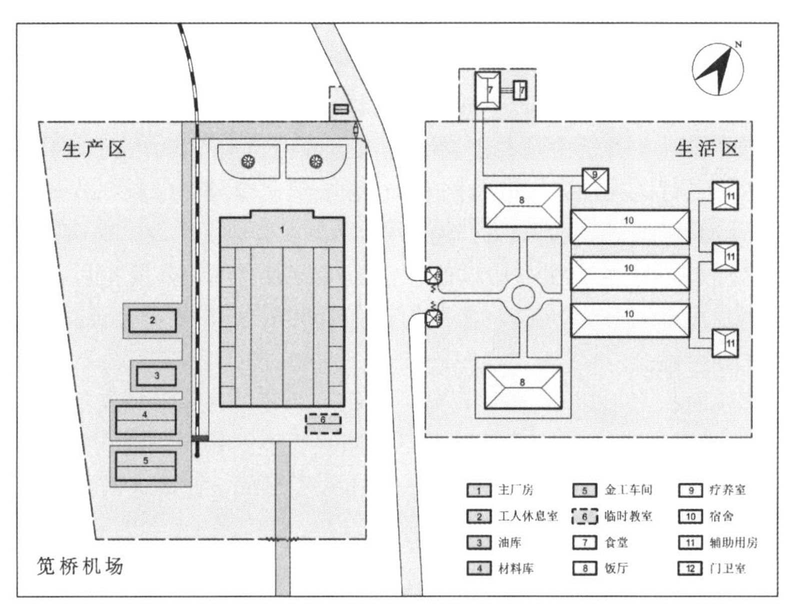

图 5-22　中央（杭州）飞机制造厂总平面规划图

来源：作者根据众多照片等资料和实地调研考证复原

2）工艺流程分析

中央（杭州）飞机制造厂飞机制造的主要生产工序均在主厂房完成，该厂房分为办公区和生产车间两部分。北侧的办公区为 2 层凸字形楼房，底层为管理科、设备间和厕所等用房；二层为美方和中方管理人员及技术员工的办公用房。南侧的主体生产车间为由梯形钢桁架屋盖结构所构建的无柱机库大厅，其两侧为覆以锯齿形屋盖的两排辅助车间。整个车间的建筑平面按照飞机制造工艺流程和组织管理架构分为 5 个功能区：焊工部主要进行飞机金属零部件制造、焊接和测试；金工部主要进行金属薄片加工和飞机外壳等金属样板的制作；机翼部主要进行机翼的制造、合拢；机身部利用焊工部和机工部提供的金属零部件，进行机身骨架的搭建合拢和发动机的安装工作；合拢部则是将各工序生产的产品进行装配，并将机体和机身进行蒙皮和油漆，最终完成整架飞机的全部装配工序。完工后的飞机则从合拢部直接滑入机场进行试飞、测试，合格后交付中央航空学校和空军部队使用。厂房内部普遍采用通透围栏围合成的开敞型生产车间，考虑到对厂内环境和安全的影响，仅对吹砂间、蒙皮油漆间等辅助车间进行局部的实墙封闭。中央（杭州）飞机制造厂主厂房的平面布局紧凑，飞机制造工艺流程基本上是按照由内向外、由两边向中间组织生产的，各车间的上下游生产环节相互衔接，工序交接顺畅灵活，实现了车间生

产的流水作业（图 5-23）。

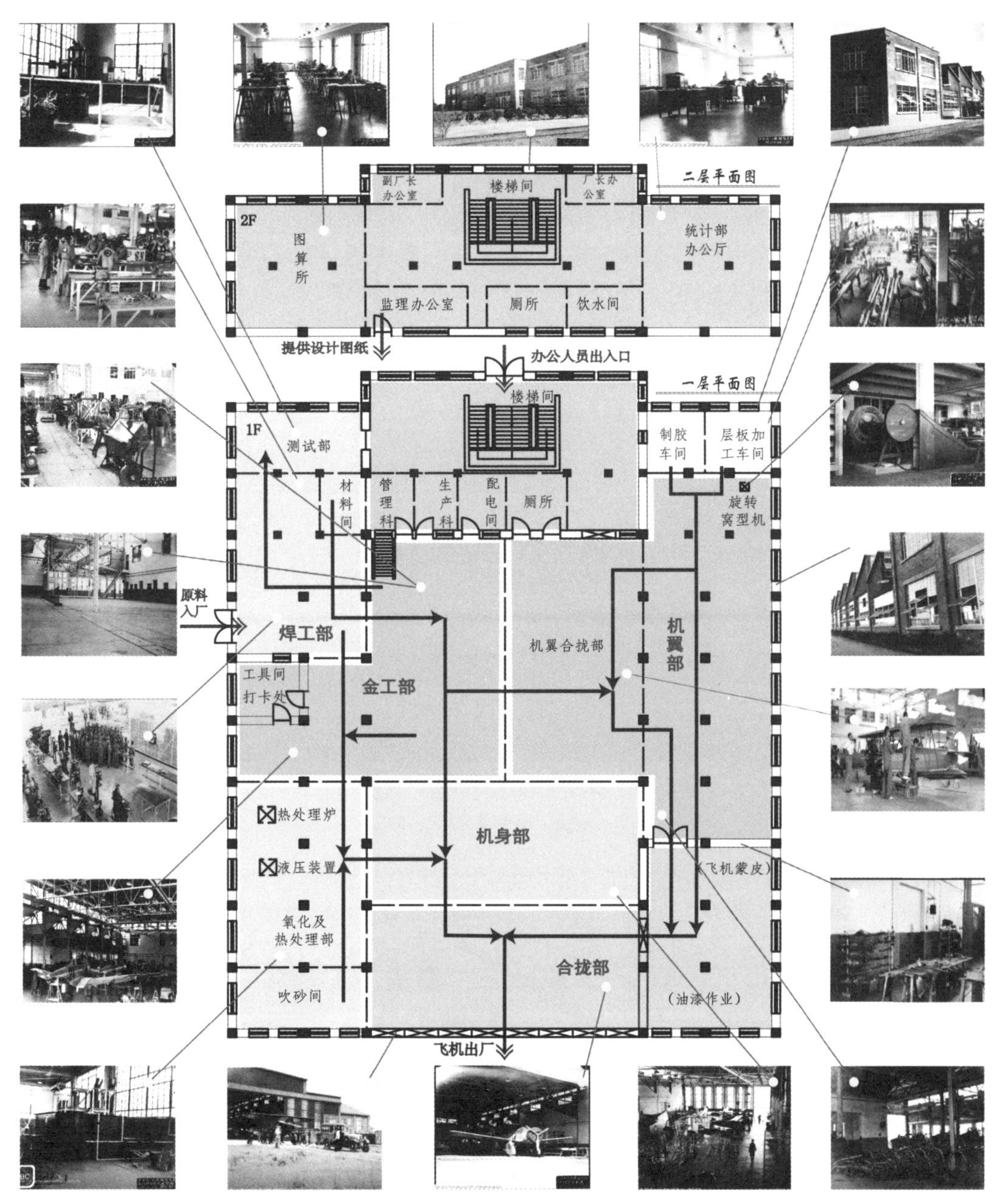

图 5-23　中央（杭州）飞机制造厂主厂房的建筑平面及其工艺流程分析

来源：根据众多照片等资料考证复原

4. 中央雷允飞机制造厂

1）总体布局特征

1939 年春，由中央（杭州）飞机制造厂迁至云南瑞丽边境小镇畹町附近的垒允（今称雷允）重新开工建设，其钢结构厂房及钢桥由缅甸仰光承包商承建，木结构房屋由仰光的广东木工承包，竹结构房屋则雇用当地少数民族工匠打造，而跑道及设备安装、水电铺设和公共设施建设由本厂员工组成的施工队完成。至当年 7 月，中央雷允飞机制造厂建成并投产，以飞机组装制造为主，兼有维修功能（图 5-24）。该厂区背山而建，其南侧靠近滇缅公路。受制于地形地貌、建造经费不足的影响以及防空的需要，厂区的布局因陋就简，总体分散杂乱，大体以同期修建的一条长 2000 英尺（约 609.6m）、宽 180 英尺（约 54.9m）的东西向试飞跑道为中心进行总体布局，生产区和生活区分别位于试飞跑道的南北两侧。

跑道南面即为中央飞机制造厂的生产区，布置较为集约，主体建筑是2座并排设立的东西走向主厂房，长500英尺（约152.4m）、宽100英尺（约30.5m），为铁皮屋面和钢结构的简易厂房，还有办公区、冶金车间、动力车间等一些辅助厂房及器材库、油库和储藏室环绕主厂房布局，西边建有水电厂房，周围山坡上为钢构的办公建筑。生产区内设3个出入口，分别为西南侧的原料出入口、北侧的飞机出入口和东南侧的人流出入口，内部交通组织简洁。跑道西面为美籍专家的生活区，跑道北端为职员生活区，再远处为山区，其东端为工人及其家属生活区，生活区依山势而建，占地面积大，分布较为分散，住宅区域按照等级划分，成片布置。另建有医院（81个床位）、消费合作社、学校等生活设施，并设有哨所、警卫处、监理处电台等保卫部门（图5-25）。整个厂区集生产、生活于一体，自成体系，但该机场建筑设施布局过于密集，不利于防空。

图5-24 中央雷允飞机制造厂鸟瞰实景

来源：德宏州博物馆

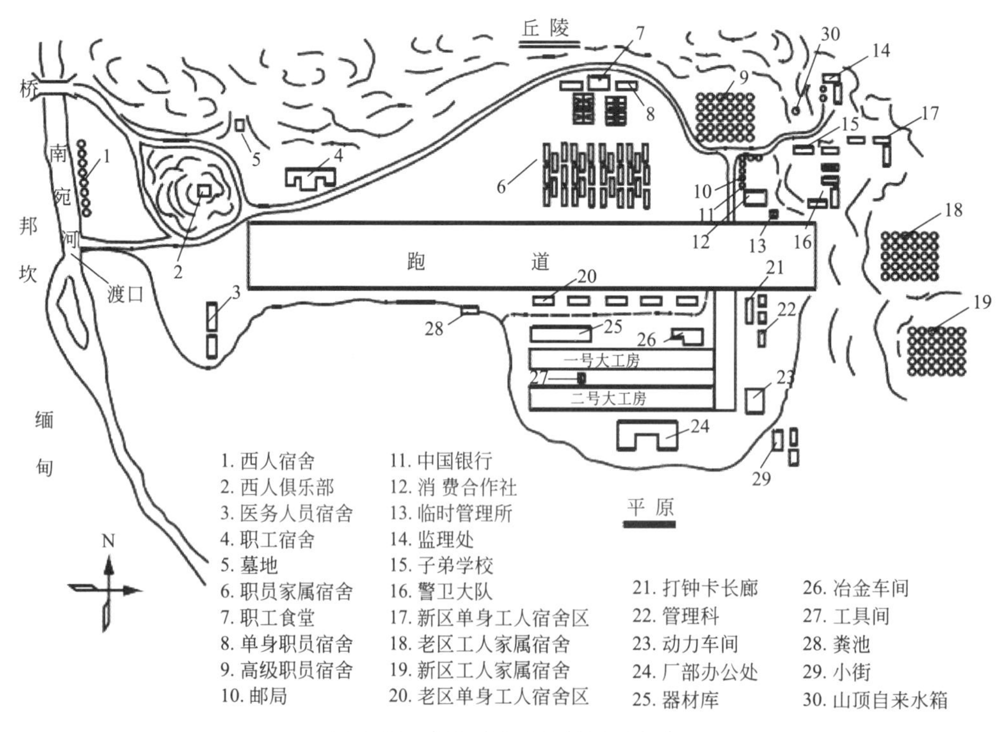

图5-25 中央雷允飞机制造厂全貌

来源：汤氏兄弟绘制的“中央雷允飞机制造厂全貌”，项目组描绘

2）工艺流程分析

中央雷允飞机制造厂的飞机装配及修理工序均在 1 号和 2 号两座主厂房内完成，两者之间布置有材料库、工具间和汽车修理间，方便物料的运输及取用。与中央（杭州）飞机制造厂类似，厂房内按照飞机的生产工艺流程划分为各个彼此关联的生产车间。2 号大厂房主要负责飞机的部装工序：机工车间制造飞机所需的零部件；木工车间制作机翼、尾翼等木作部分；机翼车间则将机工车间和木工车间交付的半成品制作成机翼骨架，再经过蒙布、喷漆工序制成机翼；最后再全部送入 1 号大厂房进行合拢工序。1 号大厂房主要负责飞机零部件的制造和机身的组装工序：在金工车间对机身各零部件的结合处进行焊接加固，对机身金属材料进行热处理和钣金加工，并在机身车间进行飞机机身的搭架装配，最后在总装车间进行机身、机翼及尾翼的合拢，以及安装发动机、仪表，并对飞机内部线路进行集成处理。完工后的飞机可直接从 1 号大车间滑入厂区北部的跑道进行试飞、测试。2 座厂房内的整体生产工艺流程是按照由西至东、由南至北组织生产的（图 5-26）。

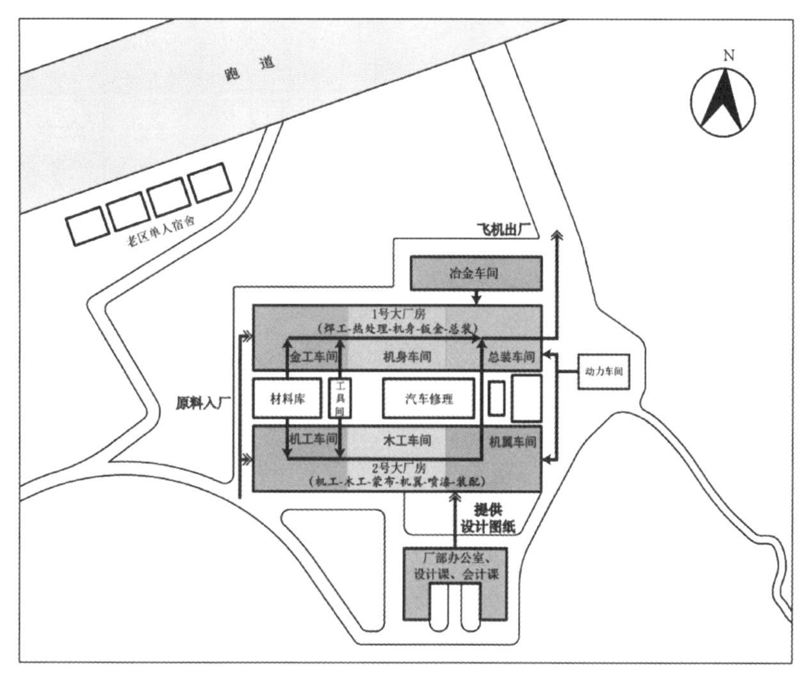

图 5-26　中央雷允飞机制造厂工艺流程分析

来源：作者根据众多照片等资料考证复原

5.3.2　国民政府时期三大飞机制造厂的工艺流程设计和厂房平面布局比较

作为典型的工业建筑，近代三大飞机制造厂的工艺流程设计与其建筑平面布局是相辅相成的。中意飞机制造厂的总平面规划规整有序，工艺流程设计合理且留有扩建余地。其厂区建筑总体布局分散，各生产车间相对独立设置，将关联性强的建筑布置在同一功能区内，工序分划清晰，功能分区明确。这种“分散为主，集中为辅”的总平面布局模式可避免因众多工序集中布局所引发的设备、工人及生产过程中相互干扰的问题，也有利于厂区的防火、防爆、隔噪等生产防护要求，同时适合工厂远期的扩建。但各车间不同工序之间的生产运输组织主要靠室外道路实现，上下游之间的工艺生产环节衔接不紧密。

中央飞机制造厂的布局思路是将全部生产工序均集中设置在一座或两座大跨钢结构的主厂房中，各生产工序彼此有机地组合在同一室内，各部门所生产的成品或半成品可以依托型架或载运工具就近灵活地进行工序上的衔接，从而保证了生产过程的连续化、短捷化，使各部门之间的生产合作组织更为便捷高效。这种集中式的总平面布局模式还可有效减少土建工程量，降低了建造成本。中央（杭州）飞机制造厂沿用了生产和办公结合的现代联合厂房概念，无柱的大跨厂房为生产提供了更宽广的作业空间，各车间的使用面积可以按其生产计划和生产规模进行灵活调整，实现生产资料和生产空间的集约化利用。但厂内的运输生产组织过于紧凑，存在员工内部交通、物料运输组织相互冲突的现象，不利于保障厂区的生产安全。有鉴于此，中央雷允飞机制造厂设置2座独立且并行设置的主厂房，办公楼则另行单设。

中意合资的中意飞机制造厂和中美合资的中央飞机制造厂都是由国民政府航空委员会主持建设的国家级军工项目，它们分别是反映了近代欧洲、美国先进航空制造技术及其航空工业建筑技术的双重技术结晶体，无论是其航空制造技术、工艺流程设计，还是飞机厂的总体布局理念、主体建筑设计方案均对近代中国航空制造技术和航空工业建筑技术的进步具有显著的推动作用（表5-6）。

近代三大飞机制造厂的总平面布局对比分析 **表5-6**

厂名	建筑设计师	建设时间	建设规模	生产规模	投资规模	空间布局	可扩建性	工艺流程组织
中意飞机制造厂	意大利保罗·凯拉齐和基泰工程司	1935年	12.75万m^2	年产量20架，分5年生产100架	135万美金	功能分区明确，分散组团式布局	各单体建筑可直接镜像扩建，适合大规模厂房扩建和产能翻倍	各车间通过道路连接，工序衔接不便
中央（杭州）飞机制造厂	美方提供全套图纸	1934年	5574m^2	计划初期年产量50架，再逐渐增至100架以上；5年实际生产和维修235架	300万美元	生活区和生产区各自布局，厂办结合的单一联合厂房	单一主厂房扩建困难，只能在外围逐一添建	各车间空间布局和功能划分可根据生产需求灵活调整，工序衔接紧密
中央雷允飞机制造厂	美方提供全套图纸	1939年	不详	投产后一年内组装和维修各类飞机共计113架	70万美元（全部建成估算）	生活区分散，生产区相对集中；双排联立式主厂房	可在2座厂房之间增添辅助用房	2座主厂房的分工合理，工序衔接疏密得当

5.3.3 国民政府时期三大飞机制造厂建筑遗存的价值体系认定及其保护策略

1. 价值体系的认定

中美合资的中央飞机制造厂和中意合资的中意飞机制造厂是国民政府时期最重要、最正规的两大飞机制造厂，至今在“两厂五地”（其中“五地”是指杭州笕桥、瑞丽雷允、南昌老营房、重庆南川海孔洞以及南昌青云谱）尚有为数不多的建筑遗存或遗址。抗战初期，中央（杭州）飞机制造厂因多次遭到日军的轰炸而大部损毁，现在仅遗存1栋职工宿舍楼和1间辅助房间；而抗战中期辗转迁建的中央雷允飞机制造厂又因日军的侵犯迫近而被迫全部自行炸毁，仅留存遗址，这些飞机制造厂建筑遗存或遗址目前还处于修缮匮乏、保护不力的境地。中意飞机制造厂则保留有近代航空工业建筑群，包括综合储藏库及工业会计室、飞机总装和管线集成厂房、办公楼，但这些建筑遗存均不同程度地遭受了建设性破坏；迁址于重庆南川海孔洞的航委会第二飞机制造厂则在天然溶洞中保留有生产车间旧址，该厂址在中华人民共和国成立后还延续进驻有兵器工业企业；而在抗战胜利后进驻南昌青云谱机场的“第二飞机制造厂”（由中意飞机制造厂改制而来）则整体保留着较为完整的近代航空工业建筑群及其路网骨架布局，厂区总体布局结构相对完整，近现代航空建筑群分布集中，其近代航空工业建筑遗存的完整性和航空建筑类型的丰富性实属国内罕见。

近代三大飞机制造厂的曲折发展历程是我国近代航空工业从无到有、从简陋薄弱到初具雏形的历史见证，在生产技术、工艺制造、企业管理以及工业建筑设计等诸多方面为我国现代航空工业的诞生发展积累了宝贵的经验，奠定了一定的基础。近代飞机制造厂的遗存或遗址是特殊的军事工业建筑遗产和独

有特色的航空工业遗产，它在中国近代航空工业发展史、近代机场建设史、近代工业建筑史以及近代航空文化史等领域具有高品质、多元化、独特的价值体系，其历史文物价值、文化价值、科学价值和艺术价值显著。

1）历史文物价值

国民政府时期的航空工业遗产是近代中国响应孙中山先生倡导的“航空救国”思想的实践产物，也是近代中国航空工业发展和机场建设的重要物化见证，历经抗日战争的洗礼和频繁的拆改而尚能留存至今，弥足珍贵，其承载的航空历史文化丰富，具有显著的历史文物价值。例如，南昌老营房机场地区是集航空研究、航空制造和航空教育于一体的航空基地，其中 1936 年年底成立的清华大学航空研究所主持建设了当时亚洲最大的航空风洞；1936 年 3 月创办的航空机械学校也孕育了中国近代航空机械教育的发端。而青云谱机场及航委会第二飞机修理厂旧址是抗战重要的航空基地及苏联航空志愿队驻地基地，1947 年进驻的航空委员会航空研究院也彰显了当时南昌作为国家航空科研中心的地位。该旧址既是反映中国近代航空工业发展的典型不可移动文物，同时也是江西省唯一的苏联援建 156 项重点工程项目和中华人民共和国制造的第一架飞机的首飞地，该机场旧址及其国营 320 厂厂址则在中华人民共和国航空工业发展史中具有里程碑的意义和重要的历史文物价值。

2）科学价值

近代三大飞机制造厂既是我国近代航空事业发展的中流砥柱，也是我国近现代航空工业发展的摇篮，为我国飞机的自主研发、制造维修积累了宝贵的经验，还是当代中国践行“航空强国”目标的先期铺垫，其航空工业遗产具有重要的行业价值。三大飞机制造厂既是我国近代工业发展技术水平的历史见证，也是早期中外合资企业的先进代表，在当时的中外技术合作、人事管理、生产工艺、建筑设计等诸多方面具有示范意义和科学技术价值。

例如，南昌青云谱机场及其第二飞机修理厂（全面抗战前）和第二飞机制造厂（抗战胜利后）遗址既是国民政府时期的重要航空基地，也是中华人民共和国航空工业起步的摇篮。青云谱机场旧址是我国罕见的一个集飞机制造、维修和航空人员培训于一体的近现代航空工业基地遗存和航空工业文化遗产聚集地，其现有的近现代航空建筑群遗存涵盖了近现代航空工业的研发、生产与维修、试飞、塔台指挥等全过程。全面抗战前的国民政府航委会第二飞机修理厂及抗战胜利后进驻的航委会第二飞机制造厂所衍生的近代工业建筑、航空工艺流程、生产机器设备等都是具有中国特色的经典航空工业遗产，反映了我国近现代航空工业发展水平，彰显其在近代中国工业建筑史、近代航空工业史以及近代机场建设史等领域所具有的独特技术价值。

3）艺术价值

国民政府时期建设的系列飞机制造厂是具有行业特色鲜明、建筑形制丰富及技术工艺先进的国家级航空工业建筑体系，无论是其总平面规划、工艺流程布局，还是专业建筑设计理念、新型建筑形制等诸多领域都是国家级的，也都具有国际性。例如，青云谱机场的标准化飞机库和堡垒式指挥塔台便是分别由意大利航空顾问团主持设计的大跨度屋顶结构技术和全新航空建筑形制，并推广应用于南京、洛阳、西安等地机场，而平面构型新颖的“八角亭”车间既是近代航空工业发展的见证，又是新中国第一架飞机的生产车间，这些航空工业建筑反映了近代工业建筑先进水平和航空工业文化价值取向，具有独特而显著的艺术价值和行业价值。

4）社会价值

近代航空工业体系是由国民政府军事委员会航空主管机构直接主导建设的成体系、成规模的国家航空工业体系，并与新中国航空工业具有继往开来的承接关系。加强近代航空工业遗产的保护和再利用对培育和弘扬爱国主义精神、宣扬近现代航空文化和传承航空文脉具有重要的社会价值和现实意义。例如，青云谱机场旧址是我国少有从事近代航空制造和维修的现代化航空工厂以及对日空战的航空基地，也是新中国第一架飞机雅克-18（后命名为“初教 5”）的生产地和首飞地，开启了中国航空工业由修理到仿制再到自主研发的历史进程。该旧址的保护利用对于中国近现代航空文化的传播和航空文脉的延续具有示范意义，其航空工业文化遗产价值重大，其建筑遗存蕴含着深厚的社会文化价值。

2. 保护与再利用策略

1）统筹编制航空工业保护规划

针对近代飞机制造厂系列建筑遗存保护乏力的现状，建议对中国近代航空工业遗址或建筑遗存进行全面的田野调查和系统的文献整理及其基础数据收集，并按照航空工业的发展脉络及其厂址空间变迁的谱系进行逐一梳理；再在剖析近代中国航空工业遗产现状布局分布及其建筑特性的基础上，对近代飞机制造厂等相关建筑遗存及遗址的价值体系予以认定，最终统筹编制中国近代航空工业建筑遗产保护与再利用专项规划，重点以有关中央飞机制造厂和中意飞机制造厂的“两厂五地”为核心内容，并划定所有航空工业遗产的保护范围及建设控制地带。

除了国家级的近现代航空工业遗产保护与再利用专项规划以外，还应开展省市级的专项保护规划。例如，中央（杭州）飞机制造厂的建筑遗存可纳入以“两校一厂”（即中央航空学校、防空学校和中央飞机制造厂）遗址为核心的杭州笕桥机场片区整体保护规划方案之中；借助工业考古的理念对中央雷允飞机制造厂遗址进行保护性挖掘复原，并将其建成国内独一无二的航空工业类“国家工业遗址公园”。国民政府时期的南昌市是集航空研究、航空制造、航空维修和航空培训于一体的主要航空基地、航空工业基地和航空科研中心，南昌老营房机场的中意飞机制造厂和青云谱机场的航空委员会第二修理厂均是中意两国航空合作的产物，这两大机场旧址至今仍保留有我国现存数量最多、建筑类型最为丰富、保护最为完整的近代机场建筑群，也充分反映了我国近现代航空工业发展史和机场建筑史。为此建议尽快编制有关南昌青云谱机场地区和老营房机场地区旧址的“两厂、两场”地区的整体保护和再利用规划方案，以加强两大机场地区的近现代历史建筑群及其周边环境整体性保护。

2）在延续航空历史文脉的前提下进行开发建设

在旧机场成片大规模开发的背景下，如何延续近现代航空文脉、保留原有整体规划结构和保护近现代航空历史建筑群是当前旧机场地区开发过程中的当务之急。以青云谱机场及中航工业洪都集团老厂区为核心的洪都新城是南昌市重点打造的新城，该地区将开发成为以市级商务、商业、文化、体育等公共服务功能及居住功能为主的综合片区，规划改造面积达4400亩，其中有2600亩用于商业开发。将建设中央文化区、洪都工业遗址公园和航空特色小镇。计划将试飞跑道改造为航空印象轴及文化休闲轴，原生产区形成商务居住混合功能区。但呈飞机状的青云谱机场总平面格局是其最为重要的航空文化遗产，而以指挥塔台为核心、以两排标准化机库为两翼的近代机场建筑群是整个洪都老厂区地区最具历史文化价值的组成部分，为此应将包括路网格局在内的整个机场片区涵盖纳入航空历史文化保护区范围内，并统筹布局近现代航空工业遗产的要素资源，以实现“航空历史街区—航空历史建筑群—航空工业建筑”三级联动保护和再利用。

对于现有的近代飞机制造厂建筑遗存，应充分进行走访调查和史料考证，力求予以“整旧如旧”地科学修缮，例如，建议将南昌原省政府“八一礼堂”整体回迁至江西师范大学青山湖校区，并通过修复机库四周的4个耳房而恢复其原有风貌。对于已不存在的重要近代航空工业建筑，则可考虑采用重建的方式，如老营房机场的“红场”原为“机身和螺旋桨发动机组装车间”的遗址，可复建这一具有独特建筑形制的飞机核心生产车间，并与飞机总装和管线集成厂房（大礼堂）、综合储藏库及工业会计室（老美楼）构成系列化的主要生产厂房建筑群。

3）积极申报全国重点文物保护单位

当前我国近代航空工业遗产的保护等级各不相同，且各自为政，缺乏近现代航空工业自上而下的体系化和总体性，也未体现出其“中外合作、全国布局和产业关联”等行业特性。例如，“杭州笕桥中央航校旧址”早在2006年5月25日成功申报第七批全国重点文物保护单位，但中央（杭州）飞机制造厂的建筑遗存尚未列入其中；重庆海孔洞的国民政府航空委员会第二飞机制造厂生产车间旧址纳入“重庆抗战兵器工业遗址”第七批全国重点文物保护单位，但实际上抗战时期的兵器工业为国民政府兵工署主管，而飞机制造业由国民政府军事委员会下属的航空委员会主管，其行政级别高于兵工署。同类的贵州

乌鸦洞“第一发动机厂”旧址则仅为毕节市市级文物保护单位，但两者均纳入中国工业遗产保护名录（第一批）；2018 年 3 月，“新中国第一架飞机生产车间旧址”和“中央南昌飞机制造厂旧址”均被公布为江西省第六批省级文物保护单位，仅中央南昌飞机制造厂旧址被列为中国工业遗产保护名录（第二批）。作为中外合作飞机制造的首创者与发源地，中央南昌飞机制造厂旧址是航委会第二飞机制造厂（海孔洞）的前身，但却仅为省级文物保护单位。总体而言，以全面抗战前的中央飞机制造厂、中意飞机制造厂以及抗战期间的第一、第二飞机制造厂遗址为主体构成的中国近代航空工业遗产是世界罕见、全国独一无二的近现代航空建筑群，完全具备国家级的历史文物价值和世界级工业文化遗产的底蕴，为此建议整体打包、联合申报第九批全国重点文物保护单位，未来甚至可以以“中国近代航空工业遗产群”的名义更进一步申报世界文化遗产。

5.4　国民政府时期中意飞机制造厂的规划建设及其建筑遗存

5.4.1　南昌老营房机场概况及其建设历程

1. 机场概况

老营房机场位于南昌城七门之一——顺化门（今孺子路口）东郊，因该处有一大练兵场及其驻军营房而得名，另与南昌青云谱的“新机场”相对应，时称“老机场”。该机场场面呈方形，四周由南面的第三交通路、北向的第四交通路、西边的王安公路及东侧的河港所围合。此外还有多条道路穿插通过机场场面，东西向的道路衔接了民生路东段、中山路，南北向的粤赣公路则直接穿越机场跑道。

老营房机场原有跑道长宽为 1000m×100m，在抗战全面爆发前建成了 4 座机库，成排布置在机场西面，其中副跑道西端建有至今遗存但已迁建象湖西堤的大型飞机库（即“八一礼堂”）。沦陷期间，侵华日军曾在原跑道西侧和西南侧各自抢建一条简易跑道，并在跑道南端延展了一段长 450m、宽 100m 的道面。1947 年的机场是主副跑道垂直交叉的构型，其中主跑道呈南北向（北偏东），跑道长宽分别为 1600m×100m，东西向的副跑道长宽为 1050m×50m，其东端则由一条 15m 宽的飞机滑行通道与中央南昌飞机制造厂的厂区西门直接衔接（相距 500m 左右）（图 5-27），跑道四周设置有飞机掩体及抗爆设施。

2. 机场建设历程

1929 年 3 月 31 日，国民政府军政部航空署为便利交通、加强对中央苏区红军的“围剿”，派人到南昌筹建机场。同年 11 月，江西省政府第 232 次省务会通过了省建设厅《关于建筑南昌、九江、赣州 3 处机场计划书》。新建的南昌机场选址于南昌城东侧 500m 处，该机场仅占地 18000m^2。因用地规模狭小，遂于 1930 年 11 月将机场扩展至 500m 见方，并清除了周边的树木、电线杆以及池塘等障碍物。1931 年，为了“围剿”中央红军，南昌行营主任何应钦下令征调大量民工扩建老营房机场。竣工后，机场内部由空军特勤部队护卫，机场外围则由宪兵警卫。1933 年 8 月 23 日，“江西省各界建筑剿匪机场委员会”于南昌成立，该委员会工程部征调各县民工 3 万余人在 1 个月内再次抢建完成老营房机场的扩建工程，其场地平整工程从 9 月初开始施工，10 月 2 日顺利竣工，最终老营房机场场面扩充至为 1000m 见方的土质碾压道面。同年 10 月，航空署自杭州迁至南昌老营房机场，以直接支持国民

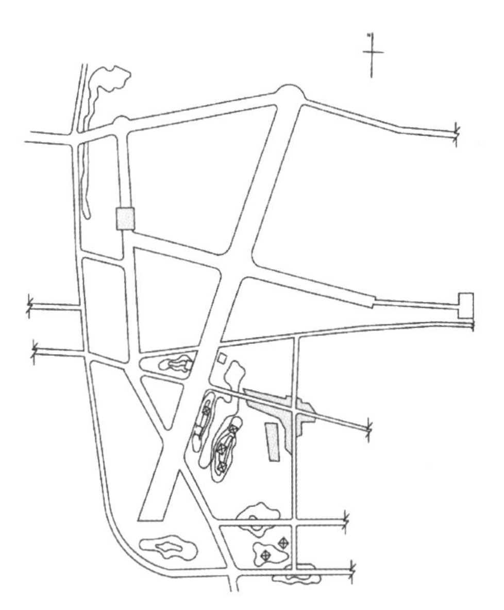

图 5-27　南昌老营房机场平面图（1946 年）
来源：南昌市档案馆馆藏 006-03-1974-013 档案，项目组描绘

党军队向中央苏区红军发动第五次“围剿”。据1934年8月国民政府航空署调查，该机场有标准机库4座，可容纳飞机80多架，设有修理工厂1所，驻有无线电分队和测候所。

1935年夏，在德国顾问福克斯（Fuchs）提议下，航空委员会委托技术处处长钱昌祚在南昌筹建航空机械学校。同年秋，航空机械学校筹备处成立。1936年1月底，航空委员会由南昌迁至南京，航委会在南昌的旧址则留作航空机械学校校址，同年3月16日，航空机械学校正式开学，钱昌祚任该校校长。

至20世纪30年代中期，国民政府航空署已基本完成中美合作的中央（杭州）飞机制造厂、中意合作的中意飞机制造厂和中德合作的中国航空器材制造厂有限公司三大飞机制造厂的布局，并在老营房机场先后布置中意飞机制造厂、航空机械学校以及清华大学航空研究所等诸多航空机构，这时期的老营房机场地区已初步形成集航空研发、航空制造和航空教育于一体的航空基地。

抗战胜利后，依据建设“南昌示范市”的目标，由南昌市工务局划定老营房机场一部分（计划占地514亩）为行政区和住宅区用地，但国民政府交通部民航局有意将军方划拨给民航的“牛行机场”替换为“老营房机场”。1945年9月以后，中国航空公司等便在老营房机场设站承办民航业务，先后开辟了3条经停南昌的航线。1948年5月26日，老营房机场正式拨交民航使用，但仍属军用保留机场。10月18日，江西省建设厅同意将该机场发还给南昌市，并“案准”牛行机场由军用改为民用。中华人民共和国成立后，老营房机场一带则改为江西省政府驻地及人民公园，原有的一座飞机库则改造为“八一礼堂”，现已整体搬迁至象湖湿地公园。

5.4.2 南昌清华大学15英尺航空风洞的规划建设

1. 航空馆及5英尺航空风洞的建设概况

1932年秋，清华大学机械系成立时设有原动力工程组、机械制造工程组、飞机与汽车工程组三个学科组。1934年，基于时局的紧迫需求，“飞机与汽车工程组”改为“航空工程组”，自行设计的木工厂及飞机实验室也于当年建成并设备安装到位，该实验室为联排式飞机库造型，采用铁皮屋面木桁架的圆拱式屋顶和滑轨推拉式大门，机库内停放双座单翼教练机、双翼飞机和自制滑翔机各1架，该建筑造价为7000元；航空工程实验馆（简称“航空馆”）于1935年初夏动工，9月初便竣工，整个建筑费用为13000余元①。该馆为二层四坡顶的西式红砖建筑，上层设有教室、绘图室、风洞秤称室、风洞模型室、仪器室及教师办公室，下层装备有航空试验风洞（图5-28），该风洞是在冯·卡门（Theodore von Kármán）的高徒华敦德教授（F. L. Wattendorf）指导下，由顾毓琇、王士倬等4人主持建造的中国第一座自行设计的回流式钢壳风洞，该风洞最大直径为3m，试验段剖面为直径1.5m的圆形。他们基于

(a) 木工厂及飞机实验室

(b) 航空馆

图5-28 清华大学的木工厂及飞机实验室和航空馆

来源：《庄前鼎与清华大学机械工程系的创建及早期发展》

① 《母校情报：新建航空实验馆》，载《清华校友通讯》，1935年第2卷第8期。该文记载航空实验馆土木、电气、暖气和卫生等各项工程造价合计为16000元，其中将国民政府资源委员会1934年资助本校的航空讲座费1万元挪作特别建筑费列支。

风洞研制成果所总结发表的论文获得了 1936 年中国工程师学会论文第一奖。抗战期间，迁至昆明的清华大学航空研究所又再次建成了一座 5 英尺（约 1.5m）口径的回流式钢壳风洞。

2. 南昌 15 英尺航空风洞的建设过程

1936 年 5 月，基于中意飞机制造厂加强国产化飞机研制的需求，鉴于清华大学已研制出 5 英尺（约 1.5m）风洞，蒋介石手谕航空机械学校校长钱昌祚配合清华大学研制风洞，为此国民政府航空委员会特提供 18 万元资助清华大学在南昌老营房建造 15 英尺（约 4.57m）口径回流式大风洞。该风洞的设计由华敦德教授主持，冯・卡门审核，冯桂连、殷文友两位教授和顾逢时、张捷迁两位助教协助，机械工程系航空组第一班全体同学全体参与。至 1936 年 6 月，风洞空气动力学初步设计方案完成，该方案仿制冯・卡门设计的美国加州理工学院风洞，但比其要大 50%，可用于全尺寸的发动机和螺旋桨的空气动力学试验。7 月 15 日前后，由华敦德先生及张捷迁完成设计方案修正和指导绘图工作。同期清华大学函请航空委员会将航空机械学校及旧机场附近的 20 亩土地予以划拨，用于航空研究所及空气动力学实验室。最终清华大学风洞项目选址在老营房机场南侧，毗邻航空机械学校，南靠第三交通路，东侧 1km 处为中意飞机制造厂，整个用地范围长 1000 尺（约 333.3m）、宽 500 尺（约 166.7m），合 83.34 亩。

考虑风洞如采用钢筋混凝土结构管壁厚将达到 15 英寸（约 38cm），初步估价在 25 万元以上，为此改用钢混薄层管结构（Thin-shell structure）（即现称的“薄壳结构”），华敦德先生及张捷迁甚至在工程结构力学专家蔡方荫教授帮助下还写了有关薄层管中应力分析、弯矩分析的两篇论文，以供建筑师参考，但因风洞结构特殊，清华大学找了上海著名建筑师做结构工程设计及工程报价，竟然无人愿意估价和承包设计建造。不得已找清华校友、南昌建筑师黄学诗协助①，但他也仅愿意提供建筑工程技术顾问以及购买材料、雇用工人、组织施工和管理工地等事宜，而不愿承担风洞结构设计的风险，并要求获得占风洞造价 10%的佣金，清华方面则承担如下项目事项：①风洞结构设计及建造方法；②校对材料购置的价格和数量；③校对每日工数和工资；④监验工程品质。

1936 年 10 月，清华大学只好指派张捷迁到南昌全面负责建筑设计和监督工程质量的职责。以清华大学新成立的南昌航空研究所为支撑平台，参照 1934 年年底建成的德国柏林国家航空研究所（D. V. L）风洞所采用钢混薄壳结构的最新做法，由华敦德及张捷迁航空工程师主导，在黄学诗建筑师和清华大学结构工程专家蔡方荫和混凝土专家王明之等教授的协助下，并请基泰工程司结构工程师杨宽麟进行校核②，航空机械学校钱昌祚校长和王士倬教育长也给予人事的支持，最终于 1936 年年底完成了风洞建造设计图，同年 12 月开工建造。风洞的钢混建筑工程由黄学诗主持的南昌复兴建筑公司组织施工，钢架钢板洞口工程由上海新中工程公司承包施工③。在先后完成了风洞的地基工程、地基混凝土工程、风洞洞壁混凝土浇筑等工程之后，至 1938 年 1 月，风洞的土建主体工程业已完成（试验房建筑未建），国外购置的风洞电动机也运至香港（图 5-29）。但同年 3 月，风洞被日军飞机部分炸毁，“窠筒距地面 10 英尺以下之钢筋水泥，全部崩毁，风筒损坏约全部百分之六十强”，风洞建造工作被迫中止。时至 1947 年，南昌的风洞遗址尚存，但最终因无人养护而遭拆毁。

3. 南昌 15 英尺航空风洞的主要技术特征

清华大学航空风洞全长 180 英尺（约 54.8m）、宽 77 英尺（约 23.5m），离地面高 40 英尺（约 12.2m），风洞轴线高 22 英尺（约 6.7m）。风洞由管壁 3.5 英寸（约 8.9cm）厚的薄层管节结合其两端支环和支架节节相连而成，风洞内径由最小内径 18 英尺（约 5.5m）起始，逐渐扩展到内径 34 英尺（约 10.4m）的圆管，再经过四个轴角的导叶片（钢混结构，尾部带有可调节的钢板），最后经过收敛段

---

① 黄学诗为南昌复兴建筑公司经理，美国麻省理工学院建筑工程硕士。抗战胜利后任行政院善后救济署江西分署副署长。

② 基泰工程司也是同期同地建设的中意飞机制造厂项目的设计顾问。

③ 1925 年创办的上海新中工程股份有限公司主要研制各类机器，1929 年创办建筑工程部，由杨锡镠任主任，拟专责于特种建筑及桥梁和河海工程。

图 5-29　支模施工中的清华大学航空风洞
来源：15 英尺航空风洞的研制，https：//weibo.com/ttarticle/p/show？id=2309404624721970069663

而引入 15 英尺（约 4.6m）口径的实验室内（图 5-30）。清华大学风洞无论是结构设计、建筑规模和施工难度均是前所未有的，其主要设计特征如下：①借鉴德国风洞的新式做法，国内首次使用水泥薄层管结构作为风洞循环气流管道，其管道呈流线型造型且为变截面，其内外双壳中间夹有 1 英寸左右（约 2.5cm）的钢筋网。②风洞圆形剖面试验段的标准口径为 15 英尺（约 4.6m），该口径为当时远东地区最大的风洞[①]，可根据研制需要调缩为 10 英尺（约 3.0m）（满足更高测试速度）或扩展至 18 英尺（约 5.5m）（满足更大测试尺度）。风洞性能估计最高能比约为 5.5～6.5，最大气流速度 130 英里/小时（58m/s）；除 450 马力（约 330kW）直流电动机及调速器购自英国汤逊电机制造厂、起重机和试验秤向国外订货外，其他设备均为国产，如天秤、螺旋桨叶架、桨叶样板及仪器等由中央研究院物理院和工程院按图代制，螺旋桨叶片由中意飞机制造厂制造。③采用滑动支架用以减少昼夜温差所产生的温度应力。一处设在风扇螺旋桨的下游、管道的支环之间，其余三处则设在导叶片转角支环之下，其中最重的

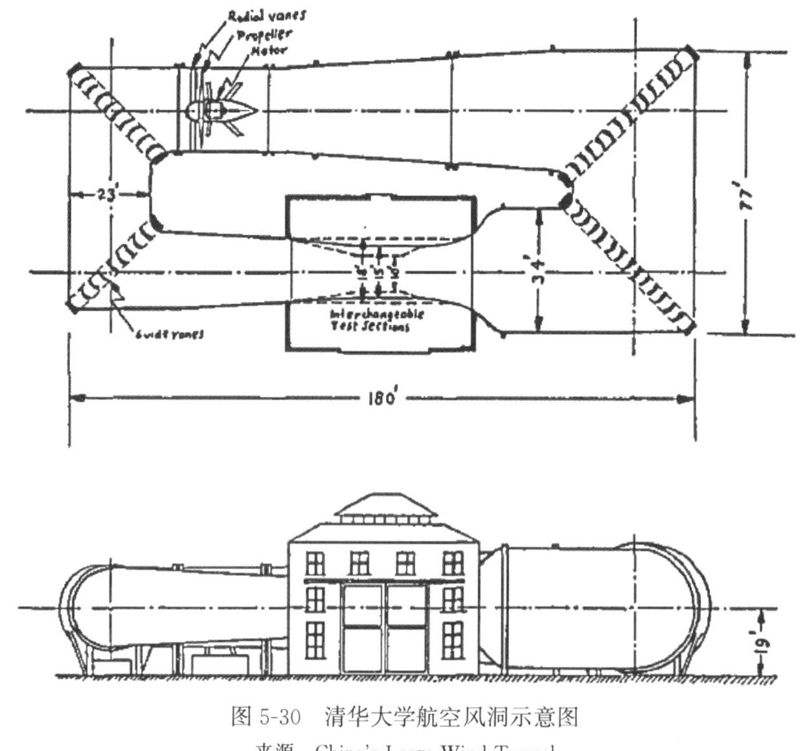

图 5-30　清华大学航空风洞示意图
来源：China's Large Wind Tunnel

① 张捷迁：《回忆清华开创的航空研究》，载《中国科技史料》，1983 年第 2 期，第 10～19 页。

第四处导叶片转角支架为固定式。④风洞施工方法创新，先竖立距离地面 22 英尺（约 6.7m）高的水平轴杆，在其上装有半径尺，以保证各节水泥薄层管环在同一轴线上施工。同时采用下半部（120°弧面）和上半部先后支模施工方法，上下部接头处加厚并设置内外双层钢筋网浇筑，起着箍梁的作用，既可承受新加的弯矩，又可传力于管节两端上的支环和支架。采用本地木板及竹竿和绳索支模，风洞圆筒分上大下小两部分分别浇筑混凝土的简易施工方式为世界首创，而德国国家航空研究所于 1934 年年底建成的同类风洞则采用了在钢筋网上喷射混凝土这一当时世界上最新施工工艺（Zeiss-Dywidag-Schalenbau-weise）。

冯·卡门教授曾提出航空工业发展的三阶段理论：①购机阶段。飞机与发动机及一切零件均购置于国外。②仿造阶段。即购取国外图样与制造权，自行设厂训练工人制造。③自行设计制造阶段。如果说清华大学第一座风洞属于仿造阶段的话，第二座风洞则是介于仿造和自行设计制造之间的过渡阶段，也是近代中国航空业整体尝试步入部分购置、部分仿制阶段的一个缩影。但时局不济，清华大学风洞终究未能发挥其应有的功效。就项目本身而言，清华大学 15 英尺航空风洞项目是近代航空工程、建筑工程和结构工程诸多学科全面交叉融合的产物，也是航空工程理论研究、应用试验和工程实践相结合的近代航空科研平台。无论是学术论文成果，还是航空工程项目都在近代中国航空工程领域取得了突破性的阶段性技术成就，在近代中国工业建筑史中也是全面融合了工艺设计、结构构造、建造方法及设备安装等诸多工程技术门类的样板工程和先锋建筑项目。

5.4.3　中意飞机制造厂的规划建设

1. 建设背景和建设历程

1933 年 9 月，应南京政府的邀请，意大利总统墨索里尼派遣著名飞行员罗伯特·洛蒂（Roberto Lordi，1894 年 4 月 11 日—1944 年 3 月 24 日）上校和航空工程师尼古拉·加兰特少校来中国与国民政府洽谈航空工业的军事合作事宜。1934 年 3 月，意大利航空顾问团抵达南昌后便着手协助中国空军建设，次年 2 月主持中央航空学校洛阳分校的飞行培训。1935 年 1 月 21 日，代表国民政府的财政部长孔祥熙与意大利“中国航空协会”（Consorzio Aeronautico per la Cina，Aerocina）的总代表阿干波勒（Luigi Acampora）在上海草签设立“中意飞机制造厂”（The Sino-Italian National Aircraft Works）的合同，双方合作在中国生产意大利飞机。“中国航空协会”由意大利的布瑞达（Ernesto Breda）、卡坡尼亚（Caproni）、菲亚特（FIAT）和萨伏亚（Savoia-Marchetti）四家航空制造技术公司合作组成，并与意大利那不勒斯银行（Banco di Napoli）共同提供必要的资金。合同约定建厂经费及其机器费用不得超过 135 万关金，其中建厂费为 70 余万关金，机械设备费为 40 余万关金。该款项由上述意大利公司垫资修建，其中 75%的资金由意大利政府提供担保，中国则每年偿还借款总额的 20%，分 5 年还清。

1935 年 9 月 30 日，在选定南昌老营房机场作为新建厂址之后，中意双方正式签署成立“中意飞机制造厂”的合同，计划组装 100 架飞机（发动机、照相机、无线电设备及武器等部件从意大利进口）。开工第一年，飞机制造厂所生产的部件应占每架飞机总值的 20%，以后每年递增 20%，直至第五年后飞机全部在南昌制造。此外，还约定飞机制造厂的仪器设备均由意大利提供，人员各出一半，五年内所有聘用的意大利人员撤离该厂，并全部移交给中国人运营管理。根据公司章程，公司董事会的董事长为宋子良，意大利那不勒斯工程师阿干波勒博士的律师佩切伊（A. Peccei）博士任总经理，中方设立监理处筹备办公室（1936 年 10 月正式成立监理处），由曾在意大利菲亚特公司进修过的朱霖任监理处筹备员兼办公室主任，意方工程师为保罗·凯拉齐（Paolo C. Chelazzi）。合同约定该项目自 1935 年 1 月 21 日起的 30 个月内全部建成投产，一期工程的工期为 300 个工作日。

1935 年年底，中意飞机制造厂的厂房工程建设开始启动，因该厂址低洼，为此所有建筑均先垫高基座。1936 年 4 月 1 日，工厂全面正式开工，年内工厂主体基本建成，建设高峰期的劳动力达上万人。至 1937 年 2 月，工厂建成 8 座主厂房和 1 座办公大楼，同年 4 月，该飞机制造厂正式建成投产，计划首批制造20架布瑞达教练机（Breda Ba. 27M）和6架萨伏亚双发轰炸机（Savoia Marchetti S. M. 81B）。但在抗战全面爆发后，1937年8月15日，中意飞机制造厂的部分车间被日军飞机炸毁，工程随之停止。而后随着中意关系的交恶，该厂的意大利技术人员也于1937年12月9日前全部撤退回国，航空委员会随即在接收中意飞机制造厂之后将其更名为“中央南昌飞机制造厂”。1938年8月又改名“国民政府航空委员会第二飞机制造厂”。该厂被迫于1939年年初全部内迁至四川省南川县（今重庆市南川区）丛林沟的海孔洞重建。抗战胜利后，第二飞机制造厂于1947年再迁至南昌青云谱机场。

2. 选址及其总平面规划

国民政府航空委员会为筹设航空机械学校，曾委托南昌市政委员会代为征收老营房机场东面的土地，该地块是由第三交通路与城防路所围合的500m见方的民地。1935年，为筹建“中意飞机制造厂”，便将上述地段内的一部分改作该厂用地。中意飞机制造厂东邻城防路（今文教路），南面以第三交通路（今北京西路）为界。飞机制造厂之所以在南昌选址兴建是考虑了以下因素：①南昌地处内陆腹地，与地处东部沿海地区的中央（杭州）飞机制造厂相比，可相对避免易遭日军飞机轰炸的风险；②“南昌行营”是蒋介石设置的江南五省“剿匪”的总部，南昌也是国民政府航空署所在地，同时还是国民政府的主要空军基地；③厂址选在老营房机场以东，可使用该机场作为试飞机场；④交通区位良好，毗邻南昌老城区，邻近铁路线；⑤该地块为地势低洼、少有人住的沼泽地，征地拆迁少（但相应增加了排水系统和土方工程的建设成本）；⑥老营房的中意飞机制造厂和青云谱机场的第二飞机修理厂分担飞机制造和飞机修理之责，相辅相成。

中意飞机制造厂采用当时世界上先进的航空工程技术，其生产机械设备、工艺流程、生产技术等均为国际一流，其建筑规模之大，为当时国内所罕见。该厂址按照飞机工艺生产流程布局，整个厂区由20m宽的十字形道路划分为四大功能地块，12幢主厂房沿主路呈东西向两排布局，辅助生产用房则在主要生产厂房的外围设置。南侧的厂前区为办公大楼以及餐厅、医务室、消防站等生活设施（图5-31）。主厂房和办公楼均分期建设，一期基本仅建设全部规划建筑面积的一半，远期规划翻倍扩建工厂，所有厂房可直接就地镜像复制扩建，预计可容纳3000名中国工人（图5-32）。全厂总计规划建有29座工厂建筑（总平面规划图纸显示为23幢房屋，后期增建了排水站、岗亭等小型建筑），合计12.75万m^2的建筑面积。另外，拥有功率300kW的发电站、2000万英国热力单位（btu）的区域供热设备以及600t制冷能力的空调站，主要厂房均配备有供暖制冷设备。此外，还配备有电话系统、污水和抽水系统等，最终实际建成8座主要厂房和1座办公楼。

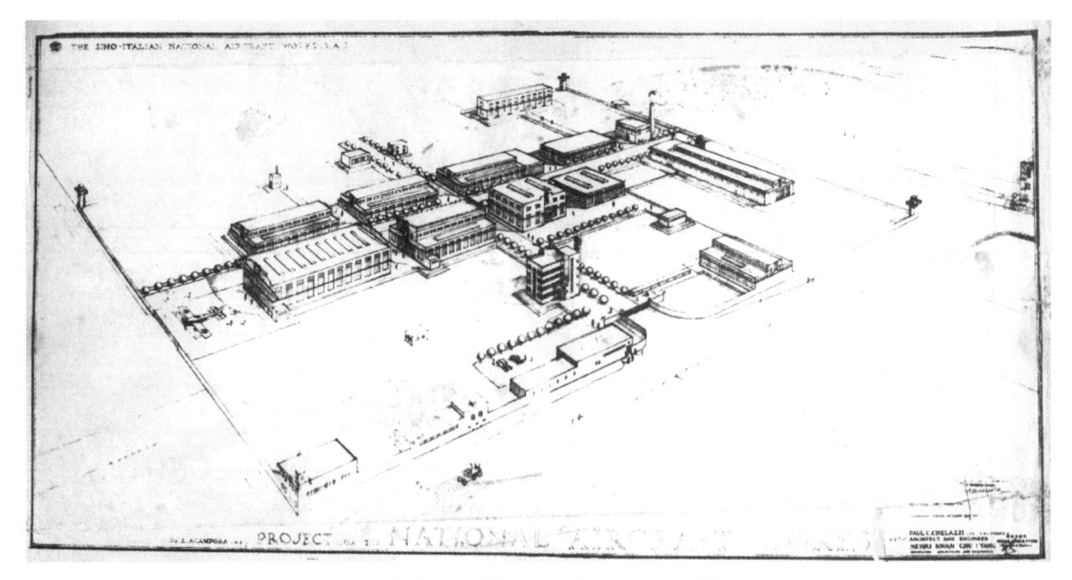

图5-31　中意飞机制造厂一期工程的设计效果图

来源：佛罗伦萨大学 Fausto Giovannardi 先生提供

图 5-32　中意飞机制造厂一期工程竣工后的鸟瞰实景

来源：佛罗伦萨大学 Fausto Giovannardi 先生提供

3. 建筑师和营造厂

在中意飞机制造厂项目中，除厂部办公楼由空军专业工程师尼古拉·加兰特设计之外，该厂其他建筑均由意大利建筑和结构工程师保罗·凯拉齐设计。基泰工程司则担任该项目的顾问建筑师和工程师，总建筑承包商为由张效良[①]（Y. L. Chang）任厂主、顾道生任经理的上海久记营造厂（Kow Kee Construction Company），顾道生[②]（Dawson Koo）主管的沈生记（合号）营造厂（Sang Sung Kee）等共同承揽（图 5-33）。

图 5-33　意大利建筑和工程师保罗·凯拉齐（左一）和尼古拉·加兰特（右一）在工地

来源：意大利佛罗伦萨大学 Fausto Giovannardi 教授提供

保罗·凯拉齐是毕业于意大利佩鲁贾的测量员，在取得注册证书和预科证书后，他在 1922—1929 年间担任意大利 ENNIA 公司的助理工程师。凯拉齐（自称“盖纳禧”）1930 年来到中国后，在 1931—1932 年期间先后设计了上海的军事航空学校工厂的规划方案（Air War College Plant）及多座机库方案。1933 年，他开设了自己的私人事务所，并设计了 1 幢 7 层高的公寓楼。1934 年 9 月 6 日，凯拉齐获得国民政府

---

① 张效良（1882—1936 年），名讳毅，字效良，江苏南汇人。先期创办久记木材公司，1899 年创立久记营造厂，先后承建东方饭店、广慈医院、大上海电影院和沪杭铁路站房等项目。历任上海市水木工业公所董事长、上海市营造工业同业公会主席委员、中国建筑展览会副会长等职务。1932 年，张效良高薪聘请顾道生为久记营造厂经理，负责承建南昌中意飞机制造厂（1936—1937 年）、中汇银行大楼（1933 年）等项目。

② 顾道生（1895—1977 年），字本立，上海川沙人。先期在挪威人穆勒开设的上海协泰洋行学习土木工程设计，任技术员，主持设计上海城隍庙重建工程（1924 年）。后结业于美国万国函授学校土木工程科，为实业部登记土木工程师。先后担任上海市技师公会负责人，上海营造工业同业公会理事、监事。1925 年，顾道生与杨润玉合伙设立上海公利营业公司，分任经理和厂主。先后设计了浦东光华仓栈打栈房桩木工程（1932 年）和高桥仓栈内第二号临时汽油栈房工程（1932 年）以及上海市中心区市光路新建小住宅（1933 年）等项目。1938 年，顾道生与陈志坚、杨林海合伙创办永大工程公司，并自任经理，承建了上海天山支路大中纱厂全部厂房、广州美孚火油公司码头、香港九龙粤汉铁路饭店大楼、台北市台湾糖业公司大楼等工程。中华人民共和国成立后，顾道生先后担任轻工业部设计公司上海分公司、轻工部设计院的副总工程师。

内政部的“工程师—建筑师”注册证书（编号第606号），同年又设计了5栋住宅别墅和1座可容纳1000人的剧院，同时还赢得了1个天津意大利住宅设计竞赛项目。1935年，凯拉齐获得天津英租界举行的英国市立医院国际设计竞赛奖项（未实施），该作品具有未来主义风格。

凯拉齐既是建筑师，也是结构工程师，他首创了中央支柱与悬挑屋顶结合的“悬拱”（suspenarch/suspended arches）结构设计技术，并在1941年6月24日获得了美国的技术专利（专利号：330044）。1943年9月3日，意大利纳粹政府签署了无条件投降书后，凯拉齐从1943年12月至1945年8月被拘禁在日军集中营，后因与日本人有合作被释放。抗战胜利后，凯拉齐于1947年提出了联合国上海大厦的设计方案。保罗·凯拉齐自1930年进入中国，直至1950年4月才移居美国，他在中国整整待了20年之久。

5.4.4 南昌老营房机场和中意飞机制造厂的近代航空建筑遗产

南昌老营房机场于1950年弃用，现旧址在江西省人民政府及人民公园一带，尚遗存有飞机库（八一礼堂）以及副跑道（省政府内宽阔笔直的大道）。原中央南昌飞机制造厂旧址则移交给国立南昌大学[①]作为校址（今江西师范大学青山湖校区），厂区旧址至今尚遗存有办公大楼、综合储存库（老美楼）、飞机总装厂（大礼堂）等建筑遗存，而原250m长、宽20m的南北向厂区道路，现已演进为长480m、宽50m的校园主干道。

1. 近代飞机库

南京老营房机场飞机库位于江西省府北二路北侧、广场北路东侧，这类机库是国民政府军政部航空署在全国统一推广应用的标准化机库，它是南昌空军总站继上海虹桥、杭州笕桥两大空军总站之后建造的机场军用设施之一，被称为“南昌旧机场第一棚厂”（后改称“航空委员会第四飞机棚厂”）。该机库曾先后两次进行施工招标，继首次流标后的第二次招标有吴祥泰、潘荣记、马尔康、泰康、康益五家竞标，仍以上海泰康洋行（China United Engineering Corp）应价最低而中标，因由原设计的白铁皮盖顶替换为石棉板盖顶而加价7000元，最终以11.425万银元的工程造价签订了承建合同。机库于1933年始建，曾因工程造价等原因而停工，直至1935年建成。施工过程中存在停工损失费6686.5元，其最终造价比由慎昌洋行承建的上海虹桥、杭州笕桥两处同类机库工程多出4万余元。第一棚厂的具体建造费用包括：第一期款5.7125万元；第二期款6000元；第三期完成全部钢架工料款1万元（据1934年8月18日统计，第三期含停工损失3.78105万元）。

图5-34　南昌老营房机场迁建前的机库（八一礼堂）内景
来源：苏葵阳摄

老营房机场的机库在20世纪50年代中期被改造为八一礼堂，拆除了机库大厅四周的4个耳房，并在其前后增建舞台、前厅，使其成为江西省重要的大型会议及电影放映场所；20世纪80年代又再次加建左、右功能房，将其改造为健身娱乐场所。因原址拟新建苏宁广场而迁址朝阳新城象湖湿地公园的象湖西堤，复建的新礼堂总建设面积约3724.9m^2，包括机库大厅、舞台、前厅，以及左、右功能房五个部分，其中机库大厅面积约1638m^2、舞台面积约496m^2、前厅面积约1589m^2（图5-34）。

① 1949年9月，国立中正大学改名国立南昌大学。1950年10月，去掉“国立”二字，直接称南昌大学。

2. 中意飞机制造厂的近代航空建筑遗产

1）厂部办公楼

地处飞机制造厂主入口西侧的厂部办公楼于 1935 年始建，1937 年春竣工。该楼坐北朝南，建筑平面呈 T 形，远期规划对称式扩建为工字形建筑。建筑东西向长 22m，南北向短边宽 14m、长边宽 18.5m，楼高 17.6m，占地面积 $325m^2$，建筑面积 $1300m^2$。砖混结构，建筑主体为 4 层，每层有房间 12 间，另设有地下室 1 层，东南部转角处的楼梯间为 5 层，可直接上楼顶平台（可放置测风设备、放飞测候气球），在该建筑的东立面、楼梯间北侧位置原设有带门廊的正门，可方便各楼层的人员上下和进出。楼梯间及建筑东北角每层都有一个类似于飞机舷窗形状的圆窗，这是航空建筑的典型建筑符号。1950 年 3 月，迁入原厂址的国立南昌大学将此楼仍作为校行政办公大楼。1996 年办公楼向西扩建，外墙由红色瓷砖贴面，俗称“红楼”（图 5-35）。

(a) 办公楼原貌

(b) 办公楼现状

图 5-35　中意飞机制造厂的厂部办公楼原貌与现状

来源：（a）佛罗伦萨大学 Fausto Giovannardi 先生提供；（b）作者摄

2）飞机总装和管线集成厂房

飞机总装和管线集成厂房的东西长 76m，南北宽 26m，楼高 10.7m，建筑面积 $2486m^2$。该厂房为单层钢筋混凝土框架结构，10 榀钢混空腹梁等开间地横跨南北，每榀横梁都有 13 个大小不一的圆洞，其中间的圆洞最大，直径 1.2m，并有长方形水泥柱直立支撑，两侧最小的圆洞直径 0.98m。既可以从屋顶上方更好地扩散光，也可以有效减轻自重，其截面还受到较小的剪切应力。横梁上再铺设钢混屋面板，屋面上横向设置 10 座双面坡式透光玻璃天窗，加之两侧墙面各自 12 扇的大玻璃开窗，整个厂房内部敞亮通透。另外梁上悬挂有 3 排吊灯，便于夜间生产。这种钢筋混凝土空腹梁结构是首次在国内使用，且跨度甚大，厂房内部无须立柱支撑，空间宽大开敞，该结构技术在当时堪称先进且新颖。总装厂房的前后主立面均设有可供飞机进出的机库大门，安装有 8 扇推拉门，以便飞机建造和进出（图 5-36）。1950 年国立南昌大学迁入老飞机场后，将其改建为大礼堂，成为师生开会和举行活动的重要场所。2000 年在大礼堂东部增建校工会办公用房和教师活动场所，一、二楼设有教工活动大厅与多功能厅，其正门外墙加装 6 根仿大理石的罗马柱，另外机库西侧也向外扩建过（图 5-37）。

(a) 主立面原貌

(b) 主立面改建后的实景

图 5-36　改建前的飞机总装和管线集成厂房（大礼堂）改建前后的比较

来源：（a）佛罗伦萨大学 Fausto Giovannardi 先生提供；（b）http：//blog. sina. com. cn/s/blog _ 685967ce0100jgd3. html

(a) 厂房内部的原貌

(b) 改建后的外观

图 5-37 飞机总装和管线集成厂房的原有内景和现状大礼堂外观

来源：(a) 佛罗伦萨大学 Fausto Giovannardi 先生提供；(b) 作者摄

3）综合储藏库及工业会计室

综合储藏库及工业会计室为底层建筑面积 930.25m² 的钢筋混凝土框架结构建筑，该方形平面建筑占地面积 1062m²，建筑面积 2630m²（图 5-38）。3 层建筑楼高 11m，室内中央是上下贯通开敞的大空间，由四根立柱所支撑，中厅面积达 345m²，大厅四周围合着上下 3 层的房间，东侧有上下楼梯连通各层的走廊，平屋顶上设有两排带状的双面坡式采光天窗（图 5-39）。建筑南面主出入口的门廊为后期增建的，北面设有两个辅助出入口。1950 年国立南昌大学迁入后曾改作美术专业教室，“老美术楼”（或简称“老美楼”）由此而得名。现为老年活动中心和离退休处等单位所使用。

图 5-38 综合储藏库及工业会计室现状外观

来源：作者摄

4）机身和螺旋桨发动机组装车间遗迹（红场）

中意飞机制造厂的机身和螺旋桨发动机组装车间原为长 50.6m、宽 30.5m 的单层矩形建筑，占地面积 1764m²。该厂房为 2 层品字形造型，两侧单层辅助车间的前后立面均开窗，而中间的厂房大厅则设置高大的厂房大门，以供飞机及其大部件进出。1950 年国立南昌大学迁入时，破损车间的构件多被周围村民所拆用，但其矩形的水泥地面未受到损毁，学校遂将其改建成滑冰场兼舞场，并因其红色的水泥地面而取名“红场”。

图 5-39　综合储藏库及工业会计室的室内现状
来源：作者摄

5.5　国民政府时期南昌第二飞机修理厂的规划建设及其建筑遗存

5.5.1　南昌青云谱机场的建设概况

在南京国民政府设立初期，无论从“围剿”中央红军，还是从抗日准备的角度，南昌始终是国民政府发展军用航空业的主要航空基地。按照国民政府航空委员会将航空制造和航空维修相对分离的管理体制，1933 年筹备建设的中意飞机制造厂使用南昌“老机场”（老营房机场），而 1934 年新设立的航委会第二飞机修理厂则使用南昌“新机场”（即青云谱机场，又称“三家店机场”）。

1933 年 9 月 4 日，为加紧“围剿”中央苏区红军和提升国民党空军的飞机维修能力，且囿于老营房机场容量的不足，国民政府下令在南昌青云谱新溪桥地区紧急修建三家店飞机场，由江西省建设厅派员主办该工程，并成立了“南昌新飞行场建设委员会”专职负责，最终征用了全省 83 个县的 29 万名民工参建。1934 年 8 月 1 日，三家店机场正式动工兴建，至 1935 年 2 月机场建成。据《青云谱区志》记载：“三家店机场成为当时全国最大的机场”，其占地面积为老营房机场的 5 倍，机场内的飞机库、地下弹药库、油库和修配厂等设施一应俱全，并毗邻向九（向塘—九江）铁路线上的青云谱站。随后在南昌青云谱机场设立国民政府航空委员会第二飞机修理厂，核定为 90 架飞机修理能力，先后承修“菲亚特”“道格拉斯”“弗利特”“可塞”等型号飞机的修理任务。1938 年 10 月，迫于抗战严峻的形势，南昌的第二飞机修理厂及武汉的航空第九总站相继迁入刚竣工的湖南芷江机场，而进驻老营房机场的中意飞机制造厂（1938 年 8 月更名为“国民政府航空委员会第二飞机制造厂”）也于 1939 年全部迁至重庆南川的海孔洞，日军随后侵占三家店机场，并强迫中国民夫抢修了长宽为 850m×50m 的副跑道。1942 年冬，急于备战的侵华日军再次强征 3000 名中国民工修缮被其炸毁的三家店飞机场。

抗战胜利后，国民政府重新修缮了南昌青云谱机场。1946 年 9 月，国民政府航空委员会第二飞机制造厂顺应国民党空军改组而更名为“空军第二飞机制造厂”，隶属于“航空工业局”。1947 年 2 月，第二飞机制造厂开始在该机场兴建办公大楼和试验工厂，12 月 2 日，该厂全部从重庆市南川回迁至南昌青云谱机场，并正式开工生产，航空研究院也随之进驻。1948 年 12 月 1 日，第二飞机制造厂宣布撤销，航空研究院和航空供应站则相继迁往台湾。

南昌解放后，青云谱机场及国民党空军第二飞机制造厂旧址尚遗留有1幢厂部办公楼、多幢旧砖房以及数座厂房，合计建筑面积42856m²，其主体建筑基本保留完整。1951年4月10日，华东空军所属的南京空军第22厂（航空配件厂）和中南军区南昌航空站奉命在青云谱机场旧址上进行迁厂建站，建厂委员会分两期筹建：一期工程抢修了旧有宿舍（约3000m²）和31号大机库及"八角亭"厂房，解决水、电、铁路的"三通"问题；二期修复了6个飞机库，新建变电站、锅炉房及宿舍，修整跑道等，最终全面修复建成南昌洪都飞机制造厂的研制试飞基地。1956年民航南昌航空站曾进驻该机场，而后迁至南昌向塘机场。青云谱机场后期供洪都航空工业集团公司（原名洪都机械厂）所使用，分为试飞站和飞机制造厂两部分。2018年该公司全部搬迁至新建的南昌瑶湖机场。

5.5.2 南昌青云谱机场及航委会第二飞机修理厂的总平面规划

1. 意大利航空顾问团的设计背景

早在1933年9月，应国民政府的邀请，意大利著名飞行员罗伯特·洛蒂上校和航空工程师尼古拉·加兰特少校先行来中国与国民政府洽谈军事航空业合作事宜，随后派遣来华的意大利航空顾问团的主要任务有3项：①飞行员、地勤人员及飞机装配工等航空人员的培训；②航空管理服务组织及制定后勤和业务计划；③机场基础设施的现代化建设。他们结合青云谱机场的大规模建设，力促将当时驻扎在市区或机场外的航空部队人员的住房、办公室和仓库设施全部搬入航空基地之内。意大利航空顾问团的航空工程师尼古拉·加兰特少校主持了国民政府航空委员会第二飞机修理厂的规划设计任务，他还先期设计了南昌青云谱机场的指挥塔台，而后马可·博斯基（Marco Boschi）上尉则设计了3座维修飞机和发动机的车间，每个车间可容纳300名当地工人同时工作。

2. 南昌青云谱机场及航委会第二飞机修理厂的总体布局

1934年8月1日至1936年期间，由意大利航空使团主持设计的南昌青云谱机场及航委会第二飞机修理厂全部建成投产，总占地面积为414.400万m²（1948年数据）。该机场罕见地采用了呈飞机平面形状的总平面布局形式。西部的生产厂区为"四横五纵"的方格网道路网，东西向的中轴路西边正对面为机场主出入口，东端以机场指挥塔台为中心，正对着东北-西南向跑道的中点，塔台两翼各自呈钝角地对称布局2排标准化飞机库，每排均有4座建筑形制完全相同的机库（后期每排仅存3座），其中南侧一列与东北-西南向的跑道平行。据该机场总平面布局推测，远期应预留有另一条西北-东南向的交叉跑道，与北面另一排的机库平行（图5-40）。另在北侧的机库与器材库房（即"八角亭"车间）之间还建有一座特大型机库，与其他标准机库不同，该机库大厅两侧附设锯齿形车间，为联合检修车间；山字形的办公楼则位于机场南部和机库群西侧，用于飞机制造的设计制图及办公，另外在机场附近的铁路以北还建有发动机厂工人宿舍。该机场总平面布局既满足了飞机维修制造的工艺流程需求，又寓含了飞机展翅高飞的象征意义（图5-41）。

该机场东端最初建有一条长1500m、宽50m、厚25cm的碎石三合土跑道，其中间和南端分别设有直径250m的圆形掉头坪。1952年年底，机场跑道扩展至长1521.7m、宽70m，跑道道面则改造为水泥混凝土结构。1959年为满足试飞需求，又在跑道北面扩展了一段长895m、宽50m的跑道延长段，至此跑道全长2417m、宽50m、厚19cm，而后配套建设的平行滑行道为70m宽的水泥混凝土道面，采用三块板形式（5m×5m+4m×5m+5m×5m）。现遗存的跑道系统将改造为跑道公园。

5.5.3 南昌青云谱机场的近现代航空建筑遗存

1. 近代航空建筑遗存

1）器械库房（"八角亭"车间）

器械库房高2层，总占地面积5876m²，建筑面积8186m²。其建筑平面为8个长边墙和8个短边墙组合而成的十六边形，其中长边的边长为34m。除南、北向墙面分设出入口外，其余的长边墙均各开6

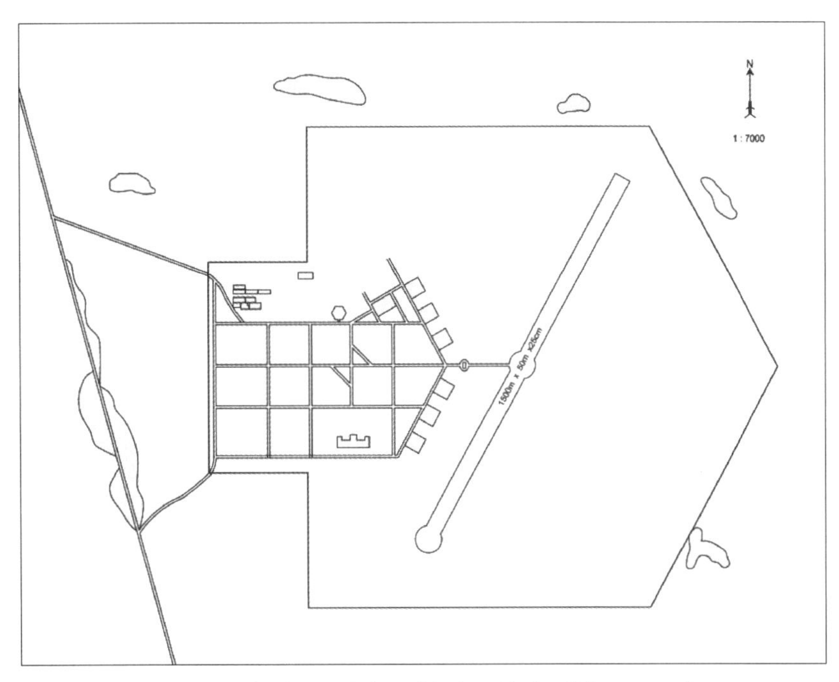

图5-40 《南昌空军站青云谱机场面积位置图》(1947年)
来源:南昌市档案馆馆藏档案号006-03-1974-013,项目组描绘

图5-41 1954年南昌洪都飞机制造厂全貌
来源:《洪都报》,2011年10月12日第14版

个大面积的方形木框玻璃窗,而8个短边墙则仅开设2个大方窗。底层厂房内净高4.3m,其中央位置是工具室,可方便环绕周边的8个单间借用工具,工具室的上部设有一个呈八边形平面的监视室,原通透的8个扇面均有可直视底层厂房每个角落的监视窗。二层屋顶的中央位置上还设有一层高起的八角形采光顶,且这上下两层逐层收分,为此俗称“八角亭”(图5-42)。该建筑的主体结构为钢筋混凝土结构与砖木结构相结合的混合结构,以八边形中心点为中心,呈放射状排列5根立柱支撑的钢筋混凝土梁,并在底层上部架高设置有呈放射状的8条长形侧向采光通风的气窗带,加之该建筑周围环以大面积玻璃窗,使得整个建筑自然采光充足。早期8个扇角都采用墙体隔离砌筑,围合成彼此不互通的8个隔间,现在室内隔间已经全部相互打通,空间通透。器械库房的建筑布局合理,牢固耐用,且建筑特色鲜明。

至今该建筑的主体结构保存完好，仅1956年在其主出入口位置增建了1533m^{2}的机加工厂房（图5-43）。“八角亭”车间是新中国自行制造的第一架飞机——“雅克18”初级教练机（1954年7月3日试飞成功）的诞生地，堪称中国航空工业的摇篮。

图5-42 南昌青云谱机场“八角亭”车间鸟瞰
来源：《洪都春秋》

图5-43 南昌青云谱机场“八角亭”车间现状
来源：作者摄

2）飞机库

南昌青云谱机场初期建成了2排各4座标准飞机库。1939年，这两排机库中的南北两端2座机库因遭受侵华日军的攻击而损毁，中华人民共和国成立后，剩余的6座标准化机库建筑修复后成为南昌洪都飞机制造厂的主要厂房（图5-44），至今保留基本完好。以28号检修机库为例，该机库建筑面积2786m^2，机库前后双向开门，每侧的机库大门合计8扇，机库大门为6.2m限高、36m限宽。机库大厅四角的方形耳室正面宽7.5m，2层砖木结构。除了标准化机库之外，还在器械库东侧建有一座附设锯齿形辅助车间的大型机库（即31号大机棚），其主体建筑形制与标准化机库保持一致。

3）指挥塔台

青云谱机场指挥塔台位于整个飞机修理厂的构图中心以及陆侧和空侧交界点。作为承办所有机场服务功能的军事航空站，该机场指挥塔台的建筑风格为堡垒式建筑。无论建筑平面、前后立面均对称布

图5-44　南昌青云谱机场的标准化机库
来源：作者摄

局。建筑主体2层，空侧中央3层设有悬挑的指挥塔亭，塔亭前圆后方，环以四面玻璃窗，顶部可上人。以圆形为母题，建筑四角、前后立面的中间位置均设置有贯通上下的半圆柱体（合计8个），一、二层之间的陆侧面和空侧面均设置有上人走廊，可供目视观察指挥。整个建筑呈阶梯状的“横二竖四”的构图形式。建筑平面为内走廊布局，空侧面及两侧各设一主两辅出入口（图5-45）。在试飞站成立后，该建筑北部曾局部扩建，两侧的单层部分被加建为2层（图5-46）。这座设有指挥塔台的小型建筑典型地彰显出军事航空建筑的特性，它由意大利航空工程师尼古拉·加兰特少校设计，为意大利“帕拉济纳”（公寓楼/房屋）型建筑，是具有理性主义风格的未来式机场建筑。这一典雅理性的“示范建筑”随后在上海虹桥、南京大校场等其他机场予以复制建设。

图5-45　南昌青云谱机场的指挥塔台原貌
来源：Missione Aeronautica Italiana in Cina

4）办公楼

民国时期的办公楼建筑为典型的现代主义风格建筑，整个建筑造型简洁，布局实用。建筑平面呈山字形，建筑主体2层，中间局部3层，平屋顶，凸式门廊。建筑南侧部分采用采光通风良好的宽大单面走廊，中间的主体部分建筑则采用内走廊。该建筑采用木质门窗和水磨石地面，建筑外檐涂有白色涂料，俗称“小白楼”，整个建筑配备有供暖系统。该办公楼曾是洪都集团公司的理化测试中心用房（图5-47）。

图 5-46 南昌青云谱机场指挥塔台现状
来源：作者摄

图 5-47 民国时期南昌青云谱机场的办公楼现状
来源：作者摄

2. 现代航空建筑遗存

洪都老工业区位于南昌青云谱区核心区域，总占地面积 399hm^2，包括生活区 133hm^2、生产区 128hm^2、机场飞行区 138hm^2。国营 320 厂的现代工业遗产主要包括厂区和生活区两部分。作为南昌市唯一的国家 156 项重点工程项目，该厂承担过生产苏联雅克-18 初级教练机制造厂的项目，该工程于 1953 年陆续动工，厂区先后建成装配厂房、机械加工及热表处理厂房、器材库房及工厂办公楼（图 5-48）等，其中 1959 年年底建成 2 万 m^2 的 101 号厂房，1960 年建成 21 号铸造车间厂房。另外，20 世纪 50 年代建设洪都大院的苏联式生活区建筑群，包括干部宿舍、员工宿舍、苏联专家楼（现幼儿园）（图 5-49）、洪都电影院等。另外，在洪都五区、六区和二区北半部分构成的 L 形区域，分布着数十幢排列有序的小斜顶、红顶青砖二层建筑，这些建筑多为苏联式建筑风格。另外，机场北侧的洪都公园也是全过程见证国营 320 厂发展壮大的重要航空文化遗产。

图 5-48　南昌青云谱机场的苏联式建筑风格办公楼现状

来源：《国营第 320 厂厂史（1951—1983）》

图 5-49　南昌青云谱机场的苏联专家楼现状

来源：作者摄

5.6　国民政府时期贵州大定和广州黄埔发动机制造厂的规划建设

5.6.1　贵州大定发动机制造厂的规划建设

1. 发动机制造厂的历史沿革

值 1936 年 10 月 31 日蒋介石五十寿辰之际，南京国民政府通过全国“献机祝寿”活动募集了 344

万美元的善款。后因国际形势变化而未能如期购机，转而将该款项作为建设航空发动机厂的投资。1939年7月，国民政府和美国莱特航空发动机制造公司（Wright Aeronautic Co.）签订合作制造塞克隆型（Cycloue'R-1820-G-100）“九气缸、星型、气凉式”航空发动机合同，计划每月生产30台发动机①，该发动机厂生产的发动机拟与昆明第一飞机制造厂生产的飞机相配套。同年11月18日正式成立由李柏龄担任处长的航空委员会发动机制造厂筹备处，该处在航空第十修理工厂先行办公，12月1日奉令着手接收位于昆明老城西南的柳坝村的中国航空器材制造厂股份有限公司作为临时厂址②。此后李柏龄专程赴美带领驻美筹备小组采购发动机零部件及其机床设备、专用工装和测试仪器，并招揽了航空人才。1940年6月，由美国回国的李柏龄择定在昆明老城西南的柳坝村筹建厂址，并同时开始第一期装配翻修工作。后因昆明遭受空袭，同年10月奉令迁址他处。筹备组分为川境、黔境两路出发寻觅厂址，最终勘定在贵州大定（今大方县）羊场坝的乌鸦洞建厂，1941年1月1日正式成立直属于航空委员会的“发动机制造厂”，对外公开名称为“云发贸易公司”或“云发机器制造公司”，此后全厂陆续从昆明迁至大定。1946年9月20日，大定厂改隶属于空军总司令部下辖的航空工业局，并改称为“第一发动机制造厂”，1948年9月1日，该厂又改名为“空军发动机制造厂”，实施新的组织编制。

1949年，大定厂奉命迁往台湾的台中清水中社里，整修利用石油公司接收日商的溶剂厂厂房，并新建中枢办公大楼、发动机试车台等。国民党空军专门拨付10万两黄金作为迁厂费用，运抵台湾的机器约有五成，来台员工约1/3，大定厂与同期迁台的南京配件厂和汉口锻铸厂合并为“空军发动机制造厂”。1954年11月1日，台湾的航空体系改制，空军发动机制造厂与空军降落伞制造厂合并为“空军第三供应处”，其人员、机器流散各地。同年6月，大定厂建制撤销，改为“大定疏运处”。中华人民共和国成立后，大定厂未迁台的留守员工及设备于1951年奉命迁往成都，成立“国营411厂”，用以改造C-46型等运输飞机。1965年，顺应“三线”建设的需求，南京军工企业“国营511厂”在大定羊场坝的原发动机厂址包建了一个飞机液压附件厂——“国营金江机械厂”（国营第501厂），该厂于1983年迁到贵阳。此后大方县利用遗留厂房先后开办过烟叶复烤厂、副食品加工厂、钛白粉厂和民族化工厂等。

2. 大定发动机制造厂的建设历程和建筑特征

乌鸦洞位于贵州省毕节市大定县（今大方县）的羊场坝，该天然溶洞地处川滇公路支线——清（镇）毕（节）公路的北侧。大定厂的总体规划及其全部的基建工程由发动机制造厂李柏龄厂长选聘的兴业建筑师事务所李惠伯建筑师主持汪坦等参与设计完成，由馥记营造厂重庆分厂承建③。1940年11月到1942年12月期间，在清毕公路沿线先后建成了厂区面积达120万m^2、占地面积约2km^2的生活区和生产区。整个厂房的工艺布局井然有序，生产区分为机工工场、装配工场、镀炼工场、补给工场及发电房等五个车间，以及原材料、工具、成品、设备、油料与废品再生等六个仓库④。生产区的厂房车间主要设置在洞中，中枢办公大楼和技术大楼等行政办公单位多在洞外，其中与生产直接相关的包括主管研究设计的工程师室和主管生产业务的工务处以及化验室和涨圈所。厂区东侧为生活区，主要布置有军官俱乐部（招待所）、厂长公馆、官佐宿舍（分甲、乙、丙三类）和特种宿舍以及技工宿舍、单身宿舍。清毕公路南侧设有子弟小学、合作社、医院、邮局和饭馆等配套设施，这些楼房、平房及草房合计达50多栋（图5-50）。1945年鼎盛期的员工更是高达2000余人。

---

① 钱学榘著，范鸿志译：《中国航空发动机制造厂》，载《新工程（台湾）》，1948年第1卷第9～10期，第8页。《中国近代航空工业史》一书说发动机型号是“1050马力的塞克隆Cycloue G-105型”，估计后期升级了型号。

② 1938年2月23日，资源委员会正副秘书长翁文灏和钱昌照致电蒋介石建议厂址设在“昆明东北10公里之白龙潭北首茨坝山地一区”。

③ 李耀滋：《有启发而自由：从中国私塾到美国发明家、企业家、院士的北京人》，北京：中国青年出版社，2003年。另有一说设计发动机厂的建筑师为陈植（欧阳昌宇《乌鸦洞的奇迹》和李桂珍《我所知道的乌鸦洞和父亲》），但陈植抗战期间主要在上海任教和执业。唐磐在《大定发动机制造厂创设时的回忆》一文中说到筹备处先期聘请一位胖胖的建筑师，后期又辞退了该建筑师，另请建筑设计公司进行全部的厂区规划设计，包括所有厂房及附带洞外各项建筑。考虑郑光申《航空发动机制造厂年表》提及延请“有巢建筑师”负责厂房规划设计，估计便是唐磐文中所指的前期聘请、后又辞退的该建筑师事务所。

④ 杨龢之：《大定发动机制造厂沧桑——李柏龄厂长》，载《中华科技史学会学刊》，2011年第16期。

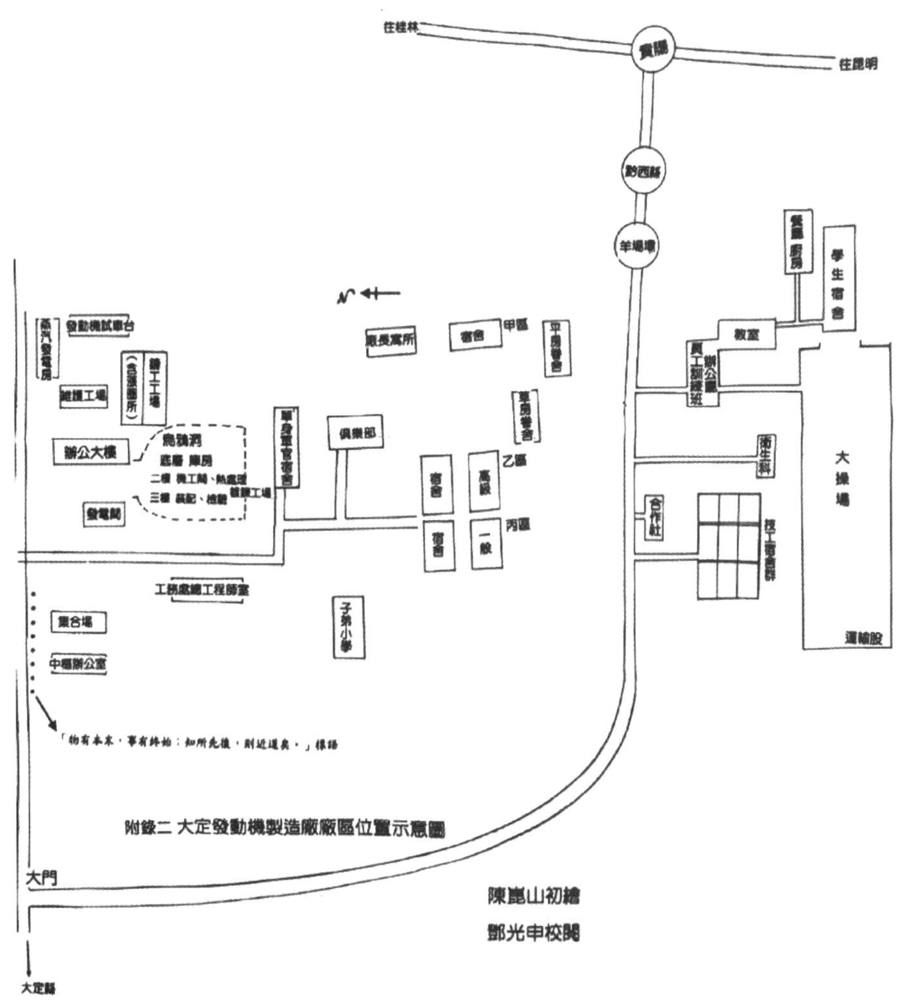

图 5-50　大定发动机制造厂厂区位置示意图
来源：《中国近代（1912—1949）航空工业之发展》

发动机生产厂房的主体车间——机械加工车间建在天然溶洞乌鸦洞内，高大宽敞、坐北朝南的乌鸦洞分为内外二洞，外洞宽约 80m、高约 60m、深达 60 余米；内洞长约 1km，另外还有地下洞。主厂房施工时先用时 3 个月填平大溶洞的地面，再在洞口新建机工车间。出于抵御空袭和军事保密的考虑，依据洞口左高右低的地势特性，该建筑主体随形就势地设置在洞口的偏左位置，其建筑墙体采用毛石砌筑，其厚实的外立面如同照壁般遮蔽整个洞口，仅在建筑上沿留有几尺高的缝隙，用于采光通风。整个建筑主立面分为三部分，其左侧主出入口处的墙面采用横向线条分格的水泥砂浆抹面，中间部分则为厚实无窗的石砌立面，而右侧墙面则是设有一排窗户的生产车间。机工车间的正门前设有毛石台阶，可直接进入车间的一层，其左侧为汽车通道，直通连通车间的地下层。

乌鸦洞主厂房兼办公建筑分为 3 层：地下一层包括材料、设备、油料和再生等库房；地面一层为机工课的主厂房，包括机工股、工具股和热处理股，占地面积约 2400m^2。1945 年将热处理股的电镀间独立设置，工具股外移至技术大楼的底层，原车间改为工具库（五金材料库）；二层为装配课和检验课、成品库、专用工装库等。整个厂房总面积达 7000 多平方米（图 5-51）。

发动机厂工务处长兼总工李耀滋认为乌鸦洞内的主厂房工艺布置周密而精细，对建筑师制作的可逐层分解的沙盘模型更是称颂其“精雕细琢，堪称一绝”。他还积极参与该楼的结构设计，当时机工车间上下楼层安装有近百台机床设备，楼地面荷载大，原设计的 2 层木构主梁截面较大，当地难以寻觅，后在李耀滋的建议下，改为连续拱架式，立柱两侧增设斜向支撑，两柱之间采用钢条拉紧，楼面梁的两端

(a) 机工车间的设计效果图　(b) 1942年年底机工车间刚落成的实景

图 5-51　贵州羊场坝乌鸦洞的设计效果图和建设实景

来源：(a)《中国航空工业老照片（1）》；(b)《有启发而自由：从中国私塾到美国发明家、企业家、院士的北京人》

均由坚实的洞壁支撑，由此梁的截面尺寸减少了一半，且所有木柱均倒立使用，树根粗壮部分用作横梁的承台。由于结构设计巧妙，该车间使用十多年仍平整如初。中华人民共和国成立后，乌鸦洞主厂房被改建为钢筋混凝土结构和钢结构的 5 层楼房。

大定厂建设分 2 期进行，第一期建厂的重点地区是以机械加工为主的乌鸦洞，铸造工场、发电房、电工间和补给工场（包括锻、焊、钣金和机械加工）等其他厂房则建在乌鸦洞左侧的山丘上，而试车噪声大的试车台单独设置在山坳里。第二期建厂的重点地区则是距离乌鸦洞 2km 处的清虚洞，该洞具备自然通风条件，陆续建设铸造厂、螺旋桨厂及发电站等配套厂站（未全部完工），附近的小山洞则建有油库、仓库等用房。为了解决运输困难，除直穿厂区的清毕公路外，还自建了长约 16km 的石板路；由于全厂每日平均要消耗 3 万多加仑（约 $114m^3$）水，自 1942 年 5 月开始在 3km 以外的猪鬃河建造给水工程，该工程完工后解决了饮水不便问题；此外，为加强厂区的安全保卫力量，特在四周圆山顶上建成碉堡 5 座，派兵值守。

经过冗长的购置手续，航空器材及其生产机器从美国海运至缅甸仰光，再经滇缅公路运至贵州大定，大定厂先后安装了包括 20 世纪 40 年代美国航空制造工业的最新式机器在内的 250 多台机器，用以对购自美国的发动机配件进行精加工，进而装配航空发动机。从 1943 年开工至 1944 年 9 月，自制的第一台 1100 马力（约 809kW）的航空发动机在大定厂诞生了，经自制风洞测试和美国莱特公司鉴定，认证合格，可批量生产。至 1946 年年底，厂内完成装配发动机 36 台，其中经 100h 试车后合格者为 32 台。但终因动力、运输和性能等因素，该型号发动机无法大量生产。

3. 大定发动机制造厂的遗址

作为我国最早的航空发动机诞生地，大定羊场坝的航空发动机厂厂址可谓中国航空工业发展的基石，也是反映中国工业建筑史的重要工业遗产。当前大定厂的主要建筑遗存包括主厂房、翻砂车间、金加工车间、辅助用房等，此外还有航发厂厂长室（曾是蒋介石 1943 年 3 月视察该厂的下榻处）。2018 年 1 月，作为“中国航空工业历史上第一个航空发动机制造厂；研制出中国第一批航空发动机”的大定航空发动机厂厂址被列入中国工业遗产保护名录（第一批），但该遗址现仅为毕节市市级文物保护单位。

5.6.2　广州黄埔发动机新厂的规划建设

地处贵州山区的航空发动机厂之所以在“地瘠而民贫的荒僻县份”选址主要是考虑战时防空优势，但由此也带来了交通、治安、人才和补给等诸多问题。加之 1945 年大定发动机厂向英国罗尔斯 · 罗伊斯公司购买了尼恩Ⅰ型（Nene A）喷气式发动机的生产专利，第二年又向美国来柯敏厂购买了 185 马力的莱康明（Lycoming）发动机专利，计划生产该型发动机 50 台，为此发动机厂决定大定厂生产英制发动机，另建新厂生产美制发动机。

在抗战结束后不久，大定厂便积极另行择址筹建生产莱康明发动机的分厂。1946 年 1 月，厂方先

后考察了湖南湘潭下摄司和长沙新开铺一带，因两地无现成厂房可用，另外也派人勘察了广西桂林，而最终选定在广州新建分厂，这主要考虑广州是华南第一大都市和水陆交通要冲，航空器材进口便利，符合建厂的一切条件。同年11月，大定厂工务处长华文广中校带队20多人前往广州成立“广州分厂筹备处”筹建新厂，发动机厂址最终选定在距离黄埔码头以南5km的龙潭（今黄埔石油化工厂附近），原为侵华日军部队的驻扎地。该地区环境优良，地点适中，海陆空交通便利。广九铁路在厂址东北方向经过，可接入铁路支线直达厂内；且有公路可直通20余公里以外的黄埔码头；而厂址与天河机场也相隔不远，空运物资器材尤为便利。1947年6月，“广州分厂筹备处”奉令改为“广州新址筹备处”，新计划是将广州新厂建成可供应空军全部所需的发动机厂，而大定厂则改作仅用于研究和试造，并因其环境幽静而拟作为举办航空工业技术员工的训练之用。

广州新厂全部厂区面积计划为1km^2，大小厂房及库房等约5万m^2。1948年年初开工建设，由时任第三任厂长的顾光复上校主持新厂的建筑工程，工程分两期进行：第一期工程包括办公室、小厂房、各式库房及门墙道路等；第二期工程包括修建大厂房、员工宿舍及家眷住宅等。同年4月，办公楼、机加工厂房、装配厂房、试车台、仓库和两栋家属楼以及大门道路基本建成。厂内原有一座深数百尺的水井，并在流经厂内的河流旁新建一座水塔，该河流的蓄水量可达百万加仑①。至1948年年底已经完工及正在建设的建筑约有2万m^2。大部分建筑采用钢筋混凝土砌筑，主要厂房为锯齿形建筑，大厂房前各有若干座小车间和库房。所有建筑均采用新式图样，规模宏大，布置齐整，总办公厅及官佐宿舍尤其富丽堂皇，至此该航空工业基地已初具雏形。广州新厂因运抵的器材较多以及各项业务亟待推进，现有工作人员不敷分配，又需要调大批大定员工前往广州工作。为了顾及两方面生产工作不致停顿起见，采用分期调动方式，在1948年年底调穗人数占全厂的1/4，计划1949年秋季达到1/2，但后来因内战激化，该飞机发动机工厂停止建设，机器设备于1949年年中迁往台湾的台中清水镇。

① 1美制加仑约为3.8L。引自：孝纯．发动机制造厂建筑新址［J］．中国的空军，1948（120）．

第6章

近代机场飞机库的建筑特征和应用实例

6.1 近代飞机库的分类、建筑形制及其发展阶段的划分

6.1.1 近代飞机库建筑的分类及其建筑形制

1. 近代飞机库建筑的发展概况

飞机库是近代机场最早出现具有航空特征的行业建筑物或构筑物，也是空间分布最广、建设数量最多的近代机场建筑类型。它可以说与航空业的肇始几乎同步诞生，且普遍列为机场必备的专业建筑设施，对于民用机场来说，机库自飞机投入商业运营之际便是航空公司着力建设的重点，而旅客候机室相比之下则沦为其次。至20世纪30年代，我国机库的建筑形制基本成形且相对稳定，除了材料、结构和尺度等技术指标方面的变化以外，近现代机库建筑形制方面至今无大的变化。但近代机库的结构技术体系则丰富多变，其形式之丰富世界罕见，这归因于随着从欧美各国引进不同类型的飞机而随之引入的机库结构技术体系的差异，也与各地机库的设计施工、规模材料及工期造价等诸多因素有关。

在机场出现之初，机场建筑主要以飞机库（飞机棚厂①）为主体。飞机库包括飞机防护和飞机维修制造两大功能。其中防护功能除了保障室内的生产环境外，还要为飞机提供遮风避雨、防寒抗冻、避免扬尘的场所。机库防范的重点是预防火灾、台风以及大雪。早期飞机构件多采用木质和帆布材料，木材时至20世纪30年代末仍是制造飞机机翼、机体和尾翼的重要材料。为了防止因木板内渗水而使木料腐朽，也防止风吹雨淋而损坏飞机，即便水上机场也是如此，为了避免水上飞机的木桴因长时间的浸泡而腐朽，通常在陆地上设有防护机库，以备水上飞机停飞后上岸停驻。再则飞机重量轻，防风要求高，机库可有效防止大风吹袭飞机。另外，设置在机头位置的活塞式发动机在北方寒冷地区常因被冻凝而不容易启动，为此早期机场多设置有由木头与芦席或帐篷所临时搭建的简易机头库或飞机暖室，仅飞机机头被遮护，飞机其他部位则均露天布置，后期航空公司为节省建设大型机库的费用也有采用机头库形式的，如民航空运队在虹桥机场的机头库。

早期飞机的故障多，航前航后均需要进行频繁维修，为此飞机库除了防护功能，需要满足飞机维修制造的功能，这类以维修制造功能为主的机库体量较大，通常为主体机库与辅助房间的组合模式，即以机库大厅为中心周边多配备有修理车间、工具室、仓库及办公室等辅助房间，主要承担飞机养护维修、组装制造和日常办公之用。如杭州笕桥机场中央飞机制造厂（1934年）机库大厅的前端配置两层办公楼，在其两侧则设置单层的锯齿形辅助车间。

2. 近代飞机库的分类

近代机库的大小视容纳飞机的大小和数量而定。根据平面布局形式的不同，机库有单体机库、双联排机库或多联排机库之分。航空公司基地机库及飞机制造厂机库多采用大型的单体机库，便于多功能集聚和使用便利；大型机场一般采用多组且相互分离的双联排机库布局方式，既经济实用，又可防火，同时可容纳更多的飞机，上海虹桥（1921年）、南京明故宫（1929年）、杭州笕桥（1930年）等机场均采

① 民国时期的飞机库也有“格纳库”之称，为英语“garage”的音译。

用了双联排机库类型。多联排式军用机库则是采用 3 个以上单体机库成排设置方式，这类机库普遍为单向出口，适合多架小型驱逐机同时快速出击作战。沈阳东塔（1924 年）、济南张庄（1926 年）、云南巫家坝（1927 年）（图 6-1）、洛阳金谷园（1927 年）及厦门曾厝垵（1930 年）等机场采用了多联排式机库。总的来说，多联排式机库节省用材及用地，使用便利，但易因一处失火而殃及周边相连的其他单体机库。如 1940 年 1 月 27 日，重庆珊瑚坝机场的欧亚航空公司机库失火，殃及中国航空公司机库，导致 4 架飞机及大量器材工具遭到焚毁。

图 6-1　云南巫家坝机场联排式飞机库
来源：瑞典航空专家 Lennart Andersson 先生提供

3. 近代飞机库的建筑形制

1）机库建筑平立面

近代机库的建筑形制相对简单，主体建筑平面多呈矩形或方形，机库主体结构也多采用等间距、等跨度的多榀刚架布置方案。机库大厅可采用单侧或双侧进出方式，相应在其两侧墙面或三面墙面附设零件间、设备间、储藏室等飞机维修用房、办公用房以及候机室等。机库大厅的建筑空间大小由容纳设计飞机机型的尺寸及其数量来确定，例如，1933 年的江西莲花机场有一座 17m 见方的木质机库，可容纳小型飞机 4 架。同年由海军建设的厦门曾厝垵机场为一座长 67m、宽 18m 和高 13m 的三开间机库，可同时容纳 10 架蛾式水上飞机。早期机库大厅的设计是通过摆放按比例缩小的飞机卡片模型来确定机库大厅面积的，如上海江南造船厂飞机库（1934 年）建筑面积 7200m^2，按照同时装配 6 架飞机进行设计布局；上海龙华机场欧亚航空公司的总修理厂机库大厅（1936 年）设计可同时停放德制容克式飞机 7 架，其三面由通宽 6m 的 2 层辅助房间所围合，其办公、候机和修理工场部分相对分隔。有的机库是在机库大厅四角或两角设置辅助房间或耳房，机库大门两侧的辅助房间正立面墙面可兼作叠合门扇的收纳处，或者在大门两侧专门设置收纳机库门扇的耳房，还有的机库是其大门两侧直接采用独立支撑立杆来叠合收纳开启的门扇。

大中型机库的围护外墙多用青砖或红砖砌筑，如 1935 年建成的南昌老营房机场标准化军用机库墙面采用 15 英寸（约 38cm）厚水泥砂浆砌筑的墙体，内饰石灰纸筋砂浆，外用水泥粉刷。简易机库的外围围护材料可用席棚或木板围护，也有用铁皮罩面的木板门。为了让机库室内大厅有良好的自然采光效果，机库两侧墙面和机库门上沿多设计有一些带状的玻璃窗户。机库室内地面普遍需要进行地板硬化，以承载飞机荷载以及抵抗各种环境或人为带来的损坏。

近代机场的建筑形制相对简单，造型简洁。1930 年 3 月，由余兴良设计绘制的武昌南湖机场机库建筑为长宽各 15.9m 的方形平面，机库后面四角为 4.1m 见方的辅助房间，这两处的屋顶特采用局部悬山顶的屋面处理手法。机库为砖木结构，采用四跨五墙柱支撑三角形木构屋桁架，屋面覆以白铁皮。机库大门为折扇式，高 4.1m，方便飞机进出，机库后面中央位置开设一小门。机库两侧墙面各开设两扇对开的平开窗（图 6-2）。

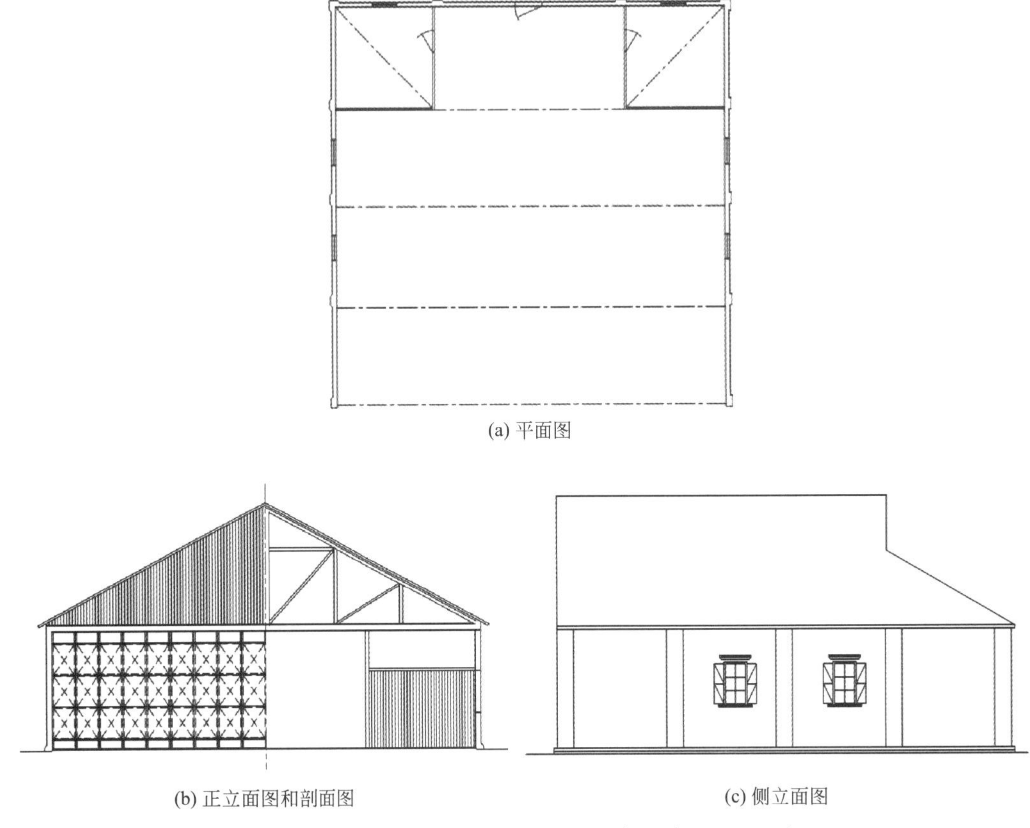
(a) 平面图

(b) 正立面图和剖面图

(c) 侧立面图

图 6-2　武昌南湖机场砖木结构的飞机库设计图（1930 年）

来源：湖北省档案馆馆藏档案，项目组描绘

2）机库大门

机库大门是飞机库建筑中最具特色的组成部分。通常机库的单侧或两侧设置有机库大门，前后开门可供飞机自行滑入和滑出，如果只是单侧开门，飞机则需要自动滑入，拖车拖出，或者与之相反。从大门形式来看，近代机库大门常用折叠式（Folding type）、推拉式（Slide type）和对开式（Two leaf canopy type）三类。折叠式门扇开启轻便，但不耐用，仅有武昌南湖机场、南京明故宫机场第一飞机修理厂等机库少量应用（图 6-3）。广为应用的推拉式机库大门是采用人工或电动方式推动门扇在上下两层钢制多条导轨上滑动的方式予以开闭，该机库大门多由 4～10 个门扇组成，门扇多选用钢骨架或木骨架与木材面板及白铁皮贴面的组合。这类组合门体结构不仅保证了门扇开启的灵活性，也具有稳固性和耐久性。现存的对开式机库大门仅见于牡丹江海浪机场军用机库，该双开大门与机库主体全部由厚实的钢混结构构筑，防范空中轰炸（图 6-4）。由于机库门的尺寸大且厚重，又要求开启闭合方便，机库门框顶部和底部都设有专用的多重轮轨，装有滑轮的大门门扇可采用电动或人工开启方式沿滑槽推拉开闭。为了满足飞机快速无碍地进出机库大厅的需求，大型机库大门出入口处无柱或少柱，为此机库大门开口处的上部大跨结构需要进行结构加强处理或单独设立。

根据近代机库大门的建筑处理方式，推拉式的机库大门可分为半开式和全开式两类。半开式机库大门应用于矩形机库平面，其开启后的所有推拉门扇对半叠合在两侧门扇之中，其机库出入口无法全然打开。全开式可确保机库大厅的大门侧可全部开放和自由进出，其机库大门有 3 种处理方式：①在机库大厅两侧外围设置用于收纳机库大门门扇的外凸耳房，全部机库门扇打开后分别推入耳房；②机库大厅的两侧设有两排辅助房间，开启后的机库大门门扇可在两侧辅助房间的墙面贴墙放置；③直接在机库两侧外围设置带有上下导轨的开放式钢构支架，机库大门的门扇可以向机库两侧全部开启，但因机库大门开启后仅为钢架支撑，门扇容易被大风吹倒。

图 6-3　武昌南湖军用机场折叠式机库大门（1935 年）
来源：《中国大部工业建筑及公共建筑，均加采用“令不脱”手艺纸柏水泥屋瓦介绍》（《建筑月刊》，1936 年第 4 卷第 10 期）

图 6-4　牡丹江海浪机场对开式机库大门
来源：作者摄

6.1.2　近代飞机库建筑的发展阶段划分及其建筑特征

根据近代机库的时代发展背景及其不同的建筑技术特征，我国的飞机库建筑的演进历程可划分为以下 4 个阶段。

1. 北洋政府时期的飞机库（1910—1927 年）

1）建筑形制的特征

北洋政府时期的机库常见的是木头搭建、草席遮护的临时机库。如北洋政府在北京南苑机场、清河机场先后修建有木构芦席、钢构帆布的简易飞机修理棚厂。1913 年由法国人主持在南苑机场建设了第一座永久性的弧形桁架式机库，用于接纳法制高德隆飞机。1921 年又搭建了由英国费克斯公司提供的由钢架与军用帆布构筑的简易飞机库，可容纳英制维梅飞机 4 架（图 6-5），但清河飞机修理厂建造的同类机库则于 1921 年 9 月 13 日被大风刮倒，库内飞机严重受损，后来在该修理厂委托北京鑫记公司建造

图 6-5　北京南苑机场的钢结构帆布的机库
来源：《航空》，1921 年第 2 卷第 6 期

了10座木质飞机库。根据《申报》记载，永久性的机场建筑在1920年北洋政府筹备京沪航线时便开始招标建设了。1922年9—11月，驻上海的北洋陆军第10师在龙华机场内建造6间竹房和3大间瓦房，存放已装配好的6架飞机。北洋政府时期的机库多为席棚形式的临时性简易建筑，极易受到风灾影响。

2）典型实例——沈阳东塔机场飞机库

根据1920年《航空》第1期中的有关记载：东北航空处在沈阳东塔机场的飞机库有两大间，可容纳英制维梅式民用飞机4架，机库内采用水泥地面，朝西方向的机库建筑主立面为老式的灰色铁制机库大门，门下为轮轴，可横向推拉开启。其他三面为红砖墙围合，南北两面墙各设有6扇玻璃窗，东墙设有8扇玻璃窗及2扇小门。另外东西两墙上部还各开有玻璃窗16个。机库内的采光十分充足，可防范雨水顺流而下而引起室内渗透。1924年，由俄国人设计建造了一座长240m、宽24m的多联排式飞机库，该机库由“3+4+3”十开间的单体机库组合而成，两侧山墙具有典型的俄罗斯建筑风格（图6-6）。

图6-6　沈阳东塔机场联排式飞机库（20世纪30年代）
来源：《东北航空月刊》，1929年第1期

2. 南京国民政府初期的飞机库（1927—1937年）

1）建筑形制的特征

20世纪30年代初至抗战前夕，在南京、上海、洛阳、南昌以及杭州等地的军用机场出现一批具有现代建筑特征的机库建筑。在南京明故宫机场建有8个铜架钢皮机库，在南京大校场机场和上海虹桥机场分别建有2个钢构屋顶、砖墙砌筑的机库，而在洛阳机场则建有4个铅皮屋顶、砖墙砌筑的机库，联排式机库形式主要用于停放德制容克K-47型战斗机，其中央航校洛阳分校所使用的飞机库由馥记营造厂承建。20世纪30年代的南昌老营房机场机库采用梯形豪式钢桁架屋顶结构，采用斜向支撑和人字支撑结合的腹杆，每榀共8节间，采用多门扇的推拉门，专供意大利制造的菲亚特BR-3式轻型轰炸机停驻（图6-7）。这些军用飞机库主要功能为储存防护，其单一大空间的机库两侧均未配置辅助用房。

至20世纪30年代初，中国永久性的民用机库开始由驻场的基地航空公司投资建设及使用，这类机库可以承担执飞航线飞机的维修和养护，通常为可容纳多架飞机的多机位机库。上海龙华机场是中国航空公司和欧亚航空公司的飞行基地，这两大航司为此在该机场先后兴建了3座具备现代飞机维修功能和现代建筑技术特征的大型机库，并代表着欧美地区两种不同的建筑风格及其航空公司需求。这类现代机

图 6-7　停放意制菲亚特 BR-3 轻型轰炸机的南昌老营房机场飞机库
来源：《飞翔在中国上空——1910—1950 年中国航空史话》

库的矩形建筑平面布局均为主体机库大厅和附属维修车间的组合，附属建筑中多设有修理车间、热气间、洗涤间和储藏间等。机库采用了大跨度的平面桁架屋盖结构，主体空间室内无支柱，便于飞机进出与停驻。考虑到飞机维修保养时需将机身、机翼或发动机等大部件吊起，其上部屋架的承载能力要求较高，为此机库的主体建筑结构常用钢筋混凝土结构或钢架结构。

2）典型的实例——山西太原军用飞机库

太原城北机场的飞机库始建于 20 世纪 30 年代初，现位于太原钢铁集团总公司厂区内的东北部，该军用飞机库原有 5 座，由南往北编号依次是 1～5 号库，其中 1 号库因为太原钢铁公司建设的需要而于 20 世纪 80 年代被拆除，现遗存的其他 4 座机库保留完好，现为太原钢铁集团设备物资采购部的南库。这些建筑形制一致的飞机库在停机坪前呈东西朝向、由北向南一字排开，其平面布局形式、立面造型和空间尺度均完全相同（图 6-8）。每座飞机库大约长 32m、宽 26m，占地面积 500 余平方米，可同时停放飞机 4 架。该飞机库的东西两面都有供飞机进出的机库大门，并在机库大厅四隅、前后大门两侧分别设置 4 座 2.1m 见方的耳房，一方面设有可供人们方便进出半圆拱小门，另一方面可将机库的推拉门纳入其中。机库大门上部为三角形山花，中间设有通气窗。使用至今的推拉门由 8 扇铁皮包裹的木板门组成，外面有铆钉加固，各扇门的中部开有采光的玻璃窗。推拉门可沿上下镶嵌的专用轨道槽分别往两侧

图 6-8　太原钢铁厂原军用机场飞机库
来源：作者摄

推至两边的耳房里，这样整个飞机库门能完全敞开。机库南北向的侧面墙面采用青砖砌筑，每面山墙均等距离设有7个向上倾斜的梯形砖砌扶壁柱；双面坡的三角形木桁架结构的跨度达27m，屋架下部采用木板吊顶。机库两侧山墙及前后机库大门四面都有大面积的玻璃窗，室内自然采光良好。机库室内原设有地沟取暖装置，2007年因防火要求而将其停用，改成了暖气片供暖。该公司20世纪90年代在飞机库顶板安装了防火层，配备有完善的消防设施。太原钢铁厂飞机库的建筑造型简洁实用，结构合理，该四座机库及其中间的梅花碉堡现已经被列入太原市历史建筑保护名单。

3. 全面抗战时期的飞机库（1937—1945年）

1）建筑形制的特征

全面抗战时期，敌我双方均在各自重要的军用机场建设了大量的军用飞机库或飞机堡。在西南地区美国盟军驻地机场出现不少木结构的小型简易机库，用于储备和维修美制P-40驱逐机，B-29等大型轰炸机因其体量巨大而无力承建其专用的大型飞机库，仅建有土方堆制、三面围合的飞机堡供其使用。侵华日军在东北沦陷地区、上海江湾、海口大英山等一些重点军用机场建设一批大型钢结构机库，一方面满足飞机维修制造的需求；另一方面直接用于侵华军事作战飞机的防护（图6-9）。

图6-9　上海江湾机场日本海军陆战队使用的机库（1949年10月10日）

来源：美国国家档案馆馆藏档案，编纂目录：A1832

2）典型实例——西南区某军用机场飞机库

在西南地区某机场的机库主要供驻华美军23大队部使用的P-43A战斗侦察机进行维修作业，该军用维修机库采用折线形木桁架结构，上下弦之间采用不等长的斜向交叉腹杆，屋架上采用井格状的木檩条。其外形符合弯矩图，构件受力合理，可有效承载飞机维修时的吊车荷载。该机库进深八榀七间，正立面的机库大门由六扇铁箍木板门扇组成，机库后面附属建筑为维修车间，机库两侧山墙设有大面积玻璃窗，采光良好。机库屋架上中间悬挂有单梁吊车梁及吊葫芦，两侧悬吊有2排照明灯具，可连夜进行作战飞机的维修作业（图6-10）。

4. 南京国民政府后期的飞机库（1945—1949年）

1）建筑形制的特征

抗战胜利后，美军驻华部队使用的道格拉斯C-47、C-54等大型军用飞机大量廉价转让给中国航空公司、中央航空公司及民航空运队执飞的民用航线之中，这时期的航空运输繁忙，但可以维修大型飞机的机库则奇缺，驻上海龙华机场基地航空公司——中国航空公司和中央航空公司沿用了原有的飞机库，不过这些现有机库均无法容纳这些飞机，即使上海江湾机场最大的军用机库也仅能够容纳C-47飞机的单边机翼。但新建大型机库从动荡时局、工程造价和工期来看均短时间无法实现，为此采用机头库的形式不失为权宜之策。

图 6-10　西南地区美国飞虎队使用的维修机库

来源：美国圣迭戈航空航天博物馆档案

2）典型实例——上海虹桥机场机头库

为应维修设施的急需，1948 年民航空运队在上海虹桥机场建成飞机维修专用的机头库，该机库建筑由美国人占斯纳宁主持设计，建筑平面呈矩形，面阔 110 英尺（约 33.53m），进深 96 英尺（约 29.26m）。设有仅能容纳大型飞机机头伸入室内的维修工位，其上方的坡屋面在机头伸入处上沿内凹，并设有 6 扇天窗，便于机库室内的自然采光（图 6-11）。同类机头库已先期在广州天河机场建成。

图 6-11　驻上海虹桥机场民航空运队使用的机头库

来源：《民航空运队》，1948 年第 1 卷第 24 期

6.1.3　近代飞机库建筑的主要建筑技术特征

1. 机库的屋盖结构形式多种多样

为营造单层的、无柱的高大空间，大跨度屋盖结构是机库结构设计的关键。由于近代中国进口飞机机型的多元化，相应自国外引入的机库大跨度屋盖结构技术也丰富多变，各地机库的大跨度屋盖结构差异明显。伴随着近代中国工业建筑结构技术的发展，近代机库也随之采用多种多样的排架结构和刚架结

构等平面结构体系，陆续出现了钢混框架、拱形屋架、双铰门架与双铰拱架等各种新型机库结构形式，至第二次世界大战末甚至出现了空间结构体系（网架结构）的雏形。

2. 满足多种航空辅助功能的需求

大型机库常以机库大厅为核心布置办公、候机和维修辅助用房，一些军用机库还在两侧耳房设置警卫室，屋顶则设置警戒放哨平台。另外，大型飞机库建筑还附设有各种航空辅助功能。如借助机库的高度优势，在机库屋顶设有引导飞机逆风起降的风向袋，并多安装机坪照明用和引导夜航用的探照灯；在机库屋面上醒目标识有所属机场或航空公司的缩写名称，用于辅助引导飞机的目视进近；抗战胜利后，一些大型机库的屋顶还设置有用于指挥飞机起降的指挥塔台及其通信天线。

3. 满足机库建筑各种建筑物理方面的需求

出于日常维修制造的需要，近代机库需要充分考虑自然采光通风、保温隔热等建筑物理功能需求。面阔宽、进深大的机库对自然采光的要求高，通常尽量做到机库四面采光，总体上以两侧或三面墙面开窗采光为主，以出入口上沿山花及机库大门的开窗采光为辅。如果机库大厅两侧有辅助房间遮光，则其上沿应设置高侧窗，或者采用带状天窗的采光形式，以增加机库大厅中央的自然光照。沈阳东塔机场机库（1944 年）正面的山花处设置有三大块整体上呈三角形的大面积玻璃窗，室内采光良好（图 6-12）。北方寒冷地区机库还要考虑冬季采暖保温的需求，太原城北机场和牡丹江温春机场在机库旁设有锅炉房，通过地沟专供机库地坪采暖。另外，齐齐哈尔南苑、太原城北、宁安东京城等一些机场的机库利用桁架结构的下弦及连系杆搭建顶棚层进行保温，有的机库吊顶层上甚至铺设厚实的锯木屑予以保温。

图 6-12　近代沈阳东塔机场机库大门及山花

来源：美国《时代》杂志 Jack Birns 摄

4. 近代机库建筑形制有标准化设计的倾向

民国时期普遍采用标准图纸在不同的机场建造标准化的飞机库，这一建设模式具有设计建设投资省、建设周期短，见效快的优点，多在军用机场应用。南京国民政府航空署曾在全国航空总站统一推广应用标准化的机库建筑形制，至今在南京大校场、洛阳金谷园、南昌青云谱和西安西关等地机场尚有标准化机库建筑的遗存；东北航空队则先后在沈阳东塔机场、济南张庄机场采用了俄国人主持设计建设的联排式弧形钢屋架飞机库（图 6-13）。另外，满洲航空公司在长春、哈尔滨、齐齐哈尔等地机场也先后建设了“航空站＋飞机库”的组合模式。

图6-13 近代济南张庄机场的俄式联排式机库

来源:《Eurasia Aviation Corporation Junkers & Lufthansa in China 1931—1943》

5. 机库建筑是近代机场的主要专业建筑类型

机库是近代机场用于飞机防护及维修的重要专业建筑，在建材、投资等方面都予以优先保障，其建设成本相对昂贵。如厦门曾厝垵机场海军机库（1930年）由留德工程师林荣廷设计，上海同记建筑公司承建，造价为7万多元（图6-14）；1932年杭州笕桥机场的中央（杭州）飞机制造厂钢筋混凝土结构机库的概算造价25.338万元，甲乙双联排式机库的造价为14.8万元，而双联排半圆拱式的德国容克斯飞机库造价仅是3.502万元；1936年6月建成的上海龙华机场欧亚航空公司机库总耗资近14万元。

图6-14 1930年厦门曾厝垵机场海军航空所的联排式机库

来源:《鹭岛见证——厦门市档案馆珍藏档案》

6.1.4 近代飞机库建筑的保护与再利用

近代飞机库建筑是融合了军事建筑、航空建筑和工业建筑三种建筑类型及其功能需求的机场专业建筑，这些机库主体建筑为矩形建筑平面，覆以各类大、中跨度的屋盖结构，其建筑形制简洁实用，屋盖结构类型丰富，普遍具有室内空间高大宽敞、结构坚固、使用寿命长、空间可塑性强、适用性广泛以及再利用价值高等诸多特点，不少近代机库建筑经过适度的改造和维护，仍能被很好地利用至今，由此使得近代机库建筑成为我国现存数量相对较多、分布较广的机场历史建筑类型。

从保护层面看，与一般历史建筑不同，近代机库建筑在1949年后长期为部队或航天航空等保密涉密单位所接收使用，以致南京、南昌、洛阳和西安等这些近代机场建筑遗存至今未纳入各级文物保护单位或优秀近代建筑名录之中；从再利用层面看，我国现存的大部分机库建筑仅停留在用作仓储功能上，这既对近代工业建筑遗存保护不利，也需要在保护机库原貌保护的基础上进行深度的文化和商业开发再利用，如可以参照国内外城市将机库内部改建为美术馆、游泳池、创意产业园、住宅楼等先进的做法。

总的来说，我国现有的近代机库建筑遗存属于典型的近代工业建筑类型和军事建筑类型，既是世界不可多得的近代工业遗产和弥足珍贵的抗战遗物，也是我国近代航空工业和军事工业发展的实证文物，这些近代机库建筑遗存在交通建筑类型中具有独特而较高的历史价值、技术价值、艺术价值和文化价值。目前北京南苑、大连周水子、青岛沧口和流亭、南昌青云谱及南京大校场等诸多机场正在筹备搬迁或开发建设过程中，不少以机库为主体建筑的近代机场建筑群遗存正面临着或已遭受被拆毁的命运。显然，如何规划利用现存近代机场遗址和机场历史建筑是近代航空类工业遗产保护与利用过程中的全新课题。

6.2 近代飞机库建筑结构技术的演进及其特征

近代飞机库是服务于军事航空业或民用航空业的主要航空类专业建筑，也是近代机场建设数量最多、分布最广的机场建筑类型，其建筑形制及结构技术的演进直接反映了近代航空技术和近代建筑技术双重进步的发展历程，尤其是机库多元化、特异化的大跨度屋盖结构类型更是全面折射出近代中国工业建筑屋盖结构技术的发展规律及建筑特征。

6.2.1 近代飞机库的建筑结构形式及其典型实例

近代机库的主体建筑结构可分为大跨度的屋架结构和方正的屋身结构两大部分。从建筑材料来看，早期机库建筑结构多采用竹木结构、全木结构、砖木混合结构或钢构帆布结构等简易结构，有的临时性飞机库甚至罕见地采用了席棚遮护的全竹竿搭接架构，如 1927 年上海江湾跑马厅临时机场搭建有 5 座以竹竿为骨架、用芦席围护的机库，其净高达 70 英尺（约 21.3m）（图 6-15）。后期跨度更大、结构性能更优的全钢结构、钢筋混凝土屋架-砖柱混合结构或者钢屋架-钢筋混凝土柱混合结构则广为应用，这些结构技术的进步使得近代机库的稳定性、耐久性以及耐火性都有了显著改善，机库大厅内部空间高大开阔，经济耐用。

图 6-15　上海江湾跑马场搭建中的简易机库

来源：Matshed aircraft hangars under construction，Shanghai Racecourse，1927 | Historical Photographs of China（hpcbristol. net）

1. 全木结构机库

早期机库建筑因飞机机型小而多采用木屋架和木支柱组成的全木结构，这类机库构造简单、取材便利、造价低廉，且可沿用传统的木作施工技术，如 1931 年由比利时留学建筑师罗竟忠设计的重庆广阳坝机场机库便采用了罕见的拱式全木结构机库①（图 6-16）。但由方木或圆木搭接而成的全木结构的空间跨度有限，且承载能力弱，另外机务维修涉及机油、燃油等易燃物品，所以木屋架结构的机库极易着火。在抗战后期的西南地区全木结构机库仍广泛在军用机场使用，如桂林李家村机场的“飞机修理棚”（1944 年）采用木质的梯形桁架和双木柱支撑，支柱与桁架下弦杆之间还设有木斜撑加固，该机库专门用于维修美制 P-38 驱逐机（图 6-17）。

(a) 施工中的机库

(b) 竣工后的机库

图 6-16　罗竟忠设计的重庆广阳坝机场拱形机库
来源：瑞典航空专家 Lennart Andersson 先生提供

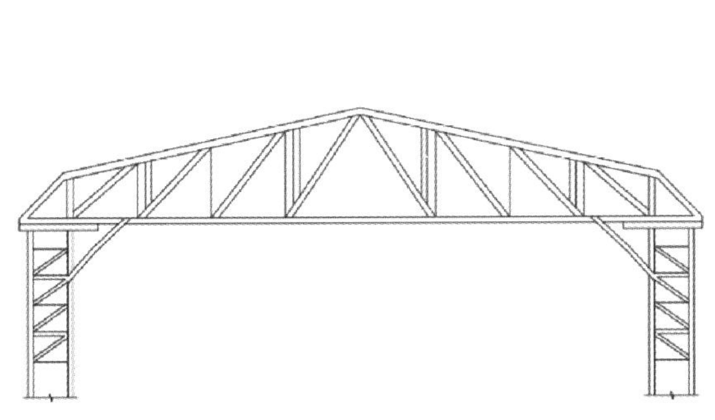

(a) 屋架结构剖面图

(b) 实景照片

图 6-17　桂林李家村机场的 P-38 飞机修理棚
来源：(a) 项目组描绘；(b) San Diego Air and Space Museum Archive

2. 全钢结构机库

全钢结构机库造价相对昂贵，但其力学性能好、施工组装或拆卸快速方便，在搭建钢结构骨架之后便可铺装屋顶和墙面及安装机库大门，建设周期短。近代中国最早的钢制机库是 1921 年用于容纳英制维梅飞机的北京南苑机场钢骨架、军用帆布遮护的机库。全钢机库可满足航空快速备战的需求，多为对施工周期有严格要求的重要军用机场所沿用。近代全钢结构机库通常包括全钢刚架结构和全钢排架结构两大类，广泛应用的门式刚架是由横梁和支柱采用刚性连接方式构成，其受力合理、跨度大，且空间开敞、制作便利，常用的门式刚架结构机库有两铰刚架和三铰刚架两种形式。

1）全钢刚架结构机库

（1）两铰刚架结构机库

两铰刚架结构机库的拱形屋架上弦为抛物线形的曲面，其外形合理、自重轻、经济指标又较好。以

① “重庆广阳坝飞机场飞机棚之内容”，《申报》，1931-2-22。

大连周水子机场机库（1930 年）为例，该拱形刚架两两之间为水平向和竖向的交叉拉杆所相互拉结。为抵御侧推力，钢刚架穿透墙体而延伸出墙体以外，构成三角形斜向支撑，斜向支撑结构部分外露于围护墙体之外，1933 年始建的杭州笕桥机场双联排拱式机库也采用了这一结构形式（图 6-18）。

(a) 大连周水子机场机库室内实景

(b) 杭州笕桥机场飞机库外景

图 6-18　大连周水子、杭州笕桥机场的两铰拱刚架结构机库

来源：（a）大连机场王鹏提供；（b）作者摄

全钢格构式的门式刚架结构具有跨度大、耗钢少的优点，室内中部净空高，整体空间开敞，且与飞机的外形和尺寸相适应，室内空间利用充分。如沈阳原奉西机场的大小两座机库（1933 年）均采用三角形的两铰门式刚架结构，两榀刚架之间为交叉状水平杆件所横向拉结，为保证侧向的刚度，屋架两端还各增设有纵向通长的平行拉杠（图 6-19）。

图 6-19　沈阳原奉西机场两铰门式刚架结构机库内景

来源：作者摄

（2）三铰钢架结构机库

格构式的三铰门式刚架在屋脊处及两端柱脚处均为铰接，这类刚架的刚度大，不受温度差、地基变形或基础不均匀沉降等不良影响。由于大跨度无柱空间的功能要求和无悬挂吊装的刚度需求，铰拱式刚架结构的机库大厅室内净高大，内部空间更为高敞。20 世纪 40 年代建设的牡丹江温春机场军用机库为

折线形的全钢结构体系，由钢柱、钢刚架、钢桁条、钢支撑组成，外加石棉瓦砌外墙和瓦楞铁皮顶。这些钢铰接结构之间有垂直支撑相互拉结，形成纵横交错、结构缜密的井格状钢结构，机库大门上沿处为大跨度的水平向钢桁架结构，并与其上的屋顶钢刚架相互拉结，共同构成中空无柱、横跨机库大门的立体桁架结构（图 6-20）。

2）全钢排架结构机库

全钢排架结构机库施工快速，适合进口钢材在异地快速组装，主要用于抗战前夕重点建设的军用机库。如由慎昌洋行（Anderson Meyers & Co. Ltd）在 20 世纪 30 年代初设计营造的杭州笕桥、上海虹桥机场机库均采用钢排架结构，其中上海虹桥机场机库为梯形钢桁架结构，机库面阔 150 英尺（约 45.7m）、进深 120 英尺（约 36.6m），八榀七间，每榀间距 15 英尺（约 4.6m）。杭州笕桥机场的中央航空学校双联排机库（时称“甲乙飞机库”）（1933 年）面阔 300 英尺（约 91.4m）、进深 150 英尺（约 45.7m），设有 6 个开间为 25 英尺（约 7.6m）的榀架，屋盖结构为连续拱式钢桁架，室内各有可吊重 3t 的吊梁。整个机库使用钢料面积达 288 方[①]（图 6-21）。该双联排机库现仅遗存单座机库。

图 6-20　牡丹江温春机场钢结构机库内景

来源：作者摄

图 6-21　杭州笕桥机场的双联拱式机库

来源：《中国建筑》1937 年各期的慎昌洋行插图广告

1930 年 11 月建成的香港启德机场罕见地采用了矩形平行弦桁架钢屋架、钢梁柱的全钢结构机库。结构杆件和节点构造都统一规格，施工组装快速，该机库先在英格兰进行机库建筑骨架的组装，然后再拆解，海运至香港启德机场安装。机库制作商为英国多门朗公司（Dorman，Long & Co. Ltd）（图 6-22）。这一用材标准化的平行弦桁架尤其适合异地组装的机库，但用钢量大，建设成本昂贵。

3. 钢筋混凝土排架结构机库

近代大型机库少有采用钢筋混凝土的排架结构，由大跨度钢混屋架结构及其梁柱结构形式所建造的机库室内无柱空间高大，其耐久性和耐火性好。例如全钢混结构的上海江南造船厂的飞机合拢厂（1934 年）采用双立柱的钢筋混凝土桁架和钢筋混凝土牛腿柱，七榀桁架上的两排立柱上为带状采光天窗。机库大厅进深 121 英尺（约 37m），面阔 50 英尺（约 15m），两侧二层辅助房屋各宽 23 尺（约 7m）[②]，上层用于办公，下层设为车间。抗战后期供美国第 14 航空队使用的西南地区某飞机修理厂（1943 年）由中间的主车间及其两侧的辅助车间组成，主车间采用由钢筋混凝土横梁、牛腿柱及柱下基础组成的多跨排架结构，柱间由横向的连系梁所固定，开设有锯齿形的侧向天窗。该排架结构的机库适合吊装维修飞机的大部件，可同时组装或维修多架美国 P-40 驱逐机（图 6-23）。

---

① 该甲乙飞机棚厂的用钢量及计量单位引自浙江省档案馆馆藏档案《中央航空学校概算书（1933 年度）》，1 方的面积约等于 $3.3m^2$。

② 机库大厅的尺寸数据源于：《海军制造飞机厂着手扩充》，载《航空杂志》，1932 年第 3 卷第 1 期。根据现状机库占地面积 $1082.65m^2$ 推测，机库所使用的“尺”单位应是指“英尺”。

图 6-22　香港启德机场的平行弦钢结构机库（1930 年）
来源：http://www.britishsteelcollection.org.uk

图 6-23　中国西南某地的美制 Curtiss P40 飞机机身组装厂房（1943 年 1 月）
来源：美国圣迭戈航空航天博物馆

4. 混合结构机库

1）砖柱-木桁架混合结构机库

近代中小型机库多采用砖墙柱和木桁架组合的砖木混合结构，如福建漳州机场 20 世纪 30 年代建设的飞机库采用复合式木屋架及砖墙柱组成的承重结构，其木屋架采用上、下两层，分别由双层水平弦杆和斜向腹杆或交叉腹杆支撑，以形成拱形屋架，再覆以木檩板及屋面材料（图 6-24）。大型机库则多采用跨度较大又节省钢材的钢柱-木屋架混合结构，该结构因竖腹杆的拉力较大而采用钢杆，上下弦用钢连系杆拉结加固，其余杆件则为木材，木屋架上可铺木檩条和瓦面。

2）砖柱-钢桁架混合结构机库

飞机库采用钢桁架与砖墙柱组合的混合结构可有效克服木构屋架跨度有限、木材易干裂、搭接不力的缺陷，显著提高屋架结构的刚度、承载力和稳定性。如广东航空学校在广州白云机场圆形场面的周边沿线布置了 3 座双联排机库（1934 年），均为折线形的钢桁架屋盖结构，采用人字形钢腹杆，结构轻巧，空间开敞（图 6-25）。

图 6-24　福建漳州机场机库的多边形木屋架结构（1932 年）
来源：《南靖革命史图集》，第 49 页

图 6-25　广州白云机场广东航空学校机库（1934 年）
来源：《广东航空学校专刊》

3）砖柱-钢混（钢）屋架混合结构机库

钢筋混凝土-钢组合屋架结构可充分发挥钢筋混凝土与钢这两种材料的力学性能，材料省，自重也相对轻，技术经济指标好。这类曲面组合屋架曾广泛在国民政府军政部航空署兴建的军用标准化机库所应用。该机库屋架的上弦杆为钢筋混凝土材料，竖腹杆和下弦杆为钢材，采用钢制的竖腹杆拉结上下弦，结构简单，便于制作。整个弧形拱屋架为10榀，每个屋架为8个节间。屋盖为密肋式小型屋面板，整个屋架架在墙体的圈梁上，再由570mm见方的砖砌护壁柱支承（图6-26）。

图6-26　南京大校场机场的标准化军用机库（20世纪30年代）
来源：作者摄

6.2.2　近代飞机库屋盖结构形式的比较

1. 近代飞机库屋盖结构形式的分类

近代机库的建筑形制简单，为满足飞机停放的需要而采用室内无柱的高大空间使得其屋盖结构形式异常丰富，几乎涵盖了近代中国出现过的所有大跨度屋盖结构技术类型，不少机库还应用了独特的屋架结构技术。随着飞机机型逐渐增大，近代机库屋盖结构的跨度也越来越大，使得机库设计成功与否的关键在于大跨度屋盖结构的营造。机库普遍采用大跨度的排架或刚架等平面结构，少有应用空间结构，仅20世纪40年代的北京西郊机场机库采用过双层双向、斜交斜放呈鱼鳞形的钢筒拱网架结构（即筒网壳结构），该整体呈鱼腹状的机库可同时容纳2架四发大型飞机。另外，南京明故宫机场（20世纪40年代）三联排式机库均采用罕见的连续筒壳拱顶结构，拱顶为现浇混凝土加铺钢筋网结构，每座机库拱顶下设12个井状钢结构单元，并有单斜撑或交叉斜撑加固以及平衡拱的推力。三联排机库两两之间间隔有收纳机库大门的耳室，共设有供飞机进出的十二开间（图6-27）。该机库屋盖结构设计显然受到以法国土木工程大师弗雷西内（E. Freyssinet）为代表的近代欧洲混凝土筒壳结构技术的影响。

根据屋架的不同形式，近代机库可分为三角形屋架、梯形屋架、拱形屋架和多边形（折线形）屋架等，其中三角形屋架形式是应用最广泛的类型，其次是拱形屋架以及梯形屋架。三角形屋架的上弦坡度大，有利于屋顶排水和排除积雪，但跨度相对小，南方多雨地区和东北寒冷地区尤为常见。最早在机场应用的三角形木屋架结构是1921年由美资背景的允元实业公司设计承建的上海虹桥机场双联排式机库，该机库为八榀七间，可同时容纳4架英制大维梅飞机（图6-28），而后20世纪30年代在南京、洛阳、沈阳等地的联排式机库广为应用；梯形屋顶坡度平缓，适合卷材防水，屋顶受力性能比三角形屋顶更为合理，更多应用于大跨度的大型机库。上海龙华机场的中国航空公司1号机库（22m×27m）和2号机库（37m×37m）、欧亚航的三座机库全部采用梯形钢屋架和钢筋混凝土支柱结构，其中1936年由著名建筑师奚福泉设计、沈生记营造厂施工的欧亚航机库面阔50m，进深32m，其钢桁架跨度创当时中国大跨度屋架建筑的最大纪录；拱形结构的外形合理，受力结构较好，自重轻，施工快速。但落地拱结构两侧端部的坡度过陡，机库大厅室内空间的净高受限，不便于在机库两侧设置辅助房间，需要在机库外另

图 6-27　南京明故宫机场的三联排式机库的三联拱屋盖结构（20 世纪 40 年代）
来源：作者摄

外设置仓储、零部件维修等辅助房间，南京大校场和杭州笕桥机场的德式机库（1937 年）便采用了落地拱刚架结构（图 6-29）；制作较为复杂的多边形屋架常用于大跨度的大型机库，如东北沦陷时期的满洲航空公司在长春、哈尔滨及齐齐哈尔等机场的标准化机库等。

图 6-28　上海虹桥机场双联排式机库的木屋架（1921 年）
来源：《上海航空情形实地调查记》

图 6-29　南京大校场机场的落地拱式钢结构机库
来源：美国圣迭戈航空航天博物馆，编号 01074

从不同建筑用材的选用来看，机库屋架有木结构、钢结构、钢筋混凝土结构以及混合结构之分。木结构机库在水泥、钢材匮乏的西南地区常用，钢屋架在东部沿海的国统区和东北沦陷区的军用机场普遍采用，该屋架跨度大，结构合理，施工便利，缺点是屋架下弦降低了机库室内空间的高度。屋架中的腹杆体系有无斜腹杆、单向斜杆式、交叉斜撑或人字式等形式。前两者因节省用材而常用，无斜腹杆结构造型简单，便于制作，南京国民政府时期军用机场的标准机库、上海江南造船厂机库（1934 年）等多有应用；单向斜杆式则用于上海虹桥机场联排机库、龙华机场欧亚航空公司机库等（图 6-30）。根据屋顶结构的支撑受力及机库大门单向或双向开设情况，机库又可分为三边支承、两边支承方式两类。为支撑屋架的侧推力，有的机库两边支承墙体增设扶壁柱（如 1934 年的太原城北机场机库）或支撑钢架（如 1930 年的大连周水子机场机库）。总的来看，近代机库的屋架形式选型需要综合考虑容纳机位数量、建筑用料节省、结构合理及施工周期等诸多方面要求（表 6-1）。

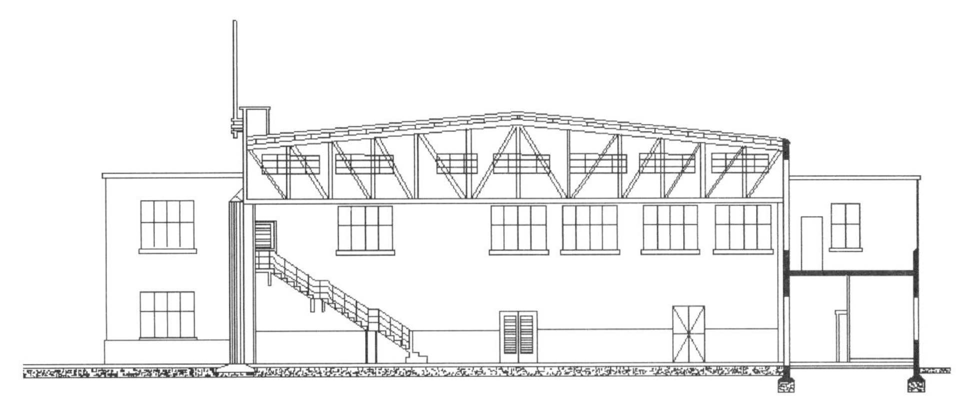

图 6-30　上海龙华机场欧亚航空公司机库剖面图（1936 年）
来源：《欧亚航空公司龙华飞机棚厂工程略述》

我国近代机库建筑遗存的典型屋顶结构类型　　**表 6-1**

用料分类	屋顶类型	机场实例/建成时间	建设概况	机库现状图	屋架剖面简图
钢屋架	圆穹式轻钢双铰刚架	大连周水子机场（1927 年）	机库长宽约 40m×30m，机库三面墙体围合		
	弧形钢桁架	杭州笕桥机场（1935 年）	双联排机库，六榀，每榀间隔 25 英尺（约 7.6m）；长宽 300 英尺×150 英尺（约 91.4m×45.7m）		
	梯形桁架	杭州笕桥机场（美龄号）（1948 年）	屋架 X 形和斜向腹杆；九榀八间，墙体设斜向交叉支撑		
钢混屋架	弧形钢混双柱桁架	上海江南造船厂（1934 年）	长宽 36.7m×29.5m，建筑面积 1632.27m^2。七榀八间		
	钢混框架结构	南昌老营房机场（飞机总装厂）（1936 年）	长宽 80m×26m，10 榀钢混空腹梁，每榀横梁有 13 孔圆洞		
钢铰拱刚架	多边形三铰拱刚架	牡丹江温春机场（20 世纪 40 年代）	长宽约 44m×40m，8 扇机库大门各宽 4.5m，高 8m		
	格构式双铰门式刚架	沈阳奉西机场（1933 年）	小机库长宽约 30m×37m，大机库长宽约 55m×37m		

续表

用料分类	屋顶类型	机场实例/建成时间	建设概况	机库现状图	屋架剖面简图
钢混-钢组合屋架	钢混-钢拱式	西安西关机场（1934年）	长宽54m×36.6m，四角耳房6.6m×5.6m。十榀九跨		
	连续筒壳拱顶结构	南京明故宫机场（20世纪40年代）	三座机库共约3000m^2；拱顶下设12个井状钢结构单元		

来源：作者整理并拍摄照片，项目组绘制屋架剖面图。

2. 近代机库屋面材料的选用

近代机库的屋面防水材料常用板瓦、瓦楞铁皮和沥青油毡卷材等，这些屋面材料应与机库屋架结构相互匹配。根据屋面的流水坡度，黏土平瓦、石棉瓦、水泥平瓦等屋面板瓦材料适用于三角形、拱形等坡度较大的屋架形式，如广州天河机场机库（1937年）为轻钢拱式桁架，覆以波形石棉瓦轻质屋面材料，南昌中意飞机制造厂和武昌南湖机场的机库则在钢筋混凝土浇筑的屋面上纵向铺设新型的条形屋瓦材料——“令不脱”手艺纸柏水泥屋瓦，该产品由英国环球纸柏制造厂在沃特福德（Watford）生产、由上海合辟洋行经销，经济耐用，耐火防水，使用效果良好①。镀锌薄铁皮（白铁皮）或铁瓦屋面（瓦楞铁皮）等金属防水屋面铺装材料适用于有大面积屋面覆盖要求的大型机库，其屋面整体防水效果好，如齐齐哈尔南苑机场机库等。柔性的沥青油毡卷材则适用于梯形或多边形屋架，如上海龙华机场欧亚航空公司机库的梯形钢桁架上覆以屋面板和沥青油毡。

6.3 近代标准化飞机库的建筑遗存

机库建筑是近代机场主要的专业建筑类型。20世纪30年代初期，为了对日备战，南京国民政府大力发展空军力量。从1934年开始，陆续在上海虹桥、南京大校场、南昌老营房和青云谱、洛阳西宫、西安西关和汉口王家墩等主要航空基地兴建了一批现代化的军用机库。由于战乱、拆迁等因素，我国抗战时期兴建的机库建筑遗存数量已屈指可数。笔者通过实地调研和文献考证，发现目前南昌青云谱机场尚遗留有6幢，原南昌老营房机场、洛阳金谷园机场和西安西关机场各遗留1幢机库，而南京大校场机场仅遗留1幢建筑形制有所不同的机库。考虑到满足当时国民政府备战时期节省设计费用和快速施工的需求，这些机场的飞机库都采用了标准化的设计图纸，只是实际尺寸和建筑细部略有差异。

6.3.1 近代标准化军用飞机库的建筑遗存

1. 南京大校场机场机库

1934年，国民政府航空委员会扩修南京大校场机场，建有可容纳总计3～5架飞机的两座机库，其中大机库面阔31m、进深80m、高10m；小机库进深55m、面阔25m、高10m。1935年再次扩建机场，由南京建隆营造厂承包机场首期工程，次年的第二期工程由南京建隆营造厂与中华兴业营造厂分2段进行建设。大校场机场在跑道北侧建设了4个机库，呈一字排开布局，机库群及其北面驻扎部队军营驻地的中间对着机场进场路。1937年8月15日，侵华日军对南京发动了首次空袭，造成大校场机场2座飞机库被炸毁。1945年9月再次扩建机场时修复了这两座机库。这两座机库保留至今，其中一座标准机

① 《“令不脱”手艺纸柏水泥屋瓦介绍》，载《建筑月刊》，1936年第4卷第10期。

库是现存各地的标准化机库中原有建筑风貌保留最为完整的，其机库大门、耳房和天窗等一应俱全，但已经在南部新城开发过程中被拆除，现仅遗留 1 座两侧带有锯齿形维修车间的机库（图 6-31）。

图 6-31　南京大校场机场标准化机库被拆前的原貌
来源：作者摄

2. 南昌老营房机场机库

1929 年 11 月，江西省建设厅组织在南昌城东侧 500m 处新建老营房机场。至 1934 年 8 月，多次扩建机场已有标准机库 4 座，可容纳飞机 80 多架。现唯一遗存的飞机库原先位于省府北二路北侧、广场北路东侧，为钢筋混凝土单层门式刚架结构类型和钢屋架，采用水泥地面、钢架铅丝玻璃窗以及钢架白铁皮机库大门，飞机库高 20 英尺（约 6.1m）、宽 120 英尺（约 36.6m）、长 160 英尺（约 48.8m）。两侧附设的工厂高 10 英尺 10 英寸（约 3.3m）、宽 13 英尺 5 英寸（约 4.1m）、长 120 英尺（约 36.6m）。机库四周的四个耳房高 22 英尺（约 6.7m）、宽 17 英尺 6 英寸（约 5.3m）、长 22 英尺（约 6.7m），采用约 15 英寸（约 38cm）厚的水泥砂浆砌墙，内石灰纸筋粉，外水泥沙粉，水泥平屋顶做 5 层油毛毡防水。该机库于 20 世纪 50 年代中期被改造为“八一”礼堂，目前“八一”礼堂已保护性迁建至象湖湿地公园象湖西堤。

3. 南昌青云谱机场机库

1934 年，国民政府和意大利政府签署联合建设“中意飞机制造厂”的合同，由以意大利人洛蒂为首的航空顾问团主持设计的厂房工程开始修建，该制造厂的总体布局是以面向全长 1500m 跑道的指挥塔台为核心，在其两侧呈钝角对称布局八座建筑形制相同的飞机库，八角亭厂房、器材库房和办公楼则分别位于机库群的内侧。该机场总平面布局既满足了飞机制造工艺流程的需求，又展示了飞机比翼齐飞的态势（图 6-32）。1939 年，南昌沦陷，该机场及其机库建筑遭受破坏。抗日战争胜利后修复该机场，并进驻国民政府航空委员会第二飞机制造厂和航空研究院等机构。1951 年，江西省政府将该机场修复成南昌洪都飞机制造厂的研制试飞基地，现有的标准机库改造后则成为洪都飞机制造厂的主要厂房（图 6-33）。洪都集团迁址后，现址正开发为洪都航空文化园。

4. 洛阳金谷园机场机库

1934 年，国民政府扩建洛阳金谷园机场，并增设航空分校，学员接受意式航空教育，还与德国签订“中德合作修建飞机场合同”，计划在洛阳修建飞机库 9 幢，作为洛阳“中德飞机制造厂”的拼装场。同年 8 月，4 幢铅顶砖墙构造、钢筋混凝土的机库至抗战初期投入使用，后因抗日战争全面爆发合同终止。之后又在金谷园机场建航空委员会第三修理工厂和航空总站。20 世纪 40 年代趋于荒废。

原遗留有两大飞机库分列金谷园东路的东西两侧，其中现存最为完整的标准化机库位于金谷园东路西侧的空军 5408 厂厂区内，为部队仓库用房，该库房自建成以来便使用良好，屋架结构完整。东侧的另一座机库在 1949 年后改建为厂房，机库大门改为小门进出，后期改造为金谷数码广场大卖场的组成部分，机库的 4 个耳房在拆改后仅剩 2 个（图 6-34）。该飞机库房坐东向西，进深 56.7m，面阔 38.5m，

图 6-32　1949 年后修复的南昌青云谱机场总体布局模型

来源：《中国航空工业老照片（1）》

图 6-33　南昌青云谱机场机库的室内现状

来源：网络

两边耳房宽 12.58m，总建筑面积 2350m²，其中主体机库建筑面积 2183m²。机库大门上沿的屋顶处还留有旗杆座。该机库已在 2018 年前后被拆除。

5. 西安西关机场机库

1930 年，陕西省政府下令将西安市西关大营盘的原清代新编陆军混成协操练场辟为西关机场，而后该机场先后进行了 3 次扩建。1934 年始建标准化的机库，其总建筑面积为 2400m²，机库中对中的轴线尺度长 54m、宽 36.6m，整个屋架结构共计有十榀九跨，柱间距为 6m。机库四角耳房的横向宽 6.6m、纵向长 5.6m。该机库的具体尺寸与洛阳金谷园机库略有差异。1949 年 5 月，西关机场在国民党部队溃逃时被毁，在机场北面和东北面则遗留有 3 座钢筋混凝土结构机棚库和警卫房屋 7 栋。其中 2 座位于跑道北侧的机库分别为空军场站和延光机械厂使用，南侧只建成围墙和半成品房屋的机库，该机库于 1950 年改建为民用候机楼，1983 年在扩修劳动路时被拆除，延光机械厂内的机库也在 2003 年前后拆

图 6-34　洛阳金谷园机场机库被拆前的原貌
来源：作者摄

除，目前仅在西部战区某空军飞机修理厂（原空军西安站）厂内还保留一座标准化机库。该机库主体完整，但已做了较大改造，原有 4 个耳房仅留 3 个，其中机库北侧的两个耳房已经扩建为一排紧贴机库北侧的裙房，东南位置的耳房已拆除，唯西南位置的一个耳房相对完整。西侧机库大门已经封闭，并加建一排单层建筑。东侧机库大门也拆改为墙体，并设置进出的小门和窗户（图 6-35）。

图 6-35　西安西关机场机库现状
来源：作者摄

6.3.2　近代标准化军用飞机库的建筑形制

1. 标准化飞机库的建筑设计

国民政府航空委员会大力推广的标准化军用机库设计原型来源于意大利卡坡尼亚（Caproni）飞机制造厂的厂房，该厂也是南昌中意飞机制造厂的合作商之一（图 6-36）。南昌、南京、洛阳等地的标准化军用机库内供停放的飞机类型和数量大体相同，以满足驱逐机机队停驻的设计要求为主。主体大厅呈矩形，其两侧机库大门的四角分别挂角设置4个堡垒式的耳房，这些辅助房间与机库大厅有小门连通，主要供维修、仓储等和收纳机库大门之用，耳房既满足用房的使用需求，同时又不全然影响机库两侧的室内采光。各个耳房的屋顶平台上安装有旗杆座，可设置通信线、风向袋等。机库建筑造型简洁，建筑立面无任何装饰，机库侧墙的开窗有所不同，南京大校场和南昌青云谱的机库两侧墙面为上下两排窗户，每间的上排为横向窗户，下排为并列双窗，而西安西关和洛阳金谷园的机库则每间开设大面积的玻璃窗户。机库的围护结构为清水灰砖砌筑，后期整修时采用水泥抹灰粉面。砖墙厚度为37cm，地面为水泥铺装。机库前后均设置有供飞机进出的机库大门，由铁皮外包的6扇推拉门组成。

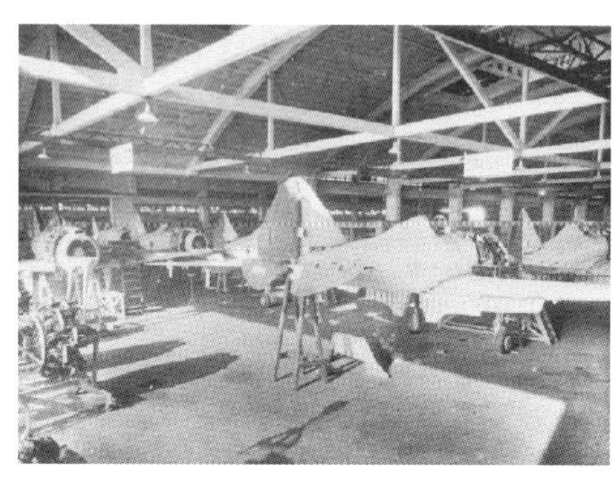

(a) 意大利卡坡尼亚飞机制造厂机库室内实景

(b) 洛阳金谷园机场机库室内实景

图6-36　南京国民政府航空委员会的标准化机库及其设计原型比较

来源：(a) 网络；(b)《洛阳建筑志》

2. 标准化飞机库的屋盖结构设计

南昌、洛阳等地的机库采用大跨度的钢筋混凝土弧形桁架结构，10榀钢混拱形屋架设置在圈梁上，再将荷载传递给570mm×570mm的砖砌护壁柱，拱顶屋盖为密肋式小型屋面板，屋架四周用4根斜梁及圈梁水平拉结，屋架下弦挑出圈梁300cm，其弦杆的柱头外露于外墙面。采用竖向立杠拉结上下弦，无斜向支撑，但中间的一榀桁架上的腹杠进行了加固处理，两根腹杠并排设立吊挂着一个圆形钢环，估计是用来安装吊装葫芦，以吊装起重发动机等飞机大件。两侧机库大门两边的转角处分别增设有呈斜向45°、水平两跨的钢筋混凝土抹角加强梁，用以加固机库大门上沿无柱空间的结构强度。机库檐口高8m，机库大门上沿有水平向的混凝土披檐遮顶，并在上沿中央位置漆有国民党党徽图案。

机库的屋架及密肋板采用钢筋混凝土整体浇筑，坚固耐用。屋顶中央设有略有高出屋面的带状通气天窗，为朝南开启的单向侧式天窗或双向天窗，可用于采光通风。在屋顶中央采光带的两侧均匀设置有8个直径为70cm的通气孔。屋面材料普遍采用当时英国环球纸柏制造厂生产的新型“令不脱”手艺纸柏水泥屋瓦，该材料可抵御气候变化，耐火防水性能好。屋顶排水则采用有组织排水系统。围护结构为两面清水砖墙，砖墙厚27cm，南北两面设高窗采光，地面为水泥地面。

6.4　东北沦陷时期的飞机库建筑遗存

东北沦陷时期，侵华日军曾在东北地区兴建过上百个军用机场。时至今日，经过战火的多次洗礼和现代城市的开发建设，整个东北地区至今遗存的机场建筑物屈指可数，现有的建筑物遗存主要为飞机库或飞机窝建筑。根据笔者对东北地区较为系统的实地调查和不完全统计，遗存的近代机库建筑分布在哈尔滨、齐齐哈尔、牡丹江、沈阳以及大连等地的老旧机场内，散落在各个航空航天单位、军事单位或民航单位内。由于老旧机场地处保密单位或相对远离城市，这些近代机库建筑大多未列为历史保护建筑。东北地区遗存的机库建筑属于近代机场建筑中保留较为完整的建筑类型，分布广泛，且建筑形制各异，机场专业特征明显，普遍采用大跨度的钢结构屋顶结构和大面积的玻璃窗，其建筑风格、屋顶结构及平

面构型也各具特色，对研究近代机场飞机库的形制演进、建筑结构和构造特性等方面都具有难得的科学价值、艺术价值和行业价值。

6.4.1　大连周水子机场飞机库

大连周水子机场于1924年5月始建，由日本关东厅利用清代兴建的跑马场修建而成。至1927年7月改建成为军用机场。通过实地调研和资料分析，笔者在大连周水子机场发现东北地区乃至中国现存最早的飞机库，即1930年由“日本航空输送株式会社”使用的机库（图6-37），该航空公司于1928年年初开通了东京—汉城（首尔）—大连的航线。该机库为亚铅板屋面、红砖砌筑的矩形平面建筑，机库面阔35m，进深30m，建筑面积为1050m^2，主要用于停放小型飞机。机库屋顶采用拱形的轻质双铰刚架混合结构，刚架结构的斜向支撑结构部分外露于围护墙体之外，拱式刚架之间则有水平向和竖向的拉杆相互固定，这一结构形式相当少见。机库三面墙体围合，两侧围护墙体各开设有上下两排各8扇窗户，机库大门对面的墙体上则设置有3层数量不一的玻璃窗，使得整个机库室内采光良好。该机库现为大连市警务航空队使用，总体保护良好。

该机库大门采用全开方式，共有8扇推拉门扇，机库大门为铁皮包门，内衬铁架及木板，大门可沿上下导轨全然对开至机库两侧延伸出来的墙体处。另外建筑山花位置外表也采用铁皮饰面，这样可抵御风雨的长期侵蚀，也有效降低机库大门及其上沿的自重。机库大门上沿的山花上以及其对面墙面至今仍保留有“日本航空输送株式会社”日文名称及其英文名称的痕迹（图6-38）。

图6-37　明信片中的大连周水子机场近代飞机库

来源：http：//blog.sina.com.cn/s/blog_4b61b3900102e55m.html

图6-38　大连周水子机场近代飞机库现状

来源：大连机场场务队王鹏提供

6.4.2　哈尔滨马家沟机场飞机库

1924年始建的哈尔滨马家沟机场位于南岗区与香坊区之间、中山路南端东侧的马家沟地区。九一八事变后，侵华日军将其扩建为军用机场，后期满洲航空公司以其为基地开通过民用航线。1949年12月，中国人民解放军第一航空学校在该机场成立。该机场1979年关闭后，驻场空军的部分机场用地移交给中国航天科工集团第三研究院，该地区至今拥有完整的马家沟机场近代建筑群遗存，包括山字形办公楼、一字形办公楼等系列坡屋顶的红砖建筑群以及多座飞机库。

现有飞机库的平面呈矩形，采用三角钢桁架结构的双面坡屋顶。机库两侧的纵墙面各设有5扇窗户，各窗上沿设有纵贯整个山墙墙身的连续横梁加固（图6-39），并与钢筋混凝土护墙柱整体浇筑。机库前后双向开门，机库大门上的建筑山花部位开设有9扇大面积玻璃长窗，这些窗户根据所处山墙部位而呈现出中间高、两边低的阶梯状布局，便于机库室内的深度自然采光。该机库现已经改造成哈尔滨航天精工集团下属企业的仓库，重新更换了屋面材料和窗户，粉刷了墙面，东南向的机库大门拆除后改为设有双层窗户的墙面，并设小门进出，西北向的机库大门基本保留，机库南侧的耳房都已拆除，南侧还加建了附属建筑，整个机库主体结构保留基本完整。

图 6-39　哈尔滨马家沟机场近代飞机库实景
来源：作者摄

6.4.3　齐齐哈尔南苑机场飞机库

齐齐哈尔市南苑机场（又称南大营机场）是侵华日军在九一八事变之后的 1932—1936 年期间建成的，先后建有指挥塔台和飞机库，驻场日军为航空兵第三十旅团飞行队。中华人民共和国成立后，该机场成为齐齐哈尔市的主要民用航空站，1950 年该建筑曾作为中苏航空公司的航空站用房。该航空站于 20 世纪 80 年代初撤销，委托解放军 87162 部队代管，这些遗存的机场建筑作为汽车连的战士宿舍和教室等。机场原有 3 座机库，被拆除 2 座，现遗留有飞机库建筑 1 座，该机库位于齐齐哈尔市卜奎南大街东侧。该建筑 2005 年被列为齐齐哈尔市的二级保护建筑，并予以挂牌保护，现为家具仓库，其中北侧的机库大门已基本上砖砌封闭，侧墙一侧增建有一排平房（图 6-40）。

该机库建筑为红砖清水墙砌筑的砖混结构，主体建筑的跨度为 45m 左右，进深约为 50m，整个建筑面积合计有 2500 多平方米。机库为前后双开门的布局形式，两边的机库大门都由 10 扇推拉大门构成，每扇机库大门高约 8m、宽 4.55m，均由纵横加斜向交织的粗大角铁构架所支撑，内外衬以密实的木板条，木板层上再叠加外敷 0.55～0.57cm×0.65～0.67cm 尺寸不等的镀锌铁皮，用以长期遮风避雨，向机库主体建筑两侧伸出的构筑物是供机库大门开启时折放门扇的 2 座耳房，其外墙正面各自设有供人进出的拱形门洞，方便人员进出推拉机库大门。

机库屋顶结构为三角形的钢刚架结构，在刚架之间的内墙位置有横向的钢构件相互拉结，内部上空饰有网格钢结构的木板顶棚。另外，机库大门前侧上部专门架设中间无柱的大跨度钢结构，其斜向钢结构支柱外露于两侧的耳房内侧。由于顶棚上空无须自然采光，整个机库上方的山花外墙面为块状铁皮满铺敷面，内衬木条。山花中央位置嵌有中华人民共和国成立后添加设置的五角星军徽。机库屋顶为镀锌铁皮屋面结构，整体保留完整。

机库大门两侧的侧墙面设置有高侧窗，窗上沿为钢筋混凝土连续梁，每间隔三个窗户设置一个斜向的砖砌护墙柱加固，整个大跨度、大体量的建筑物结构强度由此得到加强。由于该机库仅局限于两侧高

图 6-40　齐齐哈尔南苑机场飞机库
来源：作者摄

窗采光，而机库大门及建筑山花均无法自然采光，以致室内光线较差。该机库可供多架飞机同时停修。由于飞机维护和发动机启动的需要，机库内有地板供暖系统，机库两侧大门的左或右侧位置分别设置一间烧制暖气的房间，机库两侧墙面则设有 8 个采暖烟囱。

6.4.4　牡丹江温春机场飞机库

牡丹江温春机场为 1933 年侵华日军所建，现机场遗址为部队的后勤用地，遗留有礼堂、机库、叠伞室等相对完整的近代机场建筑群，其中有 2 座机库相对布置，一座为钢结构的飞机库；另一座为砖墙结构的机库。

1. 全钢结构机库

该飞机库建于 20 世纪 40 年代初期，建筑结构精良坚固，室内空间高大开敞。钢结构的机库平面为矩形，其面阔和进深分别约为 44m 和 40m，机库大门为推拉门，共有 8 扇门扇，每扇大门宽 4.5m、高 8m，大门双向推拉对开，门下设有错开的且铺设有长短不一的 4 道钢制导轨，使得各扇机库大门开启自如。机库大门两侧设有固定墙面，设有供人进出的小门，也是各扇大门开启后折叠置放处。每扇机库大门的中间部位以及机库两侧墙面中间设置大面积的横向带状长窗，两侧机库大门上沿的山花部分则设有阶梯状玻璃窗，整个机库四面采光良好（图 6-41）。

机库屋顶结构为多边式的三铰接钢刚架结构，尺寸不一的角钢杆件铆固在节点板上构成平面桁架的斜梁，各杆件铆固处有三角铁加固，这些钢铰接结构之间有垂直支撑相互拉结，形成纵横交错、结构缜密的井格状钢结构，整个屋面为折线形，机库大门上沿处的大跨度的水平向钢结构与其上部的屋顶刚架之间采用钢杆相互拉结，共同构成机库大门上沿的立体桁架结构，以强化构建中空无柱的大跨度进出机库通道的结构要求（图 6-42）。机库正面外墙面采用长方形的铁皮饰面，内侧为方形的保温板材料，两侧墙面则采用块状的波形石棉瓦搭接固定。机库两边侧墙设有地沟，用于室内采暖，机库旁边都设有高耸的砖砌烟囱，既方便排烟，也有利于机库防火。

2. 砖墙结构机库

与钢结构飞机库相对布局的砖墙钢架混合结构机库平面为 T 形，机库长向约 50m，正面宽约 42m，背面宽约 31m（图 6-43）。机库三面砖墙围合，仅机库建筑正面大门可进出飞机，机库大门两侧为耳房，供收纳大门门扇，耳房墙面设有门洞，可供人进出推拉机库大门。收纳机库大门的 2 个耳房后侧分别设

图 6-41 牡丹江温春机场钢结构飞机库外景
来源：作者摄

图 6-42 牡丹江温春机场钢结构飞机库内景
来源：作者摄

有 2 间长宽为 8.4m×5.4m 的辅助房间。机库两侧采用 3m 宽间隔的斜向护墙柱支撑，中间为竖向的大面积玻璃窗，整个机库室内依赖于两边的侧墙窗户采光。

机库屋顶结构为三角形钢桁架结构，屋面材料及机库大门上的山花位置均采用铁皮盖面。机库原有 8 扇大门，现状只留下 2 扇可开启的机库大门，两侧均用砖墙砌筑封闭。该机库现为仓库，建设年代不详。

6.4.5 沈阳东塔机场飞机库

沈阳东塔机场始建于 1920 年 10 月，由沈阳东塔原农事试验场改建而成。1924 年增建一座长 240m、宽 24m 的大飞机库和飞机修理厂房。1931 年九一八事变后，东塔机场成为日军重要的航空基地，1936 年，东塔机场又成为日军野战航空工厂的飞机试飞场。现存的机库为侵华日军兴建，机库平面呈矩形，三面砖墙围合，一面为机库大门。该机库建筑空间开敞，大门及其上沿的建筑山花均设有玻璃窗，加上

图 6-43　牡丹江温春机场砖墙结构的飞机库外景
来源：作者摄

其他三面砖墙上的大面积窗户，整个机库室内采光良好（图 6-44）。该机库屋顶为多边形钢桁架结构，这种桁架结构形式受力较好，适合大跨度钢桁架建筑，但施工制作过程较为复杂。屋面及山花部位为铁皮材料覆盖。机库大门开启方式为半开式，共计 6 扇铁皮门扇，未设置收纳机库大门的耳房，采用凸出披檐的方式安防机库大门门扇及其滑动导轨。

图 6-44　沈阳东塔机场飞机库
来源：叶新摄

第7章

近代机场航站楼的建筑特征及其典型实例

7.1 近代机场航站楼的发展历程及其建筑特征

7.1.1 近代机场航站楼的发展历史沿革

随着20世纪20年代中国民用航线的开通，旅客候机室也顺应需求而在机场中逐渐出现。早期的候机室以专用房间的形式纳入航空站建筑群里，或者附设在飞机库的辅助房间之中，而后随着旅客候机以及登机手续办理、行李服务等其他服务功能用房需求的增加，旅客候机室逐渐独立出来演进为以旅客服务为主体、具有综合性功能的航站楼，普遍叠加有机场指挥塔台、办公、住宿餐饮等其他诸多功能。结合我国近代机场的发展历程，根据近代机场航站楼建筑不同时期的技术特征，可将其发展过程分为以下3个阶段：

1. 近代机场航站楼建设的起步阶段（1920—1937年）

中国近代机场航站楼的建设发端于20世纪20年代。1921年，北洋政府航空署筹备开通京沪航线，先期征地修建了上海虹桥民用机场，并在机场兴建近代中国第一座民用航空站——上海航空站，具体包括飞机棚厂（机库）、办公室、机器房及汽油库等，其中位于机库南面的“站房”（即办公兼候机用房）为10间红砖砌筑的砖木结构平层建筑，其建筑平面呈对称的凹字形，室内铺木地板，设有新式独立厕所，但无专门接待乘客的候机大厅。

在20世纪20年代末至30年代初，民用航空站多由航空公司负责投资建设，航空站一般包括飞机棚厂、候机室、职员办公室、飞行员休息室等诸多功能用房。例如，中德合资的欧亚航空公司在南京明故宫、昆明巫家坝、汉口王家墩、兰州拱星墩、西安西关等机场先后建设了一系列的航空站建筑，其中汉口、兰州机场的航空站直接采用欧洲航空站平面设计图样建造。这时期有的候机室是附设在航空公司的飞机库之中，如欧亚航空公司于1936年6月在上海龙华机场建成的大型现代化机库，其两侧的附属建筑设有设备精致的候机室以及工场、仓栈和办公室等。

随着民用运输业的进一步发展，顺应航空旅客需求的候机室渐渐成为民用机场的主要建筑类型，并趋于独立于其他机场建筑，但这些航站楼多为小型旅客候机室，仅作旅客休息候机之用的小型房间，尚未有机场专业建筑的自有建筑特征，在建筑特性上与其他交通类型的场站别无二致，而没有近现代机场建筑的明显特征，与机库等机场专业建筑相比，候机室尚处于从属地位。例如，中国航空公司1934年在上海龙华机场将一座2层砖木结构的坡顶房屋端部改造为小型旅客候机室，并在其楼前搭建有出檐深远的候机走廊，长廊外再设木质栏杆所围合的安全地坪，方便旅客步行上下机。

抗战全面爆发前，上海、南京、北京、广州等地民航运输业发展较快，作为近代民用机场建筑中最为重要的建筑类型，航空站建筑在这些城市所在机场伴随着航线的开通而较为广泛地予以建设。这时期除了航空公司自建以外，地方政府也开始着手筹建航站楼。如1935年6月，从军方接管龙华机场的上海市公用局建成“龙华飞行港站屋”。该航空站建筑平面呈四面围合的方形，中间为候机大厅，楼内进驻有政府检查机构。该站屋既承担“上海市龙华飞行港管理处”的办公功能，又兼顾进出上海的航空客货服务功能，其布局紧凑、流程设计和功能布置合理，已初具航站楼雏形。另外，这时期满洲航空公司在东北沦陷地区的长春宽城子、哈尔滨马家沟、齐齐哈尔南苑及沈阳东塔等机场也建有由“事务所＋机库”组合而成的标准化、序列化的航空站设施。

2. 近代机场航站楼建设的停滞阶段（1937—1945 年）

全面抗日战争时期的候机室等民用机场设施设备的更新改造活动基本上处于停滞状态，仅当时陪都重庆的珊瑚坝机场、白市驿机场以及中苏航空公司所开通航线的沿线航空站有着少量的民用设施建设活动。建在长江小岛上的重庆珊瑚坝机场每年夏汛过后建有候机室、机师休息室、材料间、货仓、工人宿舍等简易房屋，普遍是竹竿搭架、茅草为顶、席棚作墙，权作临时办公和候机之用，次年汛期来临之前再予以拆除（图 7-1）。

图 7-1　重庆珊瑚坝机场的简易候机室（1945 年）
来源：美国《时代》杂志

1939 年 11 月 18 日，国民政府交通部和苏联民用航空管理总局正式签约合作成立中苏航空公司，为开通哈密—迪化—伊犁—阿拉木图国际航线，由苏联工程师主持，对乌鲁木齐、哈密、伊犁的机场进行了简单扩建，并建成了一批苏联式建筑风格的航空站。其中，乌鲁木齐地窝堡机场为中苏航空公司的运营基地，1940 年修建了一座 2 层砖木结构的航空站，包括候机室、值机室、调度指挥室、报台及办公室等功能用房，总建筑面积 566.7m^2；哈密机场建有建筑面积 798.42m^2 的 2 层砖木结构航空站（含办公室）；伊犁机场则修建土木结构的苏联式铁皮屋面候机室，建筑面积为 138m^2，另有 16m^2 的单层土木结构调度室，以及员工宿舍、办公室、车库等。

3. 近代机场航站楼建设的快速发展阶段（1945—1949 年）

抗战胜利后，伴随着国民政府交通部民航局的成立以及中国作为缔约国加入国际民航组织，中国近代民航业开始逐渐步入快速发展的正轨，候机室也逐渐成为民用机场的必备建筑，并由政府主管部门和航空公司各自主导建设。国民政府民航局主导规划建设的代表性航站楼有上海龙华机场航站大厦和广州白云机场航站大厦，此外还在天津张贵庄、九江十里铺等机场建有航空站。这时期的大型航空站建筑已经设有各种便利旅客设施，包括宿舍、休息室、饭厅、电话、电报和医务室等。

战后的中国航空公司、中央航空公司在南京、上海、重庆及武汉等主要机场都各自建设了一批简易适用的航空站。至 1948 年年初，中国航空公司已增建了上海龙华、南京明故宫、武昌徐家棚、重庆白市驿、天津张贵庄、汕头、太原等地的机场候机室，而后还按照航空站的等级，推行候机室的标准化设计，但这些航空站标准化方案大多只停留在方案设计层面，因战事再起而未能付诸实施。中央航空公司则在上海、南京、汉口、重庆、柳州、汕头、厦门、广州、北平、青岛、太原、南昌等航站建有站屋及乘客候机室。在中华人民共和国成立前夕，因时局动荡，国统区的一些机场候机室转而采用简易且易拆解的建筑材料（如活动板等）兴建，如中央航空公司有的航空站便采用由稻草、竹席等简易材料搭建成的房屋。

7.1.2 近代机场航站楼的两种不同建设模式

1. 航空公司自建模式

近代机场航站楼的建设模式主要包括航空公司自建模式和政府主管部门建设模式两种模式，其中航空公司自建模式是建设数量最多、布局分布最广的建设模式。航空公司自成立之际，便开始自行建造航空站或候机室，欧亚航、中航、央航、中苏航、西南航以及满航等诸多航空公司都先后建设过独立使用的机场候机室，中国航空公司还设有机航组建筑课，专门负责机场建筑的设计建造。由于航空公司经费有限，有经营成本的压力和财力限制，其候机室以“因陋就简、经济实用”为基本建设原则，一般规模较小，设施简陋，功能单一。在中华人民共和国成立前夕尤其如此，例如，根据建义营造厂在 1949 年 11 月 3 日所提供的估价单，中央航空公司在某机场兴建的稻草房屋所使用的简易建筑材料有楠竹房屋架、稻草屋面、竹席条墙、竹席平顶、木板单扇门、河沙灰三合土地坪和土片双扇玻窗等，这些建筑材料便宜，且易拆迁。航空公司自建的候机室多是由木质坡屋顶、清水墙所构成的单层建筑，其建筑立面设计简洁，少有线脚装饰。

国民政府民航局于 1947 年成立之后，便敦促中国航空公司和中央航空公司建设“两航”合用的候机室，以满足快速建站、节省建设成本和方便航空旅客等需求。1948 年 7 月 31 日，中国航空公司、中央航空公司两公司一同修竣昆明巫家坝机场的候机室，该项工程计有 35 种分项，连同厕所工程 9 种。此后“两航”还先后绘制了青岛流亭、西安西关、厦门高崎、重庆白市驿、海口大英山及台南大林等地机场的联合候机室设计方案。考虑两家航空公司的对等合用，这些合建的候机室平立面设计多为对称式布局，共用的候机大厅及公共设施设在中央位置，航空公司自用的飞行员休息室、维修间等分别设置在两侧，以方便“两航”的合用或各自分用。但这些方案因时局恶化而终未实施。

2. 政府主管部门主导的建设模式

从行政级别来看，由政府民航行业主管部门主持的航空站建设模式包括中央政府主导和地方政府主导两种模式。中央政府主管部门主导的典型航空站包括 1921 年北洋政府航空署主持建设的上海虹桥航空站建筑，以及 1947 年 1 月成立的国民政府交通部民航局先后在上海、天津、广州、九江等地机场新建了一系列航站大厦（或航空站）。这时期航空站的设计施工事务由民航局下属的各航站工程处负责，航站楼多与跑道、滑行道及机坪等其他工程一起配套建设。这些以候机功能为主体的航空站建筑功能多样，且体量较大，其设施水平和建筑规模均为国内一流，楼内设置职员办公、航行管制、联合检查等多种职能，并普遍在楼顶设置指挥塔台，使建筑造型上具有标志性的现代航空建筑特征，代表性机场建筑为上海龙华机场和广州白云机场的航站大厦。地方政府行业主管部门主持的典型航空站包括 1935 年上海公用局主持建成的“龙华飞行港站屋”，以及 1947 年我国台湾省政府交通处主持建设的台北松山机场候机室。这时期由政府主导建设的主要机场航站楼多组合了塔台指挥与候机两大功能，在建筑中

央的楼顶设置指挥塔台已经成为航空站设计的定式，除满足功能作用外，在建筑造型上也着重突出的标志性。

7.1.3　近代机场航站楼的建筑特征及其演进趋势

1. 近代机场逐渐注重飞行场面和航空站建筑群的统筹布局

战前的机场场面布局与机场建筑群之间总体上普遍缺乏统筹布局，仅广州天河、南京大校场、南昌青云谱等少数新建的大型机场总体规划整体性强，初期建设也井然有序。抗战胜利后，作为民航业务的主管，国民政府民航局自 1947 年成立后便主导着全国各地民用航空站的规划建设，并开始注重飞行场面和航站建筑群的一体化规划，加强了两者相互衔接和统筹布局，这时期的航空站建筑也多与跑道、滑行道及停机坪等其他工程一同分期建设。民用机场的跑滑系统按照国际民航组织的技术标准逐渐标准化和等级化，逐步形成主要由跑道、滑行道与停机坪构成的现代飞行区体系；以航站楼为主、机库为辅的航站建筑群多在多条跑道交叉处布局，以方便飞机快速进出港。新建或改扩建的机场布局以中轴对称为主，使得机场布局的整体性得到加强。由于机场建筑是特色鲜明的新型专业建筑，战后缺乏可独立主持机场规划和航站建筑设计的建筑师，在充分借鉴美国民航机场建筑设计经验的基础上，民航局技术官员采用“设计组”形式集体创作出机场规划和航站建筑设计方案。

2. 近代航站楼的功能趋于多样化

早期的候机室仅具有候机、办公两大工作功能，后期航空站的功能趋于复杂化，多为涵盖机场运营管理、空中交通管制和旅客候机服务等诸多功能的综合楼。大型航站楼除了旅客候机大厅以外，既设有商店、厨房餐厅、问讯处、行李房以及电话电报间等各种便利旅客服务设施，也有航行管制、飞行员休息室、办公室、职员办公、宿舍和工具间等民航运输功能用房。例如，在 1947 年设计重庆白市驿机场候机室方案时，中央航空公司就明确提出永久性质的候机室设计内容应该包括下列的功能用房：乘客过磅检查及领取行李处、饮食及购买部、乘客候机休息兼用膳处、邮件收发处、工具器材材料间、包裹间、电台气象台、发电机间、机场人员办公室。另外，在对国际航班开放的机场，宪兵检查及海关检疫等政府联检机构也逐步入驻候机室办公，如 1947 年由我国台湾省政府交通处建造的台北松山机场候机室以各单位的实际需要为原则，有中国航空公司、中央航空公司、台湾旅行社及中国旅行社、台北电信局、台湾邮电管理局、台北海关（包括宪警、检疫）等 7 家单位入驻。

3. 近代航站楼的建筑规模逐渐增大

早期机场航站楼功能上只是供旅客短时间候机的休息室，建筑规模普遍较小，在机场各类专业建筑中也处于从属地位，早期的候机室甚至附设在飞机库之中。以国民政府时期的首都南京为例，1931 年 3 月，南京明故宫机场扩建之后仅增建了面积为 196m^2 的候机室；1947 年 6 月 17 日，明故宫机场再次扩建时，中央航空公司只新建了面积为 541m^2 的候机室；1947 年 10 月 1 日至 1948 年 4 月 29 日期间，南京大校场机场也进行了扩建，在跑道北侧东段 300m 处新建了一座航空站，其建筑面积仅为 474m^2，而其供国民政府军政要员使用的“宋美龄楼”的建筑面积也仅为 374m^2。又如国民政府交通部下属的中国航空公司于 1933 年在天津东局子机场先期建设了 1 间简陋房屋权作航空站之用，临时满足北平与上海航线的经停；1947 年在天津航空站成立后，交通部民航局才正式在张贵庄机场新建一座单层的航空站建筑。

早期的航空站建筑由军事航空部门或航空公司进行投资建设，其建筑规模偏小。直至 1947 年后，新成立的国民政府交通部民航局逐渐将军方移交给民航的 21 个军用机场予以投资建设，民航局主持建设的航空站建筑多为以候机功能为主体，并组合了塔台指挥、职员办公等其他功能的多功能、综合性的航站大厦，这些机场航站楼的建设规模逐渐增大，功能也趋于多样化，且设施水平和建筑体量均为国内一流，如属于航站业务和客货运综合楼的上海龙华航站大厦达 7500m^2，广州白云航站大厦则达 1860m^2。

4. 近代航站楼渐次形成特色鲜明的航空建筑特征

随着抗战胜利后的航空运输业快速发展，以旅客为主体的航站楼逐渐取代机库建筑而成为机场的主要建筑类型。这时期航站建筑多是以实用功能为主的现代建筑风格，并具有明显的民航行业建筑特征。作为交通门户建筑，航站楼的空侧立面和陆侧立面处理手法有所不同，航站楼建筑普遍布置为空侧面弧形、陆侧面平直的建筑平面（如广州白云、台北松山等机场的航空站建筑），或者呈空侧面外凸、陆侧面内凹的圆弧状（如上海龙华机场的航空大厦）。作为航空站建筑的主立面，空侧面倾向于采用弧形或圆形作为重要的建筑构图语言，其整体或局部建筑造型多处理为外凸的弧形，这与飞机流线状、圆弧形机身相呼应，也遵循现代航站楼建筑设计理念。航站楼建筑的陆侧主立面处于相对次要的位置，如是国际机场，多在航空站建筑的中央制高点或屋角等醒目位置设置用以悬挂国旗的旗杆支座；如是航空公司自建的候机室，其候机室正立面墙面多设有航空公司徽志及其中英文名称。

近代机场航站楼建筑在建筑平面布局和造型设计方面偏重于采用对称式构图，其建筑平面多以空间相对开敞的旅客休息室为主体，办公、飞行员休息室等其他功能用房则对称布局，中国航空公司与中央航空公司合作规划建设的联合候机室方案尤为如此，这反映出“两航”的市场竞合关系。从建筑造型来看，多层的航站楼建筑常采用旅客候机大厅和指挥塔台居中的“一主二从”式立面构图。为便于指挥飞机起降，普遍在整个航空站建筑的中央位置和制高点设置指挥塔台，并在塔亭室外环以供管制人员进行目视指挥的观察监视平台或走廊，在主楼两侧、面向停机坪的裙楼屋顶设置宽敞的露天眺望平台，可供候机者或迎送者观看飞机起降以及飞机进出港作业进程，如上海龙华机场航站大厦（1949 年）、汉口航空站拟建设计方案（1947 年）等。航站楼建筑立面及建筑造型构图对称，且多逐层收分，置于楼顶的内倾式指挥塔台具有明显的民航行业标志性特征，已经成为航空站建筑的设计定式，实现了功能需求和标志性建筑造型的有机融合。至此，圆形舷窗、镶嵌大面积玻璃窗的空侧弧形墙面及高耸的指挥塔台造型等现代设计元素已成为近代机场航站楼所独有的建筑构图语言。

5. 近代航站楼建筑多沿用现代建筑风格

与近代军用机场由军事机构负责直接建设管理一样，民国时期的公路、铁路、水运和民航等交通行业均由北洋政府或国民政府进行垂直化管理，并作为重要的基本国策加以建设管理，这些行业具有纵向发展的特征，依附行业发展的对应专业建筑也多具有行业的通用性，尤其交通场站建筑依托交通线路的关联而具有显著的交通建筑行业文化的传承性。近代民用机场候机室的规划、建设、施工、投资等多由民航系统主管机构（航空公司或民航局）自上而下地垂直化运作，机场建筑以实用功能为主，与机场所在城市关联不大，其地域性建筑特征相对弱些。毕竟航空站的设置是依据航线的开通而设立的，跨地区的航线是维系和传承机场建筑设计风格的纽带。由于近代航空公司多为中外合资，中国近代航站楼的设计风格直接受到德国、美国、苏联以及日本等国的影响，有的航站楼甚至直接仿照美国已有的机场航站楼实例进行建设。

作为新兴的建筑类型，近代航站楼设计风格无显著的地域性特征，在总体上呈现国际式的现代建筑风格，并无“中国固有形式”的探讨，也鲜有采用传统建筑形式，仅西南地区的昆明巫家坝等驻华美军机场的航空站及指挥塔台融合了中国传统民居建筑形式，而台南大林机场、重庆白市驿机场的航空公司候机室设计方案尝试采用了中国传统建筑形式。另外，1941 年建成的长春大房身机场航空站具有草原式建筑风格的特征。抗战胜利后，新建的民用机场建筑普遍遵循了欧美国家的机场航站楼设计理念，1947 年国民政府交通部民航局兴建的上海龙华机场和广州白云机场两座航站大厦已成为近代中国建筑形制最为成熟的标志性机场建筑作品，达到了当时远东地区机场建筑的一流水平。

6. 近代航站楼更为重视流程设计

与工业建筑设计之前须进行工艺流程设计一样，航站楼作为交通建筑，其流程设计的优劣直接关系到航站楼的使用效果。以近代中国最具有现代航空交通建筑特征的龙华机场航站大厦为例，该航站大厦流程设计首次在国内应用“国内国际水平分离、进港出港垂直分层”的做法：在第一层的国内和国际进出港两部分分列两侧，行李货运在中部，到港旅客可从机坪进入底层，经检查处（国际旅客须办理海

关、检疫入境手续），再在行李房提取行李后，便可由侧门出站坐车离去；二层候机的出港旅客登机时下至底层，接受检查后上机。另外，龙华机场航站大厦和松山机场候机室都将贵宾候机室和普通候机室分开设置，并设有相对独立的进出港贵宾流程。

7.2　国民政府交通部民用航空局主导的民用机场规划建设

7.2.1　国民政府民航局成立后的机场建设

1. 民航局成立的背景及其建设业绩

抗战胜利后，以“接收运输”“复员运输”“还都运输”为主体的民用航空运输业发展迅速，航空公司的运力和运量均空前增长，这时期号称“空中霸王”的 DC-4 型、“空中行宫”的康维尔 240 型等美制大型运输机开始投用，多条跨国越洋的国际航线随即开通，这些发展动向都对机场设施提出了更高的要求，但历经多年的战乱破坏，尽管全国军用机场数量众多，却大都设备简陋，机场亟须改造更新。为此南京国民政府于 1947 年 1 月 20 日成立了专门负责民航事业的规划、建设、经营与管理的交通部民用航空局，该局下设业务、航路、安全、场站和秘书五处，其中场站处负责场站选勘、测绘和设计，场站修建和养护，场站管理考核三方面事项。民用航空局的成立标志着近代中国民用机场的规划建设和运营管理开始步入正轨。

在陆路交通破损不堪、航空运输需求旺盛的背景下，民航局加快推动在军方移交的 21 个军用机场设置民用航空站，并推动在全国重点城市启动民用机场的新建和改扩建工程。在不足 3 年的时间内，民航局顺应了战后民航运输业快速发展的紧迫需求，依托抗战期间积累的大量机场工程实践经验，并遵循国际民航组织（ICAO）机场技术标准和借鉴美国机场工程技术理论方法及其应用实例，由此取得了短暂而显著的机场工程建设业绩，实施了一系列的跑道工程，并先后建成了现代机场建筑特征鲜明的 5 座航站建筑，但终因时局变化、经费窘困等因素的影响，数量众多的民用机场重建计划大部分仅停留在方案设计和前期实施阶段。

2. 民航局成立后的机场建设概况

为了满足航空业务激增的需求，民航局将改善全国民航场站设施列为首要任务，仅 1947 年的机场建设投资便占到全民航建设费用的 70%[①]。民航局陆续接收了国民党空军永久拨给或暂时拨借的上海龙华、广州白云、武昌徐家棚、天津张贵庄、厦门高崎等 21 个军用机场，并设立航空站直接管理，涉及机场工程事务则由下辖的各地航站工程处负责。1948 年 1 月，民航局提出了为期 18 个月的第一期工作计划，并提出 21 项亟待修建的机场场站工程，具体包括：①续建上海、九江 2 座机场；②新建汉口、长沙、重庆等 3 座机场；③改建南京、天津、福州、厦门、广州、宜昌 6 座机场；④养护贵阳、沈阳、成都、台北等 10 座机场。后期根据国内局势的变化以及国际民航组织会议要求[②]，民航局修建场站的初步计划重新调整如下：①在上海、天津、广州建设 B 级国际航站；②在厦门、台北建设国际备用航站；③在汕头、福州、海口建设国际辅助航站；④在南京、汉口建设 B 级国内航站；⑤在九江建设 D 级国内航站。并拟首先改建上海、南京、九江、武昌、福州、广州、天津和厦门 8 个机场，这些航空站建设计划在中华人民共和国成立前大部分完成（表 7-1）。

① 戴安国：《民航局一年工作概况》，载《外交部周报》，1948 年 2 月 25 日第 3 版。详见国民政府民航局局长戴安国在民航局成立周年年会上的讲话。

② 国际民航组织（ICAO）会议提出将上海龙华、广州白云列为国际机场，厦门高崎机场为预备机场，台北松山机场为紧急着陆场，要求上述四地机场于 1948 年 5 月 1 日前完成。

国民政府民航局规划建设的航空站工程情况 **表 7-1**

机场名称	ICAO 标准	场道工程(长宽厚)	航站工程	建成时间
上海龙华	B类(续建)	水泥混凝土主跑道:1829m×46m×0.28～0.40m。 沥青混凝土副跑道:1500m×60m×0.4m。 沥青混凝土滑行道:2500m×25m×0.5m(总长4500m)。 停机坪27899.2m^2*	7500m^2	1946年6月一期工程完成
广州白云	B类(改建)	水泥混凝土主跑道:2150m×75m×0.5m。 水泥混凝土副跑道:1500m×60m×0.5m。 沥青混凝土滑行道:300m×25m×0.5m。 停机坪:3.65万m^2(一期2.45万m^2)	1860m^2	1947年9月完成测量,1948年5月完工
天津张贵庄	B级(改建)	主跑道:2150m×75m×0.5m。 副跑道:1500m×60m×0.5m。 沥青混凝土滑行道:2000m×25m×0.5m。 停机坪:2.4万m^2	100英平方* (规划)	1948年12月20日航站完工
九江十里铺	C级(续建)	沥青混凝土跑道:1250m×50m×0.4m。 沥青混凝土平行滑行道:1310m×20m×0.4m。 停机坪:1.4万m^2(200m×70m×0.4m)	615m^2	1947年4月完成测量 1948年6月完成道面铺设
厦门高崎	B级长度/C级强度(改建)	沥青混凝土跑道:2150m×75m×0.5m。 沥青混凝土滑行道:2000m×23m×0.5m。 停机坪:1.2万m^2	200英平方 (规划)	1948年5月27日建成指挥塔
台北松山	C级(改建)	水泥混凝土南跑道:1400m×45m×0.45m。 滑行道(2):130m×23m×0.5m。 停机坪:300m×60m×0.5m	不足500m^2	1948年7月15日完成航站工程
长沙	D级(新建)	碎石跑道:1500m×60m×0.4m。 碎石滑行道:2000m×23m×0.4m。 停机坪:0.6万m^2	100英平方 (规划)	未开工
重庆歇台子	C级(新建)	水泥混凝土跑道:1600m×50m×0.5m。 停机坪:2.4万m^2	200英平方 (规划)	未开工
南京	B级 (改建明故宫)	南北向主跑道:800m×100m,其南端加长200m。 东西向副跑道:790m×100m	无新建计划	1947年6月17日至1948年1月20日
	B级(改建土山镇)	水泥混凝土主跑道:2150m×75m×0.5m。 碎石副跑道:1800m×60m×0.5m。 碎石滑行道:3000m×25m×0.5m。 停机坪:2.4万m^2	400英平方 (规划)	1947年9月完成测量
武汉	D级(改建武昌徐家棚)	跑道:1600m×50m×0.45m。 滑行道:2950m×30m×0.45m。 停机坪:2万m^2	航司自建	1948年4月24日至1948年5月14日
	B级(新建汉口刘家庙)	水泥混凝土跑道:2150m×75m×0.5m。 沥青混凝土滑行道:3000m×25m×0.5m。 停机坪:2.4万m^2	400英平方 (规划)	1947年9月完成测量,征地1807亩,跑道工程动工

续表

机场名称	ICAO 标准	场道工程(长宽厚)	航站工程	建成时间
福州	C 级（改建义序）	碎石跑道：900m×20m×0.1m。 停机坪(2)：20m×16m	计划加建	1947 年 11 月 30 日至 1948 年 2 月 16 日
	D 级(新建)	碎石跑道：1500m×60m×0.4m。 碎石滑行道：2200m×23m×0.4m。 停机坪：0.6 万 m^2	100 英平方（规划）	1947 年 9 月完成测量，拟征地 1807 亩
宜昌铁路坝	D 级（改建）	碎石跑道：1500m×60m×0.4m。 碎石滑行道：2000m×23m×0.4m。 停机坪：0.6 万 m^2	100 英平方（规划）	未动工

* 一说停机坪是 20800m^2。

* * 表中航站工程的建设规模数据引自国民政府交通部民航局场站处编写的《场站建设》（1947 年度业务报告）。"英平方"为英制计量单位。1 英平方＝100 平方英尺＝9.29m^2。

来源：作者整理。其中南京、福州和武汉均是改建机场和新建机场同时进行；民航局接收了地处远郊的宜昌土门垭机场，但实际拟建设位于市区的铁路坝机场。

7.2.2　国民政府民航局主导的机场建筑工程实例和设计方案

国民政府民航局主导下的机场工程主要包括跑道工程和航站工程两大类，其中跑道工程多以改扩建为主，航站建筑则以新建为主。民航局先后建成了上海、广州、天津、九江及台北等地机场的航站建筑，并拟定了大规模改建南京土山镇机场和上海虹桥机场，以及新建汉口刘家庙机场和重庆大坪歇台子机场的总体规划方案，还设计了汉口刘家庙、南京土山镇、台北松山等机场的航空站方案。这时期建设的上海龙华机场和广州白云机场两座航站大厦堪称中国近代机场航站楼的"双璧"，标志着中国近代机场建筑形制的成形与成熟。

1. 上海虹桥机场规划方案和龙华机场航站大厦

1）上海虹桥机场规划方案

上海虹桥机场由国民政府国防部空军司令部划拨给交通部民航局之后，暂由民航局技术人员训练所管理使用，未来拟扩建为国际机场，为此，民航局龙华航站工程处①于 1947 年 10 月 18 日绘制了"上海虹桥机场修建计划草图"，该草图规划有南北向、东西向、西南-东北向以及西北-东南向 4 对平行跑道，其中除两条东西向跑道长宽为 7000 英尺×200 英尺（约 2137m×61m）外，其他 3 对跑道的尺寸均为 10000 英尺×300 英尺（约 3048m×91m）。该航站区方案为正南北中轴对称式布局，中轴线上的航站区核心位置布局航站大楼及其空侧的停机坪和陆侧的停车场，其两侧对称设有飞机库及其停机坪。

2）上海龙华机场航站大厦

龙华机场航站大厦建筑平面呈弧形对称式布局，全楼 500 英尺长（约 152.4m）、84 英尺（约 25.6m）宽，该楼是直接参照当时美国华盛顿国家机场航站大厦（500 英尺长，约 152.4m；100 英尺宽，约 30.5m）设计的。航站大厦的主楼为 4 层：中央主体部分的底层、二层以旅客服务为主，底层设有包裹处、检查处、领取行李处、行李输送处和行李储藏处等；二层主体为候机大厅，内设售票间、行李间、播音柜台和过磅台等；三层拟设 ATC 工作室、气象站、电报房和管制处等业务部门；四层为进近台工作室；大厦顶层的中央位置则为指挥塔台和塔台工作室。航站大厦两翼对称布局的 2 层配楼各长 72 英尺（约 21.9m）、宽 37 英尺（约 11.3m），左侧配楼的底层设有飞行员休息室、理发室、餐室、浴室及厨房，二层为供旅客休闲的酒吧和大餐厅等；右侧配楼的底层拟作为龙华航空站办公室，二层则作

① 1947 年 7 月 1 日民航局龙华航空站成立后，"龙华机场修建工程处"奉命改称"交通部民用航空局上海龙华航站工程处"（简称"龙华航站工程处"）。

为特别候机室及办公室（图 7-2）。至上海解放之际，龙华航站大厦仅完成第一、第二期工程（即钢骨水泥骨架工程和砖墙门窗及外部粉饰），第三期工程内檐装修尚未启动，直至 1960 年才由民航上海管理局续建完成候机楼大厅改造工程。

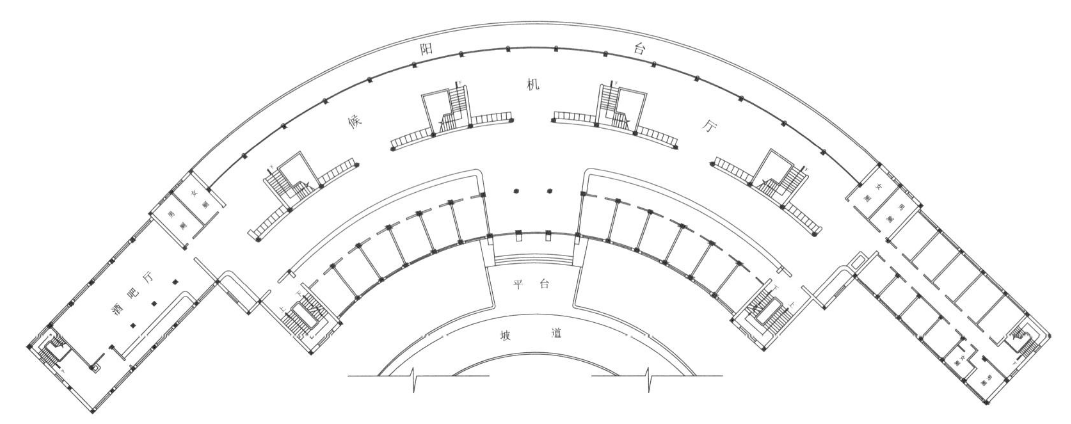

图 7-2　上海龙华机场航站大厦二层平面图

来源：中国第二历史档案馆藏档案，全宗号四九一，第 89 卷，作者描绘

与航空公司各自建设的小型候机室不同，龙华机场航站大厦设计建设工作由民航局场站处全面负责，该建筑的设计效果图、施工设计图纸和建筑模型一应俱全，体现了民航局对该项工程的重要程度。龙华机场航站大厦设计方案是由集体创作的、借鉴美国经典机场航站楼方案的集成之作。航站大厦设计的对标机场是由霍华德・洛夫韦尔・切尼（Howard Lovewell Cheney）设计的美国华盛顿机场航站大厦，《申报》认为，“此航站大厦较之世界著名之每五分钟有一架飞机升降之华盛顿机场航站，规模尤为宏大，无疑将使龙华机场具有远东航空站之领导地位”。民航局场站处机场设计科科长颜挹清也认为，“其式样之新颖雄伟及设备之完善为国内所仅有，并堪与美国华盛顿机场航站大厦媲美”。比较其建筑形式可知，其设计思想部分借鉴了当时美国华盛顿国家机场和纽约拉瓜迪亚机场的航站大厦实例，流程设计借鉴了华盛顿国家机场设计理念（图 7-3），空侧面也采用华盛顿国家机场立面形式，陆侧面则借鉴了纽约拉瓜迪亚机场航站大厦的建筑造型（图 7-4）。

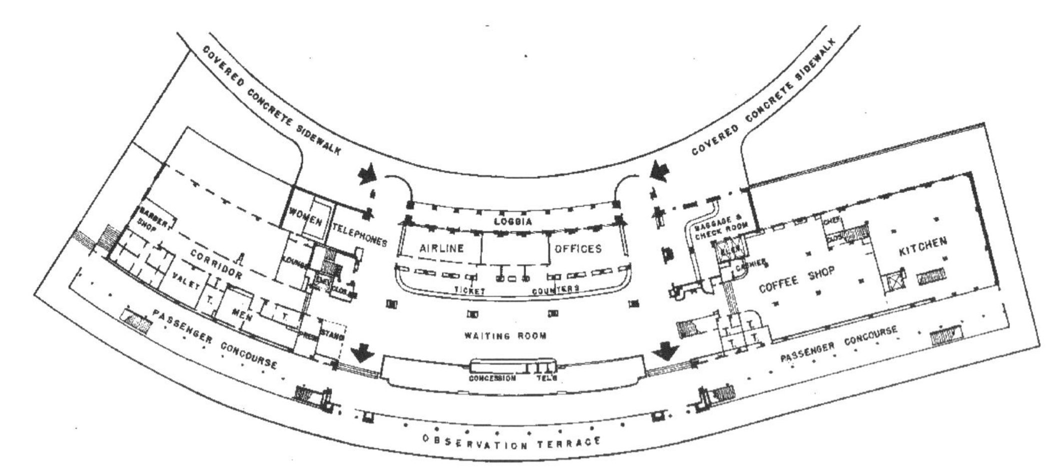

图 7-3　1941 年建成的美国华盛顿国家机场航站大厦二层平面图

来源：美国国会图书馆馆藏图片

1940 年由霍华德・洛夫韦尔・切尼设计的美国华盛顿机场航站大厦体现了当时美国总统富兰克林・罗斯福的理念，他要求航站大厦与华盛顿特区新古典主义风格相匹配，空侧面由 8 个修长的立柱构成的柱廊及其指挥塔台参考了美国首任总统乔治・华盛顿的故居——弗农山庄的柱廊及其望景楼，大厦的

图 7-4　美国纽约拉瓜迪亚机场航站大厦陆侧面
来源：美国国会图书馆馆藏图片

正立面和背立面均具有殖民主义建筑风格（图 7-5）。航站大厦内部则具有先进的机场技术特性，大面积高耸的玻璃幕墙使出港大厅和室外机坪相互交融，并率先应用了自动称重、自动传送的行李系统，指挥塔台还首次采用了华尔街所使用的电子“进程单”。

(a) 1941年建成的华盛顿国家机场航站大厦空侧面

(b) 1949年的上海龙华机场航站大厦空侧面

图 7-5　华盛顿国家机场和上海龙华机场的航站大厦空侧面比较
来源：(a) 美国国会图书馆馆藏图片；(b) http://blog.sina.com.cn/s/blog_6752d34a0100m06v.html

2. 广州白云机场航站大厦

1947 年，国民政府民航局筹备扩建广州白云机场，该机场的飞行区由两条主副交叉跑道及其平行滑行道系统构成，其跑道交叉处有联络滑行道直通航站大厦空侧的停机坪（约 $4000m^2$）。主要工程包括跑道加强、新建航站大厦和水泥停机坪、增设通信导航设施和助航设备等，该工程项目由民航局场站处设计，工程于 1948 年 12 月 16 日动工，至 1949 年 3 月 15 日，主跑道工程（长宽厚 1400m×50m×0.1m）竣工，航站大厦及停车场等工程分两期建设，至 5 月 2 日全部竣工。该航站大厦的建筑面积为 $1860m^2$，中间主楼高 3 层，设施主要包括旅客候机室、餐厅、招待所及商店等；在主楼二层屋顶中心位置设有 3 层指挥塔台。航站大厦的建筑平面呈不对称布局，其中室内空间宽敞的候机大厅平面布局呈弧形，外设弧形的柱廊和横竖线条分格的大面积玻璃窗，其空侧面分别设置进港、出港两个出入口。白云机场航站大厦的设计手法现代新潮，航空建筑特征鲜明（图 7-6）。该楼现已“整旧如新”地改造为南航文化传媒公司的办公楼，有计划重新进行原汁原味的修复。

(a) 航站大厦陆侧面原貌(1949年)

(b) 航站大厦陆侧面现状

图 7-6　广州白云机场航站大厦的陆侧立面

来源：(a) 民航中南地区管理局史志办徐国基提供；(b) 作者摄

3. 天津张贵庄机场的民用航空站

国民政府民航局在从军方接收天津张贵庄机场之后，于 1947 年 7 月 1 日成立天津航空站。该航空站于 1948 年 9 月编制了《增修张贵庄机场计划书》，机场规划方案为 4 条交叉跑道构成（主副跑道各 2 条，长宽各为 2150m×75m 和 1500m×60m)。张贵庄机场原有主跑道长为 3600 英尺（约 1097m)，仅可供驱逐机及 C-47 型运输机使用，根据修建计划概算书，第一期修建计划按国际 B 级跑道标准拟延展为 2150m 长、75m 宽的主跑道，并修建航站建筑、滑行道、停机坪及整修场面等；第二期修筑一条长 1500m、宽 60m 的副跑道以及滑行道、夜航装置和机库。1948 年年底建成天津航空站建筑，该单层建筑的平立面对称布局，中间出入口的上沿位置镶嵌有“交通部民用航空局天津航空站”和“TIEN-SIN AIRPORT CAA”中英文文字及飞机图案，屋顶中央设有悬挂国旗的旗杆座（图 7-7)。该建筑为国民政府民航局在全国仅有新建完成的 5 座航空站之一，但在中华人民共和国成立后因机场扩建而拆除。

图 7-7　1948 年建成后的国民政府民用航空局天津航空站

来源：《民航空运队》，1948 年第 1 卷第 5 期

4. 九江十里铺机场的民用航空站

抗战胜利后，为满足南京国民政府官员夏季到庐山避暑需求，空军总司令部先期修复了湖北黄梅二套口机场，但需要长江轮渡而非常不便。1947 年 5 月，新成立的民航局在接收空军移交的九江十里铺机场后即成立九江航站工程处，负责设计和组织十里铺机场的扩建施工，机场工程包括兴建跑道、站屋、交通路及排水等工程，其中跑道工程包括 1 条沥青碎石跑道及其平行滑行道，跑道中部旁还建有 14000m^2 的混凝土停机坪和建筑面积 615m^2 的航空站及附属建筑（图 7-8)。该工程分别由上海和南京的大华、永泰、工信和大康等多家营造厂承包建设（表 7-2）跑道与滑行道（沥青面层因无外汇购置而未铺设）及停机坪工程自 1947 年 6 月 6 日开始动工，9 月 12 日先后完工并投入使用；航站工程于 1947 年 7 月 25 日开工，12 月 27 日完工。

交通部民用航空局九江航站工程处与各营造厂签署的工程项目　　表 7-2

序号	项目名称	承包商	保证人	工程造价（万元）	开工/交工期限
1	跑道及滑行道工程土石方	大华建筑公司	江南春茶庄；工信工程公司；大康建筑公司	246692.90654	1947 年 6 月 1 日（70 个工作日）
2	跑道及滑行道工程土石方	大康建筑公司	神龙商店；同记木行；时昌布号；大华建筑公司；工信工程公司	203908.65896	1947 年 6 月 1 日（70 个工作日）
3	跑道及停机坪	工信工程公司	万森漆行；大华建筑公司；大康建筑公司	325853.4395	1947 年 6 月 1 日（70 个工作日）
4	航空站屋工程	天津永泰工程公司	九江元昌绸缎号；惠康瓷号	90891.8	1947 年 7 月 15 日（50 个晴天）
5	航空站油机发电间工程	久泰营造厂	九江光华瓷社	196555	1948 年 6 月 24 日（40 个工作日）

九江航空站的建筑形制与建成的台北松山航空站类似，该建筑为对称布局的主辅楼构型，陆侧面中央的主出入口为三角形披檐；空侧面为二层的矩形指挥塔楼，四坡顶的指挥塔建筑面积 $25m^2$，四周环以轻巧通透的玻璃窗。航空站建筑平面为狭长的矩形，采用石材砌筑墙体以及由木屋架、红机瓦铺筑而成的双面坡屋顶。该航空站在中华人民共和国成立后曾用作九江航空运动学校办公楼（图 7-9），直至 20 世纪 80 年代被拆除。

图 7-8　九江十里铺机场鸟瞰图（1948 年）
来源：《我国一年来之民用航空》

图 7-9　九江十里铺机场航空站建筑的原貌
来源：https://kknews.cc/story/zb4apng.html

5. 台北松山机场的航站楼

1947 年台北松山机场划为军民共享机场后，民航局场站处便编制了松山机场南跑道修建计划，并在跑道西端布局航站楼。该 3 层航站楼方案的建筑平面布局灵活，底层主要为旅客服务用房、办公室及技术设备用房，上下层贯通的大开间候机厅面向机坪侧，弧形墙面设有大面积的开敞门扇；二层为办公室及站长房、工友房等，并设有眺望阳台，局部三层为环以内倾玻璃窗的指挥塔台。该航空站建筑内部的行李流程和旅客流程分开，旅客步行出入口与乘车出入口分开，体现航空交通建筑内部布局特征（图 7-10）。

受经费和工期等因素影响，最终民航局委托台湾省政府交通处牵头在松山机场建成了一座小型航站楼，建筑面积不到 $500m^2$。工程于 1947 年 12 月初动工，1948 年 7 月 15 日完工。该单层四面坡式航站楼在中央位置设有 2 层坡屋顶的候机大厅及其门厅，其正面采用竖向线条的带状长窗和墙面，而简洁的门廊则外凸。整个建筑实现了传统建筑风格和现代航空功能的统一（图 7-11、图 7-12）。

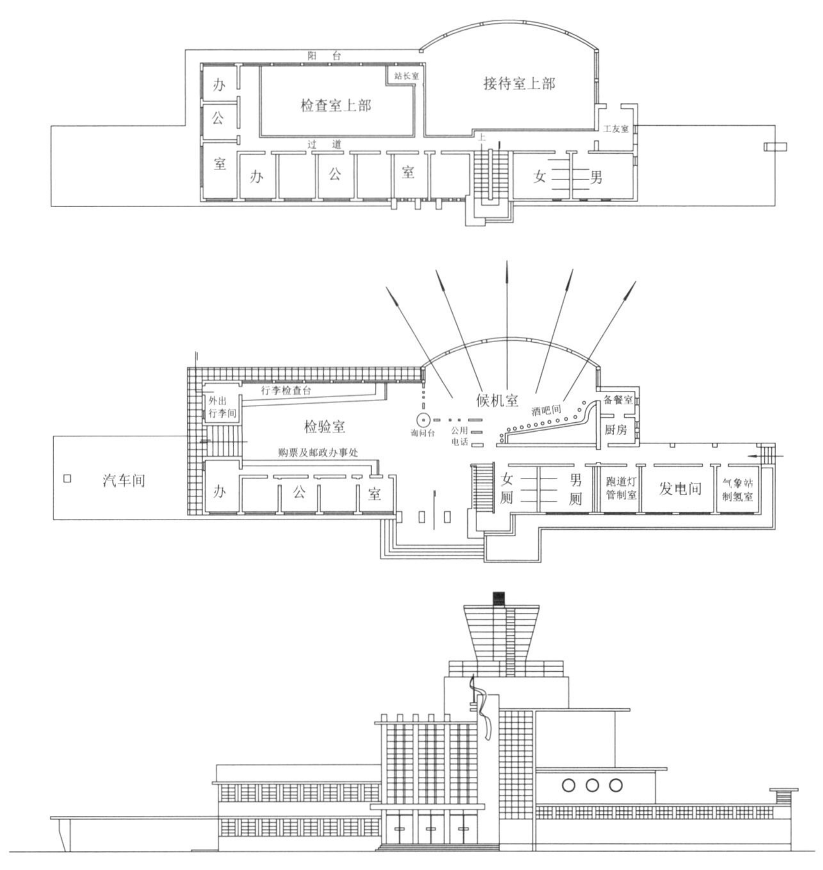

图 7-10　台北松山机场航站楼设计方案的平面图及立面图（1947 年）

来源：中国第二历史档案馆馆藏“两航 123”档案，项目组描绘

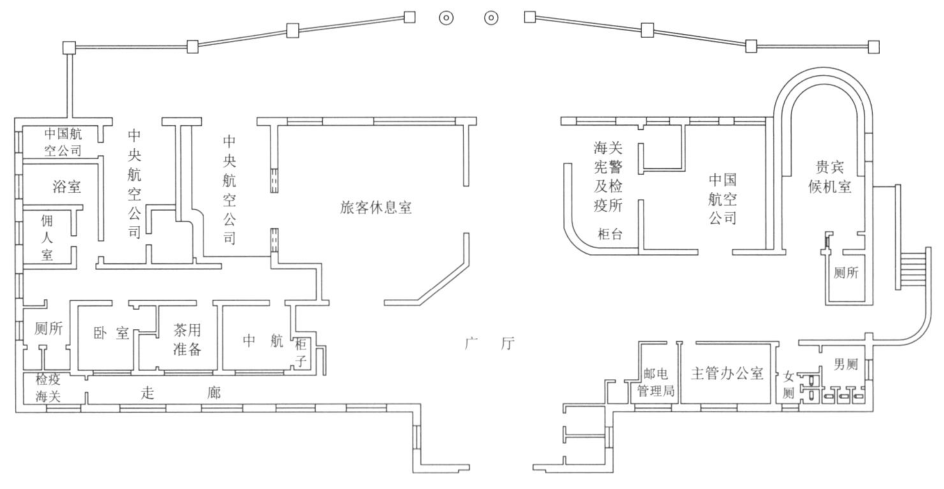

图 7-11　台北松山机场航站楼的平面图（1948 年）

来源：中国第二历史档案馆馆藏档案，项目组描绘

6. 南京明故宫机场跑道扩建工程和土山镇机场总体规划及航空站方案

因南京明故宫机场所在区域将作为中央政治区的用地，国民政府民航局着手将空军拨付的江宁土山镇机场改建为永久性的民用机场，而仅将明故宫机场原可起降 C-47 飞机的跑道长度提升为可起降 DC-3 大型民用飞机，即主跑道拟向南拓展 200m，使跑道长达到 1001m，以满足土山镇新机场投运前两年的需求。1947 年 6 月 17 日，明故宫机场跑道工程开工，翌年 1 月 20 日完工。由民航局场站处设计的土山镇机场改建规划方案计划将现状跑道由长宽厚为 1800m×200m×0.15m 改建为 2150m×75m×0.5m，

图7-12　1950年台北松山机场航空站外观

来源：《台北国际航空站60周年庆特刊》(2010年)

主、副跑道交叉处规划有半圆环形的航空站，但土山镇机场仅于1947年9月完成了测量而未启动建设。

7. 汉口航空站方案和汉口刘家庙新机场方案

1947年4月，武昌徐家棚机场由空军永久拨付给民航局，次年民航局筹备进行“武昌徐家棚机场修补工程”，具体包括跑道、滑行道、停机坪及站屋等项目，其中第十一项“站屋”建设计划提出，“站屋包括指挥塔、无线电通信设备、航空公司、海关、邮政站、本部办公室以及旅客候机室各项建筑”。1948年基本完成了场道修补工程，但航空站建设则搁置了，主要考虑到因该机场跑道长度不足且破损，加之地势低洼、易积水等原因，整修后的武昌徐家棚机场拟维持到汉口刘家庙新机场完工启用之后，该机场则改为仅用于紧急起降的辅助机场。

《民用航空》杂志（1947年第1期）刊登的《拟建之汉口航空站方案》为方正规整、对称错层式的3层建筑，其现代机场建筑特征明显，如在一、二楼顶均设有眺望露天平台，可供迎送者及参观者观看飞机起降以及飞行表演，空侧中央部位的顶层为三面环绕内倾玻璃窗和眺望平台的指挥塔亭（图7-13）。

图7-13　民航局拟建的汉口航空站方案（1947年）①

来源：《民用航空》，1947年第1期第5页

根据建筑形制的比较判断，汉口航空站方案脱胎于美国华盛顿胡佛机场于1930年建成的航站楼（图7-14），该国际式风格的建筑由美国建筑师霍尔顿、斯托特和哈钦森（Holden，Stott&Hutchinson）

① 1947年12月刊载在《民用航空》第1期上的《拟建之汉口航空站方案》应是指汉口王家墩军用机场，不过该机场并未移交给民航，为此不排除名称有误的可能。毕竟早在1947年7月1日民航局便接收武昌徐家棚机场成立了“武汉航空站”，“汉口航空站”有可能是指武昌徐家棚航空站，该效果图所描绘的起伏山脉也反映出武昌机场所处的山势背景，而汉口王家墩机场周边地区则地势平坦；另外，1948年1月由民航局场站处编写的《场站建设》刊登出刘家庙机场新航空站设计方案的建筑体量远大于《拟建之汉口航空站方案》，这个汉口航空站方案不可能是应用于刘家庙新机场的。

合作设计。该航空站的建筑面积为58000平方英尺（约$5388m^2$），总造价为29187.78美元。

图7-14 美国华盛顿胡佛机场的国际式航空站建筑（1930年）
来源：https：//ghostsofdc.org/2021/11/04/hoover-field-before-the-pentagon-and-national-airport/

民航局选定在汉口东北部的刘家庙以西、前日租界以东地区新建国际民航组织B级标准的机场，该场址四至范围为《大汉口建设计划》之中的东北公园以东，麻（场）路以南，泰山路以西，鄂（场）路以北（即现有黄陂公路以西），该农业用地呈曲尺形，其东北至东南长约4km，西北至西南长约2km。刘家庙机场建成后拟作为国内民航中心，规划有3条跑道和2条滑行道以及1座停机坪，另外办公楼、指挥塔台、候机室及气象站、无线电台及夜航设备也将一应俱全。拟先期征用主跑道建设所需要的1500亩土地，另附带征地130亩，副跑道用地则等扩建时再定。1948年1月在《场站建设》刊载了刘家庙新机场的设计方案——“汉口航站设计（鸟瞰图）”，该航空站的主体为2层，中央顶部指挥塔台为3层。仍采用矩形平面和水平带状长窗。中部候机大厅的陆侧凸出部方正，空侧外凸处圆润。该国际式风格的航空站体现了现代航空站建筑的设计特征及其设计潮流。

7.3 近代航空公司的航线规划运营和航空站建设

7.3.1 全面抗战前的民航发展背景

1927年4月18日南京国民政府成立后，优先由航空署发展军事航空业，而交通部仅承担邮运航空业。1930年5月2日，南京国民政府通过“实业建设程序案”，基于“交通是实业之母”的认识，该案提出铁道、海港、公路、航空、水运等建设项目，每项均有工程项目的详细规划和完工日期，所有上马项目限定在1935年年底一律竣工。该议案提出要加强航空建设，指出：“航空不特为军用国防上之利器，而且为邮件商用所必需之交通工具”；决定“限于民国24年（1935年）底止，全国必须增加五万里以上之航空线及一千架商用飞机，由国民政府积极筹设及奖励”。并在1933年5月20日设立行政院全国航空建设委员会，聘请意大利航空顾问团专门负责指导有关航空业的建设事宜。

全面抗战前夕，中国民用航空业发展势头良好，无论是航空公司运力、运量方面，还是航线网络布局或机场建设方面，均进入快速发展的阶段。但这时期时局险峻，危机潜伏，考虑到中日战争无法避免，南京国民政府在军用机场积极筹建的同时，也对民用航空业未雨绸缪，为应对战事而在民航方面采取预备措施，督促中国航空公司和欧亚航空公司提前筹划将其总办事处及机航总部分别迁移至汉口和西安，进行事先部署和做好各重要航空站机件与油料的储备，在洛阳、西安等处建设储备油库，并训练飞行技术人员，逐渐取代外籍人员，以便应对日益复杂的战争局势。1937年七七事变的爆发最终使中国

近代民航业由良性发展状态转至停滞状态。

1. 全面抗战前的航空公司航线规划

1930 年 10 月，由交通部与美商的中国飞运公司合资成立了中国航空公司，这是近代中国第一个持平等地位签约、按占控股比例设立的中外合资公司。1931 年 2 月，中德合资的欧亚航空邮运公司在南京正式成立运作。1933 年 6 月 15 日，中国第一家由地方资本经营的西南航空公司正式开航。至此，中航、欧亚航和西南航三大航空公司在抗战前全部成立，所构筑的全国干线航空网络也基本成形。

近代航空公司从商业利益出发，在筹备之初便制定了自身的航线网络发展规划。例如，抗战爆发前的中国航空公司立足于形成以上海为中心的沿长江、沿海的航线网络布局；欧亚航空公司则规划以上海、柏林为起讫点的三大欧亚国际航线，辐射西北内陆各省；西南航空公司的航线规划着眼于西南五省的航线网络布局。这三大航空公司的规划航线网络基本未有重合，并覆盖中国大部分地区的主要商业城市。

2. 全面抗战前的全国航线网络

1）全国航线网络初具规模

截至 1937 年，中航、央航及西南航三家航空公司共计开通沪蓉、沪平、沪粤、渝昆、沪新、平粤、兰包、陕蓉、蓉昆、广河、广琼南线等 12 条以上的航线，通航里程达 14260km①。这三大航空公司之间的航线相互衔接，基本形成了以上海、南京、广州为中心的全国民用航空网络，重点构筑了沿长江流域、沿海岸线和沿津浦、平汉、粤汉铁路线以及沟通边远地区的航线网络，通航城市侧重于华北、华中及东南各省（图 7-15、表 7-3）。

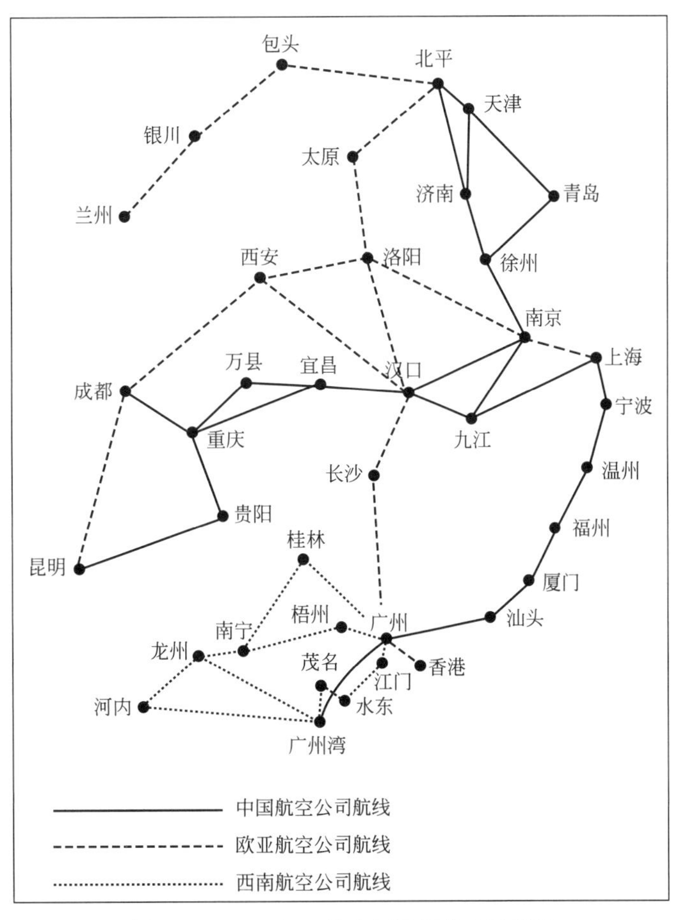

图 7-15　1937 年 6 月中国民用航空路线图

来源：《中国航空史》（第 2 版），第 88 页

① 另据《十年来的中国》记载通航里程为 15300 余公里，而日本学者家近亮子《蒋介石与南京国民政府》一书中为 16596km。

抗战前中国民用航空事业概况（1936 年年底）　表 7-3

项目	数目	项目	数目
航线	11 条	航线总长度	16596km
机场	47 个	飞机	33 架

来源：《蒋介石与南京国民政府》。

2）全面抗战前全国航线航班的中转衔接

1934 年年底以来，中国航空公司、欧亚航空公司及西南航空公司等三大航空公司所开辟的航线基本覆盖了除东北地区以外的主要经济城市，这些航空公司的航线不仅自我衔接，也可相互联运。在航空公司内部联运方面，中国航空公司的汉渝段与沪汉段的班机每周有 3 次的交接；欧亚的兰包线与沪新线班机在兰州每周有 1 次交接。在航空公司之间的联运方面，1934 年 5 月 1 日，西南航空公司开通广州—梧州—南宁—龙州航线，航程 643km，每周飞行 3 班。同日，欧亚航则开辟北平—太原—洛阳—汉口—长沙—广州航线，航程 2200km，每周飞行 2 班，这样欧亚的平粤线与西南航的广龙线在广州隔日衔接。另外，中国航空公司的沪蓉线沪汉段与欧亚的平粤线北上班机在汉口交接；中国航空公司的沪平线与欧亚的沪平线在北平隔日衔接。在三大航空公司之间的航线航班相互衔接方面，欧亚的平粤线和沪新线在郑州对接，形成东西向和南北向十字形交叉航线网络；中国航空公司的沪粤线与西南航的广龙线在广州衔接。

7.3.2 航空公司航空站的规划建设

北洋政府时期，机场及其航空站均是由中央政府或地方军政当局主导建设。南京国民政府时期，机场均系中央政府或地方政府主管，航空公司需要自行投资建设或与机场所在地的地方政府合作建设民用航空站，也可以租赁军用机场的既有场站设施来开辟航线。相比而言，水上机场及其航空站设施的投资少，见效快，航空公司可全部自筹资金建设，中国航空公司早期在开辟航线时便优先开通沿江、沿海航线。根据航空站建设的阶段性特性，航空公司的航空站建设可分为抗战前、抗战时期和抗战胜利后三个阶段，其中航空站建设的高峰期集中在抗战前和抗战胜利后的两个阶段。

1. 全面抗战前航空公司的民用航空站建设

在全面抗战以前，我国民用航空运输事业以上海及南京为航空中心，航线布局、机航设备、器材存储以及电台联络等均以上海为中心。1929 年 10 月 21 日，国民政府交通部航政司所辖的沪蓉航线管理处首次开辟沪汉航线，在该航空线沿线兴建 5 个机场，在上海虹桥机场设维修厂。在中国航空公司、欧亚航空公司成立后，交通部为谋求建成民用航空总站起见，重点建设上海龙华机场，对于其他各地场站，则督促各航空公司加以改善和添置飞机、车辆等设备，增建办公房屋、旅客休息室、飞机库、场站与城市交通道路等设施。除了各航线原有的各地机场外，在必要地方酌情配置备用机场，以便飞机中途降落，保障航行安全。这时期开通民用航线的航空站数量并不多，根据 1936 年 1 月的统计，各省省会城市仅有安庆、武昌、成都、西安、兰州、广州、福州、南宁、贵阳及昆明等 10 个城市开通有民用航线，而太原、保定、济南、南昌、长沙、镇江、杭州、开封等其他省会城市尚未有民用飞机起降。

全面抗战爆发前，主要由中国航空公司、欧亚航空公司及西南航空公司负责投资建设了一批民用航空站，这些航空站建设是按照航线布局的。其中中美合资的中国航空公司以商业性运营为主要目的，其开通的航空站以水上机场为主，除了上海基地的建设外，尽量节省航空站的投入。中国航空公司以上海为中心，先后开辟了沪蓉、沪平、沪粤以及渝昆 4 条定期航线，其中沪蜀线沿长江先后开设上海龙华、南京、安庆、芜湖、九江、汉口、沙市、宜昌、万县、重庆、遂宁、成都等陆地航站或水上航站；沪平线则依托所在地方政府代为辟建沿线的陆地机场，先后开通了上海、南通、海州、青岛、天津、北平等航空站；沪粤线沿海航线则设有上海、温州、福州、厦门及广州等水上机场或水陆两用机场。

中德合资的欧亚航空公司则以开通欧亚国际航线为主旨，立足于永久性经营，对航线经营的短期盈亏未予以过多的考虑，由此而对中国境内所开辟航线沿线的兰州站、西安站及汉口站等航空站予以较大规模的投资建设。在 1935 年前后，欧亚航空公司先后建成上海龙华、南京明故宫、洛阳西宫（后改为郑州五里堡）、西安西郊、兰州拱星墩、宁夏常家花园、肃州南郊、哈密东郊、迪化、塔城北郊、北平南苑、太原城北、汉口王家墩、乐昌城内、长沙新河和广州石牌等诸多航空站。至抗战前夕，还在包头、平凉、天水、凉州、甘州、安西等处开辟机场，并在兰州、肃州、哈密、迪化、塔城等地设置油库。

由地方政府经营的西南航空公司所使用的机场全部由地方政府提供，其机场服务设备普遍简陋。西南航结合航线开通的需求在广东、广西境内兴建了一批航空站，暂时租用广州石牌跑马场作为航空总站。在无线电台方面，在梧州及龙州各设 1 台 5W 的小型无线电机，广州总站设有 1 台 150W 的无线电台，石牌飞机场、茂名、琼州、北海、南宁各站均设 15W 的无线电台各 1 台。

2. 全面抗战时期航空公司的航空站建设

全面抗战爆发后，国统区的民用航线航班大幅度萎缩，民用航空站的建设基本陷于停顿，中国航空公司和欧亚航空公司先后内迁至西部地区。1937 年 8 月，欧亚航空公司总公司和总修理厂迁至西安西关机场，同年 10 月 8 日，又迁至昆明巫家坝机场，而后在昆明重建的飞机总修理厂占地 $8000m^2$，建筑面积 $2500m^2$，可停放 5 架飞机，设有机坪、停车场、职能室、生产车间、机头库、试车台等，基本能满足飞机和发动机维修的需要①。

抗战后期，中国航空公司与承继欧亚航空公司的中央航空公司均注重军事运输，中国航空公司甚至直接参与了“驼峰”航运，并在昆明巫家坝机场等地继续开展了旅客运输业务，而中央航空公司的旅客运输性质基本上则属于官办、军用，该公司在昆明巫家坝机场也设有候机室，这时期中国航空公司和中央航空公司的民用航空站建设基本上是因陋就简。另外，抗战胜利前后，驻华的美国陆军航空队（AFF）利用开通“驼峰航线”的空余运力也开辟少量旅客捎带活动，并在昆明巫家坝机场以及美国空运司令部（ATC）所在地机场设有旅客候机室（图 7-16、图 7-17）。1939 年，中国与苏联合资的中苏航空公司在西北地区的哈密—阿拉木图航线沿线建设了一系列的苏联式航空站。此外，满洲航空公司在东北沦陷地区也新建了一批由“事务所+飞机库”组合而成的标准化航空站。

图 7-16　昆明巫家坝机场美国陆军航空队（AFF）基地的候机室（1945 年 10 月）

来源：美国国家档案馆，编纂目录：61718A.C

① 《中国民用航空志华东地区卷》编纂委员会：《中国民用航空志・华东地区卷》，中国民航出版社，2012 年。

图 7-17　美国空运司令部（ATC）第 2 空运中队在某地的旅客航站楼
来源：美国国家档案馆，编纂目录：75849A.C

3. 抗战胜利后的航空公司航空站规划建设

抗战胜利后，以“复员运输”“还都运输”为重点的航空运输业发展迅猛，中国航空公司和中央航空公司及民航空运队的航线网络、运力运量都进入大规模扩张的时期，为了进一步拓展航空市场，三大航空公司先后在全国各地开辟了一大批航空站。由于这时期全国各地的军用或民用机场已基本布局完善，航空公司仅需重点对既有机场的航行设施、机场建筑等加大投资建设，例如中国航空公司设立的航空站或办事处包括哈密、台南、台北、广州、汕头、梧州、江门、长沙、昆明、柳州等。1946 年又增设徐州、济南、福州、厦门、海口等 10 处航空站。中国航空公司在高峰时期共有航空站 32 处，包括北京、天津、青岛、济南、徐州、上海、南京、汉口、重庆、兰州、肃州等。在内战全面爆发后，中国航空公司、中央航空公司的航空站建设随即转为因陋就简，在不断撤销前线地区的航空站同时，也相应地在后方地区设立新的航空站，其设施设备仅为满足航空运输需要。

中国航空公司和中央航空公司及民航空运队的航空站普遍是改扩建和新建相结合的建设方式，即可快速建设，也相对节省建设成本。

（1）直接修缮和改扩建抗战前的原有机场设施，如中国航空公司在上海龙华机场仅改建发动机翻修车间，在原候机室一侧扩建候机室；中央航空公司则考虑将南京明故宫机场原欧亚航空公司候机室予以扩建。而在北京西郊、天津张贵庄、青岛沧口等美国海军陆战队登陆驻扎的机场，中央航空公司和民航空运队甚至直接使用美制军用铁皮活动房屋作为候机室、办公之类的临时性航空站用房（图 7-18）。

（2）中国航空公司和中央航空公司也筹划了大规模的航空站建设计划，这些航空站以现代建筑风格为主，基本按照现代交通建筑特性和理念设计；少量航空站体现出中国传统建筑风格，采用了中国传统的坡屋顶和砖木建筑形式。另外，中国航空公司和中央航空公司也尝试合作设计与建设“联合候机室”，采用分工建筑设计、建设工程费用均摊和对等均分航空站用房的方式，以昆明巫家坝机场联合候机室为先例，先后出台了重庆白市驿、西安西关、台南大林、厦门高崎等机场候机室的设计方案，合用的航空站方案多以候机厅为中心进行对称布局，这样便于中国航空公司和中央航空公司分边各自使用；航空站建筑造型简洁实用，满足旅客候机功能为第一需求，并兼顾海关等政府检查机构驻场办公的需求。航空公司合建候机室这一合作模式已成为近代交通建筑类型中罕见的特殊建造形式，但由于时局动荡，“两航”合建的候机室大部分仅停留在设计方案上而未予以实施。

(a) 活动式候机室的外观

(b) 活动式候机室的内景

图 7-18　中央航空公司在北平西郊机场的临时性候机室
来源：《中国民用航空志·华北地区卷（第一卷）》

7.4　欧亚航空公司的航空站建设

7.4.1　欧亚航空公司航线规划及其开通概况

1. 初创时期的航线规划及实际开通的航线

1931 年 2 月，国民政府交通部和德国汉莎航空公司合资成立了欧亚航空邮运股份有限公司，以沟通欧亚两大洲之间国际空运干线为主要目标。根据双方订立的欧亚航空邮运合同，在北部经西伯利亚的欧亚航线和南部经印度的欧亚航线相继开通的背景下，欧亚航空公司在中国境内主要计划开办 3 条贯通欧亚中部的上海至柏林欧亚国际航线，第一条是沪满线（上海—满洲里），即从上海经南京、天津、北平及满洲里，再经苏联至欧洲；第二条是沪库线（上海—库伦），即从上海经南京、天津、北平及库伦（今乌兰巴托），再经苏联至欧洲；第三条是沪新线（上海—新疆），即从上海经南京、甘肃及新疆，再经苏联至欧洲。欧亚航开辟航线所必须购置的飞机及其零备件和机场设备由德方提供，中方准许公司开辟航线中沿线的机场及升降场所（即备用机场），并应缴纳公允的租金。

欧亚航空公司筹备沪满、沪库及沪新三大国际航线需要分别从东北沦陷地区、蒙古穿越苏联或从新疆与欧洲相接。1931 年 5 月 31 日，欧亚航正式开辟沪平、平满航线，实现“上海—南京—济南—北平—林西—满洲里”全线贯通，计划出满洲里后的航段为“伊尔库茨克—莫斯科—柏林”，后因九一八事变的发生，该线北平至满洲里段停航。计划经外蒙古、西伯利亚延伸到柏林的沪库线（上海—南京—天津—北平—库伦）因同年 7 月 2 日发生蒙古部队枪击飞越过境的欧亚 2 号飞机事件而被迫放弃。沪新线计划的国内段即上海—南京—洛阳—西安—兰州—肃州（今酒泉）—哈密—迪化（今乌鲁木齐）—塔城，出境后到中亚，再转柏林。1932 年 4 月 1 日，欧亚开辟沪新线上的上海—南京—洛阳—西安的沪陕段，次年 5 月，沪新线延伸至迪化（今乌鲁木齐）。同年 9 月，军阀盛世才在新疆发动政变，该线兰州—迪化—塔城航段被迫停航。

欧亚航空公司在开辟国际航线连连受挫的情况下，暂时侧重于经营中国西北和华北地区的国内航线。1932 年 4 月 8 日，欧亚航首先开航北平—洛阳的平洛线。11 月 26 日，正式开通北平—兰州间航班业务。1933 年 5 月 10 日试航广州—长沙—汉口航段。1934 年 4 月，粤陕线（广州—长沙—汉口—襄阳—西安）与沪新线相接；5 月 1 日，粤陕线与平陕线改为直航的平粤线（北平—太原—洛阳—汉口—长沙—广州）；10 月 17 日，该航线沿线的洛阳站改为郑州站与沪新航线衔接；11 月 1 日，欧亚航开辟兰州—宁夏（今银川）—归绥航线。1937 年 2 月，该航线又延伸为北平—归绥（今呼和浩特）—宁夏—兰州航线。此外，欧亚航空公司在抗战前还开通西安—天水—兰州、西安—平凉—兰州、兰州—凉州—

肃州、肃州—安西—哈密、长沙—衡州—广州5条不定期航线。

2. 抗战时期开通的航线

1937年七七事变后，欧亚航空公司的平宁线（北平—归绥—宁夏）、平汉线（北平—太原—郑州—汉口）、平并线［北平—并州（今太原）］、平包线（北平—包头）等航线相继停航。1937年“八一三”淞沪会战后，欧亚航的沪西线（上海—南京—郑州—西安）、京郑线（南京—郑州）等航线也先后停航。欧亚航空公司总公司与总修理厂奉命急促于8月17日至22日由上海整体迁至西安，同年10月8日再迁至昆明，随即与中国航空公司共同形成以重庆、昆明为航空中心的民用航空网络。1940年8月1日，国民政府交通部宣布终止与德国签订的《欧亚航空邮运合同》，并征收德方股份，将欧亚航空公司改为国营企业。1943年3月，国民政府交通部与航空委员会合作将欧亚航空公司更名改制为“中央航空运输股份有限公司”。

7.4.2 欧亚航空公司航空站的建设

1. 航空站的建设概况

欧亚航空公司在创办之初以上海虹桥军用机场为基地筹备开通三大国际航线，其中上海经甘肃、新疆至德国柏林的国际航线最为优先，但在西北地区的机场建设、房屋建筑及油料运输等相关事宜尤为艰难，为此欧亚航空公司排除万难先后开辟或修葺了西北沿线的西安、兰州、肃州、哈密、宁夏、包头等处机场。为安全起见，1933年7—10月间，当地政府协助欧亚航在甘肃省的天水（今泰州）、平凉（今天盘山）、凉州（今武威）、安西（今瓜州）等地开辟了备用机场；欧亚航在新疆境内所需要使用的机场则由新疆省政府承建，具体包括迪化、镇西、哈密、星星峡、乌苏、塔城、伊犁、吐鲁番、焉耆、库车、阿克苏、巴楚、喀什、和田、尉犁等机场（图7-19）。

图7-19　欧亚航空公司的简易飞机机棚

来源：Eurasia Aviation Corporation-A German-Chinese Airline in China and its Airmail 1931-1943

至1934年年底，除肃州、哈密、迪化、塔城停航外，欧亚航空公司已先后开通了上海（虹桥/龙华）、南京（明故宫）、洛阳（西宫）、西安（西郊）、兰州（拱星墩）、北平（南苑）、太原（城北）、汉口（王家墩）、长沙（新河）、乐昌（乐昌城内）、广州（石牌跑马场）、宁夏（常家花园/通昌）等航站（图7-20）。至全面抗战前夕，还在包头、平凉、天水、凉州、甘州、安西等处开辟机场（表7-4）。在沿线无机场或需要整修机场的地方，南京国民政府则专门下令当地驻军帮助修建，如修建兰州机场时，欧亚航空公司“特派人员驰车前往兰州，并得约五千名兵士臂助”。整修包头机场时则由傅作义部队协助施工。

图7-20 欧亚航空公司试飞成功后在虹桥飞机场庆祝

来源：《良友》，1933年第7期

欧亚航空公司主要航空站的概况 表7-4

编号	航空站名称及所在机场名称	主要概况
1	上海站（虹桥机场）	1931年3月至1933年4月期间先后建造，航空站有自建平房20间，为泥墙草顶、木平房，占地12000平方英尺(约1115m^2)，工程造价为5000元
2	南京站（明故宫机场）	1929年设立，仅有2间的木平房系租用国民政府军政部的，月租费为50元；使用原沪蓉航空线管理处的飞机停放处，并承租3间小砖屋作为无线电台及存储工具材料之用
3	洛阳站（西宫机场）	借用军政部所辖的西宫飞行场，借用并修葺7间中式的砖瓦平房，该房间为国民政府交通部所辖的西宫无线电台房屋
4	西安站（西关机场）	借用绥靖公署所辖的机场，租用旧机场管理处原址。航空站(含办事处)正房5小间，1大间，用作办公室、接待室、存油室、卧室；前房东西大小各2间为无线电电台及传达工役室。1934年1月自建新航空站，该中式瓦屋的尺寸为87m×36m，平房合计31间，花费13000多元
5	兰州站（拱星墩机场）	1932年5—6月，地方当局将拱星墩开辟为机场，并通航。欧亚航自建电务、机务使用的房屋及油库，配备了简易设备和少量工作人员。因其距城较远，航站办事处另设于城内，以办理客运、货邮运业务
6	肃州站（酒泉南郊机场）	因在酒泉北乡离城区20km处的新天墩所建机场交通不便，1933年9月由地方政府协助改在酒泉南郊离城4km处的砾石滩建成新机场，同时修建和租用简陋土房数间，作为电台安放、办公和旅客休息场所；自备小型电机发电。1933年8月始建房屋油库，因兰州以西停航后，物料接济不易，内部装修尚未竣工
7	哈密站（东郊机场）	使用新疆省府原有的军用机场，加以修理后投用，后因政局动荡影响通航。1932年由地方政府协助开辟航空站，哈密站的房屋油库仅在通航期间暂租民房使用
8	迪化站（北郊机场）	迪化原有东门外的机场面积过小，且又紧邻无线电台铁塔。1933年年初，新疆省政府为欧亚航在北郊东山下距城约十里的羊毛沟另建机场及厂房，至9月中，因战乱导致停航而未建成房屋油库。办事处设在城内北梁，于城外南梁租屋1所，作为飞机师等公寓
9	塔城站（北郊机场）	1933年，为开辟沪新航线而在塔城西北角修建简易机场。机场平坦开阔，并修建了几间土房，供工作人员使用，配备有电台和油料。同年7月20日，欧亚航的飞机试航迪化—塔城段成功；9月，新疆统治者盛世才拒绝该飞机进入新疆，沪新线兰州以西航段因而停航，10月塔城航站被封闭，该机场再未使用
10	北平站（南苑机场）	1931年2月，欧亚航向军政部航空署商借南苑飞机库1座，航空学校校舍1排及后院空房10多间，分别作为飞机修理厂、无线电台、站务办公室及宿舍，并于机库前修建一条供飞机停放的水泥滑行道，又在机库北面修筑平房3间，内装为全厂供电的发电机。校舍除几间用作无线电台室外，其余均为宿舍、饭厅及厨房。该站设备完善程度位居欧亚航空公司各站之首
11	包头站（二里半村机场）	1934年10月，由包头县政府派员配合欧亚航在平绥车站南二里半村地方勘定机场，11月1日正式开航。原址系1926年始建的军用机场，地势尚平坦，土质坚实。场面东西宽380m，南北长400m，后期拓展至800m见方。在机场东面租赁一座院落，用作飞机库及安置无线电台，办事处设在距离南门约1.25km的城内

续表

编号	航空站名称及所在机场名称	主要概况
12	宁夏站（常家花园机场）	1934年6月19日设站通航，办事处借用宁夏建设厅房屋1座，因原城东的同昌机场较远，在距离办事处10km的城西觅得空地一处，由第15路军在两周内建成占地12万m^2且平坦坚固的机场。8月9日迁航，11月下旬又在机场附近的常家花园安装无线电台，分设机场办事处
13	郑州站（五里堡机场）	借用航委会所属机场。公司临时盖瓦房5间，以2间作电报室，3间为乘客及飞航人员休息处及办公之用，后又加盖3间专供办公的用房，另借用小庙1间储藏油料，还租用村内瓦屋3间，为工役住宿及放置杂物之处
14	汉口站（王家墩机场）	1935年建成航空站，租用833.1357市方*的机场土地。航空站内设有飞机师寝室、乘客待机室、主任办公室、机械员室、材料储存室、机件修理室和汽油储藏室，另有主任和职员卧室、传达处、浴室、饭厅、厨房和厕所等，三面围合的建筑群在院落中央设置飞机停留处。此外还新建进出机场的汽车公路
15	长沙站（新河机场）	1934年年初，湖南航空处将新河机场划借5间房屋给欧亚航空公司，为装设电台及办公的场所。为开通平粤线，除沿线各站设有无线电台外，还在湖南郴州及河南观音堂增设无线电台，同年5月1日全线通航
16	广州站（石牌机场）	1934年春，欧亚航与西南航共同向广州当局借用石牌跑马场为临时机场，该场面积不大，如遇强西北风则不利降落，但因急于通航而仍雇工修筑，并在该机场设立办事处和装置无线电台，10天内便完工，于5月1日通航
17	昆明站（巫家坝机场）	1937年，欧亚航空公司总公司及总修理厂迁至昆明巫家坝机场，新建砖木结构的飞机修理厂厂房（能容纳5架飞机），占地8000m^2，设有候机室、停车场、停机坪、职能室、生产车间、机头库、油库、宿舍、食堂等各种工作、生活用房

*1市方推测为1平方尺。

来源：依据《欧亚航空公司开航四周年纪念特刊》《欧亚航空公司各站机场房屋设备表》等资料整理。

在开通途经西北、东北的欧亚国际航线无果后，欧亚航空公司转而计划以云南为起点开通通往欧洲的航线，1936年4月1日，欧亚航经营的西安—汉中—成都航线延伸至昆明。此后又筹开南京至昆明航线，该航线全长1900多公里，沿线拟设南京、南昌、长沙、贵阳和昆明五站，除南京、南昌、长沙可利用欧亚原有航空站外，贵阳、昆明两地机场的航空站均由所在省建设厅筹备完成，但该开航筹备工作因抗战爆发而中断。

7.4.3 欧亚航空公司航空站的基本类型及其应用实例

与中国航空公司沿用水陆两用飞机，在长江沿岸或其他江河湖岸建设简易驳岸不同，中德合资的欧亚航空公司以开通欧亚国际航线为主旨，立足于永久性经营，对航线经营的短期盈亏未予以过多考虑，由此自筹备开航之际便积极参与中国境内拟开通航线沿线机场的建设，该公司先后在南京明故宫、昆明巫家坝、汉口王家墩、兰州拱星墩、西安西关等沿线机场建设了一系列高标准的航空站建筑，其中汉口、兰州等重要航空站均按照合资方——德国汉莎航空公司所发布的欧洲式航空站建筑图样建造，尤其对西北内陆地区沿线机场的航空站进行了较大规模的投资建设。由于开航的机场普遍偏于城市一隅，欧亚航空公司沿线的各航站办事处一般都是在机场所在的城内设置。为了方便乘客，该公司在沿线航空站均设立了供乘客休息的航站房屋，兼有办公、维修、通信、食宿等功能设施，在西北地区沿线的偏远机场甚至还建立了为乘客提供住宿和饮食的专用招待所。

欧亚航空公司所需的航空油料均由油商临时运送，由此大多数机场未专设油库，但由于地处西北地区沿线航空站的油料运输困难，沿线的兰州、肃州、哈密、迪化、塔城等航空站都设置有航空油库。为了防范航空油料的火患、蒸发及被盗，肃州航空站还特别设计建造了专用汽油库，该油库采用多个砖砌地窖储油，并在其外围再筑墙防护。西安航空站则建成地下储油池3座，每座可存放50t油，可满足公司所有飞机使用5个月之久。

另外，因欧亚航空公司的德制容克斯飞机机身为全金属蒙皮，防风雨性能好，一般航空站无须专门设置飞机库进行遮护，飞机普遍采用室外露天停放方式。但由于西北地区天气严寒，停机后的发动机容易被冻住，且机务人员在寒冷的室外维修飞机困难，为此欧亚航空公司在满洲里、兰州、酒泉等地的航空站专门设置了“机首暖室”（即“机头库”），满洲里航空站的容克飞机机头库4m见方，采用混凝土屋顶和石砌墙体。当飞机到站后，便立即将带有发动机的飞机机头推入飞机暖室，对其进行加热烘烤升温，以防止发动机冷凝（图7-21）。

图7-21 欧亚航空公司的飞机“机首暖室”

来源：Eurasia Aviation Corporation Junkers & Lufthansa in China 1931-1943

根据场站投资建设主体的不同，欧亚航空公司在机场的航空站用房可分为租用模式和自建模式两大类。根据航空站的布局形式和建筑形制，欧亚航的自建航空站又可分为以飞机库为主体的航空站、综合式航空站和围合式航空站三类。

1. 租用航空站模式

1931年5月30日正式开航沪满线之前，欧亚航空公司便筹备新建、改扩建或借用沿线的航空场站。因时间短促，沿线的上海、南京、济南、北平等地都暂借国民政府军政部所辖各地机场起降，满洲里站也是暂借黑龙江省政府所属的机场，仅在林西的大营子新建机场。借用机场往往都需要另租房屋，设置电台，并自行支出“航站房屋的建筑费用”，如在济南站，由欧亚航空公司出资将张庄机场原有的损坏屋宇及飞机库加以修葺使用。

1931年九一八事变导致平满段停航后，欧亚航空公司继而开展平洛、沪新及平粤线三线的经营，这些航线所使用的航站除上海站、北平站、南京站系用欧亚航原有的场站设备外，其余各站的机场均向国民政府或当地政府借用。如西安站向绥靖公署借用，太原站系向山西省政府借用，洛阳站（西宫机场）、襄阳站（樊城机场）、汉口站（王家墩机场）均系向国民政府军政部借用，长沙站系向湖南航空处借用，广州站则借用广州市政府所辖的石牌跑马场作为航站。在1934年1月开始筹备的平粤线沿线航站中，除北平站、洛阳站（修葺使用交通部所辖的西宫无线电台屋宇）均系用公司原有的设施设备外，其余各站所在的机场均系借用，仅在6月动工新建了汉口站的办公房屋。

2. 航空站自建模式

1）以飞机库为主体的航空站

欧亚航空公司的总公司和总修理厂均设置在上海龙华机场，该基地的设施设备精良，为了夜航安全，甚至照明设备都配置齐全。该公司的飞机维修机库于1935年11月奠基，次年6月建成。该机库以飞机维修大厅为主体，设置车间、仓栈和办公室以及候机室，其水电暖气齐备，设备精致。欧亚航的机库除了承担所有飞机的综合保障维护之余，也兼顾航空旅客的候机需求，飞机和旅客出入各行其道，旅客室内登机也方便，可不受室外气候的影响。该机库为钢筋混凝土框架结构，采用梯形钢桁架结构的屋架，机库面阔50m、进深32m，创下当时中国建筑钢桁架跨度的最大纪录。

2）综合式航空站

欧亚航空公司在中国机场建设的唯一欧式现代航空站便是南京明故宫机场，该航空站以旅客服务为主体功能，兼顾办公、候机、检查和仓储等诸多功能。由留德建筑师奚福泉设计，于 1937 年 3 月在机场西北隅建成投入使用。该单层航空站为欧亚航空公司和中国航空公司共用，建筑平面采用新颖的扇形平面布局模式，呈直角分布的两排房间围合着扇形候机室及候机走廊，航空站包括办公室、无线电报室、储藏室、关税检查室、卧室和仆役室以及男女宾盥洗室、候机室、饮食部等大小房间 10 间。采用水泥地板，青瓦屋面。其布局紧凑，功能使用合理。空侧入口的上方标示有中国航空公司、欧亚航两大航空公司中文名称，两侧的辅助房间墙面则镶嵌两个航空公司的英文缩写名称。该航空站占地偏小，欧亚航空公司还计划在南京站业务大发展时再另建新厦（图 7-22～图 7-24）。

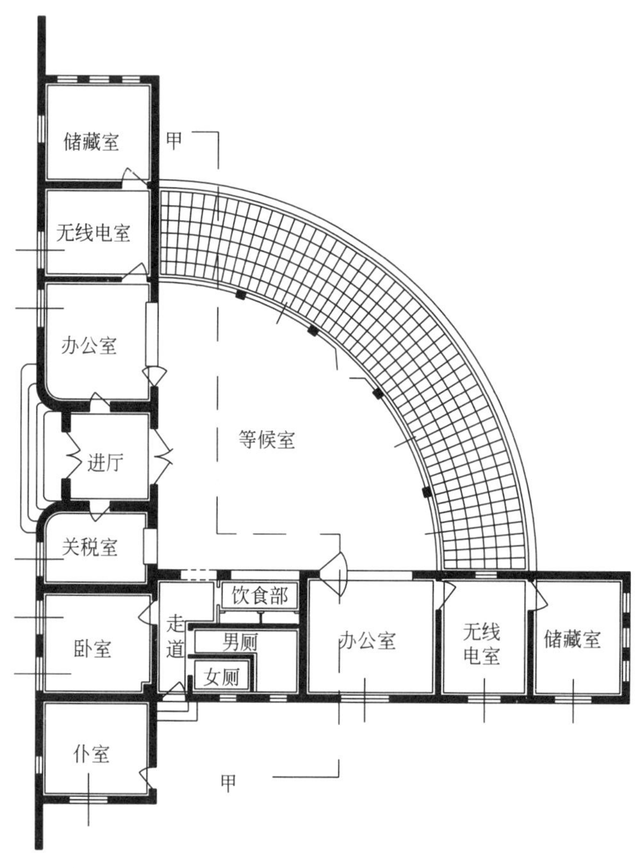

图 7-22　南京明故宫机场欧亚航空公司候机室平面图
来源：《欧亚航空公司南京明故宫站》

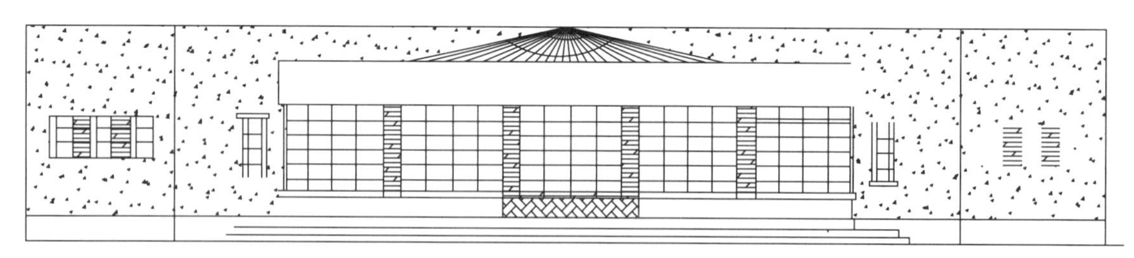

图 7-23　南京明故宫机场欧亚航空公司航空站立面图
来源：《欧亚航空公司南京明故宫站》

3）围合式航空站

西安站、兰州站、肃州（今酒泉）站以及汉口站等都是欧亚航空公司在 1934 年 6 月以后先后新建的航空站，这些航空站都采用相对独立的围合式机场建筑群。西北地区的肃州、兰州、西安等地航空站均采用夯土建筑，以肃州站最为典型。夯土建筑可就地取材，建设成本低，而砖木建筑所需的砖瓦和木

图 7-24　南京明故宫机场的欧亚航空公司航空站实景
来源：《南京工业遗产》

材在西北地区取材不便。虽然这些航空站的总体布局采用了欧洲航空站图样，但建筑单体还是结合中国传统建筑材料和建筑形制建造的。由于当时西北地区匪患和盗窃严重，航空站建设注重安全防护，多以露天停机坪为中心，普遍设置为三面围合式的堡垒式建筑群，另一面则设置可供飞机进出的大门，便于使用和监护。

(1) 欧亚航空公司西安站

1932 年 3 月，欧亚航空公司设立西安航空站，先期借用西安西关机场的旧机场管理处用房。在其开办的平粤线和沪新线在西安交会后，作为两线衔接枢纽的西安站也相应成为航空站建设的重点，为此在西关机场的东端新建航空站用房，该航空站于 1933 年初冬动工，次年 2 月竣工（图 7-25）。同年，又在机场开工建设坐北朝南的大型机库，但绥靖公署以安全为由要求该机库挪至机场东部，其东部面对西安城墙，机库大门只能朝向西侧，将面临烈日西晒和寒风侵袭的不利影响①。该机库项目延拓至 1937 年上半年才完成土建工程，在抗战爆发之际尚在进行暖气、卫生、电气工程招标事宜，最终欧亚航空公司机库未投入使用②。

图 7-25　西安西关机场的欧亚航空公司航空站背景
来源：《欧亚航空公司开航四周年纪念特刊》，1935 年

西安航空站采用合院式布局，建有 28 间正房和 7 间厢房，正房为办公室、无线电台、接待室、饭厅及飞行员和职员宿舍，此外又特辟供乘客寄宿的 2 间房屋，以方便旅客换乘飞机。航空站三面围合，仅在南面安装有可拆卸的木板栅门，以方便飞机进出，南北向的厢房与正房呈丁字形，将院内空地各分为长 35m、宽 20m 的两部分，可停放 1 架三引擎的大型飞机，或 4 架 W-33 型飞机，或 3 架 W-34 型飞机。西安航空站的机场建筑群并不宏伟，但平面布置适宜，设备完善，旅客使用便利，在沪新线沿线的各站中，西安站可谓首屈一指。西安西关机场还建有简易的飞机坞，用于防止看热闹的闲杂人员靠近飞

① 《国内要闻：欧亚航空公司在西安建歇机大厂棚交部电杨虎臣予以便利》，载《飞报》，1933 年第 217 期，第 28～29 页。

② 《欧亚航空公司建造西安飞机棚厂工程招标通告》，载《申报》，1936 年 10 月 19 日；《欧亚航空公司建造龙华飞机场房屋及装置西安飞机棚厂内暖气、卫生、电气工程招标通告》，载《申报》，1937 年 7 月 8 日。

机和妨碍工作。其具体做法是在办事处前的场边筑2道土墙，飞机来时驶入两墙之间，前后围以粗绳，防止围观者进入，并在墙边修筑1间供工役看守用的小屋（图7-26）。

图7-26　西安西关机场欧亚航空公司的露天机库

来源：Claude L. Pickens Jr. 摄

（2）欧亚航空公司兰州站

兰州原先并无飞机场，也少开阔的旷地，为满足欧亚航空公司开航需求，最终选用拱星墩公墓地域作为场址，几经周折后于1932年5月开工建设。兰州拱星墩机场由欧亚航设计监修，并由当地驻军5000多人历时1个月建成通航。该机场东西长1200多米，南北宽500多米，欧亚航在机场建成数月后便在机场北面自行兴建航空站用房，该站"悉照欧洲航空站平屋图形设计"，为砖木结构平房，整个建筑群周边长约34m，宽约40m，航空站房屋分2排布局，共有13间房，内设有职员住所、飞行员宿舍、办公室、候机室和厨房等，另有无线电室、修理工场及发电机房，并在院内设地下油库3座，可储存航空汽油1.5万加仑（约57m^3）（图7-27），地处围合院落中央的停机坪可停飞机2架。整个兰州站的航站房屋建设费2万余元。因机场距城较远，欧亚航站办事处另设于兰州城内。

图7-27　兰州机场的欧亚航空公司航空站

来源：Eurasia Aviation Corporation Junkers & Lufthansa in China 1931-1943

（3）欧亚航空公司肃州站

1933年5月，肃州站站长刘学松和工程师黄益爵选定肃州城南的落马滩作为航空站场址，同年夏接到欧亚航空公司制作的建筑图纸，原拟全部砖木房屋同时动工，采购建筑材料时才知困难重重。肃州仅有2座砖窑，现货仅存3400条砖，临时订货要2个月才能烧制1万块，木料则需要向百里外的高台订货，再用牛马驮运过来。而全城及其附近地区的泥木工总计不超过20人，五金玻璃及油漆之类的建材全要靠公司的飞机或自备汽车运送。最终委托当地驻军施工，至9月竣工，支付工料2400多元。在沪新线通航新疆后，因肃州航空站的用房不够用，1933年11月又在该建筑东面重建1座航空站用房，内设房屋6间，其院内也可停放2架飞机。至1934年11月，全部建成机首暖房、旅客候机、油库等各种必要用房及围墙（图7-28）。

图 7-28　肃州航空站的机首暖室及航站房屋
来源：《欧亚航空公司开航四周年纪念特刊》（1935 年）

肃州航空站采用类似防御性城堡的布局形式，由两大一小 3 座大型围合式的夯土建筑组成。推测其中一座大型四合院夯土建筑应是欧亚航空公司的中转油库储存地，另一座大型三合院夯土建筑为航空站所使用，其墙体三面围合，另一面设有供飞机进出、由多扇门组成的大门，院落中间位置即为停放飞机处。该大型航空站采用城堡式布局模式的主要目的是防范匪患侵扰、盗窃和抢劫（图 7-29）。

图 7-29　欧亚航空公司肃州航空站的鸟瞰
来源：Eurasia Aviation Corporation Junkers & Lufthansa in China 1931-1943

（4）欧亚航空公司汉口站

汉口王家墩机场场面呈矩形形状，南北长 812m，东西长 580m，占地 980 亩。欧亚航空公司在王家墩机场租用 833.1357 市方[①]的机场土地用于航空站的建设，汉口站于 1935 年建成，总计花费 1.8 万余元。该航空站由欧亚航空公司德籍工程师兼飞行员荷恩（Horn）根据当时最新式的航空站图样进行设计，由汉口康生记营造厂负责承造（图 7-30）。航空站采用三合院式建筑群布局，所围合的建筑群从功能上可分为工作用房和生活用房两部分，其中工作用房包括飞机师寝室、乘客待机室、主任办公室、机械员室、材料储存室、机件修理室和汽油储藏室，生活用房则包括主任卧室、工人卧室、传达处、浴室、饭厅、厨房和厕所等，飞机停留处设置在三合院院落的中央，方便管理。此外还新建进出机场的汽车公路，使得交通十分便利。后因国民政府航空署在该机场设立军用航空站，欧亚航空公司特划出 5 间房屋，其中 2 间为厨房，另外三间分别为无线电室、电池间、电机房（图 7-31）。

（5）欧亚航空公司昆明站

早在 1936 年 6 月，欧亚航空公司便垫付 3000 元委托云南全省公路总局在巫家坝机场东部的新场面新修一条长 250m、宽 30m 的碎石跑道（工程估价 5000 多元）。1937 年 10 月 8 日，欧亚航空公司总公

① 引自《欧亚航空公司四周年纪念刊》，1 市方推测为 1 平方尺。

图 7-30　欧亚航空公司的汉口王家墩航空站后景
来源：《欧亚航空公司开航四周年纪念特刊》（1935 年）

图 7-31　欧亚航空公司的汉口王家墩航空站前景
来源：《欧亚航空公司开航四周年纪念特刊》（1935 年）

司和总修理厂由西安迁至昆明，在巫家坝机场新建飞机修理厂，该厂房占地面积合 22.4 市亩，规划有招待室（候机室）、停车场、停机坪等旅客服务设施；生产车间（仪表股、机身股等）、机头库、油库等各种生产用房，以及工人宿舍、食堂及厕所等生活用房（图 7-32）。1938 年年初，由大盛以及担保人应

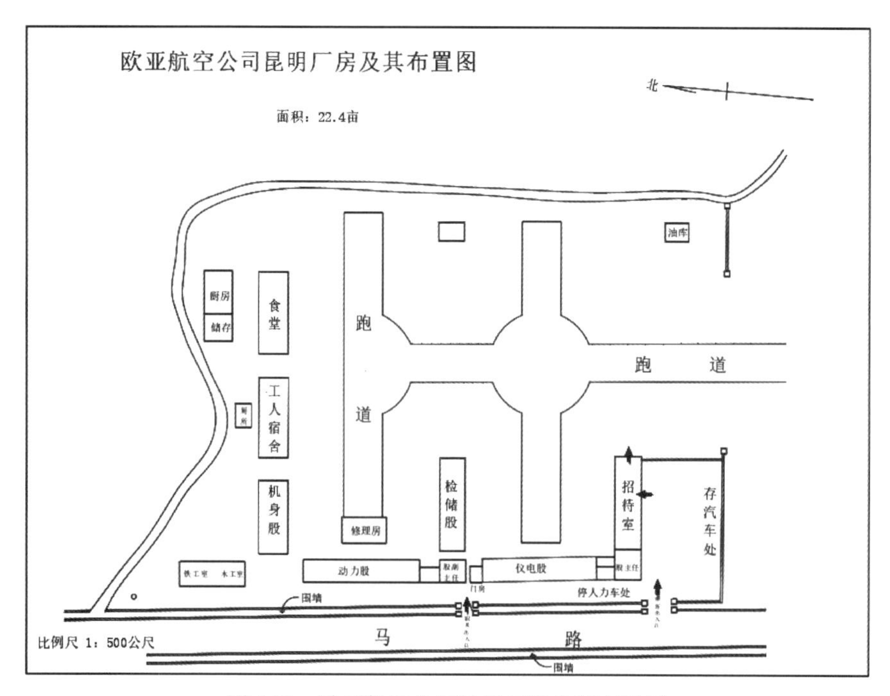

图 7-32　欧亚航空公司昆明厂房及其布置图
来源：项目组根据云南省档案馆馆藏资料描绘

德记等 7 家承建砖木结构的飞机修理厂厂房（能容纳 5 架飞机），但工期延缓严重且有偷工减料之嫌，最后改由上海建业营造厂昆明分厂作为主要承包商承建，先后完成了点工工程（计国币 20816.61 元）；机头房工程（计国币 163920 元）以及机场跑道（计国币 2800 元）等项目。

7.5　中国航空公司的航空站建设

7.5.1　抗战胜利前中国航空公司的航空站建设

1. 中国航空公司的航线规划及其开通概况

1930 年 8 月 1 日，中美合资的中国航空公司正式成立。按照中美航空邮运合同的规定，交由中国航空公司开办的航线为沪汉、京平、汉广等三条航线，由中方提供所有沿线各处的航空场站设备，美方自备飞机及人员负责飞行。中国航空公司以上海为中心，规划发展沿江和沿海航线，计划通航的城市均是经济相对发达的城市，其航线规划与实际实施的航线最为吻合。按照《中华民国国民政府交通部与美国飞运公司订立合同》规定，该公司应经营第一线（上海—南京—安庆—九江—汉口—宜昌—万县—重庆—成都）、第二线（南京—徐州—济南—天津—北平）和第三线（上海—宁波—福州—厦门—汕头—广州）。

全面抗战爆发前，中国航空公司实际上按照计划先后开通了以上海为中心的沪蓉、沪平、沪粤三大定期航空干线，将全国沿江、沿海地区的主要政治和经济中心连接起来，仅沿线经停的航站有所调整。其中，1932—1934 年沪蓉线分为沪汉段（上海—南京—安庆—芜湖—九江—汉口）、汉渝段（汉口—沙市—宜昌—万县—重庆）及渝蓉段（重庆—遂宁—成都）三段陆续开通，1933 年 1 月 10 日开通的沪平线为上海—南京—海州—青岛—天津—北平，1936 年开通的沪粤线则为上海—永嘉（温州）—闽侯（福州）—思明（厦门）—汕头—广州，1937 年还开通渝昆航线等。但这些航线随着抗战的全面爆发而陆续停航。

2. 中国航空公司三大航线的航空站建设

中国航空公司的航空站建设可分战前和战后两个阶段。战前的中国航空公司是以商业性运营为主要目的，尽管国民政府交通部尽力准许中国航空公司使用航线沿线的现有机场及备降场，并指定该公司为经营而建设的工厂、飞机库及办事所等所使用的用地面积，但中国航空公司需要缴纳相应的租金，如果没有机场或备降场，则由中国航空公司自行筹建①。

为了避免航空站投资过大和减少机场的建设成本，中国航空公司在运营初期立足于利用水上飞机或水陆两用飞机开辟沿海、沿江航线，其开通的航空站多设在有“浮码头”（驳船）的水上机场或水陆两用机场②（表 7-5）。由此与欧亚航空公司相比，中国航空公司航空站内的机场建筑数量甚少，必备的候机室建筑也多是租赁当地政府或军方的。仅于 1931 年 3 月在南京明故宫机场兴建面积 196m^2 的候机室和办事处，另在成都凤凰山航空站建有小型飞机库 1 座。中国航空公司建设和运营的重点是上海龙华总站基地，1931 年和 1934 年先后自建 2 座钢筋混凝土结构的飞机修理厂，每座机库可容十余架飞机，均配备较为齐全的维修机械设备，可自行修理与装配飞机和发动机，并配有消防设备。1934 年又将一幢双面坡顶、砖木结构的大型车间的端部改建为一幢砖木结构的小型旅客候机室。

---

① 民航总局史志编辑部：《中国航空公司、欧亚-中央航空公司史料汇编》，1997 年，第 34～35 页。

② 戴恩基：《中国航空公司之过去现在及将来》，载《交通职工月报》，1935 年第 3 卷第 7 期，第 35～86 页。

中国航空公司三大主要航线的场站设备表　　表 7-5

线名	站名	站址	棚厂构造及面积	气象设备	无线电设备	交通
沪蓉线	上海	龙华镇附近	棚厂 2 座（22m×27m、37m×37m）	测风向风速器 1 具，气压表、寒暑表各 1 个	500W 短波无线电机 1 副，装于上海；250W 1 副，装于龙华	轮船、汽车均可直达
	南京	中山路底江边	浮码头 1 座	风标、气压表、寒暑表各 1 个	200W 短波无线电机 1 副	汽车直达
	安庆	江边西门外近大观亭	浮码头 1 座	风标、气压表、寒暑表各 1 个	5W 短波无线电机 1 副	人行道
	九江	江边近久兴纱厂	浮码头 1 座	测风向风速器 1 具；气压表、寒暑表各 1 个	200W 短波无线电机 1 副	人力车直达
	汉口	太古码头下面江边	浮码头 1 座	测高空仪器 1 具；测风向风速器 1 具；气压表、寒暑表各 1 个	500W 短波无线电机 1 副	汽车直达
	沙市	二郎门江面	浮码头 1 座	风标、气压表、寒暑表各 1 个	5W 短波无线电机 1 副	人力车直达
	宜昌	美孚油栈前江面	浮码头 1 座	风标、气压表、寒暑表各 1 个	200W 短波无线电机 1 副	人力车直达
	万县	聚鱼沱	浮码头 1 座	风标、气压表、寒暑表各 1 个	200W 短波无线电机 1 副	轿子和舢板直达
	重庆	美孚油栈前江面	浮码头 1 座（水面）（陆地）400m×2000m	风标、气压表、寒暑表各 1 个	500W 短波无线电机 1 副	轿子和舢板直达
	成都	凤凰山陆地机场	小飞机棚一座	风标、气压表、寒暑表各 1 个	5W 短波无线电机 1 副	汽车直达
	海州	杨圩，陆地机场	无	风标、气压表、寒暑表各 1 个	200W 短波无线电机 1 副	汽车直达
	青岛	沧口，约 539 亩	无	风标、气压表、寒暑表各 1 个	500W 短波无线电 1 副	汽车直达
	天津	东局子万国跑马场边	无	风标、气压表、寒暑表各 1 个	200W 短波无线电机 1 副	汽车直达
	北平	南苑，机场面积约 674 亩	借用军部	风标、气压表、寒暑表各 1 个	500W 短波无线电 1 副	汽车直达
沪粤线	温州	德士古油栈江面	浮码头 1 座	气温表和气压表各 1 个	100W 短波收发报机	人力车及舢板直达
	福州	夹兜	浮码头 1 座	气温表和气压表各 1 个	15W 短波收发报机	汽车及舢板直达
	厦门	鼓浪屿前江面	浮码头 1 座	气温表和气压表各 1 个	100W 短波收发报机	汽车及汽油船
	汕头	揭阳码头	浮码头 1 座	气温表和气压表各 1 个	100W 短波收发报机	汽车及舢板
	广州	二沙头	浮码头 1 座	气温表和气压表各 1 个	100W 短波收发报机	汽车及舢板

注：1. 在卫生设备方面，上述各站均配备有卫生设备。

2. 在补充材料的来源及存储概数方面，补充材料大都来自美国，均在上海站存放，可供使用数月，除福州、汕头和广州等各站自备急用零件外，各站均由上海站供给。

3. 在油库设备方面，除上海拥有油库设备以外，其他各站均直接由汽油公司供给。

4. 在铁工、木工、机械员数量方面，上海站有铁工 44 人、木工 11 人，重庆、成都、汉口及北平等 4 站各有铁工 1 人，其他站均未配置。

来源：《交通年鉴·民用航空篇》（1935 年），原表将沪平线、沪粤线中的上海站重复纳入，特删除简化。

1）沪蓉线的航空站建设

为了开通沪蓉线，中国航空公司沿长江先后开辟上海、南京、安庆、芜湖、九江、汉口、沙市、宜昌、万县、重庆、遂宁、成都等陆地航站或水上航站。沪汉段、汉渝段这两段因系在长江沿线飞行，执飞的水上飞机在各站的经停均在长江或湖面上起降，其水上机场面积也不限定。考虑飞机加油的便利，水上机场多设在长江沿线的太古、美孚等外企油栈码头附近。在渝蓉段，由于重庆站的水上机场与陆地机场均具备，而成都站则为凤凰山陆地机场，所以在该航段采用水陆两用飞机。

2）沪平线的航空站建设

沪平线沿线设有上海、南通、海州、青岛、天津、北平等航站，备用航站包括羊角沟等，这些航站均设置在由所在地地方政府代为辟建的陆地机场，使用陆地飞机执飞。这些机场除青岛一处机场需要中国航空公司公司付租金外，其他的机场均免费借给中国航空公司使用，青岛机场之所以收费是因为该机场用地是由国民政府交通部花费 2.5 万元高价从日本商人手里购回，并由青岛市政府修筑而成的。这时期的航站设施因陋就简，如中国航空公司在天津东局子机场使用的航空站仅为一间简陋的砖木瓦房。

3）沪粤线的航空站建设

沪粤线沿线设有上海、温州、福州、厦门等航站，备用航站包括滩浒山、石浦等，各站均以水面为机场，采用水陆两用飞机执飞。所有各线场站上应有的一切设备均由中国航空公司自行建设。由于该航线是中国航空公司与美国泛美航空公司合作经营，沿线的福州、温州等水上航空站（时称“水上浮站”）均沿用美国的水上机场航空站模式进行建设，这些浮码头上均设置有候机室，如 1933 年兴建的福州水上浮站采用竹排叠铺成方架，上盖木板，其两旁系铁链锚定水中，浮站上设有候机室、贮存室和厕所等，外向四面走廊环绕，可载客 30 多人。还在福马路旁另建有 2 层候机室，场站内设有 15W 短波收发报机。1934 年的温州江心水上浮站采用一艘长 12.2m、宽 6.7m 的木质泵船替换原有的大舢板，该泵船上设有长 7m、宽 5m 左右的旅客候机亭，供旅客候机和装卸行李。

7.5.2　抗战胜利后中国航空公司的航空站建设

抗战胜利后，以“复员运输”“还都运输”为重点的航空运输业发展快速，中国航空公司、中央航空公司及民航空运队三大航空公司竞相拓展航线和设立航空站。中国航空公司在国内设立的航空站或办事处包括哈密、台南、台北、广州、汕头、梧州、江门、长沙、昆明、柳州以及澳门、香港等，境外设置办事处的有河内、汀江等。1946 年扩展新航线时，又增设徐州、济南、福州、厦门、海口、西昌、归绥、九江、桂林、太原、马尼拉（由美国泛美公司代理）11 处航空站。战后的中国航空公司在高峰时期共有飞机 49 架，航空站 32 处，包括北京、天津、青岛、济南、徐州、上海、南京、汉口、重庆、兰州、肃州等。另外，在飞机修理站、无线电台及气象站方面，中国航空公司在全国共有甲等修理站 4 个，乙等修理站 5 个，丙等修理站 14 个；全国共设有电台 50 处，各台均有导航设备，又在上海设无线电修造工厂；另在全国布设气象台 13 个。

7.6　中央航空公司的航空站建设

7.6.1　中央航空公司航空站的规划建设

1. 抗战胜利后中央航空公司的场站建设

抗战胜利后，中央航空公司在高峰时期先后开通了上海、南京、汉口、重庆、成都、香港、曼谷等 30 处国内外航空站，仅 1947 年便新增安阳、石家庄、迪化、台南、台北、潍县、郑州 7 处航站。饱受战乱后的机场航站设施奇缺，候机室、机库及办公室等绝大部分机场建筑均需要由航空公司自主建设，中央航空公司除了沿用欧亚航空公司的原有航空站设施外，也自行在沿线开航的机场建设航空站设施，还与中国航空公司采取合建的形式兴建了昆明、西安、汕头等航空站设施。中央航空公司在上海、南京、汉口、重庆、柳州、汕头、厦门、广州、北平、青岛、太原、南昌12座航站均建站屋及乘客候机室，其中上海龙华机场为中央航空公司的驻场基地（表7-6）。

中央航空公司战后的主要航空站概况（1948年） **表7-6**

编号	航空站和驻场机场名称	主要概况
1	上海站（龙华机场）	1946年下半年，中央航空公司接收并修缮了原欧亚航空公司机库，建造了新候机室，并逐渐添建了厂房、车间及机房等。至1948年2月，中央航空公司共建设用房1846m^2；修筑滑行道长259m，宽23m；铺设水泥混凝土停机坪11711m^2。中央航空公司与中国航空公司还联合设立指挥塔台，并各自建立电信台
2	昆明站（巫家坝机场）	1948年，与中国航空公司合作修缮原欧亚航空公司的单层候机室，建筑面积为1653.75平方英尺（约153.6m^2）。另有3座材料库、2座宿舍、修机棚、蓄电间、办公室、油料室、储藏室、电瓶室和厕所等，其建筑面积共计17285.76平方英尺（约1605.9m^2）。由于用地归属空军，空军总站按价收地租
3	沈阳站（东塔机场）	借用航空委员会所属机场。设有办公室、电台、乘客候机室和过磅室，急需临时办公房屋。1948年新建指挥塔台，由中央航空公司、中国航空公司和行政院善后救济总署空运大队三家分摊费用。驻场空军要求中国航空公司、中央航空公司分别修建男、女厕所
4	柳州站（帽合机场）	1947年3月奉令自建1间全木构造的平房，采用木板屋面，地面为原灰砂地，房屋面积为20英尺×30英尺（约6.1m×9.1m）。该项建筑物用地产权隶属于柳州空军站
5	济南站（张庄机场）	向空军借用1间砖木结构的平房作办公室，采用水泥地面和瓦屋顶，面积为320平方英尺（约30m^2）。因该房屋是中央航空公司、中国航空公司和行政院善后救济总署空运大队三家共用，过于拥挤，中央航空公司商洽拨借机场左侧空地2500m^{2}自建办公室
6	肃州站（南郊机场）	沿用欧亚航空公司在1934年自建的房屋，有21间平房，采用砖结构和砖砌屋顶。占地面积58590平方英尺（约5443m^2），其用地为南郊外荒地，属公共用地
7	太原站（南郊机场）	自建的候机室共有5间平房，为砖木结构、瓦屋面和水泥地面，占地总面积为842.8平方英尺（约78.3m^2）。自1947年11月1日起租用空军用地，工程奉令于12月29日前完成
8	汕头站（龙眼村机场）	与中国航空公司合建1间单层候机室，占地面积1887平方英尺（约175m^2），中国航空公司、中央航空公司各占943.5平方英尺（约87.7m^2）。采用舂墙、砖柱和杉木梁构建，为水泥地面和平屋顶
9	西安站（西关机场）	1947年1月31日，与中国航空公司合建候机室，有6间平房，采用砖瓦木料和砖地瓦顶，房屋总占地面积为4.098亩，“两航”各占一半。另与中国航空公司合建厨房、工人住舍和厕所及城内候机室。建筑物地皮系空军第8总站
10	成都站（凤凰山机场）	1945年自行启建机场办事处，占地5亩，围合式院落建有大小12间房屋，房屋采用砖木结构、瓦顶屋面，其中瓦顶房12间，草顶房2间
11	福州站（义序机场）	1946年12月22日自购民田1亩2分6厘（约840m^2）建设候机室，有6间平房，采用木柱木板墙、木板地面和泥瓦屋顶，该候机室占地面积为31.8m×36.5m。还自建汽车间（含汽油间）、厨房和厕所各1间
12	武昌站（徐家棚机场）	已有L形平面的候机室和办公室，自1948年4月24日起加盖两翼，扩充飞行员宿舍及候机室，构成合院建筑群，工期为26天。采用楼板地、洋瓦顶，四周用木柱和竹篾墙壁等可拆迁材料
13	青岛站（沧口机场）	1947年5月19日动工将原美军铁皮活动用房（20英尺×40英尺，约6.1m×12.2m）分隔成旅客用房、办公室、仓储室等4间；7月8日建造砖墙瓦顶和砖铺地板的厨房，占地93平方英尺（约8.6m^2）。次年1月6日与中国航空公司合建108平方英尺（约10m^2）的厕所，采用石墙、瓦顶和水泥地板。航空站由空军指定用地，未涉及租金
14	北平站（西郊机场）	借用空军2间设有三夹板的铁皮活动房屋，各为1008.800平方英尺（约93.7m^2）。自建1幢铅皮屋顶仓库，占地271.594平方英尺（约25.2m^2）；自建木屋顶仓库和行李检查室各1幢，占地各为470.450平方英尺（约43.7m^2）

注：根据中国第二历史档案馆馆藏“两航”档案中的《站办事处机场现用建筑调查表》整理，其数据统计时间为1947年12月至1948年1月。

2. 中央航空公司拟自建的主要航空站

1）拟建的南京航空站方案

抗战胜利后，中央航空公司续用原欧亚航空公司在南京明故宫机场的办事处兼候机室，该扇形建筑原有大小房间 10 间，为砖墙铁窗，采用水泥地板和铝皮屋面。中央航空公司拟扩建办公室，并在现有候机室（主要用于旅客出港）基础上扩建一座新的候机室及月台（主要用于旅客到港），增建大小房间 7 间，采用砖墙木窗和水泥地板，屋面为洋瓦铺作。（图 7-33）该扩建部分建筑于 1947 年 8 月 21 日建成。

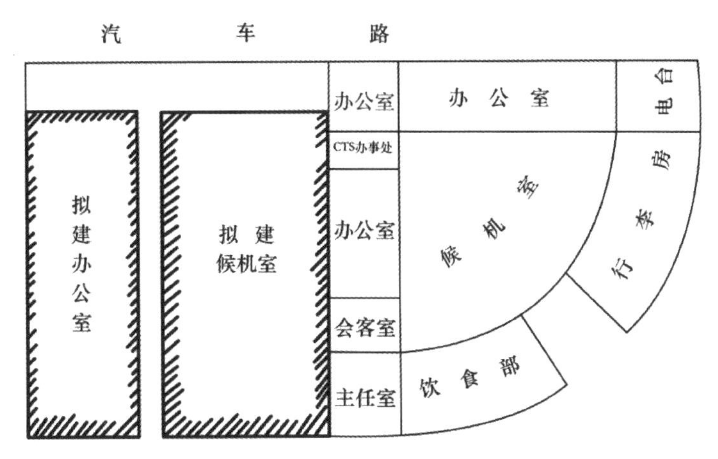

图 7-33　南京明故宫机场的“中央航空公司拟定办公室及候机室设计草图”

来源：中国第二历史档案馆馆藏档案，项目组描绘

2）拟建的广州航空站方案

1948 年 1 月，中央航空公司的工程师绘制了“白云机场站屋平面简图”，该建筑平面为 L 形，分三部分：主体建筑长宽 45 英尺（约 13.7m）见方，设有餐厅、进出港旅客休息室、海关检查处和货仓；西侧凸出用房为办公和机师休息用房，为长 19 英尺（约 5.8m）、宽 18 英尺（约 5.5m）的内走廊式布局；西侧的厨房等单走廊后勤用房部分长 32 英尺（约 9.8m），宽 18 英尺（约 5.5m）（图 7-34）。中央航空公司总公司和修理厂自 1948 年 12 月起陆续由上海迁至广州之后，在白云机场先后建有 9 幢厂房、1 座修机棚、1 幢发电房、4 幢宿舍以及 3 座临时棚等。

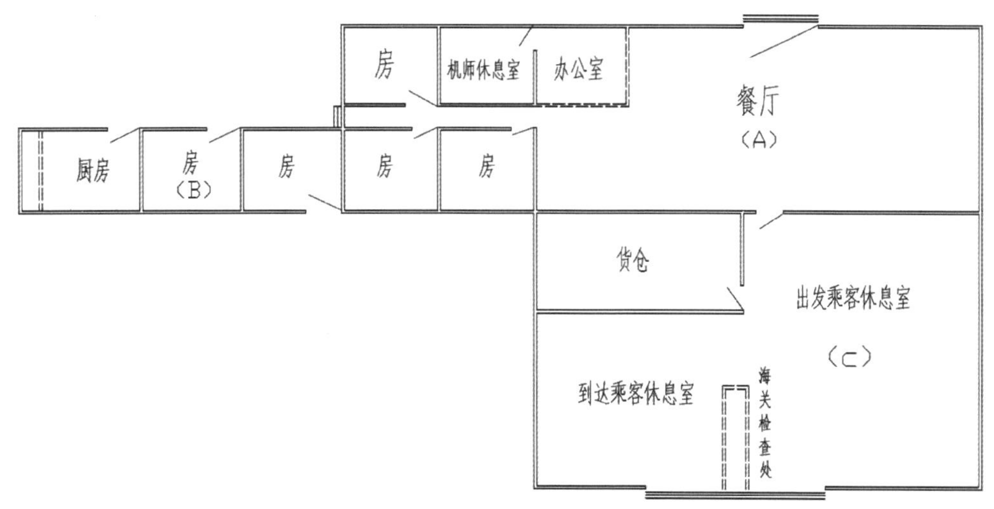

图 7-34　中央航空公司拟在广州白云机场新建候机室平面图

来源：中国第二历史档案馆馆藏档案，项目组描绘

3）拟建的厦门航空站方案

厦门航空站采用传统的歇山屋顶和砖木结构，矩形建筑平面长 80 英尺（约 24.4m）、宽 60 英尺（约 18.3m），前廊深远。主体建筑为五开间，每开间宽 11 英尺（约 3.4m）。站内中间位置设有旅客候机大厅、飞行员休息室和办公柜台、海关检查柜台等。两侧辅助房屋均为平屋顶，左侧为附属厨房，右侧增设厕所和库房；外墙采用了炎热地区常用的鱼鳞板（四分杉木板双面刨光）做法，以便通风；铺设水泥瓦屋面和红方砖地面（图 7-35、图 7-36）。

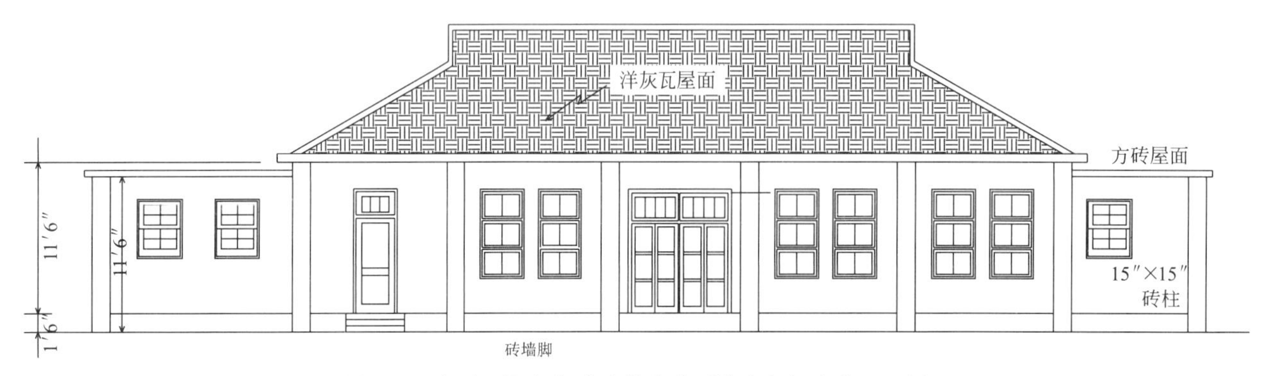

图 7-35　拟建厦门机场中央航空公司旅客候机室的立面图

来源：中国第二历史档案馆馆藏档案，项目组描绘

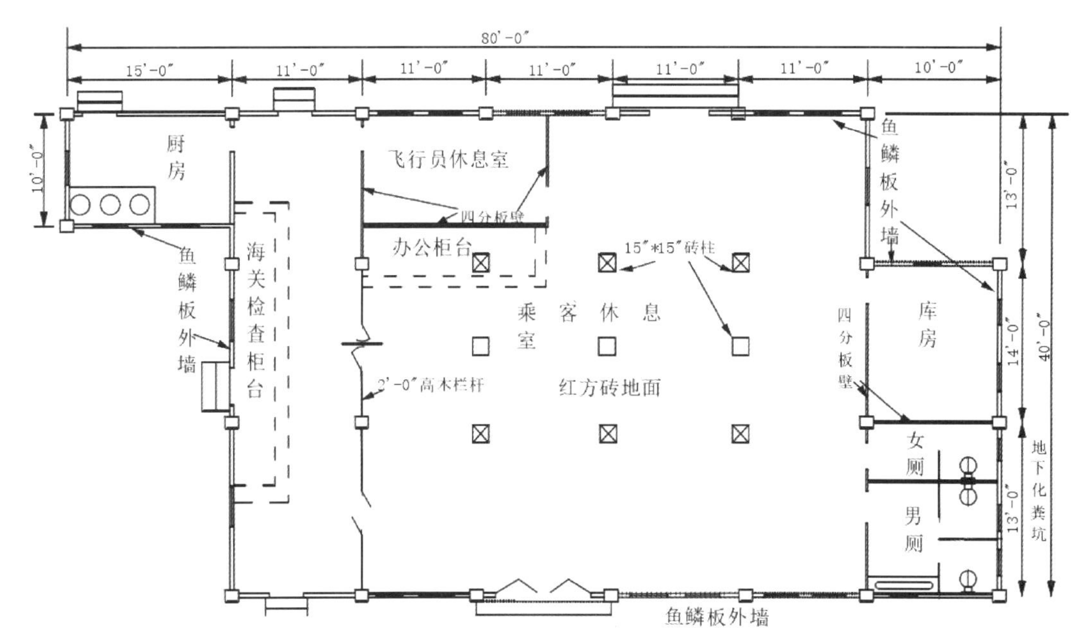

图 7-36　拟建厦门机场中央航空公司旅客候机室的平面图

来源：中国第二历史档案馆馆藏档案

4）拟建的兰州航空站方案

为了筹建兰州航空站，中央航空公司驻龙华机场项目部工程师 L. e. Kwong 于 1948 年 8 月 4 日—9 日设计完成了兰州航空站 A、B、C、D 四个方案，这些方案均以宽大的候机室为主体，由附设的厨房、飞行员室、办公室、工具室等基本房间组合而成，候机室正对的主出入口处设有门廊或走廊，厨房和工具室设有独立出入口。A 方案由 2 个大小不同的矩形建筑平面组合而成，主体的候机室部分面阔 36 英尺（约 11m）、进深 30 英尺（约 9.1m），附设的辅助房间面阔 26 英尺（约 7.9m）、进深 22 英尺（约 6.7m）；B 方案为平立面对称布局方案，候机室居中，辅助房间分列两侧，航空站面阔 82 英尺（约 25m）、进深 24 英尺（约 7.3m），其中候机室长宽为 52 英尺×25 英尺（约 15.8m×7.6m）；C 方案为不对称平面布局方案，建筑主体面阔 52 英尺（约 15.8m），进深 28 英尺（约 8.5m），其中候机室的长

宽为 42 英尺×28 英尺（约 12.8m×8.5m），该方案比其他方案多设一间航空站站长室（Station Master）；D 方案采用候机室前置、辅助房间后置的矩形建筑平面布局，该航空站面阔 50 英尺（约 15.2m）、进深 37 英尺（约 11.3m），其中候机室长宽为 50 英尺×25 英尺（约 15.2m×7.6m）（图 7-37）；此外，所有方案在航空站的外围均设置独立的男女厕所。

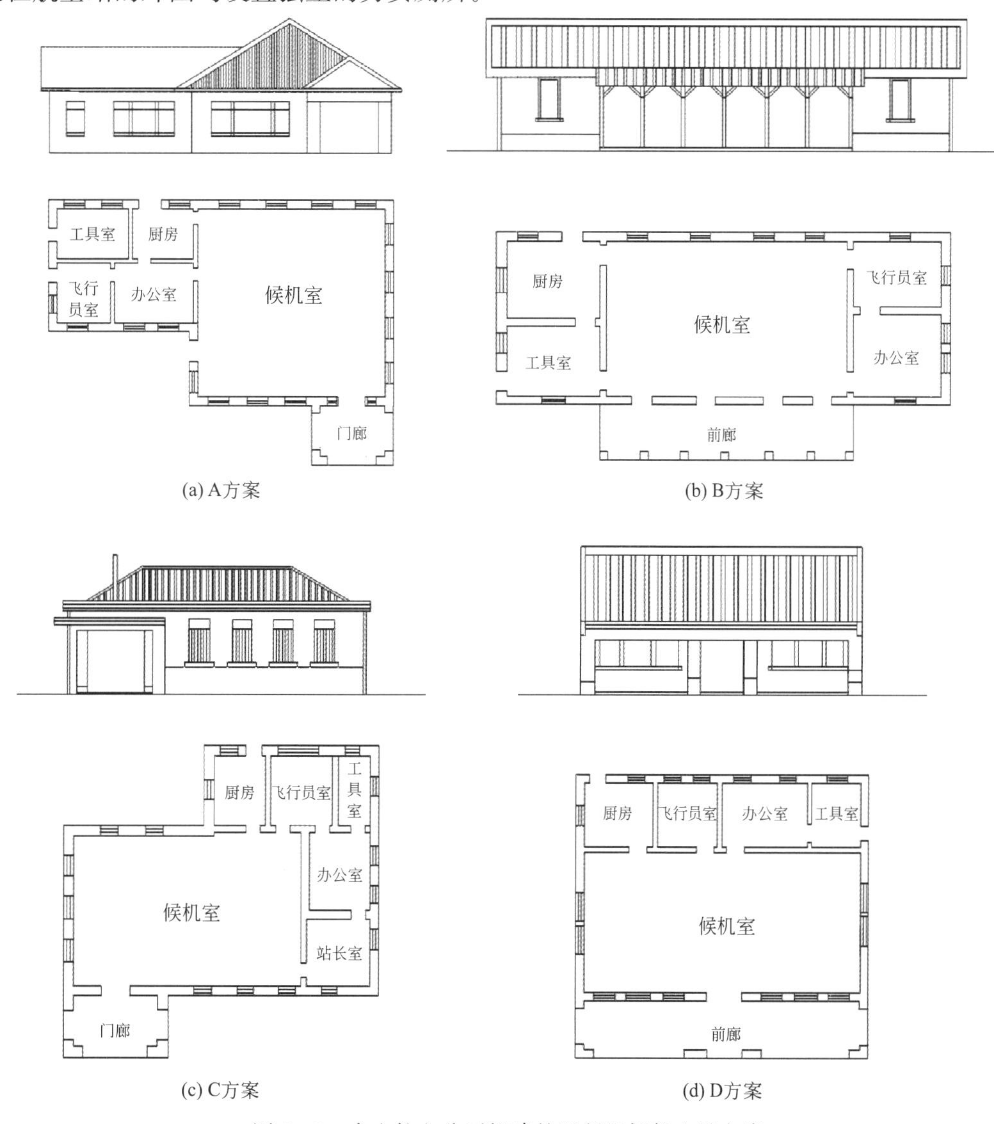

图 7-37　中央航空公司拟建的兰州机场航空站方案

来源：中国第二历史档案馆馆藏档案，项目组描绘

7.6.2　中国航空公司、中央航空公司合建的候机室或其设计方案

1.“两航”合建的候机室

1）汕头机场合建的候机室

1947 年 8 月 1 日，由中国航空公司机航部建筑课课长裴冠西（K. H. Pei）牵头设计完成中国航空公司和中央航空公司合资建设的汕头机场候机室方案，该候机室拟设在机场入口处，邻近跑道端，与空军航空站隔路相望，距离跑道 100m，距离停机坪约 700m，为此建造一条滑行道与候机室相连。汕头机场候机室由粤东营造厂承建，于 1947 年 10 月动工，11 月 12 日竣工。这座由“两航”使用的单层候机室占地面积 1887 平方英尺（约 175m^2），“两航”各自占用面积为 943.5 平方英尺（约 87.7m^2）。候机室面阔 48 英尺（约 14.6m）、进深 37 英尺（约 11.3m）；中轴对称布局，海关检查处位于候机厅的中后

部，其两侧分列各自的办公室和工人室。考虑到“两航”的飞机需要在机场过夜，为避免联程旅客的行李在机场和市区来回折腾，可在候机室分设供航空公司各自使用的 2 个行李房，设计师建议行李房设置在工人室内，并采用隔墙分开（图 7-38）。候机室建筑采用春墙、砖柱和杉木梁，为水泥地面和平屋顶。

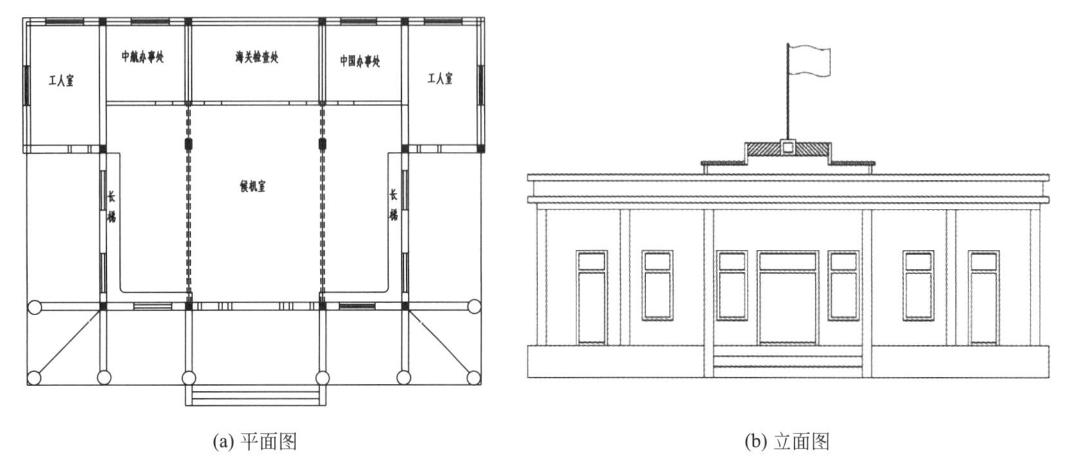

(a) 平面图　　(b) 立面图

图 7-38　中国航空公司、中央航空公司拟合建的汕头机场航空站平面图和立面图

来源：项目组根据中国第二历史档案馆馆藏档案绘制

2）昆明巫家坝机场合建的候机室

云南昆明巫家坝机场的候机室原为欧亚航空公司专用候机室，抗战后期由中央航空公司使用，该候机室建筑面积为 1653.75 平方英尺（约 153.6m²）。其建筑平面为 L 形，单层平房，双面坡屋顶，山墙位置设置双开门的主出入口。1948 年，中央航空公司和中国航空公司共同修缮该候机室后并共用，根据“中央中国航空公司机场候机室修理概括图”，该建筑采用杉木房架、盒字形盖土瓦、泥砖墙壁和木地板，并重新油漆一新，主要出入口门前铺筑长 29 英尺（约 8.8m）、宽 23 英尺（约 7m）的水泥三合土地坪，候机室周边增设与机坪分隔的木质隔离栏杆，并在屋后修建独立厕所（图 7-39、图 7-40）。整个维修工程由中大营造厂承建完成。

(a) 修缮前的候机室出入口　　(b) 修缮后的候机室远景

图 7-39　中央航空公司和中国航空公司在昆明巫家坝机场的合建候机室（1944 年）

来源：（a）美国国家档案馆，编纂目录：3000；（b）http：//gregcrouch.com/2011/cnac-photos-in-color

3）北平西郊机场合建的航空站

1948 年 11 月，中国航空公司和中央航空公司合用的北平西郊机场候机室进行内部装饰，该中式传统建筑装饰风格的候机室由建筑师 X. S. Cheng 设计，建筑平面为工字形（图 7-41），两端为长方形大空间，中间设有一排立柱，分别作为检查室和休息室，中间连接部的过道一侧设有检查员室、电信和邮局等设施。检查室内四角分设有职员室、中国航空公司和中央航空公司办事处以及空军办事处、柜台，并

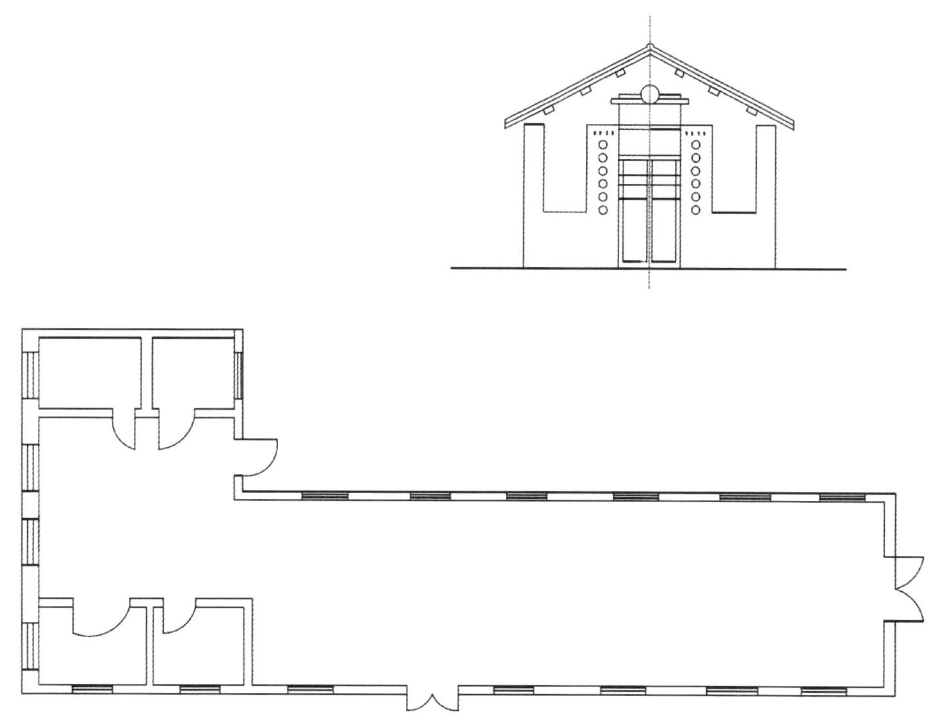

图 7-40　中央航空公司在昆明巫家坝机场候机室的平面图和立面图

来源：中国第二历史档案馆馆藏档案，项目组绘制

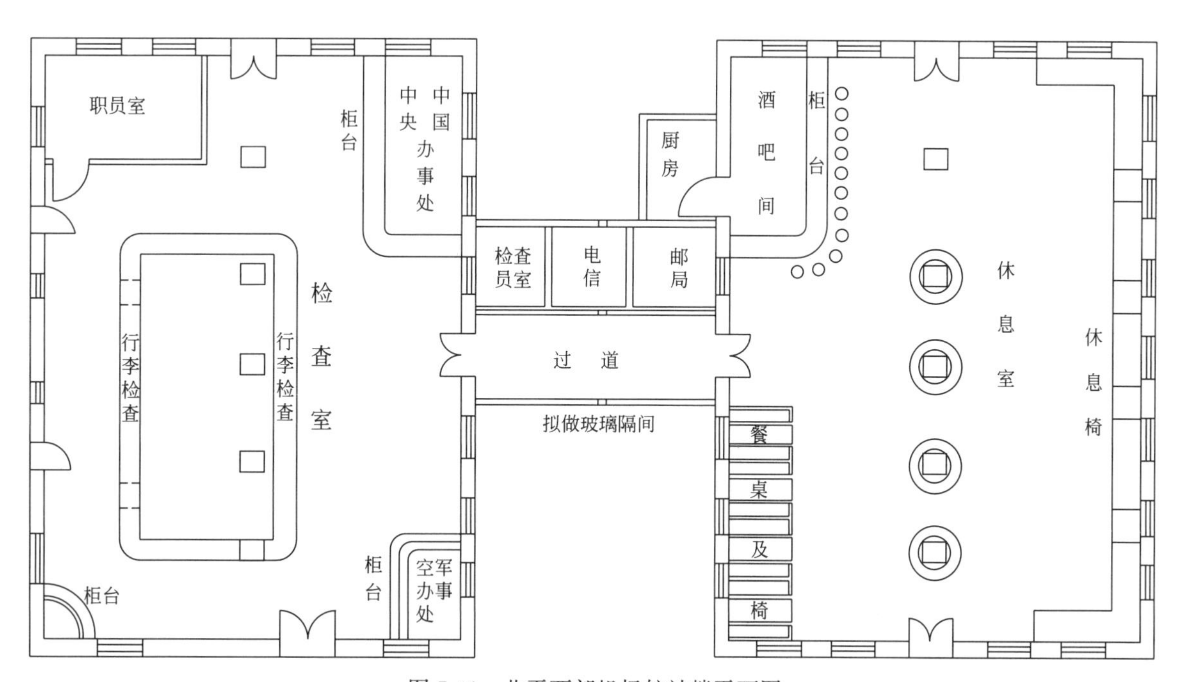

图 7-41　北平西郊机场航站楼平面图

来源：中国第二历史档案馆馆藏档案“北平机场候机室内部装饰工程图”，项目组描绘

在中央位置设有环形的行李检查台。休息室主要用于旅客候机，在环柱位置和建筑长边位置均布置有中式休息椅，此外，在建筑两转角处设有酒吧间和厨房、餐桌及椅子。由于是军民合用机场，该航站楼四周区域采用木栅栏封闭，建筑平面按照旅客上下机流程进行功能布局和空间组织，总体上已具有现代交通建筑特性。

2. “两航”合建的候机室设计方案

1）重庆白市驿机场候机室合建方案

1947年2月，中国航空公司、中央航空公司拟合建重庆白市驿候机室工程，为此中央航空公司先后提出了建筑平面分别为山字形和矩形两个设计方案。同年11月20日，中央航空公司龙华机场项目部工程师L. e. Kwong设计了舒展的山字形布局方案草图（图7-42），其建筑平面中轴对称的山字形，内设花园式庭院，以大开间的候机休息室及厨房为中心，两侧对称设置食品室、询问室、电话间以及厕所等旅客服务设施，外侧则对称布局有行李室、邮件室、办公室及站长室等行李及办公用房，两侧端部则为发动机室、飞行员休息室、储藏室、无线电室和站长室等内部工作人员房间。中间的旅客用房和两侧的工作人员用房相对分隔，并用外走廊衔接。该方案功能设置灵活实用，平面布局舒展。

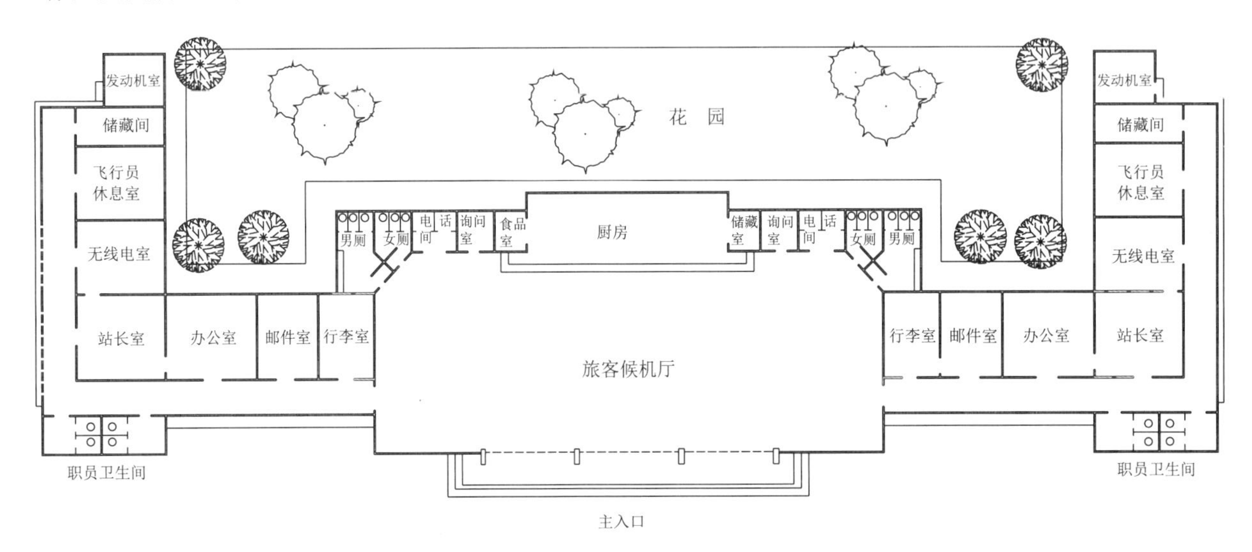

图7-42　中国航空公司、中央航空公司合建重庆白市驿机场航站楼方案二的平面图
来源：中国第二历史档案馆馆藏档案“中央、中国航空运输股份有限公司拟合建重庆市白市驿站机场乘客候机室草图”方案二，项目组描绘

1948年1月25日，由中央航空公司驻上海龙华机场项目部的工程师M. F. Hsuing又设计了“中国中央航空公司重庆联合站”新方案，该候机室为矩形平面布局，面阔120英尺（约36.6m），进深63英尺（约19.2m）。该建筑平面布局紧凑且基本对称设置，以“两航”共用的旅客候机大厅为中心，按照建筑平面左侧为中央航空公司、右侧为中国航空公司的各自功能需求对称布局邮件室、行李室、问询室和厕所等用房，航空站两侧为设有各自独立的双出入口、内走廊衔接的办公区，设有无线电室、飞行员休息室、办公室、储藏间和站长室等。候机大厅陆侧正对着气象台，空侧面中央则为共用的餐厅和服务柜台以及发动机室（单设）（图7-43）。航空站主楼采用中国传统木桁架、歇山顶的单层砖木结构形式，覆盖中式屋瓦，石灰混凝土基础。航空站正面中央镶嵌着“中国中央航空公司重庆联合站”的站名，上立旗杆（图7-44）。该修改方案与原方案相比，在功能用房数量不减的前提下，建筑平面布局更为紧凑，建筑造价也明显降低，由此选作实施方案。1948年3月1日，“两航”的联合候机室进行了施工招标。

2）厦门高崎机场候机室合建方案

1949年5月1日，中国航空公司、中央航空公司拟合建厦门高崎机场航站楼，由中央航空公司项目工程师S. F. Kuang设计的厦门高崎机场航站楼合建方案为单层建筑，采用完全对称的三段式建筑平面布局，航站楼前侧为旅客服务的行李检查、联检、问讯、候机和接待等设施，满足国内和国际流程的要求；航站楼中间部分布置共用的问讯处，两侧为中国航空公司、中央航空公司各自的旅客候机区及其特许经营柜台和接待室、交通运行办公室等；航站楼后侧部分为航空公司内部使用的飞行员休息室和储藏间，后端还布置有厨房和厕所。整个航站楼建筑布局紧凑，功能实用，流程设计合理（图7-45）。

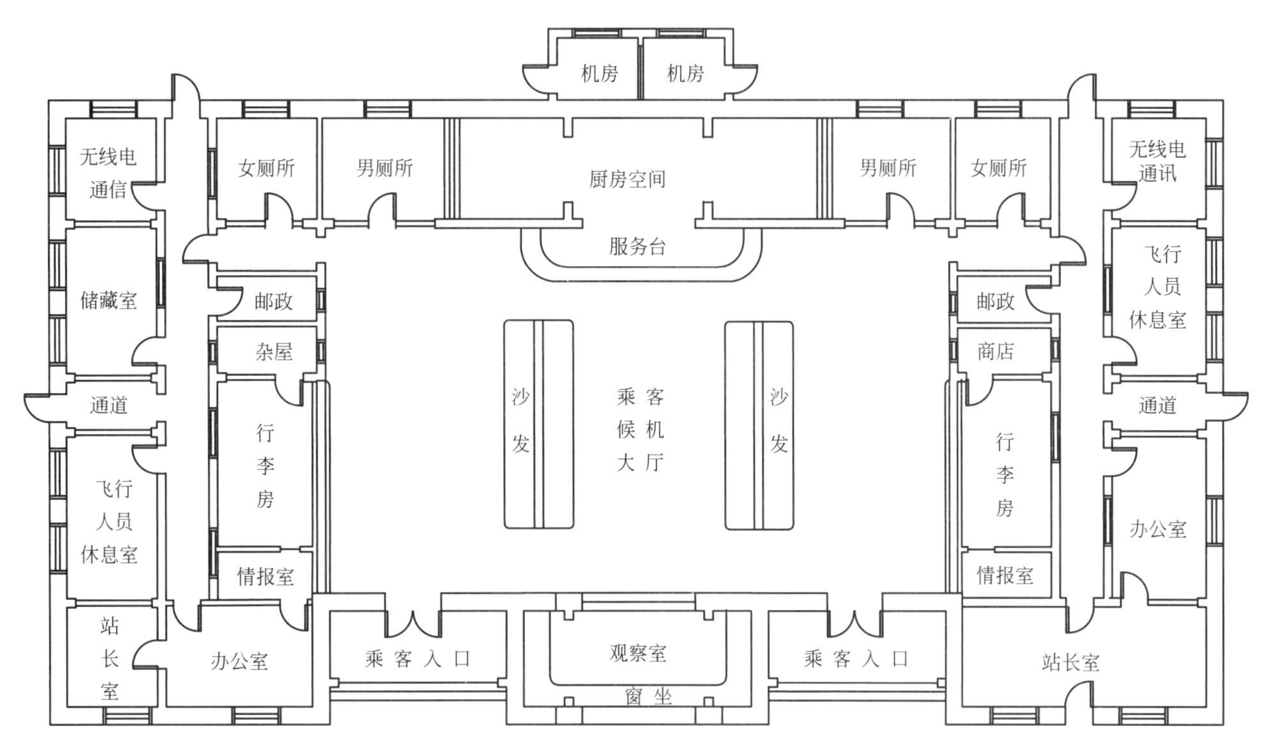

图 7-43　中国航空公司、中央航空公司合建重庆白市驿机场航站楼方案的平面图

来源：中国第二历史档案馆馆藏档案“中央、中国航空运输股份有限公司拟合建重庆市白市驿站机场乘客候机室草图”，项目组描绘

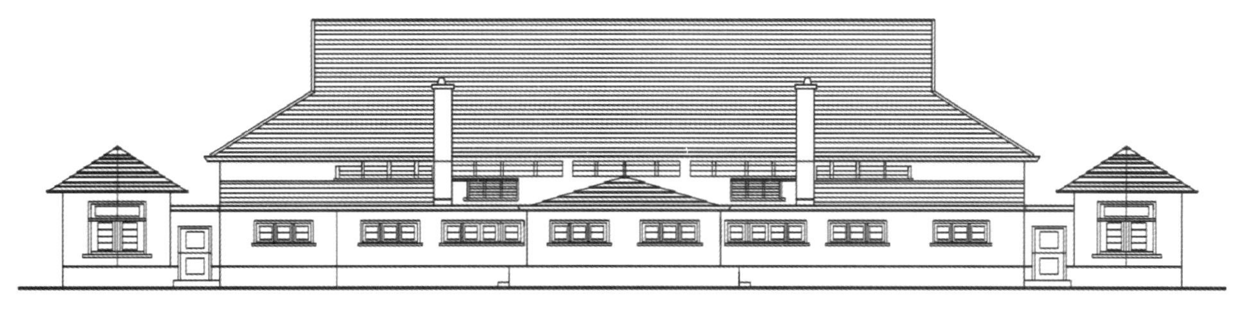

图 7-44　中国航空公司、中央航空公司合建重庆白市驿机场航站楼方案的背立面图

来源：中国第二历史档案馆馆藏档案“中央、中国航空运输股份有限公司拟合建重庆市白市驿站机场乘客候机室草图”，项目组描绘

3）台南大林机场候机室合建方案

抗战胜利后，中国航空公司分别在台北松山机场、台南机场筹建航空站。由于台北松山机场是由国民政府民航局委托台湾省交通处主导建设的航空站，中国航空公司重点建设台南航空站。1948 年 2 月 28 日，中国航空公司绘制完成“两航”合建台南大林机场候机室工程图纸，9 月 8 日由长城营造厂承建。该航空站平面呈 L 形，北侧为空军拨借的原有木屋长 55 英尺 6 英寸（约 16.9m）、宽 23 英尺 6 英寸（约 7.1m），南侧的矩形部分为长 40 英尺（约 12.2m）、宽 26 英尺（约 7.9m）的扩建部分。由于仅为国内航空运输功能，候机室的建筑平面布局单一，仅包括航空公司的合用候机厅及其“两航”办理柜台及食品柜台，原有建筑则拟作为“两航”分用的办公室和机藏室以及厕所，无其他联检机构单位进驻（图 7-46）。台南航空站方案采用罕见的传统歇山顶屋顶和砖木结构，主立面对称设置拱券式的双门四窗，“两航”在航空站正面各自设出入口，其入口上方分别镶嵌“两航”的首写名称“中”“央”两个大字（图 7-47）。

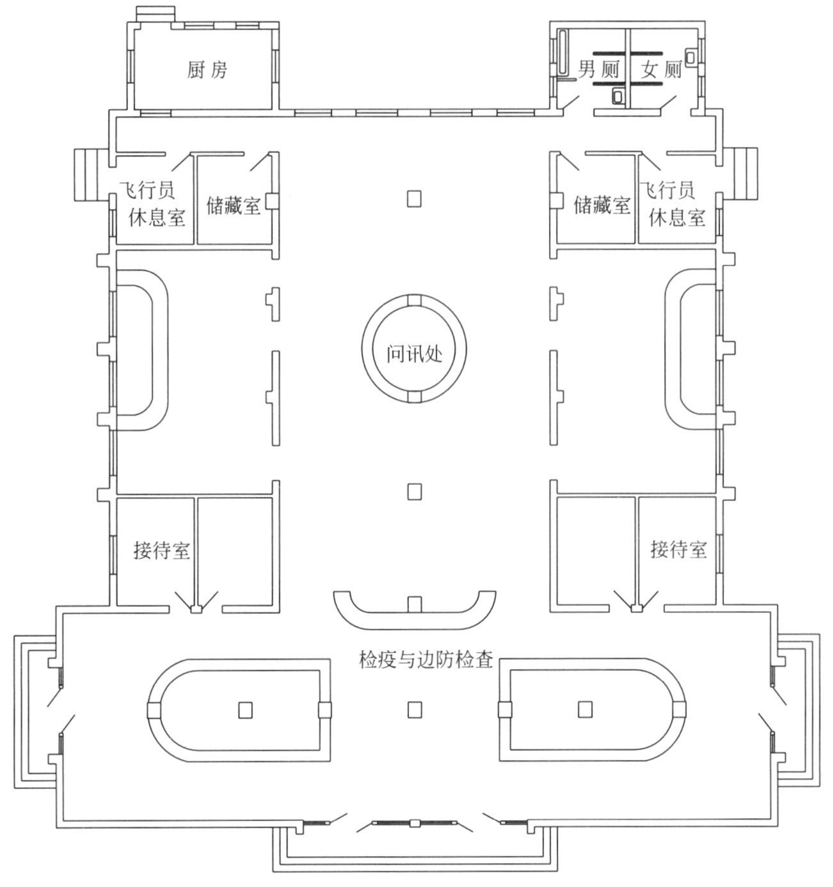

图 7-45　中国航空公司、中央航空公司合建厦门高崎机场航站楼方案平面图

来源：中国第二历史档案馆馆藏档案“两航 123”，项目组描绘

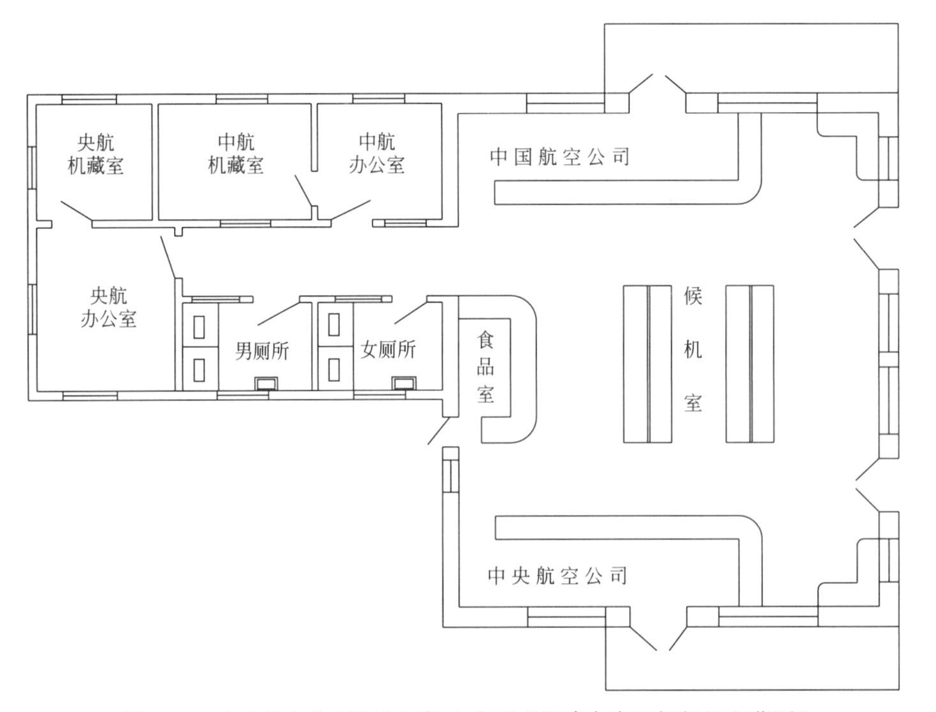

图 7-46　中央航空公司和中国航空公司“拟建台南机场候机室草图”

来源：根据中国第二历史档案馆馆藏档案“两航 24”图纸绘制

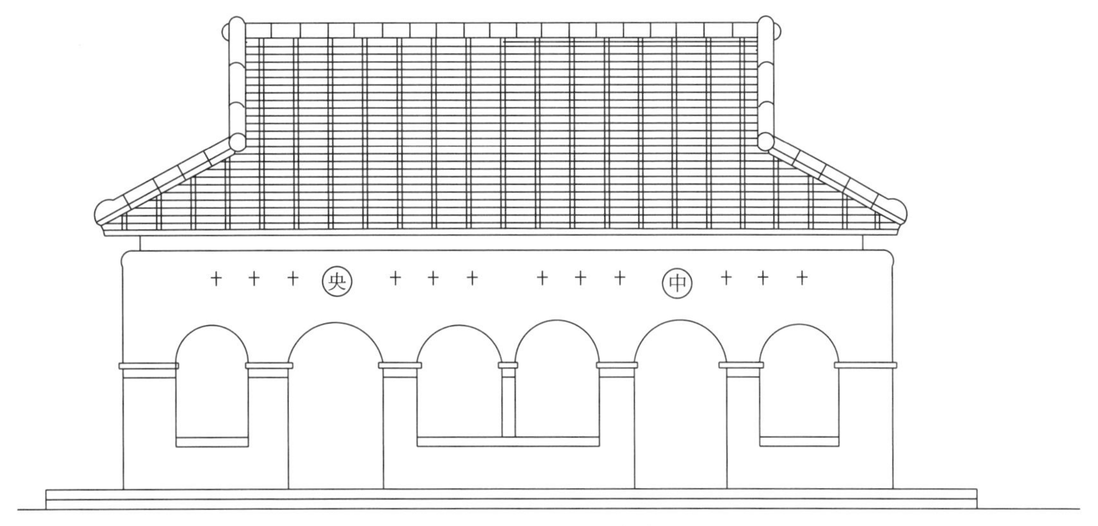

图 7-47　中国航空公司、中央航空公司拟合建的台南机场航空站立面图

来源：根据中国第二历史档案馆馆藏档案“两航 24”绘制

1948 年 3 月 16 日，中国航空公司机航组建筑课课长裴冠西又提出新的合建台南站候机室方案（图 7-48），新建部分面阔 100 英尺（约 30.5m），进深 38 英尺（约 11.6m），与原有建筑构成 T 形平面。该方案基本遵循他拟定的中国航空公司乙等航空站 A 式标准化设计图样，不过单一陆侧出入口改为“两航”分用的两个侧向出入口，并在入口处各自附设过磅检查室，还将办公区内侧的厕所移至陆侧出入口位置，避免了乙等 A 式航空站方案所存在的厕所与食品部相邻的设计弊病。候机室空侧面的右侧由手提行李检查处分隔为旅客出港、进港的双通道。但台南候机室方案与乙等 A 式方案存在空侧面出入口过多的同样设计问题。

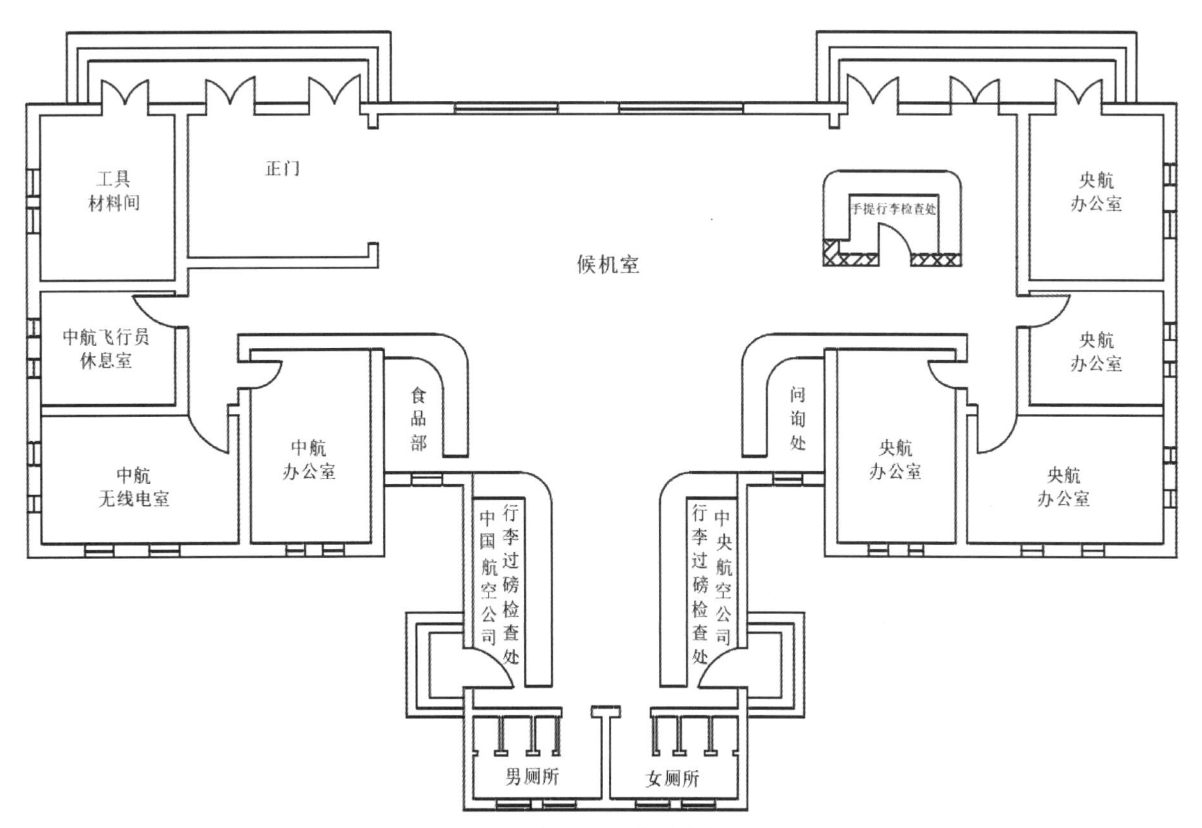

图 7-48　中央航空公司和中国航空公司合建台南航空站候机室平面图草样

来源：根据中国第二历史档案馆馆藏档案“两航 24”绘制

7.7　西南航空公司的航空站建设

7.7.1　西南航空公司的航线规划及其开通概况

1. 西南航空公司的航线规划

1933 年始办的西南航空公司航线网络规划是以广州为中心，以西南五省（粤、桂、闽、滇、黔）为航线辐射地区。依据《西南航空公司计划书》，规划以下 5 条航线：①广龙线，由广州经梧州、贵县、南宁至龙州；②南贵线，由南宁经南丹、独山至贵阳；③贵昆线，由贵阳经兴义至昆明；④广福线，由广州经惠州、梅县、漳州至福州；⑤广琼南线，经江门、水东、琼州（即海口）、北海、钦州至南宁。5 条航线计划分 2 期完成，第一期完成广龙、南贵两线，第二期完成贵昆、广福、广琼南线三线。该航线网络以广州为航空总站，规划串接西南五省内的主要城市，还在广东与广西两省之间设有复线，其中广琼南线为沿海航线，广龙线为内陆航线。优先发展的广龙线为国际航线中的国内段，其延伸段——龙河线（龙州至越南河内）可与河内—马赛的欧亚国际航线衔接。后期因四川省也有意加入，由此又拟定分期开办由贵阳经毕节、叙州、嘉定至成都的贵成线，由邕宁（今南宁）、百色、蒙自至昆明的邕昆线，自成都经打箭炉（今康定）至巴塘的成巴支线，自昆明经大理至腾越的昆腾支线。

西南航空公司所开办或计划开办的航线既充分考虑了航空公司自身内部航班之间的联程运输，也兼顾了与中国航空公司、欧亚航空公司航线的衔接（图 7-49）。例如，广琼南线与中国航空公司沪粤线、欧亚航空公司平粤线之间的两线联航，又与广福、广龙两线衔接；南贵线北向与中国航空公司所拟办的渝昆航线、渝贵支线联航，南向与广龙线衔接；贵昆线东向与广龙线衔接，西向与中国航空公司拟办的渝昆线联航；广福线北向与中国航空公司的沪粤线连接，南向与欧亚航空公司的平粤线及广龙、琼南两线衔接。

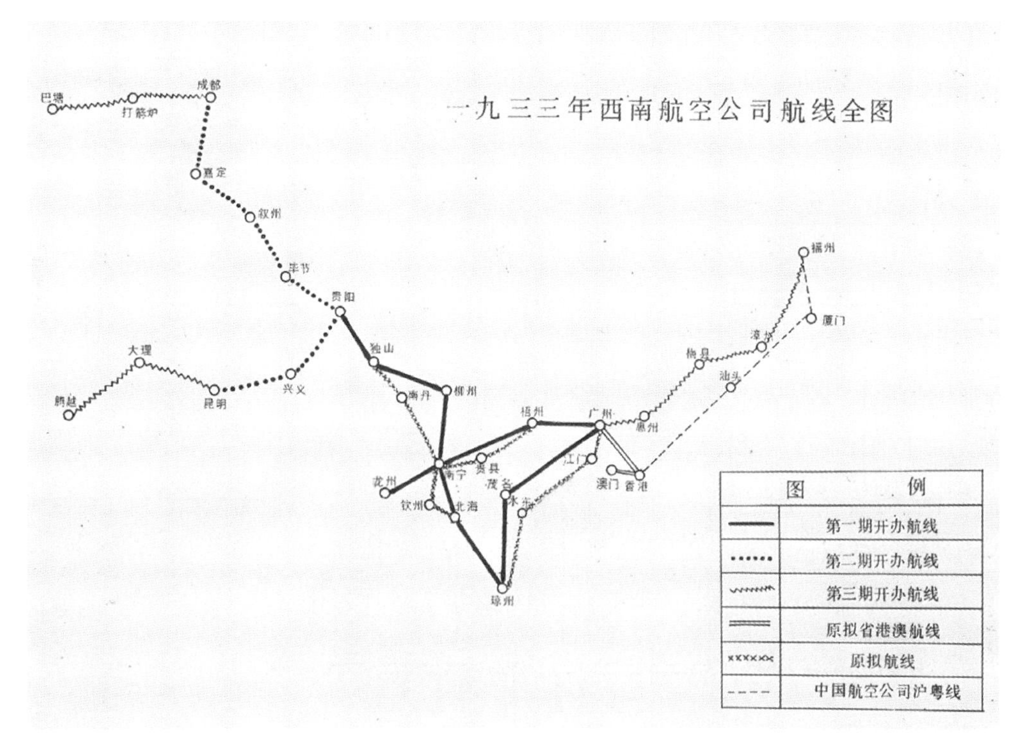

图 7-49　1933 年西南航空公司民用航空线示意图

来源：《贵州省志·民用航空志》

西南航空公司在实际筹建运作时，福建省、云南省和贵州省以及四川省均因故未投资参股，最终仅广东省、广西省政府投资入股成立西南航空公司，注册资本为 150 万元，计划开通广州—龙州线、梧州—贵阳线、南宁—昆明线、广州—福州线、广州—钦廉线等 5 条航线，优先在两广地区开通航线。根据西南航空公司筹备处绘制的《西南民用航空线》示意图及其航线两期建设计划，第一期拟开通广龙、广福和广钦三线，第二期续办南昆、梧贵二线。

2. 西南航空公司的航线开通概况

1934 年 5 月 1 日，西南航空公司在广州天河机场举行开业典礼，并正式开通广州—梧州—南宁—龙州航线，航程 643km，每周飞行 3 班。同年 9 月 1 日，西南航又开辟广州—茂名—琼州（今海口）—北海—南宁航线，至此，仅广龙、广琼两线的航线里程便有 3100km。广琼南航线后又改为广州—梅菉（今吴川）—海口—北海—南宁航线，航程 870km。该航线于 1938 年 6 月因抗日战争爆发而停航。

1934 年，西南航空公司还经营广州—梧州—桂林、广州—梧州—南宁—柳州—桂林线等。1936 年，广西省政府由南宁迁回桂林后，西南航将广州—梧州—南宁—龙州航线改飞广州—梧州—桂林—柳州—南宁航线。同年 7 月 10 日，西南航又开通广州—梧州—南宁—龙州—越南河内的国际航线，这是近代中国自主开通的第一条国际航线。次年 4 月，该航线又改为广州—广州湾—北海—越南河内线，同年 7 月因运营不景气而停航。在先后开辟广龙、广桂、广桂邕、广琼等国内航线以及 2 条国际航线后，西南航空公司的经营进入了鼎盛期，但很快又因 1937 年的淞沪会战而急转直下。

7.7.2　西南航空公司的航空站建设

西南航空公司是南京国民政府时期继中国航空公司、欧亚航之后的第三家大型航空公司，也是中国第一家全部由国人自行经营的航空公司，还是第一家由地方政府集资、筹办和经营的民营航空公司，除飞机和通信设备从外国购入外，资金、人员、技术等均自行解决。该公司最多时拥有 9 架飞机，但其中 4 架飞机先后失事。

西南航空公司以广州为基地，先后借用了广东空军的天河机场，最终暂时租用广州市政府的石牌跑马场为航空总站。该跑马场的看台可容纳 4000 人，由广州市工务局技士许湛规划，协成公司承建，估算费用约为 17 万元。石牌机场使用的场面长 2400 英尺（约 731.5m）、宽 800 余英尺（约 244m），西南航在该机场设有 1 座飞机修理厂和 150W 功率的无线电台，聘用有丰富经验的技师及技工，专司逐班检查修理的职责，如大修或配造机件则由广东空军飞机制造厂及广西航空处修理厂协助。建有一座简易的“篷棚”，用于旅客候机，此外还有若干间办公用房。梧州、南宁、龙州、茂名、琼州（今海口）、北海等其他航空站大多是借用西南各省市原有的军用机场设置，先后开航的航空站还包括梅菉（今吴川）、柳州、桂林等，这些机场的场面长宽均有余量，场面界线及风向标志都完备，也普遍配置了储油池和气象台。

7.8　中苏航空公司的航空站建设

7.8.1　中苏航空公司航空站的建设概况

1937 年抗战全面爆发后，国民政府在西北地区开通了依托甘新公路承运苏联援华军用物资的国际陆运通道。同年 10 月 20 日，由国民政府和新疆省政府及苏联政府三方在新疆迪化（今乌鲁木齐）组成中央运输委员会，其中中运会新疆分会负责在星星峡至霍尔果斯公路沿线筹备设置 10 个公路接待站及 5 个临时航空站。1938 年苏联空军志愿队援华，其飞行路线将驱逐机的油量及航程作为航空站布点的测算依据，分别以阿拉木图为第一站，而后新疆的 5 个航空站（伊犁、乌苏、乌鲁木齐、奇台、哈密）以及甘肃的 3 个航空站（安西、酒泉、兰州）依次为第二站至第九站。至 1939 年 2 月，完成了上述机场的新建或扩修，同年 4 月 2 日，中苏两国之间首次试航。

1939 年 9 月 9 日，国民政府交通部和苏联民用航空管理总局签订了《中苏关于组设哈密、阿拉木图间定期飞航合约》，同年 11 月 18 日成立中苏航空公司，按照双方协议，苏方采用飞机、配件、维修器械、燃料以及无线电机、无线电定向台等航空技术器材折价入股，中方则以提供航空站场地和当地建筑材料，并以为修建机场、航空站建筑及相关建筑物提供人力及其薪水等折价入股，航线建设其他不足部分则由中苏双方采用美元支付。同年 12 月 5 日，哈密至阿拉木图的国际航线正式通航，航线全长 1415km，航空总站设在乌鲁木齐，沿线设有哈密、伊犁和阿拉木图三个航空站，另外还有七角井子、奇台、乌苏、精河等简易迫降场①。哈阿航线沿线的主要航空站是由中苏公司建筑科长——苏联建筑工程师西拉耶夫负责设计，中方襄理（副总经理）刘唐领协助，所有机场均按照 DC-3 和里-2 型飞机起降的要求建设，由新疆沿线地方政府组织人员进行机场施工。这时期重点改扩建了伊犁、乌鲁木齐、哈密三地的航空站，均建有一批苏联建筑风格的旅客候机室以及旅客食宿楼（招待所）、飞行指挥室、油库、车库和员工宿舍等其他建筑物（表 7-7）。至 1941 年冬，哈阿线沿线的固定航站、备用航站及通信站等各项建筑工程先后完成，全部建设费用为 956609.95 美元。

在为期 10 年的中苏航空协定即将到期之际，经国民政府和苏联政府反复磋商，于 1949 年 4 月 25 日双方议定“继续旧约五年”。1950 年 3 月，中华人民共和国政府和苏维埃联合政府签订了《关于创办中苏民用航空股份公司协定》，并于同年 7 月 1 日在北京创办该公司，同日正式开辟北京通往苏联的阿拉木图、伊尔库斯克和赤塔 3 条国际航线，其中中苏民航公司乌鲁木齐航线管理处管辖乌鲁木齐航空站以及哈密、伊宁、乌苏、库车、阿克苏、喀什 6 个航站和精河、吐鲁番 2 个导航点，该航线仍沿用原中苏航空公司已有的航空站建筑设施。

中苏航空公司哈阿航线沿线的三大航空站建设概况　　表 7-7

航空站	开工日期	机场场址位置	航空站主要设施
哈密	1939 年 10 月	距哈密城 13km	票房、住宅(2 栋)、公务房、汽车房、货栈、滑油库、汽油库、定向台、测候所及电话
乌鲁木齐	1939 年 10 月	迪化城东南郊外 18km 的地窝堡	票房、住宅(2 栋)、公务房、货栈、澡堂、汽油库、汽车油库、测候所、滑油库、机场围栏、厕所、定向台及电话、电灯。另有工作人员和工人 20 多间住房
伊犁	1940 年 7 月	地处伊宁城东北 5km 的高地上	公务房 3 间(飞行人员住所、站长住所及客厅各 1 间)、定向台、通信无线电台及油库等

来源：根据《西北中苏航线的经营》（简笙簧著）等资料整理。

7.8.2 中苏航空公司典型的航空站建筑

民国时期哈阿航空线沿线的乌鲁木齐、伊犁、哈密三大航空站建筑普遍沿用苏联建筑风格，乌鲁木齐和哈密机场的苏联式航空站建筑特征尤其明显，其指挥塔台已成为机场建筑的标志性建筑符号。建筑平立面对称布局，采用铁皮屋面的坡屋顶，设有采暖壁炕和老虎窗，室内多设置为三合板的顶棚和木质架空地板，建筑外墙面和屋顶普遍采用红黄蓝等鲜艳的颜色。苏联式航空站建设的总体规模大，建设标准较高，但各航空站又各自具有独特的建筑特征。

1. 乌鲁木齐地窝堡机场的苏联式航空站建筑

乌鲁木齐地窝堡机场始建于 1933 年，初创时期仅一块平整场地和几间土房。抗战时期的地窝堡机场既是国民政府航空委员会空军第十六总站所在地，也是中苏航空公司的驻场基地。为了保证生产和安全以及生活的需要，中苏航空公司除了平整机场场面外，还陆续修建飞行指挥室、旅客候机楼、汽车库、维修车间（图 7-50）、仓库、油库、定向台、招待所、宿舍和浴池等 140 多间各类用房。现在仅遗存航空站。

① 《西北中苏航线的经营》（简笙簧著）第 217 至 219 页记载还有“镇西”“古城”两地。

(a) 维修车间的原貌

(b) 维修车间的现状(已拆)

图 7-50　中苏航空公司的飞机维修车间

来源：(a)《新疆通志·民用航空志》；(b) 作者摄

1940 年修建的乌鲁木齐航空站为综合用房，其楼前设交通环岛，直通大砖铺装的进场路，在航空站面向机坪的一侧设有花园，中间设有过道与机坪衔接，航空站与机务维修车间并行设置。航空站为 3 层的砖木结构建筑，采用砖石地基，建筑造型沿用苏联式建筑风格，建筑面积为 566.7m^2，建筑平面左右中轴对称，为布局规整、通道宽敞的内廊式建筑，其中底层中央大厅面向空侧和陆侧开放，其两侧的配房为单层建筑，左侧区域为登机手续办理处、办公室等，右侧区域为旅客候机室及小卖部；二层是调度指挥室、值机室、报台及办公室；航空站中间的三层曾设有指挥飞机起降的塔台，现已拆除（图 7-51）。

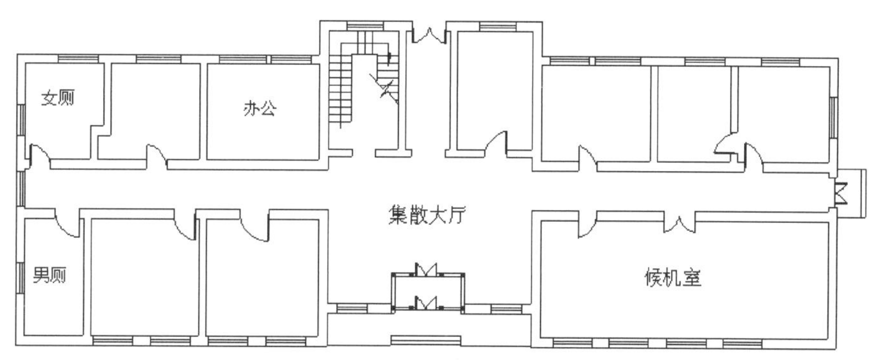

图 7-51　乌鲁木齐地窝堡机场航站楼一层平面图

来源：作者绘

航空站主楼为两坡屋顶，两侧配楼采用三坡面的厚铁皮盖顶屋面，并各有 2 个采光通风气窗。房屋墙壁厚实，四壁镶嵌有双层玻璃的大窗。航站楼立面由檐部、墙身和勒脚形成三段式构图形式，色彩上为红色外墙面、绿色铁皮屋顶、白色窗户以及枣红色的松木地板。主要房间内设有供冬季采暖的火墙以及铁皮罩护的火炉，顶部设有烟囱，冬暖夏凉。航空站中央前后设出入口，正门为内嵌式的套门构造，两侧配楼也开有旁门（图 7-52）。航空站陆侧和空侧的大门上面均镶嵌有繁体汉字和维吾尔文写就的“乌鲁木齐航空站”，空侧的悬挑阳台兼有目视指挥功能（图 7-53）。该建筑物至今保存完好，现为新疆机场历史陈列馆，并在 2005 年 10 月纳入乌鲁木齐近现代优秀建筑保护名单，2015 年又纳入第六批乌鲁木齐市重点文物保护单位。

2. 哈密机场的苏联式航空站建筑

哈密机场抗战期间既是哈阿国际航线的主要中转站，也是苏联援华飞机的装配厂所在地，且机场距国际公路通道——甘新公路仅 2.5km，为此哈密机场成为抗战期间新疆建设规模最大的航空基地。1939 年中苏航空公司对哈密机场进行了迁建，新选机场场址位于哈密城东约 15km 的陶家宫乡新庄子村东北处，机场新建了 1 幢旅客候机楼（含办公室）（图 7-54），2 个各 220m^2 的水泥混凝土停机坪，还修建了员工宿舍、油机房、车库、食堂等，增建通信导航设备、发讯台和机器房。

图 7-52　乌鲁木齐地窝堡机场近代航站楼的陆侧立面
来源：作者摄

图 7-53　乌鲁木齐近代航空站的空侧立面
来源：《新疆通志·民用航空志》

图 7-54　哈密机场航空站
来源：作者摄

哈密机场航空站位于跑道中间位置，正对着进场道路，楼前设置圆形的砖砌花坛。航空站为2层的砖木结构建筑，建筑面积为798.42m²，建筑平面呈长方形，一层设有候机厅、贵宾候机室、售票室、办公室、机务工程部等（图7-55）；二层为工作人员宿舍、飞行员宿舍、贵宾宿舍、机要室和运行指挥中心等（图7-56）。航空站建筑四面设有露天眺望平台，便于机场的安全警戒防卫。航空站屋顶采用三角形木屋架结构，覆以铁皮屋面，屋顶中部设有一座八角形木质指挥塔台，其空侧还附设有可目视指挥飞机起降的眺望露台。室内采用木地板和三合板吊顶，黄色的外墙、蓝色的窗户及红色的屋顶，使得航空站作为飞机目视助航目标的效果尤为醒目。中华人民共和国成立后该航站楼作为中苏航空公司的航站楼继续使用，整个航空站具有典型的苏联式建筑风格特征。该航空站1990年停止运营，现整修后改造为“哈密·新疆航空历史陈列馆”，哈密民航站也于2007年被列入新疆维吾尔自治区第六批重点文物保护单位名单。

3. 伊犁机场的国民政府空军教导总队驻地建筑

伊犁机场位于伊犁东北郊的艾林巴克（又称“北大营”），始建于1935年，1936年6月10日竣工，场面长950m、宽750m，为砂砾卵石混合料压实道面。抗日战争全面爆发后，考虑伊犁机场具有优越的航空训练条件，有适合飞行训练的气候，水电通信设备齐全；毗邻苏联国境，方便苏方物资、技术和人员的援助；远离抗战前线，无日军轰炸之隐患。为此，国民政府和新疆省政府于1939年年初达成协议，由国民政府航空委员会在伊犁机场设立空军教导总队，聘请苏联教官帮助中国空军训练飞行人员，后期驻昆明的空军军官学校轰炸机班也曾在此训练。伊犁机场由此成为苏联援华飞机的中转站和教导总队的驻地。伊犁机场为此添建一些房屋和设备，其中一幢建筑面积为667m² 的苏联式砖木结构单层房屋至今保存完好，该建筑是供苏联飞行教官指挥训练、办公及住宿之用，后来改为招待所和单身宿舍。该建筑平面为内走廊布局，走廊宽4.21m、长29.5m，两侧分别设有5间房屋，每间房屋横向长6.3m、纵向宽5.2m。连拱廊式的主出入口开设在山墙位置，门前有1对石狮和2棵粗大的榆树对称地分列两侧（图7-57）。

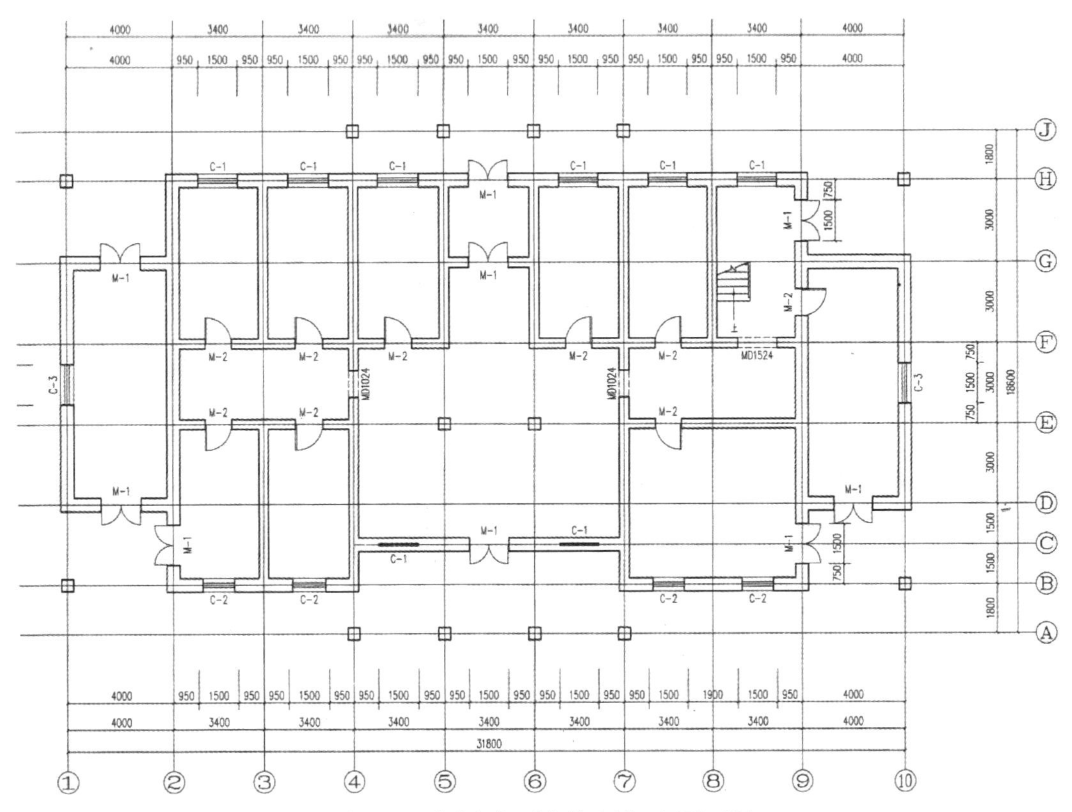

图 7-55 哈密机场近代航空站一层平面图

来源：哈密 · 新疆航空历史陈列馆提供

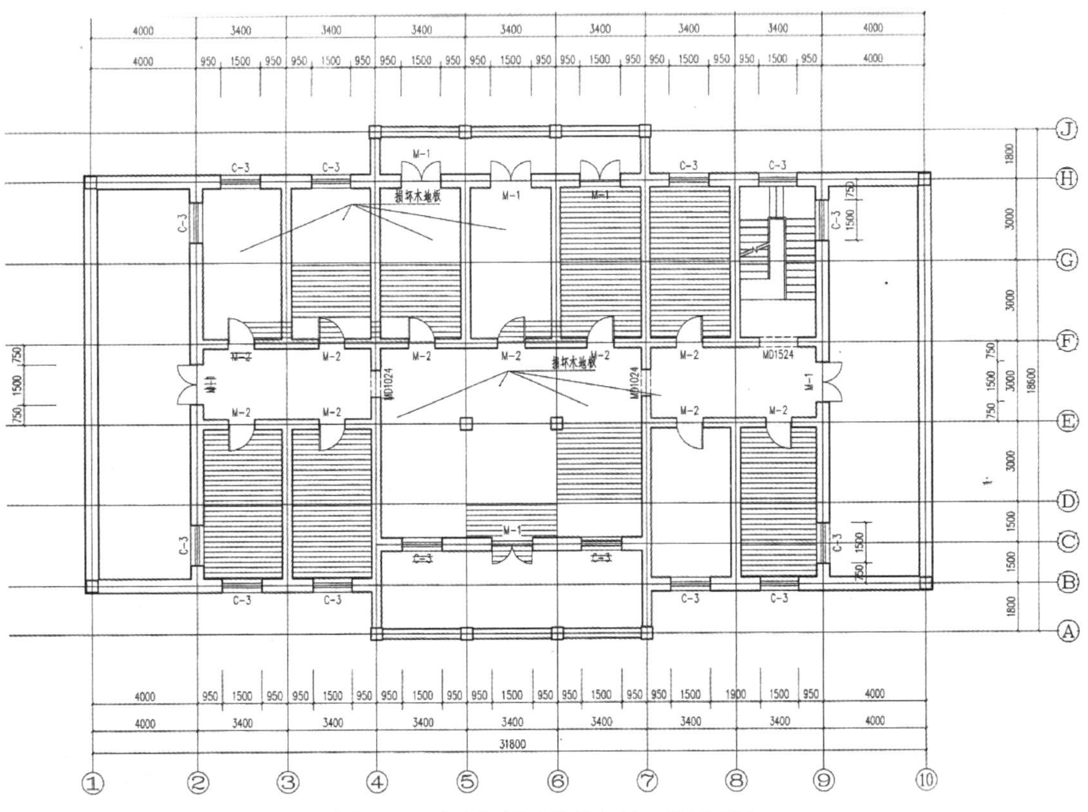

图 7-56 哈密机场近代航空站二层平面图

来源：哈密 · 新疆航空历史陈列馆提供

图 7-57　伊犁机场国民政府空军教导总队

来源：央广网记者张雷摄

1939 年，为了开通哈阿航线，中苏航空公司对伊犁机场的跑道、滑行道及停机坪进行了扩修，跑道扩展为长 1200m、宽 50m，跑道方位为 58°～238°，修建 2 条 65m 宽的滑行道和 1 块水泥混凝土的客机坪；修建 2 幢建筑面积分别为 138m^2 的苏联式铁皮屋面候机室和 16m^2 的单层四坡顶的方形调度室，均是以土坯墙为主构筑的土木结构。此外还建有员工宿舍、办公室、车库等机场生产生活设施。该机场于同年 12 月扩建完工。抗战后期的伊犁机场已拥有较完善设备设施，据 1953 年 9 月有关部门统计，伊犁机场有办公室、飞机库、兵营宿舍、车库、器材库房、油库、工厂等各类建筑物 44 幢、371 间，共计 11159m^2。作为近现代重要史迹及代表性建筑，“中苏民航飞行员培训教导总队旧址”（实为“国民政府空军教导总队”）2010 年被列入首批伊犁哈萨克自治州文物保护单位名录，2011 年该建筑经修缮后改名为“新疆机场陈列馆”对外开放。

第 8 章

近代机场建筑的设计与建造特征

8.1 近代机场建筑形制的等级化和标准化设计的倾向

近现代交通建筑始终映射出交通行业主管机构自上而下进行垂直化管理的建筑技术特性。为了迎合交通业的快速发展，节省时间成本与费用成本，近代中央政府交通主管部门普遍推行各地交通场站设计建设的标准化、等级化，这类交通建筑场站按照不同的技术等级，逐一对应采用等级分明的标准化设计图集或设计准则。例如近代的粤汉铁路、中东铁路、京张铁路等沿线车站都采用划分为 4 个或 5 个等级的站房分类标准，如京张铁路（1909 年）沿线现存的清华园站、清河站、青龙桥站等都采用三等车站的标准设计图纸统一建造；1947 年国民政府交通部邮政总局业务处建筑课曾出台甲种示范局和乙种示范局的标准图集。另外，国民政府交通部公路总局的长途汽车场站也沿循标准设计图集的做法。

与铁路、公路及邮局等交通场站一样，具有军用和民用双重属性的机场建筑也不例外，航空主管部门对航空站进行等级划分、标准化设计是近代机场建筑的重要建筑技术特征，航空公司对沿线航空站建设也是如此，尤其军用航空站和军用飞机库采用标准化图纸的做法颇为常见，以便于战时快速修筑，节省时间与建设成本。标准化设计普遍与机场专业建筑的等级划分挂钩，机场建筑的等级越高，建设标准也越高，同一等级的机场专业建筑采用同一标准图集。

8.1.1 近代机场建筑形制的标准化设计溯源

1. 机场专业建筑标准化设计的优势

机场专业建筑属于近代新兴的交通建筑类型，其技术主要来源于飞机输入国。中国近代机场建筑先后受到过美国、德国、法国、英国、意大利以及日本等诸多近代航空业发达国家的影响，这类外来机场建筑技术的演进过程基本上沿循“引进外国飞机—外国航空技术顾问指导—引入外来机场技术指导中国机场规划建设”的技术传播路径，这种外来机场技术文化具有多元化、跨区域和现代性的交通建筑特性。近代机场的规划建设多由同一航空主管部门（军事航空部门、民用航空部门或航空公司）自上而下地在全国范围内主导实施，为此众多机场建筑的设计建设普遍跨区域地应用了统一的建筑风格，甚至是采用同一建筑图纸设计。

机场建筑采用标准化的设计图集具有以下优势：可快速在全国或区域的大范围空间内自上而下地推广应用专业化的机场建筑；有利于降低设计成本，缩短建设周期，加快建设施工，从而降低航空站的设计成本和建设成本；便于快速拓展业务，满足航空公司快速规划建设、快速通航的需求；标准化的军用机场建筑可快速施工，满足其快速投用及备战需求；标准化的机场建筑还适用于尚无专业建筑设计能力的地区。

2. 机场专业建筑标准化设计的倾向

采用标准图集设计建造的近代机场建筑类型包括军用航空站、民用航空站、飞机库、指挥塔台以及机场大门等。如在意大利航空顾问团的影响下，国民政府航空署采用统一的军事堡垒式建筑风格的军用航空站及飞机库；国民政府（1930 年）和广东省政府（1934 年）先后分别与美国寇蒂斯-莱特公司签署建设飞机制造厂的协议之后，中央（杭州）飞机制造厂和广东韶关飞机制造厂的主厂房均采用美方提供的同一套图纸设计建造，其厂房设备、规模及其生产流程都完全相同；而满洲航空公司也在满洲国境内重点城市采用了由事务所和机库组合而成的标准化民用航空站。抗战胜利后，航空运输业发展迅猛，国民政府交通部推行航空站“甲种站”“乙种站”“丙种站”分类；基于在全国范围内快速而低成本地兴建航空站的需求，中国航空公司也尝试推行自身航空站和维修站甚至厕所的等级划分及其标准化设计与建设。“一南一北”的南京大校场机场和吉林通化机场的机场大门则罕见地采用了相同的圆拱式建筑制式，两侧门卫房也都采用圆弧形墙体及竖向窄窗，视线开敞且便于防御（图 8-1）。

(a) 南京大校场机场大门

(b) 吉林通化机场大门

图 8-1　南京大校场机场和吉林通化机场的大门比较
来源：(a) 历史图片；(b)《中国航空史》

机库是近代机场的标准配置设施，数量众多，且建设投资大。为节省设计建造投资、缩短建设周期，民国时期普遍采用标准设计图集在不同的机场建造标准化的飞机库，由于近代民用航线沿线航空站起降的飞机机型类似，执飞的设计机型相同，采用标准化机库顺理成章。军用机库也是近代机场中的重要军事建筑，在规划设计、建设投资等方面都予以优先保障。以东北航空队的标准化机库为例，1924 年夏，在沈阳东塔机场建有工厂厂房 1 座，并增建长 240m、宽 24m 的大型联排式飞机库 1 座，该机库由俄国人谢结斯“包办工程”（图 8-2）。该联排式机库屋面采用弧形钢屋架，用于储藏飞机及其零件的单间库房共有 10 座，各设圆拱式机库大门独立进出。除了用于储存整架飞机的库房之外，其中第五号库储藏发动机数十架，第六号库储藏自英国购来的发动机百余架，第七号库储藏轮尾螺旋板等飞机零件，第八号库储藏油线、药品等材料。后期东北航空队势力范围拓展至山东境内后，特将该俄式飞机库建筑形制移植到齐齐哈尔机场、济南张庄机场复制建设。

(a) 沈阳东塔机场的俄式联排式机库

(b) 济南张庄机场的俄式联排式机库

图 8-2　沈阳东塔机场和济南张庄机场的俄式联排式机库
来源：(a)《东北航空月刊》1929 年 3 月；(b) Eurasia Aviation Corporation Junkers & Lufthansa in China 1931-1943

8.1.2　近代民用航空站的标准化设计

1. 北洋政府航空署民用航空站的标准化设计

1921 年 5 月，北洋政府航空署颁布《国有航空线管理局编制通则》，先后在其名下成立了京沪航空线管理局、京汉航空线管理局和郑西航空线管理局，并出台各航空线管理局的编制专章。各国有航空线

管理局将所管辖的航空站按照设备的繁简分为一等航空站、二等航空站、三等航空站以及备用飞行场四种等级，并针对航空站各等级的人员、设备设施及用地面积等予以分类界定。航空站编制人员包括站长、副站长、飞航员、技士、电务员、测候员和其他雇员。其中，一、二等航空站用地面积约需 400 亩，应设有可容纳 4 架维梅式飞机的飞机棚厂以及飞航员室、站长室、邮务室、候机室和工厂仓库等，并有航站人员的宿舍及其他必备设施；三等航空站用地面积约需 400 亩，应设有 1 座供不时之用的飞机棚厂，以及飞航员室、站长公事房、技工室、油库、零件库，电话邮务室、候机室和航站人员宿舍等；备用飞行场仅需租赁用地面积约 200 亩，不设飞机棚厂，仅需设有卫兵草舍、小型油料库以及混合的零件库，也可配有电话。

2. 中国航空公司航空站和维修车间的标准化设计

抗战胜利后，随着民用航线开通数量的增多，中国航空公司的航空站建设发展迅速，为此在上海龙华机场基地设有机航组建筑课，专门负责机场建筑的规划建设。为了满足航空运输快速发展的需求，避免重复设计以及缩短建造时间和节省工程造价，中国航空公司对航空站划分等级，推行各级航空站的标准化设计。中国航空公司将候机室、维修车间以及厕所三类建筑分别划分为 A、B、C 三个等级，并对这三个等级确定了各自的标准设计图纸。其中，标准化的候机室由中国航空公司公司机航组建筑课课长、驻龙华机场的项目工程师裴冠西设计出标准图样，并广泛征询航空公司、民航局等部门的意见。针对候机室的标准化设计，裴冠西提出了 3 项标准设计原则：“（1）各站候机室平面设计可标准化，依等级分别大小，至于型式及材料似应因地制宜，就地取材，不便作硬性规定；（2）各站候机室之设计应能有备将来扩充之余地，并与将扩展后不损及外貌之美观及各室之联络，扩充工程进行时并不妨害现屋之使用；（3）一切字样标记及门窗型式均须一样。”①

中国航空公司旅客候机室通用平面图的标准（单位：英尺）　　表 8-1

航空站级别	候机室	行李室	办公室
A 级航空站	48 英尺×48 英尺(14.6m×14.6m)	40 英尺×40 英尺(12.2m×12.2m)	40 英尺×40 英尺(12.2m×12.2m)
B 级航空站	40 英尺×40 英尺(12.2m×12.2m)	30 英尺×30 英尺(9.1m×9.1m)	30 英尺×30 英尺(9.1m×9.1m)
C 级航空站	30 英尺×30 英尺(9.1m×9.1m)	24 英尺×24 英尺(7.3m×7.3m)	24 英尺×24 英尺(7.3m×7.3m)

中国航空公司最终根据机场的不同等级，将候机室由高向低划分为甲、乙、丙三个等级标准进行分类，每一等级设有 A、B 两种建筑标准式样，候机室均为单层，采用相对对称式或非对称平面布局（表 8-1）。各类候机室平面内都以候机厅为主体空间，设有为旅客服务的候机室、食品部、问讯处及厕所等，航空公司方面则有行李过磅称重和检查柜台。甲等、乙等航空站还有工具材料间、飞行员休息室等航空公司用房。标准化设计的候机室考虑了旅客在机场陆侧与空侧之间的分隔，也兼顾了旅客进出港通道的分流；办公室、无线电间及飞行人员休息室等内部用房均与旅客用房相对分隔；每座候机室的样图都充分考虑了可扩建性，如乙等站 A 式候机室预留在两侧扩建的可能，最终可形成山字形或 T 形平面构型；丙等站 A 式和 B 式候机室分别可单向扩建为工字形或 T 形平面构型。不过建筑面积为 32.4 英平方（约 301m^2）的乙等站 A 式候机室方案（面阔 92 英尺，进深 32 英尺）尚存在厕所与食品部相邻、食品部放置桌椅后过小、工具间与行李处相邻、空侧面出入口过多等设计问题。各类候机室最终实施方案的遴选工作因时局变化而中断（图 8-3～图 8-5）。

3. 满洲航空公司航空站的标准化设计

1）标准化航空站建筑的原型及其传播路径

满洲航空公司在伪满洲国地区的长春、哈尔滨、齐齐哈尔等地机场也少有地采用了标准化的“航空站＋飞机库”组合设计模式。1932 年 9 月 26 日，伪满洲国政府与南满铁路株式会社等合资组建满洲航

① 中国第二历史档案馆，全宗号四九三、24（图纸）卷“中国航空股份有限公司”馆藏档案。

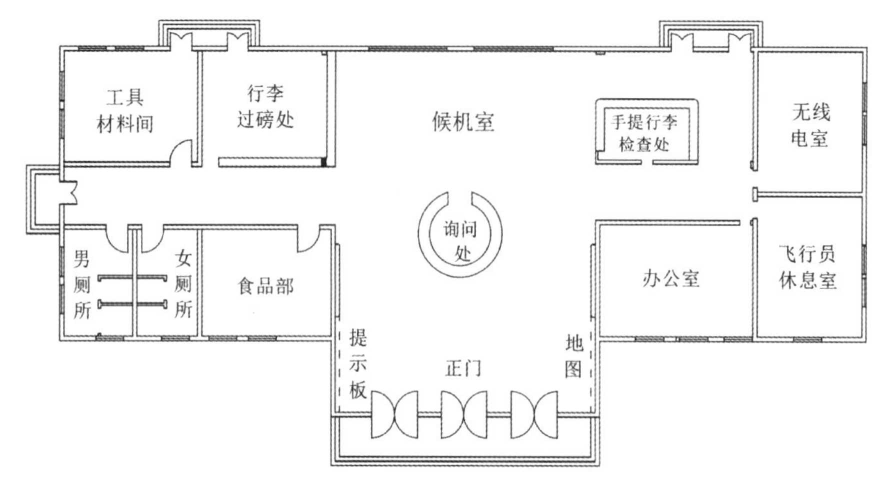

图 8-3 中国航空公司的乙等站 A 式候机室标准设计图

来源：中国第二历史档案馆馆藏档案，项目组描绘

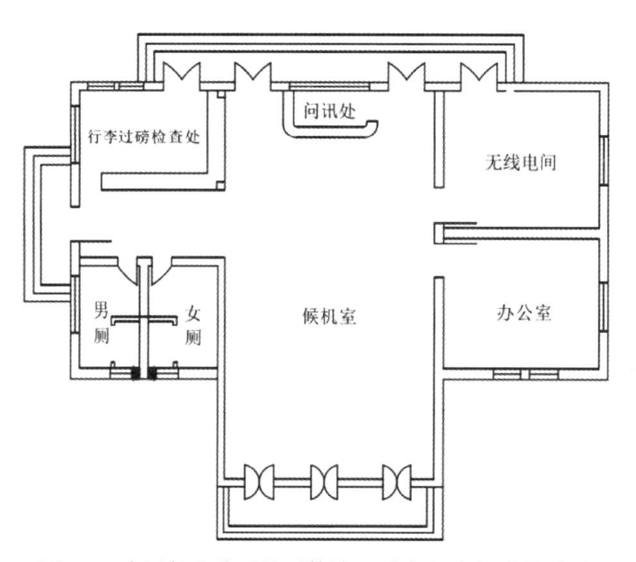

图 8-4 中国航空公司的丙等站 A 式候机室标准设计图

来源：中国第二历史档案馆馆藏档案，项目组描绘

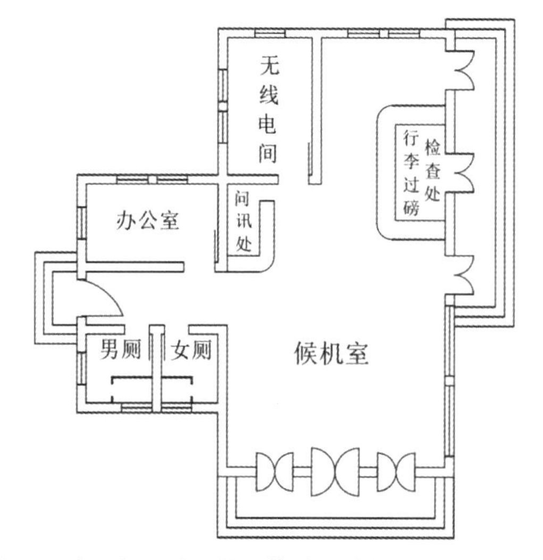

图 8-5 中国航空公司的丙等站 B 式候机室标准设计图

来源：中国第二历史档案馆馆藏档案，项目组描绘

空公司，主要用于运送日伪军政要员和军用物资。满航在伪满洲国建设的标准化航空站是以日本航空输送株式会社在东京羽田机场的航空站（1931 年）为设计原型，布局采用“飞机库＋事务所”组合模式（图 8-6）。而后满航采用了布局更为紧凑的“飞机库＋事务所”组合模式，这一标准化的航空站建筑形制先后在长春大房身、哈尔滨马家沟、齐齐哈尔南苑以及沈阳东塔等机场得到应用，其技术传播路径如下：东京羽田机场（1931 年 8 月）—长春大房身机场（1932 年 9 月 6 日）—齐齐哈尔南苑机场（1932 年 9 月 26 日）—哈尔滨马家沟机场（1932 年 11 月 2 日）—沈阳东塔机场（1932 年 12 月）。

图 8-6　1931 年 8 月 25 日启用的日本东京羽田新机场

来源：https：//www. oldtokyo. com/haneda-airfield-pre-war

2）标准化的航空站建设概况

满洲航空公司除了少数自建机场外，大多借用日本关东军掌控的军用机场，多在机场划定独立运营的区域，设置相对独立的民用航空站，使用 M113、M116、M17 等型号飞机承运。除奉天管区以外，满航旗下的“新京”管区、哈尔滨支所、齐齐哈尔支所三地兴建的航空站都采用事务所和飞机库并列设置的组合布局模式，其中间结合处为采用蒸汽供暖的暖房。这些事务所和飞机库也均采用相同的建筑形制，仅具体建筑规模有所区别，其中建筑面积为 900m^2 的标准化机库可容纳 5 架 M 型飞机，480m^2 的机库可容纳 3 架 M 型飞机（表 8-2），其事务所和飞机库均采用同一套图纸，飞机库为“木架炼瓦平造，亚铅板葺”（即木屋架、盖瓦、单层亚铅板屋面）；事务所为“炼瓦二阶建”（即 2 层陶瓷瓦屋面建筑），采用四面坡的孟莎式屋顶（即折面屋顶）。长春宽城子机场航空站与其他机场不同之处在于其办公楼和飞机库的位置相互调换而已。满航标准化的航空站布局经济实用，且适宜在各地快速建设。除了上述三地采用建筑形制一致的航空站外，满航在海拉尔、牡丹江等其他大部分的航空站建筑形制各异，估计与航空站的等级及其建设周期要求有关。

满洲航空公司建设的标准化航空站　　**表 8-2**

序号	机场名称	建成和运营时间	事务所/机库	跑道构型
1	长春宽城子	1931 年 9 月始建，次年 6 月竣工通航	事务所面阔 16m、进深 18m(654. 19m^2)；机库面阔 25m、进深 36m(900m^2)	主、副跑道和滑行道；西南-东北方向的主跑道长约 1200m，宽 100m
2	哈尔滨马家沟	1932 年 6 月 16 日开始扩建，机场面积由 50 万 m^2 增至 70 万 m^2；11 月 2 日设立营业支所	事务所面阔 15m、进深 17m(650. 84m^2)；(1)机库面阔 29. 2m、进深 25. 8m(702m^2)；(2)机库面阔 25m、进深 36m(900m^2)	跑道长宽 1400m×100m(方位 20°～200°)，副跑道长宽为 1400m×100m(方位 75°～255°)
3	齐齐哈尔南苑	1932 年 9 月 26 日，设立满航营业支所	事务所面阔 15m、进深 17m(616. 53m^2)；机库面阔 25m、进深 36m(900m^2)	跑道长宽 1500m×150m(方位 0°～18°)；另一条长宽 1500m×100m(方位 105°～285°)

续表

序号	机场名称	建成和运营时间	事务所/机库	跑道构型
4	沈阳东塔	1932年9月26日，满航驻场，11月3日开通航线	事务所面阔24.5m、进深21.7m(536.45m²)*；木骨铁板机库(479.50m²)	跑道尺寸拓展至1500m×80m×0.12m；建有储油库和航空灯塔等设施

*原文如此。

3）标准化航空站的建筑形制

满洲航空公司所使用的机场均为军民合用机场，在相对独立的地块设置模块式的民用航空站，可满足其承揽民航运输业务的所有功能需求（图8-7）。满航的航空站为事务所和飞机库并排设置的组合，其事务所门前为停车场，飞机库大门正面为停机坪用地。旅客候机和上下飞机均很便利，工作人员运营、维修和办公方便；机库与事务所之间设置有烧火炉的“暖房”及其烟囱，用以同时供事务所和机库两栋建筑物的冬季集中蒸汽供暖。

(a) 满航驻哈尔滨马家沟机场的标准化航空站

(b) 满航驻齐齐哈尔南苑机场的标准化航空站

(c) 满航驻长春宽城子机场的标准化航空站

图8-7　满洲航空公司的标准化航空站

来源：《中国民用飞机图志1912—1949》和“满洲航空株式会社新京管区飞行场”明信片

满航驻场事务所为矩形建筑平面、四面坡屋顶的2层小楼，主要包括办公兼候机两大功能，该建筑多面阔15m、16m不等，进深17m、18m不等。底层设有候机室，二层为办公用房，面向机坪方向的事务所建筑主立面对称布局，底层中央为外置的门廊，设内外门套，便于冬季保暖。门廊上方的露天眺望平台可用于目视观察和指挥飞机起降，平台上沿设置有悬挂旗帜的旗杆座。事务所正立面及两侧山墙面的上下两层均设置有两个大窗。事务所采用红砖墙体和水泥瓦屋面，整体的建筑造型简洁实用，功能布局紧凑。

与事务所毗邻布置的标准化飞机库进深36m，面阔25m。屋盖结构为折线状坡屋面的桁架结构，采用亚铅板屋面和有组织排水；机库两边的侧墙面前后开设有“3+5”个大窗，采光通风良好，侧墙位置间或设置支撑墙体及屋架侧推力的扶壁柱。机库大门普遍设有8扇推拉门（齐齐哈尔航空站的机库大门仅有4扇推拉门，其大门两侧为大面积的横向玻璃窗户隔断，采光良好，也方便保温御寒），机库大门

上沿有披檐挡雨。

8.1.3　南京国民政府航空署军用航空站的标准化设计

时至 1936 年，国民政府军事委员会航空委员会旗下的航空总站包括南京总站（大校场）、南昌第一总站（老营房）、南昌第二总站（青云谱）、武汉总站（王家墩）、上海总站（虹桥）、洛阳总站（金谷园）、广州总站、蚌埠总站、西安总站（西关）和太原总站等。航委会在这些重要的航空总站逐步推广应用标准化的飞机库和军用航空站，先后在南京大校场、南昌青云谱和上海虹桥等机场均建成了标准化的指挥塔台，也在上海虹桥、南京大校场、洛阳金谷园、南昌青云谱和老营房、西安西关和汉口王家墩等机场建有标准化机库建筑。

1. 标准化的军用机库建筑形制

国民政府航空委员会参照南昌中意飞机制造厂的合作商之一——意大利卡坡尼亚飞机制造厂厂房拟定了标准化的大型军用机库设计方案，先后在南京、南昌、洛阳、西安等主要航空基地推广应用，并统一授以“航空委员会第×号机棚”的编号。该标准化机库采用钢混—钢桁架结构，整个屋架结构共计有十榀九跨，柱间距为 6m。这类机库建筑的标准建筑平面形制为机库大厅设有四角耳房，总建筑面积约为 2400m^2。南京大校场机场和南昌青云谱机场除了有标准化机库外，各现存一座在标准化机库大厅两侧附设锯齿形车间的大型机库，两座机库曾分别被改建为体育馆和大型生产车间（31 号大机棚）（表 8-3）。

国民政府航空署的标准军用机库　　**表 8-3**

机场名称	建设年代	数量	机库主要尺寸	遗存现状
南京大校场机场	1934 年	2	大机库高 10m、宽 80m、深 31m；小机库高 10m、宽 55m、深 25m	现存 1 座附设锯齿形车间的机库；另一座标准机库已拆除
洛阳金谷园机场	1934 年 8 月	4	机库长 56.7m、宽 38.5m，两边耳宽 12.58m	金谷园路西 5408 厂厂区内遗留 1 座
南昌青云谱机场	1936 年	8	建筑面积 2786m^2，8 扇机库大门每扇高 6.2m、宽 36m。机库大厅四角的方形耳室正面宽 7.5m	原有标准机库 8 座，现存 6 座；另有一座两侧附设锯齿形车间的“31 号大机棚”
南昌老营房机场	1933—1935 年	4	机库长 48.8m、宽 36.6m、高 6m；4 个耳房高 6.7m、宽 5.8m、长 6.7m；附设工厂高 3.3m、宽 4.1m、长 36.6m	遗存的 1 座机库已整体迁至象湖湿地公园
西安西关机场	1934 年	1	机库轴线尺度长 54m、宽 36.6m，四角耳房的横向宽 6.6m、纵向长 5.6m	在空军飞机修理厂内遗留 1 座

2. 标准化的军用航空站建筑形制

1933 年，鉴于当时严峻的抗日备战局势，国民政府航空署特聘请意大利航空顾问团中的航空工程师尼古拉・加兰特少校为南昌青云谱航空总站设计了军事堡垒式建筑风格的航空站，这一设有指挥塔台的航空站彰显了军事航空建筑的特性和理性主义建筑风格，为承办所有机场服务功能的意大利“帕拉济纳”（公寓楼/房屋）式建筑，这一典雅合理的典型建筑随后在上海虹桥、南京大校场等其他中国机场予以复制建设（图 8-8）。

标准化的军用航空站无论建筑平面、前后立面均对称布局，整个建筑呈阶梯状的“横二竖四”的构图形式。其建筑主体 2 层，空侧中央顶楼设有悬挑的指挥塔亭，塔亭前圆后方，环以四面玻璃窗，设有爬梯可供人上下塔亭屋顶。以堡垒式圆柱体为母题，在一、二层的建筑四角均设置有贯通上下的半圆柱体（合计 8 个），一、二层之间的陆侧面和空侧面均设置有上人走廊，可供目视观察指挥。航空站的建筑平面为对称式的内走廊布局，其陆、空侧面各设有出入口。南京大校场机场的军用航空站建筑形制与标准化的航空站有所不同，其建筑转角处的堡垒式圆柱体已略去，屋角全部处理为圆弧形抹角（图 8-9）。

(a) 南昌青云谱机场的军用航空站

(b) 南京大校场机场的军用航空站

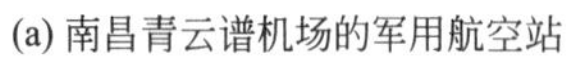

(c) 上海虹桥机场的军用航空站

图 8-8　南京国民政府时期标准化的军用航空站比较

来源：(a) 佛罗伦萨大学 Fausto Giovannardi 先生提供；(b) 美国国家档案馆馆藏照片；(c)《老上海风情录（二）——交通揽胜卷》

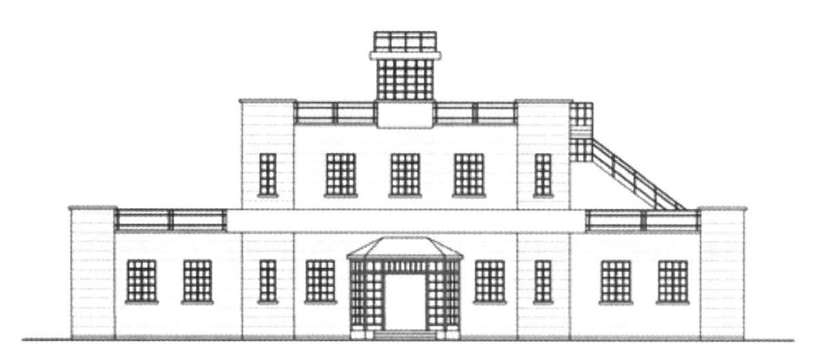

(a) 军用航空站空侧立面图

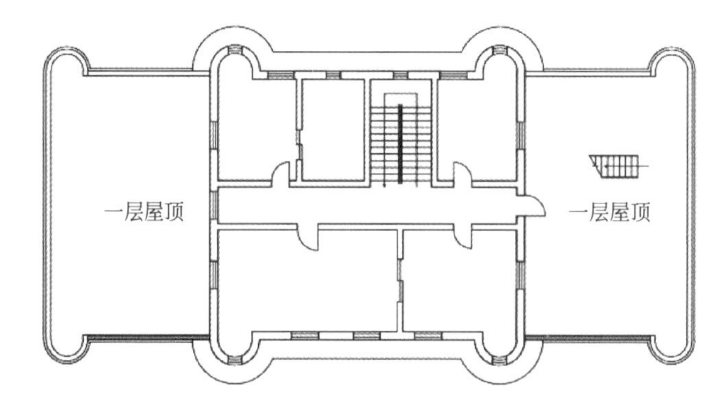

(b) 军用航空站二层平面图

图 8-9　上海虹桥机场的军用航空站

来源：项目组绘制

8.2　从事机场建筑设计的近代建筑师及其所属机构

近代机场建筑数量多、分布广，建造主体各异，从事机场规划建设的工程技术人员专业背景及其所在机构部门也呈现出多元化的现象，这是近代机场规制和机场建筑形制缺乏范式的主要原因之一。从整个军用机场和民用机场的建设历程来看，根据所在工作机构性质和专业背景，近代中国从事机场规划及机场建筑设计的工程技术人员主要可分为 5 类：①职业建筑师及其所属的建筑事务所，这批机场建筑设计从业者的设计水平突出，但机场建筑设计并非属于其主流的设计领域；②中央政府军事航空主管机构（航空署/航空委员会）所属的军用机场工程设计人员，其专业背景多为从铁路及公路部门转行过来的土木工程师，他们的航空从业领域偏重于机场场道的设计建造；③中央政府交通部或民航局属下的民航专业建筑设计人员，有关民用机场建筑设计作品多为集体设计的成果；④机场所在城市工务局或公用局的工程设计人员，他们通常按照市政工程项目进行机场及其基础设施配套设计；⑤航空公司所属机航组从事航空站建设的机场工程技术人员，他们重视航空站和飞机库的内部功能使用和空间布局。

依托中央政府、地方政府或航空公司等机构的行业建筑师、工程师与独立执业的职业建筑师有所不同，他们普遍缺乏承揽设计业务的能力和建筑市场的竞争经历，加之航空公司为保证盈利，其航空站建设需要短时间内满足航空运输需求，为此经济实用是机场建筑设计的首要考虑因素，其设计水准无法与职业建筑师相匹敌，但他们具有丰富的航空界执业经验。职业建筑师的建筑设计业务水平相对更为精湛，不过对航空站、飞机库、飞机制造维修厂等机场专业建筑特性不甚熟悉，也多缺乏机场建筑设计领域的从业经验，需要航空工程师予以协助。由此近代大型机场的规划建设普遍是由执业建筑师（Licensed Architect）、政府建筑师（Government Architect）、土木工程师（Civil Engineer）以及航空工程师（Aeronautical Engineer）等多方参与共同实施的。

8.2.1　政府部门专业建筑师或工程师主导的机场规划建设

1. 中央政府行业主管部门专业工程师

近代军用或民用机场及其机场建筑分别由中央政府军事航空主管部门（航空署或航空委员会）或民用航空业务主管部门（交通部或民航局）中任职的技术官员牵头组织规划设计和施工建设，这些业务部门普遍聘请了专门的或兼职的工程技术人员。

1）北洋政府航空署的专业工程师

1921 年设立的北洋政府航空署为当时主管军事航空和民用航空的最高行政机关，其下设的航运厅负责航空路线及站场事宜，航运厅再下辖专事航空站规划建设的建筑科。此外，航空署还附设从事技术事务的翻译委员会和技术委员会。先后担任航空署的技术官员有京沪航空线委员会办理建筑专任事务员盛绍章（1920 年后）、技正冯武越（1921 年前后）、技正沈祖卫（1925 年前后）以及建筑科科长周振东（1927 年前后）等。

2）国民政府航空署（后期为航空委员会）及军委会工程委员会的军事工程师

军用机场工程先后由早期的国民政府军政部航空署、扩编后的军事委员会航空委员会及抗战胜利后设立的国防部空军总司令部等主管军事航空的专业机构组织勘察、设计和施工。与执业工业技师的技术分级类似，航空署的航空工程技术人员等级分为技监、技正、技士和技佐四级，如航空署技术处处长钱昌祚和器材课课长朱霖属技正级，器材课职员姜长英属技佐级，这些航空技术的官员具有国外航空院校留学或进修的经验，并在航空业内从业多年，可从飞行员或航空工程师的角度指导国内军用机场的建设，而土建工程类的具体事务则主要由国民政府航空署或航空委员会下设的建筑科或工程处负责具体机场的施工建设，早期的航空署先后主持设计了南京通济门外飞机棚厂及宿舍（1931 年）；大校场飞机棚厂及办公室（1934年3月）[①]。抗战后期，新设立的国民政府军事委员会工程委员会及其下设的60个机场工程处主导了国统区的机场规划设计和建设施工，在这些军事机构工作的军队建筑师（Army Architect）或军事工程师（Army Engineer）广泛地主持和参与了机场建设（表8-4）。

国民政府航空署（航空委员会）或军委会工程委员会的从业者　　表8-4

序号	机场工程从业者	籍贯和求学经历	工程领域从业经历及其业绩
1	朱斌侯（1885—?）	江苏青浦（今上海青浦）人。1913年留法学习，1915年进入法国包瓦航空学校（Pau School of Aviation）学习飞行驾驶，并参加第一次世界大战时期法军空战	1922年在杭州笕桥机场航空教练所任所长，次年配合京沪航线开通转职上海，先后指导杭州笕桥机场、上海虹桥机场的规划建设。1928年4月任上海市公用局技正，1929年任交通部技正和航空筹备会委员，后转任中国航空公司汉口办事处主任，并先后指导汉口飞机码头建设。再后来任国民政府航空署科长、成都飞机修理厂厂长等职务[②]
2	黄彰任（1916—2012年）	湖南浏阳人。1938年7月毕业于武汉大学土木工程系，1952年获美国密歇根大学工程硕士学位	毕业后受聘任国民政府航空委员会工程师，长期负责芷江机场的设计施工。战后作为中方技术代表负责接管台湾的日占机场，编写的《空军机场建筑工程标准》被奉为国内机场工程建筑指南，先后任空军总部工程师、总部科长、副处长，并指导南京大校场机场的扩建。1948年1月在南京工务局申请设立"北民工程司"。1950—1951年在台湾大学土木系任副教授，出版《空军机场之设计及施工》专著；1953—1954年任密歇根州公路局桥梁工程师；1955—1981年任泰国森美实业公司总经理[③]
3	陈茹玄（1894—1955年）	广东兴宁龙田人。汕头同文学堂肄业，美国伊利诺伊大学本科毕业，获哥伦比亚大学硕士学位	1921年春回国，历任上海《政治丛刊》总编辑，北京师范大学教授，东南大学教授、代理校长。1928年任上海光华大学法学院长，1930年任首都建设委员会秘书长，1932年当选立法委员兼大夏大学文学院长，1941年秋任滇缅铁路会办、滇缅铁路局代局长。1943年春，任军委会工程委员会副主任委员、代理主任委员，领陆军中将衔。主持修建昆明、成都、重庆、赣州等20多处军用机场。抗战胜利后任立法委员，当选国民大会代表，著有《民国宪法及政治史》《中国宪法史》等[④]
4	林则彬（1901—2003年）	福建闽侯人。毕业于福建马尾海军制造学校	早期主持铁路勘测修筑工程，被誉为"铁路选线专家"。1943年4月主持云南沾益机场扩建工程（1943年5月初动工，同年11月交付）。1943年12月24日又担任第十五工程处处长，负责兴建四川广汉机场（1944年1月29日开工，同年5月1日提前一周完成）。1945年4月6日牵头第三十八工程处扩建汉中机场，征召民工82000人，仅25天即完成主、副跑道的改扩建。为此，先后2次获得光华甲种一等奖章。后期为台湾现代交通建设取得显著功绩
5	孙宗文（1916—?）	上海人。1937年私立沪江大学商学院建筑科毕业	先后任内政部技士和航空委员会工程师，自办宇成建筑师事务所，上海市建筑技师公会会员。发表《中国历代宗教建筑艺术的鸟瞰》（《中国建筑》，1934年第2卷第2期）、《工务行政中限制市地使用之研究》（《市政评论》，1941年第6卷第12期）等论文，与哈雄文合写《修筑铁路须知》《水利工程须知》书籍（1944年）
6	黄汝光（1911—?）	广州市区人（一说广东清远人），20世纪30年代早期获得美国加州理工学院土木工程硕士学位	1936年任广东国民大学教授。抗战时期任军委会工程委员会第四十三工程处工务课长，负责西南地区机场工程。先后参与湖南怀化芷江机场（1942年建成）、广西桂林李家村机场（1942年建成）、四川泸州蓝田机场（1945年建成）等建设[⑤]
7	萧艺文	毕业于美国加利福尼亚大学	曾在美国居住17年，回国后在中国空军广州分站任工程师，与林约翰共同设计韶关航空工厂，并升调为广州空军设计组主任，而后又奉调至第十工厂工作。再后来因病脱离航空业。抗战后加入民航空运大队

① 据东南大学建筑学院季秋博士统计，航空署或航空委员会7人：陈永箴、黄彰任、李叔燏、刘旋天、沙允义、张有龄、周牟。

② 徐大风：《虹桥、笕桥飞机场设计者：空军前辈朱斌侯》，载《大观园周报》，1946年第7期，第3页。该报道说朱斌侯留法学校是"白兰卫航空军事学校"。

③ 武汉大学校友总会网站，http://whu.edu.cn。

④ 《中国近现代人物名号大辞典》，第712页。

⑤ 《同济大学土木工程学院建筑工程系简志（1914—2006）》。

3）国民政府交通部的专业工程师

在 20 世纪 30 年代早期，少数从事民用机场业务的技术骨干官员多集中于国民政府交通部技术室，有技士周铁鸣，技佐林理甫、余世沛等。在抗战时期，交通部参与机场建设工程业务的人员为数不少，具体包括“设计考核委员会”的专门委员戴恩基、薛次莘、李景枞等；技术厅技正兼任总务厅修建工程处主任戴志昂；航政司空运科兼任科长吴元超（航政司司长室，专员简任待遇兼帮办）以及技正刘唐领等。抗战胜利后，国民政府交通部从事过机场工程的技术人员有夏昌世、徐中、费芳恒和陈祖东等[①]，其中徐中和陈祖东等还是交通部工程委员会的专门委员。这些技术人员都先后参与过机场设计建设事务，夏昌世于 1932 年任国民政府铁道部工务司设计科的技士，1937 年在实业部登记为建筑科工业技师，抗战时期在西南地区从事四川泸县蓝田机场等工程项目；徐中在 1947 年国民政府民航局成立后任场站处的技术顾问；交通部专门委员陈祖东于 1946 年 10 月兼任龙华机场修建工程处处长；费芳恒则是负责上海龙华机场道面设计施工的混凝土专家。抗战后期国统区大规模军用机场的建设使得从事过机场工程技术人员数量大增，尤以空军部门居多，而随着抗战胜利后机场建设项目的大幅度减少，不少空军的机场技术人员多流向交通部门，以致国民政府交通部在 1947 年 3 月发出训令（人字第三七七四号），奉行政院令各机关不准录用空军技士。

4）国民政府民航局的专业工程师

1947 年 1 月，新成立的国民政府交通部民用航空局全面负责民用机场的规划建设，在各地设立直属的工程处来负责机场建设项目。在沿用的机场工程实例和理论方法都“全盘美化”的背景下，交通部及民航局场站处相关的行政官员兼机场专业技术人员的双重身份也加快了民用机场的建设进程，使得战后的民用机场工程建设水平提升较快。这以上海龙华机场航站大厦最为典型，该建筑是民航局首次主持兴建的大型机场建筑，其设计方案以美国华盛顿航站大厦为蓝本，由民航局场站处的陈六琯处长、许崇基技正等组织设立专门的设计小组进行具体设计。毕竟在无同类机场设计经验的背景下，参照国外先进机场实例通常是最稳妥的做法。经过 3 年的建设，民航局基本形成了专业化设计程度较高的机场工程技术队伍，具备了独立的机场规划和机场建筑设计的能力。

2. 地方政府城市建设职能部门的工程师

民国时期发达地区的城市建设部门积极参与或主持当地机场的规划建设，这些相关的政府部门主要包括工务局、公用局和土地局（地政局）等。例如，上海市公用局和工务局分别具备从事机场规划建设的技术力量，上海市地政局也参与了上海地区机场的规划建设。1936 年 3 月，上海市公用局技正孙广仪便兼任上海龙华飞行港管理处主任，并由该局的沈家锡设计、袁宝言绘制完成“龙华飞行港扩充机棚计划图”；1937 年 2 月 24 日，上海市工务局第三科的陈永良也绘制了“龙华飞机场全图规划”。抗战胜利后的上海市政府工务局下辖设计处、道路处、营造处和结构处，其中道路处负责飞机场的规划、兴筑、养护，实施工程的查勘和监督。另外，国民政府首都所在地的南京市工务局也主持了大校场机场设计建造活动，如 1935 年先期派遣技工陈觉民、徐百川主办大校场飞机场设计工程，该机场采用中心高、四周低的圆形土质硬化场面。次年 7 月又派技工吴颋泉接替陈觉民负责大校场飞机场工程设计工作。

8.2.2　国民政府民航局场站处的主要机场技术官员构成及其专业背景分析

早在 1944 年 11 月，南京国民政府便开始分批派遣大批人员赴美国、英国考察和见习民用航空业，抗战胜利后，国民政府又委派大批人员先后赴美国民航界进行短期的进修深造，再加上抗战期间大量的机场工程实践的历练，无论是国民政府交通部民航局专业技术官员，还是航空公司的土建工程师，其机场规划及航站楼设计水平均得以快速提升，以国民政府交通部、民航局场站处以及各航站工程处技术官

---

① 据东南大学季秋博士统计，先后在国民政府交通部任职的有崔竞立、费芳恒、郭振干、汤瑞钧、夏昌世、徐中、周弁、朱谱英 8 人。

图 8-10　北京和平宾馆屋顶的小凉亭（1952 年）
来源：《建筑依然在歌唱——忆建筑师巫敬桓、张琦云》

员为核心的机场专业设计队伍基本成形，这些政府机关部门的专职或兼职建筑师、土木工程师在机场工程领域的实践经验丰富，专业基础功底也相对深厚，普遍具有以下两方面的专业技术背景：一是有着建筑学或土木工程等专业教育背景的专业人士，如国民政府交通部的戴志昂、徐中、陈祖东等；其中戴志昂技正对交通建筑领域尤其有着潜心的研究，他曾在《公路车站设计》《现代公路车站代表作》系列文中剖析了美国公路客运站的设计案例，还在《民用航空》杂志系列专文中介绍美国最新的纽约爱德怀德机场和芝加哥道格拉斯机场两大新建机场工程，他已敏锐地发现这两大新建机场设计思想的创新，即均改用切线原理（Tangential Principle）设计，每条跑道与中心圆相切，跑道系统呈斜向放射状构型，这一新颖设计更适合多数飞机目视盘旋时选择最适宜逆风着陆的跑道，不过考虑该设计模式的占地均较大①，上海虹桥、天津张贵庄、南京土山镇等机场仍沿用美国商务部 1944 年《机场手册》中的传统机场系列规划方案。另外，中央大学徐中先生的得意门生巫敬恒也是场站处的兼职建筑师，他于 1947 年 3 月至 1948 年 6 月受荐在民航局的工程设计组兼职，1947 年先后合作设计了九江航空站、上海龙华航空站、民航局办公大楼（南京）②；1948 年上半年合作设计民航局职员宿舍大楼（南京）等。值得一提的是在杨廷宝与巫敬恒于 1952 年合作设计的北京和平宾馆作品中，建筑屋顶上旋转楼梯采用的半悬挑式小凉亭造型与机场指挥塔台有神似之处（图 8-10）。

二是广泛参与过抗战后期中美合作设计建造的国统区军用机场群的工程师，这些大型军用机场普遍是以美国机场建设技术为参照的。时任民航局场站处处长陈六琯拥有 10 多年的机场工程从业履历，他早在 1938 年便由航空委员会先后指派为指导新津机场、华阳太平寺机场建设的工程师，1941 年又担任中美合作建造的首座可起降 B-29“超级空中堡垒”飞机的新津轰炸机机场中方技术负责人，该机场工程得到当时现场视察的美国总统罗斯福顾问居里博士的称赞。另外，场站处设计科科长颜挹清、工程科科长李干龙和监理科科长过永昌也具有土木工程等专业技术背景和机场场道工程实践经验（表 8-5）。

国民政府交通部及民航局从事机场建设的主要技术官员概况　　表 8-5

序号	建筑师/工程师	籍贯和求学经历	工程领域的从业经历	学术领域的业绩
1	戴安国（1913—1984 年）	浙江吴兴人。国民党元老戴季陶之子。德国柏林工业大学机械工程系毕业（1933—1938 年）	回国后任同济大学副教授（1939—1940 年），后任兵工署第 22 兵工厂工程师（1940—1942 年），再先后转任大定发动机制造厂工务处副处长、处长及副厂长（1942 年 3 月—1944 年 6 月）。历任航委会航空工业计划室工程师、空军总部第四署副署长（1944 年 6 月—1945 年 12 月），也是首任交通部民航局局长（1947—1949 年），并与陈文宽创立复兴航空公司（1950—1964 年）	《民用航空局成立以来之工作进展》（《民用航空》1947 年第 1 期）、《我国一年来之民航》（《世界交通月刊》1948 年第 2 卷第 1 期）

① 1948 年 7 月 1 日通航的纽约爱德怀德机场（即现在的“约翰·肯尼迪机场”）占地约 4800 英亩（约 1942hm^2）；1942—1943 年建成的芝加哥道格拉斯机场（即现在的“爱德华·奥黑尔机场”）占地约 5600 英亩（约 2266hm^2）。

② 巫敬桓的女儿巫加都撰文提及的“未建成的民航局办公楼”是在原国民政府交通部大楼东侧增建的 3 层西式风格建筑（现南京政治学院西院内），民航局办公楼及其职员宿舍工程均由鸿基建筑公司承建。

续表

序号	建筑师/工程师	籍贯和求学经历	工程领域的从业经历	学术领域的业绩
2	左纪彰（1908—?）	湖南醴陵人。先后毕业于中央陆军学校和中央航空学校	1930—1937年间，作为空军飞行员完成超过3000小时的飞行时间。而后在陆军大学深造，后任重庆空军司令部人事处副主任。1947年民航局成立之初任副局长，1949年12月戴安国辞职后，接任民航局局长	1945年率中国空军代表团到美国堪萨斯城环球航空公司熟悉商业航空运营管理知识
3	陈六琯（1901—?）	浙江慈溪人。1924年获美国伊利诺伊大学土木工程系硕士学位，1963年获香港大学博士学位	1925年10月任济青铁路管理局工务处工务员，1927年任南昌市政工程师。先后在交通大学和圣约翰大学担任教授。后任大夏大学工程学院系主任，兼任中国制油厂经理（1930—1935年）。1935年任职航空委员会，1941年任新津机场扩建项目总工程师。1947年任民航局场站处处长，后转任香港浸会书院土木工程系系主任，也是中国工程师学会会员和美国土木工程师学会会员	《我国机场建筑之演进及观感》（《民用航空》，1948年第2期）、“Improvement of Civil Airports”（《民用航空》，1948年第6卷第7期）、“Analysis of indeterminate frames by method of influence moments”（香港大学博士论文）
4	戴志昂（1907—?）	四川成都人。1932年6月毕业于中央大学建筑工程系	1932—1939年留校任教，兼任南京陆军炮兵学校汤山炮兵场舍工程管理处技正（1935年—1937年8月）。1935年1月实业部登记建筑科工业技师，先后任交通部技士、荐任技正（1935年8月—1941年12月）；重庆市政府登记建筑师（1938年—1945年1月），并加入中央工程司。1947年5月17日在南京申请建筑师开业证，设立戴志昂工程司。1948年任交通部技正。1949年任唐山工学院建筑工程系教授，1951年10月随该系调往天津大学。后又任清华大学建筑系建筑设计教研室教授	《公共办公室习题：侧面图》（《中国建筑》，1933年第1卷第2期）、《洛阳白马寺记略》（《中国建筑》，1933年第1卷第5期）、《民用航空场站设计（上、中、下）》（《民用航空》，1948年第3～5期）、《医疗建筑的设计问题》（清华大学建筑系第一次科学讨论会）、《谈〈红楼梦〉大观园花园》（《建筑师》，1979年第1期（试刊））
5	徐中（1912—1985年）	江苏武进人。1935年7月中央大学建筑工程系毕业，1937年7月获伊利诺伊大学建筑学硕士学位	回国后任国民政府军政部城塞局任技士。1939年任中央大学建筑工程系讲师、教授，曾任重庆兴中工程司建筑师。1946年8月申请建筑设计监工执业登记，并任交通部技正。1949—1950年任南京大学建筑学教授。1950年在唐山工学院建筑系任教，次年调入天津大学担任首任系主任	《学生图案习题：税务稽征所》（《中国建筑》，1934年），这类习题共刊发了4期； 设计南京国立中央音乐学院校舍、馥园新村住宅等，对外经贸部办公楼（1950—1952年），天津大学教学楼系列（1952—1953年）
6	许崇基	浙江吴兴人。1934年毕业于圣约翰大学土木工程专业；1936年美国密歇根大学建筑学专业毕业，翌年获硕士学位	硕士毕业后在美国实习1年。1935年任中国国民党中政会特务秘书，1938年加入董大酉建筑师事务所，1940年经张光圻、董大酉介绍加入中国建筑师学会，1947年任民航局场站处技正	参与上海龙华机场航站大厦设计（1947年）
7	颜挹清（1914—?）	上海淞沪人。1935年圣约翰大学土木工程系毕业	1936年任上海华启顾问工程师事务所工程师，1947年任民航局场站处设计科科长	《上海龙华机场航站大厦建筑设计》（《民用航空》，1948年第7卷第8期）、《坎萨士州之低价路面》（《交通文摘》，1941年第1卷第2期）、《沥青拌和机》（《工程导报》，1947年第23期）； 设计“广州白云机场扩修计划图”（1947年8月）
8	过永昌（1911—?）	江苏无锡人。1934年中法国立工学院土木工程系毕业	1947年任民航局场站处监理科科长。中华人民共和国成立后任职于民航局，并参与武汉南湖机场、兰州中川机场等工程	与陈六琯合写《机场道面厚度设计之检讨》（《民用航空》，1948年第3期）

续表

序号	建筑师/工程师	籍贯和求学经历	工程领域的从业经历	学术领域的业绩
9	巫敬桓 （1919—1977年）	重庆人。1945年毕业于中央大学建筑工程系	本科毕业后留校任教（1947—1950年），兼职民航局场站处设计工作，后任职中央银行工程科。中华人民共和国成立后，在北京兴业投资公司建筑工程设计部任职，并负责王府井百货大楼项目设计，参与和平宾馆和新侨饭店等项目设计。1954年随北京兴业投资公司并入北京市建筑设计院，参与人民大会堂、毛主席纪念堂等重大工程项目设计	先后参与国民政府民航局办公楼及宿舍楼、九江航空站、上海龙华航空站、广州白云航空站设计
10	秦志杰 （1919—?）	广西人。1942年重庆大学土木系建筑组毕业	早年从事建筑设计，参与上海龙华机场航站大厦设计。1949年应聘到东北财委基建处。1954年调任建工部规划处及工业设计院工程师。1961年调黑龙江建委，先后任黑龙江省城市规划设计院总工程师兼副院长、黑龙江省城市建设局/黑龙江省建委总工程师。同时也是中国城市规划学会第二批资深会员	《城市规划设计工作中的几个问题》（《城市建设》，1956年第5期）、《谈谈县镇总体规划中的几个问题》（《城市规划》，1978年第1期）
11	陈祖东 （1910—1968年）	浙江省湖州人。1935年清华大学土木工程系毕业	先后任资源委员会（NRC）工程师及水利测量部主任，兵工署天门河水利工程总工程师，台湾省政府台中港工程主任以及交通部专门委员。1946年10月11日兼任龙华机场修建工程处处长，后在圣约翰大学任教授。1956年被聘为清华大学水利系三级教授	《欧游通讯》（记录考察欧洲水利工程项目的系列文章），（《国魂》，1938年）；与孟觉合写《天门河水电厂之设计与完成》（《水利》，1946年第14卷第3期）
12	石裕泽 （1910—?）	安徽寿县人。清华大学电机系毕业，清华军乐队负责人	本科毕业后在上海电力公司实习，抗战胜利后任国民政府交通部代理荐任技正。1946年10月兼任龙华机场修建工程处副处长，1949年任上海龙华机场总工程师	《清华大学军乐队》（《清华周刊》，1934年第41卷第13～14期）、《高温焙烘机初步试制经过》（《染整通报》，1958年第5期）
13	费芳恒 （1922—2010年）	江苏常州人。交通部交通研究所土木建筑系学习（1939年9月—1941年12月）	学成后在交通部滇缅公路工务局实习工作（1941年12月—1946年8月），后任上海基泰工程司工程师（1946年8月—1947年8月），再后来在交通部民航局场站处设计组任职（1947年10月—1949年2月）。中华人民共和国成立后，先后在华东建筑轧石厂、江西水泥制品研究所、建材部山东水泥制品研究所任职，再后来又在苏州混凝土水泥制品研究院任总工（1983年9月—1986年11月）	《关于预应力钢筋混凝土管生产上的一些问题》（《土木工程杂志》，1959年第1～3期）、《发展商品混凝土的建议》（《中国建材》，1981年第4期）
14	周铁鸣 （1897—?）	江苏宜兴人。1921年毕业于法国菲耳鸣国立工业学校	早年在中华职业学校留法预科毕业后赴法留学，毕业后先后在法国第二大工厂赛纳特军械部及巴黎东方铁路公司制造厂实习，次年进入法国南方银姆航空技师学校学习。回国后任军事委员会陆军炮兵学校中校和防空教官，1934年另聘为交通部飞机场设计专员	《法国在东方发展航空技术之一斑》（《教育与职业》，1923年第4期）、《发展中国航空事业五年计划大纲》；出版《积极防空》（1934年）、《飞机实习学》第一集、《全国邮运航空实施计划书》等著作，编制“交通部沪汉航空处南京站飞机场”图案（1930年）和《天津飞机场站建筑计划》（1931年）

民航局场站处主导设计的代表性机场建筑作品为上海龙华机场航站大厦。根据1947年场站处编写的《场站建设》业务报告记载：“为计划龙华航站房屋，九月成立龙华大厦工程设计组，绘图设计工作，历时二月，始告完成”。又据1948年8月2日《申报》报道：“按设计此一航站大厦者，集有国内最有声望之机场建筑专家多人，其中包括战时建筑成都机场之技术人员在内云。”1948年4月27日的《新闻报》报道称，“该航站大厦之建筑计划，系参照世界各国航站大厦之图案而设计者”“上项工程全由民航

局场站处处长陈六琯及技正许崇基、秦志杰、巫敬桓、顾伯荣[①]，工程师颜挹清、费芳恒，及上海办事处主任陈祖东等协同设计”[②]。综上可知，龙华航站大厦工程的设计建造是由工程设计组集体完成的，根据各成员的专业背景和业务分工及背景信息分析，综合推测许崇基、巫敬桓及秦志杰是设计龙华航站大厦的主创建筑师，陈祖东作为航站工程负责人、戴志昂作为交通部技正、徐中作为民航局场站处设计科的顾问参与设计，而颜挹清、费芳恒作为负责龙华机场道面设计的混凝土专家，参与该大厦的结构设计及工程建设（图 8-11），顾伯荣作为材料供应商介入航站大厦工程设计。

图 8-11　巫敬桓（右一）与其合作同事在上海龙华航站大厦模型前的合影（1947 年）
（来源：《建筑依然在歌唱——忆建筑师巫敬桓、张琦云》）

8.2.3　航空公司的航空站建设机构及其建筑师与工程师

近代航空公司需要自身承担驻场航空站的建设，但其早期并无专门的航空站建设部门，多在机航组下设置负责机场工程建设的工程管理部门，机场工程项目主要采用委托方式予以实施。抗战胜利后，随着全国各地航空站的建设任务加重，中国航空公司、中央航空公司及民航空运队等都设立了专业化的机场建设部门及其队伍，由国外或本土建筑师独立负责设计建造。

1. 欧亚航空公司的航空站建设机构及其建筑师与工程师

欧亚航空公司主要采取委托职业建筑师设计、当地营造厂承建的方式建设航空站。留德建筑师奚福泉先后为欧亚航空公司设计了上海龙华机场和西安西关机场飞机库以及南京明故宫机场候机室，而其他航空站的图样均由欧亚航空公司直接提供欧洲航空站设计图纸，具体实施时普遍结合当地传统建筑施工工艺因地制宜地建设。欧亚航空公司机航组主任德国人荷恩（Horn）最早是与石密德（Wihelm Schmidt）一同与中方洽谈组建欧亚航空公司的德方代表。他既是欧亚公司的飞行员，也是工程师，具体负责航线开航事务，还包括机场和航空站的设计监修事宜。另外，工程师沃恩克（Warnke）也参与其中。

2. 中国航空公司的航空站建设机构及其建筑师与工程师

根据 1930 年中美双方签署的《中国航空股份有限公司合同》，“中国公司在其所经营航线范围内，得使用中国政府管领下之民用航空站及民用飞行场。对于此项设备之使用，中国政府得收相对租金”。抗战前的中国航空公司的场站建设主要采取委托设计建造的方式，如 1934 年中国航空公司建成的当时中国最大的飞机库由美国的万国贸易公司设计，泰康洋行承造。1947 年，中国航空公司基地全部由昆

① 《嘉定县志》记载，顾伯荣于 1926 年在嘉定县城开设木作铺，承接工程发包业务，兼营建材购销，推测其为龙华航站大厦的工程和建材承包商之一。

② 《龙华机场兴建上海航站大厦》，载《新闻报》，1948 年 4 月 27 日第 4 版。

明迁至上海龙华机场，机航组扩充设置工程设计股、生产计划股和训练股。中国航空公司机航组设有航务课、维护课、工程课、训练课、栈务课、医务科、站代表、气象台，其中工程课课长为安利生。根据1949年的中国航空公司组织机构表，设在上海龙华机场的机航组调整为下设机务课、建筑工程课、总飞机师、通信课和供应课，其中，机航组主任为美国人艾礼逊（E. M. Allison），副主任为陈鸿恩和赵际唐。后期增设的建筑工程课（Project & Construction）再分设建筑课和机场工程课，分别由裴冠西、齐镇午担任主管课长，吴问涛则任建筑课工程师兼营建股长（1948—1949年）。为顺应中国航空公司在全国各地航空站快速建设的需求，裴冠西曾绘制了分列3个等级的航空站和维修车间的标准设计图集。

3. 中央航空公司的航空站建设机构及其建筑师与工程师

中央航空公司有关航空站基建业务的组织架构是在其机航组下设总工程师[①]，总工名下再设置储备课、设计工程课和修造课三个部门（1943年）。设计工程课下辖电力股、水卫（设备）股、建筑股，建筑股设有1间泥水匠间，内有大量木材和1架锯木机。设计工程课课长为邝锦湖[②]。另外中央航空公司设有机场队，队长为李飞[③]。根据1949年的中央航空公司组织系统表，机务经理（陈文宽任主任）主管机务组（戴安国任主任）和航务组（何守荣任主任）两组，其中机务组下设修造课、养护课、器材课和工程课（戴安国兼任课长），与航空站设计建造相关的工程课下设建筑股、电力股（沈鹤龄）和水卫设备股，由沈崇武（C. W. Shen）任建筑股股长。

1947年11月20日，由中央航空公司龙华机场项目部工程师L. e. Kwong设计、M. F. Hsuing绘制了重庆机场山字形的候机楼方案草图。1948年1月25日，M. F. Hsuing又设计了一个矩形方案草图，机航组建筑课课长C. W. Shen负责测算。同年8月4日—9日，L. e. Kwong又设计了兰州航空站的A、B、C、D四个方案。1949年5月1日，中央航空公司S. F. Kuang工程师则设计了中国航空公司和中央航空公司拟建的厦门机场联合旅客候机室图样。

4. 民航空运队的航空站建设机构及其建筑师与工程师

抗战胜利后由美国飞虎队队长陈纳德牵头组织成立的民航空运队所开展的民航运输业务发展较快，其航空站建设重点集中在上海虹桥、广州白云等基地机场的机头库及货运站等机场建筑的设计建造。民航空运队机航组下设运输、修建、工务、机航区、研究发展（Research & Development）等部门[④]。民航空运队驻上海虹桥机场的总工程师为美国人理查森（H. L. Richardson），由工程设计组主任占斯纳宁（Jess Lanning）负责虹桥机场改建规划，并绘制了规划建设合计34幢建筑的“上海虹桥飞机场鸟瞰图”，他先后主持设计建成大型机头库、食堂、仓库和购销处等建筑，与其共同承担设计工作的有机场工程师任有悌[⑤]、建筑师沈安生，以及工程人员马泽生、黄一球等。后期民航空运队的虹桥机场总工程师由廖德莹[⑥]担任。

8.2.4 职业建筑师或工程师主导设计建造的机场建筑作品

1. 本土的职业建筑师事务所主导的机场设计建设

在近代建筑师事务所任职的本土或国外职业建筑师（Professional Architects）是由国民政府实业部或各地方政府颁布执业资质的注册“工业技师”（包括建筑师和工程师）。这些职业建筑师并非专门从事机场建筑设计或在航空业从业的专业工程技术人员，仅是在航空业内零星接活，工程项目呈现“点少面广”的特性，涉及机场规划、机场建筑设计、机场道面设计等诸多领域。

---

① 《民用航空》，1948年3月第4期。

② 邝锦湖为广东人。留美学生。曾任江西公路局局长，与宋子文有关系。庐山训练班第一期毕业。

③ 江南问题研究会编：《上海调查资料（交通事业篇之三）——上海海陆空交通事业》，1949年。

④ William Connine：《民航空运队概述》，载《民用航空》，1948年第6期。

⑤ 任有悌，1917年生，1941年毕业于交通大学市政工程专业，中华人民共和国成立后入职民航设计室。

⑥ 廖德莹（1917—1997年），广东惠阳人，廖仲恺的侄儿。结构专家。1988—1991年被聘为国务院参事，并任建设部建筑设计院顾问。

1）允元实业公司

1919年，多位美国麻省理工学院毕业生以美国著名工程公司“斯通与韦伯斯特公司”（Stone & Webster）为榜样，在上海创办了中美合资的工程企业——允元实业公司（Lam Glines & Co，Inc.），从事承包商、建筑商和贸易商的业务。该公司由林允方（Von-Fong Lam）任经理①，他是扶轮社的成员，也是伦敦造船师协会、美国造船师和海洋工程师协会的准会员，合伙人格莱斯（Glines）则是美国斯通与韦伯斯特公司的高管。1921年，允元公司承揽了上海虹桥航空站的设计施工项目，但与北洋政府航空署就工程付款事宜产生了长期纠纷。著名建筑师范文照1922—1927年曾在允元公司建筑部工作过②。

2）同济建筑公司

同济建筑公司主要成员为同济大学毕业生，且多为留德学成人员，他们充分利用留德人员的人脉承揽项目。该公司主要承担设计兼施工业务，设有南京、上海两个分部，南京同济建筑公司的厂主为蔡君锡③，该公司先后承揽过泰兴私立黄桥中学（1925年）、朱缙侯苏州中式住宅（1930年）、南京自来水厂进水台（1931年）等民用设计施工项目。另外，承揽津浦铁路局的浦口机车停放场（1937年9月）、南京首都高等法院（1937年11月）等公共建筑项目。在机场领域，不仅设计和包工建设了南京大校场机场，还先后承担了该机场造价为法币6万余元的飞机库及宿舍等（1931年），造价8万余元的飞机库及办公室（1934年3月）等项目④。

上海同济建筑公司设在宁波路上海商业储蓄银行大楼内，于1930年1月至5月底中标设计承造了厦门曾厝垵机场⑤。该机场总占地面积约19.6万m^2，由时任海军厦门航空处处长、德国陆军学校留学生陈文麟及留美工程师林荣廷共同勘定，由海军厦门要港司令部所属的厦门堤工处承担测量任务。1931年，上海同济建筑公司又承造上海高昌庙西炮台附近的海军飞机场，设计图样已由海军航空处呈海军部核示，预计工程费用为23万元⑥，但该项目因“一·二八”淞沪抗战爆发而终未实施。

2. 国外商业建筑师（Commercial Architects）主导的机场设计建设

洋行是外国人在近代中国从事进出口贸易、买卖的代理行号或商行，不少洋行结合外贸活动而成为外企在华的建筑设计机构。典型的洋行包括茂旦洋行、慎昌洋行等，其中慎昌洋行建筑部主要从事大跨度钢屋盖结构设计施工，其业务延伸至飞机库领域。另外，还有美商世界实业公司也提供了上海龙华机场的设计方案。

1）茂旦洋行（Murphy & Dana）

美国著名建筑师亨利·基拉姆·茂飞于1895年就读耶鲁大学攻读艺术专业，1906年创办建筑事务所。1915—1918年，茂飞和丹纳建筑事务所的业务逐渐转向中国，为此，茂飞于1918年7月在上海外滩开办了“茂旦洋行”。作为茂飞和丹纳建筑事务所在上海的分公司，该事务所先后完成了福建协和大学、长沙湘雅医学院、燕京大学等大批中式校园规划及其建筑群设计。1927年，茂飞受聘为首都计划的工程设计顾问，1929年主持完成南京《首都计划》的编制，并协助美国市政工程师古力治编制“飞行场站之位置”章节，按照飞机总站和飞机场两类在南京城市中布局了4个预留场址。其中，沙洲飞机总站规划为由内外环构成的圆形场面，其内环半径为250m，作为航站区；外环半径为1250m，作为飞

① 林允方（1891—1987年），广东新会人，中国在麻省理工学院首批毕业（1916级）的6位海军建筑师之一，其毕业论文题目是《潜艇鱼雷艇发射研究》。

② http：//Chinacomestomit.org/student-profiles-2#/vf-lam/。

③ 蔡君锡（1897—1984年），又名蔡世彤，福建省福州人，同济大学土木科1922届毕业生。1931年实业部登记为土木科工业技师，时任南京市营造工业同业公会常务理事兼理监事联席会议主席。中华人民共和国成立后历任北京市永茂建筑工程公司总工程师、北京展览馆建筑工程主任工程师、北京市建材工业局副局长等职。

④ 季秋：《中国早期现代建筑师群体：职业建筑师的出现和对现代性的态度转变（1842—1949）——以南京为例》，南京：东南大学博士论文，2014年。

⑤ 《飞报》1929年3月29日第2版刊登的《海军在厦门建筑航空场》报道为“上海同记建筑公司”，考虑上海高昌庙和厦门曾厝垵两机场的业主均为海军部，疑应为“上海同济建筑公司”，虽然上海甲种营造厂名录中也有“同记营造厂”之名。

⑥ 《海军飞机场将建筑在西炮台》，载《时报》，1931年2月18日第二版。

行区。整个飞行总站可按圆心角为60°的扇形用地划分为6期逐步实施。1933年，应中美合资的中国航空公司邀请，茂飞又参照美国罗斯福、布班克等机场，为上海龙华飞行港绘制了水陆两用飞机场——“中国航空出口港”，其3条跑道交叉处为中华民国政府国徽图样，航空站建筑前侧镶嵌有“上海”两个大字，图文标志均有目视助航功能。该图样“拟陆机场南北长二千四百呎、东西广三千呎，水机场利用浦江一切设备，均臻最新式，估计经费约近二百万元之谱云”①。

2）慎昌洋行

1905年，丹麦籍的伟贺慕·马易尔（Vilelm Meyer）和安德森等人在上海成立“安德森-马易尔公司”（Andersen，Meyer & Company，Limited），其中文名称为“慎昌洋行”。1915年马易尔与美国奇异电器公司合作，慎昌洋行成为该公司的中国代理商，并进口钢窗、瓦块等建筑工业产品。慎昌洋行建筑部在20世纪30年代参与了国民政府航空署不少重要的机场工程设计建造项目，包括上海龙华和虹桥、杭州笕桥等机场的钢结构飞机库设计与建造。其中，杭州笕桥机场的中央航空学校飞机库为双联排拱式钢结构机库，面阔300英尺（约91.4m），纵深150英尺（约45.7m）；上海虹桥机场则为双联排梯形钢桁架结构飞机库，面阔150英尺（约45.7m），纵深120英尺（约36.6m）。

3）世界实业公司

美国人威尔弗雷德·佩特（Wilfred Painter，1908—1949年）于1926年获得华盛顿大学土木工程学士学位。1929年8月，佩特受聘为上海得克萨斯（中国）有限公司［Texas Company（China），Ltd.，of Shanghai］的设计工程师，为中国地区承担一系列新油料装置和配套设施的设计。1933年，佩特自立门户成立了“世界实业公司”（又名“万国贸易公司”）（W. L. Painter Company，Engineers and Contractors），当年便与江南造船所签署了耗资超过100万美元的重力码头施工合同，1936年建成的第三码头长640英尺［约195.1m，实际缩短了3英尺8英寸（约1.1m）］，宽80英尺（约24.4m），深30英尺（约9.1m）。此外1934—1935年期间还设计和监造了中国航空公司在上海龙华机场的大型机库以及水上飞机滑水道。通过承揽大量的重要项目，佩特确立了自己作为当时在中国最重要的美国建筑工程师的地位。1935年，佩特与美国知名的建筑师约翰·格雷厄姆（John Graham）合作成立格雷厄姆和佩特建筑工程有限公司（Graham and Painter，Limited，Architects and Engineers），并在纽约、西雅图及上海设立办事处，该公司与德利洋行合作设计了上海南京路四川路的“迦陵大楼”（1936年）。淞沪会战爆发后，该公司的上海办事处被撤销，佩特于1937年10月离开中国。

1938年7月30日，佩特加入美国海军陆战队预备役。1941年1月至1944年5月，作为海军土木工程兵团成员的佩特全面负责在南太平洋地区的机场选址建设，包括瓜达尔卡纳尔岛、新乔治亚岛和格林群岛等地的机场②，而后佩特因军用机场工程领域的战绩突出获得总统颁发的功勋勋章。1946年，由佩特设立的美国佩特太平洋桥梁公司（W. L. Painter Pacific Bridge Co.）受中国航空公司的委托编制了上海龙华机场远期规划方案，考虑到战后飞机机型的加大，该方案提出在机场西南侧的远处另行新建一条全长10000英尺（约3048m）的南北向主跑道，全部工程约1100万美元。

3. 外国建筑师或工程师主导的机场设计建设

1）在政府兼职的外国航空工程师（Aviation Engineer）

作为自国外引入的先进军事技术装备，民国时期的中央政府和各地方政府都对航空技术装备十分重视，并结合欧美各国飞机的引入和航空学校及飞机修理制造厂的建设，相应地聘请对应国家的航空专家作为促进军事航空发展的技术顾问。在中央政府或地方政府与国外的航空合作项目，普遍由本地建筑设计机构配合，外国政府委派的机场工程师任技术指导。

（1）中法政府间的航空合作项目

1913年9月，北洋政府总统袁世凯听取了法国驻华武官、北洋政府顾问白里苏（Balliso）发展“国

① 《龙华将成大飞行港　美国建筑家墨菲已绘有图样》，载《申报》，1933年9月25日。

② http：//www.history.navy.mil/content/history/museums/seabee/explore/civil-engineer-corps-history/wilfred-l--painter.html。

防潜航”（潜艇和飞机）建议，在北京南苑成立了隶属参谋本部的航空学校，并从法国订购了 12 架法制高德隆飞机及其修理器材和设备，设立中国最早的飞机修理厂——南苑飞机修理厂，同时还聘请法国 2 名技师进行技术指导和负责校舍、机库等建造工作。

（2）中英政府间的航空合作项目

1919 年 11 月 11 日，由国务总理靳云鹏呈请，北洋政府在国务院下设航空事务行政机构——航空事务处，同年 12 月，北洋政府航空事务处和英国费克斯公司合作，对方提供 100 万英镑借款，用于购买英国大维梅飞机、创办飞行学校和兴建飞行场，用以发展民用航空。由航空事务处升格而来的航空署为此还聘请英国航空上校何尔德为“经画主任”，筹办京沪航空线。1921 年 7 月，因何尔德对中国首次开通京津航线等贡献获得大总统指令颁发的勋章。

（3）中德政府间的航空合作项目

自 1928 年起，德国先后派遣 3 批军事顾问团来华，尤其顾问团第三任总顾问汉斯・冯・塞克特和统管德国所有对华军火销售的特别公司——合步楼总经理汉斯・克兰两人对中德军事工业合作发挥了重要作用。1934 年 9 月 29 日，中德双方签订了《中德合办航空机身及航空发动机制造厂股份有限公司合同》，筹备合作建设航空器材制造厂。同年，国民政府和德国政府签署了《中德合作修建飞机场合同》，由德国提供军用机库的建筑图纸，在洛阳修建 9 座用于飞机生产制造的飞机库，后因厂址变更而未实施，1936 年转而在江西萍乡动工新建中德合资的航空器材制造厂厂房。

（4）中意政府间的航空合作项目

1933 年 9 月，在南京国民政府和意大利政府签署联合建设“中央南昌飞机制造厂”的合同之后，意大利总统墨索里尼应邀派遣以著名飞行员罗伯特・洛蒂上校和航空工程师尼古拉・加兰特少校来华担任中国航空顾问。加兰特主持设计了南昌青云谱机场和第二飞机维修厂厂房工程，并于 1935 年 2 月协助在洛阳创办航空学校，在南昌老营房机场建成中意飞机制造厂。

（5）中美政府间的航空合作项目

在军事航空方面，南京国民政府于 1935 年 3 月聘请了美国前陆军航空队司令特齐孟为航空委员会的最高顾问，后期又聘任美国空军退役少校约翰・H・朱厄特（John H. Jouett）为首的美国航空训练代表团，朱厄特则被聘为“陆军上校”和蒋介石的军事航空顾问。在飞机制造方面，1934 年 10 月，国民政府中央信托局与美国寇蒂斯—莱特飞机公司、道格拉斯飞机公司以及联洲（通陆）公司合资组建的中央（杭州）飞机制造厂建成投用；广东省政府也向寇蒂斯—莱特飞机公司订购全套航空器材及工具，聘请美国航空工程师和技工 2 名，1935 年 12 月在韶关机场建成广东飞机制造厂并投用。

抗战后期，中美双方广泛开展“驼峰航线”、川西“特种工程”等相关军用机场的合作建设，美国驻华空军在国统区所使用的机场一般沿用“经费方面，由美军负担，征雇工役，由我方办理”的成例，并均由美军提供机场设计图纸。例如，1943 年中美双方联合在成都平原启动“特种工程”，涉及 4 个轰炸机机场和 5 个驱逐机机场。其中美国人查尔斯・普莱斯（Charles Price）作为军用机场设计师，抗战期间他在中国参与了柳州机场等诸多机场的设计建设，如 1943 年，为满足美国飞虎队进驻需求，由普莱斯设计了广西柳州机场的第三次扩建方案，扩建后的机场用地面积达 $120hm^2$。抗战胜利后，1947 年秋至 1948 年 4 月 27 日扩修南京大校场机场期间，由美军顾问团工程顾问劳伯生少校以及国民政府航空委员会陈姓工程师及黄彰任科长合作指导该机场建设。

（6）中苏政府间的航空合作项目

全面抗战时期，南京国民政府和苏联政府在民用航空和军事航空领域均有合作项目。依据国民政府交通部和苏联民用航空管理总局签订的《中苏关于组设哈密、阿拉木图间定期飞航合约》，中苏双方于 1939 年 11 月 18 日合资成立了中苏航空公司，同年 12 月 5 日，正式开通哈密至阿拉木图的国际航线，沿线建设固定航站、备用航站和通讯台，其中，固定航站包括乌鲁木齐航空总站以及哈密、伊犁和阿拉木图三个航空站，除阿拉木图航空站是租赁苏联原有机场以外，其他三个航空站均是新建。

1939 年 8 月 11 日，国民政府航空委员会与苏联航空工业人民委员会签署了在乌鲁木齐建立飞机装配厂和在伊宁建设空军教导队的框架性议定书。协议规定飞机装配厂年产300架，由苏方出资企业费用50%，国民政府和新疆省政府分别出资25%用于基础建设，但最终中苏双方未正式签署合同。1940年11月26日，苏联自行出资2500万卢布在乌鲁木齐头屯河建厂，并提供厂房施工图纸，由新疆督办公署工程处负责土木工程的施工。至1941年年底该厂全部竣工，次年3月达到设计生产能力。1944年5月21日，中苏双方签订购让飞机制造厂剩余设施设备的合同，由中方花费420万美元购回该厂。

2）在地方兼职的国外机场工程师

民国早期尚无专业的机场工程师，多是航空工程师从飞行员的角度，结合飞机起降性能兼顾指导机场的规划建设。美、意、日、英、德、法等欧美国家在对华竞相出售飞机的同时，提供飞机停靠机场的保障服务也是营销手段之一，其重点是满足适航飞机起降的机场场面及跑道设计。后期国外的机场工程师逐步介入了近代中国重要机场的规划建设。

（1）广州大沙头机场

1926年5月，中华民国护法军政府拟将广州大沙头机场建成大元帅府航空局的飞机总站，其建设工程由德国顾问偕同陶姓工程师连日测量完成，并确定修建蓝图以及12条承包施工的简章，完成对外施工招标后由中标承建方建成。

（2）上海龙华机场

1922年9月，淞沪护军使（浙江督军）卢永祥（北洋政府驻沪陆军第十师）从德国购买了6架装配了戴姆勒·梅赛德斯（Daimler Mercedes）式发动机的飞机，并邀请德商瑞生洋行（J. J. Buchheister & Co.）在上海龙华百步桥一带建设一个飞机装配厂，用以组装和使用这些飞机，雇用德国人费迪南·舒德勒（Ferdinand Friedrich Schoettler）和恩斯特·福特雷尔（Ernst Fuetterer）指导将龙华陆军大操场改建为"龙华飞行港"（陆军机场），还拟建成一个带工作间的混凝土机库，这时期的机场仅为土质场面，机场建筑也仅有6间竹房和3间瓦房，后来该工厂建设被耽搁①，舒德勒随即离沪赴晋协助山西军阀阎锡山兴办航空学校。

（3）沈阳东塔机场和北陵机场

1920年10月，奉系军阀张作霖将沈阳原农事试验场用地改建为东塔机场，因东三省航空处总务处第五科中校科长冯武越等的留法经历及其高志航等飞行学员在法国巴黎西郊维拉库布里（Villacoublay）的高德隆航空学校（又称"莫拉纳航空学校"，法文名称"Morane-Saulinier"）培训履历，东塔机场的布局建设借鉴了该航校的总体布局。1924年夏，东塔机场东侧的大型飞机库则由俄国人谢结斯承包修建②，该俄式建筑风格的机库面阔达240m、进深24m，为设有10开间的联排式机库。至1928年，扩建后的东塔机场占地已达1200余亩。

1925年，易名后的"东北航空处"拟在沈阳北部的（三太寺）征地8000亩新建航空站及机场，由来自哈尔滨的斯基特尔斯克与施皮申（推测为俄国人）负责承办该工程，但因经费拮据而延至1930年才由东北边防军航空司令部在北陵三台子地带启动新机场的选址建设③。

3）沦陷地的日本机场建筑师

在伪满洲国、沦陷区及我国台湾地区，侵华日军主要承担这些地区的军用机场规划建设，而相关城市的民用机场候机室不少由日本建筑师所设计。例如，1936年建成启用的台北松山机场"飞行场事务所"由时任台湾总督府交通局递信部技师的日本建筑师铃置良一设计（图8-12），该事务所为平屋顶和坡屋顶的组合，上下二层的平屋顶分别具有目视指挥和迎送旅客的功能；1941年开始建设的长春大房身机场候机楼则由沿袭赖特建筑风格的日本建筑师远藤新设计，该建筑有着草原式住宅的建筑特征，平缓的坡屋顶，高且窄的排窗，出入口设有大披檐。这两座航空站都体现了现代主义建筑风格（图8-13）。

① Lennart Andersson：A History of Chinese Aviation-Encyclopedia of Aircraft and Aviation in China until 1949，AHS，2008.

② 《东北考察记（续）：飞机棚厂前之东北考察团》，载《新亚细亚》，1934年第7卷第1期。

③ 《国情述要：军事：奉天决设航空站》，载《清华周刊》.1925年第346期，第68～69页。

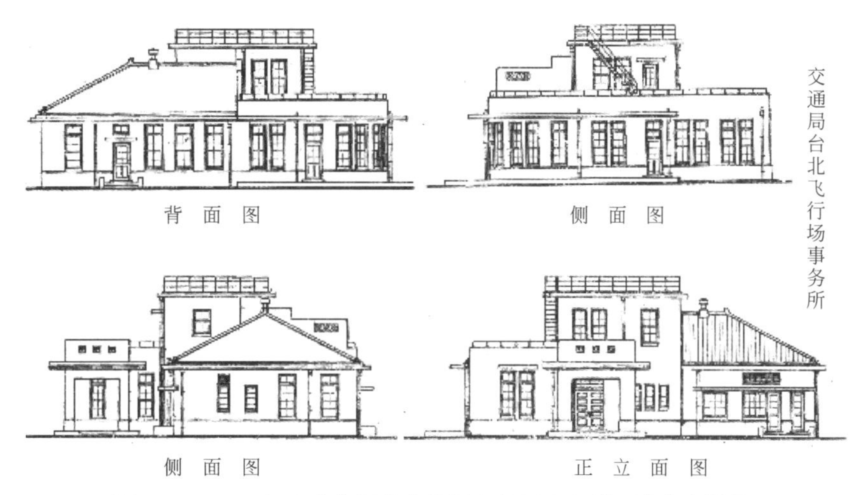

图8-12　1936年建成启用的台北松山机场事务所（洪致文提供）
来源：《台湾建筑会志》（1936年5月出版）

图8-13　1941年开始建设的长春大房身机场候机楼
来源：《长春市志·民航志》

前川国男于1935年成立前川国男建筑事务所，次年在日本《建筑杂志》（1936年7月号）发表《飞行场建筑例（文献抄录）》。1942年，前川国男事务所上海分所在“大东亚建设纪念营造计划”设计竞赛中提出了军国主义和殖民主义思想杂糅的《大上海都心改造计划案》，该方案提出了在浦东设置忠灵塔和机场的设想。前川国男事务所同年在沈阳设立“奉天事务所分所”，先后承担满洲飞行机发动机工场（1942年）、满洲飞行机M工厂及F工厂（1943年）、满洲航空附属花园街社宅（1943年）、满洲飞行机工员宿舍育成工寮（即宿舍）（1944年）及工员宿舍集合住宅（1944年）、职员宿舍集合住宅（1944年）和满洲飞行机发动机工场（1945年）[①] 等设计项目，未建成的有满洲航空特甲社宅方案（1943年）。该事务所直至1945年8月才撤离[②]。

---

① 笔者推测1945年始建的“满洲飞行机发动机工场”是为躲避美军飞机轰炸而迁址另建的工场，与1942年在沈阳东塔机场建设的“满洲飞行机发动机工场”并非同一项目。

② 塚野 路哉：前川國男の屋上庭園に関する研究，広島大学博士（工学）論文，2017；包慕萍：《沈阳近代建筑演变与特征（1858—1948）》，上海：同济大学建筑与城市规划学院硕士学位论文，1994年，第110页.

8.3 近代本土职业建筑师的机场建筑设计作品及其设计特征

8.3.1 近代机场建筑设计从业者的来源及其从业阶段的划分

我国近代机场建筑数量和规模相当庞大，但航空业的建设始终是“重飞机、轻机场”，而机场业则是“重数量、轻质量”，仅有少量机场规划和机场建筑设计作品达到较高水准。从民用航空的角度来看，机场建筑是随着航空运输方式的兴起而出现的一种新型的交通建筑类型，它是近代中国伴随着飞机从国外引进而直接形成的现代公共建筑类型；而从军事航空的角度来看，在内忧外患的严峻时局之下和秉承“航空救国”理念的指导下，我国军用机场及其军用机场建筑的建设曾经盛极一时，广泛分布，尤其在抗战后期，大量的工程技术人员广泛地参与了近代机场的规划建设。

本土职业建筑师在近代机场规划和机场建筑设计领域的作品并不多见，但仅有的机场建筑设计作品和学术论著多为先锋之作或行业精品（表 8-6）。近代职业建筑师在机场建筑设计领域的从业历程可分为抗战前、抗战时期和抗战胜利后三个阶段。抗战前的职业建筑师主要涉足近代城市规划中的机场布局、飞机制造厂的规划设计，以及军用航空站、民用航空站和飞机库建筑的设计等领域；抗战期间，职业建筑师的设计重心转向飞机制造厂的迁建设计、军用机场的场道设计以及防空建筑设计等领域；抗战胜利后，职业建筑师设计重心又转向民用航空站设计以及台湾地区迁建的军用航空设施设计建造。

近代本土职业建筑师从事机场建筑设计项目和研究的概况　　表 8-6

序号	职业建筑师	主要求学和从业经历	机场建筑领域从业作品和从业经历
1	过养默 （1895—1975 年）	江苏无锡人。1917 年唐山工专土木科肄业，后在美国康奈尔大学土木工程系学习，1919 年麻省理工学院硕士毕业。1921 年，过养默、黄锡霖和吕彦直在上海合办东南建筑公司，后在上海工业专门学校（交通大学上海学校）土木工程科任教（1921—1923 年）。先后设计上海银行工会大楼、南京最高法院等。1937 年抗战全面爆发后，辗转重庆并任西南大学土木工程系主任。1948 年退休后定居英国	1924—1925 年，协助北洋政府航空署为筹备京沪航线而先后设计建设上海、南京、徐州、济南等航空站的建筑*
2	董大酉 （1899—1973 年）	浙江杭州人。1922 年清华学校肄业，1924 年毕业于美国明尼苏达大学建筑学专业，次年又获建筑与城市设计硕士学位。1928 年在庄俊建筑事务所从业。1929 年与美国同学菲利浦（E. S. Philips）合办建筑事务所，次年创立董大酉建筑师事务所，并任“上海市中心区域建设委员会”建筑师办事处主任建筑师。1937 年合办（上海）董张建筑师事务所。先后完成上海市政府大厦、博物馆、图书馆和体育馆等系列项目	中国航空协会陈列馆及会所（1936 年）、中国飞行社机房方案（1936 年 2 月 7 日）
3	关颂声 （1892—1960 年）	广东番禺人。1913 年毕业于清华留美预备学校，1917 年毕业于美国麻省理工工学院建筑系，后又在哈佛大学学习市政管理。1919 年回国，历任津浦铁路考工科技正、内务部土木司技正、北宁铁路常年建筑工程师。1921 年在天津成立基泰工程司。曾担任南京首都建设委员会工程组委员	杭州中央航校游泳池、飞行员宿舍和子弟小学校（1934 年），参与泸县机场建造，设计南川第二飞机制造厂（1938—1941 年），任龙华机场工程评议委员会委员（1947 年）
4	梁思成 （1901—1972 年）	广东新会人。1915 年在清华学校求学，1924—1927 年先后获美国宾夕法尼亚大学建筑学学士、硕士学位；1928—1930 年任东北大学教授，1931—1946 年任中国营造学社法式组主任，1946 年创立清华大学建筑系	梁思成、张锐拟定的《天津特别市物质建设方案》第十三部分“航空场站”（1930 年）

续表

序号	职业建筑师	主要求学和从业经历	机场建筑领域从业作品和从业经历
5	奚福泉 (1902—1983 年)	上海人。1921 年考入同济大学德文专修班学习，次年赴德留学，1926 年获德国德累斯顿工业大学学士学位，并任特许工程师(1923—1926 年)，1929 年 10 月柏林工业大学建筑系工学博士毕业。回国后曾为英商(上海)公和洋行建筑师(1930—1931 年)，1931 年在上海加入启明建筑事务所，1935 年 1 月任公利营业公司经理，设计作品有南京国民大会堂、上海爱多亚路浦东同乡会大楼、南京中国国货银行大楼等，1946 年创办公利建筑师事务所	上海龙华机场和西安西关机场的欧亚航空公司机库(1936 年)，南京明故宫机场欧亚航空公司航空站(1936 年)、中国航空器材制造厂(1936)
6	杨廷宝 (1901—1982 年)	河南南阳人。1921 年在清华学校毕业后，留学美国宾夕法尼亚大学建筑系。求学期间，多次获得全美建筑系学生设计优胜奖。1927 年回国，加入上海基泰工程司，1930 年兼任中央大学建筑系教授。从 20 世纪 20 年代后期起，从事建筑设计达 50 多年。先后主持设计南京中央医院、中央体育场、北京交通银行、清华大学图书馆扩建工程、京奉铁路沈阳总站等。1933 年，与朱彬合作设计上海九江路大陆银行	南京大校场机场“美龄宫”(20 世纪 30 年代)、重庆原中国滑翔总会跳伞塔(1942 年)、南京小营空军新生社(1947 年)、南京华东航空学院教学楼(1953 年)、南京大校场机场候机楼(1972 年)
7	杨宽麟 (1891—1971 年)	上海人。1909 年毕业于上海圣约翰大学，1918 年获密歇根大学土木工程系硕士学位。1919 年回国后设计了北京真光影院(现儿童剧场)、电车公司车库、司法部大楼，与朱彬合作设计天津的中原百货公司大楼，与杨廷宝合作设计沈阳火车站和东北大学校舍。后期主持设计上海的大陆银行大楼、美琪大戏院、大新公司和南京的永利化工厂、江南水泥厂等(1932—1938 年)。20 世纪 40 年代负责圣约翰大学土木工程学院教务工作	南昌中意飞机制造厂(1935—1936)；上海龙华机场新式跑道设计(1947)；上海大场机场机库和跑道设计(1946—1950)；1950 年起，任民航局民用设计室技术顾问
8	赵深 (1898—1978 年)	江苏无锡人。清华学校毕业后就读于美国宾夕法尼亚大学建筑系，获建筑硕士学位。后在美国纽约、费城、迈阿密等地事务所工作(1923—1926 年)。1927 年回国与李锦沛、范文照合作设计上海八仙桥青年会大楼，次年加入范文照建筑师事务所。1930—1931 年开办赵深建筑师事务所。1933 年与陈植、童寯创办华盖建筑师事务所。主持设计南京国民政府外交部办公大楼、铁道部购料委员会办公楼、无锡江南大学等	京沪赣三地的航空学校及仓库(1932.12 之前)；洛阳航空分校棚厂等工程；1955 年任华东工业建筑设计院副院长兼总建筑师，组织和指导上海虹桥机场航站楼设计
9	陈植 (1902—2001 年)	浙江杭州人。毕业于清华学校(1915—1923 年)，1927 年 2 月获宾夕法尼亚大学建筑学学士学位，次年又获硕士学位，同年夏到纽约伊莱·康事务所工作。1929 年 9 月赴东北大学任教，并以梁、林、陈、张营造事务所名义规划设计了吉林大学及其教学楼和宿舍。1931 年 2 月到上海组建赵深陈植建筑师事务所(1933 年更名为华盖建筑师事务所)。1938 年始在之江大学建筑系任教达 6 年。抗战胜利后，陈植负责华盖事务所台北分所的台北、台中工程，设计了台湾糖业公司大楼等工程	主持国民政府空军司令部第三飞机制造厂的设计和监工(台中水湳机场，1947—1949 年)，邬烈佐建筑师常驻台中，许孟雄建筑师负责管道工程；嘉义机场(1947 年)
10	童寯 (1900—1983 年)	辽宁沈阳人。1925 年清华学校毕业后到美国宾夕法尼亚大学建筑系学习，1928 年获硕士学位。1930—1931 年任东北大学建筑系教授。1944 年 起任中央大学建筑系教授。先后设计了南京原国民政府外交部大楼、大上海戏院、南京首都饭店、南京地质矿产陈列馆等 100 多项建筑。出版《江南园林志》《Chinese Gardens》《新建筑与流派》《近百年西方建史》《造园史纲》等著作。1932—1952 年与赵深、陈植共组华盖建筑事务所	南京小营航空工业局办公楼(1946 年)
11	卢毓骏 (1904—1975 年)	福建福州人。1920 年入法国巴黎国立公共工程大学，1925 年巴黎大学都市规划学院任研究员，1929 年回国后在考试院任职，1931 年在中央大学建筑系任兼职教授。1934 年设计广州市府合署，1942 年发表《国际新建筑会议 10 周年纪念感言》，1944 年任中国市政工程学会候补理事，1949 年后去台湾	编写《防空建筑工程学》(1947 年)、《防空都市计划学》和《新时代都市计划学》等著作

续表

序号	职业建筑师	主要求学和从业经历	机场建筑领域从业作品和从业经历
12	徐中 (1912—1985年)	江苏常州人。1935年7月毕业于中央大学建筑系,1937年7月获美国伊利诺伊大学建筑学硕士学位。回国后任军政部城塞局任技士,也曾任重庆兴中工程司建筑师。1939—1949年任中央大学建筑系教授。1947年5月在南京开业登记,并兼任交通部民航局专门委员。主要作品有南京中央音乐学院校舍、馥园新村住宅等	参与上海龙华机场航站大厦(站房)的设计(1947年),该楼由国民政府交通部民航局场站处组成的设计组设计
13	李惠伯 (1909—?)	广东新会人。1932年毕业于美国密歇根大学建筑工程系,回国后在范文照建筑师事务所工作。次年与徐敬直、杨润钧校友合伙组建(上海)"兴业建筑师事务所",先后完成实业部的中央农业实验所(南京)和鱼市场(上海)等项目。1933年夏与范文照合作并获得广东省府合署图案竞赛首奖。1935年又与徐敬直合作并获南京中央博物院图案竞赛首奖	1941年主持贵州羊场坝乌鸦洞发动机制造厂厂区规划及厂房建筑设计
14	范文照 (1893—1979年)	广东岭南人。1917年毕业于圣约翰大学土木工程系,1922年获美国宾夕法尼亚大学建筑学学士学位,回国后任允元实业公司建筑部工程师(1922—1927年)。1927年开设范文照建筑师事务所,与李锦沛合作设计八仙桥青年会大楼。同年10月,与庄俊、吕彦直等发起组建中国建筑师学会。1933年开始转向对现代主义建筑设计思想的研究,其作品有南京铁道部大楼、沪光大戏院和南京大戏院。1942年后移居香港,1949年定居美国	上海虹桥机场入口处的萧特公墓及其纪念碑(1932年)
15	黄玉瑜 (1902—1942年)	广东开平人。1925年获得美国麻省理工学院建筑学学士学位,毕业后在波士顿CSBA建筑师事务所工作。1929年应林逸民邀请,出任国都设计技术专员办事处技正,并协助茂飞编制《首都计划》。后在岭南大学工学院(1933—1936年)和广东省立勷勤大学建筑工程系任教。1938年年底,黄玉瑜随校转移至云南澄江。后又加入中央雷允飞机制造厂,负责厂区建筑设计工作。1942年5月,在云南保山因遭日机轰炸受伤而殉职	与朱神康合作设计的《首都中央政治区图案平面图》第一、六号机场对景方案均获竞赛第三奖(1929年8月)。此外,还有中央雷允飞机制造厂厂区建筑设计(1939年)
16	朱神康 (1895—?)	广东开平人。1915年9月毕业于交通部唐山工业专门学校土木工程科,1923年6月又毕业于美国密歇根大学建筑工程系。1927年7月任(南京)首都建设委员会工程建设组荐任技师,1929年10月由林逸民推荐任国都处技士,1931年12月经陈均沛、刘福泰介绍加入中国建筑师学会。1932—1939年在中央大学建筑工程系任教,1932年11月在实业部登记为建筑科工业技师,次年任南京市工务局技正	与黄玉瑜合作设计的《首都中央政治区图案平面图》第一、六号机场对景方案均获竞赛第三奖(1929年8月)(第一、二奖从缺)
17	罗竞忠 (1903—1975年)	四川新津人。1925年就读于比利时沙洛王大学(Charleroi T. U.)桥梁专业,1929年7月回国后在川军刘湘部任工程顾问。1931年任重庆广阳坝飞机场工程主任,1934年任"三益建筑事务所"经理,1937年任川黔公路工程处处长、总工程师。抗战胜利后任重庆建设局下水道工程处处长,后任重庆大学工程院教授兼建筑工程系主任(1947—1949年)	主持重庆广阳坝飞机场工程(1931年),设计建成一座拱式结构的木质飞机库
18	郭秉琦 (1902—?)	广东三水人。1925年同济大学土木工程科毕业,与德籍建筑师鸿达、施永利合作在上海成立建筑事务所。1927年在(广州)国民政府军事委员会航空局任工程师以及第一集团军总司令部咨议,次年任整理新宁铁路委员会工程师。1936年任广东滙江兵器制造厂总工程师,次年在广州市立第二职业学校任土木科主任	1933年任中方主要建筑师,与德国合步楼公司工程师毕朔夫(Bischoff)合作设计广东清远滙江兵工厂厂房
19	吴问涛 (1912—?)	浙江杭州人。1933年上海交通大学土木工程学院毕业,1935年夏获美国康奈尔大学土木工程硕士学位。1938—1945年,任上海复旦大学、上海交通大学等高校土木工程系副教授、教授。战后受聘工信工程公司(1945—1948年)。1945—1947年,参与了九江十里铺、南京大校场等机场修建工程,后转任中国航空公司机航组建筑课工程师兼营建股长(1948—1949年)。1949—1950年,任军委民用航空局上海办事处场站科工程师	《结构分析之范围及其应用》(《山大工程》,1937年创刊号),译著《机场规划与设计》(霍隆杰夫等著,同济大学出版社,1987年)

续表

序号	职业建筑师	主要求学和从业经历	机场建筑领域从业作品和从业经历
20	黄元吉 (1906—?)	河南新安人。毕业于交通大学土木工程科，1924—1929 年，合伙经营凯泰建筑设计事务所，并先后设计上海愚园路四明别墅和大德路何介春住宅(1933 年)、上海恩派亚大厦(1934 年)、上海安凯第商场和厉氏大厦(1935 年)	1948 年中国航空公司龙华机场候机室内部木器及装修设计
21	吴柳生 (1903—1984 年)	浙江东阳人。1921 年考入清华学校，1928 年美国麻省理工学院土木工程系就读，后转入美国伊利诺伊大学研究生院，1933 年获硕士学位。回国后先后在河南大学(1934 年)、山东大学(1935 年)及清华大学(1937 年以后)任教授，并在西南联大开始研究机场工程。中华人民共和国成立后任清华大学土木系建筑材料与工程结构教研室主任以及建筑系代主任	编著《航空站设计》(1947 年)、《工程材料试验》(1948 年)，发表《飞机场之排水问题》(《新工程》，1940 年第 7 期)等论文数十篇
22	张峻 (1911—?)	浙江人。毕业于英国贝内特工程大学，曾任中央防空学校工程科主任教官。1946 年任中国工程函授学校校长，先后在桂林、重庆、南京等地执业，自办(上海)张峻建筑师事务所，并任《现代防空季刊》主编。1947 年 8 月任甲等上海市建筑技师公会会员，1948 年任南京建筑技师工会理事，同时也是中国建筑师学会候补监事	设计重庆防空司令部办公厅，编写《防空工程学》《防空工程》书籍，发表《飞机场防御工事之设计》(《中华营建》，1944 年 10 月创刊号)，与杜拱辰合著《飞机场防御工事之设计》
23	裴冠西 (1897—1967 年)	江苏吴县人。1921 年获密歇根大学道路工程学士学位和土木工程科硕士学位。1924 年 8 月起先后任江苏省省长公署技正、太湖水利局工程师、苏州市政筹备处工务科科长，并在苏州工业专门学校及交大、复旦、大夏等大学任教。1928 年 9 月任交通大学唐山土木工程学院副教授，1935 年 2 月起任教授。1949 年后任同济大学土木工程专业教授，1956 年评为三级教授	1947 年任中国航空公司机航组建筑课课长；设计中国航空公司与中央航空公司合建的汕头、台南航空站方案；绘制中国航空公司的航空站和维修车间的系列标准设计图集

* 该说法由来已久，且广为引用，但笔者在北洋政府航空署公文中一直未查到过养默在 1924—1925 年期间任职履历，以及负责过上海、南京、徐州、济南等地航空站建筑项目的原始官方档案记载和《申报》等相关报道，对此说法存疑。

8.3.2　近代本土职业建筑师主持或参与机场建筑设计的实例研究

1. 职业建筑师主持的机场规划

伴随着近代航空业的快速发展，国外职业建筑师及工程师始终在不断地探索机场规制和机场建筑形制，并力求予以规范化和特色化，逐步将民用机场纳入近代城市规划之中。相比之下，近代中国机场工程的基础理论及工程技术偏弱，尚处于学习和借鉴过程。例如，美国著名的市政工程师古力治于 1928 年提出的 3 种理想机场设计方案，次年他与美国建筑师茂飞联手主持编制《首都计划》时，在“飞机场之位置”章节中提出“飞机总站”设计方案。1930 年，梁思成和张锐合作设计的《天津特别市物质建设方案》首奖方案中的“航空场站”方案借鉴了古力治的理想机场设计方案二。上海同济建筑公司先后设计或承造了厦门曾厝垵机场（1930 年）、上海高昌庙海军飞机场（1931 年）等水上机场；1930 年由蔡君锡主持的南京同济建筑公司则承担了新建南京大校场机场的设计，该方案参考了德国最新式飞机场的设计方案。

2. 职业建筑师主持的航空站和飞机库设计

近代飞机库是职业建筑师在机场建筑领域中执业设计最多的建筑类型。这以中国现代建筑的积极倡导者和秉承现代设计理念的践行者——奚福泉建筑师最为典型，他拥有 20 世纪 20 年代在德国留学及从业的经历，系统地接受了强调技术的建筑教育，并熟悉现代主义建筑运动，这使其承揽中德合资的欧亚航空公司机场建设项目具有先天优势。奚福泉先后完成欧亚航空公司的上海龙华机场和西安西关机场的两座机库以及南京明故宫机场的航空站三大机场建筑设计项目。其中，他 1935 年设计的龙华机场飞机库明显受到德国包豪斯学派的影响，机库建筑外观简洁流畅，采用圆弧形的屋角及转角窗、带状长窗，显示了其成熟而扎实的工业建筑技术功底。机库屋盖结构采用梯形钢桁架结构，跨度达 32m，为当时中国建筑钢桁架跨度最大者之一。与南京国民大会堂和国立美术馆（1934—1936 年）、中国国货银行（1935—1937 年）等既充分体现简约实用的现代派风格，又能反映近代新民族形式风格的建筑作品不同，奚福泉的机场建筑作品具有强烈的现代主义风格，造型简洁实用，体现出德国工业建筑特性和包豪斯建筑风格。

近代著名建筑师董大酉在航空类建筑领域最具影响力的建筑作品是中国航空协会陈列馆及会所（图 8-14），该作品为其重要的转型之作和独特之作，即由《大上海计划》实施过程中所秉承的“中国固有形式”转向现代派风格，由中规中矩的传统手法转为尝试应用象形的寓意手法，并有融合表现主义和中华古典风格的中式折中倾向，该作品既承接了黄玉瑜和朱神康合作设计的南京中央政治区第一号、第六号方案中的航空署大楼飞机状平面构型，也直接或间接地影响到后期出现的一系列“飞机楼”建筑，如李华设计的昆明抗战胜利堂（1947 年）等。董大酉鲜为人知的另一个航空类建筑作品为中国飞行社的飞机库（1936 年），中国飞行社是中国航空协会的下设机构，旨在民间培养飞行人员，抗战前夕拟在上海龙华机场兴建机库，董大酉受委托设计的机库方案采用青砖砌筑，水泥粉刷墙面，机库正面为拥有 8 个开间、外包白铁皮的木筋推拉门，门高 4.57m。屋檐顶部设有白铁管旗杆，屋檐山花处镶嵌有中国飞行社徽标及其名称。机库高 7.01m，屋盖结构采用木屋架，屋面外包钢丝网加水泥粉刷。机库大厅两侧为单层的辅助用房。整个机库造型简洁，成本低廉，施工简易（图 8-15）。

图 8-14　董大酉设计的中国航空协会陈列馆及会所（1933 年）

来源：http：//www.pastvu.com/696345

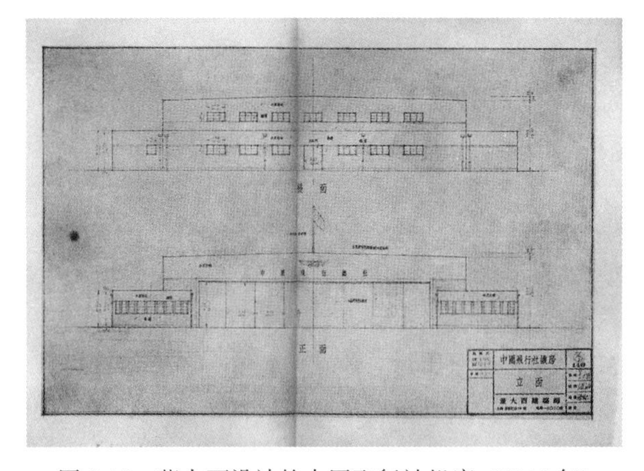

图 8-15　董大酉设计的中国飞行社机库（1936 年）

来源：《中国航空协会新会所落成纪念册》，1936 年第 1 期

3. 华盖建筑师事务所主持设计的航空领域项目

华盖建筑师事务所是民国时期主持机场设计项目较多的建筑事务所。1931 年成立的“赵深陈植建筑师事务所”便先后设计完成了京沪赣三地的航空仓库、中央航空学校洛阳分校飞机库等工程，并由馥

记营造厂承造。抗战时期，华盖事务所总部迁址重庆，其中赵深负责昆明的华盖分所项目，童寯负责重庆及贵阳的华盖分所工程，陈植始终留守上海，承揽租界内设计业务。

抗战胜利后，当时赵深和童寯主要负责南京地区的工程，其间童寯完成了南京小营的航空工业局办公楼设计项目（1946 年），该工程造价 1 亿多元，由同益营造厂承造①；赵深和陈植负责上海地区的工程，其间陈植和童寯分别完成上海复兴岛上的空军宿舍、浴室设计项目（1947 年—1948 年）；陈植还主持台北和台中的工程，1948—1949 年期间开设的华盖建筑师事务所台北分所先后设计了工厂、办公楼、机场和度假村等项目。其中，第三飞机制造厂的设计和监工项目（1947—1949 年）是由国民政府空军总司令部航空工业局所委托的重点迁建工程项目，该新厂是由成都迁至台中水湳机场地区重新建设。第三飞机制造厂工程项目包括大礼堂及招待所 1 座，2 层单身职员宿舍 1 座，技工眷属宿舍 3 座（共 24 户），以及机场滑行道排水沟、场道水沟新建及修理工程，主跑道四周界线水泥标志，制氧工场氧气机等机座工程以及电石气发生炉等②（图 8-16）。该项目由华盖事务所的陈植建筑师主持设计，邬烈佐常驻台中，许孟雄负责管道工程，其设计和监理费用为总造价的 8%。该工程在台湾公开招标后由永大建筑商号中标承建。此外，陈植还参与台湾嘉义机场的设计建设（1947 年）。

图 8-16　台中的第三飞机制造厂钢结构机库

来源：《修建中之三厂新厂房（台中）》（《中国的空军》，1947 年）

4. 基泰工程司主持设计的航空领域项目

1）基泰工程司组织机构变迁和设计业务拓展的概况

基泰工程司（KWAN. CHU& YANG ARCHITECTS & ENGINEERS）于 1920 年由关颂声在天津创立，早期的主要业务在天津、北京和沈阳等地，先后承揽了天津的大陆银行、中国实业银行和京奉铁路辽宁总站等项目，并于 1923 年在沈阳开设了由张杰祥负责的“奉天分公司”③，次年朱彬作为合伙人加入事务所。1927 年南京国民政府成立后，伴随着杨廷宝（1927）以及杨宽麟和关颂坚（1928）的加入，基泰工程司的主要业务逐渐转至南京和上海。1932 年，杨宽麟和朱彬在工商部登记建筑科的技师，同年关颂声等人在上海、北平工务局登记建筑技师开业。1935 年，关颂声、杨廷宝和关颂坚又在天津市工务局登记建筑技师，而 1936 年年初，基泰总事务所正式由天津迁至南京，张镈和张开济先后随之调入。1938 年 4 月 13 日，基泰工程司向伪北京市政府工务局呈请“本工程司地址迁移”及更换五位合伙人的个人开业执照，但该局以“技师多未在京”“像片不全”为由，不仅不予更换，还将关颂声等原

---

① 一说基泰工程司关颂声于 1947 年承揽南京航空工业局办公厅及宿舍设计项目，由开林营造厂报价 94 亿元中标承建，该说法或是有误，或是承揽了与华盖建筑师事务所不同的航空工业局项目。

② 中国第二历史档案馆，馆藏档案号：全宗号七八三-739，空军第三制造厂 建厂工程，1948 年。

③ 基泰公司 . 消夏旬刊 [J]，1923（6）：9-10.（注：基泰有事务所和公司双重名称，如基泰华北区事务所又称“华北基泰工程公司”，天津总事务所和辽宁事务所还分别有“天津总公司”和“奉天分公司”之称）

有执照予以注销①，5 月 7 日在基泰提出申诉后，仅核准关颂声和关颂坚的迁址呈报和换发执照。为便于兼顾京津两地业务的交叉运作，北平所和天津所合并为华北区事务所（又称“平津事务所”），该所驻地北平。平津所先期由关颂声负责，1941 年 1 月 12 日后由自渝返津的张镈主持。

淞沪抗战爆发后，基泰总所暂避上海法租界，1938 年 4 月，基泰总所迁至重庆开业，接替阮展帆任主任的重庆办事处，再派初毓梅开拓成都业务，梁衍主持昆明业务，由此在西南地区全面拓展业务。抗战胜利后，基泰工程司总所迁回南京，由关颂声、杨廷宝主持南京业务，上海事务所则由朱彬、杨宽麟负责，这一鼎盛时期的基泰拥有南京、上海、北京、重庆、武汉及广州五大分事务所。在内战全面爆发后，关颂声于 1948 年年底南下广州，为林全荫和林远荫兄弟主持的基泰广州事务所招揽业务，而张镈也赴香港主持港九事务所的图房。新中国成立后，关颂声在台北重建基泰工程公司（图 8-17）。

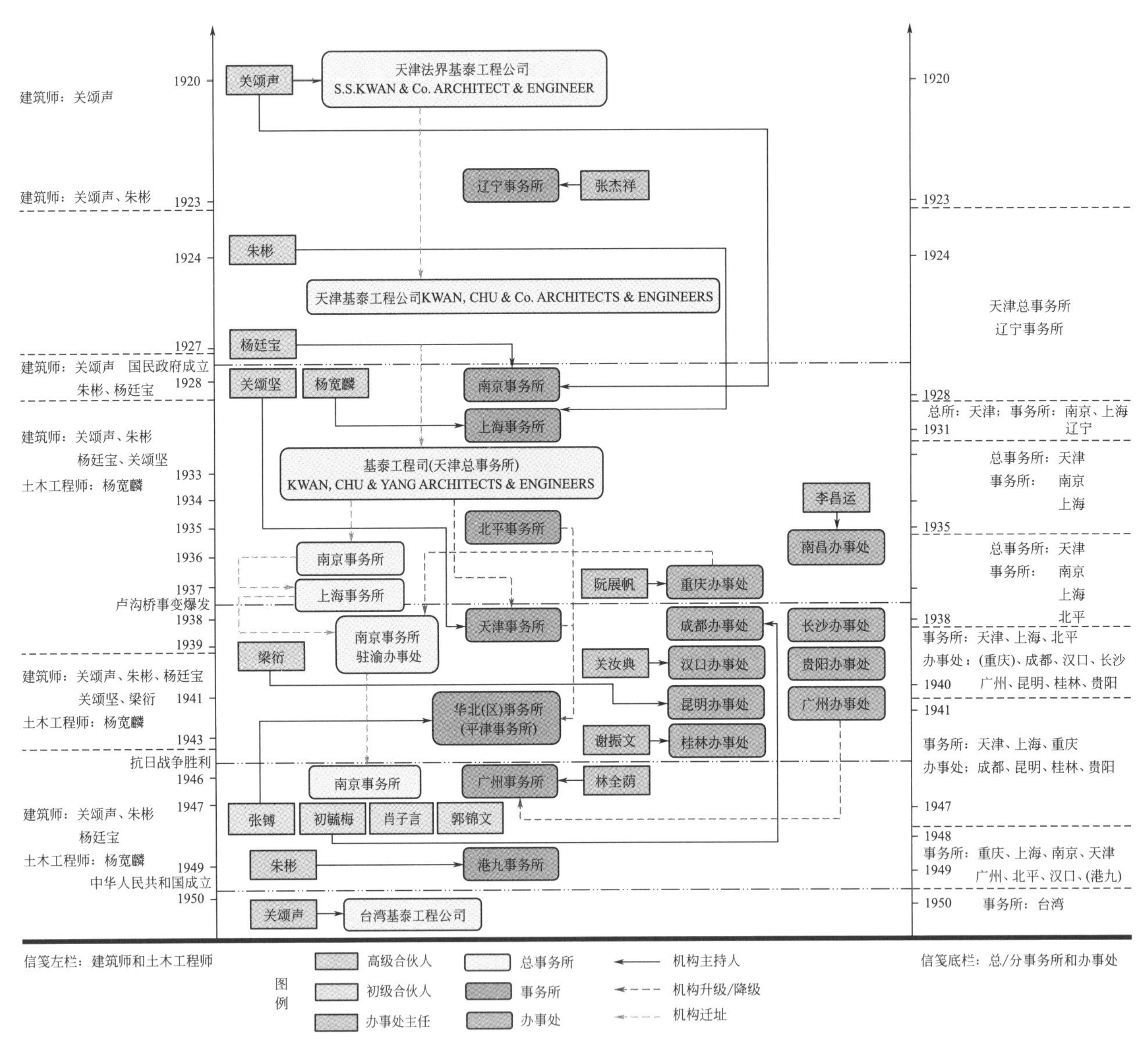

图 8-17 基于印章、信笺和图签印证的基泰工程司内部组织机构和核心成员变迁示意图

来源：作者绘

① 舒壮怀．工务：文电：批示：批基泰工程司：据呈本工程司地址迁移技师多未在京像片不全不能更换执照请准暂用原照等语查与规则不合碍难照准由（中华民国二十七年四月十三日）[J]．市政公报，1938，(11)：64；舒壮怀．工务：文电：批示：批示基泰工程司：据呈技师关颂声等五人执行业务执照请准暂缓注销查与规章不合碍难照准由（中华民国二十七年五月七日）[J]．市政公报，1938，(13)：60

基泰工程司内部的组织结构由总所、分所及办事处三个层级所构成，其中总所和分所均可承担设计咨询和监工等相关业务，有的事务所图房还下设专做方案和设计的“设计组”①。基泰内部的人员配置也与机构设置的层级基本对应，该公司沿用欧美建筑事务所常用的合伙人制度，有高级合伙人和初级合伙人之分②。事务所的主任全面负责所里的行政和技术业务，既要对外接洽与承揽各种工程业务，又要对内掌控人财物的处置权。专营设计咨询业务的图房采用“主任建筑师（方案设计/草图绘制）—主任绘图师（主管施工图审核）—绘图员（绘制施工图）—练习生（绘图及杂务）”四级人员层级结构与分工组织。根据基泰的施工图图签可知，中小型项目通常仅有绘图和校正的分工，而大型项目则有测量、设计、绘图和校正更为细化的分工。办事处大多仅承担工程现场监管及配图职责，人员构成主要为主任与监工员，不过也可承揽小型设计业务，如桂林办事处的谢振文曾于 1941 年荣获某建筑图案竞赛第一奖③。总的看来，基泰工程司内部层级分明的组织结构和灵活调配的专业技术队伍是其既可广为揽活、又能出好活的制胜法宝，其在近代中国所承揽的建筑设计项目数量之众多、建筑类型之多样、建筑风格之丰富，以及建筑项目分布之广泛，堪称中国近代建筑设计机构的第一大家。

2）基泰工程司主持设计的航空领域项目

基泰工程司在全面抗战爆发前、抗战期间和抗战胜利后先后主持完成了以南京、上海和南昌以及重庆地区为主的不少航空类设计项目（表 8-7）。这一显著业绩是与基泰掌门人关颂声的运作能力、杨廷宝的建筑设计水平、杨宽麟的结构设计技能技术以及朱彬的内业管理能力密不可分的。例如，关颂声与南京国民政府的党政军高层之间的关系良好，也与航空界联系密切。早在 1935 年基泰便配合意大利建筑师设计了南昌中意飞机制造厂这一大型项目，在抗战爆发后又接续了迁至重庆南川的国民政府航空委员会第二飞机制造厂的规划设计项目（1939 年），其间关颂声还参与了四川泸县机场的建设计划。1948 年后，关颂声南下广州经营基泰，又招揽了空军第一发动机制造厂广州新厂等项目。由于基泰始终稳定地拥有以土木工程师杨宽麟主导的结构设计技术团队，使得其在大跨度屋盖结构的飞机库和仓库以及高强度的机场道面工程领域广泛涉猎。例如，1946 年 10 月 11 日，国民政府交通部龙华机场南北向跑道拟改建为混凝土道面工程，修建工程处聘请了关颂声等专家组成龙华机场工程评议委员会，中国航空公司则函请基泰工程司担任该新式跑道改建工程的顾问工程司，杨宽麟按美制 C-54 型飞机（即 45t 星座式）的载重量设计了国际民航组织 B 类标准的新式跑道。杨宽麟主持的航空类设计项目还包括上海大场飞机场机库和跑道工程以及货栈等（1946—1950 年），此外，他还应邀为南昌的清华大学风洞项目（1936 年）做过结构设计校核。基泰工程司在鼎盛时期遍布全国的分支机构一度多达 25 个，但其内部业务管理依旧井然有序。例如，抗战胜利后，基泰工程司所属的六大事务所之间建立了不定期的内部通告制度，彼此相互通报业务信息和工作进展通告。由朱彬和杨宽麟主导的上海事务所仅在 1946 年 5 月 18 日至 12 月 7 日期间便出具了“沪所报告”23 份。

基泰工程司在航空领域设计的主要工程项目　　**表 8-7**

分期	建筑名称	设计年代	设计者	营造厂及其厂主	建设概况
抗战全面爆发前时期	南昌老营房机场中意飞机制造厂	1935—1936 年	保罗 · 凯拉齐（意）、杨宽麟、朱彬	久记营造厂（顾道生）	建厂费 70 多万关金；占地 $1km^2$，建筑规模 12.75 万 m^3
	杭州笕桥中央航空学校游泳池、飞行员宿舍、子弟小学校	1934 年	关颂声	新恒泰营造厂	投资 18.5 万元，航校分教学区、学员宿舍区、运动区和教官住宅区

① 《中国建筑艺术年鉴（2003）》书中记载基泰工程司王勤法为设计组副主任。

② 在 1947 年年初基泰新增的 4 位初级合伙人中，张镈与郭锦文为建筑师，初毓梅和肖子言是结构工程师，建筑设计和结构设计人员各占一半，体现出基泰对结构工程的重视，这也是基泰工程司可独立承揽大型航空工程项目的竞争优势。

③ 《大公报》（桂林版）1941 年 6 月 26 日 3 版。

续表

分期	建筑名称	设计年代	设计者	营造厂及其厂主	建设概况
抗战时期	航空委员会第二飞机制造厂(重庆南川海孔洞)	1939—1940年	关颂声	馥记营造厂重庆分厂(陶桂林)	投资40万余元,占地3341多亩;建有1200m^{2}主厂房
	重庆大田湾中国滑翔总会跳伞塔	1941年10月至1942年4月4日	杨廷宝建筑设计,丁钊设备设计	六合贸易工程公司(李祖贤)	圆锥形钢混结构,塔身下部直径3.35m,上部1.52m;塔高40m,跳台高25m
抗战胜利后时期	空军第一发动机厂广州新厂(龙潭厂房修建工程)	1947年至1948年2月	文景江、陈潜漂	孙南记营造厂(一期工程646149.98万元)	占地1km^2,总建筑面积5万m^2。1948年底主体工程完工
	广州航空器材总库	1946年8月21日	广州事务所	全部造价预算约24亿元	拟新建仓库2间及修理旧库3间
	空军第四气体制造所修建厂房工程(广州)	1947年7月1日该所转隶航空工业局;8月出预算	广州事务所	89190万元+45300万元(储水池)	办公楼;员工宿舍;警务室、厕所及库房;入口、围墙及杉木闸;修理16—22号楼;储气筒;道路
	航空工业局滚珠轴承厂(新建)	1947年9月	南京事务所绘制草图,未绘制施工图	原预算300亿元,压缩为100亿元(厂房约39亿元)	基泰推荐原河南民用机场场址;业主选用原定发动机场址
	南京空军新生社	1947年	杨廷宝建筑设计;杨宽麟结构设计和监工	不详	建筑面积3000m^2,俱乐部性质的综合性用房;十字形平面布局
	上海龙华机场水泥混凝土跑道,跑道长宽6000英尺×150英尺(约1828.8m×45.7m),道肩宽25英尺(约7.6m)	1947年至1947年5月 委托设计合同签订(1946年10月)	交通部投资90亿元法币;设计费按1.3‰计算。杨宽麟设计	陶馥(桂)记营造厂、保华建筑公司、中华联合工程公司、中国水泥公司	1946年11月施工开标,51家营造厂报名。中标三家厂商各自作价14亿余元,分做1/3,水泥由业主自行安排承包商交付
	上海大场机场跑道工程	1949—1951年	杨宽麟	不详	不详
	上海大场机场续建堆栈若干处	1945年	上海事务所	姚安记营造厂(姚长安)	1946年12月招商投标,12月10日开标,26家登记投标,核准22家参投
	上海大场机场修理厂工程(配件翻修厂)(飞机厂房工程)	1946年8月委托设计;9月出图和说明书;11月25日开工	杨宽麟	徐顺兴营造厂	1946年10月首次招标,最低价为保华25.85亿元,超预算约5亿元;1946年11月二次招标,30家投标,徐顺兴18.4727716亿元中标
	南京航空工业局办公厅宿舍	1947年	关颂声	开林营造厂(沈士明)	工程造价94亿元,地处南京小营
	上海青年馆降落伞塔	1946年8月11日接洽,1946年8月18日交图和估价	上海事务所	1946年8月招标,但未建成	上海青年馆于1946年7月筹设,占地约20亩,含体育场和草坪
	空军总司令部上海杨树浦器材总库工程	1946年8月完成草图绘制	上海事务所	不详	不详

在抗战全面爆发前、中、后三个不同的阶段，基泰工程司为南京国民政府航空委员会（后改为空军司令部）先后承揽了南昌中意飞机制造厂、航空委员会第一飞机制造厂（重庆南川海孔洞）和空军第一发动机制造厂广州新厂等三大国家级航空工程系列项目，这些项目均是从总平面规划到单体建筑设计的大型航空工程项目，但也分别有全新高标准建设、因地制宜因陋就简新建、新建和改扩建相结合等三种不同的建筑属性。

3）国民政府初期中意飞机制造厂的规划建设

（1）中意飞机制造厂的建设历程

1935 年 9 月 30 日，国民政府与意大利“中国航空协会”正式签署成立“中意飞机制造厂”的合同，计划组装 100 架飞机，并选定南昌老营房机场作为新建厂址，建厂经费及其机器费用不得超过 135 万关金，由意大利公司垫资修建。根据公司章程，宋子良任董事会的董事长，意大利“中国航空协会”总代表阿干波勒博士的律师佩切伊（A. Peccei）博士任总经理。同年 11 月 8 日，中方代表宋子良董事长与意方代表佩切伊博士在上海弥尔顿大楼签署委托设计施工协议，由意大利建筑师凯拉齐主持设计，基泰工程司担任顾问建筑工程司（图 8-18），由张效良任厂主、顾道生任经理的上海久记营造厂承建。1935 年年底，中意飞机制造厂的厂房工程启动填土等前期工程。次年 4 月 1 日工厂正式开工，年内工厂主体基本建成。至 1937 年 2 月，工厂建成 8 座主厂房和 1 座办公大楼，同年 4 月，该飞机制造厂正式建成投产，试装了萨伏亚 S81 式轰炸机 3 架，但中意飞机制造厂的部分车间于 1937 年 8 月 15 日被日军飞机炸毁，该项目随之中断。

图 8-18　航空机械学校教育长王士倬教授[①]（左二）、意方建筑师凯拉齐（右一）与设计顾问基泰工程司朱彬（左一）以及一位佚名者在讨论建厂事宜

来源：佛罗伦萨大学 Fausto Giovannardi 先生提供

（2）中意飞机制造厂的设计和建造

南昌中意飞机制造厂全厂的建筑规模达 450 万立方英尺（合 12.75 万 m^3），总计在 150 个工作日建成 29 座工厂建筑。该厂拥有功率 300 kW 的发电站、600 t 制冷能力的空调站以及 2000 万英国热力单位的区域供热设备，厂区的道路系统、供暖制冷、电话系统、供水系统以及排污系统等设备设施一应俱

① 王士倬（1905—1991 年），江苏无锡人。1928 年获美国麻省理工学院航空工程硕士学位。1934 年在清华大学担任教授时主持设计建造了中国第一座风洞——清华大学 5 英尺风洞，先后任南昌航空机械学校筹备处副主任和教育长、航空委员会第二飞机修理厂厂长、大定发动机制造厂厂长等职。

全。该厂的总平面布局方案是以由东向西的飞机生产工艺流程为布局依据，最终总装飞机出厂可滑入相邻的老营房机场试飞。厂区罕见采用一期单体建筑（实施）与二期单体建筑（预留）并排设置的布局方法，远期通过所有单体厂房建筑的镜像式扩建可实现飞机生产规模的翻倍（图 8-19～图 8-21）。

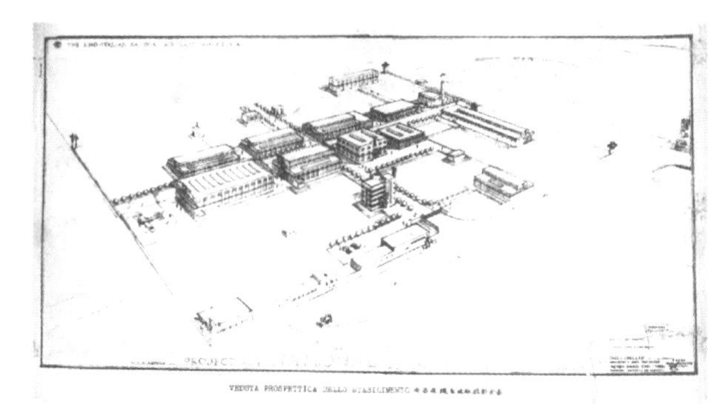

图 8-19　中意飞机制造厂近期规划鸟瞰图

来源：佛罗伦萨大学 Fausto Giovannardi 先生提供

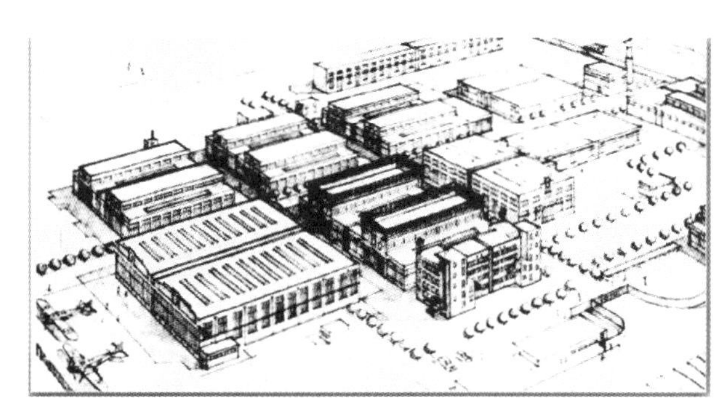

图 8-20　中意飞机制造厂远期规划鸟瞰图

来源：A history of Chinese aviation：encyclopedia of aircraft and aviation in China until 1949

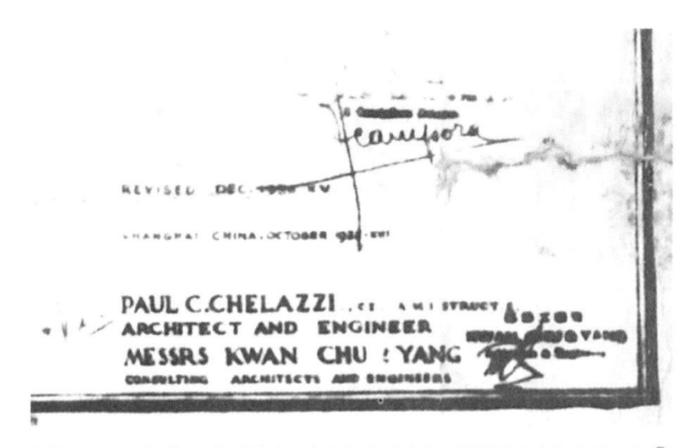

图 8-21　中意飞机制造厂近期规划鸟瞰图的图签栏签名[①]

来源：佛罗伦萨大学 Fausto Giovannardi 先生提供

中意飞机制造厂项目是中意政府之间的国家级合作项目，也是罕见的中意设计双方精诚合作的产物。由意大利建筑和结构工程师保罗·凯拉齐主持设计了该厂几乎全部的工厂建筑[②]，仅厂部办公楼由

① 图签栏有凯拉齐、阿干波勒和杨宽麟的亲笔签名，杨宽麟签名为怀素体草书的“麟”字。

② 1933 年 11 月，保罗·凯拉齐获得英国皇家结构工程师学会准会员。1934 年 6 月 9 日获得国民政府颁发的实业部第 606 号建筑科登记注册证书。孙修福编《近代中国华洋机构译名手册》中记载有“盖纳禧打样建筑工程师”及其开设的“开腊齐大兆地产公司（上海）(Chelazzi-Dah-Zau Realty Co.)”。

意大利空军专业工程师尼古拉·加兰特设计。担任该项目工程顾问的基泰工程司具体设计参与者包括杨宽麟和朱彬等，总的来看，凯拉齐所擅长的创新结构技术和大胆配筋用法对合作者杨宽麟的日后结构设计应有所启迪（图 8-22、图 8-23）。

图 8-22　意大利建筑师凯拉齐（右二）与基泰工程司主持人关颂声（右一）和结构工程师杨宽麟（左二）及翻译（左一）在工地视察

来源：佛罗伦萨大学 Fausto Giovannardi 先生提供

图 8-23　意大利建筑师凯拉齐（左二）与久记营造厂厂主张效良（右二）和经理顾道生（右一）在工地办公室门口的合影

来源：佛罗伦萨大学 Fausto Giovannardi 先生提供

该厂址为矩形用地，东西向长 420 m、南北向宽 250 m，按照飞机工艺生产流程布局，在厂区东西向主路沿线两侧成排布局飞机总装和管线集成厂房、机身和螺旋桨发动机组装车间、机翼蒙皮和涂漆车间、机翼组装车间等 12 幢主厂房。其中地处最西端的 1 号飞机总装厂房占地面积最大，其横向采用大跨度的圆孔镂空钢筋混凝土梯形主梁，纵向则由 5 条纵向钢混次梁拉结，形成井字形钢混结构，两侧立柱还有斜撑支持主梁。这种新颖的结构技术是近代中国工业厂房的应用孤例。凯拉齐谈及该设计的初衷时指出，圆形镂空的主梁截面所承受的剪切应力较小，可显著减轻主梁结构重量，同时也利于屋顶采光（图 8-24）。

4）基泰工程司设计的航空委员会第二飞机制造厂（重庆南川）

1937 年 8 月底，南昌中意飞机制造厂被侵华日军飞机局部炸毁后被迫内迁至重庆，次年 8 月改名为“国民政府航空委员会第二飞机制造厂”。经过航委会勘察选址，1939 年初全厂迁至四川省南川县丛林

(a) 厂房的外观

(b) 厂房的内景

图 8-24　中意飞机制造厂的飞机总装和管线集成厂房的实景

来源：佛罗伦萨大学 Fausto Giovannardi 先生提供

乡（今重庆市万盛区）的“海孔洞”进行重建（图 8-25）。第二飞机制造厂生产分两个阶段：1939—1944 年先后仿制了 20 多架“忠 28 甲式”教练机及双座驱逐机、30 架仿德 H17 型中级滑翔机、6 架仿“狄克生”型初级滑翔机以及 3 架仿伊-16 驱逐机。在 1943 年初自行设计和制造出的第一架国产运输机“中运 1 式”后，该厂逐渐转向以自行研制为主的阶段。1947 年年底，第二飞机制造厂的人员、设备和器材分批迁回江西南昌青云谱机场，该机场原为国民政府空军第二飞机修理厂所在地。

图 8-25　国民政府航空委员会飞机制造厂（重庆海孔洞）现状

来源：项目组摄

1939 年年初，第二飞机制造厂共征用民地约 3341 市亩，依据南川县政府牵头组织的评定地价给予当地征地款 11630.60 元法币，并以海孔洞为中心，将纵向约 5 华里、横向约 3 华里的厂区范围划为特别警戒区①。由于基泰工程司原为设计南昌中意飞机制造厂的顾问工程师，海孔洞的第二飞机制造厂设计业务仍由其完成，馥记营造厂重庆分厂承建，总造价为 40 多万元。

5）空军第一发动机制造厂广州新厂的规划建设

（1）发动机制造厂机构的变迁及项目建设背景

1939 年 7 月，南京国民政府将 1936 年蒋介石五十寿辰时全国性“献机祝寿”活动所募集的 344 万美元善款作为建设投资，与美国莱特航空发动机制造公司签订了合作制造航空发动机的合同。出于防空

① 农人之声：请航空委员会发还民地 [J]. 现代农民，1947，10（7）：17.

考虑，发动机厂厂址最终勘定在贵州大定（今大方县）羊场坝的乌鸦洞建厂。大定厂厂房规划设计初期聘请“有巢建筑师”负责，后因工作不力而将其辞退。最终大定厂的总体规划及其全部的基建工程由兴业建筑师事务所李惠伯建筑师主持设计完成，由馥记营造厂重庆分厂承建。1940 年 11 月到 1942 年 12 月期间，在清毕公路沿线先后建成了厂区面积达 120 万 m^2、占地面积约 2 km^2 的生活区和生产区。兴业建筑事务所之所以未延续发动机制造厂广州分厂项目，估计与当时该事务所在陪都重庆朝天门码头的仓库项目出现了倒塌事故有关。

1941 年 1 月 1 日，直属于航空委员会的“发动机制造厂”正式成立。从 1943 年开工生产，至 1944 年 9 月自制完成了大定厂的第一台 1100 马力（约 809kW）的航空发动机。1945 年大定发动机厂向英国罗尔斯・罗伊斯公司购买了尼恩Ⅰ型（Nene A）喷气式发动机的生产专利，第二年又向美国莱康明厂（Lycoming）购买了 185 马力（约 136kW）的莱康明发动机专利，为此决定大定厂生产英制发动机，另建新厂生产美制发动机。1946 年 9 月 20 日，大定厂改隶属于空军总司令部下辖的航空工业局，并改称为空军“第一发动机制造厂”。次年在确定广州厂址后，随之成立了“第一发动机制造厂广州分厂筹备处”[①]。1947 年 6 月，“广州分厂筹备处”奉令改为“广州新址筹备处”，新计划是将广州新厂建成可供应空军全部所需的发动机厂，而大定厂则改作研究和试造及培训之用。1948 年 9 月 1 日，大定厂又改名为“空军发动机制造厂”。次年年中，大定厂及广州新厂奉命迁往台湾的台中清水中社里重新建厂。

（2）广州新厂的选址与征地

抗战胜利后不久，大定发动机制造厂便积极在湖南湘潭下摄司、长沙新开铺、广西桂林等地择址筹建分厂，最终选定在广州新建分厂，这主要考虑广州是华南第一大都市和水陆交通要冲，航空器材进口便利，且有现成房屋可用，符合建厂的一切条件。1946 年 11 月，大定厂工务处长华文广中校带董寿莘、葛正德等 20 多人前往广州成立“广州分厂筹备处”筹建新厂，发动机厂址最终选定在距离黄埔码头以南超过 5km 的龙潭（今黄埔石油化工厂附近），原为侵华日军的仓库用地。该地区环境优良，地点适中，海陆空交通便利。广九铁路在厂址东北方向经过，可接入铁路支线直达厂内；且有公路可直通黄埔码头；而厂址与天河机场也相隔不远，空运物资器材尤为便利。1947 年年初，广州分厂在确定选址后着手在龙潭开展征地和设计施工招投标等事项。

（3）广州新厂的建设历程

空军总司令部第一发动机制造厂修建龙潭厂房工程共分 3 期，由基泰工程司承接设计与监理事务，厂方监理为盘荣工程师等。1947 年 12 月 26 日，由孙南记营造厂中标承建的一期厂房工程开工。1948 年 2 月，基泰工程司广州事务所的文景江、陈潜澐[②]等人设计和校核，先后完成总布置图（与仓库、厨房合图）、各类建筑平立剖图、门窗大样图等系列图纸以及施工说明书。而后由广州新址筹备处进行施工招标，广州新厂于 1948 年年初正式开工建设，工程由时任大定厂第三任厂长的顾光复上校亲自主持，按照施工合同，二期的全部工程不超过 75 个晴天。由于内战爆发，物价飞涨，该工程在设计招标过程中因压价极低而导致设计方利润大减，施工进展至 1948 年 7 月，基泰工程司在工程设计监理过程中抱怨：“贵厂所定取标办法以低过底价之最低标为原则，遂形成竞争低价方式，至[③]使投资漫无标准，按此情形，殊难有优良成绩。”基泰抱怨广州新厂筹备处因自身生产工作繁芜而无暇兼顾监理事务，为此提出将公费由原先优惠价 3 厘减至 2.5 厘，并提请筹备处按约发放历次设计工程的公费[④]。基泰于 1948 年 3 月 30 日签发的收据表明，第一期工程设计费 43660 美元，第三期工程的部分设计费 48040 美元。

至 1948 年 4 月，办公楼、机加工厂房、装配厂房、试车台、仓库和 2 栋家属楼以及大门道路基本建成，并在厂内的河流旁新建蓄水量百万加仑的水塔。至 1948 年年底，已建成及在建的建筑面积约有 2

① 1945 年抗战胜利后，大定厂拟筹建“铸造和锻造分厂”，后因经费困难而中止。

② 因图签的签名潦草，对照基泰工程司成员名字疑似认定。

③ 原文如此。

④ 张镈先生在《我的建筑创作道路》回忆，“那时，建筑师公开的收费是 5%，其中 3%是设计费，2%是监工费”。广州新厂应是为了节省费用而与基泰合作进行工程监理，但施工过程中却无暇顾及，从而引发基泰不满。

万 m^2。至此该航空工业基地已初具雏形，当年完成装配莱特 G200 赛克隆发动机 1 台。但 1949 年年初因内战激化，该发动机工厂停止建设。

（4）厂区的规划设计

空军第一发动机制造厂广州分厂坐落在广州东郊的龙潭，厂区西南部为梅花村；东南部为杨箕村，东北部为东华村；其用地范围南邻中山公路和广九铁路（旧），北抵牧羊路，南北向的东华村干路和东西向的黄埔大道（规划）穿行厂区，这一区域在日占时期被建为军事仓库，原有编号的房屋共计 36 幢。基泰主持设计的全部厂区占地面积为 $1km^2$，大小厂房及库房的总建筑面积约为 5 万 m^2。厂区东南部为官佐和技工宿舍、厨房饭厅等生活区，其余部分为生产区。整个厂区朝南面向中山路规划设有 3 个出入口及其对应的进厂道路，分别连接厂区及生活区，而呈几字形的河汊则从厂区穿过，与呈规整式布局的厂区建筑群交融灵动（图 8-26）。

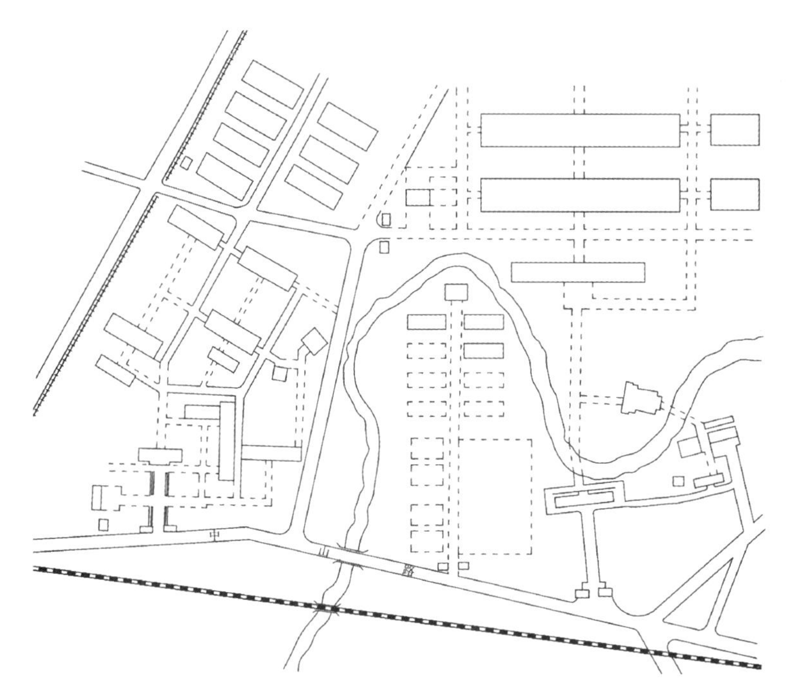

图 8-26　空军第一发动机制造厂广州分厂总平面规划图

来源：广州档案馆馆藏档案豆聪协助描绘

新厂的第一期工程主要是修缮原侵华日军仓库和原复旦中学校舍，无新建项目[①]，用作办公室、小厂房、各式库房以及大门、围墙和道路等。第二期项目包括新建或改建大厂房、官佐眷属宿舍（编号 AVI）（图 8-27）、技工眷属宿舍（编号 AIII）（图 8-28）、饭厅及合作社（编号 AV）、厨房（原有电机房改造），上述工程均包括水电工程，此外还有水渠、道路和库房（编号 CII）等工程。同年 8 月，基泰工程司又设计了工厂大门增加工程。

新建的建筑大部分采用钢筋混凝土结构，主要厂房为锯齿形建筑，这些大厂房前均布局若干座小车间和库房（图 8-29）。“一切建筑均采用新式的图样，规模宏大，布置大方，尤以总办公厅及官佐宿舍富丽堂皇，非常壮观。”[②] 官佐和技工眷属宿舍均沿用原有宿舍，以维修为主，如主体为 3 层的官佐宿舍均已配备有集体浴室和厕所，工程包括骑楼加装玻璃窗、替换杉木门窗、水泥地面修补等。饭厅及合作社工程则仅保留部分墙体，其他大部分拆除重建，这些辅助建筑普遍为单层坡屋顶建筑。

① 根据欧阳昌宇所著《乌鸦洞的奇迹 中国历史上第一个航空发动机制造厂建成始末 1940～1949》一书中姚慕陶回忆：“至 1948 年初，广州分厂已基建成的有：办公楼、机加工厂房、装配厂房、试车台、仓库和家属楼两栋。”

② 孝纯．发动机制造厂建筑新址：附照片 [J]．中国的空军，1948（120）：4-5.

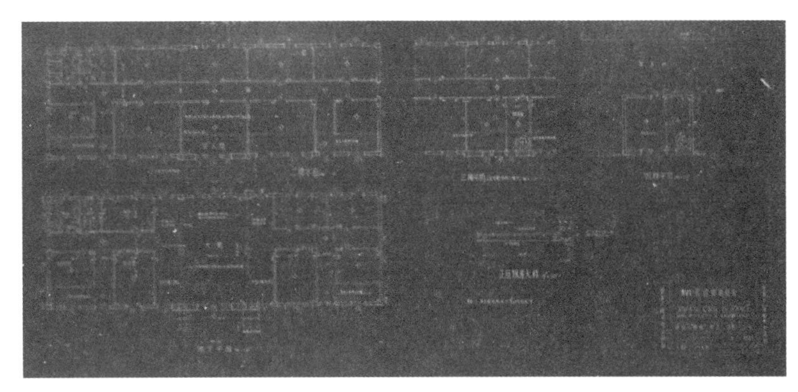

图 8-27　广州新厂的官佐及眷属宿舍各楼层平面图
来源：广州档案馆馆藏档案

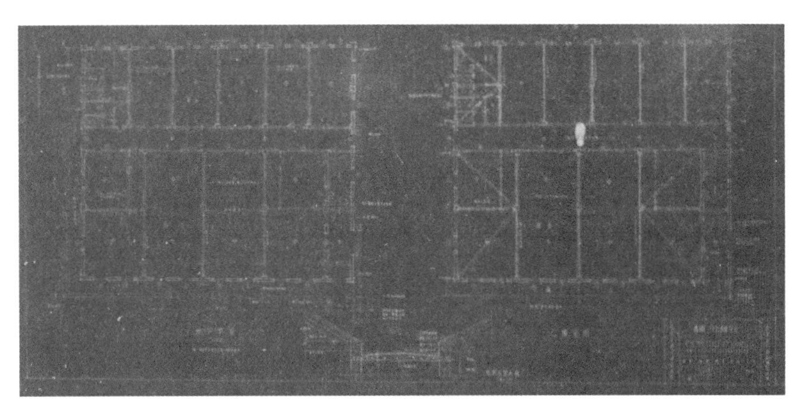

图 8-28　广州新厂的技工眷属宿舍底层和二层平面图
来源：广州档案馆馆藏档案

(a) 总办公厅

(b) 官佐及眷属宿舍

(c) 工厂大门

(d) 小厂房

图 8-29　空军第一发动机制造厂广州新厂已建成或在建建筑物的实景
来源：孝纯《发动机制造厂建筑新址：附照片》

基泰工程司在近代建筑设计机构中首屈一指，也是近代中国承担航空类建筑项目最多的设计机构，在抗战全面爆发前、中、后三种不同政治军事经济环境下所完成的三大国家级航空制造业工程项目尤为可贵。这些重大项目均是以航空制造为主体，涵盖生活服务、教育培训和娱乐运动等社会化设施，其用地规模之广、建筑面积之大及设计环境之复杂都是基泰工程司在以往从事的民用项目中所前所未有的，但基泰最终都能够如期保质地完成了这些项目，这无疑证明了其一向所拥有的卓越设计技能和监工管理能力。

5. 公利营业公司主持设计的航空领域项目

近代著名建筑师奚福泉是中国第一代建筑师群体中最具有代表性的现代主义建筑师之一，他主持的公利营业公司除了在上海、南京等地设计建造了大量的住宅和公寓外，也广泛涉猎邮政、航空、银行、医院、学校及办公等各种公共建筑类型的设计。公利营业公司先后设计了邮政局、航空交通场站、航空工业厂房三大系列交通运输类的大中型公共建筑作品，这些项目均深度映射出该公司负责人奚福泉建筑师的现代主义设计思想及其全过程的工程运作技能。

1）著名建筑师奚福泉的学业及执业履历

1922年，奚福泉（Fohzien Godfrey Ede，1903—1983年，上海人）在同济大学德文专修班进修一年后便赴德留学，先在达姆斯塔特工业大学取得建筑学工学硕士学位以及特许工程师证书（1922—1926年），而后又获得柏林夏洛腾堡工业大学博士学位（1927—1929年）。奚福泉于1930年7月回到上海，首先在由英国人威廉·萨尔维（William Salway）开办的公和洋行土木结构工程部（Palmer & Turner，Architects and Surveyors）任建筑师，次年4月，奚福泉加入张远东等创立的启明建筑公司（Chiming & Parters）[①]。1933年10月17日，上海“公利营业无限公司”（Kun Lee Engineering Company）（又称“公利工程司”）在国民政府实业部登记成立[②]，奚福泉自任经理，兼任“土木建筑工程师”[③]。上海淞沪抗战爆发后，奚福泉于1938年辗转到昆明主持“公利营业公司昆明分事务所”，与张轩朗等一起先后承揽了昆明大戏院、裕滇纱厂以及篆塘新村（与兴业建筑师事务所合作）等项目，参加昆明“兴建中央公园中山纪念堂等征求工程图案”投标并入围。1941年又自昆返沪从业。1943年，公利营业公司因日伪政府要求重新注册而被迫停业，直至抗战胜利后奚福泉才在上海工务局重新登记为甲等的“公利建筑师事务所”开业，而后又增设“公利工程司奚福泉建筑师汉口事务所”，1947年4月30日又向南京工务局申请设立“公利工程司南京事务所”对外营业。1950年，奚福泉在公利工程司结业后加入了由赵深发起的（上海）联合顾问建筑师工程师事务所，1953年，奚福泉开始协助筹建轻工业部华东设计分公司（即“上海轻工业设计院”的前身），此后在该院主持设计了大量的国内外轻工业项目。显然，硕博连读的德国留学履历使奚福泉深受现代建筑运动和包豪斯建筑风格的浸润，而大量新兴的近代公共建筑项目设计实践使得奚福泉自始至终都是现代主义设计思想的坚定拥趸者。

2）公利工程司为湖北邮政管理局设计的系列邮政楼

1933年10月，考虑到全国5000多所邮政分局中的自建房屋仅有50多所，为此国民政府交通部邮

---

① 根据1946年5月在《上海市政府公报》第四卷 第九期刊发的《上海市工务局营造厂登记名册》记载，丙等营造厂名称为：“启明工程公司”，经理和主任技师为张钤宝。由张远东等人在抗战前创立的“启明建筑公司”疑与“启明工程公司”有着某种承继关联。

② 陈公博．部令：指令：实业部指令：商字第二〇五四六号（中华民国二十二年十月十七日）：令上海市社会局：呈一件，据公利营业无限公司呈诅设立登记祈鉴核由［J］．实业公报，1933：33.

《近代哲匠录》“奚福泉”栏目介绍其于1933年3月在实业部建筑科登记技师（工445）。另据黄元炤所著的《中国近代建筑纲要（1840—1949年）》附录，“上海公利营业公司”是1925年由杨润玉（厂主）和顾道生（经理）所创立，娄承浩《老上海营造业及建筑师》介绍该公司创立于1926年。1929年10月17日的《申报》也有上海江湾路法科大学委托江西路公利公司工程师绘图的报道。推测是1933年公利营业公司的公司性质变更为无限责任公司，且合伙人发生了变更，由此而重新登记。据云南机场集团公司档案记载，1937年签署航空器材厂施工合同的设计方代表是“公利营业公司经理奚福泉”。

③ 吴文答主编的《上海建筑施工志》记载，先后任上海市技师公会负责人、上海营造工业同业公会理事的顾道生（浦东川沙人）1926年创立公利营造公司（疑是公利营业公司），任总工程师兼经理，奚福泉承接浦东同乡会大厦设计项目（1937年）也就是顺理成章的事。

政总局与邮政储金汇业总局签订了分期投资建设各地邮政分局的借款合同。1935 年，邮政总局批准湖北省仅有的武昌、沙市和宜昌三座一等邮局分别筹建邮政楼，并由湖北省邮政管理局牵头组建的“新屋建筑委员会”负责其建设事宜。同年 12 月，上海公利营业公司驻汉口办事处承担了新建这三座邮局楼的勘察设计任务，其中武昌邮局楼的建设时序与其他两个邮局楼略有不同（表 8-8）。

公利工程司设计的湖北邮政管理局三座一等站邮局楼概况　　**表 8-8**

邮局名称	局屋地址	建筑面积(m^2)	建筑平面布局	承建营造厂/开竣工时间	承接修复营造厂/时间
武昌邮局	平阅路(今彭刘杨路与解放路交口)	—	主楼 2 层。底层设营业室、文具室、电报室、信差间，二层为局长室、秘书室、局长住宅和起居室、库房、银房等	椿源营造厂承建房屋工程，汉口汉成公司承包暖气、卫生及消防设备工程，李厚伦任监工员(1936 年 10 月 26 日至 1938 年 12 月)	正大营造厂(1947 年)
宜昌邮局	福绥路	局房 1614m^2，附属房 190m^2，大小堆栈 255m^2	主楼 2 层。底层中央为营业厅，两侧为收发邮件组和挂快包裹组；二层设局长室、文书组、营业厅、庶务组及副邮务长公寓	上海泰兴营造厂承建房屋工程，汉口宝华和大华公司分包水电工程(1936 年 11 月至 1938 年 3 月)	新兴工程公司(1948 年)
沙市邮局	白杨巷口	占地 747.1m^2，建筑面积 1477m^2	主楼 3 层。底层为包裹组、转运组、堆栈及空袋房，二层设营业组、监察室、收发组、挂快组、文书组、账务组及局长室，三层为局长住宅、员工宿舍、客厅与厨房及材料储藏室	上海泰兴营造厂承建房屋工程，汉口宝华和大华公司分包水电工程，周筠堂任监工员(1936 年 11 月至 1938 年 3 月)	涂福兴营造厂(1947 年)

来源：根据湖北省档案馆馆藏档案等资料整理。

湖北邮政管理局早在 1933 年 11 月份便将平阅路（现彭刘杨路）上的善后局旧址划拨给武昌邮局筹建新局，延至 1936 年 7 月才审核发布武昌一等邮局的新屋图样（全套 12 张），并组织进行施工招投标，最终椿源营造厂以 89899 元（银元）报价中标承建，暖气设备工程、卫生及消防设备工程分别由汉口汉成公司以 6610.71 元和 4151.60 元中标承包。该房屋工程于 10 月 26 日开工，合同工期 179 天，但因施工不力、装修增改及部队占据等因素，最终由该工程保家——振昌五金号负责后续工程，延至次年年底才全部竣工（图 8-30）。

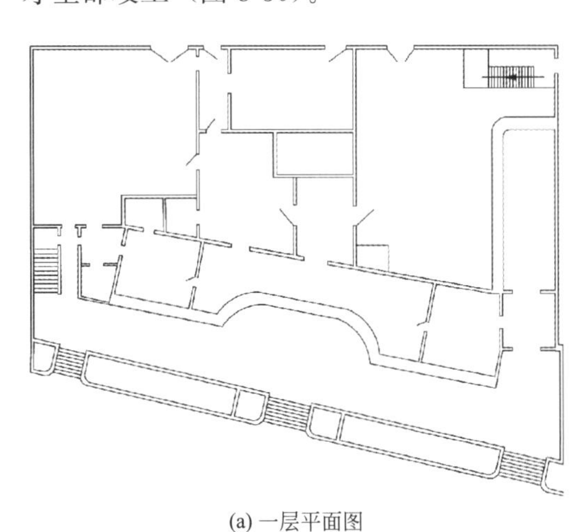

(a) 一层平面图

(b) 现状实景

图 8-30　武昌邮局楼的一层平面图和现状实景

来源：(a) 湖北档案馆馆藏档案，项目组描绘；(b) 作者摄

自 1936 年元月开始，公利工程司汉口办事处的山晴甫工程师先后到沙市白杨巷、宜昌福绥路的邮局建设基地进行现场勘测，并绘制草图，再由奚福泉审核设计。10 月 31 日，沙市与宜昌两个邮局楼同

时在湖北省邮政管理局进行施工开标，最后均由上海泰兴营造厂中标承建，这两项工程均于当年年底动工，1938年3月交付投用。沙市邮政楼占地747.1m²，总建筑面积1477m²，工程实际建筑费用80980.02元。楼高3层，局部4层[①]（图8-31）；宜昌邮局楼总建筑面积为1614m²，楼高2层，此外还建有一幢2层附属楼及大小堆栈各一幢（图8-32）。

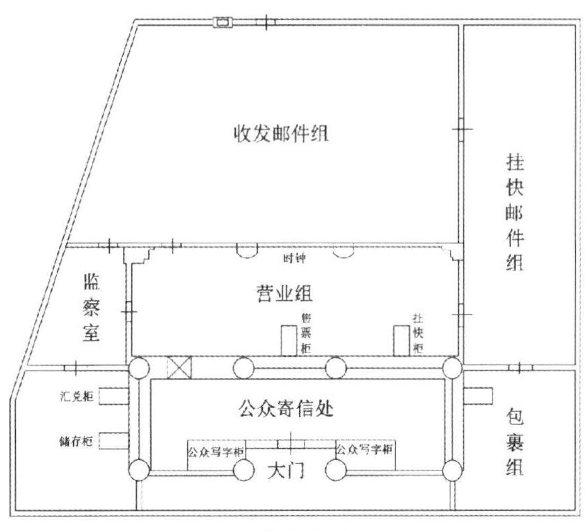

(a) 底层平面图

(b) 历史实景

图8-31　沙市邮局楼的底层平面图和历史实景照片

来源：(a) 湖北档案馆馆藏档案，项目组描绘；(b) 荆沙文史｜邮政楼的修建者及其他，https://history.sohu.com/a/522351888_121124392

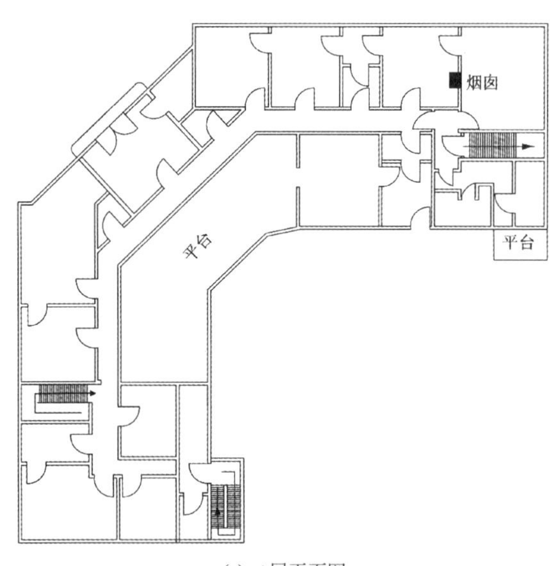

(a) 二层平面图

(b) 历史实景

图8-32　宜昌邮局楼的二层平面图和历史实景照片

来源：(a) 湖北档案馆馆藏档案，项目组描绘；(b)【老城记忆】宜昌邮政巷，http://www.360doc.com/content/22/0121/12/18608619_1014288225.shtml，2022-01-21

此外，公利工程司还先后为湖南省邮政管理局以及浙江鄞县、安徽芜湖等一等邮局承担设计任务。抗战胜利后，由山晴甫任驻汉代表的“公利工程司奚福泉建筑师汉口事务所”又先后承接了湖北省邮政

① 湖北省档案馆．湖北省邮政管理局关于邮政储金汇业局汉口分局请将沙市邮局局屋底层借来设立办事处的呈：档案号LS043-002-1843（2）-005，1946-03-27.

管理局的四维小路及郝梦麟路宿舍工程、武昌徐家棚机场邮件堆栈工程等，而后奚福泉还为湖北省邮政管理局重建的新楼提交了图纸及说明书（1947 年），但该项目未实施。1947 年，邮政总局为改进邮政营业处，减少拥挤和整治环境，饬令上海、江苏两地邮政管理局在繁华地段设立示范局。同年 4 月，奚福泉设计完成了南京中山北路上的鼓楼乙种示范邮局（图 8-33），该楼主体 3 层，两侧 2 层，柱廊式立面简洁，窗口开敞通亮，内部设备齐全。这一现代主义风格建筑有意成为当时全国树立邮局营业部门的样板。

图 8-33　奚福泉设计的南京中山北路上的鼓楼乙种示范邮局（1947 年）

来源：《三十三　南京鼓楼示范邮局外景》

3）奚福泉为中德合办的欧亚航空公司设计的机库及航空站

1931 年 2 月，国民政府交通部和德国汉莎航空公司合资成立了欧亚航空邮运股份有限公司，以沟通欧亚两大洲之间德国柏林经新疆至上海的国际空运干线为主要目标。奚福泉借助留学德国的背景优势，先后为欧亚航空公司设计完成了沪新航线沿线的系列航空站建筑，包括上海龙华机场飞机库（1935—1936 年）、南京明故宫机场航空站（1936—1937 年）和西安西关机场飞机库（1937 年）等项目。

（1）欧亚航空公司上海龙华站

欧亚航空公司的总办事处和总修理厂均设置在上海龙华机场，其总修理厂的飞机维修机库由奚福泉设计、沈生记合号承建，于 1935 年 11 月至 1936 年 6 月间建成启用，造价超 14 万元。该维修机库以综合保障维护为主，兼顾航空旅客候机。该机库为钢筋混凝土框架结构，屋架为梯形钢桁架结构，机库面阔 50m、进深 32m（约 32m）。其中机库大厅宽 165 英尺（约 50m）、深 100 英尺（约 31m），可容纳三发大型飞机 4 架，其三面设置工场（包括铁工、木工、漆工、打铁、炼钢等车间）、仓栈和办公室等，而候机室则设置在机库西侧附属建筑的底层。朝南的机库大门设有带滑轮的铁栅门 8 扇，其左右两侧为宽 20 英尺（约 6m）的 2 层弧形抹角房屋，其建筑立面采用紫色泰山面砖和白色水泥相隔进行横向分隔[①]，色彩调和、简洁大气。该机库是具有德国包豪斯风格的中国近代经典现代主义建筑作品，这座后期编号为 36 号的机库于 2011 年被拆除。

（2）欧亚航空公司南京明故宫站

由留德建筑师奚福泉设计的欧亚航空公司南京明故宫航空站是以旅客候机服务为主体功能，兼备办公、检查和仓储等诸多功能。该单层航空站于 1937 年 3 月在机场西北隅建成投入使用，初期为欧亚航空公司和中国航空公司共用，建筑平面采用新颖的扇形布局模式，呈直角分布的两排房间围合着扇形候

① 欧亚航空公司新建机棚［N］. 申报，1936-6-24（6）.

机室及候机平台，航空站包括办公室、无线电报室、储藏室、关税检查室、卧室和仆役室以及男女宾盥洗室、候机室、饮食部等大小房间10间，其布局紧凑，功能使用合理。航空站采用水泥地板，青瓦屋面。其空侧入口的上方墙面标示有两大航空公司中文名称，两侧的辅助房间墙面则镶嵌有中国航空公司、欧亚航的英文缩写名称。这一布局新颖而功能实用的航空站推测应借鉴了欧洲航空站的设计理念。

(3) 欧亚航空公司西安站

1932年3月，欧亚航空公司设立西安航空站，次年在平粤线和沪新线在西安交会后，该公司在西安西关机场开工建设坐北朝南的大型机库，但西安绥靖公署要求该机库挪至机场东部，东部面临西安城墙，且机库大门只能朝向西侧，面临烈日西晒和寒风侵袭①。该机库项目延拓至1936年10月才启动施工招标，次年上半年完成土建工程。在七七事变爆发之后，尚由公利营业公司负责面向水电行进行暖气、卫生、电气设备工程招标事宜。1937年10月，欧亚公司总办事处和修理厂奉交通部令迁往昆明，使得该机库最终未投入使用②。

4) 奚福泉主持设计的中国航空器材制造厂股份有限公司

(1) 中德合办飞机制造厂密约及其航空工业项目选址

为了引进德国先进的飞机制造技术，逐步培育发展中国自主的航空工业体系，国民政府财政部、交通部与德国飞机制造商——容克斯公司就合资设立飞机制造厂问题开展了旷日持久的谈判，至1934年9月29日，中德双方最终签订了为期十年的《中德合办航空机身及航空发动机制造厂股份有限公司合同》，次年6月13日又签署了补充议定书。中国航空器材制造厂的选址可谓一波三折。1933年，定名为“中国飞机第一工厂”的厂址初期选址在上海③，而蒋介石力主在四川境内设置，而后该公司章程明确“公司总办事处及工厂设于重庆，分办事处设于上海”，次年又在河南洛阳勘定建厂厂址，但德方坚持在长江下游设厂，以兼顾湘赣地区钨矿、锑矿等原材料出口德国的需求，厂址一度还在江西南昌、浙江杭州选址④，选址工作延拓至中国航空器材制造厂股份有限公司于1936年8月1日在江西萍乡挂牌成立才告一段落。

1936年7月29日至8月10日，国民政府航空委员会王立序、萧祐承等3人和公利营业公司罗柏及建筑工程师奚福泉、张轩朗⑤等4人组成航空器材制造公司厂址考察组，自上海经由汉口和长沙到萍乡进行实地踏勘，考察组分甲组（负责测量）和乙组（负责查勘东南及西南方向的地形），并拟定了《查看萍乡设厂地址报告书》及附件（图），认定萍乡周边有粤汉、株萍、浙赣、浙杭、南浔等铁路线路；公路有沪杭、南萍等线路，其中厂区南部毗邻南萍铁路和赣湘公路，交通便利；照明、电力和燃料均可由6km外的安源煤矿供给，其环状9座砖窑也可提供建厂所需砖料，萍乡机械厂的机器设备还可用于建厂时的“铁工制造”；饮用水可挖若干座自流井，并设置“滤渍池”净化后使用；动力厂的生产用水可就近河道接管抽水。经勘察认定扩建后的萍乡飞机场可满足生产飞机试飞起降的最低限度需求，由此中国航空器材制造厂最终在萍乡选址建厂。

(2) 中国航空器材制造厂的建设历程

1936年10月，国民政府参谋本部陆地测量总局航测第一队测绘了“萍乡飞机场航摄镶嵌图”。此后，公利营业公司依据该地形图计算了平土工程量，并设计完成了《萍乡工厂厂房分配及交通路线图》《厂区排水图》《萍乡厂排水图样》《工厂及住宅建筑图》等数十张系列图纸。中国航空公司器材制造厂的施工招标吸引了李丽记、新金记、久记、新亨、大昌、公记、新仁和建业八家营造厂有意参与投标，这些营造厂除了李丽记是来自汉口之外，其他营造厂均来自上海，最终“建业营造厂总事务所”中标承

① 国内要闻“欧亚航空公司在西安建歇机大厂棚交部电杨虎臣予以便利”[J]. 飞报，1933 (217)：28-29.

② 欧亚航空公司建造西安飞机棚厂工程招标通告 [N]. 申报，1936-10-19.

欧亚航空公司建造龙华飞机场房屋及装置西安飞机棚厂内暖气、卫生、电气工程招标通告 [N]. 申报，1937-7-8.

③ 航空，军事：国内：中德飞机制造厂明春开工 [J]. 每周情报，1933 (9)：67.

④ 中德飞机厂将开工 [J]. 航空杂志，1934，1 (2).

⑤ 张轩朗曾任公和洋行土建结构工程部的实习生、技术员（1929年），后加入公利营业公司。

建该项目。1937 年年初由业主航空委员会（陈昌祖）、工程师公利营业公司（奚福泉经理）以及承包人建业营造厂总事务所（周敬熙）三方订立了《建造中国航空器材制造公司萍乡装配厂工厂建筑章程》。同年 5 月 5 日，历经一波三折的航材厂一期建筑工程正式开工建设，又因雨季来临而仅在当月搭盖了储料间和临时办事处，装配厂的地基土方调配平整及基坑挖掘也仅完成了 7/10①。同年 6 月，“在湘征地工作，已全部结束，机工训练厂、职员宿舍、工人宿舍及其他土木工程，亦动工数月，不久可以完成，总厂房即将公开招标”②。但该工程随即因淞沪抗战的爆发而全然停工。

1938 年 4 月，中国航空器材制造厂被迫迁往昆明老城西南的柳坝村重建，同年 9 月完工③。次年奚福泉又为该公司设计了昆明零件厂工程。但由于德方提供的飞机制造工具及设备因中德关系恶化而未能如期运到，无法开工生产飞机。1939 年 12 月，航空发动机制造厂筹备处接收了该厂址。

（3）中国航空器材制造厂的规划设计

由奚福泉担纲的公利营业公司为中国航空器材制造厂先后设计了 2 个总平面规划方案，其中作为《查看萍乡设厂地址报告书》“附件二”的厂区布局采用了以管理处为中心的相对集中式布局方案，该方案将机场沿东北-西南主导风向扩修，其东北向的平土工程计划分两期实施，新建的厂区和生活区也沿扩修后的机场东南位置的山坳里集中布局，其中装配厂和零件制造厂均毗邻机场（图 8-34），装配厂则位于扩修机场的东北角（为 30m 高的土丘），其机场一期平土工程量较大。呈飞机状平面的招待所、运动场以及职员和工人住宅等生活设施则分散设在厂区东南侧的多个山岭上。

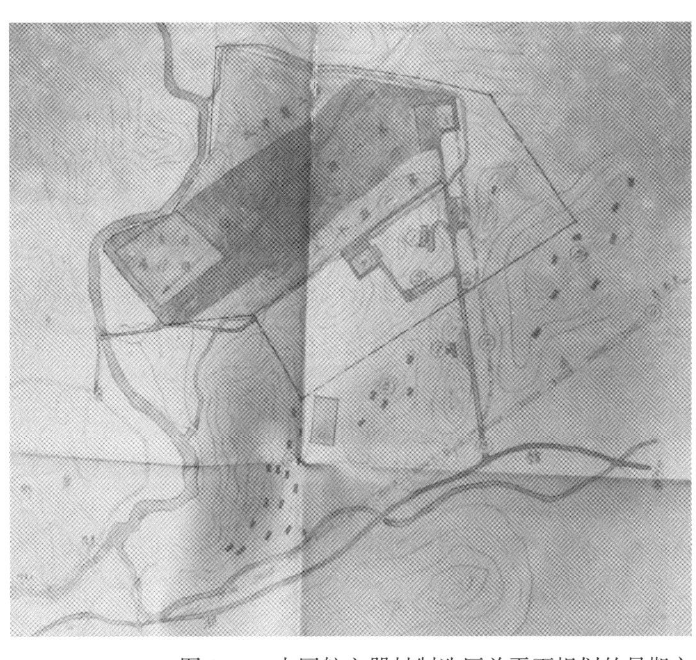

图 8-34　中国航空器材制造厂总平面规划的早期方案

来源：云南机场集团有限责任公司档案室

后期最终由国民政府航空委员会选定的实施方案是平土工程少、防空效果好的分散式布局方案。该实施方案中的厂址总占地面积约 1620 亩，厂区主要沿机场主导方向——东北-西南方向布局，总体上分工厂建筑区、住宅建筑区和扩修飞机场（分两期）三部分（图 8-35）。生产用房主要依山就势地设置在卢家岭和螺丝岭之间的山坳中，平均相对标高 50～80m，沿山势布局有装配工厂、零件工厂、动力厂和

① 公利营业公司 1936 年撰写的《五月份装配厂工程报告》。

② 何廉、钱昌照电蒋中正资委会筹备飞机发动机厂情形．《呈表汇集（五十六），特交档案——一般资料，（蒋中正总统文物）》，台北国史馆藏，典藏号：022-080200-00483-035，1937-06-01.

③ 考虑到项目的连续性以及奚福泉设计了相关的昆明零件厂，推测中国航空器材制造厂迁址昆明柳坝村的重建工厂也是由奚福泉主持设计的。根据《上海建筑施工志》记载，该厂由周敬熙（1906—1984 年）任厂主的上海建业营造厂承造。

附属厂房、总堆栈及办公室，以及招待所、食堂、职工宿舍和门房及水塔等配套建筑，其中仅装配工厂与机场接壤。供职员和工人居住的住宅群分甲、乙、丙、丁四类，以食堂为中心，沿山岭自然布局在坡地上。第一期建筑工程仅有装配工厂，还规划配套建设引自南萍铁路的铁路支线和引自赣湘公路的公路支线，这些铁路和公路支线均直通装配工厂。

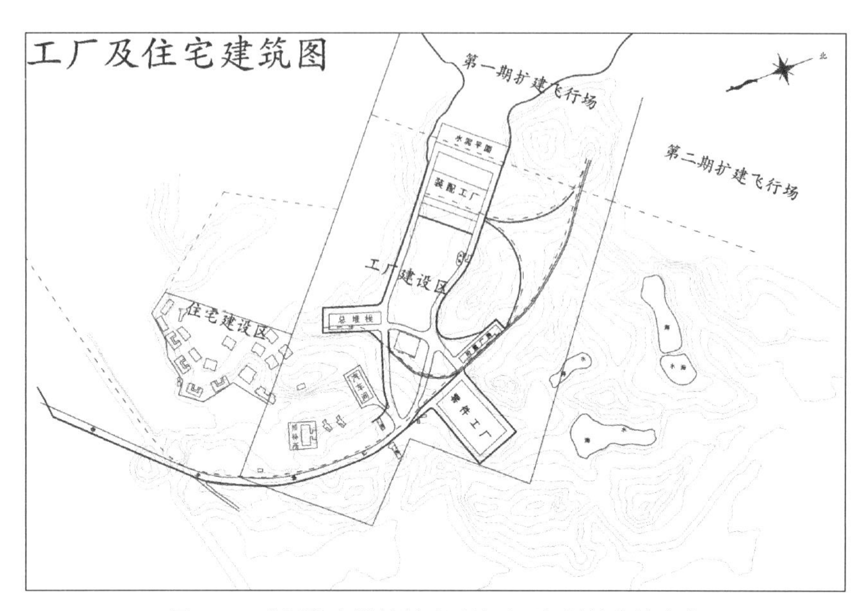

图 8-35　中国航空器材制造厂总平面规划的实施方案

来源：项目组根据云南机场集团有限责任公司档案室馆藏图纸描绘

中国航空公司材厂的核心建筑和最大建筑——装配工厂与第一期扩修飞机场直接接壤，该总装厂的建筑平面呈矩形，机库面阔约 100m，其中机库大厅面阔约 50m，设有 7 个标准柱间；中央为单层且通长的机库大厅和辅助车间，其两侧为进深 12 个柱间的 2 层辅助用房（底层层高 4m，二层层高 3.5m），分别设有铁制推拉小门供人进出。机库大厅采用梯形钢桁架屋盖结构，其屋顶高低错落，便于自然采光。该总装厂采用机制青砖，水泥灰缝砌筑，油毛毡屋面；厂房主立面呈 3 层跌落式对称布局，中央机库大厅主立面上部为大面积嵌丝玻璃窗，采光良好，其下设有上沿带有白铁皮屋檐的 10 扇上部镶嵌玻璃窗的铁制推拉门（铁扯门），其两侧墙面则采用水泥抹面①（图 8-36）。该现代化的装配工厂由公利营业公司奚福泉建筑师主持建筑设计，德国普赖斯勒夫特公司（Pressluft）提供电气设计，美国的“北美航空公司”（North American aviation. Inc）提供钢结构设计，德商福罗洋行提供钢材。

5）奚福泉主持设计系列邮政航空类项目的建筑特征

奚福泉建筑师设计的邮政航空类建筑作品不仅在功能布局、建筑风格等方面体现出现代主义理念，也在结构构造、材料设备和施工工艺等诸多方面广泛应用现代化的工程技术，由此这些作品由表及里地散发出现代主义光芒。例如，在建筑平面布局和造型设计方面，奚福泉主持设计的湖北省 3 座一等邮局楼均为办公兼居住功能的综合楼，其底层的平面布局以营业厅为中心，环以收发邮件组、挂快包裹组和电报组等对外业务部门，布局紧凑，内外分明，功能实用。其建筑风格呈现以简约实用为主的功能主义，至多点缀以传统建筑符号，如沙市邮局主体建筑造型及内部空间布局均为现代主义风格，而室外楼梯栏柱、莲花图案屋檐及拼花窗棂等装饰构件又富有中国传统的建筑特色，当属既满足现代邮政业务需求又体现中国传统韵味的新型交通建筑。另外，奚福泉的门廊设计手法颇具特色，如武昌和宜昌邮局以两侧弧形凹入墙面形成内向出入口，并设多级台阶供拾级而上，其防风雨和内涝效果好，上海龙华机场的欧亚航空公司机库侧面出入口也采用同样设计手法。在工程技术层面，奚福泉可熟练地将大跨钢桁架

① 根据云南机场集团公司档案室馆藏系列档案整理。

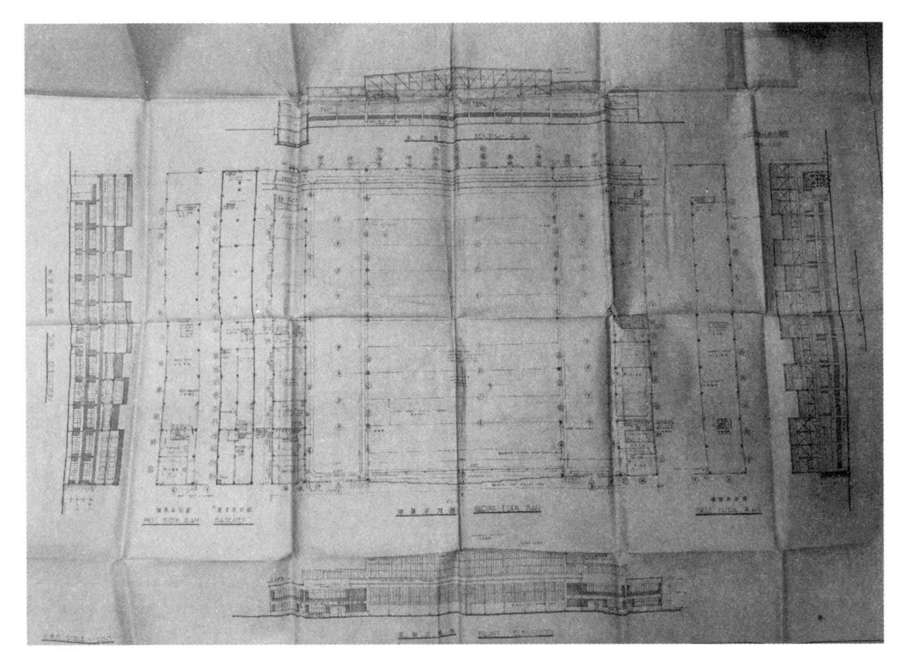

图 8-36　中国航空器材制造厂主厂房建筑平立剖面图
来源：云南机场集团有限责任公司档案室

屋盖结构技术应用于飞机制造厂装配厂房、维修机库等领域。此外，从中德航空器材制造厂项目来看，奚福泉主持完成了从工厂选址、总平面图规划到主辅厂房以及生活用房等众多建筑单体设计项目实施的全过程，这为他在中华人民共和国成立后主持完成大量国内外工业项目的规划设计奠定了技术基础。

总的来看，留德建筑师奚福泉可谓中国第一代建筑师群体中自始至终都秉承现代主义设计理念的设计大家，他广泛从事邮政、航空、学校、医院及会堂等各种近代新型公共建筑设计实践，其建筑作品数量之多、类型之众及分布之广是第一代建筑师群体中所罕见的，其在公共建筑的功能布局、风格造型、结构构造和材料设备之间的统筹把控技能亦是近代建筑师群体当中的翘楚。从奚福泉设计的系列邮政航空类建筑作品来看，其大部分作品体现了德国包豪斯流派和功能主义交织融合的现代主义思潮，少量作品是点缀以中国传统建筑装饰符号的实用主义建筑风格。

8.3.3　近代本土职业建筑师主持与参与机场建筑设计的特征

1. 主持或参与设计的机场建筑类型广泛

在国内时局面临危境之际和宣扬“航空救国”理念的背景下，近代不少著名职业建筑师及其建筑事务所都或多或少地涉足过机场规划以及航空类建筑设计，这些职业建筑师从事机场建筑设计的项目类型分布广泛，主要包括机场规划和机场建筑设计两大类，其中机场规划包括飞机制造厂、航空学校及机场自身等总平面布局规划，机场建筑则涵盖机场跑道、飞机库、航空站等诸多建筑设计。例如，董大酉设计了上海的中国航空协会会所、龙华机场中国飞行社机房，奚福泉为欧亚航空公司设计上海龙华机场和西安西关机场的机库以及南京明故宫机场的航空站，陈植主持设计了台中第三飞机制造厂等。另外，抗战时期内迁至西南后方的建筑师也大量地参与当地的防空工程以及军事工程，如李惠伯和关颂声分别主持设计贵州大定的发动机制造厂与重庆南川第二飞机制造厂等。卢毓骏、张峻等建筑师除了从事防空建筑工程设计之外，还广泛在机场建筑领域著书立说，重点论述防空都市计划和防空建筑设计。这些机场建筑作品属于职业建筑师非主流的“边缘建筑”，也多是军事航空系统的保密工程，加之又地处远离城市的机场位置，且常因敌我双方的相互攻击而遭损毁，以致普遍不为人熟知。

2. 承接的机场建筑设计项目总体数量有限

近代机场建筑作为新兴的建筑类型，普遍采用现代主义建筑风格。无论从空间位置来说，还是从重视程度来看，近代机场建筑都属于“边缘建筑”。与影剧院、办公楼和银行等公共建筑相比，近代机场建筑具有专业性强、受众面窄的特点；与铁路、公路等交通建筑相比，近代机场建筑也具有数量相对少，且空间分布上较为集中的特性，同时还兼有军事建筑的独特功能。对于职业建筑师而言，其在专业学习期间普遍没有参与机场建筑实践和研修的时机，承揽的机场设计项目也仅属于其众多的建筑设计项目之一，普遍无动力也无条件对机场建筑进行专门的研修和总结，因此近代的职业建筑师几乎无法做到机场建筑设计作品和理论著作兼而有之。

近代职业建筑师在机场领域完成的数量有限的建筑设计作品反映了其对这一新兴建筑类型所做的前所未有的尝试。中华人民共和国成立后，这些职业建筑师也积极参与机场规划设计，如华盖建筑事务所负责人赵深在任职华东建筑设计院总工程师之际，于 1964 年主持上海虹桥机场的候机楼设计；基泰工程司合伙人杨廷宝也于 1972 年主持设计了南京大校场机场候机楼，而结构大师杨宽麟则自 1950 年起担任民航局民用设计室技术顾问。

3. 机场建筑设计有职业化的倾向

随着近代行业性建筑类型的规模化和专业化发展，逐渐出现了专业建筑师，如贝寿同先后在北洋政府司法部和国民政府司法行政部任技正，在 20 世纪 10—20 年代先后主持设计了不少法院和监狱项目；李锦沛借助美国基督教青年会全国委员会驻华青年会办事处副建筑师身份，先后完成了长沙、济南、厦门、南昌、武昌等地青年会会堂项目，合作完成上海八仙桥青年会以及全国青年协会和中华基督教女青年会项目；另外还有专注于教会建筑的齐兆昌、银行建筑的庄俊等建筑师，他们的专业建筑设计水平获得业主认可，其专业建筑设计风格有着模式化的动向。同样，机场建筑类型也有类似的倾向，如奚福泉先后在上海、南京和西安等地主持欧亚航空公司的系列航空站及机库项目，这一趋势最终因抗战爆发而戛然而止，抗战胜利后航空公司所雇用的专业建筑师事实上已经走向职业化道路，如中国航空公司建筑课课长裴冠西建筑师专职于航空站的设计建造。

8.4 近代机场的建造施工制度和施工组织及其营造厂商

8.4.1 近代机场建设管理制度及其实施主体

1. 近代机场建设概况

近代中国建设了数量庞大、分布广泛的军用和民用机场。1927 年南京国民政府成立后，军政部航空署基于全国航空交通干线计划着手在全国各地修建系列机场。1931 年九一八事变之后，基于“航空救国”思想和“一县一机”运动督促地方政府加快修建用于巩固国防的军用机场，至 1937 年抗战全面爆发前，中国机场总数已达 262 个。抗战时期敌我双方都大量建设军用机场，尤其在抗战末期，结合美国驻华空军的作战需求，国民政府在国统区建设了一批高标准的军用机场，其中纳入中国空军编制的航空总站有 16 个，航空站则有 154 个。侵华日军重点在满洲国、台湾以及沦陷区兴建了分布广泛、数量众多的军用机场。苏联乌斯季诺夫、札哈罗夫所著的《苏联出兵中国东北纪实》一书中记载：1945 年入夏以前，中国东北和朝鲜已拥有 400 多个作战容量超过 6000 架飞机的机场点（包括 20 个空军基地、133 个机场和 200 多个降落场），另据伪满洲国总务厅次长谷亨回忆，在满洲国的军用机场也有 420 多处。台湾地区作为日军南进、西进及东进的主要航空基地，日本海军航空兵和陆军航空兵部队先后在台湾本岛及离岛建设飞行基地、飞行场、飞行跑道及水上飞机场达 80 个以上。由于战事不断，大量机场经常因敌我双方的轰炸攻击而遭损毁，加之闲置机场也多因缺乏维护而自然废弃或被复垦，时至 1950 年 5 月统计，全国各地共接管机场仅剩 542 个。相对于庞大的机场数量而言，近代机场的建设水平相对滞后，机场设施普遍简陋，铺装跑道少，压实土质场面居多，且缺乏通信导航设施和助航灯光系统。

2. 不同建设管理机构主导机场建设的特点

近代中国机场的建造模式多元化，主要包括中央政府军事航空或民用航空主管部门、地方政府航空

主管机构、航空公司以及敌我双方作战部队等营造主体，这使得各地机场的建筑形制、建筑规模和建筑风格差异较大。南京国民政府航空署或航空委员会的组织条例确定其统管全国军事航空和民用航空一切事宜，机场作为军事设施也顺应由其直接管理。由于机场建设在当时属于耗资较大、占地甚广的非营利性工程，中央政府、地方政府及航空公司都不愿大力投资，普遍存在“重飞机、轻机场”的现象。尤其中央政府航空主管部门与地方政府之间在机场建设过程中存在着博弈现象，航空主管部门作为机场业务指导部门，注重机场规模和标准的建设，强调建设质量和规范到位，除重点机场以外，其他机场基本不予投资建设，仅是从技术角度予以规划设计和施工指导及监督，而是责成机场所在地的地方政府负责统筹机场建设费用及征地拆迁和建设事宜，通常地方政府的土地局负责协助机场所在地的征地拆迁，工务局及公用局则主导或参与该机场的规划建设。

在民用航空方面，专营航空邮运业务的南京国民政府交通部无力对各地民用机场进行大规模投资，而多依托地方政府或航空公司投资建设机场设施。直至 1947 年交通部民航局成立后，民用机场规划建设才正式步入正轨。近代城市的市政建设与管理体制均未涵盖其所在地的机场规划建设，机场也少有隶属于当地工务局或公用局的。除了上海、广州及南京等重点城市有财力直接主导民用机场的规划建设外，多数地方政府多从节省建设成本角度要求少占耕地和良田，以维护地方权益。地方政府对航空公司的支持也仅限于在机场建设方面组织人员出工出力，并指望国民政府交通部拨款建设，鲜有对机场设施进行大规模投资改建的。而航空公司非但没有获得当时国际通行的由政府所提供航线补贴，反而需要自筹资金建设航空站，如 1933 年欧亚航空公司即使求助于当地驻军修建了肃州机场，仍需要支付工料费 2400 余元。为此，航空公司出于规避经营风险的考虑，很少着力投资对机场设施加以改进，多将就着租用沿线的军用机场。

3. 主导机场建设机构的分类

1）中央政府航空主管机构主导的机场建设

中央政府主管机场建设及施工组织机构既包括北洋政府或国民政府航空署（或航空委员会）等军事航空主管部门，也包括交通部（或民用航空局）等民用航空主管部门。民航部门是按照航线布局进行民用机场规划建设的。如北洋政府航空署在筹建京沪航空线之际，计划以北京南苑机场作为始发站，沿途在天津、济南、徐州、南京及终点站上海各设航空站一处，并在廊坊、桑园、藤县、大城口、宿县、明光、丹阳、苏州各设备降机场一处，其中上海虹桥机场航空站为我国近代第一个全新建成的民用航空站。

南京国民政府建立后，军政部航空署（后为军事委员会航空委员会）根据国防战备或军事作战需求进行了全国或地区机场布局规划及其建设。抗战前夕及抗战期间，航空业发展及其机场建设以军事需求为主导功能，航空委员会统筹建设和管理国统区的所有机场。抗战胜利后，军用机场由国民政府空军总司令部主管，并设有专门的空军工程队承建，而民用机场则由新成立的国民政府交通部民航局主导规划建设。

2）地方政府主导的机场建设

民国时期各省级军政当局在兴办军事航空的同时，也直接主持或责令下辖行署、市县等各级政府机构修建一些民用机场或军用机场，这些机场的建设一般是由省级军政当局专职的航空主管机构负责，或者指示市县政府组织施工的。广东、湖南、云南、四川、新疆、贵州和山西等地方军政当局在建设航空队或发展民航运输业的同时，都在各自的辖区内建设了数量不等的机场。如在 1929 年，广西军政当局为与广东省筹办民航运输业，陆续兴建了桂林二塘机场、柳州帽合机场、梧州高旺机场及南宁邕宁机场。

3）军队主导的机场建筑建设

在北洋军阀割据的时期，北洋军阀在其所管辖范围内结合各自航空队建设的需要，自发地在其属地内进行机场建设，这类机场多位于地方军政府的统治中心及驻军重镇，如直系军阀吴佩孚进驻洛阳之际，于 1920 年 9 月始建占地 200 余万平方米的金谷园机场。在国民党新军阀混战时期，各地国民革命军在其驻地及其辖区范围内建设一批军用机场或军民合用的机场。1928 年，国民革命军第八路总指挥部航空处令建北海茶亭机场、茂名机场、天河机场等一批机场；同年国民革命军第 24 军军长刘文辉在新津旧县街后修建新津飞机场，国民革命军第 21 军军长刘湘同期也在梁山北门外操场修建梁山军用机场；1931 年，国民革命军第 38 军军长孙蔚如、第 51 旅旅长赵寿山奉命带队在陕西南郑县修建机场。

另外，在新旧军阀混战时期，在作战前线也建设一批临时性的军用机场。如在战事不断的中原地区，仅在 1925 年前后，出于军事作战的需要，新旧军阀便先后在河南的郑州、洛阳、确山、漯河、沈丘、郾城、驻马店、潢川、信阳等地修建了小型军用机场。

4）航空公司主导的机场建设

近代航空公司都是从经营航线角度，在所拟开辟的航线沿线建设航空站。早期的中国航空公司多利用水陆两用飞机承担沿江、沿海的航空运输，沿长江、沿海岸线建设一批水上机场，投资少，见效快。航空公司少有自建机场的，主要以借用军方机场为主，重点投资建设旅客服务设施、飞行导航电台以及飞机维修加油等与民航飞行直接有关的机场地面设施。1930 年夏秋之交，欧亚航空公司为开辟上海至满洲里的沪满航线，在满洲里火车站西南方向、距离城市 1km 处修建机头库等机场设施。为了开辟上海至新疆的沪新航线，欧亚航空公司于 1931 年修建了百灵庙机场，第二年又在酒泉北乡离城区 20km 处的新天墩修建了一处临时机场。

8.4.2 近代机场施工组织的主要方式

在机场施工组织方面，通常需要分设负责机场工程技术、征工、征地三大项任务的施工组织机构，其中机场工程委员会或工程处主要负责施工资金拨付、施工技术和施工质量管理等职责。为保证工程质量，该机构一般还配备监修员和技工；根据机场的工程规模，由机场所在地的省政府、专员公署或市县政府等各级地方政府机构设立“征工委员会”（或称“民工总队”“民工管理处”“征工事务管理处”等），主要在各区县负责具体的征工和施工组织等事宜；各级地方政府所设立的“征地委员会”则负责机场用地的土地征用和补偿等事宜。考虑征工便利，多利用农闲时候修建机场，一般在冬末及春耕期间停工，有些机场因征工、经费等问题而拖延两三年才完成。但有的军用机场军务紧急，工期要求短，两三个月便要求机场竣工，再用飞机进行试降验收。

1. 国民政府航空主管机构负责施工组织

1）抗战前夕和抗战初期的机场施工组织

南京国民政府初期的军用机场主要由当地政府负责组织施工。为了确保机场工程质量，国民政府军政部航空署（后期为军事委员会下辖的“航空委员会”）及其下属的航空站派驻若干工程师赴各地指导机场选址、勘测设计和监管施工，各省、公署、市县政府则指派相应的工程技术人员配合设计施工。例如，1933 年 8 月 23 日，在南昌成立“江西省各界建筑剿匪机场委员会”，建设南昌老营房、三家店等机场。1934 年 4 月，在国民党军队对井冈山革命根据地发动第五次“围剿”之际，国民政府航空署令湖南省当局在湘南修建 10 处机场。

2）抗战中期的机场施工组织

1940 年 2 月，为了谋求机场工程建设快速及管理便利起见，国民政府航空委员会颁布《航空委员会建筑机场工程处组织规程及编制系统表》（组庚蓉字第三四八号训令），该规程设立直属于航空委员会的“建筑××机场工程处”组织架构，机场工程处拟由派驻各地的空军总站及工程人员按实际需要会商地方政府协同组织，规定处长由当地建设厅厅长或行政督察专员兼任，综理全处的一切事项，副处长由当地县长及空军总站长或空军站长兼任，协助处长办理一切业务。工程处分设工程股、总务股和会计股。其中工程股掌理工程勘测、设计绘图、估算校核、分配监督指导及其他有关事宜；总务股掌理民工征集管理、警卫部署、卫生设施布点等事项；会计股则掌理款项预算、领发、保管、审核及报销等事项（图 8-37）。抗战中期，军委会下辖的航空委员会还专门下设“西川修筑机场委员会”，统一领导和指挥四川省及西康省的机场建设工作。

3）抗战后期的机场施工组织

窘于国防交通设施建设严重滞后的现状，1943 年秋，国民政府决定在军事委员会专门下设负责军

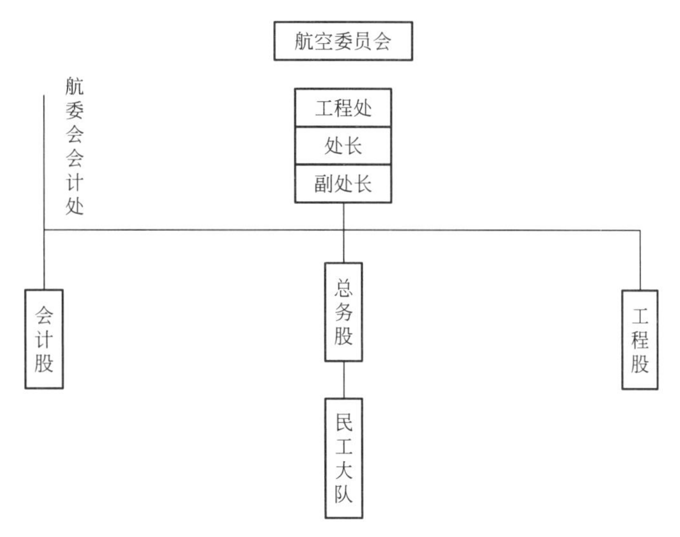

图 8-37　国民政府航空委员会建筑××机场工程处
来源：湖北省档案馆馆藏档案 LS031-013-0003-0001，湖北省政府关于航空委员会函送建筑机场工程处组织规程及编制表等件的代电

事工程的“工程委员会”，以军务名义专门负责机场、公路以及其他军事交通工程的设计建设。该工程委员会由国民政府交通部部长曾养甫兼任主任委员，陈茹玄任副主任委员（后任代理主任委员），［美］肯纳逊（W. I. Kenerson）、晏玉琮、陆崇仁和茅以升等任委员，张海平任总工程司室的总工程司。主要考虑到交通部先后组织滇缅铁路、滇缅公路、中印公路及甘新公路的规划建设，积累了大量交通工程经验，也培育了大批工程技术骨干人员。例如，时年 39 岁的邹岳生任黔滇公路主任工程师和总段长，他是贵州晴隆著名“24 道拐”抗战公路的设计师，后任工程委员会总工程司室副总工程司。该委员会在国统区各地附设主管军用机场建设的工程处，如工程委员会昆明飞机场工程处、桂林飞机场工程处、柳州飞机场工程处等，这些设有不同编号的飞机场工程处再划分有各个工区。抗战后期，先后在各地成立的 60 个机场工程处主持了整个国统区几乎所有军用机场的设计和施工。例如，1943 年 7 月至 12 月，工程委员会第六工程处负责承建桂林二塘机场扩建工程；1944 年 3 月至 10 月，由邹岳生任处长、梁绰馀和陆聿贵任副处长的工程委员会第四十三工程处负责四川省泸县蓝田坝机场工程施工；1945 年 3 月至 8 月，由吴士恩任处长、陈彰琯和陈国楠任副处长的工程委员会第三十七工程处主持新建了陕西凤翔白村机场；1945 年 4 月 6 日至 5 月 1 日，由林则彬任处长、葛定康任副处长的第三十八工程处主持完成了汉中南郑机场的扩建工程。对于美军驻华航空基地的建设，美国空军工程处也派工程师及各类技术人员予以指导设计施工。

4）抗战胜利后的机场施工组织

抗战胜利后，国民政府国防部空军总司令部效仿美军做法组建了专业化的机场施工队伍——空军工兵总队，总队下再设空军工程队，如空军六〇四工程队在 1948 年设计和修复了汉口王家墩机场的第三跑道混凝土场道工程。民用机场的建设施工则主要由国民政府交通部负责。如在 1946 年 10 月 11 日，交通部设立直辖的龙华机场修建工程处，选派专门委员陈祖东和技正石裕泽为正、副处长，全面负责上海龙华机场南北向跑道改建和航站大厦建设等系列工程，同时还设立了用以指导工程处工作的“龙华机场工程评议委员会”。该委员会由交通部航政司司长李景潞任主任委员，上海市工务局局长赵祖康任代理主任委员，还包括国防部工程署副署长黄显灏、交通部主任秘书莫衡和中国航空公司总经理沈德燮、中央航空公司总经理陈卓林，基泰工程司负责人关颂声以及陈祖东、郑家俊、沈德夔等委员，凡有关龙华机场工程事项均由评议委员会决定。1947 年 1 月，在交通部民用航空局成立之后，由民航局下设的各地机场工程处负责机场的勘察设计与施工组织，如南京大校场机场工程处、上海龙华机场工程处、南京航站工程处等。

2. 地方政府负责征工征地和机场施工组织

主持或参与机场施工的各级地方政府可分为省政府、行政督察专员公署、县政府（或市政府）等三个层级。中小型机场的建设规模较小，机场所在地的市县政府便可全权负责组织施工建设。例如，1934年3月，国民政府军事委员会委员长南昌行营下令扩大九江飞机场，由九江警备司令部、九江县、航空处、建设厅、水利局、经理处、航空站七个机关组织工程委员会，工程委员会内分设文书股、会计股、工程股、招募股和管理督工股分头负责施工。至当年9月15日便全场竣工。[①]

大型军用机场具有建设标准高、建设规模大、建设任务重和建设工期短的特性，需要上升到省级政府层面推动征工、征地及施工组织，最终由省政府、行政公署、市县政府三级政府共同组织实施。如1933年9月4日，国民政府指示江西省政府紧急修建三家店军用飞机场及航空委员会第二飞机修理厂，省政府随即下令江西83个县共调遣29万民工到南昌青云谱新溪桥抢建机场，该机场从1934年8月1日正式动工至次年春便全部建成。

抗战初期，地方政府通过“机场工程委员会”“机场建筑委员会”等形式组织施工已成为当时主要的机场施工组织方式，通常是在机场周边区县进行跨区域地大量征工，再按行政区划片分区进行“人海战术”式施工。例如，1938年5月1日，四川省政府电令永川行政督察专员公署与航空委员会下属航空站联合负责重庆白市驿机场的勘察和修建任务，于同年11月1日共同发起成立“机场建筑委员会”，共征地922.236亩，征工6678人，该机场于11月5日开工，次年6月30日基本竣工（图8-38）。

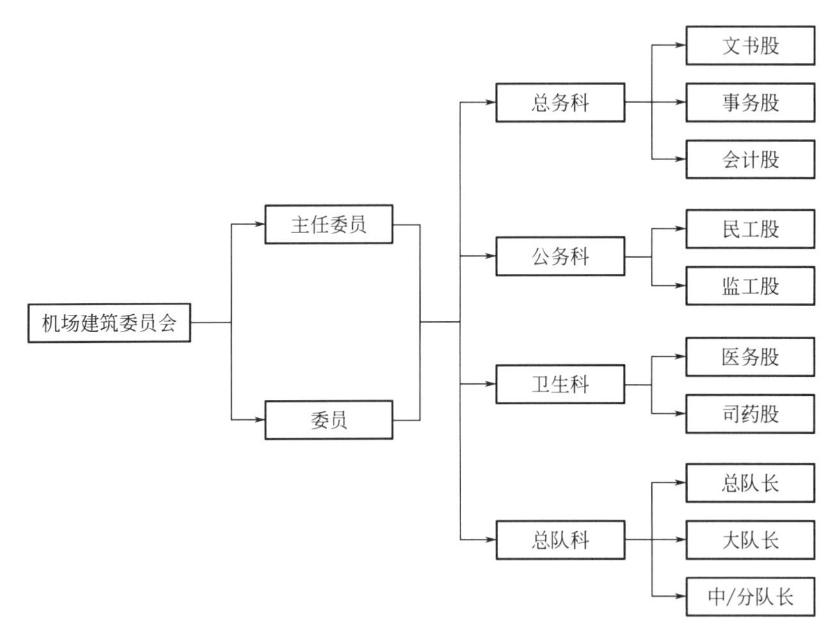

图8-38　重庆白市驿机场建筑委员会的组织系统图

来源：《四川省第三区专署奉令承办征工修筑白市驿机场计划大纲》，重庆档案馆437号，第5页。转引自《太平洋战争时期的中美空军合作》

抗战后期，随着驻华美军在西南地区使用机场数量的增多，中小型机场建设通常由机场工程处主办，其中工程处再下设若干组，如四川遂宁机场工程处下设工务组、民工管理/征调组、会计组、总务组、卫生组和警卫组等。其中工程组除了组员之外还另设有监工员、督工员和测量员。民工的组织形式通常是：县设总队，区设大队，乡设中队，中队以下设分队。由于征工则豁免当年兵役任务，征用民地则可减免赋税，这种方式在一定程度上调动了各级地方政府征工、征地的积极性。例如，1941年1月，四川华阳县调集民工8000人修筑新津机场跑道，便豁免该县当年的兵役任务。

① 《九江飞机场建筑工程》，载《工程周刊》，1935年第4卷第10期。

尽管有减税免兵役等各项优惠政策，但大范围的、多批次的、长时间的机场建设仍是各级地方政府难以承受的巨大财政和人力负担，这在云南、四川和广西等西南省份尤为突出。例如，仅在1934年4—5月期间，云南省政府便投资44226.95元用于修建昭通机场，该机场征用土地1002.7亩，为此支付费用20054元（每亩价20元），赔偿青苗费409.7亩，合1433.95元（每亩价3.5元），拆迁费1391元，民工津贴费2万元，材料购置费368元，测设费100元，监工员津贴160元，机场石堤费120元，行政办公费600元。在抗战时期，广西在全省范围内累计征调民工10万多人，共计380万工日，扩建和新建了桂林秧塘、李家村、平南丹竹、百色七塘等10个机场。

1948年3月，国民政府交通部民航局计划在天津市东郊的东局子新建国际六级航空站，拟建跑道全长达1900m，该新机场完工后将成为我国国际民航大站之一。按照机场工程分工，天津市政府将负责机场土方工程，民航局则负责所有的地面建筑设备①。为此天津市政府专门设立"天津市飞机场建设委员会"，由各有关机关代表及专家组成，内设工程、供应、征收、总务和会计等五处，办理各分管业务。后期因战局和时局变化，按照天津市警备司令部要求，在佟楼赛马场建设市内临时机场，由此成立"天津市市内机场修建委员会"（图8-39），在机场建成之后又组成负责机场安全运行的"天津市市内飞机场管理处"（图8-40）。

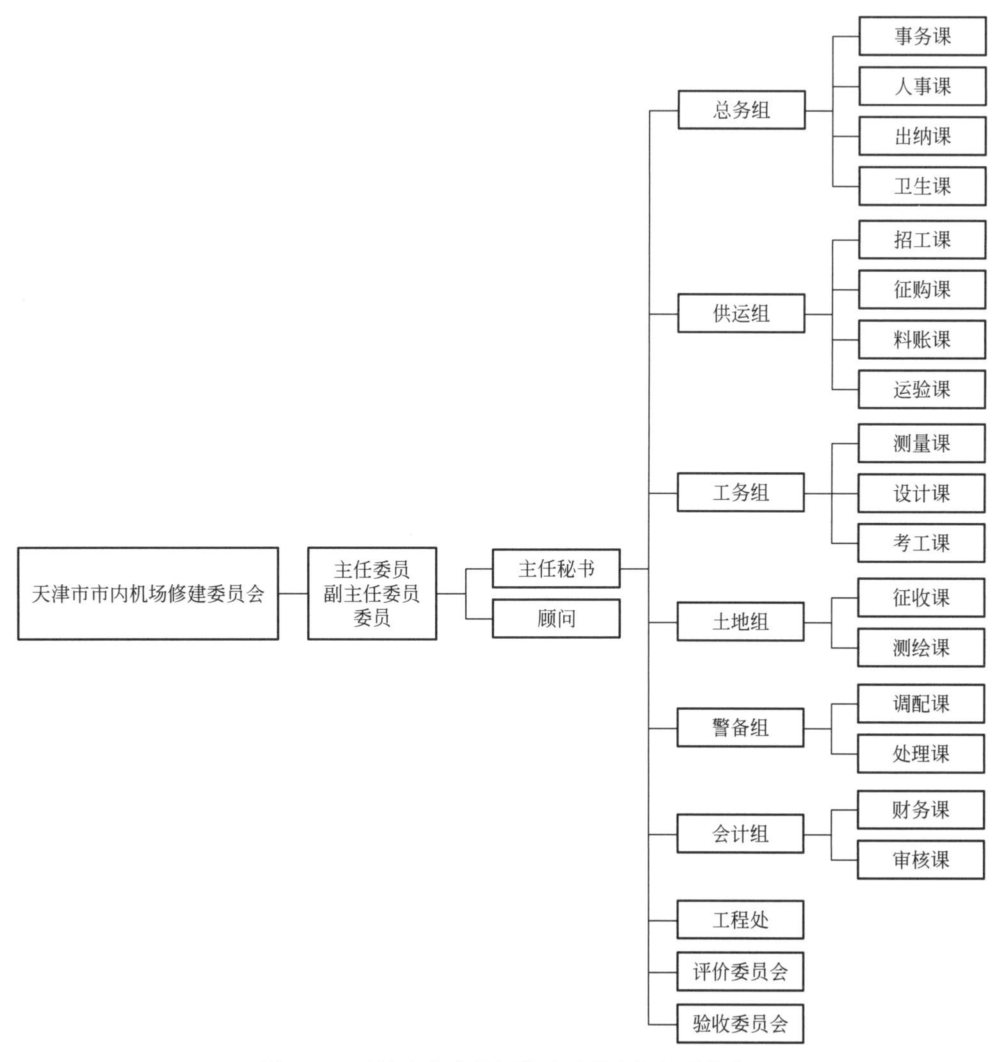

图8-39　天津市市内机场修建委员会组织系统表
来源：天津市档案馆馆藏档案

①《津东郊东局子筹开建新机场》，载《申报》，1948年3月21日。

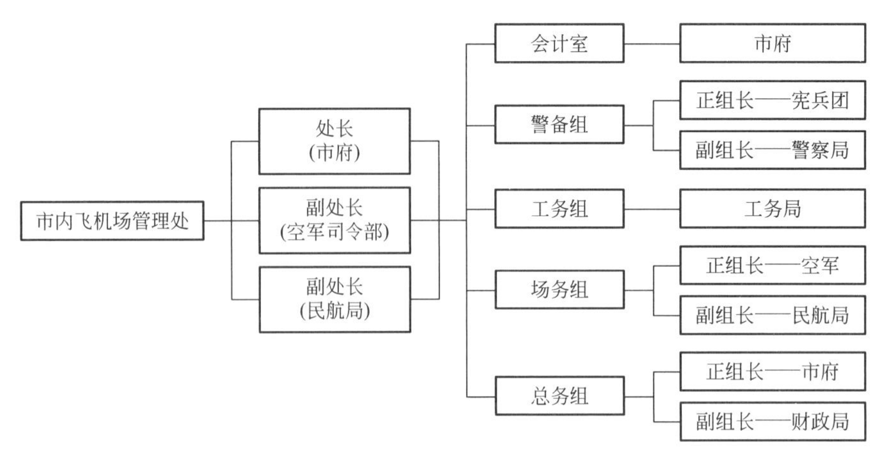

图 8-40 天津市市内飞机场管理处组织系统表

来源：天津市档案馆馆藏档案

3. 专业营造厂负责的机场施工组织

早期从事机场施工的主要为民营的营造厂或建筑公司，由于各地机场布局分散，频繁跨区域营建的成本高，并无营造厂专门从事机场的承造，仅有从事机场建设项目数量的多寡之分，如抗战时期地处西南后方的昆明更生营建厂等便是承建过多座机场修建任务的施工企业。早期以土方工程为主的机场场道工程的技术门槛较低，机场项目多采用公开招标的程序，由中标的营造厂或建筑公司承包施工，这些承建机构多为机场所在城市的营造厂或异地的大型营造厂。如 1935 年 4 月 17 日，国民政府航空委员会扩建南京大校场机场，首期工程投资 7.25 万元（法币），由南京建隆营造厂承建；1936 年 7 月至 11 月完成第二期工程，工程总价 18.95 万元（法币），由建隆营造厂与中华兴业营造厂分 2 个标段建成。又如 1935 年，江苏省政府建设厅委托溧水县政府修建溧水机场，通过公开招标和评标，该场土方工程由南京立大建筑公司中标承包施工，后又由南京大中华建筑公司续建完成。

民国时期承建机场项目数量较多、分布也较广的营造厂以馥记营造厂、成泰营造厂最为典型。在民国首都南京号称建筑商“四大金刚”（即“陈明记”“新金记”“陶馥记”“陆根记”）之中，陶馥记也是从事机场施工最多的营造厂。馥记营造厂在抗战之前先后在南昌承担了航空（机械）学校、中正桥和励志社等项目，还承担过南昌的中意飞机制造厂项目，造价约 40 多万元，该项目由意大利人和基泰工程司合作设计；抗战期间，馥记营造厂重庆分厂（1938—1941 年）又承担了迁址重庆南川海孔洞的航空委员会第二飞机制造厂建设任务，还承接贵州大定发动机厂的全部基建工程，该厂总体规划及其建筑设计由兴业建筑师事务所李惠伯建筑师主持设计完成。馥记营造厂还秉承了近代营造厂常见的师傅带徒弟、亲戚加朋友的“传帮带”的传承关系，其创始人陶桂林（1891—1992 年）后期将馥记营造厂转由其两个儿子陶有德和陶明德经营，迁台后改名“馥记营造公司”，陶桂林与 1940 年前后设立的保华建筑公司负责人车炳荣为岳父与姑爷的关系，这两个连襟的营造厂在抗战胜利后联手承担了上海龙华机场新式跑道工程以及航站大厦工程。

由陈成能主持的成泰营造厂与国民政府航空委员会建立了长期的良好合作关系。抗战爆发初期，成泰营造厂自南京撤至江西后，在赣州黄金机场承担了跑道工程；转迁至成都后又承建了新津机场的滑行道工程。抗战胜利后，成泰营造厂更是先后承接了上海龙华机场的中国航空公司候机室及停机坪、杭州笕桥空军军官学校等诸多工程项目，还有南京的美军顾问团办公楼工程等。①

作为持续期长的大型政府工程项目，机场工程项目始终是当地营造厂所承建的重点项目。抗战后期，西南地区大规模上马一批满足中美空军联合作战使用要求的机场新建或改扩建项目，尤其川西（机场）“特种工程”项目采取了由美方出资出技术、中方组织机场施工的航空基地建设模式，这直接促使

---

① http：//www.shtong.gov.cn/Newsite/node2/node2245/node69543/node69552/node69640/node69644/userobject1ai67941.html。

四川省内的营造商纷纷设立。以成都及其周边地区为例，1938 年，成都营造厂商尚为 58 家，至 1939 年便猛增至 137 家（其中仅甲级便有 115 家，其他为乙级 11 家，丙级 7 家，丁级 4 家），1943 年更是高达 145 家，这时期机场的建设使得成都营造业发展到鼎盛时期①。而在战火纷飞、民不聊生的抗战期间和内战期间，承包投资大、工期长、具有政府工程背景的机场工程项目可谓营造厂赖以生存的重要保障。据 1947 年 7 月 10 日在南京成立中华民国营造工业同业公会全国联合会介绍说，由于物价飞涨及包建包工困难，“所有之大工程，仅靠政府方面一部分事业建筑，如修铺路面，建修飞机场等之建筑……据统计结果，仅保华建筑公司，陶桂记营造厂，成泰建筑公司等可以维持，全业十分之六、七，均已难以支持亦”②（表 8-9）。

民国时期主要营造厂承建的机场建设项目表　　表 8-9

	建筑名称	建设年代	营造概况	营造厂及其负责人
北洋时期	北京清河机场飞机棚厂 10 座	1921 年 5 月	木质结构机库；因施工质量纠纷，工程款长期拖欠未付	鑫记建筑公司（经理金子卿）
	上海虹桥航空站 2 座飞机停驻所（机库）	1921 年 3 月至 6 月	附属工程含栈房、修械所、站房、油库和技工室	允元实业公司（林允方）
南京国民政府初期	上海虹桥、杭州笕桥机场机库	1933 年	钢结构机库；杭州机场机库造价 14.8 万元	慎昌洋行（马易尔和安德森）
	江西吉安机场跑道工程	1933 年	长宽厚 700×50×6 寸 承包价：1 万余元	胡久记建筑工厂（业主胡青云）
	南昌航空（机械）学校	1934 年 10 月至 1936 年	承包价 25 万元	陶馥记营造厂（陶桂林，1923 年创立）
	赣—沪—京（航空仓库）	1934 年 10 月至 1936 年	承包价 15 万元	
	中央航空学校洛阳分校工厂机库工程	1934 年 9 月至 1936 年	承包价 60 余万元	
	上海龙华机场欧亚航空公司机库	1936 年	奚福泉设计；总耗资近 14 万元	沈生记营造厂（顾道生）
	上海龙华机场中国航空公司机库	1934 年	万国贸易公司设计；耗资 10 余万元	上海泰康洋行
	孝感机场及甲种师营房	1933 年至 1934 年 4 月	机场 500 亩；军营 200 亩（官兵宿舍、食堂、操场、办公室等）	李义兴营造厂
	南昌机场机库 2 座、附属厂房、飞行站 2 座	1934—1935 年	不详	大昌建筑公司（施嘉干，江苏吴县人，1925 年创立）
	南昌老营房机场中意飞机制造厂	1935 年	135 万关金	久记营造厂（厂主张效良，聘请顾道生为经理）
	南昌老营房机场机库	1933—1935 年	11.425 万元	上海泰康洋行
	杭州笕桥航空学校游泳池、飞行员宿舍、子弟小学校	1934 年	基泰工程司设计；18.5 万元	新恒泰营造厂
	济南张庄机场飞机库	1936 年	俄式联排式机库	德顺营造厂（高大荣）
	大名机场办公处	1936 年 6 月 12 日	共计砖瓦房 9 间，全部价洋 1832.05 元	吴凤详承包

① 成都市建筑志编纂委员会：《成都市建筑志》北京，中国建筑工业出版社，1993 年，第 204～206 页。
② 引自《申报》，1946 年 12 月 30 日。

续表

	建筑名称	建设年代	营造概况	营造厂及其负责人
南京国民政府初期	成都凤凰山机场房屋	1936年6月	169999元	华西兴业股份有限公司建筑部
	南京机场机库、南昌发动机修理工厂厂房	不详	不详	新亨营造厂
	南京大校场机场飞机库及宿舍等	1931年	法币6万余元	南京同济建筑公司(蔡君锡)
	南京大校场机场飞机库及办公室	1934年3月	法币8万余元	南京同济建筑公司(蔡君锡)
	南京大校场机场工程	1936年	承包价9万余元	中华兴业公司
	南京明故宫机场扩修土方工程	1937年4月1日(80个晴日)	79920元	姬久记营造厂(姬学文)
	某机场钢筋混凝土飞机库3座①	1935年	承包价20万元	大华建筑公司
	南京明故宫机场变更设备工程	1937年9月	89000元	姬久记营造厂(姬学文)
全面抗战时期	梁山机场跑道工程	1938年	营业税按承包价折半计	梁山立信建筑公司
	成都太平寺机场空军军士学校房屋工程	1938年	航委会陈六琯设计;占地500m见方	新华兴业股份有限公司
	赣州黄金机场跑道、新津机场滑行道	1938年/1944年	不详	成泰营造厂(陈成能,浙江宁波人)
	重庆九龙坡机场(交通部、航委会及空军92转运站合租)	1939年3月至1940年	建成长宽1125m×45m跑道	太业营造公司;仉玉记营造厂
	重庆白市驿机场	1938年11月至1939年6月	第一期工程新建跑道1150m长	新森记营造厂;柏龄营造厂、李义兴营造厂等
	云南呈贡机场	1942年	跑道长2800m	宝新公司、大城公司、易和营造厂
	彭县机场飞机堡	1944年3月至6月	不详	蜀一营造厂(1938—1949年)
	新津机场跑道	1943年	驻华美军设计;2600m×150m×1m	明达建筑公司(1943—1949年)
	成都双流机场	1944年	跑道1400m×45 m 滑行道1600m×12m	东方工程公司(1942—1945年)
	航空委员会第一飞机制造厂(昆明眠山脚下昭宗村)	1939年1月至1940年	厂区沿2公里长公路沿线布设;航委会刘俊峰设计	大仓公司
	航空委员会第二飞机制造厂(重庆南川海孔洞)	1939—1940年	40万余元	馥记营造厂重庆分厂(陶桂林,1923年创立)
	西安西关机场千人大礼堂等部分建筑工程	1944年	不详	德莱营造厂(桓台王树义)
	绵阳机场房屋库棚工程	1944年4月6日至5月20日	飞行员休息室(2)、厕所(2)、机械储藏室;机件修配室;办公室(国币634.112万元)	和兴营造厂(宋泽民)
	简阳机场战斗机棚/机械储藏室工程	1944年4月3日至5月10日	国币194.152万元	乾记营造厂(孟繁琦)
	简阳机场房屋工程	1944年4月6日至5月20日	机械储藏室;机件修配室;军机厂;医药室;厕所(国币705.864万元)	立信工程公司(吴文熹)

① 引自季秋博士论文附录二,推测为南京明故宫机场

续表

	建筑名称	建设年代	营造概况	营造厂及其负责人
	简阳机场房屋库棚工程	1944 年 4 月	国币 330 万元	永康工程公司(陈德锴)
	航空委员会第八修理厂及彭山机场营房	1944 年 10 月	国币 321.1 万元	华西兴业股份有限公司建筑部
南京国民政府后期	南京明故宫机场混凝土跑道工程	1947 年 6 月	25 亿元	大陆工程公司(陆仓圣)
	南京明故宫机场空军空运大队官佐住宅	1946 年 7 月	4 亿元	华联巽记营造厂
	南京明故宫机场空军空运大队机械士宿舍	1947 年 11 月	15 亿元	华联巽记营造厂
	南京明故宫机场检阅台	1948 年	不详	陶桂记营造厂;馥记营造厂(分事务所)
	南京大校场机场柏油跑道工程	1946 年	2.1 亿元	嘉林营造厂
	南京大校场跑道工程(空军基地指挥部)	1946 年 11 月	2.1 亿元	钧记营造厂
	南京大校场机场跑道扩建工程	1947 年 10 月 1 日至 1948 年 4 月 27 日	840.078 亿元(法币)	中华兴业公司
	南京大校场机场机库修缮	1946 年 3 月	2535 万元	亦大营造厂
	南京大校场机场除水工程	1947 年 5 月	7 亿元	谈海营造厂
	南京大校场机场主席休息室等工程	1947 年 3 月 24 日	姚文英设计;3499.828 万元	立兴营造厂
	南京大校场机场美军顾问团救火会	1947 年	13 亿元	公记营造厂
	南京光华门外防空学校	1946 年 3 月	不详	仁和水电行
	南京小营航空工业局办公楼	1946 年 11 月	1 亿余元	同益营造厂
	南京小营航空工业局房屋及马路工程	1946 年 12 月	1.5 亿元	大华建筑公司
	南京小营空军总司令部	1947 年	不详	大华水电工程行
	南京交通部民航局办公楼工程;职员宿舍工程	1948 年	不详	鸿基建筑公司
	九江十里铺机场跑道及滑行道	1947 年 9 月 10 日	24 亿元	大华、大康建筑公司;永康、立信工程公司
	上海龙华机场水泥混凝土跑道	1947 年 1 月至 5 月	90 亿元法币(跑道长宽 1829m×46m,道肩宽 7.5m)	陶馥记营造厂;保华建筑公司;中华工程公司
	上海龙华机场航站大厦、跑道、停机坪	1947—1948 年	航站大厦建筑面积 7500m^2	保华建筑公司(车炳荣)
	上海大场飞机仓库/上海龙华机场	1945 年	不详	姚安记营造厂(姚长安)(1945 年创立)/上海营造联营公司(1950 年创立)
	上海龙华机场中国航空公司候机室、停机坪;杭州笕桥中央航校	1946—1947 年	不详	成泰营造厂(陈成能,浙江宁波人,1929 年创立)

续表

	建筑名称	建设年代	营造概况	营造厂及其负责人
南京国民政府后期	中国航空器材制造厂有限公司	1938年4月—9月	昆明老城西南的柳坝村重建	上海建业营造厂昆明分厂(周敬熙，上海南市人)；大昌建筑公司(施嘉干)
	广州白云机场扩建工程	1948年12月至1949年7月1日	投资总额为金圆券6800万元	南京利源建筑公司(姚雨耕，上海川沙人，1917年创立)
	武昌徐家棚机场修补工程/跑道增加工程	1948年6月6日至7月25日	估价32814.6万元金圆券	益泰营造厂
	空军第三飞机制造厂(台中水湳)	1946—1947年	制氧工场、大礼堂及招待所等；华盖建筑师事务所设计	台湾永大建筑商号
	珠海三灶岛跑道工程(中央航空公司委托)	1949年	混凝土主跑道及滑行道；副跑道	顺兴营造公司
	福州义序机场跑道、营房等修建工程	1947年12月至1948年2月	加修长900m、宽20m碎石跑道，2个各长20m、宽16m停机坪；加建候机室	闽燕营造厂；交通部公路局福厦公路工程处
	重庆白市驿机场连接跑道与CATC和CAT驻地的联络滑行道	1949年4月12日动工	总费用5328.60港元	立基土木工程行

来源：作者根据中国第二历史档案馆档案、上海市地方志、成都市建筑志、季秋博士论文等资料整理

4. 军队专业工程队负责机场的施工组织

1）国民政府的空军工程队

抗战中后期，国民政府空军部队逐渐配备了空军工程队，专门负责军用机场的建设事宜。例如，1941年，空军第十九工程队通过招投标承包了福建长汀机场的扩建任务，并由当地政府调集数县民工参与施工，机场工程包括跑道加固并延长至1500m，另建指挥楼和简易飞机库各1座等。1945年，国民政府为适应空军建设需要及加强全国各机场的修建工作，在重庆成立陆军航空工兵第一团，随后扩编为空军工兵总队，该总队先后参与上海大场、杭州笕桥、南京大校场、广州白云等机场的施工建设。1949年，空军工兵总队分批移驻台湾。

2）驻华美军的专业工程队

抗战胜利后，驻华美军依托其专业的机场施工队伍快速修复抗战期间受损的驻地机场，不仅采用施工机械进行机场的快速施工，为应紧急需求，重要机场还动用了钢板组装跑道道面、活动铁皮钢材快速组装用房。如1945年10月中旬，为抢建供其海军部和陆军部空军所使用的上海龙华机场，驻华美军第十四航空处工程队修建了全长1524m、面积达13935m^2的钢板跑道（由44000块钢板镶合而成），同时还重建营房和设立管制塔。1946年7月至8月，驻青岛的美军第九十六航空处工程队协助中国扩建了青岛沧口机场，组装建设了不少半圆拱形的活动用房。

8.4.3 四川"特种工程"的施工组织实例

自1939年9月开始，由国民政府航空委员会主导、各地方政府及驻地部队协助在四川地区大规模、高标准地修建供美国盟军使用的军用机场，先后修建了30多个机场，尤其是川西"特种工程"的实施，促成了在成都平原地区大型军用机场的大规模建设，包括太平寺、双流、新津、温江、崇庆、邛崃、泰宁、彭山、简阳诸多机场的新建或改扩建。这时期成渝地区的机场施工组织办法主要有两种：①重庆附近的机场由重庆卫戍总司令部及地方政府协助；②成都附近应修补添筑的机场由成都行辕及绥靖公署并地方政府协助。例如，按照成都行辕的指令，四川省第一区行政督查专员公署颁发所辖区域4个机场同

时兴工的训令（辟修邛崃机场，扩建皇天坝机场、太平寺机场和新津机场），暂定最低名额一次性征 4 万人。这些军用机场往往都由国民政府航空委员会和四川省政府、专员公署及县政府三级地方政府合力完成。以四川秀山机场的修建为例，1939 年，为预备湖南芷江机场驻场飞机临战转场的需求，航空委员会拟拨款建设秀山机场，指派空军总站工程师程仲豪、技师舒玉清等，会同秀山县政府建设科长晋大铭、技士易尧勋等人，负责测绘制图，筹划修建秀山机场工程。四川省政府指派四川省第八行政督察专员公署负责修建工程及民工征集与管理，并安排 2 人驻秀山负责监修。先后成立了“征工事务管理处”和“修建秀山机场工程处”，其中机场工程处处长由专员史良兼任，副处长由秀山县长沈天如兼任，专署还派秘书陈伟煊、技师杨济荣常驻机场工程处，负责工程的监工和管理。该工程处下设工程股、会计股、总务股。

1943 年年底，按照马特霍恩工程（Matterhorn）计划，中美双方计划合作在成都平原新建 4 座可供 B-29“超级空中堡垒”飞机起降的大型轰炸机机场以及一系列为轰炸机机群提供护卫的驱逐机机场（图 8-41），以轰炸日本本土及满洲国的军事目标。川西“特种工程”由美方军事工程专家测量和设计机场图，派工程人员现场指导施工，所需土地征用、拆迁和施工的费用由美国全额承担，各飞机场的征工、征地及施工事务则由中方负责，各机场的工程勘察与施工组织由国民政府军事委员会工程委员会负责。当时美方的总工程师为拜罗上校，中方的总工程师则是“HP 张”，两人同为美国康奈尔大学的同学①。

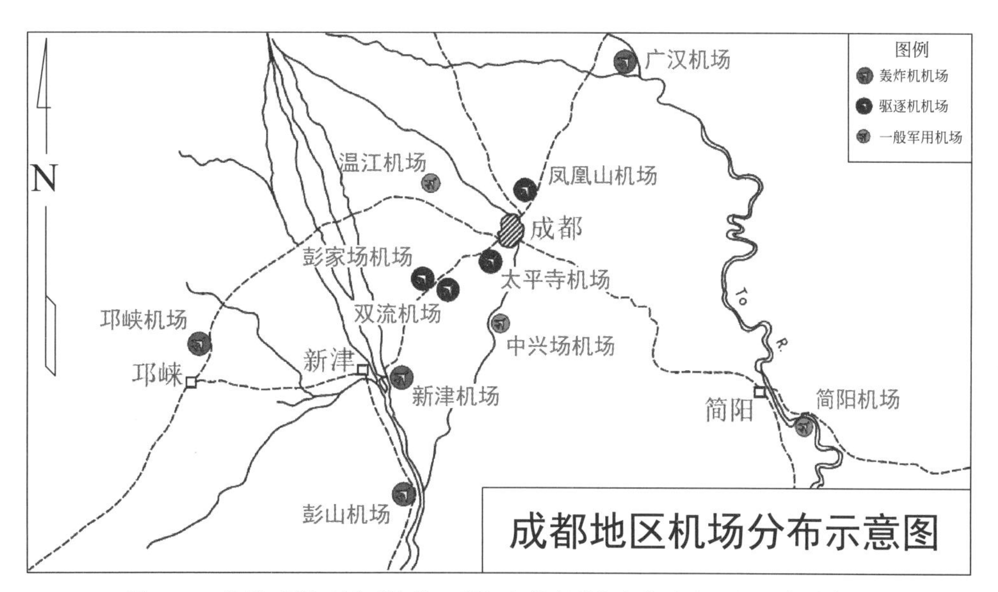

图 8-41　抗战时期四川“特种工程”中的轰炸机机场和驱逐机机场分布图
来源：项目组根据美国驻华空军机场分布图重新绘制

川西“特种工程”这一史无前例的机场工程之所以能够如期保质地圆满完成，与该工程施工组织缜密是分不开的。1943 年年底，四川省政府便在成都成立了“特种工程委员会”，由四川省主席张群奉命统筹指挥督办机场的施工组织，该委员会下设工粮管理处等处室。同年 12 月，四川省政府省务会议就“特种工程”进行了紧急部署，计划在成都附近扩建新津和邛崃、新建彭山和广汉共计 4 个可供 B-29 轰炸机使用的大型轰炸机机场，扩建和新建华阳太平寺、成都凤凰山、双流双桂寺、中兴场、彭家场等驱逐机机场。随后在省政府下设“四川省特种工程征工总处”，由省民政厅厅长胡次威兼任处长，第二区行政督察专员李泽民兼任副处长，征工总处下设秘书、会计两室以及总务、征调、管理和督导四组；再由各区行政督察专员统一督办辖区内各机场的建设施工，各个机场再分设工程管理处和民工管理处，其

① 宗仰：《B-29 机场是怎样建筑的》，载《万众》，1945 年，第 31～33 页。“HP 张”原文如此，推测可能是军委会、工程委员会总工程师张海平。

职责分别是会同专署和县府明确各机场的具体工程任务，以及民工征调、施工和生活管理等事务。“特种工程”共需动员 29 个县、合计 32 万名民工，加之施工过程中因伤病遣散而陆续增补的民工总数预计达 50 万人①。

1. 工程管理处的工作任务

工程管理处的工作任务包括：①按照美国空军驻场负责人对 B-29“超级空中堡垒”重型轰炸机或驱逐机的设计载重要求，将主副跑道工程制版成蓝图；②制订分期工程计划；③划分工区范围，分别指派工区主任，负责指导施工，验收工方；④会同民工管理处与主办单位办理有关机场所占耕地和应迁坟墓等相关手续；⑤根据各工区意见，有权会同民工管理处，命令各县民工总队返工；⑥其他有关工程事项。各机场工程管理处处长由国民政府军委会工程委员会或交通部指派专人担任。副处长 2 人，分别由四川省建设厅和四川省各行政督察专员公署各派 1 人担任。

2. 民工管理处的工作任务

民工管理处的工作任务包括：①征调各县民工；②划分各县的施工任务；③督访各县民工总队部，对民工的住宿、伙食、工伤疾病进行安排照顾；④机场的防空设施；⑤民工的工粮调拨；⑥工程的监督考核；⑦土地、房屋、坟墓的征用、迁移等，协同有关单位处理解决；⑧与工程管理处协商规划工程进度；⑨解决器材运输工具的租用配备。民工管理处处长由承建轰炸机机场的督察专员兼任，驱逐机机场不设民工管理处。其中，第一区行政督察专员王思忠任彭山机场民工管理处处长，第四区行政督察专员陈炳光任邛崃机场民工管理处处长，第五区行政督察专员柳维垣任新津机场民工管理处处长，第十四区行政督察专员林维干任广汉机场民工管理处处长。

3. 各县民工机构的工作任务

各县设立民工总队部，由各县县长兼任总队长，另设副总队长辅助之。各县乡镇设民工大队部，由区长兼任大队长，设大队副协助工作。大队以下为 200 人左右的中队，乡镇长兼任中队长。为了便于给养管理，根据各镇征调民工多少，在中队以下再编为若干个 50 人左右的分队，分队再下设 14 人左右的班。各县还设有由党、团、参及地方乡绅等其他人员组成的“征工委员会”，其可推选总队部财务委员 1 人，以掌管总队部的财务收支事项②（图 8-42）。

在严密有序的施工组织和军令政令的统一管制下，四川“特种工程”在半年时间内顺利完工，保质保量地交付驻华美军使用。以四川广汉的轰炸机机场为例，该机场由美方工程师设计，主跑道全长 2600m、宽 60m、厚 0.5m；副跑道长 1400m、宽 45m、厚 0.4m；滑行道及引道共长 10.021km；机场办公室及美军招待所等各种房屋共有 186 栋，合计建筑面积 19000m^2。并建造大型加油槽 4 座，以及飞机窝、飞机棚、油库、机械厂、方向塔、电台、导航设备等附属工程（图 8-43）。1943 年 12 月 24 日，奉军事委员会工程委员会命令，林则彬担任第十五工程处处长，负责筹建广汉机场项目，工程师兰田（子玉）负责指导工程，美军工程单位负责监工，民工管理处林维干处长负责民工组织任务，全场结合民工来源分为广汉、新都、什邡、德阳和金堂等五个工区划片施工，并开展施工进度竞赛评比。该工程自 1944 年 1 月 29 日开工，至 5 月 1 日便全部完工，比百日限期提前一周完成③。

除 1943 年 12 月至 1944 年上半年期间在成都平原紧急修建了 4 座轰炸机机场及承担护卫任务的系列驱逐机机场之外，后期还继续在四川、陕西等地实施“特种工程”，在这些地区修建了一系列大中型前进基地机场，这时期机场施工的组织效率和建设速度提升较快。以四川泸县蓝田坝机场为例，为了开辟“驼峰航线”，1945 年年初完成了蓝田坝机场的规划设计；同年 2 月 22 日，国民政府军委会工程委员会电令征调泸县、富顺、隆昌 4.3 万名民工编成 12 个大队修筑机场；同年 3 月 10 日组成“四川省泸县

① 中国人民政治协商会议四川省成都市委员会文史资料研究委员会：《成都文史资料选辑（总第十一辑）——纪念抗日战争胜利四十周年专辑之三》，1985 年。

② 强兆馥：《川西四大机场和邛崃机场建筑经过略忆》，载《成都文史资料选辑（11）》，1985 年。

③ 转载自《中国的空军》。唐延芳：《四川空军掌故》，载《高雄四川同乡会年刊》，1991 年第 11 期，第 79～81 页。

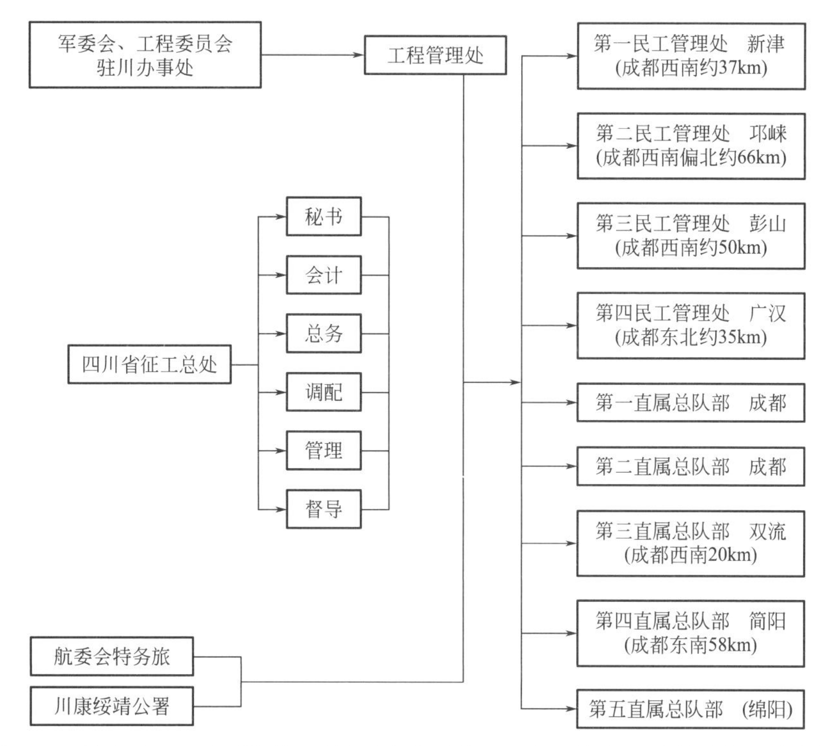

图 8-42　抗战时期四川“特种工程”的组织系统图（注：“绵阳”为作者推导补充的）

来源：四川省档案馆，民 116 全宗，第 139 号。转引自《太平洋战争时期的中美空军合作》

图 8-43　正在建设中的四川广汉轰炸机机场（1944 年 4 月 20 日摄影）

来源：美国国家档案馆，编纂目录：184R-22

特种工程管理处”，作为蓝田坝机场的工程管理指挥机构，由四川省第七区行政督察专员公署负责行政工作，第七区督察专员兼任处长，参建的 7 县县长兼各民工总队长，并由泸县县政府设立“征地委员会”，由县长兼任主任，此外还设立了“民工管理处”。由军委会工程委员会第四十三工程处负责工程施工组织，驻华美军也派工程师及各类技术人员协助修建，并在泸县专门设有“修建机场工程处”，由梁绰馀任工程处处长、黄汝光任工务课长。再由四川省第十二行政督察区专员公署和航委会第三十三测量队联合对泸县机场进行勘测调查，机场自 1945 年 3 月 17 日正式开工建设，同年 4 月 18 日又征调合江、叙永、江津、荣昌 4 县民工数万人赶工修筑，机场至同年 6 月 1 日竣工，共征地 1800 亩，合计动用民工 75200 名，机场施工几乎全为人力所为，仅调拨有若干辆汽车作为工程运输机械工具。

陕西省内的“特种工程”建设也是进展高效。1945 年 3 月，由军事委员会工程委员会第三十七工程处负责的陕西凤翔机场工程开工建设，该机场可供 B-29 重型轰炸机起降。由县长任总队长的陕西省凤翔县特种工程总队，共动用凤翔及岐山、宝鸡三县民工 2 万余名参与施工。工程委员会第三十八工程处处长林则彬率工程技术人员百余名与第六区（汉中）行政督察专员公署共同负责汉中南郑机场同期开工建设，征调区内 9 县 6 万余民工日夜赶工历时 45 天建成。同年 4 月 1 日，城固五渠寺机场（现陕西飞机制造公司试飞机场）扩建工程开工建设，由工程委员会第三十九处处长祝巍率领百余名技术人员负责，并调集汉中地区 12 县民工 8 万余人参加修建。至抗战胜利后，上述两个机场均停工。

4. 抗战中后期国统区“人海战术”式的机场施工

抗战中后期，西南地区军用机场工程普遍具有“规模大、任务重、工期紧、标准高和投入大”的建设特性。仅就工程规模而言，无论是占地面积、土方工程，还是参与施工人员和厂商总数、建筑材料消耗等方面都堪称“超大规模”。例如。1942 年兴建的云南羊街和呈贡两个空军基地工程“均挖土上三十余万公方，开石二十余万公方”①；1945 年承建湖北来凤中型轰炸机机场扩建工程的营造厂不仅包括祥泰、复兴、大成、义兴等 6 家本地厂商，还吸引了泰山、工信、华新、裕民等 9 家来自重庆的承包商。从建造技术角度来看，中国西南地区低水平的手工式建造技术有效对接了美国先进的机场设计技术，并最终满足了美制大型军用飞机起降和运行维修的要求。以四川特种工程为例，数十万名民工主要使用锄头、锤子和扁担、搭篮等简易原始工具，采用“扛、抬、挑”的手工施工方式；主要使用鸡公车、牛车、马车、板车等人力车或兽力车作为运输工具，后期压实土方的石碾子才部分由压路机替代，部分的建材运输则由汽车承担（图 8-44）。其中一个航空基地就集结了 40 万名的农民和工匠；1000 名工程师；10 万辆人力车；1200 多辆汽车；18 万件特种工具；50 万担粮米；70 万加仑酒精②。

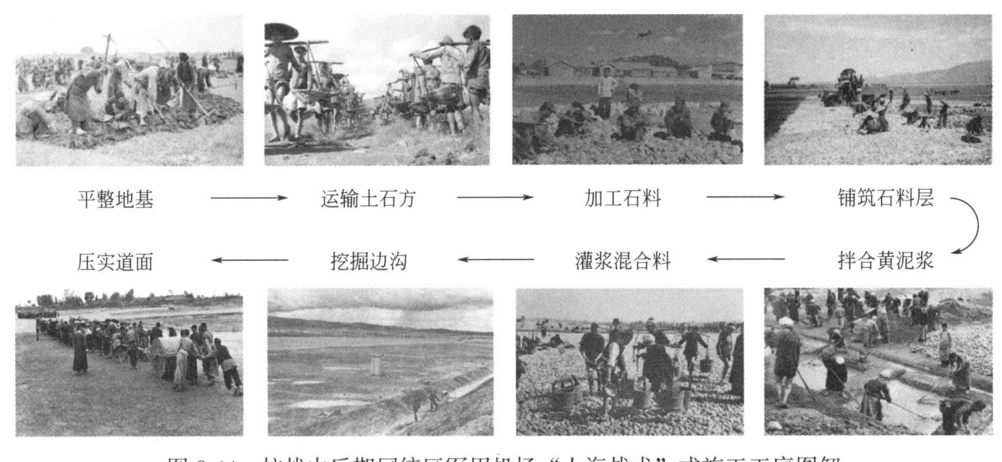

图 8-44　抗战中后期国统区军用机场“人海战术”式施工工序图解

来源：作者整理

8.4.4　抗战胜利后的机场建筑施工技术进步

早期机场建设主要由大量民工采用肩挑手扛的“人海战术”进行分区划片地施工，使用的工具主要为板车、马车、牛车、鸡公车、箩筐、撬棍、扁担、麻绳、大小木桶，后期引入了洋镐、洋铲等施工工具。抗战后期，随着运输卡车、压路机、抽水机、柴火锅炉等施工车辆和机械设备陆续投入机场施工之中，四川“特种工程”等重点机场建设项目施工中逐渐向机械化施工转型。如 1944 年 2 月 10 日举行的四川省“特种工程”各机关第二次联合会报决议，集中力量优先建设新津机场和邛崃机场，为此增加

① 渠昭，抗战中建设的滇缅空军基地（上）. 新民晚报，2013-5-2.

② 宗仰 . B-29 机场是怎样建筑的? [J]. 万众，1945，创刊号：31-33.

12 万名民工和 400 辆汽车。为减少土方工程量的运输，桂林等地军用机场施工还采用铺筑简易铁路方式进行土石方运输。

抗战胜利后，上海龙华、南京大校场等重点机场项目施工中已经基本上实现机械化施工。由于国民政府交通部公路总局以及各省市公路部门的道路施工机械配置较为齐全，这些公路部门普遍积极参与机场工程项目的测绘设计和施工建设。尤其已装备各种施工机械的公路总局第一、第二机械筑路工程总队下设若干个工程队，广泛地参与各地机场的施工。例如，第一机械筑路工程总队协助修建上海龙华机场南北向跑道，向承建方出租了 12 台混凝土搅拌机、7 台碎石机以及 2 台压路机，另外承建方还向上海市工务局借用压路机 1 台，并由该局向行政院善后救济总署购买混凝土搅拌机 10 台，再加上京沪区铁路管理局所租让的施工机械，承建方共使用了数十辆施工机械，投入人力 2000 多人，投用水泥、沙石材料近 10 万 t，使得该新式跑道工程自 1947 年 1 月至 5 月便基本完成，同年 6 月 23 日正式开放使用。另外，公路总局第一机械筑路工程总队于 1948 年 4 月承建完成了南京大校场机场的跑道滚压工程及中层碎石滚压工程；1948 年 2 月，第二机械筑路工程总队又代为修建完成福州义序机场跑道工程。同年 12 月，民航局拟委托第一机械筑路工程总队第四工程队承建南京土山镇民用机场整修工程。1946 年年中，湖北省公路局鄂东南段工程总段设计与修复了黄梅二套口机场。抗战胜利后的机场施工技术也有长足进步，如南京大校场机场扩建工程是在原有土质跑道南侧新建水泥混凝土平行跑道，并将旧沥青混凝土跑道改建为滑行道，施工期间使用旧跑道维持飞行，这是国内首次实施不停航施工。

第9章

机场历史建筑保护与再利用模式及其策略

9.1 旧机场地区的再开发模式及其策略

9.1.1 内城型机场的发展概况

我国的内城型机场（Inner-City Airport）可定义为距离城市中心15km以内、持续使用至少50年，且周边地区已基本成为城市建成区的在用机场。目前我国内城型民用机场数量已大幅度减少至仅有10多个，其中厦门高崎、大连周水子等机场因距离城市中心过近而导致出现机场与城市发展均受限的问题，这些机场已经列为搬迁和停航之列。另外，杭州笕桥、长春大房身和秦皇岛山海关等内城型机场在民航运输功能迁移后仍划归军方使用，这些军用机场也迟早面临着搬迁的局面。现存的未有迁建计划的内城型机场除了上海虹桥、厦门高崎、乌鲁木齐地窝堡和天津张贵庄等民用机场外，还包括齐齐哈尔三家子、牡丹江海浪等军民两用机场（表9-1）。这些机场在近代时期普遍被认为距离城市较远、使用不甚方便，但正是这些原有交通区位不利的机场在20世纪末逐渐发展成为交通便利、区位优势突出的内城型机场，并且由于其净空管理控制的强化、场址所在地为城市非重点建设地区等因素，使这些机场的使用期限得以长期延续，并因其先天的交通区位优势而备受旅客欢迎。例如，始建于1921年的上海虹桥机场距离市中心人民广场13.3km，如今已发展成为高速铁路、磁悬浮和航空交通衔接的综合交通枢纽。而距离天津站13.3km的天津张贵庄机场（现天津滨海机场）始建于1939年，正发展成为区域枢纽机场。

我国主要内城型机场的发展概况 **表9-1**

序号	机场名称	始建年代	距市中心的距离(km)	机场性质	使用现状
1	北京南苑机场	1910年	13(天安门)	军地两用	2019年搬迁
2	上海虹桥机场	1921年	13.3(人民广场)	民用	在用
3	昆明巫家坝机场	1922年	6.6(东风广场)	军民合用	2012年搬迁
4	大连周水子机场	1924年	12(大连火车站)	军民合用	2026年搬迁
5	新津机场	1928年	3.9(新津县城)	民航训练	在用
6	乌鲁木齐地窝铺机场	1931年	16.8(人民广场)	民用	在用
7	齐齐哈尔三家子机场	1931年	13(齐齐哈尔火车站)	军民合用	在用
8	宜宾菜坝机场	1931年	8(大观楼)	军民合用	2019年搬迁
9	牡丹江海浪机场	1932年	7(牡丹江火车站)	军民合用	在用
10	杭州笕桥机场	1932年	10.2(武林广场)	军民合用	2000年转军用
11	宁波栎社机场	1934年	10.13(华联商厦大楼)	民用	在用
12	包头二里半机场	1934年	8(包头东站)	民用	2021年搬迁
13	秦皇岛山海关机场	1934年	15(民航大厦)	军民合用	2016年转军用

续表

序号	机场名称	始建年代	距市中心的距离(km)	机场性质	使用现状
14	伊宁机场	1936 年	5(伊宁广场)	民用	在用
15	成都双流机场	1938 年	16.825(天府广场)	民用	在用
16	青岛流亭机场	1938 年	23(中山路)	军民合用	2021 年搬迁
17	怀化芷江机场	1938 年	1.5(芷江县城)	军民合用	在用
18	天津张贵庄机场	1939 年	13.3(天津站)	民用	在用
19	长春大房身机场	1939 年	8.9(长春站)	军民合用	2005 年转军用
20	厦门高崎机场	1939 年	12(中山公园)	民用	2025 年搬迁
21	太原武宿机场	1939 年	13.8(五一广场)	民用	在用
22	广汉三水机场	1944 年	6(广汉市政府)	民航训练	在用
23	泸州蓝田机场	1945 年	5.1(金茂大厦)	军民合用	2018 年搬迁

始建于 20 世纪 20—40 年代的我国内城型机场大多在 20 世纪 80—90 年代前后停用，为数不多的老旧在用机场尚在计划陆续迁建或择地新建之中，这些机场搬迁的原因总结起来无外乎是机场受限和城市扩张内外两方面因素：从内部因素来看，主要是机场航空客货吞吐能力增长趋于饱和、机场扩建用地不足，周边地区建筑超高严重影响飞行安全。从外部因素来看，一方面机场因靠近市中心而约束了城市空间的拓展，也抑制了机场周边建成区的建筑高度；另一方面机场周边人口密集、航空噪声扰民现象严重。旧机场搬迁不仅为周边地区的发展解除了净空限制，也为旧机场地区的城市更新和区域综合竞争力的全面提升带来了新的契机。

9.1.2 旧机场地区的再开发模式

地处城市中心或近郊的旧机场地区城市更新项目普遍具有占地广、土地开发规模大、涉及利益相关方众多以及开发持续时间长等显著特征。内城型机场尤其具有区位条件优越、潜在土地价值高，适合大规模的用地开发项目和大型公共设施的规划建设的特点。改革开放以来我国先后进行了数十个内城型机场的开发项目，形成了若干各具特色的开发模式（表 9-2）。近年来我国旧机场地区逐步在探索基于城市功能有机更新和航空历史文化保护相融合的开发路径，亟待引入城市更新设计的新理念和跑道景观公园或机场遗址公园设计的新手法。

旧机场地区的开发模式及典型案例　　**表 9-2**

开发模式	开发定位	开发特点	典型案例		
			机场名称及使用年限	开发面积(km^2)	开发现状或开发意向
住宅区模式	多以民航社区为主的住宅小区	土地利用强度高，短期收益明显	柳州帽合机场(1929—1999 年)	7.1	已建成 20 多个住宅小区
			武昌南湖机场(1936—1995 年)	2.67	建成南湖花园等大型住宅区，机场指挥中心改建为居民休闲会所
新城模式	新城或城市副中心	行政办公、生活居住、金融服务、商务商业、文化娱乐、城市公园等多元化开发	广州老白云机场(1932—2004 年)	12.8	宜居新城，主城区北部商业文化服务中心，广州新兴发展极

续表

开发模式	开发定位	开发特点	典型案例		
			机场名称及使用年限	开发面积（km^2）	开发现状或开发意向
中央商务区模式	集金融、商贸、会展、高端服务等多功能于一体的中央商务区	高标准、高强度的商务地产开发，整合形成地区商务板块，提升城市功能定位	武汉王家墩机场（1931—2007年）	7.4	武汉中央商务区，金融总部经济基地，现代服务业中心
			郑州东郊机场（1942—1997年）	6	金融商务、科研娱乐、会展和艺术中心多功能复合的郑东新区中央商务区
			海口大英山机场（1934—1999年）	5.63	集聚行政办公区、商务服务功能区、都市文化区、高端住宅区的海南国际旅游岛中央商务区
中央活力区模式	集聚特色零售业、旅游业和文化产业等现代服务业的中央活动区	多元化用地、多业态混合；强调保护利用机场元素，延续航空文脉、凸显航空特色	香港启德机场（1924—1998年）	2.46	建设跑道公园、邮轮码头，保留指挥塔、导航雷达塔等历史建筑
			上海龙华机场（1915—2008年）	7.4	生命科学拓展区、生态休闲商务区、居住区、文化品牌聚集区，打造西岸文化走廊、西岸传媒港、跑道公园和滨江开放空间
			上海江湾机场（1939—1994年）	9.45	大型花园式国际社区、生态走廊文化中心、极限运动中心
中央休闲区模式	汇集大面积绿色开放空间形成中央休闲区	整合既有聚落形成生态社区，注重生态规划，强调城市系统与自然系统融合	台中水湳机场（1922—2004年）	2.54	建设集经贸、创研、文化、生态于一体的水湳经贸生态园区——大宅门特区，含中央公园、水岸住宅社区、大学城及台湾塔

旧机场地区的开发建设不能仅从经济利益的角度去衡量，更应看重能否对完善城市功能、提升城市定位、增强城市综合竞争力做出积极贡献。由上述开发模式可知，早期常见的以单一居住功能开发、住宅地产为主的住宅区模式缺乏大型公共配套设施的规划建设，使得该地区开发后城市环境单调乏味；以商务地产为主的中央商务区（Central Business District，CBD）开发模式虽然可以为政府快速回笼资金并获得可观的近期土地收益，但推平重建的开发方式基本抹掉了机场印记，过度商业化的开发思路也割裂了航空文脉。相比之下，新城模式注重产城融合，公共配套设施相对齐全，不失为目前我国内城型机场地区开发模式中较为成熟的一种。中央活力区（Central Activities Zone，CAZ）模式强调开发应充分考虑城市活动的多样性和复杂性，注重生活居住、金融商贸、现代服务业和文创产业等多业态适度混合。中央休闲区（Central Recreation District，CRD）模式则以公益性为主，其土地整备和政府公共基础设施建设投资大、回报率低，但公众利益得到最大程度的保护，这在国外发达地区广为使用，典型案例如德国柏林滕珀尔霍夫机场、挪威奥斯陆南森机场等。另外，对于具有重要历史价值、但地表建筑遗迹无存的机场遗址，可以考虑通过机场考古的方式挖掘航空历史遗迹，最终可建成以开敞空间为主体的机场遗址公园，如云南羊街机场是第二次世界大战中重要的“驼峰航线”机场，现有机场遗址保存完好，可结合郊野公园设计，开发成为全球罕见的“机场遗址公园”。

就国内外旧机场开发建设和保护更新的基本模式而言，从功能提升转化的角度还可以分为博物展览模式、创意产业模式、公园绿地模式以及商住开发模式等，由于占地庞大，旧机场地区保护更新普遍采用以上多种模式的组合，但无论何种保护利用模式，需要尽可能地将近现代机场建筑遗存以及跑滑系统的保护性开发策略贯穿始终，按照传承航空历史文脉的思路予以充分保护利用。

9.1.3　旧机场地区再开发存在问题的分析

1. 旧机场地区再开发面临的问题

对我国内城型机场再开发的诸多案例进行深入分析，发现目前此类地区的开发存在以下突出问题：①规划衔接不畅。由于机场地区普遍涉及周边多个县、区级行政区划，而各专项规划又是基于各自辖区范围编制，使得原本应当纳入通盘考虑、进行一体化开发的机场地区往往出现规划衔接不畅、相互割裂的情况。②持续开发动力不足。由于机场地区可开发面积大，总体投资庞大，难以进行一次性整体开发，需要分期开发，这导致开发周期长、资金投入巨大，目前而言可持续开发动力缺乏、长效开发动力机制欠缺。③开发难度大。机场地区现状用地多呈零碎分割状态，用地的功能性、结构性衰退问题突出；土地开发程度低，无序开发和土地非集约化利用现象明显；土地所有权和使用权分离，军方、地方及民航产权结构复杂、归属不清；开发过程牵涉的各方利益错综交织。此外，机场周边的临空产业也将因机场的关停和搬迁而遭受巨大冲击，亟待转型升级或调整外迁。这些因素综合作用导致整个机场地区形成巨大的土地价值洼地，也增大了开发难度。④公共配套设施建设成本大。由于机场与周边城市建成区市政基础设施相对脱节，造成城市功能组织和公共配套设施系统的碎片化，如周边市政道路为避让机场往往形成“绕行线”或“断头路”，致使整个地区道路系统无法成网，成为制约城市交通的瓶颈。机场地区市政基础设施需整体纳入城市市政设施系统加以规划建设，这将会产生巨大的城市基础设施配套建设成本。

2. 旧机场地区跑道公园更新模式现存的问题

跑道是旧机场地区的主体部分，借助跑道公园的规划建设提升旧机场地区的整体环境和生活品质已成为时下最为推崇的做法。当前我国跑道公园更新存在的首要问题是缺乏对机场历史建筑群的整体保护，因此造成所在地航空元素的丢失和航空历史文脉的割裂，使得旧机场开发项目往往仅是围绕中央公园进行的大型房地产开发项目而已。为此应重视对航站楼、机库及塔台等特色性机场历史建筑的保护，并尽量保留或传承跑道号码、标志标线等机场飞行区特有元素，以强化航空元素在旧机场地区城市更新项目中的触媒效应。另外，我国跑道公园模式总体上尚处于绿化美化阶段，该模式有可能建设性破坏机场地区原有的生态环境，难以满足旧机场地区可持续发展的需求，应沿用海绵机场“渗、滞、蓄、净、用、排”处置手法，为跑道公园及周边基础设施创造适宜生物多样性发展的生境系统，最终推动我国跑道公园更新模式提升为展现出生物多样性的生态公园阶段。

9.1.4　旧机场飞行区景观公园的设计开发理念比较

1. 旧机场地区跑道公园的开发模式特征

在旧机场地区的更新策划方案中，以跑道公园为核心的综合开发方式是操作性强、公众接受程度高和公共利益最大化的一种机场有机更新模式，由此在国内外旧机场地区改造中得到普遍应用。从对大面积开敞空间的设计处理手法来看，可分为中央绿带式、中心绿地式和中央活力街区式三大类。其中，中央绿带式是基于原有的带状跑道、以大规模成片的公园绿地开发为主，并在公园绿线沿线布局商务办公、文化体育等城市功能组团，这类跑道公园的规划设计主要包括以下三种处理手法：①以线性公园为主体，结合步道、公共街道及林荫道等线性空间组合形成的规则式绿带公园；②由横向道路分隔成若干不同主题公园组合而成的自然式绿带公园；③以高架式空中公园结合地面公园组合而成的立体化绿带公园。中心绿地式是指以地处旧机场地区中心的大型公园或开敞空间为核心，在其周边地区开发高容积率的建成区的景观公园开发模式，该模式适宜于由多条交叉跑道构成的旧机场地区。中央活力街区式是利用机场跑道硬化道面及其坚实基础形成多功能的带状城市步行街区，跑道公园间或布局城市社区组团、商务商业组团及文化教育组团等，活力街区式可有效延续跑道这一主要航空历史文脉，并形成具有航空特色和良好宜居环境的新城中心（表 9-3）。

国内外旧机场地区跑道公园设计开发模式的比较 **表 9-3**

分类	景观公园开发模式	开发特征	适用场景	典型机场案例	景观公园示意图
中央绿带式	规则式绿带（线性公园＋步道＋街道）	为机非交通创造快慢分离的通行环境，人车分行，交通与休闲分隔	周边地区交通流量大；邻近居住社区	上海龙华	
	自然式绿带（主题公园组合）	用地混合度较大，形成城市综合体	城市化水平较高的内城型机场	昆明巫家坝	
	高架式绿带（屋顶空中公园＋地面建筑群）	可保留的绿地公共空间少，分段形成空间层次错落的公园	跑道伸出的临海内城型机场	香港启德	
	带状公园组合（主题公园＋跑道公园＋生态公园）	功能组团以跑道公园为核心分散布局，与周边科创用地、居住用地融合	预期开发强度有限的近郊机场	合肥骆岗	
中心绿地式	多功能组团与公园绿地交织融合	以公园为核心布局商业综合体、体育公园、混合功能的城市生活组团	周边地区城镇化水平高，发展潜力大	雅典埃里尼科	
	中心公园＋多条放射状绿道	以跑道公园为核心构建多条放射状绿带及交通走廊	周边原有生态环境好的机场	挪威奥斯陆	
中央活力街区式	公共建筑群＋活力街区＋公共建筑群	绿地面积有限，公共服务组团在活力街区两侧连续布局	拟开发为新城的近郊机场地区	南京大校场	
	双侧街区＋活力轴线（公园＋商业区＋公园＋商务区）	商务、商业及住宅等组团可最大化亲近绿地，适合商务居住型街区开发	开发强度大且邻近风景区的内城型机场	广州白云	

2. 旧机场地区景观公园的道面常见处理手法

以跑道为核心的飞行区是机场的标志性设施，对机场飞行区的改造是关系到旧机场地区城市更新成功与否的关键所在。对于旧机场地区的硬化铺装道面（如跑道、滑行道、机坪等）常见的景观处理基本手法主要包括绿化、破碎化和活化三种，在实际应用中通常组合使用这些手法（图 9-1）。

（1）绿化手法：指将原机场水泥混凝土的刚性道面或沥青混凝土的柔性道面予以拆除，将其改造为自由式布局的绿道。这种手法可以最快地实现生态绿化功能，但应避免抹去航空历史印记。以挪威奥斯陆旧机场地区为例，南森公园为该城市中心的中央公共空间，它以原有机场航站楼为起点，以中心湖区为核心形成贯穿南北轴线（原主跑道朝向）的水系，并向外延伸 7 条生态绿道，其主要绿道走向便是沿

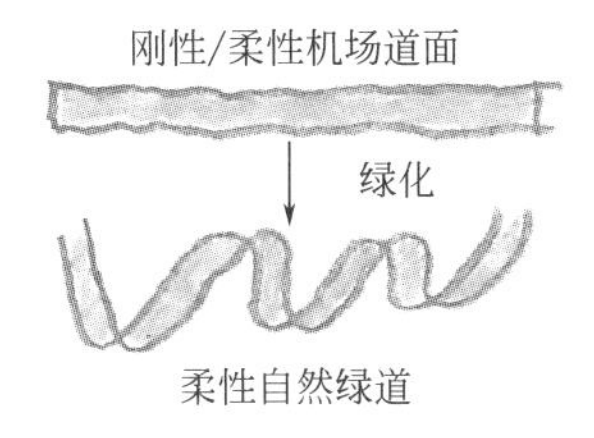

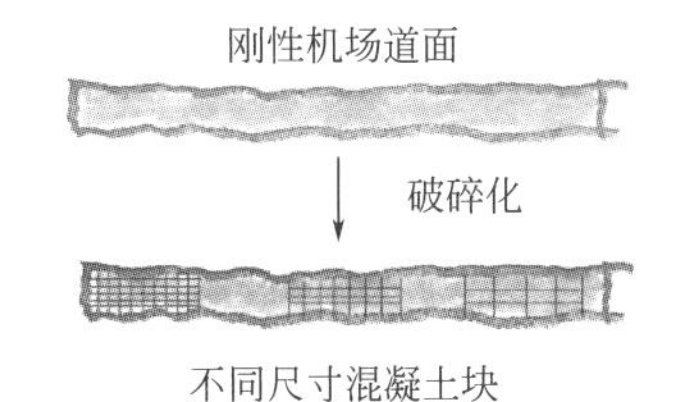

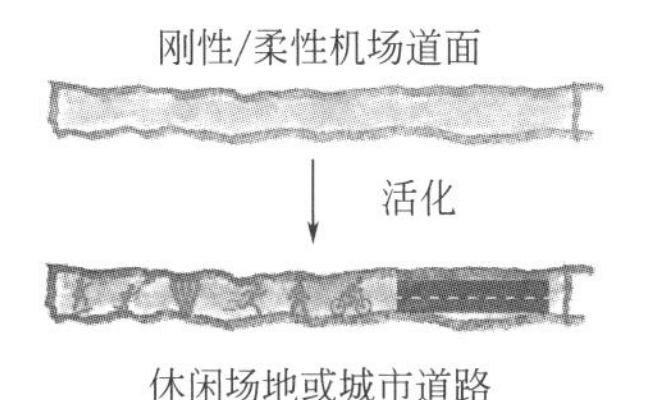

图 9-1　对于机场道面的绿化、破碎化和活化处理手法

来源：作者整理绘制

拆除原有交叉跑道的混凝土道面基础上进行有机更新的，这在某种程度上呼应了原有的 3 条交叉跑道构型（图 9-2）。

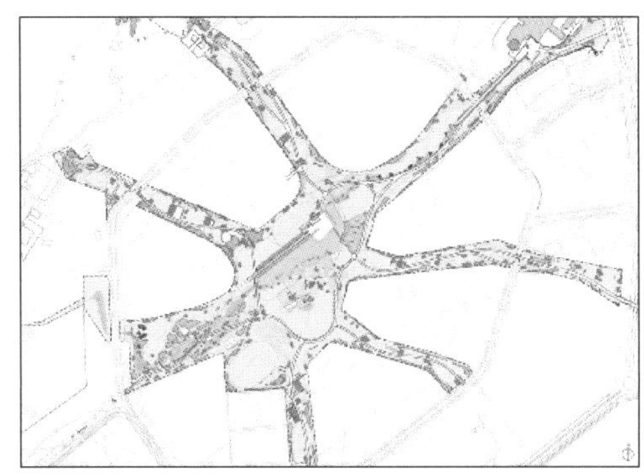
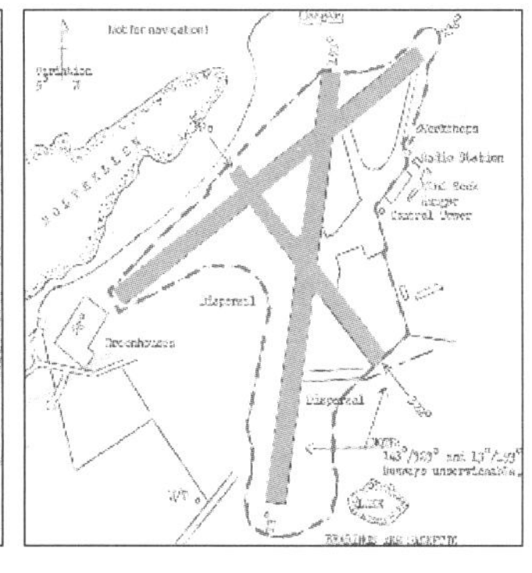

图 9-2　挪威南森公园的七大绿道与奥斯陆机场原有交叉跑道构型的比较

来源：作者整理描绘

（2）破碎化手法：将刚性道面打碎成不同尺寸的混凝土碎块，使得原来的密闭性空间出现缝隙，重新为动植物成长提供生存空间。这种缓慢且温和的绿化手法既可保留航空历史文脉，也可实现生态绿化功能。以德国法兰克福的莫里-罗斯机场（Maurie Rose）为例，秉承对机场原址干预最小化和改造成本最低化的设计理念，采取破碎化手法将机场跑道融入周边的自然生态环境中，即将机场地区 50%的混凝土道面打破成从混凝土块到细砾石不等的尺寸，松动的空隙为动植物的孕育提供生机，同时从邻近的尼达河引流灌溉，逐步恢复该地区的自然生态环境。该跑道公园采用破碎化手法，在不抹去机场历史痕迹的前提下实现从硬化道面到自然绿地的漫长过渡。而上海龙华机场跑道公园则是将拆除的跑道混凝土块按照碎拼的方式重新铺设在由原有部分跑道改造为步行道的旁边，形成了别开生面的花街铺地式的林荫道效果（图 9-3）。

(a) 德国法兰克福莫里-罗斯机场

(b) 上海龙华机场

图 9-3　对机场刚性道面不同破碎化处理手法的比较

来源：(a) https://www.sketchupbar.com/thread-42772-1-1.html；(b) 作者摄

（3）活化手法：指对机场原有的刚性道面予以部分或全部保留，根据其尺寸规模适应性地开发为由道路、人行道、绿道等不同线性元素组合形成的带状绿色生态交通走廊。这种跑道公园的处理手法简洁适用，且以较小的成本赋予了原机场道面新的城市景观功能，并延续了原有航空文脉。以中国首个获得SITES金级认证的上海龙华机场跑道公园项目为例，该方案是将一条长宽1830m×80m的水泥混凝土跑道改造为线性公园，使其成为融合机动车道、非机动车道和人行步道及健身道于一体的线性空间（图9-4），这种功能多样化、景观多元化的活化处理使其迎合了周边地区大量的交通出行和休闲娱乐需求，又延续了原机场跑道的动态特质。

图9-4 上海龙华机场跑道公园的活化手法

来源：https：//www.sasaki.com/zh/projects/xuhui-runway-park/

9.1.5 基于全球视角的旧机场地区城市更新理念

旧机场地区的城市更新应在低碳节能理念与维护环境正义、社会正义的方针指导下，在尊重机场建筑遗产保护与再利用的前提下，结合所在地的自然地理环境和原有土地开发特征，遵循城市空间发展战略，确立以跑道公园为核心的综合开发模式和开发愿景，并明确分期分区的实施路径，最终通过旧机场地区的成功开发，推动城市空间格局的优化，促进城市空间焕发新的活力。

1. 维护环境正义，加大旧机场地区开敞空间的综合开发

城市绿色空间具有较高的环境和社会效益，对于维护环境正义具有重要意义，但受到社会经济、发展时序和人口密度等因素的影响，在我国大部分城市都存在绿色开敞空间分布不均的问题，而旧机场地区的有机更新是优化绿色空间布局、维护环境正义的重要契机和实施平台，为此应该注重旧机场地区中大型开敞空间的综合开发：①实施多样化的功能开发，以保障不同群体的多重需求。对于不同年龄性别、文化背景和社会地位的群体，其需求往往是不同的，甚至是相互矛盾的，需要进行合理的分区规划，以尽可能满足不同群体的需求，诸如安静区和热闹区、个人活动区域和家庭活动区域、自然观察保护区域和人类活动区域之分等。②提高城市绿地的可达性和便利性。应该合理设置绿地入口、开放时间及交通路线等，以吸引更多的游客，同时建设基础设施尤其是无障碍设施来为弱势群体提供服务保障。③注重自然生态环境尤其是动植物成长环境的维护和营造。应该摈弃传统的人造跑道公园的做法，尽力维护旧机场地区诸如围场河沿岸地区、飞行区等地原有动植物生态群落，充分挖掘旧机场地区自我循环的生态潜力。

2. 秉承社会正义，提升旧机场地区的多样性业态、多元化功能

旧机场地区的更新改造需要体现出社会正义，保障该地区开发范围内自然生态环境与城市更新开发

项目的有机融合，避免再开发环节使得机场周边社区居民被迫全部外迁，导致旧机场地区出现绅士化现象；作为大规模二次开发的地区，CBD、居住社区或产业园区等单一功能区主导下的旧机场开发建设往往会导致“卧城”“空城”现象的出现。因此，机场地区用地开发应充分考虑与周边城镇用地的市政功能配套和交通网络的互联互通，推动其向土地开发和人口集聚多样化、功能布局多元化的方向发展。

3. 贯彻“谨慎更新”和“城市双修”理念，遵循海绵城市开发思路

借鉴德国“谨慎更新”的思路，基于生态修复和城市修补的“城市双修”理念，推动旧机场地区的转型发展。结合原有围场河水系或引入周边水系构筑蓝道系统、规划建设以开敞公共空间为核心的绿道系统，双管齐下改善机场地区自然环境、修复自然生态，不仅解决了该地区存在的环境脏乱差、雨污混排等问题，还可在此基础上打造具有本土特色的多元自然景观，进而营造机场地区宜居宜业的良好生态环境。针对机场地区周边空间秩序混乱、城市肌理割裂、交通组织混乱、航空历史文化遗存损毁等问题，可通过城市修补一一解决，并达到优化城市风貌的目的。另外，机场地区由于场地平整、汇水面积大，在转化为城市建设用地之后防洪防汛压力巨大，故其开发建设应遵循海绵城市的理念，采取“渗、滞、蓄、净、用、排”等措施最大限度控制雨水径流、延缓雨水外排时间，以实现雨水的自然积存、自然渗透和自然净化，在促进机场地区雨水资源利用的同时，还可有效防止内涝并缓解城市热岛效应。

4. 结合城市更新，全面提升旧机场地区的生活质量和品质

旧机场地区在城市中心或近郊释放出超大面积的城市发展用地，应优先考虑将其用于提升城市中心的生活质量和品质，并遵循可持续发展的原则，在城市规划层面考虑与城市的整体发展方向和重心相适应。旧机场地区规划应整体融入城市整体空间结构，并从城市形态学的高度着眼、从融入城市整体框架着手，结合原有用地功能将地块合理划分、有序组合，以打造丰富多变的空间形态，使原来空旷的机场地区演变为城市自然生长的一部分。机场地区的功能定位应当从城市发展全局的角度来考虑，既要将之作为一个整体来开发，又应注意与周边既有城市肌理相融合、用地功能相衔接、产业结构相协调；充分发挥其空间开阔的优势，营造开敞公共空间，既能提供满足多种大型活动的公共绿地广场，也能集中规划建设艺术中心、图书馆、博物馆等大型公建项目，以优化城市功能、提升城市形象。

5. 科学保护机场建筑遗产，延续航空历史文脉

旧机场地区从建成投用到关停搬迁的全生命周期历程记录了近现代航空业的发展历史，也见证了近现代城市空间的拓展历程，机场建筑遗存无论是对于航空业还是对城市史而言都弥足珍贵。航站楼、机库和指挥塔台等建筑普遍具有较高的历史文物价值、建筑艺术价值、工程技术价值和行业价值。对于这些稀缺的机场历史建筑遗存，应遵循“重点保护、适度利用”的原则，以延续机场地区独特而珍贵的航空文脉。尤其对于处于城市中心的机场历史建筑，力求实现与周围环境的协调，在保护机场建筑遗产的同时，也提高机场所在地区经济和社会的可持续性。秉承低碳环保的理念，机场建筑遗产的保护与再利用应重视减少碳排放以及原有建筑体内有害物质的排除，在机场建筑遗产的低碳化升级改造领域，可以通过以下几种手法来实现提供能源自我供应和减少二氧化碳排放：①引入新型清洁能源系统和装置，以满足自身的部分能源需求，如在机场历史建筑屋顶上安装太阳能系统；②在对建筑进行修补和翻新处理时尽可能使用可再生材料，减少新材料的使用和便于回收再利用。

9.2　机场历史建筑的价值体系认定及其保护再利用模式

作为近代建筑中新兴的交通建筑类型，无论是空间分布还是建筑特性，机场建筑可谓中国近代建筑史中相对独立发展的“奇葩”，没有哪一类公共建筑类型遭受过如此频繁的战火摧残，却依然在重建中再生，再造摧毁后又重新再建，直至战争结束。随着海口大英山、广州白云、武汉王家墩等一系列近代机场的先后停航及迁建，许多在战火中幸存的近代机场建筑面临着被拆毁的危险，如何拯救这些具有行业价值的历史文化建筑是近代建筑保护和利用中的一个新课题。

9.2.1 机场历史建筑的概念及其价值体系认定

机场历史建筑指具有50年以上的使用年限，且拥有重要的历史价值、建筑艺术价值和社会文化价值以及行业价值的近现代航空运输类专业建筑。它一般指具有航空特色的机场专业建筑，也涵盖机场地区具有特定价值的通用建筑类型。从建成时期和使用年限来看，机场历史建筑通常包括近代机场历史建筑和现代机场历史建筑两大类。完整的机场建筑遗产保护体系是由机场历史文化片区、机场历史建筑群与机场单体历史建筑三个保护层级组成，同时具备以上三个保护层级的旧机场已经非常罕见，仅北京南苑、杭州笕桥等历史悠久的旧机场地区具备构建机场建筑遗产保护体系的基本条件。其他绝大部分保留至今的近代机场仅遗存有机场历史建筑群或机场单体历史建筑，这些孤立的机场历史建筑遗存多未纳入所在城市的文物保护单位或历史建筑保护名录，如1949年建成的广州白云机场航空大厦是国民政府民航局主导建设的两大航站楼之一，却因未纳入当地历史建筑保护名录而被“整旧如新”地改造为南航文化传媒公司办公楼。

中国近代机场建筑遗存是近代航空工业发展史、近代机场建设史、近代工业建筑史以及近代军事航空史的真实写照，不仅拥有与其他历史建筑类型相当的历史价值、科学价值和艺术价值之外，在航空工业、民用航空业和军事航空业领域还具有独特的行业价值。

1. 历史价值

近代机场遗址及其机场建筑遗存是中国近现代航空业发展的历史见证，反映了中国近代航空业从无到有的艰辛发展历程，见证了中国近代军事航空业、民用航空业及航空工业三方面发展过程中的重大事件和重要人物。作为战争尤其是抗日战争的航空基地和作战平台，近代军用机场是许多重要战役战斗的发生地和重大事件的见证地，这些近代机场建筑既折射出南京国民政府时期血泪交织的“航空救国”思潮，也是宣扬爱国主义精神的重要航空教育基地。如“上海虹桥机场事件”便是1937年“八一三”淞沪会战的导火索，20世纪50年代尚存的虹桥机场堡垒式的大门便是这一重大历史事件的见证；复建的湖南芷江机场受降大院及中美空军联队指挥部等历史建筑群则是中美空军联队联合抗日的作战地和抗日战争中国接受侵华日军投降的见证地。为数不多的近现代民用机场建筑遗存则反映肇始于1920年的中国近代民航发展的曲折历程，上海龙华机场及广州白云机场航站大厦的保护与再利用对于传播中国近现代民航文化具有示范意义；近现代航空工业遗产作为反映我国航空工业发展的历史文物，具有重要的工业文化遗产价值，例如，无论是在国民政府时期还是在计划经济时期，南昌青云谱机场旧址及其国营320厂厂址、杭州笕桥机场及其中央飞机制造厂建筑遗存都是反映中国近现代航空工业发展的里程碑式建筑。显然，机场历史建筑具有爱国主义航空文化价值，通过挖掘具有航空历史文脉延续感的社会文化价值，可满足人们对航空文化的社会认同和航空情感的怀旧需要。

2. 科学价值

机场是近代中国在航空制造业、航空运输业和航空教育业等诸多领域进行科学探索和工程技术实践的基础平台。近代飞机库、指挥塔台和航空站等诸多机场建筑形制、大跨度屋盖结构技术等都从先进的欧美国家引入，这些机场建筑遗存是反映近代机场建筑工程技术水平和建设制度的实物见证，如由著名建筑师奚福泉设计、1936年建成的上海龙华机场欧亚航空公司机库创下了中国近代建筑钢桁架跨度的最大纪录，可谓中国近代航空工业发展水平的重要实物，具有独特的近代工业建筑技术价值。该机库（后为上海飞机制造厂的“36号机棚”）于2005年被拆除，原拟定的异地复建方案至今尚未实施。

3. 艺术价值

近现代机场建筑是新兴的建筑类型，具有军事建筑、工业建筑和交通建筑等多重性质。中国近代重要机场的总平面规制反映当时机场的最新设计式样，如由意大利人主持设计的呈飞机状总平面的南昌青云谱机场，以及借鉴德国最新设计图样、由同济建筑公司设计的南京大校场机场等；作为重点建设的军事建筑设施或交通建筑设施，国民政府航空署推行的标准化机库建筑遗存则普遍是具有行业特性、建设精良的航空类建筑，充分彰显我国近现代航空工业发展水平和卓越的航空类建筑艺术价值。

近代中国机场建筑遗存大都是经历过战火洗礼所幸存下来的，且机场建设异常苦难艰辛；机场建筑相对其他建筑类型遗留甚少，其历史文化价值弥足珍贵；不同历史时期的机场建筑普遍具有独特的航空建筑技术和建筑美学的双重属性特征，在艺术审美和科学技术层面的行业特色鲜明；基于实用价值和经济价值对机场历史建筑的商业开发利用则可以直接获得经济收益和独特的航空文化体验。总体而言，近现代机场建筑遗存普遍具有行业特色鲜明、建筑形制丰富及技术工艺先进的航空工业遗产价值体系。当前我国不少机场历史建筑在旧机场地区再开发过程中被拆毁，或者在机场改扩建过程中遭到破坏或拆除，机场历史建筑亟待纳入文物保护单位或历史建筑保护名录，并结合自身情况以不同的开发策略为目标导向，对机场历史建筑予以活化利用，以充分发挥其社会文化价值、科学艺术价值和经济实用价值。

9.2.2　机场历史建筑的保护与再利用策略

1. 基于公共利益保护的再利用策略

诸如欧美国家近现代重要建筑师设计的建筑作品、重要航空历史人物活动场所或者重大航空历史事件发生地的机场建筑普遍被认定为具有特定的历史价值、艺术价值、文化价值或科学价值，这类机场建筑的保护和活化利用原则是力求其建筑形制特色鲜明，结构安全坚固和内部空间简洁实用。针对这类一般具有独特技术特征和艺术风格的城市地标式机场历史建筑，欧美各国普遍是优先沿用公共利益优先的保护模式，即将这类机场历史建筑改造为充分体现社会价值和历史文化价值的博物馆、文化活动中心之类的公共建筑，并把它纳入文物保护单位或历史建筑保护名录，例如英国、法国政府普遍将这类建筑分别列为二级保护名录或文化遗产总清单，美国联邦政府一般将其列入国家历史古迹名录，德国联邦政府则将这些具有历史价值的机场建筑纳入“城市设计型文物保护”建筑。

基于公共利益保护的再利用策略可最大限度地完整保留机场历史建筑的外观风貌及内部装饰，至多基于建筑安全角度进行符合现代建筑抗震要求的加固改造，该策略可优先发挥机场历史建筑的社会价值和历史文化价值，有助于人们对航空文化产生归属感和认同感。例如，1940 年建成的美国休斯敦威廉·霍比机场（William P. Hobby Airport）航站楼是由著名建筑师约瑟夫·芬格（Joseph Finger）设计的流线型风格建筑（图 9-5），该建筑是举世罕见的经典装饰艺术派风格的机场建筑。2003 年着手将其改造为航空站博物馆，该楼先期完成了石棉消减和铅减排工作，再进行“整旧如旧”式的整体修缮，最终完整保留所有的装饰艺术风格建筑特征，取得了功能与形式的高度统一、保护和再利用的有效融合。

(a) 改造前(1940年)　　(b) 改造后(2003年)

图 9-5　改造前后的美国休斯敦威廉·霍比机场航站楼

来源：(a) https：//houstonhomeschoolhub. com/listing/1940-air-terminal-museum/；
(b) https：//commons. wikimedia. org/w/index. php? curid=5577455

2. 基于航空功能延续和转型的再利用策略

基于航空功能延续和转型的再利用策略可分为延续原有航空功能和转型为航空辅助功能两种方式，前者充分利用原有空陆侧资源兼备、功能流程匹配等优势，以延续原有民航运输功能、更新维护既有设施为主，具有流程改造简单易行、既有设施有效利用、折旧费用占比低等特点；后者是改变原有建筑的功能属性，将其改造为与民航相关的辅助建筑。其工程举措包括室内空间拆改、建筑结构加固、部分构件更换以及室内外交通重新组织等。

对于具有较高实用价值和工程技术价值的机场历史建筑，欧美国家普遍做法是将其改造为延续民航功能的建筑，具体包括将旧航站楼改造为低成本航站楼，或者将旧机库用于博物馆老式飞机展示机库或公务航空机库等。基于航空功能延续的再利用策略充分挖掘了机场历史建筑的固有实用价值，可以减少经济成本，同时提升了机场综合服务保障能力。例如，在1912年建成的波兰克拉科夫的拉科维采军事航空基地（Lotnisko Kraków-Rakowice-Czyżyny）于1963年将其基地的历史遗存部分改建为波兰航空博物馆，核心项目是将1939年被部分摧毁的3号机库改建为大型展示机库，用以保存在世界航空发展史中占据重要地位的飞机、直升机、滑翔机等各类经典航空器。

对于原有功能需求不足，但仍可运营的机场历史建筑，可优化机场资源配置，统筹考虑其历史文化价值和经济价值，将其转型为航空辅助建筑，以实现历史建筑保护和机场安全运行之间的平衡。这一改造策略必须遵循现有机场总体规划，在保障机场运行安全以及建筑外部造型保留“原真性”的前提下，历史建筑内部则根据现代机场的需求进行功能的提升改造。该策略旨在推动机场历史建筑的运营效益和社会效益的双重提升。将航站楼转化为机场酒店或货运库转化为航空博物馆，既可充分发挥其经济价值，也有助于其社会价值的拓展。例如纽约肯尼迪机场（John F. Kennedy Airport）是全球旅客吞吐量排名位居前列的繁忙机场，1962年建成的TWA航站楼是由建筑师埃罗·沙里宁（Eero Saarinen）设计的现代主义建筑作品，这一沿用象征主义手法的纽约地标性建筑于2005年被列入美国国家历史古迹名录，2019年被改造为飞行中心酒店，并在楼内设有小型的航空博物馆，这一案例是机场历史建筑保护和再利用有机结合的经典示范（图9-6）。

(a) 改造前(1962年)

(b) 改造后(2019年)

图9-6　改造前后的纽约肯尼迪机场TWA航站楼

来源：(a) https://commons.wikimedia.org/wiki/File:TWA_Flight_Center_facade.jpg;
(b) https://www.knoll.com/knollnewsdetail/Eero-Saarinen-TWA-Flight-Center

3. 基于商业价值挖掘的“适应性再利用”策略

对于地处城市中心，且空间利用余地大、结构坚固、可塑性强，但历史文化价值不高的机场历史建筑，欧美国家多优先开发其商业价值，普遍仅在保留原有外檐装饰和结构要素的前提下对其室内外空间进行大尺度的重新优化设计，以将其改造为可以创造更多经济价值的商业建筑，如酒店、商务办公楼、娱乐中心或室内乐园等经营性商业设施，并确保其符合水暖电通及消防等现行规范要求。基于商业价值挖掘的再利用策略是在基本保留航空历史文化要素的前提下对机场历史建筑进行适应性的功能置换，以获取经济效益为主导目标。例如建于1939年的美国圣保罗市区机场霍尔曼航空站（Holman Field Administration Building）由美国建筑师克拉伦斯·威金顿（Clarence Wigington）设计，1991年被列入美国国家历史名胜古迹，现航空站在仅保留原有建筑造型的背景下改造为对外开放的餐厅，通过创造经济效益来促进对机场历史建筑的保护（图 9-7）。

“适应性再利用”（Adaptive Reuse）技术手段是指在保留历史建筑原有的整体结构前提下，结合其周围的环境，对原有建筑进行空间再造和功能置换。这一手法适用于历史文化价值不高的机场历史建筑，其再利用的施工成本、土地征用成本相对低，且经改造后可创造更多经济效益，因此与前两者相比具有明显的经济优势，而原有建筑结构和构造的保留使得其改造后仍具有历史建筑的要素特征，从而具有一定的社会文化意义。该技术手段一般适用于原机场已经搬迁、遗存的机场历史建筑需要配合现代城市设计主题而开发为具有新功能、新需求的建筑。例如，1938 年建成的英国伊普斯威奇机场的航站楼部分被拆除，改建为与原建筑外观相似的社区中心和现代公寓。

(a) 改造前(1939年)

(b) 改造后(2021年)

图 9-7　改造前后的美国圣保罗机场霍尔曼航空站

来源：(a) http://collections.mnhs.org/cms/display.php?irn=10822221；
(b) https://commons.wikimedia.org/w/index.php?curid=21395070

9.2.3　机场历史建筑保护和再利用的分级分类

1. 机场历史文化片区的保护和再利用模式

该模式指对整个机场历史文化片区进行大范围的整体性保护的做法，即最大限度地保留原有机场场址所具有的特大开放空间格局、地块肌理以及主要的机场历史建筑群，并对其进行功能上的多元化综合开发，多赋予其跑道公园的主题功能。机场历史文化片区内的单体建筑活化利用应与片区再开发相结合，而片区的保护与再利用要遵循城市历史街区保护和更新的理念，并与城市设计有机衔接。片区整体保护与再利用优势在于可完好地保护整个机场的原有肌理结构，从而可以更好传承片区的历史文化价值和社会价值。机场片区一般具有区位优势明显、占地规模大、地势平坦等特点，普遍做法是依托原有跑道系统构建宜人的大型公共绿地空间，可引导城市空间形态结构的重塑，并激发公众的强烈社会参与感，这一模式符合基于公共利益保护的再利用目标。

2. 机场历史建筑群的保护和再利用模式

该模式是指将具有特定航空功能且布局相对集中的机场专业建筑群予以整体保留的做法。该模式延续了机场原有的航空历史文脉，集中展示了原始建筑群的内在空间演进机制，其整体的历史文化价值往往要高于各单体建筑价值之和。机场历史建筑群可围绕特定的航空主题进行成系列、多元化的再开发，尤其可利用充足的空侧空间延续民航功能，如改造为小型公务航空基地或者航空主题博物馆等，由此可大大降低改造成本，并充分保留原有机场建筑风貌。

英国利物浦斯皮克机场（Speke Aerodrome）的指挥塔台（1937 年建成）和航站楼（1938 年建成）于 2001 年被一并改造为南安普敦希尔顿酒店，两个机库则分别改建成为可供酒店顾客使用的大卫·劳埃德网球俱乐部和休闲中心，并充分利用原有开敞的空侧优势，将航站楼空侧前的停机坪改造为停车场。该机场历史建筑群整体保留了原有航站区的空间布局形态，并延续了原有的流线式艺术风格，相对于单体建筑具有更高的历史价值，通过改造具备更全面的现代功能。

3. 机场单体历史建筑的保护和再利用模式

该模式主要是指针对诸如航站楼、机库、塔台等零散分布的机场单体历史建筑的保护和再利用做法。相对于机场历史片区和机场历史建筑群的整体性保护模式来说，机场单体历史建筑的保护与再利用模式适用于仅有少量较高价值建筑遗存的机场，其保护限定范围有限，修缮投资更少，有利于历史建筑周边地区的开发利用，尤其是空侧资源稀缺的航站区空侧地区。该模式主要集中应用于航站楼、机库和指挥塔台三类专业建筑。其中航站楼具有陆侧面和空侧面视野开阔、通风采光效果好、交通便利、停车空间充足等特点，一般适合改造为博物馆、酒店、办公楼等；机库是用于飞机维修和日常维护的大跨度单层建筑物，具有室内无柱空间大、可塑性强的特点，适合改造为文化场馆、室内体育中心或者室内娱乐中心等大空间建筑；指挥塔台普遍是造型独特、识别性强的最高机场建筑，欧美国家通常将指挥塔台改造为观光塔（表 9-4）。

国外典型机场单体历史建筑保护和再开发模式及其应用实例 **表 9-4**

活化利用模式	建筑特征	适用范围	机场实例（建造时间）	保护名录	建筑外观图
航站楼改造办公楼模式	具有特色性和标志性，结构坚固，体形庄重，视野开阔	有办公空间集中且相对独立的需求	美国罗德岛州立机场航站楼（1932 年）	美国国家历史名胜古迹	
航站楼改造酒店模式	房间视野和采光好，空侧空间大，机坪可改造为停车场	有结构坚固、建筑体量大的需求	英国利物浦约翰・列侬机场航站楼（1937 年）	英国二级保护建筑	
航站楼改造博物馆模式	改造成本低，原建筑风貌特色明显，历史价值高	有灵活展示空间的需求	法国巴黎布尔歇机场航站楼（1938 年）	法国保护历史古迹	
航站楼功能延续模式	改造简单易行，充分利用机场区位优势，空陆侧兼备	机场仍在运行，有使用空侧的需求	美国华盛顿国家机场航站楼（1941 年）	美国国家历史名胜古迹	
机库改造展示馆模式	历史价值高，大跨度单层建筑，空间大、可塑性强	有大型展示空间需求	波兰克拉科夫的拉科维采机场机库（1912 年）	波兰文化与国家遗产部遗产	
机库功能延续模式	改造简单，保留原有功能，结构坚固，开敞大空间	满足现代航空运输功能需求	美国乔利埃特地区机场机库（1930 年）	美国国家历史遗迹名录	
机库改造商业住宅模式	室内空间灵活多变，可塑性强	周边环境宜居，有建筑小体量需求	英国肖勒姆机场机库（1935 年）	英国二级保护建筑	

续表

活化利用模式	建筑特征	适用范围	机场实例（建造时间）	保护名录	建筑外观图
塔台改造观光塔模式	视野开阔，建筑标志性显著	具有在制高点观光旅游需求	英国伦敦克罗伊登机场塔台（1925—1928年）	英国二级保护建筑	
塔台改造娱乐场所模式	结构独特，视野开阔	满足建筑醒目和视野开阔需求	美国丹佛斯坦普顿机场塔台（1938年）	无	

9.2.4　机场历史建筑的保护和再利用模式

总结国内外对机场历史建筑的再利用实例，可大体分为民航运输功能延续和非民航功能综合开发两大模式。其中，民航运输功能延续模式是指机场历史建筑的再利用需调整其功能定位及其使用功能，但仍继续承担民航运输功能，如机场航站楼的具体改造模式可分为低成本航站楼、公务航空航站楼、货运大楼、配餐大楼等类型。该模式充分利用旧航站楼空侧、陆侧资源兼备的优势，是以延续功能、更新提升为主的改造模式。非民航功能的综合开发模式是指机场历史建筑改造再利用后其使用功能不再具有民航属性，且基本上不使用空侧用地，如改造为酒店、办公楼以及机场长途客运站、民航主题博物馆等开发模式。该模式是以功能转换为主的商业商务开发模式。

机场历史建筑的保护和再利用手段应是灵活的保护手段和多元化的再利用相结合。从保护角度出发，将机场历史遗产改造为博物馆可以大大节约改建成本，延续建筑风格，传承历史文脉，凸显其历史文物价值；延续机场历史建筑的原有功能可以更好保护历史价值的完整性。从机场历史建筑的再利用角度着手则更有多元化功能的特征，如将机场建筑物改造为商业中心、酒店及娱乐中心等，旨在保护原有历史建筑的同时创造出更高的经济价值或社会价值。

1. 民航运输功能延续模式

1）低成本航站楼改造模式

国外机场将老旧航站楼改造为低成本航站楼已相当普遍，如匈牙利布达佩斯李斯特机场T1、意大利马尔彭萨机场T2、法国里昂机场T3等航站楼。该模式可充分发挥原有航站楼空侧陆侧资源兼备、功能和流程匹配等特性。随着我国低成本航空运输的快速发展，低成本航站楼开发模式的优势已日益凸显。对于机场当局及低成本航空公司而言，利用老航站楼改造为低成本航站楼远比新建一座航站楼更加经济，且因其区位优势而使得机场运行效率更高。低成本航站楼改造模式具有流程改造简单易行、拥有地处机场核心区位优势、折旧费用低等特点；然而也同样面临着难以吸引低成本航空公司长期进驻，航站楼使用周期短、频繁让位于机场重点改扩建项目等问题。该模式的典型案例为大连周水子机场支线航站楼（表9-5、图9-8）。

大连周水子机场支线航站楼改造概况　　　　**表9-5**

改造区域	改造前		改造方案	改造后		
	用途	规模		用途	规模	其他
美航食品区	配餐及办公	4452m^2	拆除后新建	航站与办公	新建10769m^2	设计流程改为一层半式，2个远机位改为近机位
老办公区	办公与仓储	1124m^2	一层改造	航站与办公	改造5902m^2	
综合办公区	候机与办公	1665m^2	全部改造	航站功能		

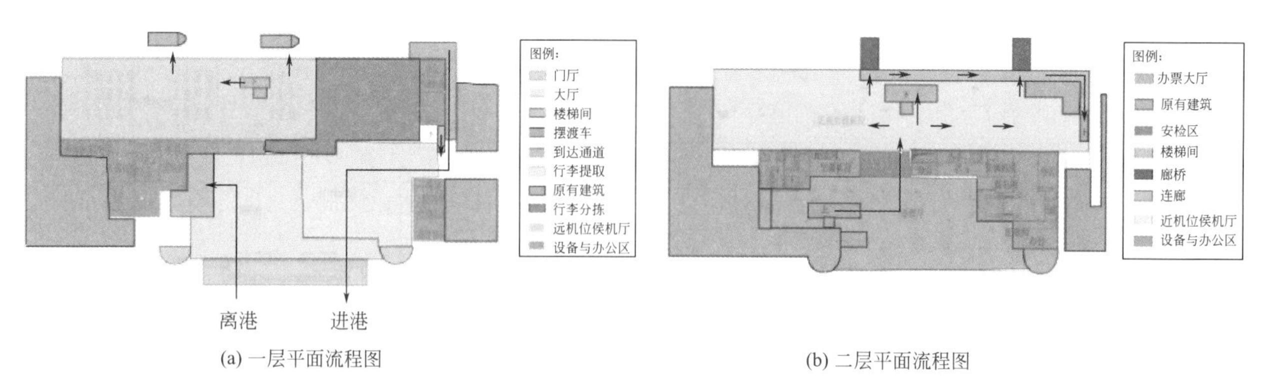

(a) 一层平面流程图 (b) 二层平面流程图

图 9-8 大连周水子机场支线航站楼一、二层平面流程图

来源：项目组依据《大连机场支线航站楼改造工程》报告插图改绘

2）公务航空航站楼改造模式

公务航空航站楼根据其服务人群通常分为公务机楼和专机楼两类，其共同特征是能保证高端商务、政务人士行程的私密性、安全性及便捷性，并能够提供优质的“一对一”旅客服务。当前我国大中型机场已普遍拥有三代航站楼，其中第一代航站楼因其规模体量、功能流程等不合时宜而大多闲置，将这些旧航站楼改造为公务机楼为常见做法。因旧航站楼具有规模小、流程简单的特性，公务机楼改造模式能为公务航空旅客提供更为简洁、快速、私密的进出港流线，同时旧航站楼坐落于机场空侧核心位置，占据大面积近距离的机坪资源，能够方便公务航空旅客迅速上下机。但公务机楼改造同样也面临着缺乏相应的配套设施及相关技术标准等诸多问题。

3）配餐楼改造模式

专供飞机餐食的航空配餐楼有着陆侧面和空侧面的双重功能需求。地处陆空交界面的旧航站楼多为简单式的直线形概念设计，将闲置的旧航站楼改造为配餐大楼，不仅能够延续旧机场建筑使用寿命，还能有效满足配餐楼快速供给的需求。将旧航站楼改造为一字形（直线形）配餐大楼，具有航食运输距离短、人流物流无交叉、分区明晰、面积利用充分等特点，同时旧航站楼可开通空侧通道，大大减少餐车进出场所耗时间。如天津机场 20 世纪 70 年代的航站楼改造为配餐楼（塔台及航管楼部分除外），20 世纪 80 年代的航站楼则部分改造为公务机航站楼（图 9-9）。然而就现状来看，我国大部分航空公司自身配餐的规模较小，往往无须独立承租整个航站楼，且难以保证配餐公司能够长期租用。

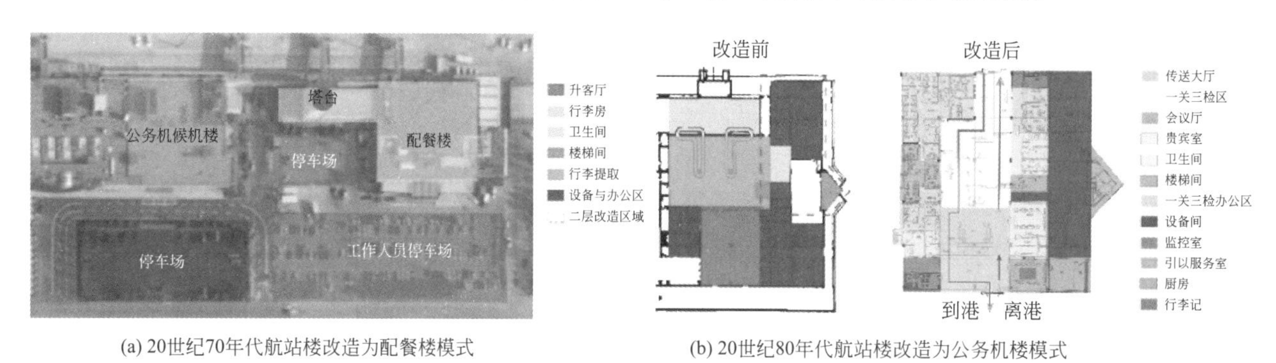

(a) 20世纪70年代航站楼改造为配餐楼模式 (b) 20世纪80年代航站楼改造为公务机楼模式

图 9-9 天津滨海机场航站楼改造模式

来源：项目组绘制

4）货运大楼改造模式

将旧航站楼改造为货运大楼的实例目前仅有南宁吴圩机场和济南遥墙机场。机场货运站与早期航站楼在规划布局设计上具有诸多共同特征：如坐落于空侧和陆侧的交界位置，陆侧有充足的停车场空间，空侧对应有停机坪，建筑内部空间充足；平面布局整体呈一字形构型，且能够预留发展空间等。因此货运大楼改造模式不仅能充分利用旧航站楼现有资源，在减少改造成本的同时还能扩充货运站空间。但这

种模式也存在一些弊端，如新建航站楼与改造后的货运大楼间隔过近，货流与客流容易交叉干扰，影响机场安全高效运行；机场陆侧的客运车道与货运车道难以分离，容易造成高峰时段的交通拥堵；货运站平面布局受工艺流程影响，站内各功能模块联系紧密且流程复杂，大大增加改造难度。

2. 非民航功能的综合开发模式

1）酒店开发模式

将邻近新航站楼的闲置旧航站楼改造为机场酒店大楼，且通过廊桥的方式将新航站楼与酒店串联起来，不仅能增加机场方面固定的非航空收入，也能为旅客提供零距离住宿空间，提升旅客服务满意度，同时还能保证机场的综合服务保障能力和提升机场的整体形象。但这种模式面临着机场空侧资源浪费，且空侧面完全对外暴露会给机场带来安全隐患。该模式在国内尚无应用实例，以美国纽约肯尼迪机场环球航空公司航站楼（TWA）开发最为典型，该楼是由著名建筑师埃罗·沙里宁在 1956 年设计，捷蓝航空公司将其改造为酒店，并通过在原航站楼两侧新建侧翼建筑的方式解决因原航站楼规模过小而导致酒店房间数量少的问题，同时也可以增加不同房型结构。改造中拆除原来的 2 个卫星厅，并将两侧指廊连接到新 5 号航站楼，将航站楼与酒店融为一体，为进出港旅客提供便利，此外还新增会议、健身、餐厅、酒吧等附属配套设施，为不同需求旅客提供增值服务（图 9-10）。

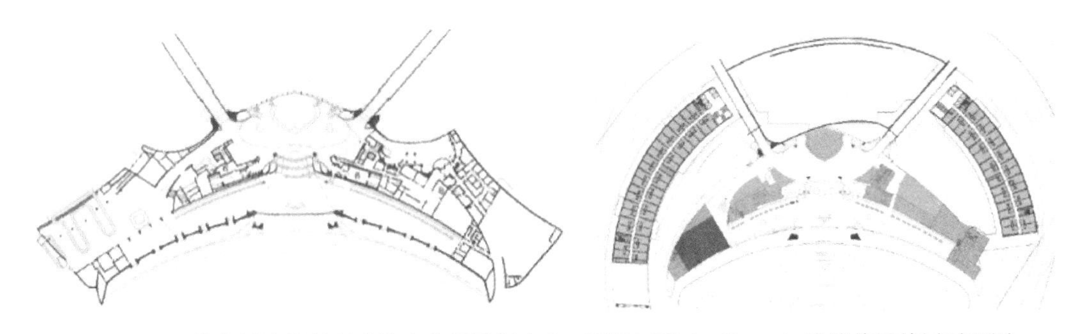

图 9-10　纽约肯尼迪机场环球航空公司飞行中心（TWA Flight Center）改造前后首层平面图

来源：TWA Flight Center Hotel Project，John F. Kennedy International Airport New York

2）办公楼开发模式

将旧航站楼改造为航空公司办公楼的模式具有周边视野开阔无遮挡、通风采光效果好、交通便利、停车空间充足、周边景观易于改造等特点，同时机场当局、航空公司及航管部门也能够充分利用旧航站楼空侧和陆侧交界点优势，在办公功能的基础上开发其他功能。我国计划经济时期的旧航站楼普遍具有建筑体形庄重，兼具特色性与标志性，其建筑特征能与现代办公楼立面特征有着很好的契合，例如北京首都机场已将 1958 年建成的首座航站楼改造为国航办公楼。但这种改造模式因其紧邻空侧，航空器频繁运行不可避免地造成空气及噪声污染，影响工作人员工作效率。以英国伦敦盖特威克机场为例，该机场拥有 1936 年建成的世界第一个圆形概念的“蜂巢”航站楼，并于 1996 年入选英国国家二级保护建筑，其所在的旧航站区因地势较低（1937 年曾出现洪涝）以及 A23 公路的分隔而逐渐废弃，为保护该区域，1958 年后整个机场发展重心北移，“蜂巢”航站楼现已改造为服务式综合办公楼（图 9-11）。

3）机场长途客运站开发模式

将旧航站楼改造为机场长途客运站的开发模式可充分利用旧航站楼陆侧停车场、进出机场交通、站前广场等基础设施，另外机场长途客运线路的开通还能够将机场影响范围向周边城市延伸拓展，显著扩大机场辐射范围，能够吸引大量机场周边城市客流。如成都双流国际机场在 T2 航站楼投入使用后，机场方面将 1965 年建成的航站楼一度改为支线航站楼（提供川内及重庆航班），后又改造为机场长途客运站（图 9-12），该客运站位于 T1 航站楼和 T2 航站楼之间，地理位置极佳。

3. 民航主题博物馆开发模式

纵观国内外利用历史建筑开辟为博物馆是文物保护常用的做法，而我国将机场历史建筑改造为民航主题博物馆的做法不多。哈密机场 1939 年建设的航空站（新疆维吾尔自治区第六批重点文物保护单位）

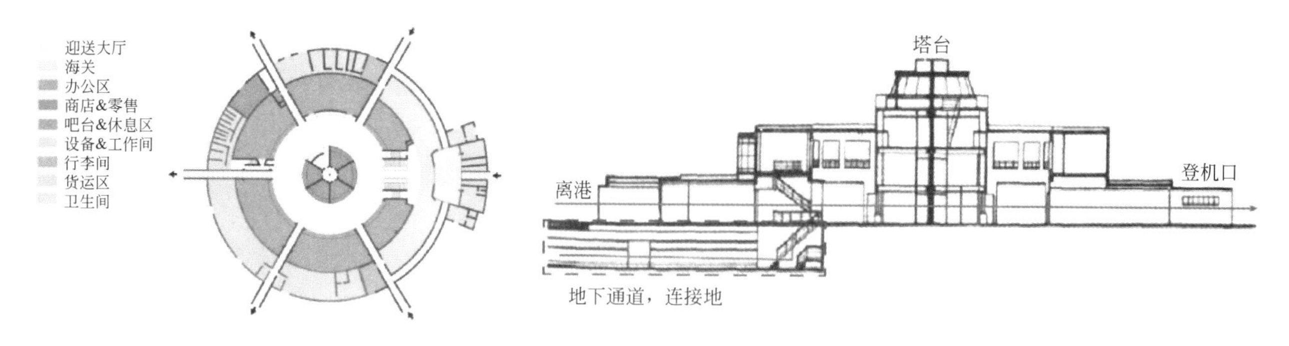

(a)“蜂巢”航站楼首层平面图 (b)“蜂巢”航站楼剖面流程图

图 9-11 伦敦盖特威克机场的“蜂巢”航站楼（1936 年）

来源：Gatwick's Beehive Historic Airports

图 9-12 成都双流机场长途客运站（已拆）

来源：作者摄

整修后改造为哈密·新疆航空历史陈列馆，航空站为 2 层砖木结构建筑，建筑面积 798.42m^2（图 9-13）。另外，乌鲁木齐地窝堡机场、伊宁机场以及上海虹桥机场均利用历史建筑设立机场或民航博物馆。民航主题博物馆开发模式不仅能够保护近现代历史建筑，普及民航专业知识，有助于收藏和研究完整民航历史资料和历史文物，同时还能增强机场行业文化建设和促进航空旅游业发展，可谓社会效益与经济效益双收。这种开发模式适用于具有较高历史、社会文化、技术艺术等价值可适度开发的旧航站楼建筑。

图 9-13 1939 年建设的哈密机场航空站

来源：作者摄

9.2.5 机场历史建筑保护和再利用模式的比较分析

机场历史建筑改造和开发的模式多种多样，且各有利弊，需要根据所在机场的航空运输功能需求、地理位置、建筑特性、保护和利用价值等诸多因素进行综合比较，最后选定最佳的再利用模式及实施方案（表 9-6）。

旧航站楼改造利用模式的比较分析 **表 9-6**

改造开发模式		工程特征	适用范围	模式利弊	应用实例
民航运输功能延续	低成本航站楼	保留原有功能分区和流程	低端旅客及旅游资源丰富的二线机场	可充分利用空陆侧资源；航空公司难以长期入驻	大连周水子、西安咸阳等机场
	公务航空航站楼	保留配套性基础设施	高端旅客聚集且旧航站楼相对独立	可充分利用空陆侧资源；配套设施及相关技术标准不匹配	天津滨海机场
	配餐楼	首层空间开阔改造生产区	较多航空公司基地入驻且配餐需求量大	可充分利用空陆侧资源；配餐公司规模较小难以承租整座航站楼	天津滨海机场
	货运楼	候机区改造货运厅	航站楼靠近货运区且与现有航站区分离	可充分利用空陆侧资源；客流货流交叉相互干扰	南宁吴圩、济南遥墙等机场
非民航功能的综合开发	酒店	办票大厅改为酒店大堂	新旧航站楼紧邻且酒店资源需求较大	提升机场综合竞争力；建筑规模小且难以设计不同的房型	纽约肯尼迪机场
	办公大楼	大分区分割成小开间办公室	旧航站楼相对独立且兼具特色性与标志性	空侧资源可开发利用；紧邻空侧对办公人员而言干扰因素多	北京首都、伦敦盖特威克等机场
	机场长途客运站	停车场转换客运停车坪	城际接入量小且对周边旅客有较大吸引力	能够扩大机场服务范围，提升周边旅客可达性；轨道交通影响大	成都双流机场
	民航主题博物馆	保留历史建筑符号及特征	建筑具有较高历史、技术和艺术价值	保护历史建筑并促进旅游业发展兼具教育功能；空侧资源浪费	乌鲁木齐地窝堡、哈密等机场

总的来看，我国机场历史建筑保护与再利用研究是一个新兴的工业遗产保护和利用领域，该领域具有专业性强、涉及面广、改造难度大、安全性要求高等特性，需要广泛汲取国内外机场历史建筑改造再利用案例的经验教训，以保护我国机场历史建筑所具备的固有价值体系为前提，从旧机场建筑的技术特征着手，针对各种再利用开发模式进行利弊及适用性分析，最终为机场历史建筑的保护与再利用提供最佳实施方案，实现延续机场航空文脉和满足现代航空功能需求的双重目标。

9.3 近代航空类线性文化遗产的保护与再利用

故宫博物院前院长单霁翔认为“线性文化遗产”（Lineal Cultural Heritages）是世界遗产的一种形式，是指在拥有特殊文化资源集合的线形或带状区域内的物质和非物质的文化遗产族群。我国拥有丰富的道路、运河及铁路等交通类线性文化遗产，如运河类的京杭大运河、广西灵渠、郑和下西洋路线等，道路类的丝绸之路、古蜀道、茶马古道、唐蕃古道等，铁路类的中东铁路、滇越铁路和胶济铁路等。在交通类线性文化遗产中独缺航空类线性文化遗产，近现代航空线性文化遗产是文化线路中不可或缺的组成部分，它除了拥有以机场场面遗迹以及附属的机场建筑遗产为主的物质遗产之外，也传承着在航空行业特色背景下的非物质文化遗产。

9.3.1 航空线具有线性文化遗产的基本特性

1. “文化线路”定义及航空线性文化遗产的内涵

2008年10月4日由联合国教科文组织通过的《文化线路宪章》将“文化线路”（Cultural Routes）定义为：“任何交通线路，无论是陆路、水路，还是其他类型，拥有清晰的物理界限和自身所具有的特定活力和历史功能为特征，以服务于一个特定的明确界定的目的，且必须满足以下条件：①它必须产生于并反映人类的相互往来和跨越较长历史时期的民族、国家、地区或大陆间的多维、持续、互惠的商品、思想、知识和价值观的相互交流；②它必须在时间上促进受影响文化间的交流，使它们在物质和非物质遗产上都反映出来；③它必须要集中在一个与其存在于历史联系和文化遗产相关联的动态系统中”。

航空文化线路符合文化线路“其他类型”交通线路的定义，也具备文化线路所应有的全部基本条件，其构成要素包括机场建筑、机场场址、机场周边自然环境和社会环境等所形成的航空类物质文化遗产，以及机场建设发展和航空活动所衍生的非物质文化遗产。根据航空类物质文化遗产的空间分布和建筑形态特性，可将其分为机场建筑遗产和机场场面遗迹两大类。机场建筑遗产既包括机库、航空站、指挥塔台等机场专业建筑，也包括营房、仓库等其他一般建筑；机场场面遗迹除了地面建筑以外，还包括跑道、滑行道及飞机窝等飞行区设施及配套设施。航空类非物质文化遗产则包括近代中国在1932年开展的“航空救国”运动和1936年开展的“一元献机活动”等当时影响深远的航空活动或事件。总的来看，航空线性文化遗产是以机场建筑遗产为点，以机场场面遗迹为面，以固化而无形的航空线为线所构成的文化线路。

2. 航空线性文化遗产的基本属性

1）航空线的空间跨度大，沿线建筑遗产的整体性强

航空线性文化遗产属于大尺度空间的文化遗产，均为区域层面或国土层面甚至国际层面的大尺度，以至于欧洲等许多近现代航空发达国家受制于有限的国土面积，而无法独自展现出航空线路所具有的文化线路特性。我国近代典型的航空线沿线机场及其附属建筑普遍由同一建设主体在不同地区和不同时段内主导设计建设，当时航空站的建设主体分别涉及航空公司、国民政府航空委员会、沿线各级地方政府、援华美军以及侵华日军等，这些机场的建设无一例外是由当地民众广泛参与施工建设的，按照所指定的飞机设计机型及航空站等级进行标准化建设，机场场道建设及机场建筑风格均有相对的统一性。

2）航空线促进了商品、人员和思想的广泛交流联系

航空线性文化遗产拥有动态的、开放的文化线路特性。其沿线机场之间存在内在的、必然的航空交通联系，这些航空线除了交通运输通道作用外，还存在着跨地区、跨国家、跨民族的人员、物质文化交流。例如，早在抗战前夕，国民政府在全国范围内蓬勃开展了“航空救国”活动，发起“一县一机”募捐购机活动，使得国人更为广泛地关注和支持中国军事航空的发展；又如在机场建设过程中，各地政府大量征募当地民工进行“人海战术”的施工方法，使得先进的国外航空技术和落后的本土农业文明之间产生了巨大的文化冲击；另外，抗战期间美国援华航空志愿队和苏联援华空军志愿队先后来华参战，中方与之合作相继开通了“驼峰航线”、哈阿航线等西南、西北国际航空运输通道，这些都显著促进了战时国内外物质文化与非物质文化的广泛交融。

3）航空线性文化遗产具有类型的多元化和主题的丰富性

线性文化遗产通常包括交通线路、军事工程、自然河流与水利工程以及历史主题事件四大类型，而航空线性文化遗产自身便涵盖了交通线路、军事工程和历史主题事件三大类型。从交通线路来看，航空交通线路反映了民用航空运输和军事航空运输以及军民结合的航空运输三大类，具有历史意义和作用的重要航空交通线路包括京沪航线、“驼峰航线”和哈阿航线等；而与航空直接相关的历史主题事件涉及上海虹桥机场事变、西安事变等以及苏联航空志愿队、美国飞虎队抗战时期援华军事作战等；机场相关的军事工程包括援华美军主导的“特种工程”、侵华日军兴建的国境要塞工程等。这些近代航空线性文

化遗产类型多样，主题丰富。

4）具有显著的保护和再利用价值

航空文化线路遗产具有显著的历史文物价值、科学技术价值和社会文化价值。近代中国机场遗存都是经历过战火洗礼所幸存下来的，尤其是抗战时期的昆明巫家坝、南京大校场、南昌青云谱等机场遗迹则是重大战事、历史主题事件及国际航空运输通道的主要发生地和见证地，具有较高的历史文物价值；近代中国逐渐建立较为齐全的航空技术体系和机场工程技术体系，反映了当时的航空技术进步程度和机场建设成就及特征，并在中华人民共和国成立后获得了相应的传承。现存的近代机场建筑遗产融合了美国、苏联、意大利以及日本等诸多外来建筑文化风格，体现了航空文化的多元性。另外，沿线各地机场既有自身的个性特征，也在建设思想、设计理念、建筑标准及建筑风格等方面存在共性，近代机场遗产既有体现地域性、民族性的个体价值，也具有多角度、多元化支撑航空文化线路遗产的整体价值。

9.3.2　航空线性文化遗产的特殊性

近代航空文化线路是交通类线性文化遗产网络不可或缺的重要组成部分，多数航空类文化线路遗产具有历史遗产和在用遗产的双重属性，拥有文化线路所普遍具有的历史文物价值、旅游开发价值、交通行业价值和社会文化价值，但也拥有航空线路自身的特殊性。

1. 航空线路空间跨度大，肇始时间和持续时间短暂

相对于水运、道路及铁路等其他交通方式，航空交通方式肇始时间最晚。自我国第一条营业铁路——上海吴淞铁路 1876 年通车至今，我国铁路已经有 140 多年的历史，而自 1906 年飞机首次在中国上空飞行和 1910 年建成第一个机场，时至今日仅 110 多年。另外，我国典型的近代航空线路经常随着时局、战局的变化而变化，持续时间较为短暂。但这些航空文化线路普遍具有历史传承性和现代延续性，航空线和机场场址多沿用至中华人民共和国成立之后，有的持续使用至今。显然，中国近代航空业与现代航空业在航空类文化遗产方面具有密切的传承关系。另外，由于民用航空客货运输量偏小和高端化的特性，近代中国的航空运输人员和物质文化交流往往具有“小众性”特征，由于军事保密等因素，单个军用机场所形成的非物质文化影响因素有限。但由于近代航空线路普遍呈现多元化、网络化分布，使得航空文化线路的影响广泛，例如抗战时期“驼峰航线”的运输过程中，西南地区的驻华美军人员众多，且四川宜宾、泸州，云南昆明、腾冲等航空基地分布广泛，“驼峰航线”所形成的航空线路时间虽然短暂，但其作为物质文化和非物质文化都影响深远，这些航空基地也直接推动了西南地区当地民众与国外开展前所未有的且广泛分布的物资交流、商品贸易和文化交流。

2. 具有固化但又无形的线性物理界限特征

航空线状航路属于无形的固化界线，它拥有清晰的物理界限——空中航路，这些航路通常在空中航行图中予以明确指定，并在沿线设有导航设施及标志物予以界定，但是由于空中航路是“无形的”和“内化的”，以至于航空站之间的内在联系常常被忽视。随着时局的变迁，各航空站之间的交流联系逐渐疏远，不少典型的近代航空线路最终退化为各自孤立的点状文化遗产。线性文化遗产通常包括点状遗产、线状遗产和面状遗产三类。航空与铁路同属于近现代交通类线性文化遗产范畴，与铁路线路相比，航空线路虽然具有无形的空中航路，但缺乏明确的物理界限，因此航空线性文化遗产的“线性”要素不明晰，通常只有少量的机库、航空站及办公楼等单体机场建筑类的点状遗产，以及跑道、滑行道、停机坪等机场场面遗迹类的面状遗产。从物化实体来看，近代典型的航空线性文化遗产主要分散布局在诸多的在用或废弃的机场之中，这些机场的空间位置明确，识别性强。典型的近代航空文化线路遗产空间、时间属性特征明显，需要强化和挖掘航空文化线路遗产中沿线各个节点所共同构成的文化功能和价值。

3. 航空线路与其他陆路文化线路基本共线

近代航空线路既是承担航空客货运输的交通运输工程，也是进驻作战飞机机队的军事工程。由于军事作战的需求和航空技术装备对外的依赖性，我国近代航空线路具有鲜明的国际化特征。例如在抗战时期，航空文化线路的特征最为明显的是国统区的国际航空运输通道，它主要服务于从事国际政治经济人员交往、国际军事物资交流的跨国运输，由此也衍生出更为宽泛的社会文化领域的国际交流。抗战时期的西北、西南国际航空运输通道沿线的航空站基本为同一时期建设，由同一建设主体主导规划建设，且普遍是与公路、铁路组成的混合类型的通道，构筑多种交通运输方式融合且相互联运的国际大通道，这主要归因于当时航空飞行是依靠地面标志物进行目视导航的，其中公路、铁路及河流的线路走向是最易识别的。另外，机场场址也多与铁路车站相邻布局，以便于客货转运和有助于相互拱卫防御。总的来看，近代航空线性文化遗产是文化线路“混合类型”中的重要组成部分。

9.3.3 中国主要的航空线性文化遗产分布

按照使用功能划分，航空线性文化遗产包括民用航空运输类、军事航空运输类和军事工程类等三大类。近代民航运输类遗产包括中国第一条民用航线——京沪航线和中德合资欧亚航空公司尝试开通的沪新线（上海—新疆），线路沿线尚保留有北京南苑、天津佟楼赛马场、南京明故宫和上海龙华等机场遗迹或机场建筑遗产；军事航空运输类主要包括“驼峰航线”和哈阿航线等，它们分别是与美国和苏联合作开辟的重要援华国际军事航空运输通道，至今尚有不少在用或废弃的机场场址及其机场建筑遗存；军事工程类包括抗战时期结合航空学校、飞机维修制造厂等项目落地以及重大军事作战需求而建设的系列机场，如驻华美军于1943—1944年在成都平原地区兴建的以供B29轰炸机起降的大型军用机场为主体的川西“特种工程”，侵华日军1934—1945年在东北地区的中苏边境沿线构筑“国境筑垒”要塞工程，并在沿线建设了大量航空基地群。

我国近代典型的航空线均是近百年发展起来的，代表不同时期、不同地域和不同主体的特征，形成以机场为平台载体的近代机场建筑群以及机场遗址。由于近代中国战时的频繁破坏以及战后的建设性破坏和保护不力，目前我国的机场历史建筑类资源具有“稀缺性”，航空线性文化遗存数量十分有限且弥足珍贵。我国沿用至今的在用机场场址大部分保护完好，但近代机场建筑遗产较少，而废弃后的机场场址普遍进行了大规模的城市开发，机场建筑遗存为数不多，尤其具有航空特色的机场历史建筑群和单体历史建筑更是罕见，不过因军事保密、相对独立于城市之外等因素，这些航空类建筑少有列为文物保护单位的。由于原有的航空线消失湮灭了，这些航空类遗产呈点状或面状广泛而零散地分布在全国各地，这些航空类建筑遗产具有“类型多样性、文化多元性、资源稀缺性”的特征（表9-7）。

我国近代典型航空文化线路遗产分布表 **表9-7**

航空文化线路	沿线主要机场名称	文化线路特征	典型的不可移动文物
航空基地防御线（华东地区）	南京大校场机场（遗址）	空军总站	机库、油库、美龄宫、美龄楼、营房
	杭州笕桥机场（在用）	国民政府航空署驻地、中央航空学校、空军总站	醒村别墅、机库、办公楼
	南昌青云谱机场（遗址）	航委会第二飞机维修厂、空军总站	机库、指挥塔台、办公楼、八角楼
	南昌老营房机场（遗址）	中意飞机制造厂、航空机械学校	机库、指挥塔台、办公楼、总装车间
	洛阳金谷园机场（遗址）	中央航空学校洛阳分校、空军总站	2座机库
“驼峰航线”/特种工程（西南地区）	昆明巫家坝机场（遗址）	飞虎队航空基地、空军军官学校驻地	陈纳德故居、空军招待所
	云南驿机场（遗址）	空军军官学校初级班、“驼峰航线”中转站	飞机掩体、停机坪、跑道等机场遗址
	呈贡机场（遗址）	飞虎队航空基地、“驼峰航线”中转站	飞虎队驻地、关圣宫、飞机窝、石碾子
	重庆白市驿机场（在用）	美军驻华空军司令部	办公楼
	成都双流机场（在用）	驱逐机机场	空军制氧厂旧址（市区）
	新津机场（在用）	B-29轰炸机机场	机场油库、机场碉堡、跑道局部、岗哨、库房
	广汉机场（在用）	B-29轰炸机机场	机场油库

续表

航空文化线路	沿线主要机场名称	文化线路特征	典型的不可移动文物
哈阿航线（西北地区）	伊宁机场（在用）	国际入境点、哈阿航线起讫点	中国空军教导队营房
	乌鲁木齐地窝堡机场（在用）	新疆航空学校驻地	航空站、维修车间
	哈密机场（在用）	哈阿航线起讫点	苏联式航空站
中东铁路沿线的满洲里—哈尔滨—大连航线（东北地区）	哈尔滨马家沟机场（遗址）	满洲航空公司基地、解放军第一航空学校驻地	机库（3 座）、车间、俱乐部、办公建筑
	长春大房身机场（在用）	满洲国“国都”机场	—
	沈阳东塔机场（在用）	东北航空队根据地、日军航空基地和试飞场	机库、小白楼、大白楼、1927 楼、厂房等
	沈阳奉西机场（遗址）	冯庸大学机场、航空修理厂	仓库、机库
	大连周水子机场（在用）	军民两用机场、日军第二飞行联队驻地	机库
	齐齐哈尔南大营机场（遗址）	日军第二航空军基地、中苏航空公司航空站	机库

1. 华东地区的航空基地防御线

全面抗战前夕，国民政府为对日备战而在华东地区建设了一大批高标准、规范化的大型军用机场群，主要包括上海虹桥、杭州笕桥、南京大校场、南昌青云谱和洛阳金谷园等机场，用作航空署办公驻地、空军总站、中央航空学校以及飞机制造维修厂等重要航空机构驻地，国民政府军政要员也频繁往来使用这些机场。在“虹桥机场事件”导火索引发全面抗战之后，这些机场先后历经了“八一三”淞沪会战、“八一四”空战、南京空战等重要战事。中华人民共和国成立后，这些机场不少转型为重要的航空工业制造基地或航空运输基地。至今杭州笕桥、南京大校场、南昌青云谱及老营房等旧机场地区尚保留有较为完整的机场历史建筑群，包括机库、办公楼及指挥塔台等（图 9-14）。

图 9-14　南京大校场机场民国时期的大件库建筑

来源：作者摄

2. 西南地区的“驼峰航线”和“特种工程”

抗战初期，为了满足美国航空志愿队的对日作战需求，以昆明巫家坝机场为核心，先后建设了呈贡、陆良、云南驿等一批军用机场，开辟了对日空中作战的战场。抗战后期，美国援华空军与中国航空公司又在中缅印三国联合开通了“驼峰航线”这一国际空中运输通道。为了提升该军事交通线的运输量，在中印缅三地进行大规模的机场建设，仅我国西南地区便涉及 10 多个机场的建设，“驼峰航线”主要使用云南省的昆明、陆良、呈贡、云南驿、沾益和四川省的新津、彭山、广汉、宜宾、泸州及重庆等地机场，在中国境内的备降机场主要分布在昭通、腾冲、保山等地。虽然“驼峰航线”持续的时间短，但以“大运量、高风险”而蜚声中外，飞机残骸在沿线地区形成了可用于目视导航的“铝谷”。“驼峰航线”与滇缅公路互补，构成了中印缅战区的主要国际运输通道，对中国抗战的后勤保障支撑作用意义重大。另外，为了开展对日本本土的远程轰炸，美国还出资在成都平原地区新建或扩建了新津、邛崃、彭山和广汉等一批可起降B29轰炸机的大型机场及其拱卫的驱逐机机场，这些机场直接按照美国军用机场的标准设计图纸、美制飞机设计机型和美军机场建设规范进行建设，并由中国先后动员上百万民工赶工完成。“驼峰航线”和“特种工程”是抗战时期的重要的军事交通线路和重大历史事件，对中国战区的时局影响深远，至今在云南地区、成都平原地区等地仍有不少军用机场及其机场建筑遗存。以1943年在昆明巫家坝机场建成的美国飞虎队队长陈纳德的办公楼为例，该建筑呈一主二从式的对称构图，造型设计简洁流畅，具有中西融合的建筑风格特征。1956年4月，中国民航开辟“昆明—曼德勒—仰光”国际航线之际曾将该楼作为候机楼使用。2014年被列为昆明市级文物保护单位（图9-15）。

图9-15　昆明巫家坝机场的陈纳德故居

来源：作者摄

3. 西北地区的哈阿航线

早在1926年，中德合资的欧亚航空公司便尝试开通上海经新疆至柏林的沪新线，沿线筹建了南京、洛阳、西安、兰州、肃州等航空站。1939年11月，国民政府和苏联政府合资组建中苏航空公司，开通哈密—迪化（乌鲁木齐）—伊犁—阿拉木图国际航线，并沿线改扩建了一批规模不等的航空站。哈阿航线是抗战时期西北国际运输通道的重要组成部分和苏联援华空军志愿队的空中通道，并与中苏国际公路相互补充。中华人民共和国成立后，在新组建的中苏民用航空股份有限公司的经营下，北京至阿拉木图的国际航线持续运营到1954年（图9-16），该航线沿线至今在甘肃境内尚遗留有嘉峪关酒泉航空站和包头航空站。总的来看，哈阿航线至今保留了我国最为完整的近代航空线文化遗产，沿线的乌鲁木齐地窝铺、哈密、伊犁等机场使用至今，并拥有保留完好的苏联建筑风格的航空站，这些近代航空站业已改造为民航博物馆对外开放。时至今日，哈阿航线仍是我国重要的国际空中走廊，实现了近现代航空运输业的延续和传承，具有较高的历史文化价值和航空行业价值。

4. 东北地区中东铁路沿线的骨干航线

早在1924年，张学良主导的东三省航空处便开始筹建沈阳—长春—哈尔滨的邮运航班。1931年日军侵占东北后，满洲航空公司陆续开通了哈尔滨马家沟—长春大房身—沈阳东塔—大连周水子的航线以及哈尔滨马家沟—齐齐哈尔—海拉尔—满洲里的航线，这两条航空线的走向与中东铁路的线路走向相近，长春宽城子、哈尔滨马家沟等机场也邻近沿线的铁路车站及铁路附属地建设，满洲航空公司的航线经营折射出侵华日军和满洲国政府的民用航空业兼顾军事航空需求的发展思路（图9-17）。1950年7月1日，中苏民用航空股份公司又开通了北京—沈阳—哈尔滨—齐齐哈尔—赤塔的国际航线，这是中华人

图9-16 中苏民用航空公司使用的甘肃酒泉航空站（1953年）
来源：作者摄

民共和国成立后开通的第一条国际航线。时至今日，东北地区的满洲里—哈尔滨以及大连—哈尔滨航线的沿线城市尚遗留有不少航空类建筑遗产及机场遗址。

图9-17 满洲航空公司使用的哈尔滨马家沟机场的标准化航空站（已拆）
来源：黑龙江机场集团公司提供

9.3.4 中国西北、西南地区航空线性文化遗产的价值体系构成

“驼峰航线”和哈阿航线这两条国际航空线在抗战时期发挥了重要的战略运输通道作用，至今在西南、西北地区保留了我国最为完整的近代航空类线性文化遗产。云南省境内的昆明、陆良、呈贡、云南驿、沾益、腾冲、保山、羊街等地和四川省的宜宾、泸州及陪都重庆等地的机场都不同程度地承担了“驼峰航线”中的空运物资转运任务。后来又为了满足“驼峰航线”和川西“特种工程”中的运输机、轰炸机和驱逐机起降要求，在云、贵、川、桂、陕五省新建或扩建了数十个机场。这些机场尚有不少沿用至今，也遗留有以机场道面、油库、碉堡以及石碾等为主的近代机场建筑遗产，总体上呈现“点多面广”的分布特征。

哈阿航线沿线的乌鲁木齐、哈密和伊宁三大航空站在抗战时期都是具有多功能的航空基地：乌鲁木齐航空站为中苏航空公司总站所在地及头屯飞机装配厂的客货中转地；哈密机场为航空中转站及飞机装配厂以及前苏军红八团驻军基地；伊犁机场除了是中苏航空公司中转站之外，也是国民政府空军教导队驻地。这三大航空站至今仍在使用之中，这些基本保留完好的苏联式建筑风格的航空站或相关建筑群在中国近代航空发展史中具有重要的历史价值、社会文化价值、科学技术价值以及艺术和行业价值。

1. 历史价值

抗战后期川西“特种工程”中建设的机场是由美国工程师设计的新式军用机场，并由四川省动员29个县的50万民工在半年内采用最原始的工具抢修而成的大型军用机场群。当前西南地区“驼峰航线”“特种工程”所遗存的机场历史建筑反映了美国盟军为援华抗战所付出的巨大牺牲和鼎力支持，也是中国民众为修建机场采用“人海战术”所付出血泪代价的历史见证。新疆近代航空站是见证近代新疆军航和民航发展史的历史实物，是苏联空军志愿队援华通道、哈阿国际空中航线的物化载体。“驼峰航线”和哈阿航线充分反映了抗战时期我国近代西南地区、西北地区国际军事交通运输的战略价值和历史意义，体现出中美、中苏两国共同构筑国际航空运输通道的历程，与苏联航空志愿队、美国飞虎队并肩作战的国际战斗友谊。显然这两条国际运输通道沿线的机场建筑遗产具有重要的历史价值。

2. 社会文化价值

“驼峰航线”机场的建筑遗存分布广泛，但地面建筑类的遗存不多，总体保护较好的仅有柳州旧机场及城防工事群旧址（全国重点文物保护单位）、重庆广阳坝机场遗址和云南寻甸羊街机场遗址等。而哈阿沿线的三大近代航空站建筑均纳入了新疆区级或市级文物保护名单，且都设立了新疆民航或机场陈列馆，这些场馆彰显了新疆近代航空教育和爱国主义教育基地的社会意义，可结合丝绸之路经济带沿线的文化旅游开发航空旅游线路。总体而言，“驼峰航线”机场建筑遗产和哈阿航线沿线机场遗产既有体现地域性、国际化的个体价值，也具有多角度、共时性的群体价值，对弘扬爱国主义精神和反法西斯主义思想具有重要的社会教育意义，其社会文化价值显著。

3. 科学技术价值

“驼峰航线”机场按照美国飞机机型、采用美国机场技术和依据美国机场标准建设，以成都平原为布局核心的“特种工程”可谓当时“世界上最先进的机场群”，对推动我国近代机场在规划设计、施工工艺、规范标准以及专业人才培养等奠定了良好基础，它直接推动了中国近代机场向现代机场演进。显然，现存的“驼峰航线”机场建筑遗产具有科学技术价值。另外，根据中苏航空合约的附约规定，“由合约双方供给公司之一切飞机航行设备材料、机场房屋建筑及其他项目，均须最新式最新制”。显然，新疆近代航空站建筑群体现了苏联先进的航空建筑技术及航空技术设备。而乌鲁木齐头屯飞机装配厂和哈密飞机装配厂的工业建筑群也代表了近代航空工业建筑的最新工艺流程及设计理念，具有行业特色鲜明的科学技术价值。

4. 艺术和行业价值

在抗战时期的西部地区，由美国引入中国的泥结碎石混凝土机场道面技术得到广泛应用。该硬化道面技术适应中国本土特点、先进实用且建设成本相对低。寻甸羊街、云南驿等“驼峰航线”机场现有机场道面遗存在中国近现代机场建设史中具有重要的行业技术价值。新疆三大近代航空站具有明显的苏联式航空建筑特征，体现了当时苏联航空建筑的设计理念、建筑标准及建筑风格等，也是当时苏联式航空站的典型建筑形制，反映了苏联建筑风格对新疆地区及近代建筑的影响，对研究近代航空建筑形制的发展演进等领域具有较高建筑艺术价值和行业价值。

9.3.5 中国航空线性文化遗产保护与利用的整体性建议

1. 编制近代航空类线性文化遗产保护和利用的专项规划

近代机场建筑的保护层级不应局限于航空业内部门或所在地的地方政府，应提升到国家层面甚至国际层面；保护范畴也不应局限于单一的地点或项目，应以航空线为纽带，向航空类线性文化遗产保护转

型，显示跨区域的机场群的群组价值。为此需要探求近现代航空线性文化遗产的保护与利用模式，并联合航空线沿线城市及相关行业部门共同编制专项保护和利用规划。

以哈萨克斯坦阿拉木图至甘肃兰州之间的近代西北国际运输通道为例，该通道叠合了甘新公路和哈阿航空线，涵盖新疆和甘肃两地。哈阿航空线性文化遗产具有空间跨度大、分布范围广以及大众广泛关注等特点，建议将近代航空线路与相关的道路运输通道共同构建混合型的线性文化遗产，打造抗战时期的国际交通类文化线路，并按照文化线路遗产的要求编制航空线性文化遗产保护与再利用的专项规划，对近代机场建筑、机场场址、机场周边自然环境和社会环境等所形成的航空类物质文化遗产，以及机场建设发展和航空活动所衍生的非物质文化遗产进行系统的开发保护。并在沿线主要机场遗址内设立集收藏、保护、陈列、研究、传播等职能于一体的航空类博物馆，利用沿线废弃机场和有条件的在用机场积极发展通用航空，开发针对航空线路文化遗产的主题性低空旅游项目。

2. 积极倡导将典型的近现代航空线纳入文化线路之中

目前联合国教科文组织世界遗产中心发布的《实施〈世界遗产公约〉操作指南》最新版中的“文化线路”定义为“一种陆地道路、水道或者混合类型的通道”。考虑到该文件是对遗产评定与管理的重要文件，建议利用每 5～10 年定期更新“操作指南”的契机，积极申请科学拓展“文化线路”的内涵定义，并将“航空线”列入“通道”类型之中。另外，《文化线路宪章》至今已确认了 30 多条各种类型的文化线路，独缺航空类文化线路。建议积极向联合国教科文组织申请将典型的航空文化线路纳入《世界遗产名录》之中，例如，借助“遗产廊道”（ Heritage Corridor）的设计思想，结合中印缅地区的滇缅公路、中印公路等其他交通线路，我国可与印度、缅甸共同将第二次世界大战期间具有战略意义的“驼峰航线”申报纳入世界级的线性文化遗产行列。另外，建议有关部门对哈密—阿拉木图航空线沿线的近现代航空线性文化遗产资源进行实地摸底调查，掌握该航空线性文化遗产的分布概况及其价值体系的认定，在现有机场历史建筑已分别列为省区级、市级文物保护单位的基础上，建议沿线各文物保护单位共同将哈阿线沿线的航空建筑群以“近现代史迹及代表性建筑”类别申报为国家级文物保护单位。远期结合甘新公路，可联合哈萨克斯坦共和国争取将西北国际运输通道按照文化线路遗产联合申报纳入《世界遗产名录》，或者申报将哈阿航空线历史建筑遗产纳入《世界文化遗产》“丝绸之路”项目之中。

3. 对近代航空线性文化遗产进行重点普查

由于空中航路缺乏有形的线状物理界限，目前航空线路保护和利用的重点仍是机场建筑类的点状文化遗存或机场场址类的面状文化遗址。为此，建议针对典型的航空文化线路，建立沿线城市的航空文化线路保护和利用机制，联合对近现代航空线性文化遗产资源进行调查研究，通过考古调查、科学勘察和文献检索，掌握全国现有典型航空线性文化遗产的分布概况，重点对在西南地区以及东北地区的机场遗址及其主要机场建筑群遗存进行摸底调查，研判其历史文化价值、军事交通价值及建筑技术价值等，探求近现代航空线性文化遗产保护与利用模式，并联合航空线沿线城市及相关行业部门共同编制航空线性文化遗产保护和再利用规划。

4. 构建国家航空线性文化遗产体系

我国的航空类文化遗产涵盖军事航空和民用航空，涉及近现代航空工业和航空运输业，将有效弥补交通类线性文化遗产的缺失。但目前我国分散各地的航空类文化遗产大多未被列入文物保护名单之中，即使列入文保单位的机场建筑遗产也是给予彼此孤立的单一保护，这些个案式的航空文化遗产保护做法缺乏整体性和内在关联性，亟须构建国家航空线性文化遗产体系，以挖掘原有的航线网络，串接起全国散布各地的机场遗迹，以凸显航空类文化遗产的整体价值体系。建议将西北地区的哈阿航线、西南地区的“驼峰航线”列为国家线性文化遗产的优先申报名单。

5. 理顺近代航空类建筑的保护管理体制

当前近现代航空线沿线的机场建筑遗存隶属于不同的行政区划界内，归属于不同单位和机构管理，有的建筑遗存因各种因素制约而未纳入近现代建筑保护名单，即使已纳入保护名单的航空站在保护等级、保护与利用方式、管理体制等诸多方面也存在显著差异，需要从航空业的角度予以统筹规划，并对其周边整体环境进行整治和修复，理顺相关航空类近代建筑的保护管理体制，推动航空线沿线的近现代机场历史建筑群进行统筹规划和保护管理。以西北地区的中苏航空公司沿线航空站为例，新疆境内的航空类建筑遗存尚有哈密大营房、迪化头屯河铁工厂等相关近代航空建筑遗存以及奇台、伊宁等其他机场遗址，相关的博物场馆有乌鲁木齐的空军新疆航空队纪念馆，以及新疆机场集团旗下的新疆机场历史陈列馆（乌鲁木齐机场）、新疆机场陈列馆（伊宁机场）以及新疆航空历史陈列馆（哈密机场）等，而甘肃境内的近现代机场建筑遗存尚缺乏有效保护，需要统筹规划新疆和甘肃沿线跨省域的近现代航空类历史建筑遗存保护和再利用。

9.4 西南地区抗战时期机场遗址的保护与再利用策略

在全面抗战的中后期，南京国民政府及其美国盟军为实施“对日空战”“空军教育”“驼峰航线”和“特种工程”等各种军事航空任务，短时间内先后在国统区建成并投用了大量的军用机场，其建设重点是云、贵、川等西南内陆腹地，并拓展至桂、赣、湘、鄂及陕等抗战前沿地区。这时期的军用机场建设数量庞大，仅四川地区便新建和改扩建 18 个机场，云南省则新建了 28 个机场③。至 1950 年，新中国共接收了 542 个机场，时至今日，这些机场现已绝大部分被他用，仅存为数不多的机场工程遗址，无论从建造史角度还是从建筑史视野来看，均具有重要的历史价值、文物价值、社会价值和科学价值。

9.4.1 西南地区抗战时期机场的现状

当前西南地区抗战时期的机场现状呈现为三种状况：①继续作为军用或民用机场使用，如温江、广汉、邛崃、双流、新津等成都平原地区的绝大部分机场均是如此，除新津机场外，这类机场的抗战建筑遗存基本上已消失殆尽；②机场旧址已在城市再开发过程中演化成为建成区，如昆明的巫家坝、成都凤凰山和贵阳清镇、易厂坝等机场，这类机场目前是我国旧机场地区再利用最常见、也是最适宜的做法便是如昆明巫家坝机场的“跑道公园”模式，但这一城市成片再开发模式往往仅可保留数量有限的单一机场历史建筑，而导致整个机场遗产的原真性和整体性缺失；③机场作为军方保留机场暂时闲置，如云南嵩明羊街、沾益等机场等，这类机场旧址整体完整，具备开发“机场遗址公园”的先天条件，需要在军方的保留场址要求和机场建筑遗产的保护目标之间寻求平衡（表 9-8）。

西南地区典型的抗战时期机场遗产现状 **表 9-8**

名称	始建时间	主要建筑遗产	建筑价值特征	列入名录
昆明巫家坝机场	1922 年	陈纳德将军旧居(20 世纪 50 年代候机楼);20 世纪 60 年代候机楼;20 世纪 80 年代航管楼	美军飞虎队基地唯一遗存	昆明市第六批市级文物保护单位(2014)
昆明呈贡机场	1942 年	跑道(800 m×45m)、飞虎队队部、飞虎队员居住旧址、飞虎井、石碾等 10 余处	美军飞虎队数量最多的遗址	呈贡区一般不可移动文物(2012)(飞虎队居住旧址)
昆明寻甸羊街机场	1941 年	机场旧址范围(3000m×600m);砂石跑道、飞机窝	B-24、B-25 重型轰炸机中队基地	无
祥云云南驿机场	1929 年	跑道、滑行道、停机坪、指挥所、前防护区、后勤保障区和机场专用公路、飞机窝 16 个、军械仓库 2 个;空军士官学校(钱家大院)	机场遗址整体完整;国民政府军委会工程委员会工程处唯一遗存(雕楼)	第八批云南省级文物保护单位(2019)

③ “飞虎队”旧址之呈贡飞机场，载《昆明文史资料选辑》（第 64 辑），昆明：云南人民出版社，2018。

续表

名称	始建时间	主要建筑遗产	建筑价值特征	列入名录
曲靖沾益机场	1938 年	机场旧址面积 4.5 万 m^2;南北长 2500m、东西宽 1800 m	“驼峰航线”运输中的重要中转站	沾益县不可移动文物名录(2012)
曲靖罗平机场	1943 年	跑道(3600 m×50.3m)、飞机窝 13 个;抗战备用机场	机场遗址整体保留完整,部分用作国际露营地	云南省第二批不可移动革命文物名录(2023)
四川新津机场	1929 年	碉堡 2 处,覆土油库 4 座;老跑道(约 1000m×60m);数十个钢混结构石碾、1 座岗哨及多座军械工具库房	美国援华空军第 20 航空队驻地;中国民航飞行学院训练机场	成都市第七批市级文物保护单位(2020)
绵阳刘营机场	1938 年	机场旧址占地 38.4 万 m^2,防空洞 10 个(5 个基本完好,4 个损毁,1 个濒临损毁)	机场复垦为农场;洞窟式飞机窝为全国唯一	无
成都双流太平寺机场	1938 年	跑道、防空地堡;空军制氧厂旧址	中国人民解放军 5701 厂试飞场;拟迁建	成都市第九批历史建筑保护名录(2018)
重庆广阳岛机场	1929	碉堡 1-8、士兵营房 1-3、发电房、库房、防空洞、油库 1-6、美军招待所、钢混桥梁	重庆第一座机场;江心岛机场	第二批重庆市文物保护单位(2009)
贵州黄县旧州机场	1938	正副跑道、油弹库和飞云崖弹药库 12 间,石碾 4 个	一度为西南地区的中心机场;现为 A2 通用机场	黄平县文物保护单位(2006)
天柱独山机场	1934	现状占地面积约 353 亩,仅存由公路路段改建的跑道	中美空军前进基地;保留机场	天柱县文物保护单位(1984)

总体而言，由于西南地区大部分军用机场在建设之初便“重场道、轻建筑”，时至今日，机场历史建筑所剩无几，仅遗留成都太平寺机场的空军氧气厂、昆明巫家坝机场陈纳德故居等少量零散的机场建筑遗产。从保护建筑遗产的角度来看，西南地区抗战机场至关重要也是最具专业特性的大尺度建筑遗产是机场场道，但我国至今尚未有对整座抗战机场遗产予以整体保护的先例。

9.4.2 基于“国家机场遗址公园”理念下的保护与再利用策略

西南地区抗战机场是具有高度的历史文物、社会文化及科学艺术价值的军事航空遗产，鉴于当前机场建筑遗产“点多面散”的分布现状，建议遴选云南嵩明羊街、祥云云南驿等某个典型抗战时期机场作为创办全球第一个“国家机场遗址公园”的实践范例，其主要实施策略如下：一是从机场总体规划角度考证标识出跑道、滑行道及停机坪等主要机场设施的原有轮廓线，力求尽量全范围、全尺度地复原整个抗战时期的机场原貌；二是融合国内外诸多跑道公园规划建设的实践经验，营造以灌木、草本植物为主体的大开敞空间，提供跑步、轮滑以及骑行等各种运动空间或慢行空间；三是引入德国柏林滕博尔霍夫机场的“机场考古”理念，其通过考古挖掘方式获得的“考古遗迹”（Bodendenkmale）包括分布于 20 世纪 40 年代集中营轮廓、集中营碎片沟、20 世纪 20 年代老航站区以及挖掘出土“BERLIN”中的“R”字样等四处遗迹。机场考古遗迹可作为机场历史展览的重要组成部分，尤其可借鉴“考古柱”的方法来挖掘和展示机场道面结构演进的历次断层；四是部分复原展示抗战时期的典型指挥塔台、飞机窝等机场建筑，以充分展示战时的典型机场建筑形制。

总的来看，抗战时期中、美两国合作，在西南地区兴建的大量军用机场是重要的抗战遗址，是对日空战、驼峰航线、四川特种工程等抗战历程的历史物化见证，反映了当时最为先进的机场场道技术及通讯导航技术，可作为宣扬抗战精神、传承爱国主义精神的重要教育基地。探索这些弥足珍贵而又稀缺的机场遗址保护与再利用的新模式，无论从城市更新角度还是从机场遗址本身整体开发角度，均具有现实意义和示范作用。

第10章 近代机场历史建筑考证及其保护与再利用实例研究

10.1 上海虹桥机场历史建筑群的考证及其保护与再利用策略

上海地区是中国近代航空业发展的先锋城市和主要基地，始建于1921年的近代上海虹桥机场和始建于1922年的龙华机场先后历经北洋政府时期、南京国民政府前期、沦陷时期和南京国民政府后期的各个时期，至今历时百年尚保留航空功能。这两大机场无论是总平面规划还是航空站建筑，无论是机场工程建设还是机场运营管理，都属于中国近代航空业发展的翘楚，各个时期的航空站建筑作品尤其是近代中国机场业发展的典范之作，上海虹桥机场和龙华机场在中国近代机场建设史中可谓具有里程碑的意义和示范性作用。

10.1.1 近代上海虹桥机场的建设概况

1. 北洋政府时期（1921—1927年）

1920年，北洋政府国务院航空事务处拟定全国航线网规划，并鉴于京沪两地“绾毂南北”，决定在国内先行筹办京沪航线，沿线设北京、天津、济南、徐州、南京及上海站，其中一等站北京南苑机场已初具规模，在上海也计划选定场址新建一等航空站。1921年1月24日，北洋政府航空事务处选定在江苏上海县与青浦县交界处建造机场，由上海县署奉令征收民田233亩3分2厘9毫作为机场场址用地①，用地呈不规则状，机场四周采用竹篱笆围合。同年3月10日，机场工程正式开始辟建，至同年6月29日，虹桥机场建成中国第一个官式航空站。但“扼于经费不足”及政局动荡等原因，虹桥机场在北洋政府时期始终未通航使用。

2. 南京国民政府前期（1927—1937年）

南京国民政府成立后，中国民航逐渐形成以上海为中心的发展格局。1929年7月8日，国民政府交通部沪蓉航空管理处使用“沪蓉1号”飞机开辟沪宁段航线。1931年2月1日，中国和德国合办的欧亚航空公司在上海正式成立，飞行基地设在虹桥机场。1933年4月，欧亚航空公司在虹桥机场自行建造航空站，占地12000平方英尺（约1115m^2），包括20间泥墙草顶、木平房，工程造价为5000元。次年12月16日，欧亚航空公司自虹桥机场迁至龙华机场。

1934年8月，鉴于机场设施不敷应用，上海市政府奉南昌行营电令扩大虹桥、龙华二机场，其中虹桥机场奉令征地890亩（包括在机场西南角方向从江苏省青浦县境内征收的131亩5分6毫土地），其地价均由上海市财政局在“复兴公债”项下移款给价征用②。这时期的虹桥机场南北向1050m长、东西向850m宽，机场南部以公路为界，其他三面均为农田。至抗战全面爆发前，扩建后的虹桥机场总用地已达1157亩。

3. 沦陷时期（1937—1945年）

1937年8月9日下午5时许，驻扎机场大门的中国守军击毙了强闯虹桥机场的日本海军陆战队大山勇夫中尉和一等水兵斋藤，这一“虹桥机场事件”成为“八一三”淞沪会战及全面抗战的导火线。上海

① 引用《上海县志》第12卷数据。《上海民用航空志》第107页说圈划民田267亩（240亩属上海县）。

② 江南问题研究会：《上海调查资料（交通事业篇之三）——上海海陆空交通事业》，1949年。

沦陷后，为满足侵华战事之需，侵华日军强行占用民地 1356 亩大肆扩建虹桥机场，并扩建一条长 1500m、宽 100m 的泥结碎石道面的跑道及 9 条联络道，还建有机库和大量的飞机堡与碉堡。

4. 南京国民政府后期（1945—1949 年）

抗战胜利后，上海虹桥机场先后由国民政府空军总司令部（1945 年）、国民政府交通部（1946 年）、交通部民用航空局（1947 年）等部门所接管。1946 年之后，虹桥机场还一度拨给中美合资的中国航空公司作训练之用，并由国民政府行政院善后救济总署空运队（CAT）（后改为“交通部民用航空局直辖空运队”）用作运营基地。

根据 1946 年 11 月上海市政府工务局第一处勘测统计，虹桥机场的用地范围为 2500 亩（除了日伪占用的民地 1356 亩外，其余用地由上海市政府出资征用），拥有一条长宽为 1800m×100m 的正南北向跑道，后期扩建为长宽厚 2100m×100m×0.3m 的跑道。据 1950 年年初勘察，该机场场面呈不规则四边形，占地 2513 亩，遗存有 1 条泥结碎石道面的跑道、3 条滑行道和 7 条推机道（图 10-1、表 10-1）。

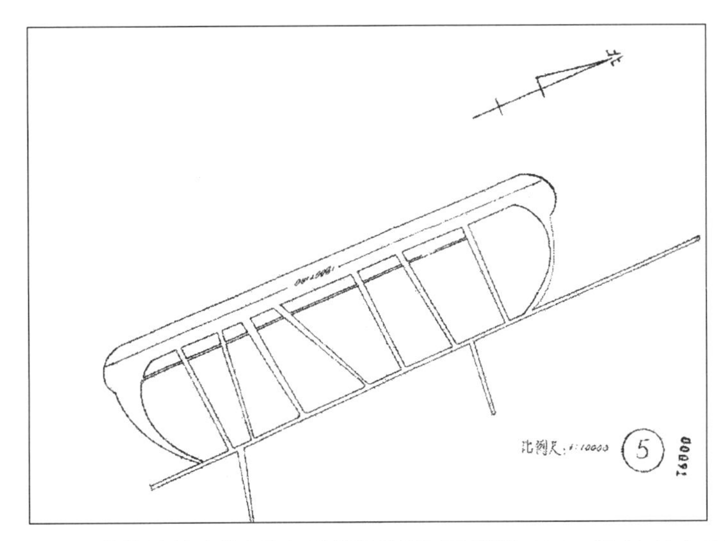

图 10-1　抗战胜利后的上海虹桥机场总平面示意图（1946 年 11 月 1 日）

来源：上海档案馆馆藏上海市公用局档案 00085

近代上海虹桥机场的建设历程　　**表 10-1**

建设阶段	主管机构	场面及用地面积	跑道构型和机场建筑
1921—1927 年	北洋政府航空署	233 亩 3 分 2 厘 9 毫	土质场面，机库、机器房、站房及油库
1927—1937 年	国民政府军委会航空处（1927—1929 年）； 国民政府军政部航空署（1929 年 6 月）	场面南北向长 1050m，东西向宽 850m； 1157 亩（1937 年）	占地约 400m 见方，2 座钢顶砖墙机库，1 座修理工厂（1931 年）
			机库（长宽高 46m×37m×6m），材料仓库和油库各 1 处（1934 年）
1937—1945 年	侵华日本陆军航空队	强占 1356 亩用于扩建	南北约 762m，东西最宽处约 1219m；跑道长宽 1500m×100m
1945—1947 年	国民政府空军总司令部	2500 亩（1947 年）	跑道长宽 1800m×100m，后期扩建为 2100m×100m
1947 年 12 月 11 日—1948 年 10 月 16 日	交通部民用航空局技术员训练所	2800 亩（1949 年）	规划 3 对平行跑道（10000 英尺×300 英尺，约 3048m×91m），1 对平行跑道（7000 英尺×200 英尺，约 2134m×61m）
1948 年 10 月 16 日—1949 年 5 月 22 日	交通部民用航空局		

来源：根据上海档案馆馆藏档案《龙华虹桥江湾大场四飞机场查勘报告》等资料整理。

10.1.2　近代上海虹桥航空站建设概况

1. 北洋政府时期的上海虹桥民用航空站

1921 年 1 月 27 日，北洋政府航空事务处为筹建上海航空站而采用招标方式来选择承揽施工单位，并在《申报》等各报纸刊登施工招标公告，经过投标遴选，最后的中标单位是允元实业公司。该公司由毕业于麻省理工学院的林允方（1891—1987 年）与美国斯通与韦伯斯特公司的高管格莱斯于 1919 年共同创立。同年 2 月 27 日，航空事务处与美商允元实业公司在航空事务处驻沪委员办公所正式签订上海虹桥建筑 2 座飞机停驻所（即飞机库）的合同，约定 4 个月内全部竣工，最终在虹桥机场建成中国第一个官式航空站建筑群（图 10-2）。

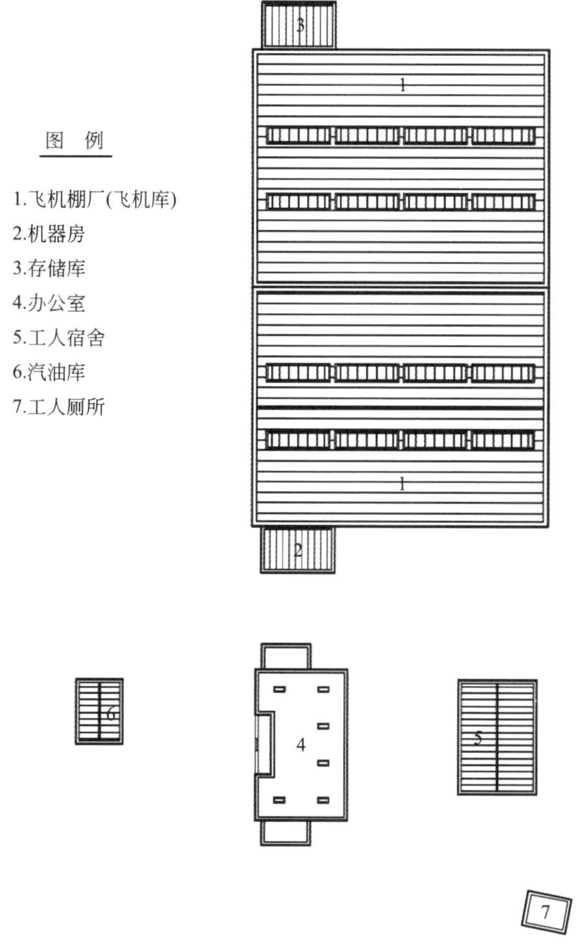

图 10-2　北洋政府时期上海虹桥航空站总平面布局示意图
来源：项目组绘

上海航空站的建筑设施完备，具体包括飞机棚厂（飞机库）、站屋及机师室、机器房和汽油库等建筑，其主体建筑为两联排式飞机库，该木质机库宽 80 英尺（约 24.4m），进深 94 英尺（约 28.7m），可供 2 架英制大维梅式商业飞机停驻，以便进行轮换飞行。该建筑西面为飞机出入口，设有带滑轮、可推拉的灰色铁甲大门；其余三面为红砖墙面，其中南、北墙设 6 扇窗，东墙设 6 扇采光窗和 2 扇小门，另外东西向立面的山花上沿各开有通气孔 6 个。机库屋顶采用木质三角桁架结构，上铺油毡及白铁皮，并在屋面两侧各设 16 扇的带形天窗；机库地坪为水泥铺筑，机库大门外铺柏油石子地[①]（图 10-3）。

① 冯启镠《上海航空情形实地调查记》一文认为："综查上海航站棚厂工程，建筑草率，材料恶劣，确不十分坚固"。

(a) 飞机库及机器房外景

(b) 飞机库和办公室外景

图 10-3　北洋政府时期上海虹桥航空站的飞机库及机器房

来源：(a)《航空》，1924 年第 5 卷第 3 期；(b) 瑞典航空专家 Lennart Auderson 先生提供

航空站附属工程包括五类：①机器房（即修械所，用于修理零星小机件），附设在机库西南角墙外；南面设窗，东西开门。其面积稍显狭窄。②栈房（即存储库，用于存放零星机件），位于机库西北角墙外，东北两面设窗，南面开门。面积比机器房更小。③站房（即办公室兼飞行员室与候机室），位于机库南面，为大小 10 间的红砖砌筑的单层建筑，室内铺筑木地板。该建筑对称布局，凹字形平面，设有女儿墙的平屋顶，设有新式独立厕所。④技工室（即员工房），位于办公室后面以东，共有 8 间，室内也铺有木地板。⑤汽油库，位于办公室前以西的飞行场边界处，与办公室仅一草地及一路之隔。1932 年“一·二八”淞沪抗战期间，虹桥机场遭受侵华日军飞机的大规模轰炸，航空工厂、航空站及机库等建筑物被炸成废墟（图 10-4）。

(a) 刚竣工的“站屋”

(b) 遭受轰炸后受损的“站屋”

图 10-4　上海虹桥航空站的“站屋”

来源：上海档案馆馆藏档案，H1-1-151-208

2. 南京国民政府时期的上海虹桥航空站

1）上海航空工厂

1927 年 11 月，国民政府军委会航空处决定在上海虹桥机场设立“上海飞机修理工厂”，初期仅建有机器间和引擎间一栋。次年新成立的航空署将其改名为“上海航空工厂”，由该厂航空技师饶国璋等成功仿制出法国高德隆式双翼教练机，并命名为“成功 1 号”。1930 年 4 月，为扩建厂房、库房、停机坪和职工宿舍等而再行购地 7 亩 7 分（约 5133m^2），并成立设计、制造、器材和考工四课。1931 年，意大利建筑和结构工程师保罗·凯拉齐为上海虹桥机场设计了军事航空学校工厂（Air War College Plant），次年又为其设计了多个机库（图 10-5）。这时期的虹桥机场占地约 400m 见方，有 2 座钢顶砖墙棚厂和 1 座修理工厂，另有短波电台 1 座。

2）军用航空站及机场大门

1933 年，鉴于当时严峻的抗日局势，国民政府特聘请意大利空军顾问团中的航空工程师尼古拉·

图 10-5　意大利建筑师保罗·凯拉齐设计的军事航空学校工厂（1931 年）

来源：佛罗伦萨大学 Fausto Giovannardi 先生提供

加兰特少校设计了堡垒式建筑风格的标准化军用航空站，先后为上海虹桥、南昌青云谱及南京大校场等空军总站所沿用，这些航空站都彰显了军事航空建筑的特性。虹桥机场航空站无论建筑平面、前后立面均对称布局，该堡垒式航空站主体 2 层，以半圆柱体为母题，在其底层、二层的四角（合计 8 个）以及中央最高处的指挥塔台均设置有上下贯通的半圆柱形体，半圆柱形体既与飞机弧形机身的形体相互契合，也便于观察监视。空侧主立面由 5 个向外凸出的圆柱体进行竖向分划，呈“横二竖四式”阶梯状对称构图形式，其中央三层为半悬挑的圆柱形指挥塔亭，塔亭前圆后方，环以大面积的四面玻璃窗，顶部设有可上人的目视指挥平台，视野开阔。另外，一、二层之间的陆侧面和空侧面均设置有上人走廊，可供目视观察指挥，其陆侧和空侧均设置出入口。该航空站的建筑平面为内走廊布局（图 10-6），已初具现代机场专业建筑的雏形。

(a) 军用航空站正面

(b) 军用航空站侧面及萧特义士之墓

图 10-6　上海虹桥机场的军用航空站及萧特义士之墓

来源：《老上海风情录（二）——交通揽胜卷》第 160 页

上海虹桥机场的机场大门也是 2 层圆弧状堡垒式造型建筑，中轴对称，大门两侧的一、二层为守护门房，顶部均设有眺望平台，战时作工事护体。大楼顶部中间及两侧二层门房上沿均设有旗幡基座，淞沪抗战爆发前夕改为上下顶层露台的爬梯豁口。整个大门建筑造型简洁，警械防御功能明显（图 10-7）。该堡垒式大门是 1937 年“虹桥机场事件”的发生地和淞沪会战的见证地，直至 20 世纪 50 年代尚保留完整，后因破旧而被拆除。

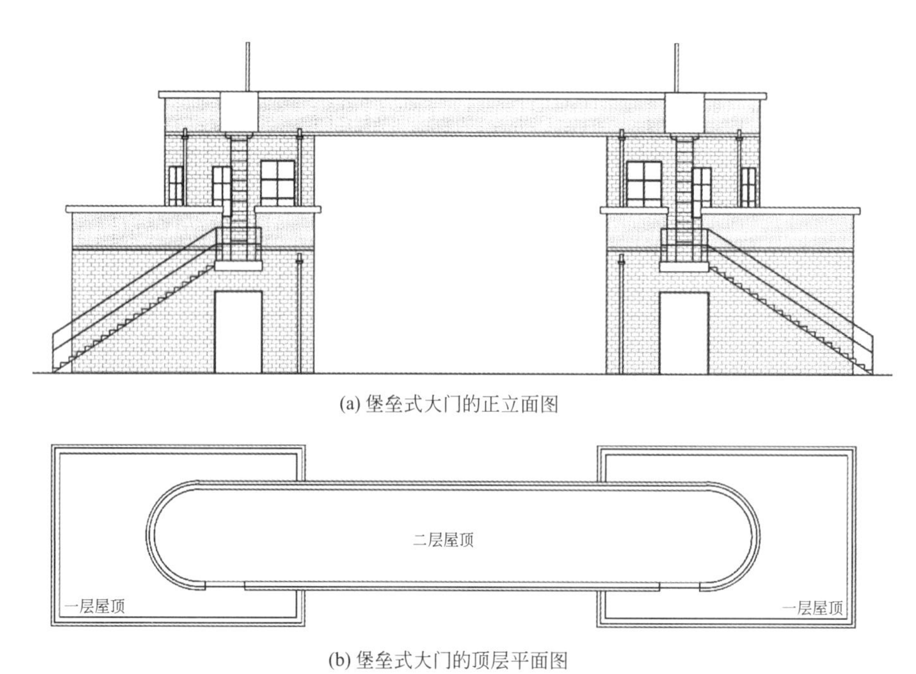

(a) 堡垒式大门的正立面图

(b) 堡垒式大门的顶层平面图

图 10-7　上海虹桥机场的堡垒式大门

来源：项目组绘制

3）抗战义士——罗伯特·萧特义士墓碑

为纪念 1932 年 2 月 22 日在苏州上空对日空战而殉难的美籍飞行员罗伯特·麦考利·萧特（Robert McCawley Short）（1904 年 10 月 4 日—1932 年 2 月 22 日），展示同仇敌忾的决心，上海市政府在虹桥机场入口大门与航空站之间建了萧特义士纪念碑及墓地。该纪念碑由毕业于宾夕法尼亚大学建筑系的范文照建筑师设计，他曾在承接过虹桥航空站工程项目的上海允元公司建筑部任工程师（1922—1927 年）。墓碑为倒立的飞机形状，暗喻其牺牲缘由，又有西式十字架纪念之寓意，构思巧妙（图 10-8）。该墓地后被侵华日军毁坏。

(a) 设计效果图

(b) 建设中的实景

图 10-8　范文照设计的上海虹桥机场萧特义士之墓

来源：(a)《中国建筑》，1933 年第 1 卷第 2 期；

(b)《飞翔在中国上空——1910—1950 年中国航空史话》第 22 页

10.1.3　近代上海虹桥机场的总平面规划建设

1. 民航局主持的"上海虹桥机场修建计划草图"（1947 年）

1946 年 12 月 7 日，国民政府交通部原则上决定龙华机场为国内航空线基地，虹桥机场为国际入境机场，拟按国际甲级机场标准建设。次年 10 月 18 日，由交通部民用航空局上海龙华航空工程处陈海治设计、王四美绘制完成"上海虹桥机场修建计划草图"，规划机场用地东侧扩建至以绥远路为界，南面展至虹桥路及青沪路。因飞机需要逆风起降，考虑到上海地区的全年季候风向平均南北向、西北-东南风较多，该草图规划有南北向、东西向、西南-东北向以及西北-东南向 4 对平行跑道，其中除 2 条东西向跑道为长宽 7000 英尺×200 英尺（约 2134m×61m）外，其他 3 对跑道尺寸均为 10000 英尺×300 英尺（约 3048m×91m）。该方案为正南北中轴对称式布局，中轴线核心航站区依次布局停机坪、航站大楼和停车场，两侧对称布局停机坪和飞机库，可供中国航空公司、中央航空公司两大基地航空公司使用，居中的航站楼和两侧的飞机库形成机场建筑群。整个修建计划分为 2 期进行，其中第一期除维修现有长宽 7000 英尺×200 英尺（约 2134m×61m）的南北向跑道外，还计划增建一对长宽 6000 英尺×200 英尺（约 1829m×61m）垂直交叉的西北-东南向、西南-东北向跑道，并新建整个航站区。由于民航局在上海建设的重点在龙华机场，虹桥机场的修建计划并未提到议事日程之中（图 10-9）。

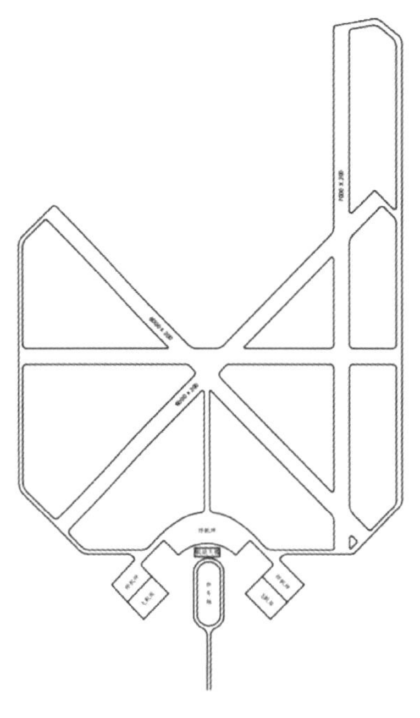

图 10-9　上海龙华航空工程处绘制的虹桥机场第一期修建计划
来源：上海档案馆馆藏档案，Y12-1-76-29，项目组描绘

2. 民航空运队编制的"上海虹桥机场改建计划"（1947 年）

1947 年 1 月 27 日，由原美国飞虎队队长陈纳德创办的民航空运队以上海虹桥机场为运营基地，该公司先期投资 3 亿法币（25 万美元）在机场跑道上安装了跑道灯光系统，并由民航空运队的工程设计组主任占斯纳宁于 1948 年 9 月主持完成虹桥机场改建规划，为此他绘制了"上海虹桥飞机场鸟瞰图"，规划在该机场建设 34 幢建筑，包括机航处、机械室、电讯组、工程处、飞机棚厂及办公室等。他在 3 个月内主持完成了 2 座工程用房屋和 1 座 L 形餐室的建设，其中工程师用房采用水泥砖墙和红瓦屋顶，为长 110 英尺（约 33.5m）、宽 48 英尺（约 14.6m）的矩形平面，供应中西餐的食堂则呈 L 形平面。6 个月内建成大型机头库（110 英尺×96 英尺，约 33.5m×29.3m）、无线电管理室（110 英尺×45 英尺，约 33.5m×13.7m）、通讯室、仓库和购销处（图 10-10）。这些建筑绝大部分均由占斯纳宁主持设计，仅通讯组主任约翰威廉斯设计了用于与飞机联络的无线电管理室，该建筑附设有通讯员训练站及气温统制室。另外，民航空运队的飞机修理站和机航室也进行了改建和修缮。

10.1.4　上海虹桥机场近现代历史建筑遗存的价值体系认定及其保护策略

始建于 1921 年的上海虹桥机场是历经百年至今仍在使用的内城型机场，其发展演进的历程是近现代中国军民航业曲折发展的缩影。虹桥机场既是 1932 年"一·二八"淞沪抗战的见证地，也是 1937 年抗战全面爆发的导火线——"虹桥机场事件"发生地及"八一三"淞沪会战的重要战场，还是中华人民共和国成立后中巴通航、中美建交等重大对外开放历史事件的国际交往平台。虹桥机场的航空历史文化积淀厚重，其历史价值显著。虹桥机场是迄今我国在用机场中历史最为悠久的民用机场，虹桥航空站既是由中央政府（北洋政府航空署）主持新建的近代中国第一个官式航空站，也是中国近代主要的航空维修制造基地，早在 1927 年便创办上海虹桥航空工厂，并仿制出"成功 1 号"飞机。虹桥机场具有特定的行业文化价值和科学技术价值。

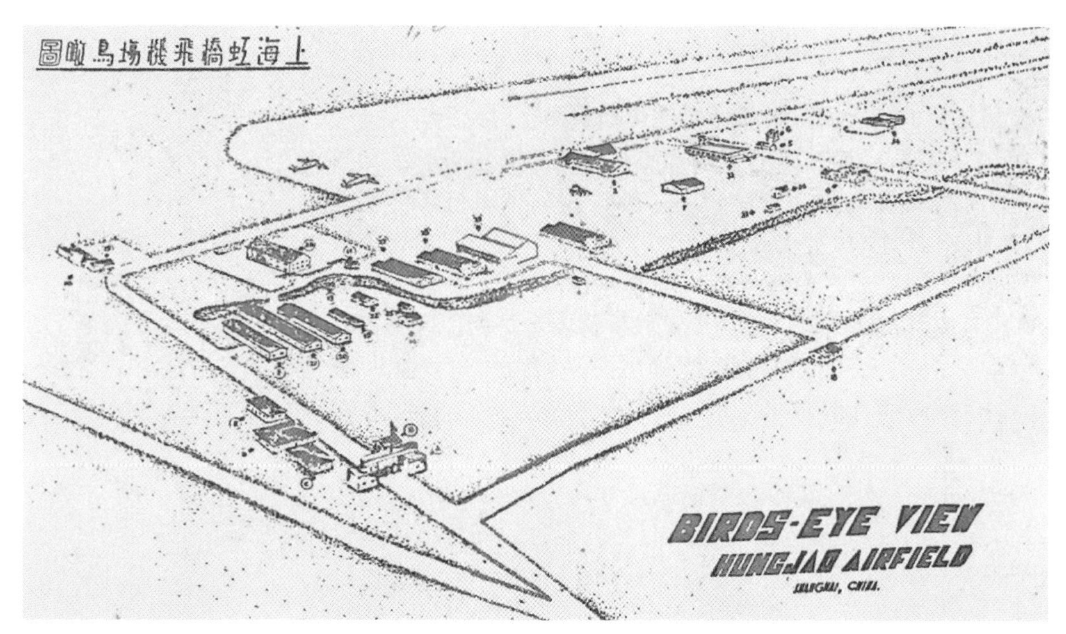

图 10-10 计划改建的“上海虹桥飞机场鸟瞰图”

来源：项目组根据 1948 年 9 月 1 日《民航空运队》杂志的封面和封底拼接而成

由于先后经历了两次淞沪抗战的上海虹桥机场遭受日军飞机的高强度轰炸，几近夷为平地，当前虹桥机场地区东片区仅存英国领事馆霍更斯别墅旧址、日军飞机堡等少量近代历史建筑遗存。而历经中巴通航、尼克松访华及《上海公报》发表等重大历史事件的虹桥机场所遗存的现代机场历史建筑颇多，包括飞机库、小红楼、油库和 101 基地以及机场铁路专用线等。当前虹桥机场东片区正在着力打造“综合商贸区和国际商务区”，传承和延续航空历史文化是东片区开发的基本保障目标，需要结合虹桥路历史文化风貌区的保护和机场东片区开发，进一步挖掘虹桥机场地区近现代航空历史文化价值，提升虹桥机场地区航空历史文脉的传承。要在对近现代机场建筑价值认定的基础上编制虹桥机场东片区专项保护和再利用规划。为了充分反映百年虹桥的航空历史特性，建议在迎宾一路以西、迎宾三路两侧地区（即“虹桥源”地区）打造为国家级的“航空历史文化片区”，在现有的大礼堂（机库）、机场博物馆（领事别墅）及绿道（铁路专用线）为核心的机场历史建筑群基础上，复建近代虹桥机场的标志性建筑——“机场大门”和“虹桥军用航空站”，以实景记录“上海虹桥机场事件”和纪念“淞沪抗战”。

10.2 上海龙华机场历史建筑群的考证及其保护与再利用策略

作为近代中国第一个按照国际民航组织的标准进行扩建的机场，上海龙华机场无论是从机场总平面规划上讲，还是以战前欧亚航空公司为代表的机库来看，或是从战后航站大厦为标志的航空站建筑方面来看，都可谓开创了中国近代机场建设事业的新阶段和新高度，标志着中国近代机场建筑形制由初具雏形走向相对成熟。上海龙华机场同时还是最完整体现中国近现代机场发展脉络的机场：从机场规制来看，既反映了近代机场从无序建设到有序规划建设的过程，也体现了机场从航空公司企业自发建设行为转为政府自觉主导规划建设的过程；从机场属性来看，龙华机场经历了先由军用机场，转为军民合用机场，再转为军用机场，最后又转型为民用机场的周折历程；从机场类型来看，该机场历经了从最早的陆地机场、再演化为水陆两用机场、最终又回归到陆地机场的复杂历程。总的来说，近代上海龙华机场全方位地展现了从一个简易的陆地机场演进为设施完善、功能齐全的远东一流近代化大型航空港的演进历程。

10.2.1　近代上海龙华机场建设的历史沿革

始建于 1922 年的上海龙华机场位于上海市中心区西南部的龙华镇地区，机场有龙华公路可直达，与沪杭铁路支线龙华站毗邻，邻近龙华港，具有适合水上飞机起降的天然港湾，铁路、公路、水运交通齐备，发展航空运输具有交通便利优势。龙华机场是中国近代军事航空和民用航空业发展的见证和缩影，也是中国近代机场从发端、起步、发展到趋于成熟的源点与先驱之一。龙华机场历经北洋政府、南京国民政府、汪伪政府等多个政权的更替统管，其机场建设史从一个侧面完整地再现了中国近代机场规划建设的典型发展历程。该机场无论机场布局，还是机库建筑、航站楼建筑都是在国内首屈一指的，堪称近代中国民用航空建筑设施最为完善的水陆两用机场（表 10-2）。

近代上海龙华机场建设历程　　表 10-2

建设阶段	机场性质	占地面积	跑道构型和机场建筑	主管机构
1922—1927 年	军用机场(龙华飞行港)	255 亩(龙华大操场)(1922)	无跑道的土质场面；6 间竹房、3 间瓦房	北洋政府陆军第十师
1927—1932 年	军民合用机场(龙华水陆航空站)	中国航空公司在龙华设立飞行基地	中国航空公司建设水上民用机场；滑水道和飞机停泊驳船	1927 年国民政府军政部淞沪警备司令部暂管；1929 年 6 月，国民政府航空署接管
1932—1937 年	民用机场(上海水陆商业航空港)	1934 年共计 705 亩(市政府征地 450 亩)*	2 条煤屑碎砖跑道呈十字交叉形；3 座机库及其停机坪	1935 年 7 月 9 日上海市政府接管，11 月组建龙华飞行港管理处；1936 年 9 月再奉令移交军方
1937—1945 年	陆上军用机场	5446 亩(第一次征用 2395 亩，第二次征用 3051 亩)**	4 条交叉跑道(增建了 2 条碎石跑道)	日本侵华海军航空兵部队占用
1945—1949 年	陆上民用机场(上海龙华航空站)	3676 亩余(实际使用)	跑道及平行滑行道各 1 条；航站大厦 1 座，机库 4 座	1947 年 7 月 1 日成立甲种航空站，隶属国民政府民航局

* 据《上海民航志》记载 1947 年查勘龙华机场实有面积为 3760 亩，其中包括原属上海市政府 454 亩、龙华陆军操场 251 亩和中国航空公司 27 亩 3 分 5 厘。

** 上海档案馆“Y12-1-76-29 丙空中交通”记录的是陆军操场 255 亩，战前市政府征用 450 亩，加上日军第一次征用 2395 亩，第二次征用 3051 亩，合计 6151 亩。

1. 陆地军用机场的初创时期（1922—1929 年）

1915 年年末，北洋政府淞沪护军使署在上海龙华镇黄浦江江边的薛家滩、吴家荡等处征地 255 亩建造驻军营房与练兵大操场①。1922 年 9 月，浙江督军卢永祥从国外购买了 6 架德制飞机，并聘请德商瑞生洋行在龙华百步桥一带建设一个用于组装这些飞机的飞机装配厂，雇用德国人舒德勒和恩斯特・福特雷尔指导将龙华大操场改建为上海第一个军用机场——“龙华飞行港”。该机场仅有供飞机起降的压实土质场面，机场建筑也仅有用于装配飞机的 6 间竹房和 3 间瓦房。1929 年 6 月，国民政府航空署奉令从淞沪警备司令部接管机场后设立“龙华水陆航空站”，管理机场一切事务。同年，中国航空公司以该机场为基地开通民用航线，至此该陆军机场改为军民两用机场。这时期的龙华机场属于草创时期，设施设备比较简陋，没有电信、夜航设备和气象台。

2. 水陆两用机场的发展时期（1930—1937 年）

1）水上机场为主的时期（1930—1933 年）

1930 年 8 月，中美合资的中国航空公司在龙华机场东侧的黄浦江岸边设立飞行基地，供其水陆两

① 胡汇泉《筹组龙华飞行港公司意见书》（《公用月刊》1947 年第 15～16 期第 2～8 页）中说是 251 亩。

用飞机使用。1932年“一·二八”事变后，龙华机场驻军被迫撤离。中国航空公司为了开辟新航线而添置了史汀逊型的小型陆上飞机，开始使用占地仅为200亩的陆上机场，并拆除了原驻军营房，修建了1块水泥混凝土停机坪、1座机库以及机航组办公室，设立了1条滑水道和1座供水上飞机停泊的木质浮码头（图10-11）。这一时期的龙华机场为水陆两用的民用机场，民用航空运输以水上飞机运营为主。

2）陆地机场为主时期（1934—1937年）

为了顺应业务发展和航空安全的需求，中国航空公司于1934年拟定扩充龙华水陆飞行港计划，拟投资20多万元将机场面积扩充至500多亩，并计划增建一条跑道，增设旅客休息室、餐室及其他设施，还为保障飞机起降安全而在机场周边设立篱笆[①]。中国航空公司实际上独立投资收购了民地27亩3分5厘扩建龙华机场，并在同年6月建成一条长1200英尺（约366m）、宽50英尺（约15m）、厚6英寸（约0.15m）的煤屑碎砖跑道（东南-西北方向），跑道两侧设置有压实的土质迫降带。中国航空公司还投资10万银元建造大型机库，该机库长约53m，宽约37m，可容飞机15架（图10-12）。

图10-11　20世纪30年代的上海龙华机场鸟瞰
来源：《千年龙华——上海西南一个区域的变迁》

图10-12　1934年的上海龙华机场陆上跑道
来源：中国航空公司美籍职员 Merl La Voy 摄

图10-13　1935年前后的上海龙华飞行港鸟瞰
来源：《美好城市的百年变迁——明信片上看上海》

1934年夏至1935年1月，上海市政府新征土地450亩、投资60万元扩建机场，完工后的机场占地700多亩，可供水上、陆上飞机起降。1935年7月上海市政府奉令接收机场房屋及业务，并随后组建“上海市龙华飞行港管理处”。经过不断的改扩建，至1937年7月，龙华水陆两用机场不仅有可供水上飞机起降的水面区域，还有东北-西南和西北-东南方向的2条陆上交叉跑道，这两条硬铺筑路面的跑道合计全长4000英尺（约1219m），可供DC-2中型飞机及其以下各型飞机起降，机场已拥有煤屑跑道14900m^2，水泥混凝土停机坪24910m^2（图10-13）。中国航空公司和欧亚航空公司又各自新建了一座大型机库。经不断改扩建，至抗战全面爆发前，龙华机场的机务维修机库、器材供应厂房、飞行指挥调度、通信电台及乘客候机室等机场设施设备已一应俱全，且初具规模，成为当时中国最好的一座民用机场，并被当时媒体赞誉为“伟大之远东水陆飞行港”。

① 《中航公司扩充龙华水陆飞行港》，载《每周情报》，1934年第34期，第69～83页。

3. 军用机场大肆扩张的沦陷时期（1937—1945 年）

上海沦陷期间，龙华机场被侵华日本海军航空兵部队占用，按照军用机场的要求，日军先后于 1943 年（强征用地 2395 亩）和 1944 年（强征用地 3051 亩）两次对龙华机场进行大肆扩建，机场占地面积达 6446 亩。还增建了各为东西走向和南北走向的两条碎石跑道，这时期的龙华机场已形成最为复杂的跑道构型，拥有 2 组十字交叉形跑道（共计 4 条）。因上海主导风向多为南北向的关系，南北向跑道为主要跑道，其长约 1524m，道面厚 30cm。至此，龙华机场有东西向（1200m×45m）、南北向（1800m×45m）及东北-西南向（1800m×45m）三条碎石道面的交叉跑道①，分别编为一、二、三号跑道（西北-东南走向跑道因其两端受黄浦江和铁路线的制约而在后期逐渐演化为停机坪），又将水上飞机停机坪由原来只可停放 10 余架飞机拓展至可以容纳 100 余架重型轰炸机，还添建几条东西向的辅助滑行道，并在交叉跑道之间增设半环形的双重滑行道。抗战后期，侵华日军还在机场地区布设了大量供军用飞机防护隐蔽用的飞机窝（或称“飞机堡”）以及防空洞等，在龙华军用机场构建了交叉跑道、滑行道和掉头机坪、停机坪交错如同蛛网式的飞行区，以满足其飞机快速起降作战、紧急防空疏散的需求。

4. 民用机场快速发展的时期（1945—1949 年）

1947 年，为了满足龙华机场开辟国际航线的需要，国民政府民航局主持扩建龙华机场工程，整个工程分 2 期进行：一期主要为跑道工程及其夜航灯光工程，二期为航站综合大厦工程及其附属工程。新建的航站大厦位于南北向与东西向交叉跑道的西北处，为航站办公及客货进出的综合楼，其建筑面积为 $7500m^2$。附属工程包括停机坪与航站大厦之间的人行道、进场道路以及停车场和停机坪等。

1947 年 1 月至 5 月完成的南北向跑道改建工程按照国际民航组织所规定的国际通航机场 B 级标准建设，该工程由基泰工程司担任顾问，结构工程师杨宽麟主持设计。为加快改建进度，龙华机场修建工程处将跑道分北段、中段和南段，分别由保华建筑公司、陶桂记营造厂和中联工程公司承包修建，中国水泥公司也参与施工，跑道施工中普遍采用水泥拌合器、压路机等现代化施工机械。1947 年 6 月 24 日，该跑道正式投入运营，而后还装备了夜航灯光系统，由此该跑道成为“全国最长最完备之跑道”。在南北向混凝土跑道完成后，龙华机场的停机坪和滑行道建设项目陆续展开，第一期的 $20192m^2$ 混凝土停机坪和 $4256m^2$ 滑行道以及第二期的 $7068m^2$ 混凝土停机坪均于 1948 年上半年相继完成②。

5. 民用机场修复和受限发展的时期（1949 年至今）

1949 年 5 月上海解放后，上海市军管会接管了龙华机场。自 1952 年开始，中央军委民航局上海管理处逐步修复了龙华机场南北向跑道等设施，并设立龙华航空站；1955 年又修复了东西向跑道；1960 年完成航站大厦大厅改造工程和碎石滑行道工程。随着 1966 年民航客运业务转至虹桥机场后，龙华机场进入约束性发展阶段，机场被降格为通用机场，1978 年改名为龙华试飞站，1982 年龙华机场又恢复为龙华航空站。时至 2017 年，该机场废弃的南北向跑道已经改造为云锦路跑道公园，机场性质也由 2B 级通用机场变更为直升机机场。至此龙华机场近代航空建筑仅遗存航站大厦，现代航空建筑尚遗留有机库、原上海飞机制造厂厂房、航空油罐等。

10.2.2　近代上海龙华机场的规划建设方案分析

1. 抗战前龙华机场的规划建设方案（1933—1937 年）

1）中国航空公司拟定的《龙华飞行港设计图》（1933 年）

根据 1933 年 9 月 25 日《申报》的报道，中国航空公司提出龙华机场建设水陆两用大飞行港的计划，拟建的陆地机场南北长 2400 英尺（约 731.5m）、东西宽 3000 英尺（约 914.4m），利用黄浦江建设水上机场，所用一切设备均采用最新式样，预计建筑经费至少需款 200 万元。该机场设计效果图由美国

---

① 1947 年上海公用局调查统计龙华机场 3 条交叉跑道的长宽厚尺寸分别为：东西向 1193m×120m×0.3m、南北向 1827m×120m×0.3m 及东北-西南向 1180m×120m×0.3m。跑道尺寸略有出入。

② 《民用航空》杂志（1948 年第 6 期）说的是“第一期混凝土停机坪计 20831 平方公尺及滑行道 4224 平方公尺”。

著名建筑师茂飞绘制，机场规划了3条交叉跑道，交叉口为星状标识物，跑道端部都设有圆形的掉头机坪；交叉跑道的中央位置设置有标志性的指挥塔台，其停机坪空侧面的地面标识有“上海”两个大字，用于目视进近识别。侧面的航站区与飞机维修区相对而设，既设有供旅客上下水陆两用飞机的驳船码头，也有方便旅客进出陆上飞机的机坪。维修区除了机库之外，还有供飞机上下黄浦江的水滑台（图10-14）。次年，该3条交叉跑道构型规划由新的“龙华水陆飞行港之扩充计划”所取代。

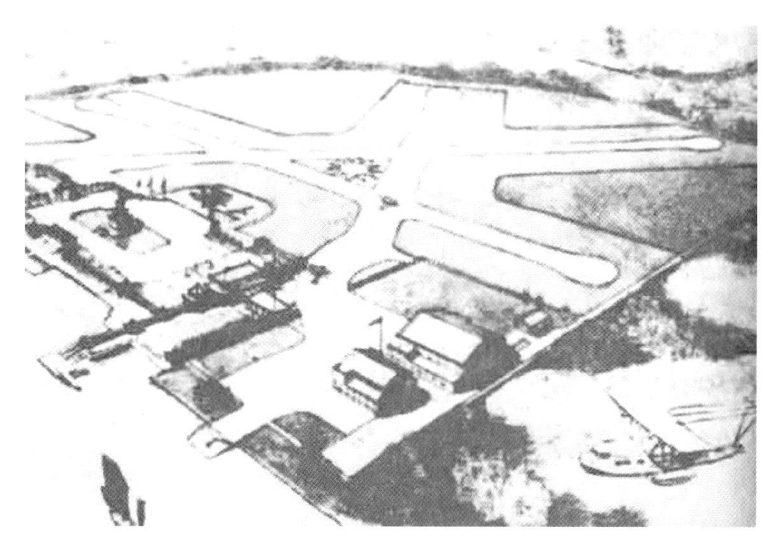

图10-14　上海龙华机场的《中国航空进口港》设计鸟瞰图

来源：《老上海风情录（二）——交通揽胜卷》

2）中国航空公司拟定的“龙华水陆飞行港之扩充计划”（1934年）

1934年5月，中国航空公司又拟定了“龙华水陆飞行港之扩充计划”，以响应上海市政府提出将龙华机场扩充为“上海水陆商业航空港”的建设目标，其工程费用需国币百万余元。主要计划内容包括：①将现在龙华飞机场占地面积逐渐扩充至698412m^2（合1046.61亩），以期同时容纳七八架飞机自由起降，并满足国际航班驻场起降的需求；②陆地机场规划改为建设4条长3000英尺（约914.4m）、宽100英尺（约30.5m）的沥青跑道，跑道朝向分南北、东西、西北及东北等4个方向；③计划安装供夜间航行的灯光设备；④拟在航空港的临黄浦江边分设浮筒，以界定范围，并在航空港侧面修建码头、乘客休息室、候机室、饭堂、航空旅舍和运输货物收发所等；⑤另外还计划修建月台，以方便人们观看飞机起降，达到宣传航空的目的；⑥拟分期征收800余亩土地，每期征收100～200亩[①]。该计划的核心是陆上机场打造米字形跑道构型，取代了以前的3条交叉跑道方案。但因当时龙华机场归属于上海市政府投资建设和运营管理，隶属于交通部的中国航空公司提出的机场设计方案最终无法全面落地实施。

3）上海公用局拟定的“龙华飞行港扩充机棚计划图”（1937年）

1936年1月，上海市市长吴铁城在《中国建设》杂志上发表《一年来之上海市政工程纪要》，文中附有上海龙华机场“方形场面、对角线十字交叉跑道”总平面规划示意图（图10-15），该机场用地范围为东面临江，其他三面环路，其中机场南面用地因局部征地未果而内凹。为便于机场四面排水，跑道、中心圆和交叉跑道之间的场面分别采用1/1000、1/300和1/500的坡度，以利全场分区排水。

1937年2月24日，上海公用局编制完成了“龙华飞行港扩充机棚计划图”。除沿用1936年发布的交叉跑道构型和方形场面规制之外，在机场西侧还预留一条连接两条交叉跑道端部、30m宽的短距离跑道。交叉跑道长度分别为600～800m、宽30m，两侧的安全区全宽80m；中间交叉处呈放大的中心圆，其内径100m、外径180m，适用于引导飞机起降以及转向掉头；在跑道4个端部设置半径为25m的掉头坪（图10-16）。陆地机场采用土质场面和碾压过的煤屑跑道道面。该规划的跑道部分最终基本如期实施了。

① 《报告：一年来之邮政：（四）扩大上海龙华水陆飞行港》，载《交通职工月报》，1934年第2卷第6期，第55～56页。

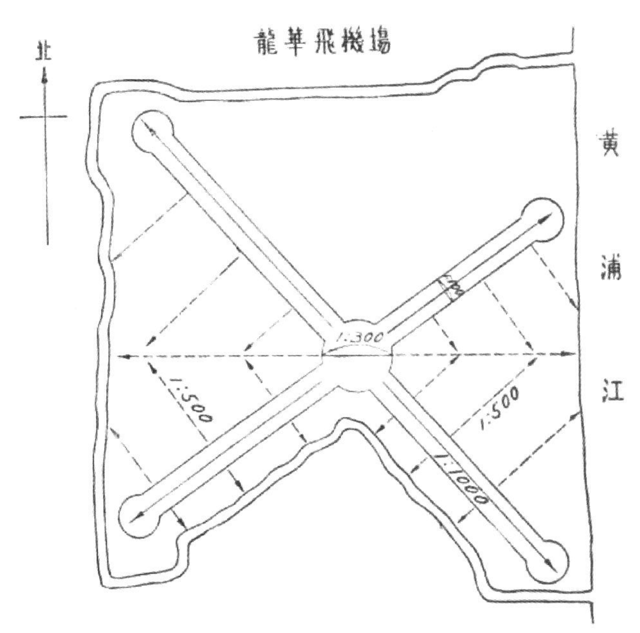

图 10-15　上海龙华机场总平面规划示意图
来源：《一年来之上海市政工程纪要》

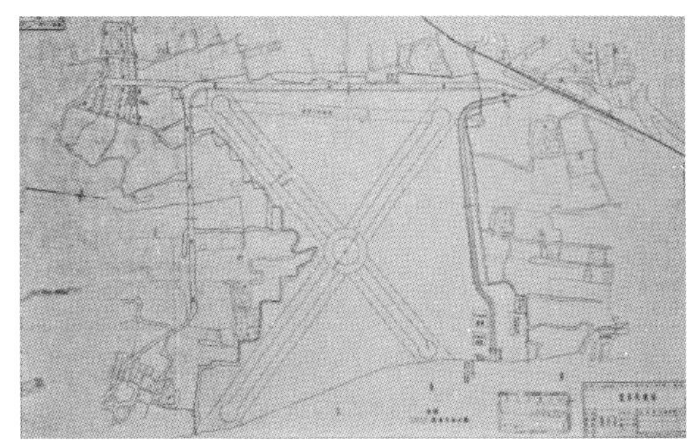

图 10-16　上海公用局编制的“龙华飞行港扩充机棚计划图”
来源：上海档案馆，上海公用局档案 Q5-3-5573

根据“龙华飞行港扩充机棚计划图”，机场北面为航空公司运营区，规划有中国航空公司、欧亚航空公司两大基地航空公司各自的机库、停机坪及滑行道。中国航空公司和欧亚航的维修机库规划呈一南一北两排布局，机库前后排的间距宽 100m，面阔 350m。在两个机库之间的临江位置新建有统管国际航空旅客出入境事务的龙华飞行港管理处办公楼（1935 年），该建筑正对着拟新建的第二座水上飞机码头（中国航空公司已自建水上飞机码头），并行设置的还有电讯台建筑。机场北部正中规划远期预留 50m×35m 的飞行港管理处建设用地，其南面预留大型混凝土停机坪用地。停机坪拟有半圆形和 L 形两种方案，半圆形方案采用 100m 的半径，而 L 形方案由 120m×40m、60m×60m 两个矩形机坪组合而成。停机坪设有 3 条宽 20m 的滑行道，与跑道中心点及两条交叉跑道的北端直接相接，其西侧远期规划预留有供中国航空公司和欧亚航使用的两排机库，东侧则为预留的一排 3 个公共飞机库，其标准尺寸为面宽 52m、进深 40m。该规划中的航空公司运营区因战乱而未能如期实施。

2. 抗战后龙华机场的规划建设方案（1945—1949 年）

抗战胜利后，空中霸王式 DC-4 四引擎客机等美制大型运输机开始在国内用于民用运输，多条跨国越洋的国际航线也随即开通，这些都对机场设施提出了更高的要求，如跑道承载能力、旅客航站楼容量以及通信导航、气象服务水平等方面。这时期中国已经加入了国际民航组织，并指定上海、广州、天津和昆明等地的四个机场为国际民航飞机入境机场，这些机场的建设和设施标准都逐步与国际民航组织的规定接轨。国民政府交通部民航局鉴于上海在全国的重要地位，将上海龙华机场列为全国民用机场修建计划的首选。战后的上海航空业飞速发展，龙华机场由国防部空军总司令部接收后指定为民用机场，但龙华机场破损严重，一号、三号跑道已废弃不使用，仅保留一条南北向的二号跑道，另外该机场驻场单位也急剧增加，除了各航空公司办事处、仓库及工厂之外，还有邮局、海关、中国银行、美孚行、亚细亚、德士古等机构，它们都对机场设施提出了更高的要求，为此上海市政府、中国航空公司都先后编制了龙华机场改扩建计划，并进行了相应建设。

1）上海公用局编制的“龙华飞行港急修工程”（1946 年）

1946 年 10 月，上海市公用局筹备“龙华飞行港急修工程”。计划先翻修一条 6000 英尺×150 英尺（约 1828.8m×45.7m）的南北向跑道，并在其东侧新建一条宽 50 英尺（约 15.2m）的平行滑行道，以及服务于临时旅客候机室的 272000 平方英尺（约 25269.6m^2）的停机坪，该工程预估算为 47.12829 亿元。1947 年中国航空公司也提出了“中国航空公司之修理计划”，计划斥资 300 万美元扩建龙华机场，除同样新建平行滑行道和停机坪外，计划将原跑道加铺 12 英寸（约 30.4cm）厚的砂粒层，再上浇 9 英寸（约 22.8cm）厚的混凝土，再埋装长度为 37426 英尺（约 11407.4m）的水泥暗沟排水管及暗井一座。上海龙华机场由此进入上海市政府和航空公司合力规划建设的阶段。

除了应急的修理计划，为了满足美国泛美航空公司大型客机远航上海的需求，中国航空公司还委托美国旧金山的佩特太平洋桥梁公司编制了龙华机场远期规划方案，该公司负责人威尔弗雷德·佩特曾在 1933 年为中国航空公司在龙华机场设计过飞机库和滑水道。考虑到战后飞机机型的加大，大型机场跑道普遍需要长 10000 英尺（约 3048m）以上，但龙华机场现有的南北向、东西向跑道均无法实施延展，而东北-西南向跑道又非主导风向的朝向，该方案提出在机场西南侧的远处另行新建一条全长 10000 英尺（约 3048m）的南北向主跑道，全部工程约值 1100 万美元。考虑到该方案需要大规模地西扩至公路边界，预计将扩展用地高达 11500 亩，机场工程费用十分昂贵。有的工程专家为此建议在浦东陆家嘴地区另行新建民用机场，上海市公用局因而绘制了一个占地 4700 亩的浦东机场规划方案，该机场用地呈梯形，跑道构型为 3 条跑道构筑成直角三角形，对角线主跑道全长 2000m，其他两条直角边跑道 1500m 长。拟由美国佩特公司对这两个方案进行比选后确定，但该远期方案终因耗资巨大和时局巨变而未付诸实施。

2）民航局主持的《上海龙华机场修建工程计划概要》（1947 年）

由于战后的上海龙华机场已经残破不堪，加之 1946 年 12 月 25 日晚 3 架客机相继在上海坠毁、死伤 80 多人（被称作“黑色圣诞之夜”），同时鉴于当时上海是全国的经济中心和全国民用航线网络中心，1947 年 1 月新设立的国民政府交通部民航局为此特将龙华机场列为全国民用机场修建计划的首选，并对其拨款 90 亿元法币，成立“龙华机场修建工程处”，并拟定《上海龙华机场修建工程计划概要》，整个近期建设计划包括跑道工程、滑行道、停机坪、航站大厦及其附属工程、停机坪、保养区、排水工程、水上飞机码头和维修机库等。拟建总长 4960m、宽为 25m 的混凝土滑行道；还拟在航站大厦前建面积约 28000m^2 的混凝土客机坪。其中，跑道系统计划在原有跑道基础上，首期拟建以下 3 条相互交叉的水泥混凝土跑道：①南北向跑道。拟向南扩展至长 7000 英尺（约 2134m）、宽 200 英尺（约 61m）的主跑道（实际长为 6000 英尺、宽 150 英尺）。②东西向跑道。拟建为长 4000 英尺（约 1219m），宽 250 英尺（约 76m）（因受限于黄浦江及铁路而无法再延长）。③西南-东北向跑道。拟建为长 7000 英尺（约 2134m）、宽 200 英尺（约 61m）（该跑道由南北、东西两跑道的交点起，向西南角扩展至 7000 英尺，而其东端延长至黄浦江旁后，跑道长度则可扩充至 8000 英尺）。除跑道外，还拟建长 4960m、宽 25m 的混凝土滑行道。在航站大厦及其附属工程中，新建的航站大厦位于停机坪西侧，为航站办公及客货进出的综合楼。附属工程包括停机坪与航站大厦之间的行人道、由航空大厦通市区的道路以及停车场和停机坪等。拟在地处机场西南隅的航站大厦楼前分两期建设总面积 27899.2m^2 的混凝土客机坪，其中一期工程 20831.2m^2[①]，该计划最终在中华人民共和国成立前仅完成了南北向主跑道、一二期停机坪和航站大厦主体的建设。

3）国民政府民航局编制的《上海龙华机场跑道改造方案》（1947 年）

由于龙华机场界线东至黄浦江，北至龙华港，西达沪杭铁路南站支线，东南则接近水泥厂，机场的发展无论净空和用地均受到极大限制，机场用地仅南面及西南角还可扩充，因此机场近期规划拟于南端扩充 151800 平方英尺（约 14103m^2），西南角扩充 692500 平方英尺（约 64335m^2），以延长南北向跑道及西南-东北向跑道。为此国民政府民航局重新编制了《上海龙华机场跑道改造方案》，原有的 3 条交叉跑道拟向人字形交叉跑道构型演进，这样龙华机场跑道数量减少至 2 条，并相应取消了掉头坪，每条跑道配备一条平行滑行道，南北跑道的平行滑行道由东侧更换至西侧，跑道系统由此简化为主副交叉跑道构型（图 10-17）。

① 引自南京国民政府交通部民用航空局场站处编写的《场站建设》（1947 年度业务报告）。

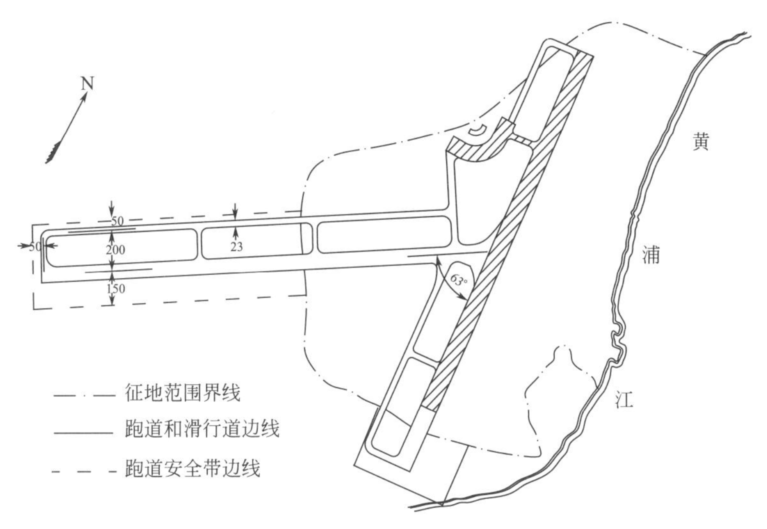

图 10-17 抗战胜利后的上海龙华机场跑道改造工程图
来源：根据中国第二历史档案馆馆藏档案绘制

为了满足龙华机场开辟国际航线的需要，1947 年 1 月—5 月由国民政府交通部民航局主持完成了龙华机场南北跑道工程，1947 年 6 月 24 日该跑道投入运营。南北向的水泥混凝土跑道改建工程是按 C-54 型（即 45t 星座式）飞机载重量设计。跑道长宽厚为 1829m×46m×（0.28～0.40）m①，可供 70t 以内的 DC-4 "空中霸王" 型等大型客机起降，同时建设了航站综合大厦及航行管理和夜航灯光等设施。改建后的跑道全长 6000 英尺（约 1829m），并预留扩展长度至 7500 英尺（2286m）的可能，道面宽度 150 英尺（约 46m），道面连路肩宽度 200 英尺（约 61m）。该跑道建设标准达到了国际通航机场 B 级标准（ICAO）。

10.2.3 近代上海龙华机场总平面规制演进的演变规律

上海龙华机场总平面规制复杂的演进历程可谓近代中国机场总平面布局演进的全景写照。从飞行区的跑道数量变化来看，龙华机场经历了由无跑道的机场场面发展成单一跑道，再发展至 2 条乃至 4 条交叉跑道的多跑道系统，最后又回归到 1 条跑道的演进过程。从飞行区的构型来看，龙华机场的规划建设历程可分为无跑道的矩形场面阶段（1922—1934 年）、单跑道阶段（1934—1935 年）、十字交叉跑道和掉头机坪组合阶段（1936—1937 年）、双十字交叉跑道和联络滑行道组合阶段（1937—1947 年）、单一跑道和平行滑行道组合阶段（1947—1949 年）等五个阶段（图 10-18）。

全面抗战前上海龙华机场十字交叉形的跑道构型是近代中国 20 世纪 30 年代所普遍采用的机场形制，与《南京明故宫机场规划图》（1930 年）以及《广东省黄埔港计划大全图》（1933 年）中的水陆两用机场规划图类似。与民用机场追求旅客候机功能和维修保障不同，在上海沦陷期间，侵华日军出于军事作战的需求而无序地寻求对龙华军用机场的跑道、滑行道及停机位的大幅扩张，跑道数量由此增加到 4 条；抗战胜利后的龙华民用机场总平面规划则可谓中国近代机场演进为现代机场的标志和先驱，这时期的机场跑道构型大为简化，废弃了掉头坪和交织错杂的联络道，仅设立与 3 条交叉跑道完全平行的平行滑行道及相应的垂直联络道，这一构型与现代机场跑道构型趋于接近。这时期的机场总平面规划还体现了前所未有的整体性：航站区地处南北向跑道和东西向跑道交叉的夹角位置，停机坪分别有 2 条联络道与 2 条交叉跑道直接相连；空侧呈弧形的航站大厦与扇形的停机坪相互呼应；机场进场路与航站大厦直接对应，并与楼前环岛及陆侧的车行坡道直接衔接。

① 跑道长为 6000 英尺（约 1829m），道面加道肩的宽度 200 英尺（约 61m），道面宽度 150 英尺（约 46m），混凝土道面厚度 12 英寸（30.5cm）。

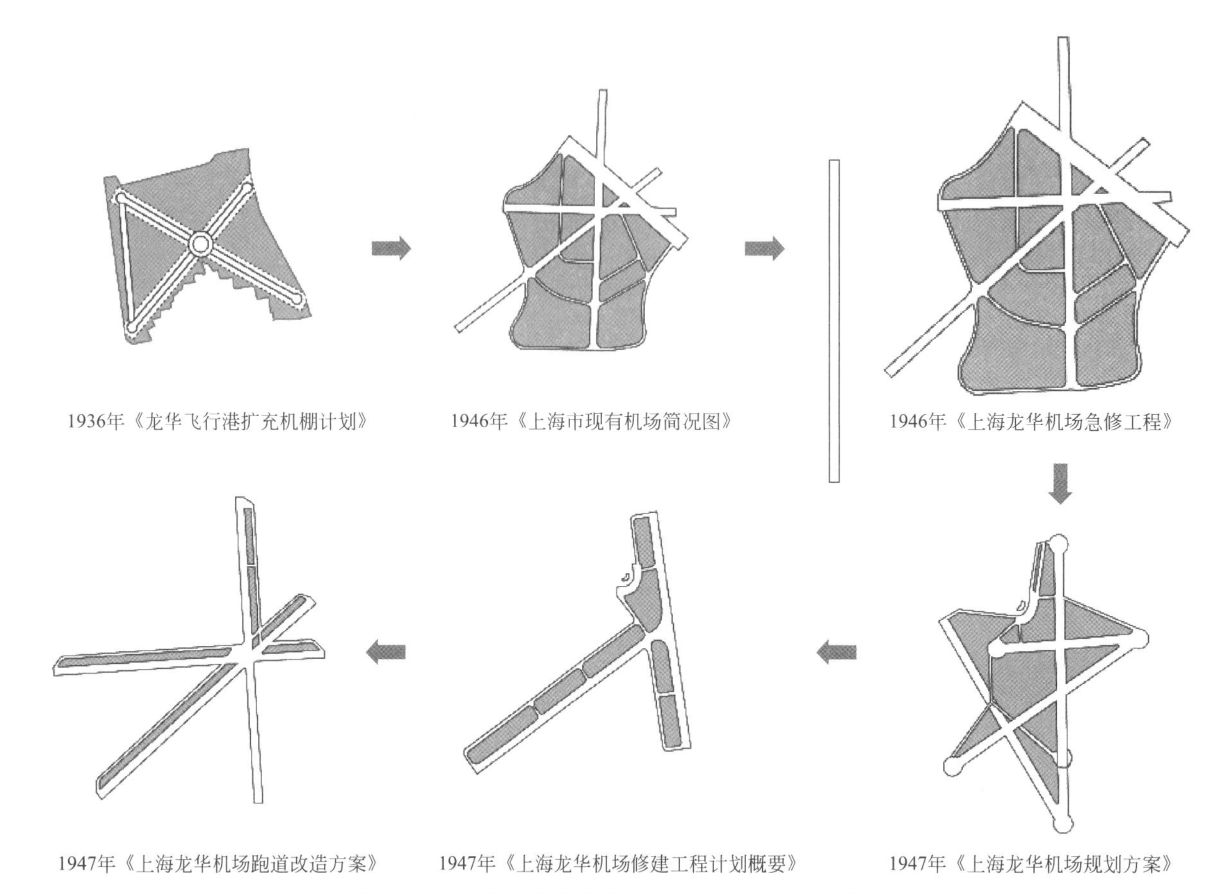

图 10-18　近代上海龙华机场总平面规划形制演进图

来源：项目组根据中国第二历史档案馆和上海档案馆等档案材料整理绘制

10.2.4　近代上海龙华机场规划建设的发展特征

1. 机场规划建设处于当时全国甚至远东地区的领先水平

上海龙华机场经过历次改扩建后，不仅成为近代中国民航建筑设施最为完善的水陆两用机场，也是当时远东地区最大的国际民用机场。无论是战前还是战后，上海龙华机场的规划建设标准始终以欧美国家的先进机场为标杆，其机场规划实施方案始终与国际水准接轨。如 1933 年由中国航空公司委托美国著名建筑师茂飞设计的龙华机场规划总体方案力求建设“伟大之远东水陆飞行港”，同年 9 月 25 日《申报》报道：“龙华飞机场计划，使成为水陆两用之大飞行港……堪与法国巴黎之勒蒲尔杰、德国柏林之腾丕尔霍夫、美国之罗斯福及布班克等航空港相媲美。”

抗战胜利后，饱受战乱蹂躏的龙华机场再次酝酿复兴。1947 年，由国民政府民航局主持的龙华机场南北向跑道工程采用了国际民航组织 B 级机场标准，航站大厦无论规模体量还是建设标准业已在远东地区数一数二。1947 年 11 月 18 日《申报》赞誉，“此一航空站之规模可与世界任何先进国家之航空站媲美”。1948 年 8 月 2 日的《申报》又报道：“此航站大厦较之世界著名之每五分钟有一架飞机起降之华盛顿机场航站，规模尤为宏大，无疑将使龙华机场具有远东航空站之领导地位。”在高标准的规划建设背景下，全国抗战前和抗战胜利后的上海龙华机场始终是近代中国设施设备最好的机场。

2. 机场运营安全管理逐步纳入城市规划管理范畴

近代的上海龙华机场在运行安全管理方面未雨绸缪，将机场净空管理逐渐纳入城市建设管理之中。1947 年 6 月，为保证飞行安全，上海市公用局会同龙华机场当局编制了龙华机场周围建筑物范围和限制高度的详图及说明。同年 6 月 16 日，时任上海工务局都市计划委员会工程师的金经昌为此还就交通

部民航局绘制的“上海龙华机场修建跑道及滑行道计划更正草图”与上海工务局设计处绘制的“龙华机场四周土地附着物高度限制平面断面图”之间的净空高度限制线差异进行沟通协调。1948 年，国民政府交通部认定其不符合国际民航组织规定的 A 级标准，为此国民政府交通部上海龙华修建工程处和上海工务局设计处联合编制了“龙华飞机场四周土地附着物高度限制平面断面图”，该规划图及说明成为全国最早对机场周边土地开发进行机场净空管控的规划管理技术文件。该文件经上海市都市计划委员会认同后，相关内容编入大上海都市计划总图草案第三稿之中。

3. 机场管理体制的频繁变化使得机场规划设计缺乏持续性

近代上海龙华机场经历了军用与民用机场性质的反复变更，陆地机场和水上机场的多次切换和兼顾使用，中央政府与地方政府对机场管理权的争夺等多种复杂变数。龙华机场管理体制也频繁多变，机场先后历经北洋政府淞沪护军使署（陆军）、国民政府上海淞沪警备司令部、国民政府军政部航空署（包括后来的军事委员会航空委员会）、日伪当局、国民政府交通部民航局以及上海市政府等机构管理。另外，民国时期先后主持或参与龙华机场的规划编制机构也呈现多样化的特征，既有外国机场设计专业机构，也有国民政府交通部民航局、上海市工务局及公用局，以及中国航空公司等。由于管理体制、机场性质及规划编制机构的多次变更，加之时局动荡，以至于近代上海龙华机场规划建设缺乏持续性，仅 1947 年便先后编制了 3 个规划建设方案，但这些方案始终没有一个能够全部顺利地予以落地实施。

10.2.5　近代上海龙华机场航空站建筑形制的演进

近代上海地区是中国近代航空业发展的基地和先驱，上海龙华机场则是民国时期中国民用航空建筑设施最为完善的水陆两用机场，航空站的建设历程及其建筑特征都具有典型性，各个时期的候机室（航空站）和飞机库等建筑作品则普遍是当时中国机场建筑发展的典范之作，尤其龙华机场不同时期的候机室建筑基本上是反映中国近代候机室建筑各个发展阶段的缩影。

1. 近代上海龙华机场候机室建设概况

近代上海龙华机场候机室建设历程可分为 3 个阶段：第一阶段是南京国民政府前期（1929—1937 年）。1929 年中国航空公司以龙华机场为基地开通了民用航线，这时期的机场设施比较简陋，仅有若干间木质板房。经过多年的建设，抗战前的上海龙华机场已经配备有较为齐全的设施设备，成为当时中国设施最好、功能最全的民用机场，并拥有中国航空公司、欧亚航空公司两大基地航空公司。第二阶段是上海沦陷期间（1937—1945 年）。这期间侵华日军为了满足其军事用途，于 1943 年和 1944 年先后大肆增建了 2 条碎石跑道及停机坪。虽然 1938 年 12 月成立的日伪中华航空公司上海支社在龙华机场开通了定期航班，但民用航空运输设施建设基本停滞。第三阶段是国民政府后期（1945—1949 年）。这时期的上海民航运输业发展较快，三大基地航空公司齐聚上海机场，其中龙华机场为中国航空公司、中央航空公司所使用，而民航空运队则选择虹桥机场作为基地，各自在机场内建有小型乘客候机室，国民政府民航局还在龙华机场修建了航站大厦和扩建了新式跑道（表 10-3）。

近代上海龙华机场候机室的建设历程　　**表 10-3**

航空站		建设时间	建设主体	主要建设特征
政府建设	飞行港站屋	1935 年	上海市工务局	四面围合式方形单层建筑，平、立面对称
	航站大厦	1947—1949 年	国民政府交通部民航局	大型航站综合楼，集候机、办公、空管、服务等多功能于一体
航空公司建设	木质板房	1929 年	中国航空公司	临时性的简易木质板房
	附设候机室	1935—1936 年	欧亚航空公司	机库内设置设施精美的待客室
	改建候机室	1937 年	中国航空公司	双坡顶平房改建而成
	专用候机室	1947 年	中国航空公司	在原有候机室右侧并排扩建一幢青砖砌筑的新候机室
	增建候机室	1947 年	中央航空公司	在原有欧亚航机库西侧加建一座矩形候机室

2. 全面抗战前的上海龙华机场旅客候机室和航空站

上海是中国近代航空运输业最发达的城市，1929 年成立的中国航空公司（中美合资）和 1931 年成立的欧亚航空公司（中德合资）先后将其航空基地设置在上海地区，中国与欧美国家一流航空公司之间的合作相应地带来了时新的航空技术和前所未有的航空站建筑形制。上海龙华机场的航空站按照建设主体来划分可分为政府主导建设和航空公司主导建设两大类。早期的候机室普遍由航空公司自建，飞行港站屋则由上海市政府公用局设计建造，而上海龙华机场航空大厦则是国民政府民航局成立后建设的国内首个大型官式航空站。

1）中国航空公司的旅客候机室

早期的候机室均由航空公司负责投资建设，中国航空公司在创立之初主要在龙华机场设置临时的木质板房。1934 年，中国航空公司在建成的机库外围专门改建一座小型旅客候机室，该建筑为 2 层砖木结构的坡顶房屋，候机室采用以山墙面为主出入口的纵向布局，楼前山墙位置搭建出檐深远的“L”形开敞式披檐，一边用于候机（抗战胜利后开敞式披檐改为设有带状长窗的封闭式走廊）；另一边为汽车在车道边停靠提供遮阳避雨的便利，并用木质围栏在候机长廊前的空地分隔出专供旅客步行上下机的安全区域，其外侧为飞机停放区（图 10-19、图 10-20）。

图 10-19　1937 年的中国航空公司上海龙华机场候机室

来源：Tom Moore 摄

图 10-20　1937 年上海龙华机场中国航空公司候机室鸟瞰

来源：Tom Moore 摄

2）龙华飞行港站屋

1935 年 7 月 9 日，上海市公用局奉令从军方手中接管龙华机场，并于同年 11 月 21 日成立负责管理机场的龙华飞行港管理处。该处先后制定了《龙华飞行港管理规则》和《飞机起落费章程》等规章，并筹建“龙华飞行港站屋（即航空站）”（图 10-21）。该建筑地处欧亚公司油库后面，位于中国航空公司与欧亚航空公司两家基地公司已建或规划建设的两排机库之间，毗邻黄浦江江边的水上飞机码头。中国航空公司和欧亚航空公司的水上飞机起飞前及降落后均在该管理处附近的江边停靠，出港旅客由航空公司用汽车送至江边上机，到港旅客则由江边上岸至管理处办理一切手续。

图 10-21　上海龙华飞行港站屋实景
来源：《老上海风情录（二）——交通揽胜卷》

“龙华飞行港站屋”是第一座由上海市政府主导建设的航空站。该方形单层建筑面阔 20.20m，进深 15.9m；四至房间围合形成中央大厅，楼内进驻有政府检查机构。该建筑平面、立面均中轴对称，建筑立面的基座和房身主体的色泽对比分明，楼高 5.1m。建筑凸字形的正立面中央墙面上沿镶嵌有“上海市龙华飞行港管理处”的繁体字名称。上海公用局技正孙广仪为管理处主任，沈家锡为副主任。屋顶设有上人平台和旗杆，可用于目视指挥飞机起降或迎送者迎来送往（图 10-22）。该航空站由上海市政府工务局交由乔雨兴营造厂承造，1935 年 6 月全部建成。1937 年 2 月完成的“龙华飞行港扩充机棚计划图”也是由公用局沈家锡设计、袁宝言绘图的。抗战胜利后该建筑由中国航空公司编为飞行场 35 号，暂作医务所使用。

3. 全面抗战前的飞机维修建筑

维修机库（当时称作飞机棚厂）主要是供驻场的基地航空公司对飞机进行日常养护和维修。机库自航空业肇始便是航空公司着力建设的重点，而相比之下旅客候机室还在其次。由于龙华机场是中国航空公司（中美合办）和欧亚航空公司（中德合办）及随后的中央航空公司的飞行基地，这些航空公司在龙华机场先后兴建了规模不等的多个机库（表 10-4）。其中，中国航空公司和欧亚航空公司后期所建设的两大机库已具备现代维修机库的典型特性，其平面布局均为主体机库大厅和附属维修车间的组合，机库主体空间内无支柱，采用了大跨度的平面桁架屋盖结构等。上海龙华机场可谓汇聚了欧美两种不同建筑风格的经典大型飞机库。

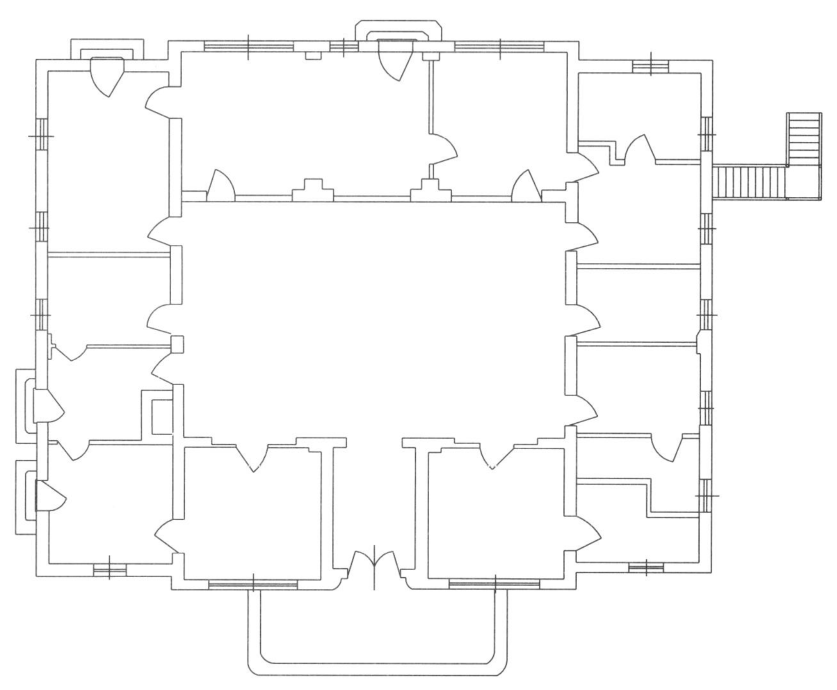

图 10-22　上海龙华飞行港站屋平面图

来源：项目组根据上海市档案馆馆藏档案绘制

抗战胜利后的交通部龙华机场建筑统计清单（1945 年）　　表 10-4

归属	名称	位置	原建造单位	构造式样	面积	
					平方英尺（ft^2）	平方米（m^2）
中国航空公司使用	候机室	航站办公室东面	原日伪仓库(内有中国航空公司扩建部分)	铅皮屋顶，砖墙平房	178×50 74×53	54×15 23×16
	飞机机库	—	中国航空公司抗战前建造	铅皮屋顶，砖墙二层楼屋，顶有指挥塔一座	170×136	52×41
	飞机机库	—	中国航空公司抗战前建造	铅皮顶，砖墙平房，屋顶有风向袋一个	113×107.5	34×33
	飞机机库	东西跑道西北段	日伪建造	钢架，铅皮屋顶和墙体	95×75	29×23
	飞机机库	南北跑道西北段	日伪建造(中国航空公司用作教练机修理机库)	钢架、芦苇屋顶和墙体	96×86	29×26
中央航空公司使用	飞机机库	东西跑道西北段	日伪建造(中央航空公司由南北跑道西北段移此)	钢架、铅皮屋顶和墙体	89×72	27×22
	飞机机库	沥青马路南端东面	欧亚航空公司建造	钢混结构，木板屋顶，屋顶搭建木质指挥塔一座	156×37	48×11

注：本表根据中国第二历史档案馆馆藏档案《抗战胜利后的交通部龙华机场建筑物清册》整理，其所记载机库规模数据与实际值有所出入，估计与测量误差及建筑物经多次改扩建有关。

1）中国航空公司的飞机维修机库

20 世纪 30 年代初，中国航空公司在上海龙华总站先后修建了 2 座飞机修理厂（机库），均为钢筋混凝土结构，其中 1 座占地面积为 8 分 9 厘 3 毫（约 $595m^2$），另 1 座占地面积为 1 亩 9 分 8 厘（约 $1320m^2$），两处共占地 2 亩 8 分 7 厘 3 毫（约 $1915m^2$），这两座机库并排设置。1931 年建成中国航空公司第一座永久性大型机库，该机库长 90 英尺（约 27.4m）、宽 72 英尺（约 21.9m）、高 16 英尺 6 英寸

（约 5.0m）。机库屋架采用梯形桁架结构，机库大门上方设有圆形百叶窗，镶嵌有“中国航空公司”“上海总站”中英文名称及建成年代“民国二十年”。机库大厅屋顶上设置有旗杆座，东侧辅助房屋的屋顶则设有风向标（图 10-23、图 10-24）。

图 10-23　中国航空公司 1931 年在上海龙华机场建成的机库
来源：《中国航空公司京平汉宜二线开航纪念特刊》

图 10-24　中国航空公司 1931 年建成的第一座永久性机库
来源：https：//www.sohu.com/a/146648119_155927

1933 年，中国航空公司在龙华机场收购民地 27 亩 3 分 6 厘 4 毫（约 18243m^2）用于航空站扩建，次年 3 月至 5 月，中国航空公司又投资 10 余万银元在龙华机场建成了当时中国最大的飞机库，该机库由万国贸易公司设计，泰康洋行承造。万国贸易公司的美籍副董事长华克斯班认为该机库“设计新颖，建造坚固，即美国各新式棚厂亦有所不及”①。该机库长 175 英尺（约 53.3m）、宽 120 英尺（约 36.6m）、

① 《海闻：中航公司龙华大机棚落成》，载《海事（天津）》，1934 年第 8 卷第 3 期，第 95 页。

入口高 27 英尺（约 8.2m），可容纳飞机 15 架。机库全部采用钢筋砖石建造，四面装有通透的明窗，采光极佳。机库两侧对称设有长 120 英尺（约 36.6m）、宽 25 英尺（约 7.6m）的附属建筑（机库前侧为 2 层，后侧则为 1 层），一侧为飞机修理车间，设有可储备各种飞机零件的材料室及储藏室，并设有各种消防设备；另一侧为机航组办公室，设有机师室等。二层辅助房间比主体机库略低，便于机库大厅高侧窗采光。整个机库两侧墙面都装有通透的大面积玻璃明窗，机库大门上侧设有带状方格玻璃小窗，而机库大厅后侧也设置高窗，机库大厅整体自然采光良好。机库大门启闭均采用滑动槽门，开启时推拉门直接折叠在两侧的耳房前。机库正面的山花位置上侧嵌刻有“中国航空公司”中文名称，中间嵌刻有“中国航空公司”“飞机维修部 1 号机库”的英文名称，其中英文名称的中间位置为公司徽标。机库顶部架设方形四坡顶的指挥塔台，机库侧面有扶梯可供上下。机库入口前设有较大的空地，类似于现在的“维修机坪”（图 10-25）。至此中国航空公司的维修设施设备基本齐全，可自行修理与装配飞机及发动机。

图 10-25　中国航空公司 1935 年建成的机库透视图

来源：https：//new.qq.com/rain/a/20210514a003a900

在抗战时期，这些维修厂房设施多遭受日军破坏。战后中国航空公司又于 20 世纪 40 年代末在龙华机场整修了原有的 1 号飞机库，赶建了发动机翻修车间等，从而再次建立起能够进行美制 DC-3 或 C-47 等飞机及其发动机大修的维修基地。

2）欧亚航空公司的维修机库

1934 年 12 月 16 日，欧亚航空公司基地从上海虹桥机场迁至龙华机场，其驻场的总修理厂机库征选新建方案，最后由积极推行现代主义建筑风格的启明建筑事务所奚福泉建筑师设计，沈生记营造厂承建。总修理厂机库于 1935 年 11 月奠基，次年 6 月建成，历时半年，花费国币 15 万多元[①]。该机库的全部梁柱均用钢筋混凝土结构，屋架为大跨度梯形钢桁架结构，覆以沥青油毡屋面。该机库面阔 50m，进深达 32m，创中国近代建筑钢桁架跨度的最大纪录，可容纳大小飞机 7 架，或停放 3 架德制容克（Ju52）型飞机（三引擎大型邮运飞机）（图 10-26）。[②]

欧亚航空公司机库坐北朝南，高大的机库大厅朝南设置有供飞机进出的机库大门，其他三面由通宽 20 英尺（约 6m）的 2 层辅助房间所围合。其中办公、候机和工场部分相对分隔，机库大厅东侧及后部的底层辅助房间为修理工场、储藏室等，具体包括发动机室、铁工间、打铁间、炼钢间、漆工间、木工

① 《欧亚航空公司龙华飞机棚厂工程略述》（《中国建筑》1937 年第 28 期）一文中说“总耗资不到 14 万元”。

② 一说“全屋宽二百余呎（约 60 多米），深达一百五十呎（约 45.7m），正门向南，中为宽百六十五呎（约 50.3m），深有百十呎（约 33.53m）之飞机库”。

图 10-26　上海龙华机场欧亚航空公司飞机库的实景
来源：Eurasia Aviation Corporation Junkers & Lufthansa in China 1931-1943

间等，其上层则为办公室以及无线电机室、无线电站和无线电员宿舍；机库西侧底层的前部则为设备精致的旅客候机室（时称“待客室”）以及主任办公室和工头办公室，其上层均为办公室。欧亚公司机库的平面功能布局与中国航空公司飞机库有相通之处。机库内部配备来自德国的设备，其水电暖气设施齐备、精致。欧亚航空公司的候机室依附于飞机维修机库之中，在机库东西两侧附属建筑中还分别设有供职员及旅客使用的出入口（图 10-27），该出入口的挑檐上嵌有“欧亚航空公司”中文名称和司徽图案，这一时期飞机和旅客出入各行其道，旅客室内登机也方便，可不受室外气候的影响。

整个机库墙面为褐色泰山面砖及白色水泥抹面，色彩柔和，并用带状水平线条勾勒建筑轮廓，机库四面开设大面积的玻璃窗，在建筑转角处还设有圆弧形抹角玻璃窗，室内光线通透。机库两侧的辅助房间凸出于机库大门两侧，其转角为抹角圆弧形。供飞机出入的机库大门高 7.5m、宽 35m，开启部分采用 6 樘坚固而轻灵的铁扯门（即以滑槽启闭的铁制推拉门），其上部开设有玻璃窗。该机库的平面构型和立面造型无不体现了现代工业建筑的特征，是具有德国包豪斯风格的现代主义建筑作品，“其设计之周密，布置之精美，以及外廓之伟大，在远东堪称独步”①。

抗战胜利后，整修后的欧亚航空公司机库成为中央航空公司 24 号机库，中华人民共和国成立后该机库改为军委民航局机械修理厂上海分厂，而后又归上海飞机制造厂所有，2005 年被拆除。然而，计划启动的 36 号机棚异地复建工程项目至今尚未落实。

4. 抗战胜利后航空公司兴建的上海龙华机场航空站建筑

抗战胜利后，航空运输业蓬勃兴起，基地航空公司纷纷在上海龙华机场修缮、新建或改扩建机场设施。例如，中央航空公司早期暂时借用中国航空公司在上海龙华机场修建的专用候机楼。自 1946 年下半年起，为了顺应航空运输的快速发展，中央航空公司修缮了原欧亚航空公司的机库和增建了一幢矩形平面的乘客候机室。中国航空公司则在修缮自身原有候机室的同时，也筹建新的候机室。

1）中国航空公司新建的旅客候机室

1947 年，中国航空公司计划在龙华机场抗战前使用过的候机室右侧扩建新的旅客候机空间，同年 10 月 15 日，新建的候机室由中国航空公司的机航组建筑科设计成图，而后由成泰营造厂承建完成，于 1948 年 5 月初投入使用。该航空站为矩形平面，从平面布局上可分为陆侧坡屋顶部分和空侧走廊平顶两部分，面宽 73 英尺 3 英寸（约 22.3m），进深 47 英尺 10 英寸（约 14.6m）。候机室室内利用一排砖柱分隔为一大一小两部分空间，其中大厅部分为旅客休息室，其他部分则布置有托运行李处、问询处、酒吧、书报摊等（图 10-28）。

---

① 超然：《贯通欧亚两洲交通的欧亚航空公司概况（附照片）》，载《建设中之新中国》，“上海市政府成立十周年纪念”，第 67 页有“该厂可同时储藏巨型机三架”。

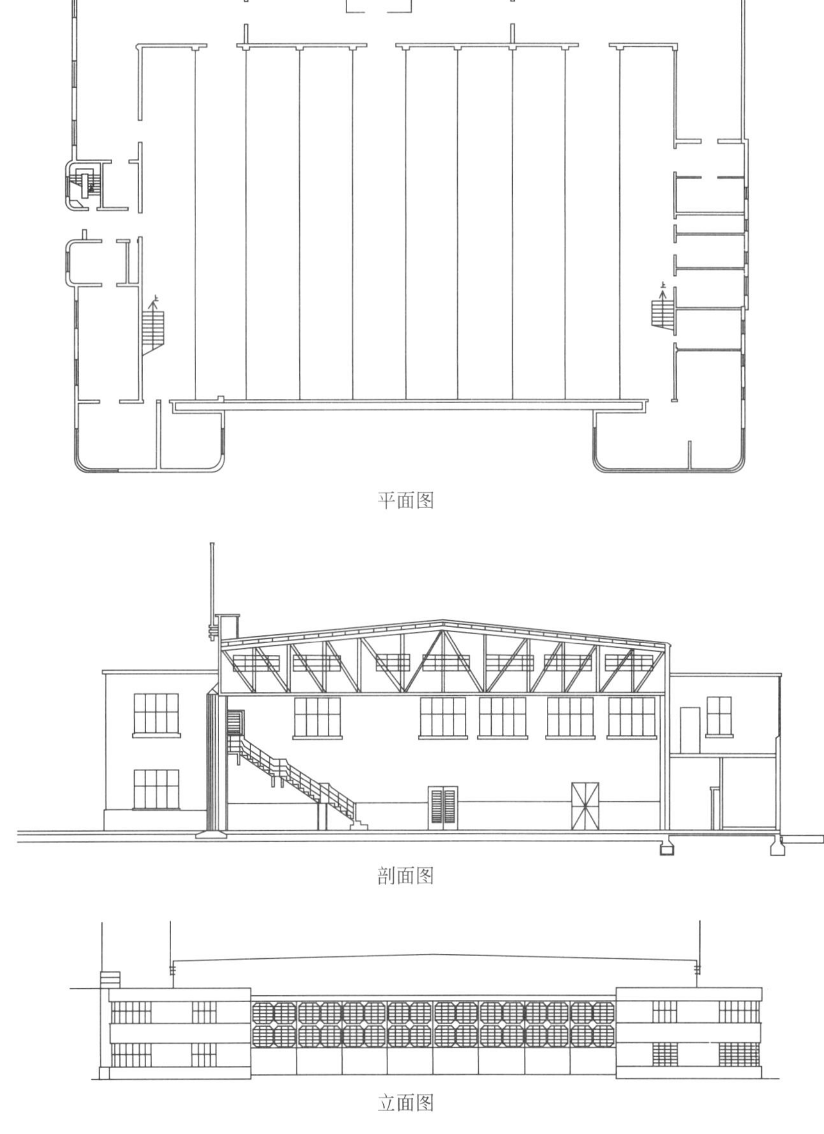

图 10-27　欧亚航空公司在上海龙华机场的飞机库

来源：《欧亚航空公司龙华飞机棚厂工程略述》，项目组描绘

新建候机室为中西建筑风格交融的单层砖木结构建筑，陆侧主体部分的屋顶为双面坡、黑瓦屋面，空侧部分为平屋顶；两侧的山墙面为青砖砌筑的清水墙，前后立面（即航空站陆侧、空侧）分属不同建筑风格，体现了中西交融的设计思想，其陆侧正立面为中轴对称的现代建筑风格，斩假石墙面采用正方格状的墙面分隔线予以纵横分块，位于中央位置的大门宽 28 英尺 6 英寸（约 8.7m），由 4 组推拉门组成，大门上沿对应地设有挑檐及 2 组带状玻璃窗（图 10-29）。该航空站充分强化了中国航空公司的企业标志符号，如出入口上方的屋檐部分为公司的司徽及国旗的旗杆位置；墙面左上方有中国航空公司的中文名称和英文缩写“CNAC”，甚至出入口台阶上都罕见地使用黑色磨石子衬底、淡黄色石子镶嵌“CNAC”和司徽图样；另外，空侧屋顶上也用红色洋瓦拼成了醒目的“CNAC”，强化航空类建筑所注重的鸟瞰效果。楼门前设有小型环岛，便于楼前顺向车辆停放，即停即走。

新建候机室的空侧面增设了一个砖石砌筑的西式封闭走廊，并与原候机室走廊相连，这样新候机室的旅客可通过连廊进出停机坪。整体外凸的空侧走廊分为 6 个开间，各开间设有大面积玻璃长窗，窗户之间的墙柱采用泰山面砖贴面。该封闭走廊屋顶设有露天的眺望平台，候机室侧面设有直跑楼梯，可满

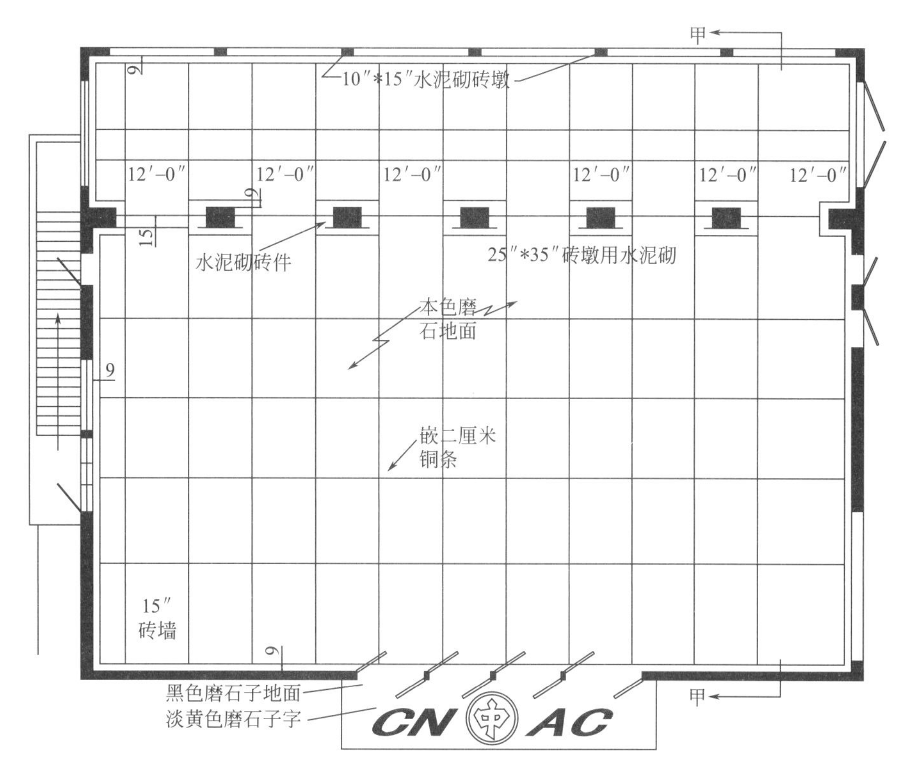

图 10-28　1947 年中国航空公司新建候机室平面图

来源：项目组根据中国第二历史档案馆民用航空局档案绘制

图 10-29　1947 年中国航空公司新建候机室的陆侧外观

来源：Harrison Forman 摄（美国《时代》杂志）

足迎送者上楼目视迎送航空旅客或者旅客休闲候机的需求。候机室屋顶采用三角形桁架结构，屋面为黑色洋瓦，平缝板铺油毛毡防水，采用白铁天沟有组织排水。室内及平台的吊顶为灰板条平顶。地板采用嵌有分隔铜条的水磨石面层和三合土基层，内部座椅均为新式沙发，墙上装置暗灯，冷暖设备齐全。由于室内吊顶和三面墙面围合，主楼陆侧的室内自然采光不良。该候机室体量不大，布局简洁，但用材精细，流程设计合理，整个建筑在绿地映衬下显得富丽堂皇，可谓抗战胜利后初期航空业欣欣向荣局面的一个缩影（图 10-30）。

图 10-30　1947 年中国航空公司新建候机室的空侧外观

来源：《中国民航大博览》，第 207 页

2）中央航空公司的维修场站设施建设

自 1946 年下半年起，随着所经营国内外航线的较快发展，中央航空公司在龙华机场内修缮了原欧亚航空公司遗留的机库，并在该机库西侧附建了一座旅客候机室，与美国西北航空公司候机室毗邻。1947 年 2 月 23 日至 4 月 1 日将该候机室前的道路修竣。对修理厂各部门设备进行充实，并添建房屋。截至 1948 年 2 月，中央航空公司在龙华机场内建有场棚、机房等共计约 $1846m^2$，铺设水泥混凝土停机坪 $11711m^2$，并建成一条长 259m、宽 23m 的滑行道①。1948 年 12 月起，由于时局变化，中国航空公司和中央航空公司陆续将总公司和修理厂由上海龙华机场迁往广州、香港等地。

5. 1947 年兴建的上海龙华机场航站大厦

1）建设历程

1947 年 1 月新成立的国民政府交通部民航局决定按照国际民航组织规定的 B 级标准优先扩建上海龙华机场，民航局先期已在南北向跑道南端东侧建有一个 L 形建筑平面的小型航空站（图 10-31），并将龙华机场航站大厦工程列为其首要的建设任务，该大厦为建筑面积约 $7500m^2$ 的航站业务和客货运综合楼。

1947 年 6 月 24 日，以南北向混凝土跑道为主体的上海龙华机场第一期工程建成启用；第二期工程包括修筑国际航空站大厦、沥青滑行道、混凝土停机坪、机场排水设备及整理场面等工程项目。龙华机场航站大厦是由民航局场站处专门设立的“工程设计组”参照 1941 年美国华盛顿国家机场新建的航站楼设计方案优化设计的。航站大厦地下室工程由田裕记营造厂施工，工期为 1947 年 3 月 14 日—7 月 31 日；大厦的第一期骨架工程由保华建筑公司承建，1947 年 12 月 12 日开工建设，次年 8 月 8 日竣工，共计 187 个工作日；第二期砖墙门窗及外部粉饰工程在 1948 年 7 月中旬开始赶建，计划年底全部完成，后期因建设经费短缺和时局变化，至上海解放之际，整个航站大厦工程仅进行了第一、二期工程，只完成骨架工程，第三期工程仅完成了开标订约。直至 1960 年由民航上海管理局续建完成候机楼大厅改造工程（图 10-32），不过其内部功能布局和设计装修标准都进行了相应调整。

① 民航华东地区史志编纂办公室：《上海民用航空志》，上海：上海社会科学院出版社，2000 年。

图10-31 国民政府民航局在上海龙华机场早期使用的航站楼（1946年）
来源：《民用航空》，1948年第2期封面

图10-32 上海龙华机场航站大厦模型（1948年）
来源：《民用航空》，1948年第2期封面

2）建筑设计特征

龙华机场航站大厦地处龙华西路1号，其建筑平面呈“一主二辅”式弧形对称式布局，即主楼两侧对称式设有用于办公、旅客服务等功能的配楼。其建筑形制符合当时航站楼“外凸（空侧）内凹（陆侧）”的机场专业建筑特征，以更多地满足汽车陆侧停靠、飞机空侧停泊的长度需求。航站大厦全长500英尺（约152.4m），宽84英尺（约25.6m）。大楼中央主体部分为4层，其中底层和二层以旅客服务为主，底层的建筑面积为266平方英尺（约24.7m^2），设有包裹处、检查处、领取行李处、行李输送处、行李储存处、邮件处及有关单位办公室等；二层的中间主体位置为候机厅，大厅长317英尺6英寸（约96.8m）、宽84英尺（约25.6m）、高24英尺（约7.3m），其面积与底层相同，四周环以航空公司办公室的建筑夹层，候机厅内拟设有售票间、行李交运间、播音柜台和过磅台等（图10-33）；三层拟作为ATC工作室、气象站、电报房和管制处及航空公司办公室等业务部门；四层则作为进近台工作室及器材储藏室；大楼中央部分的顶层设有八角形的钢结构指挥塔台和塔台工作室，面积为700平方英尺（约65m^2），采用防水铝板墙及铝板百叶窗，并设有通气的风扇设备。其中指挥塔亭除顶部为钢结构和木板遮盖屋面外，其他四周墙面全部镶嵌内倾15°的玻璃，以免反光和便于俯视。航站大厦主楼空侧面环以弧形的高大柱廊及宽敞平台，在候机厅的空侧面设有大面积的落地玻璃长窗，其外侧则是长300多英尺①的眺望阳台，供人们迎送旅客之用。

图10-33 上海龙华机场航站大厦现状
来源：作者摄

① 原出处该数据为300余尺，而上下文均采用英尺，推测“300余尺”应为“300余英尺”。参见：颜挹清．上海龙华机场航站大厦建筑设计[J]，民用航空，1948（8）：2.

龙华机场航站大厦两翼的2层配楼左右对称布局，长均为72英尺（约21.9m）、宽均为37英尺（约11.3m）。左侧配楼的底层设有飞行员休息室、理发室、餐室、浴室及厨房，二层为供旅客休闲的酒吧和大餐厅等，功能与主楼的候机厅匹配；右侧配楼的底层拟为龙华航空站办公室，二层则为特别候机室及办公室，与左侧配楼不同的是右侧配楼有1间长25英尺（约7.6m）、宽37英尺（约11.3m）的地下室，专为整幢大厦提供冷暖气的锅炉间使用。另外还规划有民航局上海办事处、江海关、上海市邮政管理局等驻场单位用房。该航站大厦采用板桩基础和钢筋混凝土框架结构，建筑外墙为大面积水泥抹面的混水墙，并饰以水刷石装饰带进行材质对比。填充墙为水泥砌空心砖墙，用机制青砖石灰砌内墙，并拟在外部安装钢制门窗，内部采用洋松和柳桉夹板。

总体来说，上海龙华机场航空大厦无论设计理念、流程组织，还是建筑规模、设施配套及综合功能等诸多方面都堪称当时远东地区的一流机场设施水平。该航站大厦是近代中国最具有现代意义的大型航站楼，其建筑造型充分体现了现代机场航空站建筑的时代特征，堪称中国近代民用机场建筑发展史上的里程碑式建筑。目前该航站大厦由中国民航华东管理局龙华航空站管理，已被列为上海市第四批优秀近代历史建筑保护单位。

10.2.6 近代上海龙华机场航空站建筑规划建设的阶段性特征

1. 不同建筑主体主导的航空站建筑风格迥异

上海龙华机场航空站建设主要有航空公司自建方式和中央政府或地方政府主导建设两条发展路径。早期的候机室均由航空公司自行建设管理，后期军政部门开始重视机场建设，北洋政府淞沪护军使署、国民政府军政部淞沪警备司令部、国民政府航空署（后为航空委员会、国防部空军总司令部）、上海市公用局和国民政府交通部民航局先后主导过龙华航空站建设。由于建设主体的差异，候机室设计理念有区别。例如，航空公司建设的候机室注重旅客服务功能，忽视与机场周边建筑的关系；上海市政府主导建设的航空站简单实用，突出行业管理功能；国民政府交通部民航局主持建设的航站大厦注重综合服务功能，并纳入机场总平面规划统筹布局，航站大厦与交叉跑道构型、扇形停机坪、进场道路相互协同，体现了规划的整体性。

2. 航空站建筑形制和功能逐渐完善

由于建设主体不同，龙华机场历次建设的航空站建筑形制各异。候机室从无到有，从附属于机库到独立设置候机楼，再到航站综合楼，其建筑规模、服务功能等均有显著提升。早期的候机室仅具有单一的候机功能，抗战胜利后的候机室则添设了为旅客提供服务的商业便利设施，与时俱进的航站大厦更是重视综合功能，以旅客服务为主，兼顾办公、空管、服务等诸多功能，大厦顶部还设立指挥塔台，承担区域航空管制功能，另外还附设海关、检疫等政府管制功能，当时被誉为“将为远东规模最宏大设备最完全之航站大厦”。

3. 航空站的行业特色建筑风格逐步显现

经过二十多年的演进发展，近代上海龙华机场的航空站逐步成了行业特色鲜明的专业建筑。如中国航空公司新建候机楼采用了以中国传统建筑形式为主、中西结合的建筑造型；由留德建筑师奚福泉设计的欧亚航空公司机库兼候机室则采用了现代主义建筑风格，紫色泰山面砖和白色带状水泥抹面横向交替的墙面、弧形转角、大面积玻璃窗等要素无不体现出德国包豪斯学派的工业建筑特征；龙华机场航站大厦是近代中国最具有现代航空建筑特征的大型航站楼，航站大厦弧形空侧立面为连续的出挑檐口和规整的列柱构图，陆侧出入口为弧形汽车坡道及人行阶梯的组合，再加上屋顶标志性的指挥塔台，充分体现了现代航空交通建筑的独特行业特征。

4. 重视航空站的交通组织流程设计

航空站建筑作为近现代交通建筑，其流程设计的优劣直接关系到建筑的使用效果。抗战胜利后的民用机场候机设施逐渐注重旅客流程设计，并力求体现航空交通特性，如中国航空公司新建的龙华机场候

机室便充分考虑了流程设计需求；而作为近代中国最具有现代航空交通建筑特征的大型航站楼，龙华机场航站大厦的流程设计更是采用了现代航空站的设计思想，实现了旅客流程与货物流程、国内流程与国际流程在平面上和竖向上的相对分隔，避免相互干扰，并首次在国内采用垂直分层的旅客交通组织方式，底层为登机层和到港层，二层为出港层。另外，实现了贵宾旅客和普通旅客的登机流程相对分离，航站大厦空侧进出机坪出入口的双通道设计也实现到港旅客和出港旅客的分流。出港旅客可乘车由汽车坡道直接上到二层候机厅门廊处，也可由大楼中间的人行台阶步行进入航站大厦，旅客在候机厅办理手续后直接通过楼梯下到底层，再步行到停机坪上登机；到港旅客则直接从机坪进入底层提取行李（国际旅客还须办理入境手续）后，从底层直接前往停车场坐车离开。整个航站大厦的流程设计合理，流线简洁清晰，旅客使用便利，进出有序。

10.2.7　上海龙华机场地区再开发的若干思考

受制于净空、航空噪声、用地等约束性因素的影响，当前的上海龙华机场航空功能逐步退化，由最初的水陆两用机场演化为陆地机场，而后再弱化为 2B 级的通用机场，直至最终于 2018 年降级为直升机起降点。整个机场地块已纳入以“上海 CORNICHE”（海滨大道）为设计理念的徐汇滨江开发之中，龙华机场及水泥厂等作为其中的节点之一共同打造“西岸艺术文化带”。机场仅有的航空元素——航站楼（酒店）、直升机库（余德耀美术馆，图 10-34）、航空油罐（西岸油罐艺术中心）、上海飞机制造厂冲压车间（西岸艺术中心）先后改造为酒店或艺术展馆，跑道改造为云锦路跑道公园（图 10-35）。

图 10-34　由联排直升机机库改造成的余德耀美术馆
来源：作者摄

图 10-35　上海云景路跑道公园鸟瞰
来源：worldlandscapearchitect. com

与沿线众多的船厂、码头等水运交通类工业遗产相比，龙华地区是黄浦江沿岸开发中唯一的航空类工业遗产，拥有跑道、航站楼、机库、航空油库、飞机堡及机场河（围场河）等众多近现代航空类建筑要素。显然，如何相对完整地保护近现代龙华机场航空要素系统是衡量该地区保护与利用成功与否的关键所在。龙华机场地区的综合开发由此具有独特的双重航空主题诉求：①龙华机场曾是远东地区运营规模和设施设备一流的机场，它既是中国近代航空运输业发展的缩影，也是中国乃至远东地区近代机场业建设发展的重要见证地，还曾是新中国飞机工业的研发基地。龙华机场旧址这一独特的航空交通类工业遗产拥有国家级的价值体系，其历史价值、文物价值、艺术价值及行业价值显著。在曾为世界级机场建设水准和航空运营水平的龙华机场地区，如何更好地延续近现代航空文脉、彰显国家级航空主题文化将是徐汇滨江地区综合再开发的当务之急和重心所在。例如，可以考虑借助机场河（蓝色廊道）和步道（绿色廊道）串联龙华机场地区所有的近现代机场建筑遗产，并复建欧亚航空公司机库（36 号机库）和中国航空公司水上浮码头等，从点、线、面的角度全面延续龙华机场的航空历史文脉。②龙华机场仍保留为直升机起降点，并计划集中打造以华东通航服务中心为核心的上海龙华航空服务业集聚区，这样龙华机场地区的航空运输、航空维修等生产性航空业逐渐将由航空旅游、航空博览及航空应急救援等服务性航空业所替代，如何在有限的空间内最大限度地发挥其国家级的现代航空要素集聚功能也必然是新的挑战。例如，结合既有的直升机起降点，可以尝试在龙华机场沿线开设水上飞机码头，积极开展空中游览、空中城市交通、空中广告以及航空应急救援等各种通用航空业务。

10.3 南京明故宫机场历史建筑群的考证及其保护与再利用策略

南京明故宫机场（民国时期称“首都机场”）是1927年年底利用明故宫遗址西侧的演武厅旧址逐渐扩建而成的，该场址东邻御河（今御道街），南靠明御河（今瑞金路），西接秦淮河支流，北至中山东路。机场一度三面环水，机场建筑物大部分集中在场址西面，飞行区则地处场址东面。明故宫机场地区具有多元化的航空功能，它是近代中国最早兴办军事航空、民用航空、航空工业以及航空教育的机场之一。显然，拥有较为齐全的近现代机场建筑群的明故宫机场地区是我国近现代航空业发展的主要载体和历史见证。

10.3.1 南京明故宫机场近现代机场建筑群的建设历程

1. 机场建设历程

明故宫机场地区从1927年建成启用至1958年停航历经了多次的改扩建，先后按照军事航空、民用航空、国防体育航空、航空工业等不同性质要求进行建设，由此汇集了不同功能属性和建筑特征的各类近现代机场建筑群（表10-5）。

南京明故宫机场的主要建设历程 **表10-5**

序号	历次建设时序	机场建设概况
1	1927年年底 （军用机场时期）	国民政府航空处在明故宫遗址西南部始建军用机场，建成土质碾压道面和几间简易棚屋，可供“可塞”轻型轰炸机起落，随后空军二队进驻
2	1929—1931年 （民航肇始时期）	1929年，沪蓉航空线管理处建了2座飞机维修棚厂，首开京沪航线；同年4月，国民政府航空署扩建一条800m长的碎石道面跑道，机场用地达1.27km^2；次年设立第一飞机修理厂，中央军官学校航空班在此受训；1931年3月，中国航空公司建了一座建筑面积196m^{2}的候机室和办事处
3	1936—1937年 （民航发展时期）	1936年5月，再次征地21.33万m^{2}进行扩建；自1937年4月1日开始，由姬久记营造厂承造，在80个晴天内建成欧亚航空公司航空站
4	1937—1945年 （军用机场时期）	1938年12月，侵华日军强行拆毁机场西南角的南京市第一公园和东北角的西安门，修筑交叉跑道、滑行道和停机坪等
5	1947年6月17日— 1948年1月20日 （民用机场时期）	扩建后的机场占地133.33hm^2；跑道向南延长了200m，达2000m；修建停机坪和增设夜航灯光设备；中央航空公司新建一幢面积541m^{2}的候机室，由大陆工程公司承建
6	1949年9月—1957年 （飞机修理时期）	设立国营第511厂（金城机械厂），进行飞机综合修理；1958年工厂业务开始由飞机发动机修理改为航空附件制造
7	1956—1957年 （国防体育时期）	1956年7月，南京市体委在机场成立航空俱乐部，随后新建指挥塔台综合楼

2. 机场总平面构型的演替

随着机场的屡次改扩建，明故宫机场总平面构型先后历经了不规则状飞行场面阶段、单一跑道阶段以及交叉跑道阶段的演变。早在1927年年底，在明故宫皇城遗址西南部始建的机场占地总面积为120万m^{2}左右，这时期为无跑道的土质矩形场面阶段，其用地范围为长宽686m×370m；1929年4月，明

故宫机场新建一条 800m 长的碎石道面跑道，实现从土质场面向硬化跑道的提升。1930 年，国民政府交通部沪汉航空处南京站飞机场的设计图案获得正式审定，并予以逐步实施，1934 年又在明故宫机场设立航空站。根据 1936 年的明故宫机场初步扩建计划，预定扩大面积 321 亩，调整后的机场规划方案为设置西南-东北向、南北向和东西向的 3 条跑道，跑道宽均为 30m[①]，同年 5 月征地 21.33 万 m^2 进行了第二次扩建，机场自此形成了跑道与滑行道系统。明故宫机场是民国时期少有的从规划方案到实施方案基本保持一致的典型机场案例。

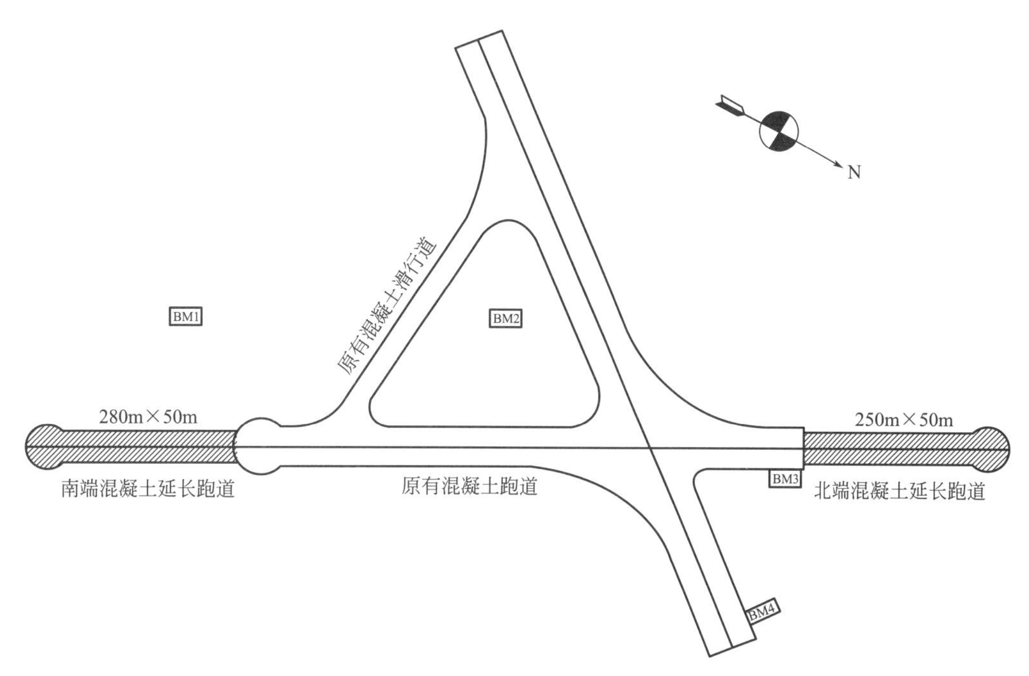

图 10-36　南京明故宫机场跑道延长工程

来源：项目组依据中国第二历史档案馆档案绘制

1938 年 12 月，侵华日军出于备战需要又增建了一条交叉跑道以及滑行道和停机坪，明故宫机场由此形成由主跑道和副跑道构成的交叉跑道。抗战胜利后，明故宫机场的西南-东北向跑道长 2500 英尺（约 762m），东南-西北向跑道长 2600 英尺（约 792m），道面结构可承载 C-54 型飞机起降，但因跑道长度不够，仅供 C-47 以下小型飞机使用；1947 年 1 月新成立的国民政府民航局编制了《扩修明故宫飞机场计划图》，计划西南-东北向跑道延长至 1400m，东南-西北方向跑道延长至 1700m。由于经费和工期的制约，修订后的《首都民用航空机场修建计划书》确定先将东南-西北方向跑道加长至 4350 英尺（约 1326m），可起降载重 45000 磅（约 20.4t）的飞机（图 10-36），计划本工程为 18cm 厚的块碎石灌浆道基，平均 23cm 厚的水泥混凝土道面。机场于 1947 年 6 月 17 日至翌年 1 月 20 日期间进行了第四次扩建，但跑道仅向南拓展了一段长 200m、宽 50m、厚 0.35m 的道面，并加做道肩，可满足美制 DC-3 型民用飞机的起降，且达到国际民航组织 B 级机场标准。到 1948 年前后，明故宫机场占地约 2000 亩，交叉跑道中的 15/33 号跑道（东南-西北向）长 1001m，5/23 号跑道（西南-东北向）长 837.3m，2 条跑道宽均为 100m，另在机场南侧建有一条长 489m、宽 25m、厚为 0.25m 的滑行道，建成水泥混凝土停机坪 28450m^2。机场有大小厂棚 22 幢，共 8315.80m^2。至此，明故宫机场已成为当时国内设施水平首屈一指的大型机场（图 10-37）。

① 《扩建京市飞行场之经过》，载《交通职工月报》，1936 年第 4 卷第 5 期。

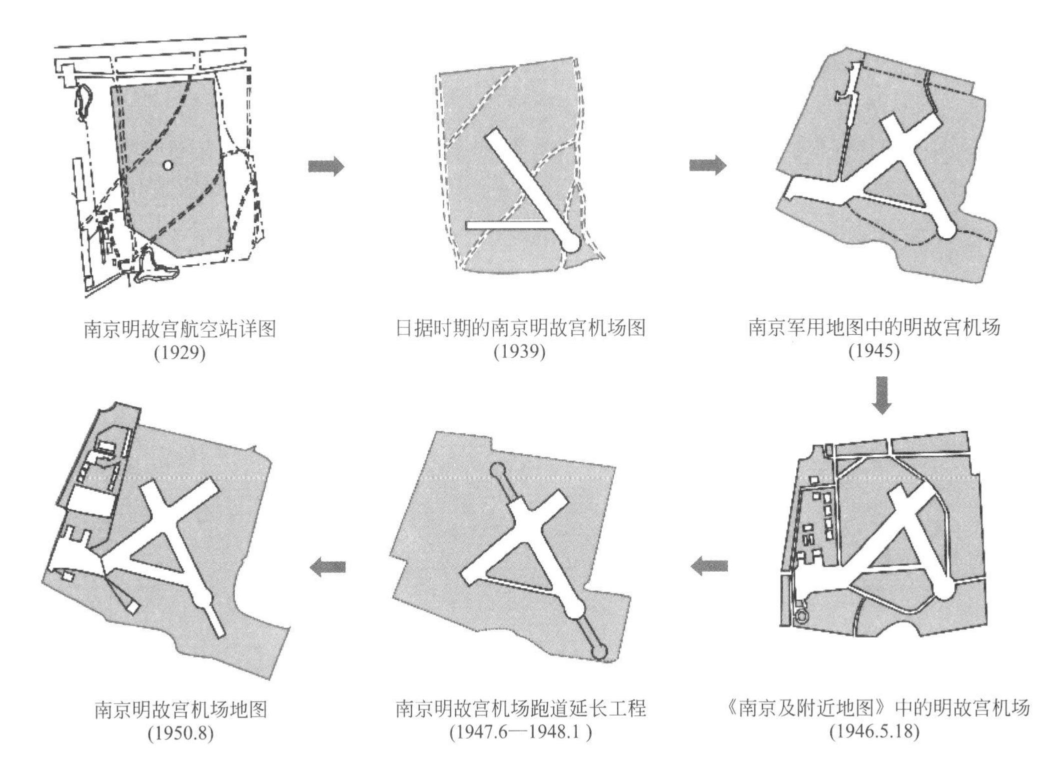

图 10-37　南京明故宫机场总平面布局演进示意图

来源：项目组绘制

10.3.2　南京明故宫机场地区的近现代建筑遗存

国民政府时期的南京明故宫机场曾设有首都航空工厂。1950 年 8 月，华东军区航空机务处第 21 厂（后更名为国营 511 厂）从上海迁到明故宫机场（图 10-38），次年筹办南京航空工业专科学校（现南京航空航天大学前身），在御道街西侧明故宫社稷坛遗址内建设学校宿舍。1955 年 1 月新成立的南京民用航空站在明故宫机场开航，而后因受航空噪声、净空环境及可供土地不足等诸多因素的影响，该机场于 1958 年 10 月 10 日停航，511 厂（即金城集团的前身）业务也由飞机发动机修理改为附件制造厂，最终机场场址逐渐被工厂企业和居民区占用。

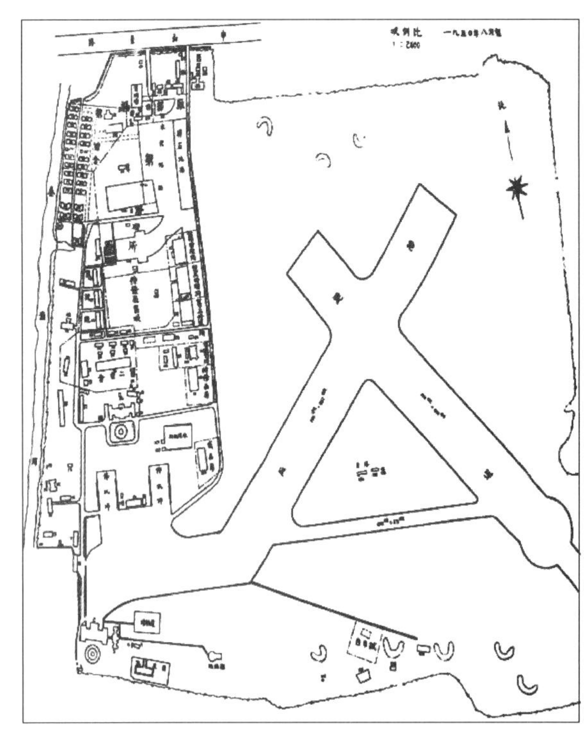

图 10-38　1950 年 8 月绘制的南京明故宫机场全图

来源：http：//www.xici.net/d219917364.htm

时至今日，明故宫机场旧址仍保留不少优秀的近现代工业建筑遗产，分别属于军事航空类、民用航空类以及航空工业类等建筑类型。2013 年，依托金城集团厂址启动“中国航空公司科技城项目”的开发建设，该项目占地 40 万 m^2，总建筑面积 180 万 m^2，打造集国际商业、休闲娱乐、高端商务、顶级住宅于一体的城市综合体。根据“中航工业科技城”项目开发计划，通过对现有地块内建筑功能、质量、年代以及建筑高度的综合评价，保留区域内

的民国时期工业厂房、民国建筑（王字楼、独栋建筑等）、1 号工业厂房、西安门遗址东侧景观用房以及南大门等典型建筑（表 10-6）。这些保留建筑根据需要进行功能置换或者改造，其中 108、109、112 和 119 号厂房规划改造成画廊、高档奢侈品集合店、民国建筑协会等，1 号厂房改建为科技艺术中心，这些建筑群共同构筑开放式街区南京风情商业街。

南京金城集团老厂址拟保留的近现代航空建筑　　表 10-6

建筑名称	建设时间	原使用功能	建筑基本情况
24 号楼	民国时期	飞行员俱乐部和机场办公场所	楼高 2 层，王字形平面，俗称王字楼；面阔 63m，进深 28m，建筑面积 3528m^2
119 号厂房	抗战胜利后	导航指挥台（空军航空站）	层高 5.2m，墙面为黄色砂浆拉毛；平面呈八角形，俗称“八角楼”
156 号厂房	民国时期	维修厂房（曾用作企业食堂）	砖木结构，三段式立面构图，两侧外墙面各有 10 扇竖向大窗，平屋顶中间设有用于采光通风的气楼
108 厂房	沦陷时期	三联排式飞机库	矩形平面，三联拱式屋顶；北侧扩建部分的端部设有圆柱状转角
109 厂房	沦陷时期	三联排式飞机库	矩形平面，三联拱式屋顶；檐口和外墙廊柱及屋架结构有机库建筑特点
112 厂房	沦陷时期	三联排式飞机库	矩形平面，三联拱式屋顶；檐口和外墙廊柱及屋架结构有机库建筑特点
1 号厂房	中华人民共和国成立初期	工业厂房	苏联式建筑风格，屋顶由连续的大跨度拱结构组成；东西面为特色鲜明的条状支撑柱
指挥塔台及办公楼	中华人民共和国成立初期	指挥塔台	指挥塔台与办公楼由空中骑廊连接，其屋顶设有指挥塔亭，三层的塔台楼建筑面积 223m^2，后改为 511 厂的生活后勤部
南大门	中华人民共和国成立初期	出入通道	地处瑞金路上，镶嵌有金城集团厂徽和厂名，航空工业印记鲜明

1. 民国时期的飞行员俱乐部和机场办公楼（24 号楼）

24 号楼位于金城集团西侧的中国航空公司科技城大厦南侧，该楼原为国民政府监察院。24 号楼的建筑平面呈王字形对称布局，中间为主楼，采用连接体衔接两侧的裙楼，建筑楼高 2 层，传统的坡屋顶，整栋建筑堂皇气派，具有简化中式建筑特点。在全国第三次文物普查中，该建筑被考证为民国时期的明故宫机场飞行员俱乐部和机场办公室所在地，抗战胜利后为国民政府空军运输第一大队队部及专机组（中队）驻地，中华人民共和国成立后为金城集团职工培训中心和保卫处办公楼。该建筑整体保留完整，外墙面原来采用红白相间的线条粉刷。2014 年南京中航工业科技城发展有限公司违规将其拆除，南京市文物局勒令其进行整改修复，次年该公司投资 900 余万元重建该楼，并恢复其民国时期的青砖砌筑风格（图 10-39），现为高档餐厅。

图 10-39　民国时期的飞行员俱乐部和机场办公楼（24 号楼）

来源：《明故宫怎样变成飞机场：附照片》；作者摄

2. 民国时期的三联排飞机库（108号、109号和112号厂房）

明故宫机场早期有3座机库，南京沦陷后，日伪当局在“八角楼”的北面新建3座统一建筑形制的联排式飞机库，这3座标准化的维修厂房由北向南一字间隔排开，面向东侧的停机坪及跑道开放，这些飞机库的总建筑面积约3000m²。三座机库正立面之间采用钢筋混凝土横梁连接成一体，便于折扇式的机库大门向两边推拉开启，机库大门由10多扇10m高的铁拉门围合。这些现存较完整的机库都为国内现存罕见的三组连续砖拱结构的大跨度结构屋顶，拱顶的室内底部则分割为12个井格状、水平向的钢结构单元，每个结构单元又由交叉斜撑钢结构（V形或十字形）对抛物线形的砖拱顶予以加固。这些在金城机械厂时期编号为108号、109号和112号的机库至今已多次改建（图10-40），其中108号厂房改建最大，北侧有增建部分，并在转角处设有凸出的圆柱体，内部用作上下行楼梯，外部则可供机库折扇大门的开启收纳之用。该联排式机库原计划改造为航空历史博物馆，现为中国航空工业公司的研发基地。

(a) 112号厂房的室内现状

(b) 112号厂房的山墙侧面

图10-40　112号厂房的室内外现状
来源：作者摄

3. 计划经济时期的工业厂房类建筑（1号、102号和105号厂房）

中华人民共和国成立后金城机械厂在明故宫机场场址内兴建了1号、102号和105号等一批大型工业厂房，这些厂房主要用于当年航空维修制造的需要，其中位于金城大厦东侧的102号和105号厂房用于修理美制C-46、蚊式机等飞机，1955年将其改造为黑色铸造厂房和热加工车间(后期改为厂礼堂)。1979年，该礼堂又成为金城摩托车生产装配车间。最典型的是与“八角楼”东侧隔街相对的1号大型厂房，由苏联专家主持设计建造，厂房顶部由连续的大跨度拱形桁架结构组成，其东西两个立面均为现代工业建筑特色明显的条状支撑柱，具有独特的苏联式工业建筑造型效果。计划经济时期的航空工业厂房群现仅保留有1号厂房（图10-41）。

图10-41　整修后的1号厂房
来源：作者摄

4. 民国时期的明故宫机场空军站（119号厂房）

119号厂房位于金城大厦的东南侧，因其建筑形状呈八面又称“八角楼”，该楼始建于1946年，为抗战胜利后的国民政府明故宫空军站，也是蒋介石举办军队检阅的阅兵台。该楼由陶桂记营造厂（当时已由陶桂松的两个儿子陶有德和陶明德经营）建造（图10-42）。中华人民共和国成立后多次改建，先为冶金分析化验室，再改成保卫处办公场所。该楼为砖木结构，层高5.2m，原有的清水墙改为水刷石的混水墙。建筑平面整体方正，局部带着弧形转角。室内中央为矩形大厅，两侧为辅助房间。整个建筑共设有3个出入口，建筑正立面为空侧主出入口，建筑两侧分设两个辅助出入口，其两侧的4个房间呈直角凸出，便于室内采光。航空站后侧有直跑铁制楼梯上下平屋顶，可作为阅兵或演习的指挥台，屋顶一

侧设有旗杆座，用于悬挂风向标。航空站空侧面原为开放式的门廊，可分别从左右及中间位置进出，门廊上沿镶嵌“明故宫空军站”名称及国民党空军徽标。中华人民共和国成立后，该航空站的前廊改建为封闭房间（图 10-43）。

图 10-42　国民政府时期的南京明故宫空军站
来源：中国台湾文化资料库

图 10-43　国民政府时期南京明故宫空军站的现状
来源：作者摄

10.3.3　南京明故宫机场遗址地区开发保护策略的思考

1. 编制以近现代航空文化为主题的国家级明故宫机场保护利用规划

明故宫机场遗址地区（即金城集团老厂址地区）先后经历了古代明故宫皇城遗址、近代明故宫机场旧址、现代航空工厂厂址以及商业房地产开发项目等 4 个阶段，形成了多重而深厚的历史积淀，遗存的近现代建筑群清晰地折射出军用和民用航空业向航空工业转化的发展历程，明故宫机场旧址集中分布的近现代机场建筑群具有显著的历史文物价值、建筑文化价值以及社会经济价值，是国内绝无仅有、特色鲜明的近现代历史建筑群，可整体申报省级或国家级文物保护单位。

回溯过去的建设历程，明故宫机场遗址地区先后经历了 3 个阶段的功能更替：民国时期机场的建设以及持续改扩建导致明故宫遗址、西华门古建筑遗址及南京第一公园的拆除；计划经济时期金城机械厂（511 厂）的持续建设使得近代机场的特色行业建筑大多消亡，尤其是航空站等标志性的机场建筑；而当前中航工业科技城再次开发是以居住、办公功能为主导，有将明故宫机场“社区化”的趋势。从三大功能性转型来看，明故宫机场遗址地区应以影响深远、综合历史价值高的近现代机场保护利用为主旨，编制以近现代航空文化为主题的国家级历史文化片区保护利用规划。

2. 在明故宫机场遗址地区构筑十字形的航空文化历史片区

长期以来，我国近现代机场遗址地区普遍采取大面积土地开发利用为主，兼顾单个航空类历史建筑的点状保护利用模式，少有上升至近现代机场建筑群、航空文化历史片区层级的片区保护利用模式。南京明故宫机场遗址地区的航空历史积淀深厚，遗存的近现代机场建筑群体现了近代航空和现代航空交织、军事航空和民用航空并存、航空工业和民航运输兼顾。针对现状地段的机场历史建筑碎片化和机场历史环境虚无化的症结，建议明故宫机场遗址地区的开发保护策略由单一历史建筑的保护利用演进为航空历史文化片区的地段性改造，这样可相对完整地展示近现代历史文化片区的航空文脉，形成浓郁的场所感（图 10-44）。民国时期航空路为机场陆侧和空侧的分界线，其东侧主要为停机坪以及交叉跑道，中华人民共和国成立后陆续建成以 1 号厂房为主体的航空工业类建筑群。至今明故宫机场地区已形成分化明显的西侧近现代航空运输类建筑群和东侧现代航空工业建筑群。

明故宫机场遗址地区内部的两条主干道——东西向的金城路和南北向的航空路构成整个区域“十字廊”，在主路西侧形成航空运输主题历史文化建筑群，其中西侧的机场建筑遗存由北向南依次为民国时

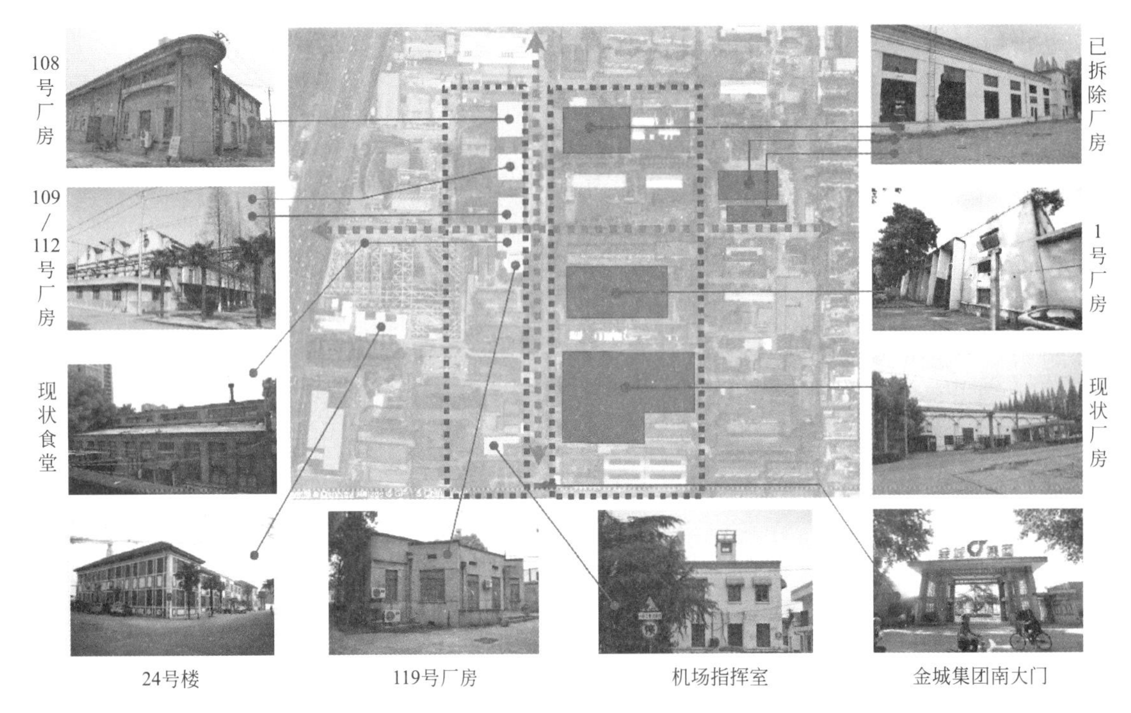

图 10-44　南京明故宫机场遗址的十字形航空历史文化片区

期的飞机库系列、维修车间、航空站以及计划经济时期的指挥塔台楼，建议复原国民政府时期空军站、联排机库的建筑原貌。这一建筑群体现了近现代航空运输发展的脉络；在主路东侧形成航空工业主题历史文化建筑群，以反映中华人民共和国航空工业建设的自豪感。总的来看，如何活化利用近现代机场建筑群、保护提升机场遗址整体历史价值是明故宫航空历史文化片区地段保护利用规划的重点。

3. 复建欧亚航空公司航空站

当前明故宫机场遗址地区尚缺乏民用机场中最为核心的行业特色建筑类型——航空站（候机室）。中华人民共和国成立以前，明故宫机场内原有民航空运队、中国航空公司及中央航空公司三家航空公司候机室三幢（即 2 号、90 号、92 号房屋），这些候机室在中华人民共和国成立后被 511 厂作为存放器材的（发动机）仓库、肺病疗养所和宿舍，后因厂区建设而先后被拆毁。2 号候机室为民航空运队所使用，拥有采用水磨石地面的候机大厅及飞行员宿舍，并有宽大明亮的玻璃窗、抽水式厕所卫生设备等。尤其可惜的是 90 号楼，该楼于 1937 年 3 月由中德合资的欧亚航空公司在机场西北隅出资建造，由著名的留德博士奚福泉建筑师设计，这座综合性航空站可谓近代中国第一个按照现代航空站理念设计的单层候机室，其布局紧凑，功能使用合理。建议在现代指挥楼与 119 号厂房之间重建这一在近代中国民航发展史中具有典型意义的航空站建筑——欧亚航空公司航空站（图 10-45），以在航空路西侧构成类型完整、特色鲜明的近现代机场历史建筑群。

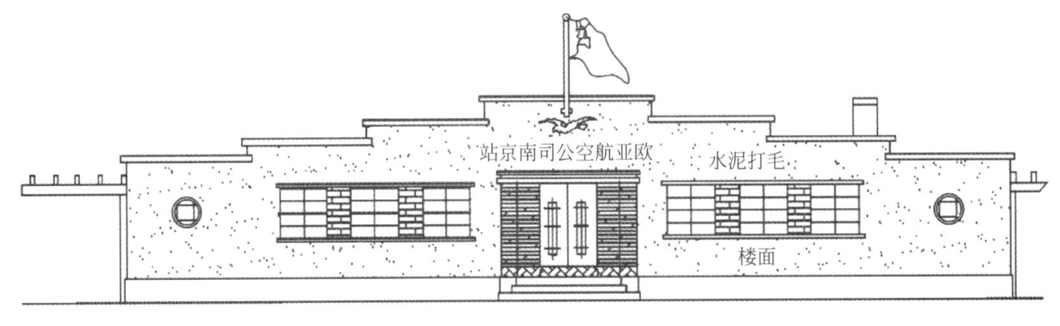

图 10-45　1937 年的欧亚航空公司航空站

来源：《欧亚航空公司南京明故宫站》

10.4 南京大校场机场历史建筑群的考证及其保护与再利用策略

作为民国首都，南京是近代中国最早兴办军事航空、民用航空以及航空工业的城市之一，而多次改扩建的大校场机场便是我国近现代航空运输业和航空工业发展的主要载体和历史见证，并验证了我国近现代航空业的发展历程。该机场先后经历了战火纷飞的民国时期、航空工业重点建设的计划经济时期和房地产开发蓬勃兴起的改革开放初期，至今仍集中保留着我国最为完整的近现代机场建筑群，其各种机场建筑类型的航空特色要素齐全，可谓展示我国近现代航空业发展历史剖面的“活化石”。

10.4.1 南京大校场机场的建设概况

南京大校场机场所在地原为明代的练兵大教场，1929 年国民政府航空署将其改建成军事训练靶场，1931 年将其改建成军用机场，并设立航空学校。1934—1937 年间，国民政府航空委员会将大校场扩建为拱卫首都南京的主要航空基地；1937 年 12 月至 1945 年 8 月，侵华日军将大校场机场改建为主副交叉跑道构型；1947 年 10 月 1 日，国民政府军事委员会工程委员会组建工程处在大校场机场动工新建一条可满足载重量达 80t 飞机起降的水泥混凝土跑道，南京大校场机场由此成为遵循国际民航组织 B 级标准的、国内设施最好的机场之一。该跑道工程由 1933 年毕业于浙江大学的沙日昌主任工程师主持设计，先后使用了 1 万多吨水泥、550 多吨钢筋，动员人工达 50 万个工以上。

中华人民共和国成立后，大校场机场被接管后继续扩建，1954 年南京军区空军将机场跑道由原有的 45m 加宽到 60m，机场升级为军用三级机场。1956 年 7 月，原设在明故宫机场的南京航空站搬迁至大校场机场后，该机场由此转型为军民合用机场。此后民航先后进行了多次候机楼的建设，1972—1974 年又对候机楼及跑道和停机坪进行扩建，最终使候机楼总建筑面积增加到原先的 3 倍。改革开放后，大校场机场于 1988 年和 1991 年先后进行了 2 次扩建。至 1999 年，大校场机场总占地面积 2.72km^2，拥有长达 2662m 的主跑道，另有 2 条滑行道和 5 条联络道。受航空噪声、净空环境、可供土地不足以及城市建设开发需求等诸多因素的影响，大校场机场的民航部门于 1997 年 7 月 1 日停运，2015 年 8 月 1 日整个机场停航（表 10-7）。

南京大校场机场的主要建设历程　　**表 10-7**

建设阶段和机场性质	建设时序	机场主要建设内容	飞行区和航站区的演进
南京国民政府成立初期(军用)	1929 年	国民政府军政部征地 46.86 万 m^2(一说 703.744 亩)作为军事训练靶场	机场为矩形土质场面
	1931 年 4 月 5 日	军政部航空署投资 45 万银元在大校场设立航空学校	
全面抗战前时期(军用)	1934 年	国民政府航空委员会将机场扩建至长宽 645m×600m;建了一条长宽 800m×50m 的土质跑道	“单跑道+掉头坪”构型
	1935 年 4 月	航委会征地 23.53 万 m^2(一说 353.881 亩),机场扩建至长宽 1300m×1200m,首期工程投资 7.25 万元(法币)	机场场面尺寸增加 1 倍,新建空军指挥所
	1936 年 7—11 月	投资 18.95 万元完成第二期工程	
侵华日军占领时期(军用)	1939 年	侵华日军对机场跑道进行了改建,形成主、副交叉跑道构型	“交叉跑道+掉头坪”构型
抗战胜利后时期	1945 年 9 月	航空委员会将跑道再延长 400m	废弃副跑道,采用高标准的单跑道构型
	1947 年 10 月 1 日—1948 年 4 月 29 日	总投资 840.078 亿元(法币)新建一条长宽厚 2200m×45m×0.3m(加地基,总厚度达 0.65m)水泥混凝土跑道;在跑道北端东段 300m 处新建一座建筑面积 474m^2 候机室	

续表

建设阶段和机场性质	建设时序	机场主要建设内容	飞行区和航站区的演进
中华人民共和国成立初期（军用）	1949年	空军新建一条2165m×28m×0.2m水泥混凝土滑行道，跑道两侧加宽7.5m道肩	“单跑道＋滑行道”构型；军用三级机场，国内最好的军用机场之一
	1954年	跑道加宽至60m，两端加建200m×60m的安全道；增建长宽各200m×18m和293m×18m的两条滑行道；建设5条总长5000m联络道，增设夜航灯光及短波通信设备	
“一五”和“大跃进”时期（军民合用）	1956年	民航投资新建停机坪4800m^2，扩建候机楼789m^2	建成民用航站区
	1959年	民航投资34.9万元扩建停机坪5585m^2，改建停机坪6300m^2，扩建候机楼1750m^2*，候机楼总面积达2225.94m^2	
计划经济后期（军民合用）	1971年7月	民航投资96.67万元建成停机坪、滑行道4.24万m^2	机场扩建按照“三叉戟”机型起降设计
	1972年8月9日—1973年9月23日	民航投资225万元建成一座3826m^{2}候机楼，跑道扩建为长宽2200m×60m，建成停机坪30700m^2	
改革开放初期（军民合用）	1988年8月23日—1989年1月16日	民航投资120万元在国内候机楼西侧新建国际旅游包机候机厅，总建筑面积为1707m^2	国际民航设施加快扩建
	1989年8月—1991年9月	机场跑道不停航抢修	
改革开放中期（军民合用）	1991年11月10日—1992年8月15日	民航扩建候机楼及其配套工程6182.52m^2（其中，航站区4500m^2，候机楼5753m^2，停机坪5000m^2，平行滑行道和2号联络道750m^2）	机场按照设计机型MD-82的使用要求进行大规模扩建

* 上述说法引自《南京交通志》，另一说是“续建候机楼772m^2”。

10.4.2 南京大校场机场总平面的演进

南京大校场机场的飞行区构型先后历经“矩形土质场面”“单跑道＋掉头坪”“主副交叉跑道＋掉头坪”“单跑道＋滑行道”等四个阶段的演进过程：①1931年年初兴建的大校场军用机场为外方内圆的场面构型，方形围界四角设有内堤外壕，圆形机场场面采用碾压密实的土质结构；②1934年，机场场面扩建至东西向长645m，南北向宽600m（次年再展拓至长1300m，宽1200m），再按照南京主导风向建有一条长800m、宽50m的东北-西南向土质跑道，其端部设置用于飞机回头转向的掉头坪；③沦陷时期，侵华日军将大校场机场改造为2条主副交叉跑道，并建有复杂交错的跑道、滑行道和飞机窝，以满足其作战的需求；④1947年，国民政府军委会工程委员会下设的工程处按照国际民航组织标准在原有土质跑道南侧新建一条水泥混凝土平行跑道，原有跑道则改建为平行滑行道，而掉头坪和副跑道则予以取消，这时期的大校场机场飞行区逐渐演进为遵循国际民航技术标准的单一跑道及滑行道系统（图10-46）。

1956年大校场机场军民合用之后，军事航空部分和民用航空部分各自分区发展，民航部门建成由国际路直通机坪、以航站楼为核心的民用航站区；1972年再次大规模扩建后，航站区的空侧与陆侧轴线调整为与跑道系统平行的东北-西南方向，并与原有正南北向的军用航站区相对设置。改革开放后，机场的民用航站区发展迅速，又开通了由大明路直通航站区的大校场路。而后随着军民航的持续快速发展，大校场机场逐渐进入受限发展时期，直至被迫搬迁。

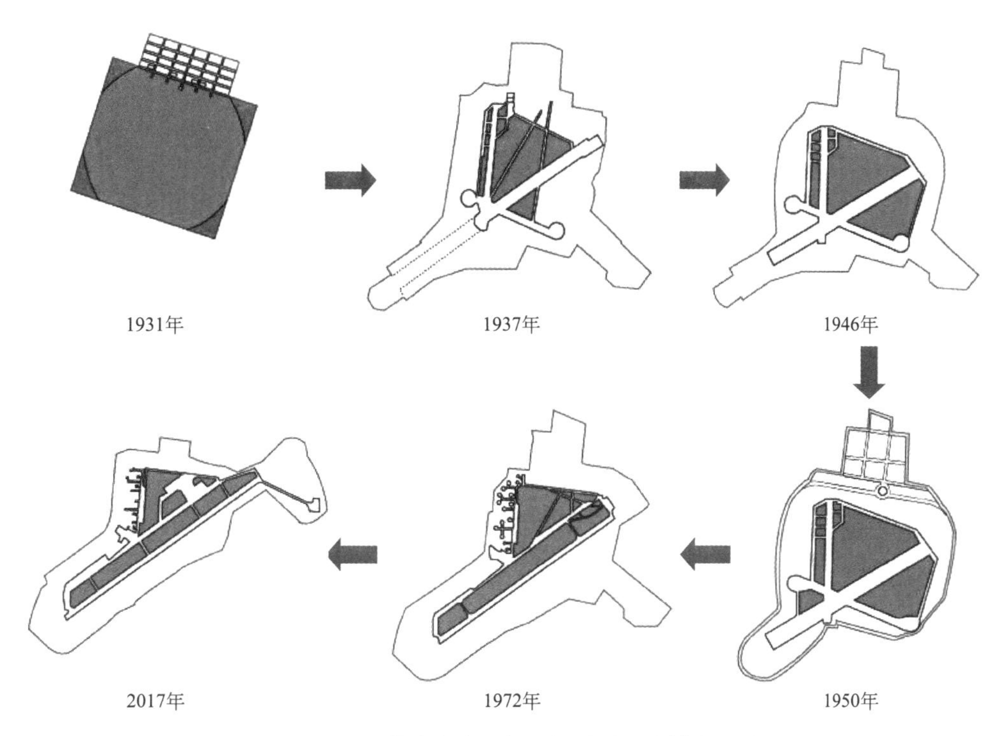

图 10-46　近代南京大校场机场总平面形制演进图
来源：项目组绘制

10.4.3　南京大校场机场的历史建筑遗存研究

1. 机场历史建筑遗存分布现状

南京作为民国时期首都，军用和民用机场始终是国民政府建设的重点，大校场机场是军事航空和民用航空的结合体，其近现代建筑不仅体现军民航运输和航空工业显著特征的行业价值。南京作为新六军空降南京受降、南京还都大典等许多重大历史事件的发生地和见证地，具有较高的历史文化价值。南京大校场机场在机场建筑形制、设计理念以及大跨度结构等领域发展成熟，也彰显了航空交通类专业建筑的科学技术价值（表 10-8）。

南京大校场机场的主要机场建筑遗存现状　　**表 10-8**

序号	建设时间	机场建筑分类	主要机场建筑特性及遗存数量
1	民国时期	机场主副跑道和停机坪	水泥混凝土主跑道(编号 06/24)长宽厚 2200m×45m×0.3m;后期拓展长宽为 2662m×(60～64)m;滑行道长宽 2165m×18m,局部宽为 20～60m
2		美龄别墅	单层的四合院式建筑群,为青砖灰瓦的民国建筑风格
3		大件库	二层砖木混合结构,青砖墙体和坡屋顶,平立面对称布局
4		美龄楼	原为空军指挥所,二层青砖坡顶建筑,20 世纪末进行落架重建
5		仓库群(3 间)	多幢单层库房围合,墙体厚实,双面坡屋顶,铁皮屋面
6		碉堡	椭圆形平面,钢筋混凝土屋顶,厚实的红砖砌筑墙体,北面设 2 个射击孔,南面侧面设低矮的出入口
7		飞机堡(4 个)	由侵华日军修建,钢筋混凝土结构,呈撮箕状,2 个前大后小的弧形拱拼接,错位处采用砖墙砌筑
8		飞机库(2 个)	标准化机库对称布局,四角设角楼,飞机可双向进出机库,拱形桁架屋盖;另一个机库大厅相同,但两侧及背面设有辅助房间,曾改造为体育馆

续表

序号	建设时间	机场建筑分类	主要机场建筑特性及遗存数量
9	现代时期	飞机库(2个)	三面支承的网架屋盖结构,机库大门开口处的上部大跨为桁架结构。供大型军用飞机使用
10		发动机器材库	采用大跨度桁架钢结构屋盖;供存放起落架、发动机和轮胎等航空器材之用
11		飞机窝(16个)	属于露天式的飞机掩体,除引入的滑行通道外,水泥混凝土浇筑的圆形停机位四周为土包及其覆盖的茂密植被所围合
12		民用候机楼	20世纪50年代候机楼(1956年民航扩建,建筑面积789m^2,二层砖木结构建筑,坡屋顶,米黄色外墙;1959年年底,扩建候机楼772m^2)
13			20世纪70年代候机楼(1972年建成,建筑面积3826m^2,主楼2层,指挥塔台5层)
14			20世纪80年代国际旅游包机候机楼(1988年建成,建筑面积1717m^2,米黄色单层建筑,四角设镂空角楼。后改为空军食堂)
15			20世纪90年代国际航站楼(1991年新建,建筑面积5800m^2,二层框架结构,候机大厅空间开敞,采用大面积玻璃窗,陆侧入口单柱支撑)
16		文化活动中心	二层建筑,对称布局,外观欧式装饰风格,外墙面呈米黄色,后期为空军的文化活动中心,设有舞蹈室等
17		瞭望塔	位于跑道和滑行道之间的两端,建筑主体一层,圆形的瞭望台2层
18		机场大门	国际路机场大门地处中和桥路和国际路交口处,对称布局
19			空军大院大门地处国际路中间东侧,呈不对称的飞机造型
20		油料库	砖砌军用隐蔽油库(14个9~18m直径不等的地下式油罐)
21			立式拱顶油罐(3个3000m^3,2个300m^3,4个100m^3)
22		输油铁路线	航空油料运输专用线,由机场西南引至跑道东侧的航空油库区
23		围场河	由秦淮河支流、响水河组成,起防洪排涝、安全防护作用

注:随着南部新城的推进,表中的不少机场建筑已被拆除。

2. 典型的机场历史建筑

停航后的南京大校场机场曾经是国内近现代军用和民用机场历史建筑保留最为完整的机场,保留有从正式开航以来各个时期相对完整的近现代机场建筑,涵盖各类军用或民用机场建筑。大校场机场的主要航空建筑元素齐备,机场建筑形制丰富,既拥有近代机场建筑和现代机场建筑两大建筑群,也有跑道和滑行道及机坪等完善的飞行区系统。另外,大校场机场除了飞机窝(堡)、飞机库、指挥所、瞭望塔、油料库、仓库、兵营等丰富的军用机场建筑之外,在南部新城全面推进之前尚遗存有横跨民国时期、计划经济时期以及改革开放初期等不同时期的典型民用候机楼(图10-47)。

1)民国时期的飞机库建筑

抗战前的大校场机场至少建有4座军用飞机库。1934年,国民政府航空委员会将大校场机场扩修,建有可容纳总计3~5架飞机的2座机库。其中,大机库高10m、宽80m、深31m;小机库高10m、宽55m、深25m。而后又再建2座机库,这4座机库均布置在机场北侧。1937年8月15日,侵华日军对南京发动了首次空袭,炸毁了大校场机场2座飞机库。现至今遗留有2座民国机库,其中一座机库四角分别设置4个堡垒式的耳房,外墙为清水灰砖砌筑,后期整修时采用水泥抹灰粉面。机库前后均设置供飞机进出的机库大门,由铁皮外包的6扇推拉门组成。机库屋架为简易的钢筋混凝土弧形桁架结构,整个屋面及密肋板采用钢筋混凝土整体浇筑,与现存的洛阳、南昌、西安等地机库为同一建筑形制。该标准化机库已被拆除(图10-48)。另一座与国民政府航空署推广的标准化机库建筑形制略有不同,其两侧有锯齿形屋顶的联排维修车间,后侧增设辅助用房,20世纪末在机库前侧增设大厅,改作体育馆使用。

图 10-47 近代南京大校场机场近现代机场建筑现状分布图

来源：项目组绘制

图 10-48 南京大校场机场已被拆除的民国时期标准化飞机库

来源：作者摄

2）民国时期的机场指挥所

20 世纪 30 年代，大校场机场在跑道北侧东端 300m 处修建一座机场指挥所（俗称“美龄楼”），面积 374m²①，楼高 2 层，矩形建筑平面。该建筑呈现典型的民国风格，采用四面坡屋顶，外墙为竖向青

① 杨玉祥《历经沧桑的南京飞机场》中说该楼的建筑面积为 374m²。

砖砌筑的清水墙和横向浅黄色粉刷的混水墙交替，间以大面积的铁制玻璃门窗，中间门廊整体呈圆柱形凸前，便于二层平台瞭望，其外凸的出入口屋顶为少见的椭球形穹顶。该建筑在20世纪80年代仍较为完好，后整体落架重建。原先楼上为空军指挥部，楼下为飞行人员休息室。现在一楼大厅三面设有3个房间和2个盥洗室，二楼则有4个房间。入口处的简易铁框大门现改为朱红色厚重大门（图10-49）。

图10-49　南京大校场机场的指挥所（美龄楼）

来源：作者摄

3）民国时期的别墅（美龄宫）

抗战前期，为了方便身为航委会委员长的蒋介石和秘书长宋美龄夫妇办公、候机及休憩，特在大校场机场的西北角兴建专用别墅（俗称"美龄宫"），该建筑由基泰工程司的著名建筑师杨廷宝主持设计。"美龄宫"为方正的单层四合院式，其中央为下沉式天井。采用传统坡屋顶和灰瓦与青砖墙。别墅门厅设在建筑东侧，出入口原设有外伸的门廊，后拆除。门厅南侧的四面坡屋顶平房建筑由5间大房间组成，中间的大会客厅长20多米、宽6m多，其南面设有三面局部外凸的大面积玻璃窗，空间敞亮，其两侧分别为客厅加卧室（带独立卫生间）的2个套间，原由蒋介石和宋美龄分用。所有卧室为架空全铺地板，走道则是水磨石铺地，卫生间采用绿白相间的陶瓷锦砖贴面；四合院西侧的一排房屋为侍卫室，每个房间仅10m^{2}左右；四合院北侧的房间为用于供暖以及供应热水的锅炉房（图10-50）。

图10-50　南京大校场机场的美龄宫

来源：作者摄

4）计划经济时期的候机楼

中华人民共和国成立初期，南京大校场机场旅客候机室面积狭小。1972 年 4 月，周恩来总理陪同马耳他总理明托夫来南京参观访问，指示在大校场机场应修建民航候机楼，民航局随后组织建设完成。该候机楼建筑面积为 3826m^2，楼高 2 层，平面为 T 形，包括候机大厅、业务厅、贵宾候机室、旅客和机组餐厅以及若干间住宿休息用房，另外还有航行、通信、调度、气象等技术业务用房。位居中央的候机大厅面积 650m^2，层高约 9m，可同时容纳 200 名旅客候机，周边设置值机问询、医疗服务、邮电、小卖部等服务设施。与候机楼衔接的指挥塔高 5 层，顶层为四面环以大玻璃窗的塔亭，候机楼与指挥塔台的空间组合充分显现了民航特色建筑的特征，平顶、大玻璃窗等构成要素所形成的简洁明快建筑造型也显示该候机楼是计划经济时期少有的现代化航空建筑。该候机楼由我国著名建筑学家杨廷宝主持、会同江苏省建筑设计院设计完成（图 10-51）。该候机楼及其附属工程于 1972 年 8 月 9 日组织开工，次年 9 月 29 日竣工，总投资为 225 万元。

图 10-51　杨廷宝主持设计的南京大校场机场候机楼

来源：《杨廷宝建筑设计作品资料集》

10.4.4　南京大校场机场历史建筑保护利用的策略

1. 打造全国首个汇集近现代航空历史建筑群的机场历史街区

根据《南京大校场机场地区城市设计与控制性详细规划》，机场主跑道将打造成具有开敞空间的跑道公园，而机场滑行道则改造为主干道机场路，跑道与滑行道之间的空间将建成绿色开敞空间的公共设施带。机场跑道和公共设施带由此将成为南京的文化客厅。该方案对大校场机场的核心要素——跑道这一主题要素和标志性的机场建筑符号予以了精心保护与利用，同时营造了彰显航空文化的开发空间环境。笔者认为，除将现有的跑道和滑行道系统作为机场符号予以保留，其他分散布局的机场特色建筑及其周边环境如何精心保护也至关重要，另外，原先用于界定机场用地范围、防洪排涝和安全护卫的围场河也是机场遗产中不可分割的组成部分。大校场机场地区业已形成了以飞机库为核心的军事航空近现代建筑群和以候机楼为核心的民用航空近现代建筑群，总体上需要营造一种航空文脉和机场氛围来传承。

这些近现代机场建筑群可结合跑道这一标志性的机场符号，并依托原有机场外部通道和机坪内部通道构成双轴绿道系统来串接。为此建议以建筑大师杨廷宝设计的候机楼（可改造为航空类博物馆或航空特色主题酒店）为核心建筑，统筹规划呈三角形的航空历史文化片区（由跑道滑行道、南北向飞机窝群及机场内部路三面围合），整体保护机场地区的近现代历史建筑环境和机场原有主骨架，以完整展示近现代机场及航空业的演替发展历程，由此将继承机场地区军事航空和民用航空的历史文化遗产，并结合机库、仓储、兵营等近现代机场建筑的改造利用，促使其实现军航或民航建筑向商业地产建筑的转型，最终打造成全国绝无仅有的机场建筑历史文化片区。

2. 积极将大校场地区历史建筑遗存整体申报国家级文物保护单位

南京大校场机场地区至今尚拥有完整的候机楼、指挥塔台、飞机库、飞机窝、跑道等典型的机场建筑类型，近现代机场建筑形制丰富，且各历史时期建筑保留齐全。但这些建筑遗存的保护类型和等级均有不同，如美龄楼（机场指挥所）于2006年公布为南京市文物保护单位，美龄宫（机场别墅）列为南京市不可移动文物，候机楼（1972年）和七桥瓮（明代）则为江苏省文物保护单位，大校场机场地区列入南京市历史建筑保护名录（其他类）的有跑道、瞭望塔、航站楼、机窝、油料库、大件库等6处（编号52～57），另外还有碉堡、飞机堡等未确定保护等级。由于保护的等级差异和空间分布的零散，当前旧机场地区普遍缺乏对机场历史建筑群和机场历史环境的整体保护，在开发建设的大潮中将导致这些机场建筑遗存保护利用的“碎片化”。大校场机场是我国历经近现代时期至今保留相对完整的机场建筑群，如何整体保护和利用该地区的各类航空建筑要素至关重要，建议编制南京大校场机场地区历史建筑保护专项规划，进行系统而全面的保护规划。借鉴杭州笕桥中央航校旧址纳入全国重点文物保护单位的经验，以全国现存最为丰富的近现代机场建筑群为核心整体申报国家级文物保护单位。

3. 按照海绵城市理念建设南京南部新城机场核心区地块

建议大校场地区按照海绵城市和景观生态学的理念，综合运用“渗、滞、蓄、净、用、排”等多种技术充分保护，以机场四周散布的池塘为“斑块”，以机场地区的现有围场河（蓝道）和植被及废弃铁路线（绿道）为“廊道”，以七桥瓮湿地和跑道公园为“基质”，打造“点、线、面”完整的生态绿化系统。在绿道层面，将由南至东的半环场的废弃输油铁路专用线改造成供行人和自行车使用的慢行绿道系统；在蓝道层面，大校场机场三面的防洪土堤全长9120m，通过挖高填低在河堤外缘形成，建议全面衔接现有秦淮河风光带（穿行机场的北面和东面）、响水河滨河绿带（机场西面），由此形成生态化的机场围场河道系统；在面状绿地层面，按照现有规划，跑道及公共设施带（跑道与滑行道间的空地）将共同形成带状跑道公园，七桥瓮湿地规划为区域的大型湿地公园。此外，油库区则可结合已有的植被和起伏的山体以及油库、飞机窝、碉堡及输油铁路线等机场建筑遗存，打造全国唯一的机场遗址公园。

10.5 杭州笕桥机场历史建筑群的考证及其保护与再利用策略

杭州笕桥机场始建于北洋政府时期，国民政府时期达到鼎盛，曾是集航空培训、飞机组装及防空教育于一体的综合性航空基地，主要驻扎有中央航空学校、中央（杭州）飞机制造厂及防空学校三大航空机构。1957年，随着“中国民用航空杭州站”的正式建站，笕桥机场又开启了军民合用模式。笕桥机场至今尚保留着国内罕见且相对完整的近现代机场建筑群，这些建筑遗存对研究我国近现代航空教育、航空工业及军用和民用航空的发展，培育与发扬爱国主义精神具有重要的意义。

10.5.1 杭州笕桥机场的历史沿革及建设概况

杭州笕桥机场位于杭州城东北约12km的笕桥镇，沪杭公路从机场东侧边界过境，沪杭甬铁路在机场西侧设有笕桥车站，其交通发达便捷，具有重要的军事战略地位和交通区位优势。笕桥机场的建设历程按照时间顺序可划分为北洋政府时期、南京国民政府时期、沦陷时期和中华人民共和国成立后4个阶段。

1. 北洋政府时期（1924—1927年）

1924年，时任浙江督军的皖系军阀卢永祥利用杭州笕桥原清朝八十一标马队、炮营驻扎校场改建成机场，并组建浙江航空队和建立航空教练所。同年9月，江浙战争爆发，卢永祥战败，直系军阀孙传芳接收其飞机及器材后成立了浙江省陆军航空队，后期又扩编为五省联军航空司令部。1927年孙传芳部败退，其所辖的航空机关部队一并为国民革命军所接收。北洋政府时期是以笕桥机场为基地的浙江航空业萌芽发展阶段，尽管飞行区设施、附属设备还不具备，但笕桥军用机场已初具雏形。

2. 南京国民政府时期（1927—1937 年，1945—1949 年）

南京国民政府时期分抗战前和抗战胜利后两个阶段。抗战之前，军政部航空署在美国军事顾问团的指导下将杭州笕桥机场由单一的军用机场提升为国家级的综合性航空基地。1931 年 12 月，军政部航空学校由南京明故宫机场迁至杭州笕桥机场，1932 年 9 月在机场扩建完成后，军政部航空学校正式更名为“中央航空学校”，并在由退役上校约翰·朱厄特率领的美国军事顾问团指导下圈用民地 200 余亩建设航空基地，先后建成维修工厂和机库，扩展校舍，重建大礼堂，新建教官住宅区“醒村”。至 1935 年，笕桥机场场面呈梯形，南北宽 500m、东西长 700m。设有机库 6 座，电台和简单测候所各 1 座，油库 2 座，每库可容油 2000 箱。

1934 年 1 月，航空署根据对日防空作战的需要，征用机场北侧的浙江省立高级蚕桑科职业学校校舍成立防空学校（次年迁至南京通光营房）。同年 10 月，国民政府中央信托局与美国寇蒂斯-莱特飞机公司、道格拉斯飞机公司以及联洲（通陆）公司合资组建的中央（杭州）飞机制造厂开工建设。后期因笕桥机场屡遭日军轰炸，中央（杭州）飞机制造厂被迫迁至云南雷允，而中央航校由杭州笕桥辗转迁移至云南昆明巫家坝机场，并于 1938 年改组为空军军官学校。抗战胜利后，空军军官学校于 1946 年 6 月由印度拉合尔机场迁回笕桥机场复校开学，并对校区和飞行区进行整修。1948 年冬，随着国民党政权的败退，学校逐步迁往台湾高雄冈山。抗战前的南京国民政府时期是近代笕桥机场建设规模最为庞大、功能设施最为完备的鼎盛时期，由中央航空学校、防空学校和中央（杭州）飞机制造厂共同构成以“两校一厂”为核心，集航空教育、军事防空和航空工业于一体的大型航空基地。

3. 日本占领时期（1937—1945 年）

杭州笕桥机场于 1937 年 12 月被侵华日军占领，作为其海军航空兵部队的主基地使用。为了进一步强化其对华作战的战备需求，重点对机场飞行区进行了扩修，并修建了一条水泥混凝土跑道及碉堡等防御工事。1940 年，日军派遣 731 部队和南京荣字 1644 部队相继组成“加茂部队”和“奈良部队”，以笕桥机场为基地，对浙江等地实施细菌武器攻击。

4. 中华人民共和国成立后的时期（1949 年至今）

中华人民共和国成立后，笕桥机场交由中国人民解放军空军使用，机场的建设重心向东侧的飞行区转移，对跑道进行了整修，并逐步扩大飞行区的规模。1957 年，中国民用航空杭州站在笕桥机场设立，机场内开始增设航站楼、管制塔等民用航空设施。原有跑道改为滑行道和停机坪，新建一条跑道及其滑行道与联络道，机场由此实现了从军用机场到军民合用机场的转型。1971 年为迎接美国总统尼克松访华，在机场西侧新建一座 3 层的候机楼及可供大型客机停靠的停机坪。2000 年 12 月，民航站搬迁至新投入使用的杭州萧山机场，笕桥机场至此结束 44 年的军民合用历史。中华人民共和国成立以来，笕桥机场优先建设飞行区，以满足军用飞行任务为主，民航飞行为辅。经过近百年场站设施的逐渐完善和功能的逐步完备，笕桥机场已跻身于国内大型空军基地之列（表 10-9）。

杭州笕桥机场的主要建设历程　　**表 10-9**

阶段划分	建设年份	机场用地面积/飞行区建设	其他设施建设概况	建筑遗存现状
北洋政府时期	1924 年	土质场面	改建旧校场为机场	民国石桥 1 座；笕桥火车站
南京国民政府成立初期和局部抗战时期	1931 年	占地约 $8000m^2$	设有 2 座小机库以及一些简陋的木质工棚	航校大礼堂，醒村别墅群（9 座），民国碉堡 6 座，机库 1 座，中杭厂宿舍楼 1 座及附属建筑 2 座，航校铁路支线
	1932—1933 年	占地约 600 亩	新建航校校址（建设工厂和飞机棚；扩展校舍，新建航校大礼堂及学员宿舍；兴建醒村及医院、子弟小学和幼儿园）；沪杭甬铁路改线	
	1934—1935 年	场面长宽 700m×500m	当年中杭厂投产；防空学校开课，次年迁出；设飞机库 6 座；油库 2 座；弹库 3 座及修理工厂；修建沪杭铁路蒲石河专用支线	

续表

阶段划分		建设年份	机场用地面积/飞行区建设	其他设施建设概况	建筑遗存现状
全面抗战时期（沦陷时期）		1937年	场面长宽2000m×1500m	航校及中杭厂迁出撤离，建设碉堡等防御性工事	办公楼，碉堡3座（车站东、中杭厂宿舍东、空军医院西各1座），暗堡3座（机场路2座、空军医院西1座），岗哨1座
		1945年	跑道1400m×60m×0.07m，滑行道800m×30m×0.07m，推机道260m×30m×0.07m，停机坪8400m²	建成军用办公楼	
抗战胜利后时期		1947年	占地1.375km²	航校迁回；征收民地4810亩，整修校区和飞行区	招待所
计划经济时期	中华人民共和国成立初期	1952年	占地5.775km² 原跑道改为滑行道和停机坪；新建跑道2153m×60m×0.35m，滑行道2780m×14m×0.35m，停机坪31292m²	修缮油库、夜航设备及排水设备，油库容量1380t	军用跑道和滑行道系统
	“一五”和“大跃进”时期	1957—1959年	新建客机停机坪	设民航杭州站（平房3座，含候机室、职工宿舍、发射台），后期新建3层综合大楼（3150m²）	—
	“三五”时期	1965—1971年	跑道长3200m，滑行道长2900m，联络道216m，停机坪340×100～110m，环形停机坪2500m²	汽车库、油库各1座，油库专用线接驳笕桥车站，后期新建候机楼，修机坪15200m²，发报台1座，变电所2个，远近归航台各1座，改建杭笕公路	现代候机楼5763.8m²；机场路（大营门口—闸弄口）全长6.17km
改革开放初期		1983年	—	候机楼北侧兴建联检棚（1020m²）	机场大门
		1990年	占地5.5km²；跑道3200m×60m；客机坪与环形停机坪（11架大型机及2～3架中小型机）	装有一类助航灯光系统，能供B747、A310等大型飞机昼夜起降	

10.5.2 杭州笕桥机场的总平面布局特征

1. 近代时期的机场总平面布局

近代鼎盛时期的杭州笕桥机场是由以航空工业为主的中央（杭州）飞机制造厂、以航空培训教育为主的中央航空学校和以防空教育为主的防空学校三个驻场单位以及机场组成，这“两校一厂”与驻场空军部队共同形成了“产、学、军”相互匹配的航空体系，也构建了一个“技术先进、功能齐全、业务关联”的航空基地。整个机场区域以机场路（也称航校路或凯旋路）为界分为东、西两大部分，机场路以东为机场，内设油弹库、飞机修理厂（机库）、航校实习工厂以及其他军事设施，机场北面为中央（杭州）飞机制造厂以及防空学校（图10-52）。机场路以西为中央航空学校，总体上可分教官住宅区（醒村）、教学区及学员宿舍区、运动区（运动场）三大功能区，其中教学办公楼及学员宿舍地处其中，用于高级军官及美国顾问居住的别墅式住宅区与运动场则分列其南北部。机场区域西北侧有道路通往设在半山的炸弹库。沪杭甬铁路最早与机场路走向一致，考虑到航空材料的运输便利性和场区的整体性，后期该铁路线改线绕航校西侧通过，并引入支线通往航校及中央（杭州）飞机制造厂。整个机场区域的总体布局紧凑，生产生活功能完备，对外交通便利，现代化的航空基地初具规模。

2. 飞行区的演进

南京国民政府成立初期的笕桥机场是中央航空学校的训练机场，仅有长宽700m×500m的梯形土质场面，不具备跑道、停机坪等空侧设施；沦陷时期，为了满足侵华作战需求，日军对机场进行了扩建，

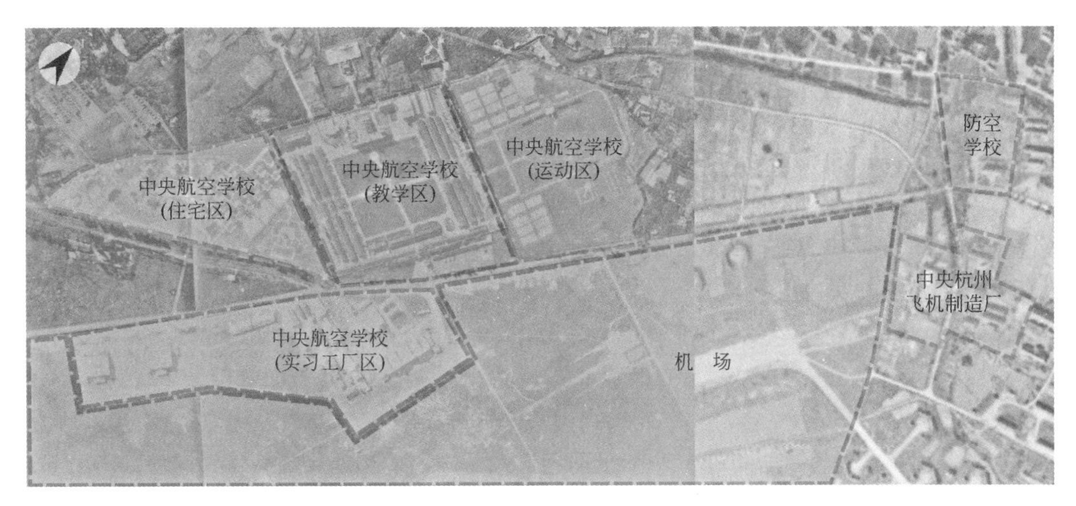

图 10-52　近代笕桥机场驻场的“两校一厂”布局图
来源：项目组绘制

飞行区占地达 1500m×2000m，并修建了一条长宽为 1400m×60m 的水泥混凝土跑道及长宽为 800m×30m 的滑行道，其朝向与机场路方向大体一致。而后飞行区由无跑道的不规则场面向单跑道构型、规则四边形的场面转变。中华人民共和国成立后，笕桥军用机场多次扩建，最终原跑道改建为滑行道及停机坪，增设推机道，新建了一条长宽 2153m×60m 的跑道及其平行滑行道，考虑到主导风向、避免大规模拆迁、可扩建性等因素，该跑道相对原有跑道方向偏东，使得这时期的飞行区整体呈三角形布局。1957 年笕桥机场开始向民航开放，飞行区由此按照以满足军用飞机起降为主、民航客机为辅的原则布局建设，考虑机场南侧的军用机场设施相对集中，民用航站区在机场的东北角布局，整体格局沿机场路呈现“南军北民”的特点。为了提供战机的快速起降服务，飞行区还建设了大量军用飞机窝，并于 20 世纪 70 年代增设环形停机坪。跑道的长度也逐渐延长至 3200m，可以供大型客货机的起降。这时期的跑道、滑行道、推机道、环形停机坪及飞机窝等一应俱全，标志着飞行区的布局趋于专业化和现代化（图 10-53）。

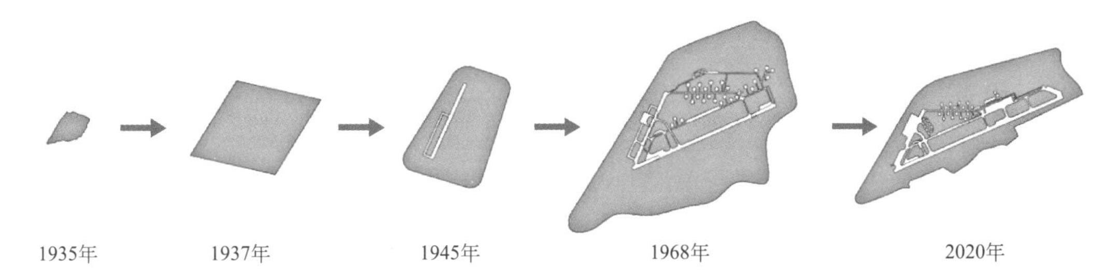

图 10-53　杭州笕桥机场的飞行区演进图
来源：项目组绘制

3. 中央航空学校的空间布局

被誉为“中国空军的摇篮”的中央航空学校位于笕桥机场的西部，由大兴建筑工程事务所设计，裕记成营造厂施工[①]。从总平面布局上看，中央航校以主教学区为中心，其东侧为航校训练机场，南部为教官住宅区，北面为运动区。主教学区整体四面围合，其中间为田字路网、方形草坪构成的中央操场，航校办公楼（“家枚堂”）与航校大门呈东西向相对而设，操场的南北两侧则分别布置学员宿舍、食堂等生活设施，这些中式平房各为 3 列 3 排，合计有 18 幢。“家枚堂”背面建有露天游泳池，与北侧运动区相邻，该运动区包括若干个篮球场、排球场和网球场，另有田径场、足球场和器械体操场等。整个航校教学区可充分满足飞行学员的日常学习健身及生活起居需求（图 10-54）。

---

① 《大中机制砖瓦厂广告中可见其生产砖瓦类型和案例》（《建筑月刊》1934 年第 2 卷第 5 期）记载杭州航空学校由新金记康号营造厂承造。

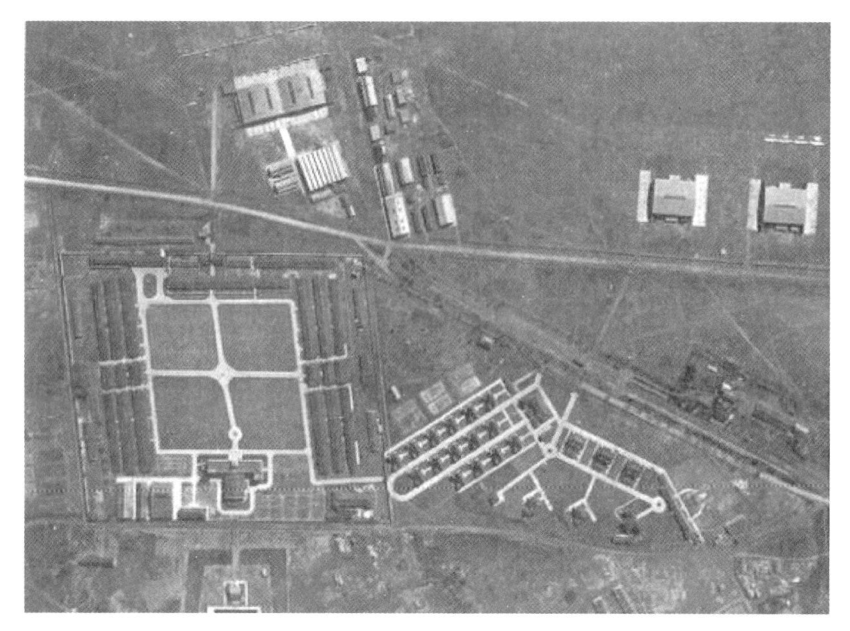

图 10-54　杭州笕桥机场空中鸟瞰图

来源：https：//www.sohu.com/picture/388931386

四面围合的教学区中央为一大片方形草坪操场，其十字形水泥大道交会形成的小型圆形广场中建有旗座，基座正面镶嵌有体现航校精神的铜质牌匾标语——“我们的身体、飞机和炸弹，当与敌人兵舰阵地同归于尽!”。在中央操场的东端、正对航校大门的为教学办公楼——“家校堂”（图 10-55），其左侧建有图书馆，右侧为实习工厂。3 层的教学楼建筑平面呈 T 字形，建筑底层的后部为大礼堂，二层为教室和实习室，三层为教育处的办公室，另外还增设侦察教室、轰炸教室各一个，大楼顶楼中央部分还增设一间用于预报天气的气象台室，室内设有各种气象观测设备。这时期的中央航空学校既是中国近代办学规模宏大、组织机构完善、教学管理规范的航空专业人才培训基地，也是在“两校一厂”三个板块中占地面积最大、功能最完备的军事驻场机构。

图 10-55　杭州笕桥机场的“家校堂”现状

来源：网络 http：//inzhejiang.com/ZhejiangFocus/cd/201906/t20190614＿10336946.shtml

由美国顾问设计的教官住宅区是以“醒村”为代表的西式别墅群，地处教学办公区的南侧，该用地呈三角形布局，出入口及中部各设一花园。“醒村”由十几栋独立式的 2～3 层新式别墅组成，这些砖木结构的别墅分为甲、乙、丙三种不同等级的建筑类型，专供学校美国顾问和中国空军教职员住宿。每幢别墅朝向基本为南北朝向，室内设备均较为现代化，且四周栽种花草树木，环境优雅。并创设了航空子弟小学和幼儿园、医院、消费合作社、军官俱乐部等配套设施。消费合作社设在校内西北角，先后设有粮油部、百货部、食品部、中西餐厅和服务社等。新村中央位置为大型俱乐部，内设阅览室、娱乐室、浴室、餐厅和客房等（图 10-56）。目前还保留了 10 余幢别墅建筑，包括 1～6 号楼，以及 30 号楼、36 号楼（“美龄楼”）和 39 号楼（“总统楼”）。

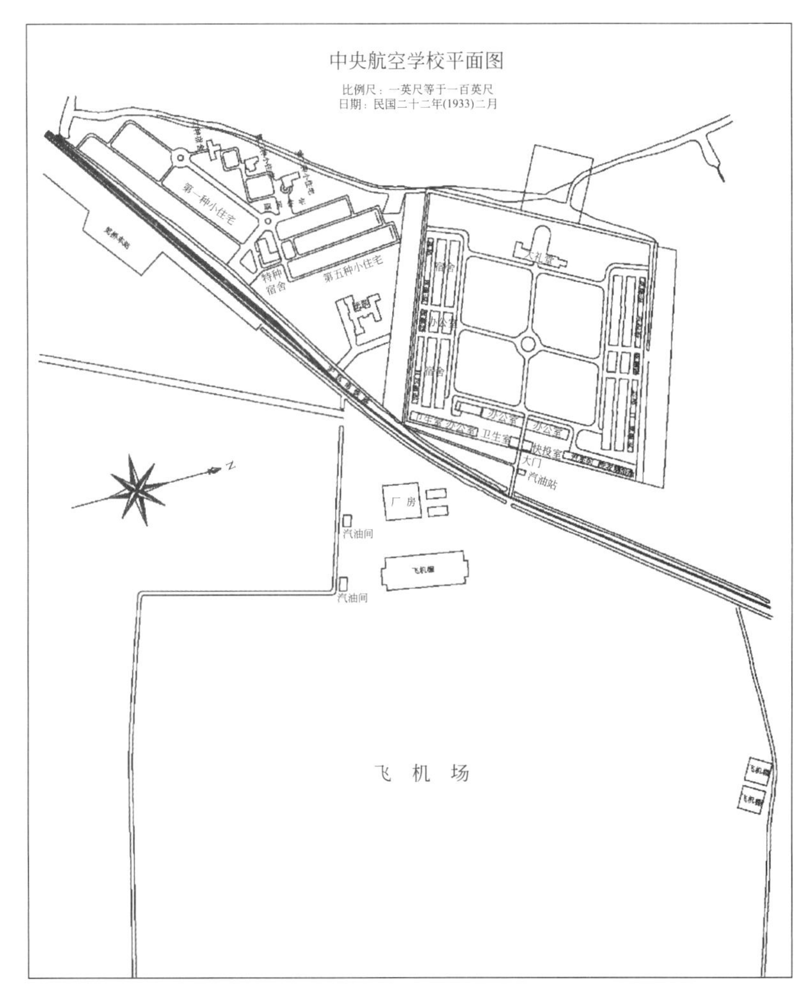

图 10-56　杭州笕桥机场中央航空学校布局图

来源：项目组根据第二历史档案馆馆藏档案描绘

4. 中央（杭州）飞机制造厂的空间布局

中央（杭州）飞机制造厂位于机场的北侧，全厂采用集中式布局和封闭式管理。厂区的主体建筑为联合厂房，该厂房分办公区和车间两部分，其办公区共 2 层：一层为管理间及设备间，包括生产课、管理课和配电间等；二层为中方管理人员及外籍员工办公区，包括设计课、会计课、厂长办公室等。车间由中部大跨钢结构的无柱大厅和两侧锯齿状车间组成，主体分为机工车间、机身车间、机翼车间、焊接车间、装配车间五个部分。厂房西侧有沪杭甬铁路支线引入，方便发动机、机翼等大型部件的运输，铁路南侧另行增建有 2 层的办公建筑及单层的材料库。此外，主厂区北侧道路对面建有职工生活区，包括 3 幢 2 层的职工宿舍，以及食堂、饭厅和休息室及公共卫生间等。中央（杭州）飞机制造厂的生活区和工作区各自封闭运作，各成体系，实现了厂住分离，中央（杭州）飞机制造厂的主厂房是反映当时先进工业厂房发展水平的典型样板。

5. 防空学校的空间布局

1934 年 1 月 1 日，航空委员会在杭州笕桥机场成立防空学校，该校地处中央（杭州）飞机制造厂北侧、航校以东，暂时借用浙江省立高级蚕桑科职业学校校舍，包括 2 组平房建筑群，其中东西向建筑 5 幢，南北向建筑 4 幢。1935 年，防空学校撤出笕桥机场迁至南京后，原有校舍为机场驻军使用。

10.5.3 杭州笕桥机场的历史建筑遗存研究

1. 机场历史建筑遗存总体分布现状

杭州笕桥机场在近现代航空史上扮演过多重角色，该机场历史建筑遗存也由此具有军事建筑、工业建筑和交通建筑等多重性质。目前笕桥机场“两校一厂”三大驻场机构中，中央航空学校建筑群相对保留完整，其航校旧址已纳入全国重点文物保护单位，保护范围面积为 5923m²。中央（杭州）飞机制造厂具有鲜明的工业建筑特征，至今尚有职工宿舍楼及附属建筑遗存。防空学校驻场时间短，临时借用的建筑已无遗存。机场尽管经过多次改造扩建，但仍保留有体现军事航空和民用航空要素的典型建筑，既有抗战时期的飞机库，也有 20 世纪 70 年代民用候机楼（图 10-57），飞行区的跑滑系统、停机坪和飞机窝等主要设施设备也保存相对完整。对笕桥机场的保护和再利用应从整体性出发，重点对飞行区设施进行活化再利用。

图 10-57　杭州笕桥机场的主要历史建筑遗存分布现状

来源：作者绘

笔者通过实地踏勘调研发现，笕桥机场地区的历史建筑类型遗存丰富，但保护状况堪忧。一部分遗存的建筑（如空军战地医院、笕桥火车站、碉堡、中杭厂宿舍等）现已闲置废弃，不同程度地存在着破损、残缺、老旧及拆毁等问题，有的建筑遗存还遭受水泥砂浆填筑、抹平等人为因素的破坏性维护；另一部分在用的建筑遗存在使用过程中对原有建筑内外进行了建设性的改建，如近代飞机库的外立面涂抹迷彩色等，使得原有的建筑风貌受损。

2. 杭州笕桥机场典型历史建筑现状特征

1）空军杭州机场医院

机场医院位于机场路西侧，航校东侧。该建筑呈东南朝向，为主体 2 层、中间局部 4 层的内廊式砖混结构建筑，采用青砖砌筑的清水墙、矩形长窗、四面坡木构屋顶及机平瓦屋面，走廊为水泥地面，室内采用木板地面。建筑正立面设有 11 个柱廊开间，其中一层为拱廊形式。中央大开间为设有水平悬挑雨棚的主出入口，建筑内廊两侧设次要出入口。屋顶中间位置建一方形的防空瞭望台，分上下两层，其中顶层四面均开两扇大窗，便于瞭望，该楼层及其屋顶均筑有带女儿墙的眺望平台（图 10-58）。根据该建筑所用青砖上的圆形印记以及建筑形制及其防空瞭望台的设置，推测该建筑为侵华日本海军航空兵驻场部队的办公大楼。中华人民共和国成立后，该建筑曾用于空军杭州机场医院，现已被闲置。

图 10-58　原空军杭州机场医院现状

来源：作者摄

2）中央（杭州）飞机制造厂的工人宿舍建筑群遗存

工人宿舍建筑遗存位于原中央（杭州）飞机制造厂厂址对面的宿舍区。原有三幢东西朝向的 2 层宿舍楼房，现仅存 1 幢。该建筑为矩形平面的砖混结构建筑，采用开敞式的单面外廊和四面坡屋顶。上下层建筑立面分别由支撑木柱分隔成 12 个开间，其南北山墙两侧各设直跑楼梯 1 部。该建筑所砌筑青砖为泰山、倪增茂、黄茂顺、顾义顺等品牌混用，推测是由于工期紧、用砖量大的缘故（图 10-59）。宿舍北部现遗存 2 间平房，其中的公共卫生间为四面坡屋顶、清水墙砌筑的砖混结构建筑，另一浑水墙面的平房仅有部分遗存，其正门入口处向外突起，设有坡顶雨棚，屋顶设有烟囱。整个中央（杭州）飞机制造厂工人宿舍区的建筑群现已闲置废弃，亟待修缮。

3）联排式军用机库遗存

笕桥机场现存 1935 年前后建成的双联排军用机库 1 座，机库原尺寸为长 300 英尺（约 91.4m），宽 150 英尺（约 45.7m），为六榀弧形桁架式大跨钢结构，由上海慎昌洋行设计施工。该联排机库现已拆

(a) (b)

图 10-59 中央（杭州）飞机制造厂工人宿舍原貌与现状对比

来源：(a)《起飞在杭州——中央杭州飞机制造厂史料图辑》；(b) 作者摄

改为单跨机库使用，其正面外部为迷彩涂装，仅西侧机库大门、南侧山墙面部分仍保持民国时期的建筑形制（图 10-60）。

图 10-60 杭州笕桥机场机库的原貌与现状对比

来源：https：//baijiahao.baidu.com/s？id=1601146458615611687

4）现代候机楼

1971 年由浙江省工业设计院设计的笕桥机场候机楼是为迎接美国总统尼克松访华而突击修建的，其从设计到竣工仅历时两个多月。该 3 层建筑呈东西朝向，长宽高尺寸为 84m×28m×14.5m，总建筑面积为 5800m^2。候机楼整体呈一字形平面布局，以中间的候机大厅为中心，南翼布置贵宾接待区，北翼对称布置宾馆和机务人员宿舍。建筑立面采用四周列柱、间以大开窗的现代建筑风格，空侧面设有 15m 宽的室外大踏步，用于步行登机。该建筑集候机、住宿、宴会于一体，造型简洁，风格明快。1981 年评为全国优秀设计建筑作品，并被 1989 年英国出版的《世界建筑史》收录。目前作为营区飞行区附属设施仍在使用。

10.5.4 杭州笕桥机场地区历史建筑的保护与利用策略

1. 杭州笕桥机场历史建筑的价值体系认定

杭州笕桥机场不仅是“八一四”对日空战的出击机场，也是中国近代军用航空培训业和航空工业的发祥地之一，在航空教育、航空制造和防空等诸多领域进行了探索，为我国近现代航空事业的发展积累了丰富的实践经验，培育了不少的专业人才。现存的近现代机场建筑重要史迹及代表性建筑既代表了近代中国先进的航空制造业水平和早期中美航空军工企业合作共进的产物，也是抗日战争初期对日空战前沿战场的真实见证和近代“航空救国”思想的具体体现，同时还是中国计划经济时期民航事业发展和重大外事活动的物化见证。尤其是从 1956 年设立中国民用航空杭州站开始至 2000 年民航站撤出笕桥机场

的 44 年军民合用历程，为后来我国大规模的军民合用机场运营推广积累了宝贵的经验教训。另外，自中华人民共和国成立以来，笕桥机场在东部沿海地区一直有着独特的军事战略地位和近海防空作用。总的来看，杭州笕桥机场所承载的航空历史积淀丰富，具有显著的历史价值、社会价值、科学价值和行业价值。

2. 杭州笕桥机场历史建筑保护利用存在的问题

杭州笕桥机场地区的文物保护工作自 2005 年就已经陆续开展。《笕桥路拟保历史地段保护规划》被列为杭州市政府当年十大工程之一，中央航空学校旧址也于 2006 年 4 月经国务院批准为第六批全国重点文物保护单位。2019 年 10 月，杭州市江干区人民政府已明确提出要积极筹建笕桥郊野公园，尝试打造融旧址、遗址、纪念馆等于一体的开放式公园。笕桥机场现由中国人民解放军东部战区驻场使用，军事管理区的封闭性和独立性一方面从客观上为历史建筑的保护留存提供了契机，避免了房地产开发热所带来的建设性破坏；另一方面是封闭环境下的自我维护状态难以实现对尚未列为文保名单的历史建筑予以切实有效的保护，使得这些闲置的、破落的历史建筑遗存只能现状维持，始终处于一种无序的自生自灭状态。目前笕桥机场除已列为全国重点文物单位的醒村别墅群和航校礼堂旧址保存维护较好外，其余大部分的建筑遗存尚未认定为文保单位或历史建筑。对于驻场部队而言，他们缺乏专事文物保护的相关机构和制度以及用于文物保护的专项经费支持；对于地方政府来说，由于建筑历史档案资料不全，缺乏对机场地区的全面历史建筑遗存普查调研，营区内部的建筑遗存分布现状及其保护情况无从知晓，专业保护部门难以介入。

3. 杭州笕桥机场历史建筑保护和再利用的策略

1）打造以飞行区为核心的“两校一厂”的航空历史文化片区

笕桥机场地区的近现代航空历史建筑遗存丰富，且相对集中。应以飞行区为核心，编制机场地区“两校一厂”保护规划方案，并结合笕桥路历史地段的保护规划和笕桥郊野公园规划，结合航空历史博物馆（中央航校大礼堂改建）和跑道公园（飞行区改造）等特色航空主题，共同打造国家级的笕桥航空历史片区，并将其纳入杭州市国土空间规划的范畴中进行统筹考虑。针对航校的相关建筑遗存保存完整、中央（杭州）飞机制造厂遗存较少、防空学校遗存缺失的现状，应重点加强中央（杭州）飞机制造厂建筑遗存保护，并部分重建中央（杭州）飞机制造厂厂房、防空学校校舍等典型专业建筑，最终将“两校一厂”建筑遗存与“中央航空学校旧址”这一全国重点文物保护单位合并，并更名为“笕桥机场‘两校一厂’旧址”这一内涵和外延更广的名称。

2）对营区内历史建筑遗存采用分级保护策略

考虑杭州笕桥军用机场搬迁时间的不可确定性，建议现阶段应尽快开展对军事控制区内历史建筑遗存的军民联合普查，对机场内的现有建筑遗存进行价值认定，设立分类分级的历史建筑保护名册及电子文物档案，并及时与地方文物保护技术部门合作，对未列为保护名单的历史建筑进行抢救性修缮和管理，并最大限度地保留建筑遗产的原貌。另外，考虑到驻场部队对近代机库等机场历史建筑已进行了大幅度的整修改造，建议对该类建筑遗存制定专项保护方案，在保障机场安全运行和维护原有建筑风貌的前提下尽快编制活化利用方案。

3）加强地方政府文物管理机构与驻场部队在过渡期的有效对接

在杭州笕桥机场迁建前的过渡阶段，针对杭州笕桥机场的历史建筑遗产亟待保护的紧迫现状，建议加强地方政府管理机构与驻场部队的有效对接，应尽快建立“以地方为主，部队为辅”的历史建筑遗存保护的协调体制机制，明确在营区建筑遗产保护工作中的各自职责任务，协调好营区建设和文物保护之间的关系，杜绝对营区历史建筑遗存的不适当拆改、利用。建议地方政府文物保护部门积极筹措专项文物保护经费支持，并发动社会力量，共同保护好笕桥机场这一特殊军事管理区的建筑遗产，共同打造国家级的爱国主义航空教育基地。

10.6 天津张贵庄机场历史建筑群的考证及其保护与再利用策略

10.6.1 天津张贵庄机场建设背景及演进历程

1. 机场概况

天津滨海国际机场原名“张贵庄机场”，地处距市中心天津站13.3km的张贵庄村地区。张贵庄机场在中华人民共和国民航发展史上具有举足轻重的地位，是许多重大历史事件见证地和发生地。震惊中外的“两航起义”便是中国航空公司和中央航空公司员工在1949年11月9日宣布起义，驾机12架由香港北飞天津及北京，其中11架飞机直接飞抵张贵庄机场降落，从而奠定了中华人民共和国民航的发展基础；它也是中华人民共和国“八一通航”的发生地，即1950年8月1日顺利开通中华人民共和国第一条国内航线（广州—汉口—天津航线），由此开启了中华人民共和国民航发展的新时代。另外，中华人民共和国第一个国营航空运输企业（中国人民航空公司）、第一所民航学校、第一个通用航空机构等都先后在天津机场成立，天津张贵庄机场因而被誉为“新中国民航的摇篮”，该机场也是我国现有近现代机场建筑保留最为完整的内城型机场。

2. 建设历程

天津张贵庄机场的建设历程主要分为沦陷时期、国民政府时期、计划经济时期、改革开放后的四个阶段。机场始建于1939年，当时侵华日军为巩固其在华北地区统治，在天津县张贵庄村东北、大辛庄以西、朱家庄（今东丽区朱庄子）以南的大洼地带强行征地14719亩，建成以圆形场面为主体的大型军用机场，于1940年10月1日开航①。抗战胜利后，国民政府军事委员会接收了张贵庄机场。1947年年初，交通部民用航空局呈请国民政府行政院指定广州、天津、昆明和上海4处为国际民航飞机入境机场，同年7月1日成立天津航空站。但这时期的张贵庄机场跑道长为3600英尺（约1097m），仅可供驱逐机及C-47型运输机使用。为此天津航空站在1948年编制了《增修张贵庄机场计划书》及《天津张贵庄机场修建计划图》②，规划建设4条交叉跑道（主副跑道各两条，长宽分别为2150m×75m，1500m×60m），一期工程按国际B级跑道标准拟延长跑道至2150m长、75m宽（实际建成800m长），并建成航空站建筑（图10-61），该单层建筑的立面呈对称布局，中间出入口的上沿位置镶嵌有“交通部民用航空局天津航空站”和“TIENSIN AIRPORT CAA”中英文文字及飞机图案，屋顶中央设有悬挂国旗的旗杆座。该建筑为国民政府民航局在全国建成的5座航空站之一，中华人民共和国成立后因机场扩建而被拆除。

图10-61 国民政府交通部民用航空局天津航空站

来源：《民航空运队》半月刊，1948年第24期

① New Airport Will Be Opened In Tientsin，The China Press，1940-09-30.

② 天津市档案馆馆藏档案401206800-J0002-2-000843-049——“为修机场事致天津市政府的公函（附计划书各一份）”。

计划经济时期的张贵庄机场先后进行过 3 次大规模的改扩建：①第一次扩建工程是在“八一”通航后，为完善机场保障功能和方便维修飞机使用，1950 年天津空港建设工程处启动了包括两座飞机修理厂房和一座机头库的机务维修区应急配套建设；1951 年 10 月又启动“天津张贵庄机场增建工程”，至 1953 年 10 月 22 日完成了跑道延伸工程及滑行道、站坪、停机坪、修机坪和警戒坪等项目；同年又建成了 640m^2 的航站及锅炉房等配套工程。②第二次扩建工程始于 1955 年，民航着手将张贵庄机场建设为飞行训练基地，为此陆续增建了跑道南端远、近两个归航台和跑道灯光系统，并修建了教学大楼、宿舍和食堂，增添了水暖、排污、供电等设施。1958 年 12 月 15 日，在原飞行训练大队的基础上成立了中国民用航空局高级航空学校，为此再次启动了历时两年半的高级航校机场改建工程，平整了跑道两端和两侧的安全道，改善了排污设施，迁建了部分围场土堤。③第三次扩建工程是张贵庄机场自建场以来规模最大的一次工程建设项目——“7402 工程”，用以满足作为首都机场的备降机场和担负大型飞机训练任务的需求。工程于 1974 年 5 月全面动工，至 1979 年 1 月 23 日机场正式开放使用。1980 年，候机楼、餐厅和宾馆等配套工程也全部投入使用。扩建后的张贵庄机场已成为能适应各种大型飞机起降的一级机场（表 10-10）。改革开放后，为了服务于地方经济及民航事业快速发展的需要，天津滨海机场又经历了数次改扩建，现已成为拥有“双楼双跑道”的 4E 级机场。

天津机场历次的大规模建设历程及其特征　　**表 10-10**

建设时序	建设时期	功能定位	建设主体	建设功能区	建设内容	现存历史建筑
1	1939—1942 年	军用机场	侵华日军	飞行区	建成中间高、四周低，直径为 2km 圆形场面；2 条垂直交叉跑道（34/16 号水泥混凝土跑道，长宽 1120m×60m；07/25 号土质跑道，长宽 1000m×80m）	3 座钢筋混凝土地堡
				航站区	设指挥塔台 1 座，房屋 31 间，飞机窝等其他建筑 19 座	
2	1945—1949 年	民用机场、国际民航飞机入境机场	国民政府民航局天津航空站	飞行区	主跑道长宽厚 1070m×60m×15cm；拟延展跑道至 2150m×75m，跑道实际已修竣 800m 长	—
				航站区	新建天津航空站；大部分使用房屋为活动房屋，仅固定式房屋 1 栋	
3	1950 年—1953 年 10 月	正班航线（三级机场）	民航局空港建设委员会天津空港建设工程处	维修区	修建飞机修理厂房 2 座，机头库 1 座，水塔 1 座	机头库，2 座维修车间，中华人民共和国成立后的第一代航站楼和指挥塔台
				飞行区	取消原东西向跑道，将南北向混凝土跑道长宽拓展至 2000m×60m，加建两侧各 5m 宽的道肩，两端各 300m×60m 的安全道，新建一条 15m 宽的平行滑行道，还修建站坪、停机坪、修机坪和警戒坪 56400m^2	
				航站区	建成 640m^2 的航站用房（包括航站楼和指挥塔台、办公室及锅炉房）	
4	1958 年 6 月—1959 年 10 月	训练飞行、正班航线、专业飞行（二级机场）	中国民航局	飞行区	主滑行道由 15m 拓宽至 18m；两端安全道各 400m，主跑道两侧各 100m 宽的侧安全道；平整飞行区，迁建部分围场土堤	2 座教学楼，行政办公楼，食堂，俱乐部，3 座宿舍楼
				教学区	新建教学楼、食堂、办公楼、宿舍、俱乐部等高级航校教学建筑群	
5	1974 年 5 月—1980 年 1 月	训练飞行、高级航校、正班航线、国际班机备降场（一级机场）	天津 7402 工程指挥部	飞行区	跑道长宽拓展至 3200m×50m，新建 23m 宽的平行滑行道，新建 6 条联络道及可停放 7 架大型飞机的 84000m^2 的客机坪	第二代航站楼，办公楼，餐厅
				航站区	新建可容纳约 600 人、5500m^2 的航站楼及餐厅、宾馆等配套工程	

10.6.2 天津张贵庄机场近现代功能区的空间布局及其建筑特性

1. 飞行区的演进

天津张贵庄机场的总平面规制演进有序，跑道构型变化丰富，在我国近现代机场建设史中具有代表性。从总平面布局来看，张贵庄机场最初是一座半径为千米的圆形场面，由中间高的圆心渐次向四周低下，以利于排水。场面圆周边沿线挖有深沟，用于排涝，兼顾安全防御；1942 年再演进为端部配备掉头坪的十字交叉形主副跑道构型，其中主跑道为长 1120m、宽 60m、厚 12cm 的南北向水泥混凝土跑道，而后又再建一条长 1000m、宽 80m 的东西向土质副跑道；1948 年国民政府天津航空站又拟定跑道延展至长宽 2150m×50m 的计划，实际建成 800m 长的单一跑道；而后在计划经济时期又经多次拓展为长宽 2000m×60m 的单一跑道及其平行滑行道系统，改革开放后再形成单跑道和双平行滑行道系统，至今已演进成为双平行跑道构型（图 10-62）。

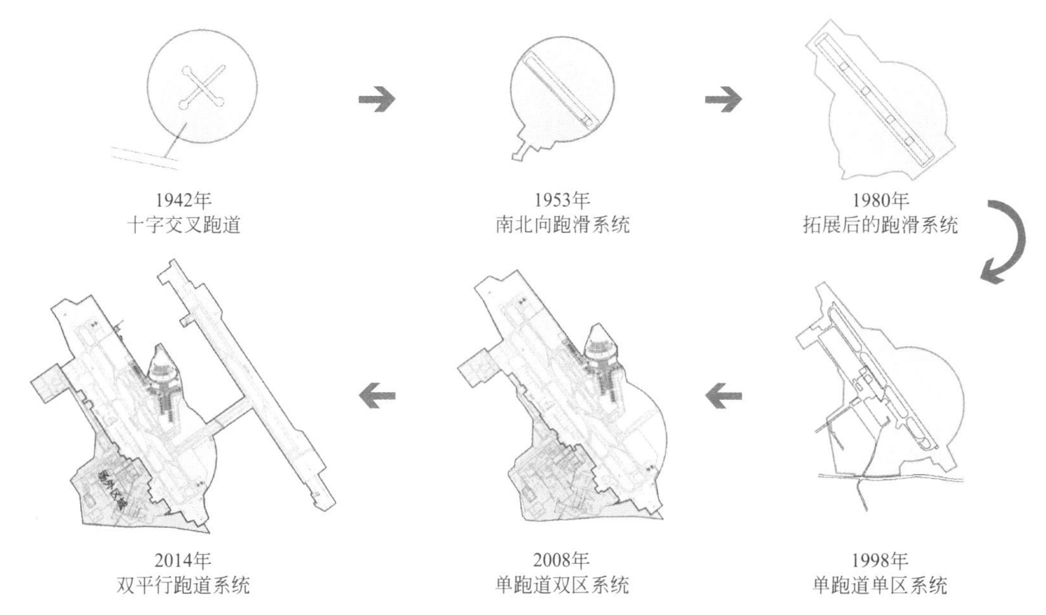

图 10-62 天津机场跑道构型及飞行区土地利用空间的演进

来源：项目组绘制

从跑道尺寸来看，天津机场从最初的无跑道场面演进为拥有长 1000m 的两条交叉跑道，再拓展至 2000m 长的单一跑道，最终单一跑道延长至 3200m 长；从道面结构来看，机场先后由碾压土质道面、水泥混凝土跑道，再逐步向沥青混凝土跑道演进。天津机场飞行区和跑道构型及其道面结构的演进直接反映了飞机尺寸的加大和机队数量的增长，也折射出近现代航空技术的进步和航空运输业的快速发展。

2. 主要功能区的空间演进

天津机场历次兴建的主要航站区、飞行区由东向西依次集中分布在机场南部空侧与陆侧的交界面位置，且与主进场道路形成密切的功能互动关系。沦陷时期天津军用机场的进场道路——张贵庄路是当时天津仅有铺筑有 2 条沥青混凝土路面的公路，可从机场南部直通圆形场面中心及其跑道与停机坪，这时期机场内的地面建筑很少。1948 年国民政府民航局又在机场东南部建成天津航空站建筑，并部分扩展了机场跑道。天津机场在 20 世纪 50 年代建设的维修区、航站区仍沿袭着近代机场在东南部发展的路径，如新建衔接驯海路和张贵庄路的 1 号进场路，主要服务于航站区及教学区。

1974 年新建成的航站区和进场道路改变了以往各功能区建筑群呈南北向的总平面布局，新建的建筑群转而平行主跑道呈东北—西南向进行布局，并从天津外环线引入新的客运进场路，新航站区建筑群以中心花园为核心，呈垂直于机场跑道的中轴对称布局。1989 年新建 2 万 m^2 航站楼及其配套工程则在其西侧同向布局建设。最终天津机场地区形成南北向片区和东北—西南向片区两大片区交错且泾渭分明

的格局（图 10-63）。

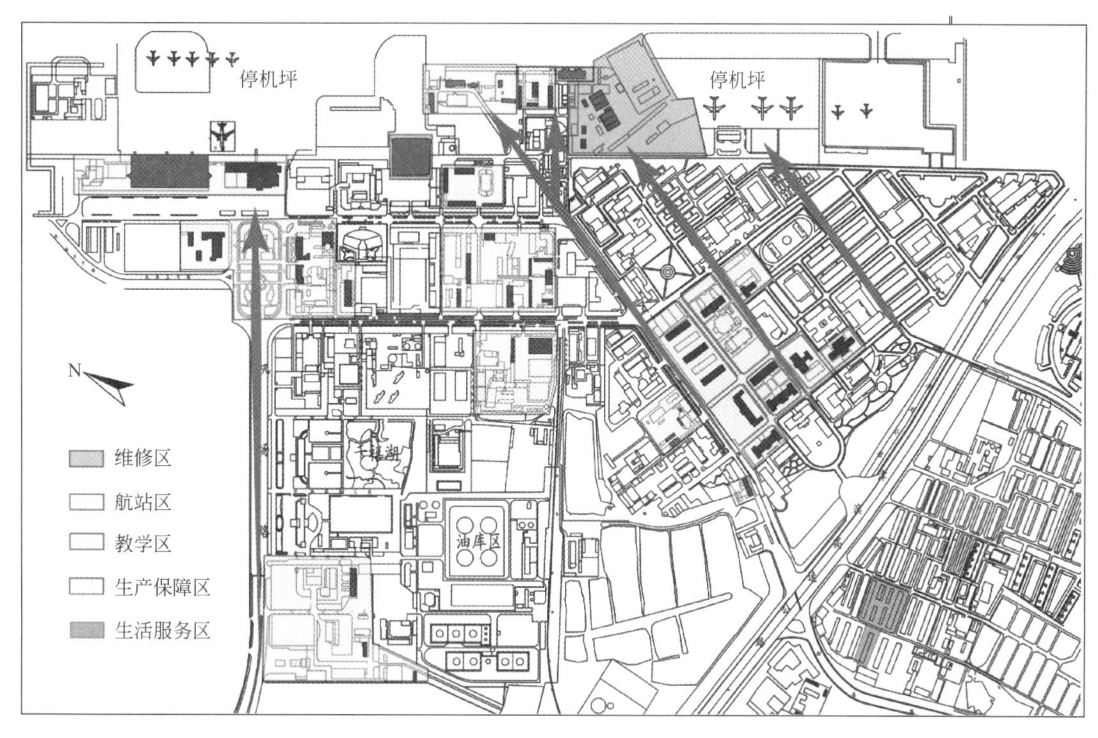

图 10-63　天津机场近现代历史建筑群的现状布局

来源：项目组绘制

10.6.3　天津张贵庄机场历史建筑遗存的现状分析

1. 历史建筑遗存的空间分布和总体特征

天津机场的近现代历史建筑主要是指从 1939 年机场建立之初至计划经济时期建设的且具有航空业特性的代表性建筑。机场除了没有国民政府时期的建筑遗存，至今尚有不同时期的且各具特征的建筑群遗存。根据机场建设历程及其功能分区，天津机场地区主要包括六大历史建筑群，即 20 世纪 40 年代侵华日军遗留的地堡群（位于飞行区）、平房宿舍（位于航大小区）、1950 年修建的机务维修区、1958 年启建的高级航校教学区、1953 年建成的中华人民共和国第一代航站区、20 世纪 70 年代建成的第二代航站区，这些具有民航特色的功能区主要分布在机场老航站区的陆侧和空侧交界面地区。另外，还有生产保障区、生活服务区等近现代机场建筑群遗存。

天津机场是国内少有的近现代机场历史建筑遗存保留最为完整的机场。从建筑类型来看，为机场正常生产运营而修建的建筑物主要包括候机楼、宾馆、行政办公楼等，为生活服务配套的建筑包括餐厅、宿舍等，服务于生产保障类的建筑包括车间、机库等工业建筑类型。从空间分布来看，在机场跑道以南、三号路以北、一号路以西和二号路以东所围合的这一空间范围内，机场生产运营和服务保障类的近现代历史建筑数量众多，且分布集中（图 10-64）。从建筑结构造型来看，天津机场地区的近现代历史建筑可分为行业特色建筑和一般建筑两大类。机场早期的一般建筑以砖混结构为主，外墙大部分是红砖砌筑的清水墙，屋顶多为红瓦覆盖、桁架支撑的坡屋顶。在 20 世纪 60—70 年代的一般建筑主要为低层的平屋顶建筑。

2. 重要机场历史建筑遗存的实例分析

1）沦陷时期的地堡

沦陷时期，侵华日军在张贵庄军用机场南北建有钢筋混凝土浇筑的飞机堡，并在圆形机场场边内侧

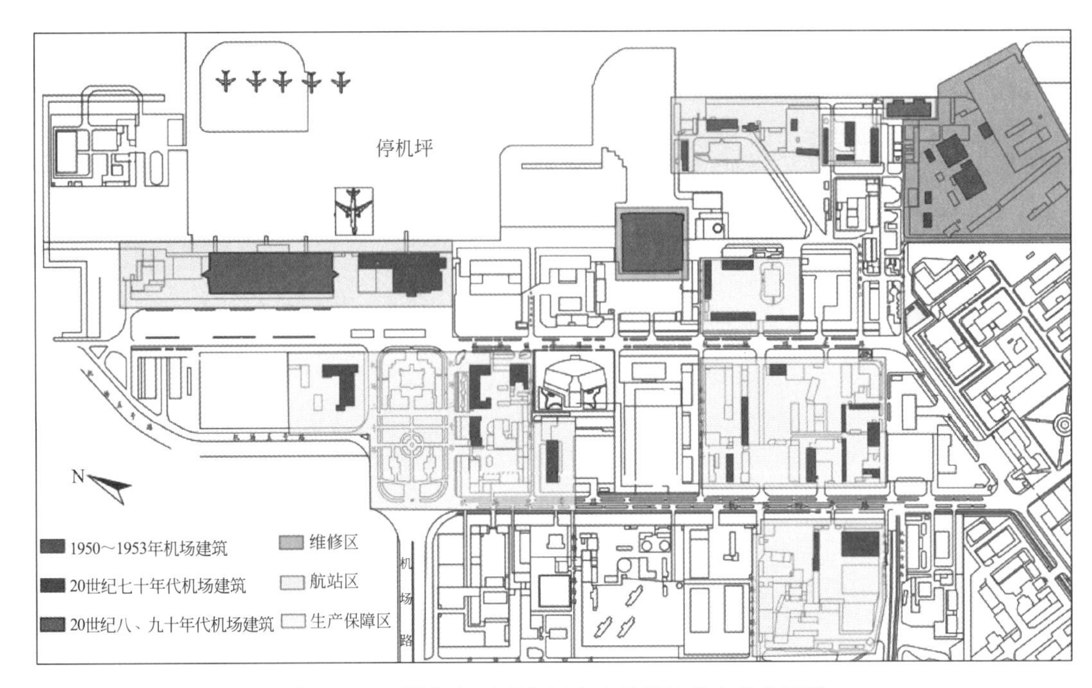

图 10-64　天津机场近现代历史建筑群的重点分布区域

来源：项目组绘制

建有不少拱卫机场的碉堡，至今机场西跑道东南部的围界内尚遗留有一大两小 3 座钢筋混凝土地堡，其主体均已湮没在土堆之中（图 10-65）。

图 10-65　20 世纪 40 年代侵华日军遗留的机场地堡

来源：作者摄

2）机头库和维修车间

1950 年始建的机头库坐落于维修车间的东面，机库大厅出入口朝向停机坪，其他三面配置机务维修用的辅助房间。大开间的机库正面为不设门扇的开敞式门洞，两侧山墙各设 5 个窗户，并各自设有侧门；单面坡屋顶及大门上沿披檐采用不对称的三角形角钢桁架结构支撑，并在机库大门上沿有横向支撑加固，屋架结构上覆盖木质檩条和屋面板（图 10-66）。该机头库是目前中国民航仅存的行业特色建筑，行业历史价值突出。

(a) 机头库侧面

(b) 机头库空侧面

图 10-66　20 世纪 50 年代建设的机头库

来源：作者摄

始建于 20 世纪 80 年代的维修车间紧邻机场停机坪围界之外，面朝东南布局。该车间为 2 栋连续三跨厂房，中间以小院为分隔（图 10-67），车间的建筑平面均为矩形，建筑面积约为 $780m^2$，柱网尺寸约为 5m×12m，均为单层砖混结构建筑。其屋顶形式为硬山双坡顶，采用跨度较大、加工运输方便且节省钢材的芬克式钢屋架，三跨并联使用，单跨为 12m，矢量高约 3.2m，钢构件为角钢，结点为螺栓连接，同时钢屋架下弦杆有横向支撑与四周墙面相连接，以加强建筑的侧向稳定性。屋顶之下局部有 10m×12m 大小的阁楼层，该建筑的屋面、楼梯、阁楼均由木质材料所筑。现维修车间的主体结构质量保存良好，后期进行了简单的室内装饰和门窗部分改造，现已闲置。

(a) 飞机维修车间的正门

(b) 三联排的飞机维修车间

图 10-67　20 世纪 80 年代建设的三联排飞机维修车间

来源：作者摄

3）计划经济时期的航空站

天津机场在 20 世纪 50 年代、70 年代、80 年代三个时期兴建的三座航站楼均保留完整，并沿机坪呈线性分布。中华人民共和国成立后的第一代航站楼是在 1953 年仅花 45 天便建成的，该楼是为“八一通航”后开通国内正班航线提供配套服务的。该航站楼设计手法现代，建筑造型呈不对称均衡布局，采用连续的大开窗以及宽敞的候机大厅（图 10-68）。该航站楼可谓集候机室、办公室和塔台于一体的多功能航空站，左侧为空间开敞的候机大厅，右侧为内走廊式的单层办公用房，位于中央位置的指挥塔台主体为 3 层，其顶层平台上设有五边形的指挥塔亭，环以内倾的玻璃窗，既避免反光，也有利于俯视。整个航空站的民航特色鲜明，标志性强，无一不体现出现代航站楼建筑的特征。该航站区尚遗留有辅助用房和采暖烟囱及照壁。

图 10-68　1953 年建成的航站楼
来源：作者摄

4）中国民航大学教学区建筑群

民航局高级航空学校教学区是 1957 年 8 月由民航局委托建筑工程部综合勘察院进行勘察，并由苏联专家奥尔洛夫亲临现场指导设计的。其主体教学区由行政楼、俱乐部（现教工餐厅）、北 2 教学楼和北 8 办公楼四面围合，北 1、北 3 和北 5 宿舍楼则毗邻行政楼。这些布局规整的建筑群为苏联式建筑风格，这些苏联式建筑平面布局和立面普遍采用中轴对称形式，沿用三段式建筑造型和内走廊平面布局。北 2、北 3 教学楼均为工字形平面，采用四面坡屋顶和红白相间的墙面，除行政楼（原计划兴建 5 层，实际建成 4 层）外，其他建筑均采用坡屋顶形式。行政楼对面的俱乐部建筑平面则精心设计为飞机形状，可谓与高级航校主题功能相贴合的“飞机楼”，其他大部分教学建筑的平面方正规矩。

10.6.4　天津张贵庄机场历史建筑遗产价值评定

天津张贵庄机场是具有悠久的近现代民航发展历史的内城型机场，时至今日尚有不少具有民航特色的历史建筑群，这些建筑群是近现代中国民航发展的实物见证，具有较高的历史价值、社会文化价值、技术价值和艺术价值，其核心价值在于由上述价值所叠加衍生出来的民航行业特色价值，由此而形成以行业价值为核心的近现代机场历史建筑价值体系。

1. 历史价值

在近 80 年的发展历程中，张贵庄机场先后承担过军事航空、运输航空、航空培训、专业飞行等诸多的航空功能及其任务，见证了近现代中国军民航事业的诞生、发展和成熟过程，可谓我国近现代航空运输业发展的一个缩影，现存的近现代机场建筑群更是直观而较为系统完整地反映天津乃至中国近现代机场的发展史，尤其是计划经济时期中国机场建设发展的物化载体。

2. 社会文化价值

张贵庄机场在中国近现代民航发展史上地位显著，它既是奠定了中华人民共和国民航发展基础的“两航起义”的见证地，也是开启了中国民航新时代的“八一”通航的始发地。“两航起义”员工所形成的“坚持求真务实、敬业奉献，传承爱国情怀”精神始终是中华人民共和国民航弘扬发展的职业精神；天津机场地区的历史建筑群也是天津机场发展史和中国民航大学校史的重要组成部分，机场遗存的地堡则是日军侵占中国的铁证，这些民航精神财富和历史建筑实物文物具有显著的社会教育意义和民航文化传播价值。

3. 科学和艺术价值

天津机场历史建筑在空间尺度、建筑风格、构造技术等方面典型地记录了不同时期近现代机场建筑的建设发展轨迹，反映了不同时期机场建筑技术发展水平和社会文化的价值取向。例如，高级航校时期的教学建筑群具有典型的苏联式建筑风格，其结构坚固，布局严谨对称，建筑造型敦实端庄，具有一定的建筑艺术价值。维修车间和机头库的屋顶结构体系则鲜明地反映出当时的建筑结构技术和行业建筑形

制特征，具有一定的科学价值。

4. 民航行业价值

天津机场地区在沦陷时期、计划经济时期、改革开放时期等各个阶段的历史建筑遗存基本完整，机头库、航站楼、指挥塔台和维修车间等各类机场特色建筑也基本齐全。天津机场拥有不同时期、不同类型的民航行业特色建筑，是中国民航现存最为完整的近现代民航史的发展实物见证，也填补了天津近现代工业建筑中国航空公司空类建筑遗存的空白，民航行业价值可谓天津机场历史建筑价值体系中最为突出的价值所在。

10.6.5　天津张贵庄机场近现代历史建筑保护及再利用策略

天津张贵庄机场是我国仅有的少数几个在用的且历史悠久的内城型民用机场，可谓中国近现代机场建筑的博物馆。在天津机场持续快速发展而用地又局促的背景下，如何在机场发展的使用需求和历史建筑的保护之间寻求平衡是非常具有挑战性的，也是当务之急。

1. 编制近现代机场历史建筑保护专项规划

建议天津市和民航局有关部门联合组织编制《天津机场地区近现代建筑保护和利用专项规划》，并与《天津滨海国际机场总体规划》、中国民航大学校园总体规划进行“多规衔接”。在充分满足天津航空运输业发展需求的前提下，尽可能保护机场陆侧和空侧交界线地区的民航特色类近现代历史建筑，尤其针对中华人民共和国成立后的第一代、第二代航站区、维修车间、机头库、指挥塔台等具有民航特色机场建筑，可采取异地迁建、局部改建、建筑整体平移、功能置换等诸多方式予以保护和再利用，而其他生产保障类或生活服务类的一般性机场历史建筑则可根据需求酌情予以拆改。

2. 对近现代机场建筑予以分类分级的系统保护

对天津机场地区的近现代机场建筑逐一进行综合价值认定，而后对机场历史建筑予以分类分级保护，并对不同属性、不同区域的近现代机场历史建筑群予以整体保护，同时力争纳入天津市保护性建筑名录。例如，建议在中国民航大学的北 2 号、北 3 号教学楼已经纳入天津市第四批保护性建筑名录的基础上，将相对集中的行政楼、北 8 办公楼、俱乐部以及北 1 公寓予以一并整体保护，由此形成计划经济时期的“高级航校教学建筑群”，并积极申报天津市保护性建筑名录或市级文物保护单位。2024 年 4 月，涵盖中航大历史建筑群的“天津机场地区近现代建筑群”纳入了第七批 20 世纪建筑遗产名录。

10.7　哈尔滨马家沟机场历史建筑群的考证及其保护与再利用策略

10.7.1　哈尔滨近代城市规划中的马家沟地区

1.《商埠城市规划》时期的马家沟新区规划（1907—1932 年）

1）早期马家沟地区建设背景及概况

近代哈尔滨是因 1898 年中东铁路的建设而发展起来的大城市，因铁路的纵横切割形成了由傅家店（开埠后改名傅家甸，今道外区）、埠头区（今道里区）、新市街（今南岗区）和老城区（今香坊区）等若干块状分布拼凑的城市格局。马家沟地区地处新市街和老城区之间的位置。南部的马家沟村地区与北部的新市街以马家沟河为界，该村分为东、西马家沟村两部分，其东村南面是赛马场，伪满时期该地区驻扎有兵营和日军“共同大队”，西村西面是马家沟贮木场（图 10-69a），早期其他大部分为空地。衔接中东铁路老城区香坊站与南岗区哈尔滨站的通道街（现中山路）贯穿整个马家沟地区。中东铁路在马家沟地区还设有王兆屯站，主要服务于卫戍医院村，并引出铁路支线接入马家沟贮木场，其沿线地区还建设有无线电台。后续在贮木场南邻新建马家沟发电厂，以其为起点开设马家沟至新市街的电车线，并于王兆屯站引入第二条铁路支线。

2）马家沟新区规划

早在1903年中东铁路管理局便发布了《中东铁路附属地哈尔滨及其郊区规划图》，该规划图在通道街西侧的马家沟地区采用正南北向的方格网状规划方案。1905年12月，根据中日签订的《会议东三省事宜条约》附约中确定自行开通哈尔滨等16处商埠的决议，清政府于1907年1月12日正式成立哈尔滨商埠公司，以开发商埠区。开埠后的哈尔滨除初定的“四至”① 商埠区外，开埠范围也逐渐向新市街、马家沟地区扩张。近代哈尔滨由北向南以中东铁路、马家沟河为界形成了不同布局模式的路网格局，其中傅家甸及埠头区为传统的方格路网，新市街则是方格路网和扇形路网的结合，并在方格路网基础上叠加了放射状轴线道路。这些城区路网的共同特性便是道路走向与中东铁路线保持平行或者垂直。

1923年，东省特别区聘请俄国人编制了《东省特别区哈尔滨城市规划全图》。考虑马家沟地区由南岗、卫戍医院村和香坊以及“露村”四类不同朝向的方格路网地块所围合形成的多边形用地形状，结合西方巴洛克风格的城市设计思想，马家沟新区规划方案设计为“一心十路八环”的八角形总平面形状和环放状路网相结合的规则式布局形式，即以中心广场为核心，以通道街为主轴线，马家沟新区核心区域呈“内八外方”的正八边形，其四角镶嵌三角形绿地，向周边环放式布设10条放射状道路和8条环状道路及3条环状绿化带。该同心放射状路网和“圈层式”空间布局方案与周边地区融合较为自然，鲜明地体现了欧洲几何规则式城市规划思想（图10-69b）。

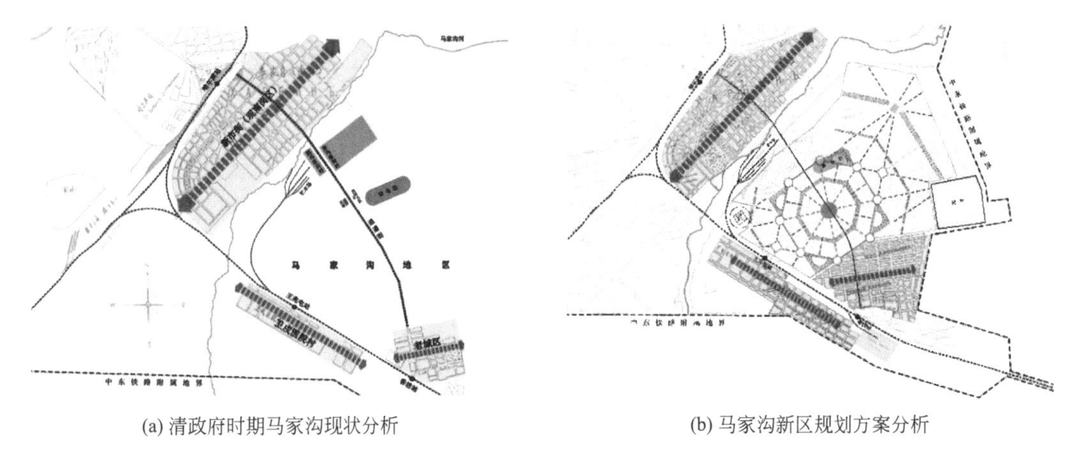

(a) 清政府时期马家沟现状分析　　(b) 马家沟新区规划方案分析

图10-69　哈尔滨马家沟新区规划

来源：项目组绘制，底图来自《哈尔滨印象（上）》

2.《大哈尔滨都市计画概要》和《哈尔滨都邑计画》时期马家沟地区建设（1932—1946年）

1932年5月，日本关东军司令部提出《大哈尔滨都市计画概要》，该方案中的“都邑计划”区域规划重点放在了新市街、老城区及马家沟。考虑马家沟地处哈尔滨腹地，且周边基础设施完备，特以马家沟河为界，并在八角形放射状布局平面的东部、通道街以东的较大空闲地区规划了用地规模庞大的马家沟军用机场（图10-70a），并将用地面积为5.3km^{2}的马家沟飞机场列为“公共设施”分项，该用地面积不含哈尔滨郊外兴建的其他军用机场，最终使马家沟地区由铁路附属地转为依托“铁、路、空”交通网络发展的侵华日军军事重地。1933年12月，满铁经济调查会也在《哈尔滨都市计画说明书》中的“各种公共用地”项下列入飞机场，提出“为将来旅客乘降与军用分别设置，除已有机场（马家沟机场）外，计划在郊外设置3处机场”。哈尔滨特别市公署都市建设局同期编制完成的《哈尔滨都邑计画说明书》则是将马家沟地区通道街以东地区划定为机场用地，提出“马家沟现有飞行场面积约3平方公里，维持现状”。1936年3月修编后的《哈尔滨都邑计画说明书》中的“哈尔滨都邑计画概要”则将飞机场

① 哈尔滨商埠公司确定商埠“设在四家子迤东圈儿河地方”。其“四至”为：“东至阿什河，西至铁路界壕，南绕田家烧锅，北至松花江南岸。”共计熟地5298垧，荒地5179垧（来源：哈尔滨市档案局胡珀所著《档案解密：哈尔滨商埠公司兴废始末》）。垧，中国计算土地面积的单位，各地不同。东北地区一垧一般合一公顷。

和公共用地、道路与广场、水路及运河分列，调整提出机场用地面积由 3km² 扩充至 5.4km²。这一指标的变更与日本关东军于 1934 年 5 月做出的相关决议几乎相同。

由于马家沟机场大规模的扩张，沦陷时期的马家沟新区原有的八角形环放状规划路网结构遭到破坏，不得不更改为与信道街平行或垂直的方格状路网，仅文昌街、文明街、文端街等按照马家沟原有规划形成了以八角边广场为核心的局部环放状路网（图 10-70b）。另外，在通道街沿街开设部分学校，如马家沟电车线通道街站东、西两侧分别是日本人女学校和花园小学（前霍尔瓦特中学），赛马场南侧是日露协会学校①（日军占领哈尔滨后改称哈尔滨学院）；原有赛马场作为军用场地划归机场用地，并在卫戍医院村南侧空地移建"国立赛马场"。调整后的马家沟地区规划建设整体上依附于通道街，其西侧为新建中心广场，东北侧是以巴陵街为主的老马家沟村，东南侧为老赛马场和机场用地。至 1935 年以后，通道街以西、以北的八角形规划区域建设已初具规模，东南角则为基本成形的机场区域，后续朝三棵树火车站方向扩建。

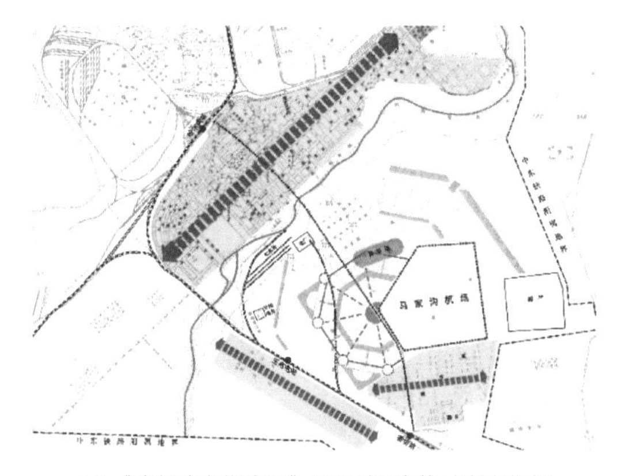

(a)《哈尔滨市街全图》(1933年)中的马家沟规划　　(b)《哈尔滨都邑计画图》(1936年)中的马家沟规划

图 10-70　东北沦陷时期马家沟地区的规划建设分析

来源：项目组绘制，底图来自《哈尔滨印象（上）》

10.7.2　东北沦陷时期哈尔滨地区的机场布局建设

东北沦陷时期的哈尔滨地区先后建成马家沟、平房、王岗、双榆树、双城和拉林六个飞机场（图 10-71）。按照日本关东军的"常驻飞行场、机动飞行场和着陆飞行场"的机场等级分类标准，除王岗机场为着陆飞机场以外，其他飞机场均为常驻飞机场，另外马家沟机场作为唯一的军民两用飞机场，曾先后进行了 3 次改扩建，其功能主要是运送军政人员和军用物资，第二次世界大战后期又增设航空制造功能。1944 年，最初设立在沈阳的"满洲飞行机制造株式会社"划分为南机械制作处（奉天）、中机械制作处（公主岭）和北机械制作处（哈尔滨）三处，其中马家沟机场为第一制作部，孙吴机场为第二制作部；1932 年日本关东军为侵占哈尔滨曾在双城修建了临时机场，次年在双城下辖的拉林修建飞机场，1936 年又在双城站东 3km 处重新修建了双城军用机场，由日本关东军第 472 部队驻扎；1938 年，日军在滨江省平房镇（今平房区）修建了军事特区，其中包括平房飞机场和飞机修理车间，该机场为日军第 8372 航空部队专用飞机场，以航空修理和航空补给为主，北跑道供 731 防疫给水部队（731 细菌武器工厂）使用，南跑道为航空队专用；1939—1940 年间，为了供伪军第 3 飞行队训练及配合陆军作战、侦察使用，日本关东军又在王岗镇修建飞机场，在双榆树地区修建了以飞机制造为主的孙家机场，而后又于 1945 年各自加修了水泥混凝土跑道。时至今日，哈尔滨地区除了马家沟机场已经建成为高新技术产业开发区以外，其他 5 座机场均在正常使用（表 10-11）。

① 哈尔滨著名间谍学校，由日本政府和满铁合资开办，主要用于收集苏联情报。

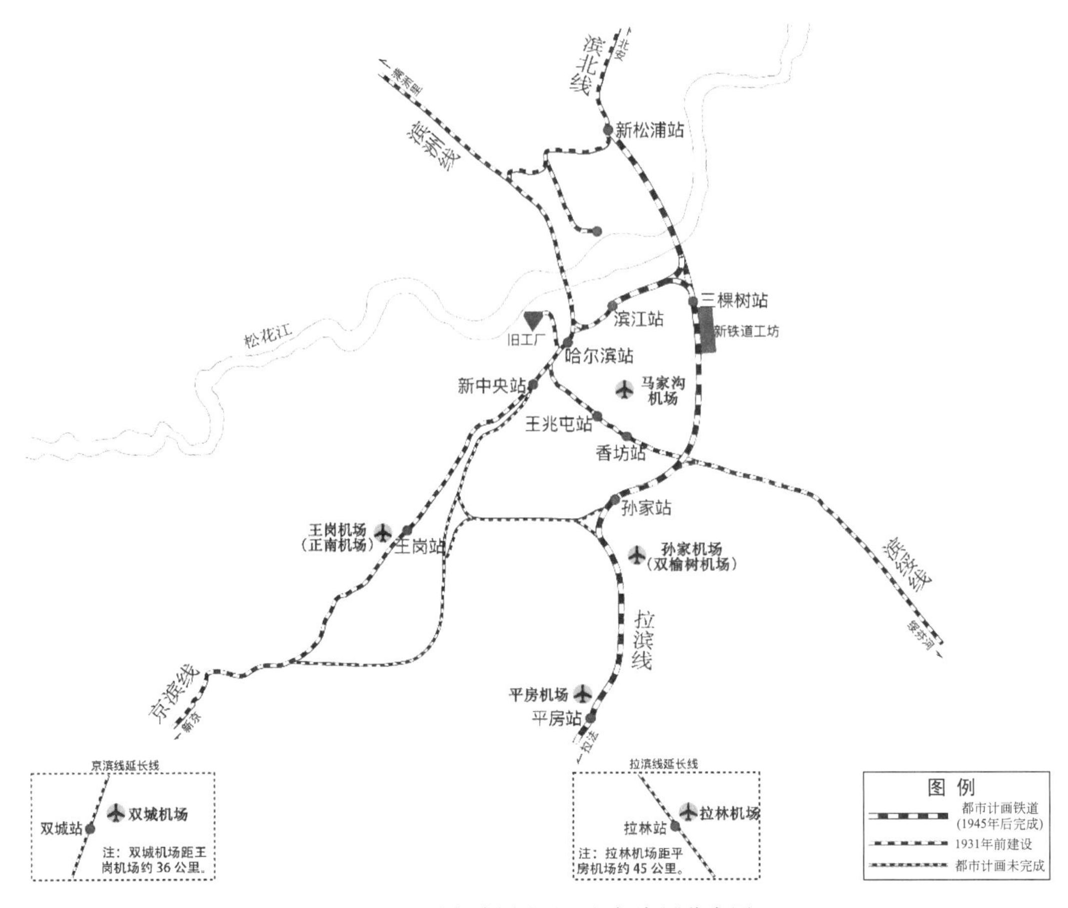

图 10-71　哈尔滨周边地区机场布局分布图

来源：根据越泽明所著《哈尔浜の都市计画：1898-1945》插图 52“哈尔浜の铁道计画概要图”改绘

尽管东北沦陷时期的哈尔滨机场建设目的、规模各有不同，但依靠铁路线建设机场的布局模式整体不变。其中，马家沟机场地处由南满铁道株式会社 1934 年建成的拉滨铁路线和中东铁路的京滨线（南段）、滨绥线（东段）所围合的三角形区域的中部位置，其四周分设三棵树站（今哈尔滨东站）、哈尔滨站、王兆屯站、香坊站和滨江站五个铁路站；另外在中东铁路的双城站附近修建了双城机场，在王岗站附近修建了王岗机场；在拉滨铁路的孙家站、平房站、拉林站附近分别修建了双榆树机场、平房机场、拉林机场，并将铁路专用支线引入了双榆树和平房两机场。

近代哈尔滨地区机场概要　　表 10-11

机场	修建日期	示意图	驻扎部门	
			东北沦陷时期	中华人民共和国成立后
马家沟	1924 年(临时)；1931 年(军用)；1932 年(军民两用)		第 12 飞行团司令部，第 12 航空地区司令部，飞行第 11 战队、第 32 航空修理分厂，第 22 飞行场大队，“满飞”* 第 5 勤务队，满洲航空哈尔滨站(战斗机飞行队机场**、“满飞”北机械制作处第一制作部)	中国人民解放军第一轰炸学校，中苏航空公司哈尔滨站，哈尔滨航空工业学校，国营风华机械厂，航天风华科技股份公司
孙家(双榆树)	1939—1940 年(军用)		飞行第 1 战队，第 21 飞行场大队，第 21 航空修理分厂，“满飞”(战斗机飞行队机场、飞机维修)	空军哈尔滨飞行学院
平房	1938 年(军用)		北区：731 部队(细菌战)	中国飞龙通用航空有限公司，哈飞 122 厂和东安 120 厂
			南区：8372 部队，第 12 野战航空厂(飞机修理、哈尔滨地区主要航空补给厂)	

续表

机场	修建日期	示意图	驻扎部门	
			东北沦陷时期	中华人民共和国成立后
王岗（正南）	1939—1940 年（军用）		伪军第 3 飞行队（以侦察、配合陆军作战为主）	空军哈尔滨飞行学院
双城	1936 年（军用）		472 部队（中间备降场）	空军航空大学
拉林	1933 年（军用）		第 8 飞行团，飞行第 60 战队，第 73 航空修理分厂（重爆击机飞行队机场、飞机维修）	空军哈尔滨飞行学院

* “满飞”全称是“满洲飞行机制造株式会社”。

* * 日军根据使用飞机种类的不同将空军战队分为：战斗机飞行队、重爆击机（日军所称的“爆击机”即“轰炸机”）飞行队、轻爆击机飞行队、远爆击机飞行队、袭击机（即“驱逐机”）飞行队和侦察机飞行队。

来源：作者根据日本国立国会图书馆《満洲に关する用兵的观察第 4 卷昭和 27 年 6 月》等资料绘制。

10.7.3　哈尔滨马家沟机场的建设沿革及其用地演进

1. 北洋政府时期

早在 1924 年张作霖统领东三省时期，为了开通奉天（沈阳）至哈尔滨的民用航线，东北航空处在马家沟新区赛马场的南侧建设了哈尔滨最早的临时草地机场，供飞机临时起降使用。次年开设哈尔滨航空分处，并配置 6 架飞机用于开展航空业务。这时期的马家沟临时机场并没有特定机场范围，仅是近似方形的草地场面。1930 年年底，为满足经停西伯利亚的中德开航的需求，东省特别区东北政务委员会拟出资 300 万元在郊外筹建“国际飞行场”，计划次年开春后启建，终因九一八事变爆发而中止。

2. 东北沦陷时期

1931 年九一八事变爆发后不久哈尔滨便全部沦陷，日本关东军遂将马家沟临时机场改建为军用机场，并于同年 11 月投入使用，次月开通了奉天—长春—哈尔滨的定期军用航线。该机场用地范围进一步向赛马场及东北方向的空旷地外扩，最终建成了占地 1.65km^2、呈五边形的草地场面。第二年留守哈尔滨的日军飞行队将机场再次扩建，加铺了一条长 800m、宽 100m 的近正南北朝向的混凝土跑道，以及一条平行滑行道及联络道，并新建了飞机库等机场建筑，还占用了旧赛马场的用地。这时期的机场用地形状为不规则的多边形，东西向长 1600m、南北向宽 1400m，总占地面积达到 2.31km^2。1933 年，日本关东军第三次对马家沟机场进行了改建，满洲航空公司同时也在机场开通了大连—奉天—“新京”—哈尔滨—齐齐哈尔和齐齐哈尔—哈尔滨等航线，并设立哈尔滨航空站，建成事务所与飞机库，马家沟机场也由此成了哈尔滨地区唯一的军民两用机场。1934 年，日本大仓土木株式会社为侵华日军飞行队新建跑道、飞机库、自动车库、发动机试验所和下士集会所等设施。

3. 中华人民共和国成立后的时期

1949 年 4 月，中国人民解放军东北老航校将密山的飞机修理厂、机械厂和器材厂合并后由东安迁往哈尔滨马家沟机场，建立航校机务处第一修理厂，主要修理飞机和发动机及生产零部件；同年 8 月，中国政府与苏联政府达成协议，苏联帮助中国创办 2 所轰炸航空学校和 4 所歼击航空学校。12 月，东北农学院全部迁出马家沟机场，中国人民解放军第一轰炸机学校（又称第一航校，前身是东北老航校一大队）校部随即进驻机场，在 159 名来华苏联顾问和专家指导下，利用日伪遗留机场设施开展航空训练、教学。后期为满足空军部队驻场的需求，将原跑道改为滑行道和停机坪，并新修了由一主一副跑道所构筑的人字形跑道，主副跑道均为长 1400m，宽 400m，其中主跑道磁方位角为 75°～255°，副跑道磁方位角 20°～200°，大致朝向分别呈东偏北、北偏东，主副跑道各有滑行道连接机场航站区和停机坪。此时马家沟机场的整体占地面积约为 5.6km²（图 10-72）。

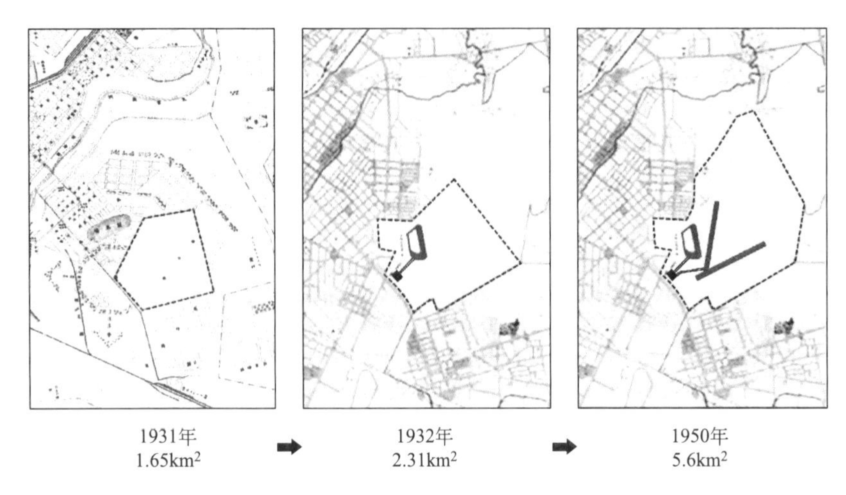

图 10-72 哈尔滨马家沟机场地区用地演进图

来源：项目组根据《哈尔滨印象（上）》绘制

中苏民航公司哈尔滨站开航以后，对马家沟机场设施再一次进行了扩建，新修混凝土客机坪和草地停机坪各 1 处，可停放数十架不同类型的飞机；另增设导航台、固定指挥塔台、活动塔台指挥车、路空话台、活动马灯和探照灯车等通信导航设施。1968 年，为满足机场运行的需要，新建了具有航管指挥、机场办公和旅客候机功能的 2 层机场综合楼。

4. 用地性质和范围的演变

哈尔滨马家沟机场位于哈尔滨市南岗区中山路 115 号，地处市中心地带，地理位置十分优越。该地块的用地性质在不同时期多次发生演变（图 10-73），曾分别作为机场用地、航空教育用地、航空工业用地和航天工业用地。自 1931 年九一八事变前后，该地块作为机场用地分别由东北航空处、日本关东军航空部队和满洲航空株式会社所主导使用。日本投降后该机场地区曾在 1948—1949 年期间短暂用作东北农学院用地，1949 年起同时用作中国人民解放军第一航空学校和哈尔滨航空工业学校的航空教育用地，而后又合并或升格分别成为空军哈尔滨飞行学院和华北航天工业学院（现迁址河北廊坊）；1950 年 7 月至 1954 年年底期间，中苏航空公司进驻机场开航；1969 年至今，该学校所在地改为军工企业风华集团使用。

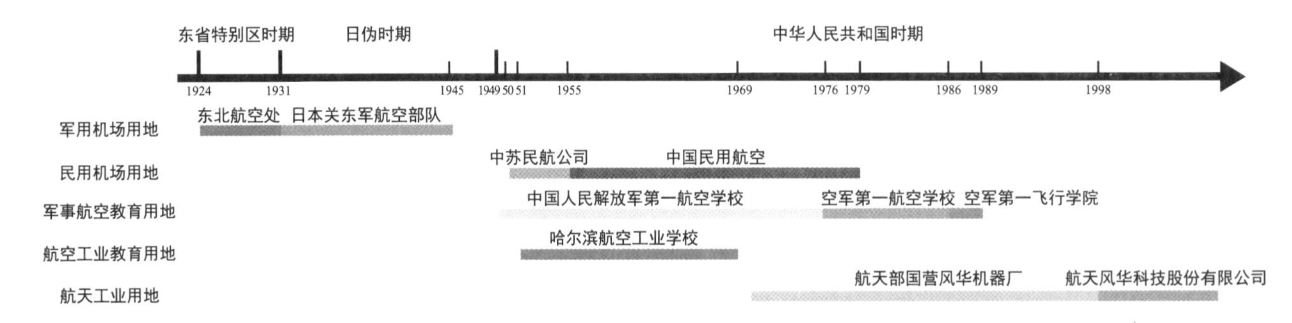

图 10-73 哈尔滨马家沟地区的用地性质及驻场单位演变沿革

来源：作者绘

10.7.4 哈尔滨马家沟机场地区的建筑遗存研究

尽管哈尔滨马家沟机场于 1979 年 6 月 15 日正式关闭后已辟为高新技术产业开发区，但时至今日，由于驻场空军、航天及民航等保密单位的安保特性，马家沟地区仍遗存有不为人熟知且较为完整的近现代航空教育建筑群、机场建筑群和航空工业建筑群以及配套住宅建筑群，整体分布在中山路两侧，呈集

群组团式布局（图 10-74）。

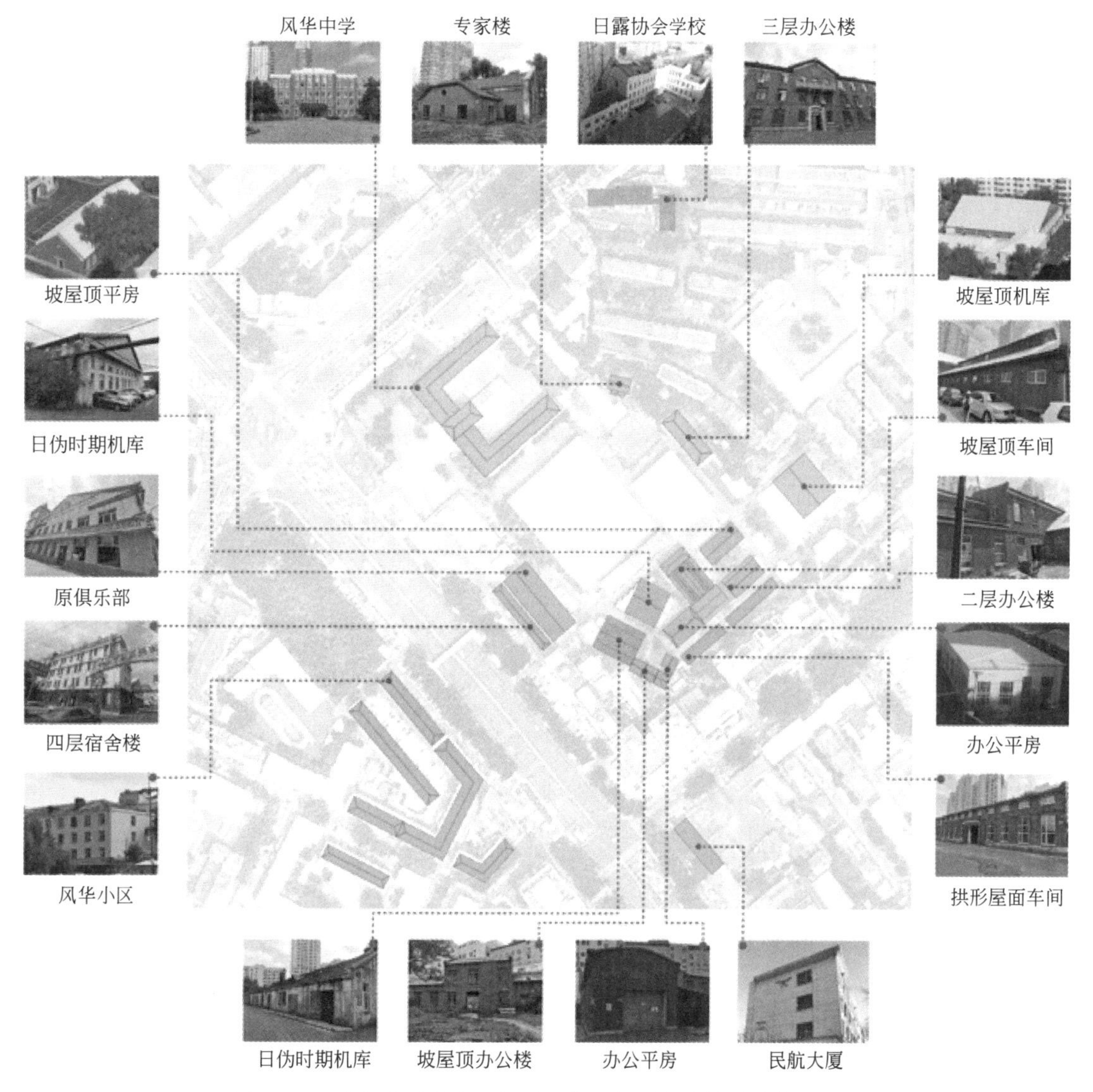

图 10-74　哈尔滨马家沟机场近现代机场历史建筑群遗存分布图

来源：作者以谷歌地图为底图绘制

1. 近现代机场建筑遗存

1）民用航空站建筑

满洲航空公司的哈尔滨航空站（事务所）于 20 世纪 30 年代建设，航空站由办公综合楼和飞机库两部分组成。办公综合楼为四坡顶的 2 层建筑（图 10-75），总面积约 $250m^2$，其中底层的候机室面积约 $50m^2$。二层建筑正面设有面向机场、观察指挥飞机起降的外凸露天平台。办公楼与并排设置的满航飞机库之间有一单层坡屋顶的锅炉房建筑。

目前马家沟机场地区尚遗存 3 座保存较为完整的近代机库，这些机库集中布置在机场的南部，大致呈东西向面向机坪方向排列，其北侧以引道衔接飞机堡群和满航的哈尔滨航空站，东侧以滑行道与跑道相连，整体联系紧密。20 世纪 90 年代因马家沟地区开发，近现代航空站建筑大多已拆除，仅遗存位于机场西南角、面向飞行区的满航飞机库和 2 座侵华日军军用飞机库。其中编号“风华 44 栋”的满航机库采用砖混结构和折线形桁架屋盖结构，后期在机库两侧的外墙沿边位置各自扩修了 2 排等长的辅助房间，并将机库坡屋顶延伸至辅助房间，辅助房间屋顶再增设老虎窗。该机库应是满洲航空公司在东北地区唯一的机场建筑遗存，现为闲置状态（图 10-76）。

(a) 满洲航空公司办公综合楼

(b) 20世纪50年代中苏航空公司航空站

图 10-75 哈尔滨马家沟机场的近现代航空站

来源：(a) https://www.163.com/dy/article/GMSQJ42D0534888D.html；(b)《黑龙江省志·交通志》

图 10-76 东北沦陷时期马家沟机场的满洲航空公司飞机库

来源：作者摄

1950 年由中苏航空公司建设民航哈尔滨站，沿用了满航事务所建筑，并将机库与事务所之间的单层建筑扩建为 2 层。1968 年又新建了融合指挥塔台、气象观测台、航站楼等相关功能的机场综合楼，其中候机室面积约 200m^2，顶楼为气象观测台和正八角形的指挥塔台室（图 10-77a）。这两座标志性的航空站建筑在 20 世纪 80 年代因马家沟地区开发均被拆除。

(a) 1968年建成的机场综合楼

(b) 1975年建成的民航综合楼

图 10-77 中华人民共和国成立后的马家沟机场航空站

来源：(a)《黑龙江省志·交通志》；(b) 作者摄

1975年，中国民航在中山路87号新建了4层民航综合楼（图10-77b），并设立民航哈尔滨售票处，营业面积和服务项目全面扩充。该楼整体保留完好。

2）日本关东军的军用飞机库

东北沦陷时期，哈尔滨马家沟机场建设了由清水墙体和桁架屋盖结构组合而成的2座军用机库。这两座机库留存至今且保留相对完整，其中一座机库为西北-东南朝向，机库大门面向原飞行区的方向。该机库为三角形桁架屋盖结构，20世纪50年代至60年代曾作为哈尔滨航空工业学校的教学培训用房，现为体育俱乐部，并在机库西侧增建了辅助房间（图10-78）。

图10-78　东北沦陷时期日本关东军的马家沟机场军用飞机库现状
来源：作者摄

另一座位于厂区东北角的大型机库建筑形制与其类似，也是三角形钢桁架屋盖结构和砖混结构建筑，两侧墙体设有钢筋混凝土护墙柱，机库双向开门，两侧设有耳房（南侧的耳房已拆除，还加建了附属建筑）。该机库建筑为东西朝向，原面向机坪，现与和平路走向一致，整个机库主体结构保留基本完整，东西两侧的机库大门均已经改建，东侧增设2层的辅助房间。现用作零件加工车间。

2. 现代航空工业建筑遗存

中华人民共和国成立后，苏联援建了坐落在哈尔滨马家沟机场的中国人民解放军第一航空学校，这时期建设的机场建筑普遍都具有典型的苏联建筑特征。现尚遗存有教学楼、办公楼、车间、专家楼以及住宅楼等。

1）苏联式建筑风格的教学楼、办公楼及住宅区建筑

哈尔滨航空工业学校位于中山路与长江路交叉口的东南角，南侧紧邻马家沟机场机库群。该校主楼共4层，局部3层，呈山字形建筑平面，中轴对称布局，主楼南侧为实习厂、宿舍楼等，该楼现为风华中学的主教学楼。编号为“风华2栋”的苏联式办公楼于1954年建成，3层砖混结构，采用四面坡屋顶和内走廊平面，门廊、挑台及山花处均有装饰图案。编号为“风华63栋”的专家楼建筑形制独特，由两个双面坡屋顶的单层建筑组合成T形平面，砖混结构。编号为“风华49栋”的砖混结构车间采用钢筋混凝土现浇的连续拱屋顶，便于吊车梁设置，车间两侧采用上小下大的双层采光窗，室内采光良好。中山路以西保留有完整的苏联式航校住宅建筑群，为围合式院落布局模式，住宅楼沿用坡屋顶、中轴对称等苏联式建筑元素，现为风华小区。

2）木屋架车间建筑遗存

马家沟机场地区现存一座木结构屋架的砖木结构车间，该建筑屋顶结构新颖，整体保存完好，整个屋架结构由两组沿中轴线对称的三角形木屋架（中央位置各自叠加气窗）组成（图10-79）。整座车间西北—东南向面宽约22.8m，单组面宽约11.4m；西南—东北向进深约31.5m，共排列6根矩形砖混构造

柱，柱间距 6.3m。西南面墙和东北面墙各布置 6 扇高窗，屋架部分做了斜向收缩、纵向抬高设计，并在气楼两侧布置两排侧向的玻璃窗，使得车间采光非常充足。车间南侧后期增设了一座 2 层办公楼，与车间呈 T 形布局。该车间现作为材料仓库使用。

(a) 车间内部结构图

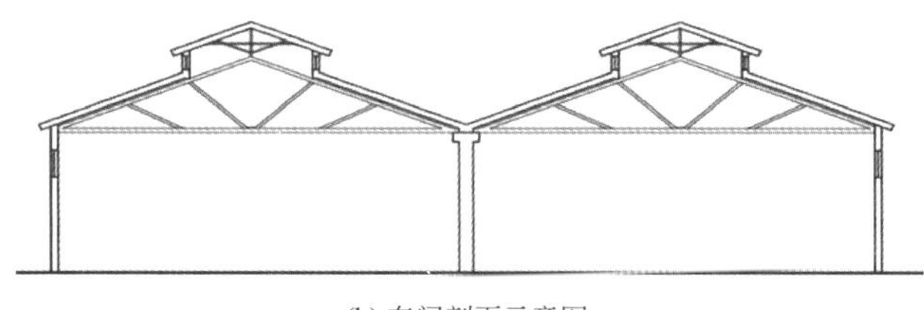

(b) 车间剖面示意图

图 10-79　木屋架车间内部结构及剖面示意图

来源：(a) 项目组摄；(b) 项目组绘制

10.7.5　哈尔滨马家沟机场建筑群遗存的价值体系认定及其保护策略

马家沟机场是哈尔滨近现代航空业的起源地，该机场地区至今遗留有不少不同时期建造的、不同建筑风格特征的近现代航空类建筑，且大多保留完好。这些机场历史建筑遗存无论从建筑形制、建筑结构或外观装饰等诸多方面都展现出较高的科学技术与艺术价值。另外，随着马家沟机场地区划归高新技术产业开发区进行开发建设，原有机场建筑遭到大量拆毁，2 座近现代航站楼也被拆除，仅遗存部分机库、宿舍、校区等建筑，这些机场建筑遗存是见证我国军民航、航空航天工业发展历程的实体文物，具有重要的历史文物价值。哈尔滨马家沟机场地区先后用作机场用地、航空教育用地、航空工业用地以及航天工业用地，该地块在不同时期用作不同功能，但均与航空领域相关，充分展现出了该地块丰富的航空历史文脉。从行业角度来看，马家沟机场地区的建筑遗存涵盖军事航空、民用航空、航空教育、航空工业及航天工业等诸多类型，其行业价值显著。

总的来看，地处哈尔滨市中心的马家沟机场地区近现代建筑群遗存具有典型的时代特征、地域特征及航空行业特征，蕴含了丰富多样的历史价值、文化价值、教育价值及行业价值。该地区为黑龙江地区现存机场建筑数量最多、建筑形制最丰富、建筑年代最完整的航空类建筑遗产，具备了认定国家工业遗产和全国重点文物保护单位的基本条件和价值体系，也拥有整体开发为航空航天历史文化片区的条件和潜力。

10.8　沈阳东塔机场历史建筑群的考证及其保护与再利用策略

沈阳（古称奉天）自奉系军阀张作霖时起，就一直被作为东北的重镇着重建设。先后历经奉系军阀时期、伪满时期的多年建设经营，奉天已成为近代中国最早兴办军事工业、航空工业和航空运输业的城市之一。从奉系军阀在军工和空军建设上的苦心经营，到日军将东塔机场地区扩建为侵华的主要军事工业基地和航空工业基地，再到中华人民共和国成立后苏联援建项目的集中地，沈阳东塔机场地区可谓中国近现代航空工业曲折发展历程的缩影和见证。

沈阳东塔机场地区虽历经多次战火，但仍保留了较为完整的近现代航空工业建筑。该地区近现代航空工业及其关联产业的空间布局基本沿循奉系军阀时期确定的大东工业区用地范围，即北至新开河，南至东塔机场南边界，西侧以原奉海铁路支线为界，东侧到兵工路。其中地处核心位置的东塔机场地区总体上由东西向的新开河、开原街（今善邻路）及安东路（今长安路）分为三个板块，北面是居住区板

块，中间部分由西向东依次为沈阳矿山机械厂、黎明发动机公司及新光集团公司，南面则依次是居住区、东塔机场等。

10.8.1　沈阳东塔机场的建设概况

1. 东塔机场建设的历史沿革

沈阳东塔机场所在地原是东三省总督赵尔巽奏请光绪帝在奉天东门外设立的“农事试验场”。1920 年 10 月，奉系军阀张作霖在此地建立了军用机场，并于 1922 年创办了东三省航校，大力发展奉系空军。1924 年还开通了“奉天—营口”邮运航线，随后添建大型库房 2 座，小型库房 4 座，至 1926 年仍不敷使用，又再建大型库房 2 座，后因存储的炸弹爆炸受损，又在禹王庙旧址新建炸弹库 1 座。东塔机场至此已发展成为东北地区规模最大的机场以及独一无二的航空根据地，驻场飞机数量达到 200 多架。1931 年九一八事变后，东塔机场被日本关东军占领。次年，满洲航空公司进驻该机场，并开通民用航线。1936 年，满洲航空公司搬迁到新扩建的北陵机场，东塔机场则成为日军野战航空工厂的飞机试飞场。抗战胜利后，国民党空军接管了东塔机场，并提供给中国航空公司、中央航空公司等民航飞机起降。沈阳解放后，东塔机场由空军接管，1956 年后改为军民合用机场。1989 年，沈阳桃仙国际机场投入运营后，该机场再次恢复为军用机场至今。

2. 东塔机场的空间演进分析

东塔机场总平面规制的演进主要体现为由无跑道的不规则场面演进为单一跑道系统的过程，整个建设历程基本上都是机场用地范围的扩张和单一跑道的延长与加固。从用地范围来看，机场北为安东路（现长安路），西至安南路，东抵兵工路，南达空旷地。1920 年始建时期的机场场面为东西长 700 多米、南北宽 500 多米。1930 年，东塔机场再向南扩展 300m；东北沦陷时期将机场用地范围扩建为长 1450m、宽 910m；中华人民共和国成立后，该机场经多次扩建，至今长约 4000m、宽约 2500m，占地面积为 $10km^2$。其跑滑系统的演化主要是由机场功能的变迁和起降机型的升级所决定的，整体展现为“无跑道场面—土质跑道—混凝土跑道—跑道加固延长”的演进形式。奉系军阀时期始建一条 500m 长的土质跑道；东北沦陷时期，为打造军工基地，东塔机场扩修为长宽厚 1000m×80m×0.08m 的混凝土跑道。满洲航空公司在机场开通民用航线后，又将跑道扩展到 1500m×80m×0.12m。抗战胜利后，国民党空军将跑道道面再次加厚 0.1m。中华人民共和国成立后对东塔机场进行了多次的改扩建，最终主跑道的长宽厚达到 2400m×80m×0.30m，并设有 1 条滑行道和 4 条联络道。

10.8.2　沈阳东塔机场地区总体空间结构的演进分析

依据管辖政权更替和重大事件的发生节点，东塔机场地区的演进大体分为以下 4 个阶段：奉系军阀时期（1920—1931 年）、东北沦陷时期（1931—1945 年）、抗战胜利后的时期（1945—1948 年）、沈阳解放后的时期（1948 年至今）。

1. 奉系军阀时期（1920—1931 年）

为了加强奉军自主的经济能力和军事实力，奉系政府在奉天城的东北部和东部分别开发建设沈海市场（即奉海工业区）和大东新市区（即大东工业区）。1925 年始建的沈海市场是以奉海车站为中心、在奉海铁路（奉天—吉林海龙）以北地区建设的新城区，主要发展工商业。军事工业为主的大东新市区肇始于 1919 年启建的“东市场”，其初期大体布局东市场、兵工厂、飞机场和第三中学四大功能板块。后期规划面积约 $4km^2$，用地范围西至奉天外城大东边门，东到东塔永光寺，南临机场边界，北抵奉海铁路。其中工厂区占地约 $2.7km^2$，主要由大亨铁工厂、东三省兵工厂、东北航空工厂和机场构成具有产业分工协作关系的“三厂一场”格局，并以奉海铁路支线由西向东将三厂连成一片。其中地处兵工厂以西的大亨铁工厂主要生产马拉炮车和火车车厢；位于东塔以东的东北航空工厂用于维修及生产飞机配件，占地 800 余亩；兵工厂地处东塔以西，占地 1800 亩，1920 年始建的机场则坐落在东塔南侧，占地

1200 亩。东三省兵工厂由日籍技师指导、丹麦文德公司承办，于 1922 年建成，并逐渐形成以安东路为界的北部兵工厂生产区和南部工人生活区两部分，构成规模庞大的“南宅北厂”格局。全盛时期，有上万台各类器械，25000 余名工人，占地 3243 亩，管辖“八厂四处”[①] 以及学校、医院等 20 多个单位；兵工厂以南的工人生活区则有住宅、游园、俱乐部、医院和小学等，占地面积约 1.3km²。另外，在开原街以北、三家子以南也设有生活区（图 10-80）。该工厂和工人生活区同步规划建设的做法在近代中国极为罕见。

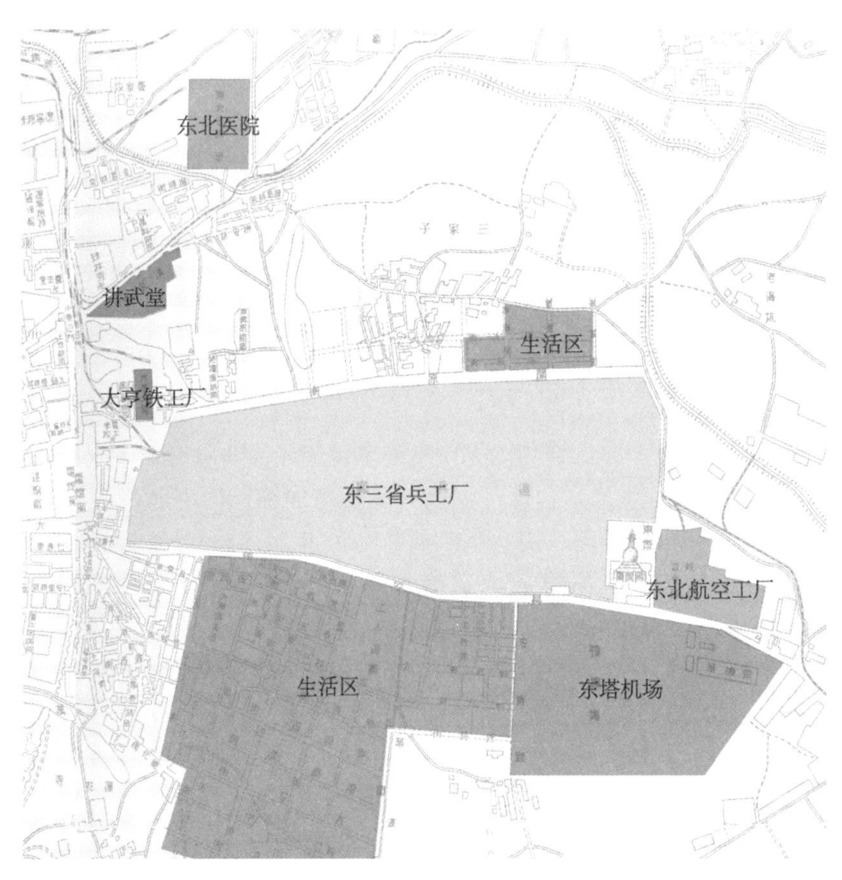

图 10-80　1929 年沈阳东塔机场地区的主要工厂企业分布
来源：作者绘

2. 东北沦陷时期（1931—1945 年）

1931 年九一八事变后，侵华日军在近乎完整无损地侵占了东塔机场周边的奉系工业设施后，通过成立各种株式会社将其企业化运作；1937 年七七事变之后，又将东塔地区大肆扩张为侵华作战的军事工业基地；太平洋战争后期，为躲避美国盟军的空中轰炸，日本关东军的沈阳航空工业基地设施和人员先后向吉林和黑龙江地区进行了迁移。据此，东北沦陷时期又分为军主民辅阶段（1931—1937 年）、军事强化阶段（1937—1944 年）和军工疏解阶段（1944—1945 年）三个阶段。

九一八事变后，侵华日军先将奉系东三省兵工厂改造为关东军野战兵器厂，后又经日本“大仓财团”和“三井物产”两大财团投资后成立“日本国法人株式会社奉天造兵所”。1932 年 9 月 26 日，伪满政府、满铁及民间机构等在沈阳商埠地合资成立了“满洲航空株式会社（即满洲航空公司）”，并将奉系东北航空工厂改为满洲航空株式会社附属工厂，先后生产了满航 1 型至 3 型飞机以及隼型飞机。“大亨铁工厂”也被日军改建为“日本国法人株式会社满洲工厂”，并将“满洲铸物株式会社”并入其中，其马拉跑车等军工生产规模日益扩大。此外，日军又在东北讲武堂东南地区新成立了生产车床、平面铣

---

① 八厂：枪弹厂、枪厂、炮弹厂、炮厂、药厂、铸造厂、火具厂、兵器厂。四处：工务处、审检处、材料处、庶务处。

床、钻床等机床设备的“满洲工作机械株式会社”，还在机场西侧设置了生产酒精、汽油的满洲制糖株式会社（图 10-81）。1933 年 11 月，奉西机场（西飞行场）的日军野战航空厂又迁入东塔机场。至 1936 年，大东工业区用地已大肆扩张至 7km²。

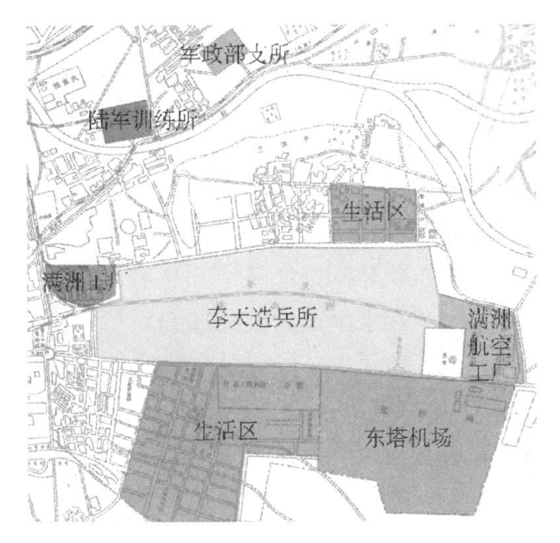

(a) 1940年的分布状况

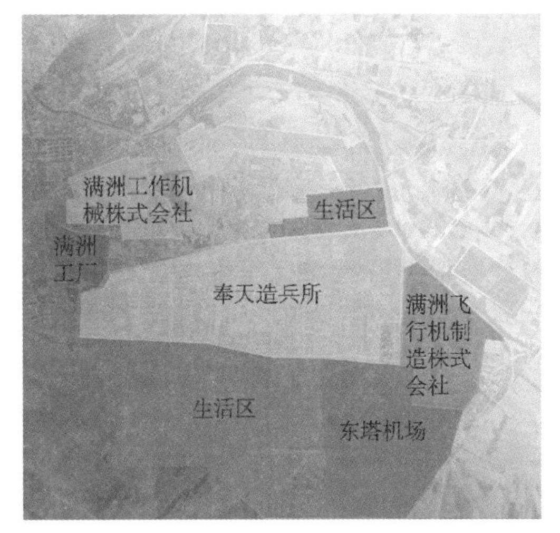

(b) 1944年的分布状况

图 10-81　东北沦陷时期沈阳东塔机场地区的主要工厂企业分布
来源：作者绘

七七事变后，鉴于对军工的巨大需求，侵华日军逐步将军用飞机和民用飞机制造、飞机修理和飞机制造予以分离。1937 年 7 月，奉天造兵所再次扩张为日满合办的“满洲国法人株式会社奉天造兵所”，包括枪所、炮所、枪弹所、炮弹所、火药所、机工所等 6 个制作所，工厂占地面积 2195337m²。同年在扩建北陵机场后，又建造专事飞机修理的北陵工厂。1938 年，驻东塔机场的“满航”民航运输业务和 49 型民机制造业务整体搬迁至北陵机场。1940 年，北陵工厂又增建 3 座厂房，主要是修理德、意、日制造的战斗机和轰炸机，同时也总装日制客机。驻东塔的原“满航”奉天航空工厂则在日本陆军航空技术研究所的工厂迁入其中后，独立设置为“满洲飞行机制造株式会社”，1939 年后专用于军用飞机的制造和修理，在此期间生产了大量的九七式“自杀式飞机”（即中岛 Ki-27 型小型战斗机）。至此东塔机场的日军航空工厂已由飞机修理业向飞机制造业转型扩张，并形成以“满飞”为核心的军用飞机制造全产业链，其协作工厂集中在铁西地区，如日满锻工株式会社（飞机锻件）、大林航空株式会社（木质飞机副翼）、柳原精机株式会社（起落架零件）、协和工业株式会社（飞机零部件）、日本合资会社满洲工作所（飞机零部件）、伊藤商店铁工部（飞机精密螺丝和发动机零件）以及满洲三菱机器株式会社（飞机配件）等，当时“满洲飞行机制造株式会社”拥有厂房 60 栋，工人达 2 万人，每月飞机生产能力达 60 架①。奉天庞大的航空工业基础使得抗战后期的侵华日军苟延残喘。

太平洋战争后期，日军的沈阳航空基地频遭美军飞机轰炸，产量大减。为躲避美军的轰炸，奉天造兵所的枪所及枪弹所的部分设备外迁至黑龙江宁安县（101 所）和吉林汪清县（105 所）；满洲飞行机制造株式会社则分别外迁哈尔滨工厂、公主岭工厂，北陵工厂的部分人员和设备则转移到吉林省白城子。

3. 抗战胜利后的时期（1945—1948 年）

1945 年对日作战胜利后，苏联红军对沈阳东塔的工厂设备进行了掠夺式的拆解和回运，如拆走了奉天造兵所的 2400 多台机械设备。国民党东北保安司令长官部在其接管沈阳期间（1946 年 11 月 21 日至 1948 年 11 月 1 日），东塔机场地区的工厂先后由国民党兵工署、空军及中央机器公司等接收，并基本上是

① 周济平：《大定外一章》，载发动机制造厂文献编辑委员会：《航空救国——发动机制造厂之兴衰（1939—1954）》，台北，河中文化实业有限公司，2008 年。

在维护现状的基础上投产使用。在沈阳解放前夕，东塔地区众多的工厂又遭受了国民党军队的破坏。

4. 沈阳解放后的时期（1948 年至今）

依托既有的航空工业基础，解放后的沈阳成为中国航空工业建设的重点城市，并延续至今。东塔地区航空工业的现代化建设过程又可以分为航空维修时期（1948—1953 年）、航空制造时期（1953—1958 年）、航空航天制造时期（1959 年至今）三个阶段。

1948 年 11 月 2 日，沈阳解放，东北军区军工部接收了东塔地区的兵工厂，并进行抢修恢复。沈阳解放初期，东塔地区航空工厂主要依托原有设备设施进行飞机维修保养工作。“一五”期间，东塔地区的航空工业发展实现了从维修到仿制的飞跃。1954 年 6 月 1 日到 1956 年 9 月底，负责飞机发动机修理的一一一厂承包建设了 156 项重点项目之一的国营四一〇厂，用于制造喷气式发动机。该公司总占地面积 295 万 m^2，其中厂区占地 118 万 m^2，其早期总体布局参照苏联萨流特（音译）飞机制造厂，厂区功能分区明确，以行政办公大楼为中心，东北部为锻铸、动力厂房，东南部为工具制造厂房，中部为发动机加工和总装厂房，西部为燃气轮机厂房和各类库房，南部为试制厂房，主要厂房均采用钢屋架钢混梁柱式结构（图 10-82）。1956 年 6 月，四一〇厂成功仿制了中华人民共和国成立后的第一台喷气式航空发动机。

(a) 1966年的空间分布状况

(b) 当前的空间分布状况

图 10-82　中华人民共和国成立后沈阳东塔机场地区的主要工厂企业分布
来源：作者绘

1956 年，沈阳民航站在东塔机场成立，开通了若干条民用航线，该民航站一直运营至 1989 年搬迁到沈阳桃仙机场，而后东塔机场则再次转为军用机场；四一〇厂则发展壮大为专门从事喷气式发动机生产的中国航发沈阳黎明发动机公司；一一一厂（今沈阳航天新光集团）1959 年从航空发动机修理转向火箭发动机研制生产，完成了向航天工业企业的转型（图 9-3）；东塔地区的沈阳矿山机器厂、第二机床厂等其他工厂也先后完成了转型升级。时至今日，沈阳东塔地区现已成为以现代航空工业为主的高新产业园区。

5. 东塔机场地区的建设综述

东塔机场地区总体空间布局的演化大都是由于政权更迭、军事形势变动及时局动荡等因素造成的。从奉系时期的整体建设到伪满时期的大肆扩张、再到抗战胜利后的短时萎缩，最终至中华人民共和国成

立后的持续建设发展，东塔机场地区历经了百年的跌宕起伏建设，仅从该地区主要工厂机构名称的变迁便可窥见一斑（图 10-83），还可直接折射出其功能设施建设、用地规模变迁、产业产品转型等方面的更替变化（表 10-12）。

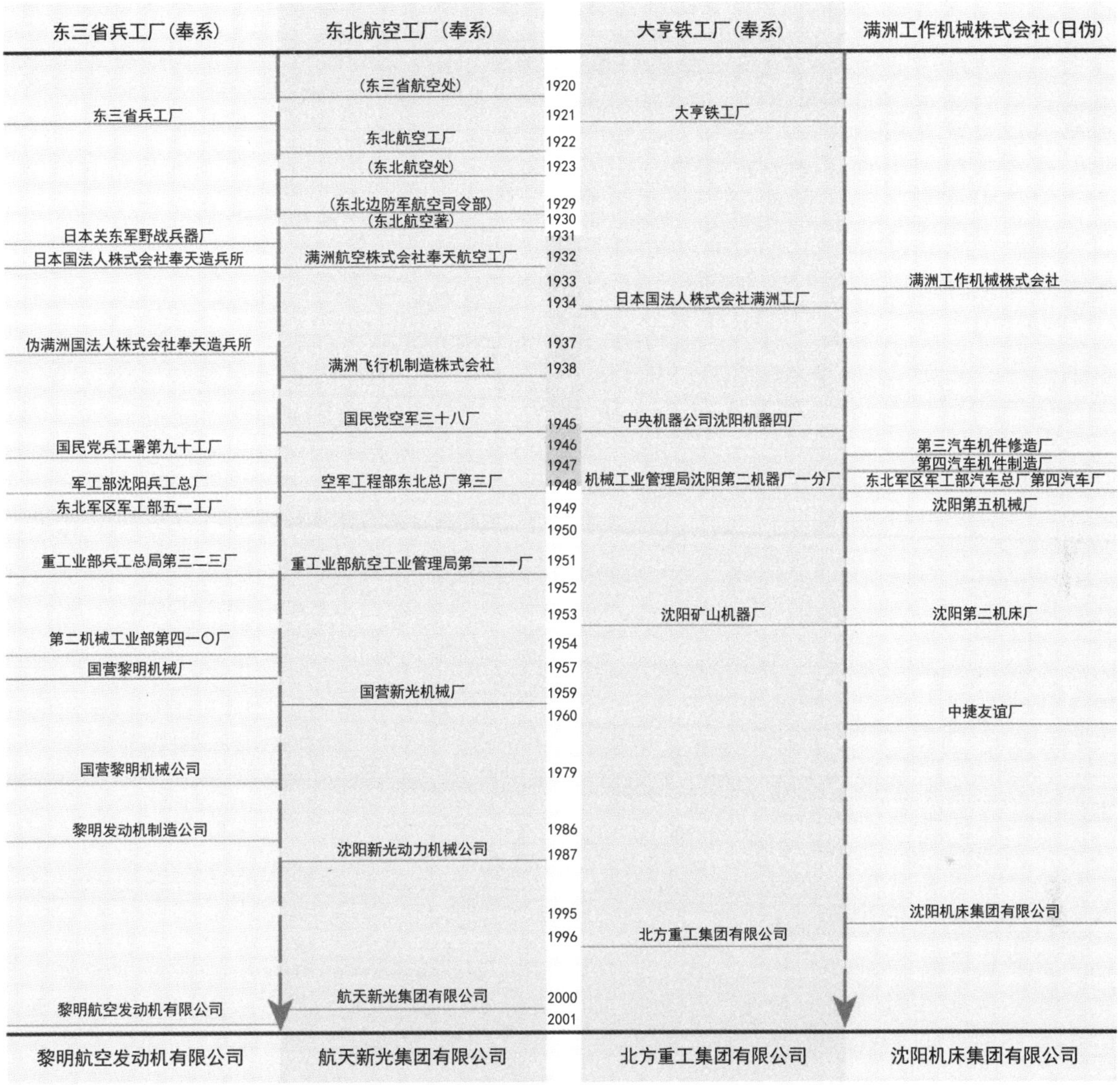

东三省兵工厂（奉系）｜东北航空工厂（奉系）｜大亨铁工厂（奉系）｜满洲工作机械株式会社（日伪）

东三省兵工厂
日本关东军野战兵器厂
日本国法人株式会社奉天造兵所
伪满洲国法人株式会社奉天造兵所
国民党兵工署第九十工厂
军工部沈阳兵工总厂
东北军区军工部五一工厂
重工业部兵工总局第三二三厂
第二机械工业部第四一〇厂
国营黎明机械厂
国营黎明机械公司
黎明发动机制造公司
黎明航空发动机有限公司

（东三省航空处）
东北航空工厂
（东北航空处）
（东北边防军航空司令部）
（东北航空署）
满洲航空株式会社奉天航空工厂
满洲飞行机制造株式会社
国民党空军三十八厂
空军工程部东北总厂第三厂
重工业部航空工业管理局第一一一厂
国营新光机械厂
沈阳新光动力机械公司
航天新光集团有限公司

1920 1921 1922 1923 1929 1930 1931 1932 1933 1934 1937 1938 1945 1946 1947 1948 1949 1950 1951 1952 1953 1954 1957 1959 1960 1979 1986 1987 1995 1996 2000 2001

大亨铁工厂
日本国法人株式会社满洲工厂
中央机器公司沈阳机器四厂
机械工业管理局沈阳第二机器厂一分厂
沈阳矿山机器厂
北方重工集团有限公司

满洲工作机械株式会社
第三汽车机件修造厂
第四汽车机件制造厂
东北军区军工部汽车总厂第四汽车厂
沈阳第五机械厂
沈阳第二机床厂
中捷友谊厂
沈阳机床集团有限公司

黎明航空发动机有限公司｜航天新光集团有限公司｜北方重工集团有限公司｜沈阳机床集团有限公司

图 10-83　沈阳东塔机场及周边地区工厂机构变迁图

来源：作者绘

沈阳东塔机场及周边地区主要建设历程　　　　**表 10-12**

建设阶段	东塔机场的主要建设		东塔机场周边地区的主要建设	
	建设时序	建设内容	建设时序	建设内容
奉系军阀时期	1920 年 10 月	利用东塔原农事试验场 1200 亩地建成机场，建有机库、办公楼和 500m 长的土质跑道	1911 年	新开河（又称水利河、北运河）为人工挖掘的灌溉渠道，1998 年整修，全长 27.7km^2
	1921 年	建成 1040m^2 综合楼、宿舍和南北两座棚厂	1921 年	成立东三省兵工厂，规划建设“八厂四处”，占地 3243 亩
	1924 年	增建长宽 240m×24m 的机库和飞机修理厂房，开通第一条民用航线（沈阳—营口）	1922 年	设立隶属东三省航空处的东三省陆军航空学校和航空工厂，占地 800 亩
	1930 年	机场向南扩宽 300m	1923 年	建成大亨铁工厂

续表

建设阶段	东塔机场的主要建设		东塔机场周边地区的主要建设	
	建设时序	建设内容	建设时序	建设内容
东北沦陷时期	1931年	机场扩建为910m×1450m，修建一条长宽厚1000m×80m×0.08m的混凝土跑道，整修综合楼，修建塔台、车库及3000m² 平房宿舍	1932年9月	迁走东三省航空学校，改称“满洲航空株式会社奉天航空工厂”，利用飞机库修理飞机
	1932年	满洲航空株式会社进驻机场，建有储油库和航空灯塔，将跑道拓展至1500m×80m×0.12m	1932年10月	日满合作设奉天造兵所，设6个制作所
			1940年	“满飞”扩张至建筑面积12万m²
抗战胜利后的时期	1946年	国民党空军将混凝土跑道加厚10cm，作为中国航空公司、中央航空公司飞机的备降场	1946—1948年	未进行大规模建设，仅维持工厂重新投产
沈阳解放后的时期	1950年	跑道向西南延长520m(全长2000m)，加厚至0.22m，建成容量350t半卧式油罐	1951年	空军第三厂改为一一一厂，厂房建筑面积32662m²
	1954年	建成定向台和北道台，以保障中型运输机的起降	1954—1956年	一一一厂在兵工厂原址援建四一〇厂，占地85万m²，新建202773m² 建筑和60个项目
	1965年	新建3716m² 的3层候机综合楼	1959年	国营第一一一厂转为航天动力装置的研制生产单位，占地26ha
	1967年	修建1246m² 的机修库	1961年	组建航空发动机设计研究所，全所占地845797m²，建筑面积166374m²

10.8.3 沈阳东塔机场地区的历史建筑遗存研究

1. 历史建筑遗存的现状分布特征

沈阳东塔机场地区的近现代历史建筑时间跨度为1920年机场建成肇始至改革开放之前，涵盖了奉系军阀时期、伪满洲国政府时期以及计划经济时期三大历史阶段，积淀了大量航空特色鲜明、建筑风格多样和建筑类型丰富的近现代机场建筑和航空工业建筑。东塔机场地区总体上拥有以近现代航空工业建筑为主体、以机场为核心的完整历史建筑体系。除了仍在使用中的飞行区之外，尚遗留有以黎明发动机厂为中心的四大历史建筑群：黎明发动机厂建筑群、新光机械厂建筑群、和睦路工人村苏联式住宅建筑群以及军民航的机场建筑群。从空间布局来看，数量众多的航空航天工业历史建筑集中分布在长安路以北的黎明发动机厂和新光机械厂内，长安路以南的机场区域建筑遗存数量不多。从功能类型来看，航空类历史建筑遗存包括生产制造、运营维修、办公研发和生活配套设施等多元化的功能建筑。从建造构型风格来看，民国时期的历史建筑大多为砖混结构，德式或日式建筑风格为主，而20世纪50年代至60年代的历史建筑主要为红砖、坡屋顶的苏联式建筑风格。

2. 机场地区典型的历史建筑

沈阳东塔机场是东北地区最早建成的机场，东塔机场地区也是近现代军事工业建设的重地，该地区先后经历了北洋军阀、伪满政府的苦心经营，又是中华人民共和国成立初期苏联援华156项工程中的重点航空工业项目建设地，至今仍遗留大量不同时期的近现代工业建筑群（表10-13）。其建筑遗存既是我国近代发展自主航空工业的见证，也是日本关东军发动侵华战争策源地的铁证，同时也展示了中华人民共和国航空工业起步发展的实证（图10-84）。

沈阳东塔机场地区近现代历史建筑遗存现状 **表10-13**

建设分期	功能模块	建筑分类	建筑特性	历史建筑保护
北洋军阀时期	机场	机库	位于沈鹰家园内，红砖结构，折线形屋顶	三类
	东三省兵工厂	综合楼	空军部队院内，2层综合楼，在用	—
		小白楼	1921年建成，原兵工厂办公楼、国民党兵工署第九十兵工厂办公厅；2层砖混结构	不可移动文物
		323礼堂	1921年建成，主楼，1506.9m^2，砖混结构	二类
		1927楼	1927年建成，砖混结构	不可移动文物
		173厂房	1920年建成，车管喷嘴加工厂，建筑面积3250m^2	二类
		234-1厂房	木质带天窗建筑，旁边有同类厂房	二类
		供水设施	2组（一组为圆形水堡和方形建筑，另一组为圆形水堡）	—
	航空工厂	小黄楼	原为东三省航空处办公楼，钢筋混凝土结构	三类
	大亨铁工厂	办公楼	砖木结构，2层欧式办公楼，设花园凉亭造型楼顶，500km^2	不可移动文物
		水塔	供水设施，红砖结构	二类
	其他	大东公园	1925年建成，占地9.9万m^2；1984年重建，占地0.04km^2	—
东北沦陷时期	机场	碉堡	位于南运河旁，水泥混凝土结构	—
		宿舍楼及水塔	楼一侧3层，另一侧2层，坡屋顶，失火严重受损；水塔为红砖结构，均未被保护	—
	满航/满飞	机库（2座）	原有的大型机场机库，新光厂以南45号厂房为另一座飞机库	三类
		厂房	42号、44号工业厂房，锯齿形天窗	三类
		大白楼	原满飞设计办公楼，后新光厂办公楼	三类
		炮楼遗址	圆形炮楼，军事工业警卫辅助设施	三类
		满飞附属工厂	未完工的混凝土建筑框架。包括办公楼和联合厂房。1958年续建，现为金杯汽车公司办公楼及附属厂房	三类
	其他	盟军战俘营	1号战俘营房及附属用房，近5万m^2	不可移动文物
		技能养成所	和睦路4号建筑群（6栋），原南满造兵厂技能养成所	二类
156项工程时期	机场	民航候机楼	1965年建成，3层混合结构，3716m^2	—
		军用瞭望塔	共计2座，主体1层，顶部瞭望台用于观察飞机起降	—
	黎明	主要厂房	1号楼（热表处理厂），33983m^2；3号楼（冲压焊接厂房），25400m^2；4号楼（工具制造厂房），15680m^2；5号楼（锻造厂房）、7号楼（发动机装配厂房），13700m^2	二类
		6号楼	即工程技术楼（1955m），E形平面，坡屋顶，混合结构，7842m^2	二类
		18号楼	发动机试车台（1957年），用于发动机试车，10780m^2	二类
		159号厂房	322号厂房附近	二类
		教学楼	主体2层，中间3层，对称布局，现黎明技师学院	二类
		黎明文化宫	中华人民共和国成立初期大型影剧院建筑的代表，7537m^2	三类
		黎明饭店	工人生活配套设施	—
		和睦路	工人村为黎明公司配套住宅。含4个完整街坊及部分临街建筑（30栋苏联式红楼）	—
		行政大楼	215号楼（1954年），混合结构，6935m^2	二类
		办公附楼	134号楼，位于主办公楼西侧，3层，四面坡屋顶	二类
		222-1号厂房	坡屋顶，红砖，单层厂房	二类
	新光	生活用房	包括食堂、自行车棚	三类

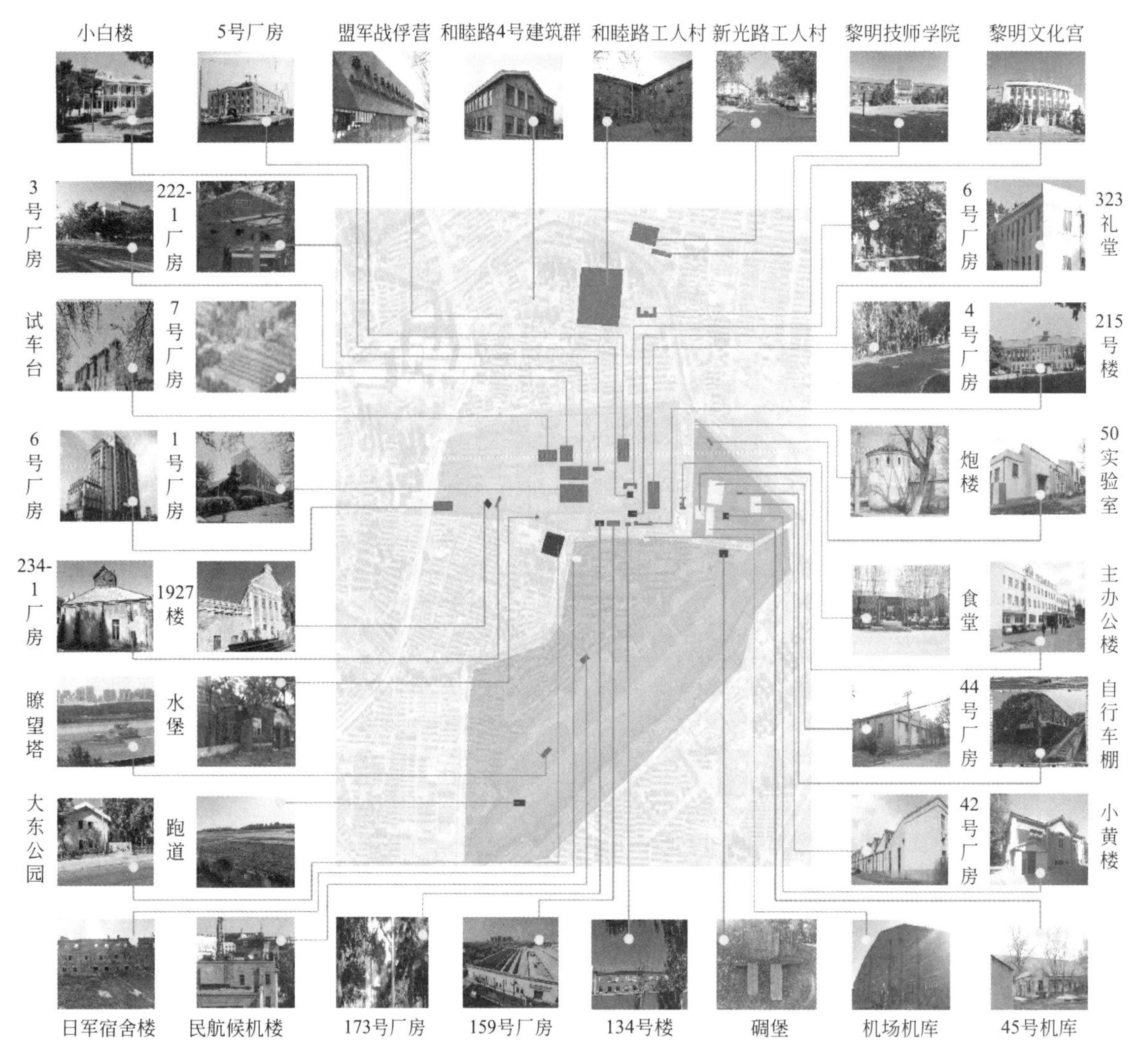

图 10-84　沈阳东塔机场地区近现代历史建筑遗存现状分布图

来源：作者绘

1）奉系时期的小白楼

位于黎明发动机公司内的小白楼始建于 1921 年，为东三省兵工厂的办公楼。该楼正南北朝向，楼高 2 层，上下两层均设有开敞走廊，该外廊均以 6 排方柱上下 2 层支撑。该建筑采用 19 世纪欧洲公共建筑常见的对称平面和立面，建筑平面呈凹字形布局，中轴线明显，建筑顶部设矩形凸起，镶嵌厂标。整体建筑呈现典型的德式风格，多采用长条形窗户（图 10-85）。该建筑保存较好，经过整修后现仍作为办公室使用。

2）东北沦陷时期的军用机库

东北沦陷时期在东塔机场跑道北端修建了一座大型军用机库，用于军用飞机的维修。该机库采用多折线式屋顶、钢桁架屋盖结构和铁皮屋面，红砖混合结构，机库大门单侧设置，设有 8 扇铁皮木框推拉门；其对面的山墙面两侧各有 3 根高度渐次递增的壁柱支撑，柱间上下设有 2 排铁框玻璃窗户（图 10-86）。该建筑整体结构稳固，四面采光良好，建筑外观简洁完整。该机库已被列入沈阳市第六批历史建筑名录。

3）中华人民共和国成立初期的和睦路工人村

地处四一〇厂北侧、位于黎明二街与黎明四街之间的和睦路工人村（代号“240”地区）是为黎明厂生产配套的职工及职工家属区，也是 20 世纪 50 年代沈阳新建的第一批工人集合住宅区。该工人村主

图 10-85　沈阳黎明发动机公司的小白楼

来源：作者摄

图 10-86　沈阳东塔机场的军用机库山墙面

来源：作者摄

要包括 6 个居住街坊及其所围合的 3 个公建街坊以及北部的 1 排行列式住宅楼群。从空间布局来看，和睦路工人村沿用了邻里单位布局思想，每个居住街坊分别由 6 栋住宅折角围合成周边式住宅组团，住宅群内设有包括厂长楼、锅炉房、幼儿园、浴池等一系列的服务公建设施。居住组团外围周边则分布文化宫、职工学校、中小学校、医院及供销社等。住宅楼普遍楼高 2 层或 3 层，具有苏联式建筑风格的坡屋顶、老虎窗、门洞、阳台及浮雕等价值要素（图 10-87）。目前遗存的住宅建筑群共有 30 栋。

10.8.4　沈阳东塔机场地区航空航天工业遗产保护和再利用策略

1. 编制航空航天工业遗产专项保护计划和申报国家工业遗产名录

当前东塔机场地区有着系统完整的航空航天工业历史建筑群，具备国家级的近现代航空航天工业价值体系，但该地区的航空航天工业历史建筑保护等级、保护力度尚有不足，当前东塔机场地区的“黎明

图 10-87　沈阳国营四一〇厂“一五”时期新建的和睦路工人村
来源：作者摄

公司建筑群”“新光厂建筑群”“满洲飞行机制造株式会社旧址”“大亨铁工厂水塔旧址”“矿山机器厂办公楼旧址”等先后被列入沈阳市的市级历史建筑名录，但从东塔地区航空航天历史文脉的延续来看，仍缺乏从航空航天工业行业角度的整体保护。如 1921 年始建的东三省航空处办公楼已于 2002 年被拆除，和睦路工人村仅保留一个居住街坊等。另外，航空航天企业经营生产的发展需求与工业建筑遗存保护之间的矛盾越发突出，即将全面启动的机场地区再开发与航空工业遗产保护之间的潜在矛盾也令人担忧。

建议有关部门对东塔地区的工业建筑遗存进行全面普查，编制具有法定约束力的东塔机场地区航空航天工业遗产保护和再利用专项规划，对该地区近现代航空航天工业历史地段予以整体性保护，构建由“航空航天历史文化片区—航空航天工业历史建筑群—航空航天历史建筑”组成的近现代航空航天工业遗产体系，整体打包申报国家工业遗产名录或全国重点文物保护单位。

2. 开发航空航天历史文化片区和航空航天工业文化旅游线路

借鉴沈飞航空博览园的开办经验，建议在长安路沿线的新光公司地块构建以新建航空航天工业博物馆为中心的“航空航天历史文化片区”，并借助南运河、新开河等蓝带水系及其两侧的绿道，串接沿线的大东公园、黎明游园和黎明公园等绿地以及和睦路工人村等历史建筑群，同时融合黎明航空发动机公司、新光创意产业园的近现代航空工业、航天工业旅游项目，如在黎明厂区开发“1927 楼—小白楼—156 项目厂房—厂史馆”的航空工业旅游线路，并在严守国家保密制度的前提下专门开辟出供游客参观的生产、装配演示区，这类集观光、交流和学习于一体的工业旅游路线还可以申报红色旅游路线。远期结合东塔军用机场的搬迁，以东塔机场地区再开发为契机，打造以东塔机场跑道为核心、以航空航天文化为主题的中央休闲区（CRD）。

参考文献

[1]《柳州 20 世纪图录》编辑部．柳州 20 世纪图录［M］．南宁：广西人民出版社，2001.

[2]《洛阳建筑志》编纂委员会．洛阳建筑志［M］．郑州：中州古籍出版社，2004.

[3]《上海建筑施工志》编纂委员会．上海建筑施工志［M］．上海：上海社会科学院出版社，1997.

[4]《上海建筑施工志》编纂委员会．上海建筑施工志［M］．上海：上海社会科学院出版社，1997.

[5]《上海城市规划志》编纂委员会．上海城市规划志［M］．上海：上海社会科学院出版社，1999.

[6]《武汉历史地图集》编纂委员会．武汉历史地图集［M］．北京：中国地图出版社，1998.

[7]《中国民航华东空管志》编纂委员会．中国民航华东空管志［M］．上海：上海辞书出版社，2007.

[8]《中国民用航空志・东北地区卷》编纂委员会．中国民用航空志・东北地区卷［M］．北京：中国民航出版社，2007.

[9]《中国民用航空志・华北地区卷》编纂委员会．中国民用航空志・华北地区卷（全三卷）［M］．北京：中国民航出版社，2012.

[10]《中国民用航空志・华东地区卷》编纂委员会．中国民用航空志・华东地区卷［M］．北京：中国民航出版社，2012.

[11]《中国民用航空志・西北地区卷》编纂委员会．中国民用航空志・西北地区卷［M］．北京：中国民航出版社，2007.

[12]《中国民用航空志・西南地区卷》编纂委员会．中国民用航空志・西南地区卷［M］．北京：中国民航出版社，2011.

[13]《中国民用航空志・新疆地区卷》编纂委员会．中国民用航空志・新疆地区卷［M］．北京：中国民航出版社，2011.

[14]《中国民用航空志・中南地区卷》编纂委员会．中国民用航空志・中南地区卷［M］．北京：中国民航出版社，2013.

[15]《中国人民解放军历史资料丛书》编审委员会．解放战争时期国民党军起义投诚［M］．北京：解放军出版社，1995.

[16] 白淑兰．北平市都市计划之研究［J］．北京档案史料，1994（1）：38-42.

[17] 鲍鼎．五十年后大武汉之浮雕［J］．工程（武汉版）：中国工程师学会武汉分会会刊，1947（3）：166-170.

[18] 北平市工务局．北平市都市计画设计资料第一辑［Z］．1947.

[19] 蔡锦松．新疆迪化飞机制造厂易手始末［J］．民国档案，1996（3）：110-113.

[20] 长春市地方志编辑委员会．长春市志・规划志［M］．长春：吉林文史出版社，2000.

[21] 长春市地方志编辑委员会．长春市志・民航志［M］．长春：吉林文史出版社，1995.

[22] 长沙市地方志办公室．长沙市市志（第五卷）［M］．长沙：湖南人民出版社，1997.

[23] 陈伯超．沈阳城市建筑图说［M］．北京：机械工业出版社，2011.

[24] 陈朝军．福建船政考略［M］．北京：中国建筑工业出版社，1993.

[25] 陈道章．船政研究文集［M］．福州：福建省音像出版社，2006.

[26] 陈国栋．近代天津的英国建筑师安德森与天津五大道的规划建设［M］//建筑的历史语境与绿色未来：2014、2015“清润奖”大学生论文竞赛获奖论文点评．北京：中国建筑工业出版社数字出版中心，2016：9-25.

[27] 陈鲛．防空建筑学［M］．上海：大东书局，1949.

[28] 陈景行．飞机场之设计［D］．上海：同济大学，1942.

[29] 陈栖霞，朱鸿道，唐中和．蒋介石空军重要训练基地：笕桥中央航空学校［M］//浙江省政协文史资料委员会．浙江省文史资料选辑（第 5 辑）．杭州：浙江人民出版社，1963.

[30] 陈孝纯．英雄流汗・荒山变乐园：记航空发动机制造厂（附照片）［J］．中国的空军，1947（101）：9-11.

[31] 陈秀峰．沧桑胜利堂：抗战胜利堂与人民英雄纪念碑［J］．云南档案，2018（9）：40-45.

[32] 陈训烜．都市计划学［M］．上海：商务印书馆，1940.
[33] 陈占祥，娄道信．首都政治区建设计划大纲草案［J］．公共工程专刊，1947（2）：48-52.
[34] 成都市地方志编纂委员会．成都市志·城市规划志［M］．成都：四川辞书出版社，1998.
[35] 戴安国．民用航空局成立以来之工作进展［J］．民用航空，1948（1）：3-5.
[36] 戴安国．我国一年来之民用航空［J］．民用航空，1948（1）：27-30.
[37] 戴恩基．中国航空公司之过去现在及将来［J］．交通职工月报，1935，3（7）：35-86.
[38] 戴志昂．民用航空场站设计（上）［J］．民用航空，1948（3）：5-9.
[39] 戴志昂．民用航空场站设计（中）［J］．民用航空，1948（4）：14-18.
[40] 戴志昂．民用航空场站设计（下）［J］．民用航空，1948（6）：10-13.
[41] 邸超．太原市近现代工业建筑遗产研究［D］．太原：太原理工大学，2017.
[42] 丁甲宇．《青岛市施行都市计划方案》的产生、内容和后续完善［C］//中国城市规划学会．城市时代，协同规划：2013中国城市规划年会论文集．青岛：青岛出版社，2013.
[43] 董承镒．南京的七座机场［J］．南京史志，1996（1）：34-36.
[44] 董鉴泓．中国城市建设史［M］．北京：中国建筑工业出版社，1999.
[45] 董卫，李百浩，王兴平．亚的斯亚贝巴近现代城市规划历史百年回顾［M］//董卫．城市规划历史与理论（03）．南京：东南大学出版社，2018.
[46] 董修甲．今后都市之分区与防空［J］．市政评论，1937，5（3）.
[47] 杜建军，杨毅．动荡时代的城市中央公园营造：民国"昆明中央公园"图案竞赛及首奖考述［J］．中国园林，2022，38（11）：134-139.
[48] 杜祥武．辽宁省志·民用航空志（1920～2005）［M］//中国地方志年鉴．沈阳：辽宁民族出版社，2014.
[49] 杜鱼．基泰工程司创建者关颂声［M］//天津市河西区政协文史委员会．河西文史资料选辑（第九辑）：天津河西历史文化．北京：中国戏剧出版社，2011.
[50] 端龙云．南京国民政府空军建设研究（1927—1937）［D］．合肥：安徽师范大学，2010.
[51] 范文照．仗义抗日美人肖特烈士之墓：［画图］［J］．中国建筑，1933，1（2）：20-23.
[52] 范小鸥．长春近代城市规划解析［J］．规划师，2008，24（3）：93-96.
[53] 方耀．我在国民党航空学校的见闻［Z］//杭州市政协杭州市委员会，文史资料研究委员会．杭州文史资料（第48辑）．1984.
[54] 冯璜．广西航空学校概况［Z］//广西区政协文史资料委员会．广西文史资料选辑（第35辑广西航空史料专辑）．1992.
[55] 冯立昇．庄前鼎与清华大学机械工程系的创建及早期发展［EB/OL］．2022. http：//museum. cmes. org/news/learningDetail/4e52c5d0241249d2baf62884d305354f.
[56] 冯启镠．上海航空情形实地调查记［J］．航空，1924，5（3）：19-21.
[57] 傅海辉．抗战时期空军航空研究院科研工作之研究［D］．上海：上海交通大学，2015.
[58] 馥记营造厂重庆分厂．馥记营造厂重庆分厂成立三周年纪念册　民国三十五春［Z］，1946.
[59] 高广文，胡志安．大连周水子国际机场志1973—2003［M］．北京：航空工业出版社，2003.
[60] 高凌美．汉口市都市计划概说［J］．新汉口，1930，2（10）：33-47.
[61] 戈登．区域计划．市政评论［J］．1946，8（9）：10-24.
[62] 葛敬恩．中央航空学校和航空署见闻［M］//陶人观．上海文史资料存稿汇编（第2册）．上海：上海古籍出版社，2001.
[63] 龚诗基．对于市中心计划之意见［Z］．上海市市中心区域建设委员会，1930.
[64] 中国工程师协会湛江分会．工程近讯：黄浦开港案审查结果［J］．工程季刊，1934，3（2）：101-102.
[65] 广州市档案馆，中国第一历史档案馆，广州市越秀区人民政府．广州历史地图精粹［M］．北京：中国大百科全书出版社，2003.
[66] 广州市地方志编纂委员会．广州市志（卷三）［M］．广州：广州出版社，1995.
[67] 广州市工务局．广州市城市设计概要草案［R］．广州市政府，1932.
[68] 贵州省地方志编纂委员会．贵州省志·民用航空志［M］．北京：方志出版社，1997.
[69] 桂林市建设规划局．桂林市规划建筑志［M］．桂林：漓江出版社，1998.

[70] 郭明．战后武汉区域规划研究［D］．武汉：武汉理工大学，2010.
[71] 郭世杰．民国《首都计划》的国际背景研究［J］．工程研究——跨学科视野中的工程，2010，2（1）：74-81.
[72] 国都设计技术专员办事处．首都计划（南京稀有文献丛刊）［M］．南京：南京出版社，2006.
[73]（国民政府）交通部交通史编纂委员会，铁道部交通史编纂委员会．交通史航空编［Z］．1930.
[74]（国民政府）交通部民用航空局场站处编．场站建设（民国三十六年业务报告）［R］．1948.
[75]（国民政府）交通部年鉴编纂委员会．交通年鉴·民用航空［Z］．1935.
[76] 国营第320厂编辑委员会．中国航空工业史丛书，国营第320厂厂史（1951—1983）［Z］．1988.
[77] 哈尔滨市城市规划局．哈尔滨印象［M］．北京：中国建筑工业出版社，2006.
[78] 哈静，曲薇．沈阳工业历史及工业建筑遗存现状［J］．北京规划建设，2011（1）：37-42.
[79] 哈密地区地方志编纂委员会．哈密地区志［M］．乌鲁木齐：新疆大学出版社，1997.
[80] 哈雄文．公共工程专刊（第二集）［Z］．内政部营建司，1947.
[81] 哈雄文．公共工程专刊（第一集）［Z］．内政部营建司，1945.
[82] 韩福文，何军，王猛．城市遗产与整体意象保护模式研究：以老工业城市沈阳为例［J］．经济管理，2014，36（9）：119-130.
[83] 汉口特别市工务局．汉口特别市工务计划大纲［Z］．汉口：汉口市政府，1930.
[84] 汉口特别市政府秘书处．汉口特别市市政计划概略［Z］．汉口：汉口特别市政府秘书处，1929.
[85] 杭州市城乡建设志编纂委员会．杭州市城乡建设志［M］．北京：中华书局，2002.
[86] 杭州市档案馆．杭州都图地图集·第五都全图（1931—1934）［M］．杭州：浙江古籍出版社，2008.
[87] 杭州市档案馆．杭州古旧地图集［M］．杭州：浙江古籍出版社，2006.
[88] 杭州市地方志编纂委员会．杭州市志（第六篇交通篇）［M］．北京：中华书局，1999.
[89] 杭州市政协文史委员会．起飞在杭州：中央杭州飞机制造厂史料图辑［M］．杭州：杭州出版社，2018.
[90] 航空工业部第一三二厂厂史办．建国前四川航空工业概况［Z］//航空工业部航空工业史编辑办公室．航空工业史料（第九辑近代史专辑）．1989.
[91] 航空学校编译室．广东航空学校专刊［Z］．1934.
[92] 何柳斌．江西修复国民党时期飞机制造厂旧址拟申文保单位［EB/OL］．中国新闻网，（2010-10-13）．http：//www.chinanews.com.cn/cul/2010/10-13/2585596.shtml.
[93] 黑龙江省地方志编纂委员会．黑龙江省志·交通志［M］．哈尔滨：黑龙江人民出版社，1997.
[94] 侯丽，王宜兵．鲍立克在上海：近代大都市战后规划与重建［M］．上海：同济大学出版社，2016.
[95] 侯亚楠，杨毅，曾巧巧．近代昆明的内迁营造业研究：兼论华盖、兴业、基泰建筑事务所对近代昆明城市建设之影响［J］．建筑师，2021（4）：112-119.
[96] 胡越英．川西B-29"特种工程"研究［D］．成都：四川大学，2003.
[97] 胡子亚．明故宫怎样变成飞机场：附照片［J］．中国的空军，1947（108）：7-8.
[98] 湖北省政府．大武汉市建设计划草案［Z］．1944.
[99] 华强，奚纪荣，孟庆龙．中国空军百年史［M］．上海：上海人民出版社，2006.
[100] 黄德驹，中山路邮电楼房是谁建的［J］．沙市志通讯，1984（23）：38-39.
[101] 黄涤平．旧中国民航事业初创情况［J］．复印报刊资料（经济史），1983（12）：159-160.
[102] 黄家接，王小霞．广西城市规划发展简述［J］．广西地方志，2017（1）：51-57.
[103] 黄延复．华敦德在清华大学［J］．中国科技史料，1981（2）：96-99.
[104] 黄燕玲．《抗战胜利堂碑记》与昆明抗战胜利堂［J］．云南档案，2002（4）：33-34.
[105] 黄元炤．奚福泉：简单又平实的设计姿态，契合于"现代建筑"［J］．世界建筑导报，2015（3）：47-51.
[106] 黄元炤．中国建筑近代事务所的衍生、形态及其年代和区域分布分析［J］．世界建筑导报，2017（3）：51-55.
[107] 黄元炤．中国近代建筑纲要（1840—1949年）［M］．北京：中国建筑工业出版社，2015.
[108] 霍焱．沈阳东塔机场地区再开发研究［D］．沈阳：沈阳建筑大学，2013.
[109] 季秋．国民政府中的"预备"建筑师：浅论民国时期南京开业建筑师的政府工作经历及其影响［J］．建筑与文化，2014（2）：138-139.
[110] 季秋．艰难时局下的惨淡经营：对日治时期南京地区的近代建筑师及其活动的初步研究［J］．建筑史，2014（2）：187-196.

[111] 季秋．中国早期现代建筑师群体：职业建筑师的出现和现代性的表现（1842—1949）：以南京为例［D］．南京：东南大学，2014.
[112] 季文美．有关中意飞机制造厂和国民党第二飞机制造厂的一些情况［J］．航空史研究，1996（2）：8-10.
[113] 贾迪．1937—1945年北京西郊新市区的殖民建设［J］．抗日战争研究，2017（1）：87-106+160.
[114] 笕桥镇志编纂委员会．笕桥镇志（下）［M］．北京：中华书局．2016.
[115] 简笙簧．西北中苏航线的经营［M］．台北："国史馆"，1984.
[116] 江苏省地方志编纂委员会．江苏省志·交通志·民航篇［M］．南京：江苏人民出版社，1996.
[117] 江西年鉴编辑委员会．江西省志29·江西省军事工业志［M］．合肥：黄山书社，2006.
[118] 江西省地方志编纂委员会．江西省志·江西省民用航空志［M］．北京：方志出版社，1997.
[119] 姜长英．中国航空史：史话·史料·史稿鉴［M］．北京：清华大学出版社，2000.
[120] 蒋春倩．华盖建筑事务所研究（1931—1952）［D］．上海：同济大学，2008.
[121] 蒋逵．旧中国航空界见闻［M］//中国人民政治协商会天津市委员会文史资料委员会．天津文史选辑（第27辑）．天津：天津人民出版社，1984.
[122] 蒋逵．我为刘湘训练海空军的前前后后［Z］//政协重庆市委文史办．重庆文史资料选辑（第22辑）．1984：90.
[123] 金富军，王向田．抗战前清华航空研究考察［J］．力学与实践，2009，31（5）：92-96.
[124] 陆海空军：海军制造飞机厂着手扩充制造［J］．剪报，1932（8）：90-91.
[125] 军政部航空署编辑委员会．首都飞机场未来计划之一［J］．航空杂志，1931，2（1）：14.
[126] 君禹．半月来之建设：首都建筑最新式飞机场［J］．中国杂志，1931，1（3）：105-106.
[127] 阚浩林，郑辑宏．以奚福泉作品为例谈近代建筑遗产的保护意义［J］．居业，2016（2）：77-79.
[128] 空军伊宁教导总队．转摘自中外杂志二二八期［EB/OL］．（2022-06-26）．http：//www. flyingtiger-cacw. com/gb_488. htm.
[129] 赖德霖，王浩娱，袁雪平，等．近代哲匠录：中国近代重要建筑师、建筑事务所名录［M］．北京：中国水利水电出版社，2006.
[130] 赖德霖，王浩娱，袁雪平，等．中国近代时期重要建筑家（六）［J］．世界建筑，2004（10）：84-86.
[131] 赖德霖，王浩娱．近代哲匠录：中国近代重要建筑师、建筑事务所名录：更正与补遗［C］//第四届中国建筑史学国际研讨会论文集，上海：同济大学，2007.
[132] 赖德霖，伍江，徐苏斌．中国近代建筑史（第一卷至第五卷）［M］．上海：同济大学出版社，2016.
[133] 赖世贤，徐苏斌，青木信夫．中国近代早期工业建筑厂房木屋架技术发展研究［J］．新建筑，2018（6）：19-26.
[134] 乐典．对国民党第一所中央航空学校的回忆［M］//政协江西省文史资料研究委员会．江西文史资料选辑（第2辑）．南昌：江西人民出版社，1982.
[135] 李百浩，王西波，薛春莹．武汉近代城市规划小史［J］．规划师，2002（5）：20-25.
[136] 李百浩，薛春莹，王西波，等．图析武汉市近代城市规划（1861—1949）［J］．城市规划汇刊，2007（6）：77-80.
[137] 李百浩．日本在中国的占领地的城市规划历史研究［D］．上海：同济大学，1997.
[138] 李东泉，周一星．中国现代城市规划的一次试验：1935年《青岛市施行都市计划案》的背景、内容与评析［J］．城市发展研究，2006（3）：14-21.
[139] 李桂珍．我所知道的乌鸦洞和父亲［M］//发动机制造厂文献编辑委员会．航空救国：发动机制造厂之兴衰（1939—1954）．台北：河中文化实业有限公司，2008.
[140] 李海清．再探现代转型：中国本土性现代建筑的技术史研究［M］．北京：中国建筑工业出版社，2018.
[141] 李海清，付雪梅．运作机制与"企业文化"：近代时期中国人自营建筑设计机构初探［J］．建筑师，2003（4）：49-53.
[142] 李海清，敬登虎．全球流动背景下技术改进与选择案例研究——抗战后方"战时建筑"设计混合策略初探［J］．建筑师，2020，（1）：119-128.
[143] 李海霞，张复合．马尾船政局建筑遗产的历史价值与现状保护［C］//刘伯英．中国工业建筑遗产调查与研究：2008中国工业建筑遗产国际学术研讨会论文集．北京：清华大学出版社，2009.
[144] 李季．广西近代城市规划历史研究［D］．武汉：武汉理工大学，2009.
[145] 李嘉谷．抗战时期中苏一次重要合作的夭折：苏联援建迪化飞机制造厂始末［J］．北京档案史料，2005（2）：115-138.

[146] 李侨 . 抗战中，苏联在新疆建立航空制造厂 [J]. 档案春秋，2011（7）：51-53.
[147] 李世坤 . 宜昌近代邮政概述 [Z] //中国人民政治协商会议湖北省宜昌市委员会文史资料研究委员会 . 宜昌文史资料选辑（2），1982：139-141.
[148] 李韶华 . 洪都春秋 [M]. 北京：航空工业出版社，2011.
[149] 李晓丹，童志勇，兰耀东 . 昆明市人民胜利堂建筑研究 [J]. 天津城市建设学院学报，2002（1）：31-35.
[150] 李耀滋 . 有启发而自由：从中国私塾到美国发明家、企业家、院士的北京人 [M]. 北京：中国青年出版社，2003.
[151] 李兆汝，曲长虹 . 城市规划的历史经验教训不能忘记 [N]. 中国建设报，2009-03-31（1）.
[152] 李烛尘 . 西北历程 [M]. 杨晓斌点校 . 兰州：甘肃人民出版社，2003.
[153] 李祖运，于长海 . 国民党中央防空学校在大陆的始末 [J]. 抗战史料研究，2012（2）：153-160.
[154] 梁思成，张锐 . 天津特别市物质建设规划方案 [M]. 天津：北洋美术印刷所，1930.
[155] 辽宁省档案馆编研展览处 . 民国辽宁城市映像系列：东塔机场 [J]. 兰台世界，2015（6）：2.
[156] 刘刊 . 儋石之储　中国第一代建筑师奚福泉（1902—1983 年）[J]. 时代建筑，2019（4）：154-161.
[157] 林千，邓有池 . 中国民航大博览 [M]. 北京：京华出版社，2000.
[158] 林庆元 . 福建船政局史稿（增订本）[M]. 福州：福建人民出版社，1999.
[159] 林萱治 . 福州马尾港图志 [M]. 福州：福建省地图出版社，1984.
[160] 林樱尧 . 船政航空业先驱：曾诒经 [M] //张作兴 . 船政文化研究（第 3 辑）. 福州：海潮摄影艺术出版社，2006.
[161] 林樱尧 . 福建船政制造铁胁船考 [C] //福建省造船工程学会 . 福建省科协第十届学术年会船舶及海洋工程分会论文集 .2010.
[162] 林樱尧 . 马尾首创中国航空业资料集 [Z]. 2006.
[163] 林玉萍 . 台湾航空工业史：战争羽翼下的 1935 年～1979 年 [M]. 台北：新锐文创，2011.
[164] 林致平 . 中国近代（1912—1949）航空工业之发展 [M] //发动机制造厂文献编辑委员会 . 航空救国：发动机制造厂之兴衰（1939—1954），台北：河中文化实业有限公司，2008.
[165] 刘凡 . 民国时期广东航空业研究（1924—1936 年）[D]. 广州：华南师范大学，2010.
[166] 刘唐领 . 关于中苏航空公司的回忆 [J]. 北京：中国民航史料通讯，1990（9）：14.
[167] 刘威 . 近代东北建筑期刊与日本侵华史研究 [J]. 中国出版，2018（20）：66-68.
[168] 刘先觉 . 杨廷宝先生诞辰一百周年纪念文集 [M]. 北京：中国建筑工业出版社，2001.
[169] 刘亚洲，姚峻 . 中国航空史 [M]. 第 2 版 . 长沙：湖南科学技术出版社，2007.
[170] 刘岩 . 民国时期辽宁地区民用航空的发展 [J]. 兰台世界，2015（S3）：128-129.
[171] 刘亦师 . 近代长春城市发展历史研究 [D]. 北京：清华大学，2006.
[172] 刘祯贵 . 抗战时期四川“特种工程”修建始末 [J]. 成都大学学报（社会科学版），1998（2）.
[173] 刘佐成 . 中国航空沿革纪略（前清光绪三十四年至民国十八年止）[M]. 南京：南京飞行杂志社，1930.
[174] 卢毓骏 . 三十年来中国之建筑工程：建筑百家评论集 [M]. 北京：中国建筑工业出版社，2000.
[175] 卢毓骏 . 新时代都市计划学 [M]. 南京，1947.
[176] 陆双 . 工业遗产视角下福建船政研究 [D]. 福州：福州大学，2016.
[177] 陆聿贵 . 来凤机场工程纪要 [J]. 工程（中国工程学会会刊），1948，20（2）：89-99.
[178] 卢永毅，陈艳 . 虹桥疗养院作品解读：略论中国近代建筑中的功能主义 [J]. 建筑师，2017，（5）：49-58.
[179] 罗永明 . 德国对南京国民政府前期兵工事业的影响（1928—1938）[D]. 合肥：中国科学技术大学，2010.
[180] 吕陈，石永洪 . 近现代南京城市规划与实践研究：基于 1927—2012 年南京重大城市规划与建设事件的分析 [J]. 现代城市研究，2014（1）：34-41.
[181] 吕彦直 . 规划首都都市区图案大纲草案 [J]. 首都建设，1929（1）：82-91.
[182] 吕彦直 . 建设首都市区计划大纲草案 [M] //建筑文化考察组 . 中山纪念建筑 . 天津：天津大学出版社，2007.
[183] 马尾建筑飞机厂库 . 本国・事情 [J]. 航空，1924，5（2）：72.
[184] 马向东 . 中央垒允飞机制造厂始末 [J]. 抗日战争研究，1996（2）：97-104.
[185] 马学强，林峰，张青华 . 千年龙华：上海西南一个区域的变迁 [M]. 上海：学林出版社，2006.
[186] 马毓福 . 中国军事航空 1908—1949 [M]. 北京：航空工业出版社，1994.

[187] 马振犊，戚如高．友乎？敌乎?：德国与中国抗战［M］．桂林：广西师范大学出版社，1997.
[188] 孟潘磊，刘伯英．我国工业厂房常见结构形式及做法初探［C］//刘伯英．中国工业建筑遗产调查、研究与保护（二）：2011年中国第二届工业建筑遗产学术研讨会论文集．北京：清华大学出版社，2012.
[189] 密山县志编纂委员会．密山县志［M］．北京．中国标准出版社，1993.
[190] 民国时期文献保护中心，中国社科院近代历史研究所．华北交通事业跟进［M］//民国文献类编：经济卷446．北京：国家图书馆出版社，2015.
[191] 民航华东地区史志编纂办公室．上海民用航空志［M］．上海：上海社会科学院出版社，2000.
[192] 民航总局史志编辑部编．中国航空公司、欧亚-中央航空公司史料汇编［Z］．1997.
[193] 莫畏，王娜娜．远藤新在长春的建筑作品及创作思想研究［C］//第五届中国建筑史学国际研讨会，2010.
[194] 南昌市地方志编纂委员会．南昌市志3［M］．北京：方志出版社，1997.
[195] 南昌市交通志编纂办公室．南昌市交通志［M］．北京：人民交通出版社，1993.
[196] 南京工学院建筑研究所．杨廷宝建筑设计作品资料集［M］．北京：中国建筑工业出版社，1983.
[197] 南京市地方志编纂委员会．南京城市规划志［M］．南京：江苏人民出版社，2008.
[198] 南京市地方志编纂委员会．南京建筑志［M］．北京：方志出版社，1996.
[199] 南京市地方志编纂委员会．南京交通志［M］．南京：海天出版社，1994.
[200] 南京市政协文史资料委员会．蓝天碧血扬国威（中国空军抗战史料专辑）［M］．北京：中国文史出版社，1990.
[201] 南靖县地方志编纂委员会．南靖革命史图集［M］．福州：海峡文艺出版社，2017.
[202] 南满洲铁道经济调查会．新京都市计画概要（新京国都建设计画图、新京都市计画说明书）［Z］．1935.
[203] 南满洲铁道经济调查会．新京都市计画说明书［Z］，1932.
[204] 南宁市规划管理局．南宁市城市规划志［M］．南宁：广西人民出版社，1996.
[205] 欧亚航空公司．欧亚航空公司开航四周年纪念特刊［Z］，1935.
[206] 欧阳昌宇．乌鸦洞的奇迹　中国历史上第一个航空发动机制造厂建成始末1940～1949［M］//政协贵州省委员会文史与学习委员会．贵阳：贵州人民出版社，1999.
[207] 欧阳杰，陈生锦，吕鸿．国外机场历史建筑保护与再利用模式研究［C］//中冶建筑研究总院有限公司，工业建筑杂志社．2021年工业建筑学术交流会论文集（上册）．2021.
[208] 欧阳杰，李旭宏．民国时期上海龙华机场的机场建筑建设［C］//张复合．中国近代建筑研究与保护论文集（五）：2006年中国近代建筑史国际研讨会论文集．北京：清华大学出版社，2006：485-490.
[209] 欧阳杰，吕鸿．机场旧航站楼再利用模式研究［J］．工业建筑，2019，49（12）：52-58.
[210] 欧阳杰，吕鸿．天津机场地区近现代历史建筑遗存的现状及其保护研究［C］//刘伯英．中国工业建筑遗产调查、研究与保护：2017年中国第八届工业遗产学术研讨会文集．北京：清华大学出版社，2019.
[211] 欧阳杰，尚芮，杨太阳．近代中国飞机制造厂的总平面布局及其工艺流程设计研究：以中意、中央（杭州/垒允）三大飞机制造厂为例［C］//中冶建筑研究总院有限公司，工业建筑杂志社．2021年工业建筑学术交流会论文集．2021.
[212] 欧阳杰，尚芮，杨太阳．中意、中央（杭州/垒允）三大飞机制造厂的总平面布局及工艺流程设计研究［C］//2021年工业建筑学术交流会论文集（上册），2021.
[213] 欧阳杰，尚芮．杭州笕桥机场建筑遗存保护与利用研究［C］//刘伯英．中国工业遗产调查、研究与保护：2021年中国第十一届工业遗产学术研讨会论文集．广州：华南理工大学出版社，2021.
[214] 欧阳杰，文婷，刘佳炜．黑龙江牡丹江-鸡西地区近代机场建设及其建筑遗存研究［C］//段勇，吕建昌．首届国家工业遗产峰会学术研讨会论文集，安徽亳州，2021.
[215] 欧阳杰，杨太阳，聂晨．沈阳东塔机场地区工业建筑遗产保护和再利用研究［J］．自然与文化遗产研究，2022，7（1）：79-89.
[216] 欧阳杰，朱松．我国内城型机场的开发模式和开发策略：以南京大校场机场为例［J］．城市，2017（11）：23-28.
[217] 欧阳杰．“航空救国”理念和“流线式”设计风格双重作用下的近代“飞机楼”建筑［J］．新建筑，2021（6）：130-134.
[218] 欧阳杰．“一五”时期156项中的航空工业项目建设及其工业遗产研究：以南昌洪都飞机制造厂为例［C］//刘伯英．中国工业遗产调查、研究与保护：2019年中国第十届工业遗产学术研讨会文集．广州：华南理工大学出版社，2020.

[219] 欧阳杰.《大上海都市计划》中的近代机场布局思想演进研究［C］//张复合，刘亦师.第16次中国近代建筑史学术年会会刊.西安，2018.
[220] 欧阳杰.国民政府时期南昌青云谱机场规划建设及其建筑遗存研究［C］//刘伯英.中国工业遗产调查、研究与保护：2018年中国第九届工业遗产学术研讨会文集.北京：清华大学出版社，2019.
[221] 欧阳杰.近代城市规划中机场选址及布局思想的演进研究［C］//董卫.城市规划历史与理论03：中国城市规划学会城市规划历史与理论学术委员会年会会刊（2016年）.南京：东南大学出版社，2018.
[222] 欧阳杰.近代上海虹桥机场航空站建筑形制演进研究［C］//第六届“建筑遗产保护与可持续发展·天津”国际学术会议论文集.天津：天津大学出版社，2021.
[223] 欧阳杰.近代上海龙华机场总平面规划的演进及其特征［J］.中国文化遗产，2019（5）：98-105.
[224] 欧阳杰.近代职业建筑师从事机场建筑设计项目实践的研究［C］//张复合，刘亦师.中国近代建筑研究与保护（十）：第15次中国近代建筑史学术年会会刊.北京：清华大学出版社，2016.
[225] 欧阳杰.抗战胜利后的近代城市规划中的机场规划建设研究［C］//中国城市规划学会.第13届城市规划历史与理论高级学术研讨会暨2021中国城市规划学会城市规划历史与理论学术委员会年会论文集.2021.
[226] 欧阳杰.留下这处航空史迹［J］.瞭望，2008（30）：63.
[227] 欧阳杰.民国时期南京《首都计划》中的飞机场站布局思想溯源［C］//董卫.城市规划历史与理论05：中国城市规划学会城市规划历史与理论学术委员会年会会刊（2018年）.南京：东南大学出版社，2022.
[228] 欧阳杰.民国时期中意飞机制造厂的规划建设及其建筑遗存研究［J］.遗产与保护研究，2018，3（10）：116-121.
[229] 欧阳杰.南京大校场机场近现代建筑遗存探究及其保护策略［M］//中国建筑文化遗产.天津：天津大学出版社，2019.
[230] 欧阳杰.南京国民政府交通部民航局主导下的民用航空站规划建设研究［C］//张复合，刘亦师.中国近现代建筑研究与保护（十一）.天津：天津人民出版社，2022.
[231] 欧阳杰.南京明故宫机场近现代建筑群遗存探究及其保护策略［C］//第五届“建筑遗产保护与可持续发展·天津”国际学术会议论文集.天津：天津大学出版社，2018.
[232] 欧阳杰.日伪时期华北八大都市计划大纲中的机场布局建设研究［C］//董卫.城市规划历史与理论04：中国城市规划学会城市规划历史与理论学术委员会年会会刊（2017年）.南京：东南大学出版社，2019.
[233] 欧阳杰.上海龙华机场近代航空站的建筑形制研究［J］.建筑史，2018（2）：201-210.
[234] 欧阳杰.天津市近代机场的规划和建设研究［J］.南方建筑，2018（3）：84-89.
[235] 欧阳杰.伪满时期“新京规划”中的机场布局建设研究［C］//中国城市规划学会.第12届城市规划历史与理论高级学术研讨会暨2020中国城市规划学会城市规划历史与理论学术委员会年会论文集，2020.
[236] 欧阳杰.伪满时期的东北地区机场飞机库建筑遗存研究［C］//张复合.中国近代建筑研究与保护（九）：2014年中国近代建筑史国际研讨会论文集.北京：清华大学出版社，2014.
[237] 欧阳杰.我国近代航空类线性文化遗产的保护与利用研究［C］//朱文一，刘伯英.中国工业建筑遗产调查、研究与保护（六）：2015年中国第六届工业遗产学术研讨会文集.北京：清华大学出版社，2016.
[238] 欧阳杰.我国近代机场航站楼的建筑实例和设计方案研究［C］//张复合.中国近代建筑研究与保护（七）：2010年中国近代建筑史国际研讨会论文集.北京：清华大学出版社，2010.
[239] 欧阳杰.我国近代机场机库建筑遗存的保护与利用研究［J］.工业建筑，2015（S1）：75-77，62.
[240] 欧阳杰.新疆哈阿航空线的线性文化遗产保护与利用研究［J］.遗产与保护研究，2018，3（1）：6-11.
[241] 欧阳杰.中国近代城市规划设计方案构图中的机场元素［J］.中国文化遗产，2019（1）：87-93.
[242] 欧阳杰.中国近代机场候机楼的发展历程和设计特征［C］//张复合.中国近代建筑研究与保护（六）：2008年中国近代建筑史国际研讨会论文集.北京：清华大学出版社，2008.
[243] 欧阳杰.中国近代机场建设史（1910～1949）［M］.北京：航空工业出版社，2008.
[244] 欧阳杰.中国近代机场建筑的发展历程和特征［C］//张复合.中国近代建筑研究与保护（三）：2002年中国近代建筑史国际研讨会论文集.北京：清华大学出版社，2004.
[245] 欧阳跃峰，金晶.百年来福州船政局研究综述［J］.黄山学院学报，2006，8（4）：62-67.
[246] 潘高升.欧亚航空公司的几个问题研究［D］.呼和浩特：内蒙古师范大学，2019.
[247] 潘银良.民国民航事业［J］.民国春秋，1998（2）：16-20.

[248] 帕蒂·哥莉著．时光飞逝 中国空军先驱林福元传［M］．张朝霞，译．广州：花城出版社，2013.
[249] 钱昌祚．三十年来中国之航空工程［M］//中国工程师学会三十周年纪念刊：三十年来之中国工程．南京：京华印书馆，1946：281.
[250] 强兆馥．川西四大机场和邛崃机场建筑经过略忆，抗日战争时期人口伤亡和财产损失（A系列）［M］//四川省党史研究室．北京：中共党史出版社，2015.
[251] 秦孝仪．抗日战争前国家建设史料：交通建设［M］//革命文献（第七十八辑）．台北："中央文物供应社"，1979.
[252] 秦孝仪．抗战前国家建设史料：首都建设［M］//革命文献（第九十一辑、第九十二辑、第九十三辑），台北："中央文物供应社"，1982.
[253] 秦孝仪．中国欧亚航空公司各地机场一览表（1936年3月调查）［M］//革命文献（第七十八辑），台北："中央文物供应社"，1982.
[254] 秦孝仪．中华民国重要史料初编：对日抗战时期：作战经过（第4册）［M］．台北："中央文物供应社"，1981.
[255] 青岛市档案馆．青岛地图通鉴［M］．济南：山东省地图出版社，2002.
[256] 青岛市档案馆．图说老青岛［M］．青岛：青岛出版社，2016.
[257] 青岛市工务局．青岛市施行都市计划案初稿［Z］．1935.
[258] 邱致中．大柳州"计划经济"实验市建设计划草案［Z］．南宁：广西省政府印行，1946.
[259] 邱致中．读了"论梧州市的市政"［J］．市政评论，1947，9（2-3）：16-19.
[260] 渠长根．民国杭州航空史［M］．杭州：杭州出版社，2012.
[261] 渠长根．浙江航空史志［M］．北京：光明日报出版社，2010.
[262] 渠长根．中央杭州飞机制造厂［J］．军事历史，2019（2）：118-124.
[263] 曲艺，李芳星．奚福泉20世纪30年代建筑设计手法探究［C］//张复合，刘亦师．中国近现代建筑研究与保护（十）：中国近代建筑史学术年会论文集．北京：清华大学出版社，2016.
[264] 任道安．黄平旧州机场修建记［M］//中国人民政治协商会议贵州省委员会文史资料研究委员会．贵州文史资料选辑 第28辑，1988.
[265] 宋昆，武玉华．天津基泰工程司与华北基泰工程司研究［J］．建筑师，2017（1）：57-72.
[266] 厦门市地方志编纂委员会．厦门市志（民国）·卷六·交通志［M］．北京：方志出版社，1999.
[267] 单霁翔．大型线性文化遗产保护初论：突破与压力［J］．南方文物，2006（3）：2-5.
[268] 山西省史志研究院．山西通志·第十八卷军事工业志［M］．北京：中华书局出版社，1997.
[269] 陕西省地方志编纂委员会．陕西省志·第二十六卷（三）民航志［M］．西安：西安地图出版社，2001.
[270] 上海工务局．上海市工务局之十年［Z］．1937.
[271] 上海市城市规划设计研究院．大上海都市计划（上、下册）［M］．上海：同济大学出版社，2014.
[272] 上海市政协文史资料委员会．上海文史资料存稿汇编（工业商业）［M］．上海：上海古籍出版社，2001.
[273] 上海图书馆．老上海风情录（二）：交通揽胜卷［M］．上海：上海文化出版社，1999.
[274] 上海图书馆．上海老地图［M］．上海：上海画报出版社，2001.
[275] 沈传经．福州船政局［M］．成都：四川人民出版社，1987.
[276] 沈潼．奚福泉博士小史［N］．时事新报，1933-02-15.
[277] 沈阳黎明发动机制造公司史志编审委员会．黎明公司志［Z］．1990.
[278] 沈阳市人民政府地方志办公室．沈阳市志·第三卷　工业综述　机械工业［M］．沈阳：沈阳出版社，2000.
[279] 沈阳市人民政府地方志编纂办公室．沈阳市志·第六卷　军事工业［M］．沈阳：沈阳出版社，1992.
[280] 沈阳市自然资源局．沈阳市第六批历史建筑初选名单公示［EB/OL］．沈阳：历史文化名城保护处，2019. http://zrzyj. shenyang. gov. cn/sygtzyj/ztgz/lswhmcbh/glist. html.
[281] 石其金．沈阳市建筑业志［M］．北京：中国建筑工业出版社，1992.
[282] 首都建设委员会．首都建设委员会第一次全体大会特刊［Z］．1930.
[283] 舒巴德，任勖干．中央政治区之布置及其发展之趋向［J］．首都建设，1930（3）：31-34.
[284] 舒巴德，唐英．首都建设及交通计划书［J］．首都建设，1929，(1)：77-82.
[285] 司道光，刘大平．中东铁路工业建筑屋架技术解析［C］//中国工业建筑遗产调查、研究与保护（六）．北京：清华大学出版社，2012.

[286] 苏则民．南京城市规划史稿［M］. 北京：中国建筑工业出版社，2008.
[287] 苏州混凝土水泥制品研究院有限公司．勤奋敬业奉献一生：追忆我国水泥混凝土制品专家费芳恒先生［J］. 混凝土世界，2012（6）：30-31.
[288] 孙刚．日伪统治时期华北都市建设概况［J］. 北京档案史料，1999（4）：109-152.
[289] 孙鸿金．近代沈阳城市发展与社会变迁（1898—1945）［D］. 长春：东北师范大学，2012.
[290] 孙华．“线状遗产”“线性遗产”“文化线路”关系说［J］. 世界遗产，2015（3）：22.
[291] 孙洁．第四座“美龄宫”在大校场机场［N］. 现代快报，2009-03-06（24）.
[292] 孙琐．国民党航空委员会历史回忆［M］//中国政协文史资料委员会．文史资料存稿选编·15：军事机构（上册）. 北京：中国文史出版社，2002.
[293] 孙炎．笕桥中央航空学校辑要［M］//全国政协文史资料委员会．文史资料存稿选编·15：军事机构（上册）. 北京：中国文史出版社，2002.
[294] 谭炳训．日人侵略下之华北都市建设［J］. 北京档案史料，1999（4）：109-152.
[295] 汤亦新．忆中央飞机制造厂［J］. 航空史研究，1995（1）：1-14＋58.
[296] 汤震龙．市政：武昌市政工程全部具体计划书［J］. 中国建设，1931，3（6）：77-103.
[297] 唐怀．中央航空公司的沿革与近状［N］. 大公报（上海），1947-01-13（5）.
[298] 天津市城市规划志编纂委员会．天津市城市规划志［M］. 天津：天津科学技术出版社，1994.
[299] 天津市地方志编修委员会办公室，天津市规划局．天津通志·规划志［M］. 天津：天津科学技术出版社，2009：83-90.
[300] 天津市规划和国土资源局．天津城市历史地图集［M］. 天津：天津古籍出版社，2004.
[301] 天津市历史博物馆，天津市地方志编修委员会，等．近代天津图志［M］. 天津：天津古籍出版社，1992.
[302] 天津市政协文史资料研究委员会．近代天津图志［M］. 天津：天津古籍出版社，2004.
[303] 童寯．我国公共建筑外观的检讨［M］//童寯文集（第一卷）. 北京：中国建筑工业出版社，2000.
[304] 童寯．新建筑与新流派［M］. 北京：中国建筑工业出版社，1980.
[305] 汪晓茜．大匠筑迹：民国时代的南京职业建筑师［M］. 南京：东南大学出版社，2014.
[306] 王弼卿，等．嵩屿商埠计画商榷书［Z］. 嵩屿建设委员会印行，1931.
[307] 王国宇．湖南经济通史（现代卷）［M］. 长沙：湖南人民出版社，2013.
[308] 王汗吾．武汉近现代是否有过五座跑马场［J］. 武汉文史资料，2018（4）：56-58.
[309] 王鹤，吕海平．近代沈阳城市空间形态演变［M］. 北京：中国建筑工业出版社，2015.
[310] 王宏宇．塘沽近代城市规划建设史探究［D］. 天津：天津大学，2012.
[311] 王辉．工业老厂区保护与再开发的策略研究：以南昌洪都老厂区为例［D］. 南昌：南昌大学，2018.
[312] 王俊雄．国民政府时期首都计划之研究［D］. 台南：台湾成功大学建筑研究所，2002.
[313] 王丽丹，范婷婷．沈阳工业遗产保护评价与利用对策［J］. 规划师，2014，30（S1）：75-79.
[314] 王群．法西斯时代的德国和意大利建筑［J］. 时代建筑，2006（4）：193-195.
[315] 王日根．曾厝垵村史［M］. 福州：海峡文艺出版社，2017.
[316] 王绍周．上海近代城市建筑［M］. 南京：江苏科学技术出版社，1989.
[317] 王宋文．关于西郊机场的屈辱往事［M］//不可忘记的历史：海淀地区日本军国主义侵略罪行调查．北京：中央文献出版社，2010.
[318] 王信忠．福州船厂之沿革［J］. 清华大学学报（自然科学版），1932（A1）：263-319.
[319] 王亚男，赵永革．日本侵华时期《北京都市计画大纲》的制订及其历史影响［C］//北京文化史暨第八次北京学学术研讨会论文集，2006.
[320] 王亚男．《近代北京城市规划和建设研究》意义和概要［J］. 北京规划建设，2008，（1）：123-127.
[321] 王亚男．1900—1949年北京的城市规划与建设研究［M］. 南京：东南大学出版社，2008.
[322] 王永镇．航空站（中国工程师手册）［M］. 上海：厚生出版社，1948.
[323] 王跃如．太平洋战争时期的中美空军合作［D］. 兰州：西北师范大学，2009.
[324] 王助．钢骨棚厂之设计（民国十七年十二月十二日第六次常会宣读）（附图表）［J］. 制造（福建），1929，2（1）：53-73.
[325] 韦峰．在历史中重构：工业建筑遗产保护更新理论与实践［M］. 北京：化学工业出版社，2015.

[326] 魏枢.《大上海计划》启示录：近代上海华界都市中心空间形态的流变 [D]. 上海：同济大学，2007.
[327] 巫加都. 建筑依然在歌唱：忆建筑师巫敬桓、张琦云 [M]. 北京：中国建筑工业出版社，2016.
[328] 巫加都. 音乐沉默之后，建筑依然在大地上歌唱：记我的建筑师父母 [J]. 建筑创作，2010（4）：154-157.
[329] 吴华浦，杨哲明. 飞机场之设计与建筑 [J]. 复旦土木工程学会会刊，1934（2）：33-41.
[330] 吴健. 荒漠中的“科技城堡”——新疆苏联飞机制造厂的历史沉浮（上）[J]. 兵器知识，2023，(12)：76-80.
[331] 吴健. 荒漠中的“科技城堡”——新疆苏联飞机制造厂的历史沉浮（下）[J]. 兵器知识，2024，(1)：85-88.
[332] 吴建昌. 中央航空学校 [M] //周峰. 民国时期的杭州. 杭州：浙江人民出版社，1997.
[333] 吴俊剑. 关于杭州笕桥历史街区保护的建议 [J]. 现代城市，2009（2）：42-44.
[334] 吴柳生. 航空站设计 [M]. 南京：正中书局，1944.
[335] 吴铁城. 一年来之上海市政工程纪要 [J]. 中国建设，1936，13（1）：185.
[336] 吴婷，李慧，赵云. 新疆近现代代表性建筑保护对策初探 [M] //中国近代建筑研究与保护（八）. 北京：清华大学出版社，2012.
[337] 吴孝成. 影像伊犁纪事 [M]. 乌鲁木齐：新疆人民出版社，2013.
[338] 吴跃强. 洪都老厂区规划为城南中心区：定位商业商务、都市休闲、生态居住 [N]. 南昌晚报，2017-03-22（7）.
[339] 梧州市地方志编纂委员会. 梧州市志·综合卷 [M]. 南宁：广西人民出版社，1992.
[340] 梧州市地方志编纂委员会. 梧州市志·城市规划志 [M]. 南宁：广西人民出版社，2000.
[341] 伍彬. 近代杭州图集 [M]. 杭州：浙江摄影出版社，2005.
[342] 伍联德. 老照片：中华景象（下）[M]. 南京：南京出版社，2015.
[343] 伍廷流. 我所了解的早期柳州机械厂 [Z] //政协柳州市委员会学习文史资料委员会. 柳州文史资料汇编（第四至七辑）. 2016.
[344] 武汉地方志编纂委员会. 武汉市志·城市建设志（上卷）[M]. 武汉：武汉大学出版社，1996.
[345] 武汉地方志编纂委员会. 武汉市志·交通邮电志 [M]. 武汉：武汉大学出版社，1998.
[346] 武汉区域规划委员会. 武汉三镇土地使用与交通系统计划纲要 [Z]. 1947.
[347] 武汉市城市规划管理局. 武汉市城市规划志 [M]. 武汉：武汉出版社，1999.
[348] 武汉市城市规划设计研究院. 武汉百年规划图记 [M]. 北京：中国建筑工业出版社，2009.
[349] 武汉特别市工务计划大纲. 汉口特别市工务局业务报告 [R]. 1929.
[350] 孝纯. 发动机制造厂建筑新址：附照片 [J]. 中国的空军，1948（120）：4-5.
[351] 奚福泉. 欧亚航空公司龙华飞机棚厂工程略述 [J]. 中国建筑，1937（28）：19-22.
[352] 奚福泉. 欧亚航空公司南京明故宫站 [J]. 中国建筑，1936（28）：22-66.
[353] 谢彬. 中国邮电航空史 [M]. 上海：上海书店，1991.
[354] 辛元欧. 船史研究（10）：纪念马尾船政创办 130 周年船政文化学术研讨会（1866—1996）纪念专刊 [Z]. 中国造船工程学会船史研究会，1996.
[355] 新疆维吾尔自治区地方志编纂委员会. 新疆通志·民用航空志（1995 年版） [M]. 乌鲁木齐：新疆人民出版社，2001.
[356] 新津县政协文史组. 三修新津飞机场 [Z] //政协新津县委员会文史资料委员会. 新津文史资料（第九辑机场专辑），2008.
[357] 邢佳林. 城市老工业地段整体更新策略探讨：以南京金城集团规划改造方案为例 [J]. 建筑与文化，2012（11）：71-76.
[358] 邢樟涛. 邢契莘传略 [EB/OL].（2015-12-16）. https：//sznews. zjol. com. cn/sznews/system/2015/12/16/020023573. shtml.
[359] 徐光玉，熊万骐，黄浩. 白云机场 50 年：1949—1999 [Z]. 广州白云国际机场集团公司，2000.
[360] 徐亚芳. 上海航空中心 [J]. 都会遗踪，2013（3）：134-137.
[361] 徐延平，徐龙海. 南京工业遗产 [M]. 南京：南京出版社，2012.
[362] 许念晖. 蒋介石建立空军的内幕 [M] //中国人民政治协商会议全国委员会文史资料研究委员会. 文史资料选辑（第 7 辑）. 北京：文史资料出版社，1960.
[363] 严当文. 世界民航概况与我国民航计划 [J]. 科学世界，1948（4-5）：177-182.

[364] 严宽．日伪西郊机场往事谈［Z］//中国人民政治协商会议北京市海淀区委员会文史资料委员会．海淀文史选编（第六辑）．1993.
[365] 颜挹清．上海龙华机场航站大厦建筑设计［J］．民用航空，1948，7（8）：2.
[366] 晏嘉陵，郝孝贤．忆成都建立空军军士学校及太平寺飞机场概况［Z］//中国人民政治协商会议四川省成都市委员会文史资料研究委员会．成都文史资料选辑（第11辑）：纪念抗日战争胜利四十周年专辑之三．1985.
[367] 杨斌．张治中力促中苏续订航空合约［N］．中国档案报，2015-03-06（002）.
[368] 杨承景．航空委员会第一飞机制造厂概况［Z］//中国人民政治协商会议昆明市西山区委员会．西山区文史资料选辑（第二辑）．1986.
[369] 杨福星．空军第一飞机制造厂迁滇纪实［M］//中国人民政治协商会议西南地区文史资料协作会议．抗战时期内迁西南的工商企业．昆明：云南人民出版社，1988.
[370] 杨家安，莫畏．伪满时期长春城市规划与建筑研究［M］．长春：东北师范大学出版社，2008.
[371] 杨家樵．中国民航的飞行基地：张贵庄机场［Z］//中国人民政治协商会议天津市东郊区委员会文史资料委员会．天津东郊文史资料（第二辑）．1990.
[372] 杨栗．山西近现代工业建筑遗产的改造再利用发展研究［D］．太原：太原理工大学，2013.
[373] 杨伟成．中国第一代建筑结构工程设计大师：杨宽麟［M］．天津：天津大学出版社，2011.
[374] 杨新华．南京明故宫［M］．南京：南京出版社，2009.
[375] 杨逸，吴格，黄玉瑜．中国近代第一代著名建筑师［EB/OL］．（2015-9-10）．http：//www.zhjs.cc/portal.php?aid=24983&mod=view.
[376] 杨永生．谈谈基泰［J］．建筑创作，2007（3）：126-126.
[377] 杨永生．哲匠录［M］．北京：中国建筑工业出版社，2005.
[378] 杨永生．中国四代建筑师［M］．北京：中国建筑工业出版社，2002.
[379] 杨作材．我在延安从事建筑工作的经历［M］//武衡．抗日战争时期解放区科学技术发展史资料（第二辑）．北京：中国学术出版社，1984：59-67.
[380] 姚丽旋．美好城市的百年变迁：明信片上看上海［M］．上海：上海大学出版社，2010.
[381] 叶肇川．我在中央杭州飞机制造厂八年的经历纪实［M］//中国人民政治协商会议河南省郑州市委员会文史资料委员会．郑州文史资料（第七辑）．1990.
[382] 佚名．一等邮局房屋［J］．宜昌市地方志资料选编，1985（2）：106.
[383] 殷立欣．建筑师吕彦直集传［M］．北京：中国建筑工业出版社，2019.
[384] 于维联，李之吉，戚勇．长春近代建筑［M］．长春：长春出版社，2001.
[385] 云南省档案局（馆）．抗战时期的云南：档案史料汇编（上）［M］．重庆：重庆出版集团，2015.
[386] 云南省地方志编纂委员会．云南省志·建筑志［M］．昆明：云南人民出版社，1991.
[387] 张镈．我的建筑创作道路［M］．北京：中国建筑工业出版社，1994.
[388] 张镈．无限怀念授业恩师杨廷宝先生［J］．建筑创作，1999（2）：57-60.
[389] 张镈．在华北基泰工程司的日子［J］．建筑创作，2000（2）：77-78.
[390] 张斐然．武汉特别市之设计方针［J］．武汉特别市市政月刊，1929，1（2）：111-120.
[391] 张华军．民国时期的哈阿航空公司［J］．西域研究，2007（3）：35-39.
[392] 张惠昌，於笙陔．抗战期间成都地区特种工程与美国空军的援助［M］//成都市政协文史资料委员会．成都文史资料选辑 第26辑．成都：成都出版社，1992.
[393] 张捷迁．国立清华大学十五英尺口径风洞［J］．航空机械，1940（10）：31-38.
[394] 张开帙．对东北老航校的一些回忆［J］．航空史研究，1999（4）：14-29.
[395] 张良皋．匠门述学：为纪念中央大学建筑系成立70周年谈中国建筑教育［J］．新建筑，1999（2）：58-59+65.
[396] 张骞．抗战时期迁渝的第二飞机制造厂［M］//中国人民政治协商会议西南地区文史资料协作会议．抗战时期内迁西南的工商企业［M］．昆明：云南人民出版社，1988.
[397] 张钦楠．记陈植对若干建筑史实之辨析［J］．建筑师，1992（46）：43-46.
[398] 张惟义．记中央飞机制造厂［M］//上海市政协文史资料委员会．上海文史资料存稿汇编（7）：工业商业．上海：上海古籍出版社，2001.
[399] 张伟．沪渎旧影［M］．上海：上海辞书出版社，2002.

[400] 张显鄂．邮政楼的修建者及其它［Z］//中国人民政治协商会议沙市市委员会文史资料研究委员会．沙市文史资料（第5辑），1989.
[401] 张宪文，杨天石．美国国家档案馆馆藏中国抗战历史影像全集（卷18）机场设施［M］．北京：化学工业出版社，2016.
[402] 张云家．陶桂林奋斗成功记［M］．台北：长虹出版社，1987.
[403] 张仲．抗战中诞生在重庆"海孔飞机厂"的第一架国产运输机［J］．重庆与世界，2010（12）：78-80.
[404] 张作兴．船政文化研究：船政奏议汇编点校辑［M］．福州：海潮摄影艺术出版社，2006.
[405] 赵焕林．冯庸和冯庸大学［M］．沈阳：辽宁民族出版社，2012.
[406] 赵家算．三十年代北平市建设规划史料［J］．北京档案史料，1999（3）：83-137.
[407] 赵巽安．抗日战争前后昆明市建筑业概况［Z］//中国人民政治协商会议云南省昆明市盘龙区委员会文史资料委员会．昆明市盘龙区文史资料选辑（第8辑），1991：68-82.
[408] 郑红彬．国际建筑社区：近代上海外籍建筑师群体初探（1843-1941）［J］．建筑师，2017（5）：111-120.
[409] 郑时龄．上海近代建筑风格［M］．上海：上海教育出版社，1999.
[410] 郑耀桢．资料：徐州市都市计划大纲［J］．市政评论，1946，8（5）：32-33.
[411] 郑友揆，程麟荪，张传洪．旧中国的资源委员会：史实与评价［M］．上海：上海社会科学出版社，1991.
[412] 郑祖良．防空建筑设计［M］．南京：新民书店，1937.
[413] 中法国立工学院．中法国立工学院职教员学生一览［Z］．1933.
[414] 中国第二历史档案馆．1949年中苏订立航空续约的一组文件［J］．民国档案，1995（1）：1-42.
[415] 中国国史学会冶金史分会，八一钢铁公司编志办公室．发展之路：八一钢铁厂建厂四十五周年纪念［M］．北京：冶金工业出版社，1996.
[416] 中国航空工业史编修办公室．中国航空工业老照片（1）［M］，北京：航空工业出版社，2011.
[417] 中国航空工业史编修办公室．中国航空工业老照片（4）［M］，北京：航空工业出版社，2011.
[418] 中国航空工业史编修办公室．中国近代航空工业史 1909—1949［M］．北京：航空工业出版社，2013.
[419] 中国航空公司．中国航空公司京平汉宜二线开航纪念特刊［Z］．1931.
[420] 中国人民解放军空军司令部空军史编辑室．中国空军史料（第二辑）［Z］．1985.
[421] 中国人民解放军空军训练部科研处资料室．旧中国航空史料［Z］．1963.
[422] 中国人民解放军历史资料丛书编审委员会．空军回忆史料［M］．北京：解放军出版社，1992.
[423] 中国人民政治协商会议福建省福州市委员会，文史资料委员会．福州文史资料选辑（第十五辑）［Z］．1996.
[424] 中国人民政治协商会议江苏省委员会文史资料委员会．民国空军的航迹［M］．北京：海潮出版社，1992.
[425] 中国人民政治协商会议湛江市委员会文史资料研究委员会．湛江文史资料（第9辑 法国租借地史料专辑）［Z］．1990.
[426] 中央社．国都设计会议决案［N］．世界日报，1929-04-17（4）．
[427] 钟训正．忆徐中先生［M］//杨永生．建筑百家回忆录续编．北京：知识产权出版社，中国水利水电出版社，2003.
[428] 周京南．中国第一航校：南苑航校［J］．军事历史，1995（3）：57-58.
[429] 周日新，孟赤兵，李周书，等．中国航空图志［M］．北京：北京航空航天大学出版社，2008.
[430] 周铁鸣．全国邮运航空实施计划书［M］．上海：东方印刷公司，1930.
[431] 周以让．武汉三镇之现在及其将来［J］．东方杂志，1924，21（5）：62-86.
[432] 朱皆平．武汉区域规划初步研究报告［R］．武汉：湖北省政府武汉区域规划委员会，1946.
[433] 朱寿榕．福建船政局中铁胁厂与飞机制造车间的新发现［J］．福建文博，2010（2）：83-84.
[434] 朱晓明，祝东海．建国初期苏联建筑规范的转移：以同济大学原电工馆双曲砖拱建造为例［J］．建筑遗产，2017（1）：94-105.
[435] 朱亚泉，谭立威．笕桥往事［J］．航空知识，2015（11）．
[436] 庄鸿铸．新中国初期中苏三大合营公司始末［J］．新疆大学学报（哲学社会科学版），1995（2）：51-56.
[437] 宗仰．B-29机场是怎样建筑的？［J］．万众，1945，创刊号：31-33.
[438] "令不脱"手艺纸柏水泥屋瓦介绍（附照片）［J］．建筑月刊，1937，4（10）：32.
[439] 北伐前后国民党政府航空概况——航空署工作总报告（节录）［Z］//航空工业部航空工业史编辑办公室．航空工

业史料（第十辑　近代史专辑）. 1990.
[440] 陈庆云为中德合制飞机种类问题致孔祥熙函（1935 年 4 月 11 日）[M] //中国第二历史档案馆．中德外交密档（1927—1947）[M]. 桂林：广西师范大学出版社，1994.
[441] 重庆广阳坝飞机场飞机库之内容 [N]. 申报，1931-02-22.
[442] 大上海计划 [M] //余克礼，朱显龙．中国国民党全书（上）[M]. 西安：陕西人民出版社，2001.
[443] 地底飞机场图样及表识 [J]. 建筑月刊，1933（4）：34-45.
[444] 东北航空大队沿革 [J]. 东北航空月刊，1929（7）：1-9.
[445] 飞机场图样 [J]. 建筑月刊．1933（3）：54-86.
[446] 福州船政局飞机栈房：[照片] [J]. 航空（北京），1921，2（6）：1.
[447] 航空人物 [J]. 民用航空，1948，6（7）：28-29.
[448] 航空署与美商允元实业公司签合同 [N]. 申报，1921-02-27.
[449] 河南文史 65：忆在杭州飞机制造厂 8 年（上）[M]. 郑州：河南人民出版社，1998.
[450] 纪事：本国事情：中国航空史略 [J]. 航空，1921，2（1）：35-38.
[451] 军政部航空署条例（附系统表）[J]. 军事杂志，1929（8）：12-13.
[452] 龙华飞机栈（附照片）[J]. 建筑月刊，1934，2（3）：7.
[453] 龙华机场扩充计画 [N]. 新闻报，1933-09-25（10）.
[454] 龙华机场跑道五月间可完成，全部经费九十亿，设备为全国之冠 [N]. 申报，1947-03-24（4）.
[455] 龙华将成大飞行港　美国建筑家墨菲已绘有图样 [N]. 申报，1933-09-25.
[456] 南京市都市计划委员会首次会议通过计划大纲 [J]. 南京市政府公报，1947，2（10）：16.
[457] 南苑存储飞机之钢铁棚厂 [J]. 航空（北京），1921，2（6）：1.
[458] 上海市博物馆及中国航空协会新厦摄影 [J]. 建筑月刊，1936，4（3）：2-4.
[459] 我国航空近讯：完成全国航空干线场站时期表 [J]. 军事杂志（南京），1930（20）：176-177.
[460] 我国怎样自制飞机 [Z]. 南京：行政院新闻处，1947.
[461] 厦门市志 [EB/OL]. 厦门地情网，http：//www. fzb. xm. gov. cn/dqsjk/.
[462] 新中工程公司创办建筑工程部 [J]. 商业杂志，1929，4（8）：3.
[463] 兴筑龙华大机场完工 [N]. 新闻报，1935-01-16（11）.
[464] 佚名．粤空校新校舍落成：三月二十日举行开幕典礼，有新式空战表演 [J]. 飞报，1934（222）：13-14.
[465] 征地扩充龙华机场 [N]. 新闻报，1933-07-08（11）.
[466] 中国航空建设协会大楼设计方案 [J]. 航空建设．1948，2（4）：13-15.
[467] 中国航空协会陈列馆及会所工程略述：附图 [J]. 中国建筑，1935，3（2）：2-4.
[468] 中国近代以来建筑结构技术演进表（1840～2014 年）[J]. 建筑师，2015（2）：126-131.
[469] 中航公司扩充龙华水陆飞行港 [N]. 新闻报，1934-06-10（11）.
[470] 中航公司龙华大机棚落成 [N]. 新闻报，1934-08-04（12）.
[471] 中航虹桥飞机场候机室 [N]. 新闻报，1936-01-19.
[472] 周至柔呈军事委员会陈述我国民航现状和今后趋势及整顿要点（民国三十三年八月三十一日）[M] //叶健青．中国民国交通史料：航空史料．台北："国史馆"，1989.
[473] 杜克．航空站与航空路 [M]. 姚士宣，译．上海：商务印书馆，1936.
[474] 弗兰姆普敦．现代建筑：一部批判的历史 [M]. 张钦楠，等译. 北京：生活・读书・新知三联书店，2004.
[475] 古力治．首都设计余谈 [J]. 工程（中国工程师学会会刊），1932，7（3）：333-336.
[476] 家近亮子．蒋介石与南京国民政府 [M]. 王士花，译．北京：社会科学文献出版社，2005.
[477] 柯林斯．现代建筑设计思想的演变 1750—1950 [M]. 英诺聪，译．北京：中国建筑工业出版社，1987.
[478] 柯伟林．蒋介石政府与纳粹德国 [M]. 陈谦平，译．北京：中国青年出版社，1994.
[479] 利里．龙之翼：中国航空公司和中国商业航空的发展 [M]. 徐克继，译．北京：科学技术文献出版社，1990.
[480] 乔治．穹苍迹：1909—1949 年的中国航空 [M]. 杨常修，译．北京：航空工业出版社，1992.
[481] 渠昭．抗战中建设的滇缅空军基地 [J]. 世纪，2013（2）：52-55.
[482] 饶世和．飞翔在中国上空：1910—1950 年中国航空史话 [M]. 戈叔亚，译．沈阳：辽宁教育出版社，2005.
[483] 日意格．福建船政局（1875 年版）[M] //孙毓棠．中国近代工业史资料（第一辑 1840—1895）. 北京：科学出版

社，1957.
[484] 越泽明．伪满洲国首都规划［M］．欧硕，译．北京：社会科学文献出版社，2011.
[485] AKRF，INC. TWA Flight Center Hotel Project John F. Kennedy International Airport New York［R］．New York：The Port Authority of NY & NJ，2016.
[486] ANDERSSON L. A history of Chinese aviation：encyclopedia of aircraft and aviation in China until 1949［M］．Aviation Historical Society of the Republic of China，2008.
[487] BARRETT P. Cites and their airports：policy formulation，1926-1952［J］．Journal of Urban History，1987，14（1）：112-137.
[488] BOESIGER W，GIRSBERGER H. Le Corbusier，1910-65［M］．Birkhäuser Architecture，1999.
[489] BRODHERSON D. All Airplanes Lead to Chicago：Airport Planning and Design in a Midwest Metropolis［M］//ZUKOWSKY J. Chicago：Airport Architecture and Design，1923-1993：Reconfiguration of an American Metropolis. Munich：Chicago：Prestel Pub，1993：75-97.
[490] CAMERON W H M，FELDWICK W. Present day impressions of the Far East and prominent and progressive Chinese at home and abroad［M］//*The History，People，Commerce，Industries and Resources of China，Hongkong，Indo-China，Malaya and Netherlands India*. London：The Globe Encyclopedia Co.，1917.
[491] CODY J W. American planning in republican China，1911-1937［J］．Planning Perspectives，1996，11（4）：339-377.
[492] CODY J W. Building in China：Henry K. Murphy's "Adaptive Architecture"，1914-1935［M］．Hongkong：The Chinese University Hong Kong Press，2001.
[493] CODY W J. Henry K. Murphy：an American architect in China，1914-1935［D］．Ithaca，NY：Cornell University，1989.
[494] DAVISON R L. Airport design and construction［J］．The Architectural Record，1929，65（5）：489-515.
[495] DÜMPELMANN S. Flights of imagination：aviation，landscape，design［M］．Charlottesville：University of Virginia Press，2014.
[496] ESHERICK J W. Remaking the Chinese city，modernity and national identity，1900-1950［M］．University of Hawai'i Press，1999.
[497] GIOVANNARDI F. On the trail of Paul Chelazzi and the suspenarch［R］．2017，VOL. 1-VOL. 3.
[498] GOODRICH E P. Airport as a factor in city planning［J］．Supplement to National Municipal Review，1928，3（3）：180-193.
[499] GOODRICH E P. Some Experiences of an Engineer in China［J］．Michigan Engineer，1930，3（1）：16.
[500] HAWKINS B，LECHNER G，SMITH P. Gatwick's Beehive Historic Airports［C］//Proceedings of the International 'L' Europe del 'Air' Conferences on Aviation Architecture，2005：13-142.
[501] HOLDER J，PARISSIEN S. The architecture of British transport in the Twentieth Century［M］．Paul Mellon Centre for Studies in British Art，1988.
[502] KEALLY F. Tomorrow's airports：a prophetic view of the Grand Central Station of the air［J］．Nation's Business，1929，17（4）：31-32.
[503] KONG H. Regeneration of the former Tempelhof airport［D］．Delft：Delft University of Technology，2010.
[504] KUAN S. Between Beaux-Arts and Modernism-Dong Dayou and the Architecture of 1930s Shanghai［M］//CODY J W，STEINHARDT N S，ATKIN T. Chinese architecture and the Beaux-Arts. Honolulu：University of Hawai'I Press，2011：169-192.
[505] MOELLER P，SALL L D. Eurasia Aviation Corporation：A German-Chinese Airline in China and its Airmail 1931-1943［M］．Europaische-Asiatische Luftpost-Aktiengesellschaft，1988.
[506] MORGENSTERN K，PLATH K. Eurasia Aviation Corporation Junkers & Lufthansa in China 1931-1943［M］．GeraMond，2006.
[507] OUYANG J. Research on the Evolution of Airport Layout Ideas in International Modern Urban Planning and Its Impact on China［C］//The 19th International Planning History Society Conference-Moscow，July 2020.
[508] OVIDIO F. Missione Aeronautica Italiana in Cina［J］．Informazioni della Difesa，2008（3）.

[509] PEARMAN H. Airports：A century of architecture [M]. London：Laurence King Publishing，2004：78-105
[510] REYNOLDS J M. Maekawa Kunio and the emergence of Japanese Modernist Architecture [M]. Oakland，CA：University of California Press，2001.
[511] SCARONI S. Missione militare aeronautica in Cina [M]. Roma：Ufficio Storico Aeronautica Militare，1970.
[512] SPENCE J. Shirley Ann Smith，Imperial designs：Italians in China，1900-1947 [J]. European History Quarterly，2014，44 (1)：187-188.
[513] TATE A. Airport landscape：urban ecologies in the Aerial Age [J]. Landscape Journal：design，planning，and management of the land，2013，32 (2)：309-10.
[514] United States. Civil Aeronautics Administration. Airport design [M]. Washington，DC：United States Department of Commerce，1944.
[515] WATTENDORF F L. China's large wind tunnel _ details of the design and construction of the 15ft. tunnel at Tsing Hua [J]. Aircraft Engineering and Aerospace Technology，1939，11 (9)：315-350.
[516] WATTENDORF F L. The first Chinese wind-Tunnel：a description of the five-foot tunnel installed at Peiping University [J]. Aircraft Engineering and Aerospace Technology，1938，10：317-318.
[517] WIETHOFF B. Luftverkehr in China，1928-1949：Materialien zu einem untauglichen Modernisierungsversuch [M]. Wiesbaden：Otto Harrassowitz，1975.
[518] WOOD J W. Airports：some elements of design and future development [M]. New York：Coward-McCann Inc.，1940.
[519] XU G Q. Americans and Chinese Nationalist Military Aviation，1929-1949 [J]. Journal of Asian History，1999，31 (2)：155-180.
[520] ZHANG L，ZHU Y M. Technical assistance versus cultural export：George Cressey and the U. S. Cultural Relations Program in wartime China，1942-1946 [J]. Centaurus：International Magazine of the History of Sciences and Medicine，2021，63 (1)：32-50.
[521] MARINELLI M and ANDORNINO G. Italy's encounters with modern：Imperial Dreams，Strategic Ambitions [M]. New York，NY：Palgrave Macmillan，2014.
[522] KABISCH N，HAASE D. Green justice or just green? Provision of urban green spaces in Berlin，Germany [J]. Landscape and urban planning，2014，122：129-139.
[523] Ruan X. Accidental Affinities：American Beaux-Arts in Twentieth-Century Chinese Architectural Education and Practice [J]. *Journal of the Society of Architectural Historians*，2002，61 (1)：30-47.
[524] 内田祥三．大同の都市计画案に就て [J]. 建築雑誌，1939 (11)：156-158.
[525] 德永智．日中戦争下の山西省太原都市計事業 [J]. アジア経済，2013 (54)：56-78.
[526] 中国第二历史档案馆．航空委员会一九三四年度建造南昌空军总站设备费及建筑南昌旧机场第一棚厂工程费单据粘存簿：全宗号七六一 (293) [A]. 1933-1935.
[527] 中国第二历史档案馆．中国民用航空航线航站设备及飞机概况图表：全宗号 787-16967 [A]. 1936.
[528] 中国第二历史档案馆．民用航空局 (1947—1949) (站场、仓库修建与管理)：全宗号四九一 [A]. 1949.
[529] 中国第二历史档案馆．中航广州办事处白云机场修建工程图纸等文书材料 (南京明故宫机场候机室平面设计图)：全宗号四九三，案卷号 48 卷 [A].
[530] 中国第二历史档案馆．中航重庆白市驿、武昌徐家棚等机场修建工程之文书材料 (有白市驿候机室平面图)：全宗号四九三，案卷号 49 卷 [A].
[531] 中国第二历史档案馆．中国航空公司机场房屋标准设计图：全宗号四九三，案卷号 74 卷 (图纸) [A].
[532] 中国第二历史档案馆．民用航空局上海龙华航空站建设大厦工程图标及有关文书 (二)：全宗号四九三，案卷号 89 卷 [A].
[533] 中国第二历史档案馆．中国航空股份有限公司 (1930—1949) (航务、机务)：全宗号四九三 [A].
[534] 中国第二历史档案馆．中航上海龙华机场设计图：全宗号四九五，案卷号 291 卷 [A].
[535] 中国第二历史档案馆．中航在北平西郊机场及城内办事处修建工程有关估价单及函电等：全宗号四九五，案卷号 295 卷 [A].
[536] 中国第二历史档案馆．中央航空运输公司 (1943—1949) 三、机务与航务：全宗号四九五 [A].

[537] 中国第二历史档案馆 . 中航关于修建白市驿（图纸）、珊瑚坝、九龙坡机场跑道、房屋的来往文书：全宗号四九五，案卷号 174 卷 [A] .
[538] 中国第二历史档案馆 . 中航关于南京站租用和修建房屋事宜：全宗号四九五，案卷号 0125 卷 [A] .
[539] 中国第二历史档案馆 . 空军作战防空计划、军事航空港站计划草案等文件：案卷号 787-169700 卷 [A] .
[540] 中国第二历史档案馆 . 内政部追加一九四五年度外籍专家住宅设备及旅膳费预算等有关文书：内政部全宗号十二-6-3578 [A]. 1945-1946.
[541] 中国第二历史档案馆 . 外籍专家来华协助设计案：国民政府内务部档案典藏号十二（6)-20741 [A] .
[542] 中国第二历史档案馆 . 台湾省警备总司令部接收总报告：国民政府行政院档案全宗号二，案卷号 7899 卷 [A]. 1946.
[543] 中国第二历史档案馆 . 航空委员会编：空军沿革史（草案)：全宗号 787 [A] .
[544] 中国第二历史档案馆 . 中央航空学校航空公墓、教职员平方宿舍、子弟小学校舍等工程建筑费支付预算书：全宗号 761，案卷号 344 卷 [A]. 军事委员会，1933-1934.
[545] 中国第二历史档案馆 . 中央航空学校实习工场、工厂炉子间及气管沟工程建筑费支付预算书：全宗号 761，案卷号 346 卷 [A]. 军事委员会，1933-1934.
[546] 南京市档案馆 . 南京工务局，令本局吴颋泉接替陈（觉民）的大校场飞机场工程设计工作：全宗代码 1001 003 0264 [A]. 1936-07-01.
[547] 南京市档案馆 . 南京工务局，为派陈觉民分布负责设计的训令：全宗代码 1001 003 0265 [A]. 1936.
[548] 北京市档案馆 . 建设总署都市局：都市计划调查资料：档案号 J061-001-00304 [A]. 1941.
[549] 北京市档案馆 . 建设总署都市局，地域地区规划标准：档案号 J061-001-00304 [A]. 1941.
[550] 北京市档案馆 . 北京特别市公署公务局：北京都市计画要案：档案号 J017-001-03614-00012 [A]. 1938-01-25.
[551] 北京市档案馆 . 北京特别市公署公务局：奉交技正山崎桂一拟具北京都市建设计画要案一件：档案号 J017-001-03614 [A]. 1938-01-25.
[552] 北京市档案馆 . 北平市都市计划之研究、意见书和大纲等：档案号 J017-001-00867/167 [A]. 1945.
[553] 北京市档案馆 . 折下吉延，今川正彦：北平都市计划意见书：档案号 J017-001-00867 [A]. 1945.
[554] 北京市档案馆 . 北京都市计划要图及计划大纲：档案号 J001-004-00080/25 [A]. 1940.
[555] 天津市档案馆 . 塘沽新港工程计划图：档案号 J0161-2-002734 [A]. 1947.
[556] 天津市档案馆 . 市府令协助部派技士筹设飞机场站一切设备事项：档案号 J00054-1-001871 [A]. 天津市政府，1931.
[557] 天津市档案馆 . 建筑飞机场：档案号 J0003-3-003185-099 [A]. 天津市政府，1948.
[558] 天津市档案馆 . 天津市及塘沽区都市计划：档案号 J0089-1-000031 [A]. 华北建设总署津工程局，1944.
[559] 天津市档案馆 . 天津都市计划大纲及市计划区域内塘沽都市计划大纲：档案号 J0001-3-012263 [A]. 华北建设总署津工程局，1942.
[560] 天津市档案馆 . 塘沽新港工程局报告：档案号 J0056-1-004581 [A]. 华北建设总署津工程局 . 1948.
[561] 天津市档案馆 . 为修机场事致天津市政府的公函：档案号 401206800-J0002-2-000843-049 [A]. 1948.
[562] 上海市档案馆 . 上海公用局史料，上海公用局收回龙华飞行港案（上海机场概况)：全宗号 Q5，档案号 Q5-3-5573 [A] .
[563] 上海市档案馆 . 中国航空公司有关史料"丙空中交通（六）各飞机场"：全宗号 Y12，档案号 Y12-1-76-29 [A]. 1947.
[564] 上海市档案馆 . 上海都市建设计画改订要纲 . 第二次大上海都市计画说明书 . 档案号：RQ-9-457 日伪上海特别市政府关于上海新都市建设计画概要及改订要纲的文件卷 [A] .
[565] 湖北省档案馆 . 湖北省邮政管理局关于宜昌邮局云集路地基及局屋基地登记竣事的电及宜昌邮局的电：档案号 LS043-001-0594-0097 [A]，1947-03-14.
[566] 湖北省档案馆 . 湖北省邮政管理局关于储汇局沙市办事处借用沙市邮局局屋底层的指令：档案号 LS043-001-1204-0118 [A]，1941-02-11.
[567] 湖北省档案馆 . 湖北省邮政管理局关于武昌一等邮局新屋增改工程请知照监工员的训令：档案号 LS043-002-2063 (1)-0054 [A]，1937-11-10.
[568] 湖北省档案馆 . 湖北省建设厅关于办理飞机场站情形的呈文及湖北省政府指令：档案号 LS001-005-1044-0004

[A]. 1930-04-24.
[569] 湖北省档案馆．交通部民用航空局武汉航空站关于徐家棚机场跑道整修工程验收一案的公函：档案号 LS023-003-1316-0002 [A]. 1948.
[570] 湖北省档案馆．审计部湖北省审计处、交通部民航局武汉航空站关于徐家棚机场工程合约等相关问题的函及相关资料：档案号 LS023-003-1325-0001 [A]. 1949-05-09.
[571] 湖北省档案馆．湖北省政府关于航空委员会函送建筑机场工程处组织规程及编制表等件的代电：航空委员会建筑机场工程处组织规程及编制系统表：档案号 LS031-013-0003-0001 [A]. 1940.
[572] 湖北省档案馆．沙市一等邮局关于修理营业所所的呈及沙市邮局修建工程估价单及平面图：档案号 LS043-002-2182 (1)-0015 [A]，1947-10-14.
[573] 重庆市档案馆．筹建歇台子飞机场经过情形：全宗号 0053-2-688 [A]. 1948.
[574] 广州市档案馆．基泰工程司上海事务所关于国营招商局、大场机场、龙华机场等地建筑工程方面事宜的报告：档案号 L074-001-000026-001 [A]，1946.
[575] 广州市档案馆．空军总司令部第一发动机制造厂修建龙潭厂房第二期工程施工说明书及设计绘图：档案号 L074-001-000011-001 [A]，1948.
[576] 广州市档案馆．空军总司令部第一发动机制造厂关于基泰工程司送大门增加工程蓝图的笺函：档案号 L074-001-000011-004 [A]，1948-08-03.
[577] 广州市档案馆．空军总司令部第一发动机制造厂关于业经转报所属工业局清算公费俟奉批后再行通知的公函及基泰工程司的函：档案号 L074-001-000011-005 [A]，1948-07-28.
[578] 广州市档案馆．中央银行国库局关于空军第一发动机制造厂新址筹备处第一期工款的电：档案号 L049-001-000695-019 [A]，1947-12-29.
[579] 南昌市档案馆．国民政府空军总司令部为随电抄送本站青云谱老营房机场要图各一份请查照由：档案号 006-03-1974-013 [A]. 1947.
[580] 杭州市档案馆．中央航空学校中华民国二十二年度岁出概算说明书：档案号旧 37-001-0032 [A]. 1933.
[581] 日本陸軍省．漢口飛行場要図：C13032022500. c1027210003，P2387-2388 [A]. 外務省文書館．
[582] 日本陸軍省．武昌飛行場要図：C13032022600. c1027210003，P2389-2391 [A]. 外務省文書館．
[583] 北京特務機關．北京都市計畫大綱假案：C11111480900 [A]. 外務省文書館，1937-12-26.
[584] 佐藤俊久．北京、天津間飛行機視察報告：C11111481000 [A]. 外務省文書館，1938-01-08.
[585] JACAR（アジア歷史資料センター）Ref. 中共地域資料概況第二回補修訂正留守業務部：C16120028900 [A]. 防衛省防衛研究所．

后　　记

笔者自 1997 年进入民航业以来，一直致力于机场领域的研究，深感中国现代机场规划和机场建筑设计的基础理论方法体系之根基的缺乏，基于“物有本末，事由始终，知所前后，则近道矣”的理念，于是尝试从历史维度追溯中国现代机场的发展渊源及其理论方法的演进原理。笔者自在《2002 年中国近代建筑史国际研讨会》上发表第一篇有关机场史论文以来，从收集“只言片语”的史料开始，再到“结集成册”的收官，未承想沉浸其中而无法自拔，一晃已过二十载。这期间有两大突破性研究进展：一是笔者自 2005 年在南京东南大学交通学院开始读博之际，频繁进出中国第二历史档案馆收集近代机场档案，这些原始档案的积累为系统性研究中国近代机场史奠定了厚实的基础，并于 2008 年出版了《中国近代机场建设史》专著，该书以中国近代航空史的演进为线索系统梳理了机场建设史，展现近代机场建筑的发生、发展和相对成熟的全过程；二是 2018 年笔者承接了国家自然科学基金面上项目《基于行业视野下的中国近代机场建筑形制演进研究》（项目号：51778615）。遵照王国维先生的“二重证据法”，为收集第一手的机场档案资料，笔者跑了全国主要省份及其省会城市的省市两级档案馆和图书馆，这“四馆”的调研为机场史的研究奠定了基础性工作。另外，笔者还先后在美国国家档案馆、纽约大都会图书馆、日本京都图书馆以及中国台北“中央图书馆”等地广泛搜集海外涉及近代中国机场资料。此外，笔者除了考察主要城市的近代机场建筑遗产外，还曾远赴新疆哈密、甘肃酒泉，以及黑龙江牡丹江、齐齐哈尔等地实地考察了主要的近代机场建筑遗存或遗址。最终历经 6 年多的精心耕耘，笔者倾力而为完成了本专著。

中国近代机场史是一段曾经辉煌而遭到湮灭的建筑史，也是一段支离破碎的机场史。为此，对近代机场史的研究需要基于全球视野，并在全国空间范围及近代史时间范畴内的大时空背景下予以编织修复，其基础性研究的工作量浩大，耗时耗力耗费巨大。感谢笔者所指导的众多交通运输规划与管理专业研究生直接参与了这一基础性但相对冷门的机场史研究领域，他们协助完成了论文撰写、实地踏勘、资料收集、插图绘制等基础性研究工作，没有他们的大力支持，我是无法完成这一浩大的工作量的。本书第五章的第三节由欧阳杰、尚芮和杨太阳合写；第九章的第一节由欧阳杰、聂晨、赵晨芳与朱松合写，第二节则由欧阳杰、陈生锦和吕鸿合写；第十章第五节由欧阳杰、尚芮合写，第六、七、八节分别由欧阳杰与吕鸿，欧阳杰与文婷、刘佳炜，欧阳杰与杨太阳、聂晨合写的论文所改写。另外，我的研究生张振飞、瞿子颖、王达、史子彤、王绍芸、张博宽、李晓蔚和豆聪以及中国民航大学交通工程专业的庞珺文等本科生同学都不同程度地在笔者写作过程中予以协助，在此一并表示感谢！

此外，笔者还衷心感谢牡丹江海浪、沈阳东塔、杭州笕桥及南昌青云谱等机场为本研究团队实地调研所提供的大力协助；由衷感谢原民航中南地区管理局史志办的徐国基先生所提供的广东等地机场图文资料；特别感谢中国通航协会的孙卫国先生、北京临空经济研究院的马剑院长为我们团队进入机场隔离区调研所做出的协调工作；感谢李盈霖女士及云南机场集团公司为笔者查阅中航器材制造厂稀缺档案所提供的鼎力支持；致谢中航工业江西洪都航空工业集团有限责任公司试飞站刘浩先生为南昌青云谱机场调研提供的便利；感谢天津大学的张天洁教授以及合作者孙德龙老师对本项目的大力支持，也由衷感谢清华大学建筑学院的张复合教授和刘亦师副教授在历次中国近现代建筑研究与保护学术论坛上给予的大力支持，在与东南大学李海清教授就技术史和建造史领域的交流互动中也深受启发；还要感谢同济大学建筑与城市规划学院朱晓明教授、华南理工大学建筑学院彭长歆教授、《建筑创作》杂志金磊主编及汕头大学长江艺术和设计学院郑红彬副教授所提供的资料信息，也为巫加都女士慷慨提供其父亲巫敬桓建筑师的珍贵资料而致敬，同时为意大利佛罗伦萨大学土木与环境工程系 Fausto Giovannardi 教授慷慨地提供有关中意飞机制造厂的资料予以特别感谢，也感谢美国代顿大学历史学教授 Janet Bednarek 女士提供 20 世纪 20 年代的一篇罕见的机场历史论文，还得致谢瑞典的 Lennowt Andersson 先生所提供的高清民国机场照片。由衷感谢国家自然基金委及匿名评审专家为我获得国基面上项目所给予的鼎力支持，这为我在该领域全面、持续而深入的研究提供了最有效的激励和最强劲的动力。衷心感谢中国建筑工业出版社首席策划、编审吴宇江先生为本书的出版付出的努力！最后感谢我的家人为我倾力写作和频繁外出调研所给予的理解和支持。

笔者在机场史研究领域将继往开来：一方面，在近代机场建筑领域继续查漏补缺，虽然本书力图全景式地囊括近代机场发展建设的主要内容，但在本书付梓之后，仍觉得留有些许遗憾、疑问及缺失，只能以后再酌情进行资料收集、整理校核以及修订增补工作；另一方面，将致力于拓展现代机场建筑研究的新领域，冀望最终能够实现中国近代机场建筑史和现代机场建筑史的合璧，为“机场学”的形成发展奠定史学基础。最后谨以此书献给笔者的栖身之所——中国民航大学，笃信该专著在机场史研究领域将是无愧于我校国字号之冠冕的！